全国科学技术名词审定委员会

公　布

生物化学与分子生物学名词

（第二版）

CHINESE TERMS IN BIOCHEMISTRY AND MOLECULAR BIOLOGY

（Second Edition）

2024

第二届生物化学与分子生物学名词审定委员会

国家自然科学基金资助项目

科学出版社

北　京

内 容 简 介

本书是全国科学技术名词审定委员会审定公布的第二版生物化学与分子生物学名词，内容包括：总论，氨基酸、肽与蛋白质，酶，核酸，遗传信息传递与基因表达调控，糖类，脂质，生物膜与信号转导，激素与维生素，新陈代谢，方法与技术 11 部分，共 5612 条。本书对 2009 年出版的第一版《生物化学与分子生物学名词》（5039 条）做了少量修改，增加了一些名词，每条名词均给出了定义或注释。这些名词是科研、教学、生产、经营及新闻出版等部门应遵照使用的生物化学与分子生物学规范名词。

图书在版编目(CIP)数据

生物化学与分子生物学名词 / 第二届生物化学与分子生物学名词审定委员会审定. —2 版. —北京：科学出版社，2024.3

全国科学技术名词审定委员会公布

ISBN 978-7-03-077103-2

Ⅰ. ①生… Ⅱ. ①第… Ⅲ. ①生物化学–名词术语 ②分子生物学–名词术语 Ⅳ. ①Q5-61 ②Q7-61

中国国家版本馆 CIP 数据核字(2023)第 219780 号

责任编辑：高素婷 岳漫宇 / 责任校对：严 娜

责任印制：肖 兴 / 封面设计：刘新新

科学出版社出版

北京东黄城根北街 16 号

邮政编码：100717

http://www.sciencep.com

北京建宏印刷有限公司印刷

科学出版社发行 各地新华书店经销

*

2009 年 5 月第 一 版 开本：787×1092 1/16

2024 年 3 月第 二 版 印张：44 1/2

2026 年 1 月第四次印刷 字数：1 052 000

定价：498.00 元

（如有印装质量问题，我社负责调换）

全国科学技术名词审定委员会
第七届委员会委员名单

特邀顾问：路甬祥　许嘉璐　韩启德

主　　任：白春礼

副 主 任：梁言顺　黄　卫　田学军　蔡　昉　邓秀新　何　雷　何鸣鸿
裴亚军

常　　委（以姓名笔画为序）：

田立新　曲爱国　刘会洲　孙苏川　沈家煊　宋　军　张　军
张伯礼　林　鹏　周文能　饶克勤　袁亚湘　高　松　康　乐
韩　毅　雷筱云

委　　员（以姓名笔画为序）：

卜宪群　王　军　王子豪　王同军　王建军　王建朗　王家臣
王清印　王德华　尹虎彬　邓初夏　石　楠　叶玉如　田　淼
田胜立　白殿一　包为民　冯大斌　冯惠玲　毕健康　朱　星
朱士恩　朱立新　朱建平　任　海　任南琪　刘　青　刘正江
刘连安　刘国权　刘晓明　许毅达　那伊力江·吐尔干　孙宝国
孙瑞哲　李一军　李小娟　李志江　李伯良　李学军　李承森
李晓东　杨　鲁　杨　群　杨汉春　杨安钢　杨焕明　汪正平
汪雄海　宋　彤　宋晓霞　张人禾　张玉森　张守攻　张社卿
张建新　张绍祥　张洪华　张继贤　陆雅海　陈　杰　陈光金
陈众议　陈言放　陈映秋　陈星灿　陈超志　陈新滋　尚智丛
易　静　罗　玲　周　畅　周少来　周洪波　郑宝森　郑筱筠
封志明　赵永恒　胡秀莲　胡家勇　南志标　柳卫平　闻映红
姜志宏　洪定一　莫纪宏　贾承造　原遵东　徐立之　高　怀
高　福　高培勇　唐志敏　唐绪军　益西桑布　黄清华　黄璐琦
萨楚日勒图　龚旗煌　阎志坚　梁曦东　董　鸣　蒋　颖
韩振海　程晓陶　程恩富　傅伯杰　曾明荣　谢地坤　赫荣乔
蔡　怡　谭华荣

生物化学与分子生物学名词审定委员会委员名单

第一届委员会（2001—2009）

顾　问（以姓名笔画为序）：

李玉瑞　邹承鲁　张昌颖　张树政　郑　集

主　任：祁国荣

副主任：张迺蘅　周筠梅　王克夷

委　员（以姓名笔画为序）：

王琳芳　卢义钦　李　刚　李伯良　李茂深　杨开宇　杨克恭
吴家睿　汪　垣　沈士弼　沈孝宙　张树庸　张庭芳　张惟杰
陈苏民　陈诗书　明镇寰　罗超权　周海梦　金冬雁　郑仲承
查锡良　袁士龙　夏寿萱　龚祖埙　谭景莹

秘　书：袁士龙（兼）

第二届委员会（2018—　）

顾　问（以姓名笔画为序）：

王恩多　李　林　李伯良　何凤田　周丛照　郑用琏　贾弘禔
高友鹤　喻　红　解　军　裴雁曦

主　任：李刚

副主任：杨克恭　周春燕　查锡良

委　员（以姓名笔画为序）：

卜友泉　方定志　孔　英　曲　佳　吕社民　关一夫　许琛琦
李　刚　李　华　杨克恭　杨荣武　汪　渊　昌增益　周春燕
金冬雁　郑　直　药立波　查锡良　高素婷　雷群英

秘　书：卜友泉（兼）　孙晓丽　高素婷（兼）

白春礼序

科技名词伴随科技发展而生，是概念的名称，承载着知识和信息。如果说语言是记录文明的符号，那么科技名词就是记录科技概念的符号，是科技知识得以传承的载体。我国古代科技成果的传承，即得益于此。《山海经》记录了山、川、陵、台及几十种矿物名；《尔雅》19篇中，有16篇解释名物词，可谓是我国最早的术语词典；《梦溪笔谈》第一次给“石油”命名并一直沿用至今；《农政全书》创造了大量农业、土壤及水利工程名词；《本草纲目》使用了数百种植物和矿物岩石名称。延传至今的古代科技术语，体现着圣哲们对科技概念定名的深入思考，在文化传承、科技交流的历史长河中作出了不可磨灭的贡献。

科技名词规范工作是一项基础性工作。我们知道，一个学科的概念体系是由若干个科技名词搭建起来的，所有学科概念体系整合起来，就构成了人类完整的科学知识架构。如果说概念体系构成了一个学科的“大厦”，那么科技名词就是其中的“砖瓦”。科技名词审定和公布，就是为了生产出标准、优质的“砖瓦”。

科技名词规范工作是一项需要重视的基础性工作。科技名词的审定就是依照一定的程序、原则、方法对科技名词进行规范化、标准化，在厘清概念的基础上恰当定名。其中，对概念的把握和厘清至关重要，因为如果概念不清晰、名称不规范，势必会影响科学研究工作的顺利开展，甚至会影响对事物的认知和决策。举个例子，我们在讨论科技成果转化问题时，经常会有“科技与经济‘两张皮’”“科技对经济发展贡献太少”等说法，尽管在通常的语境中，把科学和技术连在一起表述，但严格说起来，会导致在认知上没有厘清科学与技术之间的差异，而简单把技术研发和生产实际之间脱节的问题理解为科学研究与生产实际之间的脱节。一般认为，科学主要揭示自然的本质和内在规律，回答“是什么”和“为什么”的问题，技术以改造自然为目的，回答“做什么”和“怎么做”的问题。科学主要表现为知识形态，是创造知识的研究，技术则具有物化形态，是综合利用知识于需求的研究。科学、技术是不同类型的创新活动，有着不同的发展规律，体现不同的价值，需要形成对不同性质的研发活动进行分类支持、分类评价的科学管理体系。从这个角度来看，科技名词规范工作是一项必不可少的基础性工作。我非常同意老一辈专家叶笃正的观点，他认为：“科技名词规范化工作的作用比我们想象的还要大，是一项事关我国科技事业发展的基础设施建设工作！”

科技名词规范工作是一项需要长期坚持的基础性工作。我国科技名词规范工作已经有110年的历史。1909年清政府成立科学名词编订馆，1932年南京国民政府成立国立编译馆，是为了学习、引进、吸收西方科学技术，对译名和学术名词进行规范统一。中华人民共和国成立后，随即成立了“学术名词统一工作委员会”。1985年，为了更好地促进我国科学技术的发展，推动我国从科技弱国向科技大国迈进，国家成立了“全国自然科学名词审定委员会”，主要对自然科学领域的名词进行规范统一。1996年，国家批准将“全国自然科学名词审定委员会”改为“全国科学技术名词审定委员会”，是为了响应科教兴国战略，促进我国由科技大国向科技强国迈进，而将工作范围由自然科学技术领域扩展到工程技术、人文社会科学等领域。科学技术发展到今天，信息技术和互联网技术在不断突进，前沿科技在不断取得突破，新的科学领域在不断产生，新概念、新名词在不断涌现，科技名词规范工作仍然任重道远。

110年的科技名词规范工作，在推动我国科技发展的同时，也在促进我国科学文化的传承。科技名词承载着科学和文化，一个学科的名词，能够勾勒出学科的面貌、历史、现状和发展趋势。我们不断地对学科名词进行审定、公布、入库，形成规模并提供使用，从这个角度来看，这项工作又有几分盛世修典的意味，可谓“功在当代，利在千秋”。

在党和国家重视下，我们依靠数千位专家学者，已经审定公布了65个学科领域的近50万条科技名词，基本建成了科技名词体系，推动了科技名词规范化事业协调可持续发展。同时，在全国科学技术名词审定委员会的组织和推动下，海峡两岸科技名词的交流对照统一工作也取得了显著成果。两岸专家已在30多个学科领域开展了名词交流对照活动，出版了20多种两岸科学名词对照本和多部工具书，为两岸和平发展作出了贡献。

作为全国科学技术名词审定委员会现任主任委员，我要感谢历届委员会所付出的努力。同时，我也深感责任重大。

十九大的胜利召开具有划时代意义，标志着我们进入了新时代。新时代，创新成为引领发展的第一动力。习近平总书记在十九大报告中，从战略高度强调了创新，指出创新是建设现代化经济体系的战略支撑，创新处于国家发展全局的核心位置。在深入实施创新驱动发展战略中，科技名词规范工作是其基本组成部分，因为科技的交流与传播、知识的协同与管理、信息的传输与共享，都需要一个基于科学的、规范统一的科技名词体系和科技名词服务平台作为支撑。

我们要把握好新时代的战略定位，适应新时代新形势的要求，加强与科技的协同发展。一方面，要继续发扬科学民主、严谨求实的精神，保证审定公布成果的权威性和规范性。科技名词审定是一项既具规范性又有研究性，既具协调性又有长期性的综合性工作。在长期的科技名词审定工作实践中，全国科学技术名词审定委员会积累了丰富的经验，形成了一套完整的组织和审定流程。这一流程，有利于确立公布名词的权威性，有利于保证公布名词的规范性。但是，我们仍然要创新审定机制，高质高效地完成科技名词审定公布任务。另一方面，在做好科技名词审定公布工作的同时，我们要瞄准世界科技前沿，服务于前瞻性基础研究。习总书记在报告中特别提到“中国天眼”、“悟空号”暗物质粒子探测卫星、“墨子号”量子科学实验卫星、天宫二号和“蛟龙号”载人潜水器等重大科技成果，这些都是随着我国科技发展诞生的新概念、新名词，是科技名词规范工作需要关注的热点。围绕新时代中国特色社会主义发展的重大课题，服务于前瞻性基础研究、新的科学领域、新的科学理论体系，应该是新时代科技名词规范工作所关注的重点。

未来，我们要大力提升服务能力，为科技创新提供坚强有力的基础保障。全国科学技术名词审定委员会第七届委员会成立以来，在创新科学传播模式、推动成果转化应用等方面作了很多努力。例如，及时为 113 号、115 号、117 号、118 号元素确定中文名称，联合中国科学院、国家语言文字工作委员会召开四个新元素中文名称发布会，与媒体合作开展推广普及，引起社会关注。利用大数据统计、机器学习、自然语言处理等技术，开发面向全球华语圈的术语知识服务平台和基于用户实际需求的应用软件，受到使用者的好评。今后，全国科学技术名词审定委员会还要进一步加强战略前瞻，积极应对信息技术与经济社会交汇融合的趋势，探索知识服务、成果转化的新模式、新手段，从支撑创新发展战略的高度，提升服务能力，切实发挥科技名词规范工作的价值和作用。

使命呼唤担当，使命引领未来，新时代赋予我们新使命。全国科学技术名词审定委员会只有准确把握科技名词规范工作的战略定位，创新思路，扎实推进，才能在新时代有所作为。

是为序。

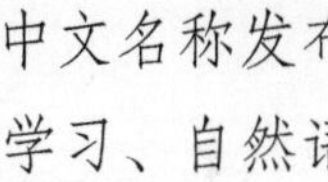

2018 年春

路甬祥序

我国是一个人口众多、历史悠久的文明古国，自古以来就十分重视语言文字的统一，主张“书同文、车同轨”，把语言文字的统一作为民族团结、国家统一和强盛的重要基础和象征。我国古代科学技术十分发达，以四大发明为代表的古代文明，曾使我国居于世界之巅，成为世界科技发展史上的光辉篇章。而伴随科学技术产生、传播的科技名词，从古代起就已成为中华文化的重要组成部分，在促进国家科技进步、社会发展和维护国家统一方面发挥着重要作用。

我国的科技名词规范统一活动有着十分悠久的历史。古代科学著作记载的大量科技名词术语，标志着我国古代科技之发达及科技名词之活跃与丰富。然而，建立正式的名词审定组织机构则是在清朝末年。1909 年，我国成立了科学名词编订馆，专门从事科学名词的审定、规范工作。到了新中国成立之后，由于国家的高度重视，这项工作得以更加系统地、大规模地开展。1950 年政务院设立的学术名词统一工作委员会，以及 1985 年国务院批准成立的全国自然科学名词审定委员会（现更名为全国科学技术名词审定委员会，简称全国科技名词委），都是政府授权代表国家审定和公布规范科技名词的权威性机构和专业队伍。他们肩负着国家和民族赋予的光荣使命，秉承着振兴中华的神圣职责，为科技名词规范统一事业默默耕耘，为我国科学技术的发展做出了基础性的贡献。

规范和统一科技名词，不仅在消除社会上的名词混乱现象，保障民族语言的纯洁与健康发展等方面极为重要，而且在保障和促进科技进步，支撑学科发展方面也具有重要意义。一个学科的名词术语的准确定名及推广，对这个学科的建立与发展极为重要。任何一门科学（或学科），都必须有自己的一套系统完善的名词来支撑，否则这门学科就立不起来，就不能成为独立的学科。郭沫若先生曾将科技名词的规范与统一称为“乃是一个独立自主国家在学术工作上所必须具备的条件，也是实现学术中国化的最起码的条件”，精辟地指出了这项基础性、支撑性工作的本质。

在长期的社会实践中，人们认识到科技名词的规范和统一工作对于一个国家的科技发展和文化传承非常重要，是实现科技现代化的一项支撑性的系统工程。没有这样一个系统的规范化的支撑条件，不仅现代科技的协调发展将遇到极大困难，而且在科技日益渗透人们生活各方面、各环节的今天，还将给教育、传播、交流、经贸等多方面带来困难和损害。

全国科技名词委自成立以来，已走过近 20 年的历程，前两任主任钱三强院士和卢嘉锡院士为我国的科技名词统一事业倾注了大量的心血和精力，在他们的正确领导和广大专家的共同努力下，取得了卓著的成就。2002 年，我接任此工作，时逢国家科技、经济飞速发展之际，因而倍感责任的重大；及至今日，全国科技名词委已组建了 60 个学科名词审定分委员会，公布了 50 多个学科的 63 种科技名词，在自然科学、工程技术与社会科学方面均取得了协调发展，科技名词蔚成体系。而且，海峡两岸科技名词对照统一工作也取得了可喜的成绩。对此，我实感欣慰。这些成就无不凝聚着专家学者们的心血与汗水，无不闪烁着专家学者们的集体智慧。历史将会永远铭刻着广大专家学者孜孜以求、精益求精的艰辛劳作和为祖国科技发展做出的奠基性贡献。宋健院士曾在 1990 年全国科技名词委的大会上说过：“历史将表明，这个委员会的工作将对中华民族的进步起到奠基性的推动作用。”这个预见性的评价是毫不为过的。

科技名词的规范和统一工作不仅仅是科技发展的基础，也是现代社会信息交流、教育和科学普及的基础，因此，它是一项具有广泛社会意义的建设工作。当今，我国的科学技术已取得突飞猛进的发展，许多学科领域已接近或达到国际前沿水平。与此同时，自然科学、工程技术与社会科学之间交叉融合的趋势越来越显著，科学技术迅速普及到了社会各个层面，科学技术同社会进步、经济发展已紧密地融为一体，并带动着各项事业的发展。所以，不仅科学技术发展本身产生的许多新概念、新名词需要规范和统一，而且由于科学技术的社会化，社会各领域也需要科技名词有一个更好的规范。另一方面，随着香港、澳门的回归，海峡两岸科技、文化、经贸交流不断扩大，祖国实现完全统一更加迫近，两岸科技名词对照统一任务也十分迫切。因而，我们的名词工作不仅对科技发展具有重要的价值和意义，而且在经济发展、社会进步、政治稳定、民族团结、国家统一和繁荣等方面都具有不可替代的特殊价值和意义。

最近，中央提出树立和落实科学发展观，这对科技名词工作提出了更高的要求。我们要按照科学发展观的要求，求真务实，开拓创新。科学发展观的本质与核心是以人为本，我们要建设一支优秀的名词工作队伍，既要保持和发扬老一辈科技名词工作者的优良传统，坚持真理、实事求是、甘于寂寞、淡泊名利，又要根据新形势的要求，面向未来、协调发展、与时俱进、锐意创新。此外，我们要充分利用网络等现代科技手段，使规范科技名词得到更好的传播和应用，为迅速提高全民文化素质做出更大贡献。科学发展观的基本要求是坚持以人为本，全面、协调、可持续发展，因此，科技名词工作既要紧密围绕当前国民经济建设形势，着重开展好科技领域的学科名词审定工作，同时又要在强调经济社会以及人与自然协调发展的思想指导下，开展好社会科学、文化教育和资源、生态、环境领域的科学名词审定工作，促进各个学科领域的相互融合和共同繁荣。科学发展观非常注重可持续发展的理念，因此，我们在不断丰富和发展已建立的科技名词体系的同时，还要进一步研究具有中国特色的术语学理论，以创建中国的术语学派。研究和建立中国特色的术语学理论，也是一种知识创新，是实现科技名词工作可持续发展的必由之路，我们应当为此付出更大的努力。

当前国际社会已处于以知识经济为走向的全球经济时代，科学技术发展的步伐将会越来越快。我国已加入世贸组织，我国的经济也正在迅速融入世界经济主流，因而国内外科技、文化、经贸的交流将越来越广泛和深入。可以预言，21 世纪中国的经济和中国的语言文字都将对国际社会产生空前的影响。因此，在今后 10 到 20 年之间，科技名词工作就变得更具现实意义，也更加迫切。“路漫漫其修远兮，吾将上下而求索”，我们应当在今后的工作中，进一步解放思想，务实创新、不断前进。不仅要及时地总结这些年来取得的工作经验，更要从本质上认识这项工作的内在规律，不断地开创科技名词统一工作新局面，做出我们这代人应当做出的历史性贡献。

2004 年深秋

卢嘉锡序

科技名词伴随科学技术而生，犹如人之诞生其名也随之产生一样。科技名词反映着科学研究的成果，带有时代的信息，铭刻着文化观念，是人类科学知识在语言中的结晶。作为科技交流和知识传播的载体，科技名词在科技发展和社会进步中起着重要作用。

在长期的社会实践中，人们认识到科技名词的统一和规范化是一个国家和民族发展科学技术的重要的基础性工作，是实现科技现代化的一项支撑性的系统工程。没有这样一个系统的规范化的支撑条件，科学技术的协调发展将遇到极大的困难。试想，假如在天文学领域没有关于各类天体的统一命名，那么，人们在浩瀚的宇宙当中，看到的只能是无序的混乱，很难找到科学的规律。如是，天文学就很难发展。其他学科也是这样。

古往今来，名词工作一直受到人们的重视。严济慈先生60多年前说过，“凡百工作，首重定名；每举其名，即知其事”。这句话反映了我国学术界长期以来对名词统一工作的认识和做法。古代的孔子曾说“名不正则言不顺”，指出了名实相副的必要性。荀子也曾说“名有固善，径易而不拂，谓之善名”，意为名有完善之名，平易好懂而不被人误解之名，可以说是好名。他的“正名篇”即是专门论述名词术语命名问题的。近代的严复则有“一名之立，旬月踟躇”之说。可见在这些有学问的人眼里，“定名”不是一件随便的事情。任何一门科学都包含很多事实、思想和专业名词，科学思想是由科学事实和专业名词构成的。如果表达科学思想的专业名词不正确，那么科学事实也就难以令人相信了。

科技名词的统一和规范化标志着一个国家科技发展的水平。我国历来重视名词的统一与规范工作。从清朝末年的科学名词编订馆，到1932年成立的国立编译馆，以及新中国成立之初的学术名词统一工作委员会，直至1985年成立的全国自然科学名词审定委员会（现已改名为全国科学技术名词审定委员会，简称全国科技名词委），其使命和职责都是相同的，都是审定和公布规范名词的权威性机构。现在，参与全国名词委领导工作的单位有中国科学院、科学技术部、教育部、中国科学技术协会、国家自然科学基金委员会、新闻出版署、国家质量技术监督局、国家广播电影电视总局、国家知识产权局和国家语言文字工作委员会，这些部委各自选派了有关领导干部担任全国名词委的领导，有力地推动科技名词的统一和推广应用工作。

全国名词委成立以后，我国的科技名词统一工作进入了一个新的阶段。在第一任主任委员钱三强同志的组织带领下，经过广大专家的艰苦努力，名词规范和统一工作取得了显著的成绩。1992 年三强同志不幸谢世。我接任后，继续推动和开展这项工作。在国家和有关部门的支持及广大专家学者的努力下，全国名词委 15 年来按学科共组建了 50 多个学科的名词审定分委员会，有 1800 多位专家、学者参加名词审定工作，还有更多的专家、学者参加书面审查和座谈讨论等，形成的科技名词工作队伍规模之大、水平层次之高前所未有。15 年间共审定公布了包括理、工、农、医及交叉学科等各学科领域的名词共计 50 多种。而且，对名词加注定义的工作经试点后业已逐渐展开。另外，遵照术语学理论，根据汉语汉字特点，结合科技名词审定工作实践，全国名词委制定并逐步完善了一套名词审定工作的原则与方法。可以说，在 20 世纪的最后 15 年中，我国基本上建立起了比较完整的科技名词体系，为我国科技名词的规范和统一奠定了良好的基础，对我国科研、教学和学术交流起到了很好的作用。

在科技名词审定工作中，全国名词委密切结合科技发展和国民经济建设的需要，及时调整工作方针和任务，拓展新的学科领域开展名词审定工作，以更好地为社会服务、为国民经济建设服务。近些年来，又对科技新词的定名和海峡两岸科技名词对照统一工作给予了特别的重视。科技新词的审定和发布试用工作已取得了初步成效，显示了名词统一工作的活力，跟上了科技发展的步伐，起到了引导社会的作用。两岸科技名词对照统一工作是一项有利于祖国统一大业的基础性工作。全国名词委作为我国专门从事科技名词统一的机构，始终把此项工作视为自己责无旁贷的历史性任务。通过这些年的积极努力，我们已经取得了可喜的成绩。做好这项工作，必将对弘扬民族文化，促进两岸科教、文化、经贸的交流与发展做出历史性的贡献。

科技名词浩如烟海，门类繁多，规范和统一科技名词是一项相当繁重而复杂的长期工作。在科技名词审定工作中既要注意同国际上的名词命名原则与方法相衔接，又要依据和发挥博大精深的汉语文化，按照科技的概念和内涵，创造和规范出符合科技规律和汉语文字结构特点的科技名词。因而，这又是一项艰苦细致的工作。广大专家学者字斟句酌，精益求精，以高度的社会责任感和敬业精神投身于这项事业。可以说，全国名词委公布的名词是广大专家学者心血的结晶。这里，我代表全国名词委，向所有参与这项工作的专家学者们致以崇高的敬意和衷心的感谢!

审定和统一科技名词是为了推广应用。要使全国名词委众多专家多年的劳动成果——规范名词，成为社会各界及每位公民自觉遵守的规范，需要全社会的理解和支持。国务院和4个有关部委[国家科委（今科学技术部）、中国科学院、国家教委（今教育部）和新闻出版署]已分别于1987年和1990年行文全国，要求全国各科研、教学、生产、经营以及新闻出版等单位遵照使用全国名词委审定公布的名词。希望社会各界自觉认真地执行，共同做好这项对于科技发展、社会进步和国家统一极为重要的基础工作，为振兴中华而努力。

值此全国名词委成立15周年、科技名词书改装之际，写了以上这些话。是为序。

路甬祥

2000年夏

钱三强序

科技名词术语是科学概念的语言符号。人类在推动科学技术向前发展的历史长河中，同时产生和发展了各种科技名词术语，作为思想和认识交流的工具，进而推动科学技术的发展。

我国是一个历史悠久的文明古国，在科技史上谱写过光辉篇章。中国科技名词术语，以汉语为主导，经过了几千年的演化和发展，在语言形式和结构上体现了我国语言文字的特点和规律，简明扼要，蓄意深切。我国古代的科学著作，如已被译为英、德、法、俄、日等语言的《本草纲目》《天工开物》等，包含大量科技名词术语。从元、明以后，我国开始翻译西方科技著作，创译了大批科技名词术语，为传播科学知识，发展我国的科学技术起到了积极作用。

统一科技名词术语是一个国家发展科学技术所必须具备的基础条件之一。世界经济发达国家都十分关心和重视科技名词术语的统一。我国早在1909年就成立了科学名词编订馆，后又于1919年中国科学社成立了科学名词审定委员会，1928年大学院成立了译名统一委员会。1932年成立了国立编译馆，在当时教育部主持下先后拟订和审查了各学科的名词草案。

新中国成立后，国家决定在政务院文化教育委员会下，设立学术名词统一工作委员会，郭沫若任主任委员。委员会分设自然科学、社会科学、医药卫生、艺术科学和时事名词五大组，聘请了各专业著名科学家、专家，审定和出版了一批科学名词，为新中国成立后的科学技术的交流和发展起到了重要作用。后来，由于历史的原因，这一重要工作陷于停顿。

当今，世界科学技术迅速发展，新学科、新概念、新理论、新方法不断涌现，相应地出现了大批新的科技名词术语。统一科技名词术语，对科学知识的传播，新学科的开拓，新理论的建立，国内外科技交流，学科和行业之间的沟通，科技成果的推广、应用和生产技术的发展，科技图书文献的编纂、出版和检索，科技情报的传递等方面，都是不可缺少的。特别是计算机技术的推广使用，对统一科技名词术语提出了更紧迫的要求。

为适应这种新形势的需要，经国务院批准，1985年4月正式成立了全国自然科学名词审定委员会。委员会的任务是确定工作方针，拟定科技名词术语审定工作计划、实施方案和步骤，组织审定自然科学各学科名词术语，并予以公布。根据国务院授权，委员会审定公布的名词术语，科研、教学、生产、经营以及新闻出版等各部门，均应遵照使用。

全国自然科学名词审定委员会由中国科学院、国家科学技术委员会、国家教育委员会、中国科学技术协会、国家技术监督局、国家新闻出版署、国家自然科学基金委员会分别委派了正、副主任担任领导工作。在中国科协各专业学会密切配合下，逐步建立各专业审定分委员会，并已建立起一支由各学科著名专家、学者组成的近千人的审定队伍，负责审定本学科的名词术语。我国的名词审定工作进入了一个新的阶段。

这次名词术语审定工作是对科学概念进行汉语订名，同时附以相应的英文名称，既有我国语言特色，又方便国内外科技交流。通过实践，初步摸索了具有我国特色的科技名词术语审定的原则与方法，以及名词术语的学科分类、相关概念等问题，并开始探讨当代术语学的理论和方法，以期逐步建立起符合我国语言规律的自然科学名词术语体系。

统一我国的科技名词术语，是一项繁重的任务，它既是一项专业性很强的学术性工作，又涉及亿万人使用习惯的问题。审定工作中我们要认真处理好科学性、系统性和通俗性之间的关系；主科与副科间的关系；学科间交叉名词术语的协调一致；专家集中审定与广泛听取意见等问题。

汉语是世界五分之一人口使用的语言，也是联合国的工作语言之一。除我国外，世界上还有一些国家和地区使用汉语，或使用与汉语关系密切的语言。做好我国的科技名词术语统一工作，为今后对外科技交流创造了更好的条件，使我炎黄子孙，在世界科技进步中发挥更大的作用，做出重要的贡献。

统一我国科技名词术语需要较长的时间和过程，随着科学技术的不断发展，科技名词术语的审定工作，需要不断地发展、补充和完善。我们将本着实事求是的原则，严谨的科学态度做好审定工作，成熟一批公布一批，提供各界使用。我们特别希望得到科技界、教育界、经济界、文化界、新闻出版界等各方面同志的关心、支持和帮助，共同为早日实现我国科技名词术语的统一和规范化而努力。

钱三强

1992年2月

第二版前言

2008 年全国科学技术名词审定委员会（以下简称全国科技名词委）公布的《生物化学与分子生物学名词》（5039 条，以下简称《生化名词》），于 2009 年 5 月由科学出版社出版发行。对规范生物化学与分子生物学名词和促进教学、科研起了重要作用。此后的十多年来，生物化学与分子生物学无论是从理论上还是在实验技术上都有了飞速的发展。另外，由于网络技术的发展，与第一版《生化名词》编写审定时相比，当前的名词检索、收集和释义等都更加方便容易和准确，查找渠道也大大增加。鉴于此，2018 年 3 月，在全国科技名词委主导支持和中国生物化学与分子生物学会的大力支持下，正式成立了第二届生物化学与分子生物学名词审定委员会，其主要任务是对第一版《生化名词》的名词和释义进行修订和增补新名词。

本次生物化学与分子生物学名词的审定，保留了第一版公布名词的大部分分支学科的设置，只对个别分支学科进行了合并和调整。这样，第二版《生化名词》的分支学科经调整后学科框架为：总论，氨基酸、肽与蛋白质，酶，核酸，遗传信息传递与基因表达调控，糖类，脂质，生物膜与信号转导，激素与维生素，新陈代谢，方法与技术。审定修订工作即按以上 11 个分支学科组进行，总论分支由北京大学李刚教授负责；氨基酸、肽与蛋白质分支由中国医学科学院杨克恭和北京大学昌增益教授负责；酶分支由安徽医科大学汪渊教授、复旦大学雷群英教授和曲佳副教授负责；核酸分支由中国医科大学关一夫教授和南京大学杨荣武教授负责；遗传信息传递与基因表达调控分支由北京大学周春燕教授负责；糖类分支由大连医科大学孔英教授负责；脂质分支由四川大学方定志教授负责；生物膜与信号转导分支的生物膜部分由中国科学院生物化学与细胞生物学研究所许琛琦研究员和李华副研究员负责，信号转导部分由香港大学金冬雁教授负责；激素与维生素分支由重庆医科大学卜友泉教授负责；新陈代谢分支由复旦大学查锡良和西安交通大学吕社民教授负责；方法与技术分支由空军医科大学药立波教授和中国医学科学院郑直教授负责。

整个审定工作分为名词遴选审定和名词释义审定两个阶段，先后召开两次全体委员会议和 4 次分支学科组审定讨论会，并于 2021 年完成了所有分支学科的二审稿，然后汇总整理并与全国科技名词委大库查重。2022 年上半年陆续组织 15 次线上每个分支学科三审会，形成定稿。2022 年 7 月将定稿发给顾问委员和同行专家广泛征求意见，根据反馈意见再次召开主任、副主任、部分委员审定会。2023 年 3 月经修改定稿上报全国科技名词委主任审核批准，予以预公布，并在全国科技名词委网站及媒体公示征求意见，预公布期限为 3 个月。

根据学科发展增加了一些的新词，例如，在“总论”类别中增加了各种“组”和“组学”等；在“新陈代谢”类别中增加“肉碱穿梭（carnitine shuttle）”和“天冬氨酸–精氨酸代琥珀酸支路（aspartate-argininosuccinate shunt）”等；在“生物膜与信号转导”和“方法与技术”等类别中增加词条较多。还有，2022 年刚颁布诺贝尔奖，我们及时将相关词条“paleogenomics”（古基因组学）收录到本书中。本版共收词 5612 条，比第一版 5039 条在总数上增加了 573 条，考虑到删除了部分词条，实际增加的词条还要多一些。编写和审定的主要参考资料和检索工具来源于一些国外原版教材（如 *Lehninger Principles of Biochemistry*，2021 年，第 8 版）和各种检索网站（如 wikipedia）等。

根据定名的“科学性”、“约定俗成”、“系统性”、“协调性”和“单义性”等原则，对第一版的个别词条定名不够恰当或不严谨的做了一些调整。例如：

（1）关于“蛋白质（protein）”及其组成复合词的定名原则进行了进一步梳理和完善：①英文名称中有“protein”的名词，一般情况下译为“XX 蛋白质”，如“membrane protein”译为“膜蛋白质”（而不译为“膜蛋白”），“core protein”译为“核心蛋白质”（而不译为“核心蛋白”）；②在某蛋白质的英文名称中没有“protein”则译为“XX 蛋白”，如“albumin”译为“清蛋白”，“annexin”译为“膜联蛋白”；③对一些词的英文名词中虽然有“protein”，但考虑业内人员长期使用的习惯已经约定俗成，仍然译为“XX 蛋白”，如“G protein”译为“G 蛋白”，“alpha fetoprotein”译为“甲胎蛋白”，“lipoprotein”译为“脂蛋白”。有些词条比较难以确定是否属于约定俗成，我们基本上掌握以规范为主、习惯为辅的大原则来加以确定，如“蛋白激酶（protein kinase）”改为“蛋白质激酶”，“结合蛋白（binding protein）”改为“结合蛋白质”。

（2）关于“葡萄糖（glucose）” 及其组成复合词的定名则一律定为“葡萄糖”，不再简称“葡糖”。如“葡糖-6-磷酸（glucose-6-phosphate）”改为“葡萄糖-6-磷酸”，“葡糖激酶（glucokinase）”改为“葡萄糖激酶”。

（3）对有些名词考虑大家长期使用的习惯或有机化学命名原则进行了调整。例如，“2,3-bisphosphoglycerate”原定名为“2,3-双磷酸甘油酸”，现改为“甘油酸-2,3-二磷酸”；“2,3-bisphosphoglycerate shunt”原定名为“2,3-二磷酸甘油酸支路”，现改称“甘油酸-2,3-二磷酸支路”；“fructose-1,6-bisphosphate”原定名为“果糖-1,6-双磷酸”，现改称“果糖-1,6-二磷酸”。

（4）对有些与相关学科定名不一致的名词进行了调整，例如，原“三酰甘油（triacylglycerol）”，现推荐名为“甘油三酯”，又称“三酰甘油”；原“排比（alignment）”，现推荐名为“比对”，又称“排比”；原“管家基因（housekeeping gene）”现推荐名为“持家基因”，又称“管家基因”，等等。

（5）对有些释义争议较多的名词，在深入调研的基础上，充分考虑不同意见进行处理。例如，在“酶”的释义上，对于“酶”除了是催化性蛋白质外是否还包括核酶的争议较多，因此在释义上也考虑了不同的学术论点。根据国际酶学委员会网站，对所有收录的七大类具体的酶（除个别国际酶学委员会网站没有收录的酶外）加上 EC 编码。

本版《生化名词》对一些词条的位置进行了调整，包括对一些词条的大类位置进行重新调整，对每一大类中相关词条尽量放在一起；对一些词条进行合并，如对所有“白介素”词条合并为一个。由于学科的发展，也由于网络技术的广泛应用，大家对一些词条有了更多的认识，因此本版《生化名词》除了新增加一些词条外，也对原有名词的释义进行了大量的重新释义。

在本版《生化名词》的编写和审定过程中，我们也得到许多专家的指点和帮助。特别要感谢（以姓名笔画为序）：王恩多、李伯良、何凤田、周丛照、郑用琏、贾弘禔、高友鹤、喻红、解军和裴雁曦等专家教授的认真审校，他们的审校提高了本版的质量。在历时 5 年中，全国科技名词委及项目负责人高素婷编审给予了大量指导和支持，通读审校多次，各位委员也都十分认真负责修改，但由于学科的快速发展和我们现有水平有限，难免可能存在一些认识上的不足，有些名词的释义还需进一步完善。我们敬请大家在使用本书时提出宝贵意见和建议，帮助我们发现错误和问题，以便今后修订时进行补充和进一步完善。

第二届生物化学与分子生物学名词审定委员会

2023 年 3 月

第一版前言

1990 年由全国自然科学名词审定委员会（现称“全国科学技术名词审定委员会”）公布的《生物化学名词》（1531 条）是与《生物物理学名词》合并为一册，于 1991 年 9 月由科学出版社出版发行的。由于在第一批公布的名词中，绝大多数名词没有释义，在进行学术交流时往往因对名词内涵理解不同而产生歧义，迫切需要通过释义进一步明确其科学内涵。加之，自第一批生物化学名词公布后 10 多年来，生物化学与分子生物学的快速发展，涌现了许多新的以及交叉的专业名词。鉴于此，2001 年 9 月中国生物化学与分子生物学会受全国科学技术名词审定委员会的委托，成立了生物化学与分子生物学名词审定委员会。具体任务是：对第一批公布的生物化学名词进行修订和加注释义，收集、审定和释义 1990 年以来新出现的生物化学与分子生物学名词。

生物化学与分子生物学名词审定委员会由来自全国各地的 5 位顾问和 30 位专家组成。整个审定工作分为名词遴选、审定和名词释义、审定两个阶段。2002 年 6 月召开了全体委员会会议对遴选的 6527 条进行了分组审定，确定 5000 余条进行下一步释义工作。2003 年 11 月召开了第二次全体委员会议对各组分别完成的释义初稿进行了讨论。经过各组反复修改于 2004 年形成《生物化学与分子生物学名词》三稿，2005 年全国科学技术名词审定委员会委托李玉瑞、潘华珍、金冬雁和崔肇春 4 位先生对定名和释义进行复审。同时，我们也将除 1990 年已公布的《生物化学名词》以外的新增补名词在“中国生物化学与分子生物学会”主办的刊物《生命的化学》上刊登，广泛听取意见。2006 年 6 月在杭州会议上根据复审专家和读者的反馈意见，对审定稿的定名和释义进行了认真讨论，并对少数词条进行修改。2006 年底全国科学技术名词审定委员会在上海召开了几个生物学科的名词审定协调会，对个别条目的定名在最大可能上进行了统一，尔后又经协调修改形成了定稿。现经全国科学技术名词审定委员会审核批准，予以公布。

这次公布的名词共 5039 条，分为 12 个分支学科：总论，氨基酸、多肽与蛋白质，酶，核酸与基因，基因表达与调控，糖类，脂质，生物膜，信号转导，激素与维生素，新陈代谢，方法与技术。分支学科负责人分别是：张迺蘅/李刚、王克夷、周筠梅、祁国荣、汪垣、张惟杰、卢义钦、明镇寰、郑仲承、李茂深和陈苏民。公布的每条名词包括序号、汉文名、英文名和释义。因同一个名词可能与多个分支学科相关，目前的分类不一定很合理，但作为公布的规范词在本书编排时只出现一次，不重复列出。

在审定过程中，我们尽量不改变 1990 年公布的《生物化学名词》的定名。同时制定了一些原则，特别是关于蛋白质和肽的定名，以及界定一些含义比较接近的词和少数“约定俗成”的名词等。例如，对已知其化学本质是蛋白质类和肽类的物质（它们通常以‘-in’为字尾，以前多以“素”定名），定名或改名为某某肽或某某蛋白（质字可省略），但习惯的特例除外，如胰岛素、催产素等。又如“ubiquitin”一词的定名，经历了从“遍在蛋白质”（以前定名）到“泛蛋白”（曾建议名）再到“泛素”（现在定名）。突出的需要界定的名词有：“inhibition（抑制）”、“suppression（阻抑）”与“repression（阻遏）”及其相关词“response（应答）”与“reaction（反应）”等。还有对争论多年的“prion”和“ribozyme”，我们采用‘朊病毒（又称“普利昂”）和“核酶”的定名，虽然不是最好的定名，但相对而言，它们比其他建议名较为接近原意。由于不同学科间的分歧，“frame”、“box”与“cassette”及其相关词的界定定名还难以协调，有待于以后再统一。

在审定中，我们得到许多机构及个人的支持。特别要感谢的是：中国科学院上海生命科学研究院生物化学与细胞生物学研究所、王应睐基金会、曹天钦学术基金会，以及裘敏燕、黄熙泰、欧罗周、单拓生、孙册、张英珊、陈惠黎、田梦玉、陈南春、王成济、静国忠、赫荣乔、王志新、吴江涛、徐祖洪、张全斌等。

本书的公布是一个阶段性结果。热切希望读者在使用中提出宝贵意见和建议，以便今后修订和补充，使之日臻完善。

生物化学与分子生物学名词审定委员会

2008年春

编排说明

一、本书公布的是第二版生物化学与分子生物学名词，共 5612 条，每条名词均给出了定义或注释。

二、全书分 11 部分：总论，氨基酸、肽与蛋白质，酶，核酸，遗传信息传递与基因表达调控，糖类，脂质，生物膜与信号转导，激素与维生素，新陈代谢，方法与技术。

三、正文按汉文名所属学科的相关概念体系排列。汉文名后给出了与该词概念相对应的英文名。

四、每个汉文名都附有相应的定义或注释。定义一般只给出其基本内涵，注释则扼要说明其特点。当一个汉文名有不同的概念时，则用(1)、(2)等表示。

五、一个汉文名对应几个英文同义词时，英文词之间用“,”分开。

六、凡英文词的首字母大、小写均可时，一律小写；英文除必须用复数者，一般用单数形式。

七、“[ ]”中的字为可省略的部分。

八、主要异名和释文中的条目用楷体表示。“全称”“简称”是与正名等效使用的名词；“又称”为非推荐名，只在一定范围内使用；“俗称”为非学术用语；“曾称”为被淘汰的旧名。

九、正文后所附的英汉索引按英文字母顺序排列；汉英索引按汉语拼音顺序排列。所示号码为该词在正文中的序码。索引中带“*”者为规范名的异名或在释文中出现的条目。

目　录

01. 总　论

01.0001　生物化学　biochemistry
简称“生化”。用化学、物理学和生物学的原理和方法，研究机体内物质的化学组成、结构和功能以及生命活动过程中各种化学变化过程及其与环境之间相互关系的学科。

01.0002　原始生物化学　protobiochemistry
在拉瓦锡（Lavoisier）及道尔顿（Dalton）建立现代化学基础之前的生物化学。包括古代的中国、印度、希腊和伊斯兰世界的早期医学研究。1780 年拉瓦锡在实验中证明，豚鼠和人的呼吸产生热量，认为这一过程涉及身体物质的缓慢燃烧，他宣称“生命是一种化学功能”。

01.0003　前生命化学　prebiotic chemistry
研究地球生命出现前自然环境中的无机或有机化学。

01.0004　古生物化学　paleobiochemistry
研究化石生物中有机成分（如蛋白质、脂质等），探索地质历史时期生物有机成分的演变规律，并为探索生命起源和分析古环境等提供依据的学科。

01.0005　地球生物化学　geobiochemistry
研究地球（包括部分天体）上机体的化学组成、化学作用和化学演化的学科。对于了解生命的起源和生物进化有重要作用。

01.0006　放射生物化学　radiobiochemistry
应用放射化学的理论与技术，研究生命现象和规律的学科。包括：①研究辐射对机体内物质（如核酸、蛋白质、酶、脂肪和水等）的作用，对这些物质的结构和代谢过程的影响；②研究如何加速体内放射性物质的排除；③利用示踪标记物研究物质代谢过程。

01.0007　低温生物化学　cryobiochemistry
在低温条件下进行生物化学研究的学科。因采用低温（一般 0℃以下）及液态低温溶剂，可使生物化学反应速率大为降低，故可对各种瞬间变化的过程进行研究。

01.0008　制备生物化学　preparative biochemistry
研究生物化学制品的工作路线、制作流程、产品的分离纯化与鉴定的学科。

01.0009　生物无机化学　bioinorganic chemistry
利用生物学或化学的方法研究机体内无机物质（尤其是金属离子及其复合物）的存在形式、分布、代谢及生理作用的学科。

01.0010　生物有机化学　bioorganic chemistry
应用有机化学的原理和方法，在分子水平上研究生物过程的化学本质，主要分析生物分子（如蛋白质、核酸、脂质、糖类）的结构、性质、合成，以及酶和酶促有机反应的具体机制等的学科。

01.0011　反向生物化学　reverse biochemistry
通过克隆化基因的表达产物，研究体内蛋白质生化特性的学科。

01.0012　酶学　enzymology
研究酶的化学本质、结构、作用机制、分类和辅因子等的学科领域。

01.0013　糖生物学　glycobiology
研究糖类及其衍生物的结构、生物合成、代谢以及生物学功能，在以糖链为生物信息的水平上阐明生命现象的学科领域。

01.0014　糖化学　carbohydrate chemistry
研究糖类的结构、组成、理化性质以及糖类食品储藏、加工、制造过程中的重要物理化学变化的学科领域。

01.0015　生命科学　life science, bioscience
研究生命现象、生命活动的本质、特征和发生发展规律，以及各种生物之间和生物与环境之间相互关系的学科。

01.0016　分子生物学　molecular biology
从分子水平上研究生物大分子（蛋白质、核酸等）的结构和功能、生命现象基本过程、分子间相互作用及基因表达调控机制等，以揭示各种生命现象本质的学科。

01.0017　分子遗传学　molecular genetics
在分子水平上研究基因的结构与功能，以及遗传信息传递的学科。包括 DNA 的复制和转录、RNA 的复制、翻译以及其调控等，是经典孟德尔遗传、细胞生物学、分子生物学、生物化学和生物技术等领域的融合。

01.0018　转基因学　transgenics
将人工分离和修饰过的基因导入到机体基因组中，观察与分析其表达引起机体产生的生物学效应的学科领域。

01.0019　生物物理学　biophysics
用物理学的理论和方法研究生物学问题，并研究生命现象中物理学规律的交叉学科。

01.0020　生物物理化学　biophysical chemistry
用物理化学的原理、技术和方法探测生物系统的结构，借助构成系统的分子和超分子结构解释生物系统中各种现象的学科。

01.0021　结构生物学　structural biology
以生物大分子（蛋白质、核酸等）的特定空间结构与其生物学功能的关系为基础，阐明生命现象与活动规律的学科。其研究核心是蛋白质及其与核酸、脂质、糖类等生物大分子形成复合物、组装体的精确三维结构、运动和相互作用，以及它们与正常生物学功能和异常生理现象（疾病）的关系。

01.0022　生物信息学　bioinformatics
以信息科学的原理和方法对生物信息进行存储、检索和分析的跨学科领域。其研究重点包括基因组学和蛋白质组学等方面，从核酸和蛋白质序列等信息出发，分析序列中表达结构功能的生物信息。

01.0023　生物能学　bioenergetics
研究生命系统中能量转化的学科领域。

01.0024　系统生物学　systems biology
通过计算机运算、数学分析和建模等方法研究复杂生物系统组成成分（如基因、RNA 和蛋白质等）的构成，以及在特定条件下这些组分间相互关系的学科。

01.0025　合成生物学　synthetic biology
利用生物学与工程学等的原理和技术，通过设计和合成新的生物元件、装置和系统，或是对已有的生物系统进行重新设计和改造实现特定的生物功能的学科。

01.0026　仿生学　bionics
通过生物系统的功能解析、仿生模型构建，并最终应用于实际产品的生物与技术交叉学科。涵盖生物电子学、生物传感器、生物仿真材料、生物物理学、生物电机和生物大分子的自组装等。

01.0027　组学　omics
研究机体内一整套不同类型的分子结构和功能或生物过程的学科领域。如基因组学、蛋白质组学、代谢物组学和转录物组学等。

01.0028　基因组学　genomics
对所有基因进行基因组作图（包括遗传图谱、物理图谱、转录物图谱）、核苷酸序列分析、基因定位和基因功能分析的学科领域。包括两方面的内容：以全基因组测序为目标的结构基因组学和以基因功能鉴定为目标的功能基因组学。

01.0029　结构基因组学　structural genomics
通过全基因组测序、实验和建模相结合的高通量方法，对基因组编码的蛋白质三维结构进行测定的学科领域。与传统结构预测的主要区别在于，结构基因组学不是专注于一种特定的蛋白质。

01.0030　功能基因组学　functional genomics
又称"后基因组学（postgenomics）"。利用结构基因组学研究所得的各种信息在基因组水平上研究编码序列及非编码序列生物学功能（包括基因的表达及其调控模式）的学科领域。

01.0031　比较基因组学　comparative genomics
基于基因组图谱和测序基础上对已知的基因和基因组结构进行比较来了解基因的功能、表达机制和物种进化的学科领域。

01.0032　古基因组学　paleogenomics
通过对基因的研究揭示已灭绝人种和现代人种基因差别的学科领域。

01.0033　表观基因组学　epigenomics
在基因组的水平上研究不改变基因组序列而通过非编码 RNA 和表观遗传修饰调控基因或基因组表达的学科领域。

01.0034　表型组学　phenomics
研究基因组与表型特征之间关系的学科领域。如通过某一基因的缺失来检测表型改变或利用基因组的知识研究机体的形态学、生理学和生物化学等的表型特征。

01.0035　三维基因组学　three-dimensional genomics
研究真核生物核内基因组空间构象及其转录调控生物学效应的学科领域。主要研究基因组的空间构象与基因转录调控间的关系。

01.0036　宏基因组学　metagenomics
以环境样品中的微生物群体基因组为研究对象，以功能基因筛选和（或）测序分析为研究手段，以微生物多样性、种群结构、进化关系、功能活性、相互协作关系及与环境之间的关系为研究目的的学科领域。

01.0037　人类宏基因组学　human metagenomics
研究人体宏基因组结构和功能、相互之间关系、作用规律和与疾病关系的学科领域。

01.0038　营养基因组学　nutrigenomics
研究营养物质对基因组结构与表达的影响、营养因素与基因相互作用的机制及健康效应和个性化营养干预策略的学科领域。

01.0039　药物基因组学　pharmacogenomics
综合药理学和基因组学的原理和方法，研究个体基因遗传因素影响机体对药物反应的学科领域。主要研究基因结构多态性与不同药物反应之间关系，解释由于个体之间差异所表现出药物的不同治疗效果，趋向于用药个性化。用药个性化将产生最大的效果和安全性。

01.0040　环境基因组学　environmental genomics

研究机体在基因组水平如何响应外界环境变化及其多样性的遗传机制，识别、鉴定基因组中环境响应相关基因及其功能的学科领域。

01.0041　微生物基因组学　microbial genomics

研究微生物基因组的组成，组内各基因的精确结构、相互关系及表达调控的学科领域。

01.0042　病原体基因组学　pathogenomics

研究真菌、细菌和病毒病原体的全基因组结构和功能的学科领域。涉及病原体基因组和病原体致病性的关系、有关病原体基因之间的比较，最终更好地理解导致疾病的宿主-微生物相互作用的复杂内在联系。

01.0043　生殖基因组学　reproductive genomics

研究和解决诸如生殖细胞的成熟与分化、精卵结合与受精、胚胎着床、生殖激素调控等等生殖生物学基本问题的学科领域。

01.0044　种群基因组学　population genomics

应用基因组技术研究机体种群的学科领域。在人类，种群基因组学通常用于研究人类的繁衍、迁徙以及健康等。

01.0045　RNA 组学　RNomics

对细胞中全部 RNA 分子的结构与功能进行系统的研究，从整体水平阐明 RNA 生物学意义的学科领域。

01.0046　转录物组学　transcriptomics

曾称“转录本组学”。通过分析细胞内全部 RNA 转录产物，研究细胞中所有基因转录及转录调控规律的学科领域。

01.0047　蛋白质组学　proteomics

阐明机体在细胞中表达的全部蛋白质的组成、定位、结构、表达模式及功能模式的学科领域。包括鉴定蛋白质的表达、存在方式（修饰形式）或部位、结构、功能和相互作用等。

01.0048　功能蛋白质组学　functional proteomics

研究所有蛋白质功能及其在体内的相互关系，以及它们在疾病预防、诊断和治疗中应用的学科领域。

01.0049　代谢组学　metabonomics

通过组群指标分析，进行高通量检测和数据处理，研究机体的动态代谢变化，特别是研究内源代谢、遗传变异、环境变化乃至各种物质进入代谢系统的特征和影响的学科领域。

01.0050　代谢物组学　metabolomics

系统研究特定细胞过程所产生的独特的化学指纹、生物样品（如细胞、组织、器官或机体）中所有小分子代谢物谱的学科领域。

01.0051　靶向代谢物组学　targeted metabolomics

对血液或其他体液及组织中已知特定代谢物进行定量定性分析的学科领域。是代谢组学研究的延伸与拓展，用于验证非靶向代谢组学的分析结果，证明特定代谢物和细胞功能的相互关系。主要采用液相层析–质谱联用技术。

01.0052　非靶向代谢物组学　untargeted metabolomics

又称“代谢谱分析（metabolic profiling analysis）”。对不同生理或病理状态下的组织细胞代谢指纹进行系统比较的学科领域。可以确认代谢物种类或丰度的差异。主要流程包括代谢物系统分析、差异代谢物及其化学结构的鉴定、生物过程或生物状态之间的关联。

01.0053　相互作用组学　interactomics
利用生物信息学和生物学的原理和方法研究细胞内分子间相互作用的学科领域。

01.0054　糖组学　glycomics
研究所有糖类，特别是聚糖和糖蛋白在生理和病理状态下的结构和功能的学科领域。

01.0055　脂质组学　lipidomics
研究机体内所有脂质分子的结构、性质和功能，以及它们与其他分子的相互作用的学科领域。

01.0056　基因组　genome
生物体或细胞中一套完整单体具有的遗传信息的总和。以全长 DNA 的碱基对数目表示其大小。包括编码基因、非编码基因和线粒体（或叶绿体）DNA。

01.0057　核基因组　nuclear genome
单倍体细胞核内所含的全部基因。包括染色体基因组以及核内的染色体外分子所含有的基因。

01.0058　病毒基因组　viral genome
一个病毒所携带的所有遗传物质的总和。可以是 DNA，也可以是 RNA，但两者并不共存于同一病毒中。

01.0059　前基因组　pregenome
某些病毒基因组 DNA（如乙肝病毒）进入细胞核后，在宿主 RNA 聚合酶作用下产生信使 RNA（mRNA），其中有的 mRNA 可以通过逆转录形成双链的病毒基因组 DNA，故名。

01.0060　线性基因组　linear genome
构成机体全部遗传信息的核酸分子的一种结构形式。具有这种结构形式的长链核酸分子的 5′端和 3′端都是游离的。具有线性基因组的生物包括真核生物、某些噬菌体和病毒，其基因组的完整复制依赖于各种有别于具有环状基因组的生物。

01.0061　镶嵌基因组　mosaic genome
由不同生物基因组的 DNA 序列经过重新组合而形成的一套杂合的机体基因。

01.0062　功能基因组　functional genome
细胞内所有具有生物学功能的基因。

01.0063　蛋白质组　proteome
一个基因组所表达的全部蛋白质的总和，或在一定条件下，存在于一个体系（包括细胞、亚细胞器、体液等）中的所有蛋白质。

01.0064　功能蛋白质组　functional proteome
在特定时间、特定环境和实验条件下基因组活跃表达的蛋白质。

01.0065　转基因组　transgenome
利用某种实验方法转移的所有外源基因。

01.0066　转录物组　transcriptome
曾称“转录本组”。细胞内的所有 RNA 转录产物。包括信使 RNA、核糖体 RNA、转运 RNA 及其他非编码 RNA。

01.0067　代谢组　metabonome
在一个复杂的机体系（包括共生、寄生、环境以及共代谢等）中多个代谢物组相互作用所产生的所有代谢物。如尿液和血浆样本中所含的代谢物。

01.0068　代谢物组　metabolome
特定生物样品（如细胞、组织、器官、机体、体液等）中所有小分子代谢物（如代谢中间体、激素、其他信号分子和次生代谢物等）的统称。

01.0069　表型组　phenome
一个细胞、组织、器官、机体或物种所有表型的总和。

01.0070　RNA 组　RNome
机体在特定条件下所拥有的全套非信使 RNA（nmRNA），即非编码 RNA（ncRNA）或基因组编码的除信使 RNA 及其前体（hnRNA）外的全部 RNA。主要是非信使小 RNA（snmRNA），包括核仁小 RNA、核小 RNA、微 RNA 和干扰性小 RNA 等，广义也包括转运 RNA 和核糖体 RNA。

01.0071　糖组　glycome
一个机体或细胞中全部糖类的总和。包括简单的糖类和缀合的糖类。在糖复合物（糖蛋白和糖脂等）中的糖链部分有庞大的信息量。

01.0072　相互作用组　interactome
又称“相互作用物组”。细胞内分子间所有物质的相互作用。包括物理的和遗传的相互作用。如蛋白质–蛋白质从物理上到功能上的相互作用；配体类小分子与大分子间也有相互作用；代谢网络中相邻大分子的相互作用，以及稳定的和瞬时的相互作用等。

01.0073　宏基因组　metagenome
又称“元基因组”“微生物环境基因组（microbial environmental genome）”。特定环境中全部微生物基因组的总和。

01.0074　脂质组　lipidome
细胞内所有脂质物质。

01.0075　外显子组　exome
基因组中所有的外显子。

01.0076　表观基因组　epigenome
一个机体基因组或组蛋白经过甲基化、乙酰化等修饰、并可以遗传给子代的所有基因。表观基因组的改变会导致染色质结构的改变和基因组功能的改变。

01.0077　人类基因组计划　Human Genome Project, HGP
以测定人类基因组序列、对所有基因结构和功能进行鉴定和作图为目的的国际合作研究项目。于 20 世纪 80 年代提出，2000 年完成了人类基因组“工作框架图”，2001 年公布了人类基因组图谱及初步分析结果。

01.0078　人类蛋白质组计划　Human Proteome Project, HPP
由人类蛋白质组组织协调的国际蛋白质研究的合作计划。旨在研究人类基因组编码翻译的所有蛋白质的结构和功能。

01.0079　DNA 元件百科全书　Encyclopedia of DNA Elements, ENCODE
一项识别和解析人类基因组中所有功能元件（包括蛋白质编码基因、各类 RNA 编码序列、转录调控元件、介导染色体结构和动力学的元件以及有待明确的其他类型功能性序列等）的国际合作计划。该计划于 2003 年 9 月启动，旨在帮助人们更精准地理解人类的生命过程和疾病的发生、发展机制。是人类基因组计划之后国际科学界在基因组学研究领域取得的又一重大进展。

01.0080　基因家族　gene family
基因组中存在的来源于同一个祖先、结构和功能相似的一组基因。同一家族这些基因的外显子具有相关性，可在基因组内集中或分散分布。

01.0081　蛋白质家族　protein family
在进化上相关的一组蛋白质。一个蛋白质家族通常有一个相应的基因家族，每一基因编码一个相应的蛋白质。

01.0082　超家族　superfamily
从共同祖先进化而来、相似性较少的基因家族或蛋白质家族。

01.0083　亚家族　subfamily
基因家族或蛋白质家族中具有序列相似性较高的一组基因或蛋白质。

01.0084　生物大分子　biomacromolecule
存在于机体内由基本结构单位按一定顺序以特定的化学键聚合而成，发挥特定的生物学功能的大分子化合物。如蛋白质、核酸、聚糖等。

01.0085　超分子　supramolecule, supermolecule
两个或两个以上分子或离子通过非共价键形成的一个具有一定结构和功能的实体。如酶及其底物、激素及其受体等。

01.0086　生物超分子　biosupramolecule, biosupermolecule
机体内由蛋白质分子之间或蛋白质分子与其他分子如核酸、脂质或多糖之间通过非共价键结合形成的复合体。

01.0087　生物超分子体系　biosupramolecular system
两个或多个生物超分子通过分子间相互作用连接组装的复合体。具有超出单一生物大分子各功能意外的新功能。如基因转录起始阶段的转录起始复合物、蛋白质翻译过程形成的核糖体多分子复合物、蛋白质降解过程中形成的酶–底物复合物和信号转导过程中形成的受体–配体复合物等。

01.0088　超分子反应　supramolecular reaction
多个超分子构成的复杂反应体系。如生物膜、核糖体、复合酶、抗原–抗体结合、核酸杂交等。

01.0089　单体　monomer
可与同种或他种分子聚合成多聚体的单一分子。是组成生物大分子的基本单位。

01.0090　多聚体　polymer, multimer
又称“聚合物”。由许多单体（同一种或几种）经聚合反应或缩聚反应形成的分子量通常在 10^4 以上的物质。如生物大分子中的核酸、蛋白质、聚糖等。

01.0091　寡聚体　oligomer
由数量较少（一般在 20 以下，常为 2～10 个）的单体重复连接而成的分子量通常平均低于 10^4 的物质。

01.0092　生物多聚体　biopolymer
又称“生物聚合物”。机体内由分子量较小的单体经聚合反应或缩聚反应形成的多聚体。如氨基酸组成的蛋白质和核苷酸组成的核酸等。

01.0093　配体　ligand
与生物大分子结合的原子、离子或分子。如与受体结合的激素或药物。

01.0094　亚基　subunit
聚合蛋白质中的独立单位或聚合生物大分子的亚结构。如酶的不同亚基，细菌 70S 核糖体中的 30S 或 50S 亚基等。

01.0095　辅因子　cofactor
在生物体系中，可与主要组分结合并有辅助功能的分子或离子。如酶的辅因子、转录和信号转导过程中的辅因子等。

01.0096　供体　donor
能把一个或一个以上的电子、原子或基团提供给另一分子或基团的物质。

01.0097　接受体　acceptor
又称“接纳体”。（1）在化学反应中接受电子、原子、原子基团、离子或分子的化学物质。（2）转运 RNA（tRNA）三叶草模型中负责接纳对应氨基酸的片段。（3）蛋白质生物合成时核糖体上与新的氨基酰 tRNA 相结合的部位。即 A 位。（4）糖链合成时作为糖基转移酶的两个底物之一而接纳糖基的部位。

01.0098　受体　receptor
（1）细胞膜上或细胞内能特异识别生物活性分子并与之结合，进而引起生物学效应的特殊蛋白质。个别的是糖脂。（2）机体内接受特殊刺激的部位。如化学感受器、渗透压感受器、光感受器等。

01.0099　组装　assembly
又称“装配”。由组成分子或亚基形成复合物的过程。如核糖体、质膜、多酶体系或病毒等的组装。

01.0100　化学修饰　chemical modification
又称“共价修饰（covalent modification）”。通常指添加或去除蛋白质（酶）或核酸等分子上的某些功能基团而改变蛋白质（酶）或核酸活性的过程。

01.0101　延伸　extension
（1）蛋白质的生物合成过程中逐个添加氨基酸的过程。（2）核酸生物合成过程中逐个添加核苷酸的过程。（3）糖链合成过程中逐个添加糖基的过程。

01.0102　静电作用　electrostatic interaction
原子得失电子后生成的阴、阳离子之间的吸引或排斥作用。

01.0103　化学键　chemical bond
直接相邻的原子或离子之间存在的强烈的相互作用。能形成分子或晶体。

01.0104　离子相互作用　ionic interaction
原子之间由于电子转移形成阴、阳离子之间的静电引力而形成的吸引或排斥作用。

01.0105　共价键　covalent bond
原子间通过共享电子对形成的化学键。

01.0106　极性键　polar bond
分子中不同原子间形成的共价键。由于两个原子吸引电子的能力不同，共用电子对会偏向吸引电子能力较强的原子一方，因而吸引电子能力较弱的原子一方相对的显正电性。

01.0107　非极性键　nonpolar bond
分子中同种原子间形成的共价键。由于同种原子吸引电子的能力相同，共用电子对一般不偏向任何一个原子，因而成键的原子通常不显电性。

01.0108　金属键　metallic bond
在金属中由自由电子与金属离子之间的静电吸引力形成的化学键。没有固定的方向，是非极性键。

01.0109　配位键　coordination bond
其中的一对电子是来自同一原子的一种特殊的共价键。如金属原子与配体结合形成的化学键。

01.0110　非共价键　non-covalent bond
非金属原子间不通过共享电子对的方式产生的相互作用。包括共价键之外的离子相互作用、金属键、氢键、范德瓦耳斯相互作用等。

01.0111　氢键　hydrogen bond
分子中的氢原子与同一分子或另一分子中的电负性较强、原子半径较小的原子相互作用而构成的较弱的化学键。

01.0112　范德瓦耳斯相互作用　van der Waals interaction
又称“范德华相互作用”。相邻中性分子或原子之间的静电相互作用产生的一种弱相互作用。如蛋白质分子中的中性原子之间偶极–诱导偶极和诱导偶极–诱导偶极的相互作用。

01.0113　分子间力　intermolecular force
存在分子与分子之间的微弱相互作用力。

01.0114　疏水效应　hydrophobic effect
非极性分子（如疏水残基）在水相环境中通过疏水基团相互靠拢，避开水而相互聚集在一起的现象。是非极性分子之间的一种弱的、非共价的相互作用。

01.0115　亲水[相互]作用　hydrophilic interaction
分子实体或取代基与极性溶剂（尤其是水）或其他极性基团的亲和作用。

01.0116　化学反应　chemical reaction
组成物质的原子重新排列组合产生新物质的过程。是旧化学键被打断，新化学键生成的过程。

01.0117　聚合[反应]　polymerization
将一种单体或多种单体的混合物转化成多聚体的过程。

01.0118　缩合反应　condensation reaction
两个或两个以上的有机分子相互作用后，以共价键结合成一个大分子，并常伴有失去小分子（如水、氯化氢、醇等）的过程。

01.0119　缩聚反应　condensation polymerization, polycondensation
双官能团或多官能团单体之间，通过多步缩合反应生成大分子的过程。是一类逐步增长聚合。

01.0120　解聚　depolymerization
多聚体降解变成寡聚体及（或）单体的过程。

01.0121　解离　dissociation
（1）含有两个以上分子的复合物分离成组分分子的过程。（2）分子分离为更简单的原子团、单个原子或离子的化学过程。如酸解离成质子和阴离子。

01.0122　水解　hydrolysis
物质与水反应发生的分解作用。通常指弱酸或者弱碱形成的盐与水作用后，弱酸根阴离子或弱碱的阳离子和水中的氢离子或氢氧根结合，使溶液的 pH 发生改变。如，脂肪在酸、碱、脂酶的作用下水解，生成甘油与脂肪酸或更小分子。

01.0123　缔合　association
两个或两个以上相同或不同的化学本体之间通过可逆连接而形成复杂物质的过程。

01.0124　亚基缔合　subunit association
两个或多个亚基在某种条件下以非共价键形式结合在一起的过程。如蛋白质生物合成时核糖体大小亚基的结合。

01.0125　平衡常数　equilibrium constant
在特定条件下（如温度、压力、溶剂性质、离子强度等），可逆化学反应达到平衡状态时，反应产物与反应物的浓度比或反应物与产物的浓度比。用符号“K”表示。

01.0126　缔合常数　association constant
两个或两个以上较为简单组分可逆形成复杂化合物的平衡常数。与解离常数互为倒数，用符号“K_a”表示。

01.0127　解离常数　dissociation constant
复合物或化合物可逆地分解为两个或两个以上较为简单组分时可逆分解反应的平衡常数。为缔合常数的倒数，用符号“K_d”表示。

01.0128　螯合作用　chelation
具有两个或两个以上配位原子的配体与同一个中心金属离子通过多个配位键相结合形成环的过程。

01.0129　类似物　analog
具有母体化合物核心结构特征的化合物。如核苷类似物、肽类似物等。

01.0130　衍生物　derivative
母体化合物的基本骨架不变，只是其分子中侧链、官能团中的原子或原子团被其他原子或原子团取代所形成的一类新化合物。

01.0131　结合物　conjugate
又称“缀合物”。一般指氨基酸或肽、核苷酸、糖类、脂质等生物分子（一般情况下均保持各自的基本骨架）之间通过缩合反应以共价键互相连接形成的更大的分子。

01.0132　同形体　isomorph
形态学上类似并且有相同形状和结构的物体、物质或机体。

01.0133　分子模拟　molecular mimicry
（1）一个与配体无关的分子与受体的结合。（2）用类似于动物宿主体内微生物的分子，导致自身反应性淋巴细胞活化的作用。（3）通过化学合成法合成结构类似于活性分子、起到相似功能作用的分子。如 miRNA 模拟物是化学合成的分子，可以模拟机体内源的 miRNA，具有能增强内源性 miRNA 的功能。又如，利用环糊精模拟酶的活性中心。

01.0134　链　strand
由多个单体通过共价键连接的线性结构。如核苷酸或脱氧核苷酸借 3′,5′-磷酸二酯键连接而形成的多核苷酸链；氨基酸借肽键连接而形成的多肽链；单糖借糖苷键连接而形成的多糖链。

01.0135　主链　backbone
生物大分子中最长的碳链。即含有碳原子数目最多的链，是多聚体的骨架。

01.0136　侧链　side chain
（1）连接在较长主链或环上侧面的短链。（2）氨基酸分子中除 α-碳原子及其氢原子、α-氨基和 α-羧基以外的原子或其他基团。

01.0137　反向平行链　antiparallel strand
（1）DNA 和双链 RNA 中的两条互补链。其极性和方向性相反。（2）蛋白质的二级结构 β 片层的两种形式之一。其中两条相邻肽链是反向的。

01.0138　序列　sequence
多聚体中单体的线性排列顺序。如多肽链中氨基酸残基的排列顺序及多核苷酸链中核苷酸的排列顺序。

01.0139　共有序列　consensus sequence
在不同但相关的 DNA、RNA 或蛋白质分子序列的同源区中出现频率较高的相同的核苷酸或氨基酸序列。

01.0140　保守序列　conserved sequence
在进化过程中，核酸或蛋白质分子中不变或变化不大的核苷酸或氨基酸序列。

01.0141　前导序列　leader sequence, leader
（1）蛋白质 N 端、具有启动通透膜作用的一段短序列。（2）mRNA 5′端的核苷酸片段。位于翻译起始密码子 AUG 之前。在真核生物中前导序列通常是不翻译的；在原核生物中，前导序列含有的 SD（Shine-Dalgarno）序列可与核糖体小亚基的 16S 核糖体核糖核酸（rRNA）相配对，置起始密码子于核糖体上适当位置，以启动翻译过程。

01.0142　上游　upstream
（1）位于或朝向 DNA 或 mRNA 分子中相对于转录或翻译的起始位点。即 DNA 编码链或 mRNA 的 5′方向。（2）信号转导途径中相对于某一反应之前发生的反应步骤。（3）某些工艺和工程中的前期步骤。

01.0143　下游　downstream
（1）某一 DNA 序列或 mRNA 位置和方向远离转录或翻译起始位点。即 DNA 编码链或 mRNA 的 3′方向。（2）信号转导途径的后随步骤。（3）某些工艺和工程中的后随步骤。如目标蛋白质的分离即为基因工程中的下游。

01.0144　上游序列　upstream sequence
DNA（编码链）或 RNA 分子中，相对于某一序列或碱基的 5′方向的序列。

01.0145　下游序列　downstream sequence
DNA（编码链）或 RNA 分子中，相对于某一序列或碱基的 3′方向的序列。

01.0146　引物　primer
含游离 3′-羟基并引发聚合反应的寡核苷酸序列。体外人工设计的引物被广泛用于聚合酶链反应、测序和探针合成等。

01.0147　衔接物　adapter, adaptor
又称“连接物”“衔接子”。（1）在蛋白质生物合成中，携带氨基酸并将其结合到 mRNA 密码子上的 tRNA 分子。（2）一类不具酶活性，但具有多个与其他分子相结合的结构，可连接信号分子，协助信号传递的蛋白质分子。（3）将两个或多个部分连接起来的部件。如人工合成的含有限制性内切酶位点的DNA短片段。在重组DNA研究中，用于将具有平头末端的分子与具有黏性末端的分子连接。

01.0148　螺旋结构　helical structure
在多种聚合体中，由于相邻分子主链的侧链基团之间的相互作用和紧密堆积的需要，其分子主链通过不同交替方式排列形成的螺旋状的结构。

01.0149　超螺旋　superhelix
（1）由两条或多条螺旋状的多核苷酸链或多肽链互相缠绕而成的螺旋。（2）双链环状 DNA 进一步缠绕时形成的结构。

01.0150　螺旋度　helicity
表示螺旋结构特性的一种方式。通常用 p/q 表示。指在一个螺旋恒定周期中包含有 p 个单体单元及 q 个螺旋圈。

01.0151　螺旋参数　helix parameter
描述螺旋特性的数据。包括螺旋的直径、螺距及倾斜角等。

01.0152　一级结构　primary structure
由多个单体以共价键组成的生物大分子中不同单体的排列顺序。如蛋白质的一级结构，是指多肽链中氨基酸的排列顺序。此外还包括共价连接的非肽组成，即指蛋白质中所有组成的共价连接方式。

01.0153　二级结构　secondary structure

多肽链或多核苷酸链沿分子的一条轴所形成的旋转和折叠等。主要是由分子内的氢键维系的局部空间排列。如蛋白质的 α 螺旋、β 片层、β 转角、无规卷曲及 DNA 的双螺旋结构。

01.0154　三级结构　tertiary structure

生物大分子（主要指蛋白质和核酸）在二级结构的基础上进一步盘绕形成的高级结构。如多肽链和多核苷酸链所形成的不规则三维折叠。

01.0155　二维结构　two-dimensional structure

原子或离子基团中的原子或离子具有空间沿二维的正、反方向延伸并做有规律排布的结构。

01.0156　环　loop

（1）蛋白质的一种二级结构。通常指连接 α 螺旋和（或）β 片层的肽段，由 5～16 个氨基酸残基组成，比 β 转角更长，且其末端的两个氨基酸残基的距离较小。（2）核酸分子结构中的单链区。如 RNA 的茎环结构中的环。

01.0157　模体　motif

又称“基序”。构成任意一种特征序列或结构的基本单位。通常具有某种功能。

01.0158　序列模体　sequence motif

核酸或蛋白质分子线性结构中具有某种功能的序列。

01.0159　结构模体　structural motif

核酸或蛋白质分子在空间结构上形成的具有某种功能的亚序列或亚结构。如蛋白质分子中的锌指结构、亮氨酸拉链和 βαβ 结构等。

01.0160　短线性模体　short linear motif

蛋白质分子上介导蛋白质–蛋白质相互作用的短序列。

01.0161　模件　module

序列中可以组合和变换的标准单元。①具有特异功能蛋白质的一级结构连续片段可由几个模体组成，其在蛋白质中可以被插入或删除；②真核细胞中许多相关基因按功能组成一家族。可以紧密排列成基因簇，更多的是分布在同一染色体的不同部位，或位于不同染色体上。

01.0162　域　domain

（1）全称“结构域（structural domain）”。蛋白质或核酸分子中含有的、与特定功能相关的一些连续的或不连续的氨基酸或核苷酸残基形成的区域。（2）分子结构未知时，根据功能而限定的蛋白质分子的一定区域。如催化区和跨膜区。（3）在细胞膜内由脂质构成的特殊功能脂微区。如糖基磷脂酰肌醇脂微区、脂筏等。（4）DNA 中的含有易被 DNA 酶降解的表达基因的一段序列。

01.0163　同源性　homology

有共同祖先的几种生物的基因或结构之间的相似性。

01.0164　异源性　heterology

明显相似结构之间由于组成部分的起源不同而导致的结构差异现象。

01.0165　同源物　homolog

从共同始祖分子进化而产生，在序列或结构上存在着相似性的物质。如同源基因、同源蛋白质。

01.0166　同系物　homolog
具有共同的化学通式，在组成上相差一个或若干个 CH_2 原子基团，但在结构和化学性质上相似的有机化合物。

01.0167　比对　alignment
又称“排比”。将两个或两个以上的氨基酸或核苷酸序列加以比较，以便分析其相关性或同源性的方法。可以对序列全长进行比对，也可以对序列局部区域进行比对。

01.0168　结构比对　structural alignment
蛋白质分子三维结构相似性的比较。

01.0169　序列比对　sequence alignment
DNA、RNA 或蛋白质序列相似性的比较。

01.0170　微环境　microenvironment
围绕一个分子或分子的一个功能基团、一个单细胞、一小群细胞或机体的生理环境。通常有明显的组织特异性，并且被有效隔离（如神经细胞）。如，肿瘤微环境是肿瘤周围的血管、免疫细胞、成纤维细胞、信号分子和细胞外基质，可影响癌细胞的生长和进化。

01.0171　多态性　polymorphism
同种生物的个体或同种物质中出现两种或两种以上明显不同的形态或形式等的现象。

01.0172　生物多样性　biodiversity
地球上生物的多样化和可变性。是在遗传、物种和生态系统水平上对变异的度量。

01.0173　丰度　abundance
（1）在给定生物组织细胞中，某特异大分子的相对含量。（2）存在于自然界的某一元素的某种同位素量。通常以占该元素的所有同位素总量的百分数表示。

01.0174　活性　activity
（1）某种物质的化学或物理反应能力。如某种酶、药物、激素或其他物质的效能。（2）某种放射活性物质的强度。

01.0175　比活性　specific activity, SA
（1）又称“比活力”。每个质量单位所含活性单位的数目。如每毫克蛋白质所含酶单位数，每千克蛋白质所含开特数，每微摩尔所含微居里数。代表单位质量蛋白质的催化能力，通常用来衡量酶的纯度。（2）标记分子中标记放射性的相对强度或非放射性标记物（如酶标记物）相对活性的表示方法。一般以单位质量所含放射性核素量（如 d/m、Bq 或所测得的放射性记数率）或酶的活性单位（如 U）等表示。

01.0176　失活　inactivation
生物活性被破坏的过程或现象。

01.0177　变性　denaturation
蛋白质或核酸分子在外界环境因素影响下其空间构象发生改变，但一级结构保持完整，导致理化性质变化、生物活性改变的现象。引起变性的物理方法有加热、紫外线照射等，化学方法有加尿素、强酸、强碱等。

01.0178　变性剂　denaturant
能引起变性作用的物质或试剂。

01.0179　复性　renaturation
蛋白质或核酸分子变性后，又全部或部分恢复其天然构象的过程。是变性的逆过程。

01.0180　协同性　cooperativity
大分子上相同的或不同的配体结合部位之间的相互作用，致使一个配体结合于分子上的一个部位能影响下一个配体与同一分子上其他部位结合的特性。如血红蛋白亚基与氧结合致使构象改变影响其他亚基与氧结合。

01.0181　极性　polarity
分子中正、负电荷的分离，存在着正极和负极的性质。

01.0182　极性分子　polar molecule
正负电荷中心不重合、电荷分布不均匀、不对称的分子。

01.0183　非极性分子　nonpolar molecule
正负电荷中心重合、电荷分布均匀、原子间以共价键结合的分子。

01.0184　两亲性　amphipathicity, amphiphilicity
一个分子既有亲水性基团又有疏水性基团的特性。

01.0185　亲水性　hydrophilicity
极性分子或分子的一部分与水分子相互作用易溶于水的特性。

01.0186　疏水性　hydrophobicity
非极性分子或分子的一部分与水分子相互排斥不易溶于水的特性。

01.0187　亲脂性　lipophilicity
分子或基团易溶于脂质溶剂的特性。

01.0188　两性离子　zwitterion, amphion, amphoteric ion
又称“兼性离子”。同时带有正电荷和负电荷的离子。如氨基酸处于某一 pH 时游离成正、负电荷相等的状态，此时该氨基酸的净电荷为零。

01.0189　旋光性　optical rotation, optical activity
当光通过含有某物质的溶液时，使经过此物质的偏振光平面发生旋转的现象。可通过存在镜像形式的物质显示出来，这是由于物质内存在不对称碳原子或整个分子不对称的结果。由于这种不对称性，物质对偏振光平面有不同的折射率，因此表现出向左或向右的旋光性。利用旋光性可以对物质（如某些糖类）进行定性或定量分析。

01.0190　旋光度　specific rotation
在一定温度下，一定波长的偏振光透过每毫升中含有 1g 旋光性物质的溶液 1dm 长时旋光计所旋转的角度。

01.0191　手性　chirality
一个物体不能与其镜像重叠的现象。是区分一对对映体的必要和充分条件。分左手性和右手性，如人的左手和右手。

01.0192　手性化合物　chiral compound
分子量、分子结构相同，但与其镜像不能完全叠合的化合物。具有不同的旋光性。

01.0193　异构　isomerism
全称“同分异构现象”。两种或多种化学组成相同即分子式相同的化合物，但结构和性质不同的现象。主要是由分子中原子成键的顺序不同和空间排列方式不同而引起。

01.0194　结构异构　structural isomerism
又称“构造异构（constitutional isomerism）”。具有相同分子式分子中因原子相互连接的顺序不同所产生的异构现象。

01.0195　立体异构　stereoisomerism
具有相同分子式分子中因原子的空间排列不同引起的异构现象。原子间的连接方式或成键方式无差异。一般分为顺反异构、旋光异构和构象异构等。

01.0196　顺反异构　*cis-trans* isomerism
又称“几何异构（geometrical isomerism）”。在有双键或环状结构的分子中，由于分子的双键或环限制了取代基绕键轴自由旋转引起的立体异构现象。取代基在双键或环面的同一侧称“顺式异构（*cis*-isomerism）”；取代基在双键或环面相对的各一侧称“反式异构（*trans*-isomerism）”。

01.0197　旋光异构　optical isomerism
又称“光学异构”“对映异构（enantiomerism）”。手性化合物与其镜像不能相互重叠，并能使偏振光发生不同方向偏转的异构现象。

01.0198　构象异构　conformational isomerism
有机分子中由于碳–碳单键的旋转或扭曲（不是把键断开）而使得分子各原子或原子团在空间产生不同的排列方式的一种立体异构现象。

01.0199　互变异构　tautomerism
一个分子中，原子的相对位置和原子间化学键显著不同的两种异构体之间处于动态平衡之中，能很快相互转变的现象。这时分子可以根据不同反应条件，以这两种异构体中的任意一种形式参与反应。

01.0200　同分异构体　isomer
简称“异构体”。具有异构现象的化合物。不一定具有相似的性质。

01.0201　立体异构体　stereoisomer
分子中的原子或基团在空间排列顺序不同的异构体。包括顺反异构体、旋光异构体和构象异构体。现分为对映异构体和非对映异构体两大类。

01.0202　顺反异构体　*cis-trans* isomer
又称“几何异构体（geometrical isomer）”。由顺反异构形成的异构体。

01.0203　顺式异构体　*cis*-isomer
分子中两个由双键连接的碳原子所连的四个原子或基团中，两个相同的原子或基团处于双键平面同侧产生的异构体。

01.0204　反式异构体　*trans*-isomer
分子中双键相连的两个碳原子上的两个基团位于双键平面的相反两侧产生的异构体。

01.0205　旋光异构体　optical isomer
又称“光学异构体”。因分子中没有反轴对称性而引起的具有不同旋光性能的立体异构体。其旋光性相对，一个是左旋，一个是右旋。

01.0206　右旋异构体　dextroisomer
能使平面偏振光向右或顺时针方向旋转的旋光异构体。通常用（+）表示右旋。

01.0207　左旋异构体　levoisomer
能使偏振光方向左旋的旋光异构体。通常用（–）表示左旋。

01.0208　构象异构体　conformer
由于单键的旋转，使连接在碳上的原子或原子团在空间的排布位置随之发生变化所产生的立体异构体。各构象异构体间势能可能不同，势能越低越稳定。

01.0209　对映[异构]体　enantiomer
互为镜像关系的立体异构体。

01.0210　非对映[异构]体　diastereomer
分子中具有两个或多个不对称中心，并且其分子不互为镜像关系的立体异构体。它们之间通常有不同的物理性质和化学性质。

01.0211　差向异构体　epimer
含有两个或多个手性原子的立体异构体中，只有一个手性原子的构型不同，其余的构型均相同的非对映体。

01.0212　互变异构体　tautomer
由互变异构形成的异构体。

01.0213　异构化　isomerization
改变化合物的结构而不改变其组成和分子量的过程。一般指有机化合物分子中原子或基团的位置的改变。

01.0214　差向异构化　epimerization
含有两个或两个以上手性中心的化合物分子中某手性中心的构型通过化学反应转换成其相反构型的过程。

01.0215　构型　configuration
分子中各原子特有的固定空间排列。用以区分立体异构体的各原子在空间的不同排列状态。根据异构体共价键的方向性分 D 型（右旋）和 L 型（左旋）两种。构型的改变要有共价键的断裂和重新组成，从而导致光学活性的变化。

01.0216　构象　conformation
分子中由于共价单键的旋转所表现出的原子或基团的不同空间排列。其改变不涉及共价键的断裂和重新组成，也无光学活性的变化。

01.0217　顺向构象　cisoid conformation
由于空间位阻使单键不能自由旋转时，分子或取代基团空间排列可出现两种顺反异构体，相同或相似取代基（或分子）处于固定单键同侧的构象。

01.0218　反向构象　transoid conformation
由于空间位阻使单键不能自由旋转时，分子或取代基团空间排列可出现两种顺反异构体，相同或相似的取代基（或分子）处于固定单键对侧的构象。

01.0219　专一性　specificity
一些分子之间相互作用时所表示的选择性。几乎所有的生物活性分子都有专一性。如：①酶对其结合的底物的类型和数目，以及酶促反应速度及其程度的选择程度；②抗体对与其相结合的抗原的类型和数目以及对抗原抗体反应速度及程度的选择程度；③膜或膜组分在介导转运中对穿过膜的作用的类型及通透程度的选择性。

01.0220　立体选择性　stereoselectivity
在化学反应中，一种立体异构体比另一种立体异构体优先发生作用的化学特性。一些酶具有立体选择性，如 L-氨基酸氧化酶仅催化 L-氨基酸而不作用于 D-氨基酸。

01.0221　均一性　homogeneity
（1）一种生物大分子制品中，其体积、电荷或结构或所有其他性质方面是相同的状态。（2）在体系中仅存一相的状态。

01.0222　不均一性　heterogeneity
又称“非均一性”。（1）一种生物大分子制品中，其体积、电荷、结构或其他性质均不相同的状态。（2）在体系中有两种或两种以上不同相的状态。

01.0223　微不均一性　microheterogeneity
（1）生物大分子制品（如蛋白质或糖）分子大小、序列、电荷、聚集状态或其他性质上常存在微小差异的特性。此差异或是人为造成的或是遗传原因引起。（2）特指任一种糖蛋白分子中，一个糖基化位点所连接的糖链在结构上存有的差异。是构成众多不同糖类的原因之一。

01.0224　激活[作用]　activation
又称"活化"。（1）生物分子或信号转导途径从无活性或低活性转变为有活性或高活性的过程。如无活性的酶原转变成有活性的酶的过程。（2）受体经与激素结合后而产生生物学效应的过程。

01.0225　激活物　activator
又称"活化物"。能激活其他物质或加速生化反应或信号转导过程的分子。如能提高特定酶活性的离子或简单的有机化合物；对酶原起激活作用的大分子物质；能与基因上游的调节性 DNA 序列相结合从而激活基因转录的一类蛋白质等。

01.0226　激动剂　agonist
能使另一物质活化而引起化学反应的物质。如与酶结合而增加酶活性的物质。

01.0227　效应物　effector
（1）能与酶结合而改变其催化活性的小分子物质或配体。可和非酶的别构蛋白质结合，并改变该蛋白质的性质。（2）能对刺激产生生物学反应的细胞或组织。（3）参与信号转导的下游分子。

01.0228　正效应物　positive effector
能起激活作用并使底物与其他效应分子的结合增加的效应物。

01.0229　负效应物　negative effector
（1）能起抑制作用并使底物与其他效应分子的结合降低的效应物。（2）阻遏转录、翻译或信号转导的调节物。

01.0230　协同作用　synergism
两种或多种物质共同地起作用，其效果比每种物质单独起作用的效果之和大得多的现象。

01.0231　拮抗作用　antagonism
一种物质的作用被同时存在的另一种物质所抵消的现象。

01.0232　拮抗剂　antagonist
能减弱或阻止另一种分子或信号转导途径的药物、酶、抑制剂或激素类等分子。

01.0233　负协同　negative cooperation
一个配体与分子某部位结合时，降低了后续配体与同一分子上另一些部位结合亲和力的现象。

01.0234　同促效应　homotropic effect
同一类型配体的结合部位之间的协同作用。如，一分子血红蛋白与 4 个氧分子结合部位间的协同作用；再如，一个别构酶分子结合几个底物分子的作用，底物既作为底物也是别构效应物。

01.0235　异促效应　heterotropic effect
发生在不同种类的配体的结合部位间的协同作用。可在底物、激活剂、抑制剂与别构酶的结合时发生。

01.0236　抑制　inhibition
物质的活性程度或反应速率降低、停止、阻止或活性完全丧失的现象。

01.0237　调节　regulation, control
维持和改变细胞、组织或机体功能和代谢过程的作用。

01.0238　调节物　regulator
能够对其他分子的结构和功能进行调节的分子。

01.0239　调节域　regulatory domain
蛋白质或酶分子上起调节作用的结构部位。

01.0240　调节区　regulatory region

（1）DNA 分子上对结构基因的表达起调控作用的区域。如启动子、操纵区和弱化子。（2）蛋白质（酶）分子上能与小分子调节物结合、并可以改变其功能的区域。

01.0241　调节部位　regulatory site

（1）在酶分子催化部位外，能结合调节物而影响酶活性的部位。（2）特指血红蛋白分子上能结合调节物而调节其功能的部位。

01.0242　调节亚基　regulatory subunit

蛋白质中具有调节作用的亚基。如，调节酶中没有催化活性的亚基，但其通过与效应物结合改变构象，进而影响催化亚基的活性。

01.0243　结合部位　binding site

又称“结合位点”。大分子或膜上分子与配体结合的特定区域。

01.0244　协同部位　cooperative site

又称“协同位点”。大分子中参与协同作用的部位。如别构酶与底物或调节物相结合的部位。

01.0245　调节级联　regulatory cascade

泛指精密调节一系列反应而实现某种生物学作用的过程。如控制组织或细胞的专门化和分化的基因调节级联、控制器官形成的遗传调节级联、控制神经元左右对称性的转录调节级联和使细胞对给定信号的应答加以放大的信号转导调节级联等。

01.0246　协同调节　coordinate regulation

对酶活性、别构蛋白质或核酸代谢等进行调节的作用。如，酶的诱导物可诱导若干诱导酶的合成或酶的阻遏物可阻遏酶合成的现象，这些酶可催化一个连续的或有关的序列反应。

01.0247　调制　modulation

（1）对物质活性及其程度的调控。（2）顺反子或顺反子转录频率的调节。（3）效应物对调节酶活性的控制。

01.0248　调制物　modulator

可以引起调制反应的物质。如可以作为效应物的物质；能够结合受体别构位点而增加或减弱激动剂作用的配体。

01.0249　识别　recognition

（1）分子间特异结合的相互作用。如，转运 RNA（tRNA）分子与氨基酰 tRNA 合成酶的相互作用。（2）免疫细胞与抗原之间的相互作用。

01.0250　转运　transport

物质在组织间、细胞间或细胞内不同部位间移动的过程。

01.0251　易位　translocation

（1）在细胞内离子或分子由易位酶催化的跨膜转运或细胞膜内发生位置改变的过程。（2）染色体的一个片段插入到同一或不同染色体中，导致基因重排的过程。

01.0252　免疫反应　immunological reaction

机体对于异己成分或变异的自体成分进行识别和排斥清除的过程。

01.0253　抗原　antigen

能使人和动物体产生免疫反应的一类物质。既能刺激免疫系统产生特异性免疫反应，形成抗体和致敏淋巴细胞，又能与之结合而出现反应。通常是一种蛋白质，但多糖和核酸等也可作为抗原。

01.0254　抗体　antibody

在人和动物体内，由于抗原或半抗原刺激机

体而在细胞中产生的免疫球蛋白。能可逆、非共价、特异地与相应抗原结合，形成抗原–抗体复合物。

01.0255　单克隆抗体　monoclonal antibody, McAb, mAb

只识别一种表位（抗原决定簇）的抗体。来自单个B淋巴细胞的克隆或一个杂交瘤细胞的克隆。

01.0256　多克隆抗体　polyclonal antibody

对特定抗原所产生的一组免疫球蛋白混合物。每种免疫球蛋白能识别抗原分子上的一个表位。

01.0257　嵌合抗体　chimeric antibody

不同物种来源的免疫球蛋白的 V 基因和 C 基因重组后所编码的抗体。

01.0258　抗-抗体　anti-antibody

能够识别与结合另一种抗体的抗体。通常在注射另一种抗体后产生。

01.0259　细胞死亡　cell death

细胞生命活动不可逆停止的现象。

01.0260　细胞程序性死亡　programmed cell death

正常机体细胞在受到生理和病理刺激后出现的一种主动的死亡过程。机体在产生新细胞的同时，衰老和突变的细胞通过程序性死亡机制被清除，使器官和组织得以正常发育和代谢，是动物个体发育过程不可缺少的步骤。细胞程序性死亡强调细胞功能上的改变。

01.0261　细胞凋亡　apoptosis

机体内细胞在特定的内源和外源信号诱导下，其死亡途径被激活，并在有关基因的调控下发生的程序性死亡过程。是细胞程序性死亡过程的一种主要形式，强调的是形态学上的改变，涉及染色质凝聚和外周化、细胞质减少、核片段化、细胞质致密化、与周围细胞联系中断、内质网与细胞膜融合，最终细胞片段化形成许多细胞凋亡体，被其他细胞吞入。

01.0262　细胞坏死　necrosis

在物理、化学或生物等因素作用下细胞因病理变化而产生的被动死亡现象。如细胞的质膜（细胞膜、细胞器膜等）肿胀及功能丧失、细胞膨胀并最终崩解、组织自溶（坏死细胞被自身的溶酶体消化），并引发急性炎症反应。

01.0263　细胞败亡　necroptosis

又称“细胞坏死性凋亡”。中性粒细胞的炎症细胞死亡方式。活化的中性粒细胞通过向细胞外释放解聚的染色质和细胞内颗粒蛋白组成的细胞捕获网，以捕获或杀死病原体。

01.0264　类凋亡　paraptosis

又称“副凋亡”。表现为细胞质空泡化，线粒体和内质网肿胀，但没有核固缩现象，且没有细胞膜破坏的一种非凋亡性细胞程序性死亡。

01.0265　细胞焦亡　pyroptosis

又称“细胞炎性坏死”。细胞在炎症情况下伴有抗菌反应的一种细胞程序性死亡。

01.0266　细胞胀亡　oncosis

以线粒体和细胞核肿胀、细胞空泡化为特点的细胞缺血性死亡。

01.0267　细胞铁死亡　ferroptosis

铁依赖性的、由脂质过氧化物堆积造成的细胞死亡模式。在细胞形态学、生化特征以及基因水平上都与凋亡、自噬、坏死等传统的细胞死亡方式具有显著的差异。

01.0268　自噬　autophagy
细胞去除不必要和异常功能成分的一种自然调节机制。允许细胞成分有序降解和再循环。

01.0269　胞葬作用　efferocytosis, engulfment of apoptotic cell
在凋亡过程中，凋亡细胞仍保持质膜的完整性和一定程度的代谢活性，这使得巨噬细胞或其他具有吞噬活性的细胞在体内将其迅速清除的过程。

01.0270　分子病　molecular disease
由于基因突变，其相应蛋白质的结构与功能随之发生变异并导致的疾病。有些可随个体繁殖而传给后代，如镰状细胞贫血，是珠蛋白基因异常所致的贫血疾患。

02. 氨基酸、肽与蛋白质

02.01　氨　基　酸

02.01.01　概　　述

02.0001　氨基酸　amino acid
碳原子连接氨基、羧基和特异侧链基团的一类脂肪族有机酸。根据氨基与末端羧基的位置，可分为α、β、γ等氨基酸，以L和D构型存在，L型常见，是蛋白质的基本结构单位，参与蛋白质组成的常见的有20种α-氨基酸。

02.0002　基本氨基酸　primary amino acid
又称“标准氨基酸（standard amino acid, normal amino acid）”。参与蛋白质组成的氨基酸。它们都有自己的密码子，可以被相应的tRNA识别，从而被核糖体用于蛋白质合成。目前发现的基本氨基酸共22种，人体有21种。常见的有20种，除甘氨酸外均为L-α-氨基酸（其中脯氨酸是一种L-α-亚氨基酸）。

02.0003　稀有氨基酸　rare amino acid
某些蛋白质存在的除20种常见的基本氨基酸以外的其他罕见氨基酸。是基本氨基酸在蛋白质合成以后经羟化、羧化、甲基化等化学修饰衍生而来的氨基酸。如4-羟脯氨酸、5-羟赖氨酸、锁链素等。

02.0004　蛋白质氨基酸　protein amino acid
参与蛋白质组成的氨基酸。包括常见的20种α-氨基酸和若干种稀有氨基酸。

02.0005　非蛋白质氨基酸　non-protein amino acid
不参与蛋白质组成的氨基酸。大多数是L型α-氨基酸的衍生物，也有一些β-、γ-或δ-氨基酸，并且有些是D型氨基酸。多以游离或小肽的形式存在于生物体的各种组织或细胞中。

02.0006　中性氨基酸　neutral amino acid
分子中氨基和羧基数目相等的氨基酸。如甘氨酸、亮氨酸。

02.0007　酸性氨基酸　acidic amino acid
分子中氨基数目少于羧基的氨基酸。如谷氨酸、天冬氨酸。

02.0008　碱性氨基酸　alkaline amino acid
分子中氨基数目多于羧基的氨基酸。如赖氨酸、精氨酸、组氨酸等。

02.0009 必需氨基酸 essential amino acid

人体自身不能合成或合成量太少不能满足机体正常生长和功能的需要，必须从食物中摄取的氨基酸。对成年人来讲有 9 种：赖氨酸、色氨酸、苯丙氨酸、甲硫氨酸、苏氨酸、亮氨酸、异亮氨酸、缬氨酸、组氨酸。

02.0010 非必需氨基酸 nonessential amino acid

人体自身能够合成，不需通过食物补充的氨基酸。有 11 种：甘氨酸、丙氨酸、丝氨酸、天冬氨酸、谷氨酸、脯氨酸、精氨酸、天冬酰胺、半胱氨酸、谷氨酰胺和酪氨酸。

02.0011 支链氨基酸 branched-chain amino acid

侧链上含有分支脂肪烃链的氨基酸。其侧链中心碳原子结合 3 个或更多的碳原子。在蛋白质中常见的有 3 种：亮氨酸、缬氨酸和异亮氨酸。

02.0012 生酮氨基酸 ketogenic amino acid

在降解代谢中产生乙酰辅酶 A，进而生成酮体，不能生成葡萄糖的氨基酸。如亮氨酸、赖氨酸。

02.0013 生糖氨基酸 glucogenic amino acid, glycogenic amino acid

可以通过糖异生途径转换成丙酮酸，然后生成葡萄糖的氨基酸。如甘氨酸、丝氨酸、缬氨酸等。

02.0014 生酮生糖氨基酸 ketogenic and glucogenic amino acid

又称"生糖生酮氨基酸（glucogenic and ketogenic amino acid）"。在体内既能转变成酮体，又能转变成为糖的氨基酸。有 5 种：色氨酸、异亮氨酸、苏氨酸、苯丙氨酸和酪氨酸。

02.0015 兴奋性氨基酸 excitatory amino acid, EAA

存在于哺乳动物中枢神经系统、具有兴奋性神经递质作用的氨基酸。如 L-谷氨酸、L-天冬氨酸、L-半胱氨酸和 L-高半胱氨酸，以及红藻氨酸、*N*-甲基-D-天冬氨酸等氨基酸衍生物。能够传递神经信号使之通过突触，可能起长程增强和兴奋性毒素的作用。

02.0016 抑制性氨基酸 inhibitory amino acid, IAA

存在于哺乳动物中枢神经系统、具有抑制性神经递质作用的氨基酸。如甘氨酸和 γ-氨基丁酸。

02.0017 亚氨基酸 imino acid

含有亚氨基和羧基的氨基酸。为脂肪族羧酸的环形 α-烷基衍生物。如脯氨酸。

02.0018 氨基酸衍生物 amino acid derivative

由氨基酸通过一系列反应化合而成的物质。如肾上腺素和甲状腺激素。

02.01.02 蛋白质氨基酸

02.0019 甘氨酸 glycine, Gly, G

系统命名为 2-氨基乙酸。参与蛋白质组成的常见 20 种氨基酸之一。其侧链为 1 个氢原子的氨基酸，因有甜味而得名。是唯一的不含手性碳原子的最简单结构的最小氨基酸，也是人体的条件必需氨基酸和生糖氨基酸。

02.0020 丙氨酸 alanine, Ala, A

系统命名为 2-氨基丙酸。参与蛋白质组成的常见 20 种氨基酸之一。其侧链含有疏水基团（甲基）的氨基酸。是人体的非必需氨基酸和生糖氨基酸。D-丙氨酸存在于某些细菌细胞壁中的多肽等，β-丙氨酸是维生素泛酸和辅酶 A 的组分。

02.0021　缬氨酸　valine, Val, V
系统命名为 2-氨基-3-甲基丁酸。参与蛋白质组成的常见 20 种氨基酸之一。一种含有 5 个碳原子的支链氨基酸。其侧链疏水性较强，是人体的营养必需氨基酸和生糖氨基酸。

02.0022　亮氨酸　leucine, Leu, L
系统命名为 2-氨基-4-甲基戊酸。参与蛋白质组成的常见 20 种氨基酸之一。含有 6 个碳原子的非极性脂肪族支链氨基酸。是人体的营养必需氨基酸和生酮氨基酸。

02.0023　异亮氨酸　isoleucine, Ile, I
系统命名为 2-氨基-3-甲基戊酸。参与蛋白质组成的常见 20 种氨基酸之一。含有 6 个碳原子的疏水性氨基酸。是人体的营养必需氨基酸和生酮生糖氨基酸。

02.0024　甲硫氨酸　methionine, Met, M
系统命名为 2-氨基-4-甲巯基丁酸。参与蛋白质组成的常见 20 种氨基酸之一。其侧链含有甲基和硫原子的一种非极性脂肪族氨基酸。是人体的营养必需氨基酸和生糖氨基酸。

02.0025　脯氨酸　proline, Pro, P
系统命名为 β-吡咯烷基-α-羧酸。参与蛋白质组成的常见 20 种氨基酸之一。其侧链为特殊吡咯环的一种环状 α-亚氨基酸。是人体的条件必需氨基酸和生糖氨基酸。

02.0026　半胱氨酸　cysteine, Cys, C
系统命名为 2-氨基-3-巯基丙酸。参与蛋白质组成的常见 20 种氨基酸之一。其侧链含巯基的一种疏水脂肪族极性氨基酸。易被氧化成二硫键，产生胱氨酸。是人体的条件必需氨基酸和生糖氨基酸。

02.0027　苯丙氨酸　phenylalanine, Phe, F
系统命名为 2-氨基-3-苯基丙酸。参与蛋白质组成的常见 20 种氨基酸之一。一种疏水的芳香族氨基酸。是人体的营养必需氨基酸和生酮生糖氨基酸。

02.0028　酪氨酸　tyrosine, Tyr, Y
系统命名为 2-氨基-3-对羟苯基丙酸。参与蛋白质组成的常见 20 种氨基酸之一。一种含有羟基的疏水芳香族氨基酸。是人体的条件必需氨基酸和生酮生糖氨基酸。

02.0029　色氨酸　tryptophan, Trp, W
系统命名为 2-氨基-3-吲哚基丙酸。参与蛋白质组成的常见 20 种氨基酸之一。一种疏水的芳香族氨基酸。是人体的营养必需氨基酸和生酮生糖氨基酸，也是神经递质 5-羟色胺和激素褪黑素的前体。

02.0030　精氨酸　arginine, Arg, R
系统命名为 2-氨基-5-胍基戊酸。参与蛋白质组成的常见 20 种氨基酸之一。其侧链中的胍基具有碱性的一种极性脂肪族氨基酸。是人体的条件必需氨基酸和生糖氨基酸。

02.0031　赖氨酸　lysine, Lys, K
系统命名为 2,6-二氨基己酸。参与蛋白质组成的常见 20 种氨基酸之一。其侧链 ε-碳原子有氨基呈碱性的一种极性氨基酸。是人体的营养必需氨基酸和生酮氨基酸。

02.0032　组氨酸　histidine, His, H
系统命名为 2-氨基-3-咪唑基丙酸。参与蛋白质组成的常见 20 种氨基酸之一。其侧链含有咪唑基呈弱碱性的一种极性氨基酸。是人体的营养必需氨基酸和生糖氨基酸。

02.0033　谷氨酸　glutamic acid, Glu, E
系统命名为 α-氨基戊二酸。参与蛋白质组成的常见 20 种氨基酸之一。其侧链中的羧基具有酸性的一种极性氨基酸。是人体的非必需氨基酸和生糖氨基酸，也是一种神经递质。

02.0034　天冬氨酸　aspartic acid, Asp, D

系统命名为2-氨基丁二酸。参与蛋白质组成的常见20种氨基酸之一。其侧链中的羧基具有酸性的一种极性氨基酸。是人体的非必需氨基酸和生糖氨基酸。

02.0035　天冬酰胺　asparagine, Asn, N

系统命名为2-氨基-3-氨基甲酰丙酸。参与蛋白质组成的常见20种氨基酸之一。天冬氨酸的酰胺，为一种极性脂肪族氨基酸。是人体的非必需氨基酸和生糖氨基酸。

02.0036　谷氨酰胺　glutamine, Gln, Q

系统命名为2-氨基-4-氨基甲酰丁酸。参与蛋白质组成的常见20种氨基酸之一。谷氨酸的酰胺，为一种极性氨基酸。是人体的条件必需氨基酸和生糖氨基酸。

02.0037　丝氨酸　serine, Ser, S

系统命名为2-氨基-3-羟基丙酸。参与蛋白质组成的常见20种氨基酸之一。其侧链含有羟基的一种极性脂肪族氨基酸。因可从蚕丝中获得而得名。是人体的非必需氨基酸和生糖氨基酸。

02.0038　苏氨酸　threonine, Thr, T

系统命名为2-氨基-3-羟基丁酸。参与蛋白质组成的常见20种氨基酸之一。其侧链含有一个醇式羟基的一种极性脂肪族氨基酸，是人体的营养必需氨基酸和生酮生糖氨基酸。

02.0039　硒代半胱氨酸　selenocysteine, Sec

系统命名为2-氨基-3-氢硒基丙酸。半胱氨酸中的硫原子被硒取代后的衍生物。是近年发现的参与蛋白质组成的第21种基本氨基酸，在参与体内合成蛋白质多肽链过程中，可由特异的tRNA携带，其密码子是UGA。

02.0040　吡咯赖氨酸　pyrrolysine, Pyl

4-甲基吡咯-5-甲酰基在ε-氨基上修饰的赖氨酸。是近年发现的参与蛋白质组成的第22种基本氨基酸，其密码子是UAG。仅在产甲烷菌和古细菌中存在。

02.0041　羟脯氨酸　hydroxyproline, Hyp

系统命名为3-羟基脯氨酸（3Hyp）或4-羟基脯氨酸（4Hyp）。脯氨酸羟基化修饰后的产物。哺乳动物胶原蛋白等含有大量的羟脯氨酸。

02.0042　羟赖氨酸　hydroxylysine, Hyl

赖氨酸羟基化修饰后的产物。是哺乳动物胶原蛋白中的重要组分。

02.0043　联赖氨酸　syndesine

胶原蛋白的水解产物。产生于醛赖氨酸侧链和羟醛赖氨酸之间发生的羟醛缩合反应，可与相邻的多肽链形成共价交联。

02.0044　*N*-甲基赖氨酸　*N*-methyllysine

存在于肌球蛋白的一种特有氨基酸。行使收缩功能的肌肉蛋白质。

02.0045　焦谷氨酸　pyroglutamic acid

又称“5-氧脯氨酸（5-oxoproline）”。谷氨酸分子的α-氨基与自身γ-羧基缩合失去1个水分子而形成的环状化合物。如，在某些多肽中N端谷氨酸的氨基与5-羟基脱水而成的环化衍生物。在一些活性肽类的N端的谷氨酸，其侧链羧基与N端的氨基脱水后形成的环化衍生物。

02.0046　γ-羧基谷氨酸　γ-carboxyl glutamic acid, Gla

首先在凝血酶原中发现，也存在某些具有结

合钙离子功能的蛋白质（骨钙蛋白等）中的一种特有氨基酸。是谷氨酸残基经 γ-羧化，使其谷氨酸侧链末端再接上羧基而形成。因末端带有两个羧基，易与钙离子结合而发挥其生物功能。

02.0047 锁链素 desmosine

由 3 条烯丙基侧链加上 1 条赖氨酸侧链组成的氨基酸衍生物。分子式 $C_{24}H_{40}N_5O_8^+$。该侧链来自相同或相邻的多肽，连接形成吡啶环，可以使蛋白质分子中 2 条以上的多肽链之间发生共价交联。

02.0048 异锁链素 isodesmosine

存在于弹性蛋白中的一种稀有氨基酸。是由 4 个赖氨酸分子缩合为一个吡啶鎓环而成。为锁链素的异构体，具有生物标志物的作用。

02.01.03 非蛋白质氨基酸

02.0049 正缬氨酸 norvaline

系统命名为 2-氨基戊酸。不参与蛋白质组成的一种不含分支的 α-氨基酸。是缬氨酸的同分异构体，少量存在于某些细菌中。

02.0050 高精氨酸 homoarginine

系统命名为 6-氨基-赖氨酸。不参与蛋白质组成的一种 α-氨基酸。其侧链与常见的精氨酸相比多 1 个亚甲基。

02.0051 高半胱氨酸 homocysteine

不参与蛋白质组成的一种 α-氨基酸。其侧链与常见的半胱氨酸相比多 1 个亚甲基。是甲硫氨酸的代谢产物，也可转化为甲硫氨酸和半胱氨酸。高半胱胺酸血症是冠状动脉疾病的风险因素。

02.0052 高胱氨酸 homocystine

不参与蛋白质组成的一种 α-氨基酸。是两个高半胱氨酸分子通过巯基之间形成的二硫键相连接而成的产物。

02.0053 高丝氨酸 homoserine

不参与蛋白质组成的一种 α-氨基酸。与常见的丝氨酸相比，其侧链的主链中多 1 个亚甲基。是苏氨酸、甲硫氨酸和异亮氨酸三种必需氨基酸代谢的中间产物。

02.0054 正亮氨酸 norleucine

不参与蛋白质组成的一种 α-氨基酸。是亮氨酸的异构体，无分支。少量存在于某些细菌中。

02.0055 高异亮氨酸 homoisoleucine

不参与蛋白质组成的一种 α-氨基酸。其侧链主链中与异亮氨酸相比多 1 个亚甲基，是异亮氨酸的同系物。某些微生物能合成此种氨基酸，可用于合成肽类拮抗剂。

02.0056 甲酰甲硫氨酸 formylmethionine, fMet

不参与蛋白质组成的一种 α-氨基酸。甲硫氨酸的 α-氨基被甲酰化修饰后的产物。特异出现于细菌、线粒体和叶绿体新生多肽链的 N 端，并可在翻译后去除。

02.0057 白喉酰胺 diphthamide

不参与多肽链翻译的一种 α-氨基酸。是一种经过修饰的组氨酸。存在于真核生物蛋白质合成延伸因子-2 的多肽链中。

02.0058 胱氨酸 cystine

不参与蛋白质组成的一种 α-氨基酸。由两个半胱氨酸通过其侧链巯基氧化成二硫键后形成的产物。通常用于维持蛋白质分子的三维结构，并且经常成为发生氧化还原反应位点。

02.0059　刀豆氨酸　canavanine

不参与蛋白质组成的一种碱性 α-氨基酸。L-刀豆氨酸存在于刀豆等豆科植物，占刀豆干重 8%。刀豆种子发芽时，刀豆氨酸水解生成副刀豆氨酸和尿素，释放出氮用于生物合成，并进一步水解形成氨。

02.0060　副刀豆氨酸　canaline

不参与蛋白质组成的一种碱性 α-氨基酸。L-副刀豆氨酸发现于刀豆等豆科植物，由刀豆氨酸通过脱氨基或转氨基反应后产生。

02.0061　瓜氨酸　citrulline

又称“氨甲酰鸟氨酸(carbamyl ornithine)”。不参与蛋白质组成的一种 α-氨基酸。最初发现于西瓜汁中而得名。L-瓜氨酸是动物体内尿素循环和类似的植物尿素循环中的中间产物。

02.0062　南瓜子氨酸　cucurbitin

不参与蛋白质组成的一种 α-氨基酸。存在于南瓜子中的一种氨基酸和羧基吡咯烷。可以使某些寄生虫（如吸虫）的器官发生退行性改变。

02.0063　红藻氨酸　kainic acid, digenic acid

又称“海人草酸”“海人藻酸”。不参与蛋白质组成的一种 α-氨基酸。从红藻海人草（*Digenea simplex*）中提取的 L-谷氨酸的环状类似物。是一种神经兴奋性氨基酸激动剂，可激活谷氨酸受体。有神经毒性，可驱虫。

02.0064　含羞草氨酸　mimosine

不参与蛋白质组成的一种 α-氨基酸。化学结构类似于酪氨酸。首次发现于含羞草中而得名，也存在于银合欢属植物中。抑制细胞周期，有毒性。

02.0065　羊毛硫氨酸　lanthionine

不参与蛋白质组成的一种 α-氨基酸。是由丝氨酸残基脱水后，再与半胱氨酸残基侧链的硫原子键合形成的二聚体。发现于羊毛硫抗生素多肽中，羊毛经过温和碱处理可形成之，故得名。

02.0066　合欢氨酸　albizziin

系统命名为 L-2-氨基-3-酰脲丙酸。不参与蛋白质组成的一种 α-氨基酸。是谷氨酰胺 tRNA 合成酶的抑制剂。

02.02　肽

02.02.01　概　述

02.0067　肽　peptide

两个或更多的氨基酸通过肽键连接形成的多聚体。其氨基酸残基数通常低于 50 个，蛋白质分子中的氨基酸残基数通常高于 50 个。根据组成氨基酸残基数目的多少，可分为寡肽和多肽。蛋白质则属于多肽。

02.0068　二肽　dipeptide

由两个氨基酸残基通过肽键连接形成的肽。

02.0069　寡肽　oligopeptide

通常指含有 2～20 个氨基酸残基的肽。

02.0070　多肽　polypeptide

通常指含有 20 个以上氨基酸残基的肽。

02.0071　环肽　cyclic peptide, cyclopeptide

一类主要由 α-氨基酸和一些不常见的非蛋白质氨基酸以肽键形成的环状结构的肽。天然环肽通常有抗微生物作用或有毒。

02.0072　信号肽　signal peptide

又称“前导肽（leader peptide）”“信号序列(signal sequence)”“靶向序列(targeting sequence)”。指导真核生物新合成蛋白质

到达特定细胞器，或指导原核生物新合成蛋白质从胞质溶胶到周质间隙的一段氨基酸序列。最初发现于真核生物新合成蛋白质N端存在20～30个氨基酸残基的序列，可引导分泌蛋白进入内质网。同时在跨膜运输过程中被信号肽酶切除，新生肽链继续延伸，出现高级结构，从而形成“成熟”的蛋白质。

02.0073　新生肽　nascent peptide
特指由核糖体上刚形成的或正在形成的肽链。需要经翻译后加工才能成为构象正确的有活性的成熟蛋白质。

02.0074　内含肽　intein
曾称“蛋白质内含子”。存在于少量蛋白质前体内的片段。在加工为成熟蛋白质的过程中，通过转酯反应可自我切除（剪接），同时连接所保留的片段（外显肽）。

02.0075　外显肽　extein
曾称“蛋白质外显子”。某些蛋白质前体在自我剪接过程中去除了内含肽保存下来的肽段。连接成为成熟的蛋白质分子。

02.0076　归巢内含肽　homing intein
含有核酸内切酶活性的内含肽。可介导其编码序列的基因进行特异的移位，使其整合到已不含有内含肽的同源物中，故名。

02.0077　肽键　peptide bond
一个氨基酸的α-羧基与另一氨基酸的α-氨基之间缩水反应后形成的一种酰胺键（—CO—NH—）。具有部分双键的性质，能将单体（氨基酸）连接成多聚体（肽或蛋白质）。

02.0078　二硫键　disulfide bond
两个硫原子之间形成的共价键。通常指在多肽链中两个半胱氨酸残基的两个巯基之间形成的二硫键。对于维持蛋白质分子或肽的三维结构和稳定性十分重要。

02.0079　异肽键　isopeptide bond
一个蛋白质分子的羧基端和另一个蛋白质分子中赖氨酸残基侧链的氨基之间形成的一种酰胺键。

02.0080　氨基酸残基　amino acid residue
简称“残基（residue）”。两个或两个以上的氨基酸之间经脱水形成肽时，在肽链中由肽键连接的氨基酸失水后剩余部分。即多肽中的氨基酸单位。此时羧基组分中的羧基缺少1个羟基（—OH），而氨基组分中的氨基缺少1个氢原子（—NH—CHR—COOH），因此肽链中所有单位均为氨基酸残基，n=2, 3,4,…。

02.0081　亲水氨基酸残基　hydrophilic amino acid residue
又称“极性氨基酸残基（polar amino acid residue）”。其侧链含有亲水基团的氨基酸残基。可与其他残基或水分子形成氢键或盐桥，从而稳定蛋白质的构象，或形成蛋白质表面的水合层。

02.0082　疏水氨基酸残基　hydrophobic amino acid residue
又称“非极性氨基酸残基（nonpolar amino acid residue）”。其侧链不含亲水基团的氨基酸残基。可以通过疏水作用与其他疏水氨基酸残基在水介质中紧密结合，是球状蛋白质内核的主要残基种类。

02.0083　肽链　peptide chain
肽键连接氨基酸残基形成的线性结构。

02.0084　多肽链　polypeptide chain
肽键连接20个以上氨基酸残基形成的线性结构。

02.0085　平均残基量　mean residue weight

参与蛋白质组成中的常见 20 种氨基酸残基的统计平均分子量（约 110 Da）。

02.0086　C 端　carboxyl terminal, C-terminal, C-terminus

全称“羧基端”。肽链有 2 个末端，其中氨基酸残基携带游离的 α-羧基的一端。在表示氨基酸序列时，通常将 C 端放在肽链的右边。

02.0087　N 端　amino terminal, N-terminal, N-terminus

全称“氨基端”。肽链有 2 个末端，其中氨基酸残基携带游离的 α-氨基的一端。在表示氨基酸序列时，通常将 N 端放在肽链的左边。

02.0088　肽平面　peptide plane

肽键具有部分双键的性质，肽键的 4 个原子和与之连接的 2 个 α-碳原子处于的同一平面。

02.0089　肽单元　peptide unit

又称“肽单位”“肽基（peptide group）”。肽链中形成肽键的 4 个原子和与之相邻的 2 个 α-碳原子位于同一刚性平面构成的一个单位。以化学式—C—CO—NH—C—表示，是肽键主链上的重复结构。

02.0090　二面角　dihedral angle

又称“双面角”。多肽链由一系列肽平面通过 C_α 原子连接而成，N—C_α 和 C_α—C 之间均以单键相连，可以自由旋转，两者旋转的角度。分别以 φ 和 ψ 表示。决定多肽链骨架在空间的折叠特征。

02.0091　拉氏图　Ramachandran plot

肽链中的肽单元之间通过 C_α 原子相连接，为了描述二级结构肽链骨架折叠状态和构象允许范围，印度学者拉马钱德兰（G. N. Ramachandran）用 φ 角和 ψ 角分别表示单键 N—C_α 和单键 C_α—C 旋转的角度，并分别以之为横坐标和纵坐标所做的二维图。

02.0092　肽文库　peptide library

通常指固相合成的大量肽的混合物。其长度不超过 70 个氨基酸残基，用于研究蛋白质-蛋白质相互作用等，如构建长度为 10 个残基的肽文库，每个位点可出现特定的或随机的残基。

02.02.02　功能性寡肽和多肽

02.0093　谷胱甘肽　glutathione, GSH

由谷氨酸、半胱氨酸和甘氨酸缩合形成的三肽。是细胞内重要的还原性物质，以保护细胞免受氧化损伤。

02.0094　肌肽　carnosine

由 β-丙氨酸和 L-组氨酸两种氨基酸组成的一种二肽。在人类、脊椎动物的骨骼肌和脑中含量丰富，可用于清除体内活性氧类物质，保护机体。

02.0095　鹅肌肽　anserine

由 β-丙氨酸和甲基组氨酸通过异肽键相连接的一种二肽。最初发现于鹅类肌肉而得名。存在于哺乳动物和鸟类的骨骼肌和脑中。

02.0096　肯特肽　kentsin

又称“避孕四肽”。一种人工合成的、氨基酸序列为 Thr-Pro-Arg-Lys 的四肽。因发现者肯特（Kent）而得名，具有阿片样肽和非阿片样肽双重作用，可以止痛，但不直接与阿片样肽受体结合。

02.0097　肯普肽　kemptide

一种人工合成的、氨基酸序列为 Leu-Arg-Arg-Ala-Ser-Leu-Gly 的七肽。因发现者肯普（Kemp）而得名。可作为人工合成的蛋白质激酶 A（PKA）的底物，被磷酸化。

02.0098　神经肽　neuropeptide

由神经元合成分泌并释放作用于神经底物的一类内源性生物活性多肽。在生物体内可作为神经递质、神经调质或神经激素进行细胞间信号转导，是神经系统最大、最多样化的一类信号分子。其长度不等，通常具有 3～100 个氨基酸。包括内源性阿片样肽、速激肽家族等。

02.0099　阿片样肽　opioid peptide

具有吗啡样镇痛作用的一类内源性多肽的总称。能与中枢神经或外周组织中阿片受体特异结合，其作用可为吗啡拮抗剂纳洛酮阻断。这些肽都有一个共同的 N 端序列（Tyr-Gly-Gly-Phe-Met/Leu）。其不仅参与镇痛，而且还在应激、记忆、免疫反应、摄食、血压调节、脑瘤生长以及内分泌调节等生理活动中发挥重要作用。

02.0100　内源性阿片样肽　endogenous opioid peptide, EOP

人类和动物中枢神经系统（如垂体）和若干腺体（如肾上腺）产生的阿片样肽。具有生物碱阿片类作用，主要作为激素和神经递质。大致分为内啡肽、脑啡肽和强啡肽三类。

02.0101　内啡肽　endorphin

人类和动物中枢神经系统（如垂体）产生的内源性阿片样肽。主要有 α、β 和 γ 三种类型，各含 16、31 和 17 个氨基酸残基，其序列仅 C 端不同，结合于特异的阿片样物质受体。主要功能是抑制疼痛信号传递，可产生极度兴奋。

02.0102　脑啡肽　enkephalin, ENK

由 5 个氨基酸残基（Tyr-Gly-Gly-Phe-Xaa）组成的具有吗啡样活性的五肽内啡肽。存在于中枢神经系统中，神经元分布较广泛，除能镇痛外，具有调节内分泌激素分泌和体温等作用。在脑中已发现有两种脑啡肽——甲硫氨酸脑啡肽和亮氨酸脑啡肽。

02.0103　甲硫氨酸脑啡肽　methionine enkephalin, Met-enkephalin, MEK

氨基酸序列为Tyr-Gly-Gly-Phe-Met的脑啡肽。

02.0104　亮氨酸脑啡肽　leucine enkephalin, Leu-enkephalin, LEK

氨基酸序列为 Tyr-Gly-Gly-Phe-Leu 的脑啡肽。

02.0105　甲八肽酰胺　metorphamide

从牛尾核和人嗜酪细胞瘤中分离到的一个内源性阿片样肽。对 μ 受体有高度亲和力，对 κ 受体亲和力较弱，约为 μ 受体的一半，而对 δ 受体几无作用。

02.0106　脑啡肽原　proenkephalin

脑啡肽的前体。经蛋白酶解加工后可产生脑啡肽，以及甲八肽酰胺等内源性阿片样肽。

02.0107　前脑啡肽原　preproenkephalin

脑啡肽原的前体。含信号肽，去除信号肽后产生脑啡肽原。

02.0108　强啡肽原　prodynorphin

含 236 个氨基酸残基的强啡肽前体。经水解加工形成 β-新内啡肽、强啡肽、亮脑啡肽、利莫啡肽和亮氨酸啡肽。

02.0109　强啡肽　dynorphin

存在于猪脑、十二指肠、垂体，具有很强的

阿片样活性的十三肽。其N端的5个氨基酸序列与脑啡肽相同，其前体是强啡肽原。

02.0110 新内啡肽 neoendorphin
强啡肽原经过蛋白酶解切割的产物。是一组内源性阿片样肽，主要类型有α和β等。

02.0111 内吗啡肽 endomorphin
一种由4个氨基酸残基组成的、与吗啡作用相似的小肽。是μ型阿片受体的专一性配体。

02.0112 孤啡肽 orphanin-FQ, OFQ
又称“痛敏素（nociceptin, NC）”。一种由17个氨基酸残基组成的内源性阿片样肽。其分子量为1.8kDa，其结构与已知的强啡肽A类似，其第一个氨基酸是苯丙氨酸（F），末一个氨基酸是谷氨酰胺（Q）。

02.0113 皮脑啡肽 dermenkaphaline
存在于叶泡蛙皮肤中的一种五肽。对δ阿片样肽受体的亲和力和选择性很强。

02.0114 小脑肽 cerebellin
特异存在于小脑皮质中层内的浦肯野细胞突触后结构的一种16肽。其浓度出生时较低，5～15天达到峰值，在哺乳动物和鸟类中比较保守。

02.0115 δ啡肽 deltorphin
在中、南美洲叶水蛙（*Phyllomedusa*）皮肤中存在的一类内源性阿片样七肽。包括δ啡肽-Ⅰ、δ啡肽-Ⅱ和皮啡肽等。对δ阿片样肽受体的亲和力和选择性很强。

02.0116 皮啡肽 dermorphin
在中、南美洲叶水蛙（*Phyllomedusa*）和某些两栖动物皮肤中存在的一种七肽。其氨基酸序列为Ser-Pro-Tyr-Gly-Phe-D-Ala-Tyr，C端被酰化修饰。比吗啡对阿片样肽受体的作用更强，但耐药性和成瘾作用较低。

02.0117 肌调肽 myomodulin
发现于软体动物、昆虫和腹足动物中的一种神经调节七肽。其氨基酸序列为Pro-Met-Ser-Met-Leu-Arg-Leu，可抑制钠钾泵，增强神经肌肉活性，增加肌肉收缩的幅度和频率。

02.0118 前速激肽原 preprotachykinin, PPT
速激肽的前体。

02.0119 速激肽 tachykinin
含10～12个氨基酸残基，N端共同序列为Met-Leu-Gly-X-Phe-（X为芳香族或脂肪族氨基酸）的神经肽。主要有P物质、神经激肽A、神经激肽B等。从两栖动物到哺乳动物广泛存在。刺激神经元，调节平滑肌收缩，可迅速导致肠道收缩或血管扩张（低血压）。

02.0120 P物质 substance P, SP
在哺乳动物中枢神经系统中发现的一种十一肽速激肽。是脑内作用很广泛的兴奋性神经递质。

02.0121 神经激肽A neurokinin A, NKA
又称“K物质（substance K, SK）”“神经调节肽L（neuromedin L）”。在哺乳动物中枢神经系统中发现的一种十肽速激肽。其氨基酸序列为His-Lys-Thr-Asp-Ser-Phe-Val-Gly-Leu-Met。为肽类神经递质，与P物质来自同一前体。是有效的支气管收缩药。

02.0122 神经激肽B neurokinin B, NKB
又称“神经调节肽K（neuromedin K）”。在哺乳动物中枢神经系统中发现的一种十肽速激肽。其氨基酸序列为Met-Leu-Gly-Val-Phe-Phe-Asp-His-Met-Asp。是有效的支气管收缩药。

02.0123　神经激肽　neurokinin
哺乳动物中 P 物质、神经激肽 A 和神经激肽 B 的合称。

02.0124　神经肽 Y　neuropeptide Y, NPY
一种含有 36 个氨基酸残基的神经肽。在哺乳动物中枢和外周神经系统中广泛分布，是含量最丰富的神经肽之一。参与调节摄食、痛觉、睡眠、情绪、学习与记忆等生理功能。

02.0125　神经肽 B　neuropeptide B, NPB
第一个色氨酸残基溴化（bromination）的一种神经肽。是由 29 个氨基酸残基组成，为 G 蛋白偶联受体 GPR7 和 GPR8 的内源性配体。广泛分布于中枢神经和其他组织器官，具有调节摄食行为、能量平衡、神经内分泌、炎性痛觉、应激反应、情绪、焦虑等作用。

02.0126　神经肽 W　neuropeptide W, NPW
第一个和最后一个氨基酸为色氨酸（Trp，缩写为 W）的一种神经肽。有 2 种异形体，由同一前体裂解产生，分别含有 23 个（NPW 23）和 30 个氨基酸残基（NPW 30），为 G 蛋白偶联受体 GPR7 和 GPR8 的内源性配体。广泛分布于中枢神经和其他组织器官中，具有调节摄食行为、能量平衡、神经内分泌、炎性痛觉、应激反应、情绪、焦虑等作用。

02.0127　垂体腺苷酸环化酶激活肽　pituitary adenylate cyclase-activating polypeptide, PACAP
由 38 和 27 个氨基酸残基组成的两种多肽。即 PACAP-38 和 PACAP-27 主要分布在神经系统和胃肠道组织内，具有促进消化吸收、垂体激素分泌、提高动物繁殖性能和免疫力等功能。

02.0128　肾上腺髓质肽　adrenomedullin, ADM
含 52 个氨基酸残基的一种具有血管扩张作用的肽激素。与降钙素家族的几个肽成员结构相似。产生于血管内皮细胞和肾上腺髓质，在血液中含量较高。对人类健康和疾病的意义尚不确定。

02.0129　味[多]肽　gustin
唾液中含有两个锌离子的一种多肽。是味蕾发育所必需，对维持味觉有重要作用。

02.0130　嗜铬粒抑制肽　chromostatin
体内广泛存在的嗜铬粒蛋白 A 经蛋白酶解后产生的小肽。约含 20 个氨基酸残基，参与调节内分泌和儿茶酚胺相关应答。

02.0131　天冬苯丙二肽酯　aspartame
又称“阿斯巴甜”“天冬甜二肽”。由 L-α-天冬氨酸和 L-苯丙氨酸结合的二肽甲酯。非糖类甜味剂，低卡路里，在水中的甜度比蔗糖大约高 160 倍。在烹饪过程中其甲酯组分发生水解，甜味丧失。

02.0132　成骨生长肽　osteogenic growth peptide, OGP
最初从损伤后再生的骨髓培养基质中分离纯化而来的一种含 14 个氨基酸残基的多肽。序列为 Ala-Leu-Lys-Arg-Gln-Gly-Arg-Thr-Leu-Tyr-Gly-Phe-Gly-Gly。在人类和动物血清中含量丰富，可激活成骨细胞等增生和分化。

02.0133　呼吸活化肽　resact
又称“精子激活肽（sperm-activating peptide, SAP）”。从海胆卵中分离出的一种含 14 个氨基酸残基的多肽。序列为 Leu-Arg-Gly-Gly-Gly-Val-Cys-Gly-Pro-Ala-Gly-Thr-Val-Cys，C 端被酰化修饰。具有种的特异性，可刺激精子的呼吸，影响运动和代谢。其受体是质膜的鸟苷酸环化酶。

02.0134　恐暗肽　scotophobin

20 世纪 60 年代寻找记忆物质，从经过惧怕黑暗训练的大白鼠脑中分离出的一种 15 肽。可记忆这种恐惧，并使未经训练的大白鼠产生相似效果。曾被认为是首次发现的记忆物质，其后该发现受到质疑。

02.0135　甘丙肽　galanin, GAL

一种含有 30 个氨基酸残基的神经肽（啮齿类动物含 29 个氨基酸残基）。因其 N 端和 C 端分别为甘氨酸（Gly）和丙氨酸（Ala）而得名。广泛存在于哺乳动物周围和中枢神经系统，包括大脑、脊髓和胃肠道。主要通过 G 蛋白偶联受体信号转导途径抑制神经元的动作电位和神经递质的释放。参与调节睡眠、认知、进食、情绪和血压等，和阿尔茨海默病、癫痫和抑郁症等疾病的发生有关。

02.0136　前甘丙肽原　preprogalanin

由 123～124 个氨基酸残基组成的肽段。其 N 端含一个 20 多个氨基酸的疏水序列。甘丙肽为第 32～62 个氨基酸，其后为一个由 59 或 60 个氨基酸残基组成的肽段。

02.0137　甘丙肽信息相关肽　galanin message-associated peptide, GMAP

前甘丙肽原中紧跟在甘丙肽之后的由 59 或 60 个氨基酸残基组成的肽段。目前仅发现它在脊髓伤害修复方面有作用。

02.0138　甘丙肽样肽　galanin-like peptide, GALP

又称“甘丙肽类似肽”。最初从猪的下丘脑中分离出来的含 60 个氨基酸残基的多肽。在其他动物体内也存在。

02.0139　甘丙肽样肽抗体　alarin

2006 年在人神经母细胞瘤的神经节细胞中发现的一种由 25 个氨基酸残基组成的调节肽。为神经肽甘丙肽家族的新成员。

02.0140　缬酪肽　valosin

最初从猪小肠中分离出来的含 25 个氨基酸残基的多肽。

02.0141　直肠肽　proctolin

存在于昆虫中的一种内源性五肽。其氨基酸序列为 Arg-Tyr-Leu-Pro-Thr。具有兴奋性神经调节剂作用。可引起原肛及后肠肌肉收缩，对钾离子通道和鲎的心脏收缩也有影响。

02.0142　水螅肽　pedin

从水螅（*Hydra vulgaris*）中分离的一种十三肽。其序列为 Glu-Glu-Leu-Arg-Pro-Glu-Val-Leu-Pro-Asp-Val-Ser-Glu，能刺激水螅足的形成。

02.0143　泡蛙肽　physalaemin

最初从南美洲蛙类（*Physalaemus fuscumaculatus*）皮肤中提取的一种十一肽。其氨基酸序列为 Met-Leu-Gly-Tyr-Phe-Lys-Asn-Pro-Asp-Ala-pGlu。是速激肽家族成员，和 P 物质关系密切。

02.0144　耳腺蛙肽　uperolein

从澳大利亚耳腺蟾（*Uperoleia rugosa*）皮肤中分离出的一种十一肽。其氨基酸序列为 Met-Leu-Gly-Tyr-Phe-Ala-Asn-Pro-Asp-Pro-Glu，是速激肽家族成员，可促进血管扩张、腺体分泌和平滑肌收缩等。

02.0145　援木蛙肽　hylambatin

最初从非洲蛙类（*Hylambates maculatus*）皮肤中分离出的一种十二肽。其氨基酸序列为 Met-Met-Gly-Tyr-Phe-Arg-Asp-Pro-Asp-Pro-Pro-Asp。是速激肽家族成员，可增加血浆中的葡萄糖和胰岛素水平。

02.0146　色氨肽　tryptophyllin

最初从巴西的雨蛙（*Phyllomedusa rohdei*）皮肤中分离出的长度4～14个氨基酸残基组成的一类小肽。含有一个色氨酸（Trp）残基和几个保守的脯氨酸。广泛存在于蛙类皮肤中，其生理功能尚鲜有报道。

02.0147　颗粒释放肽　granuliberin

最初从日本皱皮蛙（*Rana rugosa*）皮肤中分离出的一种十二肽。其氨基酸序列为 Phe-Gly-Phe-Leu-Pro-Ile-Tyr-Arg-Arg-Pro-Ala-Ser。可诱导肥大细胞中的颗粒释放组胺。

02.0148　铃蟾肽　bombesin

最初从欧洲红腹铃蟾（*Bombina bombina*）皮肤中分离出的一种 14 肽。哺乳动物的神经调节肽 B 和促胃液素释放肽与之同源，产生于胃肠神经，促进促胃液素释放，刺激平滑肌收缩，激活几种 G 蛋白偶联受体（包括在脑细胞）。是肺癌、胃癌和神经母细胞瘤的肿瘤标志物。

02.0149　雨蛙肽　cerulin, caerulein, ceruletide

又称“雨蛙素”。最初从蛙类皮肤中分离的一种十肽。组成和作用类似于缩胆囊肽，可促进胃液、胆汁和胰腺分泌，刺激某些平滑肌收缩。常与叶泡雨蛙肽（九肽）并存。

02.0150　叶泡雨蛙肽　phyllocaerulin, phyllocaerulein

最初从南美洲叶泡蛙（*Phyllomedusa sauvagei*）皮肤中分离的一种九肽。其氨基酸序列为 Phe-Asp-Met-Trp-Gly-Thr-Tyr(SO_3H)-Glu-Pyr，C 端被酰化修饰。药理作用类似于雨蛙肽。

02.0151　雨滨蛙肽　litorin

最初从绿金雨滨蛙（*Litoria aurea*）中分离的一种九肽。其氨基酸序列为 Met-Phe-His-Gly-Val-Ala-Trp-Gln-Glu，C 端被酰化修饰。和铃蟾肽的作用相似，增加促胃液素的释放，促进胃酸和胰腺的分泌，刺激平滑肌收缩。

02.0152　叶泡雨滨蛙肽　phyllolitorin

最初从南美洲叶泡蛙（*Phyllomedusa sauvagei*）皮肤中分离的一种九肽。其氨基酸序列为 Met-Phe-Ser-Gly-Val-Ala-Trp-Leu-Pyr，C 端被酰化修饰。属于铃蟾肽类肽，可诱导膀胱平滑肌收缩。

02.0153　蛙紧张肽　ranatensin

从蛙类皮肤中分离的一种十一肽。其氨基酸序列为 Met-Phe-His-Gly-Val-Ala-Trp-Gln-Pro-Val-pGlu。为一种铃蟾肽类肽，可刺激平滑肌收缩。

02.0154　豹蛙肽　pipinin

从豹蛙（*Rana pipiens*）皮肤中分离的一种多肽。C 端具有七肽环，可刺激活性物质（如胰岛素、促肾上腺激素、组胺等）的释放。

02.0155　腺苷调节肽　adenoregulin

从蛙类皮肤中分离的一种抗菌肽。含 33 个氨基酸残基，可杀死丝状真菌和广谱病原微生物。

02.0156　皮抑菌肽　dermaseptin

从蛙类皮肤中分离的富含赖氨酸的一种抗真菌多肽。含 34 个氨基酸残基，是第一个被发现可杀死真菌的脊椎动物多肽。

02.0157　爪蟾肽　xenopsin

最初从非洲爪蟾（*Xenopus laevis*）皮肤中分离的一种八肽。其氨基酸序列为 Glu-Gly-Lys-Arg-Pro-Trp-Ile-Leu，存在于两栖动物皮肤。进食后在血浆中的浓度提高，可促进胰腺分泌。

02.0158 产婆蟾紧张肽 alytensin

从产婆蟾（*Alytes obstetrican*）皮肤中分离的一种十四肽。和铃蟾肽的结构相似，在哺乳动物体内可产生类似血管紧张素的效应。

02.0159 颊肽 buccalin

软体动物海兔中分离的一种十一肽。其氨基酸序列为 Leu-Gly-Gly-Ser-Phe-Ala-Leu-Ser-Asp-Met-Gly，C 端被酰化修饰。作用于神经末梢的突触后，抑制乙酰胆碱的释放。

02.0160 激动肽 exendin

全称“毒蜥激动肽”。吉拉毒蜥（*Heloderma suspectum*）分泌的一组胰高血糖素家族相关肽。生物活性与血管活性肠肽和促胰液素相似。

02.0161 激动肽 4 exendin-4

全称“毒蜥激动肽 4”。从吉拉毒蜥（*Heloderma suspectum*）唾液中分离的含 39 个氨基酸残基的多肽激素。生物活性与胰高血糖素样肽 1 类似。

02.0162 锯鳞肽 echistatin

又称“蛇毒锯鳞蝰素”。从锯鳞蝰（*Echis carinatus*）毒液中分离的一种含 49 个氨基酸残基的多肽。是解整联蛋白家族中分子量最小的成员，抑制血小板凝集。

02.0163 血纤肽 fibrinopeptide

全称“血纤维蛋白肽”。血纤蛋白原在凝血酶作用下释放的两种带负电荷的肽。即血纤肽 A 和血纤肽 B。

02.0164 血纤肽 A fibrinopeptide A

血纤蛋白原的 Aα 链在凝血酶作用后从氨基末端水解释放的两个小肽片段。每个肽链含 18 个氨基酸残基。人血纤肽 A 为十六肽，在临床有重要意义。

02.0165 血纤肽 B fibrinopeptide B

血纤蛋白原的 Bβ 链在凝血酶作用后从氨基末端水解释放的两个小肽片段。每个肽链含 20 个氨基酸残基。人血纤肽 B 为十四肽。

02.0166 δ 睡眠诱导肽 delta-sleep inducing peptide, δ-sleep inducing peptide, DSIP

最初在兔与大鼠血浆中发现的一种九肽。其氨基酸序列为 Trp-Ala-Gly-Gly-Asp-Ala-Ser-Gly-Glu。在睡眠时其浓度倍增，注射清醒的动物后可快速诱导睡眠，脑电图显示深睡状态的 δ 波，故名。

02.0167 三叶肽 trefoil peptide

一类具有 P 结构域（约 45 个氨基酸残基）的分泌性肽类。是由 6 个半胱氨酸残基借 3 对二硫键连接形成三叶状结构，并含有高度保守的丙氨酸、甘氨酸和色氨酸残基，故名。

02.0168 三叶因子家族 trefoil factor family, TFF

一类含一个或几个三叶结构域多肽的蛋白质家族。主要是由胃肠道黏液细胞分泌的一族富含半胱氨酸的小分子多肽。目前哺乳动物中发现 3 种：TFF1（即乳腺癌相关肽）、TFF2（即解痉多肽）和 TFF3（即肠三叶因子）。对黏膜有保护作用。

02.0169 三叶因子 1 trefoil factor 1, TFF1

又称“乳腺癌相关肽（breast cancer-associated peptide, pS2）”。三叶因子家族成员之一。1982 年从人乳腺癌细胞 MCF-7 中寻找雌激素诱导的信使 RNA 时发现的小分子肽。含有 1 个 P 结构域，由 60 个氨基酸残基组成，分子量为 6.6kDa，常形成同源或异源二聚体。分布于整个胃黏膜胃小凹上皮表面。主要生理作用是保护胃肠道上皮和促进黏膜愈合。

02.0170　三叶因子 2　trefoil factor 2, TFF2

又称“解痉多肽（spasmolytic polypeptide, SP）”。三叶因子家族成员之一。1982 年在分离猪胰岛素时发现的小分子肽。含有 2 个 P 结构域，由 106 个氨基酸残基组成，分子量为 12kDa。分布于远端胃和远段十二指肠腺上皮。主要生理作用是保护胃肠道上皮和促进黏膜愈合。

02.0171　三叶因子 3　trefoil factor 3, TFF3

又称“肠三叶因子（intestinal trefoil factor, ITF）”。三叶因子家族成员之一。1991 年在鼠体内发现的小分子肽。含有 1 个 P 结构域，由 59 个氨基酸残基组成，分子量为 6.6kDa，常形成同源或异源二聚体。分布于整个小肠和大肠上皮，主要生理作用是保护胃肠道上皮和促进黏膜愈合。

02.0172　鸟苷肽　guanylin

鼠类结肠杯形细胞分泌的一种十五肽。结合并激活鸟苷酸环化酶，调节肠和肾上皮细胞的电解质转运。

02.0173　尿鸟苷肽　uroguanylin

又称“尿鸟苷素”。人十二指肠和小肠嗜铬细胞分泌的一种十六肽。结合并激活鸟苷酸环化酶，调节肠和肾上皮细胞的电解质转运。

02.0174　鲱精肽　clupein, clupeine

曾称“鲱精蛋白”。从鲱鱼精子中分离得到的、由约 30 个氨基酸残基构成的多肽。富含精氨酸，呈碱性，在精子生成时可取代核小体中的组蛋白，包装 DNA。

02.0175　鲟精肽　sturin, sturine

曾称“鲟精蛋白”。从鲟鱼精子中分离得到的、由约 30 个氨基酸残基构成的多肽。富含精氨酸，呈碱性，在精子生成时可取代核小体中的组蛋白，包装 DNA。

02.0176　蜂毒明肽　apamin

又称“蜂神经毒肽”。从蜂毒液中分离的一种碱性十八肽。分子内含 2 个链内二硫键，是最小的神经毒性肽之一，约占蜜蜂毒液干重 2%～3%。有阻断哺乳动物平滑肌受抑制的作用和封阻 K^+通道的特性。

02.0177　蜂毒肽　melittin

从蜜蜂（*Apis mellifera*）毒液中分离的一种由 26 个氨基酸残基组成的强碱性多肽。是蜂毒的主要成分，约占蜂毒干重的 50%，也是蜂毒中具药理作用和生物学活性的主要组分。

02.0178　穴蝰毒素　sarafotoxin

又称“角蝰毒素”。从毒蛇穴蝰（*Atractaspis engaddensis*）中分离的一类剧毒的二十一肽。分子内含 2 个链内二硫键。与内皮肽高度同源，但 N 端不同。具有强烈的心脏收缩活性，引起心跳停止，其前体由 543 个氨基酸残基组成。

02.0179　芋螺毒素　conotoxin

从芋螺（*Conus*）毒液中分离的由 10～40 个氨基残基组成的多肽神经毒素。分 α、μ、ω 三种类型。α 型（13～18 个氨基酸）竞争性抑制烟碱性乙酰胆碱受体；μ 型（22 个氨基酸）结合肌肉电压门控钠离子通道，造成瘫痪；ω 型可分离自两种海蜗牛毒液，抑制电压门控钙离子通道，阻断突触信号传递。

02.0180　水蛭素　hirudin

水蛭唾液中的一种多肽。含 65 个氨基酸残基和 3 对二硫键，具有高度特异的抗凝血酶活性，通过与凝血酶结合而抑制其结合底物，故有抗凝血作用。

02.0181　抗微生物肽　antimicrobial peptide, AMP

又称"抗菌肽""多肽抗生素（peptide antibiotics）"。一类具有抑制或杀灭病原微生物的活性多肽或小分子蛋白质的总称。

02.0182　组织蛋白酶抑制素　cathelicidin

哺乳动物上皮细胞产生的一种内源性抗菌多肽类物质。保护皮肤及其他器官组织免受致病菌的侵害。

02.0183　前抗微生物肽　cathelin

又称"前抗菌肽"。从猪白细胞中分离出来的一种组织蛋白酶抑制素。具抗微生物活性。

02.0184　防御肽　defensin

又称"防御素"。一种抗细菌、抗真菌和抗病毒小肽。呈正电荷，一般含 18～45 个氨基酸残基，其中 6～8 个半胱氨酸可形成 3 对二硫键使肽链形成反向的片状结构。存在于人类和哺乳动物免疫系统（如嗜中性粒细胞和上皮细胞）及昆虫血淋巴。在微生物膜上多聚化成孔，使膜渗漏。

02.0185　隐防御肽　cryptdin

又称"鼠防御素""隐窝素"。最初从小鼠隐窝中分离的类似防御肽的肽类。含 32～36 个氨基酸残基，6 个半胱氨酸形成 3 对二硫键，二级结构呈 3 条 β 折叠链。可杀死革兰氏阴性和阳性菌、螺旋菌和某些病毒。

02.0186　天蚕杀菌肽　cecropin

又称"天蚕素"。最初从惜古比天蚕（*Hyatophora cecropia*）蛹中诱导分离的具有抗菌活性的多肽。含 31～37 个氨基酸残基。可裂解细菌细胞膜，对革兰氏阳性和阴性菌都有较强灭菌作用。

02.0187　麻蝇抗菌肽　sarcotoxin

存在于食肉昆虫麻绳（*Sarcophaga*）血淋巴中的一组抗菌肽。首先发现的麻蝇抗菌肽 1A 是 39 肽（含 39 个氨基酸残基），是广谱抗菌肽。通常与来源于昆虫的天蚕杀菌肽归为一类。

02.0188　双翅菌肽　diptericin

存在于双翅目昆虫血淋巴中富含甘氨酸的一种抗革兰氏阴性菌多肽。家蝇（*Musca domestica*）双翅菌肽含 99 个氨基酸残基，分子量约 10.8kDa。

02.0189　家蚕抗菌肽　moricin

从家蚕（*Bombyx mori*）中提取的抗菌肽。含 42 个氨基酸残基，N 端形成一个具有两亲性（亲水和疏水）的 α 螺旋，能增加细菌细胞膜的通透性以杀菌。

02.0190　贻贝抗菌肽　myticin

从紫贻贝（*Mytilus galloprovincialis*）血细胞中分离的一类抗菌肽。含 40 个氨基酸残基，分子内形成 4 对二硫键。其氨基酸序列模体为—$CX_4CX_3CX_4CX_4CX_8CXCXXC$—，其中 C 为半胱氨酸残基，X 为其他氨基酸残基。有 A、B、C 三种亚型。A 和 B 型显示革兰氏阳性菌抗性，B 型还有对某些真菌的抗性。C 型抗病毒，在偏酸性环境抑制革兰氏阳性和阴性菌。

02.0191　贻贝杀菌肽　mytilin

从紫贻贝（*Mytilus galloprovincialis*）血细胞中分离的一类抗菌肽。含 34 个氨基酸残基，分子内形成 4 对二硫键，其序列模体为—$CX_3CX_3CX_4CX_{10}CXCXCXXC$—，其中 C 为半胱氨酸残基，X 为其他氨基酸残基。有 A 和 B 两类，序列相似。

02.0192　贻贝抗真菌肽　mytimycin

从贻贝（*Mytilus*）血细胞中分离的一种抗真

菌肽。含 33 个氨基酸残基。

02.0193　牛抗菌肽　bactenecin

从牛嗜中性粒细胞中分离的一种环形十二肽抗生素。其氨基酸序列为 Arg-Leu-Cys-Arg-Ile-Val-Val-Ile-Arg-Val-Cys-Arg，两个半胱氨酸（第 3 位和第 11 位）形成二硫键，呈正电性。

02.0194　铃蟾抗菌肽　bombinin

在铃蟾皮肤中发现的一种具有抗菌和溶血活性的二十四肽。由 24 个氨基酸残基组成。

02.0195　爪蟾抗菌肽　magainin

从非洲爪蟾皮肤中分离的一类抗菌肽。爪蟾抗菌肽-1 和爪蟾抗菌肽-2 均为二十三肽，序列相似，仅有 2 个氨基酸残基不同。可破坏细胞膜，对细菌、原生动物和真菌有广谱抗性作用。

02.0196　羊毛硫肽　lanthiopeptin

由肉桂链霉菌（*Streptomyces cinnamoneus*）产生的一种十九肽抗生素。含 4 种修饰氨基酸（羟基天冬氨酸、羊毛硫氨酸和赖丙氨酸等）。分子内通过 4 对共价键形成四环结构。具有抗革兰氏阳性杆菌和抗病毒活性。

02.0197　羊毛硫细菌素　lantibiotic

含羊毛硫氨酸（一种稀有氨基酸）的一类抗菌肽。一般有 19～38 个氨基酸残基。为革兰氏阳性菌广谱抗生素。

02.0198　表皮抗菌肽　epidermin

又称“表皮菌素”。从表皮葡萄球菌（*Staphylococcus epidermidis*）中分离的一种阴离子抗菌肽。含 22 个氨基酸残基。是第一个被发现的羊毛硫细菌素。

02.0199　乳链菌肽　nisin

又称“乳酸链球菌素”。由乳酸链球菌（*Lactococcus lactis*）产生的由 34 个氨基酸残基组成的一种多环抗菌肽。包括羊毛硫氨酸及其衍生物。可用于食品业。

02.0200　胞壁酰二肽　muramyl dipeptide, MDP

系统命名为 *N*-乙酰胞壁酰-D-丙氨酰-D-异谷氨酰胺。细菌肽聚糖的水溶性衍生物。可以被免疫系统当作病原相关分子识别并激活某些细胞因子，可合成并用于免疫佐剂。

02.0201　磷酰二肽　phosphoramidon

曾称“膦酰二肽”。一种链霉菌产生的化合物。抑制嗜热菌蛋白酶、金属内肽酶和内皮肽转换酶等，用途广泛。

02.0202　丙甲甘肽　alamethicin

真菌绿色木霉菌（*Trichoderma viride*）产生的二十肽。其中有 8 个 2-甲基丙氨酸，为多肽抗生素，使其易于在细胞膜或人造磷脂膜中形成离子通道。

02.0203　博来霉素　bleomycin

从轮枝链霉菌中分离的一种糖肽。抑制 DNA 合成，是多种癌症的化疗药物。分子骨架为肽–聚乙烯酮类化合物–肽，其组分肽在体内经过非核糖体途径合成，是由聚乙烯酮类化合物以短链羧酸为单位合成，然后组装而成。

02.0204　微菌素　microcin

又称“小菌素”。肠杆菌产生的分子量低于 10kDa 的一类抗菌肽。肽链中几个半胱氨酸和苯丙氨酸、苏氨酸等残基之间共价交联，形成环化分子骨架。大肠埃希菌产生的微菌素可清除与之共生的肠道沙门氏菌。

02.0205　多黏菌素　polymyxin

从多黏芽孢杆菌（*Bacillus polymyxa*）中分离

的一组多肽类抗生素。由 10 个氨基酸残基组成，其中 6 个形成环肽，还有脂肪酸侧链连接。有多黏菌素 A、B、C、D、E 等多种成分，具有阳离子表面活性去污剂的作用，能破坏革兰氏阴性细菌的细胞膜结构。对神经系统和肾脏有一定的毒性。

02.0206　黏菌素　colistin
又称“多黏菌素 E（polymyxin E）”。从多黏芽孢杆菌变种（*Bacillus polymyxa* var. *colistinus*）等中分离的多肽类抗生素。具有阳离子表面活性去污剂的作用，有抑制和杀灭革兰氏阴性菌的作用。

02.0207　表面活性肽　surfactin
从枯草芽孢杆菌（*Bacillus subtilis*）等中分离的环状脂肽。含 7 个氨基酸残基和 1 个长 13～15 个碳原子的脂肪酸链。是一种抗生素，强表面活性剂，具有抗细菌、抗病毒、抗真菌、抗支原体和溶血作用。

02.0208　杆菌肽　bacitracin
从枯草芽孢杆菌（*Bacillus subtilis*）和地衣芽孢杆菌（*Bacillus licheniformis*）等中分离的环状十二肽抗生素。有抑制或杀灭革兰氏阳性和阴性菌的作用。主要组分杆菌肽 A 含 D-氨基酸，抑制革兰氏阳性菌细胞壁肽聚糖的合成。

02.0209　短杆菌素　tyrothricin
从短芽孢杆菌（*Bacillus brevis*）中分离的以环状多肽为主的抗生素混合物。主要组分是短杆菌酪肽和短杆菌肽。有抗革兰氏阳性菌的作用。

02.0210　短杆菌酪肽　tyrocidine
从短芽孢杆菌（*Bacillus brevis*）中分离的由 10 个氨基酸残基组成的环状十肽类抗生素混合物。有 4 种类型（A～D），其氨基酸序列相似，仅第 3、第 4 和第 7 位氨基酸残基不同，第 4 位均为 D-氨基酸（D-Phe 或 D-Trp）。是革兰氏阳性菌广谱抗生素，破坏其细胞膜。

02.0211　短杆菌肽　gramicidin
从短芽孢杆菌（*Bacillus brevis*）中分离的由 15 个氨基酸残基组成的线状十五肽类抗生素混合物。有抑制或杀灭革兰氏阳性菌的作用。

02.0212　短制菌素　brevistin
从短小芽孢杆菌（*Bacillus brevis* 342-14）中分离的肽类抗生素。由天冬氨酸、苏氨酸、甘氨酸、缬氨酸、异亮氨酸、丙氨酸、色氨酸和 2,4-二氨基丁酸组成，并被酰化。在体内外具有抗革兰氏阳性菌的活性，对小鼠也有较低的毒性。

02.0213　鹅膏毒肽　amatoxin
又称“毒伞肽”“鹅膏毒素”。存在剧毒磨菇（如鬼笔鹅膏）中的一类双环八肽。分子量为 973～990Da。目前已分离鉴定该类毒素 8 种，其中 α-鹅膏毒肽是鬼笔鹅膏的主要毒性成分，对真核细胞的 RNA 聚合酶Ⅱ有抑制作用，导致 mRNA 转录生成受阻，蛋白质不能合成，最终导致肝衰竭。

02.0214　鳞柄毒蕈肽　virotoxin
又称“毒伞素”。从真菌鳞柄白鹅膏（*Amanita virosa*）中分离的一组有毒的单环七肽。分子量在 987Da 左右。已发现 5 种。和鬼笔毒肽同源，结构和生物活性均与之相似，也结合肌动蛋白单体，阻止其解聚。食后无明显中毒效应。能够与 F-肌动蛋白结合，从而打断 F-肌动蛋白与 G-肌动蛋白之间的平衡，干扰细胞骨架功能。

02.0215　鬼笔毒肽　phallotoxin
又称“鬼笔毒素”“毒蕈肽”。从真菌鬼笔

鹅膏（*Amanita phalloides*）中分离的一组双环七肽。分子量为 831～894Da。已发现 7 种，不被肠道吸收，口服无毒性。非肠道进入细胞可以结合 F-肌动蛋白，破坏细胞膜，引起钙和钾离子大量流出。

02.0216　鬼笔环肽　phalloidin

最初从真菌鬼笔鹅膏（*Amanita phalloides*）中分离的一种双环七肽。是最主要的一种鬼笔毒肽。在非肌肉细胞中结合肌动蛋白单体，阻止其解聚，抑制细胞运动。对肝细胞毒性大。不被肠道吸收，并非毒蕈的主要毒素。

02.0217　蕈环十肽　antamanide

从真菌鬼笔鹅膏（*Amanita phalloides*）中分离的一种环状十肽。其氨基酸序列为 Val-Pro-Pro-Ala-Phe-Phe-Pro-Pro-Phe-Phe。毒性强，可以与钠和钙离子形成复合物。

02.0218　环孢素 A　cyclosporin A, CsA

从真菌中分离的环状十一肽。有强免疫抑制作用和微弱的抑制真菌作用，用于器官移植手术中抑制排异反应。

02.0219　麦角肽　ergopeptide, ergopeptine

由麦角菌属（*Claviceps*）菌核产生的含有 D-麦角酸和环状三肽、具有血管收缩活性的肽类物质。

02.0220　麦角毒素　ergotoxin, ergotoxine

由麦角菌属（*Claviceps*）菌核产生的含大量生物碱的毒素。主要侵害人和动物中枢神经系统，对胃肠道黏膜也有强烈的刺激作用。

02.03　蛋　白　质

02.03.01　概　　述

02.0221　蛋白质　protein

机体中广泛存在的一类生物大分子。通常由 20 种 L-α 氨基酸按照一定顺序通过肽键相互连接产生多肽链。一般含有 50 个以上氨基酸残基。经过修饰和加工，具有特定的结构特征和生物活性。泛指某一类蛋白质，与前面的限定词组成复合词时，一律用“蛋白质”，如血浆蛋白质、纤维状蛋白质、酶蛋白质等，此时“质”字不得省略（习惯词除外，新命名者从此）。凡指具体蛋白质时，“质”字可省略，如血红蛋白、肌球蛋白等。

02.0222　单纯蛋白质　simple protein

又称“简单蛋白质”。仅由氨基酸残基组成，没有其他化学组分的蛋白质。根据溶解性可分为清蛋白、球蛋白、谷蛋白、谷醇溶蛋白、鱼精蛋白、组蛋白和硬蛋白 7 类。

02.0223　清蛋白　albumin

又称“白蛋白”。溶于水、稀盐、稀酸或稀碱溶解中，能被饱和硫酸胺所沉淀的一类单纯蛋白质。存在于动物组织、体液和某些植物的种子中，其重要代表为血清清蛋白、乳清蛋白、卵清蛋白、麦清蛋白、豆清蛋白及有毒的蓖麻蛋白等。

02.0224　球蛋白　globulin

不溶或微溶于水，可溶于稀盐溶液，可以在半饱和中性硫酸铵溶液中沉淀的一类球状单纯蛋白质。广泛存在于动物和植物中，如血清球蛋白、肌球蛋白和植物种子球蛋白等。

02.0225　优球蛋白　euglobulin

不溶于水或低离子强度的溶液而溶于稀盐溶液的球蛋白。加入硫酸铵至浓度 33%时沉淀。

02.0226　假球蛋白　pseudoglobulin

又称“拟球蛋白”。可溶于水或低离子强度中的球蛋白。在硫酸铵溶液中的溶解性大于优球蛋白。

02.0227　谷蛋白　glutelin

不溶于水、稀盐溶液和乙醇，但溶于稀酸和稀碱溶液的一类单纯蛋白质。是存在于谷类种子胚乳中的一类贮存蛋白质。如米谷蛋白、麦谷蛋白。富含谷氨酰胺和脯氨酸，也富含疏水性氨基酸。分子量不同的亚基之间通过二硫键形成分子量巨大的颗粒结构。

02.0228　谷醇溶蛋白　prolamin, prolamine

不溶于水和盐溶液中，但是溶于稀酸、稀碱和 70%～80%的醇溶液中的一类单纯蛋白质。是存在于谷物种子中的一类富含脯氨酸和谷氨酰胺残基的贮存蛋白质。如麦醇溶蛋白、大麦醇溶蛋白和玉米醇溶蛋白等。

02.0229　鱼精蛋白　protamine

溶于水或稀酸，但为稀氨水所沉淀的一类单纯蛋白质。最初从鲑和鳟等鱼类精子精巢中分离的、一般由 30～50 个氨基酸残基组成的一类分子量约为 5kDa 的多肽。主要含有精氨酸残基。在精子生成的后期部分取代组蛋白与 DNA 结合，可能通过蛋白质之间形成的二硫键形成更为致密的无代谢活性的精子染色质。

02.0230　组蛋白　histone

真核细胞染色质中一组进化上非常保守的负责将 DNA 组织成核小体单位的碱性蛋白质。其中碱性氨基酸（Arg，Lys）约占 25%。可分为 5 种类型（H1、H2A、H2B、H3、H4），后 4 种中的各 2 个拷贝形成组蛋白八聚体，构成核小体的核心。其动态的翻译后修饰（如乙酰化，甲基化等）调节着染色质的转录活性等。

02.0231　硬蛋白　scleroprotein

不溶于水、盐水、稀酸或稀碱中的一类单纯蛋白质。是一类普遍存在于动物体内不容易变性的纤维状蛋白质。如角蛋白、胶原蛋白、弹性蛋白、蚕丝蛋白等。主要行保护和支持功能。经常具有特征性的氨基酸序列，肽链形成 α 螺旋和 β 折叠等二级结构后进一步组装。对其组装后的分子结构认识还不清楚。

02.0232　结合蛋白质　conjugated protein

又称“缀合蛋白质”。除氨基酸残基外，还含有其他化学组分的蛋白质。这些组分包括金属离子、脂质、糖类或核酸等，通过化学键松散或紧密地与多肽链相结合。根据辅基不同可分为糖蛋白（含糖类）、脂蛋白（含脂质）、磷蛋白（含磷酸）、核蛋白（含核酸）、色蛋白（含色素）、黄素蛋白（含核黄素）和金属蛋白（含铁、铜或锌等金属）7 类。

02.0233　糖蛋白　glycoprotein

又称“糖结合蛋白质（glycan-binding protein）”。糖类分子与蛋白质分子通过共价键结合形成的结合蛋白质。糖基化修饰使蛋白质分子的性质和功能更为丰富和多样。分泌蛋白质和质膜外表面的蛋白质大都为糖蛋白。

02.0234　脂蛋白　lipoprotein

脂质与蛋白质分子结合而形成的结合蛋白质。是存在于血液中或其他细胞外液体中的一类水溶性脂蛋白。主要指血浆脂蛋白，它们镶嵌在由磷脂和胆固醇组成的单层膜中，膜包围的区域为供脂类结合的疏水核心，起稳定这样的复合体结构的作用。

02.0235　磷蛋白　phosphoprotein

一类含有共价结合的磷酸根的结合蛋白质。如酪蛋白。真核生物中磷酸基团多数加在酪氨酸、苏氨酸或丝氨酸残基上，而原核生物则主要在天冬氨酸或组氨酸残基上。

02.0236　核蛋白　nucleoprotein
核酸与蛋白质结合形成的一类结合蛋白质。包括组蛋白（或精蛋白）和非组蛋白蛋白质。

02.0237　色蛋白　chromoprotein
以色素为辅基的一类结合蛋白质。如叶绿体中含有叶绿素和类胡萝卜素的蛋白质，以及含有血红素的血红蛋白等。

02.0238　黄素蛋白　flavoprotein
以黄素腺嘌呤二核苷酸（FAD）或黄素单核苷酸（FMN）作为辅基与蛋白质结合从而呈现黄色的一类结合蛋白质（包括酶类）。存在于所有细胞中，在呼吸电子传递链、自由基清除、光合作用、DNA 修复等过程中发挥功能。

02.0239　金属蛋白　metalloprotein
以金属离子（如铁、锌、钙、铜等）作为辅基与蛋白质结合的一类结合蛋白质。如铁蛋白、铜蓝蛋白、钙调蛋白等。自然界的蛋白质中可能有 1/4～1/3 含金属辅基，其中的一部分发挥酶的功能。

02.0240　辅基　prosthetic group
结合蛋白质中与蛋白质共价结合的非蛋白质部分。包括有机分子或金属离子。如脂蛋白的脂质、糖蛋白的糖链、金属蛋白质中的金属离子等。

02.0241　全蛋白质　holoprotein
除多肽链组分外，还含有正常功能所必需的辅因子（如金属离子或小分子有机化合物）的蛋白质。

02.0242　脱辅基蛋白质　apoprotein
全蛋白质中除去有机或无机辅因子后的蛋白质部分。如脱铁铁蛋白、载脂蛋白等。

02.0243　纤维状蛋白质　fibrous protein
能聚集为纤维或细丝状的蛋白质。为蛋白质主要类型之一。是多肽链沿一个方向伸展或卷曲，主要靠多肽链之间的氢键维持其结构。起保护和支撑等结构性作用，形成结缔组织、肌肉纤维等。又可分为可溶性纤维状蛋白质（如肌球蛋白、血纤维蛋白原等）和不溶性纤维状蛋白质（如胶原蛋白、弹性蛋白、角蛋白等）。

02.0244　球状蛋白质　globular protein
能折叠成类似球状的蛋白质。为蛋白质主要类型之一。疏水性氨基酸残基通常集中在内部，而亲水性残基多在表面。有多方面功能，包括催化（酶）、信号转导、转运和调控等。如酶、转运蛋白、免疫球蛋白等。

02.0245　贮存蛋白质　storage protein
具有贮存氨基酸功能的蛋白质。

02.0246　结构蛋白质　structure protein
构成细胞和机体结构的蛋白质。多数的结构蛋白质是纤维状蛋白质，如角蛋白、肌动蛋白、微管蛋白等。

02.0247　功能蛋白质　functional protein
除贮存蛋白质和结构蛋白质外的蛋白质。多为球状蛋白质，如酶、调节蛋白质、运动蛋白质、运输蛋白质、防御蛋白质等。

02.0248　收缩蛋白质　contractile protein
机体中参与各种收缩过程的蛋白质的总称。包括肌肉或非肌肉细胞中的肌动蛋白和肌球蛋白等。

02.0249　单体蛋白质　monomeric protein
又称“单链蛋白质(single-stranded protein)”。

仅由一条多肽链（即亚基）组成的蛋白质。无四级结构。

02.0250 寡聚蛋白质 oligomeric protein
由两条或为数不多的多肽链（即亚基）组成的蛋白质。多肽链数目一般多为偶数。

02.0251 多聚蛋白质 multimeric protein
由多条多肽链（即亚基）组成的蛋白质。

02.0252 同源蛋白质 homologous protein
序列和功能类似但来自不同生物种类的蛋白质。即同一蛋白质家族的成员。

02.0253 同工蛋白质 isoprotein
一组密切相关的蛋白质中的成员。通常具有相似的结构或功能，如同工酶。

02.0254 镶嵌蛋白质 mosaic protein
含不同类型多结构域的蛋白质。这些结构域通常存在于不同蛋白质中，其基因片段在进化过程中通过外显子混编会合，出现在同一蛋白质编码基因。如组织型纤溶酶原激活物（tPA）有4类结构域。

02.0255 解链蛋白质 unwinding protein
一类在DNA复制或转录时消耗ATP而使DNA双链分开的蛋白质。包括解旋酶、拓扑异构酶和单链DNA结合蛋白等。

02.0256 变性蛋白质 metaprotein
蛋白质经酸或碱处理后得到的水解产物。微溶于弱酸或碱，但不溶于中性溶液。是早期使用过的名词。

02.0257 断裂蛋白质 split protein
又称“脱落蛋白质”，曾称“分裂蛋白质”。泛指在一定条件下，将一种蛋白质分成N端和C端两个片段后，如果使它们在空间上接近则仍旧能恢复蛋白质结构和功能的蛋白质。这样的片段可以用于研究蛋白质–蛋白质相互作用。如，二氢叶酸还原酶、绿色荧光蛋白、酵母转录因子Gal4等都具有这样的性质。

02.0258 血浆蛋白质 plasma protein
存在于血浆中的一大类蛋白质。是多种蛋白质的总称，包括清蛋白、球蛋白、血纤蛋白原、凝血酶原等，绝大多数为糖蛋白。

02.0259 移动蛋白质 movement protein
又称“迁移蛋白质”。许多植物病毒表达的一类蛋白质。使病毒能够克服细胞壁的障碍，感染相邻细胞。可在胞间连丝的孔内形成管道以运送病毒颗粒，或者包裹病毒基因组形成核糖核蛋白复合物，经胞间连丝运送。

02.0260 表面活性蛋白质 surfactant protein, SP
结合于人类肺泡细胞表面，降低其表面张力的蛋白质。有4种主要类型（SP-A～SP-D）。为肺正常呼吸作用所必需。SP-A还参与固有免疫应答。

02.0261 应激蛋白质 stress protein
在受热、遇冷、低氧或低糖等应激环境中参与保护细胞的一组蛋白质。在正常环境下帮助细胞中的其他蛋白质发挥作用，如热激蛋白质Hsp70和Hsp90。

02.0262 热激蛋白质 heat shock protein, Hsp
曾称“热休克蛋白质”。一类在原核与真核生物中都高度保守的蛋白质家族。在正常条件下也存在，但在胁迫（如高温，有毒物质的存在）等不利条件下其含量会增加。根据单亚基的分子量分为不同种类，包括小分子热激蛋白质（sHsp）、Hsp60、Hsp70、Hsp90、Hsp100等。具有阻止非折叠好的和非组装好的底物蛋白质之间的非特异性聚集而发挥分子伴侣功能，参与新生肽链的转运、折叠、组装、降解等蛋白质质量控制过程。

02.0263　冷激蛋白质　cold shock protein
一类因温度下降而诱导机体产生的小分子量蛋白质。主要功能是阻止细胞膜流动性的降低，以及稳定核酸的空间结构，提高转录和翻译的效率等。

02.0264　抗冻蛋白质　antifreeze protein, AFP
一类能够保护机体免受结冰引起伤害的蛋白质。其抗冻活性表现为热滞性和重结晶抑制效应。最初从在南极的一种鱼的血液中发现，现发现存在于所有类型生物中。已知的有多种不同结构类型。其中一大类为大小不等的糖蛋白，含重复二糖基三肽（丙氨酸–丙氨酸–苏氨酸–*O*–二糖）单位。

02.0265　脂肪酸结合蛋白质　fatty acid-binding protein, FABP
与脂肪酸或其他有机溶解物结合的一组细胞胞质溶胶中的小蛋白质。是一个转运蛋白家族，负责运送脂肪酸和类花生酸等亲脂类分子，使之易于跨越细胞膜。

02.0266　周质结合蛋白质　periplasmic binding protein, PBP
在细菌周质中与多种分子（糖类、氨基酸、二肽、寡肽、氧阴离子、金属和维生素等）结合的蛋白质。主要由两个球形结构域组成。通常经 ATP 结合盒转运蛋白将周质中的糖类、氨基酸、维生素和离子等营养物质运进细胞质。亦参与趋化作用和群体感应等信号系统。

02.0267　蛋白质异形体　protein isoform
一组高度相似的蛋白质中的成员。常具有相同或相似的生物学功能。这些蛋白质来自同一基因或基因家族，产生于选择性剪接等转录后加工，或使用不同的启动子转录等。

02.0268　类蛋白质　proteinoid
20 世纪 50～60 年代探索生命起源，发现在模仿地球生命出现前的条件下，氨基酸可以自发聚合成长链，类似蛋白质分子中的长链，故名。干燥后发生交联，显微镜下呈微球状。

02.0269　胨　peptone
蛋白质经过部分酶解或酸水解后得到的可溶性产物混合物。分子量为 600～3000Da，常用于微生物培养基。

02.0270　蛋白质原　proprotein
蛋白质前体。无活性，通常含有附加氨基酸序列。经过翻译后加工去除附加序列，可转变为有活性的蛋白质。如胰岛素原。

02.0271　前蛋白质原　preproprotein
含有靶向序列（信号肽）的蛋白质原。无活性，经蛋白酶去除靶向序列和附加序列后，可转变为有活性的蛋白质。如前胰岛素原。

02.0272　序列段　sequon
蛋白质糖基化修饰位点的氨基酸序列。一般为 Asn-X-Ser（Thr）。多糖连接在 Asn 残基侧链 N 原子（N-糖基化），X 是任意氨基酸（Pro 除外）。

02.03.02　功能性蛋白质

02.0273　血清清蛋白　serum albumin
又称“血清白蛋白”。动物血清中的主要蛋白质。易结合水、阳离子、脂肪酸、激素、胆红素和药物等，调节血液胶体渗透压。

02.0274　人血清清蛋白　human serum albumin, HSA

又称“人血清白蛋白”。健康人血浆中的清蛋白。约占血浆蛋白质 50%，产生于肝细胞，含 585 个氨基酸残基，一条多肽链形成 3 个同源结构域（每个有 5 或 6 个二硫键）。易结合水、阳离子、脂肪酸、激素、胆红素和药物，调节血液胶体渗透压。

02.0275　后清蛋白　postalbumin

在血清蛋白质区带电泳中，迁移率比清蛋白慢的蛋白质。

02.0276　前清蛋白　prealbumin

在血清蛋白质区带电泳中，迁移率比清蛋白快的蛋白质。

02.0277　α_1-酸性糖蛋白　α_1-acid glycoprotein

又称“血清类黏蛋白（orosomucoid）”。血清中糖含量高达 40%的一种糖蛋白。带有 5 条多分支的 *N*-糖链。肽链具有高度的多态性。

02.0278　副蛋白质　paraprotein

血浆蛋白质电泳时异常区带中的蛋白质。通常是在病理条件下由致瘤性浆细胞产生的大量单克隆免疫球蛋白，以及本周蛋白、淀粉样蛋白和冷球蛋白等。有的是细菌感染产生的免疫球蛋白，并非异常。

02.0279　乳清蛋白　lactalbumin, lactoalbumin

又称“乳白蛋白”。人类和许多哺乳动物乳腺分泌的重要蛋白质。分 α 和 β 两类。α 型占人乳汁总蛋白质约 15%，含 123 个氨基酸残基和 4 个二硫键，分子量约 14kDa，可结合钙、锌离子，参与催化合成乳汁中的乳糖，与溶菌酶同源。β 型分子量约 18kDa。

02.0280　卵清蛋白　ovalbumin

又称“卵白蛋白”。蛋清中的一种主要糖蛋白（44.5kDa）。鸡卵清蛋白约占蛋清总蛋白质 55%，含 385 个氨基酸残基（42.7kDa），与丝氨酸蛋白酶抑制蛋白同源，但不是丝氨酸蛋白酶抑制蛋白。一条多肽链携一条寡糖链，后者仅由甘露糖和 *N*-乙酰葡萄糖胺组成，可作为贮存蛋白质。

02.0281　卵黏蛋白　ovomucin

蛋清中含量较少（约 3.5%）的糖蛋白。含有 O-连接的糖链，这些糖与水形成广泛的氢键，形成凝胶样结构，使蛋清黏稠。是胰蛋白酶的抑制剂。

02.0282　伴清蛋白　conalbumin

又称“卵运铁蛋白（ovotransferrin）”。蛋清中与铁结合的一种糖蛋白。占鸡蛋清总蛋白质的 13%，约含 700 个氨基酸残基（76kDa），*N*-聚糖修饰，氨基酸序列和人血清运铁蛋白同源性达 50%，两者糖基化不同，故结构差异大。抗微生物，并为胚胎发育运送铁。

02.0283　肌清蛋白　myoalbumin

肌肉组织中的清蛋白。存在于肌膜中，约占肌肉蛋白质的 1%。与血清清蛋白结构相似。

02.0284　副清蛋白　paralbumin

存在于卵巢囊肿（浆液性囊腺瘤和浆液性囊腺癌）组织液和腹水中的蛋白质。常结合糖原类物质。

02.0285　小清蛋白　parvalbumin

一种结合钙离子的清蛋白。分子量较低，为 9～11kDa。有 3 个 EF 手形模体，主要存在于快速收缩肌、脑和某些内分泌组织，参与细胞周期调控、第二信使产生和肌肉收缩等。

02.0286　清蛋白激活蛋白　albondin

一种清蛋白受体。为唾液酸糖蛋白（约

60kDa)。广泛分布于连续的血管内皮细胞膜表面（脑部除外），起始质膜微囊介导的胞吞转运，增加毛细血管选择通透性。

02.0287　麦清蛋白　wheat albumin, leucosin
小麦种子中的可溶性蛋白质。主要沉积在胚、糊粉层中，少部分存在于胚乳，占种子蛋白质的 9%左右。是细胞胞质溶胶中的酶蛋白，包括 α-淀粉酶、蛋白酶抑制因子、调控酶、特殊途径的合成酶、代谢酶等，主要作用是调控小麦的各种代谢过程。

02.0288　豆清蛋白　legumelin
主要存在于豆科植物中的热凝固性蛋白质。是黄酮类化合物中的一种，也是具有多种重要生理活性的天然营养因子。

02.0289　菜豆清蛋白　phaseline
从菜豆种子中获得的清蛋白。

02.0290　血清球蛋白　serum globulin
存在于血清中的球蛋白。按电泳法可分为 α_1-球蛋白、α_2-球蛋白、β-球蛋白和 γ-球蛋白等。

02.0291　α_1-球蛋白　alpha 1 globulin, α_1-globulin
电泳时位于清蛋白后第一主峰区带的球蛋白。

02.0292　α_2-球蛋白　alpha 2 globulin, α_2-globulin
电泳时位于清蛋白后第二主峰区带的球蛋白。

02.0293　β-球蛋白　belta globulin, β-globulin
电泳时位于清蛋白后第三主峰区带的球蛋白。

02.0294　γ-球蛋白　gamma globulin, γ-globulin
又称“丙种球蛋白”。电泳时位于清蛋白后第四主峰区带的球蛋白。为在经典的血清蛋白电泳时迁移速度最慢，含量最多的球蛋白。主要由抗体组成，不在肝脏合成，因此其和清蛋白的比值经常作为肝功能的指标。

02.0295　免疫球蛋白　immunoglobulin, Ig
高等动物体液免疫系统 B 淋巴细胞产生的一类球蛋白。由两条重链和两条轻链组成，通过二硫键相连接，根据其重链一级结构不同分为 IgG、IgA、IgM、IgD 和 IgE 五大类。抗体是能够识别并中和特异抗原的免疫球蛋白。

02.0296　免疫球蛋白 G　immunoglobulin G, IgG
具有 γ 重链的一类免疫球蛋白。约占血清免疫球蛋白总含量的 75%，是其主要组分，对抗原的免疫应答中产生的主要免疫球蛋白，可以中和细菌、病毒和真菌等微生物的毒性。

02.0297　免疫球蛋白 A　immunoglobulin A, IgA
具有 α 重链的一类免疫球蛋白。约占血清免疫球蛋白的 10%～15%。

02.0298　免疫球蛋白 D　immunoglobulin D, IgD
具有 δ 重链的一类免疫球蛋白。在血清中含量很低，其功能未明。

02.0299　免疫球蛋白 E　immunoglobulin E, IgE
具有 ε 重链的一类免疫球蛋白。在血清中含量极低。

02.0300　免疫球蛋白 M　immunoglobulin M, IgM
具有 μ 重链的一类免疫球蛋白。分子量居五类免疫球蛋白之首。约占血清免疫球蛋白总量的 6%，具有很强的细胞毒活性和细胞溶解活性，是抗血管内感染的第一线抗体。

02.0301　乳球蛋白　lactoglobulin

乳清在中性状态下，用饱和硫酸铵或硫酸镁盐析时，呈不溶解状态的乳清蛋白。包括β-乳球蛋白和乳免疫球蛋白。

02.0302　β-乳球蛋白　β-lactoglobulin

将乳清的pH调至6.0加硫酸铵使其半饱和，过滤后再加入硫酸铵至饱和状态而得到的沉淀蛋白。

02.0303　乳免疫球蛋白　milk immunoglobulin

在乳中具有抗体活性的球蛋白。包括免疫球蛋白G_1（IgG_1）、免疫球蛋白G_2（IgG_2）、免疫球蛋白M（IgM）、分泌型免疫球蛋白A（SIgA），其分子量为180～900kDa，牛乳中主要为免疫球蛋白G（IgG）。

02.0304　热球蛋白　pyroglobulin

遇热可发生不可逆凝聚并沉淀的一种免疫球蛋白。常出现于多发性骨髓瘤患者血液中。

02.0305　冷球蛋白　cryoglobulin

在低温条件下（<10℃）沉淀或凝胶化，而加温时可溶解的免疫球蛋白（如IgM和IgG等）。经常与某些异常蛋白质的产生和疾病有关。可引起血流瘀滞、局部缺氧。

02.0306　巨球蛋白　macroglobulin

分子量大于400kDa的血清球蛋白的统称。包括免疫球蛋白M、α_2-巨球蛋白和多种脂蛋白。巨球蛋白水平增加将导致血液黏度过高，低温下在血管中沉淀。肾病综合征、糖尿病和重度烧伤患者体内的巨球蛋白水平超标。

02.0307　α_2-巨球蛋白　α_2-macroglobulin, α_2M

主要由肝细胞合成分泌的一种分子量为720kDa的巨球蛋白。为广谱的蛋白酶抑制剂，可抑制纤溶酶和激肽释放酶以阻止血纤蛋白溶解，并抑制凝血酶以阻止凝血。可转运生长因子和细胞因子，抑制炎症细胞因子。

02.0308　微球蛋白　microglobulin

分子量小于40kDa的血清球蛋白或球蛋白碎片。如β_2-微球蛋白和本周（Bence-Jones）蛋白等。

02.0309　β_2-微球蛋白　β_2-microglobulin, β_2M

由淋巴细胞、血小板、多形核白细胞产生的分子量为11.8kDa的一种微球蛋白。是由99个氨基酸组成的单链多肽，也是Ⅰ型主要组织相容性复合体的组分。与免疫球蛋白的恒定区结构极相似。其血浆水平升高是肝胆疾病、慢性活动型肝炎和酒精性肝硬化等症的指征。

02.0310　本周蛋白　Bence-Jones protein

一种由免疫球蛋白轻链组成的二聚体球蛋白（22～24kDa）。出现于多发性骨髓瘤或巨球蛋白血症患者尿中，尿液加热至60℃时沉淀，高温下再溶解。

02.0311　副球蛋白　paraglobulin

参与由血纤蛋白原形成血纤维过程的一种血清球蛋白。

02.0312　肝球蛋白　hepatoglobulin

肝脏产生的一种球蛋白。在血液中以高亲和力结合游离的血红蛋白并抑制其氧化，形成的肝球蛋白-血红蛋白复合物在脾脏被网状内皮系统清除。临床上检测肝球蛋白被用于血管内溶血性贫血症筛查。

02.0313　视黄醇结合蛋白质　retinol-binding protein, RBP

又称“维甲醇结合蛋白质”。结合并转运维生素A的一种血浆蛋白质。维生素A以反式视黄醇形式与之结合后成为水溶性物质，从肝脏转运到肝外组织并保护它不被氧化。

02.0314　甲状腺素结合球蛋白　thyroxine-binding globulin, TBG

又称“甲状腺结合球蛋白（thyroid-binding globulin）”。主要由肝脏产生、分布在血液中的一种分子量为54kDa的单链球蛋白。是血清中结合并转运甲状腺素的主要蛋白质。

02.0315　皮质激素转运蛋白　transcortin

又称“运皮质激素蛋白”“皮质醇结合球蛋白（cortisol-binding globulin）”“皮质类固醇结合球蛋白(corticosteroid-binding globulin, CBG）”。一种转运多种固醇类激素的血浆α_1-球蛋白（约52kDa）。

02.0316　性激素结合球蛋白　sex hormone binding globulin, SHBG

又称“睾酮雌二醇结合球蛋白（testosterone-estradiol-binding globulin, TEBG）”。血液中专一地运载睾酮、雌二醇等性激素的糖蛋白。

02.0317　凝血因子　blood coagulation factor

一组参与凝血过程的血浆蛋白质（除因子Ⅳ钙离子外）。主要凝血因子包括因子Ⅰ（纤维蛋白原）、因子Ⅱ（凝血酶原）、因子Ⅲ（组织因子）、因子Ⅳ（Ca^{2+}）、因子Ⅴ（促凝血球蛋白原）、因子Ⅶ（促凝血酶原激酶原）、因子Ⅷ（抗血友病球蛋白A）、因子Ⅸ（抗血友病球蛋白B）、因子Ⅹ（自体凝血酶原C）、因子Ⅺ（抗血友病球蛋白C）、因子Ⅻ（表面因子）和因子XIII（纤维蛋白稳定因子）共12种。凝血过程还需要其他蛋白质辅助凝血因子参与。

02.0318　组织因子途径抑制物　tissue factor pathway inhibitor, TFPI

主要由血管内皮细胞产生的一种糖蛋白。分子量为34kDa，是外源性凝血途径的特异性抑制物。目前认为其是体内主要的生理性抗凝物质。

02.0319　抗血友病球蛋白　antihemophilic globulin

又称“抗血友病因子（antihemophilic factor）”。在内源性凝血途径中结合于凝血因子Ⅸa，促使后者激活凝血因子Ⅹ的一种辅助蛋白质。如缺失，可导致血友病A。

02.0320　甲胎蛋白　alpha-fetoprotein, α-fetoprotein, AFP

胎儿发育时在胎肝和卵黄囊产生的一种糖蛋白。含591个氨基酸残基，血清清蛋白类似物。在胎儿血浆中大量存在，出生后迅速降低，成人正常值＜20μg/L，在某些癌症患者血清中异常升高，70%肝癌患者如此。

02.0321　胎球蛋白　fetuin

由肝脏合成的分子量为45～65kDa的一种糖蛋白。广泛存在于哺乳动物（包括人、牛、鼠等）胚胎期体内，以血浆、脑脊液、肝脏及骨骼中含量为高。牛的胎球蛋白占胎牛血清总蛋白质的45%，含糖量达35%。在血液中结合并转运多种代谢物，如游离脂肪酸。是多种细胞的生长因子。

02.0322　促甲状腺免疫球蛋白　thyroid-stimulating immunoglobulin, TSI

又称“刺激甲状腺免疫球蛋白”。对甲状腺有刺激作用的免疫球蛋白。为IgG抗体。90%以上的格雷夫斯（Graves）病患者此种抗体水平升高。

02.0323　免疫球蛋白结合蛋白质　immunoglobulin binding protein, IGBP

与免疫球蛋白结合的各种蛋白质的总称。如，免疫球蛋白结合蛋白质1（IGBP1）能够在抗原诱导下促进B细胞的增生和分化；免疫球蛋白重链结合蛋白质是热激蛋白质70的分子伴侣；在金黄色葡萄球菌细胞壁发现的蛋白质 A 可与 IgG 结合等。

02.0324　免疫球蛋白重链结合蛋白质　immunoglobulin heavy chain-binding protein, BiP

又称"葡萄糖调节蛋白质 78（glucose-regulated protein 78, GRP78）"。能够和免疫球蛋白重链结合的蛋白质。是热激蛋白质 70（Hsp70）家族定位于内质网的唯一成员，在蛋白质转运和加工中起作用，帮助蛋白质新生肽链的折叠。

02.0325　主要组织相容性复合体　major histocompatibility complex, MHC

一类脊椎动物免疫系统必需的细胞表面蛋白质。分为Ⅰ和Ⅱ两种类型。主要功能是在细胞表面结合并展示病原体产生的抗原，帮助特殊的 T 细胞识别并引起免疫应答，并且在器官移植时决定供体和受体的组织相容性等。

02.0326　抗原加工相关转运蛋白　transporter associated with antigen processing, TAP

又称"抗原加工相关转运体"。细胞内质网腔中的一类依赖 ATP 的转运蛋白。分子由 TAP-1 和 TAP-2 形成异源二聚体，将细胞质中经过加工的抗原肽转运至内质网内，结合于新合成的主要组织相容性复合体Ⅰ。

02.0327　分泌片　secretory piece

在上皮细胞基底膜表面，多聚免疫球蛋白受体经蛋白酶切割产生的片段（58kDa）。与 IgA 相结合形成血清黏液中的分泌型 IgA 二聚体，可保护 IgA 抗胃酸和消化酶的降解。

02.0328　促炎症蛋白质　proinflammatory protein

在炎症早期出现的与炎症相关的一类蛋白质。主要是一些细胞因子，如白介素-1α、白介素-6、单核细胞趋化因子-1（MCP-1）、肿瘤坏死因子以及 C 反应蛋白。主要由免疫细胞分泌。是一类介导天然免疫的细胞信号分子。过多的分泌往往产生对机体有害的炎症类疾病。

02.0329　淀粉样蛋白　amyloid protein

淀粉样变性组织中积聚的来自免疫球蛋白的糖蛋白。在机体衰老过程中增多。阿尔茨海默病患者脑组织内 β-淀粉样蛋白明显增多，并形成大量的老年斑。

02.0330　淀粉样前体蛋白　amyloid precursor protein, APP

广泛存在于全身组织细胞上Ⅰ型跨膜蛋白。分子量为 110～125kDa。是产生 β-淀粉样蛋白的前体，其正常水解代谢仅产生少量的 β-淀粉样蛋白，如果某因素促进其异常水解，就会促使 β-淀粉样蛋白生成异常增加，从而导致阿尔茨海默病。

02.0331　β-淀粉样蛋白　amyloid β-protein, Aβ

淀粉样前体蛋白经β-和γ-分泌酶水解形成的多肽片段。由 39～43 个氨基酸残基组成。在脑组织的细胞外呈丝状蛋白样沉积，是组成老年斑的主要成分，在阿尔茨海默病患者的脑血管和脑内可见大量沉积。

02.0332　淀粉样物质　amyloid

体内某些蛋白质在折叠时以 β 片层形式聚集成纤维，在细胞内沉积形成的不溶性斑块。破坏组织和器官的功能，造成阿尔茨海默病等几十种疾病。有的淀粉样物质具有正常的生理功能。

02.0333　急性期蛋白质　acute phase protein, APP

在感染、炎症、组织损伤等应激原作用于机体后短时间内血清中发生改变的蛋白质成分。分为两类：①增多的正性急性期反应蛋白质，如C反应蛋白、血清淀粉样蛋白A、触珠蛋白等；②负性急性期反应蛋白质，如清蛋白、前清蛋白及运铁蛋白。

02.0334　C反应蛋白　C-reactive protein, CRP

炎症时在肝细胞产生的一种急性期蛋白质（118kDa）。为五聚体分子。因能与肺炎双球菌的荚膜成分C多糖体起反应而得名。

02.0335　血清淀粉样蛋白A　serum amyloid A protein, serum amyloid A, SAA

一种由肝细胞、上皮细胞和组织巨噬细胞等产生后分泌到血清中的一种急性期蛋白质。由104个氨基酸残基构成，其前端76个氨基酸被酶切后为淀粉样蛋白A，是诊断病毒细菌感染的敏感指标。

02.0336　触珠蛋白　haptoglobin

又称“结合珠蛋白”。血浆α_2-球蛋白的主要组分。属急性期反应蛋白质。为一种酸性糖蛋白，由两条α链和两条β链通过二硫键构成$\alpha_2\beta_2$四聚体。能与血浆中游离的氧合血红蛋白形成稳定的复合物并抑制其氧化活性，使降解酶接近血红蛋白，之后两者的复合物在脾脏被网状内皮系统清除，可防止铁通过肾脏流失，保护肾脏免受血红蛋白损伤。

02.0337　备解素　properdin

又称“P因子（P factor）”。由4个相同亚基组成的分子量约220kDa的球蛋白。按照一定比例（22∶52∶28）形成二聚体、三聚体和四聚体。参与免疫应答（组织炎症和吞噬细胞吞噬病原），可稳定补体系统选择性途径中的转化酶。

02.0338　补体　complement

一类存在于人和脊椎动物血清中协助免疫反应的一组血清蛋白质。可被抗原–抗体复合物或微生物所激活，导致病原微生物裂解或被吞噬。

02.0339　免疫亲和蛋白　immunophilin

又称“免疫亲和素”“免疫嗜素”。具有内源性肽基脯氨酰异构酶活性的蛋白质。包括亲环蛋白和FK506结合蛋白质等。可专一性与免疫抑制剂（如环孢素A、FK506和雷帕霉素）结合，阻抑T细胞激活信号转导。后来发现单细胞生物有这两个家族融合型双家族免疫亲和蛋白。

02.0340　亲环蛋白　cyclophilin, CyP

又称“亲环素”。一类能与免疫抑制剂环孢素A结合的蛋白质。是一类广泛存在于所有细胞中的高度保守的帮助蛋白质折叠的酶。具有肽酰基脯氨酰顺反异构酶活性，可以结合并抑制钙调磷酸酶。

02.0341　FK506结合蛋白质　FK506 binding protein, FKBP

一类能与免疫抑制药物FK506和雷帕霉素结合的蛋白质。是一类广泛存在于所有细胞中高度保守的非淋巴特异性蛋白质。具有肽酰基脯氨酰顺反异构酶活性，可以结合并抑制钙调磷酸酶。

02.0342　过敏毒素　anaphylatoxin

血清中补体系统激活时产生的补体片段C3a和C5a。可引起肥大细胞、内皮细胞和吞噬细胞发生脱颗粒作用和释放组胺。

02.0343　抗凝蛋白质　anticoagulant protein

能够抑制血液或牛奶凝聚作用的蛋白质。如抗凝血酶、抗凝蛋白质C。

02.0344　血纤蛋白原　fibrinogen

脊椎动物血液中的一种可溶性细长蛋白质

（340kDa）。分子为六聚体，含三种多肽链（Aα、Bβ、γ）。在组织和血管受伤时，血纤蛋白原经凝血酶切割加工后产生血纤蛋白单体，然后单体聚合最终形成血凝块。

02.0345　血纤蛋白　fibrin

又称“纤维蛋白”。脊椎动物受伤后，血小板在伤口聚集并吸附凝血酶，凝血酶切除可溶性血纤蛋白原中的血纤肽A和B后产生的单体蛋白质。血纤蛋白单体先聚合成可溶性多聚体，然后凝血因子XIIIa将其转变为网状不溶性多聚体，在伤口形成血凝块。

02.0346　普列克底物蛋白　pleckstrin

又称“血小板–白细胞C激酶底物（platelet and leukocyte C kinase substrate）”。在人类血小板和白细胞中发现的由350个氨基酸残基组成的一种蛋白质。在骨髓和淋巴结等表达，是蛋白质激酶C催化丝氨酸/苏氨酸激酶的主要底物。其英文名称“plec”表示来源于血小板–白细胞C激酶底物，“kstr”表示来自于氨基酸序列KSTR。参与血小板激活过程。普列克底物蛋白同源结构域约含60～100个氨基酸残基，介导细胞信号转导及其他与膜相关过程。

02.0347　血栓收缩蛋白　thrombosthenin

存在于血小板或凝血细胞中的一种蛋白质。具有收缩功能，参与血块收缩和血小板聚集等过程。

02.0348　β-血小板球蛋白　β-thromboglobulin, TG

贮存于血小板α颗粒中的一种蛋白质。血小板激活时大量释放。有趋化因子作用，可介导炎症应答，抑制内皮细胞释放前列环素，并且刺激人成纤维细胞的有丝分裂发生、葡萄糖代谢和纤溶酶原激活蛋白合成。

02.0349　血小板应答蛋白　thrombospondin, TSP

血小板α颗粒中的一个糖蛋白家族。有5个成员（TSP1～5）。凝血酶激活后分泌，成为黏附分子结合于血小板膜表面，介导细胞–细胞和细胞–基质间相互作用，具有抗血管生成等多功能。TSP1～2是同源二聚体，TSP3～5是同源五聚体。含三种类型氨基酸序列重复单位。

02.0350　聚集蛋白　aggregin

血小板外表面的一种膜蛋白质（约100kDa）。为腺苷二磷酸（ADP）的受体。结合ADP后，可诱导血小板构象改变和聚集，并暴露血纤蛋白原结合位点，有利于凝血。

02.0351　珠蛋白　globin

含有铁–卟啉单元的球蛋白超家族。分为10个亚家族，包括血红蛋白、肌红蛋白、豆血红蛋白、无脊椎动物血红蛋白、吸虫肌红蛋白、线虫珠蛋白、鳗类珠蛋白和环节动物珠蛋白等。有8个保守的α螺旋和共同的3D结构，可结合并转运氧。

02.0352　细胞珠蛋白　cytoglobin

又称“细胞球蛋白”。由190个氨基酸残基组成、分子量为21.4kDa的一种细胞内球蛋白。在高等脊椎动物各组织中广泛分布，最初在大鼠肝星状细胞中发现。

02.0353　神经珠蛋白　neuroglobin

在神经组织中表达的细胞内珠蛋白。对维持神经细胞的氧气动态平衡具有重要作用，结构和功能可能类似肌红蛋白。人和小鼠的神经珠蛋白均由151个氨基酸残基组成，含有血红素，对氧具有比血红蛋白更强的亲和力，可能帮助氧通过血脑屏障。

02.0354　子宫珠蛋白　uteroglobin
哺乳动物妊娠早期子宫分泌的一种由类固醇激素诱导的、进化上高度保守的低分子量蛋白质。由近百个氨基酸残基组成，形成同源二聚体，通过二硫键相连接。具有多功能，包括免疫调节、孕酮结合、抑制磷脂酶 A_2、结合磷脂酰胆碱以及结合纤连蛋白等。

02.0355　胆绿蛋白　choleglobin
珠蛋白和开环铁卟啉形成的复合物。是血红蛋白的降解产物，胆绿素的前体。

02.0356　血红素蛋白　hemoprotein
以血红素（亚铁原卟啉）为辅基与蛋白质结合的一类结合蛋白质。包括血红蛋白、肌红蛋白、细胞色素 c、过氧化氢酶以及某些过氧化物酶等。

02.0357　血红蛋白　hemoglobin, haemoglobin, Hb
一种含铁、主要用于运输氧的蛋白质。还可运载二氧化碳、一氧化氮等。由 2 对珠蛋白组成四聚体，每个珠蛋白结合 1 个血红素。普遍存在于脊椎动物和某些无脊椎动物。除红细胞外，还发现于神经元、黑质、巨噬细胞、肺泡细胞、肝细胞、子宫内膜、宫颈和阴道等十余种组织细胞中。

02.0358　氧合血红蛋白　oxyhemoglobin
与氧结合的血红蛋白。呈红色，有特征性吸收光谱。存在于含氧血液中。

02.0359　高铁血红蛋白　methemoglobin, methaemoglobin
血红蛋白的氧化产物。其 4 个血红素中的铁离子都是三价，而不是正常的二价，因此不能携氧。正常人血红蛋白中高铁血红蛋白不超过 2%，遗传或化学因素可导致超过这一比例并危及健康，造成高铁血红蛋白血症，患者血液呈深棕色。

02.0360　豆血红蛋白　leghemoglobin
豆科植物固氮根瘤细胞中的红色含铁蛋白质。结构与血红蛋白相似，其氧亲和力比人血红蛋白 β 链高约 10 倍。可维持豆科植物根部的氧气浓度不能太高，以免固氮酶受到抑制；又不能太低，以便为共生菌提供呼吸所需的氧气。

02.0361　无脊椎动物血红蛋白　erythrocruorin
无脊椎动物（如环节动物和节肢动物）中分子量巨大的多亚基携氧蛋白。分子量为 400～700kDa，每个分子含有 30～400 个血红素。直接溶解在血液中，由结合氧的亚基和不结合氧的连接亚基组装而成。

02.0362　蚯蚓血红蛋白　hemerythrin
存在于某些无脊椎动物（如星虫、软体动物、甲壳类等）中的一种不含血红素但含铁的携氧蛋白。同源八聚体，每个亚基（约 113 个氨基酸残基）含有 2 个二价铁原子，1 个氧分子结合于这两个铁原子之间。

02.0363　蠕虫血红蛋白　helicorubin
存在于罗马蜗牛（*Helix pomatia*）等相关物种肝胰腺中的一种细胞色素 b 类血红素蛋白。

02.0364　肌红蛋白　myoglobin
含亚铁血红素成分的色素蛋白。主要分布于骨骼肌纤维和心肌纤维的肌质中，具有一定携带氧功能。

02.0365　氧合肌红蛋白　oxymyoglobin
与氧结合的肌红蛋白。有特征性吸收光谱，呈新鲜肉类的红色。

02.0366　血色蛋白　hemochromoprotein
一类携带血红素发色团的蛋白质的统称。

02.0367 血色素结合蛋白 hemopexin

存在于人血清中的高丰度β_1-糖蛋白(57kDa)。有一个血红素高亲和力结合位点，可接受血红蛋白降解释放的血红素，形成的血红素复合物可被连二亚硫酸还原，并产生3条特征性亚铁血红素吸收光谱。可防止血红素的促氧化和促炎作用，并促进其解毒。

02.0368 血红素黄素蛋白 hemoflavoprotein

一些以铁卟啉和黄素核苷酸为辅基的蛋白质。通常是一些氧化还原酶，如硝酸还原酶（作为粗糙链孢霉的光受体）和心脏中的亚硫酸还原酶，为寡聚体。

02.0369 玻连蛋白 vitronectin

血色素结合蛋白质家族中的一种糖蛋白（75kDa）。糖类约占分子量三分之一，富含于血清、细胞外基质和骨骼。为一种黏附蛋白，可促进细胞的黏附和铺展，并抑制补体途径的膜损伤效应。

02.0370 血铁黄素蛋白 hemosiderin

又称“含铁血黄素”。由铁蛋白、变性铁蛋白和其他物质形成的一种不溶性颗粒状复合物。是铁的一种贮藏形式。存在于骨髓单核巨噬细胞系统（特别是出血后的巨噬细胞），以及肝、肾上皮细胞中，可通过普鲁士蓝染色反应显示（由蓝变黑）。

02.0371 血蓝蛋白 hemocyanin, haemocyanin

存在于软体动物和节肢动物血淋巴中的一种含铜、不含血红素的携带和运输氧的蓝色蛋白质。以同源或异源二聚体（或六聚体）为单位形成复合物（分子量约 1500kDa 以上），每个亚基（分子量约 75kDa）结合 2 个铜离子和 1 个氧分子。其氧化型呈强亮蓝色，脱氧型无色。

02.0372 天青蛋白 azurin

存在于某些细菌中的一组含铜蛋白质。分子量约 14.6kDa，有亮蓝色荧光（最大吸收光谱 308nm），可将电子转移到细胞色素氧化酶，参与细胞色素链氧化还原反应。

02.0373 钴胺素转运蛋白 transcobalamin

又称“钴胺传递蛋白”“转钴胺素”“运钴胺[素]蛋白”。血浆中结合并运载钴胺素（即维生素 B_{12}）的一组载体蛋白质。主要有钴胺素传递蛋白Ⅰ和Ⅱ两种。产生于口腔唾液腺，结合并保护钴胺素不被胃酸降解，在偏中性的十二指肠中被胰蛋白酶降解后释放钴胺素。钴胺素传递蛋白Ⅱ缺陷可导致巨幼细胞贫血等疾病。

02.0374 血浆脂蛋白 plasma lipoprotein

哺乳动物血浆中的脂质与蛋白质的复合物。可以将脂质在器官组织间进行转运。通常根据其密度主要分为5类：乳糜微粒、极低密度脂蛋白、低密度脂蛋白、高密度脂蛋白和极高密度脂蛋白。

02.0375 乳糜微粒 chylomicron, CM

密度小于 0.95g/cm^3 的一种血浆脂蛋白。其甘油三酯的含量为80%～95%，颗粒直径为80～500nm。主要负责运输外源性甘油三酯和胆固醇到全身的多个组织。

02.0376 极低密度脂蛋白 very low-density lipoprotein, VLDL

密度为 0.95～1.006g/cm^3 的一种血浆脂蛋白。约含10%蛋白质和50%甘油三酯，颗粒直径为 30～80nm，电泳迁移率稍大于低密度脂蛋白。在血液中起转运内源性甘油三酯的作用。其浓度的增加与动脉粥样硬化的发病率升高有关。

02.0377 低密度脂蛋白 low-density lipoprotein, LDL

密度为 1.019～1.063g/cm^3 的一种血浆脂蛋

白。约含25%蛋白质与49%胆固醇及胆固醇酯。颗粒直径为18～25nm，分子量为3×10^6Da。电泳时其区带与β-球蛋白共迁移。在血浆中主要起转运内源性胆固醇及胆固醇酯的作用。其浓度升高与动脉粥样硬化的发病率增加有关。

02.0378　高密度脂蛋白　high-density lipoprotein, HDL

密度为1.063～1.210g/cm^{3}的一种血浆脂蛋白。其脂质主要为胆固醇/固醇酯（15%～17%）及少量游离胆固醇，蛋白质含量高达50%，主要是载脂蛋白AⅠ，其次是载脂蛋白AⅡ，直径7.5～10nm。在肝脏、肠道和血液中合成，可将内源性胆固醇（以胆固醇酯为主）从组织往肝脏逆向转运。血浆含量与患心血管病的风险呈负相关。

02.0379　极高密度脂蛋白　very high-density lipoprotein, VHDL

密度大于1.210g/cm^{3}的一种血浆脂蛋白。含约57%蛋白质、21%磷脂、17%胆固醇/固醇酯及少量游离胆固醇和5%的甘油三酯。血浆含量与患心血管病的风险呈负相关。

02.0380　乳糜　chyle

脂肪消化时乳糜管从肠道吸取的一种白色或淡黄色混浊液。含有高脂肪含量的小球，由淋巴系统运送，经胸导管注入血循环，其混浊外观来自其中的乳糜微粒。

02.0381　载脂蛋白　apolipoprotein, Apo

又称“脱脂载脂蛋白”“脱辅基脂蛋白”。脂蛋白（特别是血浆脂蛋白）去除脂质部分后剩余的蛋白质组分。主要分A、B、C、D、E五类，每类中又可细分若干亚类，以罗马数字表示。在血浆中起运载脂质的作用，还能识别脂蛋白受体、调节血浆脂蛋白代谢酶的活性。

02.0382　低密度脂蛋白受体　low-density lipoprotein receptor, LDL receptor, LDLR

广泛分布于体内各组织细胞表面的一种膜整合糖蛋白。全长有839个氨基酸残基，能特异地识别和结合低密度脂蛋白。调控低密度脂蛋白的胞吞作用并参与维持细胞内胆固醇平衡。

02.0383　低密度脂蛋白受体相关蛋白质　low-density lipoprotein receptor-related protein, LRP

低密度脂蛋白受体家族的一员。属于一种内吞性受体，参与脂质转运过程，维持能量平衡。

02.0384　酰基载体蛋白质　acyl carrier protein, ACP

细菌和植物的脂肪酸合成系统中的一种较小的酸性蛋白质。大肠埃希菌中酰基载体蛋白质单一肽链含77个氨基酸残基，其辅基为4-磷酸泛酰巯基乙胺，其巯基在脂肪酸合成过程中负责连接脂肪酰中间物。动物脂肪酸合成酶是较大的多功能酶（500kDa），含两个相同的亚基，每个亚基有一个酰基载体蛋白质单位。

02.0385　蛋白脂质　proteolipid

脑组织含有的一类脂溶性蛋白质。溶于氯仿–甲醇–水的混合物，但不溶于水溶液。属一种疏水性蛋白质，可能含有脂质成分，也可能不含，其富含的疏水性氨基酸成簇地位于蛋白质表面。某些整合的膜蛋白质是蛋白脂质。

02.0386　脂质转运蛋白　lipid transfer protein, LTP

又称“脂质转移蛋白”。一类与相对比较小的疏水配体（如类固醇类、胆素、视黄醇、前列腺素、信息素等）结合的分子量相对较小的（相比而言，载脂蛋白的分子量都比较大）蛋白质大家族。尽管序列保守性不高，但都具有比较保守的结合配体的β桶结构。

存在于从细菌到动植物的所有生物中。

02.0387　脂转运蛋白　lipophorin
一类存在于昆虫血淋巴中运载多亚基脂质的蛋白质。蝗虫的此类蛋白质由脂肪体合成，分子量为85kDa。

02.0388　降脂蛋白　adipsin
又称“补体因子D（complement factor D, CFD）”。由脂肪和坐骨神经组织合成后进入血液中的一种丝氨酸蛋白酶。有37kDa和44kDa两种形式，可调节脂肪代谢，参与补体级联反应。

02.0389　载芳基蛋白　arylphorin
由虾等甲壳类动物的脂肪体和血淋巴产生的富含芳香族氨基酸的贮存蛋白质。由77kDa和72kDa两种糖基化的亚基形成六聚体。主要为幼虫变态过程中提供合成蛋白质所需的芳香族氨基酸。

02.0390　磷酸脂蛋白　phospholipoprotein
由肺泡细胞产生的含有磷脂并可溶于水溶液中的一种结合蛋白质。作为表面活性剂（即减少表面张力）发挥作用。对肺的功能发挥起重要作用。

02.0391　骨架蛋白质　skeleton protein
参与机体及其组织、器官和细胞中起到支撑和保护作用的结构装置形成的一类蛋白质的统称。

02.0392　细胞角蛋白　cytokeratin
构成上皮细胞内中间纤丝细胞骨架主要成分的一种蛋白质。具有帮助细胞抵抗机械胁迫的功能。

02.0393　角蛋白　keratin
主要存在于脊椎动物的皮肤、毛发和指甲等结构纤维中的一类硬蛋白。富含半胱氨酸残基和大量的二硫键，其肽链形成极其稳定的超螺旋多聚体。

02.0394　角母蛋白　eleidin
存在于皮肤透明细胞中的一种清澈透明的蛋白质。以小颗粒形式存在，是角蛋白的前体，在嘴唇中含量丰富。在角质细胞层中经化学修饰后的产物最后变为角蛋白。

02.0395　假角蛋白　pseudokeratin
存在于皮肤和神经鞘中的一种蛋白质。和角蛋白类似，不易溶解，但是对酶没有抗性。在雄性性器官顶端存在。

02.0396　基质蛋白　stromatin
存在于一些细胞（如红细胞）基质中的一种不溶蛋白质。性质与角蛋白相似。

02.0397　角质蛋白　cornifin
角质细胞中的蛋白质。先存在于细胞溶胶中，最终通过转谷氨酰胺酶的催化与膜蛋白交联，形成细胞质膜下的一层不溶性的外套结构。富含脯氨酸、谷氨酰胺、半胱氨酸及8肽重复序列：Glu-Pro-Cys-Gln-Pro-Lys-Val-Pro（EPCQPKVP）。其存在与鳞状分化相关，类维生素A使之含量下调。

02.0398　兜甲蛋白　loricrin
最终分化的上皮细胞角质化被膜中的主要结构蛋白质。是转谷氨酰胺酶的底物，以二硫键和 *N*-(γ-谷氨酰胺)-赖氨酸异肽键双重交联的形式存在，高度不可溶。富含甘氨酸、丝氨酸和半胱氨酸。人体中的兜甲蛋白由316个氨基酸残基组成，分子量为25.8kDa。

02.0399　内披蛋白　involucrin
又称“囊包蛋白”。角质细胞和其他复层扁

平上皮合成的蛋白质。最初存在于胞质溶胶，然后通过转谷氨酰胺酶的作用，转变为通过谷氨酰胺残基与自身或膜蛋白质交联的形式，成为角质化皮肤细胞的一个稳定的保护性外套。

02.0400　海绵硬蛋白　spongin

构成海绵类动物纤维状骨架的蛋白质。属于一类分泌到细胞外面的胶原蛋白，使该类动物具有可缩性。

02.0401　鱼鳞硬蛋白　ichthylepidin

鱼鳞中除胶原蛋白质之外的一种主要蛋白质。是一类在大部分溶剂中都处于不溶状态、不能被酶水解、非常稳定的硬蛋白。

02.0402　胶原［蛋白］　collagen

动物细胞外基质和结缔组织的主要结构蛋白质成分。多形成纤维状结构。是哺乳动物中含量最丰富的蛋白质，占其总蛋白质量的25%～35%。主要由成纤维细胞所分泌。有多种类型，Ⅰ型最为常见（存在于皮肤、骨骼、肌腱），占人体胶原蛋白的 90%左右。分子细长，有刚性，由 3 条胶原多肽链（其中 α 链约有 25 种）形成三股螺旋结构。肽链中每第三个残基皆为甘氨酸，含有大量的羟脯氨酸。因为其所含必需氨基酸比例极低，故营养价值极低。

02.0403　网硬蛋白　reticulin

存在于结缔组织中的一种蛋白质。属于Ⅲ型胶原蛋白，交联形成一种精密的网状支持结构。

02.0404　前胶原［蛋白］　procollagen

胶原蛋白的一种前体。由 3 条前原胶原蛋白肽链形成三股螺旋后而成，每条肽链的 N 端和 C 端的松散肽段，经蛋白酶解切除，成原胶原蛋白，之后可以进一步自组装为显微镜下可见的具有规则结构的胶原纤维。

02.0405　原胶原［蛋白］　tropocollagen

前胶原蛋白在细胞外被特异性蛋白酶水解切除两端的端肽而生成的分子。可自组装成胶原原纤维。

02.0406　胶原纤维　collagen fiber

由原胶原蛋白进一步组装而成的纤维结构。呈集束电缆状，直径达几毫米，在光学显微镜下可见，具有较高抗张强度。

02.0407　胶原原纤维　collagen fibril

分泌到动物细胞外以后的胶原蛋白自我组装而成的高度有规则的纤维结构。许多胶原分子并行排列，四分之一错位，首尾相连，N 端和交错的 C 端之间形成共价键以稳定结构，产生直径 10～300nm、长达几百毫米的纤维。

02.0408　中间丝蛋白质　intermediate filament protein

又称“中间纤维蛋白质”。存在于细胞胞质溶胶中的一类细胞骨架蛋白。直径为 8～12nm 的纤丝。都含有非螺旋的 N 端（头区）和 C 端（尾区）和中间的氨基酸序列保守的 α 螺旋排列的超螺旋杆状区不同的，中间丝蛋白的相似部分存在于螺旋区，其不相似的部分出现于非螺旋区，头尾端对组装成不同的中间丝是很重要的。如角蛋白、结蛋白、波形蛋白等。

02.0409　中间丝结合蛋白质　intermediate filament-associated protein, IFAP

一类在结构和功能上与中间丝有密切联系，但其本身并非中间丝组分的蛋白质。使中间纤维交联成束、成网，并把中间纤维交联到质膜或其他骨架成分上。目前已知约 15 种，分别与特定的中间纤维结合。

02.0410　聚丝蛋白　filaggrin

哺乳动物皮肤基底细胞中透明角质颗粒的碱性蛋白质成分。可专同中间丝结合。可结合角蛋白和波形蛋白，可使角蛋白纤维聚集形成大的纤维聚集物，因其仅在角化上皮中表达，故该蛋白的表达是角质化的分化特异性标志。

02.0411　联丝蛋白　synemin

从禽类平滑肌和红细胞分离的一种大分子肌肉细胞骨架蛋白质。分子量为 230kDa。在哺乳动物肌肉中亦存在，可与肌肉中的波形蛋白及结蛋白丝结合。

02.0412　网蛋白　plectin

存在于所有哺乳动物细胞基质中的分子量比较大的一种蛋白质。分子量为300kDa。将三种细胞骨架成分（微丝、微管和中间丝）连接在一起。在骨骼肌和心肌细胞中是存在于Z盘周边。

02.0413　胶质细胞原纤维酸性蛋白质　glial fibrillary acidic protein

又称“神经胶质原纤维酸性蛋白质”“胶质纤丝酸性蛋白质”。动物中枢神经系统发育过程中作为分化的星形胶质细胞特异标志物的III型中间丝蛋白质。人体中的胶质纤丝酸性蛋白质由432个氨基酸残基组成。

02.0414　波形蛋白　vimentin

存在于间充质来源细胞（如成纤维细胞）和体外培养细胞中的一种分子量为58kDa的中间丝蛋白质。属III型中间丝的组分，形成卷曲螺旋二聚体，对细胞器起支持和锚定作用。

02.0415　结蛋白　desmin

存在于骨骼肌和心肌Z盘中，以及平滑肌和非肌肉细胞中的一种分子量约 55kDa 的蛋白质。属于中间丝蛋白质。

02.0416　接触蛋白　contactin

一种集中于中间神经元接触区的糖蛋白。分子量为 130kDa。通过其细胞质结构域连接细胞骨架，含免疫球蛋白和III型纤连蛋白重复结构域，属于细胞黏着分子。可能在神经系统发育过程中对轴突的形成起一定作用。

02.0417　原纤[维]蛋白　fibrillin

一种结缔组织中弹性蛋白形成时所必需的一种分子量巨大的糖蛋白。由成纤维细胞所分泌，形成一种不可溶的微原纤维结构，似乎为弹性蛋白的沉积提供一个骨架结构。是钙离子结合蛋白，含有34个6-Cys重复单位（类上皮生长因子结构域）和5个8-Cys重复单位(类$β_1$-转化生长因子结构域)。其缺陷与常染色体显性遗传的马方（Marfan）综合征有关。

02.0418　骨胶原　ossein

骨经过稀酸处理除去无机成分后留下的部分。主要为胶原蛋白。

02.0419　明胶　gelatin

皮肤、韧带、肌腱中的胶原蛋白经酸（或碱）部分水解或在水中煮沸而产生的水溶性大小不一的肽类混合物。无色（或微黄）透明的脆片或粗粉状，在35～40℃水中溶胀形成凝胶（含水量为自重的 5～10 倍）。其营养价值不高，主要含有的是非必需氨基酸（包括甘氨酸，脯氨酸等），必需氨基酸含量极低，尤其是不含色氨酸。广泛用于食品和制作黏合剂、感光底片、滤光片等。

02.0420　弹性蛋白　elastin

存在于哺乳动物结缔组织中一种具有类似橡皮那样的高度弹性的、由无规则结构组成的支持蛋白质。可以使许多组织在延伸或收缩后恢复形态。其中甘氨酸、脯氨酸、丙氨酸和缬氨酸占80%以上，多条多肽链通过赖氨酸共价交联在一起，在细胞外基质中形成具有弹性的三维网状结构。其弹性可能是其交替的亲水和疏水结构域通过一种熵驱动的机制而实现的。在血管、肺、弹性腱、软骨和皮肤中含量丰富。

02.0421　前弹性蛋白　proelastin
又称"弹性蛋白原"。弹性蛋白的可溶性前体。弹性蛋白以此形式分泌到细胞外，然后再转变成原弹性蛋白，之后交联成网状的弹性蛋白。

02.0422　原弹性蛋白　tropoelastin
介于前弹性蛋白和成熟弹性蛋白之间的一种相对存在时间比较短的中间体形式。其单体排列经交联后，形成水不溶性的弹性蛋白纤维。

02.0423　节肢弹性蛋白　resilin
在昆虫甲壳中存在的无固定三维结构的被分泌到细胞外面的一种弹性极强的蛋白质。其弹性需要有充足的水存在才可实现，可能是通过一种熵驱动机制实现。它使得昆虫具有非常出色的弹跳能力，并能有效地旋转其翅膀。肽链间通过酪氨酸残基形成共价连接。富含脯氨酸和甘氨酸残基。可与壳多糖发生相互作用。

02.0424　界面蛋白　emilin
一种定位于弹性蛋白–微原纤维界面的细胞外基质糖蛋白。是弹性蛋白纤维的组分之一。

02.0425　壳硬蛋白　sclerotin
节肢动物外骨架中的一种蛋白质。蛋白质之间通过醌类基团交联。在不同物种中变异比较大，与共存的壳多糖之间有相互作用，使外骨架变硬。

02.0426　卵壳蛋白　chorionin
昆虫卵壳中的一种蛋白质。

02.0427　丝心蛋白　fibroin
家蚕幼虫后腺或蜘蛛等分泌的丝状纤维蛋白质。形成反平行的规则 β 片层结构。一级结构为重复的 Gly-Ser-Gly-Ala-Gly-Ala 序列模体。

02.0428　丝胶蛋白　sericin
蚕丝中除丝心蛋白之外的一种主要蛋白质成分。富含丝氨酸（约 30%），使主要由丝心蛋白组成的蚕丝之间黏连在一起。

02.0429　骨架蛋白　skelemin
存在于横纹肌 M 盘中的一种分子量较大的骨架蛋白质。与肌球蛋白纤维相连。

02.0430　骨架连接蛋白　articulin
存在于单细胞真核生物眼虫中一种与细胞质膜发生相互作用的骨架蛋白质。有两种异构体，可以形成异源寡聚体。核心结构域含有由 12 个富含缬氨酸和脯氨酸残基的重复单位 30 多个。

02.0431　筑丝蛋白　tektin
最初从海胆精子鞭毛微管中提取的一类蛋白质。为一个不溶性的骨架蛋白质家族，是纤毛和鞭毛的微管结构必要组分，也存在于中心粒和基体。以两条 α 螺旋片段形式组合为二聚体、三聚体和多聚体，形成直径 2～3nm 纤维，与微管中的微管蛋白相结合。按长度不同分为 A、B 和 C 三类。

02.0432　微管蛋白　tubulin
广泛分布的一类球状蛋白质。组装形成细胞骨架结构元件微管。主要有 α 和 β 两种亚型，两者可以组成一种稳定的异源二聚体。细菌主要分裂蛋白 FtsZ 也属该家族的成员。

02.0433　微管成束蛋白　syncolin
在鸡红细胞中发现的一种可以促进微管成

束形成一种环状结构的高分子量蛋白质。

02.0434　微管连接蛋白　nexin

存在于真核生物纤毛和鞭毛中的蛋白质。其使位于外层的九个微管双体之间相互连接，避免这些微管双体之间相互移动位置。

02.0435　微管相关蛋白质　microtubule-associated protein, MAP

又称“微管结合蛋白质”。一类和微管蛋白专一结合的蛋白质的统称。调节微管的稳定性和动态性，促进或阻止微管的组装；有的则促进微管蛋白与其他组分（如动力蛋白和τ蛋白以及一些激酶）之间的相互作用。

02.0436　微管切割蛋白质　microtubule severing protein

一类依赖ATP的、通过形成一种环状结构而断开微管的蛋白质。包括剑蛋白等。

02.0437　剑蛋白　katanin

又称“微管剪切蛋白”。一种可将微管切割的异源二聚体蛋白质。具有ATP酶活性，通过形成一种环状寡聚体而将微管断开并解聚为微管蛋白二聚体。

02.0438　中心体蛋白　centrin

又称“钙夆蛋白（caltractin）”。存在于真核细胞中心体或相关微管组织中心的一个钙离子结合蛋白家族。已发现4个成员（1p～4p）。最初是从绿藻*Tetraselmis striata*中鉴定的，分子量约为20kDa，含EF手形模体。与有丝分裂时中心体复制和分离有关，可在微管切割过程中决定中心体的定位和分离。

02.0439　嵌合蛋白　chimerin

主要存在于神经组织中的一种蛋白质。可能参与信号转导过程。一种对p21等GTP酶有激活作用的蛋白质，其N端类似蛋白质激酶C的锌指区，C端又与*BCR*基因表达的丝氨酸/苏氨酸蛋白质激酶类似，是外周佛波酯的受体。有α_1、α_2、β_1和β_2等几种类型。

02.0440　融膜蛋白　parafusin

进化上保守、可能参与胞吐过程中发生的细胞膜融合的一种磷糖蛋白。在诱导胞吐过程中，迅速地发生钙离子依赖的去磷酸化。草履虫中的此类蛋白质由475个氨基酸残基组成。

02.0441　施万膜蛋白　schwannomin

又称“膜突样蛋白（merlin）”。来自胎儿脑、肾和肺等组织的膜细胞骨架的支架蛋白质。将肌动蛋白纤维与细胞膜或膜糖蛋白连接在一起，起稳定膜结构的作用。

02.0442　形成蛋白　formin

又称“成型蛋白”。一类通过与肌动蛋白和微管细胞骨架发生相互作用而参与其重构的蛋白质。可能参与细胞的极化、分裂和移动等过程。

02.0443　桥蛋白质　pontin protein

骨桥蛋白、尿桥蛋白、乳桥蛋白等一类蛋白质的统称。一种细胞核蛋白质，属ATP酶家族成员。以同源寡聚体形式存在。似乎在染色质重构、DNA修复、转录调节和核酸蛋白质复合物的生成等过程中发挥作用。

02.0444　骨桥蛋白　osteopontin

由成骨细胞等产生的、富含酸性氨基酸残基的细胞外基质糖蛋白。可能将骨骼中的细胞与基质无机物之间桥连起来，对骨骼的重构可能起重要作用。

02.0445　尿桥蛋白　uropontin

存在于尿液中的蛋白质。桥蛋白质家族成员，可抑制草酸钙晶体（肾结石）的形成。富含天冬氨酸（故带负电）。

02.0446　乳桥蛋白　lactopontin, LPN

一种分子量介于 44～75kDa 之间的分泌型磷酸化糖蛋白。不同的形式（如酶切形式，磷酸化和糖基化形式等）存在于不同组织，在细胞免疫上起极为关键的作用。

02.0447　桥粒斑蛋白　desmoplakin

一类存在于桥粒（细胞间的连接结构）中的蛋白质。有Ⅰ（240kDa）、Ⅱ（210kDa）和Ⅲ（81kDa）三种类型。Ⅰ型和Ⅱ型都以两条平行排列的多肽链形式存在，形成柔软的长约 100nm 的棒状分子；Ⅲ型相对较小。将桥粒与细胞骨架中的中间纤维丝相连。

02.0448　桥粒胶蛋白　desmocollin

存在于桥粒胶黏层（桥粒芯）中的两种糖蛋白（115kDa、130kDa）。属于钙黏蛋白家族成员，为跨膜蛋白质，其细胞外结构域与桥粒黏蛋白共同介导桥粒之间的黏连。

02.0449　桥粒黏蛋白　desmoglein

存在于桥粒胶黏层（桥粒芯）中的一种跨膜糖蛋白（165kDa）。氨基酸序列和空间结构与钙黏蛋白相似，与桥粒胶蛋白一起通过细胞外结构域介导桥粒之间的连接。

02.0450　骨形态发生蛋白　bone morphogenetic protein, BMP

又称“骨形成蛋白”“骨形态生成蛋白”。从脊椎动物骨骼基质中分离提纯的一组具有类似结构的高度保守的分泌性、疏水性、酸性蛋白质。该蛋白质家族至少有 15 个成员，除 BMP-1 外都属于转化生长因子 β 超家族。能诱导骨与软骨的形成。通过与细胞表面的特异受体结合而发挥作用。

02.0451　骨形态发生蛋白-3　bone morphogenetic protein 3, BMP-3

又称“成骨蛋白(osteogenin)”“成骨素”。骨形态发生蛋白家族中成骨能力较强的一员。属于转化生长因子 β 超家族。与细胞外基质和肝素结合，是多功能细胞因子。

02.0452　骨钙蛋白　osteocalcin

又称“骨钙素”。成骨细胞分泌的一种含 γ-羟基谷氨酸残基、由 49 个氨基酸残基组成的多肽激素。

02.0453　膜骨架蛋白质　membrane skeleton protein

组成细胞膜骨架的蛋白质。在典型的红细胞膜骨架中，主要有血影蛋白、肌动蛋白、锚蛋白和带 4.1 蛋白等，在其他细胞的膜骨架中也存在类似的蛋白质。

02.0454　血影蛋白　spectrin

真核细胞的细胞膜骨架主要组分。多肽链有 α 和 β 两种类型，形成二聚体、四聚体乃至多聚体。首先发现于红细胞，在质膜内表面与带 4.1 蛋白、锚蛋白、肌动蛋白等相互作用，维持质膜的整体性和细胞骨架结构。也存在于脊椎动物心肌细胞和无脊椎动物的细胞骨架。

02.0455　胞衬蛋白　fodrin

又称“钙影蛋白（calspectin）”。最初从牛脑中发现的与血影蛋白结构与功能高度相似的一种蛋白质。存在于人体绝大多数细胞中，骨骼肌和红细胞除外。与钙调蛋白相互作用，在膜细胞骨架参与依赖钙的运动。类似于血影蛋白，主要起支架作用。

02.0456　内收蛋白　adducin

一种与细胞膜骨架结合的蛋白质。为异源二聚体，通过一种依赖结合钙调蛋白的方式促进血影蛋白与肌动蛋白结合，并促使血影蛋白与肌动蛋白之间发生组装。是蛋白质激酶 C 的底物蛋白质。

02.0457　锚蛋白　ankyrin, anchorin

一组使多种膜整合蛋白质（如离子通道等）附着于血影蛋白–肌动蛋白的膜细胞骨架蛋白质。对于将细胞膜上的各类蛋白质锚定于细胞膜上以及维持细胞膜的完整性发挥重要作用。通过多个连续重复的锚蛋白结构域与血影蛋白结合。

02.0458　肌基质蛋白　myostromin

肌肉组织基质中的一种蛋白质。在肌肉收缩过程中发挥重要作用。

02.0459　肌巨蛋白　titin

又称"肌联蛋白（connectin）"。脊椎动物横纹肌中纵跨M线与Z盘间的巨型纤维蛋白（3000kDa）。是目前已知的最大的蛋白质之一。其异形体含27 000～33 000个氨基酸残基，主要由两种重复单位（纤连蛋白和免疫球蛋白，长约100个氨基酸）组成244个结构域，以非折叠序列相连。是肌肉的"分子弹簧"，在肌肉受到拉伸时可限制肌节的运动范围。

02.0460　颤搐蛋白　twitchin

从线虫中发现的一种类肌巨蛋白。在肌肉的肌小节组装和功能发挥过程中起重要作用。由6048个氨基酸残基组成，含31个类神经黏着蛋白质结构域、30个免疫球蛋白结构域和一个激酶结构域。因其突变能引起颤搐而得名。

02.0461　神经[纤]丝蛋白　neurofilament protein

在神经元胞质溶胶中发现的中间丝类细胞骨架蛋白质。有多种亚型，相互之间形成异源多聚体。可能为轴突提供结构支持，并调节其直径。

02.0462　桩蛋白　paxillin

位于平滑肌黏着斑、致密斑和骨骼肌肌腱与神经肌肉接点的细胞骨架蛋白。含591个氨基酸残基，与黏着斑蛋白结合。其功能是将细胞黏附于细胞外的基质，与细胞-细胞间接触和细胞铺展等有关。

02.0463　肌动蛋白　actin

一类可以组装成丝状结构、参与机体多种机械运动的球状蛋白质。是肌肉组织中的细肌丝和真核细胞骨架中的微丝的主要蛋白质组分。以单体和丝状形式存在

02.0464　球状肌动蛋白　globular actin, G-actin

简称"G肌动蛋白"。由一条多肽链构成的球形分子的单体肌动蛋白。

02.0465　纤丝状肌动蛋白　filamentous actin, F-actin

简称"F肌动蛋白"，又称"纤维状肌动蛋白"。在中性盐溶液中，由多个球状肌动蛋白单体经过组装后形成的呈串珠状的肌动蛋白。是肌肉细肌丝和真核细胞骨架中微丝的主要组分。

02.0466　消去蛋白　destrin

最初是从脊椎动物组织中提取到的一种通过与球状肌动蛋白结合而参与细胞骨架重构的蛋白质。

02.0467　F肌动蛋白加帽蛋白质　F-actin capping protein

纤丝状肌动蛋白纤维的正（+）端结合蛋白质。异源二聚体由α亚基和β亚基组成，分别含268～286个和280个氨基酸残基，其序列在真核生物各物种中很保守。主要功能是阻止肌动蛋白在正（+）端进一步组装。

02.0468　纤丝切割蛋白质　filament severing protein

一种能切割肌动蛋白纤维的蛋白质。包括哺

乳动物嗜铬细胞和血小板的肌切蛋白，芽殖酵母的双丝蛋白，以及人类和小鼠的丝切蛋白等。

02.0469　伴肌动蛋白　nebulin

一种脊椎动物骨骼肌特有的分子量非常大的蛋白质（800kDa）。可与多达 200 个肌动蛋白亚基结合，可能在骨骼肌细丝形成时调节其长度（故被称为“分子尺”）。人伴肌动蛋白的肽链含有 185 个由 35 个氨基酸残基组成的重复单位。

02.0470　辅肌动蛋白　actinin

集中分布于肌节的 Z 线和 I 带中一种含量较少的的肌动蛋白结合蛋白。为同源二聚体蛋白质，有 α 和 β 两种类型，α 型（200kDa）是纤丝状肌动蛋白的交联蛋白，使其聚集成束，促使肌动蛋白纤维在凝胶和溶胶之间转变；β 型（70kDa）促进肌动蛋白的多聚化。也调控基于肌动蛋白的细胞骨架的组装。

02.0471　中心体肌动蛋白　centractin

一种与肌动蛋白同源、结合于脊椎动物细胞中心体的、在种属间高度保守的蛋白质。

02.0472　切割蛋白　severin

最初从盘状网柄菌（*Dictyostelium discoideum*）分离得到的、依赖于钙的、通过结合在末端而使纤丝状肌动蛋白断开的一种蛋白质。其结构受到含有磷酰肌醇的脂质调控。

02.0473　[组装]抑制蛋白　profilin

又称“前纤维蛋白”。一种可与球状肌动蛋白单体 1∶1 结合的蛋白质。抑制球状肌动蛋白的聚合，引起纤丝状肌动蛋白的动态变化，从而参与调控肌动蛋白骨架的重塑，在细胞黏附、运动、生长等中发挥重要作用。

02.0474　肌动蛋白解聚因子　actin depolymerizing factor

一类存在于所有真核生物中的低分子量的肌动蛋白结合蛋白。通过促进肌动蛋白丝的分离和肌动蛋白亚基的快速解聚而对有关的细胞骨架进行重构（组装和去组装）。

02.0475　双解丝蛋白　twinfilin

酵母肌动蛋白的解聚因子。含两个肌动蛋白解聚因子同源功能结构域，位于皮层肌动蛋白细胞骨架中，可与 G 肌动蛋白以 1∶1 比例形成紧密的复合物，在肌动蛋白细胞骨架动态变化中起调节作用。

02.0476　载肌动蛋白　actophorin

一种最初从阿米巴原虫中获得的纤丝状肌动蛋白的解聚因子。可分割纤丝状肌动蛋白，并逮住球状肌动蛋白，使之无法组装成纤维结构，分子量约 13～15kDa，含有核定位序列。与脊椎动物的丝切蛋白和消去蛋白，以及其他来源的纤丝状肌动蛋白的解聚因子高度同源。

02.0477　肌切蛋白　scinderin

一种通过断开细胞外层肌动蛋白纤维网络而调节细胞分泌过程的蛋白质。其活性依赖于钙离子。存在于嗜铬细胞、血小板和其他分泌性细胞中。

02.0478　细丝蛋白　filamin

存在于平滑肌等组织中的一种将相隔距离较远的肌动蛋白纤维交联成松散网状结构的同源二聚体蛋白质。类似于一种分子弹簧板。对基于肌动蛋白的亚细胞结构的形成和维持起一种组织作用。可诱发钙离子不敏感的肌动蛋白胶凝作用，促进肌动蛋白细丝发生垂直分支，并使肌动蛋白细丝连接于膜上的糖蛋白。

02.0479　丝束蛋白　fimbrin, plastin

一种使肌动蛋白纤维交联成束的蛋白质（68kDa）。存在于上皮细胞刷状缘微绒毛中，含有 EF 手形模体，参与细胞极性的形成和维持等。

02.0480　纤丝成束蛋白质　filament bundling protein

一组与肌动蛋白微丝结合，使之成束排列的蛋白质。其中，肌成束蛋白和 α-辅肌动蛋白使肌动蛋白纤维平行成束，细丝蛋白使之相互垂直呈网状，最终形成应力纤维。

02.0481　丝切蛋白　cofilin

一种能与肌动蛋白球状亚基和肌动蛋白丝结合的蛋白质（19kDa）。能使肌动蛋白丝去组装或者隔断肌动蛋白丝，对肌动蛋白丝的重构起重要作用。对 pH 敏感，与原肌动球蛋白共享 F 肌动蛋白结合结构域的 13 个氨基酸残基。

02.0482　冠蛋白　coronin

一种最初发现于单细胞真核生物盘基网柄菌（*Dictyostelium discoideum*）中的与肌动蛋白结合的蛋白质（55kDa）。富含 WD 重复序列，存在于生长期细胞表面的冠状突起中和细胞前端，参与调节肌动蛋白细胞骨架的动态结构，从而影响细胞运动等过程。

02.0483　凝溶胶蛋白　gelsolin

一种肌动蛋白结合蛋白质（约 90kDa）。是肌动蛋白纤维组装和去组装的关键调节因子。发现于巨噬细胞、血小板、血浆，可促使被其他蛋白质交联在一起的肌动蛋白（凝胶状）转化为溶胶状（一种胶体），故名。是一种最有效的肌动蛋白纤维割裂蛋白。对细胞的迁移、分泌、胞吞具有重要作用。有血浆（细胞外形式）和细胞质两种形式，通过可变剪接而产生。

02.0484　成束蛋白　fasciclin

发现于果蝇等昆虫神经束中的一组蛋白质。成束蛋白Ⅰ（72.5kDa）是神经元黏附分子，通过糖基磷脂酰肌醇锚定蛋白质附着于膜，与轴突导向有关。成束蛋白Ⅱ（95kDa）是神经元识别分子，存在于中央神经系统成束轴突，调节选择性轴突成束。

02.0485　肌成束蛋白　fascin

一种协助肌动蛋白组装成束的蛋白质。参与对细胞骨架动态结构的调节和细胞运动等过程。

02.0486　肌质蛋白　myogen

又称“肌浆蛋白”。用水从动物骨骼肌中提取得到的多种蛋白质混合物。如肌质蛋白 A 是从兔肌肉中制备的可以结晶出醛缩酶和甘油-3-磷酸脱氢酶的混合物。

02.0487　蚕食蛋白　depactin

分离于海星卵的一种蛋白质（约 20kDa）。可结合于 F 肌动蛋白纤维中的肌动蛋白单体，可以使 F 肌动蛋白解聚，并抑制肌动蛋白多聚体的延伸。

02.0488　肌动结合蛋白　actobindin

一类可结合 G 肌动蛋白二聚体。进而抑制肌动蛋白自发组装成多聚体的蛋白质。

02.0489　马达蛋白质　motor protein

一类通过水解 ATP（或 GTP）而将化学能转换为机械能从而产生运动的蛋白质。为细胞质中的各种运动提供驱动力。典型的如肌球蛋白（为肌动蛋白马达，驱使骨骼肌收缩）、动力蛋白和驱动蛋白;后面两种为微管中的马达蛋白质。也就是说，它们能在核苷三磷酸水解的情况下沿着肌动蛋白纤丝、微管等推动自身前行。

02.0490　肌球蛋白　myosin
一类存在于肌肉和非肌肉细胞中可以将化学能转换为机械能的马达蛋白质。具有 ATP 酶活性，由两条相同的重链和两对轻链组成。重链的大部分形成 α 螺旋结构，其头部具有 ATP 酶活性，并可与肌动蛋白结合产生机械运动。轻链的功能并非很清楚。

02.0491　成肌蛋白　myogenin
全称“肌细胞生成蛋白”。一种参与肌肉分化或修复的蛋白质因子。属于含有螺旋-转角-螺旋模体的转录因子。可以诱导体外培养的多种细胞（包括成纤维细胞）分化为成肌细胞。

02.0492　力蛋白　herculin
又称“成肌蛋白因子 6（myogenic factor 6）”。人体 *MYF*-6 基因编码的肌肉生成调节蛋白质。是一种碱性螺旋-环-螺旋（bHLH）转录因子，诱导肌管成熟成为肌纤维。仅存在于骨骼肌。

02.0493　抗肌萎缩蛋白　dystrophin
又称“肌养蛋白”，曾称“肌营养不良蛋白”。存在于正常肌肉中的一种含量不高、单条肽链由大约3700个氨基酸残基组成的分子量比较大的、棒状细胞质蛋白质（约 426kDa）。起到将肌动蛋白纤维锚定于肌肉细胞质膜内表面的作用。其缺乏可导致肌肉收缩装置的继发性变化，最终引起肌肉退化。在多种肌营养不良症患者中缺乏或异常。

02.0494　抗肌萎缩蛋白相关蛋白质　utrophin, dystrophin-related protein, DRP
又称“肌营养相关蛋白质”。一种广泛存在于不同组织中的抗肌萎缩蛋白的同系物。可与肌动蛋白纤维结合。

02.0495　酶解肌球蛋白　meromyosin
肌球蛋白经胰蛋白酶和其他蛋白酶水解后得到的两个大小不一（轻的和重的）的片段。

02.0496　原肌球蛋白　tropomyosin
存在于平滑肌、骨骼肌和心肌及非肌肉细胞中的一种沿肌动蛋白纤维纵轴结合的纤维状蛋白质。在骨骼肌中与肌钙蛋白复合体一起调节肌动蛋白和肌球蛋白之间的相互作用，进而影响肌肉收缩。

02.0497　原肌球蛋白调节蛋白　tropomodulin
一种结合在肌动蛋白纤维尖端（或负端）调节肌动蛋白纤维长度的蛋白质。既阻止球状肌动蛋白自发脱落也阻止纤维继续延长。

02.0498　副肌球蛋白　paramyosin
存在于非脊椎动物粗丝中的一种重要蛋白质（约 200kDa）。形成由两股 α 螺旋组成的卷曲螺旋结构。

02.0499　肌钙蛋白　troponin
在横纹肌中起调节作用的蛋白质。由三种亚基组成：与原肌球蛋白结合的肌钙蛋白 T；调节肌球蛋白 ATP 酶活性的肌钙蛋白 I 和与钙结合的肌钙蛋白 C。肌钙蛋白复合体通过响应钙离子浓度的变化而调节肌动蛋白与肌球蛋白的结合以及骨骼肌的收缩。

02.0500　脱钙肌钙蛋白　apotroponin
不结合钙的肌钙蛋白。

02.0501　肌动球蛋白　actomyosin
由肌动蛋白和肌球蛋白组成的复合体。当有 ATP 存在时，可在体外发生类似肌肉收缩的过程。是骨骼肌得以收缩的一种关键结构。

02.0502　富组亲动蛋白　hisactophilin
发现于盘基网柄菌（*Dictyostelium discoideum*）

中的一种低分子量、富含组氨酸残基的肌动蛋白结合蛋白质。118 个氨基酸残基中的 31 个为组氨酸，可促进肌动蛋白的聚合，对环境 pH 很敏感。

02.0503　亲棘蛋白　spinophilin
神经系统中发现的一种可与蛋白质磷酸酶-1 或纤维型肌动蛋白等结合的多功能骨架蛋白质。参与对细胞膜和细胞骨架功能的调节。

02.0504　动力蛋白　dynein
细胞中一类可以沿微管运动的细胞骨架马达蛋白质。是一类巨大的蛋白质复合物，由 2 条重链、4 条轻链、3～4 条中间链组成，具有 ATP 酶活性，与微管结合，其功能是分子马达，驱动细胞中的内体、溶酶体、线粒体等沿着微管向中心体运动，结合真核生物外周的鞭毛和纤毛并驱动其运动，参与细胞分裂过程中染色体的分离。

02.0505　动力蛋白激活蛋白　dynactin, dynein activator complex
广泛存在于脊椎动物胞质溶胶中的一种将动力蛋白与其运载的货物（细胞器）连接在一起并调节动力蛋白活性、同时还与微管结合的由大约 11 种不同亚基组装而成的蛋白质复合物。是动力蛋白发挥功能所不可缺少的部分。

02.0506　驱动蛋白　kinesin
由两条重链（110～135kDa）和数条轻链（60～70kDa）组成的一类马达蛋白质。其重链的中间部分形成卷曲螺旋结构而头部具有 ATP 酶的活性，重链的尾部和结合的轻链一起参与结合货物（细胞器），重链头部与微管结合并利用水解 ATP 得到的能量沿着微管移动；从而参与细胞器的转运、有丝分裂和减数分裂。驱动蛋白可以有效沿微管运动而不脱落，所以是具有高度进行性的马达蛋白质。

02.0507　驱动蛋白结合蛋白　kinectin
位于细胞内质网上、分子量约 160kDa 的一种膜蛋白质。通过作为受体与驱动蛋白结合而参与细胞中囊泡的转运。在结构上与肌球蛋白类似，富含螺旋，具有细长（100nm）的外形。

02.0508　快蛋白　prestin
存在于哺乳动物耳蜗外毛细胞膜中的一种通过感受电压而产生运动的独特马达蛋白质（不消耗 ATP）。有 12 段跨膜肽段，同时也是一种阴离子转运蛋白。与声音扩增有关。小鼠快蛋白由 744 个氨基酸残基组成。

02.0509　发动蛋白　dynamin
一种通过消耗 GTP 而负责胞吞等机械过程发生的分子量较大的马达蛋白质（约 100kDa）。其寡聚体结合在被网格蛋白（或陷窝蛋白）包被的内陷颗粒的“脖子”处，促使颗粒从供体膜上释放。

02.0510　黏连蛋白　cohesin
曾称“凝聚蛋白”。在姐妹染色单体分离前，沿着姐妹染色单体的长度将它们黏连在一起的蛋白质复合物。

02.0511　连接蛋白　nectin
广泛存在于不同细胞中的不依赖钙离子的含有免疫球蛋白结构域的一类细胞间黏附分子。可形成顺式（两个单体来自同一个细胞膜上）或反式（两个单体来自不同的细胞膜上）同源寡聚体。

02.0512　连接子　connexon
间隙连接的多亚基复合体单元。每一个连接子由 6 个穿膜的连接蛋白组成的筒状，中央有直径 1.5nm 的通道。

02.0513　间隙连接蛋白　connexin

又称"连接子蛋白"。存在于脊椎动物中的一类膜整合蛋白质。其六聚体形成一个细胞间连接子，每个物种和组织有不同的连接蛋白亚型，形成不同功能的连接子。2 个相邻细胞的连接子（各形成一个"半通道"）对接在一起形成 1 个间隙连接，用于在细胞之间输送糖、氨基酸、核苷酸、离子等。

02.0514　联蛋白　catenin

又称"连环蛋白"。将细胞黏附分子钙黏蛋白与细胞骨架蛋白相连的一个蛋白质家族。分为α（102kDa）、β（88kDa）、γ（80kDa）等多种类型。参与细胞的极性形成和信号转导等过程。

02.0515　纤连蛋白　fibronectin

全称"纤维连接蛋白"，又称"纤维粘连蛋白"。多位于细胞间质，与细胞的黏着、迁移等生物学特性相关的一种大分子糖蛋白（约 440kDa）。异源二聚体，可结合于跨膜的整联蛋白以及胶原蛋白、血纤蛋白等基质蛋白质。脊椎动物有可溶性血浆型和不可溶细胞型两种形式，前者是肝产生的一种血浆蛋白质；后者是成纤维细胞等产生的细胞外基质蛋白。

02.0516　踝蛋白　talin

一种参与将肌动蛋白细胞骨架与质膜上的整联蛋白连接的磷蛋白质。在黏着斑附近高浓度存在，可能具有机械感受作用。小鼠的此种蛋白质由 2541 个氨基酸残基组成。

02.0517　半人马蛋白　centaurin

最初从大鼠大脑中获得的一种四磷酸肌醇结合（受体）蛋白质。后发现为一个调节肌动蛋白细胞骨架和小泡转运的蛋白质家族。可使 ADP 核糖基化因子这类小 GTP 酶活性提高。参与磷酸酰肌醇-3 激酶的激活及随后的信号转导过程。

02.0518　ADP 核糖基化因子　ADP-ribosylation factor, ARF

广泛分布于真核细胞的大小约 20kDa 的鸟嘌呤核苷酸结合蛋白质。为单体小 GTP 结合蛋白。在序列和结构上属于 Ras 基因超家族的成员。哺乳动物有 6 个高度保守成员。可激活 ADP 核糖基转移酶，调节小泡转运和肌动蛋白活性。

02.0519　钙黏[着]蛋白　cadherin

又称"钙黏[合]素"。动物组织中的一类依赖钙离子的黏附糖蛋白超家族。单一肽链长 723～748 个氨基酸残基。成员有上皮钙黏蛋白、神经钙黏蛋白和胎盘钙黏蛋白等。成员之间有 43%～58%的同源性。

02.0520　张力蛋白　tensin

位于脊椎动物细胞质膜上一种含整合素的黏着斑内的蛋白质。具有 SH2 功能结构域，能使酪氨酸磷酸化，使细胞外基质与细胞骨架中的微丝相连。

02.0521　闭合蛋白　occludin

又称"闭锁蛋白"。位于细胞紧密连接结构的一种整合在细胞质膜中的蛋白质。对维持细胞紧密连接的屏障功能可能发挥重要作用。

02.0522　纤胶凝蛋白　ficolin

一类寡聚化的凝集素。含有纤维状的类胶原蛋白和球状的纤维蛋白原样结构域，可特异识别 *N*-乙酰葡萄糖胺。为一类分泌蛋白质，在固有免疫过程中发挥作用。

02.0523　高尔基体蛋白　golgin

锚定在高尔基体膜中的一个蛋白质家族。皆可形成比较长的卷曲螺旋结构，围绕高尔基体形成一圈类似触须的结构。可以与不同的蛋白质发生相互作用。可能的功能是将小泡栓在或锚定在高尔基体上。包括高尔基体蛋白–84、–95、–97、–160、–245 等成员。

02.0524 基底膜连接蛋白质 basement membrane link protein

一类参与后生动物基底膜（一层薄的纤维状的细胞外基质，将一个表皮结构与结缔组织分隔开）形成并与其连接的蛋白质。包括一些蛋白聚糖（如串珠蛋白聚糖和巢蛋白等），也包括细胞骨架内的抗肌萎缩蛋白和抗肌萎缩蛋白相关蛋白质。

02.0525 绒毛蛋白 villin

存在于肠表皮细胞和肾近管细胞微绒毛中的受钙调节的肌动蛋白结合蛋白。人体中的此类蛋白质由 826 个氨基酸残基组成。

02.0526 细胞绒毛蛋白 cytovillin

又称“埃兹蛋白（ezrin）”。参与使细胞骨架和细胞质膜之间连接的蛋白质。特异的生长因子受体被激活后，该蛋白质作为质膜–细胞骨架衔接者参与壁细胞顶端微绒毛的组装。与胃酸分泌的调节有关。最初由位于美国康奈尔大学的埃兹拉（Ezra）实验室分离得到。

02.0527 斑联蛋白 zyxin

最早是从鸟类平滑肌中分离出来的，其主要存在于细胞与细胞、细胞与基质结合处的一种可结合锌离子的磷酸蛋白质。参与肌动蛋白细胞骨架与细胞膜连接的黏着斑的形成，可能参与细胞黏附诱发的信号转导过程。

02.0528 斑珠蛋白 plakoglobin

一种存在于细胞胞质溶胶中参与细胞之间连接的蛋白质。在桥粒和黏附连接结构中发挥功能。

02.0529 交叉蛋白 intersectin

可与细胞质膜以及胞吞必需的发动蛋白结合的一种多结构域蛋白质。有长、短两种形式。长的形式主要在神经系统中表达，其两个结构域具有 Ras 超家族成员的鸟苷酸交换因子功能，进而通过调节肌动蛋白和网格蛋白的组装，影响细胞的胞吞。

02.0530 接头蛋白 junctin

在心脏和骨骼肌细胞中连接肌质网系膜的一种分子量约 26kDa 的膜蛋白质。穿越肌质网系膜，通过与其他蛋白质之间的相互作用而参与钙离子的释放。

02.0531 集钙蛋白 calsequestrin

一种占肌质网腔中蛋白质含量 19%左右的钙结合蛋白（44kDa）。为一种钙离子含量的缓冲剂，对储存高浓度的钙离子起重要作用。每一个蛋白质分子通过中等程度的亲和力结合 40 个左右的钙离子。该蛋白质可发生磷酸化修饰。

02.0532 周期蛋白 cyclin

在真核细胞周期中，其浓度周期性有规律升高和降低的一个蛋白质家族。是细胞周期调节分子，在不同阶段激活特定的周期蛋白依赖性激酶，控制细胞进程。其成员的氨基酸序列通常差异大，但都有周期蛋白框（约 100 个氨基酸残基），并且 N 端和 C 端各有 1 个相似的结构域，由 5 个 α 螺旋组成。

02.0533 突触蛋白 synapsin

又称“突触素”。一组与突触小泡相关的具有神经元特异性的磷酸蛋白质家族。几乎存在于所有突触颗粒的表面，并且与细胞骨架结合。可以被钙调蛋白和 cAMP 依赖性的蛋白质激酶磷酸化，在神经递质释放过程中起重要作用。人的突触蛋白分Ⅰ、Ⅱ、Ⅲ型。

02.0534 突触核蛋白 synuclein
广泛分布于中枢神经系统突触前末梢的可溶性小分子蛋白质家族。可能与突触的发育及可塑性有关。在脑内高表达，有 α、β 和 γ 亚型。α 亚型由 140 个氨基酸残基组成，与帕金森病等相关。

02.0535 突触结合蛋白 synaptotagmin
一类广泛存在于神经元和内分泌细胞内分泌小泡上的蛋白质家族。其结构特征是 N 端含跨膜区，C 端两个结构域（C2A 和 C2B）和蛋白质激酶 C 调节结构域同源。作为钙离子传感器，参与调节神经递质释放和激素分泌。

02.0536 突触融合蛋白 syntaxin
突触前区的一个膜蛋白质家族。多肽链 C 端跨膜结构域参与形成胞吐的融合孔，N 端结构域可调节其构象开关。能与突触结合蛋白和钙离子（及钾离子）通道蛋白相互作用，参与调节突触前轴突的去极化过程。

02.0537 突触小泡蛋白 synaptophysin, SYP
存在于神经元突触前小泡和肾上腺髓质类似小泡中的膜整合糖蛋白（38kDa）。是神经内分泌细胞和异常增殖细胞（赘生物）的标志物。参与突触传递，实际功能尚不清楚。

02.0538 小突触小泡蛋白 synaptobrevin
又称"突触小泡相关膜蛋白质（vesicle-associated membrane protein, VAMP）"。一种整合于突触小泡膜中的小分子量蛋白质（18kDa）。是介导小泡融合的可溶性 NSF 附着蛋白受体（SNARE）蛋白质复合物的组分，在神经元胞吐过程中促使膜融合。

02.0539 突触孔蛋白 synaptoporin
突触小泡蛋白中的一种。为小突触小泡固有的膜蛋白质。

02.0540 突触循环蛋白 synaptogyrin
均一分布于神经系统的突触小泡蛋白。在神经元及神经内分泌细胞高度表达，是酪氨酸激酶的一个重要的小泡相关底物。为多基因家族编码，异构体的 cDNA 序列同源性为 32%～46%。人的突触循环蛋白由 234 个氨基酸残基组成，分子量约 25.7kDa。有 4 个跨膜结构域，N 端与 C 端朝向囊泡的胞质面，无糖基化位点，蛋白质分子胞质尾的氨基酸序列与突触小泡蛋白有 74%的同源性。

02.0541 突触小泡磷酸酶 synaptojanin
在脑神经末梢发现的具有 5-磷酸酶活性的一个蛋白质家族。可以使突触小泡膜中的磷脂脱去磷酸，之后小泡脱壳并通过胞吞回收小泡，便于突触前细胞用新的神经递质进行调整。

02.0542 突触小体相关蛋白质 synaptosome-associated protein, SNAP
最初是从神经细胞表面分离得到的与神经递质胞吐密切相关的蛋白质。后来发现也存在于其他细胞表面中。

02.0543 内吞蛋白 endophilin
一种促进突触小泡发生内吞和再循环的蛋白质。似乎是通过其 BAR（Bin/ampiphysin/Rvs）结构域促进细胞膜的弯曲而发挥作用。但也有认为是通过其 SH3 结构域招募其他蛋白质到突触小泡的膜上而发挥作用。

02.0544 半胱氨酸串联蛋白质 cysteine string protein, CSP
特异定位于中枢及周围神经富含突触的区域中的分子量为 22kDa 的蛋白质。C 端有一富含半胱氨酸串的功能结构域，此域由 11 个连续的半胱氨酸残基组成；N 端含有一个

"J 功能结构域"，此域与各种热激蛋白质相互作用，其中保守的 3 肽（HPD）序列对此作用非常重要。在调节胞吐过程中发挥分子伴侣作用，可影响蛋白质构象的稳定性或蛋白质复合物的组装。

02.0545　泡友蛋白　physophilin

一种膜整合蛋白质。大鼠脑突触体及小鼠脑的初代培养物所鉴定的泡友蛋白为 36kDa，pI 约 7.8，为单链结构。与突触小泡蛋白相互作用，在小泡向突触膜泊靠并与之融合的过程中起一定作用。

02.0546　单胺转运蛋白　monoamine transporter, MAT

存在于突触间隙外侧质膜的膜整合蛋白质。含 12 个跨膜结构域，是单胺类神经递质的转运蛋白，负责将突触间隙中过多的单胺类递质送回突触前神经元细胞质。分为三种类型：多巴胺转运蛋白、去甲肾上腺素转运蛋白和 5-羟色胺转运蛋白。

02.0547　神经连接蛋白　neurexin

突触前神经细胞表面的一次性跨膜受体蛋白。具有高度的多态性，其胞外部分存在层粘连蛋白结构域，与突触空隙中的蛋白质（如神经配蛋白）相互作用。在轴突结构的组织方面起作用。其缺少与精神分裂症和自闭症等认知疾病有关。

02.0548　神经调制蛋白　neuromodulin

又称"生长相关蛋白质 43（growth-associated protein 43, GAP43）"。一种具有促进神经生长活性的蛋白质。特别指在动物发育过程中的神经生长锥中或轴突再生过程中存在的可以与钙调蛋白结合的蛋白质，可被蛋白质激酶 C 磷酸化。一般存在于细胞胞质溶胶中，但可以通过共价修饰的脂肪酰基锚定在膜上。

02.0549　神经配蛋白　neuroligin, NL

存在于神经元表面，介导突触发育及成熟的一类关键蛋白质。属跨膜配体，有 NL-Ⅰ、NL-Ⅱ和 NL-Ⅲ三型，参与神经细胞之间的连接和信号传递。

02.0550　神经上皮干细胞蛋白　nestin, neuroepithelial stem cell protein

曾称"巢蛋白"。首先在神经干细胞中发现的一种Ⅵ型中间丝蛋白质。因其仅在此种细胞中特异表达而得名，与其他中间纤丝高度同源，均含有以亮氨酸为末端的七肽重复单位。为神经干细胞的特征性标志物

02.0551　神经胶质蛋白　neuroglian

存在于发育的神经元和胶质细胞中的单跨膜蛋白质。为一种细胞黏着分子，结构与神经黏着分子类似，其位于细胞外的 N 端有免疫球蛋白样模体和纤连蛋白Ⅲ型重复单位，介导细胞间的同源识别。存在于细胞内的结构部分可与细胞骨架之间进行信号联系。

02.0552　神经角蛋白　neurokeratin

20 世纪 60 年代在外周神经髓鞘中发现的一种类似于角蛋白的网状结构蛋白质分子。不被多种蛋白质水解酶水解，也难以被有机溶剂溶解。

02.0553　去磷蛋白　dephosphin

最初从完整突触小泡中鉴定的可以发生磷酸化的蛋白质。与发动蛋白Ⅰ类似，也是一种参与突触小泡胞吞作用的鸟苷三磷酸水解酶。此蛋白质在神经末梢去极化时快速发生去磷酸化。

02.0554　髓鞘蛋白质　myelin protein

又称"髓磷脂蛋白质"。一组参与神经髓鞘形成的蛋白质。包括髓鞘碱性蛋白质、髓鞘

相关糖蛋白和髓鞘蛋白脂质蛋白质等。

02.0555　髓鞘碱性蛋白质　myelin basic protein, MBP

又称“髓磷脂碱性蛋白质”。位于髓鞘膜胞质一侧的具有强碱性（pI＞10.5）的一种神经髓鞘蛋白质。是中枢神经系统正常髓鞘的主要组分，通过可变剪接，可产生三种不同形式。可与髓鞘膜上的磷脂发生相互作用，对维持髓鞘的结构起重要作用。

02.0556　髓鞘相关糖蛋白　myelin-associated glycoprotein, MAG

又称“髓磷脂相关糖蛋白”。存在神经末梢及中枢神经系统髓鞘中的一种膜整合糖蛋白。属免疫球蛋白超家族，能够阻止神经元轴突随意生长，稳定轴突的正常支配模式。

02.0557　髓鞘蛋白脂质蛋白质　myelin proteolipid protein, MPLP

又称“髓磷脂蛋白脂质蛋白质”“亲脂素（lipophilin）”。中枢神经系统的一种主要髓鞘蛋白质。为膜整合蛋白质，在形成和维持髓鞘的多片结构中具重要作用。

02.0558　外周髓鞘蛋白质22　peripheral myelin protein 22, PMP22

由外周神经系统的施旺细胞产生的跨膜糖蛋白。在紧密髓鞘的形成和维持过程中起重要作用。

02.0559　外周蛋白　peripherin

一种主要存在于外周神经元中属于III型中间纤维的细胞骨架蛋白质。可以组装成同源多聚体纤维网络。可能在发育过程中轴突的延长或轴突受损后的再生过程中起作用。另一种外周蛋白II分布在视网膜锥细胞周围，可能在眼盘形态发生时起作用。

02.0560　脑衰蛋白　collapsin

脑中的一种糖蛋白（100kDa）。可抑制成熟轴突的再生，在皮摩尔水平可造成神经生长锥萎陷。其结构域序列与成束蛋白IV和免疫球蛋白同源。

02.0561　脑发育调节蛋白　drebrin

存在于脑组织中的一种胞质溶胶蛋白质。可与肌动蛋白组成的细胞骨架结合并能调节其结构状态，与神经元生长和脑发育调节相关，在脑的不同发育阶段中表达不同的同源形式。

02.0562　神经颗粒蛋白　neurogranin

存在于大脑、突触后神经细胞中的一种由78个氨基酸残基组成的蛋白质。与未结合钙的钙调蛋白结合。是蛋白质激酶C的底物蛋白质，磷酸化后与钙调蛋白结合能力下降。其含量下降可能与精神分裂症有关。其基因由胸腺激素调节。

02.0563　神经趋化因子　neurotactin

一种主要在脑中表达的跨膜糖蛋白（135kDa）。含有Cys-X-X-Cys模体，介导不同类型细胞之间的黏附。其经蛋白质水解酶降解后的一个片段对嗜中性细胞有趋化作用。

02.0564　神经生长蛋白　neurolin

可促进轴突生长的细胞表面糖蛋白。表观分子量约86kDa，属于免疫球蛋白超家族的细胞黏附分子。

02.0565　神经束蛋白　neurofascin

轴突表面的一种糖蛋白。属于免疫球蛋白超家族细胞黏附分子，鸡神经束蛋白的N端有6个免疫球蛋白样模体和4个纤连蛋白III型重复单位，参与轴突的延伸和突触的形成。

02.0566　神经纤维瘤蛋白　neurofibromin
一种与神经纤维瘤发生有关的蛋白质。是一种 Ras GTP 酶的激活蛋白质，为 *NF1* 基因表达产物，刺激 Ras 信号转导蛋白的 GTP 酶活性后，使之成为结合 GDP 的无活性形式（而非结合 GTP 的有活性形式）。

02.0567　通道形成肽　channel-forming peptide
可在生物膜上形成使某些物质通过的通道的肽类。广义则包括那些天然存在于膜上可形成通道的蛋白质；狭义则是专指对膜有毒性的肽类。如某些多肽毒素和抗菌肽等。

02.0568　同源异形蛋白质　homeoprotein
又称“同源异形结构域蛋白质（homeodomain protein）”。一类含有高度保守的同源异形 DNA 结合模体（约 60 个氨基酸残基）的转录因子蛋白质。广泛存在于真核生物中，调节个体发育和细胞分化过程。

02.0569　双载蛋白　amphiphysin
哺乳动物脑中富含的一类蛋白质。可与网格蛋白、发动蛋白以及突触小泡磷酸酶结合。存在于突触小泡表面，可能参与由网格蛋白介导的胞吞过程。

02.0570　穿孔蛋白　perforin
又称“穿孔素”。一种存在于人细胞毒性 T 细胞和自然杀伤细胞颗粒中的蛋白质（61.3kDa）。与补体 9（C9）的结构和功能相似。脱颗粒后可结合于靶细胞膜，并依赖钙离子聚合为穿透靶细胞膜的管状孔，促凋亡蛋白酶（颗粒酶等）随即扩散进入靶细胞，使其裂解。

02.0571　嗜铬粒蛋白　chromogranin, Cg
最初从牛嗜铬颗粒中发现的可溶的酸性蛋白质。广泛存在于内分泌细胞分泌颗粒的核心，可结合 Ca^{2+}、ATP 和儿茶酚胺类激素等，分 A、B 两种类型。

02.0572　嗜铬粒蛋白 A　chromogranin A, CgA
存在于大多数内分泌细胞和神经内分泌细胞嗜铬颗粒中的一种可溶的酸性蛋白质。由 439 个氨基酸残基组成，分子量 48kDa，是神经肽类家族中的一员。其上有一些保守的氨基酸是潜在的蛋白酶水解位点，经过自然水解产生有各种生物活性的衍生多肽。是胰抑释素和儿茶酚抑素等功能肽的前体，这些肽对于神经内分泌起抑制作用。也是诊断神经内分泌肿瘤的标志物。

02.0573　嗜铬粒蛋白 B　chromogranin B, CgB
又称“分泌粒蛋白（secretogranin, Sg）”。在肾上腺髓质和交感神经中分别与儿茶酚胺和去甲肾上腺素一起分泌的酸性蛋白质。是几种调节功能肽的前体。

02.0574　嗜铬粒膜蛋白　chromomembrin
肾上腺髓质内儿茶酚胺贮存小泡（嗜铬颗粒）上的细胞色素类膜蛋白质。

02.0575　膜联蛋白　annexin
又称“脂皮质蛋白（lipocortin）”。广泛存在于真核生物中的一类与膜上的酸性膜磷脂结合的钙结合蛋白家族。分为多种类型（Ⅰ～Ⅻ），其 N 端区不同，但 C 端区高度同源（含 4～8 个重复单位，每个单位形成 5 个 α 螺旋）。作为膜的支架结构参与胞吞胞吐等膜泡转运过程、膜表面依赖钙调蛋白的活动等。部分成员可以分泌到细胞外面。依据基因位置和蛋白质结构等方面的不同可分为五类：A 类（表达于脊椎动物细胞内）、B 类（表达于无脊椎动物细胞内）、C 类（表达于真菌和单细胞真核生物细胞内）、D 类（表达于植物细胞内）和 E 类（表达于原核细胞内）。迄今为止，在脊椎动物细胞内，研究者共发现 12 种膜联蛋白。

02.0576　膜联蛋白Ⅰ　annexin Ⅰ

从家兔的嗜中性白细胞分离的一种调节蛋白（40kDa）。其脱磷酸化型是可溶形式的磷脂酶 A_2 的抑制剂；当被蛋白质激酶催化而磷酸化后即丧失此抑制作用。产生反应时，能调节嗜中性白细胞或其他细胞释放花生四烯酸。

02.0577　膜联蛋白Ⅱ　annexin Ⅱ

又称“依钙结合蛋白（calpactin）”。一种钙和磷脂结合性四聚体蛋白质。属膜联蛋白家族成员，具有使磷脂小泡及嗜铬颗粒聚集的作用，其活性受磷酸化作用的抑制。

02.0578　膜联蛋白Ⅳ　annexin Ⅳ

神经脊索等处在胚胎期表达的蛋白质。对中枢神经系统中线结构发育至关重要。

02.0579　膜联蛋白Ⅴ　annexin Ⅴ

钙离子结合蛋白。与膜中酸性磷脂相互作用，有 4 个重复单位，每个单位（61 个氨基酸残基）折叠成 5 个 α 螺旋。

02.0580　膜联蛋白Ⅵ　annexin Ⅵ

又称“钙电蛋白（calelectrin）”“钙磷脂结合蛋白（calphobindin）”“钙介蛋白（calcimedin）”。膜联蛋白家族的成员。膜结合蛋白质，其结构与膜联蛋白和依钙结合蛋白有同源性。最初发现于电鳐的电器官，后来发现于牛肝，可以调节胞吐作用。

02.0581　膜联蛋白Ⅶ　annexin Ⅶ

又称“会联蛋白（synexin）”。膜联蛋白家族的成员。是钙依赖性的脂质结合蛋白质，可促进膜融合、嗜铬细胞颗粒聚集，以及在天然和人工膜上形成电压依赖性的钙通道。来自不同组织的此种蛋白质略有差异。

02.0582　嗜铬粒结合蛋白　chromobindin

膜联蛋白Ⅰ、Ⅱ、Ⅳ、Ⅵ的统称。

02.0583　膜免疫球蛋白　membrane immunoglobulin, mIg

存在于 B 细胞膜上的免疫球蛋白。作为抗原的受体，如果没有此类蛋白质，B 细胞会凋亡，不能分化成浆细胞。通过其重链 C 端一段额外的疏水区插入细胞膜内。

02.0584　膜突蛋白　moesin, membrane-organizing extension spike protein

一种具有组织细胞膜性质的突出蛋白质。连接肌动蛋白细胞骨架和细胞质膜，位于细胞突出的部位（如丝状假足）。含有一个和细胞绒毛蛋白相似的结构域，为踝蛋白家族成员，可能参与细胞运动时的细胞–细胞识别和信号转导过程。

02.0585　膜桥蛋白　ponticulin

网柄菌（黏性霉菌）质膜中的跨膜糖蛋白。可和纤丝状肌动蛋白结合，促进纤丝的成束和成核，以及它们与细胞膜之间的结合，由 143 个氨基酸残基组成。

02.0586　衰老蛋白　presenilin

一种高尔基体上的多次跨膜蛋白质。为细胞膜中的蛋白质水解酶 γ 分泌酶的催化亚基，在脂双层膜中切割多种跨膜蛋白质（包括将淀粉样前体蛋白切割，产生 Aβ 肽）。有 PS1 和 PS2 两种剪接产物。PS1 的突变与阿尔茨海默病的早年发作有 5%的相关性。

02.0587　整联蛋白　integrin

位于质膜上的、作为细胞黏附分子受体而起作用的一类跨膜蛋白质。介导细胞与细胞外基质中的配体分子之间的相互作用，通过信号转导调节细胞的活动。为 α 和 β 两种亚基组成的异源二聚体，其性质决定了一种细胞所能结合的黏附分子的类型。

02.0588 解整联蛋白 disintegrin
一类含有精氨酰甘氨酰天冬氨酰三肽模体、存在于某些蛇毒中的多肽（含 48～84 个氨基酸残基）。通过与整联蛋白结合抑制细胞与基质的结合，也抑制血小板–血纤蛋白原之间的相互作用。

02.0589 巨蛋白 giantin
一种整合于高尔基体膜中的蛋白质。因其分子大（376kDa）而得名。通过二硫键形成同源二聚体，其 C 端形成大量的卷曲螺旋伸展于细胞胞质溶胶中。但功能仍属未知。

02.0590 巢蛋白 nidogen, entactin
存在于动物组织基底膜的一种硫酸化的钙结合糖蛋白。可能通过连接层粘连蛋白层和Ⅳ型胶原蛋白层而参与基底膜的组装。由 2 个球形结构域、1 个 EF 手形结构域、几个表皮生长因子样结构域和 1 个甲状腺球蛋白Ⅰ型结构域组成。

02.0591 针形蛋白 aciculin
一种结构与磷酸葡萄糖变位酶类似但无酶活性的蛋白质。大量存在于肌肉或非肌肉细胞的黏附连接结构中。使肌动蛋白纤丝与细胞骨架和细胞外基质连接。

02.0592 根蛋白 radixin
真核细胞中一种将肌动蛋白纤维丝与细胞质膜联结的细胞骨架蛋白。大量存在于黏着连接和细胞皮层。

02.0593 钙离子结合蛋白质 calcium-binding protein
结合钙离子的蛋白质。分布广，结构多样化。EF 手形模体常见于钙离子结合位点。钙离子参与许多重要的生命过程。其功能很多，可作为钙离子信号转导途径的信号蛋白质，或调节钙离子的浓度，或转运钙离子等。

02.0594 钙结合蛋白 calbindin
一个钙离子结合蛋白质家族。包括钙结合蛋白 D28k、钙视网膜蛋白和钙结合蛋白 D9k 等。含 EF 手形模体。存在于鸟类和哺乳动物的肾、脑、子宫和十二指肠等组织。许多成员依赖维生素 D。

02.0595 钙促蛋白 caltropin
平滑肌中的一种钙结合蛋白。以二聚体形式存在，与钙调理蛋白以摩尔比 2∶1 相互作用，调节钙调蛋白结合蛋白–肌动蛋白相互作用。

02.0596 钙连蛋白 calnexin
真核生物内质网膜内与钙离子结合的蛋白质。有单一跨膜 α 螺旋。作为分子伴侣可帮助蛋白质新生多肽链折叠。仅结合于 *N*-连接糖蛋白，将其未折叠或未组装者留在内质网，确保适当折叠和组装者进入分泌过程。还帮助 MHCⅠ类分子 α 链在内质网膜折叠。

02.0597 钙网蛋白 calreticulin, calregulin
存在于真核生物内质网腔中可调节钙离子浓度的一种钙离子结合蛋白质。是分子伴侣，与钙连蛋白相似，结合于新生多肽链糖基化修饰产生的寡糖末端葡萄糖残基，阻止错误折叠的糖蛋白离开内质网进入高尔基体。

02.0598 网钙结合蛋白 reticulocalbin
存在于内质网腔的 3 种钙结合蛋白。网钙蛋白-1 和网钙蛋白-2 分子中都有 6 个高度保守区，以及相似的高亲和力钙离子结合模体。网钙蛋白-2 在围生期肺发育阶段有重要作用。

02.0599　网腔钙结合蛋白　calumenin

哺乳动物内质网内的一种低亲和力的钙结合蛋白。属于CREC（Cab45，reticulocalbin，ERC45 and calumenin）家族。在内质网中有分子伴侣作用，并参与调节内质网的钙稳态，也可以在细胞外分泌，以影响血管钙化，血栓形成及细胞凋亡等过程。

02.0600　肌钙腔蛋白　sarcalumenin

横纹肌肌质网中的一种可与钙结合的糖蛋白。部分负责肌质网腔中对钙离子含量的缓冲作用，对维持心脏的窦性心律是必需的。

02.0601　颗粒蛋白　granin

广泛分布于内分泌和神经内分泌组织细胞的分泌小泡中的一类硫酸化的钙结合蛋白。是若干肽激素的前体。

02.0602　钳合蛋白　sequestrin

一种被疟原虫感染的红细胞膜上的蛋白质（约270kDa）。可能作为配体与内皮细胞的CD36受体结合，帮助被感染的红细胞黏附于宿主的内皮层。

02.0603　颗粒体蛋白前体　progranulin, PGRN

组织中分布广泛、功能多样的一种由593个氨基酸残基组成的分泌性糖蛋白。可促进细胞增殖、肿瘤发生、调节炎症反应，在神经系统发育中也起到重要作用，广泛参与到神经系统及其他各系统疾病中。

02.0604　颗粒体蛋白　granulin

（1）颗粒体蛋白前体在蛋白酶作用下，水解生成的一组多肽片段。为几种含60个氨基酸残基的小蛋白质。具有发育调节、炎症反应和细胞增生等功能。（2）杆状病毒和包涵体衍生病毒包涵体中的主要蛋白质。

02.0605　颗粒钙蛋白　grancalcin

富含于中性粒细胞及单核细胞中的一种钙离子结合蛋白质。含217个氨基酸残基，形成同源二聚体。参与颗粒-膜融合以及脱颗粒过程，其细胞定位取决于钙离子和镁离子是否存在。两种离子共存时定位于颗粒和细胞膜；都不存在时定位胞质溶胶；仅镁离子存在定位颗粒。

02.0606　核糖体结合糖蛋白　ribophorin

在哺乳动物糙面内质网中发现的一种跨膜核糖体结合蛋白质。是*N*-寡糖基转移酶必需的亚基。有Ⅰ和Ⅱ两种形式，人体内相应的蛋白质分别由607和631个氨基酸残基组成。核糖体结合糖蛋白Ⅰ在新生肽链的翻译跨膜转运过程中起重要作用，但对核糖体结合糖蛋白Ⅱ的功能还知之甚少。

02.0607　衰变加速因子　decay accelerating factor, DAF

人类绝大多数细胞类型膜表面的一种糖蛋白（70kDa）。通过抑制补体C3和C5转化酶的形成并加速其衰变，保护细胞免于自身补体系统的攻击。其缺陷可导致阵发性夜间血红蛋白尿症和自身免疫病等。

02.0608　Cro蛋白　Cro protein

λ噬菌体合成的阻遏蛋白。二聚体小分子，有螺旋–环–螺旋模体，结合于操纵基因，抑制λ噬菌体*cI*基因的转录，使λ噬菌体进入溶菌性周期。

02.0609　蛋白酶连接蛋白　protease nexin, PN

具有丝氨酸蛋白酶抑制活性的蛋白质（约43kDa）。存在于成纤维细胞，将微管外侧的微管蛋白异源二聚体之间连接起来，防止动力蛋白移动微管蛋白以破坏微管的整体结构。有PN-1和PN-2两种类型。

02.0610　共济蛋白　frataxin

一种含210个氨基酸残基的线粒体蛋白质。参与组装铁硫中心，存在于人体各种类型细胞。发现于弗里德赖希共济失调，其编码基因 *FXN* 发生点突变，并且第 1 个内含子中的 GAA（鸟-腺-腺苷酸）重复单位经常从正常的 13 个增加到 33 个。

02.0611　亨廷顿蛋白　huntingtin

在脑神经元中含量较高的蛋白质（约 350kDa）。参与细胞信号转导和物质转运，并具有抗凋亡作用。野生型含谷氨酰胺残基 6～35 个，如果有 36 个以上通常发生常染色体显性遗传疾病亨廷顿舞蹈病。

02.0612　神经元钙传感蛋白　neuronal calcium sensor, NCS

一个较大的神经元蛋白质家族。以钙依赖蛋白质作为分子开关，包括恢复蛋白、神经钙蛋白和视锥蛋白等 10 个成员。均携带 4 个 EF 手形模体，其中仅 2～3 个结合钙离子，都有 *N*-豆蔻酰化基团。

02.0613　恢复蛋白　recoverin

选择性定位于视网膜和松果体中的一种钙结合蛋白（约 23kDa）。在黑暗中，钙离子与其结合，使其中的脂肪酰基伸展出来进而可以与细胞膜结合并抑制视紫质蛋白质激酶的活性，在光照条件下，不结合钙离子（其脂肪酰基被包埋在蛋白质分子内部），成为不与膜结合的形式，不抑制激酶活性。具有调节视网膜的暗–光适应过程的功能。

02.0614　神经钙蛋白　neurocalcin

神经组织的一种钙感受蛋白。存在于视网膜和脑神经元中，参与钙依赖性的视紫质的磷酸化。牛的此种蛋白质由 192 个氨基酸残基组成，含有 EF 手形模体。

02.0615　视锥蛋白　visinin

视锥细胞特有的一种钙结合蛋白。由 191 个氨基酸残基组成，有 3 个钙结合位点。

02.0616　海马钙结合蛋白　hippocalcin

哺乳动物大脑海马锥体细胞神经元特异的钙离子结合蛋白质。是神经元钙传感蛋白家族成员，含 EF 手形模体。参与促分裂原活化的蛋白质激酶（MAPK）信号转导、抑制细胞凋亡和正常空间学习等过程。

02.0617　肾钙结合蛋白　nephrocalcin

又称“肾钙素”。存在于骨骼以及人类和其他哺乳动物尿中的一种酸性糖蛋白。是仅在肾脏中表达的一种钙离子结合蛋白质，可强烈抑制肾小管中草酸钙结石的形成。

02.0618　钙精蛋白　calspermin

一种在哺乳动物睾丸中特异表达的以高亲和力结合于依赖 Ca^{2+}/钙调蛋白的蛋白质激酶Ⅳ（CaMKⅣ）。含有蛋白质激酶Ⅳ的 C 端含有 169 个氨基酸残基，缺乏激酶结构域，其启动子位于蛋白质激酶Ⅳ基因的一个内含子中。

02.0619　S100 蛋白质　S100 protein

从牛脑中分离出的一种神经系统的特定蛋白质。由于该蛋白质在中性 pH 环境下溶于 100%饱和硫酸铵而得名。是分子量为 10～12kDa 的酸性钙结合蛋白，以二聚体形式存在。目前已确认 S100 蛋白质不仅在神经组织中出现，在脊椎动物的各种组织中均有发现。与 Ca^{2+}结合后在细胞内、外发挥生物学功能，调节细胞增殖、分化、炎症、迁移、侵袭、凋亡、Ca^{2+}稳态和能量代谢等多种细胞过程，与多种癌症、炎症性疾病和免疫性疾病的发生和发展密切相关。

02.0620　S100 蛋白质家族　S100 protein family

一类钙离子结合蛋白质家族。包含 25 个已知成员。每分子有两个结合钙的螺旋–环–螺旋 EF 手形结构。成员之间有 25%～65%

的同源性。

02.0621　钙粒蛋白　calgranulin
在肾上皮细胞和中性粒细胞等多种组织中表达的几种钙离子结合蛋白质。属于 S100 蛋白质家族成员。在体外类似尿液的环境中可抑制草酸钙沉淀。

02.0622　钙周期蛋白　calcyclin
与催乳素受体相关的钙结合蛋白(约 10kDa)。含 2 个 EF 手形模体。属于 S100 蛋白质家族成员，参与调节细胞周期进程和细胞分化等。可刺激分泌催乳素和释放胰岛素。

02.0623　钙防卫蛋白　calprotectin
在哺乳动物嗜中性细胞中含量丰富的一种钙离子结合蛋白质（约 36kDa）。可占细胞胞质溶胶中可溶蛋白质含量的 60%。通过结合镁离子和锌离子而使它们隔离，从而抑制细菌和真菌的生长。

02.0624　钙磷蛋白　calcyphosine
最初从狗甲状腺内获取的与钙调蛋白相关的钙离子结合蛋白质。是 cAMP 依赖性蛋白质激酶的底物。人钙磷蛋白单一多肽链长 275 个氨基酸残基，第 126 位丝氨酸是蛋白质激酶 A 磷酸化位点。多组织表达，输卵管表达最高。可能参与离子转运和信号转导。

02.0625　钙视网膜蛋白　calretinin
富含于视网膜神经元和皮质中间神经元的一种钙离子结合蛋白质（29kDa）。依赖维生素 D，有 6 个 EF 手形模体结合钙离子，可调节神经元的兴奋性，包括长时程增强的诱导。

02.0626　cAMP 应答元件结合蛋白质　cAMP response element binding protein, CREB
与基因调控区 cAMP 应答元件相结合的蛋白质。是人类和许多动物的转录因子，被依赖 cAMP 的蛋白质激酶等磷酸化后，结合于许多基因调控区的 cAMP 应答元件，调节其转录。

02.0627　金属调节蛋白质　metalloregulatory protein
最初在某些微生物膜中发现的一类具有调节基因表达（转录）活性的蛋白质。某种金属离子的结合导致蛋白质的结构发生改变（变构调节），使其与基因启动子的结合加强或减弱。即这些蛋白质发挥了金属感受器的作用，以对环境中金属离子浓度的改变进行响应，以维持细胞内金属离子浓度的相对稳定。

02.0628　钙调蛋白　calmodulin, CaM
又称“钙调素”。广泛存在于真核细胞内中的进化上高度保守，无种属或组织特异性一种结合钙离子的调节蛋白质（16.7kDa）。单一多肽链有 4 个 EF 手形模体结合钙离子。在钙离子信号转导途径中与多种蛋白质激酶、磷酸水解酶等相互作用，调节各种代谢过程。

02.0629　脱钙钙调蛋白　apocalmodulin
不结合钙离子的钙调蛋白。

02.0630　钙调蛋白结合蛋白　caldesmon
存在于平滑肌细丝和非肌肉成纤维细胞中的一种与钙调蛋白结合的连接性多功能蛋白质。同源二聚体，与纤丝状肌动蛋白及肌球蛋白和原肌球蛋白结合，控制肌动蛋白–肌球蛋白相互作用，抑制肌球蛋白 ATP 酶，其活性受钙调蛋白和原肌球蛋白调节。

02.0631　钙调理蛋白　calponin
存在于脊椎动物平滑肌中的一种钙离子结合蛋白质。有 3 个结构域，可结合钙调蛋白、α-肌动蛋白、细丝蛋白和磷脂等。可抑制平滑肌肌球蛋白 ATP 酶，调节肌动蛋白-肌球蛋白相互作用，抑制成骨细胞的造骨过程。

02.0632　钙感光蛋白　calphotin

在黑腹果蝇光受体细胞胞质溶胶中发现的一种钙离子结合蛋白质。脯氨酸、丙氨酸和缬氨酸含量丰富，C端含亮氨酸拉链，部分区域疏水性强。

02.0633　钙阻蛋白　calcicludine

从绿曼巴蛇（*Dendroaspis viridis*）毒液中发现的一种毒性蛋白质。含60个氨基酸残基和3对二硫键。与树眼镜蛇毒素结构类似，但不阻断钾离子通道，而抑制高阈值钙离子通道，尤其是小脑颗粒细胞L型钙离子通道。对大鼠心肌细胞和小脑颗粒细胞毒性明显。

02.0634　帽结合蛋白质　cap-binding protein

又称"mRNA帽结合蛋白质（mRNA cap-binding protein）"。结合于真核信使RNA（mRNA）分子5′端帽结构的蛋白质。在翻译起始阶段促使mRNA与核糖体小亚基相结合。

02.0635　网格蛋白　clathrin

又称"成笼蛋白"。真核细胞形成有被小泡的主要蛋白质。分子为六聚体（含3条重链和3条轻链），在电镜下呈三腿状，分子间相互作用形成多面体网格环绕小泡，故得名。小泡胞吞和胞吐具有重要生理功能，包括传递信息、输送营养和介导免疫应答等。

02.0636　三脚蛋白[复合体]　triskelion

由3条重链和3条轻链构成的网格蛋白分子六聚体在电镜下呈现的一种三腿状结构，故名。

02.0637　衔接蛋白　adaptin

又称"网格蛋白接头蛋白质(clathrin adaptor protein)"。一种通过将网格蛋白与膜泡表面的货物受体蛋白进行衔接而参与细胞内的膜泡（包括高尔基体小泡）的货物选择和转运过程的蛋白质。是由多种不同亚基组成的衔接蛋白复合物。

02.0638　辅助蛋白　auxilin

一种属于热激蛋白质40家族成员的衔接蛋白。发现于脑组织，与有被小泡外层的主要组分网格蛋白相结合。可能辅助热激蛋白质70发挥去除有被小泡外层的网格蛋白的功能。

02.0639　微原纤维蛋白质　microfibrillar protein

细胞两侧微原纤维中的蛋白质（如肌钙蛋白）或胞外基质中的原纤蛋白。与细胞骨架和胞外基质的形成和功能有关。

02.0640　纤细蛋白　tenuin

从细胞黏附连接中分离到的一种分子量大约为400kDa、在细胞中呈丝状分布的蛋白质。

02.0641　尿调[制]蛋白　uromodulin

又称"尿调节素"。尿液中含量最丰富的一种糖蛋白。是一个由糖蛋白亚基(约80kDa，含有25%糖，以及少量的脂质）组装而成的纤丝状分子，分子量可高达几百万，囊性纤维化时，分子量更高。它并非来自血清，而是由肾脏细胞产生的。最初通过糖基磷脂酰肌醇被锚定在细胞膜上，后通过蛋白质水解酶的作用被释放到尿液。

02.0642　核质蛋白　nucleoplasmin

真核生物细胞核中的一种酸性热稳定蛋白质。为一种细胞核分子伴侣蛋白，参与核小体和核糖体的组装等过程。

02.0643　核孔蛋白　nucleoporin

负责蛋白质和RNA进出细胞核的核孔复合

物中的蛋白质的总称。大约有 30 种不同的蛋白质，形成双向通道，在特定条件下允许某些蛋白质和 RNA 从胞质溶胶到细胞核或从细胞核到胞质溶胶的快速转移。

02.0644　核仁蛋白　nucleolin

真核细胞核仁中一种含量丰富的多功能磷蛋白（100kDa）。与染色质缔合，或在核糖体颗粒周围，在核糖体 RNA（rRNA）前体加工和核糖体组装中发挥功能。也可能在转录（作为组蛋白分子伴侣）等过程中发挥作用。人体中的此种蛋白质由 706 个氨基酸残基组成。

02.0645　核仁小核糖核蛋白　small nucleolar ribonucleoprotein, snoRNP

存在于核仁中由小 RNA 分子和 RNA 修饰酶组成的复合物。参与 rRNA 的编辑加工过程。

02.0646　核仁纤维蛋白　fibrillarin

存在于真核细胞核仁卷曲小体中的高度保守性的核仁蛋白。与 U3 核仁小核糖核蛋白（U3 snoRNP）结合，参与核糖体 RNA 前体的加工。

02.0647　核仁磷蛋白　nucleophosmin

可与核酸蛋白质复合物结合，也可与单链核酸和核糖体核糖核酸（rRNA）结合的蛋白质。人体中此种蛋白质的前体由 294 个氨基酸残基组成。

02.0648　核[纤]层蛋白　lamin

又称“核膜层蛋白”。一类形成核膜内表面纤维状基质的中间纤丝类蛋白质。参与有丝分裂发生时核膜的去组装和重形成过程，以及核孔的定位、细胞核形态的维持等过程。可能跟染色质定位和基因表达等过程都相关。可分为 A、B 和 C 三类。小鼠体内这三类蛋白质分别由 665、584 和 574 个氨基酸残基组成。

02.0649　非组蛋白型蛋白质　nonhistone protein, NHP

简称“非组蛋白”。去除染色质中组蛋白之后剩下的、结构功能多样的 DNA 结合蛋白质（10～150kDa）。具有参与基因表达调控，维持染色质结构和产生机械运动等功能。

02.0650　高迁移率组蛋白质　high-mobility group protein, HMG protein

又称“高速泳动簇蛋白质”。与染色质结合的非组蛋白型蛋白质。分子量比较低（一般小于 30kDa）、富含电荷，因电泳迁移率高而得名。具有调节染色质结构和转录活性的功能。

02.0651　鲑精蛋白　salmin

存在于鲑鱼精子中的鱼精蛋白（6～7kDa）。

02.0652　透明带黏附蛋白　zonadhesin

位于精子头部顶体的蛋白质。以物种特异方式介导精子黏附于卵透明带，参与信号传递和配子识别。

02.0653　精液蛋白　spermatin, spermatine

精液中一类与碱性清蛋白和黏蛋白结合的蛋白质。可能赋予精液黏性。

02.0654　[精子]结合蛋白　bindin

从海胆精子不溶性颗粒中提取的一种蛋白质（35kDa）。含 285 个氨基酸残基，协助精子吸附于卵细胞的卵黄层，可能介导精子与卵细胞的种属特异识别。

02.0655　精胶蛋白　semenogelin

射出精液中可形成凝胶基质的一种主要蛋白质。通过包裹在精子的外面抑制活性氧的产生而阻止精子的移动（获能）。其降解产物是人体精液中的主要抗菌物质。

02.0656　正五聚蛋白　pentraxin

一个含有独特结构域的分泌到血清中的蛋白质家族。作为模式识别受体而参与免疫响应过程。在电镜下能观察到由5个（或10个）相同的亚基组装而成的正五边形结构，包括C反应蛋白、血清淀粉样物质P组分和神经元的正五聚蛋白质。在钙离子存在时，可与多种配体分子（如细菌细胞表面的多糖等）结合，也可以与免疫细胞表面的受体结合。

02.0657　顶体正五聚蛋白　apexin

一种存在于精子顶体中的非分泌型的正五聚体蛋白。亚基约50kDa，其同源体存在于神经系统中。可能参与精子和卵细胞之间的相互作用。

02.0658　嗜乳脂蛋白　butyrophilin

乳腺上皮细胞的膜糖蛋白（59kDa）。含单跨膜α螺旋，多肽链C端位于胞质侧，对乳汁中脂滴的分泌起重要作用，其细胞外结构域可能具有受体功能。

02.0659　水通道蛋白　aquaporin

又称“水孔蛋白”。一个高度保守的膜转运蛋白质家族。形成专门输送水的穿膜通道，广泛存在于不同物种的细胞中，以同源四聚体形式发挥功能（但每个亚基都含有独立的通道），每个亚基（28kDa）含6个跨膜α螺旋，能极大地增加膜对水分子的通透性。阿格雷（P. Agre）因意外发现水通道蛋白（最初在人的红血细胞中）而获得了2003年的诺贝尔化学奖。

02.0660　肽转运蛋白　peptide transporter

能转运肽类的蛋白质或蛋白质体系的统称。参与小肠或肾脏对短肽的吸收（为质子依赖型的共转运蛋白）或者抗原提呈（为ATP结合盒家族，将胞质溶胶中的短肽转运到内质网腔，然后使之与主要组织相容性复合体结合）。可以分为转运二肽、转运三肽，或者寡肽的不同家族。

02.0661　内联蛋白　endonexin

一种依赖钙离子的酸性磷脂结合蛋白。可以在细胞膜上形成电压依赖的钙通道，可能参与膜融合过程。

02.0662　内皮联蛋白　endoglin

血管内皮细胞中的一种跨膜糖蛋白。通过二硫键形成同源二聚体，含整联蛋白识别模体（RGD），对于内皮细胞结合于整联蛋白很重要。可与信号蛋白TGF-β的受体结合（作为共受体），可能在血管生成过程中发挥作用，但具体功能不清楚。

02.0663　内皮抑制蛋白　endostatin

从XⅧ型胶原C端降解的由184个氨基酸残基衍生而成的蛋白质。可能通过抑制金属基质蛋白酶2，抑制内皮细胞侵入基质，或与整联蛋白结合抑制内皮细胞的黏着等过程抑制血管生成。被开发为一种用于临床的肿瘤治疗药物。

02.0664　糖核苷酸转运蛋白　sugar nucleotide transporter

帮助糖核苷酸从胞质溶胶转运到高尔基体内腔中的一种膜结合蛋白质。

02.0665　葡萄糖转运蛋白　glucose transporter, GLUT

以葡萄糖为底物的糖转运蛋白。存在于哺乳动物、酵母等细胞质膜中。其功能是通过不需消耗能量的易化扩散，加快葡萄糖进入细胞的速率。

02.0666　甲状腺素转运蛋白　transthyretin, TTR

又称“转甲状腺素蛋白”“甲状腺素视黄质运载蛋白”“甲状腺素结合前清蛋白

（thyroxine-binding prealbumin, TBPA）”。主要由肝脏产生、存在于血清和脑脊液中的一种转运蛋白（55kDa）。是由 4 个相同亚基组成的四聚体蛋白，每个单体含 4 条 β 折叠链，可结合并转运甲状腺素和视黄醇（即维生素 A）。

02.0667　亲中心体蛋白　centrophilin
分裂间期存在于细胞核基质中的一种分子量较大的蛋白质。随着有丝分裂的进行，被转位到中心体附近区域参与组装纺锤体并维持其稳定性。在细胞分裂后期细胞核的重建过程也发挥重要作用。

02.0668　核有丝分裂器蛋白质　nuclear mitotic apparatus protein, NuMA
细胞核基质中的一种蛋白质（240kDa）。其 C 端可以与微管结合。具有特殊的细胞周期依赖性，与人类细胞的恶性增殖相关。

02.0669　ADP 核糖基化因子结合蛋白　arfaptin
ADP 核糖基化因子的靶蛋白。与 ADP 核糖基化因子（ARF）结合后形成异源二聚体，被募集到反面高尔基网表面，呈新月形伸展。可调节高尔基复合体膜结构和小泡转运等。人 arfaptin-1 和 arfaptin-2 分别含 372 个和 341 个氨基酸残基，均有 3 个 α 螺旋。

02.0670　螺旋去稳定蛋白质　helix-destabilizing protein, HDP
一种单链 DNA 结合蛋白质。参与 DNA 复制，防止 DNA 解链后再形成双螺旋结构，与其他蛋白质相互作用，通过稳定单链 DNA 而使之成为 DNA 复制的模板。

02.0671　分子伴侣　molecular chaperone, chaperone
一组从细菌到人体中都广泛存在的协助其他生物大分子折叠或解折叠、组装或去组装，以及转运等过程的蛋白质。通过非共价地与底物（客户）分子结合而发挥功能，最后将与底物分子分开，所以不参与底物蛋白质的生理功能。一般热激蛋白质都具有分子伴侣功能，但并非所有分子伴侣蛋白都是热激蛋白质。

02.0672　伴侣蛋白　chaperonin
分子伴侣中的一个亚类。直接帮助新生肽链和解折叠的蛋白质肽链折叠成具有生物功能构象的蛋白质。包括 groEL 蛋白和热激蛋白质 60 等。

02.0673　伴侣伴蛋白　co-chaperone
一类协助分子伴侣蛋白发挥功能的蛋白质。它们可以促进分子伴侣蛋白通过水解 ATP 而发生构象变化，进而使结合的底物蛋白质释放，也可以协助招募未折叠的底物蛋白质等。

02.0674　寿命蛋白　mortalin, MOT
又称“葡萄糖调节蛋白质 75（glucose-regulated protein 75, GRP75）”。热激蛋白质 70（Hsp70）家族的一员。但在热激条件下不会被诱导。属于伴侣蛋白。在线粒体、内质网等亚细胞部位存在。在成纤维细胞中，作为长寿命的标记，以 MOT-1 和 MOT-2 形式存在，前者均匀地分布在胞质溶胶中，后者则在核外周。在线虫中过表达该蛋白质可以延长线虫的寿命。

02.0675　折叠催化蛋白　folding catalyst
通常指热激蛋白质/分子伴侣之外的如二硫键异构酶和肽酰基脯氨酰顺反异构酶等催化新生肽链折叠的酶类蛋白质。

02.0676　单链结合蛋白质　single-strand-binding protein
又称“松弛蛋白质（relaxation protein）”。DNA 复制过程中，在 DNA 分叉处与单链 DNA 结合的蛋白质。防止已解链的双链还原、退火，使复制得以进行。

02.0677　滋养层蛋白质　trophoblast protein
又称“抗黄体溶解蛋白质（antiluteolytic protein）”。一类由妊娠初期动物的滋养外胚层细胞分泌的作用于子宫内膜的抗黄体退化的蛋白质。含 172 个氨基酸残基，具有免疫调节活性。

02.0678　前列腺蛋白　prostatein
前列腺中分化的表皮细胞合成和分泌的一种蛋白质。可与类固醇结合，由三类亚基组成。与子宫珠蛋白有同源性。

02.0679　亲雌激素蛋白　estrophilin
与雌激素结合的蛋白质。存在于雌激素作用的靶组织和雌激素依赖性肿瘤和转移中。

02.0680　增殖蛋白　proliferin, PLF
又称“丝裂原调节蛋白质（mitogen-regulated protein, MRP）”。哺乳动物胎盘分泌的一种催乳素相关蛋白质。其血清水平在妊娠中期最高，可刺激子宫细胞增殖和胎盘毛细血管网的发育。小鼠、牛等非灵长类动物在妊娠期胎盘分泌几种增殖蛋白类蛋白质，并非催乳素，具有重要功能。

02.0681　增殖细胞核抗原　proliferating cell nuclear antigen, PCNA
可募集参与 DNA 复制、DNA 修复和染色质重塑等过程的多种蛋白质。是一种重要的支架蛋白质，由三个相同亚基（约 29kDa）组成的环状三聚体。能与 DNA 聚合酶 δ、聚合酶 ε、复制因子 C 结合，并使 DNA 在其形成的环中滑行，使前导链连续合成，被称为“可滑动的 DNA 夹子”。

02.0682　致育蛋白　fertilin
哺乳动物精子膜表面蛋白质。为异源二聚体，两个亚基属于解整联蛋白和金属蛋白酶家族，有单一跨膜 α 螺旋。在受精过程中，参与精子和卵细胞相互作用。

02.0683　着丝粒蛋白质　centromere protein, CENP
全称“着丝粒结合蛋白质（centromere-binding protein）”。在真核细胞染色体着丝粒 DNA 上组装起来的众多蛋白质统称。已知着丝粒蛋白质有 9 种，命名为 CENP-A 到 CENP-I。大多数着丝粒蛋白质是自身抗体和抗着丝粒抗体的靶点。

02.0684　伸展蛋白　extensin
又称“延展蛋白”。一种存在于植物细胞壁中的棒状柔性的糖蛋白。与果胶结合，像动物细胞中的胶原那样富含反式-4-羟基-脯氨酸，而 L-呋喃阿拉伯糖和 D-吡喃半乳糖以寡糖单位形式结合于蛋白质的羟基。在初生细胞壁中含量丰富，参与植物细胞壁的生成，将果胶与半纤维素网络相连接。

02.0685　晶体蛋白　crystallin
（1）脊椎动物眼球晶状体和角膜中的水溶性结构蛋白质。约占晶状体蛋白质的 90%。主要有 3 种类型（α、β、γ）。它们属于寿命很长的蛋白质，对维持晶状体和角膜的透明性起重要作用。其中的 α 型晶体蛋白属于小分子热激蛋白质家族成员，具有分子伴侣活性，也存在于其他组织中。（2）其他少数蛋白质如苏云金芽孢杆菌杀虫蛋白也被称为晶体蛋白。

02.0686　视色蛋白　visual chromoprotein
存在于视网膜中的含色素蛋白质。如视紫红质。

02.0687　视紫红质　rhodopsin
大多数脊椎动物视网膜杆细胞中呈紫红色

的光敏视色素。最大光吸收在近 500nm。由视蛋白和视黄醛辅基组成。

02.0688　视蛋白　opsin

视紫红质中不含视黄醛辅基的蛋白质部分。结合视黄醛辅基而对光敏感。负责视觉信号转导过程。属于具有 7 次跨膜特征的 G 蛋白偶联受体家族成员。

02.0689　暗视蛋白　scotopsin

在暗光下发挥作用的一种视蛋白。为视紫红质的脱辅基蛋白质。

02.0690　红光视紫红质　bathorhodopsin

在光诱发的结构改变过程中（即共价结合的视黄醛发生顺式构型到反式构型的异构过程中）形成的一种比较早期的中间状态的视紫红质。其最大吸收波长为 543nm。

02.0691　变视紫红质　metarhodopsin

又称“后视紫红质”。在光诱发的结构改变过程中（即共价结合的视黄醛发生顺式构型到反式构型的异构过程中）形成的两种比较后期的中间状态的视紫红质。其最大吸收波长分别为 478nm 和 380nm。

02.0692　视青质　iodopsin

又称“视紫蓝质”。在鸡的圆锥细胞中鉴定到的由视蛋白和视黄醛组成的对红色敏感的蛋白质。与视紫红质类似，但含有不同的脱辅基蛋白质。在哺乳动物和其他脊椎动物中也存在，其最大吸收在 562nm 处。蛋白质中含有一个独特的氯离子结合位点，可能是导致其最大吸收波长为红色光的原因之一。

02.0693　光视蛋白　photopsin

存在于视网膜视锥细胞中的光受体蛋白质。负责颜色的分辨。其辅基也是视黄醛。

02.0694　光敏黄蛋白　photoreactive yellow protein

一种存在于紫细菌中感受蓝色光线的小分子量蛋白质。其辅基（生色团）为对香豆酸。

02.0695　光生物传感器蛋白质　optical biosensor protein

又称“光生物传感性蛋白质”。可用于光生物传感器测定的天然或人工的蛋白质。对光敏感。

02.0696　金属螯合蛋白质　metal-chelating protein

能与金属离子螯合的蛋白质。甚至包括在蛋白质基因表达时，为便于分离而引入 His_6-标签（易与镍结合）的蛋白质。

02.0697　金属黄素蛋白　metalloflavoprotein

一种含金属离子和黄素核苷酸辅助因子的蛋白质。黄嘌呤氧化酶是其典型代表。每个催化单位含有 2 个黄素二核苷酸分子、2 个钼原子和 8 个铁原子。

02.0698　金属硫蛋白　metallothionein, MT

一类分子量较低、半胱氨酸残基含量高（占近 30%）的蛋白质。可以与内源或外源的金属离子有效结合。与其结合的金属主要是镉、铜和锌，广泛地存在于从微生物到人类的各种生物中，其结构高度保守。哺乳动物的金属硫蛋白由 61 个氨基酸残基组成，含有 20 个半胱氨酸和 7 个金属离子。主要功能是保护细胞免遭金属毒性和氧化胁迫的威胁。

02.0699　含铁蛋白质　iron protein

生物中含有铁的蛋白质的总称。如贮存铁的贮铁蛋白，运载铁的运铁蛋白，携带血红素的血红蛋白、肌红蛋白和细胞色素，某些氧还酶，以及铁钼蛋白和铁硫蛋白等等。

02.0700　铁钼蛋白　iron-molybdenum protein
同时含有铁和钼的蛋白质。种类不多，典型代表包括豆科植物根瘤菌中的固氮酶，其所含的铁钼中心可能是将氮气转化为氨的场所。

02.0701　硒蛋白　selenoprotein
全称“含硒蛋白质”。含有硒代半胱氨酸（半胱氨酸中的硫原子被硒原子取代）残基的蛋白质。典型的硒蛋白包括哺乳动物的谷胱甘肽过氧化物酶。

02.0702　铁蛋白　ferritin
广泛存在于动植物细胞胞质溶胶中的一种结合铁离子的蛋白质。由 24 条多肽链（亚基）形成一中空的球形纳米笼子。其中央孔穴可容纳大约 4500 个三价铁原子。铁离子主要和羟基和磷酸基团结合，可释放出来供其他含铁蛋白质利用。

02.0703　铁硫蛋白　iron-sulfur protein, Fe-S protein
含铁–硫中心、分子量一般较小的一类金属蛋白质。其中的一个或多个铁原子与无机硫原子或半胱氨酸残基的巯基硫原子，或二者，以配位键结合。通过铁原子的氧化还原参与多种单个电子的传递反应。在呼吸链、光合作用、固氮等过程中发挥功能。单纯型铁–硫蛋白仅含有一个或多个铁–硫中心，结合型铁硫蛋白可含其他基团。

02.0704　里斯克铁硫蛋白　Rieske ironsulfur protein
一类含两个铁离子和两个无机硫原子的铁硫蛋白。为参与光合作用的细胞色素 b_6f 复合体和参与呼吸链的细胞色素 bc1 复合体（即复合体III）的亚基之一。其两个铁原子中的一个与两个组氨酸残基而非半胱氨酸残基形成配位健。

02.0705　铁氧还蛋白　ferredoxin
全称“铁氧化还原蛋白”。一类含两个铁离子和两个无机硫原子的铁硫蛋白。在光合作用和固氮等过程中行电子传递功能。

02.0706　肾上腺皮质铁氧还蛋白　adrenodoxin
一种非血红素的铁硫蛋白。在非磷酸化的电子传递系统中起作用，是一种电子载体蛋白质，在肾上腺皮质线粒体中，参与类固醇激素的生物合成。

02.0707　硫氧还蛋白　thioredoxin
广泛存在、热稳定、含有一对巯基的一类氢载体蛋白质（约 12kDa）。在许多还原反应中作为氢供体，如核苷酸还原酶催化的将核苷二磷酸转化为脱氧核苷二磷酸的反应，以及通过光依赖过程而将碳固定反应中的若干种酶激活的反应，也以结构域的形式出现于二硫键异构酶等蛋白质中。

02.0708　谷氧还蛋白　glutaredoxin
一种单链氧化还原酶蛋白。长约 100 个氨基酸残基，以谷胱甘肽为辅助因子，有氧化型和还原型两种形式（是否形成分子内二硫键），功能与硫氧还蛋白相似。在核苷酸还原反应过程中，谷氧还蛋白可以取代硫氧还蛋白，成为主要的反应物。

02.0709　铜蛋白　cuprein
一种具有超氧化物歧化酶活性的含铜蛋白质。可以去除剧毒的超氧化物自由基，将其转变为氧气和过氧化氢。

02.0710　铜蓝蛋白　ceruloplasmin, caeruloplasmin
在肝脏细胞中产生后分泌到血清中的一种携带铜的糖蛋白。可结合 6 或 7 个铜离子，亮蓝色。具有亚铁氧化酶活性，使二价铁氧化为三价铁，后者可与转铁蛋白结合。在铜解毒和贮存中起重要作用，并可能参与清除氧自由基和超氧阴离子。

02.0711 脱铁铁蛋白 apoferritin
铁蛋白的中空球形蛋白质外壳。由 24 条多肽链（亚基）组成。

02.0712 运铁蛋白 transferrin
又称“转铁蛋白”。一类主要存在于脊椎动物血清中的糖蛋白（约 80kDa）。可以高亲和力结合从食物中摄取的三价铁离子并将其通过胞吞作用转运进入细胞内。

02.0713 子宫运铁蛋白 uteroferrin
最初从猪子宫分泌物中分离到的一种紫色可结合铁离子的糖蛋白和酸性磷酸酶。其功能仍属未知，可能参与将铁离子从母体转运给婴儿的过程。

02.0714 脱铁运铁蛋白 apotransferrin
不含铁的运铁蛋白。

02.0715 乳铁蛋白 lactoferrin
又称“乳运铁蛋白（lactotransferrin）”。存在于乳汁等分泌物中可与铁离子结合的糖蛋白。与血清中的运铁蛋白为同源蛋白质。其功能可能与通过阻止细菌获得铁而抑制其生长有关。

02.0716 鸡锰蛋白 avimanganin
从鸡肝线粒体中分离得到的一种金属蛋白质（89kDa）。每分子紧密地结合一个三价锰离子。似乎是一种无活性形式的过氧化物歧化酶。

02.0717 醌蛋白 quinoprotein
在许多微生物中，以醌为辅因子的、具有氧化还原酶活性的蛋白质。包括多种脱氢酶。

02.0718 内磺蛋白 endosulfine
一类保守的由 cAMP 调节的磷蛋白。是磺酰脲受体的内源性配体。人体中的内磺蛋白有 α 和 β 两种，分别由 121 个和 117 个氨基酸残基组成。抑制磺酰脲与其受体结合，使与受体偶联的 ATP 依赖的钾通道活性降低，刺激胰岛 B 细胞释放胰岛素，故是胰岛素分泌的内源性调节者。

02.0719 头蛋白 noggin
在非洲爪蟾胚胎中发现的在动物多种组织（包括神经、肌肉和骨骼等）发育过程中起重要作用的分泌蛋白质（26kDa）。能特异地与转化生长因子 β 超家族的生长因子（如骨形态生成蛋白）结合而拮抗后者的功能。当该蛋白质以高浓度存在时，会导致胚胎形成大的头部，故名。

02.0720 退化蛋白 degenerin
与某些感觉神经元的退化有关的一类蛋白质。为一种上皮细胞钠离子通道，可能负责机械信号的感受等过程。是线虫的 *deg-1*、*mec-4* 和 *mec-10* 基因的表达产物，与氨氯吡嗪脒敏感的钠通道蛋白有同源性，其突变会引起感觉神经元的缺陷。

02.0721 水母[发光]蛋白 aequorin
从水母中提取的一种钙离子激活的本身发蓝光的蛋白质（30kDa）。含有荧光素为发光的辅基。其发光与钙离子浓度成比例，可用于测定细胞中游离钙离子的浓度。在水母中与绿色荧光蛋白同时存在。

02.0722 乌贼蛋白 squidulin
一种存在于乌贼视叶中的钙结合蛋白。

02.0723 含缬酪肽蛋白质 valosin-containing protein, VCP
一种广泛存在的膜结合糖蛋白。即 p97。在细胞活性中有着广泛的功能，作为类似分子伴侣的作用在内质网相关的蛋白质降解及细胞周期调控中起重要作用，与其辅因子一起调控细胞内蛋白质的稳态。

02.0724　白细胞共同抗原相关蛋白质　leukocyte common antigen-related protein, LAR

一种广泛存在于不同组织中的跨膜糖蛋白。是一种具有蛋白质酪氨酸磷酸酶活性的类受体蛋白质，可能在细胞的生长分化过程中起重要作用。

02.0725　嗅觉受体　olfactory receptor, odorant receptor

又称“嗅觉感受器”“气味物质受体”。一群参与嗅觉效应的存在于嗅觉神经元细胞中的膜整合蛋白质。属于G蛋白偶联受体超家族成员，可与不同的嗅味分子结合。人体基因组中有几百种基因用于编码不同的嗅觉受体，以辨别不同嗅味（气味）的分子，具有极高的识别特异性。美国学者巴克（L. Buck）和阿克塞尔（R. Axel）因为对嗅觉受体的研究而获得了2004年诺贝尔医学或生理学奖。

02.0726　嗅觉纤毛蛋白质　olfactory cilia protein

一类嗅觉的受体蛋白质。为7次跨膜的G蛋白偶联受体以及相关的蛋白质。

02.0727　泛素　ubiquitin, Ub

曾称“遍在蛋白质”。在真核细胞内广泛存在的一种小调节蛋白质。含76个氨基酸残基，高度保守。通常以共价键与靶蛋白质结合（泛素化修饰），并以多种形式彼此共价结合（多聚化）。参与蛋白质降解、活性调节和蛋白质-蛋白质相互作用等重要过程。

02.0728　泛素-蛋白质缀合物　ubiquitin-protein conjugate

泛素与靶蛋白质形成的复合物。除两者共价结合以外，通常泛素还以多种方式发生多聚化。在胞质溶胶主要介导蛋白质降解；在细胞核内修饰组蛋白H2A和H2B，调节染色质活性。

02.0729　固醇载体蛋白质　sterol carrier protein, SCP

又称“固醇运载蛋白质”“固醇结合蛋白质（sterol-binding protein）”。广泛发现于内质网、线粒体、过氧化物酶体和胞质溶胶中的一种小蛋白质（13kDa）。可结合固醇、脂肪酸和磷脂，参与磷脂合成和细胞内转运固醇。常作为脂质载体将其从细胞膜的一处转移到另一处。

02.0730　谷胱甘肽S-转移酶　glutathione S-transferase, GST

催化谷胱甘肽与各种内源性和外源性亲电子化合物反应，生成无毒或毒性小的谷胱甘肽硫结合物的不含硒的抗氧化酶。其不能催化过氧化氢还原。

02.0731　足萼糖蛋白　podocalyxin

肾小球的足细胞表面的一种含唾液酸的跨膜糖蛋白。属CD34蛋白家族成员。使细胞表面带负电荷而抗黏附，使相邻的足突之间隔开，而使尿液过滤障碍保持开放状态。主要由肾小球表皮细胞表达，在其他器官的内上皮细胞中也存在。

02.0732　呆蛋白　nicastrin

一种跨膜糖蛋白。为γ分泌酶复合体组分之一，本身不具催化活性，促进复合体中其他组分的成熟和运输。参与淀粉样前体蛋白的加工。以一个意大利村庄尼卡斯特罗（Nicastro）命名，因为该村庄的一组村民是早年研究老年前期阿尔茨海默病的对象。

02.0733　黏附蛋白　adhesin

又称“黏附素”。一种与真核细胞表面配体相结合的细菌、病毒或寄生虫表面上的蛋白质。

02.0734　黏附性蛋白质　adhesion protein

又称“黏着蛋白质”。一类存在于真核细胞表面中使细胞具有黏附能力的蛋白质。如整联蛋白、钙黏蛋白，具有糖结合能力的凝集素等。是使细胞之间或细胞与细胞外基质之间相互特异识别（黏附）的重要蛋白质。

02.0735　黏着斑蛋白　vinculin

存在于黏着斑中的质膜胞质一侧的细胞骨架蛋白。将肌动蛋白纤丝锚定到质膜上，而且与踝蛋白一起与整联蛋白缔合。可以被磷酸化和酰基化。人体中的此类蛋白质由1065个氨基酸残基组成。在黏着斑外以无活性的头尾结合的单体形式存在。进入黏着斑后则以伸展的有活性的形式存在。

02.0736　桑葚胚黏着蛋白　uvomorulin

又称“E-钙黏蛋白（E-cadherin）”。一种非神经表皮组织的依赖钙离子的跨膜细胞黏着蛋白。最初发现与鼠桑葚胚发育有关而得名。其细胞内部分与联蛋白结合，进而与肌动蛋白丝结合，形成黏附连接复合体。相邻细胞的桑葚胚黏着蛋白的胞外部分发生相互作用而使细胞之间黏附在一起。

02.0737　骨粘连蛋白　osteonectin

成骨细胞分泌的一种糖蛋白。呈酸性又富含半胱氨酸残基。在骨骼的形态发生和创伤修复过程中，此种蛋白质被分泌到基底膜中，与胶原等蛋白质及羟基磷灰石相互作用，促进骨骼的矿化。

02.0738　软骨粘连蛋白　chondronectin

存在于软骨基质中的一种糖蛋白（180kDa）。最初从鸡血清中分离到，特异介导软骨细胞与Ⅱ型胶原蛋白之间的黏附。

02.0739　软骨钙结合蛋白　chondrocalcin

又称“软骨钙素”。由人体中的前胶原α_1链C端第1173～1418位氨基酸残基组成的肽段形成的蛋白质。与钙离子结合后使软骨硬化，与羟基磷灰石结合，可能参与骨骼的钙化过程。

02.0740　生腱蛋白　tenascin

脊椎动物细胞外基质中的一类多亚基黏附糖蛋白。含有14个类表皮生长因子（EGF）结构域和多个纤连蛋白Ⅲ结构域。具有5种不同亚型。具有拮抗细胞与纤连蛋白之间的相互作用，从而具有抗细胞黏附的作用。

02.0741　层粘连蛋白　laminin, LN

一种分子量很高的细胞外基质糖蛋白。是基底膜的主要组分，由三条不同的肽链组成异源三聚体，外形似十字架，一条长臂（三链螺旋）和三条短臂（单链）的末端均为球状。三聚体之间可以自组装成一个网状结构，也可以与Ⅳ型胶原蛋白相互作用。介导细胞的附着、迁移和分化，按结构可分为多种亚型。

02.0742　缰蛋白　kalinin

又称“Ⅴ型层粘连蛋白”。层粘连蛋白家族的纤丝相关蛋白质。是上皮细胞基底膜的一种黏着蛋白。

02.0743　血管舒张剂刺激磷蛋白　vasodilator-stimulated phosphoprotein

一种能与肌动蛋白和肌动蛋白抑制蛋白结合的蛋白质。磷酸化可以调节此蛋白质与肌动蛋白的结合，进而促进肌动蛋白的聚合。可能参与血小板的黏附等过程。

02.0744　黏蛋白　mucin

消化道、呼吸道、生殖道等处上皮细胞分泌

的黏液中含有的一类分子量很高的蛋白质。通常带有大量短链 *O*-糖链，使其溶液呈黏稠性。其 N 端和 C 端含有大量半胱氨酸，形成亚基间的二硫键。中间部分大约一半为丝氨酸和苏氨酸，形成几百个 *O*-糖链寡糖修饰（糖基占其重量的 50%～80%）。以跨膜或分泌形式存在，作为润滑剂和保护剂发挥作用。

02.0745 卵黄类黏蛋白 vitellomucoid
在卵黄中含量约 1%的一种类黏蛋白。其电泳行为与卵黄高磷蛋白类似，属于 α 级组分。

02.0746 卵类黏蛋白 ovomucoid
蛋清中的一种糖蛋白（约 23kDa）。具有蛋白酶抑制剂的活性。具有高度的热稳定性和抗消化能力，为一种过敏原。

02.0747 卵黄原蛋白 vitellogenin
又称“卵黄生成素”。卵黄脂磷蛋白与卵黄高磷蛋白（卵黄的两种主要蛋白质成分）的前体蛋白（约 200kDa）。存在于雌性动物的血液或血淋巴中，由脊椎动物的肝脏细胞和无脊椎动物的生殖腺产生。是一种糖脂蛋白。可能具有激素的功能。

02.0748 微卵黄原蛋白 microvitellogenin
存在于某些昆虫的血淋巴卵细胞中的一种蛋白质（约 30kDa）。是卵黄原蛋白的一种小分子形式。由成熟昆虫的脂肪体细胞合成，经由血淋巴，然后积累在卵细胞中。

02.0749 卵黄磷蛋白 vitellin, ovotyrin
从卵黄和许多植物种子中得到的属于球蛋白的含磷的蛋白质。植物种子中的此类蛋白质常以晶体的形式被分离。其在卵黄中的形式是由卵黄原蛋白转化而成。

02.0750 卵黄高磷蛋白 phosvitin
分子量约 25kDa 的磷脂蛋白。占卵黄总蛋白质的 7%，其含磷量约 10%，是所有磷蛋白中含磷量最高的蛋白质，其氨基酸组成大约 50%为丝氨酸。其磷含量占卵黄总磷量的 60%，磷以磷酸化丝氨酸的形式存在，可以结合铁和钙离子。是鸟卵黄中的主要组分，与卵黄脂磷蛋白共存。两者的前体皆为卵黄原蛋白。

02.0751 卵黄蛋白 livetin
占蛋黄总量 10.6%的一种球蛋白。含 0.1%的磷和丰富的硫。

02.0752 卵黄脂[磷]蛋白 lipovitellin, LVT
组成卵黄主要蛋白质的一种磷脂蛋白。通过非共价键结合不同脂类（占总重量的大约 16%）。由一重链（120kDa）和轻链（30kDa）组成。与其共存的有分子量较低的卵黄高磷蛋白，两者是在肝脏中以一个大分子量的前体蛋白质的形式（卵黄原蛋白）合成后被转运到卵细胞后被切割而成。

02.0753 鱼卵磷蛋白 ichthulin
一种在鱼卵中发现的含磷的球蛋白。

02.0754 虾卵绿蛋白 ovoverdin
在虾卵中的亮绿色蛋白质。含有类胡萝卜素，最大光吸收在 460nm 和 640nm，是贮存性的脂糖蛋白组分。

02.0755 卵红蛋白 ovorubin
腹足类软体动物（如蜗牛）卵中的色素蛋白质。呈红色，为类胡萝卜素与糖蛋白的复合体。

02.0756 生物素阻遏蛋白 biotin repressor
与共阻遏分子（如生物素-5′-AMP）结合后能与细菌细胞中的生物素操纵子结合而阻止转录发生的蛋白质。具有酶活性，能将生物素转化为生物素-5′-AMP，进而将生物素共价连接到乙酰辅酶 A 羧化酶的一个亚基上。是一种双功能蛋白质。

02.0757　酪蛋白　casein

牛奶中的主要蛋白质。由 α、β、γ 和 κ 酪蛋白组成，各自的氨基酸组成和电泳行为有所不同。营养价值较高，经酸化或凝乳酶处理后沉淀。α 和 β 酪蛋白有较多的丝氨酸被磷酸化，形成钙结合位点。含有较高比例的脯氨酸残基，不含二硫键。缺乏三级结构，但疏水性较强，聚集成胶体状颗粒。具有抗热聚集的能力。为幼儿提供氨基酸糖、钙、磷酸等营养成分。

02.0758　副酪蛋白　paracasein

又称“衍酪蛋白”。酪蛋白经凝乳酶（反刍动物胃里产生的一种蛋白质水解酶）处理后，除去了 κ 酪蛋白 C 端富含糖的 64 个氨基酸残基组成的肽段后，致使乳汁凝聚而形成的产物。这使乳汁在反刍动物肠道内存留更长时间，有利于乳汁的充分消化。食品工业上用它制造奶酪。

02.0759　轴激蛋白　axokinin

存在于脊椎动物和非脊椎动物的鞭毛（如精子细胞中的）中的一种磷蛋白（56kDa）。具热稳定性。其通过依赖 cAMP 而发生的磷酸化为鞭毛运动的激活和维持所必需。

02.0760　癌蛋白　oncoprotein

由癌基因编码的蛋白质。这些蛋白质的过量表达或突变可诱发癌症。癌基因可以存在于某些病毒的基因组中，但都是源自动物细胞。

02.0761　癌调蛋白　oncomodulin

具有 EF 手形模体的一种分子量较小的钙结合蛋白。最初发现于胚胎早期、胎盘细胞滋养层和肿瘤组织中，后来发现是炎症反应时由巨噬细胞分泌促进视神经再生的生长因子（作为信号分子起作用）。人体中的此种蛋白质由 108 个氨基酸残基组成。

02.0762　抑瘤蛋白　tumstatin

Ⅳ型胶原蛋白 α_3 链经基质金属蛋白酶 9 降解衍生而成的一种蛋白质（28kDa）。具有抑制内源性血管生成及促进细胞凋亡的活性，能选择性地限制肿瘤硬块中新血管的形成，却不影响体内正常血管生成的发生。

02.0763　肿瘤抑制蛋白　tumor suppressor

又称“肿瘤阻抑蛋白”。由抑癌基因表达的蛋白质。如 p53 和 Rb 蛋白等。对细胞分裂起到负调控作用（如阻断细胞周期和促进细胞凋亡等）的蛋白质。其功能的丧失（即其两个等位基因皆发生突变）导致肿瘤发生。

02.0764　结节蛋白　tuberin

由抑癌基因 *TSC2* 编码的蛋白质。能激活一些蛋白质的 GTP 酶活性，其突变引起结节性硬化（非癌症性肿瘤）。

02.0765　凋亡蛋白　apoptin

又称“凋亡素”。鸡贫血病毒产生的凋亡诱导的小分子量蛋白质（约 14kDa）。由 121 个氨基酸残基组成。C 端含有 2 个核定位信号（NLS）和 1 个核输出信号（NES）序列。能特异诱导肿瘤细胞凋亡而不影响正常细胞。在正常细胞中位于胞质溶胶中，但在肿瘤细胞中却转移到细胞核中发挥作用。

02.0766　凋亡蛋白质　apoptotic protein

参与凋亡过程的蛋白质。包括促凋亡蛋白质和抗凋亡蛋白质。

02.0767　促凋亡蛋白质　pro-apoptotic protein

又称“凋亡前体蛋白质”。一类参与和促进细胞凋亡的蛋白质。如 Bax、Bak、Bok 等。

02.0768　抗凋亡蛋白质　anti-apoptosis protein
一类参与和抑制细胞凋亡的蛋白质。如 Bcl-XL、Bcl-2 和 Mcl-1 等。

02.0769　B 细胞淋巴瘤 2 家族蛋白质　B cell lymphoma 2 family protein, Bcl-2 family protein
简称“Bcl-2 家族蛋白质”。参与线粒体引起细胞凋亡调控的一类结构上相关的蛋白质。包括抗凋亡蛋白质（如 Bcl-2、Bcl-xL、Bcl-w、A1 和 Mc1-1 等）和促凋亡蛋白质（如 Bax、Bcl-X、Bak、Bad、Bid 和 Bik/Nbk 等）。

02.0770　凋亡抑制蛋白　inhibitor of apoptosis protein, IAP
细胞内能够抑制凋亡的一类蛋白质家族。为一类高度保守的内源性抗凋亡基因家族表达产物。该家族成员有十多种，如神经元凋亡抑制蛋白、X 染色体连锁凋亡抑制蛋白、存活蛋白等主要通过胱天蛋白酶激活级联反应途径及肿瘤坏死因子受体介导的信号转导途径抑制细胞凋亡，与肿瘤发生发展也密切相关。

02.0771　神经元凋亡抑制蛋白　neuronal apoptosis inhibitory protein, NAIP
1995 年首次从脊髓性肌萎缩症的研究中发现的凋亡抑制蛋白家族成员。

02.0772　X 染色体连锁凋亡抑制蛋白　X-linked inhibitor of apoptosis protein, XIAP
凋亡抑制蛋白家族中的重要成员。分子量约 57kDa 的胞质溶胶内蛋白质，对胱天蛋白酶具有最强抑制作用。

02.0773　存活蛋白　survivin
凋亡抑制蛋白家族的成员。在癌细胞和胚胎细胞中高表达，通过抑制胱天蛋白酶活性而负调控细胞凋亡过程。在终端分化细胞中几乎不表达。也存在于有丝分裂纺锤体中，可能调节有丝分裂过程。

02.0774　生存蛋白　livin
凋亡抑制蛋白家族的成员。特异地表达于人胚胎组织、大多数人类实体瘤细胞以及某些正常组织中。其初级转录产物经可变剪接产生两种生存蛋白（α 和 β），分别含有 298 个和 280 个氨基酸残基。通过抑制胱天蛋白酶活性等而发挥作用。

02.0775　GTP 酶激活蛋白质　GTPase-activating protein, GAP
一个蛋白质家族。其成员结合于已被激活的 G 蛋白，并激活 G 蛋白固有的 GTP 酶活性，使其由有活性的 GTP 结合型变为无活性的 GDP 结合型，从而抑制 G 蛋白偶联受体信号转导途径。

02.0776　Ras 蛋白　Ras protein
最初发现于大鼠肉瘤病毒（rat sarcoma，Ras），以字头缩写而得名。是一类能与鸟苷三磷酸结合的单体 GTP 结合蛋白，通过脂锚与质膜结合，参与细胞内的信号转导。当配体与受体酪氨酸激酶和细胞表面其他受体结合时被激活。

02.0777　Rab 蛋白　Rab protein
存在于质膜和细胞器膜中的一类调节型小分子 GTP 结合蛋白 Ras 超家族中最大的亚家族。能够结合 GTP 并将 GTP 水解，通过 GTP-GDP 的循环来调节小泡的融合。与 Rab 效应子一起参与转运小泡到靶膜的停靠过程。

02.0778　凋亡相关因子蛋白质　factor-related apoptosis protein, Fas protein
简称“Fas 蛋白”。可参与调控细胞凋亡的重要蛋白质。当 Fas 与其配体 FasL 结合后可诱导细胞发生凋亡。

02.0779　抗药蛋白　sorcin

多重药物抗性细胞中的一种含有多个EF手模体的与钙离子高亲和力结合的蛋白质。可以调节细胞质膜和内质网膜上的钙通道和钙交换蛋白等。当钙离子浓度增高时，它从细胞质转移到内质网中。除了调节钙离子的稳态浓度之外，还调节心脏的兴奋–收缩偶联。人体中的此类蛋白质由198个氨基酸残基组成。

02.0780　抗增殖蛋白　prohibitin

一种广泛存在的肿瘤强抑制物。有抗增殖活性，能与成视网膜细胞瘤（Rb）家族的蛋白质结合。可能具有多种功能，在线粒体内膜和细胞核中似乎都有存在（不同物种中）。

02.0781　视网膜母细胞瘤蛋白　retinoblastoma protein, Rb protein

简称“Rb 蛋白”，又称“成视网膜细胞瘤蛋白”。一种肿瘤抑制蛋白。是定位于细胞核内的 DNA 结合蛋白质（105kDa），但在视网膜母细胞瘤中该蛋白质缺陷。在细胞周期中，其去磷酸化形式可以和多种转录因子结合而抑制其活性，从而抑制细胞增殖。当被蛋白质激酶磷酸化后，失去结合和抑制转录因子的能力。

02.0782　表皮整联配体蛋白　epiligrin

存在于上皮细胞基底膜的一种细胞外基质糖蛋白。其3条肽链通过二硫键相连接，作为配体参与整联蛋白介导的细胞黏附，也是T淋巴细胞黏附配体。

02.0783　上皮因子　epithelin

富含半胱氨酸（含多对二硫键）的一种多肽（6kDa）。为表皮细胞生长的调节因子。有上皮因子-1 和上皮因子-2，两者拥有47%的氨基酸残基序列的相同性，衍生自同一种前体，但两者的功能似乎是相互拮抗的。

02.0784　调蛋白　heregulin, HRG

又称“ErbB2相互作用蛋白（ErbB2-interacting protein, Erbin）”。表皮生长因子大家族中神经调节素家族的成员。是一组不均一的糖蛋白，为原癌基因 *HER* 的产物。其结合于跨膜的表皮生长因子受体ErbB3和ErbB4而发挥作用，与正常和肿瘤细胞增生、生存和分化有关。

02.0785　限制蛋白　restrictin

具有基质特异的抑制浆细胞生长活性的蛋白质。具有拮抗白介素-5和白介素-11的功能。

02.0786　虎蛇毒蛋白　notexin

来自澳洲虎蛇（*Notechis scutatus*）毒液中的一种小分子蛋白质。具磷脂酶 A_2 活性，是突触前神经毒蛋白，具有钙依赖性。

02.0787　甲壳蓝蛋白　crustacyanin

龙虾壳中的蛋白质。结合虾青素（类胡萝卜素）后显示蓝色，有2种类型（α、β），α型是二聚体，β型为十六聚体。亚基有5种类型（A1、A2、A3、C1和C2），均系脂质结合蛋白。

02.0788　毛透明蛋白　trichohyalin

一种由毛发和毛囊的内根鞘和髓质产生并保留在原位的结构蛋白质。富含谷氨酸、谷氨酰胺、精氨酸和赖氨酸残基。在角蛋白中间纤丝之间形成交联。人的此类蛋白质由1943个氨基酸残基组成，形成延长的单链螺旋结构，肽链之间通过谷氨酰胺和赖氨酸残基之间形成共价交联，为毛囊内根鞘提供机械支持。

02.0789　鞭毛蛋白　flagellin

一种可溶性球蛋白。组装成空心圆柱状的细菌鞭毛，是细菌鞭毛的主要组分。

02.0790　大豆球蛋白　glycinin

大豆种子中的主要贮藏蛋白质成分之一。一般以六聚体形式存在（其中的碱性肽链和酸性肽链之间通过二硫键相连），为一种球蛋白。

02.0791　豆球蛋白　legumin

豆科和非豆科植物种子中主要的贮存蛋白质。由酸性的α链和碱性的β链组成，两者通过一对二硫键相连。α链和β链来自同一个前体。与乳液中的酪蛋白类似。

02.0792　豌豆球蛋白　vicilin

豌豆中的球状贮存蛋白质。通常与豆球蛋白结合在一起，可能为一种过敏原。

02.0793　伴刀豆球蛋白　concanavalin A, ConA

又称"伴刀豆凝集素A"。巨刀豆（*Cannvalia ensiformis*）中提取出的一种糖蛋白。有细胞凝集和促有丝分裂作用，因纯化巨刀豆球蛋白时与之相伴得名。形成四聚体，每个亚基（27.5kDa）有 Mn^{2+}、Ca^{2+}、糖基结合位点各1个。糖结合专一性为：αMan Glc GlcNAc。使红细胞凝集，使淋巴细胞转变为母细胞，使某些动物肿瘤细胞凝集并抑制其生长。常用于纯化和鉴定糖蛋白。

02.0794　米谷蛋白　oryzenin

一些禾谷类种子内的碱溶性蛋白质。是稻谷中的主要贮存蛋白质，占总蛋白质的80%～90%，常与淀粉相互作用。属于谷蛋白类。

02.0795　麦谷蛋白　glutenin

小麦种子胚乳中的一种谷蛋白。占小麦种子蛋白质总含量的大约一半。大小两种亚基通过二硫键形成巨大的分子聚合体，是面团具有黏弹性的主要原因。

02.0796　麦醇溶蛋白　gliadin

存在于小麦、黑麦等种子中的一类谷醇溶蛋白。分为多个亚类，其组成和性质相似，富含脯氨酸和谷氨酰胺，贮存于小麦种子中的大部分蛋白质。水存在时黏成一团，并使面粉黏结形成面团。部分人群对此类蛋白质过敏而引起消化道疾病乳糜泻。

02.0797　大麦醇溶蛋白　hordein

存在于大麦种子中的谷醇溶蛋白。

02.0798　玉米醇溶蛋白　zein

存在于玉米中的谷醇溶蛋白。

02.0799　高粱醇溶蛋白　kafirin

存在于高粱种子中含量丰富的谷醇溶蛋白。高度不溶于水，与玉米醇溶蛋白高度同源。含大量的链间二硫键，煮后高度聚集，无法被消化。

02.0800　藻胆蛋白体　phycobilisome

多达600个藻胆蛋白堆积成的颗粒。排列在蓝藻和红藻等藻类的类囊体膜外表面，其核心是别藻蓝蛋白，外周是藻红蛋白等。在光合作用中采集光能。

02.0801　藻胆蛋白　biliprotein, phycobilin protein, phycobiliprotein

含藻胆素的蛋白质。为光合作用辅助色素蛋白。主要有藻蓝蛋白、藻红蛋白和别藻蓝蛋白三类。

02.0802　藻红蛋白　phycoerythrin

主要存在于红藻中的一种藻胆蛋白。是藻胆蛋白体的最重要组分。多聚体分子由3～6个α亚基（10～20kDa）和3～6个β亚基（14～30kDa）组成，每个亚基共价结合3个生色基团藻红素，最大吸收光谱545nm，呈红色。在光合作用中捕捉光能。

02.0803　藻蓝蛋白　phycocyanin

主要存在于蓝藻中的一种藻胆蛋白。是藻胆蛋白体的最重要组分。多聚体分子由3～6个α亚基（10～20kDa）和3～6个β亚基

（14～30kDa）组成，每个亚基共价结合 3 个生色基团藻蓝素，最大吸收光谱 618nm，呈蓝色。在光合作用中捕捉光能。

02.0804　别藻蓝蛋白　allophycocyanin, APC
存在于少量蓝藻和红藻中的一种藻胆蛋白。是藻胆蛋白体的最重要组分。多聚体分子只有一种亚基（15.5kDa），每个亚基共价结合 1 个生色基团藻蓝素，最大吸收光谱 650nm，呈淡蓝色。在光合作用中捕捉光能。

02.0805　叶绿蛋白　chloroplastin
存在于叶绿体中、与叶绿素结合的一种脂蛋白。从某些藻类分离得到的叶绿蛋白约 37kDa。

02.0806　叶绿素 a 蛋白质　chlorophyll a protein
植物和蓝细菌进行光合作用的光系统 I（PSI）作用中心的色素蛋白质。最大吸收光谱波长为 700nm，氧化还原电势为+0.5V，其电子在光合作用中最终经铁氧还蛋白将烟酰胺腺嘌呤二核苷酸磷酸（$NADP^+$）还原。

02.0807　集光复合体　light harvesting complex, LHC
一种存在于植物类囊体或光合细菌中的蛋白质复合体。主要由叶绿素 a 和 b 及其结合蛋白质组成，还有一些与色素结合的辅助蛋白质，主要功能是捕获能量，并将能量转移到光合中心。

02.0808　集光叶绿素蛋白质　light-harvesting chlorophyll protein, LHCP
又称“集光叶绿素结合蛋白质”。绿色植物中含量丰富的蛋白质。由 25kDa 的蛋白质组成，由核基因编码，以前体形式被转运到叶绿体中，其成熟形式主要与叶绿素 b 和叶黄素结合后组装到内囊体膜上的光合系统Ⅱ周围，可以将吸收的光子能量转移到光合系统Ⅱ。

02.0809　黄素血红蛋白　flavohemoglobin
一种含有核黄素和血红素辅基的具有过氧化物酶活性的珠蛋白。其 C 端结构域类似于珠蛋白家族，还有加氧酶活性。主要存在于细菌和单细胞真核微生物中。

02.0810　黄素氧还蛋白　flavodoxin
一组分子量较低的电子传递蛋白质。广泛分布于厌氧菌、光合作用菌和蓝细菌中，共价结合黄素单核苷酸，易生成稳定的蓝半醌，可取代铁氧还蛋白的功能。

02.0811　质体蓝蛋白　plastocyanin
又称“质体蓝素”。真核植物叶绿体中的一种可溶的参与光合作用过程中电子传递的小分子量蛋白质（约 10kDa）。每分子含有一个铜原子，氧化形式呈蓝色。

02.0812　结瘤蛋白　nodulin
又称“根瘤素”。一类在大豆等植物根部在根瘤菌感染结瘤过程中诱导产生的一类蛋白质（如豆科血红蛋白等）。大豆中的结瘤蛋白-26，为跨膜蛋白质，而结瘤蛋白-24 为类菌体外周膜的表面蛋白质。

02.0813　油质蛋白　oleosin
存在于某些植物的脂质贮存结构油质体（在一些种子中含量丰富）中的主要结构蛋白质（16～24kDa）。和磷脂一起被包围在油质体的外面而起稳定作用。

02.0814　仙茅甜蛋白　curculin
存在于马来西亚西部野生的兴奋性草药宽叶仙茅（*Curculigo latifolia*）果实中的一种蛋白质。在常温条件下具有甜味（比蔗糖甜 400～2000 倍），也能修饰味觉（使酸性溶液产生甜味的感觉）。以异源二聚体形式存在，但两种亚基各自形成的同源二聚体不具甜味。

02.0815　奇异果甜蛋白　thaumatin

在热带灌木奇异果的果实中发现的一种甜蛋白（约20kDa）。比蔗糖甜25 000倍，而且其甜味可以持续很长时间。是一种对热和酸都稳定的水溶性蛋白质。以异源二聚体形式存在。可用作糖精。

02.0816　应乐果甜蛋白　monellin

又称“莫内甜蛋白”。非洲灌木锡兰莓（应乐果）中分离得到的甜味蛋白（约11kDa）。是以发现此蛋白质的实验室而命名。按照重量比，为蔗糖甜味的300倍，由两条相似的肽链组成（A链44个氨基酸残基，B链50个氨基酸残基）异源二聚体。

02.0817　核糖体失活蛋白质　ribosome inactivating protein, RIP

一类由植物或细菌产生的能使真核细胞核糖体大亚基核糖核酸（28S rRNA）断开导致核糖体失活从而抑制蛋白质合成的毒素蛋白质。分为Ⅰ型和Ⅱ型。Ⅰ型为单链，具有RNA糖苷酶的活性；Ⅱ型由两条肽链组成，由二硫键连接，其中A链具有Ⅰ型酶的活性，B链可结合糖。

02.0818　克木毒蛋白　camphorin

从樟树种子中发现的一种Ⅰ型核糖体失活蛋白质。

02.0819　苦瓜毒蛋白　momordin

从苦瓜种子中发现的一种Ⅰ型核糖体失活蛋白质。由249个氨基酸残基组成。

02.0820　木鳖毒蛋白　momorcochin

从木鳖根、种子中发现的一种Ⅰ型核糖体失活蛋白质。

02.0821　甜菜毒蛋白　betavulgin, beetin

从甜菜根中发现的一种Ⅰ型核糖体失活蛋白质。

02.0822　异株泻根毒蛋白　bryodin

从异株泻根、叶中发现的一种Ⅰ型核糖体失活蛋白质。

02.0823　皂草毒蛋白　saporin

从皂草中发现的一种Ⅰ型核糖体失活蛋白质。由254个氨基酸残基组成。

02.0824　西葫芦毒蛋白　pepocin

从西葫芦果实中发现的一种Ⅰ型（只由一条A链组成，毒性更弱的）核糖体失活蛋白质。

02.0825　蒴莲根毒蛋白　volkensin

从蒴莲根中发现的一种Ⅱ型核糖体失活蛋白质。可以杀死神经细胞。

02.0826　绿苋毒蛋白　amaranthin

从绿苋叶中发现的一种Ⅱ型核糖体失活蛋白质。有糖结合能力，为一种凝集素。

02.0827　香石竹毒蛋白　dianthin

从香石竹叶子中发现的一种Ⅱ型（由A和B两条链组成，毒性更强的）核糖体失活蛋白质。

02.0828　槲寄生凝集素　mistletoe lectin, viscumin

从槲寄生叶中发现的一种一种Ⅱ型（含A链和B链）核糖体失活蛋白质。其中的A链为一种酶，抑制核糖体活性；B链为一种凝集素。

02.0829　辛纳毒蛋白　cinnamomin

从樟树种子中发现的一种Ⅱ型核糖体失活蛋白质。

02.0830　蓝筛朴毒蛋白　sieboldin
从蓝筛朴树皮中发现的Ⅱ型核糖体失活蛋白质。具有与半乳糖/*N*-乙酰氨基半乳糖的结合能力。

02.0831　接骨木毒蛋白　nigrin
从西洋接骨木浆果中发现的一种核糖体失活蛋白质。

02.0832　丝石竹毒蛋白　gypsophilin
从丝石竹叶中发现的一种核糖体失活蛋白质。

02.0833　商陆毒蛋白　dodecandrin
从商陆叶中得到的一种核糖体失活蛋白质。催化 28S 核糖体核糖核酸（rRNA）中的一个特异的腺苷酸的 *N*-糖苷键水解断裂，从而使真核生物的核糖体失活，并可能具有抗病毒作用。

02.0834　多花白树毒蛋白　gelonin
在多花白树种子中发现的一种单链糖蛋白（28～30kDa）。强烈抑制无细胞系统中的蛋白质合成，但对完整的细胞并无这一作用。特异水解 28S 核糖体核糖核酸（rRNA）的一个腺苷酸的 *N*-糖苷键，使核糖体 60S 大亚基失活。

02.0835　麻疯树毒蛋白　curcin
从麻疯树中分离的蓖麻毒蛋白样凝集素。属于Ⅱ型核糖体失活蛋白质。

02.0836　天花粉蛋白　trichosanthin
从中草药天花粉（栝楼块根）中分离得到的一种Ⅰ型核糖体失活蛋白质（27kDa）。可以引起流产。

02.0837　蓖麻毒蛋白　ricin, recin
又称“蓖麻毒素”。从蓖麻中分离得到的具有凝集素活性的毒蛋白。由 A 和 B 两条肽链通过一对二硫键连接而成，B 链可以与对半乳糖专一结合，A 链则有核糖体失活能力。

02.0838　巴豆毒蛋白　crotin
从巴豆中分离得到的毒蛋白。作用机制与蓖麻毒蛋白相似，属核糖体失活蛋白质，抑制新生肽链的延伸。巴豆毒蛋白Ⅰ和巴豆毒蛋白Ⅱ的分子量分别约 40kDa 和 15kDa。

02.0839　相思豆毒蛋白　abrin
存在于相思豆或印度甘草的种子中的剧毒糖蛋白。由二硫键连接的 A 链（30kDa）和 B 链（35kDa）组成。A 链具有核糖体失活蛋白质的活性，是蛋白质生物合成的强阻断剂，B 链具有糖结合活性，结合细胞膜并帮助 A 链进入细胞，两者来自同一前体。

02.0840　半夏蛋白　pinellin
从中草药半夏块根中分离得到的一种对甘露聚糖专一的凝集素（约 44kDa）。由 4 个亚基组成。

02.0841　外壁蛋白质　exine-held protein
花粉外壁中的一种蛋白质。在授粉的不相容反应中起识别作用。

02.0842　蓝藻抗病毒蛋白　cyanovirin
从蓝藻中得到的一种可溶性糖蛋白（11 kDa）。可与病毒表达的糖蛋白中的糖基结合，具有广谱的抗病毒（如人免疫缺陷病毒）活性。

02.0843　α 帚曲毒蛋白　α-sarcin
从帚曲霉菌中发现的一种核糖体失活蛋白质。能水解细菌和真核细胞的核糖体大亚基中的 rRNA 中特定部位的一个磷酸二酯键。由 150 个氨基酸残基组成。

02.0844　多角体蛋白　polyhedrin
一些形成杆状病毒包含体的蛋白质。组成多

角体的亚单位，由病毒多角体蛋白基因编码。

02.0845　朊病毒蛋白　prion protein, PrP

其异常折叠可以在人或动物中引起致死性神经退行性疾病的蛋白质。可以引起同种（或异种）蛋白质构象改变而致病（或功能改变）的蛋白质。最常见的是引起传染性海绵样脑病（疯牛病）。

02.0846　衣壳蛋白质　capsid protein

组成病毒外层衣壳的蛋白质。在病毒颗粒中负责包被和保护病毒的核酸成分，可自组装成像螺旋或正二十面体等有规则的病毒颗粒结构。

02.0847　菌毛蛋白　pilin

一类构成细菌菌毛的纤维状蛋白质。通过N端的长α螺旋组装成多聚体结构。常见于革兰氏阴性细菌表面。参与细菌附着于宿主细胞表面或细菌之间遗传物质的传递等过程。

02.0848　麦芽糖孔蛋白　maltoporin, LamB protein

革兰氏阴性细菌外膜中的跨膜蛋白质。以三聚体形式存在于外膜中。每单体为421个氨基酸残基构成的肽链，形成18股反平行β-折叠桶，相邻β片层之间以回环或β转角连接。有两种功能：一是转运麦芽糊精（包括麦芽糖）；二是作为λ噬菌体的受体。

02.0849　绿脓蛋白　pyosin

绿脓杆菌中一种有阻遏作用的转录调节蛋白质。

02.0850　毒素　toxin

各类生物（包括细菌、植物和动物等）所产生的对其他机体有毒性的物质。包括内毒素和外毒素。可以是小分子、短肽或蛋白质等。

02.0851　内毒素　endotoxin

全称“细菌内毒素”。革兰氏阴性菌胞壁成分中的脂多糖（LPS）。由脂质A、核心寡糖和1条具有重复结构、长度可变的O-抗原糖链三部分组成。它不会像外毒素那样分泌到细胞外的环境中，只有当细胞裂解后才会被释放到环境中。它们的毒性一般不能通过加热消除，但毒性比外毒素弱。

02.0852　外毒素　exotoxin

细菌分泌到外周介质的毒素（主要是蛋白质）。如肉毒杆菌毒素、霍乱毒素、百日咳毒素和白喉毒素，通常通过破坏宿主细胞或干扰其细胞代谢过程而产生非常强的毒性。大部分外毒素的毒性可以通过加热而破坏，进而用作疫苗。它们可以作用于宿主细胞的表面（Ⅰ型外毒素），或破坏细胞膜（Ⅱ型外毒素），或进入细胞（Ⅲ型外毒素）而产生毒性。

02.0853　δ毒素　δ-toxin

金黄色葡萄球菌产生的一种含有26个氨基酸残基的肽。可溶解在苯酚中，含有两亲性螺旋结构（故具有类似去污剂的性质），可以非特异性地在细胞膜上组装成孔道而产生广谱的细胞裂解毒性。

02.0854　类毒素　toxoid

通过加热或化学试剂等处理过而失去其天然结构和毒性的毒素。为蛋白质类外毒素。一般用作疫苗以产生对相应天然毒素的免疫能力。

02.0855　气溶素　aerolysin

又称“气菌溶胞蛋白”。气单胞菌分泌的外毒素。与靶细胞特异受体结合（如人红细胞血型糖蛋白）后组装成七聚体形式插入质膜的通道，导致质膜通透性屏障被破坏，细胞发生渗透性裂解。

02.0856 细菌素 bacteriocin
某些细菌分泌的蛋白质或肽类可抑制相似或密切相关的菌株的毒素。通常由质粒编码，吸附于敏感菌细胞表面特异受体。其作用机制不同，有的是在膜上形成通道，使膜去极化；有的是DNA酶或RNA酶的抑制剂。人们试图将这些毒素开发为针对特异菌株的（窄谱）抗生素。典型的如大肠菌素。

02.0857 大肠菌素 colicin, colicine
由大肠埃希菌某些菌株产生的，通过抑制DNA 复制、转录、翻译或能量代谢等方式特异性杀灭其他肠道菌或同种其他菌株的细菌素。一般多把沙门氏菌、赤痢菌等革兰氏阴性肠道细菌产生的细菌素也包括在内。

02.0858 纺锤菌素 netropsin
由链霉菌产生的一种碱性肽类抗生素。能选择性地与B型双链DNA小沟中的A–T碱基对结合，使DNA由A型转变为B型。不与单链DNA或双链RNA结合。也具有抗真菌和抗病毒的活性。

02.0859 脱落菌素 exfoliatin
又称"表皮剥脱毒素（exfoliative toxin, epidermolytic toxin）"。某些金黄色葡萄球菌产生的蛋白质类外毒素（26～32kDa）。是一种谷氨酸特异的丝氨酸蛋白酶，特异切割皮肤上皮中的一种钙黏蛋白。可引起表皮松懈，破坏颗粒层的桥粒，导致皮肤外层脱落。

02.0860 肠毒素 enterotoxin
细菌分泌的蛋白质类外毒素。由细菌染色体或质粒上的基因编码，作用于肠黏膜，通常在肠道细胞的质膜上形成孔道。经常引起腹泻等不适症状，如霍乱毒素是一种分子量为87kDa、含有6个亚基的蛋白质。一般对热稳定。

02.0861 肉毒[杆菌]毒素 botulinum toxin
肉毒杆菌分泌的强毒性外毒素。能有效地抑制外周胆碱能神经元释放乙酰胆碱到轴突肌肉连接处，引起松弛性瘫痪。这种外毒素依肉毒杆菌菌株不同而异，均由重链和轻链通过二硫键连接形成异源二聚体。轻链具有蛋白酶活性，切割乙酰胆碱分泌颗粒表面的蛋白质。

02.0862 白喉毒素 diphtheria toxin
白喉杆菌分泌的毒性很强的毒素。需先进入细胞才具毒性。具有 NAD^+-白喉酰胺 ADP 核糖基转移酶的活性，催化将 NAD^+的 ADP 核糖基团转移到真核生物蛋白质合成延伸因子-2（EF-2）的白喉酰胺残基上，使 EF-2 失活，抑制细胞中蛋白质的合成。其基因由一种噬菌体（细菌病毒）编码。

02.0863 破伤风毒素 tetanus toxin
由破伤风梭状芽孢杆菌分泌的很强的神经毒素。在小鼠中的毒性仅次于肉毒杆菌毒素（作用机制类似，但部位不同）。由不同结构的轻链和重链组成。重链参与细胞的结合，而轻链是锌离子依赖性的蛋白酶。后者水解小突触小泡蛋白，阻断脊髓中的突触小泡的胞吐，引起痉挛性瘫痪。

02.0864 霍乱毒素 cholera toxin
霍乱弧菌产生的内毒素（84kDa）。是一种含有2个亚基（A和B）的毒素。B亚基结合敏感细胞膜的神经节苷脂，促使A亚基进入细胞，使激动性G蛋白（Gs）发生ADP-核糖基化，不可逆激活腺苷酸环化酶，导致细胞中的cAMP水平大幅提高，细胞膜上的氯离子通道被打开，导致剧烈腹泻。

02.0865 维罗毒素 verotoxin
一种由大肠埃希菌产生的志贺样毒素。因其能杀死 Vero 细胞（一种非洲绿猴的肾脏细胞）而得名。是一种AB5型毒素（由5个B亚基和1个A亚基组成）其外部由5个有糖结合活性的B亚基形成五聚体，里面包着1个A亚基。有毒性的是A亚基的一个片段，可与核糖体结合而阻断蛋白质的生物合成。

02.0866　布雷菲德菌素A　brefeldin A
由布雷青霉菌等真菌组织产生的大环内酯类抗生素。是一种常用的蛋白质转运抑制剂。其作用是延滞细胞内通向反式高尔基体液泡运输，对糖蛋白糖链合成和糖胺聚糖合成有干扰。

02.0867　万古霉素　vancomycin
由一种链霉菌产生的、结构复杂的糖肽类抗生素。专一地抑制肽聚糖的生物合成。

02.0868　银环蛇毒素　bungarotoxin
银环蛇毒液中的神经毒素。与烟碱性胆碱能受体结合（从而阻止乙酰胆碱的结合）并引起瘫痪；主要有α和β银环蛇毒，前者含74个氨基酸残基，后者含2个亚基（分别为120个和60个氨基酸残基）。

02.0869　响尾蛇毒素　crotoxin
美洲响尾蛇毒液中的毒素蛋白。为异源二聚体，一种亚基是具有微弱毒性的磷脂酶 A_2（PLA_2），另外一种亚基是无酶活性无毒性的蛋白质。结合于突触前特异的膜蛋白，改变递质释放。另外也对肌肉，肾脏和心脏有毒性。

02.0870　白细胞溶素　leucolysin
棉口蛇毒液中含有的一种金属蛋白酶（含一个锌离子，两个钙离子）。是一种内肽酶，识别特异的氨基酸序列。其作用的天然底物蛋白质尚不清楚。

02.0871　眼镜蛇毒素　cobrotoxin
眼镜蛇蛇毒中的一种突触后神经毒蛋白（6.95kDa）。作用于运动神经支配的横纹肌，与烟酰胺乙酰胆碱受体结合，而阻止乙酰胆碱发挥作用。能使肌肉瘫痪，与箭毒作用相似。

02.0872　树眼镜蛇毒素　dendrotoxin
存在于树眼镜蛇分泌的毒液中的一种含57～60个氨基酸残基的多肽。可选择性阻断神经细胞的电压门控 K^+ 通道，与库尼茨（Kunitz）丝氨酸蛋白酶抑制剂的氨基酸序列相似。可以增加乙酰胆碱释放到神经肌肉连接处，使肌肉处于超兴奋状态。

02.0873　半环扁尾蛇毒素　erabutoxin
从半环扁尾蛇的蛇毒中分离得到的一种神经毒蛋白。由62个氨基酸残基组成，立体结构已测定，只有β片层和β转角，不含α螺旋。是烟酰胺乙酰胆碱受体的一种拮抗剂。阻止神经肌肉接头处的信号传递。

02.03.03　蛋白质结构及性质

02.0874　蛋白质一级结构　protein primary structure
又称“氨基酸序列（amino acid sequence）”“共价结构（covalent structure）”。蛋白质分子中从N端至C端的氨基酸排列顺序。其主要化学键是肽键，所有二硫键的位置也属于一级结构范畴。

02.0875　蛋白质二级结构　protein secondary structure
蛋白质分子中某一段肽链的局部空间结构。是该段肽链主链骨架原子的相对空间位置，但不涉及氨基酸残基侧链的构象，是通过骨架上的羟基和酰胺基团之间形成的氢键维持。主要有α螺旋、β片层、β转角和Ω环。

02.0876 α螺旋 α helix

蛋白质二级结构类型之一。肽链主链骨架围绕中心轴盘绕成螺旋状，一般为右手螺旋，每圈平均含有 3.6 个氨基酸残基，螺距为 5.4Å。依靠氢键维持螺旋结构。

02.0877 β螺旋 β helix

一种不多见的蛋白质肽链折叠模式。多肽链的多个平行β折叠链以右手或左手方式螺旋排列，每圈由 22 个氨基酸残基组成，螺距为 4.8Å，形成有 2 个或 3 个侧面的螺线管结构。可通过侧面–侧面（或末端–末端）相互结合。

02.0878 折叠 folding

全称“蛋白质折叠（protein folding）”。在机体中新合成的、线性的多肽链通过链内的非共价相互作用形成特定立体结构的过程。

02.0879 错折叠 misfolding

在特定条件下，包括一些病理的条件，线性的多肽链分子形成没有活性和仅有部分活性的立体结构的折叠过程。

02.0880 解折叠 unfolding

又称“伸展”。天然的有活性的多肽链分子因内部的非共价键的改变而偏离原有立体结构的过程。

02.0881 重折叠 refolding

多肽链解折叠或错折叠结构重新变成有活性的立体结构的过程。

02.0882 β片层 β sheet, β pleated sheet

又称“β折叠”。蛋白质二级结构类型之一。两条或更多β折叠链以平行或反平行方向排列，通过氢键相互作用，排列成有折叠的平面样结构。

02.0883 β[折叠]链 β strand, beta strand

形成β片层的每一段肽链。一般长 3～10 个氨基酸残基，呈伸展状。多条β折叠链以平行或反平行方向排列，通过氢键相互作用，形成β片层。

02.0884 β转角 β turn, β bend, reverse turn

又称“β发夹（β hairpin, beta hairpin）”。蛋白质二级结构类型之一。由 4 个氨基酸残基组成，其中第一个残基的 CO 基团和第四个残基的 NH 基团之间形成氢键，使多肽链的方向发生“U”形改变。

02.0885 Ω环 Ω loop

存在于球状蛋白质中的一种二级结构。因此肽段形状似希腊字母Ω而得名。出现在蛋白质分子的表面，以亲水残基为主，在分子识别中可能起重要作用。

02.0886 胶原螺旋 collagen helix

特殊的蛋白质二级结构。由 3 条多肽链形成螺旋。3 条肽链均由 3 肽重复序列组成（甘氨酸–脯氨酸–羟脯氨酸），每条链为左手螺旋，3 条链再形成右手超螺旋，每圈约含 3.3 个氨基酸残基。

02.0887 蛋白质三级结构 protein tertiary structure

整条肽链中全部氨基酸残基的相对空间位置，即整条肽链所有原子在三维空间的排布位置。是处于天然折叠状态蛋白质分子的三维构象。是在二级结构进一步盘绕、折叠形成的。主要依靠氨基酸侧链之间的疏水相互作用、氢键、范德瓦耳斯相互作用和静电作用维持。

02.0888 超二级结构 super-secondary structure, supersecondary structure

若干相邻的比蛋白质结构域或亚基小的二级结构单元通过空间折叠靠近和彼此相互

作用，形成规则的二级结构聚集体。是三级结构的局部结构，如蛋白质模体。

02.0889　蛋白质模体　protein motif
由两个或多个具有二级结构的肽段，在空间上相互接近，形成一个特殊的空间结构。具有特征性的氨基酸排列顺序，并且同特定的功能相联系。

02.0890　螺旋束　helix bundle
一种常见的蛋白质模体。通常由几个接近平行或反平行的α螺旋紧密聚集成一束，如四螺旋束。

02.0891　四螺旋束　four helix bundle
一种常见的蛋白质模体。4个接近平行或反平行的α螺旋紧密聚集成一束，中央形成疏水核心。热稳定性较高。

02.0892　罗斯曼折叠　Rossmann fold
罗斯曼（M. Rossmann）发现的一种模体。6个β折叠链和4个α螺旋在多肽链中交替出现，按照一定次序相连接，形成特殊的三维结构。常见于核苷酸结合蛋白质中。

02.0893　两亲螺旋　amphipathic helix
在α螺旋中亲水性（极性）和疏水性（非极性）氨基酸残基分别排列在方向相反两侧的现象。常见于某些与膜结合的蛋白质和多肽中。

02.0894　螺旋-环-螺旋模体　helix-loop-helix motif, HLH motif
又称“碱性螺旋-环-螺旋（basic helix-loop-helix, bHLH）”。蛋白质结构中一个环连接两个α螺旋所形成的模体结构。多见于转录因子。其中一个螺旋富含碱性氨基酸，结合DNA序列E-box，另一个通过α螺旋间相互作用，形成同源或异源二聚体。

02.0895　EF手形　EF hand
螺旋-环-螺旋模体之一。广泛存在于钙离子结合蛋白质。首次发现于鲤鱼肌肉中的小清蛋白，其钙离子结合于两个α螺旋（E螺旋和F螺旋）之间的一个环，环长约12个氨基酸残基，形似右手拇指和食指，伸开成直角。

02.0896　亮氨酸拉链　leucine zipper
又称“碱性亮氨酸拉链（basic leucine zipper, bZIP）”。真核转录因子模体之一。二聚体，单体长60～80个氨基酸残基，N端和C端各有一个α螺旋，前者富含碱性氨基酸插入DNA大沟，后者为两亲螺旋，若干重复序列中第七个为亮氨酸，借助疏水性相互作用形成二聚体，形似拉链。

02.0897　锌指　zinc finger
结合锌离子的蛋白质模体。每一个锌指单位约由30多个氨基酸残基组成，形成一个反平行β发夹，随后是一个α螺旋，由β片层上两个半胱氨酸和α螺旋上两个组氨酸与Zn^{2+}构成四面体配位结构，类似于手指状结构。存在广泛，人基因组中约3%基因编码含锌指蛋白质。可结合DNA、RNA、蛋白质或脂质，参与调节转录、翻译、mRNA运输和蛋白质折叠等。按结构至少分6类，最常见的是两个半胱氨酸和两个组氨酸结合一个锌离子。

02.0898　果冻卷模体　jelly roll motif
首次发现并常见于病毒衣壳蛋白，形似瑞士甜点果冻卷的一种蛋白质模体。8条反平行β折叠链呈双层夹心结构，每层4条，界面为疏水性。全β片层蛋白质主要结构形式之一。

02.0899　希腊钥匙模体　Greek key motif
β片层中的模体之一。4条相邻的反平行β折叠链由3个环连接而成。前3条反平行β链和2个环形成两个β发夹；而第四条β链和第一条相邻，以较长的环与第三条链连接，形似一种希腊装饰艺术品图案。

02.0900　无规卷曲　random coil

复杂的线性多聚体（如蛋白质）的构象之一。组成单位的侧链基团之间的相互作用较小，其空间位置不固定（随机），缺乏特定的二级结构。

02.0901　克罗莫结构域　chromodomain

高度保守的真核生物蛋白质结构域。由40～50个氨基酸残基组成。含此结构域的哺乳动物蛋白质可识别并结合于核小体组蛋白甲基化赖氨酸残基，参与调节染色质的结构和活性，如，异染色质区域的形成。

02.0902　布罗莫结构域　bromodomain

发现于果蝇*brm*基因表达产物的一种蛋白质结构域。约含110个氨基酸残基，形成4个α螺旋聚成一束。含此结构域的哺乳动物蛋白质，特异识别并结合核小体组蛋白N端乙酰赖氨酸残基，参与染色质重塑，为激活染色质的转录活性所必需。

02.0903　三环结构域　Kringle domain

常见于血浆中凝血和溶纤维蛋白质的一种蛋白质结构域。具有3个环，含3对二硫键，以及若干反平行β折叠短片段，呈纽结环状构象，类似于一种名为“Kringle”的丹麦糕点而得名。

02.0904　双链DNA结合域　dsDNA-binding domain

DNA结合蛋白质中与双链DNA结合的结构域。

02.0905　双链RNA结合域　dsRNA-binding domain

RNA结合蛋白质中与双链RNA结合的结构域。

02.0906　疏水性塌陷　hydrophobic collapse

又称“疏水性塌缩”。在一种蛋白质折叠假说中，新生多肽链在水相环境中产生最初的二级结构单位时，热力学驱动疏水性氨基酸残基之间相互作用，肽链局部发生聚集或“塌陷”，形成疏水性核心三维结构；而极性残基一般集中于表面，利于与水相互作用。

02.0907　熔球态　molten-globule state

蛋白质的第三种热力学状态（除天然和变性外）。含有类似天然态二级结构的组分，但内部包装不够紧密。包括某些蛋白质折叠过程中产生的临时中间状态，以及在温和变性条件下产生的部分折叠状态。

02.0908　蛋白质四级结构　protein quaternary structure

由相同或不同的具有三级结构亚基（亚单位）通过非共价键（氢键、疏水效应、离子相互作用等）聚合而成的特定蛋白质分子结构。为蛋白质结构中的第4个层次。

02.0909　蛋白质亚基　protein subunit

蛋白质四级结构中每一个具有三级结构的多肽链。在体内，许多蛋白质含有两条或两条以上多肽链才能全面地执行功能。

02.0910　原聚体　protomer

蛋白质四级结构中的结构单位。至少由两种不同多肽链（亚基）组成的最小的结构单位，多拷贝单位相结合可形成更大的异源蛋白质寡聚体。如血红蛋白的αβ二聚体。

02.0911　同二聚体　homodimer

由两个结构相同亚基组成的蛋白质聚合体。

02.0912　异二聚体　heterdimer

由两个结构不同亚基组成的蛋白质聚合体。

02.0913　蛋白质五级结构　protein quinary structure

在生理条件下，大分子之间发生的短暂相互作用的在细胞内形成的特定结构。为蛋白质结构的第 5 个层次。

02.0914　亲水指数　hydropathy index

描述氨基酸侧链亲水性的值。

02.0915　亲水性分布图　hydrophilicity plot

根据氨基酸的亲水性或疏水性指数，定量分析蛋白质分子中亲水性或疏水性氨基酸残基的分布图。横坐标为蛋白质的氨基酸顺序，纵坐标为相应氨基酸的亲水性和疏水性程度。可获得蛋白质局部结构信息并发现结构域，如膜蛋白质跨膜 α 螺旋区。

02.0916　等电点　isoelectric point, pI

蛋白质等两性电解质分子净电荷为零时溶液的 pH。此时其电场迁移率为零，携带的正、负电荷相等（包括环境中与两性电解质分子结合的所有离子在内）。

02.0917　等离子点　isoionic point

蛋白质或两性电解质（如氨基酸）在纯水溶液中所带净电荷为零时溶液的 pH。

03. 酶

03.01　概　　述

03.0001　酶　enzyme

自然界存在的或人工合成的、具有催化特定化学反应的生物分子。如催化性的蛋白质和 RNA 等。也有学术观点认为酶的化学本质为蛋白质，催化性的 RNA 等属于不同生物催化剂。酶是生物催化剂，能通过降低反应的活化能加快反应速度，但不改变反应的平衡点，具有催化效率高、专一性强、作用条件温和等特点。

03.0002　生物催化剂　biocatalyst

能够启动或增加机体内化学反应速率的物质。如催化性的蛋白质、催化性的 RNA（核酶）、催化性的 DNA（脱氧核酶）、催化性抗体（抗体酶）和模拟酶等。

03.0003　单体酶　monomeric enzyme

只由一条多肽链组成的酶。如核糖核酸酶、溶菌酶等。

03.0004　寡聚酶　oligomeric enzyme

由多个相同或不同的亚基组成的酶。如蛋白质激酶 A、乳酸脱氢酶等。

03.0005　多酶复合物　multienzyme complex

又称“多酶体系（multienzyme system）”“多酶簇（multienzyme cluster）”。顺序催化完成一组连续的反应，但功能相关、彼此嵌合在一起的酶。是由数种多功能蛋白质组成的复合物，如真核生物的脂肪酸合成酶系。

03.0006　多酶蛋白质　multienzyme protein

由多个不同亚基组成的蛋白质。每个亚基分别催化部分反应最终完成整体反应。如乙酰辅酶 A 羧化酶由生物素羧基载体蛋白质、生物素羧化酶和羧基转移酶组成，共同完成乙酰辅酶 A 的羧化反应。

03.0007　酶系　enzyme system
在细胞内的某一代谢过程中，由几个酶形成的反应链体系。其存在形式可以是可溶性的、寡聚化复合物的和在细胞结构上有定位关系的三种类型。

03.0008　多功能酶　multifunctional enzyme
又称“串联酶（tandem enzyme）”。在一条肽链上同时具有多种不同的催化功能及/或结合功能的酶。如氨基甲酰磷酸合成酶Ⅱ、天冬氨酸氨基甲酰转移酶和二氢乳清酸酶。

03.0009　单纯酶　simple enzyme
分子组成中仅有蛋白质的酶。

03.0010　缀合酶　conjugated enzyme
又称“结合酶”。除了蛋白质部分外还含有非蛋白质部分的酶。

03.0011　脱辅[基]酶　apoenzyme
俗称“酶蛋白”。结合酶中的蛋白质部分。主要决定酶促反应的特异性及其催化机制。

03.0012　辅酶　coenzyme
与脱辅酶结合的有机辅因子。如烟酰胺腺嘌呤二核苷酸（辅酶Ⅰ）和烟酰胺腺嘌呤二核苷酸磷酸（辅酶Ⅱ）等。本身无催化作用，但一般在酶促反应中有传递电子、质子或某些功能基团等的作用。

03.0013　辅酶 A　coenzyme A, CoA
维生素泛酸的一种辅酶形式。在代谢中作为酰基的载体，这些酰基连接在辅酶 A 的巯基上。

03.0014　辅酶 M　coenzyme M, CoM
系统命名为 2-巯基乙烷磺酸。某些脱氢酶、还原酶、甲基转移酶等的辅酶。

03.0015　泛醌　ubiquinone
又称“辅酶 Q（coenzyme Q, CoQ）”。一类带有长的异戊二烯侧链的脂溶性醌类化合物。定位于线粒体内，是呼吸链电子传递系统中的重要电子载体。

03.0016　烟酰胺腺嘌呤二核苷酸　nicotinamide adenine dinucleotide, NAD
又称“辅酶Ⅰ”。一种脱氢酶的辅酶。是氧化作用中的电子载体，氧化底物时烟酰胺腺嘌呤二核苷酸分子中的烟酰胺环接受一个氢离子和两个电子。

03.0017　烟酰胺腺嘌呤二核苷酸磷酸　nicotinamide adenine dinucleotide phosphate, NADP
又称“辅酶Ⅱ”。烟酰胺腺嘌呤二核苷酸的磷酸化形式。是光合作用等生物过程中的电子载体。

03.0018　还原型烟酰胺腺嘌呤二核苷酸　reduced nicotinamide adenine dinucleotide, NADH
又称“还原型辅酶Ⅰ”。烟酰胺腺嘌呤二核苷酸的还原形式。是氧化磷酸化过程中的电子载体。

03.0019　还原型烟酰胺腺嘌呤二核苷酸磷酸　reduced nicotinamide adenine dinucleotide phosphate, NADPH
又称“还原型辅酶Ⅱ”。烟酰胺腺嘌呤二核苷酸磷酸的还原形式。是光合作用等过程中的电子载体。

03.0020　全酶　holoenzyme
由蛋白质组分和辅酶或金属离子结合在一起的一种结合酶。或含有表达全部酶活性和调节活性所需的所有亚基的一种全寡聚酶。

03.0021 金属酶 metalloenzyme
以一个或几个金属离子作为辅因子的酶。金属离子可能直接参加催化作用或是对保持酶的活性构象起稳定作用。如羧基肽酶含 Zn^{2+}、固氮酶含 Mo^{3+}等。

03.0022 锌酶 zinc enzyme
又称“含锌酶”。酶活性需要锌离子辅助的一种金属酶。如DNA聚合酶、乙醇脱氢酶、谷氨酸脱氢酶等。

03.0023 金属激活酶 metal-activated enzyme
需加入金属离子才具有酶活性的酶。金属离子与酶蛋白结合不牢固，在纯化过程中易丢失。如各种需要激酶催化反应必须有 Mg^{2+}的存在等。

03.0024 同工酶 isoenzyme
催化相同化学反应，但酶蛋白质的分子结构、理化性质和免疫学特性各不相同的一组酶。是一种酶具有的不同形式，存在于同一种属的不同个体、同一个体的不同组织、同一细胞的不同亚细胞结构或细胞的不同发育阶段。

03.0025 酶原 proenzyme, zymogen
酶的无活性前体。在特异位点水解后，转变为具有活性的酶。

03.02 酶促反应及其机制

03.0026 酶促反应 enzymatic reaction
在一定的条件下酶将底物（作用物）催化转化为产物的各种化学反应。

03.0027 催化 catalysis
改变化学反应速率而不影响化学平衡的作用。

03.0028 催化剂 catalyst
能提高化学反应速率，但自身组成、化学性质和质量在反应前后不发生变化的物质。如催化性的蛋白质和RNA。

03.0029 催化反应 catalytic reaction, catalyzed reaction
在催化剂参与下促使化学反应速率发生变化的过程。

03.0030 协同诱导 coordinate induction
在催化反应上连续或相关的一组酶同时被诱导的现象。

03.0031 协同阻遏 coordinate repression
在催化反应上连续或相关的一组酶同时被抑制的现象。

03.0032 底物 substrate
在酶促反应中被酶催化发生化学变化的物质。用符号“S”表示。

03.0033 假底物 pseudosubstrate
可以特异地结合到酶的活性中心但不被催化、阻止真底物结合的物质。有些酶具有假底物结构域，其中的特定序列或残基作为假底物结合到酶的活性部位，抑制酶活性，当酶与配基结合后发生构象变化，释放假底物，恢复催化功能。这是体内调节酶活性的一种重要方式。

03.0034 活性中心 active center
又称“活性部位（active site）”。酶分子与底物结合并参与催化反应的区域。

03.0035　必需基团　essential group

酶分子中与酶活性密切相关的化学基团。活性中心内的必需基团分为结合基团和催化基团。

03.0036　结合基团　binding group

识别底物并与之专一性结合，形成酶–底物复合物，决定酶专一性的基团。

03.0037　催化基团　catalytic group

负责催化底物键的断裂和形成新键，使底物发生化学反应转变为产物的基团。

03.0038　酶多重性　enzyme multiplicity

又称“酶多样性”。催化同一个反应的酶不止一种，而是蛋白质结构和氨基酸组成不相同的几种同工酶的现象。

03.0039　酶多态性　enzyme polymorphism

在单一物种中天然存在的、具有相同酶活性的多种蛋白质形式。

03.0040　酶解作用　enzymolysis, zymolysis

由酶催化的分解作用。

03.0041　酶活性　enzyme activity

又称“酶活力”。酶催化特定化学反应的能力。可用在一定条件下其所催化某一化学反应的速度表示。通常用来衡量酶含量的多少。

03.0042　最适 pH　optimum pH

在特定条件下，酶显示最大活性时的 pH。

03.0043　最适温度　optimum temperature

在特定条件下，酶显示最大活性时的温度。

03.0044　酶单位　enzyme unit

一定条件下，一定时间内将一定量的底物转化为产物所需的酶量。用符号“U”表示。为使各种酶活力单位标准化，1961 年国际生物化学协会酶学委员会及国际纯化学和应用化学协会临床化学委员会提出采用统一的“国际单位（IU）”来表示，规定为：在最适反应条件（温度 25℃）下，每分钟内催化 1μmol 底物转化为产物所需的酶量定为一个酶活力单位，即 1IU=1μmol/min。

03.0045　开特　Kat, Katal

国际纯粹与应用化学联合会（IUPAC）与国际生物化学联合会于 1972 年建议采用的表示酶活性的单位。是指在最适条件下，每秒转化 1mol 底物所需要的酶量。一个国际通用酶单位 $1U=16.67\times10^{-9}$ 开特。

03.0046　催化常数　catalytic constant

又称“转换数（turnover number）”。酶在底物饱和条件下，每个酶分子每秒可催化底物转变为产物的分子数。其数值等于 $V_{max}/[E_t]$，其中 V_{max} 是最大速度，$[E_t]$ 是酶的总浓度。用 K_{cat} 表示。

03.0047　酶促反应速度　velocity of enzymatic reaction

酶催化反应的速率。通常记录为时间为 0 时的值，符号为 V_0，单位为 μmol/min。

03.0048　过渡态　transition state

在酶催化反应中，酶与底物或底物类似物间瞬时生成的具有最高自由能的最不稳定状态复合物。

03.0049　酶–底物复合物　enzyme-substrate complex

在酶催化的反应中，酶首先与底物结合形成的过渡态中间物。可转化成产物和酶。

03.0050　活化能　activation energy

过渡态能量和底物基态能量之差。

03.0051　稳态　steady state

在一定的时间范围内，酶与底物形成酶–底物复合物的速度与产物生成的速度相等的状态。此时随时间的增加酶–底物复合物的浓度不变。

03.0052　前稳态　presteady state

酶–底物复合物的浓度随时间的增加而增加，尚未达到稳态的状态。其反应非常快，只有应用测定快速反应的停流装置或弛豫技术才有可能跟踪。

03.0053　过渡态类似物　transition state analogue

人工设计能模拟过渡态的化合物。通常由于其能比底物更好地结合到酶的活性中心，而与酶形成更紧密的复合物。

03.0054　酶专一性　enzyme specificity

又称“酶特异性”。一种酶只作用于一种或一类化合物，进行特定的化学反应生成特定产物的现象。

03.0055　绝对专一性　absolute specificity

又称“绝对特异性”。某种酶只能作用于特定结构的底物，进行一种专一的反应，生成一种特定结构产物的现象。如脲酶只能催化尿素水解成 NH_3 和 CO_2，而不能催化甲基尿素水解。

03.0056　相对专一性　relative specificity

又称“相对特异性”。某种酶可作用于一类化合物或一种化学键催化一类化学反应的现象。如脂肪酶不仅水解脂肪，也能水解简单的酯类；磷酸酶对一般的磷酸酯都有作用，无论是甘油的还是一元醇或酚的磷酸酯均可被其水解。

03.0057　立体专一性　stereospecificity

酶对底物的立体异构体具有严格的选择性，只能与立体异构体中的一种类型发生反应的现象。如体内代谢氨基酸的酶绝大多数只能作用于L-氨基酸，而不能作用于D-氨基酸。

03.0058　酶催化机制　enzyme catalytic mechanism

酶催化底物的反应进程及其影响酶催化效率因素等的作用方式。主要包括酸碱催化、共价催化、金属离子催化等。

03.0059　锁钥学说　lock and key theory

德国学者费歇尔（E. Fischer）1894年提出的酶如何与底物相结合的一种学说。认为底物与酶结合形成复合物，酶上的结合部位在结构上与底物互补以致底物与酶吻合，正如钥匙和锁吻合一样。

03.0060　诱导契合学说　induced-fit theory

美国学者科什兰（D. E. Koshland）1958年为说明底物与酶结合的特性，在锁钥学说的基础上提出的一种学说。发现酶分子的构象与其所催化的底物结构并非完全吻合，与底物分子结合时，酶与底物的结构相互诱导、相互形变、相互适应，进而使酶活性中心与底物紧密结合，从而发挥催化功能。

03.0061　催化活性　catalytic activity

酶催化化学反应的能力。是酶活性的量度，以酶催化反应的初速度表示。

03.0062　催化核心　catalytic core

酶分子中能直接结合并催化底物化学反应的特定区域。对于不需辅因子的酶来说，包括几个甚至十几个氨基酸残基，这些残基一级结构相距甚远，但三维结构上相互靠近；对于需辅因子的酶来说，辅因子或者其某一部分结构，往往就是活性中心的组成部分。

03.0063　催化部位　catalytic site

酶分子上直接催化底物化学反应的部位。一

般由几个催化基团组成。

03.0064　催化亚基　catalytic subunit
在别构酶分子中，能与底物结合并起催化作用的亚基。具有酶促活性，但一般不与效应物结合。

03.0065　协同催化　concerted catalysis
酶活性中心存在几个催化基团，在空间结构上有特定的排列位置，能够结合底物的不同部位，发生协同作用，共同完成催化反应的过程。

03.0066　酶促反应动力学　kinetics of enzyme-catalyzed reaction
探讨酶催化反应机制，研究酶促反应速度及影响反应速度因素的学科领域。

03.0067　米氏动力学　Michaelis-Menten kinetics
可以用米氏方程表达的酶促反应动力学。如用反应速度作为底物浓度的函数作图时，得到典型的双曲线图。

03.0068　米氏方程　Michaelis-Menten equation, Michaelis equation
由德国学者米夏埃利斯（L. Michaelis）和门藤（M. Menten）归纳的表示酶促反应动力学基本原理的数学表达式。此方程式表明了底物浓度与酶反应速度间的定量关系。

03.0069　米氏常数　Michaelis constant
酶的特征性常数。在数值上等于反应速率达到最大反应速率一半时的底物浓度，用 K_m 表示，其数值大小反映酶对底物的亲和力。

03.0070　双倒数作图法　double-reciprocal plot, Lineweaver-Burk plot
一个酶促反应速度的倒数（$1/v$）对底物浓度的倒数（1/[S]）的作图。X 和 Y 轴上的截距分别代表米氏常数和最大反应速度的倒数。

03.0071　酶激活剂　enzyme activator
在酶促反应中能增强酶活性的物质。大多为金属离子，如 Mg^{2+}、K^{+}、Mn^{2+}等；少数阴离子也有激活作用，如 Cl^{-}。按是否使酶由无活性变为有活性分为必需激活剂与非必需激活剂两种。

03.0072　必需激活剂　essential activator
对酶促反应不可缺少的，否则将测不到酶活性的激活剂。其作用与底物类似，但自身不转化为产物。如己糖激酶中的 Mg^{2+}，能与底物 ATP 结合形成 Mg^{2+}-ATP 复合物，加速酶促反应。

03.0073　非必需激活剂　nonessential activator
不存在时，酶仍有一定活性的激活剂。如唾液淀粉酶在 Cl^{-}作用下活性升高，Cl^{-}不存在时亦有一定活性。

03.0074　酶抑制剂　enzyme inhibitor
与酶结合使酶催化活性降低或丧失，而不引起酶蛋白变性的一类化合物。

03.0075　酶抑制作用　enzyme inhibition
某些物质与酶结合使酶的活性降低或丧失，从而使酶促反应速度下降的现象。根据抑制剂与酶是否共价结合，分为不可逆抑制和可逆抑制两类。

03.0076　不可逆抑制　irreversible inhibition
抑制剂与酶的必需基团或活性中心以共价键结合而引起酶活性丧失，不能用透析、超滤或凝胶过滤等物理方法去除抑制剂而使酶活力恢复的作用。

03.0077　可逆抑制　reversible inhibition
抑制剂与酶以非共价键可逆结合而引起酶活性的降低或丧失，用物理方法除去抑制剂后可使酶活力恢复的作用。可分为两大类，一类则遵循米氏方程，根据抑制剂与酶蛋白结合特点的不同分为竞争性抑制、非竞争性抑制和反竞争性抑制等类型；另一类为别构抑制。

03.0078　竞争性抑制　competitive inhibition
抑制剂与底物结构类似并与底物竞争与酶活性中心结合造成的可逆抑制作用。抑制程度取决于底物及抑制剂的相对浓度及抑制剂与酶的相对亲和力。其特点是酶促反应的表观米氏常数增大、最大速度不变。可以通过增加底物浓度来解除这种抑制。

03.0079　竞争性抑制剂　competitive inhibitor
能够产生竞争性抑制作用的物质。一般在结构上与被抑制酶的底物相似，只能与游离酶结合，不能与酶–底物复合物结合。能与底物竞争酶的活性部位，形成可逆的酶-抑制剂复合体，但酶–抑制剂复合物不能分解成产物，酶反应速度因此下降。如氨甲蝶呤对二氢叶酸还原酶的抑制。

03.0080　非竞争性抑制　noncompetitive inhibition
抑制剂与酶的结合能力同与酶–底物复合物结合能力相同所形成的可逆抑制作用，是混合性抑制的一种特殊情况。非竞争性抑制时酶最大速度减小，米氏常数值不变。抑制程度取决于抑制剂的浓度。其特点是双倒数图表现为在不同抑制剂浓度下，所有直线交横轴于一点。

03.0081　非竞争性抑制剂　noncompetitive inhibitor
能够产生非竞争性抑制作用的物质。如氰化物对细胞色素氧化酶的抑制。

03.0082　反竞争性抑制　uncompetitive inhibition
抑制剂只能与酶–底物复合物结合所形成的可逆抑制作用。当酶–底物复合物与抑制剂结合后产物不能生成。抑制程度取决于抑制剂的浓度及底物的浓度。反竞争性抑制时表观米氏常数值和最大速度均减小。当以速度的倒数相对底物浓度的倒数作图，所得图线与未被抑制反应的图线平行。

03.0083　反竞争性抑制剂　uncompetitive inhibitor
能够产生反竞争性抑制作用的物质。如低聚壳聚糖对多酚氧化酶的抑制。

03.0084　混合性抑制　mixed inhibition
抑制剂既能与酶、又能与酶–底物复合物结合所造成的可逆抑制作用。根据抑制剂与酶和酶–底物复合物结合情况分为非竞争性抑制、非竞争性–竞争性抑制和非竞争性–反非竞争性抑制三种。

03.0085　非特异性抑制　non-specific inhibition
不涉及影响酶和底物结合的抑制作用。

03.0086　非特异性抑制剂　non-specific inhibitor
能对酶产生非特异性抑制作用的物质。

03.0087　协作抑制　concurrent inhibition
又称“并发抑制”。由两个或更多个酶抑制剂共同作用，结合在酶的不同位点使酶活性完全丧失的抑制作用。单独作用时抑制作用不完全。

03.0088　反馈抑制　feedback inhibition
酶促反应的中间产物可抑制在此产物合成过程中起作用的酶活性所形成的抑制作用。

这种抑制具有协同性、积累性和序贯性。

03.0089　别构抑制　allosteric inhibition
酶与效应物结合后，酶的构象发生了变化，抑制了酶对后续底物分子或效应物亲和性的现象。

03.0090　别构调节　allosteric regulation
曾称“变构调节”。酶分子的非催化部位与某些化合物可逆地非共价结合后发生构象改变，进而改变酶活性状态的现象。

03.0091　别构酶　allosteric enzyme
曾称“变构酶”。受别构调节的酶。别构部分可与某些小分子化合物可逆地非共价结合，效应物结合于别构部位导致构象改变并调节其活性。

03.0092　别构部位　allosteric site
别构酶上结合效应物的部位。

03.0093　别构配体　allosteric ligand
别构酶的效应物。

03.0094　别构调节物　allosteric modulator
结合在别构酶的调节部位，调节酶催化活性的生物分子。

03.0095　别构激活剂　allosteric activator
能使酶发生别构作用，导致酶活性增强的物质。

03.0096　别构抑制剂　allosteric inhibitor
能够与酶的非催化部分结合，导致酶发生构象发生变化，酶活性受抑制的物质。

03.0097　别构性　allostery
具有别构调节的特性。

03.0098　别构相互作用　allosteric interaction
别构酶与别构调节物之间的相互作用。

03.0099　可逆共价修饰　reversible covalent modification
有些酶在细胞内另一种酶的催化下，酶蛋白肽链上的一些基团与某种化学基团发生可逆的共价结合，从而改变酶的活性以调节代谢途径的过程。如磷酸化、去磷酸化等。

03.0100　不可逆共价修饰　irreversible covalent modification
常见于无活性酶前体（即酶原）水解肽键致使发生构象改变，表现出酶活性的过程。

03.0101　酶–抑制剂复合物　enzyme-inhibitor complex
由酶与抑制剂组成的复合物。如竞争性抑制剂常与底物结构类似，因此也可以和酶结合，形成酶–抑制剂复合物，但形成复合物后不能催化反应进行。

03.0102　自杀底物　suicide substrate
又称“K_{cat}型不可逆抑制剂（K_{cat} irreversible inhibitor）”。底物在酶催化作用下所形成的反应中间物或最终产物。可以共价修饰酶活性中心的必需基团从而导致酶不可逆失活。

03.0103　调节酶　regulatory enzyme
在多酶体系中对代谢过程起调节作用的酶。其催化活性受到严格的调控。

03.0104　齐变模型　concerted model
又称“MWC 模型（Monod-Wyman-Changeux model, MWC model）”。由法国学者莫诺（Monod）、怀曼（Wyman）和尚热（Changeux）提出的别构酶调节酶活性的机制模型。主张别构酶的所有亚基或全部呈紧密的，不利于结合底物的“T”状态；或者全部是松散的，有利于结合底物的“R”状态。这两种状态间的转变对于每个亚基都是同时的，同步发生的。与序变模型相对立。

03.0105　序变模型　sequential model

又称“KNF 模型（Koshland-Nemethy-Filmer model, KNF model）”。美国学者科什兰（Koshland）、内梅蒂（Nemethy）和菲尔默（Filmer）提出的别构酶调节酶活性的机制模型。主张酶分子中的亚基结合小分子物质（底物或调节物）后，亚基构象逐个地依次变化，当底物或调节物浓度上升，升到可以与其中的一个亚基牢固地结合时，这时剩下的亚基就会按次序迅速地改变构象，形成一个有活性的四聚体，并给出S形动力学曲线。此模型既可解释正调节分子的作用，也可解释负调节分子的作用。

03.0106　酶谱　zymogram

酶分离实验中区带电泳的记录。样品中各种酶按照所带电荷和分子大小被分离，这些酶的活性可以通过特殊的染色反应显示，可以从酶谱上区分酶的类型和相对量。细菌样品的酶谱可辅助细菌分类。

03.0107　酶电极　enzyme electrode

一种由识别元件（如固定化酶膜）和换能器（如基础电极）组成的分析装置。当电极插入待测溶液时，酶膜中的酶发生催化反应产生电极活性物质，引起基础电极电位变化，由此测出该酶所催化的反应中反应物或产物的浓度。

03.0108　酶固定化　enzyme immobilization

通过将酶包埋于凝胶、微囊体内，或通过共价键、离子相互作用或吸附连接至固相载体上，或通过交联剂使酶分子互相交联等方法使酶不溶或局限在一个有限的空间内的过程。可使酶反复使用，便于酶与产物分离。

03.0109　酶工程　enzyme engineering

主要研究酶的生产、分离纯化、固定化技术、酶分子结构的修饰改造及在工农业、医药卫生和理论研究等方面的应用技术领域。

03.03　酶命名与分类

03.0110　习惯命名　recommended nomenclature

由酶发现者根据酶所催化的底物、反应的类型或酶的来源等的命名方法。其不足之处是存在“一酶多名”和“一名数酶”现象。为此，1961 年国际生物化学协会酶学委员会提出了一套新的系统命名方案及分类方法，1972 年、1978 年和 1984 年又先后做了修改和补充，现已得到国际上普遍的认同。规定给每一种酶一个系统名称和一个习惯名称。

03.0111　酶学委员会命名　enzyme commission nomenclature

又称“系统命名（systematic nomenclature）”。1961 年国际生物化学协会（International Union of Biochemistry，IUB）酶学委员会（Enzyme Commission，EC）推荐的命名法。应标明酶的底物和酶催化的反应性质，即酶的系统名称包括酶作用的底物名称和该酶的分类名称。各底物名称之间用“：”分开，并赋予每个酶以专用的编号。编号由 4 个数字组成。其中第一位数字表示它属于七大类酶中的第几类，第二位为第几亚类，第三位为第几亚亚类，第四位则为在该亚亚类中的序号。如 EC 2.7.1.1。随着科学的进步，此编号常有增、删和修订。由于国际生化学会机构的变更，酶的命名现由国际生物化学与分子生物学联合会命名委员会推荐。

03.0112　酶分类　enzyme classification, EC
国际生物化学与分子生物学联合会命名委员会将化学本质为蛋白质的酶根据酶所催化的反应类型进行的分类。现分为 7 大类：氧化还原酶、转移酶、水解酶、裂合酶、异构酶、连接酶和易位酶。

03.03.01　氧化还原酶

03.0113　氧化还原酶　oxido-reductase, redox enzyme
简称“氧还酶”。催化氧化还原反应的一类酶。是酶七大分类的第一类。编号：EC 1.-。按照作用底物基团可分为脱氢酶、氧化酶、过氧化物酶、氧合酶等。

03.0114　脱氢酶　dehydrogenase
一类催化底物去除氢的酶。利用其他化合物而不是以分子氧作为氢受体。在氧化还原反应中需 NAD^+/FAD 作为电子受体。不同的脱氢酶几乎都根据其底物的名称命名。

03.0115　醇脱氢酶　alcohol dehydrogenase, ADH
催化乙醇脱氢形成乙醛的含锌蛋白质。以 NAD^+为氢受体的脱氢酶。编号为 EC 1.1.1.1，作用于伯醇和仲醇或半缩醛；以 $NADP^+$为氢受体的脱氢酶，编号：EC 1.1.1.2，其中一些成员只作用于伯醇，而另一些成员可作用于伯醇和仲醇。

03.0116　乳酸脱氢酶　lactate dehydrogenase, LDH
广泛存在的催化乳酸和丙酮酸相互转换的酶。L-型乳酸脱氢酶（编号：EC 1.1.1.27）作用于 L-乳酸；D-乳酸脱氢酶（编号：EC 1.1.1.28）作用于 D-乳酸，两者均以 NAD^+为氢受体。在厌氧酵解时，催化丙酮酸接受由甘油醛-3-磷酸脱氢酶形成的 NADH 的氢，形成乳酸。

03.0117　苹果酸脱氢酶　malate dehydrogenase
催化 L-苹果酸和草酰乙酸相互转变的酶。以 NAD^+为氢受体，编号：EC 1.1.1.37；以 $NADP^+$为氢受体，编号：EC 1.1.1.82。

03.0118　葡萄糖-6-磷酸脱氢酶　glucose-6-phosphate dehydrogenase, G6PD
一种脱氢酶。催化戊糖磷酸途径的第一步反应，将葡萄糖-6-磷酸氧化成 6-磷酸葡萄糖酸 δ-内酯。以 $NADP^+$为氢受体，编号：EC 1.1.1.49；以 NAD^+为氢受体，编号：EC 1.1.1.388；以 $NAD(P)^+$为氢受体，编号：EC 1.1.1.363。

03.0119　苹果酸酶　malate enzyme
催化 L-苹果酸氧化脱羧生成丙酮酸和二氧化碳及其逆反应的酶。以 NAD^+为氢受体，编号：EC 1.1.1.38、EC 1.1.1.39；以 $NADP^+$为氢受体，编号：EC 1.1.1.40。

03.0120　羟基丙酮酸还原酶　hydroxypyruvate reductase
以 $NAD（P）^+$为受体，催化 CH—OH 基团脱氢的酶。能催化 D-甘油酸在 $NAD（P）^+$的存在下生成羟基丙酮酸。编号：EC 1.1.1.81。

03.0121　羟基甲基戊二酸酰辅酶 A 还原酶　hydroxymethylglutaryl-CoA reductase, HMG-CoA reductase
以 $NADP^+$（编号：EC 1.1.1.34）或 NAD^+（编号：EC 1.1.1.88）为氢受体，催化羟基甲基戊二酸单酰辅酶 A 还原，生成 3-甲-3,5-二羟戊酸和辅酶 A 的酶。是胆固醇生物合成或植物中植物类异戊二烯生物合成的限速酶。

03.0122　11β-羟基类固醇脱氢酶　11β-hydroxysteroid dehydrogenase

以 $NADP^+$为氢受体，催化 11β-羟基类固醇转变为 11-酮固醇的酶。编号：EC1.1.1.146。

03.0123　3β-羟基类固醇 3-脱氢酶　3β-hydroxysteroid 3-dehydrogenase

催化 4α-甲基-5α-胆固醇基-7-内-3β-醇与 4α-甲基-5α-胆固醇基-7-内-3β-酮相互转化的一种依赖 NADP（H）的脱氢酶。主要作用是使类固醇激素失活，也作用于 5α-胆固醇基-7-内-3β-酮。编号：EC 1.1.1.270。

03.0124　葡萄糖氧化酶　glucose oxidase

能催化葡萄糖氧化成葡萄糖酸并产生过氧化氢的一种氧化酶。是一种含有两分子 FAD 的黄素蛋白，此酶最初从点青霉（*Penicillium notatum*）中分离得到，当时称之为“notatin”，现此英文名已不用。编号：EC 1.1.3.4。

03.0125　醛脱氢酶　aldehyde dehydrogenase

一类在氢受体和水存在时将醛氧化成相应的酸的酶。以 NAD^+为受体，编号：EC 1.2.1.3；以 $NADP^+$为受体，编号：EC 1.2.1.4；以 NAD^+或 $NADP^+$为受体，编号：EC 1.2.1.5；以其他化合物为受体，编号：EC 1.2.99.6。

03.0126　甘油醛-3-磷酸脱氢酶　glyceraldehyde-3-phosphate dehydrogenase

催化糖酵解途径中甘油醛-3-磷酸形成甘油酸-1,3-二磷酸的酶。以 NAD^+为氢受体，编号：1.2.1.12；以 $NADP^+$为氢受体，编号：EC 1.2.1.13。

03.0127　视黄醛脱氢酶　retinal dehydrogenase

催化以 NAD^+为氧化剂的视黄醛的脱氢反应，生成视黄酸和 NADH 的酶。编号：EC 1.2.1.36。

03.0128　脂[肪]酰辅酶 A 还原酶　acyl-coenzyme A reductase, acyl-CoA reductase

又称“长链酰基蛋白硫酯还原酶（long-chain acyl-protein thioester reductase）”。催化长链醛、辅酶 A 和 $NADP^+$间反应形成长链酰基辅酶 A 和 NADPH 的酶。是细菌萤光素酶中的一部分。编号：EC 1.2.1.50。

03.0129　胺氧化酶　amine oxidase

能将胺氧化成相应的醛、氨和过氧化氢的酶。在细胞内广泛存在。

03.0130　醛氧化酶　aldehyde oxidase

又称“视黄醛氧化酶（retinal oxidase）”。在氧和水存在时，催化醛氧化形成相应的羧酸，并生成过氧化氢的酶。为含钼黄素的血红蛋白。编号：EC 1.2.3.1。

03.0131　芳基-醛氧化酶　aryl-aldehyde oxidase

作用于苯甲醛、香草醛和一些其他芳香醛，使它们被一分子的氧氧化成对应的酸，而水分子转变为过氧化氢的酶。编号：EC 1.2.3.9。

03.0132　歧化酶　dismutase

一类催化歧化反应的酶。可催化单个化合物同时发生氧化和还原反应，产生两种不同的化合物。如甲醛歧化酶（编号：EC 1.2.98.1）和亚硝酸盐歧化酶（编码：EC 1.7.6.1）等。

03.0133　琥珀酸脱氢酶　succinate dehydrogenase

在三羧酸循环中催化琥珀酸脱氢生成延胡索酸的酶。编号：EC 1.3.5.1。

03.0134　短链脂[肪]酰辅酶A脱氢酶　short-chain acyl-CoA dehydrogenase, SCAD
又称“短链酰基辅酶A脱氢酶”。位于真核生物的线粒体中，可以降解短链脂肪酸的线粒体酶。催化β氧化螺旋的第一步，将四或六个碳链的酰基辅酶 A 转化为 2-烯酰辅酶 A，介导丁酰辅酶A的脱氢反应，并将电子传递给电子传递黄素蛋白。编号：EC 1.3.8.1。

03.0135　谷氨酸脱氢酶　glutamate dehydrogenase, GlDH
在氨固定作用中催化氨基加到 α-酮戊二酸形成谷氨酸、在氨基酸脱氨作用时催化谷氨酸脱氨形成 α-酮戊二酸的酶。编号：EC 1.4.1.2。

03.0136　谷氨酸合酶　glutamate synthase, GOGAT
与谷氨酸生成有关的铁硫黄素蛋白复合物。催化α-酮戊二酸接受L-谷氨酰胺的氨基而生成两分子谷氨酸，可分别以 NAD^+、$NADP^+$ 作为其氢受体，其相应编号为EC 1.4.1.14 和 EC 1.4.1.13。

03.0137　单胺氧化酶　monoamine oxidase, MAO
存在于线粒体中的一种黄素蛋白酶。催化单胺（如肾上腺素或去甲肾上腺素）的氧化脱氨基作用生成相应的醛类。编号：EC 1.4.3.4。

03.0138　二氢叶酸还原酶　dihydrofolate reductase, DHFR
又称“四氢叶酸脱氢酶（tetrahydrofolate dehydrogenase）”。催化四氢叶酸氧化成二氢叶酸的酶。受氨基蝶呤和氨甲蝶呤的竞争性抑制。编号：EC 1.5.1.3。

03.0139　章鱼碱合酶　octopine synthase, OS
催化 N^2-(D-1-羧乙基)-L-精氨酸水解生成 L-精氨酸和丙酮酸，以 NAD^+为氢受体的酶。编号：EC 1.5.1.11。

03.0140　胭脂碱合酶　nopaline synthase, NS
催化 N^2-(D-1,3-二羧酸丙基)-L-精氨酸水解生成 L-精氨酸和 2-氧代戊二酸，以 $NADP^+$ 为氢受体的酶。编号：EC 1.5.1.19。

03.0141　黄素单核苷酸还原酶　flavin mononucleotide reductase, FMN reductase
一类以黄素腺嘌呤单核苷酸为辅酶的还原酶。催化 FMN 还原为 $FMNH_2$，NADH 或 NADPH 为其氢供体。

03.0142　二氢蝶啶还原酶　dihydropteridine reductase
系统名：NADPH：6,7-二氢蝶啶氧化还原酶。一种 NADH、NADPH 氧化还原酶。催化 6,7-二氢蝶啶还原成 5,6,7,8-四氢蝶啶。编号：EC 1.5.1.34。

03.0143　转氢酶　transhydrogenase
催化 NAD^+和 NADPH 与 NADH 和 $NADP^+$之间相互转化的线粒体酶。编号：EC 1.6.1.1-2。

03.0144　NADH-细胞色素 b_5 还原酶　NADH-cytochrome b_5 reductase
在动物组织脂肪酸脱饱和电子传递途径中，催化将 NADH 上的氢原子转至该酶辅酶 FAD 上（形成 $FADH_2$），从而使传递链中下一个成员细胞色素 b_5 铁卟啉蛋白中的铁离子得以还原的酶。编号：EC 1.6.2.2。

03.0145　脱氢抗坏血酸还原酶　dehydroascorbate reductase, DHAR
以谷胱甘肽作为电子供体，可以将抗坏血酸的氧化产物脱氢抗坏血酸还原为抗坏血酸的酶。是植物体内一种重要的抗氧化酶，也是植物抗坏血酸–谷胱甘肽循环中能够促进抗坏血酸再生的关键酶，从而保持细胞内抗坏血酸的动态平衡。编号：EC 1.6.5.4。

03.0146　硝酸盐还原酶　nitrate reductase

催化硝酸盐还原成亚硝酸盐的一种含钼的黄素蛋白。编号：EC 1.7.1.3。

03.0147　偶氮还原酶　azoreductase

属黄素蛋白酶类。可将偶氮聚合物的偶氮双键—N═N—还原裂解成芳香胺类物质，偶氮还原酶以 NADPH 或 NADH 为辅酶，对氧很敏感，有氧时丧失活性，除去氧后又可恢复活性。如偶氮苯还原酶（编号：EC 1.7.1.6）和黄素单核苷酸（FMN）依赖的 NADH 偶氮还原酶（编号：EC 1.7.1.17）

03.0148　偶氮苯还原酶　azobenzene reductase

可催化偶氮苯还原生成苯胺的酶。属黄素蛋白酶类。编号：EC 1.7.1.6。

03.0149　硝基喹啉-*N*-氧化物还原酶　nitroquinoline-*N*-oxide reductase

催化致癌物质 4-硝基喹啉-*N*-氧化物接受来自 NADH 或 NADPH 的氢，还原成 4-羟氨基喹啉-*N*-氧化物的酶。编号：EC 1.7.1.9。

03.0150　羟胺还原酶　hydroxylamine reductase

催化羟胺还原的酶。也作用于一些氧肟酸。在 NADH 存在下，可将羟胺还原为氨并生成 NAD^+和水。编号：EC 1.7.1.10。

03.0151　*N*-羟基-2-乙酰胺基芴还原酶　*N*-hydroxy-2-acetamidofluorene reductase

催化在酸性环境下 *N*-羟基-2-乙酰基芴接受 NADH 或 NADPH 的氢生成 2-乙酰基芴、NAD^+或 $NADP^+$和水的酶。编号：EC 1.7.1.12。

03.0152　亚硝酸还原酶　nitrite reductase

催化亚硝酸盐还原成一氧化氮的酶。编号：EC 1.7.2.1。

03.0153　尿酸氧化酶　urate oxidase

曾称“尿酸酶（uricase）”。催化分子氧将尿酸氧化成尿囊素和过氧化氢的含铜酶。编号：EC 1.7.3.3。

03.0154　丙酮酸脱氢酶复合物　pyruvate dehydrogenase complex

由丙酮酸脱氢酶、硫辛酰胺还原转乙酰基酶、二氢硫辛酰胺脱氢酶组成，共同完成丙酮酸氧化脱羧形成乙酰辅酶 A 的酶。

03.0155　二氢硫辛酰胺脱氢酶　dihydrolipoamide dehydrogenase

又称“二氢硫辛酰脱氢酶（dihydrolipoyl dehydrogenase）”“硫辛酰胺脱氢酶（lipoamide dehydrogenase）”。催化二氢硫辛酰胺脱氢产生硫辛酰胺，以 NAD^+为氢受体的酶。哺乳动物的二氢硫辛酰胺脱氢酶是线粒体丙酮酸脱氢酶多酶复合物及 α-酮戊二酸脱氢酶多酶复合物的一个组分，负责将该复合物中另一组分二氢硫辛酰胺乙酰转移酶的辅酶二氢硫辛酰胺转变为氧化型硫辛酰胺，该酶也是线粒体甘氨酸剪切体系的组分。编号：EC 1.8.1.4。

03.0156　还原酶　reductase

催化还原反应，即使底物失去氧和/或得到氢/电子的一类氧化还原酶。由于实际催化的反应是可逆的，在特定条件下也可以催化逆反应（即氧化反应）。

03.0157　胱氨酸还原酶　cystine reductase

催化以 NADH 为氢供体，由一分子胱氨酸还原形成两分子半胱氨酸的一种氧化还原酶。编号：EC 1.8.1.6。

03.0158　谷胱甘肽还原酶　glutathione reductase

一种以 NADPH 为氢供体、氧化型谷胱甘肽为氢受体的还原酶。反应生成 $NADP^+$和还原型谷胱甘肽。编号：EC 1.8.1.7。

03.0159　蛋白质二硫键还原酶　protein-disulfide reductase

将蛋白质中的二硫键还原为单硫键从而维持蛋白质正确折叠和功能的酶。编号：EC 1.8.1.8。

03.0160　硫氧还蛋白-二硫键还原酶　thioredoxin-disulfide reductase

催化硫氧还蛋白-S_2 还原成硫氧还蛋白-$(SH)_2$，同时将 NADPH 氧化成 $NADP^+$的一种含黄素腺嘌呤二核苷酸的黄素蛋白。编号：EC 1.8.1.9。

03.0161　辅酶 A-谷胱甘肽还原酶　CoA-glutathione reductase

催化辅酶 A 和谷胱甘肽的巯基氧化，形成由二硫键连接的辅酶 A 和谷胱甘肽，或催化其逆反应的酶。该反应需要 $NADP^+$的参与，作为质子转移辅助底物。编号：EC 1.8.1.10。

03.0162　氧化型二谷胱甘肽亚精胺还原酶　trypanothione-disulfide reductase

催化二谷胱甘肽亚精胺 + $NADP^+$生成氧化型二谷胱甘肽亚精胺 + NADPH + H^+的酶。是一种黄素蛋白。编号：EC 1.8.1.12。

03.0163　双-γ-谷氨酰半胱氨酸还原酶　bis-γ-glutamylcystine reductase

催化双-γ-谷氨酰半胱氨酸还原成 γ-谷氨酰半胱氨酸的酶。编号：EC 1.8.1.13。

03.0164　辅酶 A-二硫键还原酶　CoA-disulfide reductase

以 NADH 为氢的供体，催化一分子氧化型辅酶 A 还原成二分子还原型辅酶 A 及其逆反应的酶。编号：EC 1.8.1.14。

03.0165　氧化型真菌硫醇还原酶　mycothione reductase

催化氧化型真菌硫醇的二硫键还原，生成二分子真菌硫醇的酶。编号：EC 1.8.1.15。

03.0166　硫氧还蛋白还原酶　thioredoxin reductase, TrxR

催化硫氧还蛋白活性位点上二硫键还原的一种NADPH依赖的包含FAD结构域的二聚体硒酶。广泛分布于从大肠埃希菌到人的细胞中，在动物细胞内是一种硒蛋白，与硫氧还蛋白、还原型烟酰胺腺嘌呤二核苷酸磷酸（还原型辅酶Ⅱ）一起组成细胞和哺乳动物体内最重要的抗氧化酶系之一。编号：EC 1.8.4.9。

03.0167　酪氨酸酶　tyrosinase

催化酪氨酸从酚式变成醌式的酶。是控制黑色素产生的关键酶。分为单酚氧化酶（EC 1.14.18.1）和多酚氧化酶（EC 1.10.3.1）。

03.0168　单酚氧化酶　monophenol oxidase

催化酪氨酸氧化生成多巴、多巴氧化生成多巴醌的酶。是酪氨酸生成黑色素过程中的限速酶。编号：EC 1.14.18.1。

03.0169　多酚氧化酶　polyphenol oxidase

催化邻苯二酚氧化成邻苯二醌的一种含铜的氧化还原酶。也能作用于单酚单加氧酶的底物。编号：EC 1.10.3.1。

03.0170　过氧化物酶　peroxidase

将过氧化氢等过氧化物还原的酶。编号：EC 1.11.1.–。

03.0171　过氧化氢酶　catalase

催化体内过氧化氢分解成氧和水的酶。保护细胞免受活性氧损伤。编号：EC 1.11.1.6。

03.0172　辣根过氧化物酶　horseradish peroxidase, HRP

一种糖蛋白，因在辣根中含量很高而得名。它以铁卟啉为辅基，在过氧化氢存在时能催化苯酚、苯胺及其取代物聚合。通常用作光学和电子显微镜的组织化学示踪物。编号：EC 1.11.1.7。

03.0173　乳过氧化物酶　lactoperoxidase

存在于牛奶、眼泪、唾液等体液中催化过氧化氢氧化底物并生成水的一种过氧化物酶。编号：EC 1.11.1.7。

03.0174　髓过氧化物酶　myeloperoxidase

一种存在于具吞噬功能的白细胞中的溶酶体酶。通过将过氧化氢和氯离子变为次氯酸参与对外来物质的破坏。编号：EC 1.11.1.7。

03.0175　含硒酶　selenoenzyme

一类含有硒代半胱氨酸的酶。如谷胱甘肽过氧化物酶、磷脂氢过氧化物谷胱甘肽过氧化物酶。

03.0176　谷胱甘肽过氧化物酶　glutathione peroxidase, GSH-Px

在过氧化氢存在下，催化谷胱甘肽转变为氧化型的一种含硒酶。每分子含有 4 个硒原子，辅酶为 NADPH。为机体中清除过氧化氢和其他有机过氧化物的脱毒酶。编号：EC 1.11.1.9。

03.0177　抗坏血酸过氧化物酶　ascorbate peroxidase

以抗坏血酸为电子供体的一种过氧化物酶。是一种包含原卟啉Ⅸ的血红蛋白，也是植物体内尤其是叶绿体中清除过氧化氢的关键酶。编号：EC1.11.1.11。

03.0178　磷脂氢过氧化物谷胱甘肽过氧化物酶　phospholipid hydroperoxide glutathione peroxidase, PHGPx

简称“磷脂氢谷胱甘肽过氧化物酶”。在谷胱甘肽参与下，能特异性地使细胞膜上的磷脂氢过氧化物还原的一种含硒酶。在保护细胞免受机体老化、疾病等引起的过氧化损伤中起着重要的作用。编号：EC 1.11.1.12。

03.0179　硫氧还蛋白过氧化物酶　thioredoxin peroxidase, TPx

催化氧化还原反应，以 NAD^+或 $NADP^+$作为氢受体的酶。编号：EC 1.11.1.15。

03.0180　氢化酶　hydrogenase

在氢分子存在下催化铁氧还蛋白及其他化合物的还原反应并参与细菌光合作用中电子传递的一种氧化还原酶。编号：EC 1.12.7.2。

03.0181　加氧酶　oxygenase

又称“氧合酶”。催化分子氧参入被氧化的底物的一类氧化还原酶。编号：EC 1.13-; EC 1.14-。

03.0182　脂加氧酶　lipoxygenase, LOX

催化多不饱和脂肪酸氧化成氢过氧化酯酸，底物为亚油酸的酶。编号：EC 1.13.11.12。存在于白细胞、肥大细胞、肺细胞和血小板中，还包括花生四烯酸 12-脂加氧酶（EC 1.13.11.31）、花生四烯酸 15-脂加氧酶（EC 1.13.11.33）、花生四烯酸 5-脂加氧酶（EC 1.13.11.34），分别催化花生四烯酸的 C-12、C-15、C-5 的加氧反应。在白细胞中，脂加氧酶是白三烯生物合成中的关键酶，催化花生四烯酸氧化为氢过氧化酯酸，而后此化合物脱水转化为白三烯。

03.0183　半胱氨酸双加氧酶　cysteine dioxygenase

催化 L-半胱氨酸代谢的第一步和分支点反应，氧化半胱氨酸生成 3-亚磺基苯丙氨酸的酶。编号：EC 1.13.11.20。

03.0184　胡萝卜素双加氧酶　carotene dioxygenase

能将一分子氧加入到胡萝卜素中间位置的双键上，将其分解为两分子视黄醛，也可从一端将其分解生成具有与维生素 A 相同的环、侧链较长的醛的酶。编号：EC 1.13.11.63。

03.0185　单加氧酶　monooxygenase

又称"混合功能氧化酶（mixed-function oxidase）"。催化分子氧的一个氧原子进入底物中的酶类。作用于单一氢供体，使一个氧原子参入其中的酶称"内单加氧酶（internal monooxygenase）"或"内混合功能氧化酶（internal mixed-function oxidase）"，编号：EC 1.13.12.-。作用于两个氢供体，一个氢供体与一个氧原子发生羟化，另一个氢供体为 NADH 或 NADPH、黄素酶等的酶，编号：EC 1.14.-.-。

03.0186　双加氧酶　dioxygenase

催化氧分子中两个氧原子参入到被氧化物质的酶。

03.0187　萤光素酶　luciferase

自然界中能够产生生物发光的一组酶。

03.0188　一氧化氮合酶　nitric oxide synthase, NOS

催化机体内一氧化氮（NO）生成的酶。根据对钙离子及钙调蛋白的依赖性可分为组成型酶及诱导型酶两类。编号：EC 1.14.13.39。

03.0189　甲基固醇单加氧酶　methylsterol monooxygenase

在胆固醇生物合成途径中，催化一系列单加氧反应，把 4-甲基固醇氧化为 4-羟甲基固醇和 4-羧基固醇的酶。编号：EC 1.14.18.9。

03.0190　芳烃羟化酶　aryl hydrocarbon hydroxylase

又称"非特异性单加氧酶（unspecific monooxygenase）"。一种利用还原型黄素蛋白作为氢供体并插入一个氧原子的羟化酶。可作用于许多不同的底物，包括异生素、类固醇、脂肪酸、维生素、前列腺素等，所催化的反应还有环氧化、*N*-氧化、脱烃、脱硫、脱氨基等，因此在许多药物和毒素如苯巴比妥/致癌物及杀虫剂的氧化作用中起重要作用。编号：EC 1.14.14.1。

03.0191　碳链裂解酶　desmolase

全称"胆固醇碳链裂解酶（cholesterol desmolase）"。由单加氧酶和细胞色素 P450 组成的酶复合物。催化除去胆固醇侧链反应，首先在胆固醇侧链 C-20、C-22 羟化，再将两者之间的连键断裂，除去含 6 个碳的侧链，使胆固醇变成孕烯醇酮，后者是类固醇激素的前体。编号：EC 1.14.15.6。

03.0192　胆碱单加氧酶　choline monooxygenase, CMO

以还原型铁氧还蛋白为氢供体的酶。催化氧分子的一个氧原子参入胆碱生成甜菜醛水合物，而另一分子氧原子参入还原型铁氧还蛋白使之转变为氧化型铁氧还蛋白。编号：EC 1.14.15.7。

03.0193　苯丙氨酸羟化酶　phenylalanine hydroxylase

辅酶为四氢生物蝶呤的一种单加氧酶。催化苯丙氨酸的羟化生成酪氨酸，是苯丙氨酸的主要代谢途径，催化的反应不可逆，主要存在于肝脏等组织。编号：EC 1.14.16.1。

03.0194　酪氨酸羟化酶　tyrosine hydroxylase, TH

催化儿茶酚胺生物合成的第一步（为限速步），即将 L-酪氨酸转变成 3,4-二羟基-L-苯丙氨酸（L-DOPA）的羟化酶。编号：EC 1.14.16.2。

03.0195　ACC 氧化酶　1-aminocyclopropane-1-carboxylate oxidase, ACC oxidase

全称“1-氨基环丙烷-1-羧酸氧化酶”。在氧和抗坏血酸存在的条件下催化 1-氨基环丙烷-1-羧酸（ACC）裂解生成乙烯、氰化氢和二氧化碳的酶。编号：EC 1.14.17.4。

03.0196　脱饱和酶　desaturase

又称“去饱和酶”。催化脱饱和作用，使饱和脂肪酸转变成不饱和脂肪酸的一类酶。如：硬脂酰辅酶 A Δ^9 脱饱和酶、软脂酰辅酶 A Δ^9 脱饱和酶、亚油酰辅酶 A 脱饱和酶等。

03.0197　硬脂酰辅酶 A Δ^9 脱饱和酶　stearoyl-CoA Δ^9-desaturase

催化硬脂肪酰基（C-18）的 Δ^9 位碳上脱饱和形成顺式双键的酶。是动物体内不饱和脂肪酸生成的限速酶。编号：EC 1.14.19.1。

03.0198　软脂酰辅酶 A Δ^9 脱饱和酶　palmitoyl-CoA Δ^9-desaturase

催化软脂肪酰基（C-16）的 Δ^9 位碳上脱饱和形成顺式双键的酶。编号：EC 1.14.19.2。

03.0199　亚油酰辅酶 A 脱饱和酶　linoleoyl-coenzyme A desaturase

又称“脂[肪]酰辅酶 A Δ^6 脱饱和酶（acyl-CoA Δ^6-desaturase）”。催化亚油酰辅酶 A（C-18）的 Δ^6 位碳上脱饱和形成顺式双键的酶。编号：EC 1.14.19.3。

03.0200　酰基酯 ω-6 脱饱和酶　acyl-lipid ω-6 desaturase

又称“亚油酸合酶（linoleate synthase）”。在细胞色素 b_5 参与下，催化油酸甘油酯还原成为亚油酸甘油酯的酶。编号：EC 1.14.19.22。

03.0201　环加氧酶　cyclo-oxygenase, COX

前列腺素类生物合成中的关键酶。催化环加氧酶途径中的第一步反应，花生四烯酸被氧化成过氧化物，后者再转变成前列腺素、前列环素及凝血噁烷。编号：EC 1.14.99.1。

03.0202　超氧化物歧化酶　superoxide dismutase, SOD

催化超氧化物自由基 O_2^- 和氢离子反应形成过氧化氢和分子氧的酶。编号：EC 1.15.1.1。

03.0203　抗氧化酶　antioxidant enzyme

超氧化物歧化酶、硫氧还蛋白过氧化物酶、谷胱甘肽过氧化物酶和过氧化氢酶等的统称。一旦在体内形成过氧化物，它们即刻发挥作用，利用氧化还原作用将过氧化物转换为毒害较低或无害的物质。

03.0204　水钴胺素还原酶　aquacobalamin reductase

催化水钴（Ⅲ）胺素还原反应产生钴（Ⅱ）胺素的酶。氢供体为 NADH 的酶，编号：EC 1.16.1.3；氢供体为 NADPH 的酶，编号：EC 1.16.1.5。

03.0205　氰钴胺素还原酶　cyanocobalamin reductase

能催化氰钴胺素的还原反应，钴的第六配基–氰基（CN^-）被还原，生成氰化氢和钴胺素的酶。该酶作用需要 NADPH 作为质子供体。编号：EC 1.16.1.6。

03.0206　高铁螯合物还原酶　ferric-chelate reductase

催化高价铁螯合物（如高铁细胞色素）中的 Fe^{3+} 还原为 Fe^{2+} 的酶。编号：EC 1.16.1.7。

03.0207　黄嘌呤氧化酶　xanthine oxidase

催化由黄嘌呤形成尿酸以及由次黄嘌呤形成黄嘌呤的氧化过程的酶。是一种含钼的黄素蛋白。也能催化醛类的氧化。编号：EC 1.17.3.2。

03.0208　[核糖]核苷二磷酸还原酶　ribonucleoside diphosphate reductase

催化将核苷二磷酸还原成相应的脱氧核苷二磷酸的酶。通常核糖核苷酸是在二磷酸水平上被还原。编号：EC 1.17.4.1。

03.0209　[核糖]核苷三磷酸还原酶　ribonucleoside triphosphate reductase

催化将核苷三磷酸还原成相应的脱氧核苷三磷酸的酶。一些杆菌中存在的还原酶系主要催化核苷三磷酸的还原。编号：EC 1.17.4.2。

03.0210　铁氧还蛋白-$NADP^+$还原酶　ferredoxin-$NADP^+$ reductase, FNR

催化还原态铁氧还蛋白还原 $NADP^+$形成 NADPH 的酶。是以黄素腺嘌呤二核苷酸（FAD）为辅酶的一种黄素酶。编号：EC 1.18.1.2。

03.0211　黄素酶　flavoenzyme

以黄素单核苷酸（FMN）或黄素腺嘌呤二核苷酸（FAD）为辅酶催化氧化还原反应的一类酶。其中 FMN 以非共价键与蛋白质相连接，而 FAD 则可以共价键或以非共价键与蛋白质相连接。某些酶的结构更复杂一些，除含黄素核苷酸外还含有金属离子或血红素。

03.0212　羟化酶　hydroxylase

催化与氧分子反应的酶。该反应中一个或两个氧原子进入化合物中从而羟化。

03.0213　氧化酶　oxidase

直接以分子氧作为电子受体生成水，催化底物氧化的酶。均为结合蛋白质，辅基常含有 Cu^{2+}，如细胞色素氧化酶、酚氧化酶、抗坏血酸氧化酶等。

03.0214　末端氧化酶　terminal oxidase

主要指在呼吸作用的电子传递链中最终把电子传递给氧分子的酶。与在呼吸链中最终将电子传递给氧的细胞色素复合物不同，此酶介导的电子传递过程产生的能量不用来生成 ATP，而是以热能形式释放。

03.0215　固氮酶　nitrogenase

催化分子氮还原为氨的酶。反应为：$N_2+8H^++8e^-+16MgATP=2NH_3+H_2+16MgADP+16Pi$。含两个组分：固氮酶组分 1 和固氮酶组分 2。编号：EC 1.18.6.1。

03.0216　固氮酶组分 1　nitrogenase 1

又称“双固氮酶（dinitrogenase）”。接受来自固氮酶组分 2 的电子催化双氮还原为氨的一种钼铁蛋白。存在于具有固氮能力的细菌和蓝藻中，根据来源不同，大小有一定的差异，分子量约为二十几万，由 4 个单体组成，含 1～2 个钼原子、十几个铁原子和十几个硫原子。

03.0217　固氮酶组分 2　nitrogenase 2

又称“双固氮酶还原酶（dinitrogenase reductase）”。接受来自铁氧还蛋白的电子传递给固氮酶组分 1，伴随着 ATP 水解为 ADP 的一种铁硫蛋白。分子量 50～60kDa，由 2 个单体组成，含 4 个铁原子、十几个硫原子。

03.0218　碘化甲腺原氨酸脱碘酶　iodothyronine deiodinase

在硫醇辅助因子作用下，催化碘甲腺原氨酸或甲状腺激素脱碘的一种含硒酶。有Ⅰ型、Ⅱ型和Ⅲ型三种类型，但它们组织分布、催化和底物特性、生物学功能和调节条件均不同。编号：EC 1.21.99.3。

03.03.02　转　移　酶

03.0219　转移酶　transferase

催化将功能团从一种底物转移到另一种底物的一类酶。是酶七大分类的第二类。编号：EC 2.-。如甲基化酶、转氨酶、乙酰转移酶、转硫酶、激酶和聚合酶等。

03.0220　甲基化酶　methylase

又称“甲基转移酶（methyltransferase）”“转甲基酶（transmethylase）”。催化将甲基从一种化合物转移给另一种化合物的一类酶。DNA、RNA、蛋白质、氨基酸等均可作为甲基的受体。编号：EC 2.1.1.-。

03.0221　RNA 甲基化酶　RNA methylase

催化 RNA 中碱基甲基化反应的酶。编号：EC 2.1.1.-。

03.0222　DNA 甲基化酶　DNA methylase

又称“DNA 甲基转移酶（DNA methyltransferase）”。催化 *S*-腺苷甲硫氨酸的甲基转移至 DNA 的酶。编号：EC 2.1.1.37，特异修饰胞嘧啶第五位的碳；编号：EC 2.1.1.72，特异修饰腺嘌呤；编号：EC 2.1.1.113，特异修饰胞嘧啶第四位的氮。

03.0223　Ⅱ型 DNA 甲基化酶　typeⅡ DNA methylase

又称“DNA 胞嘧啶-5-甲基转移酶（DNA cytosine-5-methyltransferase）”。催化 DNA 胞嘧啶第五位 C 甲基化的酶。编号：EC 2.1.1.37。

03.0224　保持 DNA 甲基化酶　maintenance DNA methylase

又称“维持 DNA 甲基化酶”。催化半甲基化的DNA双链分子内与^{Me}CpG配对的GpC序列中的胞嘧啶甲基化，从而使甲基化在 DNA 复制中得以连续保持的酶。Ⅰ型、Ⅱ型 DNA 甲基化酶均能以半甲基化 DNA 为底物，而Ⅲ型甲基化酶则只能以未甲基化的 DNA 为底物。

03.0225　Dam 甲基化酶　Dam methylase

由大肠埃希菌染色体编码的两种甲基化酶之一。是 *dam* 基因表达的产物。将其识别序列 GATC 中的腺嘌呤转变成 6-甲基腺嘌呤。

03.0226　儿茶酚-*O*-甲基转移酶　catechol-*O*-methyltransferase, COMT

催化 *S*-腺苷酰甲硫氨酸的甲基转移至儿茶酚或儿茶酚胺的苯环 3-位羟基上的酶。来自哺乳动物的酶更容易作用于儿茶酚胺如肾上腺素、去甲肾上腺素，从而钝化其神经递质的作用。编号：EC 2.1.1.6。

03.0227　苯基乙醇胺-*N*-甲基转移酶　phenylethanolamine-*N*-methyltransferase, PNMT

催化将甲基从 *S*-腺苷酰甲硫氨酸转移到去甲肾上腺素的氨基端生成肾上腺素反应的酶。编号：EC 2.1.1.28。

03.0228　反式乌头酸-2-甲基转移酶　*trans*-aconitate 2-methyltransferase

催化甲基从 *S*-腺苷甲硫氨酸转移至反式 1-丙烯-1,2,3-三羧酸(反式乌头酸)的 2-位羧基上，形成(E)-2-(甲氧羰甲基)-2-丁烯二酸的酶。编号：EC 2.1.1.144。

03.0229　反式乌头酸-3-甲基转移酶　*trans*-aconitate 3-methyltransferase

催化甲基从 *S*-腺苷甲硫氨酸转移到反式 1-丙烯-1,2,3-三羧酸(反式乌头酸)的 3-位羧基上，形成(E)-3-(甲氧羰甲基)-2-丁烯二酸的酶。编号：EC 2.1.1.145。

03.0230　羟甲基转移酶　hydroxymethyltransferase

又称“转羟甲基酶（transhydroxymethylase）”。催化 N^5,N^{10}-亚甲基四氢叶酸羟甲基化反应的酶。如甘氨酸羟甲基转移酶（编号：EC 2.1.2.1）、丙氨酸羟甲基转移酶（编号：EC 2.1.2.7）、脱氧胞苷羟甲基转移酶（编号：EC 2.1.2.8）分别催化甘氨酸、D-丙氨酸、脱氧胞苷酸与 N^5,N^{10}-亚甲基四氢叶酸反应羟甲基化，形成丝氨酸、2-甲基丝氨酸、5-羟甲基脱氧胞苷酸和四氢叶酸。

03.0231　磷酸核糖甘氨酰胺甲酰基转移酶　phosphoribosylglycinamide formyltransferase

催化甲酰基从 N^{10}-甲酰四氢叶酸转移至甘氨酰胺核苷酸的酶。该反应为嘌呤生物合成途径中的一个步骤。编号：EC 2.1.2.2。

03.0232　氨甲酰基转移酶　carbamoyltransferase, carbamyltransferase

又称“转氨甲酰酶（transcarbamylase）”。催化从氨基甲酰磷酸转移氨甲酰基的酶类。编号：EC 2.1.3.-。

03.0233　羧基转移酶　carboxyltransferase, carboxyl transferase

又称“转羧基酶（transcarboxylase）”。催化羧基从一个化合物转移到另一个化合物的一种多酶体系。如：甲基丙二酰辅酶 A 羧基转移酶。

03.0234　甲基丙二酰辅酶 A 羧基转移酶　methylmalonyl-CoA carboxyltransferase

催化羧基从甲基丙二酰辅酶 A 转移到丙酮酸生成丙酰-辅酶 A 和草酰乙酸的一种羧基转移酶。编号：EC 2.1.3.1。

03.0235　天冬氨酸氨甲酰基转移酶　aspartate carbamoyltransferase, DCT

又称“天冬氨酸转氨甲酰酶（aspartate transcarbamylase, ATC）”。催化嘧啶核苷酸生物合成中的第一步反应的酶。即从氨基甲酰磷酸和天冬氨酸形成氨甲酰天冬氨酸。编号：EC 2.1.3.2。

03.0236　鸟氨酸氨甲酰基转移酶　ornithine carbamoyltransferase, OCT

又称“鸟氨酸转氨甲酰酶（ornithine transcarbamylase，OTC）”。在尿素循环中，催化鸟氨酸接受由氨基甲酰磷酸提供的氨甲酰基形成瓜氨酸的酶。编号：EC 2.1.3.3。

03.0237　转酮酶　transketolase

又称“转羟乙醛[基]酶（glycolaldehydetransferase）”。催化从 2-酮糖（如景天庚糖-7-磷酸、核酮糖-5-磷酸）上将 2-羟乙醛基（CH_2OHCO—）转移到一个醛糖（如核糖-5-磷酸、赤藓糖-4-磷酸、甘油醛-3-磷酸）的第一个碳原子上的酶。编号：EC 2.2.1.1。

03.0238　转醛醇酶　transaldolase

又称“二羟丙酮基转移酶（dihydroxyacetonetransferase）”。催化将景天庚酮糖-7-磷酸的二羟丙酮基向甘油醛-3-磷酸上第一个碳原子转移，产生 D-赤藓糖-4-磷酸和 D-果糖-6-磷酸的酶。编号：EC 2.2.1.2。

03.0239　酰基转移酶　acyltransferase, transacylase

又称“转酰基酶”。催化酰基转移形成酯或酰胺的酶。酰基的供体大多是酰基辅酶 A。编号：EC 2.3.-。

03.0240　乙酰转移酶　acetyltransferase, transacetylase

又称“转乙酰基酶”。催化乙酰基转移形成酰胺的酶。乙酰基的供体大多是乙酰辅酶 A。编号：EC 2.3.1.-。

03.0241　氨基酸 *N*-乙酰转移酶　amino acid *N*-acetyltransferase

又称“*N*-乙酰谷氨酸合成酶（*N*-acetylglutamate synthetase, AGAS）”。催化谷氨酸与乙酰辅酶 A 进行乙酰化反应生成 *N*-乙酰谷氨酸的酶。分布于肝和肠细胞线粒体基质中，在尿素合成中具有潜在的调控作用：*N*-乙酰谷氨酸作为辅因子，调节氨基甲酰磷酸合成酶 I 的活性，而氨基甲酰磷酸是尿素合成的关键中间体。编号：EC 2.3.1.1。

03.0242 胆碱乙酰转移酶 choline acetyltransferase

催化胆碱和乙酰辅酶 A 转变为乙酰胆碱和辅酶 A 的酶。编号：EC 2.3.1.6。乙酰胆碱作为神经递质在神经冲动传递中起重要作用，使突触后膜去极化。

03.0243 肉碱脂[肪]酰转移酶 carnitine acyltransferase

存在于线粒体内膜的一类酰基转移酶。可逆地催化酰基辅酶 A 的酰基转移至肉碱的反应，在转运脂肪酸通过线粒体内膜的过程中起重要作用。包括肉碱乙酰转移酶、肉碱棕榈酰基转移酶和肉碱辛酰转移酶等。

03.0244 肉碱乙酰转移酶 carnitine acetyltransferase, CAT

存在于线粒体内膜上参与乙酰辅酶 A 转运进入线粒体的酶。编号：EC 2.3.1.7。

03.0245 肉碱棕榈酰[基]转移酶 carnitine palmitoyltransferase, CPT

存在于线粒体内膜转运 C-8～C-18 范围的脂肪酰基转移酶。最适底物是棕榈酰辅酶 A。编号：EC 2.3.1.21。分为线粒体外膜的 CPT1 和内膜的 CPT2。CPT2 广泛存在，而 CPT1 的同工酶又分为 CPT1A（肝）、CPT1B（肌肉）和 CPT1C（脑）等。其缺乏可导致线粒体脂肪酸氧化障碍。

03.0246 肉碱辛酰转移酶 carnitine oetanoyltransferse, COT

存在于线粒体内膜上参与 4～8 碳脂肪酰辅酶 A 转运进入线粒体的酶。编号：EC 2.3.1.137。

03.0247 二氢硫辛酰胺乙酰转移酶 dihydrolipoyllysine-residue acetyltransferase

又称“二氢硫辛酰乙酰转移酶(dihydrolipoyl acetyltransferase）”“硫辛酸乙酰转移酶（lipoate transacetylase）”。丙酮酸脱氢酶多酶复合物的一个组分。催化其辅基硫辛酰胺还原为二氢硫辛酰胺，与此同时将连接在丙酮酸脱氢酶辅酶（焦磷酸硫胺素）上的羟乙基氧化为乙酰基，并将此乙酰基转移至二氢硫辛酰胺，形成乙酰基硫辛酰胺，进而将乙酰基转移至辅酶 A 生成乙酰辅酶 A，使硫辛酰胺在丙酮酸脱羧氧化过程中传递乙酰基。编号：EC 2.3.1.12。

03.0248 半乳糖苷乙酰转移酶 galactoside transacetylase

催化乙酰基转移的酶。可将乙酰辅酶 A 中的乙酰基转移给 β-D-半乳糖苷，反应生成辅酶 A 和 6-乙酰基-β-D-半乳糖苷。也可作用于半乳糖硫苷和半乳糖苯苷。编号：EC 2.3.1.18。

03.0249 硫解酶 thiolase

又称“β-酮硫解酶（β-ketothiolase）”“乙酰辅酶 A C-酰基转移酶（acetyl-CoA C-acyltransferase）”。催化脂肪酸 β 氧化反应中硫解作用的酶。在辅酶 A 存在下，将 β 酮酰基辅酶 A 硫解为乙酰辅酶 A 和酰基辅酶 A，后者较原先的酰基辅酶 A 少两个碳原子。

03.0250 2-酰基甘油 *O*-酰基转移酶 2-acylglycerol *O*-acyltransferase

催化 2-酰基甘油被酰基辅酶 A 酰基化形成甘油二酯和辅酶 A 的酶。是甘油三酯生物合成单酰甘油途径的一个酶。编号：EC 2.3.1.22。

03.0251 1-酰基甘油磷酸胆碱 *O*-酰基转移酶 1-acylglycerophosphocholine *O*-acyltransferase

催化 1-酰基-*sn*-甘油-3-磷酸胆碱被酰基辅酶

A 酰基化形成 1,2-二酰基-*sn*-甘油-3-磷酸胆碱并释放出辅酶 A 的酶。编号：EC 2.3.1.23。

03.0252　1-酰基甘油-3-磷酸 *O*-酰基转移酶　1-acylglycerol-3-phosphate *O*-acyltransferase

催化 1-酰基-*sn*-甘油-3-磷酸被酰基辅酶 A 酰基化形成 1,2-二酰基-*sn*-甘油-3-磷酸并释放出辅酶 A 的酶。编号：EC 2.3.1.51。

03.0253　5-氨基酮戊酸合酶　5-aminolevulinate synthase

卟啉生物合成途径中第一个起调控作用的酶。催化琥珀酰辅酶A和甘氨酸作用形成5-氨基酮戊酸、辅酶 A 和二氧化碳。编号：EC 2.3.1.37。

03.0254　氯霉素乙酰转移酶　chloramphenicol acetyltransferase, CAT

催化氯霉素乙酰化生成氯霉素-3-乙酸酯的酶。因氯霉素-3-乙酸酯不能与细菌核糖体结合，且不是肽酰转移酶的抑制剂，因此氯霉素乙酰基转移酶与细菌中自然产生的氯霉素耐药性直接相关。抗氯霉素的革兰氏阳性及阴性菌中均有此酶存在。编号：EC 2.3.1.28。

03.0255　卵磷脂胆固醇酰基转移酶　lecithin-cholesterol acyltransferase, LCAT

催化将高密度脂蛋白中的胆固醇/固醇转化为胆固醇酯/固醇酯，将磷脂酰胆碱中的脂肪酰基转移至胆固醇/固醇的 3 位 β-羟基上的酶。编号：EC 2.3.1.43。

03.0256　脂[肪]酰辅酶 A-胆固醇酰基转移酶　acyl-coenzyme A-cholesterol acyltransferase, ACAT

分布于细胞内质网，能将脂肪酰辅酶 A 上的脂肪酰基转移至游离胆固醇/固醇的 3 位 β-羟基上的酶。使胆固醇/固醇酯化储存在胞质溶胶中，在动脉硬化性损伤的发生中其重要作用。编号：EC 2.3.1.

03.0257　组蛋白乙酰转移酶　histone acetyltransferase, HAT

催化组蛋白乙酰化的酶。在染色质的结构修饰和基因表达调控中发挥重要作用。编号：EC 2.3.1.48。

03.0258　查耳酮合酶　chalcone synthase, CHS

又称“柚苷配基查耳酮合酶（naringenin-chalcone synthase）”。催化 3 分子丙二酰辅酶 A 与 4 分子香豆酰辅酶 A 经脱羧缩合成4′,5,7-三羟基黄烷酮型查耳酮的酶。属于植物聚酮合酶超家族。编号：EC 2.3.1.74。

03.0259　脂肪酸合酶　fatty acid synthase

催化脂肪酸合成的多酶复合物。包括酰基载体蛋白质（ACP）、乙酰辅酶 A-ACP 转酰基酶、丙二酸单酰辅酶 A-ACP 转酰基酶、酮脂肪酰-ACP 合酶、酮脂肪酰-ACP 还原酶、羟脂肪酰-ACP 脱水酶、烯脂肪酰-ACP 还原酶 7 个组分。编号：EC 2.3.1.85。

03.0260　氨基酰转移酶　aminoacyltransferase

催化氨基酰基转移的酶。氨基酰基的供体大多是氨基酸。编号：EC 2.3.2.-。

03.0261　肽酰转移酶　peptidyl transferase

又称“转肽酰酶（transpeptidylase）”。在蛋白质的生物合成过程中催化核糖体氨基酰位的氨基酰 tRNA 末端氨基酸与肽酰位的肽酰 tRNA 上氨基酸之间形成肽键的核酶。是核糖体大亚基的 RNA 组成部分。编号：EC 2.3.2.12。

03.0262　环肽合成酶　cyclic peptide synthetase

催化直链多肽 N 端的 α-氨基和 C 端的 α-羧基脱水反应形成环状多肽的酶。如环亮苯丙合成酶（编号：EC 2.3.2.20）、环酪酪合成酶（编号：EC 2.3.2.21）和环亮亮合成酶（编号：EC 2.3.2.22）。

03.0263　泛素缀合酶　ubiquitin-conjugating enzyme

又称“泛素结合酶”“泛素载体蛋白质（ubiquitin carrier protein）”。泛素化级联反应中的第二个酶（E2）。从泛素激活酶–泛素复合物中接受被活化的泛素，与活性部位的—SH 形成硫酯键，再通过泛素–蛋白质连接酶的催化作用，将泛素传递给目标蛋白质。编号：EC 2.3.2.23。

03.0264　合酶　synthase

不与分解 ATP 释能相偶联，催化由两种物质（双分子）合成为一种物质的酶。

03.0265　柠檬酸合酶　citrate synthase, citrogenase

催化由乙酰辅酶 A、水和草酰乙酸缩合生成柠檬酸和辅酶 A 的酶。编号：EC 2.3.3.1。是催化柠檬酸循环中的第一步反应的酶。

03.0266　ATP 柠檬酸合酶　ATP-citrate synthase

又称“ATP 柠檬酸裂合酶（ATP-citrate lyase, ACL）”。在辅酶 A 和 ATP 存在的条件下，催化柠檬酸裂解成乙酰辅酶 A 和草酰乙酸，消耗一分子 ATP 转变为 ADP 和磷酸的一种调控酶。酶活性依赖于镁离子，受琥珀酰辅酶 A 和长链脂肪酰辅酶 A 抑制。编号：EC 2.3.3.8。

03.0267　羟甲基戊二[酸单]酰辅酶 A 合酶　hydroxy-methylglutaryl-CoA synthase, HMG-CoA synthase

催化乙酰乙酰辅酶 A 与乙酰辅酶 A 缩合生成羟甲基戊二酰辅酶 A，并释放一分子辅酶 A 的酶。编号：EC 2.3.3.10。

03.0268　泛素依赖性蛋白酶解　ubiquitin-dependent proteolysis

又称“依赖于泛素的蛋白酶解”。需要将底物蛋白质与泛素共价连接，才能被输送到蛋白酶体或溶酶体进行降解过程的酶。通过此过程消除体内异常蛋白质或调控短寿蛋白质。

03.0269　糖基转移酶　glycosyltransferase

又称“转糖基酶（transglycosylase）”。催化将糖基由寡糖或含糖基的高能化合物（如尿嘧啶核苷二磷酸葡萄糖）转移到另一个化合物（可以是蛋白质、脂或是另一个糖），形成聚糖或糖蛋白、糖脂等的酶。编号：EC 2.4.-。

03.0270　*N*-乙酰葡萄糖胺转移酶　*N*-acetylglucosaminyl transferase, GnT

又称“*N*-乙酰氨基葡萄糖转移酶”。在多肽的 *N*-糖苷键连接的糖基化修饰过程中，催化将 *N*-乙酰氨基葡萄糖基从尿苷二磷酸-*N*-乙酰葡萄糖胺转移到寡糖链上形成复杂糖链分支的酶。

03.0271　分支酶　branching enzyme

全称“1,4-α-葡聚糖分支酶（1,4-α-glucan branching enzyme）”。催化糖原中 1,6-糖苷键的形成，使直链淀粉生成支链淀粉的酶。编号：EC 2.4.1.18。

03.0272　半乳糖基转移酶　galactosyltransferase

催化从核苷二磷酸半乳糖中将活性半乳糖残基转移给糖基受体分子的酶。如乳糖合酶（编号：EC 2.4.1.22）、*N*-乙酰氨基乳糖合酶（编号：EC 2.4.1.90）、木糖基蛋白 4-β-半乳糖基转移酶（编号：EC 2.4.1.133），分别催化半乳糖基由尿苷二磷酸-半乳糖转移至葡萄糖、乙酰氨基葡萄糖和 *O*-β-D-木糖基蛋白。

03.0273　愈伤葡聚糖合成酶　callose synthetase

又称“1,3-β-葡聚糖合酶（1,3-β-glucan synthase）”。催化愈伤葡聚糖合成的酶。以尿苷二磷酸–葡萄糖提供葡萄糖基，通过 β（1→3）糖苷键连接，转移到多糖链上。每循环一次增加一个葡萄糖单位。编号：EC 2.4.1.34。

03.0274　岩藻糖基转移酶　fucosyltransferase

催化从核苷二磷酸岩藻糖将岩藻糖基转移至受体分子，受体分子常为另一种糖、糖蛋白或糖脂分子的一类己糖基转移酶。如：3-半乳糖基-*N*-乙酰氨基葡萄糖苷 4-β-L-岩藻糖基转移酶（编号：EC 2.4.1.65）、糖蛋白 6-β-L-岩藻糖基转移酶（编号：EC 2.4.1.68）、半乳糖苷 2-β-L-岩藻糖基转移酶（编号：EC 2.4.1.69）。人血清中一些岩藻糖基转移酶活性升高可作为恶性肿瘤的指征。

03.0275　寡糖转移酶　oligosaccharide transferase

存在于内质网腔内，参与蛋白质 *N*-糖基化过程的诸多酶之一。催化核心寡糖由多萜醇二磷酸核心寡糖转移至新合成肽链的 NXS/T 序列中的天冬酰胺残基上形成 *N*-糖苷键。此过程与蛋白质新生肽链的延伸同时进行。编号：EC 2.4.99.18。

03.0276　嘌呤核苷磷酸化酶　purine nucleoside phosphorylase, PNP

系统名为嘌呤核苷：正磷酸核糖基转移酶。催化嘌呤核苷与正磷酸作用生成自由嘌呤及核糖-5-磷酸反应的一种戊糖基转移酶。编号：EC 2.4.2.1。

03.0277　腺嘌呤磷酸核糖基转移酶　adenine phosphoribosyltransferase, APRT

催化腺嘌呤与 5′-磷酸核糖焦磷酸反应，生成腺嘌呤核苷酸的酶。编号：EC 2.4.2.7。

03.0278　次黄嘌呤–鸟嘌呤磷酸核糖基转移酶　hypoxanthine-guanine phosphoribosyltransferase, HGPRT

催化 5-磷酸核糖基-1-焦磷酸与次黄嘌呤、鸟嘌呤或 6-巯基嘌呤转变成相应的 5′-单核苷酸及焦磷酸的酶。对于嘌呤的生物合成及中枢神经系统功能都很重要。该酶的部分缺乏可导致尿酸过量生成。编号：EC 2.4.2.8。

03.0279　黄嘌呤磷酸核糖基转移酶　xanthine phosphoribosyl transferase, XPRT

催化黄嘌呤或鸟嘌呤与 5-磷酸-α-D-核糖-1-二磷酸反应生成 9-(5-磷酸-β-D-核糖)黄嘌呤或鸟嘌呤与焦磷酸的酶。编号：EC 2.4.2.22。

03.0280　ADP 核糖基转移酶　adenosine diphosphate ribosyltransferase, ADP-ribosyltransferase, ADPRT, ART

全称“腺苷二磷酸核糖基转移酶”，又称“多(ADP-核糖)合酶[poly(ADP-ribose) synthase, PARS]”。催化 NAD^+的 ADP 核糖基转移至蛋白质（如组蛋白）的羧基上，随后再将 ADP 核糖基由 NAD^+陆续转移至上述产物末端的腺苷上，从而在底物蛋白质羧基上形成多 ADP 核糖的酶。已发现 18 种，构成一个家族，它们由不同的基因编码，但都具有保守的催化结构域，在 DNA 修复、细胞分化与死亡等过程中发挥不尽相同的作用。编号：EC 2.4.2.30。

03.0281　唾液酰基转移酶　sialyltransferase

催化从胞苷酸-*N*-乙酰神经氨酸将 *N*-乙酰神经氨酸转移给神经节苷脂或糖蛋白的末端糖残基，释放胞苷酸的酶。编号：EC 2.4.99.-。

03.0282　EPSP 合酶　5-enolpyruvylshikimate-3-phosphate synthase, EPSP synthase

全称"5-烯醇式丙酮酰莽草酸-3-磷酸合酶"。芳香族氨基酸合成过程中的一个酶。催化莽草酸-3-磷酸与磷酸烯醇式丙酮酸合成 5-烯醇式丙酮酰莽草酸-3-磷酸的反应。编号：EC 2.5.1.19。

03.0283　法尼基转移酶　farnesyl transferase

催化法尼基基团在不同分子间发生转移的酶。如催化两分子焦磷酸法尼酯脱去两分子焦磷酸形成一分子前鲨烯二磷酸。编号：EC 2.5.1.21。

03.0284　转氨酶　transaminase

全称"氨基转移酶（aminotransferase）"。催化将氨基酸的氨基转移给酮酸的反应，从而产生相应的酮酸与氨基酸对的酶。需磷酸吡多醛作为辅酶。编号：EC 2.6.1.-。

03.0285　谷草转氨酶　glutamic-oxaloacetic transaminase, GOT

又称"天冬氨酸转氨酶（aspartate aminotransferase, AST）"。一种具有磷酸吡哆醛依赖性、由细胞核基因编码的线粒体酶。催化天冬氨酸的氨基转移到 α-酮戊二酸形成草酰乙酸和谷氨酸及其逆反应。编号：EC 2.6.1.1。

03.0286　谷丙转氨酶　glutamic-pyruvic transaminase, GPT

又称"丙氨酸转氨酶（alanine aminotransferase, ALT）"。可逆地催化丙酮酸和谷氨酸之间的氨基转移的酶。反应中需要磷酸吡哆醛作为辅因子。编号：EC 2.6.1.2。

03.0287　磷酸转移酶　phosphotransferase

催化磷酸基团由供体转移到接纳体的反应的酶。根据转移到不同的接纳体基团分为如下亚亚类：醇基（EC 2.7.1.-）；羧基（EC 2.7.2.-）；含氮基团（EC 2.7.3.-）；磷酰基（2.7.4.-）；转移到成对接受体（EC 2.7.9.-）等。

03.0288　葡萄糖激酶　glucokinase

催化肝脏中葡萄糖酵解的第一步反应，使葡萄糖磷酸化为葡萄糖-6-磷酸的一个诱导酶。多存在于动物的肝脏中。编号：EC 2.7.1.2。

03.0289　半乳糖激酶　galactokinase

将 ATP 中的 γ 磷酸基转移到半乳糖的 C-1 上而生成半乳糖-1-磷酸，同时使 ATP 水解为 ADP 的酶。该酶的缺失导致半乳糖血症。编号：EC 2.7.1.6。

03.0290　磷酸果糖激酶　phosphofructokinase, PFK

催化糖酵解的限速步骤，将 ATP 上的磷酰基转移给果糖-6-磷酸，生成果糖-1,6-二磷酸的酶。编号：EC 2.7.1.11。

03.0291　胸苷激酶　thymidine kinase, TK

催化胸苷的磷酸化生成胸苷一磷酸的酶。编号：EC 2.7.1.21。

03.0292　烟酰胺腺嘌呤二核苷酸激酶　nicotinamide adenine dinucleotide kinase, NAD kinase

简称"NAD 激酶"。特异地催化烟酰胺腺嘌呤二核苷酸磷酸化生成 $NADP^+$的酶。编号：EC 2.7.1.23。

03.0293　丙酮酸激酶　pyruvate kinase

催化磷酸烯醇式丙酮酸和 ADP 生成丙酮酸和 ATP 的酶。编号：EC 2.7.1.40。

03.0294　多核苷酸激酶　polynucleotide kinase, PNK

催化核酸分子 5′端磷酸化的酶类。编号：EC

2.7.1.78。

03.0295　T4 多核苷酸激酶　T4 polynucleotide kinase

简称“T4 激酶（T4 kinase）”。分离自感染了噬菌体 T4 的大肠埃希菌细胞，可将 ATP 中 γ 磷酸基转移到具有 5′端羟基的 DNA 或 RNA 分子上的酶。编号：EC 2.7.1.78。

03.0296　氨基糖苷磷酸转移酶　aminoglycoside phosphotransferase, APH

细菌产生的磷酸转移酶。能作用于氨基糖的特定羟基，使其磷酸化。如卡那霉素激酶（编号：EC 2.7.1.95）催化 ATP 的 γ-磷酸转移至卡那霉素 3′-羟基，产生 3′-磷酸卡那霉素，也可作用于庆大霉素、新霉素等氨基糖苷抗生素，从而抑制其与核糖体结合失去抗菌活力。

03.0297　磷脂酰肌醇激酶　phosphatidylinositol kinase, PI kinase

简称“PI 激酶”。磷脂酰肌醇 3-激酶（编号：EC 2.7.1.137）、磷脂酰肌醇 4-激酶（EC 2.7.1.67）和磷脂酰肌醇 5-激酶（EC 2.7.1.68）的统称。分别特异地催化 1-磷脂酰-1D-肌醇环上 3、4 或 5 位羟基磷酸化的酶。

03.0298　磷脂酰肌醇 3-激酶　phosphatidylinositol 3-kinase

催化 ATP 上的 γ-磷酸转移至磷脂酰肌醇第三位羟基上的酶。具有促进细胞增殖、抑制细胞凋亡、促进细胞间黏附等作用。编号：EC 2.7.1.137。

03.0299　磷脂酰肌醇 4-激酶　phosphatidylinositol 4-kinase

催化磷脂酰肌醇环上的第四位羟基磷酸化的酶。

03.0300　磷脂酰肌醇 5-激酶　phosphatidylinositol 5-kinase

催化磷脂酰肌醇环上的第五位羟基磷酸化的酶。

03.0301　磷酸甘油酸激酶　phosphoglycerate kinase

催化甘油酸-1,3-二磷酸将其高能酸酐键连接在 C-1 位上的高能磷酸基团转移到 ADP 分子上形成甘油酸-3-磷酸和 ATP 分子可逆反应的酶。编号：EC 2.7.2.3。

03.0302　肌酸激酶　creatine kinase

又称“肌酸磷酸激酶（creatine phosphokinase, CPK）”。可逆地催化 ATP 及肌酸之间转磷酸反应的酶。是细胞能量代谢的关键酶，根据分布的部位可分为肌肉型（M 型）、脑型（B 型）和线粒体型（Mt 型）肌酸激酶同工酶。编号：EC 2.7.3.2。

03.0303　肌激酶　myokinase

又称“腺苷酸激酶（adenylate kinase, AK）”。可逆地催化两分子 ADP 产生一分子 ATP 及一分子 AMP 的酶。该酶在哺乳动物中存在，人类发现 9 种同工酶，如 AK1、AK2 和 AK3。编号：EC 2.7.4.3。

03.0304　胸苷酸激酶　thymidylate kinase

催化 ATP 和胸苷一磷酸反应生成 ADP 和胸苷二磷酸的酶。编号：EC 2.7.4.9。

03.0305　核苷酸[基]转移酶　nucleotidyltransferase

一类可以转移核苷酸基团的酶。编号：EC 2.7.7.-。

03.0306　焦磷酸化酶　pyrophosphorylase

催化将某一基团从其焦磷酸酯化合物转移至另一分子并释放无机焦磷酸的酶类：

X-P-P-P+P-Y←→X-P-P-Y+PP。X-P-P-P 通常指核苷三磷酸，归属于核苷酰基转移酶。

03.0307　聚合酶　polymerase

催化以核酸链为模板合成新核酸链的酶。包括 RNA 聚合酶（编号：EC 2.7.7.6 和 EC 2.7.7.48）和 DNA 聚合酶（编号：EC 2.7.7.7 和 EC 2.7.7.49）。

03.0308　RNA 聚合酶　RNA polymerase

又称“转录酶（transcriptase）”。以一条 DNA 链或RNA 链为模板，三磷酸核糖核苷为底物，催化合成 RNA 的酶。又分为 DNA 指导的 RNA 聚合酶（编号：EC 2.7.7.6）和 RNA 指导的 RNA 聚合酶（编号：EC 2.7.7.48）两类。

03.0309　DNA 指导的 RNA 聚合酶　DNA-directed RNA polymerase

又称“依赖于 DNA 的 RNA 聚合酶（DNA-dependent RNA polymerase）”。以一条 DNA 链为模板催化合成 RNA 的酶。编号：EC 2.7.7.6。

03.0310　RNA 指导的 RNA 聚合酶　RNA-directed RNA polymerase

又称“RNA 复制酶（RNA replicase）”“依赖于 RNA 的 RNA 聚合酶（RNA-dependent RNA polymerase）”。以一条 RNA 链为模板催化合成RNA 的酶。编号：EC 2.7.7.48

03.0311　DNA 聚合酶　DNA polymerase

以DNA 或RNA 链为模板催化 DNA 合成的酶。又分为 DNA 指导的 DNA 聚合酶（编号：EC 2.7.7.7）和逆转录酶（编号：EC 2.7.7.49）两类。

03.0312　DNA 指导的 DNA 聚合酶　DNA-directed DNA polymerase

又称“依赖于 DNA 的 DNA 聚合酶（DNA-dependent DNA polymerase）”。以 DNA 为模板催化脱氧核苷-5′-三磷酸合成 DNA 的酶。编号：EC 2.7.7.7。

03.0313　逆转录酶　reverse transcriptase, revertase

又称“反转录酶”“RNA 指导的 DNA 聚合酶（RNA-directed DNA polymerase）”“依赖于 RNA 的 DNA 聚合酶（RNA-dependent DNA polymerase）”。以 RNA 为模板催化脱氧核苷-5′-三磷酸合成 DNA 的酶。编号：EC 2.7.7.49。在逆转录病毒及其他某些病毒中发现有此类酶。

03.0314　*Vent* DNA 聚合酶　*Vent* DNA polymerase

从极端嗜热细菌（*Thermococcus litoralis*）中分离的热稳定 DNA 聚合酶。有 3′→5′外切酶活性。用此酶催化的 PCR 产物为平端。编号：EC 2.7.7.7。

03.0315　*Tth* DNA 聚合酶　*Tth* DNA polymerase

从嗜热栖热菌（*Thermus thermophilus*）中分离的热稳定 DNA 聚合酶。有逆转录活性。编号：EC 2.7.7.7。

03.0316　*Taq* DNA 聚合酶　*Taq* DNA polymerase

最初从水生嗜热菌（*Thermus aquaticus*）中分离的热稳定 DNA 聚合酶。可在 74℃复制 DNA，在 95℃仍具有酶活力。该酶可在离体条件下，以 DNA 为模板，延伸引物，合成双链 DNA。这个酶只有 5′→3′ DNA 聚合酶活性和 5′→3′外切酶活性，缺少 3′→5′的外切酶活性。编号：EC 2.7.7.7。

03.0317　复制聚合酶　replication polymerase

大肠埃希菌细胞内真正负责重新合成 DNA

的 DNA 聚合酶III。编号：EC 2.7.7.7。

03.0318 克列诺酶 Klenow enzyme

又称“克列诺片段（Klenow fragment）”“克列诺聚合酶（Klenow polymerase）”。枯草杆菌蛋白酶切割大肠杆菌 DNA 聚合酶 I 所产生的分子量为 76kDa 的片段。具有 DNA 聚合酶活性和 3′→5′外切酶活性，但没有完整酶的 5′→3′外切酶活性，是基因操作技术常用的工具酶之一。编号：EC 2.7.7.7。

03.0319 修复聚合酶 repair polymerase

又称“DNA 聚合酶 I（DNA polymerase I）”。参与 DNA 修复过程，依赖于 DNA 的 DNA 聚合酶。是以双链 DNA 中未损坏的链为模板，合成新片段置换因损坏而被切除的片段。

03.0320 引发酶 primase

全称“DNA 引发酶（DNA primase, DnaG）”。DNA 复制时，以 DNA 序列为模板催化 RNA 引物合成的酶。其功能是在 DNA 复制过程中先合成一段 RNA 引物，在这引物上延伸新合成的 DNA 片段。不同于在 DNA 转录中起作用的 RNA 聚合酶。编号：EC 2.7.7.101。

03.0321 磷酸化酶 phosphorylase

催化磷酸化反应的酶。无机磷参与产生磷酸化产物。

03.0322 多核苷酸磷酸化酶 polynucleotide phosphorylase

又称“多核糖核苷酸核苷酸转移酶（polyribonucleotide nucleotidyltransferase）”。催化核糖核苷二磷酸随机聚合成为多核糖核苷酸的酶。具有磷酸化 3′→5′外切酶活性和 3′端寡聚酶活性的双功能酶。在细菌、植物和动物参与 mRNA 的加工和降解。编号：EC 2.7.7.8。

03.0323 多腺苷酸聚合酶 polyadenylate polymerase, poly(A) polymerase

又称“多(A)聚合酶”“多核苷酸腺苷酰[基]转移酶（polynucleotide adenylyltransferase）”。真核细胞中的一种核苷酰基转移酶。催化从 ATP 合成多腺苷酸的反应。编号：EC 2.7.7.19。

03.0324 2′-5′-寡腺苷酸合成酶 2′-5′-oligoadenylate synthetase, OAS

以 ATP 为底物，在双链 RNA 的激活下合成以 2′,5′-磷酸二酯键连接寡腺苷酸（2～5 A）的酶。寡腺苷酸可以与核糖核酸酶 L 结合使之被激活，降解 RNA，从而抑制蛋白质的合成。该酶在干扰素诱导下形成，因而是干扰素抗病毒和抗肿瘤过程中的一个关键酶。编号：EC 2.7.7.84。

03.0325 末端脱氧核苷酸转移酶 terminal deoxynucleotidyltransferase, TdT

不需要模板，以脱氧核糖核苷三磷酸（dNTP）为底物催化脱氧核糖核苷酸依次加到 DNA 链（片段）的 3′-OH 端的酶。编号：EC 2.7.7.31。

03.0326 复制酶 replicase

催化 RNA 为模板（病毒）合成 RNA 或 DNA 为模板合成 DNA 的酶。

03.0327 Qβ 复制酶 Qβ replicase

大肠埃希菌 Qβ 噬菌体的 RNA 复制酶。以 RNA 为模板，催化 RNA 链的从头合成。编号：EC 2.7.7.48。

03.0328 mRNA 鸟苷酰转移酶 mRNA guanylyltransferase

又称“mRNA 加帽酶（mRNA capping enzyme）”。催化信使核糖核酸（mRNA）的 5′端帽结构形成的酶。将 GTP 的鸟苷酸转移到(5′)pp- pur-mRNA（pur 代表嘌呤核苷酸）上，形成 G(5′)pppPur-mRNA，再经修饰加工形成帽结构——5′-m7GpppA(N)。编号：EC 2.7.7.50。

03.0329　鸟苷三磷酸酶　guanosine triphosphatase，GTPase

催化鸟苷三磷酸（GTP）水解的酶。在蛋白质合成形成肽键过程中需要此酶。

03.0330　末端尿苷酰转移酶　terminal uridylyltransferase, TUTase

催化尿苷酸转移至寡核苷酸或多核苷酸 3′-OH 上，在 U6 snRNA 的 3′端形成长度不一的尿苷酸残基片段的酶。编号：EC 2.7.7.52。

03.0331　激酶　kinase

（1）全称“磷酸激酶（phosphokinase）”。催化 ATP 上的 5′-磷酸基团转移到其他化合物上的酶。也偶尔催化其他三磷酸核苷上磷酸基团转移。（2）催化酶原转变为有活性的酶。

03.0332　蛋白质激酶　protein kinase, PK

催化蛋白质磷酸化的酶类。反应中需有高能化合物（如 ATP）参加。根据磷酸化氨基酸残基不同，蛋白质激酶可分为蛋白质丝氨酸/苏氨酸激酶和蛋白质酪氨酸激酶两大类。

03.0333　蛋白质丝氨酸/苏氨酸激酶　protein serine/threonine kinase

特异地催化蛋白质底物上的丝氨酸/苏氨酸残基磷酸化，从而调节该蛋白质功能的一类酶。

03.0334　哺乳动物雷帕霉素靶蛋白　mammalian target of rapamycin, mTOR

一种高度进化保守的蛋白质丝氨酸/苏氨酸激酶。属于 PI_3K 相关激酶家族，分子量为 289kDa。是一种重要的信号转导枢纽蛋白质，可作为核心成分形成 mTOR 复合物 1（mTORC1）和 mTOR 复合物 2（mTORC2）。主要通过其复合物参与调控细胞增殖、生长、代谢和自噬等生物学过程。

03.0335　蛋白质酪氨酸激酶　protein tyrosine kinase, PTK, tyrosine protein kinase, TPK

简称“酪氨酸激酶（tyrosine kinase）”，又称“磷酸酪氨酸激酶（phosphotyrosine kinase）”。一类催化蛋白质酪氨酸残基磷酸化的酶。可根据是否存在细胞膜分为膜受体型和非受体型。编号：EC 2.7.10.2。

03.0336　受体型酪氨酸激酶　receptor tyrosine kinase, RTK

一类能够与细胞外配体结合，将靶蛋白质酪氨酸残基磷酸化的酶。由 3 部分组成：含有配体结合位点的细胞外结构域、单次跨膜的疏水 α 螺旋，含有酪氨酸激酶活性的细胞内结构域。编号：EC 2.7.10.1。

03.0337　非受体型酪氨酸激酶　non-receptor tyrosine kinase

一类本身没有受体结构或不与受体偶联的酪氨酸激酶。与受体型酪氨酸激酶相对。

03.0338　黏着斑激酶　focal adhesion kinase, FAK

存在于细胞胞质溶胶中，活化后转移至黏着斑，催化黏着斑上靶蛋白的酪氨酸磷酸化的一种非受体型酪氨酸激酶。

03.0339　酪蛋白激酶　casein kinase

催化肽链中邻近酸性氨基酸残基的丝氨酸/苏氨酸磷酸化的酶。包括酪蛋白激酶 1（CK1）和酪蛋白激酶 2（CK2）。近来发现也能磷酸化酪氨酸残基，具有广谱底物特异性，因而具有多种生物功能。最初因能磷酸化酪蛋白而得此名。事实上 CK2 在体内并不参与酪蛋白的磷酸化。编号：EC 2.7.11.1。

03.0340　Ras 依赖性蛋白质激酶　Ras-dependent protein kinase

又称“依赖于 Ras 的蛋白质激酶”。特指需要由活化的（结合 GTP 的）Ras 激活的一类蛋白质激酶。

03.0341　cAMP 依赖性蛋白质激酶　cyclic AMP-dependent protein kinase, cAMP-dependent protein kinase

又称“依赖 cAMP 的蛋白质激酶”“蛋白质激酶 A（protein kinase A, PKA）”。一类被环腺苷酸（cAMP）激活才显示酶活性、催化蛋白质磷酸化反应的酶。是含有两个催化亚基（2C）和两个调节亚基（2R）的四聚体。当两分子的 cAMP 与两个调节亚基结合后，四聚体解离，从而释放出两个自由的催化亚基，表现出酶活性。编号：EC 2.7.11.11。

03.0342　cGMP 依赖性蛋白质激酶　cGMP-dependent protein kinase, PKG

又称“依赖 cGMP 的蛋白质激酶”。一类被环鸟苷酸（cGMP）激活才显示酶活性、催化蛋白质的丝氨酸或苏氨酸磷酸化的酶。哺乳动物组织中 cGMP 依赖性蛋白质激酶有 PKG Ⅰ 和 PKG Ⅱ 两种，前者存在于细胞胞质溶胶中，后者存在于膜组分中。在天然状态下均以同二聚体形式存在，单体包含调节结构域和催化结构域，相互结合呈自抑制状态，cGMP 结合到调节结构域后，释放催化结构域，使之具有催化活性。编号：EC 2.7.11.12。

03.0343　双链 RNA 依赖性蛋白质激酶　double-stranded RNA-dependent protein kinase, PKR

又称“依赖双链 RNA 的蛋白质激酶”。对干扰素敏感的细胞经干扰素处理后能诱导产生的一种蛋白质激酶。在双链 RNA 的激活下可使蛋白质合成起始因子-2（eIF-2）磷酸化而失活，从而阻止蛋白质合成，抑制病毒的复制和肿瘤细胞的生长。

03.0344　蛋白质激酶 C　protein kinase C, PKC

一类磷脂依赖性的蛋白质丝氨酸/苏氨酸激酶。编号：EC 2.7.11.13。

03.0345　G 蛋白偶联受体激酶　G protein-coupled receptor kinase

催化 G 蛋白偶联受体 C 端丝氨酸/苏氨酸残基磷酸化的酶。编号：EC 2.7.11.16。

03.0346　Ca^{2+}/钙调蛋白依赖性蛋白质激酶　Ca^{2+}/calmodulin-dependent protein kinase

又称“依赖 Ca^{2+}/钙调蛋白的蛋白质激酶”。催化蛋白质磷酸化的一类蛋白质激酶。该酶依赖 Ca^{2+}/钙调蛋白，介导细胞内 Ca^{2+}的升高。包括钙调蛋白质激酶Ⅰ、多功能钙调蛋白质激酶Ⅱ、钙调蛋白质激酶Ⅲ和钙调蛋白质激酶Ⅳ。编号：EC 2.7.11.17。

03.0347　肌球蛋白轻链激酶　myosin light-chain kinase

ATP 存在时，将肌球蛋白轻链磷酸化生成磷酸肌球蛋白轻链和 ADP 的酶。反应需 Ca^{2+}和钙调蛋白，在调节平滑肌收缩中起枢纽作用。编号：EC 2.7.11.18。

03.0348　磷酸化酶激酶　phosphorylase kinase

催化磷酸化酶的两种别构形式（磷酸化酶 a 及 b）的转换的酶。在 ATP 存在下，催化无活性的磷酸化酶 b 的磷酸化，使成为有活性的磷酸化酶 a。编号：EC 2.7.11.19。

03.0349　周期蛋白依赖性激酶　cyclin-dependent kinase, CDK

细胞周期的关键性调节蛋白质。通过对特定蛋白质的磷酸化使细胞从一个时相进入到下一个时相。编号：EC 2.7.11.22。

03.0350　AMP 活化的蛋白质激酶　AMP-activated protein kinase, AMPK

一种能被腺苷一磷酸（AMP）激活的蛋白质丝氨酸激酶。还可以被上游的一个激酶磷酸化而激活。一旦被激活，可以磷酸化乙酰辅酶 A 羧化酶、羟甲基戊二酸单酰辅酶 A 还原酶等靶蛋白质，从而影响脂肪酸胆固醇合成、脂肪酸氧化和胰岛素分泌等。编号：EC 2.7.11.31。

03.0351　促分裂原活化的蛋白质激酶　mitogen-activated protein kinase, MAPK

简称“MAP 激酶”，又称“丝裂原活化蛋白质激酶”“丝裂原激活的蛋白质激酶”。一类受胞外刺激后发生磷酸化而被活化的蛋白质丝氨酸/苏氨酸激酶。为细胞生长、分化、凋亡等信号转导途径中的关键物质。可由多种方式激活，在将细胞外刺激信号转导至细胞及其核内，并引起细胞生物学反应的过程中起着至关重要的作用。绝大多数成员具有相似特征，包括激活方式（磷酸化）和底物识别位点等。编号：EC 2.7.11.24。

03.0352　促分裂原活化的蛋白质激酶激酶激酶　mitogen-activated protein kinase kinase kinase, MAPKKK

简称“MAP 激酶激酶激酶”。受体外促分裂信号（包括生长因子、细胞因子、细胞应急）等的刺激而激活的一类丝氨酸/苏氨酸蛋白质激酶。包括 Raf、MEKK1～4 等。此酶被 GTP 结合蛋白（如 Ras，Rac，Cdc42 等）和特异性的蛋白质激酶激活后磷酸化 MAPKK（MEK1/2、MKK4/7、MKK3/6），是 MAPK 信号转导途径的第一步。编号：EC 2.7.11.25。

03.0353　c-Jun 氨基端激酶　c-Jun N-terminal kinase, JNK

又称“应激活化的蛋白质激酶（stress-activated protein kinase）”。一种能够使 c-Jun（一种转录调节因子，属亮氨酸拉链家族成员）氨基末端活性区 Ser^{63} 和 Ser^{73} 发生磷酸化的蛋白质激酶。是促分裂原活化的蛋白质激酶信号转导级联反应中的一类蛋白质激酶家族（包括 JNK1、JNK2、JNK3 等）。其酪氨酸和苏氨酸残基双重磷酸化后而被激活，进入细胞核，调节特定基因表达，参与调节细胞凋亡等生理活动。

03.0354　胞外信号调节激酶　extracellular signal-regulated kinase, ERK

促分裂原活化的蛋白质激酶超家族中的一个家族。包含 ERK1、2、4、5、7，具有相同的活化模体：Thr-Glu-Tyr。在其上游激酶（MAPKK）的催化下，活化模体中的酪氨酸（Tyr）和苏氨酸（Thr）被磷酸化，从而被激活。活化的 ERK 可磷酸化核内多种蛋白质，从而影响细胞增殖、发育、分化和存活等。

03.0355　促分裂原活化的蛋白质激酶激酶　mitogen-activated protein kinase kinase, MAPKK

简称“MAP 激酶激酶”。在 MAPKKK（Raf、MEKK1～4 等）的催化下，通过丝氨酸/苏氨酸残基部位磷酸化而激活的一类丝氨酸/苏氨酸蛋白质激酶。包括 MEK1/2、MKK4/7、MKK3/6 等。被激活后磷酸化 ERK1/2、JNK1/2，3 和 P38，使 MAPK 信号转导得以继续。编号：EC 2.7.12.2。

03.0356　受体蛋白质激酶　receptor protein kinase

简称“受体激酶（receptor kinase）”。具有细胞外受体结构域的一类蛋白质激酶。为跨膜蛋白质。膜外信号物质与受体结合后，激活膜内的激酶活性域。

03.0357　泛素蛋白质激酶　ubiquitin protein kinase

催化泛素磷酸化的酶。

03.0358　蛋白质激酶激酶　protein kinase kinase

催化蛋白质激酶磷酸化的酶。机体中往往通过这种磷酸化调节蛋白质激酶的活性，在信号转导途径中起重要作用。

03.0359　蛋白质组氨酸激酶　protein histidine kinase

蛋白质组氨酸近激酶和蛋白质组氨酸远激酶的统称。分别催化在蛋白质中特定的组氨酸残基咪唑环上距 β-碳原子“远”“近”不同的两个氮原子的磷酸化。编号：EC 2.7.13.-。

03.0360　蛋白质组氨酸近激酶　protein histidine *pros*-kinase

催化在蛋白质中特定的组氨酸残基咪唑环上距 β-碳原子“远”的两个氮原子磷酸化的酶。编号：EC 2.7.13.1。

03.0361　蛋白质组氨酸远激酶　protein histidine *tele*-kinase

催化在蛋白质中特定的组氨酸残基咪唑环上距 β-碳原子“近”的两个氮原子磷酸化的酶。编号：EC 2.7.13.2。

03.0362　葡萄糖基转移酶　glucosyltransferase

催化将葡萄糖残基引入有机化合物的反应，生成异麦芽糖、潘糖等低聚糖的酶。

03.0363　硫转移酶　sulfurtransferase

催化硫原子转移至各种受体分子的一类转移酶。编号：EC 2.8.1.1-16。

03.0364　硫代硫酸硫转移酶　thiosulfate sulfurtransferase, TST

又称“硫氰酸[生成]酶（rhodanase）”。将硫代硫酸中的硫转移给氰化物，生成硫氰酸，从而解除氰化物毒性的酶。编号：EC 2.8.1.1。

03.0365　磺基转移酶　sulfotransferase

催化硫酸基团从 3′-磷酸腺苷酰硫酸上转移给各种受体分子的酶。编号：EC 2.8.2.1-40。

03.0366　辅酶 A 转移酶　CoA-transferase

一类催化酰基辅酶A或乙酰辅酶A将辅酶A转移给羧基受体并生成硫醇酯的酶。编号：EC 2.8.3.1-28。

03.03.03　水　解　酶

03.0367　水解酶　hydrolase, hydrolytic enzyme

催化水解反应的一类酶。是酶七大分类中的第三类。按其所水解的底物不同可分为蛋白酶、核酸酶、脂肪酶和脲酶等。编号：EC 3.-。

03.0368　酯酶　esterase

通过与水发生化学反应，将酯分解为酸和醇的一种水解酶。存在多种不同的酯酶，它们在底物特异性、蛋白质结构和生物学功能方面存在差异。编号：EC3.1.-。

03.0369　羧酸酯[水解]酶　carboxylic ester hydrolase, carboxylesterase

催化水解带羧基类酯的酯酶。编号：EC 3.1.1.1。

03.0370　甘油三酯脂肪酶　triglyceride lipase, TGL

又称"三酰甘油脂肪酶""胰脂肪酶(seapsin, steapsase)"。存在于多种生物(包括动物、植物、真菌和细菌)中可水解甘油三酯的C-1、C-3酯键，产生游离脂肪酸和甘油二酯的酶。胰腺合成分泌的脂肪酶需要一种大肠埃希菌蛋白酶作为辅因子，可以抵消胆盐的抑制作用。编号：EC 3.1.1.3。

03.0371　溶血磷脂酶　lysophospholipase

催化水解溶血磷脂酰胆碱生成甘油磷酸胆碱和羧酸盐的酶。编号：EC 3.1.1.5。

03.0372　胆碱酯酶　cholinesterase

水解各种不同的胆碱酯生成胆碱与羧酸的一类酶。编号：EC 3.1.1.8。

03.0373　乙酰胆碱酯酶　acetylcholinesterase

催化乙酰胆碱水解为胆碱和乙酸，在神经冲动传递过程中起重要作用，恢复突触后膜极化的酶。编号：EC 3.1.1.7。

03.0374　丁酰胆碱酯酶　butyrylcholine esterase

催化丁酰胆碱酯水解的酶。存在于神经系统以外的各种组织中。脊椎动物的毒扁豆碱敏感性酯酶水解胆碱酯的速度高于其他酯酶。编号：EC 3.1.1.8。

03.0375　果胶酯酶　pectin esterase

催化果胶水解产生果胶酸和甲醇的酶。编号：EC 3.1.1.11。

03.0376　鞣酸酶　tannase

催化鞣酸酰基水解的酶。由各种青霉或曲霉在鞣酸存在时产生的一种诱导酶，能切断儿茶酚与没食子酸间的酯键，从鞣酸中释放没食子酸阴离子。编号：EC 3.1.1.20。

03.0377　磷脂酶　phospholipase

催化水解磷脂酰、溶血磷脂酰化合物中的羧酸酯键、磷酸酯键和磷酸与胆碱之间酯键的酶。依水解部位不同分为磷脂酶A1(编号：EC 3.1.1.32)、磷脂酶A_2(编号：EC 3.1.1.4)、磷脂酶B(编号：EC 3.1.1.5)、磷脂酶C(编号：EC 3.1.4.3)、磷脂酶D(编号：EC 3.1.4.4)等。

03.0378　脂蛋白脂肪酶　lipoprotein lipase, LPL

催化乳糜微粒及极低密度脂蛋白中的甘油二酯、甘油三酯中的1或3位酯键水解的酶。编号：EC 3.1.1.34。

03.0379　氨基酰酯酶　aminoacyl esterase

催化氨基酰酯键水解的酶。如α-氨基酸酯氨基酰水解酶、氨基酰tRNA氨基酰水解酶。

03.0380　α-氨基酸酯氨基酰水解酶　α-amino acid ester aminoacylhydrolase

简称"α-氨基酸酯水解酶(α-amino acid ester hydrolase)"。水解α-氨基酸酯，产生α-氨基酸和醇的氨基酰酯酶。编号：EC 3.1.1.43。

03.0381　氨基酰tRNA氨基酰水解酶　aminoacyl-tRNA aminoacylhydrolase

简称"氨基酰tRNA水解酶(aminoacyl-tRNA hydrolase)"。水解*N*-取代的氨基酰tRNA，产生*N*-取代的氨基酸和tRNA的氨基酰酯酶。编号：EC 3.1.1.29。

03.0382　蛋白质谷氨酸甲酯酶　protein-glutamate methylesterase

催化蛋白质谷氨酸甲基酯水解生成蛋白质L-谷氨酸和甲醇的酶。编号：EC 3.1.1.61。

03.0383　阿魏酸酯酶　feruloyl esterase

催化阿魏酸糖酯水解为阿魏酸和多糖的酶。编号：EC 3.1.1.73。

03.0384　硫酯酶　thioesterase

催化脂肪酸链的终止作用，水解脂肪酰基-*S*-酰基载体蛋白质的硫酯键，释放自由脂肪酸的酶。编号：EC 3.1.2.14。

03.0385　磷酸[酯]酶　phosphatase

一类催化磷酸酯水解的磷酸单酯酶。

03.0386　碱性磷酸酶　alkaline phosphatase

最适 pH 在 7.0 以上，催化各种磷酸单酯键水解反应，产生无机磷酸和相应的醇、酚或糖，也可以催化磷酸基团的转移反应，但不能水解磷酸二酯键的磷酸酶。编号：EC 3.1.3.1。

03.0387　牛小肠碱性磷酸酶　calf intestinal alkaline phosphatase, CIP

来源于牛小肠的催化磷酸酯水解的酯酶。是一种含有锌和镁的二聚金属酶，其最适 pH 大于 7.0。编号：EC 3.1.3.1。

03.0388　酸性磷酸酶　acid phosphatase

最适 pH 在酸性范围内的磷酸酯酶。能广泛地催化水解各种磷酸单酯与磷蛋白，但不能水解磷酸二酯的磷酸酶。编号：EC 3.1.3.2。

03.0389　溶酶体酶　lysosomal enzyme

位于溶酶体内的一类降解性酶。其中多数适合在酸性条件下发挥作用，如酸性磷酸酶等。

03.0390　溶酶体水解酶　lysosomal hydrolase

溶酶体内催化水解反应降解生物分子的一类酶。

03.0391　核苷酸酶　nucleotidase

又称“核苷酸水解酶（nucleotidyl hydrolase）”。催化核苷酸水解成核苷和磷酸的酶。包括 5′-核苷酸酶和 3′-核苷酸酶。

03.0392　5′-核苷酸酶　5′-nucleotidase

催化 5′-核糖核苷酸水解成核苷和磷酸的酶。编号：EC 3.1.3.5。

03.0393　3′-核苷酸酶　3′-nucleotidase

催化 3′-核糖核苷酸水解成核苷和磷酸的酶。编号：EC 3.1.3.6。

03.0394　果糖-1,6-二磷酸酶　fructose-1,6-bisphosphatase, fructose-1,6-diphosphatase

又称“果糖-1,6-双磷酸酶”。在 Mg^{2+}存在下，催化果糖-1,6-二磷酸中磷酸单酯水解转化为果糖-6-磷酸的酶。编号：EC 3.1.3.11。

03.0395　蛋白质磷酸酶　protein phosphatase

催化蛋白质磷酸酯水解的酶。机体中往往通过这种去磷酸化调节该蛋白质的功能。编号：EC 3.1.3.16。

03.0396　蛋白质丝氨酸/苏氨酸磷酸酶　protein serine/threonine phosphatase

特异地水解蛋白质底物上的丝氨酸/苏氨酸磷酸酯键，脱去磷酸，从而调节该蛋白质功能的酶。编号：EC 3.1.3.16。

03.0397　钙调磷酸酶　calcineurin

一种 Ca^{2+}/钙调蛋白依赖性蛋白质丝氨酸/苏氨酸磷酸酶。含 A、B 两个亚基，A 为催化亚基，B 为调节亚基。哺乳动物中的钙调磷酸酶在脑中含量丰富，且是 T 细胞活化中的关键酶。编号：EC 3.1.3.16。

03.0398　肌醇单磷酸酶　inositol monophosphatase

催化肌醇磷酸水解成肌醇，在磷脂酰肌醇信号传递途径中起关键作用的酶。为相同亚基的二聚体，每个亚基折叠成五层，有 3 对 α 螺旋、2 个 β 折叠，两个亚基的相同部位可与金属离子结合。可作用于肌醇-1-磷酸和肌醇-4-磷酸的两种对映异构体，但不作用于肌醇二磷酸、肌醇三磷酸或肌醇四磷酸。编号：EC 3.1.3.25。

03.0399　蛋白质酪氨酸磷酸酶　protein tyrosine phosphatase, PTP

又称“磷酸酪氨酸磷酸酶（phosphotyrosine phosphatase）”。特异地水解蛋白质底物上的酪氨酸磷酸酯键，脱去磷酸，从而调节该蛋白质功能的酶。编号：EC 3.1.3.48。

03.0400　磷酸肌醇酶 C　phosphoinositidase C

催化磷脂酰肌醇二磷酸（PIP_2）中的磷酸基与甘油间键的断裂，产生信号转导通路中的第二信使——甘油二酯和肌醇三磷酸的酶。编号：EC 3.1.4.11。

03.0401　鞘磷脂酶　sphingomyelinase

催化鞘磷脂水解为酰基鞘氨醇和磷酸胆碱的酶。在人体成纤维细胞中刺激低密度脂蛋白与细胞表面受体结合、内化及降解，刺激胆固醇酯合成。编号：EC 3.1.4.12。

03.0402　磷酸二酯酶　phosphodiesterase, PDE

催化寡核苷酸及多核苷酸中双重酯化的磷酸分子进行水解的酶。

03.0403　环核苷酸磷酸二酯酶　cyclic nucleotide phosphodiesterase

催化 2′,3′-环核苷酸中 2′-或 3′-磷酸酯键水解的酶。编号分别为 EC 3.1.4.16 和 EC 3.1.4.37。

03.0404　3′,5′-环核苷酸磷酸二酯酶　3′,5′-cyclic nucleotide phosphodiesterase

催化水解 3′,5′-环核苷酸中的 3′-磷酸酯键，生成 5′-核苷酸的酶。编号：EC 3.1.4.17。

03.0405　环鸟苷酸特异性磷酸二酯酶　cGMP-specific phosphodiesterase

简称“cGMP 特异性磷酸二酯酶”。以环鸟苷酸（cGMP）为特异底物，水解作为第二信使分子的 cGMP 的酶。主要分布在哺乳动物阴茎的海绵体中。编号：EC3.1.4.17。

03.0406　3′,5′-cGMP 磷酸二酯酶　3′,5′-cGMP phosphodiesterase

主要分布在海绵体组织及血小板中，以 3′,5′-环鸟苷酸（cGMP）为特异性底物，催化环鸟苷酸转化为鸟苷酸的酶。编号：EC 3.1.4.35。肾上腺素 β2 受体能激活该酶，茶碱及其衍生物则抑制该酶活性。

03.0407　硫酸酯酶　sulfatase

催化硫酸酯水解成相对应的醇和无机硫酸的酶。编号：EC 3.1.6.-。

03.0408　芳基硫酸酯酶　arylsulfatase

催化苯酚硫酸酯水解成苯酚和硫酸的酶。有 A、B、C 三种类型。编号：EC 3.1.6.1。缺少芳基硫酸酯酶是导致异染性脑白质营养不良的原因之一。

03.0409　硫脑苷脂酶　cerebroside-sulfatase

水解含硫酸基团的硫脑苷脂为脑苷脂与硫酸的酶。编号：EC 3.1.6.8。

03.0410　核酸酶　nuclease

催化核酸分子中磷酸二酯键水解的酶。编号：EC3.1-。按作用部位不同分为核酸内切酶和核酸外切酶；按底物不同分为核糖核酸酶和脱氧核糖核酸酶。

03.0411　核酸内切酶　endonuclease

又称“内切核酸酶”。催化多核苷酸链内部

磷酸二酯键水解的酶。

03.0412　解离酶　resolvase
在DNA分子的重组或修复过程中，专门切割由于DNA链交叉所形成的霍利迪（Holliday）十字交叉点的一种核酸内切酶。

03.0413　核酸外切酶　exonuclease
又称“外切核酸酶”。只水解多核苷酸链末端磷酸二酯键的酶。产物为核苷酸。大多数核酸外切酶只能沿3′→5′或5′→3′方向分别将3′端核苷酸或5′端核苷酸切下。

03.0414　核酸外切酶Ⅰ　exonuclease Ⅰ, exodeoxyribonuclease Ⅰ
特异地催化从多核苷酸单链的末端相继切下核苷酸的酶。编号：EC 3.1.11.1。

03.0415　核酸外切酶Ⅲ　exonuclease Ⅲ, exodeoxyribonuclease Ⅲ
沿3′→5′方向催化脱氧核糖核酸外切，产生5′-磷酸单核苷酸的酶。此酶优先水解双链DNA，对DNA链上无嘌呤核苷酸附近的位点具有核酸内切酶的活性。大肠埃希菌外切脱氧核糖核酸酶Ⅲ是其中一种。编号：EC 3.1.11.2。

03.0416　蛇毒磷酸二酯酶　snake venom phosphodiesterase, venom phosphodiesterase
从多核苷酸链的游离3′-羟基端开始，逐个水解磷酸二酯键，得到5′-核苷酸的核酸外切酶。编号：EC 3.1.15.1。

03.0417　牛脾磷酸二酯酶　bovine spleen phosphodiesterase
来源于牛脾，催化DNA或RNA双重酯化的磷酸分子水解的酶。该酶从DNA或RNA的5′端逐个水解5′-磷酯键，水解产物为3′-核苷酸。底物5′端有磷酸基时会抑制该酶活性。编号：EC 3.1.16.1。

03.0418　链球菌DNA酶　streptodornase
由链球菌属细菌所产生的细胞外内切DNA酶。至少有4种。产物为5′-磷酸二核苷酸、5′-磷酸寡核苷酸。编号：EC 3.1.21.1。

03.0419　脱氧核糖核酸酶　deoxyribonuclease, DNase
简称“DNA酶”。催化DNA磷酸二酯键水解的一类核酸酶。包括DNaseⅠ（编号：EC 3.1.21.1）、DNaseⅤ（编号：EC 3.1.21.7）等。

03.0420　脱氧核糖核酸内切酶　endodeoxyribonuclease
催化脱氧核糖核酸内部磷酸二酯键水解的酶。

03.0421　限制性内切酶　restriction enzyme
全称“限制性核酸内切酶（restriction endonuclease）”。原核生物中催化降解外源DNA的内切酶。通过识别DNA中特异碱基序列（一般为回文结构或反向重复序列）将DNA双链切断，形成黏端或平端的片段。包括Ⅰ型、Ⅱ型和Ⅲ型三种。

03.0422　Ⅰ型限制性内切酶　type Ⅰ restriction enzyme
识别特异碱基序列，但在DNA上其他位置（距识别位点约1000bp）进行剪切的一类限制性内切酶。编号：EC 3.1.21.3。

03.0423　Ⅱ型限制性内切酶　type Ⅱ restriction enzyme
识别特异碱基序列，并在其内或相邻位置的特定位点进行剪切的一类限制性内切酶。催化时需要镁离子作为辅因子，不需要ATP和*S*-腺苷甲硫氨酸。用于分子克隆。编号：EC 3.1.21.4。

03.0424　Ⅲ型限制性内切酶　type Ⅲ restriction enzyme

识别特异碱基序列，并在该识别位点约 25bp 的位置进行剪切的一类限制性内切酶。编号：EC 3.1.21.5。

03.0425　同切点酶　isoschizomer

全称“同切点限制性核酸内切酶”。从不同机体分离出的一组限制性内切酶。识别相同的 DNA 碱基序列，但不一定在该序列的相同部位切断 DNA。

03.0426　RNA 限制性酶　RNA restriction enzyme

能对 RNA 分子进行选择性、限制性切割的内切酶。包括：①一些具有内切酶活性的核酶，如 L-19 RNA；②通过将 RNase H 与特定寡聚体共价连接而人为制造的 RNA 核酸内切酶。

03.0427　核糖核酸酶　ribonuclease, RNase

简称“RNA 酶”，又称“核糖核酸内切酶（endoribonuclease）”。催化 RNA 水解、作用于 RNA 中的 3′,5′-磷酸二酯键的内切酶和外切酶。分别生成 5′-磷酸核苷和 3′-磷酸核苷。编号分别为：EC 3.1.26.-和 EC 3.1.27.-。

03.0428　核糖核酸酶 H　ribonuclease H, RNase H

催化 DNA-RNA 杂交分子中的 RNA 链降解的内切酶。不催化单链或双链 DNA 和 RNA 分子中磷酸二酯键水解。编号：EC 3.1.26.4。

03.0429　核糖核酸酶 P　ribonuclease P, RNase P

切除转运 RNA（tRNA）前体的 5′端序列、产生成熟 tRNA 5′端的核糖核酸内切酶。该酶含有蛋白质和 RNA 两组分，其蛋白质组分没有催化活性，而 RNA 组分具有全酶的催化活性，是一种核酶。编号：EC 3.1.26.5。

03.0430　核糖核酸酶 T1　ribonuclease T1, RNase T1

特异地攻击鸟苷酸 3′端的磷酸基团，切割与其相邻的核苷酸 5′-磷酯键的一种核糖核酸内切酶。终产物为含 3′-磷酸鸟苷末端的寡核苷酸或 3′-磷酸鸟苷。编号：EC 3.1.27.3。

03.0431　碱基特异性核糖核酸酶　base-specific ribonuclease

水解特定碱基附近的磷酸二酯键，形成寡核苷酸或核苷酸的专一性核糖核酸酶。

03.0432　芽孢杆菌 RNA 酶　barnase

芽孢杆菌合成的一种细胞外 RNA 酶。催化水解 RNA。

03.0433　S1 核酸酶　S1 nuclease

催化降解单链 DNA 或单链 RNA（对单链 DNA 的活性更高）的内切酶。产生 5′端带磷酸基团的单核苷酸或寡核苷酸。有时也切割双链 DNA 或 RNA 中的一条链。编号：EC 3.1.30.1。

03.0434　绿豆核酸酶　mungbean nuclease

降解 DNA 和 RNA 分子的单链突出末端，产生可连接的平端的一种单链 DNA 或 RNA 特异性的内切酶。编号：EC 3.1.30.1。

03.0435　微球菌核酸酶　micrococcal nuclease

从微球菌分离出的核酸内切酶。催化 DNA 和 RNA 中磷酸二酯键的水解，产物为 3′-磷酸的单核苷酸或寡核苷酸。此酶不作用于与蛋白质相接触的 DNA，因此可在核小体之间的部位将真核细胞染色质 DNA 切断。编号：EC 3.1.31.1。

03.0436　金葡菌核酸酶　staphylococcal nuclease

一种存在于金黄色葡萄球菌、依赖钙离子

的酶。可将 DNA 或 RNA 水解成单核苷酸或双核苷酸。在 A 或 T 的 5′端的切割速率比在 G 或 C 端的切割速率大 30 倍，并导致产生具有末端 3′-磷酸盐的单核苷酸和寡核苷酸。编号：EC 3.1.31.1。

03.0437　糖苷酶　glycosidase

催化糖苷键水解的一类酶。在酸性条件下能催化半缩醛羟基与醇羟基反应而形成糖苷键的断裂。分糖苷内切酶和糖苷外切酶。编号：EC 3.2.-。

03.0438　糖苷内切酶　endoglycosidase

又称“内切糖苷酶”。催化水解寡糖及多糖的内部糖苷键的酶。其中糖苷内切酶 F 和糖苷内切酶 H，可用于鉴别 *N*-糖苷键的类型。糖苷内切酶 F 可断裂糖蛋白的天冬酰胺和甘露聚糖的糖苷键，糖苷内切酶 H 专一水解两个 *N*-乙酰氨基葡萄糖之间的 β-1,4-糖苷键，其底物主要是高甘露糖型和杂合型糖链。可从糖蛋白或糖脂中释放低聚糖。

03.0439　糖苷外切酶　exoglycosidase

又称“外切糖苷酶”。催化从糖链的非还原末端逐个水解糖苷键的酶。

03.0440　葡萄糖苷酶　glucosidase

可以通过水解葡萄糖苷键并释放出一分子葡萄糖的一类酶。编号：EC 3.2.1。

03.0441　α-葡萄糖苷酶　α-glucosidase

催化末端非还原性 1,4-糖苷键连接的 α-葡萄糖残基水解，释放出单个 α-葡萄糖的酶。编号：EC 3.2.1.20。

03.0442　β-葡萄糖苷酶　β-glucosidase

又称“纤维二糖酶（cellobiase）”。催化末端非还原性 β-葡萄糖残基水解，释放出单个 β-葡萄糖的酶。在纤维素水解过程中作用于纤维二糖或纤维低聚糖生成葡萄糖。编号：EC 3.2.1.21。

03.0443　葡萄糖苷内切酶　endoglucosidase

从寡糖底物的中间部分开始水解的葡萄糖苷酶。

03.0444　葡萄糖苷外切酶　exoglucosidase

从寡糖底物的一端（还原端或非还原端）进行水解的葡萄糖苷酶。

03.0445　尿嘧啶-DNA 糖苷酶　uracil-DNA glycosidase, UDG

又称“尿嘧啶-DNA 糖基水解酶（uracil-DNA glycosylase）”。在 DNA 修复中去除错误参入或突变形成的尿嘧啶，可水解尿嘧啶与脱氧核糖之间的 *N*-糖苷键的酶。

03.0446　葡聚糖水解酶　glucanase

水解葡聚糖糖苷键的一个水解酶家族。

03.0447　唾液淀粉酶　ptyalin, salivary amylase

一类催化将淀粉水解成麦芽糖和糊精的酶。存在于人和一些动物唾液中。编号：EC 3.2.1.1。

03.0448　淀粉酶　amylase

催化淀粉于 α-1,4-糖苷键处水解的一类酶。包括 α-淀粉酶和 β-淀粉酶等。

03.0449　α-淀粉酶　α-amylase

淀粉酶的一种。为内切淀粉酶，催化随机水解 α-1,4-糖苷键，产生麦芽糖、麦芽三糖和 α-糊精。编号：EC 3.2.1.1。

03.0450　β-淀粉酶　β-amylase

淀粉酶的一种。为外切淀粉酶，从非还原端开始，催化第二个 α-1,4 糖苷键的水解，一次分解两个葡萄糖单元（麦芽糖）。在果实成熟过程中，β-淀粉酶将淀粉分解成麦芽糖，产生成熟果实的甜味。编号：EC 3.2.1.2。

03.0451　纤维素酶　cellulase

主要由真菌、细菌和原生动物产生的催化纤维素和一些相关多糖分解的一类酶。可将纤维素分子分解为单糖或短链多糖和低聚糖。根据催化反应类型不同将纤维素酶分为5种：纤维素内切酶、胞外纤维素酶、纤维二糖酶、氧化纤维素酶和纤维素磷酸化酶。编号：EC 3.2.1.4。

03.0452　纤维素内切酶　endocellulase

又称“葡聚糖内切酶（endoglucanase）”。随机切割纤维素内部糖苷键，从而产生新的链端的酶。水解纤维素或谷物中β-D-葡聚糖分子链内的1,4-β-D-糖苷键。编号：EC 3.2.1.4。

03.0453　纤维素胞外酶　exocellulase

又称“葡聚糖外切酶（exoglucanase）”“纤维素-1,4-β-纤维二糖苷酶（cellulose 1,4-β-cellobiosidase）”。从纤维素内切酶产生的暴露末端切割2～4个单元，产生四糖或二糖的酶。此酶进一步分为Ⅰ型和Ⅱ型，前者水解(1→4)-纤维素和类似底物中的β-D-糖苷键，从链的还原端释放纤维二糖；后者水解(1→4)-纤维素和纤维四糖中的β-D-糖苷键，从链的非还原端释放纤维二糖。编号：EC 3.2.1.91。

03.0454　氧化纤维素酶　oxidative cellulase

通过自由基反应使纤维素解聚的酶。

03.0455　纤维素磷酸化酶　cellulose phosphorylase

使用磷酸盐替代水分子进行纤维素分解的酶。

03.0456　昆布多糖酶　laminarinase

催化昆布多糖水解的酶。编号：EC 3.2.1.6的酶催化内切β-D-葡聚糖1,3或1,4-糖苷键；编号：EC 3.2.1.39的酶催化内切β-D-葡聚糖1,3-糖苷键。

03.0457　木聚糖酶　xylanase

一类可将木聚糖降解为木糖的酶。编号：EC 3.2.1.8。

03.0458　葡聚糖酶　dextranase

催化水解葡聚糖（右旋糖酐）中的α-1,6-D-葡萄糖苷键的酶。属内切酶。编号：EC 3.2.1.11。

03.0459　壳多糖酶　chitinase

又称“几丁质酶（chitodextrinase）”“1,4-β-聚*N*-乙酰葡萄糖胺糖苷酶（1,4-β-poly-*N*-acetylglucosaminidase）”“聚β-氨基葡萄糖苷酶（poly-β-glucosaminidase）”。催化壳多糖完全水解所需的双酶体系中的一种酶。催化水解*N*-乙酰氨基葡萄糖寡聚体，尤其是四聚体或四聚体以上的多聚体中的β-1,4-糖苷键，生成壳二糖。编号：EC 3.2.1.14。

03.0460　果胶酶　pectinase

分解果胶的一个多酶复合物。通常包括原果胶酶、果胶甲酯水解酶、果胶酸酶。通过它们的联合作用使果胶质得以完全分解。天然的果胶质在原果胶酶作用下，转化成水可溶性的果胶；果胶被果胶甲酯水解酶催化去掉甲酯基团，生成果胶酸；果胶酸经果胶酸水解酶类和果胶酸裂合酶类降解生成半乳糖醛酸。编码：EC 3.2.1.15。

03.0461　多半乳糖醛酸酶　polygalacturonase

又称“果胶解聚酶（pectin depolymerase）”“果胶水解酶（pectin hydrolase）”“多α-1,4-半乳糖醛酸聚糖水解酶（poly-α-1,4-galacturonide glycanohydrolase）”。催化多α-1,4-半乳糖醛酸聚糖残基之间的α-1,4-糖苷

键水解的酶。参与微生物及高等植物细胞壁的降解。编号：EC 3.2.1.15。

03.0462　溶菌酶　lysozyme

又称“胞壁酸酶（muramidase）”。存在于卵清、唾液等生物分泌液中，催化细菌细胞壁肽聚糖 *N*-乙酰氨基葡萄糖与 *N*-乙酰胞壁酸之间的 1,4-β-糖苷键水解的酶。编号：EC 3.2.1.17。

03.0463　神经氨酸酶　neuraminidase

又称“唾液酸酶（sialidase）”。能切断神经氨酸糖苷键的一种糖苷水解酶。是一个大家族，存在于一系列机体中。最著名的神经氨酸酶是病毒性神经氨酸酶，它是一种预防流感感染传播的药物靶点。此酶催化水解寡糖、糖蛋白、糖脂质中 α-2,3-、α-2,6-、α-2,8-糖苷键释放末端的 *N*-乙酰神经氨酸残基。存在于某些病毒的表面。病毒侵染细胞时，首先通过血凝素与细胞表面受体中的神经氨酸结合，再经该酶的催化，切下神经氨酸以利病毒进入细胞内。编号：EC 3.2.1.18。

03.0464　受体破坏酶　receptor destroying enzyme, RDE

伯内特（F. M. Burnet）等在霍乱菌培养滤液中发现的一种与病毒同样可破坏受体的酶。其生物学活性是神经氨酸苷酶。常用于流感监测、血清学诊断和血清流行病学研究的一种试剂，用于去除人及多数禽类血清中的非特异性抑制素。

03.0465　麦芽糖酶　maltase

催化麦芽糖二糖水解为两分子葡萄糖的酶。编号：EC 3.2.1.20。

03.0466　半乳糖苷酶　galactosidase

催化半乳糖苷中末端非还原性 α-或 β-D-半乳糖残基水解的酶。包括 α-半乳糖苷酶（编号：EC 3.2.1.22）和 β-半乳糖苷酶（编号：EC 3.2.1.23）。

03.0467　α-半乳糖苷酶　α-galactosidase

催化 α-D-半乳糖苷（如半乳糖寡糖、半乳糖甘露聚糖）末端非还原性 α-D-半乳糖残基水解的酶。编号：EC 3.2.1.22。

03.0468　β-半乳糖苷酶　β-galactosidase

催化 β-D-半乳糖苷（如乳糖、异乳糖）末端非还原性 β-D-半乳糖残基水解的酶。编号：EC 3.2.1.23。

03.0469　甘露糖苷酶　mannosidase

催化甘露糖苷中末端非还原性 α-或 β-D-甘露糖残基水解的酶。编号分别为 EC 3.2.1.24 和 EC 3.2.1.25。

03.0470　β-呋喃果糖苷酶　β-fructofuranosidase

催化蔗糖分子中的 β-D-呋喃果糖苷键水解，产生等分子的葡萄糖和果糖的酶。编号：EC 3.2.1.26。

03.0471　海藻糖酶　trehalase

催化 1 分子 α,α-海藻糖水解为 1 分子 α-D-葡萄糖和 1 分子 β-D-葡萄糖的一种二糖酶。属于糖苷水解酶类。编号：EC 3.2.1.28。

03.0472　淀粉-1,6-葡萄糖苷酶　amylo-1,6-glucosidase

催化水解淀粉中 1,6-α-D-葡萄糖苷键产生直链淀粉的酶。编号：EC 3.2.1.33。

03.0473　透明质酸酶　hyaluronidase

存在于蛇毒以及细菌中，催化水解透明质酸中 *N*-乙酰-β-D-葡萄糖胺与 D-葡萄糖醛酸之间的 1,4-糖苷键的酶。促进入侵的微生物及毒物在组织中扩散。编号：EC 3.2.1.35。

03.0474　葡萄糖脑苷脂酶　glucocerebrosidase

又称“葡萄糖苷神经酰胺酶（glucosylceramidase）”。催化 D-葡萄糖-*N*-酰基鞘氨醇水解，反应生成 D-葡萄糖和 *N*-酰基鞘氨醇的一种溶酶体酶。缺乏该酶可导致戈谢病。编号：EC 3.2.1.45。

03.0475　蔗糖酶　sucrase

又称“转化酶（invertase）”“蔗糖 α-葡萄糖苷酶（sucrose α-glucosidase）”。催化蔗糖和麦芽糖通过 α-D-葡萄糖苷酶型作用水解成葡萄糖和果糖的酶。编号：EC 3.2.1.48。

03.0476　乙酰葡萄糖胺糖苷酶　acetylglucosaminidase

又称“乙酰氨基葡萄糖苷酶”。催化 *N*-乙酰氨基葡萄糖苷键的水解，释放乙酰氨基葡萄糖的一种糖苷水解酶。在各种糖复合物的降解过程中起关键作用。编号：EC 3.2.1.50。

03.0477　氨基己糖苷酶　hexosaminidase

全称“β-*N*-乙酰氨基己糖苷酶（β-*N*-acetylhexosaminidase）”。催化 *N*-乙酰氨基己糖糖苷键水解的酶。编号：EC 3.2.1.52。

03.0478　岩藻糖苷酶　fucosidase

一类催化糖苷键水解的酶。包括 α-L-岩藻糖苷酶（编号：EC 3.2.1.51）、β-D-岩藻糖苷酶（编号：EC 3.2.1.38）、1,2-α-L-岩藻糖苷酶（编号：EC 3.2.1.63）。分别水解不同形式糖苷键的非还原末端的 L-岩藻糖残基，其中 1,2-α-L-岩藻糖苷酶具高度专一性。

03.0479　短梗霉多糖酶　pullulanase

又称“α-糊精内切-1,6-α-葡萄糖苷酶（α-dextrin endo-1,6-α-glucosidase）”。催化水解短梗霉多糖、支链淀粉、糖原中的 1,6-α-D-葡萄糖苷键的一种异淀粉酶。编号：EC 3.2.1.41。

03.0480　异淀粉酶　isoamylase

又称“脱支酶（debranching enzyme）”“糖原 α-1,6-葡聚糖水解酶（glycogen α-1,6-glucanohydrolase）”。催化水解糖原、支链淀粉以及它们的 β-极限糊精中的 α-1,6-糖苷支链的酶。与短梗霉多糖酶的区别在于不能作用于短梗霉多糖。编号：EC 3.2.1.68。

03.0481　果糖苷酶　fructosidase

全称“果聚糖 β-果糖苷酶（fructan β-fructosidase）”。特异性地催化水解由 β-D-果糖组成的果聚糖分子中的非还原性末端 2,1-β-糖苷键或 2,6-β-糖苷键的一种胞外酶。此外，还可水解菊粉、蔗糖、棉子糖等。编号：EC 3.2.1.80。

03.0482　琼脂糖酶　agarase

催化琼脂糖的 1,3-β-D-半乳糖糖苷键的水解的酶。主要产物为四聚糖。编号：EC 3.2.1.81。

03.0483　乳糖酶　lactase

可催化乳糖水解为半乳糖和葡萄糖的酶。在乳糖的消化、吸收中起作用。编号：EC 3.2.1.108。

03.0484　硫葡萄糖苷酶　thioglucosidase

一种存在于芥末籽中，催化硫葡萄糖苷分解成硫醇和糖的酶。编号：EC 3.2.1.147。

03.0485　核苷酶　nucleosidase

催化水解核苷或核苷酸衍生物中 *N*-糖苷键的酶。根据对核苷酸的专一性可分为嘌呤核苷酶、肌苷核苷酶、尿苷核苷酶和 AMP 核苷酶等。编号：EC 3.2.2.-。

03.0486　嘌呤核苷酶　purine nucleosidase

催化水解嘌呤核苷中 *N*-糖苷键的酶。编号：EC 3.2.2.1。

03.0487 肌苷核苷酶 inosine nucleosidase
催化水解肌苷中 *N*-糖苷键的酶。编号：EC 3.2.2.2。

03.0488 尿苷核苷酶 uridine nucleosidase
催化水解尿苷中 *N*-糖苷键的酶。编号：EC 3.2.2.3。

03.0489 AMP 核苷酶 adenosine monophosphate nucleosidase, AMP nucleosidase
催化水解腺苷一磷酸（AMP）中 *N*-糖苷键的酶。编号：EC 3.2.2.4。

03.0490 DNA *N*-糖苷酶 DNA *N*-glycosylase
一组可在 DNA 因突变而产生的异常碱基部位剪切 *N*-糖苷键的酶。如 DNA-3-甲基腺嘌呤糖苷酶Ⅰ（编号：EC 3.2.2.20）、DNA-3-甲基腺嘌呤糖苷酶Ⅱ（编号：EC 3.2.2.21）和尿嘧啶-DNA 糖苷酶，形成无嘌呤或无嘧啶位点，该反应是 DNA 修复过程中的一个步骤。

03.0491 适应酶 adaptive enzyme
在细胞中合成量受效应物调控的酶。如 β-半乳糖苷酶。

03.0492 花色素酶 anthocyanase
催化专一水解花色苷色素的酶。是一种特异性很低的 β-葡萄糖苷酶。花色苷在花色素酶作用下水解，迅速分解并褪色。

03.0493 环氧化物水解酶 epoxide hydrolase
可逆地催化从乙二醇或芳香族二醇分别生成环氧化物或芳烃环氧化物的酶。在机体内的主要功能是去除药物毒性。现已知包括微粒环氧化物水解酶（microsomal epoxide hydrolase，编号：EC 3.3.2.9）和可溶性环氧化物水解酶（soluble epoxide hydrolase，编号：EC 3.3.2.10）。

03.0494 肽酶 peptidase
催化肽类和蛋白质中肽键水解的一类蛋白酶。EC 3.4 亚类酶。

03.0495 内肽酶 endopeptidase
又称“肽链内切酶”。催化寡肽链或蛋白质内部、而非末端肽键水解的蛋白酶。

03.0496 外肽酶 exopeptidase
又称“肽链外切酶”“肽链端解酶”。催化从肽链一个末端相继水解掉氨基酸的酶。

03.0497 二肽酶 dipeptidase
一类可将二肽水解成两个氨基酸的酶。

03.0498 氨肽酶 aminopeptidase
催化从蛋白质或多肽依次地水解氨基末端氨基酸残基的酶。编号：EC 3.4.11.1-25；EC 3.4.14.-。

03.0499 甲硫氨酸氨肽酶 methionine aminopeptidase
催化从蛋白质链剪切氨基末端甲硫氨酸残基的酶。编号：EC 3.4.11.18。

03.0500 氨基酰脯氨酸二肽酶 prolidase
特异地断裂羧基端为脯氨酸或羟脯氨酸的二肽（X-Pro/Hyp）间肽键的外肽酶。编号：EC 3.4.13.9。

03.0501 细胞质非特异性二肽酶 cytosol nonspecific dipeptidase
又称“脯氨酰氨基酸二肽酶（prolinase）”。特异地断裂氨基端为脯氨酸或羟脯氨酸的二肽（Pro/Hyp-X）间肽键的外肽酶。编号：EC 3.4.13.18。

03.0502 激肽酶 kininase
存在于血浆或细胞表面，可以快速地降解激

肽的酶。已知有两种：激肽酶Ⅰ（编号：EC 3.4.17.3）和激肽酶Ⅱ（编号：EC 3.4.15.1）。

03.0503　激肽酶Ⅰ　kininaseⅠ
又称“赖氨酸羧肽酶（lysine carboxypeptidase）”。在血浆中循环的羧肽酶。可失活缓激肽和过敏毒素。编号：EC 3.4.17.3。

03.0504　激肽酶Ⅱ　kininaseⅡ
又称“血管紧张素转换酶（angiotensin converting enzyme, ACE）”“血管紧张肽转化酶”“肽基二肽酶A（peptidyl-dipeptidase A）”“二肽基羧肽酶Ⅰ（dipeptidyl carboxypeptidaseⅠ）”。催化C端肽基二肽水解的酶。是含锌的二肽酶，可作用于血管紧张素Ⅰ和血管舒缓激肽，将十肽血管紧张素Ⅰ转换为八肽血管紧张素Ⅱ。编号：EC 3.4.15.1。

03.0505　羧肽酶　carboxypeptidase
催化水解肽链的羧基末端氨基酸残基的酶。是一种专一性地从肽链的C端逐个降解、释放游离氨基酸的一类肽链外切酶。根据羧肽酶活性中心含有丝氨酸残基、金属离子和半胱氨酸残基的不同分为三个亚类：丝氨酸羧肽酶、金属羧肽酶和半胱氨酸羧肽酶。

03.0506　丝氨酸羧肽酶　serine carboxypeptidase, SCP
一类属于α/β水解酶家族的蛋白酶。主要存在于植物或真菌的液泡和动物的溶酶体内。编号：EC 3.4.16.-。

03.0507　金属羧肽酶　metallocarboxypeptidase
一类存在于细胞外，帮助蛋白质消化，在中性或弱碱性条件下具有极大活性的羧肽酶。编号：EC 3.4.17.-。包括羧肽酶A和B、赖氨酸羧肽酶（编号：EC3.4.17.3）、甘氨酸羧肽酶（编号：EC3.4.17.4）和谷氨酸羧肽酶（编号：EC3.4.17.11）等。

03.0508　半胱氨酸羧肽酶　cysteine carboxypeptidase
催化功能结构域中包含半胱氨酸的羧肽酶。编号：EC 3.4.18.-。

03.0509　羧肽酶原　procarboxypeptidase
由胰腺合成的羧肽酶的无活性前体。经有限蛋白质水解作用转变为有活性的酶。

03.0510　蛋白酶　protease, proteinase
又称“蛋白水解酶（proteolytic enzyme）”。催化蛋白质中肽键水解的酶。根据酶的活性中心起催化作用的基团属性可分为：丝氨酸/苏氨酸蛋白酶(编号: EC 3.4.21.-/EC 3.4.25.-)、巯基蛋白酶（编号：EC 3.4.22.-）、天冬氨酸蛋白酶（编号：EC 3.4.23.-）和金属蛋白酶（编号：EC 3.4.24.-）等。

03.0511　丝氨酸蛋白酶　serine proteinase
又称“丝氨酸酯酶（serine esterase）”。既能水解肽键也能水解酯键的一类酶。二者具有共同的催化机制：E+S→ES→P1+E-P2→E+P2。酶的活性必需基团丝氨酸（Ser）被底物酰化并产生P1(底物中的酰胺或醇的部分)，进而水解E-P2产生游离酶和P2（底物中的酸的部分）。其他活性必需基团为丝氨酸（Ser）并有类似的催化机制的酯酶如乙酰胆碱酯酶。

03.0512　丝氨酸/苏氨酸蛋白酶　serine/threonine protease, serine/threonine proteinase
一类在三维结构上相似，活性中心含有丝氨酸/苏氨酸残基，并且依靠其醇式羟基催化肽键水解的蛋白水解酶。编号：EC 3.4.21.-/EC 3.4.25.-。

03.0513　胰凝乳蛋白酶　chymotrypsin
一种催化蛋白质肽键水解的内肽酶。主要是剪切芳香族氨基酸——色氨酸、苯丙氨酸或酪氨酸的羧基端形成的肽键。编号：EC 3.4.21.1。

03.0514　胰凝乳蛋白酶原　chymotrypsinogen
又称“糜蛋白酶原”。胰凝乳蛋白酶的无活性前体。经特定切割后成为有活性的胰凝乳蛋白酶。

03.0515　胰蛋白酶　trypsin
主要作用于精氨酸或赖氨酸羧基端的肽键的一种内肽酶。编号：EC 3.4.21.4。

03.0516　胰蛋白酶原　trypsinogen
无活性的胰蛋白酶前体。

03.0517　肠激酶　enterokinase
又称“肠肽酶（enteropeptidase）”。由小肠分泌的一种蛋白水解酶。催化胰蛋白酶原转化为其活性形式——胰蛋白酶。编号：EC 3.4.21.9。

03.0518　顶体蛋白酶　acrosomal protease
不受胰蛋白酶 α_1-抑制剂抑制的一种丝氨酸蛋白水解酶。位于精子头部顶体内层浆膜上，属于膜结合性酶。以酶原的形式存在。随着精子在体外获能而活化。活化的顶体酶一方面溶解顶体膜基质；另一方面作用于主要靶器官卵子透明带。在受精过程中起重要的作用。编号：EC 3.4.21.10。

03.0519　V8 蛋白酶　V8 protease
又称“谷氨酰内肽酶（glutamyl endopeptidase）”。来自金黄葡萄球菌 V8 株系，可切断天冬氨酸和谷氨酸羧基端肽键的酶。编号：EC 3.4.21.19。

03.0520　激肽释放酶　kallikrein
又称“激肽原酶（kininogenase）”。能使激肽原释放出激肽的一种丝氨酸蛋白酶。包括血浆型激肽释放酶和组织型激肽释放酶两种类型。具有很高的生理活性，在人体组织中起着十分重要的生理作用。编号：EC 3.4.21.34。

03.0521　血浆型激肽释放酶　plasma kallikrein
选择性地切割人激肽原的某些精氨酸和赖氨酸羧基一侧的肽键（包括精氨酸-赖氨酸、精氨酸-丝氨酸肽键）生成舒缓激肽的酶。与血液凝固有关，是凝血因子Ⅻa 作用于激肽释放酶原生成的，能激活凝血因子Ⅻ、凝血因子Ⅶ和纤溶酶原。编号：EC 3.4.21.34。

03.0522　组织型激肽释放酶　tissue kallikrein
选择性地切割激肽原的甲硫氨酸和亮氨酸羧基一侧的肽键生成赖氨酰舒缓激肽的酶。编号：EC 3.4.21.35。

03.0523　颌下腺蛋白酶　submaxillary gland protease
由颌下腺分泌的丝氨酸蛋白酶。属于组织型激肽释放酶。编号：EC 3.4.21.35。

03.0524　前激肽释放酶　prekallikrein
激肽释放酶的前体。转变为激肽释放酶以启动内源性凝血途径。

03.0525　弹性蛋白酶　elastase
催化弹性蛋白等由小的疏水性氨基酸羧基侧形成的肽键水解的一类丝氨酸蛋白酶。

03.0526　弹性蛋白酶原　proelastase
弹性蛋白酶的无活性前体。

03.0527　降钙因子　caldecrin
一种血清丝氨酸蛋白酶。属于血清降钙因子，其基因序列与弹性蛋白酶有高度同源性，但其蛋白酶活性并非降钙所必需。

03.0528　胰弹性蛋白酶　pancreatic elastase
优先水解丙氨酸羧基端肽键的弹性蛋白酶。编号：EC 3.4.21.36。

03.0529　白细胞弹性蛋白酶　leukocyte elastase
优先水解缬氨酸羧基端肽键，其次水解丙氨酸羧基端肽键的弹性蛋白酶。编号：EC 3.4.21.37。

03.0530　胶原酶　collagenase
水解胶原的蛋白酶。来自梭菌的酶切割胶原蛋白中甘氨酸残基的氨基端肽键，而来自皮蝇（*Hypoderma lineatum*）幼虫的酶切割天然胶原蛋白丙氨酸残基的氨基端肽键。编号：EC 3.4.21.49。

03.0531　激素原转换酶　prohormone convertase
又称"激素原转化酶"。催化切割激素原的成对碱性氨基酸羧基端肽键，使之转变为活性多肽的酶。如可辛蛋白酶、弗林蛋白酶等。这些酶与蛋白质原转换酶常有交叉，有一些酶同时有两个名称。

03.0532　可辛蛋白酶　kexin, kex2 protease
从酿酒酵母分离出的一种肽链内切酶。定位于高尔基体外侧网络中，属于丝氨酸蛋白酶家族，是钙依赖性丝氨酸蛋白酶，能特异性识别和切割 Arg-Arg、Lys-Arg 等双碱基氨基酸羧基端肽键，不能识别和切割单一碱性氨基酸即精氨酸或赖氨酸的羧基端肽键。编号：EC 3.4.21.61。

03.0533　枯草杆菌蛋白酶　subtilisin
来源于枯草杆菌（*Bacillus subtilis*）的催化蛋白质水解的丝氨酸内肽酶。编号：EC 3.4.21.62。

03.0534　尿激酶　urokinase, UK
全称"尿激酶型纤溶酶原激活物（urokinase-type plasminogen activator, uPA）"。人血液中的尿激酶原在部分降解后从尿液中排出的一种丝氨酸蛋白水解酶。为血纤蛋白溶酶原激活剂，可将纤溶酶原转换为纤溶酶。编号：EC 3.4.21.73。

03.0535　尿激酶原　prourokinase, pro-UK
尿激酶的无活性前体。经水解作用后转变为有活性的尿激酶。

03.0536　弗林蛋白酶　furin
全称"成对碱性氨基酸切割酶（paired-basic amino acid cleaving enzyme, PACE）"。因其基因（*fur*）位于原癌基因 *fes/feps* 的上游而得名的一种外泌途径中主要的蛋白质转换酶。与枯草杆菌蛋白酶相似的丝氨酸蛋白酶，也和可辛蛋白酶有同源性。定位于高尔基体外侧网络中，催化切割原蛋白中的 Arg-X-Y-Arg 羧基端肽键（X 为任意一种氨基酸，Y 为 Arg 或 Lys）产生成熟的蛋白质。编号：EC 3.4.21.75。

03.0537　成髓细胞蛋白酶　myeloblastin
优先切割蛋白质的丙氨酸羧基一侧肽键，其次是缬氨酸羧基一侧肽键的一种丝氨酸蛋白酶。编号：EC 3.4.21.76。

03.0538　颗粒酶　granzyme
又称"片段化酶（fragmentin）"。在细胞毒性 T 细胞和自然杀伤（NK）细胞内的细胞质颗粒中发现的丝氨酸蛋白酶家族。可与穿孔蛋白协同作用介导 T 细胞或 NK 细胞杀伤其靶细胞，进入靶细胞可介导细胞凋亡。

03.0539　颗粒酶 A　granzyme A
在细胞介导的免疫反应中裂解靶细胞、切割

赖氨酸、精氨酸或苯丙氨酸残基羧基侧的一种丝氨酸蛋白酶。编号：EC 3.4.21.78。

03.0540　颗粒酶 B　granzyme B
颗粒酶家族中最重要的成员。在颗粒酶介导的靶细胞凋亡过程中起核心作用，可以进入靶细胞，激活级联反应，从而迅速引起靶细胞 DNA 的断裂，导致快速的细胞凋亡。切割蛋白质天冬氨酸、天冬酰胺、甲硫氨酸或丝氨酸残基羧基侧肽键。编号：EC 3.4.21.79。

03.0541　链霉蛋白酶　pronase
又称“链霉素 B（streptogrisin B）”。自灰色链霉菌（*Streptomyces griseus*）中分离的非特异性蛋白水解酶。编号：EC 3.4.21.81。

03.0542　蛋白质原转换酶　proprotein convertase
又称“蛋白质原转化酶”。水解蛋白质激素和神经肽前体赖精氨酸残基羧基侧肽键，并产生活性激素和神经肽的蛋白酶。编号：EC 3.4.21.93-94。

03.0543　信号肽酶　signal peptidase
又称“前导肽酶（leader peptidase）”。在质膜蛋白插入到质膜中后去除信号肽的一组肽内切酶。包括信号肽酶Ⅰ和信号肽酶Ⅱ。

03.0544　信号肽酶Ⅰ　signal peptidase Ⅰ
特异地切除位于分泌性蛋白质或周质蛋白质 N 端的疏水性信号肽或前导序列的酶。编号：EC 3.4.21.89。

03.0545　信号肽酶Ⅱ　signal peptidase Ⅱ
切除细菌膜上脂蛋白原的信号肽的酶。编号：EC 3.4.23.36。

03.0546　信号肽肽酶　signal peptide peptidase, SPP
在脂膜内切割被信号肽酶切割后残留在糙面内质网膜上的信号肽的酶。

03.0547　胱天蛋白酶　caspase, cysteine aspartic acid specific protease
又称“半胱天冬酶”。一个天冬氨酸特异性半胱氨酸蛋白酶家族。通常以酶原的形式合成，属巯基蛋白酶，其活性中心含半胱氨酸，切割天冬氨酸羧基侧的肽键。在细胞凋亡中起关键作用。哺乳动物中已发现 10 余种，通常以无活性的胱天蛋白酶原形式在细胞内合成和分泌，包括一个 N 端前结构域及大、小两个亚单位。编号：EC 3.4.22.-。

03.0548　组织蛋白酶　cathepsin
一类在大多数动物组织中存在的细胞内肽键水解酶。从组织蛋白酶 A 到组织蛋白酶 Z 都已有报道。根据蛋白水解机制分类，组织蛋白酶成员中大部分属于半胱氨酸蛋白酶，少数为天冬氨酸蛋白酶（组织蛋白酶 D、E）和丝氨酸蛋白酶（组织蛋白酶 A、G）；根据其底物特异性分类包括肽链内切酶（组织蛋白酶 B、F、H、K、L、S、V）、肽链端解酶（组织蛋白酶 B、C、H、X）、氨基肽酶（组织蛋白酶 C、H）和羧肽酶（组织蛋白酶 B、X）。

03.0549　木瓜蛋白酶　papain
番木瓜中含有的一种低特异性蛋白水解酶。活性中心含半胱氨酸，属巯基蛋白酶，应用于啤酒及食品工业。编号：EC 3.4.22.2。

03.0550　无花果蛋白酶　ficin
来自无花果的一种巯基肽链内切酶。其活性中心含半胱氨酸残基，优先水解酪氨酸及苯丙氨酸残基，但特异性较低。编号：EC 3.4.22.3。

03.0551　梭菌蛋白酶　clostripain

催化蛋白质水解时优先作用于精氨酸残基的羧基端，但不作用于赖氨酸残基的羧基端，反应可被钙离子激活、乙二胺四乙酸（EDTA）抑制的酶。编号：EC 3.4.22.8。

03.0552　菠萝蛋白酶　bromelin, bromelain

一种来源于菠萝的多肽水解酶。属巯基蛋白酶。编号：EC 3.4.22.33。

03.0553　巯基蛋白酶　thiol protease

又称“半胱氨酸蛋白酶（cysteine protease）”。一类活性中心含有巯基（半胱氨酸），并且依靠巯基催化水解肽键的蛋白水解酶。编号：EC 3.4.22.35。

03.0554　钙蛋白酶　calpain

一种钙依赖性木瓜蛋白酶。属巯基蛋白酶，在催化基团巯基附近的序列与木瓜蛋白酶有约 33%的序列同源性。包括钙蛋白酶 1（编号：EC 3.4.22.52）、钙蛋白酶 2（编号：EC 3.4.22.53）和钙蛋白酶 3（编号：EC 3.4.22.54）。

03.0555　胃蛋白酶　pepsin

存在于胃中的蛋白水解酶。其活性部位含有两个天冬氨酸残基，其中一个处于解离状态，另一个则不解离。最适 pH 为 2～3。主要作用于由疏水氨基酸特别是芳香族氨基酸残基形成的肽键。编号：EC 3.4.23.1。

03.0556　胃蛋白酶原　pepsinogen

无活性的胃蛋白酶前体。在 pH≤2 时，经活化切去 N 端 44 个氨基酸残基形成有活性的胃蛋白酶。

03.0557　尿胃蛋白酶原　uropepsinogen

无活性的尿胃蛋白酶前体。

03.0558　凝乳酶　chymosin

存在于新生牛皱胃中的一种天冬氨酸蛋白酶。以无活性的酶原形式分泌到胃里，在胃液的酸性环境中被活化。可专一地切割 κ 酪蛋白的 Phe^{105}-Met^{106} 之间的肽键，从而使牛奶凝集。用于奶酪的生产。1890 年至 20 世纪前期英文曾用“rennin”，因与“renin（肾素）”仅一个字母之差，易被混淆。1978 年国际生物化学学会酶学专业委员会建议采用“chymosin”。编号：EC 3.4.23.4。

03.0559　肾素　renin

又称“血管紧张肽原酶”。一种由肾脏产生的蛋白酶。通过切割血管紧张素原亮氨酸羧基一侧的肽键使之转变为血管紧张素。编号：EC 3.4.23.15。

03.0560　天冬氨酸蛋白酶　aspartic protease

活性中心含有天冬氨酸的一类多肽水解酶。最适 pH 小于 5。包括胃蛋白酶、凝乳酶、人类免疫缺陷病毒蛋白酶等。编号：EC 3.4.23.22。

03.0561　分泌酶　secretase

一类切割拓扑结构为Ⅰ型或Ⅱ型的膜蛋白胞外区的酶。将蛋白质的胞外部分释入体液循环，切割位点通常靠近细胞膜外表面。受分泌酶作用的蛋白质包括阿尔茨海默淀粉样前体蛋白、血管紧张素转换酶、转化生长因子及肿瘤坏死因子配体和受体超家族等。已知有三类分泌酶参与切割淀粉样前体蛋白：β 型（编号：EC 3.4.23.45; EC 3.4.23.46）、γ 型和 α 型（编号：EC 3.4.24.81）。β 型与 γ 型酶协同切割淀粉样前体蛋白所形成的肽导致阿尔茨海默病，而 α 型酶切割的产物无毒性。α 型为金属蛋白酶，β 型为天冬氨酸蛋白酶，γ 型为多酶复合物。

03.0562　膜天冬氨酸蛋白酶　memapsin

又称“β-分泌酶（β-secretase）”。一种跨膜的天冬氨酸蛋白酶。与γ-分泌酶协同，降解淀粉样前体蛋白，产生引起老年前期痴呆的肽段 Aβ。有膜天冬氨酸蛋白酶Ⅰ（编号：EC 3.4.23.45）和膜天冬氨酸蛋白酶Ⅱ（编号：EC 3.4.23.46）两种。

03.0563　金属蛋白酶　metalloprotease, metalloproteinase

又称“金属肽酶（metallopeptidase）”。一类在一级结构上差异很大，但其活性中心较为保守、含有金属离子（如锌、钴、镍等），且依靠金属离子催化肽键水解的蛋白水解酶。可被金属螯合剂灭活。有两个亚类：金属外肽酶和金属内肽酶。编号：EC 3.4.24.-。

03.0564　金属外肽酶　metalloexopeptidase

催化从肽链末端水解肽键的一种金属蛋白酶。编号：EC 3.4.17-。

03.0565　金属内肽酶　metalloendopeptidase

催化肽链羧基端（C 端）肽键水解的一种金属蛋白酶。编号：EC 3.4.24-。

03.0566　锌蛋白酶　zinc protease

又称“锌肽酶（zinc peptidase）”“锌金属蛋白酶（zinc metalloprotease）”。一类活性中心含锌离子的金属蛋白酶。编号：EC 3.4.24.-。

03.0567　脑啡肽酶　enkephalinase

一种含锌的金属肽酶。位于细胞表面的Ⅱ型膜蛋白质，特异性地切割蛋白质或多肽的疏水氨基酸残基间的肽键，特别是 P1′位为苯丙氨酸或酪氨酸的底物。可使一些激素如脑啡肽、胰高血糖素、神经降压素、催产素失活。

03.0568　基质金属蛋白酶　matrix metalloproteinase, MMP

又称“间质金属蛋白酶”。参与细胞外基质降解的一类金属蛋白酶。包括基质中以及整合于质膜中的各种胶原酶和弹性蛋白酶。

03.0569　溶基质蛋白酶　stromelysin

可溶解细胞外基质和基底膜成分的一种基质金属蛋白酶。包括溶基质蛋白酶 1（编号：EC 3.4.24.17）和溶基质蛋白酶 2（编号：EC 3.4.24.22），后者作用于胶原蛋白Ⅲ、Ⅳ、Ⅴ的能力较前者弱。

03.0570　金葡菌激酶　staphylokinase

简称“葡激酶”。存在于葡萄球菌属细菌培养滤液中，可激活血纤蛋白溶酶原成为血纤蛋白溶酶，促进血纤蛋白的溶解的酶。编号：EC 3.4.24.29。

03.0571　跨膜肽酶　meprin

又称“穿膜肽酶”。一种含锌的金属内肽酶。Ⅰ型膜蛋白质，催化蛋白质和多肽底物的蛋白酶解，优先作用于中疏水残基的羧基端。包括跨膜肽酶 A 和跨膜肽酶 B。

03.0572　跨膜肽酶 A　meprin A

特异地切割蛋白质或多肽底物中疏水氨基酸的羧基端的一种跨膜肽酶。编号：EC 3.4.24.18。

03.0573　跨膜肽酶 B　meprin B

特异地切割蛋白质或多肽底物中疏水氨基酸的氨基端的一种跨膜肽酶。编号：EC 3.4.24.63。

03.0574　龙虾肽酶　astacin

存在于龙虾中的一种含锌的金属蛋白酶。催化水解含 5 个以上氨基酸残基的底物，优先水解 P1′为丙氨酸，P2′为脯氨酸的底物。编号：EC 3.4.24.21。

03.0575　嗜热菌蛋白酶　thermolysin, thermophilic protease

存在于嗜热溶蛋白芽孢杆菌（*Bacillus ther-*

moproteolyticus）中的耐热性蛋白水解酶。含有 4 个钙离子，水解非极性氨基酸的氨基端肽键。编号：EC 3.4.24.27。

03.0576　加工蛋白酶　processing protease

在蛋白质翻译后加工过程中负责水解肽键的酶。主要指线粒体加工肽酶，从输入线粒体的前体蛋白质上切除 N 端的靶肽。编号：EC 3.4.24.64。

03.0577　内皮肽转换酶　endothelin-converting enzyme, ECE

又称“内皮肽转化酶”。催化大内皮肽的色氨酸-21 和缬氨酸-22 间肽键水解形成内皮肽 1，为含 Zn^{2+}的金属蛋白酶。在血管平滑肌和呼吸道上皮细胞中表达，存在于血管内皮细胞，与膜相偶联。编号：EC 3.4.24.71。

03.0578　蛋白酶体　proteasome

存在于所有真核细胞中，降解细胞质溶酶体外蛋白质的体系。由 10～20 个不同亚基组成，可显示多种肽酶活性。编号：EC 3.4.25.1。

03.0579　分散酶　dispase

又称“中性蛋白酶（neutral protease, neutral proteinase）”。一种非特异性的金属蛋白酶。为一种氨基内肽酶。用于动物细胞的分散培养，具有组织解聚功能，但不损害细胞膜，可保持上皮细胞活力。

03.0580　天冬酰胺酶　asparaginase

存在于细菌中能特异水解天冬酰胺的酰胺键的一种水解酶。编号：EC 3.5.1.1。

03.0581　谷氨酰胺酶　glutaminase

催化非肽键中的直链酰胺的 C-N 键水解，可使 L-谷氨酰胺水解为 L-谷氨酸和氨的一种水解酶。在动物肝脏与肾脏中与氨的释放有关。编号：EC 3.5.1.2。

03.0582　酰胺酶　amidase

又称“酰基酰胺酶（acylamidase）”“酰化酶（acylase）”。催化单羧酸酰胺化合物的水解，产生单羧酸和氨的一种酰胺基水解酶。编号：EC 3.5.1.4。

03.0583　苯乙酰胺酶　phenylacetamidase

催化苯乙酰胺水解、脱氨，生成苯乙酸的酶。编号：EC 3.5.1.4。

03.0584　乙酰胺酶　acetamidase

催化乙酰胺水解生成乙酸和氨的一种酰胺酶。编号：EC 3.5.1.4。

03.0585　脲酶　urease

又称“尿素酶”。催化尿素水解生成碳酸和两分子氨的含镍酶。编号：EC 3.5.1.5。

03.0586　青霉素酰胺酶　penicillin amidase

又称“青霉素酰胺水解酶（penicillin amidohydrolase）”“青霉素酰化酶（penicillin acylase）”。催化青霉素水解成 6-氨基青霉烷酸（6-APA）及羧酸阴离子的酶。编号：EC 3.5.1.11。6-氨基青霉烷酸是合成多种半合成青霉素的原料。

03.0587　神经酰胺酶　ceramidase

又称“酰基鞘氨醇脱酰基酶（acylsphingosine deacylase）”“鞘糖脂神经酰胺脱酰基酶（glycosphingolipid ceramide deacylase）”。水解神经酰胺中脂肪酸与鞘氨醇之间的连接键，生成鞘氨醇和脂肪酸的酶。广泛分布于脑、肾、脾等动物组织中。编号：EC 3.5.1.23。

03.0588　肽-*N*-糖苷酶 F　peptide-*N*-glycosidase F

催化水解 *N* 寡糖–肽连接键的酶。编号：EC 3.5.1.52。常用的此类酶来源于微生物和杏仁。

03.0589　脱甲酰酶　deformylase

在原核生物蛋白质生物合成过程中，催化多肽链氨基端 *N*-甲酰甲硫氨酸的脱甲酰基反应的酶。编号：EC 3.5.1.88。通常指肽脱甲酰化酶。

03.0590　二氢乳清酸酶　dihydroorotase

在嘧啶生物合成过程中，催化从 *N*-氨甲酰天冬氨酸脱水后，闭环生成二氢乳清酸的酶。编号：EC 3.5.2.3。

03.0591　β-内酰胺酶　β-lactamase

一类具有不同底物专一性、催化水解 β-内酰胺的酶。编号：EC 3.5.2.6。如，头孢菌素酶能迅速水解头孢菌素中的 β-内酰胺，而青霉素酶更容易作用于青霉素中的 β-内酰胺。

03.0592　头孢菌素酶　cephalosporinase

催化水解头孢菌素中 β-内酰胺的酶。属于 β-内酰胺酶。编号：EC 3.5.2.6。

03.0593　青霉素酶　penicillinase

催化水解青霉素中的 β-内酰胺的酶。属于 β-内酰胺酶，在许多细菌中存在。编号：EC 3.5.2.6。

03.0594　精氨酸酶　arginase

在尿素循环中催化精氨酸水解成尿素和鸟氨酸的酶。编号：EC 3.5.3.1。

03.0595　脱氨酶　deaminase, desaminase

一类能切断氨基而产生氨的酶。通常指通过水解而脱氨的酶。编号：EC 3.5.4。

03.0596　胞嘧啶脱氨酶　cytosine deaminase

小肠黏膜细胞存在的一种酶。能将 *APOB* 基因转录生成的 mRNA 第 2153 位氨基酸的密码子 CAA（编码 Gln）中的 C 脱氨基转变为 U，使其变成终止密码子 UAA，因此载脂蛋白 B-载脂蛋白 B-48 的 mRNA 翻译在第 2153 个密码子处终止。编号：EC 3.5.4.1。

03.0597　辅脂肪酶　colipase

由胰腺分泌的蛋白质。有辅脂肪酶 I 和辅脂肪酶 II 两种，分别由 94～95 个和 84～85 个氨基酸残基组成。使肠中脂肪酶与脂肪滴间的作用稳定，从而促进脂肪酶水解甘油三酯，在十二指肠内可阻止胆酸盐抑制脂肪酶水解膳食中的长链甘油三酯。

03.0598　腺苷脱氨酶　adenosine deaminase, ADA

催化腺苷水解脱氨成肌苷的氨基水解酶。是嘌呤代谢的必需酶。编号：EC 3.5.4.4。

03.0599　无机二磷酸酶　inorganic diphosphatase

又称“焦磷酸酶（pyrophosphatase）”。催化焦磷酸水解成两分子磷酸的酶。编号：EC 3.6.1.1。

03.0600　腺三磷二磷酸酶　apyrase

又称“腺三磷双磷酸酶”。催化 ATP 的水解，产生 AMP 和磷酸的一种由钙激活的磷酸酶。也作用于 ADP 及其他核苷三磷酸和核苷二磷酸。水解 ATP 和 ADP 的位点均为 5′-核苷酸的磷酸键。编号：EC 3.6.1.5。

03.0601　脱壳酶　uncoating enzyme

在病毒侵入宿主细胞过程中，催化降解病毒外壳蛋白质的酶类。

03.0602　非伴侣蛋白分子伴侣 ATP 酶　non-chaperonin molecular chaperone ATPase

参与网格蛋白脱壳和肌动蛋白的聚集的高度多样性的一组酶。分子包含同源热激蛋白质，并具有类似于伴侣蛋白的功能。编号：EC 3.6.4.10。

03.0603　自溶酶　autolytic enzyme
存在于细胞内、当细胞死亡时参与细胞自溶的酶类。包括蛋白酶、脂肪酶、糖类水解酶。在特定条件下（如重要器官受损、特定的发育阶段等）机体启动自溶系统，非重要器官的细胞发生自溶，自溶酶将细胞及其内容物分解为可被利用的营养物质以保证受损器官的修复或完成特定的发育阶段。

03.0604　解聚酶　depolymerase
催化生物多聚体水解成寡聚体或单体的酶。

03.0605　蜗牛肠酶　snail gut enzyme
存在于蜗牛消化道中，能分解细胞壁、含有多种酶的混合物。

03.0606　溶细胞酶　lyticase, zymolase, zymolyase
又称"消解酶"。一种有最小量核酸酶的酶混合物。具有 β-1,3-葡聚糖酶和高度特异性的碱性蛋白酶两种活性。可由藤黄节杆菌（*Arthrobacter luteus*）制备，用于裂解酵母细胞，产生原生质球。

03.0607　RNA 解旋酶　RNA helicase
一类通过水解核苷-5′-三磷酸（NTP）获得能量来解开 RNA 局部复杂螺旋结构的酶。编号：EC 3.6.4.13。

03.0608　复制解旋酶　replicative helicase
在 DNA 复制过程中解开 DNA 双链的酶。通过水解 ATP 获得能量。

03.03.04　裂　合　酶

03.0609　裂合酶　lyase
能催化从底物上移去一个基团而形成双键的反应或其逆反应的酶。是酶七大分类中的第四类。编号：EC 4-。可使 C—C（EC 4.1.-）、C—O（EC 4.2.-）、C—N（EC 4.3.-）及类似的键裂解。如脱羧酶、醛缩酶、脱水酶等。

03.0610　脱羧酶　decarboxylase
催化脱羧基反应的一类酶。如丙酮酸脱羧酶和氨基酸脱羧酶等。编号：EC 4.1.1-。

03.0611　丙酮酸脱羧酶　pyruvate decarboxylase
催化 α-酮酸脱羧成乙醛和二氧化碳的一种羧基裂解酶。硫胺素焦磷酸为其必需辅酶。编号：EC 4.1.1.1。

03.0612　磷酸烯醇式丙酮酸羧激酶　phosphoenolpyruvate carboxykinase, PEPCK
在糖异生途径中，催化草酰乙酸形成磷酸烯醇式丙酮酸和二氧化碳的酶。此反应是需要鸟苷三磷酸提供磷酰基的可逆反应。该酶在三羧酸循环中催化逆反应，以回补草酰乙酸。编号：EC 4.1.1.32。

03.0613　羧基歧化酶　carboxydismutase
又称"核酮糖-1,5-二磷酸羧化酶（ribulose-1,5-diphosphate carboxylase, RuDPCase）""核酮糖-1,5-二磷酸羧化酶/加氧酶（ribulose-1,5-bisphophate carboxylase/oxygenase, rubisco）"。在卡尔文循环中催化二氧化碳与核酮糖-1,5-二磷酸缩合形成两分子甘油酸-3-磷酸的酶。同时也是一个加氧酶，利用氧催化核酮糖-1,5-二磷酸氧化，生成 2-磷酸羟基乙酸和甘油酸-3-磷酸。编号：EC 4.1.1.39。

03.0614　吲哚甘油磷酸合酶　indole glycerol phosphate synthase
色氨酸生物合成过程中的一种羧基裂合酶。催化 1-(2-羧苯丙氨基)-1-脱氧-D-核酮糖-5-磷酸脱羧、脱水生成吲哚甘油磷酸。编号：

EC 4.1.1.48。

03.0615　氨基酸脱羧酶　amino acid decarboxylase

催化脱去某种氨基酸的羧基，生成对应的胺的裂合酶。

03.0616　*S*-腺苷甲硫氨酸脱羧酶　*S*-adenosylmethionine decarboxylase

又称“*S*-腺苷甲硫氨酸羧基裂合酶（*S*-adenosylmethionine carboxylyase）”。催化 *S*-腺苷甲硫氨酸脱羧，从腐胺合成亚精胺、精胺的酶。编号：EC 4.1.1.50。

03.0617　二烷基甘氨酸脱羧酶　dialkylglycine decarboxylase

催化二烷基甘氨酸氧化脱羧产生二氧化碳和二烷基酮，并将氨基转移给丙酮酸产生丙氨酸的酶。编号：EC 4.1.1.64。

03.0618　醛缩酶　aldolase

在糖酵解作用中催化果糖-1,6-二磷酸与磷酸二羟丙酮及甘油醛-3-磷酸相互转变的一种醛裂合酶。编号：EC 4.1.2.13。

03.0619　脱氧核糖醛缩酶　deoxyriboaldolase

又称“磷酸脱氧核糖醛缩酶”。能够催化 5-磷酸-2-脱氧-D-核糖分解成 D-甘油醛-3-磷酸和乙醛，并可催化其逆反应的酶。编号：EC 4.1.2.4。

03.0620　磷酸转酮酶　phosphoketolase

催化木酮糖-5-磷酸分解为甘油醛-3-磷酸及乙酰磷脂的酶。是磷酸酮糖代谢途径的关键酶。编号：EC 4.1.2.9。

03.0621　羟甲基戊二[酸单]酰辅酶 A 裂合酶　hydroxymethylglutaryl-CoA lyase, HMG-CoA lyase

催化羟甲基戊二酸单酰辅酶 A 裂解产生乙酰乙酸和乙酰辅酶 A 的酶。编号：EC 4.1.3.4。

03.0622　柠檬酸裂合酶　citrate lyase, citrate cleavage enzyme

催化柠檬酸裂解成乙酸和草酰乙酸的酶。编号：EC 4.1.3.6。

03.0623　酪氨酸酚裂合酶　tyrosine phenol-lyase

又称“酪氨酸酚裂解酶”“β-酪氨酸酶（β-tyrosinase）”。一类磷酸吡哆醛依赖型裂合酶。催化 L-酪氨酸裂解成酚、丙酮酸和氨的酶。此反应为可逆反应，若以邻苯二酚替代苯酚，该酶可逆向催化生成左旋多巴。编号：EC 4.1.99.2。

03.0624　脱水酶　dehydratase, anhydrase

催化脱水反应，使化合物脱去水并产生双键的酶。编号：EC 4.2.1-。

03.0625　碳酸酐酶　carbonic anhydrase

催化碳酸分解成二氧化碳和水的可逆反应的一种含锌酶。编号：EC 4.2.1.1。

03.0626　延胡索酸酶　fumarase

柠檬酸循环中的一种酶。催化延胡索酸水化成苹果酸的可逆反应，具有立体特异性，正反应中只催化反式双键的水化，逆反应只催化形成苹果酸的 L-异构体。编号：EC 4.2.1.2。

03.0627　顺乌头酸酶　aconitase

在三羧酸循环中，催化从柠檬酸经顺乌头酸生成异柠檬酸的可逆性异构化的一种含 Fe-S 簇的酶。编号：EC 4.2.1.3。

03.0628　烯醇化酶　enolase

催化从甘油酸-2-磷酸形成高能化合物磷酸烯醇式丙酮酸的酶。是糖酵解中的关键酶之一。编号：EC 4.2.1.11。

03.0629 尿刊酸酶 urocanase

催化 3-(5-氧-4,5-二氢-3 氢-咪唑基丙酸)形成尿刊酸和水的酶。编号：EC 4.2.1.49。

03.0630 果胶酸裂合酶 pectate lyase

催化果胶酸裂解产生寡糖的酶。其非还原性末端为4-脱氧-β-D-半乳糖-4-烯糖醛酸基团，不作用于果胶。编号：EC 4.2.2.2。

03.0631 果胶酸二糖裂合酶 pectate disaccharide-lyase

催化由果胶酸还原性末端外切产生 4-(4-脱氧-β-D-半乳糖-4-烯糖醛酸基)-D-半乳糖醛酸的酶。编号：EC 4.2.2.9。

03.0632 果胶裂合酶 pectin lyase

催化果胶酸裂解产生寡糖的酶。其非还原性末端为 4-脱氧-6-*O*-甲基-β-D-半乳糖-4-烯糖醛酸基团。不作用于去酯化的果胶。编号：EC 4.2.2.10。

03.0633 倍半萜环化酶 sesquiterpene cyclase

催化 2,6-反式-法尼基二磷酸环化形成倍半萜的酶。编号：EC 4.2.3.9。

03.0634 AP 裂合酶 AP lyase

全称“无嘌呤嘧啶裂合酶”，又称“AP 核酸内切酶（AP endonuclease）”“UV 核酸内切酶（UV endonuclease）”。通过β消去反应使 DNA 链中无嘌呤或无嘧啶位点 3′一侧的 C-O-P 键断裂，产生 3′端为不饱和糖与 5′端为磷酸的两种产物的酶。在 DNA 修复中起重要作用。编号：EC 4.2.99.18。

03.0635 氨裂合酶 ammonia-lyase

催化氨基酸、乙醇胺等化合物分子上的C—N键断裂，脱氨并形成双键的酶。编号：EC 4.3.1.-。

03.0636 苏氨酸脱氨酶 threonine deaminase

又称“苏氨酸脱水酶（threonine dehydrase, threonine dehydratase）”。催化苏氨酸脱氨，生成 2-酮丁酸和氨的一种磷酸吡哆醛蛋白。编号：EC 4.3.1.19。

03.0637 酪氨酸氨裂合酶 tyrosine ammonia-lyase, TAL

催化将酪氨酸分裂成对羟基苯丙烯酸和氨的酶。编号：EC 4.3.1.23。

03.0638 苯丙氨酸氨裂合酶 phenylalanine ammonia-lyase, PAL

催化 L-苯丙氨酸脱氨生成反式肉桂酸及氨的酶。编号：EC 4.3.1.24。

03.0639 胱硫醚酶 cystathionase

参与半胱氨酸合成的酶。催化胱硫醚脱氨水解成半胱氨酸、α-酮丁酸及氨。编号：EC 4.4.1.1。

03.0640 ACC 合酶 1-aminocyclopropane-1-carboxylate synthase, ACC synthase

全称“1-氨基环丙烷-1-羧酸合酶”，又称“*S*-腺苷甲硫氨酸甲基硫代腺苷裂合酶（*S*-adenosylmethionine methylthioadenosine-lyase）”。催化乙烯生物合成的限速酶。将*S*-腺苷甲硫氨酸转变成 1-氨基环丙烷基-1-羧酸和甲基硫腺苷。编号：EC 4.4.1.14。

03.0641 腺苷酸环化酶 adenylate cyclase

催化 ATP 裂解去除焦磷酸形成环腺苷酸（cAMP）的酶。是信号传递途径的重要组分。Ⅰ和Ⅲ型腺苷酸环化酶受钙离子与钙调蛋白的调控，而Ⅱ、Ⅳ、Ⅴ和Ⅵ型酶则否。编号：EC 4.6.1.1。

03.0642　核糖核酸酶 A　ribonuclease A, RNase A

特异地攻击胞苷酸或尿苷酸 3′端的磷酸基团，切割与其相邻的 5′-磷酯键的一种核酸内切酶。终产物为 3′-磷酸胞（尿）苷的寡核苷酸或 3′-磷酸胞（尿）苷。编号：EC4.6.1.18。

03.0643　铁螯合酶　ferrochelatase

又称“亚铁螯合酶”。催化 Fe^{2+}与有机分子发生螯合（组装）作用的酶。如催化 Fe^{2+}与原卟啉发生螯合作用形成铁卟啉（血红素）。编号：EC 4.98.1.1。

03.03.05　异　构　酶

03.0644　异构酶　isomerase

催化一种同分异构体转变为另一种同分异构体的酶。是酶七大分类中的第五类，编号：EC 5.-。如差向异构酶、消旋酶、顺反异构酶、变位酶等。

03.0645　差向异构酶　epimerase

又称“表异构酶”。催化具有多个不对称中心的底物中不对称碳原子构型的立体化学反转，从而使差向异构体间相互转化的酶。人类差向异构酶如甲基丙二酰辅酶 A 差向异构酶和尿苷二磷酸葡萄糖-4-差向异构酶。编号：EC5.1.-。

03.0646　甲基丙二酰辅酶 A 差向异构酶　methylmalonyl-CoA epimerase

参与氨基酸、丙氨酸、异亮氨酸、蛋氨酸和缬氨酸的代谢分解的一种差向异构酶。编号：EC 5.1.99.1。

03.0647　尿苷二磷酸葡萄糖-4-差向异构酶　UDP-glucose 4-epimerase

用于半乳糖代谢的最后一步，催化尿苷二磷酸（UDP）-半乳糖可逆转化为 UDP-葡萄糖的酶。编号：EC 5.1.3.2。

03.0648　消旋酶　racemase

催化含有一个不对称碳原子化合物的旋光异构体间相互转化的一种异构酶。按照作用氨基酸的专一性分为丙氨酸消旋酶、甲硫氨酸消旋酶、谷氨酸消旋酶、脯氨酸消旋酶等。

03.0649　丙氨酸消旋酶　alanine racemase

催化丙氨酸可逆性消旋作用的酶。是环孢素 A 生物合成的关键酶，是从一种真菌（*Tplypocladium niveum*）中纯化的寡聚体酶。编号：EC 5.1.1.1。

03.0650　甲硫氨酸消旋酶　methionine racemase

催化甲硫氨酸可逆性消旋作用的酶。是一种内源性 DNA 促旋酶的抑制剂。编号：EC 5.1.1.2。

03.0651　谷氨酸消旋酶　glutamate racemase

催化谷氨酸可逆性消旋作用的酶。编号：EC 5.1.1.3。

03.0652　脯氨酸消旋酶　proline racemase

催化脯氨酸可逆性消旋作用的酶。编号：EC 5.1.1.4。

03.0653　顺反异构酶　*cis-trans* isomerase

催化具有顺反异构体的化合物在顺式和反式异构体之间相互转变的酶。编号：EC5.2.-。

03.0654　肽基脯氨酰顺反异构酶　peptidyl-prolyl *cis-trans* isomerase, PPIase

又称“旋转异构酶（rotamase）”。催化肽酰脯氨基顺反异构化的酶。广泛存在于各种组织和器官。根据对免疫抑制剂的敏感性，分属三个独立的家族：亲环蛋白、FK506 结合蛋白质和细蛋白。能够加速自身折叠和体内新生肽链折叠及变性蛋白质的体外折叠。编号：EC 5.2.1.8。

03.0655 细蛋白 parvulin
一种小分子肽基脯氨酰顺反异构酶。在大肠埃希菌和人体中发现。人的细蛋白分子量约 14kDa。

03.0656 触发因子 trigger factor
具有肽基脯氨酰顺反异构酶活性的酶。属于 FK506 结合蛋白质家族，具有多种功能。是大肠杆菌中与核糖体大亚基结合的分子伴侣，帮助新生肽链的折叠。

03.0657 变旋酶 mutarotase
催化 α-和 β-醛糖构型之间互相可逆地转换的酶。此酶的作用底物包括 D-葡萄糖、L-阿拉伯糖、D-木糖、D-半乳糖、麦芽糖、乳糖等。编号：EC 5.1.3.3。

03.0658 丙糖磷酸异构酶 triose-phosphate isomerase, TPI, TIM
又称“磷酸丙糖异构酶”。催化将不能进入糖酵解途径的磷酸二羟丙酮转化成甘油醛-3-磷酸，从而进入糖酵解途径的酶。编号：EC 5.3.1.1。

03.0659 木糖异构酶 xylose isomerase
催化木糖转变成木酮糖的酶。同时具有葡萄糖异构酶活性，故与葡萄糖异构酶为同一编号。编号：EC 5.3.1.5。

03.0660 葡萄糖异构酶 glucose isomerase
催化D-葡萄糖向D-果糖的异构化反应的酶。工业上用于生产高果糖浆或异构糖浆。由于某些木糖异构酶同时具有葡萄糖异构酶活性，故二者为同一编号。编号：EC 5.3.1.5。

03.0661 葡萄糖-6-磷酸异构酶 glucose-6-phosphate isomerase, GPI
又称“磷酸葡萄糖异构酶（phosphoglucoisomerase）”。糖酵解的第二步反应中，催化葡萄糖-6-磷酸和果糖-6-磷酸之间可逆转化的酶。反应需要 Mg^{2+}，可催化 D-葡萄糖-6-磷酸的 α-β 异构。编号：EC 5.3.1.9。

03.0662 异戊烯二磷酸 Δ^3-Δ^2 异构酶 isopentenyl-diphosphate Δ^3-Δ^2-isomerase
催化分子内 C═C 改变位置，将异戊烯二磷酸转变为二甲基烯丙基二磷酸的酶。编号：EC 5.3.3.2。

03.0663 变位酶 mutase
催化分子内部化学基团转移的一类酶。

03.0664 磷酸葡萄糖变位酶 phosphoglucomutase, PGM
又称“葡萄糖磷酸变位酶”。催化磷酸酰基从葡萄糖-1-磷酸的 C-1 转移至 C-6 生成葡萄糖-6-磷酸的酶。在糖酵解及糖原异生中起关键作用。编号：EC 5.4.2.6。

03.0665 磷酸戊糖变位酶 phosphopentomutase
又称“脱氧核糖变位酶（deoxyribomutase）”“D-核糖-1,5-磷酸变位酶（D-ribose 1,5-phosphamutase）”。能够可逆地催化磷酸-D-脱氧核糖上的磷酸基团在 C-1 和 C-5 位之间转移的酶。编号：EC 5.4.2.7。

03.0666 磷酸甘油酸变位酶 phosphoglycerate mutase, phosphoglyceromutase
在糖酵解中，催化磷酰基从甘油酸-3-磷酸的 C-3 移至 C-2 的酶。编号：EC 5.4.2.12。

03.0667 查耳酮黄烷酮异构酶 chalcone flavanone isomerase
催化 1-(4-羟苯基)-3-(2,4,6-三羟苯基)丙烯酮发生分子内裂合反应，异构化为4′,5,7-三羟基黄烷酮的酶。是类黄酮生物合成途径中的关键酶。编号：EC 5.5.1.6。

03.0668 DNA拓扑异构酶 DNA topoisomerase

简称“拓扑异构酶（topoisomerase）”。调控DNA的拓扑状态和催化拓扑异构体相互转换的一类酶。编号：EC 5.6.2.2。这些反应包括超螺旋性的变化和形成结及环链式结构。所有DNA的拓扑性相互转换均需DNA链暂时断裂和再连接。分为Ⅰ型和Ⅱ型。

03.0669 Ⅰ型DNA拓扑异构酶 DNA topoisomerase Ⅰ

又称“切口闭合酶（nick-closing enzyme）”“转轴酶（swivelase）”。在双链结构中使其中一条链暂时断裂，断裂时不依赖于ATP，负责使超螺旋松弛的酶。多为消除负超螺旋。编号：EC 5.6.2.1。

03.0670 Ⅱ型DNA拓扑异构酶 DNA topoisomerase Ⅱ

使双链结构的两条链均暂时断裂，断裂时依赖于ATP，将松弛、闭环DNA转变为超螺旋形式的酶。包括DNA促旋酶。编号：EC 5.6.2.2。

03.0671 切口酶 nickase

又称“切割酶”。催化切割双链DNA中的单链或双链，使DNA发生拓扑异构变化的酶。是DNA拓扑异构酶所具有的一种活性。

03.0672 折叠酶 foldase

一类可以帮助细胞内新生肽链折叠为具有生物学功能的蛋白质的酶。催化与蛋白质折叠直接有关的必需的共价反应。如蛋白质二硫键异构酶及肽酰脯氨酰顺反异构酶。

03.0673 DNA促旋酶 DNA gyrase

又称“DNA促超螺旋酶”。在ATP存在下，可将负超螺旋引入双链环状DNA中的酶。由两个亚基组成，其中一个具有切割DNA形成缺口及封闭缺口的功能，另一个则有水解ATP从而提供形成超螺旋所需的能量。参与DNA复制、转录、修复与重组。编号：EC 5.6.2.2。

03.0674 解旋酶 helicase, untwisting enzyme, unwinding enzyme

在DNA或RNA复制过程中催化双链DNA或RNA解旋的酶。

03.0675 DNA 5′-3′解旋酶 DNA 5′-3′ helicase

在DNA不连续复制过程中，结合于复制叉前面，催化DNA双链结构解链，并具有ATP酶活性的酶。两种活性相互偶联，通过水解ATP提供解链的能量。不同来源的DNA解旋酶的共同特性是通过水解ATP提供解链的能量，而复制叉结构的存在与否对活性的影响因酶而异。编号：EC 5.6.2.3。

03.0676 细菌解旋酶 bacterial helicase

又称“DnaB解旋酶（DnaB helicase）”。由大肠埃希菌的*dnaB*基因编码，DNA复制的关键酶。在ATP存在下在复制叉处打开DNA双链，参与引发体的形成，并刺激引发酶。在大肠埃希菌细胞中有10种以上的解旋酶。

03.03.06 连 接 酶

03.0677 连接酶 ligase

催化两个不同分子或同一分子的两个末端连接的酶。是酶七大分类中的第六类，编号：EC 6.-。包括形成C–O键、C–S键、C–N键、C–C键、磷酯键、N–N键等6个亚类的连接酶。

03.0678　合成酶　synthetase
催化由两种物质（双分子）合成为一种物质反应的酶。在合成过程中，需要由腺苷三磷酸（ATP）或其他三磷酸核苷的高能磷酸键提供能量。

03.0679　氨基酰 tRNA 连接酶　aminoacyl-tRNA ligase
又称“氨基酰 tRNA 合成酶(aminoacyl-tRNA synthetase）”。催化氨基酸激活的偶联反应的酶。先将一种氨基酸连接到 AMP 生成相应氨基酰腺苷酸，然后连接到转运 RNA（tRNA）生成氨基酰 tRNA。编号：EC 6.1.1.1-28。

03.0680　硫激酶　thiokinase
在 ATP 或 GTP 存在条件下，催化某些有机酸的羧基与辅酶 A 的巯基连接形成脂肪酰辅酶 A，从而使脂肪酸活化进入 β 氧化途径的酶。编号：EC 6.2.1.-。

03.0681　短链脂肪酸硫激酶　short-chain fatty acid thiokinase
激活乙酸、丙酸的一种硫激酶。编号：EC 6.2.1.1。

03.0682　中链脂肪酸硫激酶　medium-chain fatty acid thiokinase
激活含 4～10 个碳原子脂肪酸的一种硫激酶。编号：EC 6.2.1.2。

03.0683　长链脂肪酸硫激酶　long-chain fatty acid thiokinase
激活含 12 个碳原子以上长链脂肪酸的一种硫激酶。编号：EC 6.2.1.3。

03.0684　泛素活化酶　ubiquitin-activating enzyme
又称“泛素激活酶”。泛素化级联反应中的第一个酶（E1）。激活泛素的酶，在 Mg^{2+}、ATP 存在下，催化一个分子泛素（Ub）腺苷酸化形成 AMP-Ub，通过非共价键与 E1 结合，而另一分子 Ub 的 C 端甘氨酸（G76）的羧基与 E1 中的—SH 形成硫酯键，从而被激活。编号：EC 6.2.1.45。

03.0685　泛素-蛋白质连接酶　ubiquitin-protein ligase
泛素化级联反应中的第三个酶（E3）。使泛素与蛋白质赖氨酸偶联，可形成蛋白质 *N*-泛素赖氨酸并将 ATP 水解为 AMP 和焦磷酸。编号：EC 6.3.2.19。

03.0686　生物素羧化酶　biotin carboxylase
在 ATP 和 CO_2（HCO_3^-）存在的条件下催化生物素-羧基-载体蛋白质分子中的生物素第一位氮原子羧基化的酶。是大肠埃希菌乙酰辅酶 A 羧化酶的一个亚基。编号：EC 6.3.4.14。

03.0687　氨[基]甲酰磷酸合成酶　carbamoyl phosphate synthetase, carbamyl phosphate synthetase
参与机体内嘧啶核苷酸的合成，催化谷氨酰胺、ATP 和碳酸根合成氨基甲酰磷酸的酶。编号：EC 6.3.5.5。

03.0688　羧化酶　carboxylase
在 ATP 和 HCO_3^-存在条件下使底物羧基化的酶。如丙酮酸羧化酶、乙酰辅酶 A 羧化酶。还有一种依赖于维生素 K 的羧化酶，存在于哺乳动物各种组织微粒体中，选择性地催化蛋白质的翻译后修饰，将谷氨酸或酰胺转变成 γ 羧基化的谷氨酸或酰胺，反应中利用二氧化碳或氧。

03.0689　丙酮酸羧化酶　pyruvate carboxylase
催化丙酮酸生成草酰乙酸的酶。编号：EC 6.4.1.1。

03.0690 乙酰辅酶 A 羧化酶 acetyl-CoA carboxylase

催化乙酰辅酶 A 羧化形成丙二酰基辅酶 A 的酶。是长链脂肪酸生物合成的限速酶。编号：EC 6.4.1.2。

03.0691 DNA 连接酶 DNA ligase

催化双链DNA末端相邻核酸的5′-磷酸和3′-羟基连接反应的酶。根据参与底物不同可分为编号：EC 6.5.1.1（参与底物 ATP）、EC 6.5.1.2（参与底物 NAD^+）、EC 6.5.1.6（参与底物 ATP 或 NAD^+）和 EC 6.5.1.7（参与底物 ATP、ADP 和 GTP）四种。

03.0692 修复核酸内切酶 repair endonuclease

又称“修复内切核酸酶”。参与 DNA 的切除修复，即可特异地识别由紫外线或其他因素引起的 DNA 损伤部位，在其附近将核酸单链切开的酶。

03.0693 修复酶 repair enzyme

在 DNA 损伤的单链断裂处催化形成磷酸二酯键，连接修复 DNA 片段的一类酶。

03.0694 RNA 连接酶 RNA ligase

以 ATP 为参与底物，催化 RNA 中 3′-羟基和 5′-磷酸基之间形成磷酸二酯键的酶。编号：EC 6.5.1.3。

03.03.07 易 位 酶

03.0695 易位酶 translocase

又称“移位酶”“转位酶”。将离子或分子从膜的一面易位到另一面的酶。是酶七大分类中的第七类，编号：EC 7.-。为 2018 年国际生物化学学会酶学专业委员会新增加的一类。按照转运底物的类型分为 6 个亚类，如转运质子（EC 7.1.-）、无机阳离子及其螯合物（EC 7.2.-）、无机阴离子（EC 7.3.-）、氨基酸和肽（EC 7.4.-）、糖及其衍生物（EC 7.5.-）和催化其他化合物（EC 7.6.-）。

03.0696 质子易位 $NAD(P)^+$ 转氢酶 proton-translocating $NAD(P)^+$ transhydrogenase

又称“烟酰胺核苷酸转氢酶（nicotinamide nucleotide transhydrogenase, NNT）”。存在于细菌质膜和真核生物线粒体内膜中的质子易位酶。催化 NADH 和 $NADP^+$之间的氢化物转移，并伴随着一个质子穿过线粒体内膜的一个可逆反应。其主要的生理功能是产生 NADPH。编号：EC 7.1.1.1。

03.0697 NADH-泛醌还原酶 NADH: ubiquinone reductase

又称“复合物 1 脱氢酶（complex 1 dehydrogenase）”“NADH-脱氢酶复合物（NADH-dehydrogenase complex）”。催化 NADH 上的氢原子传递给与其结合牢固的辅酶黄素单核苷酸、铁硫中心再将氢从辅酶上脱下转移给呼吸链中的下一个成员泛醌的酶。是电子传递链复合物Ⅰ。编号：EC 7.1.1.2。

03.0698 泛醇氧化酶 ubiquinol oxidase

催化泛醇氧化为泛醌，同时催化质子跨膜转运的易位酶。编号：EC 7.1.1.3。

03.0699 细胞色素 b_6f 复合物 cytochrome b_6f complex

线粒体类囊体膜上连接两个光系统的中间电子传递复合物之一。含有两个细胞色素 b，两个细胞色素 c（c 和 f），一个铁硫簇和亚基Ⅳ（PQ 结合蛋白）4 个主要亚基。以二聚体形式存在。其主要功能是接受质体醌（PQ）的电子，传递至质体蓝素（PC）。其与 PQ

间的氧化还原循环实现了质子跨膜进入类囊体腔的转运。编号 EC 7.1.1.6。

03.0700　泛醇-细胞色素 c 还原酶　ubiquinol-cytochrome c reductase

在高铁细胞色素 c 存在时，催化泛醇（即还原型泛醌）氧化成泛醌和亚铁细胞色素 c 的易位酶。是一种含 11 个亚基的多酶复合物，为线粒体呼吸链中的电子传递蛋白质。编号 EC 7.1.1.8。

03.0701　ATP 酶　adenosine triphosphatase, ATPase

全称“腺苷三磷酸酶”。催化水解 ATP 为 ADP 和无机磷酸或水解成 AMP 和焦磷酸，并释放出其他细胞活性所需能量的酶。编号：EC 7.1.2-。包括液泡质子 ATP 酶、ATP 合酶、钙 ATP 酶等。此外，还有一些蛋白质具有 ATP 酶活性，通过水解 ATP 提供能量以实现不同的生理功能，如 ATP 依赖性蛋白酶。

03.0702　质子易位 ATP 酶　proton-translocating ATPase

存在于原生动物、真菌和植物中，在质膜上产生跨膜的质子电化学电势梯度的酶。编号：EC 7.1.2.1。

03.0703　ATP 合酶　ATP synthase

又称“线粒体 ATP 酶（mitochondrial ATPase）”“F_1-ATP 酶（F_1-ATPase）”。位于线粒体内膜基质一边，由 F_o 和 F_1 构成的复合体。是一种 ATP 驱动的质子运输体，当质子顺电化学梯度流动时催化 ATP 的合成；当没有氢离子梯度通过质子通道 F_o 时，F_1 的作用是催化 ATP 的水解。编号：EC 7.1.2.2。

03.0704　P 型 ATP 酶　P-type ATPase

将 ATP 的分解与阳离子跨膜转运相偶联的 ATP 酶。转运时至少有一个 α 亚基被磷酸化而得名。包括钙离子转运 ATP 酶、氢钾 ATP 酶等。

03.0705　小 GTP 酶　small GTPase

属于鸟苷三磷酸（GTP）酶超家族的一类单分子蛋白质。通过处于活性（结合 GTP）和非活性（结合 GDP）状态控制细胞内的信号转导通路的开关。

03.0706　抗坏血酸铁还原酶　ascorbate ferrireductase

催化抗坏血酸氧化跨膜转运并氧化的易位酶。EC 7.2.1.3。

03.0707　钙离子转运 ATP 酶　calcium-transporting ATPase, Ca^{2+}-transporting ATPase

又称“P 型钙转运蛋白（P-type Ca^{2+} transporter）”“钙泵（calcium pump）”。肌质网/内质网钙 ATP 酶和质膜钙 ATP 酶的统称。前者催化将钙从肌质主动转运至肌质网囊泡内；后者可将 1～2 个 Ca^{2+}穿膜转移到胞外，同时以 1∶2 的比例将 H^+转运到细胞内。编号：EC 7.2.2.10。

03.0708　肌质网/内质网钙 ATP 酶　sarcoplasmic/endoplasmic reticulum calcium ATPase, sarcoendoplasmic reticulum calcium ATPase, SERCA

又称“肌质网钙泵（sarcoplasmic reticulum calcium pump）”。集中分布于肌细胞的肌质网和其他细胞的内质网膜上的 ATP 酶。每分解 1 分子 ATP 可将 2 个 Ca^{2+}从胞质溶胶转运到内质网中。

03.0709　质膜钙 ATP 酶　plasma membrane calcium-ATPase, PMCA

又称“质膜钙泵（plasma membrane calcium pump）”。广泛存在于哺乳动物质膜上的 ATP 酶。每分解 1 分子 ATP，可将其结合的 1 个 Ca^{2+}从膜内转运至胞外，同时以 1∶2 的比例

将 H^+转运到细胞内。编码：EC 7.2.2.10。

03.0710　钠钾 ATP 酶　sodium/potassium-transporting ATPase, Na^+/K^+-exchanging ATPase

又称“钠钾泵（sodium/potassium pump）”“钠泵（sodium pump）”。位于细胞膜上、促进钠与钾离子的主动转运的 ATP 酶。此酶的作用有矢量性，每水解一分子 ATP 催化 3 个 Na^+流出和 2 个 K^+流入。编号：EC 7.2.2.13。

03.0711　氢钾 ATP 酶　hydrogen/potassium ATPase, H^+/K^+-exchanging ATPase

负责细胞溶质 H^+以 1∶1 比率与细胞外 K^+进行交换的一种 P 型 ATP 酶。可以使胃内保持酸化环境。编号：EC 7.2.2.19。

03.0712　ABC 型硫酸转运蛋白　ABC-type sulfate transporter

催化硫酸跨膜转运的易位酶。属于 ATP 结合盒转运蛋白。编号：EC 7.3.2.3。

03.0713　线粒体蛋白质转运 ATP 酶　mitochondrial protein-transporting ATPase

催化线粒体蛋白质跨膜转运的易位酶。反应需要 ATP。编号：EC 7.4.2.3。

03.0714　ABC 型 β-葡聚糖转运蛋白　ABC-type β-glucan transporter

又称“β-葡聚糖转运 ATP 酶（β-glucan-transporting ATPase）”。催化葡聚糖跨膜转运的易位酶。属于 ATP 结合盒转运蛋白。编号：EC 7.5.2.3。

03.0715　P 型磷脂转运蛋白　P-type phospholipid transporter

又称“翻转酶（flippase）”“磷脂转运 ATP 酶（phospholipid-translocating ATPase）”。通过消耗 ATP 催化磷脂（如磷脂酰胆碱、赖氨酰胆碱、磷脂酰丝氨酸、磷脂酰乙醇胺、磷脂酰甘油、鞘磷脂和葡萄糖神经酰胺）从质膜的胞外层移位到细胞溶胶层（内层）的 P 型 ATP 酶。造成磷脂的不对称分布。编码：EC 7.6.2.1。

03.0716　ABC 型脂[肪]酰辅酶 A 转运蛋白　ABC-type fatty-acyl-CoA transporter

催化脂肪酰辅酶 A 跨膜转运的易位酶。反应需要 ATP。属于 ATP 结合盒转运蛋白。编号：EC 7.6.2.4。

03.0717　外翻酶　floppase

又称“转出酶”。通过消化 ATP 催化质膜磷脂从细胞胞质溶胶层（内膜侧）移位到胞外层（外膜侧）的易位酶。

03.0718　促翻转酶　scramblase

又称“爬行酶”。不依赖于 ATP，催化细胞膜脂质双层中的磷脂沿脂浓度梯度在两个单层中易位的酶。

03.04　核酶及其他

03.0719　核酶　ribozyme, RNAzyme

具有催化活性的 RNA。

03.0720　脱氧核酶　deoxyribozyme, DNAzyme

人工合成的具有催化作用的 DNA。

03.0721　金属核酶　metalloribozyme

在催化过程中需要金属离子辅助的核酶。

03.0722　斧头状核酶　axehead ribozyme

具有催化功能、结构类似斧头状 RNA 分子的一类核酶。

03.0723　顺式作用核酶　*cis*-acting ribozyme
催化 RNA 链自我剪接的核酶。

03.0724　小核酶　minizyme
特指 1992 年麦考尔（McCall）合成的一种人工核酶。即锤头状核酶的茎Ⅱ（stem-Ⅱ）被短核苷酸链替代后得到。这一变短的核酶仍保持原有的切割活性，并可形成更具活性的二聚体结构。

03.0725　大核酶　maxizyme
特指由小核酶聚合形成的一种人工二聚体核酶。可以形成同二聚体和异二聚体，使聚合物同时切割两个不同底物或同一底物的两个不同位点成为可能。

03.0726　反式作用核酶　*trans*-acting ribozyme
通过重组技术将人为设计的核酶的底物识别-结合序列与核酶的催化中心相连，从而改变核酶只作用于自身 RNA 链的特性，能作用于其他 RNA 链的核酶。

03.0727　工程核酶　engineered ribozyme
又称“基因工程核酶（gene engineered ribozyme）”。利用生物化学和基因工程技术设计的核酶。以提高其在细胞内的活性及对底物的专一性。

03.0728　抗体酶　abzyme
又称“催化抗体（catalytic antibody）”。具有催化作用的免疫球蛋白。主要借助杂交瘤技术等制备的单克隆抗体，或采用过渡态的底物类似物诱导，或在现有的抗体基础上，通过化学修饰或通过蛋白质工程向其配体结合部位导入催化基团。

03.0729　模拟酶　mimic enzyme
人工合成的比天然酶简单的非蛋白质生物催化剂。其结构比天然酶简单，化学性质稳定，具有酶的功能，还有高效、高选择性和价廉易得等优点，是用合成高分子来模拟酶的结构、特性、作用原理以及酶在机体内的化学反应过程。如用三亚乙基四胺合成铁Ⅲ配合物模拟过氧化氢酶、环糊精模拟酶和卟啉类模拟酶等。

03.0730　等位基因酶　allozyme
由等位基因产生的一组酶。其氨基酸序列不同，因此在性质上有差异。

03.0731　诱导酶　inducible enzyme
在正常细胞中没有或只有很少量存在，但在酶诱导的过程中，由于诱导物的作用而被大量合成的酶。

03.0732　组成酶　constitutive enzyme
细胞内以相对恒定量存在的酶。其含量不受组织、介质的组成和生长条件的影响。

03.0733　核心酶　core enzyme
仅含有表达其基础酶活性所必需亚基的酶蛋白复合物。如大肠埃希菌 DNA 聚合酶Ⅲ全酶由 10 个亚基组成，而其核心酶仅由 α、ε、θ 三个亚基组成。

03.0734　凝固酶　coagulase
全称“血浆凝固酶”“葡萄球菌凝固酶（staphylocoagulase）”。一种由葡萄球菌产生的可激活凝血酶原产生凝血的酶。具有类似凝血酶原激酶的活性，能使经柠檬酸或草酸处理过的血浆凝固。

03.0735　环化酶　cyclase
催化分子内部环化反应的一类酶。

03.0736　水合酶　hydratase
催化双键可逆水化反应的一类酶。

03.0737　整合酶　integrase

负责将病毒基因组 DNA 整合入宿主染色体中的一类酶。通过一系列 DNA 切割与连接反应催化部位特异性的整合，也能催化病毒 DNA 从染色体上切除。

03.0738　重组酶　recombinase

参与基因定位重组过程的酶。负责识别、切割特异的重组位点，并连接两个参与重组的分子。

03.0739　*Cre* 重组酶　*Cre* recombinase, cyclization recombination enzyme

又称“环化重组酶”。整合酶家族的一个成员。来源于 P1 噬菌体的 *Cre* 基因编码的由 343 个氨基酸组成的 38kDa 的蛋白质。能识别并结合由 34 bp 组成的 loxP（locus of crossing over in P1）位点，催化 loxP 位点间的 DNA 进行分子内或分子间的特异性重组。在细胞内，其功能是保持 P1 基因组处于溶原状态。广泛地用于各种机体细胞内和细胞外的基因重组实验中。

03.0740　FLP 重组酶　flippase recombinase, FLP recombinase

来自酵母 2μ 质粒位点专一的重组酶。能介导位点特异性 DNA 重组，其靶序列为 FRT（FLP recognition target）位点。

03.0741　标志酶　marker enzyme

可用来作为标志物的酶。如已知分子量的酶可用来标定蛋白质的分子量；存在于细胞特定部位的酶，可通过对这种酶的测定跟踪亚细胞成分的提取和纯化。

03.0742　成熟酶　maturase

由内含子所编码的蛋白质因子。与内含子 RNA 结合使之折叠成有催化活性的结构，从而促进 RNA 剪接。

03.0743　微粒体酶　microsomal enzyme

存在于微粒体内的一类酶。主要是过氧化氢酶和过氧化物酶，可防止过氧化氢在细胞内蓄积。微粒体中还有与乙醇的代谢、糖异生和胆固醇代谢有关的酶。

03.0744　线粒体 RNA 加工酶　mitochondrial RNA processing enzyme, MRP

存在于线粒体、催化各种线粒体 RNA 前体加工，使之转变为成熟 RNA 的酶。

03.0745　修饰酶　modification enzyme

能催化稀有碱基参入 RNA 或 DNA，或对原有碱基进行修饰的酶。以防止限制性内切酶的破坏。

03.0746　非核糖体多肽合成酶　nonribosomal peptide synthetase, NRPS

在细菌和真菌中，绕开核糖体，利用氨基酸及其他化合物（如水杨酸、吡啶羧酸等）、不以 mRNA 为模板，也不需 tRNA 为携带工具的特殊多肽合成系统中起关键作用的一类特殊酶。通常由一系列组件顺序排列组成，每个组件负责一个反应循环，包括对选择性底物的识别并将其活化成相应的腺苷酸化合物、共价中间物的固定和肽键的形成。这种顺序排列的组件即构成了该酶所合成多肽的一种模板。一些药物如环胞菌素、博来霉素等就是微机体内非核糖体多肽合成酶合成的产物。

03.0747　定步酶　pacemaker enzyme

催化的反应在化学上是不可逆的，而且是限速反应的酶。往往催化代谢途径中的起始、最终或分支点反应。

03.0748　固定化酶　immobilized enzyme, fixed enzyme

水溶性酶经物理或化学方法处理后，成为不

溶于水的但仍具有酶活性的一种酶的衍生物。在催化反应中以固相状态作用于底物。

03.0749 通透酶 permease
可以提高细胞膜对特定分子的通透性，且不消耗代谢能量的一类膜蛋白质。

03.0750 促胰液肽酶 secretinase
存在于血液及其他体液内的一种酶活性物质，可减弱促胰液肽作用的酶。

03.0751 自杀酶 suicide enzyme
在催化反应的同时导致自身发生不可逆性失活的酶。

03.0752 端粒酶 telomerase
一种自身携带模板的逆转录酶。由 RNA 和蛋白质组成，RNA 组分中含有一段短的模板序列与端粒 DNA 的重复序列互补，而其蛋白质组分具有逆转录酶活性，以 RNA 为模板催化端粒 DNA 的合成，将其加到端粒的3′端，以维持端粒长度及功能。

03.0753 末端酶 terminase
在病毒 DNA 包装过程中，催化特异性地切割病毒 DNA 连环体，产生单位长度的基因组，并参与基因组包装的酶类。如 DNA 病毒（如疱疹病毒）、双链 DNA 噬菌体均有相应的末端酶。

03.0754 λ噬菌体末端酶 λ phage terminase
λ 噬菌体编码的末端酶。能识别结合 λDNA 连环体中的 cos 序列，结合后特异性地切割 DNA 形成 12 个碱基的黏性末端。此酶还有识别蛋白质衣壳前体和ATP酶的功能，水解ATP提供能量。将切割后所形成的酶-DNA 二元复合体运送到蛋白质衣壳前体，进行第二次特异性切割，产生 5′端均为黏性末端、单位长度的基因组，解离后完成基因组的包装。

03.0755 转座酶 transposase
由转座子所编码，在转座中起重要作用的酶。能结合到转座单元的两端，通过酶的寡聚化使两端相互靠拢形成复合物，在其介导下切割与两端相邻的磷酸二酯键产生高反应性的 3′-OH 末端，使转座子脱离供体 DNA，当转座酶结合到靶 DNA 后转座子的 3′-OH 对靶 DNA 双链进行亲核攻击导致转座子的 3′-OH 与靶 DNA 5′-PO_4共价结合，转座酶从复合体中解离，最后通过 DNA 修复完成转座。

03.0756 过氧化物酶体 peroxisome
一种由膜包起来的胞质细胞器。含有各种利用或产生过氧化氢的酶，如尿酸氧化酶和过氧化氢酶。

03.0757 溶酶体 lysosome
真核细胞中为单层膜所包围的细胞质结构。内部 pH 4～5，含丰富的水解酶，具有细胞内的消化功能。新形成的初级溶酶体经过与多种其他结构反复融合，形成具有多种形态的有膜小泡，并对包裹在其中的分子进行消化。

03.0758 氨肽酶抑制剂 amastatin
抑制氨肽酶活性的一种试剂。是从橄榄网状链霉菌（*Streptomyces olivoreticuli*）培养液中发现的一种小分子肽。主要抑制哺乳动物细胞表面的氨肽酶 N、氨肽酶 B 及亮氨酸氨肽酶。

03.0759 表抑氨肽酶肽 epiamastatin
具有氨肽酶抑制剂和金属蛋白酶抑制剂作用的一种肽分子。

03.0760 血管紧张素Ⅰ转换酶抑制肽 ancovenin, angiotensin Ⅰ-converting enzyme inhibitory peptide, ACEIP
又称“血管紧张肽Ⅰ转化酶抑制肽”。一种

抑制血管紧张素转换酶的肽。通过抑制血管紧张素Ⅰ转换酶的活性起降压作用，此肽与血管紧张素Ⅰ转换酶活性区域结合后阻碍了血管紧张素Ⅰ转换为血管紧张素Ⅱ。

03.0761　抗蛋白酶肽　antipain

由多种细菌产生的一种寡肽。能抑制组织蛋白酶X。

03.0762　丝氨酸蛋白酶抑制剂　serine proteinase inhibitor, serpin

又称"丝酶抑制蛋白""丝氨酸蛋白酶抑制物"。最初发现于血浆中，此后发现是一个超家族，成员已超过500个，多数是由300～500个氨基酸残基组成的糖蛋白。有特定的立体结构，中间为保守的结构域，而两端肽链的长度各不相同。多数成员抑制丝氨酸蛋白酶，有些成员能抑制丝氨酸蛋白酶和巯基蛋白酶，如卵清蛋白–丝酶抑制蛋白；有的甚至不抑制酶的活性，在体内发挥其他功能（如血管紧张素原），但因其在进化上、结构上与其他成员有相关性，故归属于该超家族。

03.0763　纤溶酶抑制剂　antiplasmin

一类血液中主要纤溶酶失活剂总称。为丝氨酸蛋白酶抑制剂超家族成员之一。可迅速地与纤溶酶形成很稳定的复合物，抑制纤溶酶原激活剂诱导的血纤蛋白凝块的溶解。

03.0764　α_2-纤溶酶抑制剂　α_2-antiplasmin

免疫电泳时泳动至α_2区的一种纤溶酶抑制剂。肝硬化患者因α_2-抗血浆蛋白的产生减少，导致血浆蛋白失活减少和纤维蛋白溶解增加，与肝脏疾病出血风险的增加有关。

03.0765　胰凝乳蛋白酶抑制剂　antichymotrypsin

抑制胰凝乳蛋白酶的物质。如人血清中的α_1-胰凝乳蛋白酶抑制剂。

03.0766　α_1-胰凝乳蛋白酶抑制剂　α_1-antichymotrypsin

人血清中α_1-球蛋白区的一种糖蛋白。属丝酶抑制蛋白超家族。在体内可抑制胰凝乳蛋白酶及类胰凝乳蛋白酶，在体外具有细胞毒的杀伤细胞活性。

03.0767　α_1-蛋白酶抑制剂　α_1-proteinase inhibitor, α_1-antiproteinase

人体血浆中存在的一类蛋白酶抑制剂。通常指α_1-胰蛋白酶抑制剂。

03.0768　α_1-胰蛋白酶抑制剂　α_1-antitrypsin

丝酶抑制蛋白超家族的血清糖蛋白成员。可抑制胰蛋白酶、嗜中性白细胞弹性蛋白酶及其他蛋白水解酶。为51kDa单链蛋白，有30余种生化变异体。缺失这种抑制剂，中性白细胞弹性蛋白酶破坏肺腺细胞，引起肺气肿。

03.0769　抑蛋白酶多肽　aprotinin

又称"库尼茨胰蛋白酶抑制剂（Kunitz trypsin inhibitor）"。为58个氨基酸残基组成的碱性多肽。从牛胰或牛肺中提取、纯化的肽酶抑制剂。能抑制胰蛋白酶及胰凝乳蛋白酶等，阻止胰脏中其他活性蛋白酶原的激活及胰蛋白酶原的自身激活，临床上可用于防止手术后出血。

03.0770　双库尼茨抑制剂　bikunin

又称"间α-胰蛋白酶抑制剂（inter-α-trypsin inhibitor, ITI）"。分子中含有两个库尼茨（Kunitz）型的胰蛋白酶抑制剂结构域，即一个抑制剂分子可以结合二分子的胰蛋白酶。是一种含有硫酸软骨素糖链的蛋白聚糖。

03.0771　亮抑蛋白酶肽　leupeptin

放线菌产生的一类酰化的寡肽。为蛋白酶抑制剂，可在不同程度上抑制胰蛋白酶、纤溶酶、激肽释放酶、木瓜蛋白酶及组织蛋白酶。

03.0772 钙蛋白酶抑制蛋白 calpastatin
一种广泛分布的内源性抑制蛋白质。能特异地抑制需钙激活的中性蛋白酶，其分子量依来源及提取方法而异，为24～400kDa。

03.0773 促胰凝乳蛋白酶原释放素 chymodenin
存在于十二指肠黏膜的一种碱性多肽。刺激胰腺分泌胰凝乳蛋白酶原。

03.0774 半胱氨酸蛋白酶抑制剂 cystatin
又称“胱抑素”。一组能抑制半胱氨酸内肽酶的蛋白质。可分为三型：I型为胞内型含100个氨基酸残基的单链蛋白质，不含二硫键及糖链；II型为外泌型约含115个氨基酸残基和两个二硫键；III型为多结构域蛋白质，哺乳动物的激肽原属于这一类。此外尚有未分型的类半胱氨酸蛋白酶抑制剂。

03.0775 弹性蛋白酶抑制剂 elafin
存在于皮肤中的酸稳定多肽。分子量为7kDa，能抑制弹性蛋白酶的活性。

03.0776 胃蛋白酶抑制剂 pepstatin
从放线菌的培养滤液中分离得到的*N*-酰基化寡肽。特异地抑制胃蛋白酶等天冬氨酸蛋白酶。

03.0777 淀粉酶制剂 diastase
1833年法国化学家帕扬（Payen）和佩索兹（Persoz）发现利用乙醇能从麦芽抽提液中沉淀出一种可将淀粉转变为糖的不耐热的酶制剂。其主要成分是淀粉酶，故名。

03.0778 唾液酸酶抑制剂 siastatin
唾液酸酶的抑制剂。

03.0779 胆固醇合成酶抑制剂 statin
又称“他汀类药物”。通过抑制胆固醇合成中的关键酶从而降低血液中胆固醇水平的药剂。可抑制胆固醇和甘油三酯的合成和分泌，为临床上应用最广泛的一类调脂药物。这类药物的英文名称后缀均含有“statin”，故得名。

03.0780 氨基蝶呤 aminopterin
氢叶酸还原酶的一种抑制剂。是叶酸的类似物。

03.0781 抑酯酶素 esterastin
一种由放线菌产生的酯酶抑制剂。可抑制的酯酶包括溶酶体酸性酯酶等。

03.0782 逆转录酶抑制剂 revistin
一种核苷类似物。与正常单核苷酸竞争与模板RNA结合，阻止逆转录过程及逆录酶的活性，使细胞复制过程受阻，生长受到抑制。可从链霉菌中分离得到。

04. 核　酸

04.01 概　述

04.0001 核酸 nucleic acid
由多个核糖核苷酸或脱氧核糖核苷酸通过3′,5′-磷酸二酯键连接而成的一类生物大分子。其分子大小常用核苷酸数目（nt，用于单链DNA或RNA）或碱基对数目（bp或kbp，用于双链DNA）表示。具有非常重要的生物学功能，主要是储存遗传信息和传递遗传信息。根据其所含戊糖的种类不同分为核糖核酸（RNA）和脱氧核糖核酸（DNA）两大类。

04.0002 核糖核酸 ribonucleic acid, RNA

主要由4种核糖核苷酸（AMP、GMP、CMP和UMP）按一定的顺序，通过3′,5′-磷酸二酯键连接而成的一类核酸。一个核糖核苷酸分子由磷酸、核糖和碱基（主要有腺嘌呤、鸟嘌呤、胞嘧啶、尿嘧啶4种）构成。自然界中的大多数RNA是以单链形式存在，具有多种生物学功能，如携带遗传基因、调控基因表达等。存在于生物细胞以及部分病毒、类病毒中的RNA也是遗传信息载体。依其结构和功能不同通常分为信使RNA（mRNA）、转运RNA（tRNA）和非编码RNA、核糖体RNA（rRNA）和非编码RNA等类型。真核细胞中还含有核内不均一RNA（hnRNA）、核小RNA（snRNA）等。

04.0003 脱氧核糖核酸 deoxyribonucleic acid, DNA

主要由4种脱氧核糖核苷酸（dAMP、dGMP、dCMP和dTMP）按一定的顺序，通过3′,5′-磷酸二酯键连接而成的一类核酸。一个脱氧核糖核苷酸分子由磷酸、脱氧核糖和碱基（主要有腺嘌呤、鸟嘌呤、胞嘧啶、胸腺嘧啶4种）构成。自然界中的大多数DNA是以双链形式存在，其组成和排列不同，显示不同的生物学功能，如编码功能、复制和转录的调控功能等。排列的变异可能产生一系列疾病，亦可能产生生物特征的改变。

04.02 核酸化学组成

04.02.01 碱基和核糖

04.0004 碱基 base, nucleobase

核酸分子中一类带有碱性的含氮杂环有机化合物。是构成核苷酸的基本组分之一。分为嘌呤和嘧啶两类。组成DNA的碱基主要有腺嘌呤、鸟嘌呤、胞嘧啶和胸腺嘧啶；组成RNA的碱基主要有腺嘌呤、鸟嘌呤、胞嘧啶和尿嘧啶。此外，DNA和RNA中都发现有一些含量较少的稀有碱基，在tRNA中含量较高。

04.0005 嘌呤 purine

由嘧啶环和咪唑环通过共用一个碳–碳双键合并形成的含氮杂环化合物。是核酸的组成成分。组成DNA和RNA的嘌呤有腺嘌呤和鸟嘌呤两种。自然界存在的重要嘌呤碱还有黄嘌呤、次黄嘌呤等。

04.0006 腺嘌呤 adenine, A

又称“6-氨基嘌呤（6-aminopurine）”。组成核酸（DNA和RNA）的主要碱基之一。在DNA双螺旋中与胸腺嘧啶配对，在RNA双螺旋中与尿嘧啶配对。

04.0007 鸟嘌呤 guanine, G

又称“2-氨基-6-氧嘌呤（2-amino-6-oxopurine）”。组成核酸（DNA和RNA）的主要碱基成分之一。在DNA双螺旋中与胞嘧啶配对，在RNA双螺旋中与胞嘧啶或尿嘧啶配对。

04.0008 2,6-二氨基嘌呤 2,6-diaminopurine

又称“2-氨基腺嘌呤（2-aminoadenine）”。一种嘌呤类似物。存在于一些噬菌体DNA之中，与互补链上的T配对，形成3个氢键，其在双螺旋DNA上代替A有助于抵抗宿主细胞限制性内切酶的切割。

04.0009　黄嘌呤　xanthine

又称“2,6-二氧嘌呤（2,6-dioxopurine）”。嘌呤碱基的一种代谢物。广泛存在于动植物体中。在黄嘌呤氧化酶的作用下转换为尿酸。

04.0010　次黄嘌呤　hypoxanthine

又称“6-氧嘌呤（6-oxopurine）”。嘌呤碱基的代谢中间物。广泛存在于动植物体中。

04.0011　别嘌呤醇　allopurinol

次黄嘌呤的N-7原子和C-8原子分别置换为C-7原子和N-8原子的类似物。是治疗高尿酸血症及痛风等病的常用药物。

04.0012　茶碱　theophylline

从茜草科咖啡属（*Coffea*）植物、山茶科植物茶（*Camellia sinensis*）等中分离得到的一种嘌呤类生物碱。具有强心、利尿、扩张冠状动脉、松弛支气管平滑肌和兴奋中枢神经系统作用。

04.0013　咖啡碱　caffeine

又称“咖啡因”。茶碱化学结构中的嘌呤环上第七位N上的H被取代的嘌呤类生物碱。具有很强的中枢神经兴奋作用，也有弱的利尿作用。

04.0014　嘧啶　pyrimidine

一类有一个碳–氮杂环的碱性含氮化合物。核酸的组成成分。组成DNA的嘧啶是胞嘧啶和胸腺嘧啶；组成RNA的嘧啶是胞嘧啶和尿嘧啶。

04.0015　胞嘧啶　cytosine, C

又称“2-氧-4-氨基嘧啶（2-oxo-4-aminopyrimidine）”。组成DNA和RNA的主要碱基组成成分之一。有烯醇式和酮式两种形式，但以酮式为主。

04.0016　胸腺嘧啶　thymine, T

又称“2,4-二氧-5-甲基嘧啶（2,4-dioxo-5-methylpyrimidine）”。DNA的主要碱基组成成分之一。也在转运RNA（tRNA）分子中发现。有烯醇式和酮式两种形式，但以酮式为主。

04.0017　尿嘧啶　uracil, U

又称“2,4-二氧嘧啶（2,4-dioxopyrimidine）”。组成RNA的主要碱基成分之一。

04.0018　稀有碱基　unusual base, minor base, rare base

除DNA和RNA中的腺嘌呤、鸟嘌呤、胞嘧啶、胸腺嘧啶和尿嘧啶以外的含量甚少的碱基。在DNA和RNA中有特定的生物学功能。

04.0019　5-甲基胞嘧啶　5-methylcytosine

胞嘧啶C-5原子与甲基共价连接生成的化合物。通常由专一的甲基化酶在核酸链上催化得到，具有重要的生物学功能。

04.0020　5-羟甲基胞嘧啶　5-hydroxymethylcytosine

5-甲基胞嘧啶的羟基化形式。

04.0021　二氢尿嘧啶　dihydrouracil, D

又称“5,6-二氢-2,4-二羟基嘧啶（5,6-dihydro-2,4-dihydroxypyrimidine）”。尿嘧啶的4,5-二氢还原物。是tRNA中常见的一种稀有碱基。

04.0022　5-氟尿嘧啶　5-fluorouracil, 5-FU

又称“5-氟-2,4-二羟基嘧啶（5-fluoro-2,4-dihydroxypyrimidine）”。尿嘧啶C-5原子与氟原子共价连接生成的化合物。是人工合成的尿嘧啶类似物。在机体内通过生成5-氟脱氧尿苷酸，抑制（脱氧）胸苷酸合酶，进而阻断肿瘤 DNA 的生物合成。是一种临床上的肿瘤化疗药物。

04.0023　修饰碱基　modified base
将化学基团共价连接在碱基的不同原子上形成的碱基衍生物。

04.0024　碱基类似物　base analog
化学结构与碱基类似的化合物。常见的嘌呤类似物有 8-吖鸟嘌呤、6-巯基嘌呤、二氨基嘌呤；常见的嘧啶类似物有 5-溴尿嘧啶、5-氟尿嘧啶等。对核酸的合成起阻碍作用，从而抑制动植物细胞的繁殖生长。

04.0025　碱基组成　base composition
组成核酸分子的碱基（腺嘌呤、鸟嘌呤、胞嘧啶和胸腺嘧啶）的比例关系。通常以鸟嘌呤和胞嘧啶之和的百分比（%）表示。

04.0026　混合碱基符号　symbols for mix-bases
两种或多种碱基（核苷）混合物的表示符号，或未完全确定可能属于某两种或多种碱基（核苷）的符号。如 R 表示 A+G；Y 表示 C+T；M 表示 A+C；K 表示 G+T；S 表示 C+G；W 表示 A+T；H 表示 A+C+T；B 表示 C+G+T；V 表示 A+C+G；D 表示 A+G+T；N 表示 A+C+G+T。

04.0027　互补碱基　complementary base
在核酸分子的双螺旋结构中，可以通过氢键形成配对的两个碱基。如 DNA 中的腺嘌呤和胸腺嘧啶、鸟嘌呤与胞嘧啶；RNA 中的腺嘌呤与尿嘧啶、鸟嘌呤与胞嘧啶以及鸟嘌呤与尿嘧啶。

04.0028　碱基配对　base pairing
全称“沃森–克里克碱基配对（Watson-Crick base pairing）”。核酸中两条单链的嘌呤碱基和嘧啶碱基间通过形成氢键而互相搭配成对的一一对应关系。主要配对方式有：腺嘌呤–胸腺嘧啶（A–T）配对、腺嘌呤–尿嘧啶（A–U）配对、鸟嘌呤–胞嘧啶（G–C）配对等。是 DNA 和 RNA 双螺旋结构的基础，也是复制、转录作用的依据。

04.0029　非沃森–克里克碱基配对　non-Watson-Crick base pairing
不一定完全遵循腺嘌呤（A）与胸腺嘧啶（T）或腺嘌呤（A）与尿嘧啶（U）、鸟嘌呤（G）与胞嘧啶（C）配对的方式。如胡斯坦碱基配对、摆动碱基配对。

04.0030　胡斯坦碱基配对　Hoogsteen base pairing
一种非沃森–克里克碱基配对方式。这种碱基对包括腺嘌呤的 6-NH_2 和 N-7 分别与胸腺嘧啶的 O-4 和 N-3 形成氢键，鸟嘌呤的 O-6 和 N-7 分别与胞嘧啶的 4-NH_2 和质子化的 N-1 形成氢键（鸟嘌呤与胞嘧啶的配对要求胞嘧啶的质子化）。是形成特殊核酸结构的基础，如三链体和四链体。

04.0031　摆动碱基配对　wobble base pairing
简称“摆动配对（wobble pairing）”，又称“摆动法则（wobble rule）”。位于 tRNA 上反密码子的第三个碱基（5′端）与 mRNA 密码子第一位碱基（在 3′端）配对不一定完全遵循腺嘌呤–尿嘧啶（A–U）、鸟嘌呤–胞嘧啶（G–C）原则的一种非沃森–克里克碱基配对方式。如鸟嘌呤–尿嘧啶（G–U）、肌苷–尿嘧啶（I–U）、肌苷–腺嘌呤（I–A）和肌苷–胞嘧啶（I–C）等。

04.0032　摆动假说　wobble hypothesis
克里克（Crick）为解释 tRNA 能够识别并结合两个或三个不同密码子的问题而提出的假说。tRNA 反密码子中的第三个碱基（5′端）与密码子 3′端碱基形成氢键时，存在摆动碱基配对现象。如反密码子第一位碱基为次黄苷酸（I）时，可与密码子第 3 位的 A、U 或 C 配对。

04.0033 夏格夫法则 Chargaff's rule

又称“碱基配对法则（base pairing rule）”。由奥地利学者夏格夫（E. Chargaff）发现的 DNA 分子中四种碱基含量的规律而得名。即在双链 DNA 中，腺嘌呤的摩尔数与胸腺嘧啶的摩尔数相等，鸟嘌呤的摩尔数与胞嘧啶的摩尔数相等，并且 DNA 的组成因物种不同而异。为 DNA 双螺旋结构的建立提供了实验基础。

04.0034 碱基对 base pair, bp

在核酸分子的双螺旋结构中，一条链上的碱基与另外一条链上的碱基之间通过氢键形成的一种化学结构。通常是指沃森–克里克（Watson-Crick）碱基对。常见的有腺嘌呤–胸腺嘧啶（A–T）碱基对、腺嘌呤–尿嘧啶（A–U）碱基对和鸟嘌呤–胞嘧啶（G–C）碱基对。DNA 或双链 RNA 的长度可以用碱基对数目来表征，常用的单位有千碱基对和兆碱基对。

04.0035 千碱基对 kilobase pair, kbp

描述双链核酸分子的长度单位。相当于双链核酸中的 1000 个碱基对。

04.0036 兆碱基对 megabase pair, Mbp

描述双链核酸分子的长度单位。相当于双链核酸中的一百万个碱基对。

04.0037 千碱基 kilobase, kb

描述单链核酸分子的长度单位。相当于单链核酸中的 1000 个碱基。

04.0038 兆碱基 megabase, Mb

描述单链核酸分子的长度单位。相当于单链核酸中的一百万个碱基。

04.0039 碱基比 base ratio

核酸中碱基的摩尔百分比。通常表示的有（嘌呤/嘧啶）%、（腺嘌呤/胸腺嘧啶）%、（腺嘌呤/尿嘧啶）%、（鸟嘌呤/胞嘧啶）%。

04.0040 核糖 ribose

含有五碳原子的醛糖。是构成核苷酸的另一个基本组分，也是自然界中最重要的一种戊糖。为了与含氮碱基中的碳原子相区别，核糖的碳原子顺序以 C-1′、C-2′、……、C-5′ 等表示。有 D-核糖和 D-2′-脱氧核糖两种，均为 β-呋喃型环状结构。前者存在于 RNA 中，后者存在于 DNA 中。

04.0041 脱氧核糖 deoxyribose

核糖中一些羟基被氢取代后的衍生物。通常在核糖的 C-2′位脱氧，2-脱氧核糖是 DNA 的组成成分。

04.02.02 核　苷

04.0042 核苷 nucleoside

全称“核糖核苷（ribonucleoside）”。由碱基和核糖共价连接生成的糖胺分子。是由嘌呤的第九位氮原子（N-9）或嘧啶的第一位氮原子（N-1）上的氢与 D-核糖的第一位碳原子（C-1′）上羟基缩合脱水，以 β-糖苷键连接构成。对核苷进行命名时，必须先冠以碱基的名称。构成 RNA 的核苷主要有腺苷、鸟苷、胞苷和尿苷。构成 DNA 的核苷主要有脱氧腺苷、脱氧鸟苷、脱氧胞苷和脱氧胸苷。

04.0043 脱氧核苷 deoxynucleoside

全称“脱氧核糖核苷(deoxyribonucleoside)”。

核苷的脱氧衍生物。是嘌呤N-9原子或嘧啶N-1原子与2′-脱氧-D-核糖的C-1′原子通过β-糖苷键相连接生成的化合物。

04.0044　腺苷　adenosine, A

腺嘌呤N-9原子与D-核糖的C-1′原子通过β-糖苷键连接生成的化合物。是构成RNA的主要核苷之一。

04.0045　鸟苷　guanosine, G

鸟嘌呤N-9原子与D-核糖的C-1′原子通过β-糖苷键连接生成的化合物。是构成RNA的主要核苷之一。

04.0046　胞苷　cytidine, C

胞嘧啶N-1原子与D-核糖的C-1′原子通过β-糖苷键相连接生成的化合物。是构成RNA的主要核苷之一。

04.0047　尿苷　uridine, U

尿嘧啶N-1原子与D-核糖的C-1′原子通过β-糖苷键连接生成的化合物。是构成RNA的主要核苷之一。

04.0048　脱氧腺苷　deoxyadenosine

腺嘌呤的N-9原子与2′-脱氧-D-核糖的C-1′原子通过β-糖苷键连接生成的化合物。是构成DNA的主要核苷之一。

04.0049　脱氧鸟苷　deoxyguanosine, dG

鸟嘌呤N-9原子与2′-脱氧-D-核糖的C-1′原子通过β-糖苷键相连接生成的化合物。是构成DNA的主要核苷之一。

04.0050　脱氧胞苷　deoxycytidine, dC

胞嘧啶的N-1原子与2′-脱氧-D-核糖的C-1′原子通过β-糖苷键连接生成的化合物。是构成DNA的主要核苷之一。

04.0051　脱氧尿苷　deoxyuridine, dU

尿嘧啶的N-1原子与2′-脱氧-D-核糖的C-1′原子通过β-糖苷键连接生成成的化合物。是构成DNA的主要核苷之一。

04.0052　稀有核苷　minor nucleoside, rare nucleoside

稀有碱基与核糖C-1原子通过β-糖苷健连接生成的化合物。如怀俄苷、怀丁苷等。

04.0053　怀俄苷　wyosine

常出现在某些转运RNA（tRNA）反密码子的3′-邻位的一种稀有核苷。

04.0054　怀丁苷　wybutosine

苯丙氨酸tRNA反密码3′端鸟嘌呤N1甲基化形成的稀有核苷。

04.0055　辫苷　queuosine

常出现在某些转运RNA（tRNA）反密码子的摆动位置上的一种稀有核苷。它有一个额外的环戊烯基环，通过NH基团添加到7-甲基-7-脱杂鸟苷的甲基上。可以进一步被转糖基化修饰，与翻译调节有关。

04.0056　古嘌苷　archaeosine

常位于某些转运RNA（tRNA）中的一种稀有核苷。可以被转糖基化修饰。

04.0057　赖胞苷　lysidine

2-甲基-4,5-二氢咪唑。某些转运RNA（tRNA）反密码上被赖氨酸修饰的胞嘧啶。是tRNA上的稀有碱基。

04.0058　嘌呤核苷　purine nucleoside

常指嘌呤核糖核苷。嘌呤N-9原子与D-核糖的C-1′原子通过β-糖苷键连接生成的化合物。

04.0059　嘧啶核苷　pyrimidine nucleoside
常指嘧啶核糖核苷。嘧啶 N-1 原子与 D-核糖的 C-1′原子通过 β-糖苷键连接生成的化合物。

04.0060　黄苷　xanthosine
黄嘌呤 N-9 原子与 D-核糖的 C-1′原子通过 β-糖苷键连接生成的化合物。

04.0061　肌苷　inosine
又称"次黄苷（hypoxanthosine）""次黄嘌呤核苷（hypoxanthine riboside）"。次黄嘌呤 N-9 原子与 D-核糖的 C-1′原子通过 β-糖苷键连接生成的化合物。是核酸中嘌呤的代谢中间物。

04.0062　脱氧肌苷　deoxyinosine
又称"次黄嘌呤脱氧核苷（hypoxanthine deoxyriboside）"。次黄嘌呤的 N-9 与 2′-脱氧-D-核糖的 C-1′通过 β-糖苷键相连接所形成的化合物。

04.0063　乳清苷　orotidine
由乳清酸的 N-1 和 D-核糖的 C-1′通过 β-糖苷键连接而成的化合物。其磷酸酯为乳清苷酸。

04.0064　阿糖胞苷　cytosine arabinoside, araC, ara-C
胞嘧啶与阿拉伯糖形成的糖苷化合物。是 DNA 聚合酶的竞争性抑制剂，抑制体内 DNA 生物合成。临床上用作抗肿瘤药物，尤其是治疗白血病的药物。

04.0065　假尿苷　pseudouridine
尿苷的异构体（符号记为 ψ）。尿嘧啶的 C-5 原子与核糖中的 C-1′原子通过 β-糖苷键连接生成的化合物。RNA 特定位置上的尿苷在 Ψ 合成酶催化下形成的。Ψ 存在于所有的机体的许多 RNA 上，是 tRNA 中的一种稀有碱基。人尿中含量较高。

04.0066　二氢尿苷　dihydrouridine
二氢尿嘧啶 N-1 原子与 D-核糖的 C-1′原子通过 β-糖苷键连接生成的化合物。

04.0067　硒尿苷　selenouridine
尿苷的 O-2 原子被硒所取代的尿苷产物。

04.0068　胸苷　thymidine
全称"胸腺嘧啶脱氧核苷"。胸腺嘧啶 N-1 原子与 D-脱氧核糖的 C-1′原子通过 β-糖苷键连接生成的化合物。绝大部分在脱氧核苷酸或脱氧核糖核酸中以磷酸酯的形式存在。

04.0069　胸腺嘧啶核糖核苷　thymine ribnucleoside, Thd
又称"核糖胸苷（ribothymidine）"。由胸腺嘧啶的 N-1 与 D-核糖的 C-1′通过 β-糖苷键连成的化合物。其磷酸酯是胸苷酸。在转运 RNA 中发现，但它并不是直接转录出来，而是由尿苷酸甲基化修饰而成。

04.02.03　核　苷　酸

04.0070　核苷酸　nucleotide
核苷中戊糖分子的 C-5′原子上的羟基与一分子磷酸缩合脱水形成的磷酸酯。是核酸的基本组成单位。根据连接的磷酸基团数目多少可分为核苷一磷酸、核苷二磷酸和核苷三磷酸；根据磷酯键的连接部位（C-2′、C-3′或 C-5′羟基氧原子）可以分为 2′-核苷酸、3′-核苷酸和 5′-核苷酸。机体内常见的是 5′-核苷酸。

04.0071　核苷一磷酸　nucleoside monophosphate, NMP
又称"一磷酸核苷"。一个磷酸基团与核苷

的 C-5′羟基氧原子共价连接生成的化合物。

04.0072　核苷二磷酸　nucleoside diphosphate, NDP

又称“二磷酸核苷”。两个磷酸基团(焦磷酸)与核苷的 C-5′羟基氧原子连接生成的化合物。

04.0073　核苷三磷酸　nucleoside triphosphate, NTP

又称“三磷酸核苷”。三个磷酸基团与核苷的 C-5′羟基氧原子共价连接生成的化合物。常见的是核苷-5′-三磷酸，如腺苷-5′-三磷酸。

04.0074　脱氧核苷酸　deoxynucleotide

全称“脱氧核糖核苷酸（deoxyribonucleotide）”。脱氧核苷的磷酸酯。是构成脱氧核糖核酸的基本单位，包括脱氧核苷一磷酸、脱氧核苷二磷酸和脱氧核苷三磷酸等。

04.0075　脱氧核苷一磷酸　deoxyribonucleoside monophosphate, dNMP

又称“一磷酸脱氧核苷”。一个磷酸基团与脱氧核苷的 C-5′羟基氧原子共价连接生成的化合物。如脱氧腺苷一磷酸（dAMP）、脱氧鸟苷一磷酸（dGMP）、脱氧胞苷一磷酸（dCMP）和脱氧胸苷一磷酸（dTMP）。

04.0076　脱氧核苷二磷酸　deoxyribonucleoside diphosphate, dNDP

又称“二磷酸脱氧核苷”。脱氧核苷的二磷酸酯。体内通常为 5′-二磷酸酯，如脱氧腺苷二磷酸（dADP）、脱氧鸟苷二磷酸（dGDP）、脱氧胞苷二磷酸（dCDP）和脱氧胸苷二磷酸（dTDP）。

04.0077　脱氧核苷三磷酸　deoxyribonucleoside triphosphate, dNTP

又称“三磷酸脱氧核苷”。脱氧核苷的三磷酸酯。体内通常为 5′-三磷酸酯，如脱氧腺苷三磷酸（dATP）、脱氧鸟苷三磷酸（dGTP）、脱氧胞苷三磷酸（dCTP）和脱氧胸苷三磷酸（dTTP）。

04.0078　嘌呤核苷酸　purine nucleotide

嘌呤核苷的磷酸酯。视磷酸的连接部位不同，可以有嘌呤 2′-核苷酸（2′-嘌呤核苷酸）、嘌呤 3′-核苷酸（3′-嘌呤核苷酸）或嘌呤 5′-核苷酸（5′-嘌呤核苷酸）三种。

04.0079　嘧啶核苷酸　pyrimidine nucleotide

嘧啶核苷的磷酸酯。视连接部位不同，可以有嘧啶 2′-核苷酸（2′-嘧啶核苷酸）、嘧啶 3′-核苷酸（3′-嘧啶核苷酸）和嘧啶 5′-核苷酸（5′-嘧啶核苷酸）三种。

04.0080　腺苷酸　adenylic acid

腺苷的磷酸酯。视连接部位不同，有腺苷 2′-磷酸（2′-腺苷酸）、腺苷 3′-磷酸（3′-腺苷酸）和腺苷 5′-磷酸（5′-腺苷酸）三种。机体内通常为腺苷 5′-磷酸。

04.0081　腺苷一磷酸　adenosine monophosphate, AMP

简称“腺一磷”，又称“一磷酸腺苷”。由一分子腺苷和一个磷酸基团连接生成的化合物。

04.0082　腺苷二磷酸　adenosine diphosphate, ADP

简称“腺二磷”，又称“二磷酸腺苷”。由一分子腺苷和两个磷酸基团（焦磷酸）连接生成的化合物。

04.0083　腺苷三磷酸　adenosine triphosphate, ATP

简称“腺三磷”，又称“三磷酸腺苷”。由一分子腺苷和三个磷酸基团连接而成的化合物。是高能磷酸化合物的典型代表，含有高能键。水解时释放出大量能量，在生物体能量的储存、转运、释放和利用中起极其重要的作用。可以提供磷酸供体，也是合成RNA的原料之一。

04.0084　脱氧腺苷酸　deoxyadenylic acid
脱氧腺苷的磷酸酯。视连接部位不同，有脱氧腺苷3′-磷酸（3′-脱氧腺苷酸）和脱氧腺苷5′-磷酸（5′-脱氧腺苷酸）两种。机体内通常是5′-磷酸酯。

04.0085　脱氧腺苷一磷酸　deoxyadenosine monophosphate, dAMP
由脱氧腺苷和一个磷酸基团连接而成的化合物。

04.0086　脱氧腺苷二磷酸　deoxyadenosine diphosphate, dADP
由脱氧腺苷和两个磷酸基团连接而成的化合物。

04.0087　脱氧腺苷三磷酸　deoxyadenosine triphosphate, dATP
由脱氧腺苷和三个磷酸基团连接而成的化合物。

04.0088　鸟苷酸　guanylic acid
鸟苷的磷酸酯。视连接部位不同，有鸟苷2′-磷酸（2′-鸟苷酸）、鸟苷3′-磷酸（3′-鸟苷酸）和鸟苷5′-磷酸（5′-鸟苷酸）三种。机体内通常是5′-磷酸酯。

04.0089　鸟苷一磷酸　guanosine monophosphate, GMP
简称“鸟一磷”。由鸟苷和一个磷酸基团连接而成的化合物。

04.0090　鸟苷二磷酸　guanosine diphosphate, GDP
简称“鸟二磷”。由鸟苷和两个磷酸基团连接而成的化合物。

04.0091　鸟苷三磷酸　guanosine triphosphate, GTP
简称“鸟三磷”。由鸟苷和三个磷酸基团连接而成的化合物。鸟苷5′-三磷酸是RNA合成的原料之一，也是某些生化反应的能量来源。

04.0092　脱氧鸟苷酸　deoxyguanylic acid
脱氧鸟苷的磷酸酯。视连接部位不同，有脱氧鸟苷3′-磷酸（3′-脱氧鸟苷酸）和脱氧鸟苷5′-磷酸（5′-脱氧鸟苷酸）两种。体内通常是5′-磷酸酯。

04.0093　脱氧鸟苷一磷酸　deoxyguanosine monophosphate, dGMP
由脱氧鸟苷和一个磷酸基团连接而成的化合物。

04.0094　脱氧鸟苷二磷酸　deoxyguanosine diphosphate, dGDP
由脱氧鸟苷和两个磷酸基团连接而成的化合物。

04.0095　脱氧鸟苷三磷酸　deoxyguanosine triphosphate, dGTP
由脱氧鸟苷和三个磷酸基团连接而成的化合物。脱氧鸟苷5′-三磷酸是DNA合成的原料之一。

04.0096　胞苷酸　cytidylic acid
胞苷的磷酸酯。根据磷酸基团的连接部位，胞苷有胞苷2′-磷酸（2′-胞苷酸）、胞苷3′-磷酸（3′-胞苷酸）和胞苷5′-磷酸（5′-胞苷酸）三种。机体内的胞苷酸通常为5′-磷酸酯。

04.0097　胞苷一磷酸　cytidine monophosphate, CMP
简称“胞一磷”。胞苷和一个磷酸基团连接

生成的核苷酸化合物。

04.0098　胞苷二磷酸　cytidine diphosphate, CDP

简称"胞二磷"。胞苷和两个磷酸基团连接生成的核苷酸化合物。

04.0099　胞苷三磷酸　cytidine triphosphate, CTP

简称"胞三磷"。由胞苷和三个磷酸基团连接而成的化合物。胞苷 5′-三磷酸是 RNA 合成的原料之一。

04.0100　脱氧胞苷酸　deoxycytidylic acid

脱氧胞苷的磷酸酯。视连接部位不同，有脱氧胞苷 3′-磷酸（3′-脱氧胞苷酸）和脱氧胞苷 5′-磷酸（5′-脱氧胞苷酸）两种。体内通常是 5′-磷酸酯。

04.0101　脱氧胞苷一磷酸　deoxycytidine monophosphate, dCMP

脱氧胞苷和一个磷酸基团共价连接生成的核酸化合物。

04.0102　脱氧胞苷二磷酸　deoxycytidine diphosphate, dCDP

脱氧胞苷和两个磷酸基团共价连接生成的核酸化合物。

04.0103　脱氧胞苷三磷酸　deoxycytidine triphosphate, dCTP

脱氧胞苷和三个磷酸基团共价连接生成的核酸化合物。脱氧胞苷 5′-三磷酸是 DNA 合成的原料之一。

04.0104　尿苷酸　uridylic acid

尿苷的磷酸酯。视连接部位不同，有尿苷 2′-磷酸（2′-尿苷酸）、尿苷 3′-磷酸（3′-尿苷酸）和尿苷 5′-磷酸（5′-尿苷酸）三种。在机体内通常是 5′-磷酸酯。

04.0105　尿苷一磷酸　uridine monophosphate, UMP

由尿苷和一个磷酸基团共价连接而成的化合物。

04.0106　尿苷二磷酸　uridine diphosphate, UDP

由尿苷和两个磷酸基团共价连接而成的化合物。

04.0107　尿苷三磷酸　uridine triphosphate, UTP

由尿苷和三个磷酸基团共价连接而成的化合物。尿苷 5′-三磷酸是 RNA 合成的原料之一。

04.0108　脱氧尿苷酸　deoxyuridylic acid

全称"脱氧尿苷一磷酸（deoxyuridine monophosphate, dUMP）"。脱氧尿苷的磷酸酯。视连接部位不同，有脱氧尿苷 3′-磷酸（3′-脱氧尿苷酸）和脱氧尿苷 5′-磷酸（5′-脱氧尿苷酸）两种。

04.0109　胸苷酸　thymidylic acid

以胸腺嘧啶为碱基的一种脱氧核苷酸。为 DNA 的组成成分。

04.0110　胸苷一磷酸　thymidine monophosphate, TMP

全称"脱氧胸苷一磷酸（deoxythymidine monophosphate, dTMP）"。由脱氧胸苷与一个磷酸基团连接而成的化合物。

04.0111　胸苷二磷酸　thymidine diphosphate, TDP

全称"脱氧胸苷二磷酸（deoxythymidine diphosphate, dTDP）"。由脱氧胸苷与两个磷酸基团连接而成的化合物。

04.0112　胸苷三磷酸　thymidine triphosphate, TTP

全称“脱氧胸苷三磷酸（deoxythymidine triphosphate, dTTP）”。由脱氧胸苷与三个磷酸基团连接而成的化合物。胸苷-5′-三磷酸是 DNA 合成的原料之一。

04.0113　肌苷酸　inosinic acid

又称“次黄嘌呤核苷酸”。肌苷的磷酸酯。视连接部位不同，有肌苷 2′-磷酸（2′-肌苷酸）、肌苷 3′-磷酸（3′-肌苷酸）和肌苷 5′-磷酸（5′-肌苷酸）三种。机体内主要是 5′-磷酸酯。

04.0114　肌苷一磷酸　inosine monophosphate, IMP

由肌苷与一个磷酸基团连接而成的化合物。肌苷 5′-一磷酸（5′-IMP）是核酸中嘌呤核苷酸的生物合成的关键中间物，也是一种助鲜剂，少量与谷氨酸钠混合，可大大提高鲜味。

04.0115　肌苷二磷酸　inosine diphosphate, IDP

由肌苷与两个磷酸基团连接而成的化合物。

04.0116　肌苷三磷酸　inosine triphosphate, ITP

由肌苷与三个磷酸基团连接而成的化合物。

04.0117　黄苷酸　xanthylic acid

全称“黄苷一磷酸（xanthosine monophosphate, XMP）”。黄苷的磷酸酯。体内通常是 5′-磷酸酯，是鸟苷酸的合成代谢中间物。

04.0118　乳清苷酸　orotidylic acid

全称“乳清苷一磷酸（orotidine monophosphate）”。乳清苷的磷酸酯。体内为 5′-磷酸酯。是核酸中嘧啶核苷酸生物合成的重要中间物。乳清苷-5′-磷酸（5′-乳清苷酸）脱羧得到 5′-尿苷酸。

04.0119　环核苷酸　cyclic nucleotide

全称“环核苷一磷酸（cyclic nucleotide monophosphate, cNMP）”。一个核苷酸的一个磷酸基团在两个羟基氧原子之间形成的环形核苷一磷酸。根据连接部位不同，有 2′,3′-环核苷酸、2′,5′-环核苷酸和 3′,5′-环核苷酸。常见的有环腺苷酸（cAMP）和环鸟苷酸（cGMP），是参与机体内信号转导途径的第二信使。

04.0120　环腺苷酸　cyclic adenylic acid, cyclic adenosine monophosphate, cAMP

又称“环磷酸腺苷”。通常指腺苷一磷酸戊糖的 3′-羟基和 5′-羟基分别和同一磷酸基团成键的环状化合物。是一种重要的细胞信号转导的第二信使。细胞膜上的受体与配基结合后，激活 G 蛋白，进而激活腺苷酸环化酶，催化 ATP 生成环腺苷酸。有广泛的生理功能。

04.0121　环鸟苷酸　cyclic guanylic acid, cyclic guanosine monophosphate, cGMP

又称“环磷酸鸟苷”。通常指腺鸟苷一磷酸戊糖的 3′-羟基和 5′-羟基分别和同一磷酸基团成键的环状化合物。是一种具有细胞内信息传递作用的第二信使，可被 G 蛋白偶联受体激活的蛋白质激酶活化，进而将胞外信号转导至细胞核。广泛存在于哺乳动物组织。其代谢调节与环腺苷酸相似。

04.0122　双脱氧核苷三磷酸　dideoxyribonucleoside triphosphate, ddNTP

其中核糖 C-2′和 C-3′原子上的羟基被氢原子取代的核苷三磷酸。是非天然的核苷三磷酸，如双脱氧腺苷三磷酸（ddATP）、双脱氧鸟苷三磷酸（ddGTP）、双脱氧胞苷三磷酸（ddCTP）和双脱氧胸苷三磷酸（ddTTP），是桑格（Sanger）于 1977 年建立利用双脱氧链终止法进行 DNA 测序的底物。

04.0123　假尿苷酸　pseudouridylic acid

假尿苷的磷酸酯。视磷酸的连接部位不同，有2′-假尿苷酸、3′-假尿苷酸或5′-假尿苷酸三种。

04.0124　核糖核苷酸　ribonucleotide

核糖核苷的磷酸酯。是构成核糖核酸的基本单位。包括核糖核苷一磷酸、核糖核苷二磷酸和核糖核苷三磷酸等。

04.0125　多核苷酸　polynucleotide

全称“多核糖核苷酸（polyribonucleotide）”。一般指由20个以上核苷酸通过3′,5′-磷酸二酯键连接生成的线性核苷酸分子。多核苷酸链的方向以5′→3′或3′→5′表示。

04.0126　寡核苷酸　oligonucleotide

全称“寡核糖核苷酸(oligoribonucleotide)”。一般指由20个以下核苷酸通过3′,5′-磷酸二酯键连接生成的短链核苷酸分子。极易与其互补对连接，常用来作为探针确定DNA或RNA的结构，用于基因芯片、电泳、荧光原位杂交等过程中。

04.0127　寡脱氧核苷酸　oligodeoxynucleotide

全称“寡脱氧核糖核苷酸（oligodeoxyribonucleotide）”。由20个以下脱氧核苷酸通过3′,5′-磷酸二酯键连接生成的核苷酸分子。

04.0128　反义寡脱氧核苷酸　antisense oligodeoxynucleotide

简称“反义寡核苷酸（antisense oligonucleotide）”。人工合成的长度不超过20个脱氧核苷酸的、与靶基因的RNA互补的DNA片段。主要用于阻断基因表达。

04.0129　兆碱基接头　megalinker

全称“兆碱基大范围限制性核酸内切酶接头”。一种人工合成的具有特定限制酶识别位点的双链寡核苷酸。具有的限制性内切酶位点在DNA中出现的概率为百万分之一，在基因工程中可用于获得大片段的DNA。

04.0130　寡脱氧胸苷酸　oligodeoxythymidylic acid, oligo(dT)

简称“寡(dT)”。由20以下的脱氧胸苷酸通过3′,5′-磷酸二酯键连接生成的化合物。

04.0131　无嘌呤核酸　apurinic acid

又称“脱嘌呤核酸”。不携带嘌呤碱基的核糖核酸和脱氧核糖核酸分子。

04.0132　无嘧啶核酸　apyrimidinic acid

又称“脱嘧啶核酸”。不携带嘌呤碱基的核糖核酸和脱氧核糖核酸分子。

04.0133　多腺苷酸　polyadenylic acid, poly(A)

简称“多(A)”。一般指由20个以上的腺苷酸通过3′,5′-磷酸二酯键连接生成的核酸分子。

04.0134　多肌胞苷酸　polyinosinic acid-polycytidylic acid, poly(I:C)

一种人工合成的双链核糖核酸。多肌苷酸链和多胞苷酸链通过互补碱基对形成双链分子。具有极好的诱导干扰素生成能力。

04.0135　多尿苷酸　polyuridylic acid, poly(U)

一般指由20个以上尿苷酸通过3′,5′-磷酸二酯键连接生成的线性核酸分子。

04.0136　锁核酸　locked nucleic acid, LNA

一种人工合成的核苷酸。核糖的C-2′的羟基氧原子和C-4′原子通过亚甲基连接，将核糖的空间构象固定在C3′-内向（C3′-endo）上，由此得名。可以与互补的核糖核苷酸和脱氧核糖核苷酸形成稳定的碱基对，具有较强的抗核酸酶降解的能力，广泛应用于靶基因的功能研究。

04.03 核 酸 结 构

04.03.01 概 述

04.0137 核苷酸序列 nucleotide sequence
又称“碱基序列（base sequence）”。核酸链的核苷酸从 5′端至 3′端的排列顺序。即核酸的一级结构。决定核酸的高级结构和生物学功能。

04.0138 反向重复[序列] inverted repeat
在同一核酸分子链上两个区段具有的序列相同，但排列顺序方向相反的核苷酸序列。

04.0139 末端反向重复[序列] inverted terminal repeat, ITR
一些转座子的末端排列顺序方向相反的、相同或相关的短核苷酸序列。

04.0140 回文序列 palindromic sequence, palindrome
又称“回文对称”。在双条核酸分子链的特定位点，从 5′→3′方向的碱基顺序完全一致的序列。

04.0141 核苷酸残基 nucleotide residue
核酸链内的前一个核苷酸的 3′羟基和下一个核苷酸的 5′-磷酸脱水形成 3′,5′-磷酸二酯键时，剩下不完全的核苷酸部分。

04.0142 磷酸单酯键 phosphomonoester bond
单体核苷酸分子中，核苷戊糖的羟基与磷酸基团之间形成的磷酸酯键。

04.0143 磷酸二酯键 phosphodiester bond
磷酸分子的一个羟基和其他分子的一个羟基形成的酯键。最常见的是核酸链骨架的 3′,5′-磷酸二酯键。

04.03.02 DNA 结构

04.0144 双螺旋结构 double helix structure
又称“双链螺旋（double-stranded helix）”。两条具有碱基互补特征的核酸链形成的空间结构。通常是指 DNA 双螺旋结构。RNA 分子也可以形成局部的双螺旋结构。

04.0145 沃森-克里克模型 Watson-Crick model
又称“双螺旋模型（double helix model）”。美国学者沃森（Watson）和英国学者克里克（Crick）1953 年提出的 DNA 的空间结构模型。根据此模型，DNA 由两条反向平行的多核苷酸链以右手螺旋方式围绕同一旋转轴形成互补的双螺旋结构。其中，脱氧核糖和磷酸组成的骨架位于双螺旋的外侧，由嘌呤和嘧啶形成的互补碱基对位于双螺旋的内侧，互补碱基对之间以氢键维系，形成特定的 A–T 和 G–C 配对关系。碱基对的平面与螺旋轴呈一定角度。

04.0146 右手螺旋 right hand helix
螺旋结构旋转方向呈右手型的现象。如 A 型

DNA、B 型 DNA 的结构。

04.0147　左手螺旋　left hand helix
螺旋结构旋转方向呈左手型的现象。如 Z 型 DNA 的结构。

04.0148　小沟　minor groove
又称“窄沟（narrow groove）”。在 DNA 双螺旋的表面上，两条 DNA 链的脱氧核糖-磷酸骨架之间形成的宽度较小的沟槽。

04.0149　大沟　major groove
又称“宽沟（wide groove）”。在 DNA 双螺旋的表面上，两条 DNA 链的脱氧核糖–磷酸骨架之间形成的宽度较大的沟槽。

04.0150　碱基堆积　base stacking
在核酸双螺旋结构中，相邻的两个碱基对平面在旋进过程中发生的电子云重叠。由此产生的疏水性作用力是稳定核酸双螺旋结构的作用力之一。

04.0151　碱基堆积力　base stacking force
在核酸双螺旋结构中，形状扁平且呈疏水性的核酸碱基，彼此层层堆积，通过疏水作用紧密结合在一起的力。是维持核酸螺旋结构稳定性的主要因素。

04.0152　单链 DNA　single-stranded DNA, ssDNA
仅由一条多脱氧核糖核苷酸链的 DNA。可以是双链 DNA 解链的产物，也可以是某些 DNA 病毒的基因组 DNA 存在的形式。

04.0153　双链 DNA　double-stranded DNA, dsDNA
由两条 DNA 单链通过碱基互补作用而构成的 DNA 分子。

04.0154　A 型 DNA　A-form DNA, A-DNA
在相对湿度低于 75%时的一种 DNA。是 DNA 双链的一种天然空间构象。其结构特征呈右手双螺旋，每一圈螺旋包含约 11 个碱基对，螺距为 2.53nm，碱基对平面法线相对螺旋轴的倾角约 20°。

04.0155　B 型 DNA　B-form DNA, B-DNA
在相对湿度为 92%下的一种 DNA。是自然界中 DNA 存在的最主要的天然空间构象。其结构特征呈右手双螺旋，每一圈螺旋包含约 10 个碱基对，螺距 3.54nm，碱基对平面相对螺旋轴基本垂直。在双螺旋表面存在宽度不等的大沟和小沟。是沃森–克里克提出的 DNA 双螺旋模型的基础。

04.0156　C 型 DNA　C-form DNA, C-DNA
DNA 的一种基本空间构象。DNA 锂盐或镁盐在相对湿度约 44%下所获得的 DNA 纤维的结构。其结构特征呈右手双螺旋，每一圈螺旋包含约 9.3 个碱基对，螺距 3.1nm，碱基对平面法线与螺旋中心轴的倾角为 6°。

04.0157　Z 型 DNA　Z-form DNA, zigzag DNA
一种具有左手螺旋结构的 DNA。其结构特征为左手双螺旋，每螺旋含有 12 个碱基对。在双螺旋表面的大沟和小沟基本没有差异。DNA 双链具有鸟嘌呤和胞嘧啶交替排列的序列特征。因其磷酸骨架呈 Z 形而得名。

04.0158　扭转　twist
DNA 双螺旋的一种空间构象。在 DNA 双螺旋结构中，呋喃糖环不是一个平面。环的三个相邻原子共面，另两个原子位于平面之上或之下所形成的构象。

04.0159　双链　double strand, duplex
两条核酸单链分子通过碱基互补配对作用

而形成的结构。可以是 DNA-DNA 双链、DNA-RNA 双链或 RNA-RNA 双链。

04.0160　三股螺旋　triple helix
由 3 条多核苷酸链绞在一起形成的特殊的螺旋结构。

04.0161　三链体 DNA　triplex DNA
又称"三股螺旋 DNA(triple helix DNA)"。由 3 条 DNA 链相互缠绕形成的 DNA。3 条链具有碱基组分特征性：第一条链具有富含嘌呤的序列，与第二条链通过沃森-克里克碱基互补配对形成经典的 B 型 DNA 双链；第三条链也富含嘧啶，与第一条链通过胡斯坦氢键形成碱基对，位于正常 DNA 双链螺旋结构的大沟中(不破坏 DNA 双链中的沃森-克里克碱基对)。两条富含嘧啶的 DNA 链走向相反。

04.0162　四链体 DNA　tetraplex DNA, quadruplex DNA
又称"四股螺旋 DNA(tetrable helix DNA)"。具有 4 条富含鸟嘌呤链的 DNA。

04.0163　G-四链体　G-quadruplex
又称"G-四联体"。富含鸟嘌呤(G)的 DNA 或 RNA 分子的核苷酸序列形成的特殊的局部二级结构。是由 4 个鸟嘌呤通过胡斯坦氢键相互连接组成一个环形平面结构，多个这样的平面结构通过 π-π 堆积形成四链体。

04.0164　G-四分体　G-quartet, G-tetrad
G-四链体的结构单元。是由 4 个相邻鸟嘌呤之间形成胡斯坦氢键而组成的一个环形平面，两层或以上的四分体通过 π-π 堆积形成四链体。

04.0165　DNA 超螺旋　DNA superhelix, DNA supercoil
由于双螺旋 DNA 的过旋和欠旋所形成的一种双螺旋 DNA 的高级结构。当 DNA 分子逆着螺旋轴的方向进行扭转时，导致双螺旋的欠旋而形成负超螺旋；而当 DNA 分子沿着螺旋轴的方向进行扭转时，导致双螺旋的过旋而形成正超螺旋。在机体内，双链 DNA 一般都以负超螺旋构象存在。

04.0166　正超螺旋　positive supercoil
线性或环状双链 DNA 分子沿着双链 DNA 螺旋轴的相同方向发生扭转形成的超螺旋结构。

04.0167　负超螺旋　negative supercoil
线性或环状双链 DNA 分子沿着双链 DNA 螺旋轴的相反方向发生扭转形成的超螺旋结构。

04.0168　超螺旋 DNA　supercoiled DNA, superhelical DNA
具有超螺旋结构的 DNA 分子。有正超螺旋和负超螺旋 DNA 两种。在机体内存在的 DNA 一般都是负超螺旋 DNA。

04.0169　正超螺旋 DNA　positively supercoiled DNA
具有正超螺旋结构的 DNA 分子。

04.0170　负超螺旋 DNA　negatively supercoiled DNA
具有负超螺旋结构的 DNA 分子。

04.0171　核小体　nucleosome
构成真核染色质的基本结构单元。由大约 200bp 的 DNA 片段和多个组蛋白组成的大分子复合物，其中约 146bp 的 DNA 片段与组蛋白八聚体（H2A、H2B、H3 和 H4 各两分子）组成了核小体的核心颗粒，核心颗粒之间通过约 50bp 的 DNA 片段连接区形成串珠样的结构，组蛋白 H1 结合在连接区上。

04.0172　核小体核心颗粒　nucleosome core particle

由长度约 146bp 的 DNA 区段与各两分子的 H3/H4/H2A/H2B 组蛋白八聚体组成的复合物。

04.0173　核小体组装　nucleosome assembly

又称“核小体装配”。在核小体组装因子调节下，由 DNA 双链和组蛋白组装成核小体的过程。组装过程以两分子 H3/H4 组蛋白构成的四聚体与 DNA 结合开始，然后再结合两个 H2A/H2B 组蛋白二聚体，形成核小体核心颗粒，最后与 H1 组蛋白连接生成核小体。

04.0174　DNA 拓扑学　DNA topology

研究 DNA 在变形后仍然保留下来的结构特征，涉及 DNA 可能的缠绕或变形及从属于其数学问题的学科领域。其研究对复制、转录和重组，包括对许多病毒生活周期非常重要的重组事件都很重要。拓扑异构酶可以改变 DNA 的拓扑结构。

04.0175　DNA 拓扑异构体　DNA topoisomer

DNA 不同的空间分子构象。即除连环数不同外，其他性质均相同的 DNA 分子。如 DNA 双链的正超螺旋和负超螺旋拓扑异构体。其拓扑学特性可以用连环数、扭转数、缠绕数 3 个参数描述。

04.0176　连环数　linking number

又称“连接数”。在双螺旋 DNA 中，一条链以右手螺旋绕另一条链缠绕的次数。即两条链相互缠绕交叉的总次数。用符号 L 表示，为整数，对右手螺旋区为正值，左手螺旋区为负值。$L=T+W$，其中 T 为扭转数，W为缠绕数。

04.0177　扭转数　twisting number

又称“盘绕数”。DNA 分子中的双螺旋数目。表示 DNA 分子中一条链绕双螺旋假想轴缠绕另一条链的圈数。为双螺旋 DNA 分子中碱基对总数与每一螺旋中碱基对之比。用符号 T 表示。

04.0178　缠绕数　writhing number

又称“超螺旋周数（number of turn of superhelix）”。双螺旋结构在一定的扭转数下，DNA 分子自身扭转的次数。即一条链绕另一条链缠绕转动的周数，表征 DNA 超螺旋的程度。用符号 W表示。正超螺旋的 W为正值，负超螺旋的 W为负值。其减少则意味超螺旋程度的减少，反之亦然。

04.0179　DNA 扭转应力　DNA torsional stress

使用相等且相反的旋转力作用于 DNA 的两条多核苷酸链，使其相对于长轴产生某种旋转所产生的作用力。根据施加旋转力的方向，产生的 DNA 扭转应力有正的和负的两种。负应力促进了相对于 B 型 DNA 负超螺旋结构的形成，而正应力促进了相对于 B 型 DNA 正超螺旋结构的形成。

04.0180　DNA 扭曲　DNA twist

DNA 分子中两条链相对于长轴的旋转。其产生的应力如不能释放会造成 DNA 分子的超螺旋。

04.0181　DNA 螺距　DNA pitch

DNA 双螺旋结构沿螺旋轴旋进一周所平移的直线距离。

04.0182　DNA 结合模体　DNA-binding motif

DNA 结合蛋白质中能够与 DNA 发生相互作用的特征性的空间结构。如锌指结构、碱性亮氨酸拉链、螺旋–转角–螺旋、螺旋–环–螺旋等。

04.0183　十字形结构　cruciform structure

具有反向重复序列的 DNA 的每一单链分别

自我配对而形成的一种二元对称、形似“十”字的结构。是一种特殊的DNA结构。见于原核DNA的复制起点。此外，在层粘连蛋白和胶原凝素等蛋白质中也有十字形结构。

04.0184 十字形结构DNA cruciform DNA
具有十字形结构的DNA。在DNA转录、双链修复、DNA转位、DNA重组等过程中发挥重要的生物学功能。

04.0185 十字形环 cruciform loop
特指DNA十字形结构中的单链环区。一般只有几个核苷酸。

04.0186 插入模体 intercalated-motif, i-motif
简称“i-模体”。在人类活细胞内首次发现了一种富含胞嘧啶、具有四链结构的DNA二级结构。是一个四股DNA链的结，在这种结的结构中，同一条DNA链上的C会彼此结合。

04.0187 插入模体DNA intercalated-motif DNA, i-motif DNA
简称“i-模体DNA”。局部形成富含胞嘧啶、四条链结构的DNA。在酸性条件下稳定。两条平行的DNA形成$C\text{-}C^+$的碱基对，它与另外两条平行的DNA（也形成了$C\text{-}C^+$的碱基对）以相反方向和插层方式结合在一起。

04.0188 线状DNA linear DNA
一种没有分支的、具有开放的3′端和5′端的长链DNA分子。

04.0189 环状DNA circular DNA
一种具有环形结构的单链或双链DNA分子。单链环状DNA分子是闭合共价的，但是对双链环状DNA而言，其中一条链或两条链都可能存在切口而处于开环状态。

04.0190 带切口环状DNA nicked circular DNA
一条核酸单链上带有一个或多个切口的环性双链DNA分子。

04.0191 带切口DNA nicked DNA
一条核酸单链上带有一个或多个裂口的线性双链DNA分子。

04.0192 共价闭合环状DNA covalently closed circular DNA, cccDNA
简称“共价闭环DNA”。两条核酸链为没有开放末端的环状双链DNA分子。由于每条链上都没有切口以释放内部张力，共价闭环DNA形成了超螺旋结构。天然状态下，某些病毒、细菌的染色体DNA、质粒、线粒体和叶绿体的DNA具有这种结构。

04.0193 松弛DNA relaxed DNA
通过在一条核酸链上产生单个切口或在每条核酸链上产生单个切口，释放出闭合环状双链DNA分子的结构扭力，不再具有超螺旋结构的双链DNA分子。

04.0194 开环DNA open circular DNA
其中一条或两条单链具有切口的一种环状双链DNA分子。

04.0195 弯曲DNA bent DNA
由于蛋白质与双链DNA的结合所致DNA结构发生扭曲的DNA。

04.0196 弯形DNA curved DNA
由于某些内在的或诱导的原因造成DNA分子局部变形，形成突环状而使在序列上相距较远部分在空间上彼此紧邻的DNA。通常发生在启动子区域，可以极大地增强DNA与蛋白质之间的相互作用，有利于增强转录起始复合物的亲和性，在许多基因的转录起始中发挥作用。

04.0197　分支 DNA　branched DNA

特指一种人工合成的、由于在结构上整合了带有被保护羟基的核苷衍生物而形成的分支状的寡脱氧核糖核酸。基于分支 DNA 信号放大的检测法可用于对感染病毒的个体进行病毒量试验，以定量检测 RNA 或 DNA 的水平。

04.0198　异形 DNA　anisomorphic DNA

Ⅰ型单纯疱疹病毒基因组连接区序列中所特有的一种非 B 型 DNA 构象。该序列的上游和下游排列着 12bp 直接重复序列，富含 GC，且 G 和 C 分别集中在一条链上形成寡嘌呤和寡嘧啶配对的杂合链。因为负超螺旋的诱导和寡嘌呤和寡嘧啶杂合链在某种程度的刚性，导致了这段 DNA 序列中心结构和构象发生周期性异变。

04.0199　基因组 DNA　genomic DNA

组成一个机体遗传信息的全部核苷酸序列。

04.0200　染色体外 DNA　extrachromosomal DNA

存在于染色体外的 DNA。包括线粒体 DNA、叶绿体 DNA 和质粒 DNA 等。

04.0201　线粒体 DNA　mitochondrial DNA, mtDNA

真核细胞线粒体中的遗传物质。为双链环状分子，每个细胞的拷贝数可达数千，属于母系遗传。线粒体 DNA 中的基因，能编码部分线粒体蛋白质（如膜蛋白质）、组成线粒体自身翻译体系的 tRNA 和 rRNA。线粒体 DNA 的某些密码子与核 DNA 和原核生物的密码子有所不同。

04.0202　着丝粒 DNA　centromeric DNA

真核生物染色体上包括与纺锤体相系位点的染色很淡的溢缩区（着丝粒）的 DNA。高等真核生物的着丝粒 DNA 具有非编码和高度重复序列，而酵母的着丝粒 DNA 只含有单一序列的 DNA。

04.0203　动质体 DNA　kinetoplast DNA

位于锥虫和相关的寄生原生动物线粒体扩张区域内的细胞器 DNA。由几千个长度约为 2kbp 的小环 DNA 和另一类几十个长度约为 37kbp 的大环 DNA 组成。具有自我复制的能力，在细胞分裂中先于细胞核进行分裂。其中大环编码的是一些线粒体的典型蛋白和 rRNA，小环编码的是参与对大环转录出的 mRNA 进行编辑的指导 RNA（gRNA）。

04.0204　质体 DNA　plastid DNA

植物细胞器质体中存在的 DNA。

04.0205　端粒　telomere

真核染色体两臂末端由富含鸟嘌呤的短的 DNA 串联重复序列构成的结构。是由端粒 DNA 和端粒结构蛋白质组成的复合物。使正常染色体端部间不发生融合，保证每条染色体的完整性。

04.0206　端粒 DNA　telomere DNA

真核细胞线性染色体末端的 DNA。是由简单的富含鸟嘌呤的短的 DNA 高度重复序列组成。其生物学功能是稳定染色体的结构。

04.0207　重复 DNA　repetitive DNA

真核生物基因组中含有不同拷贝数的核苷酸序列。这些序列一般不编码多肽，在基因组内即可以成簇排布，也可以散布于基因组中。按序列的重复程度和特点分为低度重复 DNA、中度重复 DNA 和高度重复 DNA。

04.0208　低度重复 DNA　lowly repetitive DNA

在单倍体基因组中含 1～10 个拷贝的重复 DNA。

04.0209　中度重复 DNA　middle repetitive DNA, moderately repetitive DNA

真核生物染色体基因组中，重复次数在 10～1000 次之间、长度相对较短的核苷酸序列。这些序列遍布整个基因组，约占整个单倍体基因组的 1%～30%。负责 mRNA 前体剪接时二级结构的形成。

04.0210　高度重复 DNA　highly repetitive DNA, hyperreiterated DNA

真核生物染色体基因组中，由非常短的序列（一般小于 100bp）组成的、拷贝数可达几千次的、并以串联修饰排列的核苷酸重复序列。不负责编码蛋白质或 RNA，但基因组中发挥着其他各种不同的功能。

04.0211　单一序列 DNA　unique sequence DNA

又称“单拷贝 DNA（single-copy DNA）”“非重复 DNA（nonrepetitive DNA）”。在单倍体基因组中以单拷贝形式存在的 DNA 序列。

04.0212　卫星 DNA　satellite DNA

真核细胞染色体具有的高度重复核苷酸序列的 DNA。总量可占全部 DNA 的 10%以上，主要存在于染色体的着丝粒区域，通常不被转录。因其碱基组成中 GC 含量少，具有不同的浮力密度，在 CsCl 密度梯度离心后呈现与大多数 DNA 有别的“卫星”带而得名。

04.0213　微卫星 DNA　microsatellite DNA

又称“短串联重复[序列]（short tandem repeat, STR）”“简单序列重复[序列]（simple sequence repeat, SSR）”。由 1～6 个核苷酸组成的重复单位串联重复 10～60 次组成的简单 DNA 序列。在整个基因组中分布广且密度高。虽然其功能尚不清楚，但在遗传图谱和物理图谱的研究中是非常有用的工具。

04.0214　小卫星 DNA　minisatellite DNA

又称“可变数目串联重复（variable number tandem repeat, VNTR）”。真核生物由中等大小的串联重复（6～100 次）组成的 DNA 序列。其重复单位的核心序列为 15～76bp，位于靠近染色体末端的区域，也可分散在核基因组的多个位置上，一般没有转录活性，同一物种不同个体的串联重复序列的数目会有差别。

04.0215　隐蔽卫星 DNA　cryptic satellite DNA

用密度梯度离心分不出一条卫星带，但仍存在于 DNA 主带中的高度重复序列。

04.0216　α 卫星 DNA　α-satellite DNA

又称“α 样 DNA（α-DNA）”。在人的每一个染色体着丝粒中发现的含有大约 170 bp 序列的不同拷贝的串联排列的 DNA。

04.0217　丰余 DNA　redundant DNA

在真核生物基因组中具有多个拷贝数的重复 DNA 序列。

04.0218　间隔 DNA　spacer DNA

存在于基因组内基因之间的非编码 DNA 序列。特指那些分布在连续重复序列的 rRNA 基因之间的区域。多存在于真核细胞及某些病毒基因组中。

04.0219　DNA 多态性　DNA polymorphism

群体内某个基因座存在 2 个或多个等位基因而造成的同种 DNA 分子的多样性。是单一基因座等位基因变异性在群体水平的体现。凡在群体中出现频率大于 1%的变异体，不论其是正常的还是具有致病性，均称为多态性；频率低于 1%的变异体，则考虑为突变。

04.0220　单核苷酸多态性　single nucleotide polymorphism, SNP

个体间基因组 DNA 同一位置的单个核苷酸变异所形成的多样性。存在这种变异的基因座、DNA 序列等可作为基因组作图的标志。人基因组上平均约每 1000 个核苷酸即可能出现 1 个单核苷酸多态性的变化，其中有些单核苷酸多态性可能与疾病发生、药物反应性等相关。是研究人类家族和动植物品系遗传变异的重要依据。

04.0221　标签单核苷酸多态性　tag single nucleotide polymorphism, tag SNP

基因组高度连锁不平衡区域中具有代表性（标识性）的单核苷酸多态性。对于全基因组关联研究具有非常重大的作用和意义。

04.0222　DNA 微不均一性　DNA microheterogeneity

DNA 在大小、序列、荷电性、聚集状态和其他特征上有细小差异的特性。是对 DNA 状态的一种描述。这种差异是由于遗传上的差别或某种人为的因素所造成。

04.0223　微卫星 DNA 多态性　microsatellite DNA polymorphism

真核生物不同个体基因组间存在的 DNA 短序列（即微卫星 DNA）拷贝数或序列的差异性。可作为基因组的遗传标记，用于遗传分析和亲子鉴定等。

04.0224　简单序列长度多态性　simple sequence length polymorphism, SSLP

微卫星 DNA 中由于重复单元的拷贝数不同而造成不同长度的串联重复序列。

04.0225　简单重复序列多态性　simple sequence repeat polymorphism, SSRP

由组成比较简单的（如二、三核苷酸或四核苷酸序列）串联重复所具有的拷贝数不同而造成的多态现象。

04.0226　外源 DNA　foreign DNA

在生物的正常基因组中存在的原来没有的外来 DNA。可以通过基因操作获得。

04.0227　载体 DNA　carrier DNA

利用转化或转染将外源 DNA 导入细胞时发挥辅助作用的 DNA。其存在可以增加转化或转染的效率。

04.0228　DNA 弯曲　DNA bending

DNA 分子在蛋白质作用下所发生的一种构象变化。

04.0229　DNA 复杂度　DNA complexity

由杂交动力学确定的 DNA 不同序列的数量，是在对给定 DNA 样品中非重复 DNA 序列的一种量度。随生物的进化，其 DNA 复杂度增加。

04.0230　DNA 同源性　DNA homology

由于物种进化的原因，不同 DNA 分子表现出来在相应的位点上具有相同的或相似的核苷酸序列的特性。

04.0231　循环肿瘤 DNA　circulating tumor DNA, circulation tumor DNA, ctDNA

肿瘤细胞释放在外周血里面的 DNA。

04.0232　无用 DNA　junk DNA

基因组中不编码蛋白质和 RNA 的 DNA 序列。曾经被认为是一种分子寄生物，经过许多世代而插播在基因组中的序列，并认为不具有任何功能。如，常见于真核基因组中的大量重复序列。然而，近年来的研究发现，许多无用 DNA 也能行使各种不同的功能。

04.0233　接头 DNA　linker DNA

（1）含限制性内切酶位点并能与钝性末端结合或黏性末端匹配的人工合成的短 DNA 片段。（2）长度约为 50bp、连接两个相邻核小体核心颗粒的 DNA 片段，与一分子的组蛋白 H1 相结合。

04.03.03　RNA 结构

04.0234　单链 RNA　single-stranded RNA, ssRNA

只含有一条链的 RNA 分子。生物体中绝大部分 RNA 是以单链 RNA 的形式存在。

04.0235　双链 RNA　double-stranded RNA, dsRNA

由两条单链 RNA 或两段单链 RNA 通过碱基互补对（G≡C、A=U）作用形成的具有双螺旋结构特征的 RNA。某些病毒 RNA 基因组、tRNA 的四个茎–环中的茎部分以及可以实施 RNA 干扰的 siRNA 前体是双链 RNA。

04.0236　编码 RNA　coding RNA

从基因组上转录而来、其核苷酸序列可以翻译成蛋白质的 RNA。仅有信使 RNA。

04.0237　信使 RNA　messenger RNA, mRNA

全称“信使核糖核酸”。一类从 DNA 模板链转录而来、携带 DNA 编码链的遗传信息、在核糖体上指导蛋白质生物合成的单链 RNA 分子。真核生物 mRNA 和原核生物 mRNA 有显著的不同。原核生物 mRNA 一般有 5′端非翻译区（称前导顺序），3′端有非翻译区，中间是蛋白质的编码区，一般编码几种蛋白质。真核生物 DNA 首先转录成为 mRNA 前体，mRNA 前体经过了一系列加工后成为了成熟的 mRNA。成熟的真核生物 mRNA 有 5′非编码区、编码区和 3′非编码区，其 5′端是 7-甲基鸟苷-5′-三磷酸帽结构，3′端是多腺苷酸尾结构。

04.0238　非编码 RNA　non-coding RNA, ncRNA

不编码蛋白质的 RNA。可以分为两类：组成性非编码 RNA 和调控性非编码 RNA。

04.0239　组成性非编码 RNA　constitutive non-coding RNA

其丰度基本恒定、能确保实现基本生物学功能的非编码 RNA。包括转运 RNA、核糖体 RNA、端粒 RNA、信号识别颗粒 RNA 等。

04.0240　调控性非编码 RNA　regulatory non-coding RNA

其丰度随外界环境（应激条件）和细胞性状（成熟度、代谢活跃度、健康状态等）而发生改变，在基因表达过程中发挥重要调控作用的非编码 RNA。按其大小分为非编码小 RNA、长非编码 RNA 和环状 RNA。

04.0241　非编码小 RNA　small non-coding RNA, sncRNA

又称“小非编码 RNA”。由少于 200 个核苷酸组成的非编码 RNA。如核小 RNA、核仁小 RNA、微 RNA、干扰小 RNA、时序小 RNA、piRNA 等。

04.0242　长[链]非编码 RNA　long non-coding RNA, lncRNA

由超过 200 个核苷酸组成的非编码 RNA。一般由 RNA 聚合酶Ⅱ催化转录，其功能是在多个水平调节基因的表达，包括染色质水平、DNA 水平、转录水平、转录后加工水平和翻译水平等。

04.0243　环状 RNA　circular RNA, circRNA

在真核细胞内存在的一类环状非编码 RNA。主要来自细胞核 mRNA 剪接的副产物，其功能是调节基因的表达，包括调节其他类型的非编码 RNA 的功能。

04.0244　小 RNA　small RNA, sRNA
一般指由 19～24 个核苷酸组成的一类非编码 RNA。在转录和转录后水平上起翻译调控因子的作用。

04.0245　微 RNA　microRNA, miRNA
在线虫、果蝇、鼠、人、拟南芥等真核生物中广泛存在的一类内源性的、长度为 18～22 核苷酸的非编码小分子 RNA。是从较大的具有茎–环结构的 RNA 上剪切后得到的。通过与靶 mRNA 特异性的结合，通过降解 mRNA 或者抑制基因表达或者控制靶 mRNA 的翻译，实现调控基因表达。

04.0246　时序小 RNA　small temporal RNA, stRNA
又称"小时序 RNA"。一类长度约为 22 个核苷酸的非编码 RNA。是微 RNA 大家族的成员。与生物发育时间顺序调控有关，如早期报道的线虫 *lin-4* 和 *let-7* 时序小 RNA。

04.0247　干扰小 RNA　small interfering RNA, siRNA
又称"小干扰 RNA""干扰短 RNA（short interfering RNA）"。一类长 22～24 个核苷酸的双链小 RNA 分子。受内源性或外源性双链 RNA 诱导后，在细胞内能够引起特异的靶 mRNA 降解，调控基因表达。

04.0248　PIWI 互作 RNA　PIWI-interacting RNA, piRNA
从哺乳动物生殖细胞中分离得到的一类长度约为 30 个核苷酸的小 RNA。与 PIWI（P-element induced wimpy testis）蛋白质家族成员结合才能发挥其调控作用，可使相关基因的表达沉默。

04.0249　重复相关干扰小 RNA　repeat-associated small interfering RNA, rasiRNA
最初发现于果蝇和斑马鱼的胚胎发育时期的长度为 22～24 个核苷酸的小 RNA。在果蝇的生殖系细胞中也存在。

04.0250　卫星 RNA　satellite RNA
大小为 200～1500 个核苷酸的一类 RNA。植物病毒大的卫星 RNA（900～1500nt）可以有开放阅读框，在体内和体外表达蛋白质，而小的卫星 RNA（194～700nt）不表达功能产物。完全依赖于辅助病毒来完成复制、包被、移动和传播。

04.0251　嵌合 RNA　chimeric RNA
由来自不同基因的外显子片段通过一定的染色体重排或转录剪接机制形成的融合转录物。

04.0252　互补 RNA　complementary RNA
能够与另一条 DNA 链或 RNA 链形成碱基互补的 RNA 分子。

04.0253　分支 RNA　branched RNA
一条直链 RNA 中特定部位的 2′-羟基与自身 RNA 或另一条直链 RNA 的 5′端磷酸基团形成 2′,5′-磷酸二酯键而得到的 RNA。如 II 型内含子自剪接和真核 mRNA 内含子剪接的中间体。

04.0254　增强子 RNA　enhancer RNA, eRNA
在真核生物的增强子区域转录产生的一类非编码 RNA。其功能是可以在局部将一些调节蛋白招募到增强子 RNA 合成的地方，从而对附近的基因表达进行调控。

04.0255　核 RNA　nuclear RNA, nRNA
存在于真核生物细胞核内的 RNA 分子的总称。如核内不均一 RNA、核内小 RNA、核仁小 RNA 等。

04.0256 核不均一 RNA heterogeneous nuclear RNA, hnRNA

又称“核内异质 RNA”。真核细胞所特有一类 RNA 分子。是细胞核内编码 mRNA 基因的初级转录物。

04.0257 核内小 RNA small nuclear RNA, snRNA

真核生物细胞核内中的小分子 RNA。一般为 70～300 个核苷酸，是真核生物转录后加工过程中 RNA 剪接体的主要成分。其长度在哺乳动物中约为 100～215 个核苷酸，共分为 7 类，因富含尿苷酸，故命名为 U1～U7。与蛋白质组成核小核糖核蛋白颗粒参与细胞质中的 mRNA 前体的剪接。

04.0258 核仁 RNA nucleolar RNA

存在于真核生物核仁内的RNA分子的总称。包括核仁小 RNA、核糖体 RNA 前体等。

04.0259 核仁小 RNA small nucleolar RNA, snoRNA

真核生物细胞核仁中的小分子 RNA。长度为几十到一百多核苷酸。主要功能是参与细胞质中的 rRNA、tRNA 和 snRNA 的加工。第一类 C/D 盒的 snoRNA 主要与甲基化相关，第二类 H/ACA 盒的 snoRNA 参与假尿苷化。

04.0260 胞质小 RNA small cytoplasmic RNA, scRNA

存在于真核生物胞质溶胶中的小分子 RNA。通常指 tRNA 和 rRNA，如 5S rRNA、5.8S rRNA 等。

04.0261 转运 RNA transfer ribonucleic acid, tRNA

又称“转移 RNA”。长度为 75～90 个核苷酸、具有倒“L”形空间结构的、在 3′端羟基通过酯键共价连接了特定氨基酸的 RNA 分子。在氨基酰 tRNA 合成酶催化下，一种 tRNA 分子与特定的氨基酸通过共价连接生成氨基酰 tRNA。在核糖体上，tRNA 的反密码子与 mRNA 的密码子结合，进而将所携带的氨基酸按 mRNA 上密码子的顺序装载到合成中的肽链上。

04.0262 关联 tRNA cognate tRNA

由同一特异氨基酰 tRNA 合成酶识别的所有 tRNA。

04.0263 同工受体 tRNA isoacceptor tRNA

包括反密码子在内序列不同，但是能够转运相同氨基酸的 tRNA。

04.0264 同工解码 tRNA isodecoder tRNA

具有相同的反密码子但其他序列不同的tRNA。

04.0265 含硒 tRNA selenium-containing tRNA

携带硒代半胱氨酸的 tRNA。分别参与含硒代半胱氨酸的硒蛋白的合成。从一些细菌和哺乳动物等中分离得到。

04.0266 阻抑 tRNA suppressor tRNA

曾称“校正 tRNA”。能够消除 mRNA 突变有害结果的突变 tRNA。机体内蛋白质基因或 mRNA 的突变往往产生有害的结果，但它可被同一基因的第二次突变或其他基因（包括 tRNA 基因）的突变所消除。

04.0267 tRNA 前体 tRNA precursor

编码 tRNA 基因的初始转录产物。需要经过多步加工才能产成为成熟的、有生物学功能的 tRNA 分子。

04.0268 转运–信使 RNA transfer-messenger RNA, tmRNA, 10Sa RNA

又称“转移–信使 RNA”。多存在于细菌中的具有转运与信使双重功能的 RNA 分子。

04.0269　反义 RNA　antisense RNA
能够与 mRNA 或有义 DNA 链互补形成杂交双链的 RNA 分子。具有抑制靶基因表达的功能。

04.0270　间隔 RNA　spacer RNA
初级转录物中由基因之间序列转录生成的 RNA 序列。这些序列不出现在成熟的 rRNA 中，如哺乳动物 rRNA 的初级转录物位于 18S rRNA 和 28S rRNA 之间的一段序列。

04.0271　反式作用 RNA　*trans*-acting RNA
通过分子间反应机制起作用的 RNA。

04.0272　核糖体 RNA　ribosomal RNA, rRNA
核糖体中的 RNA。在核糖体的构成和蛋白质合成过程中起重要作用。真核生物的 rRNA 有 28S、18S、5.8S 和 5S 四种；原核生物的 rRNA 有 23S、16S 和 5S 三种。

04.0273　核糖体小 RNA　small ribosomal RNA
（1）核糖体小亚基上的 RNA。如真核生物的 18S rRNA 和原核的 16S rRNA。（2）核糖体中其他小分子 RNA。如 5S rRNA 和 5.8S rRNA。

04.0274　核糖体　ribosome
由核糖体 RNA 和蛋白质组成的复合体。是蛋白质生物合成的场所。每个核糖体都由一个核糖体小亚基和一个核糖体大亚基构成。小亚基在核糖体翻译过程中负责信息的识别。由于沉降系数不同，又分为 70S 型和 80S 型核糖体两种。前者主要存在于原核细胞胞质溶胶中，其小亚基单位为 30S，大亚基单位为 50S；后者主要存在于真核细胞胞质溶胶中，其小亚基单位为 40S，大亚基单位为 60S。

04.0275　核糖体亚基　ribosomal subunit
构成完整的核糖体的两种核糖核蛋白复合体。分大和小两个亚基。每种亚基由一种或多种 rRNA 和多个核糖体蛋白组成。

04.0276　核糖体小亚基　ribosomal small subunit, small ribosomal subunit, SSU
构成核糖体的相对较小的亚基。是核糖体上提供 mRNA 结合部位的亚基之一，与大亚基共同组成核糖体。在核糖体翻译过程中负责信息的识别。原核生物核糖体小亚基由 16S rRNA 和 21 种蛋白质组成；真核生物核糖体小亚基由 18S rRNA 和 33 种蛋白质组成。

04.0277　核糖体大亚基　ribosomal large subunit, large ribosomal subunit, LSU
构成核糖体的相对较大的亚基。与小亚基共同组成核糖体。原核生物核糖体大亚基由 23S、5S 两种 rRNA 和 21 种蛋白质组成；真核生物核糖体大亚基由 28S、5.8S、5S 三种 rRNA 和 49 种蛋白质组成。

04.0278　多核糖体　polysome, polyribosome
多个核糖体在 mRNA 链上形成的彼此相隔一段距离的串珠状复合物。每个核糖体可以独立完成一条多肽链的合成。

04.0279　核糖核蛋白复合体　ribonucleoprotein complex
简称“核糖核蛋白(ribonucleoprotein, RNP)”，又称“核糖核蛋白颗粒（ribonucleoprotein particle）”。由 RNA 和蛋白质组成的复合体。小的核糖核蛋白复合体有信号识别颗粒、端粒酶、核糖核酸酶 P 等；大的核糖核蛋白复合体有核糖体等。

04.0280　核糖体结合位点　ribosome binding site, RBS
又称“核糖体识别位点（ribosome recogni-

tion site）”。mRNA 起始密码子上游的一段保证核糖体识别并结合的序列。原核生物该位点含有 SD 序列，与核糖体 16S rRNA 的 3′端互补配对，促使核糖体结合到 mRNA 上，有利于翻译的起始。真核生物 mRNA 的 5′帽结构对核糖体的识别发挥一定作用。

04.0281　核小核糖核蛋白颗粒　small nuclear ribonucleoprotein particle, snRNP

由富含 U 的核内小 RNA（U-snRNA）和蛋白质共同组成的复合物。可以和其他蛋白质形成剪接体对前体 mRNA 进行剪接加工。

04.0282　RNA 构象　RNA conformation

RNA 分子的原子在三维空间的相对位置关系。

04.0283　RNA 折叠　RNA folding

新合成的或变性的 RNA 转变为成熟的具有特定空间结构 RNA 的过程。

04.0284　RNA 定位　RNA localization

RNA 特异性地定位在细胞内特定区域的过程。

04.0285　茎结构　stem structure

单链核酸自身回折后，依赖于部分互补的碱基对形成了局部的双链结构。

04.0286　茎-环结构　stem-loop structure

又称“发夹结构（hairpin structure）”。单链核酸分子中既具有茎结构又有环结构并连接在一起的一种二级结构。配对碱基间的双链区形成“茎”，而不能配对的单链区部分突出形成“环”。如 tRNA 三叶草型的二级结构。

04.0287　三叶草结构　cloverleaf structure

tRNA 特有的二级结构，因形似三叶草形状而得名。由 4 个臂构成，分别是氨基酸臂、二氢尿嘧啶臂、反密码子臂和胸苷酸-假尿苷酸-胞苷酸（TψC）臂。

04.0288　氨基酸臂　amino acid arm

又称“接纳臂（acceptor arm）”“接纳茎（acceptor stem）”。由 tRNA 的 5′端的部分序列与 3′端的部分序列配对形成的双链。由 7 对碱基组成，富含鸟嘌呤。该茎的 3′端是 CCA，腺嘌呤的 3′-羟基通过酯键与 tRNA 对应的氨基酸连接。所连接的氨基酸即为活化的氨基酸。

04.0289　二氢尿嘧啶臂　dihydrouracil arm, DHU arm, D arm

简称“D 臂”。tRNA 结构中由二氢尿嘧啶环及相连接的茎（通常是 4～5 个碱基对的螺旋）组成的一个特定区域。

04.0290　二氢尿嘧啶环　dihydrouracil loop, DHU loop, D loop

简称“D 环”。tRNA 二氢尿嘧啶臂中由 8～12 个核苷酸组成的一个环区。因该区域含有一个以上的二氢尿嘧啶（D）碱基而得名。

04.0291　反密码子臂　anticodon arm

tRNA 高级结构中由反密码子茎和反密码子环构成的一个特定区域。

04.0292　反密码子茎　anticodon stem

tRNA 反密码子臂的茎区。通常是含有 5 个碱基对的双螺旋结构。

04.0293　反密码子环　anticodon loop

tRNA 反密码子臂中的环区。一般含有 7 个核苷酸，位于中间的三个核苷酸（即反密码子）可以与 mRNA 的密码子通过互补碱基配对相互识别，从而在 DNA 的核苷酸序列和蛋白质的氨基酸序列之间建立了对应的关系。

04.0294　可变臂　variable arm

tRNA 结构中仅由可变环（单链区）或由可变环与可变茎（双链区）构成的一个特定区域。因可变环中核苷酸数目不等而得名。

04.0295　可变环　variable loop

tRNA 结构中位于反密码子臂和假尿苷酸–胞苷酸（TψC）臂之间的一个特定环区。不同 tRNA 可变环的核苷酸数目不等。

04.0296　反密码子　anticodon

tRNA 反密码子环中间能够与信使 RNA（mRNA）密码子通过互补配对相互识别的三个核苷酸。通常为 34、35 和 36 位核苷酸。

04.0297　副密码子　paracodon

tRNA 分子上被特定氨基酰 tRNA 合成酶识别、并决定该 tRNA 能准确携带相应氨基酸的一个特定区域。

04.0298　氨基酸活化　amino acid activation

将特定氨基酸共价连接在对应 tRNA 的 3′端腺嘌呤的 3′-羟基生成氨基酰 tRNA 的过程。该过程由氨基酰 tRNA 合成酶催化进行。

04.0299　RNA 假结　RNA pseudoknot

简称“假结（pseudoknot）”。RNA 中一种常见的空间结构。RNA 的茎–环结构中的环上序列与其他部位（通常是邻近部位）的序列碱基配对，形成类似“打结”形状。该结构是 1982 年首次在芜菁黄花叶病毒的 RNA 中发现。具有主要的生物学意义，如核糖核酸酶 P 的假结就是生物进化中最保守的元素之一。

04.0300　RNA 稳定性　RNA stability

RNA 分子维持其序列完整性和抵抗被降解的能力。

04.0301　mRNA 稳定性　mRNA stability

mRNA 在细胞内存在的稳定程度。与其他种类 RNA 相比，mRNA 的半寿期差异较大，从数秒到数小时不等。细胞内 mRNA 的稳定性与某些特异性结合蛋白密切相关。

04.0302　RNA 输出　RNA export

真核生物 RNA 从细胞核输送到胞质溶胶的过程。新生的 RNA 及其 RNA 前体与 RNA 结合蛋白质形成核糖核蛋白复合体后，才能输出到胞质溶胶中行使其生物功能。不同种类的 RNA 需要不同的结合蛋白质。新生的 RNA 及其 RNA 前体上的核输出信号引导其出核。

04.0303　RNA 世界假说　RNA world hypothesis

一个关于生命起源的假说。该假说认为最早出现在地球上的生物大分子是 RNA，不是 DNA 和蛋白质。这些早期的 RNA 分子拥有同 DNA 一样的遗传信息储存功能，以及如蛋白质一样的催化能力，支持了早期的细胞或前细胞生命的运作。

04.04　核 酸 性 质

04.0304　DNA 解链　DNA melting, DNA unwinding

又称“DNA 解旋”。双链 DNA 在受热或相关酶的催化下，维系其双键结构的氢键发生断裂，致使一条双链 DNA 解离为两条单链 DNA 的过程。

04.0305　解链曲线　melting curve

溶液中 DNA 分子或 RNA 分子在 260nm 处的吸光度随温度变化的曲线。表征溶液中核酸分子结合成为双链或解离成为单链的图解。

04.0306　解链温度　melting temperature

双链核酸分子在解链过程中，在 260nm 处的吸光度变化达到最大变化值的一半时所对应的温度。用 T_m 表示。每种双链 DNA 或双链 RNA 分子在一定条件下都有其特征性的

T_m 值。主要由其自身碱基组成所决定，其 G+C 含量越高，T_m 值也越大。

04.0307　退火　annealing
热变性后的单链核酸经过缓慢降温后形成互补双链的过程。可发生在同一来源或不同来源核酸链之间，可以形成双链 DNA 分子、双链 RNA 或 DNA-RNA 杂交分子。

04.0308　重退火　reannealing
同一来源、具有互补碱基序列的单链核酸之间重新形成配对双链的过程。

04.0309　增色效应　hyperchromic effect
在解链过程中，双链 DNA 或双链 RNA 在 260nm 处的吸光度随解链程度增加而上升的现象。

04.0310　减色效应　hypochromic effect
在复性过程中，单链 DNA 或单链 RNA 在 260nm 处的吸光度随双链形成程度增加而下降的现象。

04.0311　互补性　complementarity
两条核酸单链形成核酸双链时，两条链上的碱基之间的配对特性（如 A 与 T、A 与 U 和 G 与 C）。

04.0312　互补序列　complementary sequence
一条核酸链可以与另一条核酸链通过沃森–克里克互补碱基对形成核酸双链时的核苷酸序列。

04.0313　互补链　complementary strand
在通过碱基配对形成的核酸双链中，一条链称为另一条链的互补链。

04.0314　核酸杂交　nucleic acid hybridization
两条核酸单链通过互补碱基对形成核酸双链的过程。有 DNA-DNA、DNA-RNA、RNA-RNA 三种杂交类型。

04.0315　杂交核酸　hybrid nucleic acid
两条不同来源的核酸单链（单链 DNA 或单链 RNA）通过互补碱基对所形成的异源核酸双链。

04.0316　DNA 杂交　DNA hybridization
通过互补碱基配对原则，两条不同生物品种来源的 DNA 单链形成具有稳定的双螺旋结构的 DNA 链过程。

04.0317　杂交体　hybrid
不同的核酸分子通过序列互补形成的产物。

04.0318　脱嘌呤作用　depurination
在弱酸性条件下，DNA 分子上的嘌呤碱基被脱除的过程。

04.0319　无嘌呤位点　apurinic site
核酸中脱去嘌呤碱基的部位。所有细胞中都具有能识别受损核酸位点的糖苷水解酶，它能够特异性切除受损核苷酸上的 *N*-β-糖苷键，在 DNA 链上形成去嘌呤位点。

04.0320　无嘧啶位点　apyrimidinic site
核酸中脱去嘧啶碱基的部位。所有细胞中都具有能识别受损核酸位点的糖苷水解酶，它能够特异性切除受损核苷酸上的 *N*-β-糖苷键，在 DNA 链上形成去嘧啶位点。

04.0321　无嘌呤嘧啶位点　apurinic-apyrimidinic site, AP site
核酸分子中脱去嘌呤和嘧啶的部位。

04.0322　无碱基位点　abasic site
核酸中失去碱基的部位。该部位碱基失去后，产生一个醛基，易发生 β 消除反应而使核酸链在该处断裂。

04.0323　缺口　gap
双链DNA或双链RNA的一条链上一个或多个核苷酸缺失，造成另一条链上形成单链的区域。

04.0324　切口　nick
双链DNA或双链RNA的一条单链上断裂的磷酸二酯键。不涉及核苷酸的缺失或双链的断开。

04.0325　R环　R-loop
一条RNA分子与一条双链DNA分子中的一条形成互补链时，将另一条DNA链排挤出来而形成的单链环状结构。

04.0326　黏端　cohesive end, cohesive terminus, sticky end
又称“突出末端（protruding terminus）”。限制性内切酶作用于双链DNA后产生的黏性末端的突出单链部分。有3′端和5′端突出两种情况。

04.0327　3′端　3′ end
核酸单链上带有游离3′-羟基或3′-磷酸基团的末端。

04.0328　5′端　5′ end
核酸单链上带有游离5′-羟基或5′-磷酸基团的末端。

04.0329　凹端　recessed terminus
限制性内切酶作用于双链DNA后产生的黏性末端的非突出单链部分。

04.0330　平端　blunt end, blunt terminus, flush end
又称“钝端”。双链DNA被限制性内切酶切割后形成的一种无碱基突出的末端结构。产生于切割位点位于识别序列中心的限制性酶切反应。

05. 遗传信息传递与基因表达调控

05.01　概　　述

05.0001　遗传信息　genetic information
储存在DNA或RNA分子中的指导细胞或生命体所有活动指令的总和。由亲代传递给子代，或各细胞每次分裂时由细胞传递给细胞。具体指核苷酸的排列顺序（DNA中为脱氧核糖核苷酸的排列序列、RNA中为核糖核苷酸的排列顺序），其中包含调控序列等元件。

05.0002　遗传信息传递　genetic information transmission
亲代基因组DNA/RNA通过复制，将亲代的遗传信息传给子代的过程。

05.0003　中心法则　central dogma
英国学者克里克（F. Crick）提出的阐明生物体内遗传信息传递方向的分子生物学基本法则。即遗传信息从DNA传递至RNA，再传递至蛋白质。DNA同RNA之间遗传信息的传递是双向的，而遗传信息只是单向地从核酸流向蛋白质。其两个基本属性：自我复制和基因的表达。几十年来，分子生物学的迅速发展不断补充和丰富中心法则，主要有RNA复制、逆转录、非编码RNA和DNA/RNA/组蛋白修饰等。

05.0004　GT-AG 法则　GT-AG rule
又称“尚邦法则（Chambon rule）”。真核细胞断裂基因中 5′端和 3′端剪接点的碱基排列的主要规则。即 DNA 中内含子的序列开始于“GT”，结束于“AG”。当 DNA 转录为 RNA 时，切除内含子的机制能识别这些开始和结束的核苷酸序列。

05.02　基因及其功能

05.0005　基因　gene
编码蛋白质或 RNA 等具有特定功能产物的遗传信息基本单位。是染色体或基因组的一段 DNA 序列，对以 RNA 作为遗传信息载体的 RNA 病毒而言则是 RNA 序列。

05.0006　原基因　protogene
（1）原始蛋白质的基因。（2）在生命形成早期“RNA 世界”中，存在于 RNA 基因组中的组成部分。

05.0007　重叠基因　overlapping gene
基因组上共享同一段序列的两个或多个基因。

05.0008　套叠基因　nested gene
又称“嵌套基因”。重叠基因的一种形式。即一个基因的一部分序列位于另一个基因的 DNA 序列中。

05.0009　断裂基因　split gene, interrupted gene
又称“割裂基因”。其编码序列是不连续的而是被若干个非编码区（内含子）分割的基因。是真核生物基因存在的主要形式。

05.0010　C 值　C value
真核生物单倍体基因组所包含的全部 DNA 含量。每一物种的 C 值是恒定的，不同物种的 C 值差异很大。

05.0011　C 值悖理　C-value paradox
真核生物中 DNA 含量的反常现象。即 C 值不随生物进化程度和复杂性而增加，关系密切生物的 C 值相差也很大。

05.0012　基因丰余　gene redundancy
又称“基因冗余”。基因组中几个不同的基因行使相同或类似功能的现象。这些基因可以在同一条染色体上或在不同染色体上。

05.0013　基因间区　intergenic region, IGR
简称“IG 区”。染色体上两个相邻基因之间的 DNA 序列。通常不被转录。

05.0014　基因拷贝　gene copy
基因组内完整地出现同一个基因的 DNA 序列。只出现一次的基因称“单拷贝基因（single-copy gene）”，重复出现多次的基因称“多拷贝基因（multicopy gene）”。

05.0015　基因拷贝数　gene copy number
某一种基因或某一段特定的 DNA 序列在单倍体基因组中出现的数目。

05.0016　重复序列　repetitive sequence
真核生物染色体基因组中重复出现的核苷酸序列。这些序列一般不编码多肽，在基因组内可成簇排布，也可散布于基因组中。可分为散在重复序列、高度重复序列、中度重复序列等。

05.0017　散在重复序列　interspersed repeat sequence
曾称“散布重复序列”。以分散形式存在于基因组内的重复序列。

05.0018 高度重复序列 highly repetitive sequence

基因组中有数千个到几百万个拷贝的 DNA 序列。重复序列的长度为 6～200bp。

05.0019 中度重复序列 moderately repetitive sequence

基因组中有十个到几千个拷贝的 DNA 序列。重复序列的平均长度约 300bp。依据重复序列的长度可分为短散在核元件和长散在核元件两种类型。

05.0020 短散在核元件 short interspersed nuclear element, SINE

又称“短散在重复序列（short interspersed repeat sequence）”。真核生物基因组中以散在方式分布的短中度重复序列。平均长度为 70～500bp。几乎均为逆转录转座子，如人类的 *Alu* 家族，重复单位约 300bp。

05.0021 长散在核元件 long interspersed nuclear element, LINE

又称“长散在重复序列（long interspersed repeat sequence）”。真核生物基因组中以散在方式分布的较长重复序列。重复序列的单元长度在 1000bp 以上。其中少数具有自主转座功能，多数因发生突变而不能转座。

05.0022 低度重复序列 lowly repetitive sequence

基因组中有 2～10 个拷贝的 DNA 序列。

05.0023 基因重复 gene duplication

基因组中特定 DNA 序列的多个拷贝的重复排布的现象。通常由生殖细胞减数分裂时染色体不等交换所形成，是生物进化的一个关键机制，使每个基因可以独立地进化而形成彼此有别的功能。

05.0024 基因座 locus

一个基因或某些其他的 DNA 序列在染色体上所处的特定的位置。每个基因座用染色体编号数、臂和其在染色体上所处位置表示，如杜兴肌营养不良基因的基因座用 Xp21 表示。遗传连锁图谱可以显示染色体上基因座的排列顺序和彼此间的遗传图距。

05.0025 数量性状基因座 quantitative trait locus, QTL

又称“数量性状位点”。一组共同编码在种群中连续变化的数量性状的基因中的一个基因在染色体上的位置。

05.0026 基因型 genotype

决定生命体特定表型的遗传信息组成。在有性繁殖的机体中，个体的基因型包括从父母双方遗传的整个基因复合物。

05.0027 表型 phenotype

由构成基因型的等位基因的优势关系以及与环境相互作用使机体所产生的、可观察或测定的特征。

05.0028 基因图谱 gene map

基因在基因组上的位置、连锁关系或序列组成。可以分为物理图谱、连锁图谱和序列图谱。

05.0029 核基因 nuclear gene

真核生物位于细胞核基因组 DNA 上的基因。

05.0030 细胞质基因 plasmagene, cytogene

又称“核外基因（extranuclear gene）”“染色体外基因（extrachromosomal gene）”。存在于真核生物的线粒体和叶绿体等细胞器基因组 DNA 上的基因。

05.0031 孤独基因 orphan gene, orphon

由串联重复基因派生出来的一种分散的单

个基因或假基因。来自于多基因家族。

05.0032　质体基因　plastogene
植物细胞存在于质体 DNA 中的基因。有相对的自主性，可自我复制，可转录相应的信使 RNA（mRNA）、转运 RNA（tRNA）和核糖体 RNA（rRNA）等。

05.0033　组成性基因　constitutive gene
一类在任何情况下不需要经过诱导均在细胞中能够表达的基因。其编码产物对细胞的正常功能是必需的。构成细胞基本组分的基因和与细胞基本代谢相关的基因通常都属于组成性基因。

05.0034　持家基因　housekeeping gene
又称“管家基因”。生物体基因组内都有的对所有细胞的生存提供基本功能，并表达的基因。其产物的量不易受环境条件的影响，具有稳定的调控机制。如编码大多数参与糖酵解各步反应酶的基因。

05.0035　假基因　pseudogene
基因组中存在的一段与正常基因非常相似的 DNA 序列。其中许多不能正常表达。根据是否保留相应功能基因的间隔序列（如内含子）分两大类：非加工假基因和已加工假基因。

05.0036　非加工假基因　non-processed pseudogene
又称“复制型假基因（duplicated pseudogene）”“常规假基因（conventional pseudogene, classical pseudogene）”“传统假基因”。在基因复制时，基因组 DNA 重复或染色体发生交叉互换过程产生的假基因。常位于相同基因有功能拷贝附近，与有功能基因的具有类似的结构，含有内含子。在基因组进化过程中功能基因复制后发生突变产生的失活产物。

05.0037　已加工假基因　processed pseudogene
又称“逆转录假基因（retropseudogene）”“反转录假基因”。由 mRNA 的逆转录和复制拷贝后插入基因组所产生的有缺陷拷贝的功能基因。

05.0038　热激基因　heat shock gene
曾称“热休克基因”。原核和真核生物基因组中的一组特定的基因。在高于通常生存温度的环境中才能表达或者大量表达，以应对已改变的生存条件。

05.0039　外源基因　exogenous gene
存在于生物的基因组中、原来没有的外来基因。可以通过基因操作获得。

05.0040　异源基因　heterologous gene
来自不同物种的、在进化过程中不源于共同祖先的基因。

05.0041　同源基因　homologous gene
来自同一物种或不同但相关物种的、在进化过程中源于共同祖先的基因。它们彼此在核苷酸序列上是等同或相似的，可分为种内同源基因和种间同源基因。

05.0042　种内同源基因　paralogous gene
又称“旁系同源基因”。同种生物中源自同一祖先基因，但在进化过程中由于突变、选择和漂变而发生趋异进化并占据不同基因座的基因。

05.0043　种间同源基因　orthologous gene
又称“直系同源基因”。不同物种起源于同一祖先的那些基因。

05.0044　检验点基因　checkpoint gene
又称“检查点基因”。与真核细胞周期不同阶段间的转换控制有关的基因。对细胞周期的调控可以保证细胞周期的关键阶段完成后再进入下一阶段，同时也保证了染色体的完整性。如，*RAD9* 基因是酵母中发现的第一个检验点基因，在 DNA 受损时能控制延缓细胞从 G_2 期进入 M 期。

05.0045 嵌合基因 chimeric gene
通过重组由来源与功能不同的基因序列剪接而形成的杂合基因。

05.0046 抗药性基因 drug-resistance gene
使机体或细胞具有抵抗某种药物特性的基因。多为突变型细菌的质粒 DNA 所具有的能编码对药物具有抗性产物的基因。

05.0047 裂隙基因 gap gene
曾称“缺口基因”。果蝇中的一类在其胚胎发育早期发挥作用的基因。这些基因的突变会导致果蝇分节的缺陷。克吕佩尔蛋白和驼背蛋白即为裂隙基因的产物。

05.0048 等位基因 allele
位于一对同源染色体的同一基因座上的两个不同形式的基因。具有相同或者相似的功能。

05.0049 同等位基因 isoallel
一种与正常等位基因非常类似、只能通过特殊检测方法才能加以区别的等位基因。如与突变的等位基因重组时，由于其不同的表型表达能与正常的等位基因加以区分。

05.0050 沉默等位基因 silent allele
在染色体基因座的一对等位基因中，不被激活表达的那一个等位基因。

05.0051 致死基因 lethal gene
一类因突变使生物表现出众多不利性状的基因。显性的致死基因可导致杂合子在成熟前死亡，而隐性的致死基因则对纯合子是致命的。

05.0052 半致死基因 semilethal gene
存在于生物基因组内、可以严重地妨碍生物生长发育的基因。这种基因通常以杂合形式存在，基因的表现是隐性的，在以纯合子存在时导致病变。

05.0053 亚致死基因 sublethal gene
其存在可以妨碍或减弱机体正常功能发挥的一种基因。

05.0054 母体效应基因 maternal-effect gene
在卵子发生期间从母体基因组转录的基因。其产物在受精前表达，所以胚胎的遗传表型是单独决定于母体的等位基因，决定卵的极性的基因就属于这类基因。

05.0055 结瘤基因 nodulation gene, *nod* gene
简称“*nod* 基因”。根瘤菌与豆科植物共生时宿主根部生结节所必需的基因。包括 *nod A*、*nod B*、*nod C* 等基因。

05.0056 多效基因 pleiotropic gene
能产生彼此不同的，且明显无关的多重遗传性状的基因。当其发生突变后会引起多种性状的改变。

05.0057 多基因 polygene
决定数量性状的一组基因。其每个成员在决定遗传性状上单独发挥的影响很小，但具有累加的遗传效应，故共同控制一个数量性状。

05.0058 多基因学说 polygenic theory
一种认为多基因的共同作用才能引起遗传病的学说。按照这种学说，子代只有从亲代双方获得所有与疾病相关的基因才会表现出某种遗传病的症状。

05.0059　重排基因　rearranging gene

在功能淋巴细胞发育中，与 V(D)J 重组有关的基因。已发现的有 α、γ、δ、ε 和 μ 链的基因。

05.0060　重组活化基因　recombination activating gene

参与激活抗体 V(D)J DNA 重组作用的基因。在 V(D)J 重组中重组活化基因的产物可调节依赖于重组信号序列的切割作用。

05.0061　性别决定基因　sex-determining gene

决定生物个体性别的基因。在许多动物物种中，这些基因位于 X 染色体和 Y 染色体，性别的决定与雄激素和雌激素的分泌有关。

05.0062　连锁基因　linked gene

在同一个染色体上相关联往往一起遗传的两个或多个非等位的基因。可组成一个连锁群。

05.0063　性连锁基因　sex-linked gene

位于性染色体上的基因。如位于人类 X 性染色体上的红绿色盲基因等，表现为性连锁遗传现象。

05.0064　同线基因　syntenic gene

位于同一条染色体上的基因。但不一定是连锁基因，连锁基因一定是同线基因。如果其两个同线基因重组率高于 50%，则不是连锁基因。

05.0065　开关基因　switch gene

控制个体发育途径及起始和终止的基因。引起总发育体系在可选择的相关的细胞途径中进行转换。其产物控制具有正常功能的发育，某些情况下也可造成致癌性的转化。

05.0066　温度敏感基因　temperature-sensitive gene, ts gene

简称“ts 基因”。在一定温度（非容许温度）以上时，其产物的水平或活性显著下降的基因。低于此温度，突变体的活性与野生型非常相似。

05.0067　癌基因　oncogene

一类与细胞癌变有关的基因。其活性过强可导致细胞发生癌变。源自细胞中的正常基因——细胞癌基因，最初因致癌病毒的转化基因而被发现。

05.0068　原癌基因　proto-oncogene

又称“细胞癌基因（cellular oncogene, c-oncogene, *c-onc*）”“c 癌基因”。编码调节细胞生长或分化有关蛋白质的而在突变或过表达时可转变为癌基因并引起细胞癌变的正常细胞基因。

05.0069　病毒癌基因　viral oncogene, v-oncogene, *v-onc*

简称“v 癌基因”。RNA 肿瘤病毒大多含有可以使宿主细胞发生癌变的基因。源自细胞中正常的原癌基因，但缺乏内含子。

05.0070　抑癌基因　antioncogene, tumor suppressor gene, cancer suppressor gene

又称“抗癌基因”“肿瘤抑制基因”。一类存在于细胞内对细胞增殖有负调控作用，具有潜在抑癌作用的基因。正常情况下负责控制细胞生长和增殖，如阻止细胞周期前进或促进细胞凋亡。当这些基因不能表达，或者当其产物失去活性时，可导致细胞癌变。如 p53 蛋白的编码基因和成视网膜细胞瘤基因（*RB* 基因）。

05.0071　基因超家族　gene superfamily

一组由于序列的同源性，通过序列比对可以彼此匹配而相关的基因。决定同源的主要标准是核苷酸残基的保守性，而功能的相似性是附加的标准。

05.0072　基因簇　gene cluster
基因家族中来源相同、结构相似和功能相关的基因在染色体上彼此紧邻所构成的串联重复单位。一个基因簇中的基因往往是编码催化同一条代谢途径的不同步骤的酶的结构基因。

05.0073　基因位置效应　gene position effect
基因因位置不同而影响表达的现象。如分裂间期染色体上某些部分高度压缩，而另一些部分是松散包装的。位于染色体上不同位置的基因由于受到染色质状态的影响而有不同的表达情况。

05.0074　基因扩增　gene amplification
某个或某些基因的拷贝数选择性增加的现象。这种增加可以发生在细胞或组织内，也可以在体外（试管中）或在细胞或组织中。一般与基因组的其他基因的增加不成比例，如编码核糖体 RNA（rRNA）的基因在爪蟾卵母细胞成熟中的扩增，原来一组大约 500 拷贝的 rRNA 基因可以扩增大约 4000 倍，达到 200 万个拷贝数。在癌细胞中也存在。

05.0075　基因组组构　genome organization
生物的基因组在诸如各基因的排列顺序、基因的结构、同源基因的序列差异等基因组结构上的特征。

05.0076　基因组重构　genome reorganization
由于进化中的选择压力所造成的物种间在基因组结构特征上的改变。可以通过染色体重排（如缺失、扩增、置换等）形成。

05.0077　转座子　transposon, Tn
又称“转座元件（transposable element）”。机体内非游离的、能将自身序列或其拷贝序列插入到该基因组内靶位点的功能性 DNA 片段。

05.0078　*Ty* 元件　*Ty* element
酵母基因组内长约 6.3kb、且两端各有一段约 340bp 同向重复序列的一组散在的 DNA 片段。约有 35 个拷贝，是一种酵母转座子组分。

05.0079　转座　transposition
全称“基因转座（gene transposition）”。转座子在基因组移动位置的过程。可引起基因组重排、基因突变和表型变化等。移动由转座子编码的转座酶催化。

05.0080　基因组重排　genome rearrangement
在细胞分裂过程中基因组内不同基因的次序发生异常重新排列的过程。是一种包括反转、转位、插入或缺失等形式的基因组突变。

05.0081　基因重排　gene rearrangement
由某些因素所致 DNA 序列断裂重接、使相关基因序列改变的过程。可改变该基因表达或形成新基因。如 B 细胞抗体基因和 T 细胞抗原受体基因的形成过程。

05.0082　基因重组　gene recombination
机体内或在体外用人工手段使不同来源 DNA 重新组合的过程。

05.0083　基因间重组　intergenic recombination
基因组内不同基因之间重新组合形成新的基因型的过程。

05.0084　基因间阻抑　intergenic suppression
一个基因突变的影响被基因组内其他基因的突变所逆转，因而使突变基因的功能得到恢复或补偿的现象。

05.0085　基因内阻抑　intragenic suppression
同一基因内部在不同部位的第二次突变而

使其恢复野生型表型的现象。

05.0086　基因突变　gene mutation
基因组 DNA 分子的碱基对组成或排列顺序发生改变的现象。如点突变和移框突变等。

05.0087　基因失活　gene inactivation
由于调控元件的突变，基因移位至异染色质部位，或编码序列出现突变、移框等因素导致基因不能正常表达的现象。

05.0088　基因缺陷　gene defect
由于某种原因（如核苷酸的缺失或突变）导致基因不能行使正常功能的现象。

05.0089　基因破坏　gene disruption
基因由于某种原因（如核苷酸的缺失或插入）遭到破坏而失活的现象。多指通过体外或体内重组的方法使一个便于检测的突变基因插入或替代野生型基因的过程。

05.0090　基因置换　gene replacement
通过基因操作等技术用一个基因替换另一个基因的过程。如用正常基因替换有缺陷的基因，使基因的功能得以恢复。

05.0091　基因组印记　genomic imprinting
又称“亲代印记（parental imprinting）”“遗传印记（genetic imprinting）”。一对等位基因在发育过程中被差异标记、从而显示亲代等位基因特征的一种遗传方式。可以导致不同亲本来源等位基因一个表达，另一个不表达。

05.0092　嵌合体　chimera
一种含有两种以上基因型组织的个体。主要用于描述基因型来自两个或两个以上个体。可能是基因突变、染色体异常分离或移植的结果。

05.0093　重组体　recombinant
通过重组作用产生的不同基因型的子代。

05.0094　基因流　gene flow
由于合子或配子的散布，基因从某一群体扩散到其他群体，从而引起等位基因频率改变的现象。

05.0095　基因系统发育　gene phylogeny
通过比较 DNA 序列之间的差异建立的 DNA 分子之间的一种进化关系。

05.0096　基因污染　gene pollution
一般指转基因生物的外源基因通过某种途径转入并整合到其他生物的基因组中，使得其他生物或其产品中混杂有转基因成分，造成自然界基因库的混杂和污染的现象。广义上也指人工饲养动物和栽培植物逃逸造成野生生物的基因变异，以及外来物种造成本地物种的基因变异。

05.0097　基因病　genopathy
由于基因异常所导致的疾病。按控制疾病的基因遗传特点可分为单基因病、多基因病和获得性基因病。

05.03　DNA 复制、损伤与修复

05.03.01　DNA 复制

05.0098　复制　replication
DNA 或 RNA 基因组以亲代核酸链作为合成模板，按照碱基互补配对原则合成子代核酸链进行扩增的过程。

05.0099　DNA 复制　DNA replication

DNA 合成过程中，以亲代 DNA 两条链为模板合成两个子代 DNA 分子的过程。其中每一个子代 DNA 分子包含一条亲代链和一条新合成的链。具有高保真性。

05.0100　模板　template

DNA 复制或转录时，用来产生互补链的核苷酸序列。

05.0101　模板链　template strand

又称"非编码链（non-coding strand）""无义链（nonsense strand）""反义链（antisense strand）"。DNA 双链中能够作为模板转录 RNA 的核苷酸链。其核苷酸序列与非模板链或 RNA 序列互补。

05.0102　非模板链　nontemplate strand

又称"编码链（coding strand）""有义链（sense strand）"。DNA 双链中与模板链互补、携带编码蛋白质信息的那条链。其中的 T（胸腺嘧啶）对应于 mRNA 中的 U（尿嘧啶）。

05.0103　亲代 DNA　parental DNA

在 DNA 复制过程中作为模板的 DNA 分子。在复制形成的两个子代 DNA 分子中，各保留有一条亲代 DNA 单链。

05.0104　DNA 复制起点　DNA replication origin

DNA 分子上启动复制的特定部位。为富含 AT 碱基对的短重复序列，决定了复制的起始和起始频率。是复制子的组成部分，可被特定的 DNA 复制起始蛋白质识别和结合。

05.0105　复制子　replicon

DNA 分子中含有复制起点的能独立进行复制的最小功能单位。质粒、细菌染色体和噬菌体等通常只有一个复制起点，因而其 DNA 分子就构成一个复制子；真核生物和大多数古菌的基因组 DNA 有多个复制起点，因而含有多个复制子。

05.0106　[复制]起点识别复合物　origin recognition complex, ORC

又称"起始点识别复合体"。特指复制起点识别复合物。通常由 6 个亚基构成，能够结合复制起点，并与其相结合的蛋白质复合物，参与启动真核生物 DNA 复制过程。

05.0107　复制体　replisome, replication complex

由多种蛋白质构成的、参与 DNA 复制的蛋白质复合物。至少包括 DNA 聚合酶、引发体、单链 DNA 结合蛋白质、解旋酶等。

05.0108　复制中间体　replication intermediate, RI

DNA 复制过程中所产生的多种中间结构。

05.0109　DNA 连环　DNA catenation

环状 DNA 复制过程的一个中间体。是由两个或多个共价闭合环状 DNA 分子不通过共价结合而彼此相连成的结构。

05.0110　复制叉　replication fork

又称"生长叉（growing fork）"。正在进行复制的双链 DNA 分子所形成的 Y 形叉状结构。其中已解旋的两条亲代单链以及正在进行合成的新链构成了 Y 形的头部，尚未解旋的亲代 DNA 双链构成了 Y 形的尾部。

05.0111　复制泡　replication bubble

又称"复制眼（replication eye）"。DNA 复制过程中，每个复制起点都产生两个复制叉，进入链的延长阶段后，两个复制叉向相反的方向移动，形成的空泡状结构。

05.0112 半保留复制 semiconservative replication

复制时亲代 DNA 分子两条链解开为两股单链，各自作为合成新链的模板，从而形成两个子代 DNA 分子，因重新合成的每一个双链DNA分子中各保留一条亲代DNA单链的复制方式而得名。

05.0113 双向复制 bi-directional replication

环状 DNA 只有一个复制起点，从起点开始向两个方向进行解链然后复制的过程。

05.0114 θ 型复制 θ-form replication

环状 DNA 分子从其复制起点开始双向复制，导致复制泡形成，这种含有复制泡的复制中间体的形状类似于希腊字母 θ 型结构，故名。

05.0115 单向复制 unidirectional replication

只有一个复制叉向前移动的 DNA 复制过程。

05.0116 半不连续复制 semidiscontinuous replication

DNA 复制过程的特定方式。在一个复制叉中，一条链（前导链）是连续合成的，而另一条链（后随链）的合成却是不连续的。

05.0117 不连续复制 discontinuous replication

由DNA双螺旋结构和DNA聚合酶复制特性所决定的后随链的复制方式。即先合成出一些短片段（冈崎片段），然后连接酶将这些短片段连接成一条完整的长链。

05.0118 前导链 leading strand

在 DNA 半不连续复制过程中，沿着模板链解链的 3′→5′方向以连续方式合成的 DNA 新链。

05.0119 后随链 lagging strand

在 DNA 半不连续复制过程中，与模板链解链方向相反，不能连续延长，只能随着模板链的解开，逐段从 5′→3′方向合成的 DNA 新链。

05.0120 冈崎片段 Okazaki fragment

在 DNA 复制过程中，沿着后随链的模板链合成的不连续的新 DNA 片段。真核生物的冈崎片段长度为 100～200 核苷酸残基，而原核生物的冈崎片段长度为 1000～2000 核苷酸残基。

05.0121 并行复制 concurrent replication

在 DNA 复制过程中，前导链和后随链同时进行复制的现象。

05.0122 滚环复制 rolling circle replication

某些双链环状 DNA 病毒和噬菌体复制的一种方式。按照这个复制方式，一条链首先被核酸酶切开，然后在 DNA 聚合酶催化下将 3′端不断延长，此链的 5′端则作为自由末端滚出，最终合成出一条与模板完全互补的链与自由尾部互补的片段，最后由连接酶将其连接在一起。另外，某些基因的局部扩增也是通过滚环复制的方式进行。

05.0123 D 环复制 D-loop replication

线粒体 DNA（为闭合环状双链结构）的复制方式。复制时需合成引物，第一个引物以内环为模板延伸至第二个复制起点时，又合成另一个反向引物以外环为模板进行反向延伸，最后完成两个双链环状 DNA 的复制。复制中因呈字母 D 形状而得名。

05.0124 逆转录 reverse transcription, RT

又称“反转录”。以 RNA 为模板，由逆转录酶催化，以四种脱氧核苷三磷酸（dNTP）

为底物产生 DNA 链的过程。常见于逆转录病毒的复制中。

05.0125　自复制　self-replication

质粒或其他染色体外 DNA 分子复制的时间以及速率不受染色体 DNA 控制的过程。

05.0126　自复制核酸　self-replicating nucleic acid

能够进行自我复制的质粒和其他染色体外的核酸分子。

05.0127　自主复制载体　autonomously replicating vector

又称"可复制型载体（replication-competent vector）"。含有能够充当复制起始位点的 DNA 序列的质粒。可以在细胞中进行独立复制。

05.0128　自主复制序列　autonomously replicating sequence, ARS

又称"ARS 元件（ARS element）"。真核生物中一类能够启动 DNA 复制的富含 AT 的序列。

05.0129　染色质组装因子 1　chromatin assembly factor-1, CAF-1

真核细胞内与新生 DNA 链结合，并特异地识别组蛋白 H3 和 H4 及 H3/H4 组成的四聚体从而参与染色质组装的蛋白质因子。定位结合于复制叉之后，可增加 H3/H4 四聚体的稳定性，但需经磷酸化后才有活性，其缺失将严重影响细胞周期进程，使其阻滞在 S 期。

05.0130　复制因子　replicator

又称"复制基因"。含有一个复制起点并能促进质粒 DNA 分子在宿主细胞中复制的一段 DNA 序列。

05.0131　DNA 解超螺旋　DNA untwisting

又称"DNA 解扭曲"。在复制或转录过程中，生物体内处于负超螺旋状态的 DNA 分子解除负超螺旋的过程。是在拓扑异构酶催化下进行。

05.0132　复制型 DNA　replicative form DNA, RF-DNA

病毒的单链 DNA 或 RNA 在复制期间所形成的由亲代单链分子与子代单链分子通过碱基配对形成的 DNA 双链。

05.0133　复制周期　replicative cycle

病毒完成一次复制的全过程。包括吸附、穿入、脱壳、核酸（双链 DNA、单链 RNA 或逆转病毒 RNA）和蛋白质合成、组装和释放等步骤。

05.0134　复制期　replicative phase

常指病毒感染宿主的复制时期。如慢性乙肝病毒携带者可分为高复制期、低复制期和非复制期。高复制期时病毒在肝中大量复制，低复制期少量复制，非复制期测不到复制指标，肝损伤很少。

05.0135　引发　priming

DNA 复制起始时或在合成每个冈崎片段之前，DNA 聚合酶不能从头开始合成 DNA 链，机体需要先利用一个含引物酶的引物体合成一小段 RNA 引物，然后 DNA 聚合酶才能够以 RNA 引物的 3′-OH 为起点，与脱氧核苷三磷酸（dNTP）发生共价连接，通过形成 3′,5′-磷酸二酯键将 DNA 链延长的过程。

05.0136　引发体前体　preprimosome

又称"前引发体""预引发复合体（prepriming complex）"。形成引发体之前的蛋白质复合物。与引发酶和一些相关蛋白质和酶形成引发体参与 DNA 复制。

05.0137 引发体 primosome

由解旋酶（如大肠埃希菌的 DnaB 蛋白）、引发酶（如大肠埃希菌的 DnaG 蛋白）和其他多种蛋白质组装形成的复合物。位于复制叉的前端，能够生成后随链冈崎片段合成必需的 RNA 引物。

05.0138 复制错误 replication error

DNA 复制过程中核苷酸碱基配对发生错误的现象。

05.0139 复制执照因子 replication licensing factor, RLF

又称“复制许可因子”。真核细胞核中一类能够参与启动 DNA 复制、但随后便失去其启动活性的蛋白质分子。其存在能严格控制真核细胞 DNA 在一个细胞周期当中只能复制一次。目前认为这些因子是一类微小染色体维持蛋白质家族的成员。

05.0140 微小染色体维持蛋白质 minichromosome maintenance protein, MCM

最初被发现在复制起始过程中具有解螺旋酶活性，与 DNA 复制密切相关的高度保守的一组蛋白质。在细胞周期内控制复制起始时间发挥重要作用。家族是 DNA 复制与细胞周期进程和检查点调控结合的一个重要因素。

05.0141 复制滑移 replication slipping

在 DNA 复制过程中，当复制过程进行到模板链包含多个直接重复序列时，复制复合体会从模板链上暂时脱离，造成新合成链的 3′端在这短暂的时间内沿着模板链回缩，然后又与重复序列中的另外一组配对结合的过程。这样，复制会重新进行，但重复序列的某些部分会被多次复制。

05.0142 3′→5′核酸外切编辑 3′→5′ exonucleolytic editing

在 DNA 复制过程中，利用 DNA 聚合酶的 3′-外切酶活性切除正在生长中的 DNA 链 3′端上带有错配碱基核苷酸的过程。是确保 DNA 复制保真性的三个机制之一。另外两个机制分别是利用聚合酶的内在区分能力选择正确的碱基和错配修复。

05.0143 复制终止子 replication terminator

某些原核生物环状 DNA 链上终止复制过程所依赖的一段特定的 DNA 序列。

05.0144 *nut* 位点 *nut* site

一些噬菌体基因组中被抗终止因子 N 蛋白利用（N protein utilization，*nut*）的识别位点。N 蛋白对 *nut* 位点的识别和随之发生的相互作用，使 RNA 聚合酶能忽略终止信号而持续通过终止子。

05.0145 滑动钳 sliding clamp

又称“滑卡”。以大肠埃希菌为代表的细菌 DNA 聚合酶Ⅲβ 亚基二聚体或者真核生物的增殖细胞核抗原（PCNA）三聚体与 DNA 一起形成的一种钳状结构。

05.0146 钳装载器 clamp loader

DNA 聚合酶Ⅲ全酶中的 γ 复合体部分。帮助 β 钳结合到 DNA 上。

05.0147 β 钳 β-clamp

DNA 聚合酶Ⅲ全酶中 β 亚基的二聚体。能夹住 DNA，将全酶拴在 DNA 上而赋予其高的进行性。

05.0148 互补 DNA complementary DNA, cDNA

特指与 mRNA 分子具有互补碱基序列的单链 DNA 分子。是在逆转录酶催化下，以

mRNA 为模板合成产生。与基因组 DNA 不同，互补 DNA 中不含内含子。

05.0149　单链互补 DNA　single-stranded cDNA, sscDNA

在逆转录酶催化下，以信使核糖核酸（mRNA）为模板合成与 mRNA 序列互补的单链 DNA。

05.0150　双链互补 DNA　double-stranded cDNA, dscDNA

以双链互补 DNA 为模板合成的双链 DNA。

05.0151　反义 DNA　antisense DNA

与 DNA 模板链互补的不参与转录的 DNA 分子。

05.0152　自在 DNA　selfish DNA

又称"自私 DNA"。除了能够复制自身外，不具有其他功能的 DNA 片段。

05.0153　变性 DNA　denatured DNA

由于物理（如升温）或化学（如尿素）等因素的作用，一条双链 DNA 解链为的两条单链 DNA。

05.0154　DNA 扩增　DNA amplification

将一段特定的 DNA 序列的拷贝数增加的过程。可以体内或体外实现。体内扩增的 DNA 序列可以是经过转化进入细胞的外源 DNA 或染色体自身的一段基因组 DNA；体外扩增通过聚合酶链反应来实现。

05.0155　质粒　plasmid

细菌细胞内一种自我复制的环状双链 DNA 分子。能稳定地独立存在于染色体外，并传递到子代，一般不整合到宿主染色体上。现在常用的质粒大多数是经过改造或人工构建的，常含抗生素抗性基因，是重组 DNA 技术中重要的工具。

05.0156　松弛型质粒　relaxed plasmid

在微生物细胞内的复制速度不受严格控制的质粒。一般分子量较小，在细菌染色体外能大量独立复制。每个细菌中可存在数百到数千个拷贝。

05.0157　严紧型质粒　stringent plasmid

在微生物细胞内的复制速度受到严格控制的质粒。一般分子量较大，在细胞内只能形成少量拷贝。

05.0158　质粒复制　plasmid replication

质粒在宿主细胞内独立于细菌染色体通过复制机制增加其拷贝数的过程。

05.0159　质粒复制子　plasmid replicon

在质粒 DNA 中能进行自主复制并维持正常拷贝数的一段最小的 DNA 序列。

05.0160　质粒拷贝数　plasmid copy number

细菌细胞中每个染色体所平均具有的质粒 DNA 分子数。质粒所含拷贝数的多少由质粒的复制类型所决定。

05.0161　质粒不相容性　plasmid incompatibility

在无选择压力的条件下，亲缘关系密切的不同质粒或同一不相容群的质粒不能稳定共存于同一宿主细胞，在细胞增殖过程中将有一种被排斥的现象。是细菌质粒分类的一种标准。

05.0162　质粒不稳定性　plasmid instability

质粒在宿主细胞中因种种偶然因素诱发产生无质粒或拷贝数减少的突变体，以及因结构重排而造成克隆基因无法表达的突变体的现象。包括分离的不稳定性和结构的不稳定性。

05.0163　质粒维持序列　plasmid maintenance sequence

存在于重组质粒中的、与保持其在宿主中稳定复制有关的序列。如乳酸菌质粒 pGT232 的一段由双链复制起点和编码复制起始蛋白 repA 的基因所组成的 1.7kb 的序列。

05.0164　嵌合质粒　chimeric plasmid

一种在体外通过连接不同的质粒片段而构建成的杂合质粒分子。在转化进入宿主细胞后，会形成具有新的生物学功能的复制子。

05.0165　质粒分配　plasmid partition

在原核细胞分裂过程中质粒从亲代细胞进入子代细胞的过程。该行为由质粒分子上特定的编码主动分配体系的分配位点负责，其直接影响细胞分裂中质粒拷贝的分配行为。

05.0166　质粒表型　plasmid phenotype

由于质粒的存在而赋予宿主细胞在一定环境条件下所表现的性状。包括对抗生素或重金属等的抗性、产生抗生素、某些代谢特征和宿主控制的限制与修饰作用等。

05.0167　质粒获救　plasmid rescue

又称"质粒拯救"。一种通过构建同源辅助质粒，使携带外源 DNA 的外来质粒能与之重组而被摄入细菌的技术。

05.0168　附加体　episome

一类在细菌和某些真核细胞中存在的染色体外的遗传物质。能在细胞中独立存在并进行自我复制，也能整合到染色体，随同染色体的复制而进行复制。如 λ 噬菌体和 F 质粒。

05.0169　限制修饰系统　restriction modification system

简称"限制系统（restriction system）"。原核生物用来保护自己，选择性降解外源 DNA 的一种机制。包括限制性内切酶和 DNA 甲基化酶两类酶。前者负责降解进入原核细胞的外源 DNA；后者则对细胞自身的 DNA 进行甲基化保护，使其不被细胞自己产生的限制性内切酶降解。

05.0170　DNA 限制性　DNA restriction

宿主菌利用其自身特有的限制修饰系统对进入细胞内的外源 DNA 的一种控制作用。宿主菌产生的限制性酶可以对未与载体重组的外源 DNA 进行切割，使其不能在细胞内进行存活。

05.0171　DNA 噬菌体　DNA phage

能感染细菌并在细菌内复制自身的 DNA 病毒。

05.0172　DNA 酶 I 超敏感性　DNase I hypersensitivity

DNA 极易被 DNA 酶 I 切割的特性。是染色质活化部位的特征。

05.0173　DNA 酶 I 超敏感部位　DNase I hypersensitive site

特指由于特定蛋白质的结合或转录的进行而使 30nm 染色质纤丝结构解体的染色质的活化部位。该部位的 DNA 序列极易被 DNA 酶 I 所切割。

05.03.02　DNA 损伤

05.0174　DNA 损伤　DNA damage

由物理因素或化学物质等引起的 DNA 分子结构的改变。根据 DNA 分子结构改变的不同有碱基脱落、碱基结构破坏、嘧啶二聚体形成、DNA 单链或双链断裂、DNA 交联等。

05.0175　DNA 损伤剂　DNA damaging agent
能够对 DNA 造成结构破坏以及序列变化的某些物理因素或化学物质。如紫外线、电离辐射和化学诱变剂等。

05.0176　DNA 烷基化　DNA alkylation
某些烷化剂可使 DNA 的嘌呤碱基，特别是鸟嘌呤的 N-7、N-3、O-6 以及磷酸骨架上的氢原子被烷基所取代的过程。可造成 DNA 损伤。

05.0177　碱基损伤　base damage
化学毒物通过对碱基的某些基团进行修饰而改变碱基的理化性质，从而使碱基结构被破坏的现象。会造成 DNA 模板发生碱基错配、置换、转换等，也会导致 DNA 链断裂。

05.0178　错配　mispairing, mismatching
双链核酸分子一链中的一碱基与另一链中相应位置的碱基不能互补，造成不完全碱基配对的现象。

05.0179　校对　proofreading
通常是指纠正 DNA 复制过程中形成的错配碱基的机制。包括从增长的核苷酸链中识别和切除不正确的核苷酸，并以正确的核苷酸取代之。

05.0180　校对活性　proofreading activity
DNA 聚合酶所具有的 3′-核酸外切酶活性。负责切除在复制过程中错误配对的碱基，以保证 DNA 复制的高保真性。

05.0181　错参　misincorporation
特指一个错误的单体或类似物参入到一个多聚体的过程。尤其是 DNA 复制过程中，错参可造成子链上形成错误的碱基。

05.0182　错插　misinsertion
特指 DNA 复制过程中插入错误的、不与模板匹配碱基的过程。

05.0183　碱基置换　base substitution
在核酸分子中一个碱基被另一种碱基所替换的现象。可以使核酸分子的性质和功能发生改变，如改变密码子的序列。

05.0184　碱基转换　base transition
在核酸分子中嘧啶碱基之间或嘌呤碱基之间发生取代的现象。

05.0185　碱基颠换　base transversion
在核酸分子中，一种由嘧啶替代嘌呤或由嘌呤替代嘧啶的现象。

05.0186　突变　mutation
基因的结构发生改变而导致细胞、病毒或微生物的基因型发生稳定的、可遗传的变化过程。

05.0187　突变体　mutant
已经发生突变的基因，或者已经携带发生突变基因的细胞、病毒或细菌。

05.0188　显性活性突变体　dominant active mutant
（1）只有单个基因拷贝也可表现出全部活性的突变体。（2）在信号转导领域中指本身获得或者增强了信号转导功能并使相关信号转导途径得到组成性激活的信号转导蛋白质突变体。

05.0189　显性失活突变体　dominant inactive mutant
又称“显性负突变体（dominant negative

mutant）”。（1）只有单个基因拷贝即可导致野生型基因产物失去活性的突变体。（2）在信号转导领域中指本身失去转导信号功能，而且同时能使野生型蛋白质也失去活性的信号转导蛋白质突变体。可导致相关信号通路的组成性阻断。

05.0190 温度敏感突变体 temperature-sensitive mutant, ts mutant

简称“ts 突变体”。只在某一温度范围内呈现突变性状的突变体。当其生长温度从限制性温度范围发生由低到高（热敏）或由高到低（冷敏）改变时，某种基因产物的活性丧失或改变，从而导致野生型转变为突变型。

05.0191 突变子 muton

基因内发生突变的最小单位。即核苷酸对。可以小至单一的核苷酸，其改变可以导致一种突变的形成。

05.0192 点突变 point mutation

DNA 分子中单个碱基改变的现象。

05.0193 无效突变 null mutation

等位基因由于片段的缺失、插入以及重排等原因使其编码的蛋白质失去功能的突变。既可以是导致无法合成蛋白质的突变，也可以是促进合成无功能蛋白质的突变。

05.0194 插入 insertion

DNA 或 RNA 的一种突变形式。其多核苷酸链内参入了一个或多个额外核苷酸。

05.0195 插入片段 insert

一般指引入到质粒等载体分子中的一段外源 DNA 片段。

05.0196 插入元件 insertion element

又称“插入序列（insertion sequence, IS）”。能够在基因内部或基因间改变自身位置的一段 DNA 序列。通常是转座子的一种，一般长度为 0.7～1.4kb，内部通常含有一个转座酶的基因，催化转座效应，可以阻止被插入的基因转录。

05.0197 DNA 重排 DNA rearrangement

DNA 分子中发生的可涉及众多序列位置的改变和分子价键的重新排布，但不发生任何原子丢失的过程。

05.0198 双链断裂 double-strand breakage, DSB

DNA 双螺旋结构中两条互补链于同一对应处或紧密相邻处同时断裂的现象。是真核生物最严重的 DNA 损伤形式。哺乳动物可通过同源重组或非同源末端连接修复。

05.0199 缺失 deletion

DNA 分子丢失一些核苷酸或染色体丢失部分片段的现象。染色体端部的缺失称“末端缺失（terminal deletion）”，其他部位的缺失称“中间缺失（interstitial deletion）”。

05.0200 DNA 交联 DNA crosslink

DNA 分子的两条链或同一 DNA 链的不同区段的侧链间形成的共价相互作用。通过交联能增加 DNA 分子的刚性。受损伤的 DNA 分子中会有多种交联形式，如 DNA 链内交联、DNA 链间交联和 DNA-蛋白质交联。

05.0201 DNA 链内交联 DNA intrastrand cross-linking

DNA 分子中同一条链中的两个碱基以共价键结合的现象。影响 DNA 双螺旋结构，使复制和转录功能受阻。如，DNA 分子受低波长紫外线照射后形成的嘧啶二聚体。

05.0202　嘧啶二聚体　pyrimidine dimer

紫外线照射使 DNA 分子中同一条链上相邻的两个嘧啶碱基之间形成以共价键连接的一种二聚体。最常见的是胸腺嘧啶二聚体。该结构可以影响 DNA 双螺旋结构，使复制和转录功能受阻。机体内存在多种修复嘧啶二聚体的机制。

05.0203　胸腺嘧啶二聚体　thymine dimer

紫外线照射使 DNA 分子中同一条链相邻的胸腺嘧啶碱基形成以共价键连接成环丁烷结构的一种二聚体。影响 DNA 的双螺旋结构，使复制和转录功能受阻。体内存在多种修复嘧啶二聚体的机制。

05.0204　DNA 链间交联　DNA interstrand cross-linking

DNA 分子一条链上的碱基与另一条链上的碱基以共价键结合的现象。影响 DNA 双螺旋结构，使复制和转录功能受阻。

05.0205　DNA-蛋白质交联　DNA-protein cross-linking

DNA 分子与蛋白质以共价键结合的现象。影响 DNA 双螺旋结构，使复制和转录功能受阻。

05.03.03　DNA 修复

05.0206　DNA 修复　DNA repair

细胞对内外各种因素造成的 DNA 损伤和复制过程中发生非标准的错配碱基的参入进行纠正，使其恢复到原来正常结构状态的过程。所有细胞都具有特定的 DNA 损伤修复系统，以确保遗传信息的正常传递。编码修复酶的基因的突变可能影响修复过程，引起基因组发生一连串的不可修复的突变，从而导致癌症的发生。

05.0207　直接修复　direct repair

细胞在酶的作用下，通过化学反应直接逆转 DNA 损伤的修复方式。且不需要模板，因这些损伤（嘧啶二聚体和碱基甲基化）不涉及 DNA 链骨架中磷酸二酯键断裂。包括光复活等。

05.0208　光复活　photoreactivation

又称“光修复（light repair）”。细胞经紫外线照射后 DNA 中形成嘧啶二聚体，再暴露于 300～600nm 可见光下其内的光复活酶被激活将嘧啶二聚体切割成单体，受损 DNA 被修复的过程。胎盘类哺乳动物包括人类缺乏光复活途径。

05.0209　光复活酶　photoreactivating enzyme

又称“光修复酶（photolyase）”“光裂合酶”“脱氧核糖二嘧啶光裂合酶（deoxyribodipyrimidine photolyase）”。催化光复活作用的酶。与受紫外线照射形成的 DNA 链中的环丁基嘧啶二聚体结合，结合后受 300～600nm 波长的光照射被激活，进而从 DNA 链上释放，促进 DNA 恢复正常结构。存在于从细菌到动植物的多物种中，但在人中其同源蛋白质是隐花色素蛋白。

05.0210　断裂修复　break repair

由电离辐射等引起 DNA 损伤断裂，若单链 DNA 断裂处两侧的 3′端和 5′端保持完整，则可直接进行修复的方式。这类损伤往往存在末端碱基的修饰，故断裂处两端连接前需先除去修饰。

05.0211　非同源末端连接　nonhomologous end-joining, NHEJ

DNA 双链断裂的一种修复方式。不需要同源 DNA 分子模板的介导，直接将两个 DNA 断端连接的一种 DNA 双链断裂修复机制。

05.0212　同源定向修复　homology-directed repair, HDR

DNA 双链断裂的一种修复方式。以另一条具有同源性的序列为模板进行修复，或人为的往细胞中导入一段和双链断裂处具有同源性（同源臂）的外源序列，以此为同源模板进行修复。

05.0213　修复体　repairosome

在修复由紫外线和其他因素造成的 DNA 链损伤的过程中发挥作用的酶和其他蛋白质组成的复合体。

05.0214　切除修复　excision repair

受损 DNA 通过不同酶的作用将损伤区域切除，然后利用互补链为模板，合成一段正确配对的、完好的碱基顺序来修补的方式。是细胞内最主要的修复方法。按其切除产物的不同，可分为碱基切除修复和核苷酸切除修复。

05.0215　碱基切除修复　base excision repair, BER

修复 DNA 损伤的一种机制。在特定 DNA 糖苷酶的作用下，从损伤 DNA 中除去损伤的碱基，产生无碱基位点（AP 位点）；再由 AP 内切酶在其一侧切除，形成缺口；DNA 聚合酶在缺口处合成正确的核苷酸；由连接酶将切开连接起来，形成正常的 DNA 序列。

05.0216　核苷酸切除修复　nucleotide excision repair, NER

修复 DNA 损伤的一种机制。是因损伤对 DNA 双螺旋结构所造成的扭曲进行修复。先识别 DNA 损伤部位；在损伤部位两侧切开 DNA 链，去除切点之间的受损的寡核苷酸；合成一段新的 DNA 链填补缺口；由连接酶连接缺口，使 DNA 恢复原来的正常结构。

05.0217　全基因组核苷酸切除修复　global genomic nucleotide excision repair, GC-NER

真核生物对基因组内的所有损伤核苷酸进行的切除修复。该过程不依赖转录。

05.0218　转录偶联修复　transcription-coupled repair, TCR

由 RNA 聚合酶Ⅱ所识别的一种核苷酸切除修复机制。主要是对转录活跃基因的模板链损伤所进行的修复。是一种通过转录修复偶联因子实现。

05.0219　错配修复　mismatch repair

主要对 DNA 复制和重组中产生的碱基错配缺失和错误参入进行修复的方式。

05.0220　重组修复　recombination repair

必须通过DNA复制过程中两条DNA链的重组交换而完成 DNA 修复的方式。

05.0221　复制后修复　post-replication repair

DNA 复制结束后，对 DNA 损伤进行的修复。包括 DNA 链断裂修复、错配修复和切除修复等。这类修复通常发生在真核细胞周期的 G_2 期。

05.0222　SOS 修复　SOS repair

又称“错误倾向修复（error-prone repair）”。DNA 受到严重损伤、细胞处于危急状态时所诱导的一种特殊的 DNA 修复方式。修复结果只是能维持基因组的完整性，提高细胞的生成率，但留下的错误较多，使细胞有较高的突变率。

05.0223　易错旁路　error-prone bypass

细胞利用嘧啶二聚体或非编码碱基复制 DNA 的一种机制。易错 DNA 聚合酶被召集并在损伤的对面插入核苷酸。

05.0224 DNA 加合物 DNA adduct

DNA 分子与化学诱变剂结合生成的一种共价产物。这种结合可以激活 DNA 的修复过程。如果受损的 DNA 没有在 DNA 复制前得到有效地修复，将会导致核苷酸的替代、缺失和染色体的重排。

05.0225 DNA 重组 DNA recombination

DNA 分子内或分子间发生的遗传信息的重新共价组合过程。包括同源重组、位点专一重组和转座重组等类型，广泛存在于各类生物中。体外通过人工 DNA 重组可获得重组体 DNA，是基因工程中的关键步骤。

05.0226 同源重组 homologous recombination

发生在相同或相似核苷酸序列之间的交换组合。如，发生在携带相同基因座的两条染色体之间的重新组合。

05.0227 位点专一重组 site-specific recombination

又称“位点特异性重组”“特异位点重组”。两条 DNA 分子在特定序列上发生的重组。在原核生物中最为典型。

05.0228 转座重组 transpositional recombination

不依赖同源序列去进行 DNA 的交错剪切与复制的重组。

05.0229 D 环 displacement loop, D loop

全称“替代环”。DNA 同源重组时，在重组酶(细菌为 RecA)的参与下，一个同源 DNA 双链分子中的一条单链与另一个同源 DNA 双链分子中对应的互补链结合所产生的环状结构。因形状类似于大写英文字母 D 而得名。

05.0230 嵌合 DNA chimeric DNA

通过重组由两个不同来源的 DNA 剪接而形成的杂合 DNA 分子。

05.0231 重复子 duplicon

发生重复性畸变的染色体所具有的最小重复单位。

05.0232 DNA 包装 DNA packaging

常指对病毒的核酸核心用蛋白质外壳进行包裹形成成熟病毒颗粒的过程。

05.04 RNA 合成与加工

05.0233 转录 transcription

生物体以基因组 DNA 为模板合成 RNA 分子的过程。包括转录起始、延伸和终止等阶段。

05.0234 双向转录 bi-directional transcription

在一段 DNA 的两条链上分别向不同方向进行的转录。最初是指由双向启动子介导的两个方向的转录。

05.0235 共转录 cotranscription

细菌多顺反子或操纵子中多个基因转录为一个共同的 mRNA 的转录方式。或通过基因操作使不同的基因同时在细胞（或组织）中一起转录，或真核基因组中不同基因座的同一基因转录物的长短不同，编码区不同，如睫状神经营养因子。

05.0236 转录起始[位]点 transcription start site, TSS, transcription initiation site

DNA 模板链上开始 mRNA 链第一个碱基合成的部位。通常标记为+1。

05.0237 转录起始 transcription initiation

RNA 聚合酶与 DNA 结合并在转录起点启动

基因转录的过程。

05.0238　转录起始复合物　transcription initiation complex
又称“转录起始复合体”。在转录起始阶段由启动子、RNA 聚合酶和其他各种转录因子构成的复合物。

05.0239　转录延伸　transcription elongation
转录起始后的复合物通过 RNA 聚合酶的催化作用，自 5′端向 3′端连续性催化核苷三磷酸形成磷酸二酯键，合成与模板 DNA 序列互补 RNA 链的过程。

05.0240　转录泡　transcription bubble
在转录延伸阶段，由 RNA 聚合酶介导 DNA 双链打开所形成的短暂的气泡状结构。分开的细菌 DNA 链长度为 12～14bp（最多可达 17bp），其中一条链作为模板指导 RNA 互补序列的合成，其RNA-DNA杂交体为8～9 bp。

05.0241　转录保真性　transcription fidelity
转录产生的 RNA 与对应的 DNA 模板碱基序列配对的正确性。为准确传递遗传信息所必需。

05.0242　转录装置　transcription machinery
又称“转录机器”。具有 RNA 聚合酶活性并能将模板基因序列转录为互补 RNA 链的连续动态转换的转录复合物。

05.0243　转录暂停　transcription pausing
真核生物 RNA 聚合酶Ⅱ在转录延伸初期通常暂停的现象。以便募集加工因子等。

05.0244　转录停滞　transcriptional arrest
转录延伸过程中，由于 DNA 模板损伤而导致的转录停顿，且不能自主恢复转录延伸的状态。

05.0245　转录终止　transcription termination
以 DNA 为模板合成 RNA 时，转录复合物识别特异的转录终止信号，从 DNA 模板解离释放、RNA 合成终止的过程。

05.0246　终止子　terminator
又称“终止序列（terminator sequence）”。转录过程中能够终止 RNA 聚合酶转录的 DNA 序列。使 RNA 合成终止。

05.0247　转录终止因子　transcription termination factor
终止 RNA 聚合酶转录作用的蛋白质。如 ρ 因子等。

05.0248　ρ 因子　ρ-factor
大肠埃希菌等生物中由 *rho* 编码的一种能够辅助终止转录反应的蛋白质因子。是一种含 6 个亚基的环状蛋白质，具有 ATP 活性，可通过水解 ATP 释放能量，使转录物从复合物释放，从而终止转录。

05.0249　依赖 ρ 因子的终止反应　ρ-dependent termination
在大肠埃希菌等生物中由 ρ 因子参与的转录终止反应。ρ 因子识别转录产物含有 CA 富集序列的 rut 元件（rho utilization element）。ρ 因子与 rut 元件结合，并沿着 5′向 3′方向移动，直到到达转录终止部位。当行进到转录终止部位时，使 RNA-DNA 的杂化链解离，同时将新生 RNA 链从 RNA 聚合酶和 DNA 模板上脱离下来，使转录终止。

05.0250　不依赖 ρ 因子的终止反应　ρ-independent termination
在大肠埃希菌等生物中不需要 ρ 因子参与的转录终止反应。在大肠杆菌等生物中，模板 DNA 中有作为转录终止信号终止子，正在转录的产物 3′端可转录出多个连续的 U，形成颈环状和发夹状结构，阻止 RNA 聚合酶的作用，使转录终止。

05.0251　内在终止子　intrinsic terminator

能够使 RNA 聚合酶不需依赖 ρ 因子即可终止转录的 DNA 序列。其特征性结构包括：①在靠近转录终止末端具有能够产生自我互补 RNA 的序列，转录生成的 RNA 可形成发夹结构；②发夹 3′端有高度保守的多(A)序列。

05.0252　抗终止作用　anti-termination

机体内大分子合成中的抑制机制。如转录过程中，某些抗终止因子作用于操纵子内存在的顺反子终止位点，使 RNA 聚合酶绕过终止位点，继续转录；硒蛋白翻译过程中抗终止作用。

05.0253　转录单位　transcription unit

转录起始点至转录终止区的一段核苷酸序列。

05.0254　转录物　transcript

曾称“转录本”。通过转录或（和）进一步加工所产生的 RNA 片段。如编码蛋白质的基因通过转录和加工（剪接等）得到成熟的 mRNA。

05.0255　初级转录物　primary transcript

又称“原初转录物”“前体 RNA（pre-RNA）”“新生 RNA（nascent RNA）”，曾称“初级转录本”“原转录本”。基因转录产生的未经加工修饰的 RNA 分子。经过转录后加工修饰成为相应的有功能的成熟 RNA。

05.0256　前信使 RNA　pre-messenger RNA, pre-mRNA, precursor mRNA

简称“前[体]mRNA”。未经剪接加工的真核蛋白质基因转录物。为 mRNA 的初级转录物。

05.0257　共转录物　cotranscript

多顺反子或操纵子中多个基因共同转录所产生的转录物。编码并合成出多个蛋白质产物。或通过基因操作在一个细胞或组织中同时产生的不同基因转录物。

05.0258　内含子　intron

基因中被转录成前体转录物但随后通过将其两侧序列（外显子）拼接在一起而从转录物中移除的 DNA 片段。

05.0259　核内含子　nuclear intron

存在于真核基因中，将外显子序列分隔开，转录后须经加工切除的序列。核内含子的 5′端和 3′端分别是保守的 GT 序列和 AG 序列，是内含子被剪接的识别位点。

05.0260　内含子归巢　intron homing

某些内含子能够转移至特定 DNA 序列的现象。这类内含子的移动由可移动内含子编码的、位置特异的限制性内切酶介导。

05.0261　内含子界定　intron definition

由剪接因子同时识别内含子 5′剪接位点、分支点及 3′剪接位点的过程。多见于小内含子（100～300 个核苷酸）的剪接，如酿酒酵母含内含子的基因。

05.0262　外显子界定　exon definition

由剪接因子识别 3′剪接位点和下一个内含子 5′剪接位点，形成一个跨外显子复合物、进而将其转换为跨内含子复合物的过程。

05.0263　外显子　exon

断裂基因中被内含子隔开的序列。经过剪接被连接在一起，生成成熟的 mRNA 分子，进而作为模板指导蛋白质的合成。既是指基因的 DNA 编码序列，也是指其转录物的核苷酸序列。

05.0264　间插序列　intervening sequence, IVS

又称"插入顺序""居间序列"。基因间或基因内的非编码序列。

05.0265　外显子混编　exon shuffling

又称"外显子改编"。通过内含子重组产生新的外显子组合的自然过程。被认为是基因通过编码功能性蛋白质结构域的各种外显子的重组而进化的一种方式，也是新蛋白质编码基因形成的一种假说。

05.0266　外显子插入　exon insertion

通过内含子重组使外显子插入到具有相同5′端和3′端内含子中的现象。是外显子混编的主要机制之一。

05.0267　外显子重复　exon duplication

通过内含子重组使外显子重复插入到具有相同5′端和3′端内含子中的现象。是外显子混编的主要机制之一。

05.0268　外显子跳读　exon skipping

mRNA剪接过程中跳过一个或者多个外显子进行剪接的方式。是剪接多样性中的一种主要形式。通过这种方式可越过错误的遗传信息，形成截短形式但仍具有功能的蛋白质。

05.0269　连读　readthrough

又称"通读"。(1) 越过DNA分子中终止信号的转录方式。可能是由于RNA聚合酶不能识别终止子，终止因子与终止序列暂时分离等所引起；(2) 越过mRNA中终止密码子的翻译方式。可能是由于无义校正tRNA对终止密码子的抑制作用所引起。

05.0270　转录后加工　post-transcriptional processing

特指转录生成的初级转录物转变为成熟RNA所经历的一系列加工方式。如前体mRNA通过切除内含子（剪接）、5′端加帽、3′端加尾、剪切以及编辑加工转变为有功能的mRNA。新观点认为这些加工在转录过程中完成的。前体tRNA通过3′端加CCA以及假尿苷形成等化学修饰，转变为有功能的tRNA等。转录后的修饰可影响RNA稳定性及其功能。

05.0271　剪接　splicing

除去并连接DNA、RNA或多肽链片段形成新的分子重组体或改变原有的分子结构的过程。

05.0272　RNA剪接　RNA splicing

除去初级转录物中的内含子，连接外显子形成成熟的RNA的过程。

05.0273　顺式剪接　*cis*-splicing

将mRNA前体中的各个内含子切除，并将相互邻近的各个外显子加以连接，形成成熟的mRNA的过程。在这个过程中，各个外显子都来自同一个mRNA分子。

05.0274　反式剪接　*trans*-splicing

将两个不同初级转录物的外显子连接为一个成熟mRNA分子的过程。是真核生物一种特殊的mRNA加工方式。

05.0275　可变剪接　alternative splicing

又称"选择性剪接"。同一前体mRNA分子可以在不同的剪接位点发生剪接反应，生成不同的mRNA分子，最终产生不同蛋白质分子的一种RNA剪接方式。

05.0276　自剪接　self-splicing

又称"自催化剪接（autocatalytic splicing）"。有些含内含子的转录物可自我催化完成的剪接方式。

05.0277 反向自剪接 reverse self-splicing

Ⅱ型内含子通过自剪接和反向剪接从一前体RNA转移至另一RNA的特定部位而产生新的前体RNA的过程。

05.0278 隐蔽剪接位点 cryptic splice site

内含子或外显子中与保守剪接位点序列相似但一般不进行剪接的序列。存在于大多数前体mRNA中，在剪接过程中必须被忽视。

05.0279 自剪接内含子 self-splicing intron

可从初级转录物上进行两次转酯反应被切除的内含子。这一剪接反应在体外可以在没有任何蛋白质存在的情况下进行。可分为Ⅰ型自剪接内含子和Ⅱ型自剪接内含子。

05.0280 末端内含子 outron

初级转录物5′端的序列。最终通过特殊RNA剪接去除。

05.0281 内含子分支点 intron branch point

真核细胞前体mRNA内含子3′端剪接部位上游20～50个核苷酸处的一段序列。其中含有一特定的腺苷酸（A），剪接时通过转酯反应与5′端剪接部位的鸟苷酸（G）以2,5′-磷酸二酯键连接，形成套索。

05.0282 分支点结合蛋白质 branchpoint-bridging protein, branchpoint-binding protein, BBP

真核生物mRNA前体剪接体中存在的一种能够与mRNA前体内含子的分支点序列结合的蛋白质。在早期剪接体组装期间，将mRNA前体5′端和3′端剪接位点结合连接。

05.0283 定向复合物 commitment complex

含有细胞核前体mRNA和U1 snRNP的复合物。协助U1 snRNP将其结合的内含子剪掉。

05.0284 内含子套索 intron lariat

在真核生物前体mRNA剪接时切除内含子过程中形成的一种特征性结构。由5′端剪接部位的鸟苷酸（G）与分支点腺苷酸（A）以2,5′-磷酸二酯键连接形成。

05.0285 套索RNA lariat RNA

又称“套索中间体（lariat intermediate）”。特指真核生物前体mRNA剪接时切除内含子过程中形成的分支状中间体RNA。因切下的内含子序列和剪接中间体的结构形状像一根套马索，即带有一条“尾巴”的环状结构而得名。

05.0286 外显子剪接增强子 exonic splicing enhancer, ESE

外显子中能够被促进剪接的RNA结合蛋白质结合并增强剪接过程的一段RNA序列。

05.0287 内含子剪接增强子 intronic splicing enhancer, ISE

内含子中能够被促进剪接的RNA结合蛋白质结合并增强剪接过程的一段RNA序列。

05.0288 外显子剪接沉默子 exonic splicing silencer, ESS

外显子中能够被抑制剪接的RNA蛋白质结合并抑制剪接过程的一段RNA序列。

05.0289 内含子剪接沉默子 intronic splicing silencer, ISS

内含子中能够被抑制剪接的RNA蛋白质结合并抑制剪接过程的一段RNA序列。

05.0290 外显子连接复合物 exon junction complex, EJC

又称“外显子交界复合物”。在剪接过程中于外显子–内含子连接处组装形成的蛋白质复合物。有助于RNA运输、定位和降解。

05.0291　剪接前体　presplicEosome
形成功能剪接体之前的一种多组分的、由RNA和蛋白质组成的复合体。

05.0292　剪接变体　splicing variant, splice variant
同一前体 mRNA 因不同剪接方式形成的不同 mRNA。可翻译成不同蛋白质。

05.0293　剪接前导序列　spliced leader sequence
位于 mRNA 5′端剪接位点的前方，由约 40 个核苷酸组成的序列。

05.0294　剪接前导 RNA　spliced leader RNA, SL RNA
在低等真核生物（如锥虫和线虫等）细胞内广泛存在的反式剪接中，提供5′端剪接位点给出含 35 个碱基的前导序列的小 RNA 分子。具有特殊的二级结构。

05.0295　剪接体　spliceosome
曾称“拼接体”。在进行 RNA 剪接时形成的多组分复合物。由 snRNA 和多个蛋白质聚集而成，具有识别 mRNA 前体的5′端剪接位点、3′端剪接位点和分支点的功能。

05.0296　剪接位点　splice site, splicing site
剪接体可识别的前体mRNA中内含子和外显子连接边界的序列和接头位点。根据位置不同可以分为5′端剪接位点和3′端剪接位点。

05.0297　5′剪接位点　5′ splice site
又称“剪接供体（splice donor）”。剪接体可识别的上游外显子3′端与下游内含子5′端相连接的一段前体 RNA 序列。大部分内含子的5′端边界二碱基序列为GU。

05.0298　3′剪接位点　3′ splice site
又称“剪接受体（splice acceptor）”“剪接接纳体”。剪接体可识别的上游内含子3′端与下游外显子 5′端相连接的一段前体 RNA 序列。大部分内含子的3′端边界二碱基序列为AG。

05.0299　剪接接头　splicing junction, splice junction
剪接体可识别的外显子和内含子，以及剪接反应产生的外显子和外显子的接头部位。包括接头位点和边界序列。

05.0300　剪接体循环　spliceosome cycle
又称“剪接体周期”。重复形成能依次识别前体 RNA 剪接部位和进行催化剪接反应的剪接体的周期性转换过程。

05.0301　剪接复合物　splicing complex
又称“剪接复合体”。剪接体循环过程中，连续性转换的由前体 mRNA、核内小分子 RNA 和蛋白质组成的具有剪接功能的复合物。

05.0302　剪接因子　splicing factor
参与前体 RNA 剪接过程的蛋白质因子。根据其功能作用，可以分为核小核糖核蛋白颗粒（snRNP）蛋白质因子和非 snRNP 蛋白质因子。

05.0303　加帽　capping
在酶的催化下，真核细胞 mRNA5′端形成了一种特殊结构的加工方式。

05.0304　5′端加帽　5′ end capping
真核生物在新合成的前体 mRNA 5′端核苷酸上，以5′,5′-三磷酸连接键与7-甲基鸟嘌呤核苷相连的过程。

05.0305　5′帽结构　5′ cap structure
成熟的真核生物mRNA和某些病毒RNA的5′端的特殊结构。化学本质是7-甲基鸟苷-5′-三磷酸，通常是7-甲基鸟苷的5′端通过三个磷酸基团与 RNA 的 5′端连接（即 5′-5′连接）。

05.0306 三甲基鸟苷 trimethylguanosine, TMG

7-甲基鸟嘌呤核苷酸被超甲基化形成的具有 3 个甲基的 N2,N2,7-三甲基鸟苷。其 5′-三磷酸酯构成某些天然 RNA（如 snRNA）的帽结构。

05.0307 多腺苷酸化 polyadenylation

（1）又称“3′端加尾（3′ end tailing）”。mRNA 生物合成中的一种加工方式。在多腺苷酸聚合酶作用下，以 ATP 为供体，在 mRNA 3′端逐一添加几十个到几百个腺苷酸的过程。（2）不通过转录，把多腺苷酸加到真核细胞 RNA 3′端的过程。

05.0308 多(A)尾 poly(A) tail

mRNA 的 3′端一段由几十个到几百个腺苷酸残基连接而成多腺苷酸结构。多见于真核生物 mRNA，但是有些原核生物 mRNA 也有该结构，其长度较短。具有维持 mRNA 稳定性等功能。

05.0309 多腺苷酸化信号 polyadenylation signal

启动 mRNA 分子多腺苷酸化的核苷酸序列。真核生物前 mRNA 的多腺苷酸化信号是靠近其 3′端的 AAUAAA 序列。

05.0310 脱腺苷酸化 deadenylation

特指从 mRNA 3′端除去多腺苷酸的过程。是 mRNA 降解的信号。

05.0311 SD 序列 Shine-Dalgarno sequence, SD sequence

原核生物 mRNA 翻译起始位点上游一段富含嘌呤的序列。通常含有 AGGAGG 序列。与原核 16S rRNA 3′端富含嘧啶的 7 个核苷酸序列互补，以保证核糖体小亚基与 mRNA 结合并形成正确的前起始复合物。因澳大利亚学者夏因（Shine）和达尔加诺（Dalgarno）两人发现该序列而得名。

05.0312 核糖开关 riboswitch

mRNA 一些非编码区的序列折叠成一定的构象。这些构象的改变应答于体内的一些代谢分子，从而通过这些构象的改变达到调节 mRNA 转录和翻译的目的。

05.0313 外切体 exosome

参与核 RNA 加工和核内（或胞质溶胶）RNA 降解的 3′→5′核酸外切酶的一种复合物。以 3′→5′方式去除 mRNA 的多(A)尾，在 RNA 成熟和转运中起重要作用。

05.0314 RNA 编辑 RNA editing

在 mRNA 水平上改变遗传信息的过程。即在初级转录物上增加、删除或取代某些核苷酸而改变遗传信息的过程。最终可导致产生不同于基因编码的氨基酸序列。

05.0315 指导 RNA guide RNA, gRNA

又称“引导 RNA”“向导 RNA”。RNA 编辑中介导编辑过程的小分子 RNA。含 60～80 个核苷酸，与编辑的 RNA 序列互补。作为模板为 RNA 编辑提供核苷酸插入或删除的信息，改变编辑 RNA 的序列。

05.0316 指导序列 guide sequence

特指 RNA 编辑或 RNA 剪接的特定序列。在 RNA 编辑中指的是待编辑的 mRNA 与指导 RNA 部分匹配的序列。在 RNA 剪接中指的是内含子中能与两个剪接点边界序列配对的序列。

05.0317 编辑体 editosome

约 20 种蛋白质组成、由指导 RNA 介导进行 RNA 转录物编辑的多酶复合物。与编辑体结合的指导 RNA 与编辑位点邻近区域有部分互补序列，起到决定编辑部位的作用。

05.0318　提前终止密码子　premature termination codon, PTC

细胞对 mRNA 进行剪接加工时，异常的剪接反应会在可读框内产生的无义终止密码子。也可由错误转录或翻译过程中的移码而产生。

05.0319　mRNA 降解途径　mRNA degradation pathway

细胞内能够降解 mRNA 的方式。在细胞核内，RNA 外切酶可以降解异常的 mRNA；在胞质溶胶中，mRNA 降解包括去多腺苷酸尾和去 5′帽，以及核酸外切酶快速降解。

05.0320　无义介导的 mRNA 降解　nonsense-mediated mRNA degradation, NMD

又称“无义介导的 mRNA 衰变（nonsense-mediated mRNA decay）”。广泛存在于真核生物中降解含有提前终止密码子 mRNA 的一种质量监控机制。避免产生异常蛋白质。

05.0321　tRNA 来源小 RNA　tRNA-derived small RNA, tsRNA

由核糖核酸酶切割成熟 tRNA 或前体 tRNA 而产生的一类非编码小 RNA。广泛存在于多种机体内，其表达和修饰具有组织和细胞特异性，参与应激、蛋白质翻译调控、核糖体生物合成、肿瘤发生、细胞增殖与凋亡、表观遗传信息的跨代传递等多种生理和病理过程。

05.0322　RNA 衣壳化　RNA encapsidation

病毒 RNA 被衣壳蛋白包裹生成 RNA 病毒的过程。发生在病毒基因组的 5′端，由 Gag 蛋白与 RNA 衣壳化（组装）信号的相互识别所启动。

05.0323　Gag 蛋白　group-specific antigen protein, Gag protein

逆转录病毒中的衣壳蛋白质。是人类免疫缺陷病毒-1（HIV-1）的重要结构蛋白质，也是一种 RNA 结合蛋白质，可与病毒的基因组 RNA（gRNA）发生相互作用，并以其作为支架，在细胞膜上进行多聚化，最终组装形成病毒颗粒。也能与多种宿主细胞 RNA 形成 RNA-蛋白质复合物。

05.0324　RNA 包装　RNA packaging

特指病毒 RNA 被病毒核衣壳蛋白质识别和包裹，形成 RNA 病毒的过程。

05.0325　RNA 复制　RNA replication

某些 RNA 病毒侵入宿主细胞后借助于复制酶以单链 RNA 为模板合成子代 RNA 分子的过程。

05.0326　RNA 靶向　RNA targeting

（1）针对 RNA 分子的一种分子定向作用设计技术。其分子包括小分子化合物（如抗生素）、反义核酸、反式作用核酶、适配体、干扰小 RNA 等。（2）RNA 分子本身具有较大的柔性，能够专一地与 RNA、DNA 和蛋白质相互作用，成为了一种高特异性的作用分子。

05.0327　RNA 运输　RNA trafficking

将 RNA 引导到细胞特定区域的过程。核内 RNA 运输影响 RNA 的加工成熟和核输出；胞质溶胶 RNA 运输影响 RNA 的定位和基因表达；细胞内的 RNA 运输对细胞性状至关重要。

05.0328　RNA 转运　RNA transport
RNA 分子从一个细胞区室或区域移动到另一个细胞区室或区域的过程。不同 RNA（如 mRNA、核小 RNA、rRNA 和 tRNA）遵循不同的的转运机制。

05.0329　RNA 重组　RNA recombination
RNA 分子断裂后与另一段 RNA 分子发生的重新组合的过程。体外 RNA 重组可以通过 T7 RNA 聚合酶转录得到，用 Qβ 噬菌体 RNA 复制酶系统产生或者用化学法定向合成。

05.05　蛋白质合成与加工

05.0330　蛋白质生物合成　protein biosynthesis
以 mRNA 为模板指导相应氨基酸序列的多肽链合成以及合成后折叠加工成为成熟蛋白质的过程。

05.0331　翻译　translation
在多种因子辅助下，以 mRNA 为模板合成多肽链的过程。

05.0332　遗传密码　genetic code
DNA 的遗传信息被翻译成为蛋白质的过程中，DNA 或 mRNA 分子中由不同核苷酸组成的一套 64 个三联体。分别代表蛋白质中相对应的氨基酸以及多肽链合成起始和终止的指令。

05.0333　密码子　codon
又称“编码三联体（coding triplet）”“三联体密码（triplet code）”。在翻译过程中 mRNA 可读框内被连续阅读的 3 个相邻核苷酸。有 64 种密码子，构成一套遗传密码。其中有 61 个氨基酸密码子（包括起始密码子）和 3 个终止密码子，决定多肽链的组成以及翻译的起始和终止。

05.0334　通用遗传密码　universal genetic code
简称“通用密码（universal code）”。在大部分生物中都编码相同氨基酸的一类遗传密码。在线粒体、支原体等生物中发现一些例外的非通用遗传密码。

05.0335　起始密码子　initiation codon, start codon
翻译起始时决定多肽链第一个氨基酸的密码子。通常为 AUG 或 GUG，在细菌中也使用 GUG 和 UUG。

05.0336　终止密码子　termination codon, stop codon
又称“无义密码子（nonsense codon）”。mRNA 翻译过程中，使蛋白质合成终止的密码子。一般为 UAA、UAG 和 UGA。

05.0337　赭石密码子　ochre codon
终止密码子 UAA 的特异性名称。是 mRNA 分子上的 3 个终止密码子之一。

05.0338　琥珀密码子　amber codon
终止密码子 UAG 的特异性名称。是 mRNA 分子上的 3 个终止密码子之一。

05.0339　乳白密码子　opal codon
又称“棕土密码子（umber codon）”。终止密码子 UGA 的特异性名称。是 mRNA 分子上的 3 个终止密码子之一。

05.0340　密码子家族　codon family
在密码子中，前两个核苷酸相同，并且编码同一种氨基酸的密码子。

05.0341　密码子方向性　codon directivity
密码子阅读与翻译从 5′端到 3′端的特性。

05.0342 密码子连续性 codon continuity

mRNA 的读码方向从 5′端至 3′端方向，两个密码子之间无任何核苷酸隔开的特性。mRNA 链上碱基的插入、缺失和重叠，均造成框移突变等。

05.0343 密码子通用性 codon universality

不同的生物密码子基本相同，即共用一套密码子的特性。

05.0344 密码子简并性 codon degeneracy

又称“第三碱基简并性（third-base degeneracy）”。同一个氨基酸由不同的密码子所编码的特性。编码同一个氨基酸的不同密码子的差别大多数是在密码子第三个碱基上，但也可能在其他的位置，比如丝氨酸共有 6 个密码子：UCU、UCC、UCA、UCG、AGU 和 AGC。

05.0345 简并密码子 degenerate codon

又称“同义密码子（synonymous codon）”。编码同一个氨基酸的两个或两个以上的密码子。如 UUU 和 UUC 是苯丙氨酸的简并密码子。

05.0346 罕用密码子 rare codon

使用频率低的编码氨基酸的密码子。

05.0347 有义密码子 sense codon

正常的、有编码特定氨基酸作用的密码子。

05.0348 多义密码子 ambiguous codon

能够编码一个以上氨基酸的密码子。多见于应激状态。产生这种现象的原因有 tRNA 的反密码子突变、非同源 tRNA 的错读或 tRNA 携带了非对应的氨基酸等。这是遗传多样性和生物迅速适应环境变化的原因之一。

05.0349 框内起始密码子 in-frame start codon

mRNA 分子内符合蛋白质翻译读框的起始密码子。

05.0350 框内终止密码子 in-frame stop codon

mRNA 分子内符合蛋白质翻译读框的终止密码子。

05.0351 科扎克共有序列 Kozak consensus sequence

真核生物 mRNA 中的起始密码子 AUG 上下游通常存在的非常保守的核苷酸序列：5′-ACCAUGG-3′。促使核糖体识别其中的 AUG 并起始翻译，该序列由科扎克（Kozak）发现而得名。

05.0352 密码子偏倚 codon bias

又称“密码子偏爱（codon preference）”。在蛋白质编码基因中，当氨基酸有多个同义密码子时，其中一个密码子的使用频率高于其他密码子的现象。

05.0353 密码子选用 codon usage

简并密码子被 tRNA 识别并用于肽链合成的现象。有些简并密码子含有丰富的 tRNA，有些则没有。在肽链合成过程中，拥有丰富 tRNA 的密码子的使用频率要高于拥有较少 tRNA 的密码子。一个氨基酸的简并密码子不仅在同一种生物中，而且在不同种的生物中都有不同的使用情况。

05.0354 读框 reading frame

全称“阅读框”。DNA 或 RNA 分子中一组连续的、不重叠的三个核苷酸密码子。每一条 mRNA 共有 3 条可能的读框，至于哪 3 个核苷酸成为一个密码子由起始密码子 AUG 决定。

05.0355 可读框 open reading frame, ORF

又称“开放阅读框”，曾称“可译框”。自起始密码子到终止密码子之间的能翻译为一氨基酸序列的密码子。但不包括终止密码子。一个长的可读框通常是基因的一部分，即从起始密码子到终止密码子前直接编码蛋白质的序列。通常从 DNA 序列可推断出可读框的存在。

05.0356　重叠可读框　overlapping open reading frame

互有重叠的不同可读框。重叠部分的 DNA 可按照相同或不同的方式被翻译，产生不同的蛋白质产物。

05.0357　读框重叠　reading-frame overlapping

又称“框重叠（frame overlapping）”。两个编码不同基因的读框利用同一段 DNA 序列的现象。

05.0358　功能未定读框　unassigned reading frame

mRNA 序列上编码功能未知的蛋白质或多肽的读框。

05.0359　产物未定读框　unidentified reading frame, URF

mRNA 序列上还没有鉴定或者还没有发现其产物的读框。

05.0360　非翻译区　untranslated region, UTR, nontranslated region

成熟 mRNA 分子中不编码多肽链的序列。一般分布在 mRNA 5′端起始密码子上游和 3′端终止密码子下游两个末端区域。

05.0361　5′非翻译区　5′ untranslated region, 5′ UTR

从成熟 mRNA 分子 5′端帽结构到核苷酸序列中第一个起始密码子 AUG 之间的不编码多肽链的核苷酸序列。

05.0362　3′非翻译区　3′ untranslated region, 3′ UTR

成熟 mRNA 分子 3′端终止密码子下游直到多(A)尾区域不编码多肽链的序列。

05.0363　编码区　coding region

又称“编码序列（coding sequence）”。DNA 或 mRNA 中对应于多肽链中氨基酸序列的一段核苷酸序列。

05.0364　非编码区　non-coding region

又称“非编码序列（non-coding sequence）”。基因中不具有编码多肽链或 RNA 功能的序列。

05.0365　编码区连接　coding joint

不同基因编码区结合从而产生各种蛋白质产物的过程。如淋巴细胞分化过程中通过 V、D 和 J 三种基因片段的不同连接形成新的抗体基因。这是产生抗体多样性的原因。

05.0366　编码　coding

通常指在基因（DNA 或 RNA）编码区的密码子排列顺序。

05.0367　顺反子　cistron

编码多肽链的一个遗传功能单位。即转录单位。

05.0368　单顺反子　monocistron

只编码一条多肽链的顺反子。见于多数真核生物，其蛋白质编码基因的初级转录物加工成一个 mRNA 分子，翻译出一条多肽链。

05.0369　多顺反子　polycistron

受同一个控制区调控的一组基因。它们前后排列，并被一起转录和翻译而得到一组功能相关的蛋白质。多见于原核生物。

05.0370　顺反子间区　intercistronic region

多顺反子转录单位的一段 DNA。处于一个基因的终止点与下一个基因的起始点之间。

05.0371　单顺反子 mRNA　monocistronic mRNA
能翻译成一条肽链的 mRNA。来自单顺反子。

05.0372　双顺反子 mRNA　bicistronic mRNA
翻译产生两种蛋白质或多肽链的同一个 mRNA 分子。

05.0373　多顺反子 mRNA　polycistronic mRNA, multicistronic mRNA
两个以上相关基因串在一起转录所得到的 mRNA。一般可同步翻译产生功能相关的多个蛋白质或酶。

05.0374　翻译起始　translation initiation
mRNA 模板、起始氨基酰 tRNA 等与核糖体结合形成翻译起始复合物的过程。

05.0375　翻译起始复合物　translation initiation complex
又称"翻译起始复合体"。由核糖体介导的 mRNA 被翻译成多肽的起始过程中形成的复合物。包括 mRNA、各种起始因子、甲酰化(细菌)的或未甲酰化的甲硫氨酰起始 tRNA、核糖体的大小亚基，有时还包含鸟苷三磷酸。

05.0376　翻译起始因子　translation initiation factor
启动翻译过程所必需的特异蛋白质因子。与核糖体、mRNA、起始 tRNA 等组成动态翻译起始复合物。真核生物和原核生物翻译起始因子分别有 eIF 1～6 和 IF 1～3 等。

05.0377　真核起始因子　eukaryotic initiation factor, eIF
真核生物中蛋白质合成起始阶段所需要的可溶性蛋白质因子。至少有十几种，是翻译起始复合物的组分，各起不同的作用。如，mRNA 5′端的帽结构，与核糖体亚基结合，稳定翻译起始复合物等。

05.0378　延伸因子　elongation factor, EF
又称"延长因子"。蛋白质合成过程中，使肽链得以延长的一类蛋白质因子。原核生物和真核生物的延伸因子分别以 EF 和 eEF 表示。原核生物的 EF 包括 EF-Tu、EF-Ts 和 EF-G，真核生物中为 EF-1a、EF-1b 和 EF-2。

05.0379　释放因子　release factor, RF
又称"终止因子(termination factor)"。能够识别终止密码子，使多肽链和核糖体从 mRNA 释放、翻译终止的一类蛋白质因子。原核生物有 RF1、RF2 和 RF3，而真核生物只有 eRF。

05.0380　起始 tRNA　initiator tRNA
全称"起始转运核糖核酸"。能特异性地认别 mRNA 上的起始密码子，启动蛋白质生物合成的 tRNA 分子。即是在蛋白质生物合成时，第一个携带氨基酸进入核糖体肽酰位的 tRNA。细菌体内蛋白质生物合成的第一个氨基酸是 N-甲酰甲硫氨酸，对应的起始 tRNA 是 N-甲酰甲硫氨酰 tRNA，符号为 $tRNA^{fMet}$；真核生物体内蛋白质生物合成的第一个氨基酸是甲硫氨酸，对应的起始 tRNA 是甲硫氨酰 tRNA，符号为 $tRNA^{Met}$。

05.0381　氨基酰化　aminoacylation
又称"tRNA 负载(tRNA charging)"。在氨基酰 tRNA 合成酶的催化下，tRNA 3′端腺苷酸的 3′-羟基与氨基酸通过共价键形成氨基酰 tRNA 的过程。这一过程分为两步：第一步是 ATP 与氨基酸反应生成氨基酰 AMP；第二步是将氨基酰 AMP 转移到 tRNA 上。

05.0382　氨基酰腺苷一磷酸　aminoacyl-AMP
简称"氨基酰 AMP"。氨基酸的羧基通过酸酐键与 AMP 的磷酸基团相连接所形成的一种活化氨基酸。在氨基酰化的第一步由氨基酰 tRNA 合成酶催化生成。

05.0383　氨基酰 tRNA　aminoacyl-tRNA

tRNA 的 3′端由氨基酰 tRNA 合成酶催化通过酯键与特异氨基酸连接生成的复合物。进入核糖体的氨基酰位参与蛋白质生物合成。

05.0384　甲硫氨酰 tRNA　methionyl tRNA

真核生物中携带甲硫氨酸进入核糖体的肽酰（P）位，启动蛋白质新生肽链合成的一种起始 tRNA。

05.0385　肽酰 tRNA　peptidyl tRNA

tRNA 3′端腺苷酸的 3′-羟基与合成中的肽链共价连接生成的化合物。是蛋白质生物合成的中间产物。在蛋白质生物合成过程中，肽酰 tRNA 的肽链逐步不断地得到延伸，最终形成多肽链。

05.0386　脱酰 tRNA　deacylated tRNA

在核糖体肽酰（P）位上的氨基酰 tRNA 或肽酰 tRNA 已脱去氨基酰基或肽酰基的 tRNA。

05.0387　氨基酰位　aminoacyl site, A site

简称“A 位”。蛋白质生物合成过程中，氨基酰 tRNA 与核糖体结合的部位。结合在氨基酰位后，氨基酰位上的氨基酰 tRNA 转为肽酰 tRNA，并移动至肽酰位（即 P 位）。腾空的氨基酰位将为再次接纳新的氨基酰 tRNA 做好准备。

05.0388　肽酰位　peptidyl site, P site

简称“P 位”。在蛋白质生物合成过程中，核糖体中肽酰 tRNA 停留的部位。其上的肽酰 tRNA 的肽酰基与氨基酰位上的氨基酰 tRNA 的氨基反应，形成新的肽键，由此将新生多肽链延伸了一个氨基酸长度。而后肽酰 tRNA 移位至肽酰位。如此循环，将肽酰位上肽酰 tRNA 的肽链不断延伸，直至蛋白质合成结束。

05.0389　出口位　exit site, E site

简称“E 位”。核糖体中可以释放已经卸载了氨基酸的 tRNA 在离开核糖体之前暂时停留的部位。

05.0390　成肽　peptide bond formation

核糖体氨基酰位和肽酰位上的 tRNA 所携带的氨基酸缩合成肽的过程。

05.0391　空载反应　idling reaction

氨基酸饥饿时，未装载氨基酸的 tRNA 位于核糖体氨基酰位时引起的应急性应答反应。此时不仅肽链延伸暂停，还发生无效反应，如以 ATP 为磷酸供体，将 GDP 转化成 pppGpp 和 ppGpp。

05.0392　错载　mischarging

特指 tRNA 与非对应的氨基酸发生共价连接的现象。

05.0393　错编　miscoding

特指一种 tRNA 将非对应的氨基酸参入到翻译产生的肽链中，错误地取代了该位置上正常编码氨基酸的现象。

05.0394　译码　decoding

又称“解码”。在以 mRNA 为模板合成蛋白质的过程中，将其所携带的密码子信息解读为蛋白质中氨基酸信息的过程。

05.0395　共翻译　cotranslation

（1）含多个可读框的 mRNA 或多个 mRNA 同时翻译成蛋白质的过程。可发生在机体内，也可用基因操作进行。（2）在肽链合成同时进行加工的过程。如共翻译蛋白质折叠、共翻译转运等。

05.0396　共翻译蛋白质折叠　cotranslational protein folding

多肽链合成与蛋白质折叠同时进行的过程。通过该过程，细胞可以确保多肽链生物合成后可以安全有效地组装成具有功能的天然蛋白质。

05.0397 共翻译转运 cotranslational translocation, cotranslational transport
大多数进入内质网的新生肽一边翻译一边向内质网膜上转移的过程。当进入内质网腔即与分子伴侣结合进行正确的折叠，再经蛋白质修饰进入高尔基体做进一步加工，最后进入靶向细胞内合适之处或分泌到胞外，也有的继续停留在内质网中。

05.0398 翻译连读 translational readthrough
又称“翻译通读”。mRNA 中终止密码子被作为有义密码子继续翻译的现象。导致一条 C 端延长的多肽链的合成。

05.0399 移码 frameshift
又称“读框移位（reading-frame displacement）”。在 DNA 编码区插入或缺失碱基导致下游密码子的可读框发生移动或改变的现象。

05.0400 翻译移码 translation frameshift
mRNA 翻译过程中发生移码突变致使一种 mRNA 分子翻译成另外一种（或多种）蛋白质分子的现象。

05.0401 核糖体移码 ribosomal frameshift
又称“翻译水平移框（translational frameshift）”。核糖体在翻译移位的时候，一次移动的核苷酸数目不是 3 的整数倍的现象。这种翻译水平的移码完全打破了原来的可读框的连续性，迫使翻译在一个全新的可读框内继续进行，直至遇到新的可读框内的终止密码子。通常将移动 2 个和 4 个核苷酸的移框分别称为-1 移框和+1 移框。

05.0402 框内跳译 frame hopping, bypassing
又称“跳码”。在蛋白质翻译过程中，核糖体在 mRNA 上跳过两个或更多核苷酸序列进行翻译的过程。

05.0403 核糖体移动 ribosome movement
蛋白质生物合成时，核糖体沿着 mRNA 的 5′→3′方向解读遗传密码，合成多肽链的过程。

05.0404 核糖体组装 ribosome assembly
又称“核糖体装配”。核糖体 RNA 和核糖体蛋白质组装成核糖体亚基以及核糖体的过程。

05.0405 核糖体再循环 ribosomal recycling
核糖体在肽链合成终止后与 tRNA 和 mRNA 解离，释放大小亚基进行新一轮翻译的过程。

05.0406 核糖体再循环因子 ribosomal recycling factor, RRF
在翻译终止后结合到核糖体氨基酰位，与延伸因子-G 等协同作用使核糖体与 tRNA、mRNA 以及核糖体大小亚基解离的一种与 tRNA 十分相似的蛋白质。

05.0407 移码突变 frameshift mutation
核苷酸以不是 3 的倍数在多肽链的基因编码区插入或缺失引起的突变。可导致三联体密码子阅读方式改变，从而使该基因所编码的多肽链序列发生变化。

05.0408 连读突变 readthrough mutation
在翻译过程中，终止密码子突变成为一个有意义的密码子，或 tRNA 的反密码子突变使其能够识别终止密码子并将一个氨基酸插入到终止密码子处，从而使翻译继续进行的突变。

05.0409 无义突变 nonsense mutation
由于某个碱基的改变使代表某种氨基酸的密码子突变为终止密码子，从而使肽链合成提前终止的突变。包括琥珀突变、赭石突变和乳白突变。

05.0410 琥珀突变 amber mutation
mRNA 上编码氨基酸的密码子变为琥珀密码子（UAG）的一种突变。从而使肽链合成提前终止。

05.0411 赭石突变 ochre mutation
mRNA 上编码氨基酸的密码子变为赭石密码子（UAA）的一种突变。从而使肽链合成提前终止。

05.0412 乳白突变 opal mutation
mRNA 上编码氨基酸的密码子变为乳白密码子（UGA）的一种突变。从而使肽链合成提前终止。

05.0413 错义突变 missense mutation
由于碱基突变，代表一种氨基酸的密码子改变为代表另一种氨基酸的密码子的突变类型。其结果是一个不同的氨基酸参入到多肽链的相应位置。理论上氨基酸的任何替换都构成错义突变，但实际上只有当多肽活性因突变而被改变时才会被检测到。

05.0414 同义突变 synonymous mutation
又称"沉默突变（silent mutation）"。密码子核苷酸改变、但与野生型密码子编码相同氨基酸的一种突变。某些同义突变的密码子编码不同于野生型的氨基酸，但其基因产物功能不变。

05.0415 翻译后加工 post-translational processing
新合成的多肽链转变为有功能的蛋白质分子所经历的一系列化学反应过程。包括肽链两端氨基酸的水解、添加和修饰，氨基酸侧链化学修饰，多肽链剪切，蛋白质剪接，二硫键生成，辅因子结合，亚基聚合，以及蛋白质折叠等。

05.0416 翻译后修饰 post-translational modification
新合成多肽链氨基酸侧链上进行的共价键修饰。包括磷酸化、乙酰化、羟基化、甲基化、糖基化、泛素化等，以调节它们的功能和寿命。是翻译后加工形式之一。

05.0417 磷酸化 phosphorylation
将磷酸基团共价连接于有机分子的过程。如，蛋白质磷酸化由蛋白质激酶催化，将 ATP 上的磷酸分子转移到蛋白质的酪氨酸、丝氨酸、苏氨酸及组氨酸残基上。细胞信号转导主要通过蛋白质磷酸化和去磷酸化来调节。

05.0418 去磷酸化 dephosphorylation
又称"脱磷酸化"。在磷酸酶催化下，从磷酸化修饰的化合物去除磷酸基团的过程。

05.0419 自磷酸化 autophosphorylation
蛋白质激酶催化其自身磷酸化的现象。在配体与具有内在蛋白质激酶活性的受体结合时发生的这种作用能使受体二聚化。在细胞因子介导胞内信号转导及发挥生物活性中起重要作用。

05.0420 交互磷酸化 cross phosphorylation, transphosphorylation
两个或以上的蛋白质激酶互为底物的现象。如，不同的受体酪氨酸激酶之间的磷酸化。

05.0421 乙酰化 acetylation
在酶的催化下，将乙酰辅酶 A 中的乙酰基转移到其他化合物的反应过程。

05.0422 羟基化 hydroxylation
在反应底物分子中引入一个羟基（—OH）的反应。

05.0423　甲基化　methylation

在甲基转移酶作用下，将活性甲基化合物（如 *S*-腺苷甲硫氨酸）甲基转移到其他化合物上的反应过程。如某些蛋白质或核酸等进行甲基化修饰形成甲基化产物。

05.0424　去甲基化　demethylation

又称"脱甲基化""脱甲基[作用]"。从甲基化合物中脱去甲基的反应过程。

05.0425　糖基化　glycosylation

在酶作用下，蛋白质或脂质等非糖生物分子和糖形成共价结合的过程或反应。是蛋白质重要的翻译后加工和修饰步骤。

05.0426　*N*-糖基化　*N*-glycosylation

在酶催化下蛋白质肽链的某些特定的天冬酰胺残基侧链氮原子上加上糖基的过程。

05.0427　*O*-糖基化　*O*-glycosylation

在酶催化下蛋白质肽链的丝氨酸、苏氨酸或其他带羟基的氨基酸残基侧链羟基上顺序地逐个加上糖基的过程。

05.0428　泛素化　ubiquitination

又称"泛酰化（ubiquitylation）"。在一系列特殊酶作用下，泛素 C 端甘氨酸残基通过异肽键与目的蛋白质的赖氨酸残基的 ε 氨基结合的过程。主要参加蛋白质的降解过程。

05.0429　单泛素化　monoubiquitination

被修饰蛋白质仅与单个泛素分子共价连接的泛素化现象。其功能可与 DNA 修复、内吞及细胞信号转导等有关。

05.0430　多泛素化　multiubiquitination

又称"多单泛素化（multiple monoubiquitination）"。被修饰蛋白质的多个赖氨酸（Lys）残基上同时被单个泛素分子共价连接的泛素化现象。其功能可与胞吞及细胞信号转导等有关。

05.0431　多聚泛素化　polyubiquitination

被修饰蛋白质的单个赖氨酸（Lys）残基被多个泛素分子共价连接的泛素化现象。其功能可与蛋白质降解、细胞信号转导等有关。

05.0432　多聚泛素链　polyubiquitin chain

由多个泛素分子通过一个泛素分子 C 端的甘氨酸（Gly）残基与另一个泛素分子的起始甲硫氨酸（Met）残基或内部 7 个赖氨酸（Lys）残基之一形成的异肽键而相互连接起来的大分子。其中与 Lys^{48} 及 Lys^{63} 相连的情况较常见，也研究较多。Lys^{48} 相连的泛素化主要与蛋白质降解有关，而 Lys^{63} 相连的泛素化则多与信号转导等非降解功能有关。

05.0433　线性多聚泛素链　linear polyubiquitin chain

通过一个泛素分子 C 端的甘氨酸（Gly）残基与另一个泛素分子的起始甲硫氨酸（Met）残基形成异肽键，从而使不同的泛素分子首尾相连而形成的多聚泛素链。

05.0434　分支多聚泛素链　branched polyubiquitin chain

含有分支结构的多聚泛素链。其中一个泛素分子通过不同的氨基酸残基与两个或以上的泛素分子相连接，形成不同的支链。

05.0435　同型多聚泛素化　homotypic polyubiquitination

其多聚泛素链无分支，且泛素分子之间的连接方式相同的一种蛋白质多聚泛素化方式。

05.0436 异型多聚泛素化 heterotypic polyubiquitination

其多聚泛素链有分支，或泛素分子之间的连接方式不同的一种蛋白质多聚泛素化方式。

05.0437 混连多聚泛素化 mixed-linkage polyubiquitination

其多聚泛素链无分支，但泛素分子之间以两种以上不同方式相连接的一种蛋白质异型多聚泛素化方式。

05.0438 线性泛素化 linear ubiquitination

线性多聚泛素链与被修饰蛋白质共价连接的作用。

05.0439 线性泛素链组装复合物 linear ubiquitin chain assembly complex, LUBAC

具有 E3 泛素连接酶活性并可催化蛋白质线性泛素化的异源三聚体复合物。由非典型泛素相关蛋白质 SHARPIN、E3 泛素连接酶 HOIL-1L 及其相互作用蛋白质 HOIP 组成。具有调节多种信号途径、尤其是免疫系统信号的重要作用。

05.0440 去泛素化 deubiquitination

又称“脱泛素化”。将泛素分子从泛素化的蛋白质上水解下来的反应。由去泛素酶催化。

05.0441 去泛素化酶 deubiquitinase, deubiquitinating enzyme, DUB

可催化泛素分子从已被泛素化的蛋白质中水解的蛋白酶。

05.0442 内质网相关[蛋白质]降解 endoplasmic reticulum-associated degradation, ERAD

细胞内质网中的未折叠或错折叠蛋白质经过泛素化修饰后易位进入胞质溶胶并被 26S 蛋白酶体所降解的过程。是内质网蛋白质合成的质量控制系统，可去除异常蛋白质。

05.0443 巯基亚硝基化 sulfhydryl nitrosylation, S-nitrosylation

又称“S-亚硝基化”。一种蛋白质翻译后修饰方式。蛋白质半胱氨酸的自由巯基（—SH）与一氧化氮反应生成亚硝基化巯基（—SNO）的氧化还原反应。是一氧化氮行使生物功能的一种重要途径，这种方式不依赖于环鸟苷酸（cGMP），主要依赖于一氧化氮的产生与代谢过程。

05.0444 S-巯基化 S-sulfhydration, persulfidation

一种蛋白质翻译后修饰方式。H_2S 或者过硫化物通过氧化还原方式修饰蛋白质上的半胱氨酸残基。其通过改变靶蛋白的局部构象和最终活性参与广泛的细胞功能和代谢途径。

05.0445 ADP 核糖基化 adenosine diphosphate ribosylation, ADP-ribosylation

全称“腺苷二磷酸核糖基化”，又称“二磷酸腺苷核糖基化”。烟酰胺腺嘌呤二核苷酸（NAD）中的腺苷二磷酸（ADP）核糖基部分与某些蛋白质的氨基酸残基（如精氨酸）发生共价连接的反应。影响蛋白质的功能。

05.0446 蛋白质剪接 protein splicing

蛋白质前体通过自我剪接去除内含肽、连接外显肽的过程。是一种翻译后加工方式。

05.0447 蛋白质靶向输送 protein targeting

又称“蛋白质分拣（protein sorting）”。蛋白质合成后在细胞内被定向输送到其发挥作用部位的过程。这种递送的信息存在于蛋白质自身或蛋白质翻译后修饰。该机制能保证蛋白质在正确的地方行使其正常的生物学功能。不适当的分选会导致疾病。

05.06 基因表达调控

05.0448 基因表达调控 gene expression regulation

又称“基因表达调节”。机体为适应环境、维持自身生长和发育的需要，在不同的发育阶段以及内外环境变化时通过增加或者减少特异的基因表达产物（蛋白质或RNA）作出的调节和应答。可在多个层次上进行，主要发生在转录水平和翻译水平上，如转录起始、转录后加工、翻译和翻译后加工等。

05.0449 正调控 positive regulation, positive control

又称“正调节”“上调（up regulation）”。调控因子（如转录、翻译的调控因子）等通过直接结合或间接作用，引起激活或增强基因表达的调控方式。可提高目的基因的转录效率以及基因产物的数量或活性。

05.0450 负调控 negative regulation, negative control

又称“负调节”“下调（down regulation）”。转录、翻译或信号转导的调控过程被一些因子（如阻遏蛋白）所阻遏的调控方式。可使基因表达水平下降以及基因产物（RNA或蛋白质）数量减少。

05.0451 全局调控 global regulation

又称“全局调节”。大肠埃希菌等微生物对外界环境刺激等做出全面反应的一种复杂的调节网络。如大肠埃希菌等在环境中有葡萄糖作为碳源时，优先利用葡萄糖而抑制利用其他糖类的基因调控方式。

05.0452 时序调控 temporal regulation

又称“时序调节”。生命体在生长、发育等各个阶段中，按照一定的时间顺序对相关基因进行调控表达的模式。

05.0453 基因表达 gene expression

基因所携带的遗传信息经过转录、转录后加工、翻译和翻译后加工等阶段，生成具有生物活性功能产物（RNA或蛋白质）的过程。即基因所携带所谓遗传信息表现为表型的过程。具有时间特异性和空间特异性。

05.0454 时间特异性 temporal specificity

按功能需要，某一特定基因的表达严格按一定的时间顺序发生的特性。如噬菌体、病毒或细菌侵入宿主后呈现一定的感染阶段。

05.0455 空间特异性 spatial specificity

又称“细胞特异性（cell specificity）”“组织特异性（tissue specificity）”。在个体生长、发育过程中一种基因产物在个体的不同组织或器官表达的特性。

05.0456 差异基因表达 differential gene expression

基因在不同细胞或不同组织中表达时间或表达水平不同的现象。通常指一群基因表达的差异。差异表达的基因包括结构基因和调节基因。可以利用高通量测序（如RNA-seq）等技术对一组或一群差异表达的基因进行分析。

05.0457 结构基因 structural gene

编码蛋白质或RNA的基因。其所编码的蛋白质一般不作为调控因子。

05.0458 调节基因 regulatory gene

控制编码RNA基因或蛋白质基因表达的基

因。如编码激活蛋白或阻遏蛋白的基因。

05.0459 时序基因 temporal gene
按照发育、分化等进程表达的基因。如构成人血红蛋白的各种珠蛋白分子链（ξ和α、ε、γ、δ、β）的编码基因，分别在胎儿和成年等不同时期以不同的强度进行表达，从而产生出不同类型的血红蛋白。

05.0460 组织特异性消失基因 tissue-specific extinguisher, TSE
人第十七号染色体上编码蛋白质激酶 A 调节亚基的基因。在体细胞中能对某些亲本细胞基因的转录起明显抑制作用的基因，其产物通过 cAMP 反应元件（CRE）抑制肝细胞特异性增强子的活性。

05.0461 基因表达谱 gene expression profile
基因在不同细胞或组织、不同时间或发育阶段的总体表达水平。

05.0462 过表达 overexpression
又称"超表达"。由于内源基因被过度激活或外源基因的导入，造成该基因的表达量超过正常生理水平的现象。可以产生明显的基因相关表型。

05.0463 共表达 coexpression
多个基因一起表达、其表达产物同时出现的现象。这些基因可以分别或共同地受到表达调节。

05.0464 异位表达 ectopic expression
某个或某些基因在通常情况下不表达的组织、细胞或分化发育阶段异常表达的现象。如人为操纵外源基因导入可导致该基因的异位表达。

05.0465 组成型表达 constitutive expression
基因持续表达的一种状态。即在不同时间或分化发育阶段、不同组织或细胞，该基因的表达水平、表达方式基本不变，即没有时空特异性。大多构成细胞基本组分的基因以及与细胞基本代谢相关基因通常以这种方式表达，以使细胞的基本功能得以维持。

05.0466 诱导型表达 inducible expression
在特定信号（如诱导物或代谢产物）刺激下基因表达被启动或增强的现象。

05.0467 可诱导基因 inducible gene
在特定信号（如诱导物或代谢产物）刺激下，能被激活、其表达产物增加的基因。

05.0468 诱导 induction
可诱导基因在一定的环境中表达增强的过程。

05.0469 可阻遏基因 repressible gene
在应答环境信号刺激时其表达被抑制的基因。

05.0470 阻遏 repression
阻遏物或阻遏物–辅阻遏物复合物与基因的调控序列结合而将其封闭，从而阻止基因表达的过程。

05.0471 协同表达 coordinate expression
在一定机制控制下，功能上相关的一组基因，无论其为何种表达方式，均须协调一致共同表达的现象。

05.0472 调控序列 regulatory sequence
又称"调节序列"。控制基因表达的 DNA 片段。

05.0473 元件 element
特指DNA或RNA上具有某种特定功能的核苷酸序列。如可移动元件、各种顺式作用元件等。

05.0474　调控元件　regulatory element
又称“调节元件”。主要指位于基因上下游的调控基因表达时间、强度、位置等的DNA序列。

05.0475　调节蛋白质　regulatory protein
由调节基因编码的具有调节其他基因表达的蛋白质。

05.0476　调控因子　regulatory factor
又称“调节因子”。在基因表达调控中，能直接或间接地识别或结合在各顺式作用元件序列上，参与调控靶基因转录效率的蛋白质。

05.0477　顺式作用元件　*cis*-acting element
又称“顺式调节元件（*cis*-regulatory element）”。主要指与被调节基因同处一个DNA分子、能够影响基因表达的序列。如启动子、增强子、沉默子等。可位于基因的5′上游区、3′下游区或基因内部，多数位于5′上游区。

05.0478　反式作用因子　*trans*-acting factor
主要指能够识别并结合非自身编码基因的顺式作用元件，调节其基因转录的蛋白质或RNA。

05.0479　顺式作用　*cis*-acting
调控元件对与其连接在一起的靶序列进行的调节。存在于DNA、RNA和蛋白质水平。

05.0480　反式作用　*trans*-acting
调控因子（如转录、翻译调控因子）等在调节基因表达过程中对调控元件的作用。

05.0481　反式阻遏　*trans*-repression
在基因表达调控过程中通过蛋白质–蛋白质相互作用，一种蛋白质抑制另一种蛋白质活性的过程。被抑制的蛋白质通常是转录因子，抑制的结果导致基因表达改变。

05.0482　同源异形框　homeobox, Hox
一段高度保守的、长180个核苷酸对的DNA序列。编码长60个氨基酸的高度保守的同源异形蛋白质结构域。最初发现于果蝇母体效应基因和体节效应基因中，随后在包括人类在内的其他生物的基因组中也发现了该序列，起调节基因表达活性的作用。

05.0483　同源异形基因　homeotic gene, homeobox gene, Hox gene
简称“Hox基因”。一类含有同源异形框、对早期胚胎发育有重要调控作用的基因。在脊椎动物胚胎发育中确定体节属性。

05.0484　同源异形结构域　homeodomain, HD
由同源异形框编码的、可与DNA结合的转录因子结构域。在结构及与DNA相互作用的方式上极为保守，由三个α螺旋及一个氨基酸末端臂组成。第三个α螺旋的残基与DNA大沟的特异碱基接触，氨基酸末端臂与邻近的DNA小沟接触。识别含5′-TAAT-3′核心的DNA共有序列。

05.0485　组件模型　cassette model
又称“盒式模型”。由若干特定元件组合形成具有功能的整套系统序列。用于解释酵母交配型转换机制的基因表达调控模式等。

05.0486　分解代谢物阻遏　catabolite repression
又称“降解物阻遏”。细胞内具有一优先利用的营养物（通常是，但并不总是葡萄糖）时，其分解产物对分解利用其他（难利用）营养物质所需的酶系合成起抑制作用的现象。是微生物中广泛存在的一种全局调控。最常见的是葡萄糖代谢物阻遏。

05.0487　分解代谢物基因激活蛋白质　catabolite gene activator protein, CAP
又称“降解物基因活化蛋白质”“cAMP受体

蛋白质（cAMP receptor protein, CRP）”。细菌中能够特异结合 cAMP，进而结合到靶基因特定位点、激活靶基因转录的一种蛋白质。

05.0488　表观遗传调控　epigenetic regulation, epigenetic control

又称“表观遗传调节”。可遗传的、与核酸序列没有直接关系的控制基因活性的调控方式。是生物体调节基因表达及染色体行为的重要机制之一，对基因表达调控、转座子沉默、基因组稳定性以及生物体生长发育有着重要的调控作用。根据方式不同，可以把表观遗传调控分为两类：一类是对基因转录表达的调控，主要包含 DNA 甲基化修饰、组蛋白翻译后修饰、染色质重塑等，涉及的修饰种类具有多样性，修饰方式也很复杂；另一类是基因转录后的调控，主要依靠一些非编码 RNA，如 siRNA、miRNA、反义 RNA 等。

05.0489　转录调节　transcription regulation

转录因子直接结合或间接作用于相应的顺式元件（如增强子或抑制子等），产生增强或抑制基因启动子转录活性的作用。

05.0490　转录激活　transcription activation

通过染色体结构改变、转录因子直接结合或各类辅助因子间接作用，而激活基因启动子起始转录的过程。

05.0491　转录阻遏　transcription repression

转录抑制因子（包括蛋白质因子等）通过直接结合基因顺式元件或间接相互作用，多方式、可选择地抑制目标基因表达的一种调控作用。

05.0492　转录因子　transcription factor

在真核生物中，通过直接结合基因启动子、增强子等特定顺式作用元件，与 RNA 聚合酶和/或其他转录因子相互作用影响转录起始和基因表达的蛋白质因子。绝大多数转录因子由其编码基因表达后进入细胞核，通过识别、结合特异的顺式作用元件而增强或降低相应基因的表达。

05.0493　通用转录因子　general transcription factor

又称“基本转录因子（basal transcription factor）”“基础转录因子”。帮助 RNA 聚合酶选择识别启动子，并起始转录所必需的转录因子。

05.0494　基础转录装置　basal transcription apparatus

通用转录因子和 RNA 聚合酶相互作用而形成的复合体。特异地识别被转录基因的启动子，决定着基因转录的起始位置并启动基因转录。

05.0495　特异转录因子　special transcription factor

决定基因表达时间空间特异性的转录因子。有的起转录激活作用，有的起转录抑制作用。

05.0496　转录激活因子　activating transcription factor, ATF, transcription activator

可以通过直接识别和结合特定 DNA 序列、或通过与含有激活结构域的蛋白质相结合，进而激活基因转录的一个转录因子家族。

05.0497　转录抑制因子　transcription inhibitor

抑制基因转录的特异转录因子。

05.0498　邻近依赖性调节　context-dependent regulation

转录因子对转录的调节受到其同启动子上结合的其他转录因子的相对位置的影响或受共同参与的转录因子丰度影响的一种调节方式。

05.0499 激活域 activation domain

转录因子中能够与其他蛋白质（如转录辅调节子）结合的位点。这些位点常与激活功能有关。

05.0500 酸性激活域 acid activation domain

一段富含酸性氨基酸的保守序列。通过与转录因子 TFⅡD 的相互作用协助转录起始复合物的组装，促进转录。如酵母转录因子 GAL4 的转录激活域。

05.0501 富含谷氨酰胺结构域 glutamine-rich domain

其 N 端的谷氨酰胺残基含量可高达 25%左右，可通过与 GC 盒结合发挥转录激活作用的结构域。

05.0502 富含脯氨酸结构域 proline-rich domain

其C端的脯氨酸残基含量可高达20%～30%，可通过与 CAAT 盒结合发挥转录激活作用的结构域。

05.0503 锌指蛋白质 zinc finger protein

通过结合 Zn^{2+}稳定的短的可以自我折叠形成“手指”结构行使正常功能的一类蛋白质。是一类具有锌指结构域的转录因子，通过其锌指与靶分子 DNA、RNA、DNA-RNA 序列特异性结合，以及与自身或其他锌指蛋白质的结合，在基因表达调控、细胞分化以及胚胎发育等过程中发挥重要作用。

05.0504 TATA 结合蛋白质 TATA-binding protein, TBP

转录因子TFⅡD中能够特异地与TATA框结合并指导起始复合物形成的蛋白质组分。也可以是与RNA聚合酶Ⅲ或RNA聚合酶Ⅰ共同发挥作用的转录因子之一。即使基因启动子无 TATA 框，也能通过与 TATA 结合蛋白质结合因子间相互作用而起调节作用。并起到将 RNA 聚合酶定位在启动子的作用。

05.0505 转录前起始复合物 transcriptional preinitiation complex, transcripreinitiation complex, TPIC

又称“转录前起始复合体”。RNA 聚合酶Ⅱ的通用转录因子与启动子核心序列相互作用，在核心序列上按顺序结合，并促进其他因子与之结合，从而形成有功能的复合物。

05.0506 应答元件 response element

启动子和增强子区域中的 DNA 短序列。在应激条件下被转录因子识别和结合，刺激转录，如热激应答元件、金属应答元件、血清应答元件等。

05.0507 甲状腺激素应答元件 thyroid hormone response element, TRE

甲状腺激素应答基因启动子或增强子中与甲状腺激素受体结合、并发挥调节作用的一段保守核苷酸序列。

05.0508 环腺苷酸应答元件 cAMP response element, CRE

简称“cAMP 应答元件”。存在于真核细胞和多种病毒的某些基因启动子或增强子区的一种顺式作用元件。具有回文对称的核苷酸序列：GTGACGTA/G。当特定的结合蛋白与该元件结合时，可以启动受调控基因的转录。

05.0509 DNA 修饰 DNA modification

在 DNA 分子的核苷酸上通过共价键连接化学基团的过程。如 DNA 甲基化。

05.0510 DNA 甲基化 DNA methylation

DNA 碱基上共价连接甲基基团的化学修饰。细菌中的甲基化常发生在腺嘌呤的第六位氨基与胞嘧啶的第五位碳原子上。哺乳动物中的甲基化主要是二核苷酸 CpG 上胞嘧啶的第五位碳原子，生成 m^5CpG。DNA 的不同甲基化状态（过甲基化与去甲基化）与基因的活性和功能有关。

05.0511 启动子 promoter

DNA 分子上与 RNA 聚合酶及其辅因子结合形成转录起始复合物并起始 mRNA 合成所必需的保守序列。

05.0512 核心启动子 core promoter

又称“基本启动子（basal promoter）”“基础启动子”。真核生物基因启动子中 RNA 聚合酶可以启动转录的最短序列（其转录水平通常比包含其他元件的启动子低得多）。对 RNA 聚合酶Ⅱ而言，包括 TATA 框、起始子和下游启动子元件等。存在于转录起点附近±50 范围内。

05.0513 近端启动子 proximal promoter

与基因转录起始点上游（–50～–200）的启动子。

05.0514 上游启动子元件 upstream promoter element, UPE

又称“上游控制元件（upstream control element，UCE）”。与核心启动子序列相关的富含 GC 的序列。常见于 RNA 聚合酶Ⅰ启动子，从–180 延伸至–107。不同 UPE 序列以及长度差异较大。

05.0515 下游启动子元件 downstream promoter element, DPE

位于转录起始点下游+28～+32、不含 TATA 框的 RNA 聚合酶Ⅱ启动子元件。

05.0516 下游核心元件 downstream core element, DCE

由 RNA 聚合酶Ⅱ启动子元件分别位于+6～+12、+17～+23、+31～+33 的三段序列组成的元件。共有序列分别为 CTTC、CTGT 和 AGC。

05.0517 上游激活序列 upstream activating sequence, UAS

在酵母中发现的类似于高等真核生物增强子、能够与调节蛋白质相结合的 DNA 序列。它们可以在启动子上游不同距离的任一方向发挥作用，但在位于启动子下游时不能发挥作用。

05.0518 普里布诺框 Pribnow box

又称“–10 元件（–10 element）”。原核基因转录起始点上游–10 区的一段共有序列 TATAAT，与–35 区的 TTGACA 共同构成启动子，是 RNA 聚合酶的结合位点。

05.0519 TATA 框 TATA box

又称“戈德堡–霍格内斯框(Goldberg-Hogness box）”。高等真核生物基因启动子转录起始点上游约 25 个核苷酸处的共有序列 TATAA。被转录因子 TFⅡD 识别并结合，形成包含 RNA 聚合酶的转录起始复合物。使转录精准起始。

05.0520 CAAT 框 CAAT box

又称“CCAAT 框（CCAAT box）”“CAT 框（CAT box）”。位于真核生物基因转录起始点上游 60～100bp 的一段共有序列 GGCCAATCT。决定启动子的转录效率。

05.0521 GC 框 GC box

真核生物基因转录起始点上游–80～–110bp 的富集 GC 的顺式作用元件。其共有序列为 GGGCGG 或 CCGCCC。可帮助 RNA 聚合酶结合在转录起始点的附近，控制转录起始的频率。

05.0522　CpG 岛　CpG island
哺乳动物基因组中长度 1～2kb，由胞嘧啶（C）和鸟嘌呤（G）组成的串联重复序列。通常位于基因启动子区域。一般非甲基化。

05.0523　起始子　initiator
RNA 聚合酶Ⅱ启动子的转录起始点−3 和+5 之间的序列。基本序列为 Py_2CAPy_5（Py 表示任一嘧啶）。与 TATA 框或下游启动子元件（DEP）组成 RNA 聚合酶Ⅱ的核心启动子。

05.0524　基因内启动子　intragenic promoter
又称“内部启动子（internal promoter）”。位于某些基因转录起始位点下游，被 RNA 聚合酶Ⅲ识别的一段 DNA 序列。

05.0525　双向基因对　bi-directional gene pairs
两个相邻、但转录方向相反，其 5′端互相朝向对方的基因。两个基因共享启动子区域的修饰使它们能够被共同调节并因此共同表达。

05.0526　双向启动子　bi-directional promoter
DNA 分子中能够在两个相邻但转录方向相反的基因 5′端转录的特定序列（＜1kb）。

05.0527　翻滚启动子　flip-flop promoter
又称“翻转启动子”。可颠倒的启动子。最早见于沙门氏菌的两种鞭毛蛋白编码基因的交替表达。这些基因都受一个可以颠倒的 DNA 片段控制，在一个顺式作用因子的调节下，这个片段从不同的方向驱动不同基因的表达，后来发现奇异变形杆菌的氯霉素抗性基因和珠蛋白基因等基因的表达调节也有类似机制。

05.0528　诱导型启动子　inducible promoter
能被诱导激活的基因启动子。该启动子能被诱导物直接激活，或诱导物与启动子上的阻遏物结合，从而间接激活该启动子的转录。

05.0529　启动子封堵　promoter occlusion
上游启动子对下游启动子的阻碍作用。

05.0530　启动子阻抑　promoter suppression
由于转录抑制因子的作用或甲基化修饰等使启动子活性减弱或丧失的现象。

05.0531　启动子解脱　promoter escape
转录起始后，合成的 RNA 片段超过 10 个核苷酸时，转录起始复合物中 RNA 聚合酶从启动子上脱离的现象。

05.0532　启动子清除　promoter clearance
真核基因在转录起始后期，启动子上转录起始复合物离开启动子、转录进入延伸反应的过程。

05.0533　增强子　enhancer
又称“增强子元件（enhancer element）”。存在于基因组中对基因表达有增强作用的 DNA 调控元件。

05.0534　增强体　enhancesome
基因转录时由特定的启动子与激活因子结合成的一种 DNA-蛋白质复合体。通过使 DNA 形成弯曲的空间构象与不同蛋白质结合而产生强烈的协同效应，从而提高基因转录的效率。

05.0535　沉默子　silencer
能够被负性调控因子识别并结合，使邻近基因的表达水平降低的一段短的 DNA 序列。

05.0536　操纵子　operon
原核生物中由启动子、操纵序列和结构基因

等组成的一个转录功能单位。是原核生物转录调控的基本单位。

05.0537　操纵序列　operator

又称“操纵基因”“操纵元件”。操纵子中与阻遏物结合的一段特定核苷酸序列。对相邻结构基因的转录活动有控制作用。

05.0538　半乳糖操纵子　*gal* operon

在大肠埃希菌的基因组中，负责半乳糖分解代谢相关基因表达及其调控的功能单位。除上游的启动子和操纵序列外，与半乳糖利用相关的三个结构基因依次排列：*gal*E（编码半乳糖差向异构酶）、*gal*T（编码半乳糖转移酶）和 *gal*K（编码半乳糖激酶）。

05.0539　乳糖操纵子　*lac* operon

大肠埃希菌中控制 β-半乳糖苷酶诱导合成的操纵子。包括启动子 P 和操纵序列 O，以及结构基因 *lacZ*（编码半乳糖苷酶）、*lacY*（编码通透酶）和 *lacA*（编码硫代半乳糖苷转乙酰基酶）。在没有诱导物时，调节基因 *lacI* 编码阻遏蛋白，与操纵序列 O 结合后抑制结构基因转录；乳糖的存在可与 *lac* 阻遏蛋白结合诱导结构基因转录，以代谢乳糖。

05.0540　阿拉伯糖操纵子　*ara* operon

使细菌能够利用阿拉伯糖作为能源的相关蛋白质的编码基因所组成的协同转录单位。包含异构酶、激酶及表位酶三种结构基因及其表达调控元件，是典型的基因表达正调控模式。

05.0541　色氨酸操纵子　*trp* operon

参与色氨酸合成代谢途径的多种蛋白质（酶）的编码基因及相关调控序列所组成的协同转录单位。是一种可调控的基因表达系统。

05.0542　组氨酸操纵子　*his* operon

由与组氨酸生物合成有关的 10 种酶的编码基因及相关调控序列组成的协同转录单位。见于鼠沙门氏菌等细菌中。

05.0543　超操纵子　superoperon

多个操纵子联合调控功能不相关基因的表达体系。

05.0544　弱化作用　attenuation

某些细菌操纵子中，由于基因内部弱化子的作用，提前终止转录而抑制基因表达的一种转录调节机制。

05.0545　弱化子　attenuator

位于基因内部的不依赖于 ρ 的转录终止序列。可以使转录提前终止而发挥抑制基因表达作用

05.0546　绝缘子　insulator

真核生物基因组中能够保持具有拓扑关联的转录调控区独立的顺式作用元件。长约 1～2 kb。当其位于增强子和启动子之间时可抑制增强子对启动子的激活作用。亦可抑制异染色质区向常染色质的扩散，缓冲异染色质的阻遏作用。

05.0547　辅阻遏物　corepressor

又称“协阻遏物”。能够结合或者激活转录阻遏物，从而阻碍基因的转录和抑制蛋白质合成的分子。

05.0548　辅激活物　coactivator

能够与结合启动子的转录因子相互作用，特异性增强转录的蛋白质分子。

05.0549　调节子　regulon

一组作为一个单元受到共同调控因子调节的基因。包含的基因可分布于同一染色体的不同位置或不同染色体。调节子产生的网络调节方

式使基因表达更适应于细胞功能的变化。

05.0550　基因座控制区　locus control region, LCR
具活性构型、能影响基因座等位基因表达水平的一种DNA序列。是一类真核生物的顺式作用元件，包括DNase Ⅰ高度敏感区和许多转录因子的结合位点。常位于所控制基因的5′端，为本区域基因转录活性所必需。

05.0551　阻遏物　repressor
又称“阻遏蛋白”。与基因的调控序列结合、对基因表达起阻遏（抑制）作用的调节蛋白质。

05.0552　逆转录转座　retrotransposition, retroposition
又称“反转录转座”。RNA逆转录成cDNA后进行转座的过程。是RNA介导的转座。转座子RNA中间物转变成DNA，并随后整合进基因组。

05.0553　逆[转录]转座子　retroposon, retrotransposon
又称“反[转录]转座子”“逆转录元件（retroelement）”。先转录为RNA再逆转录生成DNA而进行转座的可移动基因元件。

05.0554　反式激活　*trans*-activation
激活因子（如转录、翻译激活因子和RNA等）调节基因表达时，引起基因表达激活或增强的调控作用。

05.0555　反式激活蛋白　*trans*-activator
通过直接结合或间接作用于DNA、RNA等核酸分子，引起基因表达激活或增强的蛋白质因子，包括转录激活因子和翻译激活因子等。

05.0556　内在转录间隔区　internal transcribed spacer, ITS
两个基因间能够被转录、通过转录后加工去除的序列。如核糖体DNA（rDNA）上两个基因之间的序列。

05.0557　非转录间隔区　nontranscribed spacer
基因簇中各转录单位之间的区域。

05.0558　基因沉默　gene silencing
在转录或翻译水平上基因表达被抑制或终止的现象。是真核生物细胞基因表达调控的一种重要机制。

05.0559　RNA干扰　RNA interference, RNAi
又称“RNA沉默（RNA silencing）”。与靶基因同源的双链RNA特异性诱导的转录后基因沉默现象。其作用机制是双链RNA被特异的核酸酶降解，产生干扰小RNA（siRNA）。这些siRNA与同源的靶RNA互补结合，特异性地降解靶RNA，从而抑制或下调基因表达。

05.0560　翻译调节　translation regulation
在翻译水平上对蛋白质合成进行调节的过程。

05.0561　反向调节　retroregulation
又称“逆向调节”。mRNA的翻译受到其基因下游序列的调控作用。如，噬菌体*int*基因的mRNA通常不被翻译；位于*int*编码序列下游的*sib*位点的突变允许*int* mRNA翻译。

05.0562　翻译阻遏　translation repression
翻译抑制因子（如蛋白质因子、微RNA等）与mRNA特定区域结合，或直接、间接地改变核糖体结构以阻碍其与mRNA的相互作用，从而引起蛋白质翻译受到抑制的现象。是一种翻译水平的调节机制。有些mRNA

的翻译产物也可以成为翻译抑制因子，抑制其进一步翻译。

05.0563　RNA 结合蛋白质　RNA-binding protein, RBP
能够与 RNA 特异序列结合的蛋白质。参与基因表达的许多调节环节。

05.0564　RNA 诱导的沉默复合物　RNA-induced silencing complex, RISC
成熟的 miRNA 与其他蛋白质组成的复合物。通过与其靶 mRNA 分子的 3′ UTR 互补匹配，促使 mRNA 分子的降解或抑制其翻译。

05.0565　移码阻抑　frameshift suppression
又称“移框阻抑”。一类可以纠正由移码突变引起的表型缺陷的阻抑性突变。这种突变使 tRNA 分子识别结合四联体而非三联体遗传密码，继而纠正已经发生的移码突变。

05.0566　阻抑基因　suppressor
又称“抑制基因（inhibiting gene）”。抑制突变基因表型产生的基因。通过转录产生一种与 mRNA 突变密码子相结合的 tRNA，使突变密码子得以校正。

05.0567　琥珀突变阻抑　amber suppression
因 tRNA 反密码子中碱基突变，使其能够识别 mRNA 上琥珀密码子（UAG）并加入相应氨基酸使该密码子终止肽链合成的作用被抑制的现象。从而校正由于琥珀突变造成的肽链提前终止。

05.0568　琥珀突变阻抑基因　amber suppressor
又称“琥珀突变抑制子”“UAG 突变阻抑基因（UAG mutation suppressor）”。一种介导琥珀突变阻抑的 tRNA 编码基因。其反密码子碱基发生了改变，能识别 mRNA 上的琥珀密码子（UAG），将氨基酸插入到正在延长的多肽链上，防止肽链早熟终止。

05.0569　赭石突变阻抑　ochre suppression
因 tRNA 反密码子中碱基突变，使其能够识别 mRNA 上赭石密码子（UAA）并使该密码子终止肽链合成的作用被抑制的现象，从而校正由于赭石突变造成的肽链提前终止。

05.0570　赭石突变阻抑基因　ochre suppressor
又称“赭石阻抑因子”“赭石抑制子”。携带可识别赭石密码子（UAA）的反密码子，从而抑制赭石突变的一种 tRNA 编码基因。

05.0571　乳白突变阻抑基因　opal suppressor
又称“乳白抑制子”。携带可识别乳白密码子（UGA）的反密码子从而可抑制乳白突变的一种 tRNA 编码基因。

05.0572　无义阻抑　nonsense suppression
又称“无义抑制”。可以越过终止密码子继续翻译的现象。如一种编码转运 RNA（tRNA）分子的基因，其反密码子发生改变，能够识别某个终止密码子，使该终止密码子终止肽链合成的功能被抑制，肽链得以继续合成。

05.0573　无义阻抑基因　nonsense suppressor
又称“无义抑制基因”。一种编码 tRNA 的基因。其产物 tRNA 的反密码子发生改变，这种改变的 tRNA 能识别一个或多个终止密码子并在该位点插入一个氨基酸，使肽链合成得以继续。

05.0574　长末端重复[序列]　long terminal repeat, LTR
存在于逆转录病毒经逆转录形成的前病毒 DNA 两端的重复序列结构。包括启动子和增强子等序列，由 5′端特有序列 U5、重复序列 R 和 3′端特有序列 U3 组成。

06. 糖　　类

06.01　概　　述

06.0001　糖类　carbohydrate
又称“碳水化合物”。主要由碳、氢、氧组成，其中氢和氧的原子比通常为2∶1，含有多羟基的醛类或酮类的化合物。其分子式通式通常为$C_n(H_2O)_m$，但有例外，如鼠李糖。依分子组成的复杂程度，可分为单糖、寡糖、多糖和糖复合物；也可依据其他原则分类，如根据其功能基团分成醛糖和酮糖。

06.0002　糖　saccharide
多羟基醛或多羟基酮及其缩聚物和某些衍生物的总称。常被冠以词头用作糖的类别名称，如单糖、寡糖、多糖等。

06.0003　单糖　monosaccharide
不能被水解成更小分子的糖类。是最简单的糖类，若再进一步分解，便失去糖的性质。是含有3个或3个以上碳原子的多羟基醛或多羟基酮，也是构成寡糖和多糖等其他糖类的基本单位。根据分子中的官能团是醛基还是酮基分为醛糖和酮糖两大类；根据分子中所含碳原子数目，分为丙糖、丁糖、戊糖、己糖和庚糖等。自然界中的单糖主要是戊糖和己糖。

06.0004　寡糖　oligosaccharide
由2～10个单糖通过糖苷键结合而成的直链或支链糖聚合物。根据含单糖数目分为二糖、三糖、四糖等。

06.0005　多糖　polysaccharide
由10个以上单糖通过糖苷键连接而成的线性或分支的糖聚合物。包括同多糖和杂多糖。以淀粉、糖原和纤维素等最为重要。

06.0006　醛糖　aldose
分子结构中含有醛基的单糖。如葡萄糖是一种己醛糖，核糖是一种戊醛糖。

06.0007　酮糖　ketose
分子结构中含有酮基的单糖。如果糖、核酮糖。

06.0008　糖复合物　glycoconjugate
又称“糖缀合物”“糖复合体”“复合糖类（complex carbohydrate）”。糖类和蛋白质或脂质形成的共价结合物。包括糖蛋白、蛋白聚糖、糖脂。

06.0009　拟糖[物]　glycomimetic
具有类似糖功能的非糖化合物。

06.02　单　　糖

06.02.01　分子结构与性质

06.0010　船型构象　boat conformation
单糖分子形成吡喃环后呈现的一种构象。其环中4个原子在一个平面上，另外2个原子在环平面的同侧。

06.0011　椅型构象　chair conformation
单糖分子形成吡喃环后呈现的一种构象。其环中4个原子在一个平面上，另外2个原子在环平面的两侧。

06.0012　糖褶构象　sugar pucker

又称"戊糖环构象""核糖环构象"。由于空间作用力导致五元糖环的 1 个或 2 个原子不在平面上，而形成的非平面的糖环。环状的核糖或脱氧核糖的结构应力使得核糖或脱氧核糖呈现出不同的空间结构。常见的有 C-2′内向型（C-2′-endo）、C-2′-外向型（C-2′-exo）、C-3′-内向型（C-3′-endo）、C-3′-外向型（C-2′-exo）等。在 A 型 DNA 双螺旋结构和 RNA 双螺旋结构中，糖环处在 C2′-外向/C3′-内向型；在 B 型 DNA 双螺旋中，糖环处在 C2′-内向/C3′-外向型；而在 DNA/RNA 杂交双螺旋结构中，DNA 的脱氧核糖环处在 C2′-内向/C3′-外向型，RNA 的核糖环处在 C2′-外向/C3′-内向型。

06.0013　费歇尔投影式　Fischer projection

由德国化学家费歇尔（Fischer）建议的带手性碳原子的分子的书写方式。以甘油醛为参照，以位于直链方式书写的碳链中，羟基位于左侧或右侧表示不对称碳原子上羟基有不同取向，形成差向异构体。

06.0014　哈沃斯投影式　Haworth projection

由哈沃斯（Haworth）提出的单糖环状结构的投影画法。用以表示吡喃型糖和呋喃型糖，并可区分 D 型和 L 型，α 构型和 β 构型。

06.0015　赤[藓糖]型构型　erythro-configuration

由赤藓糖名称衍生而来，表示相邻手性中心的一种相对构型。是在费歇尔（Fischer）投影式中相同或相似取代基在垂直链的同侧。

06.0016　苏[糖]型构型　threo-configuration

由苏阿糖名称衍生而来，用来表达相邻立体中心的相对构型。是在费歇尔投影式中相同或相似取代基在垂直链的异侧。

06.0017　阿马道里重排　Amadori rearrangement

N-取代的醛糖胺转变成 1-氨基-1-去氧-2-酮糖的同分异构反应。见于糖类与氨基间的美拉德（Maillard）反应、糖类与苯肼的反应以及蝶啶的生物合成反应中。

06.0018　过碘酸氧化　periodate oxidation

利用过碘酸选择性地裂解具邻位羟基的碳–碳键的氧化过程。用于研究未知糖结构。

06.0019　过碘酸希夫反应　periodic acid-Schiff reaction

又称"高碘酸希夫反应"。一种检测糖类存在的化学反应。带有邻位羟基的单糖，经过碘酸氧化产生的醛基与碱性品红反应，可显现红色。

06.0020　糖化　glycation

糖类的还原基团（主要是羰基）与蛋白质、核酸等化合物中的氨基间发生的非酶催化过程。

06.0021　半缩醛　hemiacetal

醛基和一个醇基缩合形成的产物。通过该反应，使单糖形成环状结构。

06.0022　缩醛　acetal

由半缩醛与醇反应生成的一种有机化合物。如果半缩醛为糖，生成的缩醛就是糖苷。

06.0023　半缩酮　hemiketal

酮基与一个醇基缩合而成的产物。如，酮糖（如果糖）通过形成半缩酮而成环状。

06.0024　缩酮　ketal

一分子酮与两分子醇缩合的产物。若半缩酮是糖，生成的缩酮就是糖苷类化合物。

06.0025　还原糖　reducing sugar

分子结构中含有游离醛基或酮基，具有还原性的糖类。

06.0026　呋喃糖　furanose
4个碳原子和1个氧原子形成的五元环作为环状结构的单糖。即单糖分子中的4位羟基与1位醛基缩合生成五元环的半缩醛。如木糖、阿拉伯糖、核糖等通常以呋喃型存在。

06.0027　吡喃糖　pyranose
5个碳原子和1个氧原子形成的六元环作为环状结构的单糖。即单糖分子中的C-5位羟基与C-1位醛基缩合生成六元环的半缩醛。如葡萄糖、甘露糖等通常以吡喃型存在。

06.0028　异头物　anomer
单糖形成环状结构时，原来的羰基转变成羟基时形成的两种不同构型（α 或 β）的同分异构体。

06.0029　异头中心　anomeric center
环状糖结构中的半缩醛碳原子。

06.0030　[糖]苷　glycoside
曾称“[糖]甙”。单糖或寡糖通过其半缩醛羟基与另一个化合物的羟基、氨基或巯基共价结合后形成的化合物。

06.0031　糖基　glycone
糖苷类化合物中的糖部分。

06.0032　糖苷配基　aglycon, aglycone
又称“苷元”“配糖体”。糖苷类化合物中与糖缩合的非糖部分。

06.0033　还原末端　reducing terminus
一条糖链半缩醛羟基未被取代，尚具还原性一侧的糖残基。

06.0034　糖苷键　glycosidic bond, glycosidic linkage
一个单糖或糖链还原端半缩醛上的羟基与另一个分子（如醇、糖、嘌呤或嘧啶）的羟基、胺基或巯基之间缩合形成的缩醛键或缩酮键。常见的糖苷键有 *O*-糖苷键和 *N*-糖苷键。每一种又有α-糖苷键和β-糖苷键之分。

06.0035　*O*-糖苷键　*O*-glycosidic bond
单糖或糖链还原端半缩醛上的羟基与另一个分子（如醇、糖、嘌呤或嘧啶）的羟基脱水形成的糖苷键。

06.0036　*N*-糖苷键　*N*-glycosidic bond
单糖或糖链还原端半缩醛上的羟基与和氮相连的氢（如—NH_2）脱水形成的糖苷键。

06.0037　α-糖苷键　α-glycosidic linkage
单糖或糖链连接，异头中心羟基氧与糖链最后一个手性羟基处于同侧的一种糖苷键。

06.0038　β-糖苷键　β-glycosidic linkage
单糖或糖链连接，异头中心羟基氧与糖链最后一个手性羟基处于异侧的一种糖苷键。

06.0039　葡萄糖基化　glucosylation
在酶作用下，生物分子连接上葡萄糖基的反应过程。

06.0040　核心糖基化　core glycosylation
在糖复合物的非糖部分接上某些具有类型特征糖链的过程。

06.0041　末端糖基化　terminal glycosylation
在反式高尔基网架内的 *N*-和 *O*-连接寡糖链外周接上多种糖基的过程。其中经常以唾液酸化为终末反应。

06.0042　岩藻糖基化　fucosylation
将岩藻糖添加到糖链结构中的修饰方式。是糖蛋白、糖脂寡糖修饰中最常见的修饰方式。

06.0043　去糖基化　deglycosylation
在糖复合物中除去糖基的过程。

06.0044　美拉德反应　Maillard reaction
又称“羰氨反应”。还原糖与游离氨基酸或蛋白质分子中的游离氨基，在一定条件下，经缩合、聚合生成褐色产物的反应。

06.02.02　一些重要单糖

06.0045　丙糖　triose
又称“三碳糖”。含有3个碳原子的单糖。是单糖中最简单的形式，比较重要的有甘油醛和二羟基丙酮，它们的磷酸酯是糖代谢的重要中间产物。

06.0046　甘油醛　glyceraldehyde
又称“2,3-二羟基丙醛（2,3-dihydroxypropanal）”。具有D-型和L-型两种对映（旋光）异构体的一种最简单的醛糖。是费歇尔确定糖类构型的参考标准。

06.0047　1,3-二羟基丙酮　1,3-dihydroxyacetone
最简单的三碳酮糖。

06.0048　丁糖　tetrose
又称“四碳糖”。含有4个碳原子的单糖。分为丁醛糖和丁酮糖两类。常见的有D-赤藓糖和D-赤藓酮糖。它们的磷酸酯是糖代谢的重要中间产物。

06.0049　赤藓糖　erythrose
其中间2个碳原子上的羟基在碳链同侧的一种丁醛糖。为戊糖磷酸途径中的一种中间代谢物。

06.0050　赤藓酮糖　erythrulose
赤藓糖的酮糖形式。为一种丁酮糖。

06.0051　苏阿糖　threose
又称“苏丁糖”。由4个碳原子组成的、其中间2个碳原子上的羟基在碳链两侧的一种丁醛糖。

06.0052　赤藓糖醇　erythritol
赤藓糖醛基变为羟基的形式。为丁四醇。

06.0053　二硫赤藓糖醇　dithioerythritol, DTE
其C-1位和C-4位羟基变为巯基的赤藓糖醇。在生化反应中常用做还原剂，保护蛋白质、酶中的巯基不致因氧化而失活。

06.0054　戊糖　pentose
又称“五碳糖”。含有5个碳原子的单糖。主要有木糖、阿拉伯糖、核糖等。作为糖代谢中间产物的戊酮糖有核酮糖和木酮糖。

06.0055　木糖　xylose
在自然界中常以吡喃环形式存在的一种戊糖。与吡喃型葡萄糖非常相似。

06.0056　阿拉伯糖　arabinose
又称“果胶糖（pectinose）”。常以L-呋喃型结构存在的一种戊糖。是植物细胞壁多糖和糖苷的组分之一，也见于细菌多糖中。

06.0057　核酮糖　ribulose
由5个碳原子构成的酮糖。与核糖有相似的构型，其衍生物在植物光合作用中占有重要地位。

06.0058　木酮糖　xylulose
木糖的酮式形式。

06.0059　来苏糖　lyxose

其中间2个碳原子上的羟基在碳链两侧的一种五碳醛糖。

06.0060　己糖　hexose

又称“六碳糖”。含有6个碳原子的单糖。分为己醛糖和己酮糖两大类，如葡萄糖是己醛糖，果糖是己酮糖。

06.0061　己醛糖　aldohexose

分子中含有醛基的己糖。重要的有葡萄糖、半乳糖、甘露糖。

06.0062　己酮糖　hexulose, ketohexose

分子中含有酮基的己糖。重要的有果糖、山梨糖。

06.0063　右旋糖　dextrose

一般指具有右旋光学活性的糖。通常特指D-葡萄糖。

06.0064　左旋糖　levulose

一般指具有左旋光学活性的糖。通常特指D-果糖。

06.0065　葡萄糖　glucose

一种己醛糖。有D、L两种类型，其中D-葡萄糖是自然界广为存在的一种单糖，是许多多糖（如糖原、淀粉和纤维素）的组成成分；L-葡萄糖需人工合成。

06.0066　脱氧葡萄糖　deoxyglucose

葡萄糖中一些羟基被氢取代后的衍生物。通常在C-2位脱氧，一种葡萄糖抗代谢物，具抗病毒活性。

06.0067　半乳糖　galactose

一种己醛糖。与葡萄糖相比，两者是C-4位的差向异构体。是乳糖、蜜二糖、棉子糖、琼胶和半纤维素等的组成成分。与葡萄糖结合后构成乳汁中的重要二糖——乳糖。

06.0068　艾杜糖　idose

一种己醛糖。为半乳糖C-2位和C-3位的差向异构体。

06.0069　甘露糖　mannose

一种己醛糖。与葡萄糖相比，两者是C-2位的差向异构体。是植物黏质和半纤维素等的组成成分，也是糖蛋白中的重要糖单位。

06.0070　果糖　fructose

以呋喃糖和吡喃糖两种形式存在的一种最为常见的己酮糖。游离的D-果糖存在于许多水果和蜂蜜中。是糖类中最甜的糖。与葡萄糖结合构成日常食用的蔗糖。

06.0071　山梨糖　sorbose

一种己酮糖。为D-果糖C-2位和C-3位差向异构体。是工业发酵生产维生素C的中间体。

06.0072　阿洛酮糖　psicose

一种己酮糖。为D-果糖C-3位差向异构体。

06.0073　己糖胺　hexosamine

己糖分子中某些羟基被氨基取代而形成的糖衍生物。通常是C-2位上的羟基被氨基取代。

06.0074　庚糖　heptose

又称“七碳糖”。含有7个碳原子的单糖。

06.0075　景天庚酮糖　sedoheptulose

由7个碳原子构成的酮糖。其衍生物是单糖降解代谢的中间物。

06.0076　L-甘油-D-甘露庚糖　L-glycero-D-mannoheptose

存在于沙门氏菌（*Salmonella*）细胞壁外层

的脂多糖结构中的一种七碳醛糖。

06.0077　环庚糖　septanose
一种单糖经分子内的缩合反应形成的七元环形式的衍生物。

06.0078　辛糖　octose
又称“八碳糖”。含有 8 个碳原子的单糖。

06.0079　辛酮糖　octulose
分子中含有酮基的辛糖。

06.0080　L-甘油-D-甘露辛酮糖　L-glycero-D-mannooctulose
存在于鳄梨（*Persea americana*）的果实中的一种八碳酮糖。

06.0081　3-脱氧-L-甘油-D-甘露辛酮糖酸　3-deoxy-L-glycero-D-mannooctulosonic acid
又称“2-酮基-3-脱氧辛酮酸（2-keto-3-deoxy-octonate, KDO）”。L-甘油-D-甘露辛酮糖的 C-1 羟甲基氧化成羧基，并 C-3 位脱氧的产物。是沙门氏菌脂多糖的成分。

06.0082　壬糖　nonose
又称“九碳糖”。含有 9 个碳原子的单糖。

06.0083　脱氧糖　deoxysugar
单糖的某个羟基或羟甲基脱去氧后形成的衍生物。前者中常见的如 2-脱氧核糖；后者如岩藻糖则可看作是一种 C-6 位脱氧的己醛糖。除了单脱氧糖，还有二脱氧糖，如泰威糖。

06.0084　岩藻糖　fucose
C-6 位脱氧的半乳糖。在自然界中，常以 L-岩藻糖构型存在，是糖蛋白和糖脂中聚糖的组成成分，并以岩藻胶和岩藻聚糖等多糖形式存在于海藻中。

06.0085　脱氧岩藻糖　abequose
又称“阿比可糖”“3,6-二脱氧-D-半乳糖”。一种 C-3 和 C-6 位双脱氧己糖。存在于脂多糖的外周糖链中。

06.0086　可立糖　colitose
3-脱氧-L-岩藻糖。

06.0087　鼠李糖　rhamnose
C-6 位脱氧的甘露糖。在自然界中经常见到的是 L-鼠李糖。存在于植物果胶和细菌多糖中。

06.0088　泰威糖　tyvelose
C-3 和 C-6 位双脱氧的甘露糖。存在于一些革兰氏阴性菌脂多糖外周糖链中。

06.0089　野尻霉素　nojirimycin
一些链霉菌产生的 5-氨基-5-脱氧-D-葡萄糖。是一种抗生素。形成吡喃环后，和吡喃型葡萄糖相似，可以作为肠 α-葡萄糖苷酶、胰 α-淀粉酶，以及 *N*-糖链加工中的 α-葡萄糖苷酶等的抑制剂。

06.0090　*N*-甲基脱氧野尻霉素　*N*-methyl-deoxynojirimycin
野尻霉素的衍生物。是以葡萄糖为底物的糖苷水解酶的抑制剂。

06.02.03　单糖衍生物

06.0091　糖醇　alditol
单糖分子的醛基或酮基被还原成醇基，使糖转变形成的多元醇。如甘露糖醇、半乳糖醇、核糖等。

06.0092　甘露[糖]醇　mannitol
甘露糖的醛基还原为羟基而形成的糖醇。是带有 6 个羟基的多元醇。存在于植物渗出液中，易结晶。也存在于昆布属海藻和少数真菌中。

06.0093　半乳糖醇　galactitol
又称“卫矛醇（dulcitol）”。半乳糖的还原产物。存在于红藻、卫矛属（*Euonymus*）等多种植物中。

06.0094　核糖醇　ribitol
核糖的还原产物。参与核黄素（维生素 B_2）的组成。

06.0095　木糖醇　xylitol
葡萄糖-6-磷酸经糖醛酸代谢的一个中间物。可由木糖还原获得，用作增甜剂，其甜度与蔗糖相当。

06.0096　山梨[糖]醇　sorbitol
山梨糖和己醛糖还原得到的六碳糖醇。广泛存在于藻类和高等植物中，有甜味，但是甜度仅为蔗糖的一半。

06.0097　鳄梨糖醇　persitol
在鳄梨中发现的一种由 9 个碳原子构成的糖醇。

06.0098　糖二酸　aldaric acid, saccharic acid
醛糖的醛基和伯醇基都被氧化为羧基而形成的糖衍生物。

06.0099　辛酮糖酸　octulosonic acid
由 8 个碳原子组成的含有酮基的糖酸。

06.0100　醛糖酸　aldonic acid
简称“糖酸”。醛糖的醛基被氧化成为羧基后得到的衍生物。如葡萄糖酸。

06.0101　葡萄糖酸　gluconic acid
葡萄糖的醛基被氧化为羧基生成的衍生物。常以内酯形式存在，可与钙离子结合，有助钙吸收。葡萄糖酸-6-磷酸是戊糖途径的中间产物。

06.0102　葡萄糖酸内酯　gluconolactone
葡萄糖酸分子中 C-1 位上的羧基和 C-4 位上的羟基或 C-5 位上的羟基形成的分子内酯。分别为葡萄糖酸 γ 内酯和葡萄糖酸 δ 内酯。

06.0103　乳糖酸　lactobionic acid
乳糖分子中葡萄糖基的 C-1 羟基被氧化成羧基后得到的产物。

06.0104　糖醛酸　alduronic acid, uronic acid
醛糖的伯醇羟基被氧化为羧基后的产物。如葡萄糖醛酸和 L-艾杜糖醛酸是蛋白聚糖的组成成分。

06.0105　葡萄糖醛酸　glucuronic acid
葡萄糖的 C-6 位上的羟基被氧化为羧基后形成的产物。是植物细胞壁多糖组分，也是动物糖胺聚糖组分。细菌中也存在。

06.0106　艾杜糖醛酸　iduronic acid
艾杜糖 C-6 位上的羟基氧化为羧基而形成的衍生物。是几种糖胺聚糖的组分。主要以 L-构型存在。

06.0107　葡萄糖醛酸内酯　glucuronolactone
葡萄糖醛酸 C-6 位上的羧基和 C-3 位上的羟基形成的内酯。是合成维生素 C 的中间代谢产物。

06.0108　葡萄糖醛酸基　glucuronyl
葡萄糖醛酸除去异头羟基上的氢原子后的残基。以糖苷键与体内有毒性小分子结合，利于排出体外，是人体解毒功能的一种。葡萄糖醛酸基还出现在糖胺聚糖等多种多糖组成中。

06.0109　甘露糖醛酸　mannuronic acid

甘露糖C-6位上的羟基氧化成羧基后形到的衍生物。形成聚糖，为植物细胞胞外多糖的成分之一。

06.0110　尿苷二磷酸-糖　uridine diphosphate sugar, UDP-sugar

尿苷二磷酸和一些单糖异头体羟基得成的衍生物。是糖类合成或相互转换时的活化形式。

06.0111　氨基糖　amino sugar

单糖分子中一个羟基被氨基取代所形成的糖衍生物。最常见的有葡萄糖胺和半乳糖胺，氨基均取代在C-2位置上。

06.0112　糖胺　glycosamine

通过糖苷键把胺链接到糖上而形成的衍生物。

06.0113　葡萄糖胺　glucosamine

又称“氨基葡萄糖”“壳糖胺(chitosamine)”。葡萄糖C-2位上的羟基被氨基取代而形成的衍生物。天然产物中，氨基上通常连接有乙酰基，即以*N*-乙酰葡萄糖胺形式出现。也有葡萄糖C-6或C-3位被氨基取代的情况，较为少见。

06.0114　*N*-乙酰葡萄糖胺　*N*-acetylglucosamine, GlcNAc

又称“*N*-乙酰氨基葡萄糖”。葡萄糖C-2位上的羟基被氨基取代后，再经乙酰化后得到的衍生物。

06.0115　半乳糖胺　galactosamine

又称“氨基半乳糖”。半乳糖C-2位上的羟基被氨基所取代后的衍生物。在天然产物中，通常氨基又被乙酰基取代，成为*N*-乙酰半乳糖胺，是糖蛋白、糖脂的组分。

06.0116　*N*-乙酰半乳糖胺　*N*-acetylgalactosamine, GalNAc

又称“*N*-乙酰氨基半乳糖”。半乳糖C-2位上的羟基被氨基取代后，再经乙酰化后得到的衍生物。

06.0117　胞壁酸　muramic acid

葡萄糖胺的C-3位与乳酸C-2位的羟基以醚键连接而成的产物。

06.0118　*N*-乙酰胞壁酸　*N*-acetylmuramic acid

N-乙酰葡萄糖胺C-3位上的羟基与乳酸的羟基缩合后形成的具有醚键的衍生物。是细菌细胞壁中肽聚糖的组成成分。

06.0119　神经氨酸　neuraminic acid

含有一个氨基的九碳糖酸。是丙酮酸和*N*-乙酰甘露糖胺的醇醛缩合产物。在自然界中没有游离形式的神经氨酸，而且多数是其衍生物。主要存在于糖蛋白和神经节苷脂的糖链中。

06.0120　*N*-乙酰神经氨酸　*N*-acetylneuraminic acid

C-5位氨基被乙酰化的神经氨酸。

06.0121　*N*-羟乙酰神经氨酸　*N*-glycolylneuraminic acid, *N*-hydroxyacetylneuraminic acid

C-5位氨基被羟乙酰修饰的神经氨酸。

06.0122　脱氨神经氨酸　deaminonearaminic acid

又称“2-酮基-3-脱氧-D-甘油-D-半乳酸壬酸（2-keto-3-deoxy-D-glycero-D-galactonononic acid, KDN）”。C-5位上氨基被羟基取代的神经氨酸。

06.0123 酰基神经氨酸 acylneuraminate

脂肪酸的羧基与神经氨酸的C-5位上氨基缩合的产物。是神经等组织的重要成分。

06.0124 唾液酸 sialic acid

一类带羧基的九碳糖化合物酰基衍生物的通称。有关的衍生物已超过百余种，参与糖复合物的组成。其核心单体主要包括*N*-乙酰神经氨酸、*N*-羟乙酰神经氨酸和脱氨神经氨酸，其余的唾液酸均由这三种单体衍生而来。

06.0125 强心苷 cardiac glycoside

曾称“强心甙”“强心配糖体”。甾体母核C-10和C-13位连接甲基，C-17位连接五元不饱和内酯环或六元不饱和内酯环形成的一类苷类化合物。是具选择性强心作用的药物。

06.0126 皂苷 saponin

苷元为三萜或螺旋甾烷类化合物的一类糖苷。主要分布于陆地高等植物中，少量存在于海洋生物中。

06.0127 七叶苷 esculin

一种杂环糖苷。属香豆素类化合物。

06.0128 果糖苷 fructoside

呋喃型果糖C-2位上的羟基和其他单糖或非糖配基结合形成的化合物。

06.0129 柚皮苷 naringin

存在于柚的花和果中的糖苷。其糖苷配体是4′,5,7-羟基黄酮，糖基为鼠李糖基β-1,2-葡萄糖。是柚汁苦味的主要来源。

06.0130 鞘氨醇半乳糖苷 psychosine

鞘氨醇和半乳糖形成的糖苷。

06.0131 阿糖胸苷 thymine arabinoside, araT

由胸腺嘧啶和阿拉伯糖形成的糖苷。具有抗肿瘤活性。

06.0132 玉米黄质二葡萄糖苷 zea xanthin diglucoside

玉米黄质素和葡萄糖形成的一种糖苷。

06.0133 核苷酸糖 nucleotide sugar

又称“糖核苷酸（sugar nucleotide）”。核苷二磷酸或核苷一磷酸与不同单糖异头体羟基形成的衍生物。是糖类合成或相互转换时的活化形式，如UDP-Gal、GDP-Fuc、CMP-SA。

06.03 寡　　糖

06.0134 二糖 disaccharide

又称“双糖”。由2个单糖分子通过糖苷键连接而成的寡糖。如蔗糖、乳糖、麦芽糖等。

06.0135 蔗糖 sucrose

由葡萄糖和果糖通过异头体羟基缩合而形成的非还原性二糖。是一种食用糖。

06.0136 乳糖 lactose

乳汁中主要的二糖。由半乳糖通过α-1,4-糖苷键连接葡萄糖而形成。

06.0137 别乳糖 allolactose

半乳糖通过α-1,6-糖苷键连接葡萄糖而形成的二糖。存在于牛乳中的乳糖异构体，可调节乳糖操纵子。

06.0138 麦芽糖 maltose

由2个葡萄糖分子以α-1,4-糖苷键连接构成的二糖。为淀粉经β-淀粉酶作用下得到的产物。

06.0139　糖蜜　molasses

工业制糖过程中，蔗糖结晶后，剩余的不能结晶，但仍含有较多糖的液体残留物。

06.0140　蜜二糖　melibiose

由半乳糖通过 α-1,6-糖苷键连接葡萄糖而形成的二糖。广泛分布于植物中。

06.0141　海藻糖　trehalose

由2个葡萄糖通过异头体羟基失水而形成的非还原性二糖。有3种不同的异构体：α-α、α-β 和 β-β。

06.0142　纤维二糖　cellobiose

由 2 个葡萄糖通过 β-1,4-糖苷键连接而成的二糖。是纤维素的基本重复结构单位。

06.0143　纤维二糖醛酸　cellobiuronic acid

由 2 个葡萄糖醛酸通过 β-1,4-糖苷键连接而成的二糖。存在于植物细胞壁成分中。

06.0144　几丁二糖　chitobiose

由 2 个 *N*-乙酰葡萄糖胺通过 β-1,4-糖苷键连接而成的二糖。

06.0145　槐糖　sophorose

由 2 个葡萄糖通过 β-1,2-糖苷键连接而成的二糖。

06.0146　龙胆二糖　gentiobiose

由 2 个 D-吡喃葡萄糖通过 β-1,6-糖苷键相连而成的二糖。

06.0147　昆布二糖　laminaribiose

又称“海带二糖”“昆布糖(laminariose)”。葡萄糖基 β-1,3-葡萄糖。是昆布多糖和茯苓多糖的结构单位。

06.0148　*N*-乙酰乳糖胺　*N*-acetyllactosamine

半乳糖和 *N*-乙酰葡萄糖胺以 β-1,4-糖苷键相连而形成的二糖。

06.0149　荚豆二糖　vicianose

存在于荚豆中的一种二糖。为 6-*O*-α-L-阿拉伯糖-D-葡萄糖。

06.0150　松二糖　turanose

一种二糖。为 3-*O*-α 葡萄糖-D-果糖。

06.0151　毒毛旋花二糖　strophanthobiose

一种强心糖苷。为毒毛旋花苷接上葡萄糖后的衍生物。

06.0152　链霉二糖胺　streptobiosamine

由链霉糖和 *N*-甲基葡萄糖胺组成的二糖胺。是链霉素中的一个二糖组分。

06.0153　樱草糖　primeverose

存在于茜草中的一种二糖。为 6-*O*-β-木糖基-D-葡萄糖。

06.0154　三糖　trisaccharide

由 3 个单糖分子连接而成的寡糖。

06.0155　龙胆三糖　gentianose

从龙胆科植物根部首先分离得到的一种三糖。由葡萄糖和果糖组成，其结构式为：D-吡喃葡萄糖基 β-1,6-D-吡喃葡萄糖基 α-1,2-β-D-呋喃果糖苷。经转换酶水解切去果糖即成为龙胆二糖。

06.0156　纤维三糖　cellotriose

3 个葡萄糖分子通过 β-1,4-糖苷键连接而成的寡糖。

06.0157　松三糖　melezitose

由葡萄糖和果糖构成的三糖。结构式为：D-

吡喃葡萄糖基 α-1,3-D-呋喃果糖基 β-2,1-D 葡萄糖，出现在昆虫引起植物（如落叶松）创伤的渗出液中。

06.0158　棉子糖　raffinose

一个非还原的三糖。属于蔗糖的衍生产物，在蔗糖中葡萄糖 C-6 位羟基上以 α-1,6-糖苷键连接有一个半乳糖。

06.0159　潘糖　panose

在黑曲霉中发现的一种三糖。结构特征为 Glcα1-6Glcα1-4Glc。

06.0160　四糖　tetrasaccharide

由 4 个单糖分子连接而成的寡糖。

06.0161　水苏糖　stachyose, lupeose

由半乳糖、葡萄糖和果糖构成的非还原四糖。其结构式为：D-吡喃半乳糖基 α-1,6-D-吡喃半乳糖基 α-1,6-D-吡喃葡萄糖基 α-1,2-β-D-呋喃果糖苷，属于蔗糖的衍生产物，是棉子糖的同系物，在棉子糖的半乳糖 C-6 位羟基上以 α-1,6-糖苷键再连接一个半乳糖，广泛分布于植物中。

06.0162　五糖　pentaose

由 5 个单糖分子连接而成的寡糖。

06.0163　六糖　hexaose

由 6 个单糖分子连接而成的寡糖。

06.0164　七糖　heptaose

由 7 个单糖分子连接而成的寡糖。

06.0165　八糖　octaose

由 8 个单糖分子连接而成的寡糖。

06.04　多　糖

06.0166　同多糖　homopolysaccharide

又称“均一多糖”。由一种单糖缩合而成的多糖。常见的有淀粉、纤维素、糖原等。

06.0167　贮存多糖　storage polysaccharide

作为单糖贮存形式的同多糖。如淀粉、糖原等。

06.0168　结构多糖　structural polysaccharide

作为植物细胞壁和动物外骨骼结构成分的同多糖。如纤维素、壳多糖等。

06.0169　杂多糖　heteropolysaccharide

又称“不均一多糖”。由不同类型的单糖缩合而成的多糖。常见的有半纤维素、果胶、琼脂等。

06.0170　淀粉　starch

植物中广泛存在的一种贮存性葡聚糖。

06.0171　直链淀粉　amylose

葡萄糖只以 α-1,4 糖苷键连接形成的长链的葡聚糖。通常由 200～300 个葡萄糖残基组成。天然淀粉中直链淀粉占 20%～30%。

06.0172　支链淀粉　amylopectin

葡萄糖以 α-1,4-糖苷键连接为主链，并有 α-1,6-糖苷键连接作为分支点而形成的葡聚糖。分子很大，可含数千个葡萄糖残基。天然淀粉中支链淀粉占 70%～80%。

06.0173　环糊精　cyclodextrin

在环糊精糖基转移酶作用下，由淀粉（主要是支链淀粉）所生成的 α-1,4-糖苷键连接、首尾相连、由 6～12 个葡萄糖单位组成的环状低聚糖。有催化特性，并可与一些离子或有机小分子形成包含络合物。在食品、医药、轻工和农业化工等领域用做稳定剂、乳化剂和抗氧化剂。

06.0174　糊精　dextrin, amylin
淀粉经酶法或化学方法水解得到的降解产物。为数个至数十个葡萄糖单位的寡糖和聚糖的混合物。包括极限糊精、麦芽糖糊精等。

06.0175　极限糊精　amylodextrin, limit dextrin
淀粉颗粒用酸长时间水解后，剩余的不水解产物。包括聚合度为10多个葡萄糖基的直链组分和聚合度为20～30个葡萄糖基的支链组分。在用酶水解时，α-淀粉酶水解所得到的产物称“α-极限糊精（α-amylodextrin）”，为6～8个葡萄糖基的直链麦芽糊精和分支极限糊精；β-淀粉酶水解所得产物称“β-极限糊精（β-amylodextrin）”。

06.0176　麦芽糖糊精　maltodextrin
α-淀粉酶水解淀粉产物中含有6～8个葡萄糖单位的糊精。

06.0177　纤维素　cellulose
葡萄糖分子通过β-1,4-糖苷键连接而成的葡聚糖。通常含数千个葡萄糖单位，是植物细胞壁的主要成分。

06.0178　半纤维素　hemicellulose
植物细胞壁中与纤维素紧密结合的几种不同类型多糖混合物。是戊聚糖（如阿拉伯聚糖、木聚糖）和己聚糖（如木葡聚糖、半乳葡萄甘露聚糖）的混合物。

06.0179　戊聚糖　pentosan
由戊糖通过糖苷键连接成的多聚糖。

06.0180　阿拉伯聚糖　araban
植物细胞壁半纤维素的一种组分。是由阿拉伯糖聚合形成的多糖。可溶于热水中，常作为非主要成分归属于果胶类物质。

06.0181　木聚糖　xylan
植物细胞壁中半纤维素的一种组分。是由D-木糖通过β-1,4-糖苷键连接而成的多糖。

06.0182　己聚糖　hexosan
由己糖通过糖苷键连接成的多聚糖。

06.0183　木葡聚糖　xyloglucan
植物细胞壁中半纤维素的一种组分。主链是纤维素，侧链为由为数不多的木糖连接而成的寡糖。

06.0184　半乳葡萄甘露聚糖　galactoglucomannan
植物细胞壁中半纤维素的一种组分。尤其在裸子植物细胞壁中，该聚糖占12%～15%。主链由葡萄糖和甘露糖以β-1,4-糖苷键连接而成，半乳糖则以α-1,6-糖苷键连到主链的任一种糖上。

06.0185　半乳聚糖　galactan
一类由半乳糖连接而成的多糖。在植物细胞壁中，半乳聚糖常与阿拉伯聚糖一起形成阿拉伯半乳聚糖，是果胶等物质的组成成分。在海藻中，以半乳聚糖为主，形成琼脂和角叉聚糖等多糖。

06.0186　阿拉伯半乳聚糖　arabinogalactan
由阿拉伯糖和半乳糖聚合形成的多糖。是植物细胞壁的组分之一。属于果胶类物质。

06.0187　甘露聚糖　mannan
以甘露糖为主体形成的多糖。主要存在于酵母细胞壁中，以α-1,6-糖苷键连接为主，α-1,2-糖苷键和α-1,3-糖苷键连接形成侧链，还含有约5%的蛋白质。

06.0188　半乳甘露聚糖　galactomannan
由D-半乳糖和D-甘露糖组成的一种多糖。

06.0189　荚膜多糖　capsular polysaccharide
细菌细胞壁外荚膜中的主要成分。可以是同

多糖或异多糖。其成分和结构常与细菌的病原性和血清型有关。

06.0190　葡聚糖　glucan, glucosan

由葡萄糖通过不同方式形成的聚糖的总称。

06.0191　右旋糖酐　dextran

由肠膜状明串珠菌（*Leuconostoc mesenteroides*）等细菌产生的胞外多糖。主要是α-1,6-糖苷键连接的葡萄糖，有时也有 α-1,2、α-1,3、α-1,4-糖苷键分支结构。不同分子量的右旋糖苷在临床上有多种用途，如作为血浆代用品、疏通微血管、防治血栓等。为区别于“glucan（葡聚糖）”，故将细菌来源的“dextran”定名为右旋糖酐。

06.0192　糖原　glycogen

一种广泛分布于哺乳类及其他动物肝、肌肉等组织的、多分散性的高度分支的葡聚糖。以 α-1,4-糖苷键连接的葡萄糖为主链，并有相当多 α-1,6-糖苷键分支的多糖，用于能源贮藏。体内大量堆积会引起糖原贮积症。

06.0193　植物糖原　phytoglycogen

植物来源的葡聚糖。与动物的糖原相似，具有高度分支。

06.0194　糖原蛋白　glycogenin

糖原颗粒中参与糖原生物合成的一种蛋白质。由 322 个氨基酸组成。该蛋白质作为糖原合成的引物，其第 194 位酪氨酸的羟基和糖原合成的第一个葡萄糖连接，在与其紧密结合的糖原合成酶的催化亚基作用下，糖原糖链不断延伸。

06.0195　果胶　pectin

植物中的一种酸性多糖。是细胞壁中一个重要组分。最常见的结构是 α-1,4-糖苷键连接的多聚半乳糖醛酸。此外，还有鼠李糖等其他单糖共同组成的果胶类物质。

06.0196　昆布多糖　laminaran, laminarin

又称“海带多糖”。近海岸褐藻（海带）的贮藏多糖。以葡萄糖基 β-1,3-葡萄糖连接组分为主，间杂有少量甘露糖醇。

06.0197　金藻昆布多糖　chrysolaminarin

又称“亮藻多糖”“金藻海带胶”。淡水藻类金藻纲（Chrysophyceae）藻类所产的多糖。结构上类似昆布多糖。主体是 β-1,3-糖苷键连接的葡聚糖，兼或有 β-1,6-糖苷键连接。

06.0198　岩藻多糖　fucoidan, fucoidin, fucan

由 L-岩藻糖主要通过 β-1,2-糖苷键连接，间杂有少量β-1,3、β-1,4-糖苷键连接所形成的多糖。在岩藻糖的 C-4 位上有大量硫酸酯。

06.0199　角叉聚糖　carrageenan

又称“卡拉胶”。海洋角叉藻等红藻产生的多糖。是由 D-半乳糖和 3,6-脱水-D-半乳糖组成并经硫酸酯化而形成的多糖。在食品工业中有广泛应用。

06.0200　愈伤葡聚糖　callose

又称“愈伤葡萄糖”“胼胝质”。β-D-呋喃葡萄糖残基以 β-1,3-糖苷键连接而成的葡聚糖。存在于植物细胞壁中。

06.0201　短梗霉聚糖　pullulan

一种霉菌（*Aureobasidium pullulans*）合成的胞外葡聚糖。兼有 α-1,4 和 α-1,6 两种糖苷键连接方式。

06.0202　石耳葡聚糖　pustulan

一种来自青霉菌（*Penicillium allahabadense*）的线性 β-1,6-葡聚糖。

06.0203　酵母聚糖　zymosan

以甘露聚糖为主体的酵母细胞壁的粗制剂。

在备解素存在下可以激活补体系统。

06.0204　香菇多糖　lentinan
从香菇（*Lentinus edodes*）子实体或菌丝中分离的一种多糖。以 β-1,3-葡聚糖为主，有免疫激活和抗肿瘤活性。

06.0205　地衣多糖　lichenan, lichenin
又称“地衣淀粉”“地衣胶”。来自地衣的多糖。主要结构为β-1,3 和 β-1,4-糖苷键连接的葡聚糖。

06.0206　山梨聚糖　sorbitan
由山梨糖构成的聚糖。

06.0207　琥珀酰聚糖　succinoglycan
羟基被琥珀酰化的聚糖。存在于一些革兰氏阳性菌的细胞壁中。

06.0208　琼脂糖　agarose
来自海藻的带硫酸酯的半乳聚糖。因其多孔凝胶性质，已广泛用做生物大分子电泳技术的支持材料。

06.0209　壳多糖　chitin
又称“几丁质”。由 *N*-乙酰葡萄糖胺通过β-1,4-糖苷键连接而成的多糖。链长可达几百个 *N*-乙酰葡萄糖胺单位。分布于昆虫、甲壳类动物的外骨骼和真菌细胞壁中。

06.0210　葡萄糖胺聚糖　glucosaminoglycan
又称“壳聚糖（chitosan）”。壳多糖脱乙酰后得到的产物。

06.0211　糖胺聚糖　glycosaminoglycan, GAG
曾称“黏多糖（mucopolysaccharide）”。由氨基糖、糖醛酸二糖单位重复排列构成的一类直链多糖。是蛋白聚糖多糖侧链的组分，包括透明质酸、硫酸角质素、硫酸软骨素、硫酸皮肤素、肝素和硫酸乙酰肝素等。

06.0212　透明质酸　hyaluronic acid, hyaluronan
由葡萄糖醛酸和 *N*-乙酰葡萄糖胺形成的一种糖胺聚糖。不含硫酸基取代。

06.0213　硫酸角质素　keratan sulfate
由半乳糖和 *N*-乙酰葡萄糖胺形成的重复二糖单位组成的一种糖胺聚糖。在两种糖基的C-6 位羟基处都可能有硫酸根取代。

06.0214　硫酸软骨素　chondroitin sulfate
由 D-葡萄糖醛酸和 *N*-乙酰半乳糖胺以 β-1,4-糖苷键连接而成的重复二糖单位组成的一种糖胺聚糖。在 *N*-乙酰半乳糖胺的 C-4 位或C-6 位羟基上发生硫酸酯化。大量存在于动物软骨中。

06.0215　硫酸皮肤素　dermatan sulfate
由 *N*-乙酰半乳糖胺-β-1,4-L-艾杜糖醛酸-α（或 D-葡萄糖醛酸-β）-1,3 的二糖重复单位构成的一种糖胺聚糖。在 *N*-乙酰半乳糖胺的C-4 位等处常有硫酸根取代。

06.0216　肝素　heparin
N-硫酸和艾杜糖醛酸含量较多的一种糖胺聚糖。由 D-β-葡萄糖醛酸（或 L-α-艾杜糖醛酸）和 *N*-乙酰葡萄糖胺形成重复二糖单位组成。主要由肥大细胞和嗜碱性粒细胞产生。

06.0217　硫酸乙酰肝素　heparan sulfate
又称“硫酸类肝素”。*N*-硫酸化和艾杜糖醛酸含量较少的一种糖胺聚糖。由 L-α-艾杜糖醛酸或 β-葡萄糖醛酸和 *N*-乙酰葡萄糖胺形成的重复二糖单位组成。

06.0218　脂磷酸聚糖　lipophosphoglycan, LPG
利什曼虫细胞表面通过糖基磷脂酰肌醇固

着于细胞膜上的高丰度聚糖。为多功能毒性决定簇，在利什曼虫于中间宿主沙蝇体内生长过程中起关键作用。

06.0219　磷脂酰肌醇聚糖　phosphatidylinositol glycan

一类与磷脂酰肌醇连接的聚糖。最常见的结构为-Manα-1,2-Manα-1,6-Manα-1,4-GlcN-。

06.0220　木[质]素　lignin

存在于植物纤维中的一种芳香族高分子化合物。其含量可占木材的50%。在植物组织中具有增强细胞壁及黏合纤维的作用。

06.0221　木素纤维素　lignocellulose

混有木质素、纤维素和半纤维素的天然植物纤维。

06.0222　乳糖胺聚糖　lactosaminoglycan

由*N*-乙酰氨基半乳糖基α-1,4-葡萄糖形成的二糖作为重复单位而形成的多糖。

06.0223　果聚糖　fructan, fructosan, levan

由D-果糖以β-2,1或β-2,6-糖苷键聚合形成的一类多糖。存在于很多食物中，如小麦、洋葱等。

06.0224　菊糖　inulin

又称“菊粉”。由D-呋喃果糖以β-2,1-糖苷键连接的一种果聚糖。可从土木香（*Inula helenium*）根茎等材料中提出、作为营养贮存物质的多糖。

06.0225　葡甘露聚糖　glucomannan

由葡萄糖和甘露糖聚合而成的杂多糖。常见于植物、酵母等细胞壁中。

06.0226　多乳糖胺　polylactosamine

以乳糖胺作为重复单位组成的聚糖。主要存在于一些糖蛋白中。

06.0227　多唾液酸　polysialic acid, PSA

由唾液酸作为单体形成的聚糖。存在于一些鱼卵和神经系统的某些糖蛋白中。在神经钙黏蛋白中，此类聚糖由60～100个唾液酸通过α-2,8-糖苷键连接；在中枢神经系统中，其作用是通过分子大小和密集的负电荷调节轴突的成束。

06.0228　肽聚糖　peptidoglycan

大多数细菌细胞壁中由*N*-乙酰葡萄糖胺和*N*-乙酰胞壁酸相互间隔连接的杂多糖，再经短肽链交联而成覆盖在细胞表面的网状聚合物。

06.0229　假肽聚糖　pseudopeptidoglycan

存在于某些产甲烷细菌的细胞壁中肽聚糖类似物。

06.0230　*N*-乙酰胞壁酰五肽　*N*-acetylmuramyl pentapeptide

细菌细胞壁中肽聚糖生物合成过程中的中间产物。在*N*-乙酰胞壁酸C-3位衍生的羧基上顺序连接上L-Ala-D-Glu-L-Lys-D-Ala-D-Ala。

06.0231　磷壁酸　teichoic acid

存在于一些革兰氏阳性菌细胞壁中的一种多糖。其结构特征是，以通过磷酸二酯键连接的糖醇（甘油或核糖醇）为主链；一部分糖基多数作为侧链接在糖醇的羟基上，也可作为主链的一部分。

06.0232　脂磷壁酸　lipoteichoic acid

磷壁酸与脂质分子连接而成的产物。

06.0233　糖醛酸磷壁酸　teichuronic acid

存在于一些革兰氏阳性菌的细胞壁中的一

类多糖。由二糖重复单位组成，在重复单位中含有糖醛酸。

06.0234 海藻酸 alginic acid
又称“褐藻酸”。来自海藻的由 D-甘露糖醛酸和 L-古洛糖醛酸组成的多糖。可抑制大鼠肠道对锶（^{90}Sr）吸收。除褐藻等海藻外，棕色固氮菌等细菌亦产生藻酸类型的多糖。

06.0235 胆红素二葡萄糖醛酸酯 bilirubin diglucuronide
胆红素的两个丙酸侧链分别与两个葡萄糖醛酸以酯键相连的产物。是血色素的分解代谢中间产物。因其增大的水溶性，利于从肝排入胆囊，由胆管经肠道排出。

06.05 糖复合物

06.0236 聚糖 glycan
多个单糖通过糖苷键聚合而成的寡糖或多糖。

06.0237 *N*-聚糖 *N*-glycan, *N*-linked glycan
全称“天冬酰胺连接寡糖（asparagine-linked oligosaccharide）”，又称“*N*-连接寡糖（*N*-linked oligosaccharide）”。与蛋白质肽链中天冬酰胺残基侧链酰胺氮上相连的寡糖。此类寡糖通常有 Asn-X-Ser 或 Asn-X-Thr 结构，X 为除脯氨酸外的任何氨基酸。根据结构可分为 3 型：高甘露糖型、复杂型和杂合型。

06.0238 *N*-核心五糖 *N*-linked core pentasaccharide
又称“*N*-连接五糖核心”。*N*-聚糖中的共同 Man3GlcNAc2（3 个甘露糖、2 个乙酰葡萄糖胺）五糖核心结构。位于所有连接到蛋白质天冬酰胺侧链以及寡糖的连接核心位置。

06.0239 高甘露糖型寡糖 high-mannose oligosaccharide
在核心五糖上连接 2～9 个甘露糖的一种糖蛋白 *N*-聚糖。

06.0240 复杂型寡糖 complex oligosaccharide
在核心五糖上连接 2、3、4 或 5 个分支聚糖，宛如天线状，天线末端常连有 *N*-乙酰神经氨酸的一种糖蛋白 *N*-聚糖。

06.0241 杂合型寡糖 hybrid oligosaccharide
核心结构的非还原端含有两种以上的 *N*-乙酰葡萄糖胺（GlcNAcs）以及可变数量半乳糖和唾液酸的一种糖蛋白 *N*-聚糖。兼具高甘露糖型寡糖和复杂型寡糖的特征。

06.0242 天线 antenna
糖蛋白 *N*-聚糖的“核心”结构上延伸出的分支糖链。

06.0243 糖形 glycoform
蛋白质肽链相同，但所结合的糖链不同的一组糖蛋白。

06.0244 糖型 glycotype
糖蛋白的细胞类型特异性糖形。

06.0245 *O*-聚糖 *O*-glycan
又称“*O*-连接寡糖（*O*-linked oligosaccharide）”。与蛋白质肽链中丝氨酸/苏氨酸残基，以及其他氨基酸残基侧链羟基上相连的聚糖。此类寡糖尚没有已知的共识序列，多数较短且呈现不同的结构。

06.0246 核心 *O*-聚糖 core *O*-glycan
糖蛋白中，与丝氨酸、苏氨酸等残基侧链羟基，以 *O*-糖苷键相连的 2～4 个糖基组成的聚糖。其结构是 *O*-聚糖分型的基础。

06.0247　*O*-连接 β-*N*-乙酰葡萄糖胺　*O*-linked β-*N*-acetylglucosamine, *O*-GlcNAc
在酶催化下以共价键结合于蛋白质丝氨酸/苏氨酸羟基末端上的 *N*-乙酰葡萄糖胺。是一种单糖基修饰，主要存在于胞质溶胶或胞核中。

06.0248　卡斯塔碱　castanospermine
来自澳洲核桃树（*Castanosperum australe*）种子的一种植物碱。对糖蛋白 *N*-糖链生物合成过程中的 α-葡萄糖苷酶 Ⅰ 和 Ⅱ 有抑制作用，从而干扰 *N*-糖链合成。

06.0249　苦马豆碱　swainsonine
一种来自苦马豆的生物碱。是 *N*-糖链前体加工过程中甘露糖苷酶 Ⅱ 的抑制剂，可抑制小鼠肿瘤的生长和防止肿瘤转移。

06.0250　纤维寡糖　cello-oligosaccharide
由 10 个以下葡萄糖分子通过 β-1,4-糖苷键连接而成的寡糖。是纤维素降解过程中的产物。

06.0251　脂质几丁寡糖　lipochitooligosaccharide
由根瘤菌所产生的一种被长链脂肪酸修饰的几丁寡糖。可专一地激发寄主植物的结瘤反应。

06.0252　脂寡糖　lipooligosaccharide
一类被脂质修饰的寡糖。通常是指作为糖蛋白 *N*-糖链合成中，活化寡糖供应前体的长萜醇寡糖。

06.0253　β 消除　β-elimination
糖复合物中与羟基相连的 *O*-聚糖，在稀碱作用下发生的非水解性碱催化断裂，而从糖复合物中除去的过程。

06.0254　抗冻糖蛋白　antifreeze glycoprotein
存在于极地鱼类血清中的一类糖蛋白。有帮助血清冰点下降的功能。

06.0255　包膜糖蛋白　envelope glycoprotein
通常指病毒外层包被上的糖蛋白。

06.0256　血型糖蛋白　glycophorin
又称"载糖蛋白"。红细胞膜上的一种跨膜糖蛋白。由 131 个氨基酸残基组成，是 MN 血型抗原，也是流感病毒和疟原虫入侵红细胞的受体。

06.0257　唾液酸糖蛋白　sialoglycoprotein
含有唾液酸的糖蛋白。

06.0258　无唾液酸糖蛋白　asialoglycoprotein, ASGP
从糖蛋白的糖链中除去唾液酸后得到的衍生物。

06.0259　无唾液酸血清类黏蛋白　asialoorosomucoid, ASOR
血清类黏蛋白的糖链中去除唾液酸后的产物。

06.0260　唾液酸黏附蛋白　sialoadhesin
一些以唾液酸残基为配体的、具有细胞黏附能力的蛋白质。具有多个免疫球蛋白样的结构域。如小鼠的此种蛋白质由 1598 个氨基酸残基组成，含有 17 个免疫球蛋白样结构域。

06.0261　内皮唾液酸蛋白　endosialin
又称"内涎蛋白"。人体恶性肿瘤血管内皮细胞产生的一种细胞表面糖蛋白（165kDa）。含高度唾液酸化的 *O*-聚糖，也可能有少量 *N*-聚糖。是人类肿瘤标志物之一。

06.0262　载唾液酸蛋白　sialophorin
又称"载涎蛋白""白唾液酸蛋白（leukosialin）"。一种黏蛋白样的糖蛋白。即 CD43。在 239 个氨基酸残基组成的肽链上接有 70～85 条末端为唾液酸 *O*-糖链，是胸腺细胞、T

细胞表面的主要糖蛋白，也存在于其他免疫有关的细胞表面，有抗黏着，抑制 T 细胞间相互作用的功能。

06.0263 髓鞘寡突胶质糖蛋白 myelin oligodendroglia glycoprotein

分布在神经髓鞘质中的少突神经胶质细胞膜表面的糖蛋白。

06.0264 T-H 糖蛋白 Tamm-Horsfall glycoprotein

人尿中的主要糖蛋白。在牛和大鼠中也发现。其亚基（约 80kDa）含有 25%糖，以及少量的脂质。

06.0265 凝集素 lectin, agglutinin

一类分子中含糖识别结构域的糖蛋白。可专一识别和结合特定聚糖结构，有助于聚糖结构分析。

06.0266 植物凝集素 phytohemagglutinin, PHA

又称“红肾豆凝集素”。从红肾豆（*Phaseolus vulgaris*）中分离得到的凝集素。有两种不同糖类专一的亚基，可组成 5 种不同的同工凝集素。在免疫学中经常用做丝裂原。

06.0267 麦胚凝集素 wheat-germ agglutinin, WGA

从小麦胚中分离得到的凝集素。对 *N*-乙酰葡萄糖胺/唾液酸专一。每个分子由 2 个亚基组成，每个亚基含有 4 个结构域和 2 个糖结合位点。

06.0268 同工凝集素 isolectin

又称“同族凝集素”。来自同一种物种材料、但蛋白质成分有所不同的凝集素。

06.0269 C 型凝集素 C-type lectin

一个庞大的蛋白质超家族。其成员与糖的结合需有钙离子存在，分子中具有同源的糖识别区，但是各成员的糖结合专一性不尽相同。

06.0270 胶原凝[集]素 collectin

C 型凝集素中一个亚类。这类凝集素的共同特点是含有类似胶原的结构域，常常是 9～27 条亚基肽链组装为大型的寡聚复合体，或三叉型，或十字型，糖结合区域在端处。

06.0271 共凝[集]素 conglutinin

又称“胶固素”。胶原凝素中的一种。具类似胶原的结构域，糖结合专一性为：GlcNAc-Man-L-Fuc。可从牛血清中分离获得。

06.0272 选凝[集]素 selectin

C 型凝集素中一个亚类。为白细胞和内皮细胞表面含有凝集素样功能结构域的具有细胞黏合功能的糖蛋白。依据其来源可分为来自内皮细胞的 E 选凝素、来自白细胞的 L 选凝素和来自血小板的 P 选凝素。

06.0273 四联凝[集]素 tetranectin

又称“四连接素”。C 型凝集素超家族的一个成员。能与纤溶酶原结合的蛋白质。最初认为其结构是由四条相同的多肽链通过非共价连接而形成的四叠体，故名。后来用化学交联法分析发现其实际为三叠体结构。存在肿瘤组织的细胞外间质中，在正常细胞外周不存在。

06.0274 P 型凝集素 P-type lectin

又称“甘露糖-6-磷酸受体（mannose 6-phosphate receptor, M6PR）”。专一识别甘露糖-6-磷酸结构的一类凝集素。

06.0275 I 型凝集素 I-type lectin

又称“唾液酸结合凝集素（sialic acid-binding lectin）”“识别唾液酸的免疫球蛋白超家族凝集素（sialic acid-recognizing immunoglobulin superfamily lectins, siglecs）”。含有免疫球

蛋白结构域的一类凝集素。属于免疫球蛋白超家族。

06.0276 半乳凝[集]素 galectin
一类结合 β-半乳糖苷的凝集素。

06.0277 网柄菌凝[集]素 discoidin
由盘基网柄菌（*Dictyostelium discoideum*）所产生的凝集素。其专一结合的糖基为：GalNAc，3-*O*-Me-Glc。在此类黏菌的细胞聚集和发育分化中起作用。

06.0278 血凝素 hemagglutinin, HA
全称“血细胞凝集素”，又称“红细胞凝集素”。一类能与糖基结合，并导致红细胞凝集的蛋白质。

06.0279 白细胞凝集素 leucoagglutinin
具有专一结合糖基的能力，并能使白细胞凝集的蛋白质。

06.0280 大豆凝集素 soybean agglutinin, SBA
从大豆中分离得到的凝集素。本身是糖蛋白，对半乳糖专一。

06.0281 利马豆凝集素 lima bean agglutinin
从利马豆（*Phaseolus lunatus*）中分离得到的凝集素。其糖结合专一性为：GalNAcα-1,3-(L-Fucα-1,2)-Galb＞GalNAc。

06.0282 海胆凝[集]素 echinoidin
从海胆中分离得到的一种凝集素。

06.0283 糖胺聚糖结合蛋白质 glycosaminoglycan-binding protein
能与糖胺聚糖结合并相互作用的蛋白质的统称。包括各种生长因子、胞外基质分子、细胞黏附分子、脂蛋白、病毒外被蛋白、蛋白质水解酶抑制物等。

06.0284 甘露糖结合蛋白质 mannose-binding protein, MBP
特指以甘露糖为配体的动物凝集素。一些可溶性的甘露糖结合蛋白质是具有专一结合甘露糖基的蛋白质，属胶原凝素家族。如人体血清中的甘露糖结合蛋白质由富含半胱氨酸的氨基端区、胶原蛋白样区及羧基端糖类识别结构域组成。另有一些膜结合的甘露糖结合蛋白质。如巨噬细胞表面的甘露糖结合蛋白质。

06.0285 糖萼 glycocalyx
又称“多糖包被”。细胞膜上的糖蛋白和糖脂。其糖链都朝向胞外，使得整个细胞外层犹如一层糖的包被，好比花被包着花萼。

06.0286 糖基磷脂酰肌醇 glycosylphosphatidylinositol, GPI
由脂肪酰基链疏水部分和糖基、磷酸基极性部分组成的双性分子。以脂肪酰基插入膜，是一种使蛋白质附着到膜的非胞质面的锚定化合物。

06.0287 糖基磷脂酰肌醇化 glypiation
使糖基磷脂酰肌醇锚与蛋白质连接的反应。发生在内质网中。

06.0288 嗜异性抗原 heterophil antigen
又称“福斯曼抗原（Forssman antigen）”。一种细胞表面的糖脂分子。其结构式为：GalNAc α1,3-GlcNAcβ-1,3-Galα1,4-Galβ-1,4-Glcβ-1,1-Cer（Cer 代表神经酰胺）。表达于啮齿类和其他哺乳类细胞。

06.0289 长萜醇寡糖前体 dolichol oligosaccharide precursor
长萜醇通过焦磷酸键活化的一个十四糖。为糖蛋白 *N*-糖链生物合成过程中，糖链前体的供体。

06.0290　蛋白聚糖　proteoglycan

由糖胺聚糖与线性多肽共价结合成的多糖和蛋白质复合物。能够形成水性胶状物，主要存在于脊椎动物结缔组织和细胞表面中。

06.0291　核心蛋白质　core protein

与糖胺聚糖链共价结合的蛋白质。均含有相应的糖胺聚糖取代结构域。一些蛋白聚糖通过核心蛋白质特殊结构域锚定在细胞表面或细胞外基质的大分子中。

06.0292　β-蛋白聚糖　betaglycan

Ⅲ型转化生长因子β受体，其核心蛋白质是Ⅰ型跨膜蛋白质。C端包含富含丝氨酸和苏氨酸的41或43个氨基酸残基组成的胞质结构域，细胞外结构域有6个重复序列，其糖胺聚糖为硫酸乙酰肝素和硫酸软骨素链。

06.0293　丝甘蛋白聚糖　serglycan

与细胞内颗粒相结合的核心蛋白质最小的蛋白聚糖。存在于多种细胞中，其核心蛋白质具有丝氨酸和甘氨酸交替的伸展序列，连接的糖胺聚糖为硫酸软骨素和/或硫酸乙酰肝素链。因其有聚阴离子性质，在维持胞内电中性中起作用。

06.0294　细胞核蛋白聚糖　nuclear proteoglycan

首先在海胆胚胎中发现的存在于细胞核内的蛋白聚糖。以后陆续证明在人成纤维细胞、大鼠脑、正常和再生肝以及腹水型肝癌等细胞中均存在。对DNA合成有调控作用。

06.0295　硫酸软骨素蛋白聚糖　chondroitin sulfate proteoglycan, CSPG

核心蛋白质与一条或多条硫酸软骨素链共价交连的一类蛋白聚糖。在脑部中调控神经系统的发育与生长，能抑制神经纤维的再生。不同的核心蛋白质与硫酸软骨素链相连形成不同的硫酸软骨素蛋白聚糖。如聚集蛋白聚糖、神经蛋白聚糖、磷酸蛋白聚糖等。

06.0296　聚集蛋白聚糖　aggrecan

又称“蛋白聚糖聚合体”。最初从软骨组织分离得到的一种蛋白聚糖。其核心蛋白质由多种结构域组成，并接有大约100条硫酸软骨素链。是胞外基质的重要成分之一。

06.0297　神经蛋白聚糖　neurocan

存在于脑、软骨的一种硫酸软骨素蛋白聚糖。其核心蛋白质（136kDa）上接有若干条硫酸软骨素链。

06.0298　磷酸蛋白聚糖　phosphacan

由星形细胞合成的神经组织特异性的一种硫酸软骨素蛋白聚糖。其核心蛋白质为173kDa。在脑发育期介导多巴胺能神经元迁移方面发挥了重要作用。

06.0299　多能蛋白聚糖　versican

来自成纤维细胞的一种硫酸软骨素蛋白聚糖。其核心蛋白质（265～370kDa）含有透明质酸结合蛋白质、表皮生长因子样和C型动物凝集素等结构域，肽链的中部接有12～15条硫酸软骨素和/或硫酸皮肤素链。

06.0300　短蛋白聚糖　brevican

又称“脑富含透明质酸结合蛋白质（brain enriched hyaluronan binding protein, BEHAB）”。中枢神经系统特有的一种硫酸软骨素蛋白聚糖。其核心蛋白质的肽链上接有1～3条硫酸软骨素链。是脑内最丰富的细胞外基质分子之一。

06.0301　饰胶蛋白聚糖　decorin

含有一条硫酸软骨素或硫酸皮肤素类型的糖

胺聚糖链，存在于胞外基质中一类富含亮氨酸的小分子蛋白聚糖。能与胶原相互作用，调节胶原纤维的形成和胞外基质的组装。

06.0302 NG2 蛋白聚糖 neuron-glial antigen 2 proteoglycan, NG2 proteoglycan

全称“神经元胶质抗原 2 蛋白聚糖”，又称“硫酸软骨素蛋白聚糖 4（chondroitin sulfate proteoglycan 4, CSPG4）”。具有最大核心蛋白质的跨膜蛋白聚糖。主要存在于神经元细胞中，在发育的间质细胞和人黑色素瘤细胞中也有。其细胞外结构域上连接着 2～3 条硫酸软骨素链。

06.0303 睾丸蛋白聚糖 testican

最初在睾丸鉴定到的一种人蛋白聚糖。其核心蛋白质主要由骨粘连蛋白中典型存在的结构域组成。C 端区富含酸性氨基酸，是糖胺聚糖连接区。

06.0304 双糖链蛋白聚糖 biglycan

存在于细胞基质中的一种蛋白聚糖。含有一条或两条硫酸软骨素或硫酸皮肤素糖链。在软骨、主动脉和骨的矿化区间相当丰富。

06.0305 透凝蛋白聚糖 hyalectan

全称“透明质酸和凝集素结合的调制蛋白聚糖（hyaluronan and lectin-binding modular proteoglycan, HLPG）”。一个位于细胞表面能与透明质酸相互作用的蛋白聚糖家族。其核心蛋白质 C 端区包含凝集素样结构，是细胞和细胞外基质间的分子桥。其成员有多能蛋白聚糖、聚集蛋白聚糖、神经蛋白聚糖、短蛋白聚糖等。

06.0306 光蛋白聚糖 lumican

细胞间质中一种富含亮氨酸的蛋白聚糖。其核心蛋白质（38kDa）连接的是硫酸角质素，在维持眼角膜的透明度中起重要作用。

06.0307 纤调蛋白聚糖 fibromodulin

存在于胞外基质中一类富含亮氨酸的小分子蛋白聚糖。含硫酸角质素类型的糖胺聚糖链，在软骨、肌腱等组织中与胶原蛋白结合，并调节胶原微纤维的组装。

06.0308 硫酸乙酰肝素蛋白聚糖 heparan sulfate proteoglycan, HSPG

由一个核心蛋白质和一个或多个硫酸化的糖胺聚糖–硫酸乙酰肝素链聚合而成的一类蛋白聚糖。广泛分布于细胞膜和细胞外基质中。根据核心蛋白质不同分为 4 个家族：磷脂酰肌醇蛋白聚糖、黏结蛋白聚糖、串珠蛋白聚糖和突触蛋白聚糖。前两个分布于细胞膜上，后两个表达在细胞外基质中。

06.0309 磷脂酰肌醇蛋白聚糖 glypican

带有糖基磷脂酰肌醇锚与膜结合的硫酸乙酰肝素蛋白聚糖。由上皮细胞或纤维细胞等产生。为一个家族，有 6 个成员。

06.0310 黏结蛋白聚糖 syndecan

又称“多配体蛋白聚糖”。一类整合在成纤维细胞和表皮细胞质膜内的硫酸乙酰肝素蛋白聚糖。为一个家族，有 4 个成员：黏结蛋白聚糖 1～4，其核心蛋白质（31～45kDa）上接有数条硫酸软骨素和数条硫酸类肝素链，可与基质、生长因子等结合。黏结蛋白聚糖 1 调控细胞表型和肌动蛋白细胞骨架组建，并参与维持上皮构建。黏结蛋白聚糖 3 参与四肢形态形成、骨骼发育和骨骼肌分化。

06.0311 串珠蛋白聚糖 perlecan

存在于细胞外基质和人体基底膜中的硫酸乙酰肝素蛋白聚糖。其核心蛋白质分子量很大。人的核心蛋白质约 467kDa，具有多个功能区，在区域 1 中连有硫酸乙酰肝素糖链。

06.0312　突触蛋白聚糖　agrin

又称“神经聚集蛋白”“组合蛋白聚糖”。存在于细胞外基质中的其核心蛋白质含4个不同结构域的一种硫酸乙酰肝素蛋白聚糖。分布于整个神经系统。在突触形成过程突触蛋白聚糖促进突触后肌纤维和突触前运动神经元的分化；并在免疫突触的形成、细胞骨架的组织，以及病态肌肉的功能改善中，均起一定作用。

06.0313　基底膜结合蛋白聚糖　bamacan

在成年大鼠肾中，位于肾小球膜和肾小球囊基底膜的一种蛋白聚糖。但不存在于肾小球基底膜。在皮肤、毛囊和肾的发育过程中，抑制分支形态的发生，有稳定基底膜的作用。

06.0314　抗肌萎缩蛋白聚糖　dystroglycan

又称“肌养蛋白聚糖”“肌营养不良蛋白聚糖”。广泛表达于各种组织的基底膜和细胞膜交界面的一种跨膜糖蛋白。是抗肌萎缩蛋白糖蛋白复合体组分，可作为突触蛋白聚糖或层粘连蛋白的受体，在骨骼肌中起连接胞外基质和肌膜的作用，在神经肌肉衔接点调节突触蛋白聚糖诱导的乙酰胆碱受体成簇作用。

06.0315　软骨蛋白聚糖　chondroproteoglycan

存在于软骨中的蛋白聚糖。很多接有糖胺聚糖链的核心蛋白质以非共价键与透明质酸长链相结合。

06.0316　[大]脑蛋白聚糖　cerebroglycan

一种受发育调节的磷脂酰肌醇锚定性膜内在硫酸乙酰肝素蛋白聚糖。在发育神经系统表达。

06.0317　骨甘蛋白聚糖　osteoglycin, OG

又称“骨诱导因子（osteoinductive factor）”。存在于牛角膜的一种蛋白聚糖。其核心蛋白质（35kDa）含有2～3个结合*N*-寡糖的部位，糖胺聚糖为硫酸角质素。

06.0318　角蛋白聚糖　keratocan

存在于牛角膜中的一种蛋白聚糖。其核心蛋白质（38kDa）上接有1条硫酸角质素链，并具有潜在的3～5个*N*-寡糖结合部位。

06.0319　骨黏附蛋白聚糖　osteoadherin

蛋白聚糖中的一种。其核心蛋白质（42kDa）的N端含有硫酸酪氨酸，含3～5个*N*-寡糖结合部位，其糖胺聚糖链为硫酸角质素。

06.0320　纤维蛋白聚糖　fibroglycan

又称“黏结蛋白聚糖2（syndecan-2）”。发育过程中主要存在于间质细胞中，在树突棘的发育中起关键作用的一种蛋白聚糖。在成年人，主要存在于成纤维细胞和肝细胞中。其核心蛋白质含有独特的丝氨酸磷酸化部位，含有3条硫酸类肝素链和少量*O*-寡糖。

06.0321　双栖蛋白聚糖　amphiglycan

又称“黏结蛋白聚糖4（syndecan-4）”。见于上皮细胞和成纤维细胞的膜内在蛋白质，硫酸乙酰肝素蛋白聚糖。也是细胞骨架蛋白质。与蛋白质激酶C联合发挥作用。

06.0322　凝血调节蛋白　thrombomodulin

一种内皮细胞表面的蛋白聚糖。内皮细胞膜上特异的凝血酶受体，具有抑制凝血酶的凝固活性和加速抗凝血酶III作用的功能。其核心蛋白质是Ⅰ型跨膜蛋白质，N端位于细胞外，糖胺聚糖为硫酸软骨素和硫酸皮肤素。

06.0323　血型物质　blood group substance

决定红细胞血型特异性的物质。人红细胞表面有100多种血型物质，组成15类血型系统。其中最重要的ABO血型物质有三种，即A、B、H，是细胞表面糖蛋白和糖脂的糖链部分。

06.0324　路易斯血型物质　Lewis blood group substance

又称“路易斯抗原（Lewis antigen）”。一组含有以 Galβ-1,3（或 1,4）GlcNAc[α-1,4（或 1,3）Fuc]-三糖为核心的、与血型有关的糖复合物。

06.0325　糖肽　glycopeptide

糖类和肽类连接而成的化合物。通常是糖蛋白在蛋白水解酶作用下，水解成不同的带糖链的肽段，所得的糖肽则常用于糖蛋白糖链结构分析。

06.0326　唾液酸糖肽　sialoglycopeptide

含有唾液酸的糖肽。

06.0327　农杆糖酯　agrocinopine

存在于植物根部冠瘿中的一种糖磷酸二酯。

06.0328　果胶酯酸　pectinic acid

果胶中部分半乳糖醛酸被甲酯化的衍生物。

06.0329　链霉糖　streptose

微生物代谢中发现的第一个支链糖。为 L-来苏糖的 5-脱氧-3-C-甲酰化的衍生物，是链霉素的一个组成成分。

07. 脂　　质

07.01　概　　述

07.0001　脂质　lipid

又称“脂类”。由脂肪酸与醇（甘油、神经酰胺、胆固醇等）作用脱水缩合生成的酯及其衍生物的统称。是一类不溶于水而高溶于非极性溶液（如醇、醚、氯仿、苯等）的有机物质。包括脂肪酸、甘油酯、类固醇及其酯、磷脂、鞘脂、蜡等。是构成细胞结构的基本成分，具有贮存能量、提供能量、参与信号转导等功能。

07.0002　类脂　lipoid

甘油酯以外的、溶于脂溶剂的有机物质。包括磷脂和类固醇及其酯等。现已不作为物质的名称，而多作为所谓“类脂样的”形容词，表示和脂肪相似的性质。

07.0003　简单脂质　simple lipid, homolipid

简称“单脂”，又称“单纯脂质”。由脂肪酸和甘油或长链醇形成的酯。如甘油三酯和蜡。

07.0004　复合脂质　complex lipid, heterolipid

除含脂肪酸和醇外，尚有非脂成分（如磷酸、糖和含氮碱等）的脂质。如甘油磷脂、鞘磷脂和糖脂等。

07.0005　衍生脂质　derived lipid

由简单脂质和复合脂质衍生而来或与之关系密切，但也具有脂质一般性质的物质。如脂肪酸、萜、固醇类、类二十烷酸及其他等。

07.0006　贮存脂质　storage lipid

具有贮存功能的脂质。如甘油三酯和蜡。

07.0007　结构脂质　structural lipid

构成生物膜结构成分的脂质。如磷脂、胆固醇和糖脂。

07.0008　活性脂质　active lipid

具有重要而专一的生物活性的脂质。如酶的辅因子、电子载体、吸光色素、激素等。

07.0009　二醇脂质　diol lipid
系统命名为 2-顺十六烯(9)酰-3-反十八烯(11)酰-2,3-丁二醇。由二羟基醇与脂肪酸形成的酯。但不是甘油酯，少量存在种子油中。如薏苡仁的薏苡仁酯。

07.0010　血脂　plasma lipid
血浆中脂质的总称。包括甘油三酯、胆固醇、胆固醇酯、磷脂和游离脂肪酸等。临床上常用的血脂指标是甘油三酯和胆固醇，测定12～14h 空腹血浆浓度。

07.0011　脂肪族化合物　aliphatic compound
由碳氢链构成的开链结构有机化合物。呈饱和或不饱和状态，包括醇、醛、酮、羧酸等。

07.0012　芳香化合物　aromatic compound
含有芳香环的有机化合物。如儿茶酚胺类物质。

07.0013　脂环化合物　alicyclic compound
苯环物质以外呈饱和或不饱和的环烃化合物。

07.0014　皂化　saponification
脂质中的脂肪酰在碱的作用下释放出来形成脂肪酸盐（俗称皂）的过程。

07.0015　皂化值　saponification number
完全皂化 1g 油脂所需氢氧化钾的毫克数。是甘油三酯中脂肪酸平均链长的量度，即甘油三酯平均分子量的量度。

07.0016　氢化　hydrogenation
在催化剂（如镍）作用下油脂中不饱和脂肪酸双键与氢发生的加成反应。

07.0017　卤化　halogenation
不饱和油脂中的烯键与碘或溴发生加成反应而成饱和的卤化脂的过程。

07.0018　碘值　iodine number, iodine value, IV
100g 油脂卤化时所能吸收碘的克数。通常用于测定脂肪酸链不饱和程度。检测时，以淀粉液做指示剂，用标准硫代硫酸钠液进行滴定。碘值大说明油脂中不饱和脂肪酸含量高或其不饱和程度高。

07.0019　乙酰化值　acetylation number
1g 乙酰化的油脂所分解出的乙酸用氢氧化钾中和时所需的氢氧化钾的毫克数。油脂的羟基化程度一般用乙酰化值表示，因它们含羟基的脂肪酸可与乙酸酐或其他酰化剂作用，生成相应的酯。

07.0020　酸值　acid number, acid value
中和 1g 油脂中的游离脂肪酸所需氢氧化钾的毫克数。常用以表示其缓慢氧化后的酸败程度。一般酸值大于 6 的油脂不宜食用。

07.0021　酸败　rancidity
天然油脂长时间暴露在空气中会引起变质的现象。是由于油脂的不饱和成分受空气中氧、水分或霉菌的作用发生氧化，生成过氧化物进而降解为挥发性醛、酮、羧酸的复杂混合物，并产生难闻的气味。

07.0022　酰化　acylation
在反应底物分子中引入一个酰基的反应。

07.0023　豆蔻酰化　myristoylation
系统命名为十四碳烷酰化。豆蔻酸作为酰化基团进行的酰化作用。是真核生物蛋白质的一种修饰形式，发生在多肽链 N 端的甘氨酸残基上。

07.0024　脂质过氧化　lipid peroxidation
脂质的多不饱和脂肪酸在自由基作用下，发生氧化降解的链式反应过程。

07.0025　促脂解作用　lipotropic action

增加脂肪酶活性、促进脂肪分解的现象。

07.0026　促脂解剂　lipotropic agent

能增加脂肪酶活性、促进脂肪分解的物质。

07.0027　微团　micelle

两亲性分子在水中聚集形成的球形结构。其亲水性头部排布在表面与水接触，其疏水区被包裹在内部与水隔离。

07.0028　脂[质]微团　lipid micelle

脂肪酸、胆固醇和磷脂等中性极性分子在水溶液中形成的整齐排列的单层球状或双层束状聚集物。其极性的头部基团朝水而被水分子环绕，其非极性的尾则朝内而相互作用。

07.0029　脂质衍生物　lipid derivative

脂质过一系列反应化合而成的物质。

07.02　脂　肪　酸

07.0030　脂肪酸　fatty acid

具有碳氢链的羧酸化合物。主要是含有 4～24 个碳原子的直链酸。按其碳链的饱和程度可分为饱和脂肪酸和不饱和脂肪酸；依据碳原子的多少分为长链、中链或短链脂肪酸。常用简写法表示，即先写出碳原子的数目，再写出双键的数目，最后表明双键的位置。Δ编码体系从羧基碳原子起计双键位置，ω或 n 编码体系从甲基碳原子起计双键位置，如油酸 18:1（9）或 18:1（Δ^9）表明油酸为具有 18 个碳原子，在碳第 9～10 位之间有 1 个不饱和双键的脂肪酸。

07.0031　饱和脂肪酸　saturated fatty acid, SFA

碳氢链中不含双键的脂肪酸。如月桂酸、软脂酸、硬脂酸。大多数天然饱和脂肪酸为偶数碳原子，少于 10 个碳原子的饱和脂肪酸在室温下呈液态，较长链的饱和脂肪酸则呈固态。

07.0032　不饱和脂肪酸　unsaturated fatty acid, USFA

碳氢链中含有一个或多个双键的脂肪酸。其熔点较饱和脂肪酸低。如油酸、亚油酸、亚麻酸等。

07.0033　单不饱和脂肪酸　monounsaturated fatty acid, MUFA

碳氢链中含有一个双键的不饱和脂肪酸。如油酸、神经酸。

07.0034　多不饱和脂肪酸　polyunsaturated fatty acid, PUFA

碳氢链中含有两个或两个以上双键的不饱和脂肪酸。如亚油酸、亚麻酸、花生四烯酸等。为人类营养所必需。

07.0035　ω-3 脂肪酸　omega-3 fatty acid, ω-3 fatty acid

从甲基端的碳原子算起，第一个双键位于第 C-3 和 C-4 之间的长链多不饱和脂肪酸。如二十碳五烯酸（EPA）、二十二碳六烯酸（DHA）等。

07.0036　ω-6 脂肪酸　omega-6 fatty acid, ω-6 fatty acid

从甲基端的碳原子算起，第一个双键位于 C-6 和 C-7 之间的长链多不饱和脂肪酸。如亚油酸、花生四烯酸等。

07.0037　反式脂肪酸　*trans*-fatty acid

含 1 个或 1 个以上非共轭反式双键的不饱和

脂肪酸。天然反式脂肪酸存在于反刍动物的脂肪和乳制品中。植物油的氢化、精炼过程中会产生反式脂肪酸，食物煎炒烹炸过程中油温过高且时间过长也会产生反式脂肪酸。有研究表明，人造反式脂肪酸摄入过量，会增加心肌梗死、动脉硬化等疾病的风险。

07.0038　共轭多烯酸　conjugated polyene acid
一类含有两个以上共轭双键的直链脂肪酸。最常见的是共轭亚油酸和共轭亚麻油。其有抗癌、降血脂、降血糖等生理活性。

07.0039　必需脂肪酸　essential fatty acid
动物体内不能自身合成，必须从膳食摄入的多不饱和脂肪酸。如亚油酸、亚麻酸等。

07.0040　非必需脂肪酸　nonessential fatty acid
动物体内能够自身合成，不依赖膳食摄入的脂肪酸。如硬脂酸、软脂酸等。

07.0041　挥发性脂肪酸　volatile fatty acid
具有挥发性的低级脂肪酸。一般在 10 个碳原子以下的脂肪酸属于挥发性脂肪酸。

07.0042　非酯化脂肪酸　nonesterified fatty acid, NEFA
又称“*游离脂肪酸*（free fatty acid, FFA）”。未经酯化的脂肪酸。

07.0043　马来酸　maleic acid
又称“*顺丁烯二酸*”。一种不饱和二元羧酸。熔点 130℃，属延胡索酸的顺式异构物。而反丁烯二酸则是三羧酸循环的中间产物。

07.0044　庚二酸　pimelic acid
含 7 个碳原子的二羧酸。熔点 105.5℃。

07.0045　辛二酸　suberic acid
含 8 个碳原子的二羧酸。熔点 140℃。以脂肪酸 ω 氧化产物出现于尿中。

07.0046　癸酸　capric acid
又称“*十碳烷酸*（decanoic acid）”。含有 10 个碳原子的饱和脂肪酸。分子式：$CH_3(CH_2)_8COOH$。山羊奶和牛奶的脂肪水解产物中含有此酸。

07.0047　乳杆菌酸　lactobacillic acid
系统命名为(1*R*-顺)-2-己基环丙烷-癸酸。含有一环丙烷的十碳脂肪酸。是乳酸杆菌脂质的主要成分。

07.0048　黄脂酸　copalic acid
古巴香脂油中含有的主要脂肪酸。具有抗细菌、霉菌感染，抗炎，抗氧化和降血糖的作用。

07.0049　呋喃型酸　furanoid acid
系统命名为 1-戊基-4-呋喃十一烷酸。在呋喃杂环的 C-1 位上连接一个烷基，C-4 位上携有烷羧基的饱和脂肪酸。分子式：$C_{22}H_{38}O_3$，鱼及无脊椎动物的脂质含有多种呋喃型酸，如呋喃甲酸。

07.0050　丁香酸　syringic acid
系统命名为 4-羟-3,5 二甲氧苯甲酸。存在于丁香中的一种羟基芳香酸。分子式：$HO(CH_3O)_2C_6H_2COOH$。

07.0051　乙炔酸　acetylenic acid
凡分子结构中含有炔键（HC≡C—）的二碳羧酸。少数植物油含有乙炔酸，很不稳定，易变成烯酸。

07.0052　阿魏酸　ferulic acid
系统命名为 4-羟-3-甲氧基肉桂酸或 3-(4-羟基-3-甲氧苯基)-2-丙烯酸。植物中广泛分布的分子量为 194kDa 的一种芳香酸。是木栓质的组分，可用做食物防腐剂。

07.0053　月桂酸　lauric acid

一种直链的十二碳饱和脂肪酸。分子式：$CH_3(CH_2)_{10}COOH$。存在于鲸脑油、牛奶、月桂油、椰子油与棕榈油以及蜡和海生动物脂肪内。

07.0054　桧酸　sabinic acid

C-12 位有 1 个羟基的十二碳饱和脂肪酸。分子式：$HO\text{-}CH_2(CH_2)_{10}COOH$。能抑制促使水果、蔬菜成熟的乙烯生成酶的活动，延长其保鲜期。

07.0055　大枫子酸　gynocardic acid

C-13 位含 2-环戊烯的十三碳饱和脂肪酸。是从大枫子油中分离的一种主要脂肪酸，曾用来治疗麻风病。

07.0056　豆蔻酸　myristic acid

构成肉豆蔻油和乳脂的一种含十四个碳原子的饱和脂肪酸。熔点 54.1℃。

07.0057　降植烷酸　pristanic acid

含 2,6,10,14-四甲基的支链十五碳饱和脂肪酸。

07.0058　植烷酸　phytanic acid

含 3,7,11,15-四甲基的支链十六碳饱和脂肪酸。分子式：$C_{19}H_{39}COOH$。是动物体代谢的正常中间产物，只能通过 α 氧化而代谢。雷夫叙姆（Refsum）病患者因遗传性的 α-氧化酶系缺陷，不能氧化降解植烷酸，而导致在血和脑中植烷酸堆积。

07.0059　棕榈酸　palmitic acid

又称“软脂酸”。一种十六碳饱和脂肪酸。熔点 63.1℃。是构成动、植物油脂的一种重要成分。

07.0060　棕榈油酸　palmitoleic acid

第九位碳原子上含 1 个双键的十六碳不饱和脂肪酸。熔点–0.5～0.5℃。存在于乳脂、鱼油、海藻类中。

07.0061　羊毛棕榈酸　lanopalmitic acid

又称“羊毛软脂酸”。羊毛中含有一羟基的棕榈酸。

07.0062　棕榈酰视黄酯　retinyl palmitate

又称“棕榈酸视黄酯”。十六烷酸与视黄醇酯化而成的化合物。

07.0063　硬脂酸　stearic acid

一种十八碳饱和脂肪酸。熔点 69.6℃，是构成动、植物油脂的一种主要成分。可用于药物制剂，油膏、肥皂和栓剂等产品。

07.0064　结核硬脂酸　tuberculostearic acid

又称“结核菌酸（phthioic acid）”。带有 10-甲基的十八碳饱和脂肪酸。是构成结核杆菌蜡的高级支链饱和脂肪酸。熔点 12.8～13.4℃。

07.0065　十八碳四烯酸　octadecatetraenoic acid

植物油脂中存在的一种含有 4 个双键的十八碳不饱和脂肪酸。

07.0066　共轭十八碳四烯酸　parinaric acid, PnA

一类含有 4 个共轭双键的十八碳脂肪酸的异构体的统称。具有抗癌、降血脂等生理活性，还可以用做荧光膜探针。

07.0067　油酸　oleic acid

又称“顺-9-十八碳烯酸（*cis*-9-octadecenoic acid）”。C-9 位含 1 个双键的十八碳不饱和脂肪酸。熔点 13.4℃，是构成动、植物油脂的一种重要成分。

07.0068　反油酸　elaidic acid
油酸的一种单不饱和反式异构体。分子量282kDa，反刍类动物脂肪含有此酸。

07.0069　反式异油酸　vaccenic acid
又称“反-11-十八碳烯酸（*trans*-11-octadecenoic acid）”。构成牛及其他动物脂肪的一种C-11位含1个双键的十八碳不饱和脂肪酸。熔点43.5～44.1℃。是大肠埃希菌中主要的不饱和脂肪酸。

07.0070　亚油酸　linoleic acid
又称“9,12-十八碳二烯酸（9,12-octadecadiynoic acid）”。C-9位和C-12位具有双键的十八碳不饱和脂肪酸。广泛分布于植物的油脂中，为哺乳动物营养所必需。

07.0071　共轭亚油酸　conjugated linoleic acid, CLA
含有共轭双键的亚油酸的同分异构体的混合物。主要存在于反刍动物的肉和乳制品中。是人和动物体内的营养物质。人血清脂质和其他组织如脂肪组织均含有，能减少体内脂肪堆积，在脂质和葡萄糖代谢中起作用。

07.0072　苹婆酸　sterculic acid
含9,10-亚甲基的油酸。存在于梧桐科植物种子中的一种带支链的不饱和脂肪酸。

07.0073　生红酸　erythrogenic acid
又称“十八碳烯炔酸（isanic acid）”。含有3个烯羧键及1个炔键（全顺式）的不饱和脂肪酸。见于一种对鱼类具有剧毒的红海藻中。

07.0074　岩芹酸　petroselinic acid
C-6位含有双键的十八碳单不饱和脂肪酸。主要见于伞形花科植物种子的一种稀有脂肪酸。用化学方法切除其双键，可生成月桂酸及己二酸，在工业上有重要意义。

07.0075　亚麻酸　linolenic acid
又称“9,12,15-十八碳三烯酸（octadeca-9,12,15-trienoic acid）”。含有3个共轭双键的十八碳不饱和脂肪酸。为人体营养所必需脂肪酸之一。

07.0076　共轭亚麻酸　conjugated linolenic acid, CLNA
含有共轭双键的亚麻酸异构体的混合物。主要以甘油酯的形式存在于种子油中（如桐油、石榴籽油、苦瓜籽油）。动物体内没有。具有抗癌、降血脂等生理功能。

07.0077　斑鸠菊酸　vernalic acid, vernolic acid
存在于驱虫斑鸠菊中的一种C-9位含有双键、12,13-环氧的十八碳不饱和脂肪酸。熔点32.5℃。

07.0078　桐[油]酸　eleostearic acid
又称“油桐酸”“9,11,13-十八碳三烯酸（octadeca-9,11,13-trienoic acid）”。存在于桐油中的一种含有3个双键的十八碳不饱和直链脂肪酸。熔点49℃。是(6,9,12)亚麻酸携有共轭双键的异构体。

07.0079　蓖麻油酸　ricinolic acid, ricinoleic acid
又称“12-羟基-顺-9-十八碳烯酸（12-hydroxy-*cis*-9-octadecenoic acid）”“12-羟油酸（12-hydroxyoleic acid）”。存在于蓖麻油中的一种不饱和脂肪酸。熔点5.5℃。

07.0080　松萝酸　usnic acid, usninic acid, usnein
又称“地衣酸”。含有二苯并呋喃的十八碳脂肪酸。分子式：$C_{18}H_{16}O_7$。某些地衣与松蔓产生的一种抗生素，对许多革兰氏阳性细菌（包括结核分支杆菌）和某些真菌有活性。

07.0081 花生酸 arachidic acid, eicosanoic acid

又称"二十烷酸"。花生、蔬菜和鱼油等中含有的一种二十碳饱和脂肪酸。其分子量为313Da，分子式：$CH_3(CH_2)_{18}COOH$。

07.0082 花生四烯酸 arachidonic acid, ARA

又称"二十碳四烯酸（eicosatetraenoic acid）"。C-5、C-8、C-11、C-14位含有双键的二十碳不饱和脂肪酸。为前列腺素合成的前体，也为衍生白三烯、凝血噁烷等提供原料。

07.0083 脂氧素 lipoxin, LX

又称"三羟二十碳四烯酸（3-hydroxyeicosatetraenoic acid, HETE）"。带有3个羟基，C-5、C-8、C-11、C-14位含有双键的二十碳不饱和脂肪酸。具生物活性的、来自白细胞的花生四烯酸代谢物。由脂肪加氧酶作用于多不饱和脂肪酸而生成。主要的 LXA_4 和 LXB_4 均源自二十四碳烯酸，两者均可引起小动脉扩张。

07.0084 二十碳五烯酸 eicosapentaenoic acid, EPA

C-5、C-8、C-11、C-14、C-17位含有双键的二十碳不饱和脂肪酸。分子量为302Da，存在于鱼油和动物磷脂中。

07.0085 二十二碳四烯酸 docosatetraenoic acid

一种含有4个双键的二十二碳直链脂肪酸。见于动物的甘油磷脂。特别在饲以向日葵油或玉米油的动物，其脑和心脏中常含有该酸。

07.0086 二十二碳六烯酸 docosahexoenoic acid, DHA

一种含有6个双键的二十二碳直链脂肪酸。在鱼油中含量较多（占脂肪酸总量的10%～15%），动物的甘油磷脂则含有不等量的该酸。在代谢过程中，可从α-亚麻酸生成。

07.0087 山萮酸 behenic acid

又称"二十二烷酸（docosanoic acid）"。一种二十二碳饱和直链脂肪酸。分子式：$CH_3(CH_2)_{20}COOH$。为脑苷脂以及某些种子油和鱼油的组分（约占后者脂肪酸总量的20%～30%），大量含于芥菜种子、菜油与脑苷脂中。

07.0088 ［顺］芥子酸 erucic acid, sinapic acid

又称"顺-13-二十二碳烯酸（*cis*-13-docosenoic acid）"。C-13位为双键的二十二碳单不饱和脂肪酸。熔点33～35℃，分子量339Da。旱金莲属植物（印度水芹）和一些十字花科属（油菜、芥、黄墙花等）的种子中含有此不饱和脂肪酸，对心肌具有毒性。

07.0089 木蜡酸 lignoceric acid

又称"二十四烷酸（tetracosanoic acid）"，曾称"掬焦油酸"。巴西蜡和棕榈蜡中的一种二十四碳饱和脂肪酸。其熔点84℃。分子式：$CH_3(CH_2)_{22}COOH$。存在于脑脂质中。

07.0090 脑羟脂酸 cerebronic acid

又称"2-羟基二十四烷酸（2-hydroxytetracosanoic acid）"。羟脑苷脂和其他糖脂的成分之一。分子式：$CH_3(CH_2)_{21}CHOH—COOH$。

07.0091 神经酸 nervonic acid

又称"二十四碳烯酸（tetracosenoic acid）""鲨鱼酸（selacholeic acid）"。存在于神经

组织及鱼油中的一种含有1个双键的二十四碳不饱和脂肪酸。是脑苷脂的组分。熔点42℃。

07.0092　羟基神经酸　hydroxynervonic acid
又称“2-羟基-顺-15-二十四碳烯酸（2-hydroxy-*cis*-15-tetracosenoic acid）”。某些脑苷脂的重要成分。

07.0093　蜡酸　cerotic acid, cerotinic acid
一种二十六碳饱和脂肪酸。是天然蜡和某些脂质含有的长链脂肪酸。分子式：CH_3—$(CH_2)_{24}COOH$。

07.0094　褐煤酸　montanic acid
又称“二十八烷酸（octacosanoic acid）”。存在于蜂蜡、巴西棕榈蜡、竹蜡中的一种二十八碳饱和脂肪酸。其熔点93～94℃。

07.0095　蜂花酸　melissic acid
又称“三十烷酸（triacontanoic acid）”。构成蜂蜡的一种三十碳饱和脂肪酸。熔点93.6℃。

07.0096　羊毛蜡酸　lanoceric acid
又称“2-羟基三十烷酸（2-hydroxytriacontanoic acid）”。一种以酯形式出现在羊毛脂中的含30个碳原子的二羟脂肪酸。分子式：$(HO)_2C_{29}H_{57}COOH$。

07.0097　三十四烷酸　gheddic acid
一种饱和的三十四碳直链脂肪酸。分子式：$CH_3(CH_2)_{32}COOH$。

07.0098　脂牛磺酸　lipotaurine
脂质与牛磺酸的结合物。见于嗜热四膜器生物（*Tetrahymena thermophilia*）中。

07.0099　奎尼酸　quinic acid
又称“1,3,4,5-四羟基环己烷羧酸（1,3,4,5-tetrahydroxycyclohexanecarboxylic acid）”。金鸡纳树皮中的一种多羟环酸。5-脱氢奎尼酸则是L-苯丙氨酸、L-酪氨酸及L-色氨酸从糖类前体进行生物合成的中间物。

07.0100　脂肪酸衍生物　fatty acid derivative
脂肪酸通过一系列反应化合而成的物质。

07.03　甘　油　酯

07.0101　甘油　glycerol, glycerin
又称“丙三醇”。含有3个碳原子的三羟基醇类化合物。是一种从脂肪与难挥发油的皂化获得的甜味油状物，可用做皮肤润滑剂或治疗便秘的栓剂，亦可口服以降低眼压。

07.0102　甘油酯　glyceride
又称“酰基甘油（acylglycerol）”。由一分子甘油与1～3分子脂肪酸酯化生成的酯。混合甘油酯在水解后可释出多于一种的脂肪酸。

07.0103　油　oil
常温下呈液态的甘油酯。为不饱和高级脂肪甘油酯。植物性甘油酯多为油（可可脂例外）。

07.0104　脂肪　fat
常温下呈固态的甘油酯。为饱和高级脂肪甘油酯。动物性甘油酯多为脂肪（鱼油例外）。

07.0105　油脂　grease
又称“中性脂肪（neutral fat）”。油和脂肪的统称。其主要成分是甘油三酯。

07.0106　甘油单酯　monoglyceride, monoacylglycerol, MAG
又称“甘油一酯”“单酰甘油”。甘油分子

中的一个羟基与一分子脂肪酸酯化生成的甘油酯。是多种生物合成反应的重要中间物。

07.0107　甘油二酯　diglyceride, diacylglycerol, DAG

又称“二酰甘油”。一分子甘油与两分子脂肪酸酯化形成的甘油酯。两分子脂肪酸可能相同或不同。其中 1,2-二脂肪酰甘油是甘油三酯与磷脂酰胆碱合成过程的中间物，是提高蛋白质激酶 C 活性的第二信使。

07.0108　甘油三酯　triglyceride, triacylglycerol, TAG

又称“三酰甘油”。甘油分子中的三个羟基与三分子脂肪酸酯化生成的甘油酯。植物性甘油三酯多为油，动物性甘油三酯多为脂。

07.0109　甘油脂质　glycerolipid

含有甘油成分的脂质的统称。包括脂肪酰甘油酯、复合脂中的磷脂与糖脂，结合脂中的脂多糖等。

07.0110　乙酸甘油酯　acetin

又称“醋精”“三乙酰甘油（triacetin）”。由一分子甘油与三分子乙酸酯化而成的单纯甘油三酯。可用做调味品与局部抗真菌剂。

07.0111　丁酸甘油酯　butyrin

又称“三丁酰甘油（tributyrin）”。由一分子甘油与三分子丁酸酯化而成的甘油酯。含于奶油、鱼肝油与汗液中。

07.0112　癸酸甘油酯　caprin, decanoin

又称“三癸酰甘油（tricaprin）”。由一分子甘油与三分子癸酸缩合形成的酯。是奶油的成分之一，奶油的味道即源于此。

07.0113　己酸甘油酯　caproin

又称“三己酰甘油（tricaproin）”。己酸的甘油三酯。存在于奶油和椰子油中。

07.0114　辛酸甘油酯　caprylin

又称“三辛酰甘油（tricaprylin）”。辛酸的甘油三酯。是奶油和椰子油的脂质成分。

07.0115　月桂酸甘油酯　laurin

又称“三月桂酰甘油(trilaurin)”，俗称“月桂精”。月桂酸的甘油三酯。是月桂油、椰子油的主要成分。

07.0116　油酸甘油酯　olein, triolein

又称“油酰甘油”。由一分子甘油与三分子油酸酯化生成的甘油酯。是油脂的主要成分。

07.0117　单油酸甘油酯　mono-olein, monooleoglyceride

又称“单油酰甘油”。甘油分子中的一个羟基与油酸酯化生成的甘油酯。

07.0118　豆蔻酸甘油酯　myristin, trimyristin

又称“豆蔻酰甘油”。由一分子甘油与三分子豆蔻酸缩合形成的酯。常存在于豆蔻油和乳脂中。

07.0119　棕榈酸甘油酯　palmitin, tripalmitin

又称“三软脂酰甘油（tripalmitylglycerol）”。由一分子甘油与三分子棕榈酸酯化生成的甘油酯。存在于动、植物油脂中，是棕榈油的主要成分。

07.0120　硬脂酸甘油酯　stearin, tristearin

又称“三硬脂酰甘油（tristeroylglycerol）”。由一分子甘油与三分子硬脂酸酯化生成的甘油酯。存在于动植物油脂中。

07.0121　芥子酰胆碱酯　sinapine

由芥子酸与胆碱酯化形成的酯。

07.0122　软木脂　suberin

由一分子甘油与软木醇酸（13-羟基二十二烷酸）酯化生成的甘油酯。存在于软木中。

07.0123 烷基醚脂酰甘油 alkylether acylglycerol

甘油分子 C-1 的羟基与烷基（—R）以醚键相连，在其 C-2 和 C-3 上同两分子长链脂肪酸形成的甘油二酯。是甘油二酯的衍生物。

07.0124 半乳糖脂 galactolipid

一个或一个以上半乳糖残基通过糖苷键与甘油二酯相连而成的甘油酯。

07.0125 单半乳糖甘油二酯 monogalactosyldiglyceride, monogalactosyldiacylglycerol, MGDG

又称“单半乳糖基二酰甘油”。一个半乳糖残基通过糖苷键与 1,2-二脂肪酰甘油连接而成的一种简单糖脂。广泛分布于植物，是叶绿体的主要组成脂质。

07.0126 双半乳糖甘油二酯 digalactosyldiglyceride, digalactosyldiacylglycerol, DGDG

又称“双半乳糖基二酰甘油酯”“二半乳糖基二酰甘油”。两个半乳糖残基通过 3-β-糖苷键形成双糖与 1,2-二脂肪酰甘油相连的一种简单糖脂。多见于植物。

07.0127 双甘露糖甘油二酯 dimannosyldiglyceride, dimannosyldiacylglycerol

又称“双甘露糖二酰甘油”。两个甘露糖残基通过 3-β-糖苷键形成双糖与 1,2-二脂肪酰甘油相连的一种简单糖脂。多为植物脂质成分。

07.0128 鲨肝醇 batyl alcohol

1-氧-十八烷基甘油醚。脂解时甘油三酯和甘油二酯的降解中间产物。是生物膜磷脂的组分，少量存在于细胞提取物和海生动物油中。

07.0129 鲛肝醇 chimyl alcohol

1-氧-十六烷基甘油醚。是生物膜磷脂的组分，并以少量存在于各种海生动物油中。常作为食品工业的表面活性剂，有利于制备人造奶油时的乳化。

07.04 磷　　脂

07.0130 磷脂 phospholipid, phosphatide

含有磷酸基团的脂质。包括甘油磷脂和鞘磷脂两类。属于两亲脂质，在生物膜的结构与功能中占重要地位，少量存在于细胞的其他部位。

07.0131 甘油磷脂 glycerophosphatide

又称“磷酸甘油酯（phosphoglyceride）”。含有甘油和磷酸的脂质。是细胞膜的主要组分。在甘油磷脂分子中，除甘油、脂肪酸及磷酸外，由于与磷酸相连的取代基不同，可分别生成磷脂酰胆碱、磷脂酰乙醇胺、磷脂酰丝氨酸、磷脂酰肌醇等。

07.0132 磷脂酸 phosphatidic acid, PA

又称“1,2-二脂[肪]酰-*sn*-甘油-3-磷酸（1,2-dioleoyl-*sn*-glycero-3-phosphate）”。甘油磷脂的母体化合物。甘油分子的两个羟基与脂肪酸酯化，其 3-*sn* 位上磷酸的取代基不同，可生成各种甘油磷脂。

07.0133 磷脂酰胆碱 phosphatidylcholine, PC

又称“卵磷脂（lecithin）”“甘油磷酰胆碱（glycerophosphocholine，glycerophosphoryl choline）”“1,2-二脂[肪]酰-*sn*-甘油-3-磷酸胆碱（1,2-dioleoyl-*sn*-glycero-3-phosphocholine）”。磷脂酰基与胆碱的羟基酯化形成

的甘油磷脂。所含脂肪酸属饱和或不饱和，为黄色或褐色蜡状物质，易与水混合，显微镜下呈不规则长颗粒。是动植物细胞的必需组分。富含于动物神经组织，特别是髓鞘和蛋黄中。

07.0134　磷脂酰乙醇胺　phosphatidyl ethanolamine, PE

又称“脑磷脂（cephalin）”“甘油磷酰乙醇胺（glycerophosphoethanolamine, glycerophosphorylethanolamine, GPEA）”。磷脂酸与乙醇胺酯化生成的化合物。为高等动、植物的一种重要的甘油磷脂。

07.0135　磷脂酰丝氨酸　phosphatidylserine, PS

磷脂酸与丝氨酸酯化生成的化合物。是血小板膜带负电荷的酸性磷脂（即血小板第三因子）。当血小板因组织受损而被激活时，其膜的这些磷脂转向外侧，作为表面催化制与其他凝血因子一起导致凝血酶原的活化。

07.0136　磷脂酰肌醇　phosphatidylinositol, PI

磷脂酸与肌醇酯化生成的化合物。存在于哺乳动物的细胞膜，在血小板聚集中起重要作用。

07.0137　肌醇　inositol

又称“环己六醇（cyclohexanhexol）”。一种环多醇。广泛分布于动物和植物体内，是动物、微生物的生长因子。因所携羟基相对环平面的取向不同，可区分为多种类型，如肌（myo）-肌醇，表（epi）-肌醇和鲨（scyllo）-肌醇等。出现在肌醇磷脂中的是肌肌醇，参与形成糖基磷酸肌醇锚链分子。

07.0138　肌醇磷酸　inositol phosphate

又称“磷酸肌醇（phosphoinositide）”。肌醇与磷酸酯化生成的化合物。是磷脂酰肌醇的组成部分。

07.0139　植酸　phytic acid

又称“肌醇六磷酸（inositol hexaphosphate）”。肌醇的 6 个羟基均被磷酸酯化生成的化合物。为植物中贮存磷酸盐的重要形式。

07.0140　磷脂酰肌醇磷酸　phosphatidylinositol phosphate, PIP

又称“二磷酸肌醇磷脂（biphosphoinositide, bisphosphoinositide）”。存在于真核细胞质膜中的一种磷脂酰肌醇-4-磷酸（肌醇与磷脂酸的 1-羟基相连）。是参与信号转导的一类重要磷脂，起着第二信使的作用，能够使信号逐级传递和放大，最终引起细胞的各种生理性或病理性响应。

07.0141　磷脂酰肌醇-4,5-二磷酸　phosphatidylinositol-4,5-biphosphate, PIP_2

又称“三磷酸肌醇磷脂（triphosphoinositide）”。磷脂酰肌醇的 4,5-羟基被磷酸酯化而成的化合物。存在于真核细胞质膜中，是两个胞内信使——肌醇三磷酸和甘油二酯的前体。

07.0142　磷脂酰肌醇循环　phosphatidylinositol cycle

磷脂酰肌醇的降解及其快速再合成的过程。该循环可能与钙的动员偶联。

07.0143　磷脂酰肌醇应答　phosphatidylinositol response, PI response

磷脂酰肌醇快速再合成的过程。

07.0144　磷脂酰肌醇转换　phosphotidylinositol turnover

磷脂酰肌醇经两分子 ATP 磷酸化，形成磷脂酰肌醇-4,5-二磷酸，再在磷脂酶 C 的催化下产生两个胞内信使甘油二酯和肌醇三磷酸的过程。

07.0145　磷脂酰甘油　phosphatidylglycerol, PG

磷脂酸与甘油酯化形成的化合物。在细菌细胞膜中含量丰富。

07.0146　氨基酰磷脂酰甘油　aminoacyl phosphatidylglycerol

在磷脂酰甘油中，甘油的 C-1 和 C-2 位羟基与两分子脂肪酸的羧基缩合成的酯。其 C-3 位羟基则以酯键与一分子磷酸相连；另有一分子氨基酸的羧基再与 C-3 磷酸的另一端羟基形成磷酯键。

07.0147　甘油磷酸　glycerophosphate

甘油磷酸酯的阴离子。甘油的 C-3 位衍生物（R-甘油-3-磷酸）是磷脂酸酯的重要组分。

07.0148　二磷脂酰甘油　biphosphatidylglycerol, bisphosphatidylglycerol

又称“心磷脂（cardiolipin）”。含有两个磷脂酸分子的磷脂。每分子磷脂酸的磷酸基团又分别与一个甘油分子的 C-1、C-3 上的羟基以酯键相连。临床上以牛心提取的免疫原性 1,3-二(3-磷脂酰)甘油作为活性抗原，可与华氏抗体结合，用于梅毒的血清学诊断（即华氏试验）。

07.0149　醚甘油磷脂　ether glycerophosphatide

又称“醚脂（ether lipid）”。甘油骨架上的两个脂肪链中一个是以醚键而不是酯键相连的磷脂。

07.0150　缩醛磷脂　acetal phosphatide, plasmalogen

1-*O*-醚甘油磷脂一族，在其 C-1 位上与一个 α,β-不饱和醇以醚键相连（*O*-顺-α,β-烯基），其 C-2 以酯键与脂肪酸相连，C-3 则与磷酸乙醇胺或磷酸胆碱、丝氨酸、肌醇等相连，形成其极性头部的一类磷脂。如血小板活化因子是磷脂酰胆碱的 1-烷基-2-乙酰醚类似物。

07.0151　聚糖磷脂酰肌醇　glycan-phosphatidyl inositol, G-PI

锚住膜骨架的蛋白质–聚糖–磷脂酰肌醇复合体分子。其磷脂酰肌醇可通过一聚糖分子将各种蛋白质锚定在细胞膜上，该聚糖由乙醇胺-(P)-(甘露糖)3-氨基葡萄糖组成，其一端由共价键与蛋白质的羧基末端连接；其另一端则借助氨基葡萄糖以共价键结合到磷脂酰肌醇上，而磷脂酰肌醇所携脂肪酸已嵌入膜结构中，从而对蛋白质起锚定作用。此参与上述结合的蛋白质包括酶、抗原、细胞粘连蛋白等。

07.0152　肝糖磷脂　jecorin

一种从肝组织分离的含硫复杂的类似卵磷脂的物质。在血液和各种组织中含有少量。

07.0153　溶血磷脂酰胆碱　lysophosphatidylcholine

又称“溶血卵磷脂（lysolecithin）”。磷脂酰胆碱中的甘油第二个碳原子上的脂肪酸被水解除去后形成的化合物。体内浓度增高，可使红细胞膜溶解。在卵磷脂：胆固醇脂肪酰基转移酶催化下，可由血浆中卵磷脂变成溶血卵磷脂。

07.0154　溶血磷脂酸　lysophosphatidic acid

磷脂酸中甘油第二个碳原子上的脂肪酸被水解除去后形成的化合物。是体内磷脂酸代谢的中间产物。

07.0155　鞘磷脂　sphingomyelin, sphingophospholipid

由磷酰胆碱（少数为磷酰乙醇胺）结合神经酰胺（即 *N*-脂肪酰鞘氨醇）组成的磷脂。是神经组织各种膜和红细胞膜的主要结构脂质之一。

07.05 鞘 脂

07.0156 鞘脂 sphingolipid
以鞘氨醇为骨架，与长链脂肪酸和含氮碱组成的化合物。是动、植物细胞膜的主要组成成分，在动物脑组织和神经组织内含量丰富。

07.0157 鞘氨醇 sphingosine, 4-sphingenine, sphingol
系统命名为反式-2-氨基-十八碳-4-烯-1,3-二醇。一种长链不饱和氨基二元醇。是鞘脂的母体化合物。其氨基与脂肪酸形成酰胺键，即生成神经酰胺。哺乳动物最常见的是不饱和 4-烯鞘氨醇。

07.0158 二氢鞘氨醇 dihydrosphingosine, D-sphinganine
系统命名为 D-赤藓糖型-2-氨基-十八烷-1,3-二醇。鞘脂的一种成分。可作为鞘氨醇的代谢前体。存在于哺乳动物中。

07.0159 *N*-酰基鞘氨醇 *N*-acylsphingosine
鞘氨醇的氨基被酰化所形成的物质。是鞘磷脂和脑苷脂的组成成分。

07.0160 神经酰胺 ceramide, Cer
又称“脑酰胺”“*N*-脂[肪]酰鞘氨醇（*N*-fatty acyl sphingosine）”。其鞘氨醇的 *N*-脂肪酰基衍生物是由一分子脂肪酸的羧基与鞘氨醇的氨基通过酰胺键缩合而成的一类鞘脂。法伯（Farber）病患者体内有大量神经酰胺堆积。

07.0161 糖脂 glycolipid
糖和脂质以共价键连接形成的复合物。是细胞膜的重要成分。包括鞘糖脂、甘油糖脂、脂多糖等。

07.0162 鞘糖脂 glycosphingolipid, glycosylsphingolipid
糖基或糖链通过糖苷键和神经酰胺连接而形成的糖脂。是生物膜脂双层的组分，参与膜蛋白质的功能调节、细胞间的识别和信号转导等过程。包括脑苷脂、神经节苷脂和寡糖基神经酰胺等。又可根据分子中是否含有唾液酸或硫酸基成分分为中性鞘糖脂和酸性鞘糖脂两类。

07.0163 乳糖系列 lacto-series
鞘糖脂中的一种类型。此系列糖脂中与神经酰胺紧连的核心糖链结构特征为：Galβ1-3GlcNAcβ1-3Galβ1-4Glcβ1-1Cer。

07.0164 新乳糖系列 neolacto-series
鞘糖脂中的一种类型。此系列糖脂中与神经酰胺连接的核心糖链结构特征为：Galβ1-4GlcNAcβ1-3Galβ1-4Glcβ1-1Cer。

07.0165 球系列 globo-series
鞘糖脂中的一种类型。此系列糖脂中与神经酰胺连接的核心糖链结构特征为: GalNAcβ1-4Galα1-4Galβ1-4Glcβ1-1Cer。

07.0166 异球系列 isoglobo-series
鞘糖脂中的一种类型。此系列糖脂中与神经酰胺连接的核心糖链结构特征为: GalNAcβ1-3Galα1-3Galβ1-4Glcβ1-1Cer，与球系列的区别在于两个 Gal 之间的连接键是: α-1,3-糖苷键而不是 α-1,4-糖苷键。

07.0167 神经节系列 ganglio-series
鞘糖脂中的一种类型。此系列糖脂中含唾液酸。

07.0168 甘油糖脂 glyceroglycolipid
又称“糖基甘油酯（glycoglyceride）”“糖

基脂[肪]酰甘油（glycosylacylglycerol）”。一个或一个以上糖基借助糖基链与甘油单酯或甘油二酯相连接而成的糖脂。含有脂肪酸，但不含磷及胆碱等化合物。主要存在于植物和微生物中。

07.0169　脂多糖　lipopolysaccharide, LPS
革兰氏阴性菌细胞壁组成成分。由脂质 A、核心多糖和 O 抗原三部分组成。

07.0170　脑苷脂　cerebroside
全称“半乳糖脑苷脂（galactocerebroside）”，又称“半乳糖神经酰胺（galactosylceramide）”。系统命名为 D-半乳糖苷基-*N*-脂肪酰鞘氨醇。一分子 β 半乳糖的半缩醛羟基与神经酰胺的羟基缩合形成糖苷键而组成的鞘糖脂。是最早被发现的鞘糖脂，因发现于人脑而得名。为中性鞘磷脂。

07.0171　葡萄糖脑苷脂　glucocerebroside
又称“葡萄糖苷神经酰胺（glucosylceramide）”，曾称“角苷脂（kerasin, cerasin）”。一种含有等摩尔数量的脂肪酸、葡萄糖和鞘氨醇或其衍生物的糖脂。在一种因葡萄糖脑苷脂酶缺乏所致戈谢（Gauchers）病患者体内有过量积聚。

07.0172　硫[脑]苷脂　sulfatide
糖基部分被一个或多个硫酸基酸化的酸性鞘糖脂。最简单的硫苷脂为硫酸脑苷脂。已分离到的硫苷脂有几十种。广泛分布于哺乳动物的各器官中，以脑中含量最为丰富。

07.0173　硫酸脑苷脂　cerebroside sulfate, CBS
硫酸化的脑苷脂。是最简单的硫苷脂。

07.0174　红细胞糖苷脂　globoside
N-乙酰氨基半乳糖-[β1→3]半乳糖苷基[α1→4]半乳糖苷基[β1→4]葡萄糖苷基与神经酰胺组成的鞘糖脂。可用简式 GbOse4Cer 或 Gb4Cer 表示。最先从红细胞的脂质中发现，主要存在于肾脏和红细胞内，在桑德霍夫（Sandhoff）病患者体内可大量积聚。

07.0175　神经苷脂　nervon
又称“烯脑苷脂”。含有神经酰基与唾液酸的鞘糖脂。见于脑组织的一种晶状脑苷脂。

07.0176　羟脑苷脂　cerebron, phrenosin
由脑羟脂酸、D-半乳糖和鞘氨醇组成的一种脑苷脂。在脑白质中富含。

07.0177　神经节苷脂　ganglioside
又称“唾液酸鞘糖脂（sialoglycosphingolipid）”。糖基部分含有唾液酸的鞘糖脂。其糖基都是寡糖链，含一个或多个唾液酸。是从神经节细胞中分离。主要存在于神经组织、脾脏与胸腺中。患神经节苷脂沉积症时，体内有大量 G_{M1} 堆积（M 代表单糖，1 表示其在薄层层析谱上的迁移次序）。

07.06　萜　　类

07.0178　萜　terpene
由 2 个或多个异戊二烯单位连接而成的萜烯及其衍生物。根据异戊二烯的数目分单萜、倍半萜、二萜、三萜和多萜。

07.0179　单萜　monoterpene
由 2 个异戊二烯单位构成的十碳烯萜。是高等植物香精油的成分。数百种自然界存在的单萜可以分成 4 种主要的结构：规则的元环型、环戊烷单萜、环已烷单萜和不规则的单萜。如柠檬苦素。

07.0180　薄荷醇　menthol
类环己烷单萜衍生物。存在于薄荷油中。天

然的薄荷醇呈左旋，具有抗菌消炎作用，可用于皮肤病的外用洗剂。

07.0181　樟脑　camphor

系统命名为1,7,7-三甲基二环[2,2,1]庚烷-2-酮。一种环己烷单萜衍生物。从樟树的树皮与木质蒸馏制得的酮，也可从松节油合成。用于许多商品的制备，临床上可作为局部抗炎和止痒涂剂。

07.0182　蒎烯　pinene

含有一个双环和不饱和烯键的单萜烯烃。属于蒎烷单萜，也是二环单萜，主要的化合物有α-蒎烯和β-蒎烯，还有含氧的蒎烯醇和蒎烯酮。

07.0183　柠烯　limonene

又称“苧烯”，俗称“柠檬油精”。系统命名为对-薄荷-1,8-二烯或1-甲基-4-异丙烯-1-环己烯。单萜衍生物。柠檬油、桔油、莳萝油等中含有此化合物，其对映体和消旋混合物（即二戊烯）均天然存在。

07.0184　萜品烯　terpinene

单萜单环不饱和类化合物。为1-甲基-4-异丙基环己二烯。分α-萜品烯（1,3-萜二烯）与γ-萜品烯（1,4-萜二烯）两种。

07.0185　萜品醇　terpineol

单萜单环醇类化合物。常见的为α-萜品醇。存在于香精油中，可用做消毒剂。

07.0186　桧萜　sabinene

又称“桧烯”。一种双环单萜烯。

07.0187　桧萜醇　sabinol

含羟基的桧萜。为顺-桧萜醇。

07.0188　驱蛔萜　ascaridole

系统命名为对甲基-1,4-二桥氧环己烯-[2]异丙烷。环状单萜的衍生物。藜油的一种主要成分，临床上用做驱肠虫药。

07.0189　倍半萜　sesquiterpene

由3个异戊二烯单位的碳链形成的萜类化合物。倍半萜的大多数成员是单环、二环和三环化合物。如法尼醇。

07.0190　法尼醇　farnesol

系统命名为3,7,11-三甲基-十二碳-2,6,10-三烯-1-醇。一种倍半萜醇。许多必需油脂含有法尼醇。

07.0191　檀香萜　santalene

存在于檀香中的一种倍半萜类化合物。

07.0192　二萜　diterpene

又称“双萜”。由4个异戊二烯单位的碳链连接形构成的萜类化合物。如叶绿醇。

07.0193　叶绿醇　phytol

又称“植醇”。存在于植物叶绿素分子中的一种长链醇。是由4个异戊二烯单位组成的含氧的无环二萜衍生物，是叶绿素的主要构件。

07.0194　贝壳杉烯　kaurene

在植物生长及发育的组织中由牻牛儿牻牛儿焦磷酸（GGPP）环化而合成的一种四环二萜化合物。为赤霉素的前体。

07.0195　三萜　triterpene

由6个异戊二烯单位的碳链连接形成的萜类化合物。如鲨烯。

07.0196　[角]鲨烯　squalene

鲨鱼油和某些植物中含有的一种由6个异戊二烯头尾相连构成的无环型链状三萜类化合物。为三十碳六烯，是生物合成胆固醇、其他固醇与三萜过程的中间产物。先生成羊毛固醇，再转化为胆固醇。

07.0197　鲨油醇　selachyl alcohol
由鲨烯羟化而成的化合物。是构成鲨油的高分子醇。

07.0198　[角]鲨烷　squalane
鲨烯经加氢还原而得到的三十碳饱和烃。呈无色、无味、透明的油状液体。

07.0199　鲨肌醇　scyllitol, scyllo-inositol
以鲨烯为母体共价结合肌醇而成的直链三萜衍生物。

07.0200　多萜　polyterpene
常指由9个以上异戊二烯单位连接而成的萜类化合物。如泛醌、质体醌等。

07.0201　多萜醇　polyprenol
以多萜为母体的醇。属多异戊二烯醇衍生物（$n>3$；常为13～23）。如二萜的叶绿醇、视黄醇，三萜的羊毛固醇，四萜的类胡萝卜素等。多萜醇的磷酸酯在维持细胞膜的正常功能中具有重要作用。

07.0202　[细菌]十一萜醇　undecaprenol
又称“细菌萜醇”。在细菌聚糖合成中起载体作用的一种异戊二烯类化合物。其功能类似真核生物中的长萜醇。

07.0203　芥子醇　sinapyl alcohol
C-2 上含有双键的十一碳醇。存在于芥子和油菜中。

07.0204　十八烷醇　stearyl alcohol
羊毛蜡中不可皂化部分所含的十八碳长脂肪链烷醇。熔点58.5℃。

07.0205　二十烷醇　eicosanol
一种饱和的二十碳直链醇。

07.0206　二十二烷醇　docosanol
一种饱和的二十二碳直链醇。

07.0207　蜡醇　wax alcohol, ceryl alcohol
又称“二十六[烷]醇”。二十六碳饱和醇。生物蜡含有的一种高分子长链醇。能与高级脂肪酸酯化形成蜡的高级一元醇。如鲸蜡醇为十六烷醇。

07.07　类　固　醇

07.0208　类固醇　steroid
又称“甾体”，曾称“甾族化合物”。以环戊烷多氢菲为基本结构[由3个六碳环（A、B、C环）和1个五碳环（D环）稠合而成]的化合物。A环与B环之间和C环与D环之间各有一个甲基，带有甲基的环戊烷多氢菲为类固醇核（即甾核）。种类繁多，根据类固醇核上羟基的变化可分为固醇和固醇衍生物两大类。

07.0209　固醇　sterol
又称“甾醇”。在类固醇核的C-3上有一个β取向的羟基，C-17上有一个8～10碳原子的烃侧链的类固醇化合物。存在于大多数真核细胞的膜中，最常见的代表是胆固醇，但细菌不含固醇类。

07.0210　胆固醇　cholesterol, Ch
在类固醇核的 C-3 位上连接一羟基，而在C-17位上接有一条8～10个碳原子的脂肪族侧链的固醇类化合物。因最早在动物胆石中分离得到，故名。是机体多种重要生理活性物质的前体，也是引起动脉粥样硬化的危险因子。

07.0211　24-羟基胆固醇　24-hydroxycholesterol
在体内由胆固醇的 C-24 位氧化形成的化合物。主要由神经元细胞产生直接进入脑汁液。

07.0212　25-羟基胆固醇　25-hydroxycholesterol
在体内由胆固醇的 C-25 位氧化形成的化合物。主要由病毒感染宿主细胞产生。

07.0213　27-羟基胆固醇　27-hydroxycholesterol
在体内由胆固醇的 C-27 位氧化形成的化合物。主要由免疫细胞产生。

07.0214　表胆固醇　epicholeslerol, epiCh
胆固醇的表型异构体。即 C-3 位上的羟基由胆固醇的 β 构型转为 α 构型（在固醇环骨架平面以下）。胆固醇与表胆固醇的分子量相同（均为 386.66Da），但两者的熔点和溶解度有差异。胆固醇的熔点为 148.5℃，易溶于乙醚，次溶于乙醇、丙酮；而表胆固醇的熔点则为 141.5℃，仅溶于乙醇。

07.0215　高密度脂蛋白胆固醇　high-density lipoprotein cholesterol, HDL-C
高密度脂蛋白所携的胆固醇。主要是逆向转运胆固醇酯，将其运入肝脏，再清除出血液。高密度脂蛋白，可将肝脏以外的胆固醇经卵磷脂胆固醇酰基转移酶（LCAT）催化而成胆固醇酯，运往肝脏清除；也可再将胆固醇酯转移到极低密度脂蛋白和低密度脂蛋白上，经相应的途径代谢、清除。有效防止心脏病和其他血管疾病，因而被称为“好胆固醇”。高密度脂蛋白含有人血浆胆固醇总量的 20%～30%。

07.0216　低密度脂蛋白胆固醇　low-density lipoprotein cholesterol, LDL-C
低密度脂蛋白中的胆固醇。是运输胆固醇到肝外组织的重要运载体。血液中其值偏高常会引起冠心病等心脑血管疾病，因而被称为“坏胆固醇”。

07.0217　动物固醇　zoosterol
动物组织中含有的固醇。最常见为胆固醇，此外还有羊毛固醇、胆固烷醇、粪固醇以及 7-脱氢胆固醇等。

07.0218　羊毛固醇　lanosterin, lanosterol
系统命名为 5α-羊毛烷-8(9),24-二烯-3β-醇。从羊毛脂获得的一种类固醇（三萜）。是胆固醇的前体。在动物和真菌中，从鲨烯 2,3-环氧物生成羊毛固醇，再合成胆固醇。

07.0219　胆固烷醇　cholestanol
又称“5,6-二氢胆固醇”。3-β-羟胆烷。B 环上没有双键的一种胆固醇。在肠道细菌的作用下，胆固醇被还原成胆固烷醇及其异构体 β 粪固醇。

07.0220　胆固烷酮　cholestanone
胆固烷醇的酮式结构。

07.0221　胆固烯酮　cholestenone
一种脱氢胆固烷酮。与胆固烷酮的区别是在 A 环的 C-4 和 C-5 之间有一个双键。

07.0222　粪固醇　coprostanol, coprosterol, stercorin
系统命名为 5β-胆烷-3β-醇。消化道中未被吸收的胆固醇在结肠被细菌利用，将 C5～C6 间的双键还原生成的产物之一。随粪排出。

07.0223　酵母固醇　zymosterol
系统命名为 8,24-胆固二烯-3β-醇。由酵母产生的固醇。是从羊毛固醇生物合成胆固醇时的中间产物。

07.0224　鲨胆固醇　scymnol

由鲨烯环化产生的三萜（C_{30}）类固醇。存在于鲨鱼中。

07.0225　胆固醇酯　cholesterol ester, cholesteryl ester, ChE, CE

脂肪酸分子的羧基与胆固醇的C-3-β-羟基缩合形成的酯。

07.0226　胆固醇酯酶　cholesterol esterase

胰腺分泌的消化脂质的酶。水解胆固醇酯生成胆固醇和脂肪酸。

07.0227　固醇酯　steryl ester, SE

脂肪酸分子的羧基与固醇的 C3-β-羟基缩合形成的酯。

07.0228　植物固醇　phytosterol

又称“植物甾醇”。存在于高等植物中的固醇。其类固醇母核C-17位侧链连接脂肪烃，多以游离形式存在，也可与糖结合成苷存在。为植物细胞的重要组分，不能为动物吸收利用，其含量以豆固醇和谷固醇最多。

07.0229　豆固醇　stigmasterol

又称“豆甾醇”。系统命名为24β-乙基-5,22-胆烷二烯-3β-醇。存在于许多绿色植物和大豆中的一种植物固醇。

07.0230　谷固醇　sitosterol

又称“谷甾醇”。存在于小麦、大豆等谷物中的24β-乙基胆固醇。常为β谷固醇，具有抗高胆固醇血症的作用。

07.0231　菜籽固醇　brassicasterol

又称“菜籽甾醇”。系统命名为 5,22-二烯-24-β-甲基-3β-胆固醇。油菜籽油中所含的二十八碳固醇。熔点 150～151℃，分子量398.6Da。

07.0232　类固醇生物碱　steroid alkaloid

存在于植物中的一类含氮类固醇化合物。在藜芦及龙葵内含有几种类固醇生物碱，其中最重要的是异茄碧芥类碱和水解龙葵碱。

07.08　蜡

07.0233　蜡　wax

长链（C_{14}～C_{36}）脂肪酸和长链（C_{16}～C_{30}）醇或固醇形成的酯。在室温下为固态，如鲸蜡、蜂蜡。

07.0234　鲸蜡　cetin, spermaceti wax

从抹香鲸（*Physeter macrocephalus*）头部鲸油中获得的特殊脂性蜡物质。主要成分是由棕榈酸和鲸蜡醇（即十八烷醇）形成的固体酯。可用来固化油膏基质。

07.0235　蜂蜡　beeswax

含有 26～34 个碳原子的脂肪醇与软脂酸形成的酯。可用作涂料、润滑剂等。

07.0236　珠酯　margarine

通过油脂的双键氢化，可将液态的植物油转变为固态或半固态的人工奶油。用于食品工业，以防止酸败。

07.0237　蜂蜡醇　myricyl alcohol

系统命名为三十烷醇。构成蜂蜡的含 30 个碳原子的饱和一元醇。

07.0238　羊毛蜡　lanocerin

系统命名为甘油三羟蜡酸脂。含有酯蜡、醇

和脂肪酸（羊毛蜡酸居多）的混合物。其可皂化部分含脂肪酸、羟基酸；不可皂化部分为羊毛固醇、胆固醇和醇类。

07.0239　羊毛脂　lanolin

从羊毛蜡中纯化所获的产品。由 30 多种高分子脂族、类固醇与三类萜的醇生成的酯和多酯以及相同数目的脂肪酸组成。沉积在羊毛纤维上的绵羊皮脂腺的脂肪样分泌物。正常时含有 25%～30%的水，可广泛用做调制软膏的基质。

07.0240　巴西棕榈蜡　carnauba wax

主要是由二十四碳和二十八碳烷酸及三十二碳和三十四碳烷醇形成的各种酯的混合物。是天然蜡中经济价值最高的一种。熔点高、硬度大和不透水，用做高级抛光剂。

08. 生物膜与信号转导

08.01　生　物　膜

08.01.01　概　　述

08.0001　生物膜　biological membrane, biomembrane

以脂质双分子层为基本骨架，由脂质、蛋白质和糖类构成的柔性的、具有选择通透性的膜结构。

08.0002　细胞膜　cell membrane

围绕细胞质或细胞器的脂双层膜。由脂质双分子层构成，还包含位于磷脂之间维持其流动性的胆固醇、膜整合蛋白质，作为膜转运蛋白质穿梭于膜内外的膜周边蛋白质以及松散地附着在细胞膜的外侧来塑造细胞形状的一些酶。细胞膜起渗透屏障、物质转运和信号转导的作用，是细胞内的膜系统与质膜的统称，有时与质膜通用。

08.0003　质膜　plasma membrane, plasmalemma

包围在细胞质外周的脂双层膜。作为细胞的边界，维持胞质与胞外环境之间的差异，并与外界环境不断地进行物质交换、能量和信息的传递。有时与细胞膜通用。

08.0004　核被膜　nuclear envelope

简称“核膜（nuclear membrane）”。包裹在真核细胞细胞核外的双层膜结构。是细胞核与胞质溶胶之间的界膜。包括内核膜、外核膜、核周腔、核孔复合体和核纤层，内核膜与外核膜在核孔复合体处连贯。

08.0005　内核膜　inner nuclear membrane

包裹核质的膜结构。膜上包含作为染色体及核纤层结合位点的蛋白质。其内表面光滑，没有核糖体颗粒。

08.0006　外核膜　outer nuclear membrane

包裹在内核膜外，与内质网膜连贯并附有核糖体的一层核膜。

08.0007　核周隙　perinuclear space

真核细胞构成核膜的两层核膜之间的空隙。充有液体，宽为 10～40nm。

08.0008　核孔复合体　nuclear pore complex

简称“核孔（nuclear pore）”。真核细胞

核膜上沟通核质和胞质溶胶的复杂隧道结构。贯穿内膜和外膜，由多种核孔蛋白质构成。隧道的内、外口和中央有由核糖核蛋白质组成的颗粒，对进出核的物质有控制作用。

08.0009　质膜体　plasmalemmasome
位于质膜和细胞壁之间的由质膜内陷而形成的一种特殊的质膜结构。局部地增加了质膜的表面积，便于水和其他物质的迅速交换。

08.0010　线粒体膜　mitochondrial membrane
线粒体的双层膜结构。由功能上不同的外膜和内膜组成，外膜完整地包裹着线粒体，内膜内褶形成嵴。这些膜系统确定了线粒体的两个区域：线粒体基质和膜间间隙。

08.0011　膜被　membrane coat
覆盖在细胞或部分器官外面的包膜。由外结构蛋白质组成。如由减毒的无荚膜肺炎双球菌（R）转变成的毒性带荚膜肺炎双球菌（S），这里的荚膜即膜被。

08.0012　膜区室　membrane compartment
线粒体内膜向内伸出许多褶叠的嵴形成的内膜亚隔域。可导致代谢物或酶的不均匀分布。

08.0013　膜间隙　intermembrane space
双层或多层生物膜结构之间的空隙。如线粒体、叶绿体和核膜的内膜与外膜之间的空隙。

08.0014　周质间隙　periplasmic space
细菌中细胞壁与质膜之间的狭窄空隙。呈胶状。

08.0015　肌膜　sarcolemma
肌细胞的外膜。由质膜、覆盖的基膜（厚约100nm）和相连的胶原纤维松散网络组成。

08.0016　脂单层　lipid monolayer
双亲性脂质分子在极性的水相和非极性的有机液相之间形成的单分子层。其亲脂端朝向有机相，而亲水端朝向水相。是构成生物膜脂双层中的任一层，分为细胞质层和质外层两个单层。

08.0017　脂双层　lipid bilayer
由两层两亲性脂质分子排列组成的膜结构。磷脂质分子的极性亲水头部朝向膜的外面，而其疏水性尾部则簇集于双层的内侧。

08.0018　磷脂双层　phospholipid bilayer
两层磷脂分子构成的细胞各种膜的基本结构。两层磷脂分子以疏水性的烃链尾向内相对排列，极性头向外（水相）。

08.0019　脂双层 E 面　E face of lipid bilayer
当脂双层经冷冻撕裂处理后，在电镜下看到的脂双层外侧的撕裂面。

08.0020　脂双层 P 面　P face of lipid bilayer
脂双层内侧的撕裂面，即脂双层的质膜面。是脂双层中脂分子的极性头部面向水环境组成的质膜的表面（P 表示极性）。

08.0021　囊泡　vesicle
脂双层边界的疏水区在水相中不稳定，自发地闭合形成的稳定存在的中空球状膜结构。

08.0022　胞外囊泡　extracellular vesicle
一种由脂质双层分隔的颗粒。来源于细胞，从细胞中自然释放出来，包括外泌体和微囊泡。与细胞不同，胞外囊泡不能复制，其胞外直径范围很广，为 20～30nm 至 10μm 或更多，而大多数直径小于 200nm。它们携带大量来自母体细胞的蛋白质、核酸、脂质、代谢物，甚至是细胞器。大多迄今为止所研究的细胞都能释放胞外囊泡，包括被细胞壁包裹的细菌、真菌和植物细胞。胞外囊泡参与多种生理和病理过程，作为细胞间通信的一种机制，允许细胞交换蛋白质、脂质和遗传物质。

08.0023　微囊泡　microvesicle
由质膜通过出芽方式形成，释放到胞外的一种囊泡结构。

08.0024　外泌体　exosome
又称“外排体”“胞外体”。由细胞内多泡核内体与质膜融合后，或直接通过细胞膜释放到细胞外基质中的膜性小囊泡。直径为 30～100nm。在细胞的信号传递中起重要作用。

08.0025　内[吞]体　endosome
又称“纳入体（receptosome）”。来源于原生质膜的一种细胞器。带有胞吞摄入物并可将其中一部分传递给溶酶体。其中常带有受体和配体的复合体。内体中的酸性环境有利于受体和配体复合体的解离。

08.0026　流体镶嵌模型　fluid mosaic model
又称“流动镶嵌模型”“液态镶嵌模型”。针对细胞膜提出的一种膜的结构模型。描述膜为结构和功能上不对称的脂双层所组成，蛋白质以镶嵌样模式分布在膜的表面与内部，并能在膜内运动。

08.01.02　生物膜组成

08.0027　膜脂　membrane lipid
构成细胞膜的两亲性脂质。主要包括甘油磷脂、糖脂、鞘脂、固醇以及古细菌中的醚脂。

08.0028　膜磷脂　membrane phospholipid
含有一个或多个磷酸基的复合脂质。包括甘油磷脂和鞘磷脂。是生物膜的重要成分。

08.0029　脂筏　lipid raft
又称“膜筏（membrane raft）”。质膜上胆固醇和鞘脂富集形成的微结构域。大小为 10～200nm，能使细胞过程隔室化。有时小型筏会借助蛋白质-蛋白质以及蛋白质-脂质的相互作用，稳定地形成较大平台，这部分膜相较附近富含磷脂的膜稍微厚一些和流动性低一些，并且具有一定的去垢剂耐性。

08.0030　膜锚　membrane anchor
位于脂双层膜内层或外层侧的蛋白质或非蛋白质分子。可以锚定其他蛋白质，使其连接在膜上。如位于脂双层膜外层的磷脂酰肌醇或位于红细胞膜内层的锚蛋白都是膜锚。

08.0031　脂滴　lipid droplet
以中性脂质为主形成的亚细胞结构。广泛存在于真核生物胞质溶胶中。以甘油三酯和胆固醇/固醇酯为内核，表面覆盖磷脂单分子层，并通过静电或化学结合等方式镶嵌多种脂滴相关蛋白质，参与体能量储存、脂质代谢调控、膜转运、信号转导以及应激等生理过程。

08.01.03　膜流动性

08.0032　膜流动性　membrane fluidity
生物膜内部的黏滞特性。使膜内分子可侧向移动，有的还能翻转移动。与膜磷脂所含脂肪酸的饱和度和胆固醇含量密切有关。

08.0033　翻转机制　flip-flop mechanism
又称“滚翻机制”。特指磷脂分子从膜脂双层的一层翻转到另一层的运动。按此机制，分子以旋转通过双层平面，能从一侧单层转移到另一单层；亦即发生了内外两侧的转移，从脂双层的内层移往外层。

08.0034　内翻外　inside out
当从再封闭的破裂细胞或其他膜形成囊时，原先朝内侧的膜面转为朝外的现象。为了便于对脂双层中物质的不对称分布和功能的研究，内翻外的囊泡都是人工制造，天然囊泡则是正面朝外。

08.0035　脂多态性　lipid polymorphism
脂质通过不同聚集方式产生不同形状的结构或者相态（如固相、液相）的特性。如球形的微团和片层形的脂双层，还能形成管状、立方状甚至更复杂的结构。

08.0036　液晶态　liquid crystalline state
温度中度升高时极性脂质分子呈现的一种相态。有两种主要的类型：①片层相或 L_α 相；②六角相。液晶态脂质分子的堆砌较松，其脂肪酰链能获得较晶态为多的流动性。

08.0037　相变　phase transition
脂质双分子层在不同温度下在液相和固相之间转换的现象。

08.0038　相变温度　phase transition temperature
膜脂发生相态转变的温度。低于相变温度，脂质双分子层呈凝胶相，反之则呈液相。

08.0039　膜不对称性　membrane asymmetry
组成细胞膜的脂质和膜蛋白质在内外层不对称分布的现象。如磷脂酰胆碱多定位于质膜的外层，而磷脂酰丝氨酸则多分布在其内层。

08.0040　正电朝内原则　positive-inside rule
跨膜蛋白质中带正电的氨基酸残基通常分布在细胞膜朝向细胞质一侧的经验规则。

08.0041　攻膜复合物　membrane-attack complex, MAC
又称“终端补体复合物（terminal complement complex, TCC）”。补体级联中依次激活的组分所构成的一种复合物。可插入靶细胞膜形成小孔，离子与水通过小孔流入细胞，引起靶细胞的溶解。

08.0042　膜通道　membrane channel
细胞膜上允许无机离子或其他小分子被动扩散的跨膜蛋白质复合物。

08.0043　离子通道　ion channel
细胞膜上调控特异无机离子顺电化学梯度扩散的通道。通常是跨膜的整合蛋白质。根据离子通道的开放和关闭（即门控）机制的不同，可分为三大类：电压门控离子通道、配体门控离子通道、机械门控离子通道。

08.0044　电压门控离子通道　voltage-gated ion channel
因细胞膜电压变化而开启和关闭的一类离子通道。广泛分布在各类可兴奋细胞的细胞膜上，是神经元等细胞转导电信号的基础。按照最容易通过的离子而被命名为钠通道、钾通道等。

08.0045　配体门控离子通道　ligand-gated ion channel
又称“化学门控离子通道（chemically-gated ion channel）”。特异配体与膜受体结合时发生反应，引起门控通道蛋白的某种成分发生构象变化，使通道开放的一类离子通道。配体可来自细胞内外，主要包括神经递质、激素或其他化学物质等。

08.0046　递质门控离子通道　transmitter-gated ion channel
神经和肌细胞突触后膜上结合专一性的细胞

外神经递质才开放的一类离子通道。具有将化学信号转变为电信号的功能。能使突触后质膜的通透性发生改变，从而引起膜电位改变，促使神经冲动传递下去。

08.0047　机械门控离子通道　mechanically-gated ion channel

又称“机械敏感性离子通道（mechanosensitive ion channel）”。感受细胞膜表面应力压力变化而开放的一类离子通道。能够将细胞外的牵引力、摩擦力、压力等机械力信息转化为电信号或化学信号传入细胞内。此类离子通道可以分为多个家族，广泛见于各种生物。

08.0048　膜动力学　membrane dynamics

研究各种特定因子同生物膜结构和理化性质改变以及膜分子运动之间关系的学科领域。如多不饱和脂肪酸对线粒体膜的动力学起着重要作用，在丧失 ω-6-油酸去饱和酶活性的阿拉伯糖苷沉积症细胞，脂质分子的侧向运动及生物能力学参数会发生改变。

08.0049　膜电位　membrane potential

全称“跨膜电位（transmembrane potential）”。以细胞质膜相隔的细胞内外溶液之间的电位差。其大小主要由细胞内外溶液的离子组成以及离子的膜通透性决定。在神经细胞通信过程中起着重要作用。动物与植物的质膜均维持一定电位，细胞内部的负电性常大于其外部。动物细胞的被动离子运动是其主要电源。按细胞类别不同，静息电位可达–20 mV至–200 mV。

08.0050　膜时间常数　membrane time constant

膜电位达到平衡时所需的时间。被用于估计神经元对输入做出反应的迅速程度。突触后电位沿轴突衰减所需的时间常数随膜阻力的增加和膜电容的增加而增加。

08.0051　膜电容　membrane capacitance

生物膜贮存电荷的能力或容量。用公式表示为：$C=Q/U$。式中 C 代表膜电容，单位是法拉第；Q 代表使膜电位提升到 U 伏特所需的贮存电荷量。膜电容的大小与细胞表面积成比例，其测定已成为研究各种分泌细胞的胞泌作用和胞吞作用的重要技术。

08.0052　膜电流　membrane current

生物膜上产生的电流或经膜介导的电流。如当氯离子通道亚族 CLC-2 蛋白在相关细胞的质膜上进行内源性表达时，该表达蛋白质可介导跨越单个细胞质膜的电流，引起跨细胞膜单层的天然阴离子分泌。

08.0053　膜阻抗　membrane impedance

生物膜对交流电流的阻力。决定于电路中的电阻、自电感应与电容。如 ATP 依赖性钾通道中，[Mg-ATP]«[Mg-ADP]平衡的代谢驱动变化可调节其低 P/O 比值，后者稳定高输入阻抗细胞（神经元、平滑肌）的静息电位，并减少低膜电阻细胞（心肌、骨胳肌）的动作电位。

08.0054　膜融合　membrane fusion

两个脂双分子层膜通过接近、锚定、局部亲水面的脱水和双分子层结构的不稳定，导致两个疏水内核并合形成一个连续脂质双分子层膜结构的过程。胞吞、胞吐、囊泡转运、卵子受精、病原体的侵入等重要生物学过程都有膜融合的现象。

08.0055　膜长度常数　membrane length constant

膜阻力（r_m）与偶联阻力（R_c）两者比值的平方根。以算式表示为：$\lambda=(r_m/R_c)^{1/2}$。如，以脊椎动物视网膜的平行细胞线性连续模型做实验，其电位 $\tau V(x,t)$ 可用公式 $\tau V=\lambda^2\Delta V-V+E$ 计算。式中时间常数 τ 和全电

场位 E 与膜阻力 r_m 成比例。

08.0056　膜定位　membrane localization

在特定条件或某些因素影响下，膜蛋白质和磷脂分子在脂双分子层中正常分布的维持。如 $α_{13}$ 是 G 蛋白的 α 亚基，参与调节有关细胞生长的多种途径，而 $α_{13}$ 的软脂酰化则是其正确膜定位和信号转导的关键。

08.0057　膜裂解　membrane lysis

在蛋白水解酶或特异性酯酶作用下引起细胞膜破裂及胞质成分丢失的过程。如在酿酒酵母中，其自噬体的空泡内膜裂解作用必需有一种特异性酯酶的存在。

08.0058　膜分配　membrane partitioning

细胞中各种脂质分子在不同的亚细胞结构膜中的分布常出现一定差异的现象。如胆固醇/磷脂比值以质膜最高，内质网次之，线粒体最低。

08.0059　膜通透性　membrane permeability

生物膜允许特定的溶质分子跨越膜的能力。与通透分子的极性呈负相关。

08.0060　通透选择性　permselectivity

膜对通过膜的物质的选择能力。对于膜来说，有些物质容易通过而有些物质很难甚至不能通过。决定膜通透选择性的主要因素是分子的大小、荷电性及分子的构象。

08.0061　通透　permeation

物质通过或贯跨膜的过程。各种物质进出膜的能力与物质本身的性质、大小和膜的结构有关。

08.0062　化学渗透　chemiosmosis

离子穿过选择性透性膜扩散的过程。如质子由高浓度区跨膜扩散到低浓度区的质子动力可用于合成 ATP。

08.0063　跨膜梯度　transmembrane gradient

又称“穿膜梯度”。膜一侧的氢离子或钠、钾等离子浓度高于另一侧的现象。

08.0064　电化学梯度　electrochemical gradient

由于膜两侧离子的化学浓度与电位差异而引起的跨膜梯度。通常以达到平衡所需外加电压表示。

08.0065　质子电化学梯度　electrochemical proton gradient

由于膜两侧质子的电荷与浓度差异而引起的跨膜梯度。如由呼吸链电子传递过程中产生的自由能驱动形成，与质子的跨膜转运有关。该梯度的电化学电势是 ATP 合成的驱动力。

08.0066　膜拓扑学　membrane topology

研究膜蛋白质在膜内外排列分布的学科领域。主要研究哪一部分氨基酸序列位于包围其脂双层的平面内，而哪一部分突出于脂双层两侧的水相环境中。

08.0067　膜蛋白质扩散　membrane protein diffusion

膜蛋白质分子在膜平面中进行移动的过程。主要有两种扩散方式：①转动扩散，即垂直于膜平面绕自身主轴而旋转；②侧向扩散，多数膜蛋白质能在膜内侧向移动，其平均移动距离 s（cm）= $(4Dt)^{1/2}$，D 为扩散系数（cm^2/s），t 为移动时间。不同的膜蛋白质分子，其侧向扩散的速度可有很大差别。

08.0068　膜蛋白质插入　membrane protein insertion

在需要或不需要移位酶的条件下，膜蛋白质分子以 N 端出和 C 端入或 C 端出和 N 端入的方式插进脂双层膜的过程。插入后，单条多肽可以跨膜一次，也可以跨膜多次。

08.0069 膜募集 membrane recruitment
信号转导中，在受体诱导下生物膜将胞质溶胶蛋白质集结，与膜锚定蛋白质组成复合体的过程。

08.0070 膜封闭 membrane sealing
对导致非特异性膜通透性增加的细微膜损伤的修复。在阻止去极化，钙、钠进入以及随之发生的新陈代谢紊乱与细胞骨架的分解中起一定作用。

08.0071 膜骨架 membrane skeleton
细胞质膜胞质侧与膜蛋白质相连的、由纤维状蛋白质组成的网架结构。参与维持细胞质膜的形状，并协助质膜完成多种生理功能。

08.0072 膜合成 membrane synthesis
细胞中新的细胞膜形成的过程。绝大多数脂质在内质网上合成使内质网膜增大，内质网膜通过出芽形成运输囊泡，运输囊泡与其他细胞膜结构融合，这个过程保证整个细胞膜结构的来源。

08.0073 膜平衡 membrane equilibrium
生物膜一侧的正向过程速度与其另一侧的逆向速度相等的状态。即反应的自由能达最小值时的状态。一般有两种情况：①膜两侧无机盐离子交换后浓度相等时达到平衡；②在膜的一侧存有带电荷的大分子和代谢物，它们将吸引自由跨膜的无机盐小离子，引起唐南平衡。

08.0074 唐南平衡 Donnan equilibrium
由于半透膜两侧有蛋白质的不均匀分布，致使可扩散的小分子物质在膜两侧达到平衡时亦出现不对称分布的现象。

08.0075 血影细胞 erythrocyte ghost, ghost cell, ghost
缺失正常细胞质的红细胞。通过先控制降低悬浮介质的渗透压以引起红细胞破裂，继而恢复正常渗透条件使红细胞膜的裂口重新封闭，即可获得仅携空红细胞膜的血影细胞。该种细胞在膜特性的研究中极为有用。

08.01.04 膜 蛋 白 质

08.0076 膜蛋白质 membrane protein
存在于各类细胞膜（包括细胞质膜和各类细胞器膜）中的蛋白质。有膜周边蛋白质和膜整合蛋白质两种类型。

08.0077 膜周边蛋白质 peripheral membrane protein
又称“周边膜蛋白质”“表面膜蛋白质”“膜外在蛋白质（extrinsic membrane protein）”。一类和细胞质膜结合比较松散不嵌入脂双层的膜蛋白质。可以通过提高离子强度和加入螯合剂，将它们从细胞质膜上解离并释放到溶液中。

08.0078 膜整合蛋白质 integral membrane protein
又称“整合膜蛋白质”“膜内在蛋白质（intrinsic membrane protein）”“内在膜蛋白质”。镶嵌于或整合于脂质双层中的膜蛋白质。

08.0079 陷窝蛋白 caveolin
一类维持脊椎动物细胞质膜穴状内陷结构的膜整合蛋白质。以寡聚体形式排列在细胞质膜穴状内陷的胞质侧表面，是维持细胞质膜穴状内陷结构的主要蛋白质成分。参与不依赖受体的胞吞过程。

08.0080　糖基磷脂酰肌醇锚定蛋白质　glycosylphosphatidylinositol-anchored protein, GPI-anchored protein

简称“GPI 锚定蛋白质”。通过 C 端共价结合糖基磷脂酰肌醇而锚定在膜上的蛋白质。这些膜蛋白质本身缺乏跨膜区和伸进胞质的尾部，都位于质膜外侧。在极性上皮细胞中它们往往靶向质膜的顶区。

08.0081　跨膜蛋白质　transmembrane protein

又称“穿膜蛋白质”。其多肽链从膜的一侧跨向另一侧的一类膜整合蛋白质。许多受体属于跨膜蛋白质。

08.0082　四跨膜蛋白　tetraspanin

又称“四次穿膜蛋白”。细胞膜上四次跨膜的一类蛋白质超家族。其成员很多，如质膜中 CD9、CD18、CD81 和 CD151 等；也存在于溶酶体膜中，如溶酶体相关膜蛋白质。

08.0083　转运蛋白　transporter

又称“转运体”“运输蛋白”。介导生物膜内外的化学物质以及信号交换的一类膜蛋白质。能够跨膜转运特异营养物、代谢物、离子或蛋白质等。

08.0084　协同转运蛋白　cotransporter

将一种化学物质（如钠离子）顺其浓度梯度（即从高浓度一边向低浓度一边）的放能跨膜转运与另一种物质（如葡萄糖）的逆浓度梯度的耗能跨膜转运进行反向偶联，从而促使后一种物质被逆浓度梯度转运进入细胞内的一类膜转运蛋白。

08.0085　离子转运蛋白　ion transporter

又称“离子转运体”。负责跨膜转运各种离子并能将其在不同细胞隔室中的浓度维持于正常水平的膜蛋白质。如酿酒酵母家族的 SMF1，是转运 Mn^{2+}、Zn^{2+}、Cu^{2+}、Fe^{2+}、Cd^{2+}、Co^{2+}与 Ni^{2+}等多种金属离子的转运蛋白。

08.0086　ATP 结合盒转运蛋白　ATP-binding cassette transporter, ABC transporter

简称“ABC 转运蛋白”。含有一个结合 ATP 盒式结构域，广泛存在于真核生物和原核生物中的一类跨膜转运蛋白超家族。将 ATP 水解释出的能量提供给各种分子进行跨膜转运。如 ABC 转运蛋白 A1 可介导胆固醇与磷脂向其接纳体载脂蛋白 A-Ⅰ（ApoA-Ⅰ）活跃外流。

08.0087　ATP 结合盒转运蛋白 A1　ATP-binding cassette transporter A1, ABCA1

简称“ABC 转运蛋白 A1”，又称“ATP 结合盒转运体 A1”“胆固醇流出调节蛋白质（cholesterol-efflux regulatory protein, CERP）”。存在于巨噬细胞、脑、肾、肠及胎盘等组织细胞膜的一类膜整合蛋白质。由 2261 个氨基酸组成，含有 2 个核酸结合区、1～2 个跨膜区，每个跨膜区由 6 个 α 跨膜螺旋组成。可介导细胞内胆固醇及磷脂转运至细胞外，再由载脂蛋白运走。

08.0088　带 3 蛋白质　band 3 protein

人类红细胞的一种 90kDa 膜蛋白质。可作为阴离子转运和交换的对输载体，并具有碳酸酐酶活性，催化二氧化碳生成和二氧化碳运输的作用。

08.0089　质子泵　proton pump

能逆浓度梯度转运氢离子通过膜的膜整合蛋白质。其驱动依赖于 ATP 水解释放的能量，在泵出氢离子时造成膜两侧的 pH 梯度和电位梯度。

08.0090 囊性纤维化跨膜传导调节蛋白 cystic fibrosis transmembrane conductance regulator, CFTR

又称“囊性纤维化跨膜转导调节因子”。属于 *CFTR* 基因编码的膜整合蛋白质。可发挥氯离子通道作用并可控制其他转运途径的调节。在结构上与膜缔合的 ATP 依赖性转运蛋白相似。已检出北欧有 70%的 CF 染色体源自该蛋白质的基因突变，患者显现囊性纤维化和双侧输精管的先天性发育不全。

08.0091 KDEL 受体 KDEL receptor

内质网的一种跨膜蛋白质。能识别重返内质网和高尔基体的蛋白质所携赖–天冬–谷–亮氨酸（KDEL）4 肽序列的受体。蛋白质合成后，大部分随主流离开内质网，但其中有些将重返内质网和高尔基体。内质网和高尔基体含有的 KDEL 受体能识别重返蛋白质羧基端的 KDEL 序列“信号”，可防止肽链发生错误折叠和错误组装。

08.0092 攻膜复合物抑制因子 membrane-attack complex inhibitory factor, MACIF

T 细胞的表面抗原。属 CD59 糖蛋白的前体。能强烈抑制攻膜复合物，并同一种聚糖磷脂酰肌醇（G-PI）锚形成复合物，保护宿主细胞免受补体的攻击。人 CD59 由 128 个氨基酸残基组成，分子量为 14.18kDa。

08.0093 膜结构域 membrane domain

脂质组分以及脂质–蛋白质相互作用使生物膜上形成不均一的膜区域。在信号转导和膜运输中发挥重要作用。

08.0094 膜插入信号 membrane insertion signal

当跨膜蛋白质的多肽链插入膜时，依靠其 N 端或 C 端上进行介导的一段序列。

08.0095 膜泵 membrane pump

由膜蛋白质组成的能量转导体。能帮助某些物质完成跨膜主动转运，所需自由能来自 ATP 或光照。如人红细胞膜的钠泵即 Na^+/K^+-ATP 酶。

08.0096 膜受体 membrane receptor

能与细胞外信号分子结合，并向细胞内效应系统转导信号位于细胞膜内或其上的蛋白质。如胆碱能受体、信号分子（包括激素、生长因子）等。

08.0097 膜重建 membrane reconstitution

膜蛋白质用去垢剂溶解和从膜骨架移除以后，为研究其功能而将其重构成同类膜结构的过程。典型的膜重建就是膜蛋白质溶解的简单逆过程。加入磷脂，清除去垢剂，含有膜蛋白质的可溶性颗粒即可从微团转变成脂双层。

08.0098 膜蛋白质重建 membrane protein reconstitution

使膜蛋白质重组到脂双层膜中研究其生化特性的一项重要技术。一般用低浓度的温和去垢剂溶解与纯化膜蛋白质，若在移除去垢剂前将纯化的膜蛋白质同磷脂混合，活性蛋白质分子即可插入磷脂形成的脂双层，重建具有功能的膜蛋白质系统。

08.0099 成孔蛋白质 pore-forming protein

又称“膜毒素（membrane toxin）”。一类能与靶膜结合，通过破坏膜和改变膜的通透性侵入细胞而导致胞溶的蛋白质。

08.0100 [膜]孔蛋白 porin

分布于线粒体外膜、叶绿体膜和革氏阴性菌外膜中的跨膜蛋白质。其三聚体形成的孔蛋白通道允许分子量小于 600Da 的水溶性溶质通过。

08.0101　跨膜结构域　transmembrane domain

又称“穿膜域”“跨膜区（membrane-spanning region）”。跨膜蛋白质跨越生物膜部分的结构。由疏水氨基酸或中极两性的氨基酸组成的 α 螺旋结构，但是也有一些是 β 片层结构。对一特定的跨膜蛋白质而言，跨膜的次数可以是一次，也可以是多次。

08.0102　膜远侧区　membrane-distal region

跨膜蛋白质在胞质内远离质膜一端的多肽链结构区域。

08.0103　膜近侧区　membrane-proximal region

跨膜蛋白质在胞质内接近质膜一端的多肽链结构区域。

08.0104　膜整合锥　membrane-integrated cone

膜上的锥状整合蛋白质。

08.0105　神经元质膜受体　neuronal plasma membrane receptor

介导神经元间信号传递的内嵌于质膜特定微结构域内的受体。对于神经元间信号相应的定位、整合和加工都至关重要。

08.0106　跨膜螺旋　transmembrane helix

又称“穿膜螺旋”。膜整合蛋白质跨膜结构域的特征结构。一段长约 20 个氨基酸残基组成的 α 螺旋，因为膜脂双层的疏水特点，组成跨膜螺旋的氨基酸都是疏水氨基酸。不同的膜整合蛋白质具有的跨膜螺旋数不同，从一个到多个不等。

08.0107　跨膜结构域受体　transmembrane domain receptor

又称“穿膜域受体”。具有跨膜结构域的受体。多由疏水性氨基酸组成。由含有与配体相互作用的细胞外结构域、将受体固定在细胞膜上的跨膜结构域和起传递信号作用的细胞内结构域三部分构成。

08.0108　信号序列受体　signal sequence receptor, SSR

糙面内质网上存在的特异受体。能与分泌性蛋白质氨基末端的信号序列结合，导致合成信号序列的游离核糖体与糙面内质网结合，与此同时，在信号序列周围形成一瞬间跨膜小孔，使新合成的多肽链跨过内质网膜。

08.0109　跨膜易化物　transmembrane facilitator

又称“穿膜易化物”。一类跨膜转运蛋白超家族。其成员都是由具有 12 个或 14 个跨膜螺旋区的单条多肽链组成，具有促进小溶质分子跨膜转运的功能。该家族的不同成员，分别以单向转运、同向转运或反向转运的方式负责对不同溶质分子的转运。

08.01.05　膜运输与膜转运

08.0110　膜运输　membrane trafficking

细胞与环境、细胞与细胞之间和细胞内与膜有关的物质运输。

08.0111　膜转运　membrane transport

物质以特定的方向从质膜的一侧转移到另一侧的过程。由于有专门的蛋白质的帮助，所以转移的速度比单纯的扩散快。广义的膜转运包括细胞内与膜结构有关的转运。

08.0112　主动转运　active transport

一种需要能量与载体蛋白质的逆浓度梯度的分子跨膜运动。如肠黏膜细胞从糖浓度低的肠腔摄取葡萄糖的过程。

08.0113　协同转运　co-transport

两种化学物质的协同跨膜转运。该两溶质分子的同时转运是由单个转运蛋白完成。分为反向转运和同向转运两类。

08.0114　反向转运　antiport

又称“逆向转运”。由同一种膜蛋白质将两种不同的离子或分子分别向膜的相反方向转运的一种协同转运方式。如通过 Na^+/H^+ 反向转运蛋白质将 H^+ 泌出细胞而使 Na^+ 流入、ADP/ATP 转运、Ca^{2+}/H^+ 转运、氯霉素/H^+ 转运和硫胺素/H^+ 转运等。

08.0115　反向转运蛋白　antiporter

又称“反向转运体”。能将两种溶质以相反方向跨膜转运的载体蛋白质。

08.0116　同向转运　symport

物质的逆浓度梯度跨膜转运与所依赖的另一物质的顺浓度梯度跨膜转运的转运方向相同的一种协同转运方式。

08.0117　同向转运蛋白　symporter

又称“同向转运体”。能将两种溶质以相同方向跨膜转运的载体蛋白质。

08.0118　被动转运　passive transport

离子或小分子在浓度差或电位差的驱动下顺电化学梯度的一种跨膜转运。

08.0119　被动扩散　passive diffusion

离子或小分子在浓度差或电位差的驱动下，不需要任何特定的转运介质或载体，而通过膜的一种转运形式。不需要直接的能量输入。

08.0120　易化扩散　facilitated diffusion

又称“促进扩散”。溶质的跨膜转运需要一个或多个载体或转运蛋白参与的一种被动介导转运方式。达到膜两侧平衡分布与单纯扩散一样，但在特异性转运蛋白作用下溶质的跨膜移位不需消耗代谢能量。

08.0121　单纯扩散　simple diffusion

又称“自由扩散（free diffusion）”。小分子由高浓度区向低浓度区的自行跨膜运输。属于最简单的一种物质运输方式，不需要消耗细胞的代谢能量，也不需要专一的载体。

08.0122　穿胞转运　transcellular transport

又称“跨胞转运”“跨细胞运输”。穿过细胞将物质运入或运出细胞的过程。如穿过肾小管和胃黏膜的转运。

08.0123　跨膜转运　transmembrane transport

蛋白质以及小分子溶质通过生物膜转运的过程。由结合在膜上的转运蛋白将它们直接跨越膜运达细胞不同的拓扑空间。

08.0124　单向转运　uniport

同一膜上，一种物质跨膜的转运与另一种物质跨越此膜转运无关的现象。负责单向转运的是一类跨膜转运蛋白。

08.0125　膜易位　membrane translocation

又称“膜转位”。真核细胞中蛋白质在核糖体上合成后，按照各自特有的分拣标识会运送到各自发挥功能的细胞部位的过程。涉及穿过膜进入细胞核和各种细胞器或整合到膜上。

08.0126　运载体　carrier

细胞内结合特定物质，并携其或通过生物膜或在机体液中转运的蛋白质。

08.0127　膜[运]载体　membrane carrier

存在生物膜内负责各种溶质分子跨膜转运

的一种载体蛋白质。有助于完成易化扩散和主动转运。如线粒体内膜含有一载体家族，参与经氧化磷酸化合成ATP。其中ADP/ATP载体介导ADP和ATP的转运，磷酸盐载体则介导正磷酸与H^+的同向转运。

08.0128　离子载体　ionophore

在溶液中能与金属离子结合并为其提供跨越天然或人工膜脂质屏障通道的一类天然或合成的物质。可分为笼式运载体和通道运载体两大类。

08.0129　笼式运载体　cage carrier

金属离子被其包围而转运的载体。

08.0130　通道运载体　channel carrier

在膜上形成离子引导微孔的载体。

08.0131　膜质子传导　membrane proton conduction

质子的跨膜转运。影响膜质子传导的重要因素有膜两侧的H^+电化学梯度（质子泵的作用）、带负电的质子载体及膜电位与膜阻抗。

08.0132　内化　internalization

细胞通过胞吞将某种外界大分子物质（液体和颗粒）摄入细胞或机体的过程。常由受体介导并经历膜融合与分裂等一系列步骤，形成内体和次级溶酶体。

08.0133　胞吐[作用]　exocytosis

又称“外排[作用]”。细胞内大分子物质通过小泡与细胞膜融合、在融合蛋白的帮助下被释放到胞外的过程。

08.0134　胞吞[作用]　endocytosis

又称“内吞[作用]”。通过质膜内陷形成膜泡，将物质摄入细胞内的过程。包括吞噬和胞饮。

08.0135　吞噬[作用]　phagocytosis

摄入颗粒物质时，细胞部分变形，使质膜凹陷或形成伪足将颗粒包裹摄入细胞的过程。

08.0136　胞饮[作用]　pinocytosis

又称“吞饮[作用]”。摄入溶质或液体时，细胞膜内陷包裹细胞外物质形成囊泡，并与溶酶体融合，最终将囊泡内物质水解的过程。

08.0137　受体介导的胞吞　receptor-mediated endocytosis

质膜经内陷将结合在细胞表面专一受体上的细胞外物质摄取到细胞内的过程。质膜逐渐内陷并脱离质膜后形成膜围小泡（早期内吞体）。

08.0138　分拣　sorting

受体介导的胞吞过程中的一个环节。泛指生物大分子在细胞内的定向转运过程。可特指受体和配体复合体内化后，将配体留在早期内体，而将膜受体纳入新生的内体小泡并转运回到质膜上，实现受体的再循环的过程。

08.0139　受体介导的胞饮　receptor-mediated pinocytosis

通过受体介导将特殊的、比较小的溶质有选择性的连续地摄入细胞内的过程。是穿越细胞膜运送物质的方式之一。

08.0140　胞吞转运　transcytosis

细胞将胞外大分子在一侧以受体介导胞吞作用摄入胞内，经内体分拣，小泡穿过细胞质转运，在另一侧将物质外排到胞外间隙的转运过程。

08.02 信号转导

08.02.01 概述

08.0141 信号转导 signal transduction

生物细胞对内外刺激或信号发生反应，并据以调节细胞代谢、增殖、分化、功能活动和死亡的过程。这个过程对细胞之间的相互作用和机体的和谐统一起重要作用。

08.0142 跨膜信号转导 transmembrane signal transduction

又称“穿膜信号转导”“跨膜信号传递(transmembrane signaling)”“穿膜信号传送”。通过信号分子与其在细胞的各种膜上的特异性受体结合，引起信号转导级联反应，产生生理响应，使细胞的生长、增殖、发育、分化与死亡得以协调进行的过程。

08.0143 光转导 phototransduction

将光能转变为电信号的生物化学过程。如，光刺激被光感受器细胞的受体接受后，通过与受体偶联的G蛋白激活视紫红质，后者则捕获光子并将其转变为电信号，最终产生视觉。是视觉信号转导系统的重要组成部分。又如，植物光合作用中也有光转导。

08.0144 机械力转导 mechanotransduction

细胞在接受包括摩擦力、压力、牵引力、重力和剪切力等机械力刺激时，将这些刺激信号的机械能转化为电信号或生物化学信号并最终引起细胞生理反应的过程。

08.0145 嗅觉转导 olfactory transduction

气味分子与嗅觉感受神经元上的嗅毛的嗅觉受体结合后，通过酶级联反应产生电信号的生物化学过程。嗅觉受体与嗅觉特异性的刺激性G蛋白相偶联，可诱导细胞内cAMP水平的升高。

08.0146 细胞通信 cell communication

多细胞生物中细胞间或细胞内精确高效地发送与接收信息，并通过放大机制引起快速的细胞生理反应的过程。

08.0147 细胞间通信 intercellular communication

细胞与细胞之间的信号转导过程。可通过突触或紧密连接等实现细胞间的直接接触并传递信号，也可通过一个细胞释放信号分子由另一细胞接收并产生效应。包括外泌体在内的细胞外囊泡是其重要介质。

08.0148 细胞内通信 intracellullar communication

细胞内的信号转导过程。如，各种细胞器包括细胞核、质膜、线粒体和质体之间的信号传递及其交互调节作用。

08.0149 化学通信 chemical communication

细胞分泌一些化学物质(如激素)至细胞外，作为信号分子作用于靶细胞，调节其功能的过程。

08.0150 细胞信号传递 cell signaling

又称“细胞信号传送”。泛指细胞的各种信号转导过程。即信号分子从合成的细胞中释放出来，然后进行传递的过程。

08.0151 旁分泌信号传递 paracrine signaling

又称“旁分泌信号传送”。细胞分泌信号分子作用于附近其他细胞的一类细胞间信号转导过程。信号分子主要通过扩散而发挥作用。

08.0152　内分泌信号传递　endocrine signaling
又称“内分泌信号传送”“激素信号传递（hormonal signaling）”。由内分泌细胞分泌信号分子（如激素）作用于其他细胞的一类细胞间信号转导过程。如果靶细胞与内分泌细胞可相距较远，通常起作用较慢但较持久。

08.0153　近分泌信号传递　juxtacrine signaling
又称“近分泌信号传送”“依赖接触的信号传递（contact-dependent signaling）”。细胞产生信号分子，通过密切接触而作用于邻近其他细胞的一类细胞间信号转导过程。信号分子并不从产生细胞扩散出去，而是主要有三种形式：一是细胞膜上的配体与邻近其他细胞的受体相结合；二是细胞上的受体与邻近其他细胞分泌的胞外基质配体（糖蛋白或其他信号分子）相结合；三是细胞质内的信号通过某种小通信器官传送到邻近其他细胞的细胞质中，通常由较小的信号分子完成。

08.0154　自分泌信号传递　autocrine signaling
细胞分泌信号分子作用于同一细胞的一类细胞信号转导过程。

08.0155　胞内分泌信号传递　intracrine signaling
细胞内的信号分子不分泌而作用于同一细胞内的受体或效应分子的一类细胞信号转导过程。有关的信号分子包括某些性激素、血管紧张素和生长因子。

08.0156　由内向外信号传递　inside-out signaling
从细胞内或细胞核内向细胞外或细胞核外进行信号转导的过程。可影响到细胞外或细胞核外的生理活动。如细胞内其他信号转导途径的预先激活决定了细胞膜上整联蛋白的激活；细胞核内的因子决定了胞质溶胶内的信号转导等。

08.0157　由外向内信号传递　outside-in signaling
从细胞外或细胞核外向细胞内或细胞核内进行信号转导的过程。

08.0158　钙离子信号传递　calcium signaling, calcium signal transmission
以钙离子为第二信使的细胞信号转导过程。可被细胞内贮存库中释放的钙离子或通过质膜离子通道进入细胞的钙离子所激活，并调节多种细胞生理活动，包括受精、分泌、神经传递和细胞迁移等。

08.0159　突触信号传递　synaptic signaling
又称“突触信号传送”。在神经元与靶细胞之间形成的一类通过突触而进行的特殊旁分泌信号转导过程。由神经元所产生的电信号诱发神经递质的释放，跨过突触间隙作用于靶细胞。

08.0160　协同组装介导的信号传递　signaling via cooperative assembly formation, SCAF
细胞信号转导途径中上游蛋白质的寡聚化或相互作用对下游蛋白质的寡聚化或相互作用起协同作用，从而促进多蛋白质组装体的形成并激活信号转导的过程。可因上游蛋白质的构象改变向下游蛋白质暴露多个作用部位，提供支架功能并促进其激活。

08.0161　信号[传递]级联反应　signaling cascade
通过多次的逐级放大使较弱的输入信号转变为极强的输出信号，导致各种生理响应的过程。主要由具有催化作用的酶或蛋白质、胞内第二信使等参与。一般包括磷酸化和去磷酸化反应。

08.0162　信号放大　signal amplification

信号转导过程所产生的最终靶效应远远高于输入信号强度的现象。这是由于输入的信号通过信号转导级联反应被逐级放大，并生成对靶物质的产生起作用的酶或效应物所造成的结果。信号的过度放大可能有害，因此细胞通过抑制性受体或诱饵受体等对其进行控制。

08.0163　信号会聚　signal convergence

不同信号产生相同或者类似生物学效应的现象。这是因为不同的受体可以通过相同的信号分子传递信号，不同的信号也可以通过不同的受体激活相同的信号通路，以及不同的刺激通过各种信号通路而激活相同的转录因子。是细胞对信号整合和协调的反映。

08.0164　信号发散　signal divergence

一种信号产生多种不同生物学效应的现象。这是因为一种信号可以激活多种受体，或者可以激活多条信号转导途径，以及一条信号通路中的成分可以激活另一条信号通路。是细胞内信号通路网络化的体现。

08.0165　信号整合　signal integration

系统接受多信号并产生适合细胞或生物体需要的统一应答能力。

08.0166　[信号]串流　cross-talk

又称“信号互传”“信号互调”。在相互平行的各条信号转导途径之间交互发生的信号传递与调节。其机制可以是细胞同时接受多种刺激，而每一种刺激可以同时激活多条信号通路；也可以是一个信号分子参与或调节多条信号通路。

08.0167　信号转导途径　signal transduction pathway

又称“信号转导通路”“信号通路（signal pathway）”。信号分子与其在细胞受体结合后所引起的一系列有序的酶促级联反应过程。通过这些过程信号逐级传递并且放大，最终达至效应器，并产生各种生理或病理效应。

08.0168　分支信号转导途径　branched signal transduction pathway

上游信号分子受到刺激后引发出两个以上不同的下游信号通路，产生不同生理效应的过程。可包括分叉信号转导途径和多分支信号转导途径。

08.0169　分叉信号转导途径　bifurcating signal transduction pathway

上游信号分子受到刺激后引发出两条不同的下游信号通路，产生不同的生理效应的过程。如磷脂酶 C 被激活后产生两种第二信使：肌醇三磷酸和甘油二酯。前者导致钙离子释放；后者激活蛋白质激酶 C 而引发相关效应。

08.0170　多分支信号转导途径　multiply branched signal transduction pathway

上游信号分子受到刺激后引发出多条不同的下游信号通路，产生不同生理效应的过程。如表皮生长因子与受体结合后激活 Ras、STAT 和 Akt 等多个通路。

08.0171　G 蛋白-腺苷酸环化酶途径　G protein-adenylate cyclase pathway

又称“cAMP-PKA 途径（cAMP-protein kinase A pathway）”“PKA 途径（protein kinase A pathway, PKA pathway）”。G 蛋白偶联受体介导的细胞内信息转导途径之一。由肾上腺素、胰高血糖素等激素作用于膜受体后，通过 G 蛋白激活腺苷酸环化酶，生成的第二信使cAMP再作用于蛋白质激酶A产生生物学效应的过程。

08.0172　MAPK途径　MAPK pathway

以促分裂原活化的蛋白质激酶（MAPK）为代表的信号转导途径。将胞外信号经受体、G蛋白/小G蛋白、蛋白质激酶、转录因子等组成的信号网络，传递到胞内，参与细胞增殖、分化、癌变、转移、凋亡等，不同的生长刺激、应激刺激，在不同的细胞，经不同细胞骨架局限的不同信号通路，可产生多种效应的过程。是细胞增殖、应激、炎症、分化、功能同步化、转化、凋亡等信号转导途径的共同交汇途径之一。

08.0173　Ras-Raf-MAPK级联反应　Ras-Raf-MAPK cascade reaction

各类细胞外信号通过不同的受体型酪氨酸激酶（RTK）或G蛋白偶联受体激活Ras，活化的Ras激活丝氨酸/苏氨酸激酶级联放大效应，招集胞质溶胶内Raf1丝氨酸/苏氨酸激酶至细胞膜上，Raf激酶磷酸化MAPK激酶（MAPKK），激活MAPK，MAPK被激活后，转至细胞核内，直接激活转录因子的过程。

08.0174　JAK-STAT信号转导途径　Janus kinase-signal transducer and activator of transcription pathway, JAK-STAT pathway

一条多种细胞因子共用的信号转导途径。是由非受体型酪氨酸蛋白质激酶JAK激活转录激活因子STAT所介导的信号转导途径。STAT是一组转录因子，含有SH2和SH3结构域，可与含磷酸化酪氨酸的肽段结合。

08.0175　固有免疫信号传递　innate immune signaling

介导固有免疫应答的细胞信号转导。

08.0176　Wnt信号传递　Wnt signaling

由Wnt蛋白所介导的细胞信号转导，在干细胞更新、细胞增殖、细胞分化、细胞极化、图式形成等过程中起重要调节作用。Wnt蛋白是一组分泌性糖蛋白，并与棕榈酸共价相连，最初得名自果蝇体节极性基因wingless及其在脊椎动物的同源基因 *int-1*。细胞外Wnt蛋白可激活多个细胞内信号转导通路，包括经典及非经典通路。

08.0177　Hedgehog信号传递　Hedgehog signaling

由Hedgehog（HH）蛋白所介导的细胞信号转导。在胚胎发育、组织再生、干细胞更新等过程中起重要调节作用。HH蛋白是一组含有N端信号肽的分泌性糖蛋白，最初在果蝇基因的遗传学筛选中发现，得名于其突变体胚胎杂乱无章的毛发与刺猬身上的刺的相似性，以后发现HH蛋白可决定相邻细胞的图式形成，又发现哺乳动物的三种HH蛋白，分别命名为SHH、IHH和DHH。

08.0178　Smad信号传递　Smad signaling

由各种Smad蛋白所介导的细胞信号转导。Smad蛋白是一组高度保守而结构相似的转录因子，可介导转化生长因子β超家族的信号转导，在细胞生长及发育调节方面有重要功能。

08.0179　Notch信号传递　Notch signaling

多细胞生物发育过程中调节细胞命运决定保持成体组织稳态的近分泌信号转导通路。Notch受体为单次跨膜蛋白质，与多种配体结合后可进行受控膜内蛋白酶解，释放其胞内域进入细胞核内调节靶基因的转录。

08.0180　mTOR信号传递　mTOR signaling

由哺乳动物雷帕霉素靶蛋白（mTOR）介导

的细胞信号转导。在物质与能量代谢、细胞生长、神经发生、自噬、免疫应答等过程中起重要调节作用。

08.0181　信号转导网络　signal transduction network
不同的信号转导途径相互作用和影响，形成的复杂网络。协调地发挥信号的接收、处理和分发等功能，调节细胞的生命活动。

08.0182　并发检测　coincidence detection
对共同发生的两个生物化学反应或过程的检测。如信号转导中须确定两个通路同时激活才能产生效应，其确定过程。

08.0183　脱敏　desensitization
细胞或者机体对持续的，而且强度不变的刺激所产生的响应在一定时间内减弱的现象。

08.0184　信号脱敏　signal desensitization
信号转导中细胞受体或受体下游受某种因素作用而使细胞对外界刺激信号的反应能力减弱或丧失的现象。

08.0185　同源脱敏　homologous desensitization
信号转导中的一种只作用于原本被激活受体的适应性脱敏效应，由下游分子反馈抑制原本被激活受体的现象。

08.0186　异源脱敏　heterologous desensitization
信号转导中的一种可作用于多个不同受体的适应性脱敏效应，由下游分子反馈抑制原本被激活的受体及会聚于同一途径其他受体的现象。

08.0187　复敏　resensitization
细胞或者机体从脱敏中恢复过来，增强对激动剂的敏感性和反应性的现象。机制不明。对因受体磷酸化引起的短期脱敏来说，受体去磷酸化可能造成复敏。

08.0188　致敏　priming
以不足以使生物系统产生反应的少量刺激物作用于该系统，却能使其对特定的刺激物产生更为强大的生理响应的现象。如小剂量的脂质炎症因子提高炎细胞对炎症介质的敏感性，从而增强了炎性细胞的浸润和吞噬等功能。

08.0189　调节回路　regulatory circuit
在一个复杂系统中，因各个组分相互作用而调节其表达与功能而产生的通路。与电路相似，可涉及信号的接收、放大、转导、终止与反馈。

08.0190　由内向外调节　inside-out regulation
由细胞内或细胞核内的某些因素对细胞外或细胞核外的信号转导所进行的调节。如由细胞内的因子决定细胞表面受体的激活或由细胞核内因子调节胞质溶胶蛋白质进入细胞核等。通过激活细胞膜或核膜上面的受体而介导生理响应的现象。

08.0191　由外向内调节　outside-in regulation
由细胞外或细胞核外的某些因素对细胞内或细胞核内的信号转导所进行的调节。

08.0192　自调节　autoregulation
生物分子调节其自身的活性或表达的现象。如某一个转录因子的基因受该转录因子的调节或某蛋白质激酶受其本身的调节。

08.0193　前馈调节　feedforward regulation
系统的输入调控输出的机制。如，信号转导中由始端配体分子调节终端效应分子的激活或由第二信使分子调节同一信号转导途径下游某一步骤的激活。

08.0194　反馈调节　feedback regulation
系统的输出调控输入的机制。如，信号转导中由终端效应分子调节配体与受体结合或受体的激活。

08.0195　同源适应　homologous adaptation
所引起的适应只对同一刺激源产生效应的现象。如，信号转导中的一种只作用于原本被激活受体的适应性反馈调节机制。

08.0196　异源适应　heterologous adaptation
所引起的适应可对不同的刺激源产生效应的现象。如，信号转导中的一种可作用于多个会聚于同一通路的不同受体的适应性反馈调节机制。

08.0197　自诱导　autoinduction
一种生物分子诱导自身或相关分子激活的现象。有时特指革兰氏阴性菌根据细胞群体密度而调节基因表达的一种机制。可通过自诱导物与特定转录激活蛋白的结合而实现。

08.0198　自诱导物　autoinducer
可诱导自身或相关分子激活的生物分子。有时特指革兰氏阴性菌产生的一种能自由扩散的小信号分子（即信息素）。在细菌对环境、生理和代谢条件产生响应时起重要作用。如细菌依据信息素的细胞外浓度而调节其群体的密度。

08.0199　细胞靶向　cell targeting
将蛋白质和核酸等特定分子送入特定细胞，或通过特定技术使特定细胞失去某种生物活性的过程。在科学研究和疾病治疗中有重要意义。可以利用细胞表面的特殊蛋白质、病毒对不同细胞的亲和力以及基因表达调节元件等来实现细胞靶向。

08.02.02　信号分子与受体

08.0200　信号分子　signaling molecule
在细胞间或细胞内负责传递信息的多种不同分子。包括蛋白质、肽、氨基酸、脂质或气体分子等。

08.0201　信号识别颗粒　signal recognition particle, SRP
能够识别并结合刚从游离核糖体上合成出来的信号肽的一种核糖核酸-蛋白质复合物。可暂时中止新生肽的合成，又能与其在内质网上的受体（即停靠蛋白质）结合而将新生肽转移入内质网腔，防止蛋白质水解酶的降解作用。

08.0202　信号识别颗粒受体　signal recognition particle receptor, SRP receptor
存在于粗糙内质网膜和原核生物的细胞质膜的表面，识别信号颗粒的受体。主要功能是将正在合成带有信号肽的分泌蛋白质前体的核糖体定位于相应膜上的蛋白质转运通道处。

08.0203　信号锚定序列　signal-anchor sequence
跨膜蛋白质中的一种独特的信号序列。其作用是将这些蛋白质锚定在脂双层膜上。有两种类型。I 型序列介导跨膜蛋白质 N 端域的锚定，II 型则介导其余部分的锚定。

08.0204　信号调节蛋白质　signal regulatory protein, SIRP
特指一组主要表达于髓样细胞表面并含有免疫球蛋白结构域的受体型跨膜糖蛋白。可参与信号转导的调节。人的这个家族至少有 15 个成员。此家族成员中有很多成对受体，其胞外配体结合结构域相似但胞质尾区不同，因而信号转导功能各异，可分别起激活或抑制作用，也有一些受体并不参与信号传递。如，具有抑制活性的 SIRPa 的配体为 CD47 和表面活性蛋白 A，而同一家族的 SIRPg 可结合 CD47 但并不传递激活或抑制信号。

08.0205 分拣信号 sorting signal

在细胞内被转运的蛋白质上面的特异序列。分散在分子内时称“信号斑(signal patch)”。接受这些蛋白质的细胞内区室的膜上有能识别这些信号序列的受体。

08.0206 体液因子 humoral factor

泛指机体液中的活性因子。包括激素、神经递质和神经肽、细胞因子以及局部化学介质等，是机体内重要的化学信号。

08.0207 第一信使 first messenger

能与细胞受体结合并将受体激活引起细胞内信号转导级联反应的信号分子。实际上就是配体。有激动型和拮抗型两大类。

08.0208 第二信使 second messenger

受细胞外信号的作用，在胞质内形成或向胞质释放的细胞内小分子物质。通过作用于靶酶或胞内受体，将信号传递到级联反应下游，如环腺苷酸、环鸟苷酸、钙离子、肌醇三磷酸和肌醇磷脂等。

08.0209 脂质第二信使 lipid second messenger

细胞内化学性质是脂质的第二信使。包括甘油二酯、肌醇三磷酸、花生四烯酸、磷脂酸和神经酰胺等。可通过受体与细胞外配体结合后其浓度的变化而介导信号转导。

08.0210 第二信使通路 second messenger pathway

第二信使激发的信号转导途径。包括环腺苷酸（cAMP）和环鸟苷酸（cGMP）通路、甘油二酯与肌醇三磷酸双叉通路、Ras 介导的通路、钙离子通路和气体性信使介导的通路等。

08.0211 第二信号系统 second signal system

由产生第二信使的系统和各个第二信使通路组成的信号转导系统。对细胞生理活动正常进行发挥重要作用。

08.0212 环二核苷酸 cyclic dinucleotide

在细菌及哺乳动物中先后发现的一类由相同或不同的两个核苷酸单体环化生成的重要第二信使分子。

08.0213 环二鸟苷[一磷]酸 cyclic diguanosine monophosphate, cyclic diguanylate, c-di-GMP

在细菌中发现的一种由两个鸟苷酸单体环化而成的环二核苷酸。具有第二信使功能。由（GTP）经二鸟苷酸环化酶催化而生成，可被特异性的磷酸二酯酶所降解。可通过与之结合的蛋白质和 RNA 参与调节细胞表面的适应、生物薄层（biofilm）的形成、细胞周期、侵袭等细胞生理过程。被哺乳动物感应蛋白质 STING 识别后可刺激干扰素的产生。

08.0214 环鸟苷酸-腺苷酸 cyclic guanosine monophosphate-adenosine monophosphate, cGAMP

在细菌和哺乳动物中先后发现的一组由一个鸟苷酸与一个腺苷酸单体环化而成的环二核苷酸。具有第二信使功能。由 GTP 和 ATP 经环鸟苷酸-腺苷酸合酶催化而生成，可被特异性的磷酸二酯酶所降解。被哺乳动物感应蛋白质 STING 识别后可刺激干扰素的产生。细菌中的环鸟苷腺苷酸只有 3′-5′ 磷酸二酯键，常用 3′,3′-cGAMP 来标示。哺乳动物的环鸟苷腺苷酸含有 2′-5′和 3′-5′两种不同连接方式的磷酸二酯键，常用 2′,3′-

cGAMP 来标示。

08.0215 干扰素基因刺激因子 stimulator of interferon gene, STING

细胞内参与免疫反应的一种蛋白质。通过环鸟苷酸–腺苷酸合酶-STING 途径参与癌症、自身免疫和炎症疾病、微生物和寄生虫感染性疾病以及其他疾病的调节。在哺乳动物细胞中，病毒双链 DNA（dsDNA）在胞质溶胶中被环鸟苷酸–腺苷酸合酶（cGAS）结合。活化的cGAS酶产生2′,3′-cGAMP二核苷酸，与 STING（干扰素基因刺激因子）效应蛋白质结合，并诱导 I 型干扰素反应。

08.0216 环鸟苷酸–腺苷酸合酶 cyclic guanosine monophosphate-adenosine monophosphate synthase, cyclic GMP-AMP synthase, cGAS

全称“环鸟苷一磷酸–腺苷一磷酸合酶”。哺乳动物中可催化 GTP 和 ATP 经环化生成环鸟苷酸–腺苷酸（cGAMP）的酶。可与胞质溶胶双链 DNA 结合并被其所激活。

08.0217 环二腺苷[一磷]酸 cyclic diadenosine monophosphate, c-di-AMP

在细菌中发现的一种由两个腺苷酸单体环化而成的环二核苷酸。具有第二信使功能。由 ATP 二腺苷酸环化酶催化而生成，可被特异性的磷酸二酯酶所降解。可参与调节细菌的生长及侵袭。被哺乳动物感应蛋白质 STING 识别后可刺激干扰素的产生。

08.0218 二鸟苷酸环化酶 diguanylate cyclase

细菌中可催化 GTP 经环化生成环二鸟苷酸（c-di-GMP）的酶。

08.0219 二腺苷酸环化酶 diadenylate cyclase

细菌中可催化ATP经环化生成环二腺苷酸（c-di-AMP）的酶。

08.0220 环腺苷二磷酸核糖 cyclic adenosine diphosphate-ribose, cADP-ribose

一种在腺苷的 5′-羟基上带有两个磷酸基团并在 5′位置上与核糖相连的环核苷酸。是钙离子信号传递的第二信使分子。由烟酰胺腺嘌呤二核苷酸（NAD）经 ADP 核糖环化酶催化而生成。

08.0221 信号素 alarmone

又称“警信素”。细菌中的一种信号分子。类似于多细胞生物的激素，对各种环境应激的一种反应。有诱导终止蛋白质合成和核糖体核糖核酸基因转录的功能，通过控制许多生化反应以调节代谢。

08.0222 鸟苷五磷酸 guanosine pentaphosphate, pppGpp

细菌的一种具有全局调节功能的鸟嘌呤核苷五磷酸。为第二信使。可因营养缺乏及环境应激而启动严紧反应，调节细菌生长、应激适应、抗生素耐受及病理。可与 RNA 聚合酶结合而调节转录起始，也可直接或间接作用于其他多种蛋白质和调节性 RNA。

08.0223 鸟苷四磷酸 guanasine tetraphosphate, ppGpp

又称“魔点（magic spot）”。细菌的一种具有全局调节功能的核苷四磷酸。为第二信使。可因营养缺乏及环境应激而启动严紧反应，调节细菌生长、应激适应、抗生素耐受及病理。可与 RNA 聚合酶结合而调节转录起始，也可直接或间接作用于其他多种蛋白质和调节性 RNA。

08.0224 磷酸肌醇级联反应 phosphoinositide cascade

由磷脂酰肌醇-4,5-二磷酸水解产生肌醇三磷酸和甘油二酯继而导致钙离子释放和蛋白质激酶 C 激活的级联反应。

08.0225　磷酸酪氨酸　phosphotyrosine

多肽链中羟基被磷酸化的酪氨酸残基。其磷酸化和去磷酸化在信号转导中起重要作用。

08.0226　磷酸苏氨酸　phosphothreonine

多肽链中羟基被磷酸化的苏氨酸残基。是苏氨酸的磷酸酯。

08.0227　磷酸丝氨酸　phosphoserine

多肽链中羟基被磷酸化的丝氨酸残基。是丝氨酸与磷酸形成的酯。

08.0228　超分子组织中心　supramolecular organizing center, SMOC

又称“信号小体（signalosome）”。在细胞特定位置形成的多蛋白质信号转导复合体。可因信号蛋白质浓度的局部增高而诱发协同效应，促进复合体形成及酶活性的提高，从而体现信号转导的协同性以及其在别构调节、信号放大、应答阈限、应答延迟和信号激活与终止的时空限制等方面的特性。如，炎症小体、凋亡体、自噬体等。

08.0229　双组分蛋白质磷酸化系统　two-component protein phosphorylation system

又称“双组分信号转导系统（two-component signal transduction system）”“双组分调节系统（two-component regulatory system）。由感应激酶和应答调节蛋白质共同组成的细胞信号传递系统。感应激酶可被信号分子所激活，作用于应答调节蛋白质而产生生物学效应。既可穿越细胞膜，也可在细胞质内。常见于细菌和古菌。

08.0230　支架蛋白质　scaffolding protein, scaffold protein

泛指含有多个蛋白质结合结构域，可与多个其他蛋白质结合形成复合体并具支撑和维持作用的蛋白质。常见于信号转导中，可与多个信号蛋白质结合组成多亚基复合体，以增强各亚基间的相互作用，便于其激活并将其固定于特定的作用位点。一般不具催化活性，但也有些具有支架功能的酶。

08.0231　跨膜支架　transmembrane scaffold

具有支架功能的跨膜蛋白质。

08.0232　连续磷酸化传递　phosphorelay

简称“磷酸传递”，又称“磷酸中继”。通过蛋白质连续磷酸化调节信号转导途径开启的机制。如组氨酸–天冬氨酸连续磷酸化传递。

08.0233　组氨酸-天冬氨酸连续磷酸化传递　histidyl-aspartyl phosphorelay, HAP

细菌中信号转导的主要模式。在组氨酸蛋白质激酶参与下，磷酸基团在组氨酸和天冬氨酸两个蛋白质之间传递。

08.0234　磷酸化表位　phophoepitope

抗原分子中被磷酸化的免疫表位。针对此磷酸化表位的特异性抗体常用于研究磷酸化蛋白质。

08.0235　泛素结合结构域　ubiquitin-binding domain, UBD

一类结构与功能各异但可非共价结合泛素分子的蛋白质结构域。含有20～150个氨基酸残基，可直接与单个泛素分子或多泛素链结合。含有泛素结合结构域的蛋白质可结合泛素或泛素化蛋白质，本身也可能受到泛素化调节。

08.0236　泛素相关结构域　ubiquitin-associated domain, UBA domain

又称“UBA结构域”。特指一组含有大约45个氨基酸残基并可与单个泛素分子、多泛素链及泛素化蛋白质结合的泛素结合结构域。

08.0237　泛素作用模体　ubiquitin-interacting motif, UIM

一组含有大约20个氨基酸残基的泛素结合模体。可形成较短的α螺旋，其中所有保守的残基均暴露于一面。属于泛素结合结构域。

08.0238　泛素受体　ubiquitin receptor

一组含有泛素结合结构域、可与泛素或泛素化蛋白质结合并负责识别与诠释泛素信号的蛋白质。

08.0239　降解决定子　degron

决定蛋白质泛素化和降解并可被泛素连接酶所识别的蛋白质模体。包括D框、KEN框等多种。

08.0240　磷酸化降解决定子　phosphodegron

其中的丝氨酸、苏氨酸、酪氨酸残基被磷酸化可被激活的一类降解决定子。

08.0241　N端法则　N end rule

蛋白质在机体内的半衰期由其N端的降解决定子所决定的法则。

08.0242　转导蛋白　transducin

一种转导光信号的异源三聚体G蛋白。在眼睛的光感受细胞中与视紫红质偶联，后者被光激活后就将转导蛋白激活，继而激活环鸟苷酸特异性的磷酸二酯酶并将视觉信号逐级放大，最终将光信号转变为神经信号，导致视觉反应。

08.0243　胞质尾区　cytoplasmic tail

又称“胞内结构域(intracellular domain)”。跨膜蛋白质位于细胞质内的区段。受体的胞质尾区常常可作为细胞内激酶的底物，在信号转导中起重要作用。

08.0244　胞外结构域　ectodomain

一般指膜蛋白质位于细胞外的区段。在信号转导过程中常常被细胞表面的内肽酶水解而掉下来，具有调节信号通路的作用。

08.0245　胞外结构域脱落　ectodomain shedding

细胞表面的内肽酶将跨膜蛋白质的胞外结构域水解下来的现象。是细胞响应外来刺激时下调表面受体或黏附分子数量的一种方式，具有调节信号转导的作用。多见于发炎、细胞降解、凋亡和癌变等病理过程。

08.0246　近膜结构域　juxtamembrane domain

跨膜蛋白质位于细胞内靠近质膜一侧的结构域。因配体诱导的胞吞作用而内化的受体的这个区域常含有与内化有关的序列，可影响受体的活性。

08.0247　转导结构域　transducer domain

信号转导蛋白质中保守的、没有催化作用但可介导信号转导的结构域。能与一些蛋白质上面的特异肽段或结构域等结合。这种结合起着分子接头的作用，介导信号转导蛋白质的聚集和靶向定位等。

08.0248　SH2结构域　Src homology 2 domain, SH2 domain

全称“Src同源结构域2”。信号转导蛋白质胞内域中能与磷酸化酪氨酸结合的一段序列。最初在与*SRC*癌基因家族产物同源的受体酪氨酸激酶中发现，但是因其与SH1催化结构域不同而被命名为SH2结构域。主要介导蛋白质之间的相互作用。参与形成信号复合体和组成信号转导链。

08.0249　SH3结构域　Src homology 3 domain, SH3 domain

全称“Src同源结构域3”。信号转导蛋白质胞内域中能与可以与脯氨酸丰富区结合的一段序列。因为与*SRC*家族酪氨酸激酶有同源序列，却与其催化结构域SH1不同而命名为SH3 结构域。主要介导蛋白质之间的相互作用，是生成信号复合体和组成信号转导链的一种接头结构。

08.0250　BH 结构域　Bcl-2 homology domain, BH domain

全称“Bcl-2 同源结构域”。Bcl-2 家族促凋亡蛋白质和抗凋亡蛋白质所特有的结构域。按其结构与功能的不同分为BH1、BH2、BH3和BH4四种，分别介导蛋白质的同源或异源二聚化。

08.0251　BIR 结构域　baculovirus IAP repeat domain, BIR domain

全称“杆状病毒IAP重复序列结构域”。含有约 70 个氨基酸并见于各种具有抗凋亡活性的凋亡蛋白质抑制剂中的锌结合结构域。在凋亡蛋白质抑制剂中可重复出现1～3次。

08.0252　F 框　F-box

泛素连接酶复合体中可与 Skp1 蛋白结合的蛋白质上常见的一段 50 个氨基酸左右的序列。参与蛋白质泛素化及降解。

08.0253　D 框　D-box, destruction box

蛋白质上可被泛素连接酶复合体的 CDC20 或 CDH1 蛋白所识别的 RXXLXXXXN/D/E 模体（其中 X 代表任意氨基酸残基）。可介导蛋白质泛素化及降解。如见于细胞周期蛋白B。

08.0254　KEN 框　KEN box

蛋白质分子上可被泛素连接酶复合体上钙黏蛋白 1（cadherin 1，CDH1）所识别的一种模体。其核心结构是赖谷天冬酰胺XX天冬酰胺/天冬氨酸（其中 X 代表任意氨基酸残基）。可介导蛋白质泛素化及降解，如见于NEK2 激酶。

08.0255　NIMA 激酶　never in mitosis gene A kinase, NIMA kinase

在有丝分裂过程中发挥着重要作用的一类细胞周期调控蛋白质激酶家族。

08.0256　NEK2 激酶　NIMA-related kinase 2, NEK2

又称“NIMA 相关激酶 2”。一种蛋白质丝氨酸/苏氨酸激酶。是NIMA激酶家族成员，其表达异常可造成染色体不稳定，是引发肿瘤的重要原因。

08.0257　糖识别结构域　carbohydrate recognition domain, CRD

动物凝集素分子中与糖结合的肽段。目前已知的糖识别结构域以其肽链序列分为三类：C、S 和 P 型。C 型均位于细胞外，因其活性需钙离子而得名；S 型因活性表达通常依赖巯基而得名；P 型因其结合的主要配体为甘露糖-6-磷酸盐而得名。

08.0258　叉头蛋白质　forkhead protein

果蝇区域同源异形基因 *forkhead* 编码的蛋白质。

08.0259　叉头蛋白质相关结构域　forkhead-associated domain, FHA domain

简称“FHA 结构域”。与叉头蛋白质相关的结构域。是经典的磷酸肽识别结构域。为蛋白质上一段可特异性识别磷酸苏氨酸的序列。横跨约140个氨基酸残基，含有磷酸苏氨酸识别模体。见于原核及真核生物，可参与转录调控以及细胞周期与DNA损伤的修复。

08.0260　叉头结构域　forkhead domain

在一类转录因子中发现的高度保守性 DNA 结合结构域。由 110 个氨基酸残基组成，由果蝇区域同源异形基因 *forkhead* 编码。是指导 DNA 结合作用所必需。

08.0261　叉头框蛋白质　forkhead box protein, FOX protein

含有进化上保守的110个氨基酸残基的DNA结合结构域的一个转录因子家族。

08.0262　叉头框转录因子　forkhead box transcription factor, FTF

又称“叉头盒转录因子”。拥有能结合特定基因组 DNA 的叉头结构域的一个高度保守的蛋白质家族。通过介导转录的激活和抑制，以及与多种辅助因子的相互作用，参与多种细胞过程，包括细胞分化、代谢、细胞周期进程、凋亡和自噬，以及对细胞应激的保护。

08.0263　磷酸酪氨酸结合结构域　phosphotyrosine-binding domain, PTB domain

简称“PTB 结构域”。与磷酸酪氨酸结合的结构域。蛋白质上一段含有 NPXY（天冬酰胺脯 X 酪氨酸，其中 X 代表任意氨基酸）序列，并可识别磷酸酪氨酸的序列。其结构相似，均含有两段正交 β 折叠和一段 C 端的 α 螺旋。不少带 PTB 结构域的蛋白质可参与细胞信号转导。

08.0264　Polo 框　Polo-box

为 Polo 样激酶的特征序列。可识别磷酸丝氨酸和磷酸苏氨酸，辅助激酶与底物的共定位并调节激酶的活性。

08.0265　FYVE 结构域　FYVE domain

含有约 80 个氨基酸残基并可以较高特异性和亲和力与磷酸肌醇三磷酸结合的脂结合结构域。可参与膜运输及转化生长因子 β 的信号转导。最初得名自含有此域的四种酵母蛋白质（Fab1p、YOTB、Vac1p 和 EEA1）。

08.0266　HECT 结构域　HECT domain

最初得名自“与 E6-AP 蛋白 C 端同源（homologous to the E6-AP C-terminus，HECT）”。是 E3 泛素连接酶中常见的蛋白质结合结构域。可与相对应的 E2 泛素结合酶结合，并可通过高度保守的半胱氨酸残基与泛素形成硫酯键，最终导致底物泛素化。在带 HECT 结构域的 E3 催化下，泛素被加上底物蛋白质或其泛素链。

08.0267　LIM 结构域　LIM domain

含有 C-X2-C-X17-19-H-X2-C-X2-C-X2-C-X15-19-C 模体的两个串联重复的锌指结构域。最初发现于鲤鱼 *lin-11*、*Isl-1* 和 *mec-3* 基因产物并因而得名。其分布极广，可根据结构特性细分为三组。带有 LIM 结构域的蛋白质参与转录调控、细胞骨架组构、细胞谱系形成及器官发育等过程，可发挥多种功能。

08.0268　富含亮氨酸重复序列结构域　leucine-rich repeat domain, LRR domain

简称“LRR 结构域”。由串联重复的富含亮氨酸重复序列组成并折叠形成 α 螺旋与 β 折叠交替的马蹄形螺线管样结构的蛋白质结构域。LRR 模体由 20～30 个氨基酸残基的重复序列组成，其中富含疏水性氨基酸亮氨酸。

08.0269　核苷酸结合寡聚结构域　nucleotide-binding oligomerization domain, NOD

简称“NOD 结构域”，又称“NACHT 结构域（NACHT domain）”。含有 300～400 个氨基酸残基、可与核苷酸结合并具有 NTP 酶活性，又可介导蛋白质寡聚化的结构域。见于从细菌到人的各种生物的不同蛋白质。含有此域的其中一组蛋白质是重要的模式识别受体。后者得名于最初发现含有此域的四种蛋白质。

08.0270　PDZ 结构域　PDZ domain

含有 80～90 个氨基酸残基并普遍存在于原核和真核生物的蛋白质结合结构域。在信号转导中常可将信号复合体锚定于膜或将膜受体锚定于细胞骨架。得名于最初发现含有此域的三种蛋白质。

08.0271　PH 结构域　pleckstrin homology domain, PH domain

全称“普列克底物蛋白同源结构域”。含有约 120 个氨基酸残基并可以较高特异性与各种磷酸肌醇结合的脂结合结构域。与普列克底物蛋白中的一个结构域相似，故得名。含有PH结构域的蛋白质可参与膜蛋白质的募集及细胞活动。

08.0272　RING 结构域　RING domain

最初得名自真有意思的新基因（really interesting new gene，RING）。是由 7 个半胱氨酸和 1 个组氨酸残基组成的特殊锌指结构域。可结合 2 个锌离子。含有 40～60 个氨基酸残基，可介导蛋白质相互作用。常见于一组 E3 泛素连接酶。

08.0273　SAM 结构域　sterile alpha motif domain, SAM domain

最初得名自酵母有性生殖调控蛋白质的一种模体（sterile alpha motif，SAM）。含有约 70 个氨基酸残基并可介导同源或异源二聚化的蛋白质结合结构域，在信号转导中常用作支架。有些 SAM 结构域还可以结合 RNA。

08.0274　TIR 结构域　Toll/interleukin 1 receptor homology domain, TIR domain

全称“Toll/IL-1 受体同源结构域”。最初发现于果蝇 Toll 受体及人白介素-1 受体（Toll/interleukin 1 receptor）而得名。见于 Toll 样受体和多种细胞因子受体的胞质尾区及多种衔接蛋白质的信号转导结构域。其核心区含有 135～160 个氨基酸。TIR 域之间的相互作用可介导受体或衔接蛋白质的寡聚化及受体与衔接蛋白质之间的相互作用。

08.0275　TPR 结构域　tetratricopeptide repeat domain, TPR domain

由 34 个氨基酸残基组成并可多次串联重复出现的蛋白质结合结构域，故得名。含有 WL/GYAFAP 基序，可为多蛋白质复合体的组装提供支架。

08.0276　WW 结构域　WW domain

蛋白质中含有约 40 个氨基酸残基并含有两个色氨酸（单字母代码为 W，因此命名为 WW）的一段序列。中间还有一段带芳香族氨基酸的 2 肽或 3 肽模体。可与富含脯氨酸的靶序列结合，但 PIN1 蛋白上的 WW 结构域可与靶蛋白质上恰恰位于脯氨酸之前的磷酸丝氨酸或磷酸苏氨酸结合。

08.0277　WD40 结构域　WD40 domain

由大约 40 个氨基酸残基组成并常以 WD 二肽结尾（因而得名 WD40）的蛋白质结合结构域。可多次串联重复形成 β 螺旋桨结构，作为多蛋白质复合体的支架。

08.0278　死亡结构域　death domain, DD

简称“DD 结构域”。肿瘤坏死因子受体超家族某些成员（如 Fas、TNFRI、DR3、DR4、DR5 和 DR6 等）胞质区所含约 80 个氨基酸残基的结构域。是由 6 段反平行 α 螺旋组成的螺旋束结构的蛋白质结合结构域。含有 DD 结构域的蛋白质常参与细胞凋亡及胱天蛋白酶的激活，可启动凋亡信号转导，故名。不同蛋白质可通过各自的 DD 结构域相互作用。与 CARD、DED 和 PYD 结构域在序列及功能上相似，共同组成 DD 超家族。但 DD 结构域一般只与 DD 结构域发生同型相互作用，不与 CARD、DED 或 PYD 结构域发生异型相互作用。配体与含死亡结构域的相应受体结合后，可启动凋亡信号转导。此外，胞质溶胶中 TRADD、FADD、RIP、CRADD 和 MADD 等分子也含死亡结构域。

08.0279　死亡效应结构域　death effector domain, DED

简称“DED 结构域”。最初发现于 Fas 相关死亡结构域蛋白（FADD）的一种蛋白质结合结构域。不同蛋白质可通过各自的 DED 结构域相互作用。含有 DED 结构域的蛋白质可调节胱天蛋白酶活性及凋亡与他形式的细胞程序死亡。见于无活性胱天蛋白酶原和 Fas 相关死亡结构域蛋白等蛋白质。进化上与 DD 结构域同源，结构与功能也相似。

08.0280　Fas 相关死亡结构域蛋白质　Fas-associated death domain protein, Fas-associated protein with death domain, FADD

其 C 端含死亡结构域的一种参与凋亡信号转导的胞质溶胶蛋白质。可自身相互结合或与其他含死亡结构域的分子（如 RIP、TRADD）结合。其与 Fas 分子胞质区死亡结构域结合，可介导细胞凋亡。

08.0281　胱天蛋白酶激活募集结构域　caspase activation and recruitment domain, CARD

简称“CARD 结构域”“胱天蛋白酶募集结构域（caspase recruitment domain）”。在多种信号转导蛋白质中发现的一段可介导蛋白质相互作用及二聚化的序列。见于某些胱天蛋白酶、激酶、解旋酶和线粒体蛋白质。含有 6～7 个反平行 α 螺旋，形成一个疏水核及由荷电氨基酸组成的亲水外表面。进化上与 DD 结构域同源，结构与功能也相似。

08.0282　胱天蛋白酶募集结构域凋亡抑制因子　apoptosis repressor with caspase recruitment domain, ARC

可以选择性地作用于胱天蛋白酶，抑制细胞凋亡发生的一种抗凋亡因子。磷酸化形式才能使其发挥抗凋亡活性，磷酸化使得 ARC 可以从胞质溶胶转移到线粒体中，从而它可以与胱天蛋白酶 8 和胱天蛋白酶 2 结合，抑制它们的活性，减少凋亡的发生。

08.0283　热蛋白　pyrin

在中性粒细胞、嗜酸性粒细胞、单核细胞、树突状细胞和滑膜成纤维细胞中由 *MEFV*（MEditerranean FeVer）基因编码的一种蛋白质。可通过其 PYD 域与作为炎症小体衔接蛋白质的凋亡相关斑点样蛋白质（ASC）结合并诱导细胞焦亡，参与细菌等病原体感染所引起的炎症反应。

08.0284　热蛋白结构域　pyrin domain, PYD

简称“PYD 结构域”。最初发现于热蛋白并可介导炎症反应及细胞焦亡的蛋白质结合结构域。不同蛋白质可通过各自的 PYD 结构域相互结合。进化上与 DD 结构域同源，结构与功能也相似。

08.0285　BRCT 结构域　breast cancer susptibility gene 1 C-terminal domain, BRCA1 C-terminal domain, BRCT domain

最初得名自乳腺癌易感基因 1 C 端结构域蛋白质上一段约 100 个氨基酸残基可识别磷酸丝氨酸和磷酸苏氨酸的序列。由 βαββαβα 的二级结构单位折叠形成球形结构。其磷酸氨基酸结合口袋与靶蛋白质的结合特性常由磷酸化位点+3 位的残基决定。如见于 *BRCA1* 和 *53BP1*。带 BRCT 结构域的蛋白质常可参与 DNA 复制和 DNA 损伤修复。

08.0286　死亡诱导信号复合体　death-inducing signaling complex, DISC

参与细胞凋亡信号转导并激活胱天蛋白酶 8 或 10 的多蛋白质复合体。由 Fas 相关死亡结构域蛋白（FADD）、细胞胱天蛋白酶样抑制蛋白质（cFLIP）和胱天蛋白酶原 8 或 10 组成。其形成通过两种不同的同型相互作用，即死亡受体与 FADD 之间通过 DD 结构域以及 FADD、胱天蛋白酶原 8 或 10 与 cFLIP 之间通过死亡效应结构域（DED）的相互作用。

08.0287　FADD 样白介素-1β 转换酶　FADD-like interleukin-1β converting enzyme, FLICE

肿瘤坏死因子受体的抑制蛋白质。与细胞凋亡信号发送途径的另一组分 FADD 具有同源性。

08.0288　细胞 FLICE 样抑制蛋白质　cellular FLICE-like inhibitory protein, cFLIP

一组含有 DED 域的胞质抗细胞凋亡蛋白质。其结构上与胱天蛋白酶 8 相似，但无胱天蛋白酶 8 的蛋白水解酶活性。与含死亡结构域的 Fas 相关蛋白质结合，使胱天蛋白酶 8 不能活化，抑制胱天蛋白酶 8 介导的蛋白酶级联反应，从而阻断 Fas 介导的死亡受体途径的细胞凋亡。

08.0289　胱天蛋白酶 8　caspase-8

识别序列为天冬–谷–缬–天冬氨酸（DEVD）的胱天蛋白酶。可自身激活，激活后作用于胞质溶胶中的其他白介素-1β 转换酶家族蛋白酶，使后者级联激活而引起细胞凋亡。

08.0290　受体相互作用蛋白质　receptor-interacting protein, RIP

参与死亡受体信号发送的衔接蛋白质。分子量为 74kDa。其 C 端含死亡结构域，通过自身相互结合或与其他含死亡结构域的分子（如 TRADD、Fas、TNFRI）结合，参与肿瘤坏死因子、Fas 配体刺激后的信号转导，介导 NF-κB 活化，并诱导细胞凋亡。

08.0291　受体相互作用蛋白质激酶　receptor-interacting protein kinase, RIP kinase

简称“RIP 激酶”。具有相对保守激酶结构域的一类蛋白质丝氨酸/苏氨酸激酶家族。参与先天免疫反应，但底物不清。

08.0292　RIP 同型相互作用模体　RIP homotypic interaction motif, RHIM

简称“RHIM 模体”。由少于 25 个氨基酸组成并可介导受体相互作用蛋白质（RIP）激酶之间的相互作用从而在细胞败亡的信号转导中起关键作用的蛋白质模体。由 RHIM 模体所介导的受体相互作用蛋白质激酶 1 和 3（RIP1 和 RIP3）之间的相互作用可使这些激酶形成淀粉样原纤维。

08.0293　凋亡相关斑点样蛋白质　apoptosis-associated speck-like protein containing a CARD, ASC

简称“ASC 蛋白”，全称“含有 CARD 的凋亡相关斑点样蛋白质”。在细胞胞质溶胶中发现的一种分子量为 22kDa 的蛋白质。属于死亡结构域超折叠家族成员，是一组含有蛋白质相互作用结构域的蛋白质。含有 PYA 和 CARD 两个保守的结构域。可以通过自身的寡聚化募集并激活与其含有同源结构域的其他蛋白质，并参与多条信号通路，通过炎症反应和细胞凋亡来调节细胞存活或死亡的平衡。是一种参与炎症小体组装和焦亡的衔接蛋白质。在寡聚、聚集成丝、自我组装成斑点等时空动态演进过程中对神经炎症具有重要作用。

08.0294　凋亡小体　apoptosome, apoptotic body

细胞凋亡开始时为激活起始胱天蛋白酶而形成的衔接性多蛋白质复合体。在哺乳动物细胞，胱天蛋白酶 9 的激活主要通过凋亡小体，其关键衔接蛋白质是凋亡蛋白酶激活因子 1（Apaf1）。位于胞质溶胶内的 Apaf1 接受内外刺激（如，与线粒体释放的细胞色素 c 结合）后，其单体可七聚化，组装成七重对称的大环状或轮状平台，激活胱天蛋白酶原 9。

08.0295　凋亡蛋白酶激活因子 1　apoptosis protease-activating factor-1, Apaf-1

与从线粒体释放出来的细胞色素 c 结合的蛋白质。当其与胱天蛋白酶 9 连接后，即激活胱天蛋白酶 3，触发细胞随后的级联凋亡事件。

08.0296　胰岛素受体底物　insulin receptor substrate, IRS

参与胰岛素及其他细胞因子信号转导的磷酸化蛋白质。是能够被激活的胰岛素受体酪氨酸激酶作用的底物，其酪氨酸残基可被磷酸化，磷酸化的胰岛素受体底物能够结合并激活下游效应物。其家族目前已发现有 4 个成员 IRS-1～IRS-4，在组织分布、亚细胞定位、发育过程的表达时序、与胰岛素的结合以及与含 SH2 蛋白质的相互作用方面有所差异。在胰岛素信号转导系统中是关键的中介分子；在胰岛素受体与细胞内含有 SH2 结构域信号分子的复杂网络之间起锚定蛋白的作用，参与多种激素、细胞因子的信号转导，并在维持细胞的基本功能如生长、生存和物质代谢过程起核心作用。

08.0297　离子通道型受体　ion channel-linked receptor, ionotropic receptor

又称“促离子型受体”“配体门控受体（ligand-gated receptor）”。具有离子通道和受体功能的膜蛋白质。在与相应的配体结合后可介导速度很快的信号转导过程，使离子通过。

08.0298　5-羟色胺受体　5-hydroxytryptamine receptor, 5-HT receptor

又称“血清素受体（serotonin receptor）”。以 5-羟色胺为配体的受体。有十几种亚型，其中大多数与不同的 G 蛋白偶联，少数与离子通道型受体偶联。是一个配体可以通过不同的受体亚型启动不同的信号通路，并引发不同生理反应的典型例子。

08.0299　代谢型受体　metabotropic receptor

一类本身不是离子通道，但可以通过第二信使间接影响离子通道活性的受体。常特指代谢型神经递质受体，特别是代谢型谷氨酸受体。它们与 G 蛋白偶联，在被激活后通过各种不同的 G 蛋白调节酶和离子通道等效应分子而产生多种比较缓慢而持续的生理反应。

08.0300　G 蛋白偶联受体　G protein-coupled receptor

又称“七跨膜结构域受体（seven-transmembrane domain receptor, 7TM receptor）”“七跨膜螺旋区受体（seven-transmembrane helix receptor, 7TM receptor）”。一种与异三聚体 G 蛋白偶联的细胞表面受体。含有 7 个跨膜结构域，是迄今发现的最大的受体超家族，其成员有 1000 多个。与配体结合后通过激活所偶联的 G 蛋白，启动不同的信号转导通路并导致各种生物效应。

08.0301　G 蛋白　G protein, guanine nucleotide binding protein

全称“鸟嘌呤核苷酸结合蛋白质”“GTP 结合蛋白质（GTP-binding protein）”。具有 GTP 酶活性，在细胞信号通路中起信号转换器或分子开关作用的蛋白质。有异三聚体 G 蛋白、低分子量的单体小 G 蛋白和高分子量的其他 G 蛋白三类。

08.0302　异三聚体 G 蛋白　heterotrimeric G protein

由 α、β 和 γ 等三个不同亚基所组成的 G 蛋白。在无活性状态下，其 α 亚基与 GDP 结合，并与 βγ 亚基形成复合体。配体与 G 蛋白偶联受体的结合可促使与 α 亚基结合的 GDP 转换为 GTP，并导致亚基的解离，使 G 蛋白信号转导得以激活。在 α 亚基固有的 GTP 酶活性作用下，GTP 水解为 GDP，再重新与 βγ 亚基形成无活性的复合体。

08.0303　小 G 蛋白　small G protein

又称"单体 G 蛋白(monomeric G protein)"。分子量为 20kDa 左右的单体形式的 G 蛋白。其中高度保守的 G 域可与鸟嘌呤核苷酸结合。

08.0304　抑制性 G 蛋白　inhibitory G protein, G_i

激活后可抑制效应分子活性的 G 蛋白。

08.0305　刺激性 G 蛋白　stimulatory G protein, G_s

又称"兴奋性 G 蛋白(excitatory G protein)"。激活后可刺激效应分子活性的 G 蛋白。

08.0306　衔接蛋白质　adaptor protein

在信号转导中常可通过不同的结合结构域与不同的信号分子结合，使其共定位或更易于相互作用的蛋白质。起衔接作用，一般不具催化功能。

08.0307　GTP-GDP 循环　GTP-GDP cycle

全称"鸟三磷–鸟二磷循环"。G 蛋白在与 GTP 结合的活性形式及与 GDP 结合的非活性形式之间循环转换的过程。在此循环中 GTP 酶激活蛋白质、鸟嘌呤核苷酸转换因子和鸟嘌呤核苷酸解离抑制蛋白可起不同的调节作用。

08.0308　传递蛋白质　relay protein

又称"中继蛋白质"。在信号转导过程中承先启后起中继作用的蛋白质。可因接受上游调控信号而激活，并将激活信号传递给下游分子。

08.0309　G 蛋白信号传递调节蛋白　regulator of G protein signaling, RGS

一组对 G 蛋白信号转导有负调节功能的蛋白质。含有 RGS 结构域，可与 G 蛋白 α 亚基结合并发挥其抑制作用，缩短并降低 G 蛋白偶联受体的生物学效应。

08.0310　拦阻蛋白　arrestin

又称"拘留蛋白"。一类阻止 G 蛋白偶联受体（GPCR）与下游的 G 蛋白相互作用的蛋白质。可以有效地终止 G 蛋白偶联受体诱发的信号转导过程，产生脱敏效用。

08.0311　鸟[嘌呤核]苷酸交换因子　guanine nucleotide exchange factor, GEF

通过调节 G 蛋白的 GDP-GTP 转换，从而使它们在有活性形式与无活性形式之间循环变化的一类调节蛋白。

08.0312　鸟[嘌呤核]苷酸解离抑制蛋白　guanine nucleotide dissociation inhibitor, GDI

一种对 G 蛋白的活性起负调节作用的蛋白质。抑制 G 蛋白释放鸟苷二磷酸（GDP）和与鸟苷三磷酸（GTP）结合，使 G 蛋白维持在无活性的状态。

08.0313　钙离子感应受体　calcium-sensing receptor

一类可感应细胞外钙离子水平的 G 蛋白偶联受体。

08.0314　酶偶联受体　enzyme-linked receptor

又称"催化受体（catalytic receptor）"。细胞表面上的主要类型受体。其细胞质区具有酶活性，或者和胞质溶胶中的酶结合，配体与其结合后可激活酶活性。

08.0315　协同受体　co-receptor

又称"辅助受体"。一类能与主要受体共同作用，与其配体特异结合并引起生物效应的膜蛋白质。如帮助辅助 T 淋巴细胞与抗原提呈细胞黏附的 CD4 等。

08.0316　雷诺丁受体　ryanodine receptor, RyR

位于细胞肌质网或内质网膜上可调节其钙离

子向胞质溶胶释放的膜蛋白质。负责调节与钙离子信号转导相关的细胞生理活动（如心肌和骨骼肌的兴奋收缩偶联）。因能与植物碱雷诺丁（ryanodine）高亲和力结合而得名。

08.0317　核受体　nuclear receptor

又称“细胞内受体（intracellular receptor）”。一般存在于胞质溶胶或细胞核内的一类可扩散并可与特异性配体结合的细胞内信号蛋白质。常特指类固醇激素、甲状腺激素、视黄酸和维生素 D_3 等疏水性小信号分子的受体。它们实际上是配体依赖性转录调节因子，与配体结合后可以在细胞核内调节基因表达而使配体发挥作用。

08.0318　孤儿受体　orphan receptor

在结构上与受体非常类似，但没有或未发现其特异性配体的受体样分子。常见于核受体家族，可能作为组成性转录因子而参与激素的生物学作用。

08.0319　细胞表面受体　cell surface receptor

位于细胞表面的受体。一般是膜蛋白质，有些是糖脂。主要是识别周围环境中的活性物质或被能相应的信号分子所识别，并与之结合，介导细胞之间的黏附或将配体传递的信号转变为细胞的生理性或病理性反应。

08.0320　细胞表面识别　cell surface recognition

细胞之间通过其表面各种分子的相互作用和相互识别的过程。识别位点一般是糖蛋白，相互识别的细胞表面都有这种糖蛋白的受体以介导此过程。在细胞黏附、增殖和移动等过程中起重要作用。

08.0321　抑制性细胞表面受体　inhibitory cell surface receptor

与配体结合后对信号转导起着负调节作用的细胞表面受体。广泛存在于免疫细胞和各种组织细胞的表面，有抑制细胞增殖的作用。

08.0322　反受体　counter receptor

一类细胞表面受体。在介导细胞之间相互作用时，有可能成为另一个细胞表面受体的配体。

08.0323　成对受体　paired receptor

细胞表面受体家族的不同成员具有非常相似的胞外配体结合结构域但其信号转导功能却完全相反，分别起刺激或抑制作用的受体。这种受体互为成对受体。不仅可识别生理信号，也可参与抗感染免疫。信号识别蛋白质（SIRP）家族就有很多成对受体。

08.0324　死亡受体　death receptor

可以传递细胞凋亡信号的受体。属于肿瘤坏死因子受体超家族，包括 Fas、TNFR1、DR3、DR4、DR5 等。与其配体结合而接受死亡信号，并激活诱导细胞凋亡的信号通路。

08.0325　诱饵受体　decoy receptor

又称“诱骗受体”。能与特异性配体结合但是不能转导相应信号的受体。如Ⅱ型白介素-1 受体。诱饵受体对信号转导起负调节的作用，能钝化配体的功能，防止组织因配体的过度刺激而受到伤害。

08.0326　归巢受体　homing receptor

淋巴细胞表面的一类受体。通过识别内皮细胞表面的反受体——地址素而介导外周血循环中的淋巴细胞选择性地回到其最初接受抗原刺激时的淋巴组织。对淋巴细胞捕捉抗原和执行免疫监视功能以及提高免疫系统工作效率起重要作用。

08.0327　细胞黏附受体　cell adhesion receptor

介导细胞之间或细胞与基质之间的黏附与相

互作用，并能转导信号的细胞表面糖蛋白。在调节基因表达和细胞生长、构成细胞骨架、细胞周期和细胞凋亡中都起重要作用。

08.0328　受体超家族　receptor superfamily

具有相似的结构或者具有相似的信号转导模式的某一类型受体的集合体。按照其中各个成员结构相似程度又可以将其分成不同的亚家族。

08.0329　视黄酸受体　retinoic acid receptor, RAR

核受体超家族成员之一。包括α、β、γ三种。RAR-β又分β_1、β_2、β_3、β_4等。通过与其配体结合调节靶基因转录，从而发挥各种生物学效应。在介导细胞生长和凋亡方面起重要作用。

08.0330　类视黄醇X受体　retinoid X receptor, RXR

以9-顺式视黄酸为配体的非类固醇激素受体。是配体依赖性转录因子。在非类固醇激素受体与孤儿受体形成异源二聚体并引起激素作用的多样性中起关键性的作用。

08.0331　运货受体　cargo receptor

具有分子转运和分拣功能的受体。如运送营养物质的脂蛋白受体、运铁蛋白受体；清除衰老、凋亡或坏死细胞和修饰蛋白质的清道夫受体；参与细胞内物质转运（如从内质网转运到高尔基体）的受体等。

08.0332　清道夫受体　scavenger receptor

多见于巨噬细胞表面的一种受体。它们以化学修饰的蛋白质、多核苷酸、多糖和磷脂等为配体并可促进其胞吞作用，起着清除体内有毒物质和衰老、凋亡或坏死细胞的作用。

08.0333　分泌型受体　secreted receptor

又称“可溶性受体（soluble receptor）”。游离存在于细胞外液中的膜受体的胞外域。没有跨膜结构域，不能锚定在膜上；没有细胞内域，不能转导信号，但能与配体结合而发挥各种特殊的作用。

08.0334　束缚配体　tethered ligand

被受体遮掩的配体。如凝血酶受体的真正配体是在受体内部，当凝血酶与受体结合时就将受体降解，而被暴露出来的束缚配体就将受体激活并发挥生理作用。

08.0335　储备受体　spare receptor

配体与受体结合并发生最大效应时仍有部分未被激活的受体。

08.0336　嵌合抗原受体　chimeric antigen receptor, CAR

通过基因工程构建用于免疫治疗的T细胞受体。导入T细胞后可识别并结合肿瘤细胞表面的抗原，从而导致T细胞的激活和肿瘤细胞的死亡。其胞外抗原结合结构域来源于单克隆抗体的单链可变区，而胞内信号域则来自CD3ζ或Fcγ，其间通过铰链区和跨膜区相连。无需主要组织相容性复合体抗原提呈抗原，直接识别肿瘤等疾病相关抗原。

08.0337　胰岛素受体　insulin receptor

具有酪氨酸蛋白质激酶活性，由两个α亚单位和两个β亚单位以二硫键相连形成的四聚体跨膜蛋白。几乎分布于哺乳动物所有细胞膜中。

08.0338　受体介导的调节作用　receptor-mediated control

泛指通过受体介导而发生的调节作用。如受体介导的神经递质释放、受体介导的组胺能神经元中γ-氨基丁酸能的抑制作用、受体介导的钙调节、受体介导的胞吞和胞吞基因转录等。

08.0339　配体诱导二聚化　ligand-induced dimerization

配体与受体结合后引起受体分子因发生二聚化而被激活的现象。是许多受体，特别是蛋白质酪氨酸激酶型受体被激活并介导信号转导作用的一个共同机制。受体的胞内域对此起重要作用。

08.0340　配体提呈　ligand presentation

通过细胞表面的分子与特异性配体结合而使配体浓缩富集，然后提呈给同一细胞或其他细胞上受体的现象。如在脂代谢中蛋白聚糖提呈脂蛋白相关蛋白质的配体载脂蛋白E等。

08.0341　配体结合口袋　ligand-binding pocket

受体的配体结合结构域中的疏水氨基酸残基通过疏水相互作用所形成的一种口袋形结构。其形状与配体的互补性越大，则受体与配体的亲和力也就越大。

08.0342　配体诱导胞吞　ligand-induced endocytosis

配体与膜受体结合后引起配体–受体复合体被胞吞的现象。其结果可以导致细胞表面受体数量及信号淬灭。是受体-配体复合体解离和某些受体的再循环所必须，也是细胞高效、高选择性和快速摄取胞外亲水分子的唯一手段。

08.0343　配体诱导内化　ligand-induced internalization

配体和膜受体的复合体通过胞吞作用进入细胞并在溶酶体中都被降解，使细胞表面受体数量减少的现象。内化使信号淬灭。但是有的受体在内化后并不降解，而且还能传递信号或迅速再循环而回到细胞表面。

08.0344　配体–配体相互作用　ligand-ligand interaction

泛指不同配体之间的相互作用。如受体上有多个配体结合位点时，一个配体与受体的结合可能影响另一个配体与受体的结合。

08.0345　配体偏倚　ligand bias

可刺激或抑制多个受体的配体对其中一条途径的活性大于其他途径的现象。也可指配体对同一受体的刺激或抑制作用大于或小于内源性配体的现象。

08.0346　反向激动剂　inverse agonist

又称“负性激动剂（negative agonist）”。与受体结合后可诱导受体构象改变，使其活性低于无激动剂结合的基态水平的配体。

08.0347　中性激动剂　neutral agonist

不能改变受体基本活性，但可与激动剂或反向激动剂竞争结合于受体上的同一个配体结合部位的配体。

08.0348　部分激动剂　partial agonist

在饱和状态下对受体的刺激活性低于正常激动剂的配体。

08.0349　正构部位　orthosteric site

受体上优先与配体结合的部位。如，G蛋白偶联受体面向细胞外可与内源性配体结合的部位。

08.0350　正构激动剂　orthosteric agonist

可与受体的正构部位结合的激动剂。

08.0351　别构激动剂　allosteric agonist

可与受体的别构部位结合的激动剂。

08.0352　未折叠蛋白质应答　unfolded protein response, UPR

又称“未折叠蛋白质反应”。细胞内质网的未折叠或错折叠蛋白质所诱导的适应性细胞信号转导通路，可改善蛋白质折叠，防止蛋白质聚集，强化蛋白质的质控和降解，并在无法修复的情况下启动细胞凋亡的现象。主要由内质网的三个跨膜蛋白质 IRE1、PERK 和 ATF6 负责感应未折叠或错折叠蛋白质。

08.0353　蛋白质稳态　proteostasis, protein homeostasis

通过精准调节蛋白质合成、折叠、转运及降解，防止蛋白质错折叠及聚集，使细胞蛋白质组的组成和功能维持平衡的状态。其复杂的调控网络涉及分子伴侣的作用、蛋白质降解、未折叠蛋白质应答及细胞自噬等。

08.0354　内质网应激　endoplasmic reticulum stress, ER stress

细胞内质网因应未折叠或错折叠蛋白质的积累，为维持蛋白质稳态而激活未折叠蛋白质应答等机制的过程。

08.0355　受控膜内蛋白酶解　regulated intramembrane proteolysis, RIP

跨膜蛋白质接受刺激信号后在膜平面之内被膜内蛋白酶水解，以释放出其胞质域发挥生物功能的过程。在信号转导、细胞分化、脂质代谢、未折叠蛋白质应答等方面均有重要调节作用。从细菌到人都有类似机制。IRE1、ATF6、SREBP、Notch 和早老蛋白等都可通过此机制而被激活。有些受体经此蛋白酶解后也会释放出可溶性胞外域。

08.0356　膜内蛋白酶　intramembrane protease

镶嵌在生物膜上可在生物膜平面内催化蛋白酶解的蛋白酶。从细菌到人都有此类酶，可参与蛋白质加工与降解及信号转导的调节。

08.0357　氧化还原信号传递　redox signaling

涉及信号感应蛋白质与第二信使之间的氧化还原反应的细胞信号转导。通常以自由基或活性氧作电子传递。如，通过蛋白质半胱氨酸（Cys）残基的氧化或亲电加成反应调节其活性和信号转导功能。

08.0358　氧化应激　oxidative stress

机体内自由基及抗氧化剂之间的平衡被打破，可导致自由基对其他生物分子氧化的现象。既可能对机体有利，也可能造成损伤。

08.0359　核因子 κB　nuclear factor κB, NF-κB

通过与基因调节序列结合、进而调节基因表达的一类转录因子。能调节免疫应答和炎症反应相关基因的转录。包括 RelA（p65），RelB，c-Rel，NF-κB1（p50）和 NF-κB2（p52）五种。活性形式为同二聚体或异二聚体形式。早期发现与 B 细胞免疫球蛋白 κ 轻链基因的增强子 κB 序列结合，故名。

08.0360　核因子 κB 抑制蛋白　inhibitor-κ binding protein, IκB protein

简称“IκB 蛋白”“NF-κB 抑制蛋白”。一组能够抑制核因子 κB（NF-κB）转录因子活性的蛋白质。在胞质溶胶内与 NF-κB 结合而阻止其进入细胞核，其 IκB 被磷酸化和泛素化修饰后被蛋白酶降解，使 NF-κB 得以释放并进入细胞核发挥转录激活作用。

08.0361　IκB 激酶　IκB kinase, IKK

以 IκB 抑制蛋白为底物的丝氨酸/苏氨酸激酶。IκB 抑制蛋白的磷酸化可诱导其泛素化及蛋白酶解，使与之结合的核因子 κB 转录因子释放并进入细胞核内激活靶基因的转录。

08.0362　Janus 激酶　Janus kinase, JAK

又称“JAK 激酶”。一组通过激活信号转导子和转导激活子（STAT）等转录因子而介导多种细胞因子信号转导的细胞内非受体酪氨酸激酶。

08.0363　信号转导及转录激活蛋白　signal transducer and activator of transcription, STAT

又称“信号转导子和转录激活子”。一组含有 SH2 和/或 SH3 结构域，同时具有信号转导和转录因子功能的 DNA 结合蛋白质。其 SH2 结构域可与细胞因子受体的磷酸酪氨酸结合，随后其本身被 JAK 酪氨酸激酶磷酸化而激活，发生二聚化并转移到细胞核内发挥转录激活作用。

08.0364　具有死亡结构域的受体相互作用蛋白质相关蛋白质　RIP-associated protein with a death domain, RAIDD

又称“含有死亡结构域的胱天蛋白酶和受体相互作用蛋白衔接蛋白质（caspase and RIP adaptor with a death domain, CRADD）”。参与死亡受体信号发送的衔接蛋白质。是一种广泛分布的胞质溶胶信号蛋白质。其羧基端含有可与受体相互作用蛋白质（RIP）相结合的死亡结构域，氨基酸有胱天蛋白酶募集域。在细胞中超表达可以引起细胞凋亡。

08.0365　具有死亡结构域的 p53 诱导蛋白质　p53-induced protein with a death domain, PIDD

又称“p53 诱导的死亡结构域蛋白质”。肿瘤抑制因子 p53 的靶蛋白之一。在调节细胞周期和细胞凋亡中发挥重要作用。

08.0366　PIDD 小体　PIDDosome

参与细胞凋亡信号转导并激活胱天蛋白酶 2 的多蛋白质复合体。含有衔接蛋白质 RAIDD 和 PIDD。

08.0367　肿瘤坏死因子受体相关死亡结构域蛋白质　TNFR-associated death domain protein, TRADD

与Ⅰ型肿瘤坏死因子受体（TNFR）胞质区结合的蛋白质。其 C 端含死亡结构域，可自身相互结合或与其他含死亡结构域的分子（如 TNFRI、RIP、FADD 等）结合。其与Ⅰ型 TNFR 的死亡结构域结合，可介导 NF-κB 活化或诱导细胞凋亡。

08.0368　焦亡小体　pyroptosome

参与细胞焦亡信号转导并含有 ASC 衔接蛋白质但不同于炎症小体的多蛋白质复合体。

08.0369　炎症小体　inflammasome

一类可对病原微生物或其他应激分子和条件做出应答而形成并激活的细胞内多蛋白质复合体。可刺激胱天蛋白酶 1 激活白介素-1 和白介素-18 等促炎细胞因子的成熟与分泌，并诱导细胞焦亡。一般由感应分子（NLRP1、NLRP3 或 AIM2 等）、衔接分子（ASC）和效应分子（胱天蛋白酶 1）三部分组成。

08.0370　含有 NACHT、LRR 和 PYD 结构域蛋白质 1　NACHT leucine-rich-repeat protein 1, NACHT, LRR and PYD domain-containing protein 1, NLRP1

炎症小体的关键成分之一。由 N 端 PYD 结构域、中央-NACHT 结构域及富含亮氨酸的 LRR 结构域组成，主要在脑组织的神经元和小胶质细胞中表达。

08.0371　核苷酸结合结构域富含亮氨酸重复序列和含热蛋白结构域受体 3　nucleotide-binding domain leucine-rich repeat and pyrin domain-containing receptor 3, NLRP3

炎症小体的关键成分之一。由 N 端 PYD 结构域、中央-NACHT 结构域及 C 端富含亮氨酸的 LRR 结构域组成。参与炎症小体的组装形成，通过活化胱天蛋白酶 1，在对感染和危险的免疫监控中发挥关键作用。

08.0372　黑色素瘤缺乏因子 2 炎症小体　absent in melanoma 2 inflammasome, AIM2

存在于胞质溶胶中的模式识别受体。是由AIM2、凋亡相关斑点样蛋白质（ASC）和胱天蛋白酶 1 组装而成的多聚蛋白复合物，识别病原微生物感染或细胞损伤的信号，结合双链 DNA，启动固有免疫应答，进而引起炎性反应。

08.0373　败亡小体　necroptosome

参与细胞败亡信号转导并含有 RIP1 和 RIP3 两种激酶及 MLKL 效应分子的多蛋白质复合体。

08.0374　混合谱系激酶结构域样蛋白质　mixed lineage kinase domain-like protein, MLKL

一种具有激酶结构域的假激酶。是程序性细胞坏死的下游重要信号分子。在程序性坏死的调控中发挥着重要作用，是坏死性凋亡的执行蛋白质。

08.0375　病原体相关分子模式　pathogen-associated molecular pattern, PAMP

来自病原微生物的独特而有别于宿主的外源性信号分子。被宿主识别后可激活固有免疫应答。如细菌脂多糖或病毒双链 RNA 等。

08.0376　损伤相关分子模式　damage-associated molecular pattern, DAMP

又称“危险相关分子模式”。宿主由于创伤、缺血、组织损伤及应激而产生示警性的内源性信号分子。其特性、数量或细胞内定位有别于正常情况，被宿主细胞识别后可激活固有免疫应答。无论有无病原体入侵均可产生。

08.0377　模式识别受体　pattern recognition receptor, PRR

可识别病原体相关分子或损伤相关分子，从而激活固有免疫应答的细胞受体分子。主要分为四类：Toll 样受体、C 型凝集素受体、视黄酸诱导基因Ⅰ样受体、NOD 样受体。

08.0378　Toll 样受体　Toll-like receptor, TLR

与果蝇 Toll 受体同源的一组模式识别受体。为Ⅰ型跨膜蛋白质，其胞外域含有负责识别病原体相关分子模式的富含亮氨酸重复序列（LRR），而胞质尾区则含有可激活下游信号转导的 TIR 结构域。可表达于细胞表面、内体膜或胞内囊泡。人和小鼠分别有至少 10 和 12 种功能性 Toll 样受体，所识别的配体各不同。

08.0379　C 型凝集素受体　C-type lectin receptor, CLR

含一个或多个糖识别结构域（CRD）的一种模式识别受体。为一个庞大蛋白质超家族。在钙离子存在下能特异的识别病原微生物表面的糖类物质，引起一系列免疫反应从而有效地抵抗病原微生物的入侵。

08.0380　视黄酸诱导基因Ⅰ样受体　retinoic acid-inducible gene Ⅰ-like receptor, RIG-Ⅰ-like receptor, RLR

简称“RIG-Ⅰ样受体”。一组胞质溶胶内并有 RNA 解旋酶活性的一类模式识别受体。为识别胞质溶胶内 RNA 的蛋白质家族。在结构上拥有保守的 DEXH 模体在解旋酶结构域中，因此属于 DEAD-box 家族蛋白质。也含有 CARD 结构，能够募集相应信号蛋白质。

08.0381　NOD 样受体　NOD-like receptor, NLR

含有 NOD 结构域的一组细胞内模式识别受体。其 N 端含有介导蛋白质相互作用dCARD、PYD 或 BIR 结构域，中间有 NOD 结构域可结合及水解 ATP 并介导蛋白质寡聚化；而 C 端有可结合病原体相关分子模式的富含亮氨酸重复序列（LRR）。人和小鼠分别有至少 22 和 33 个 NOD 样受体。

08.0382 黑色素瘤缺乏因子 2 样受体 absent in melanoma 2-like receptor, AIM2-like receptor, ALR

简称“AIM2 样受体”。与人 AIM2 蛋白同源的一组细胞内模式识别受体。其 N 端一般含有 PYD 结构域，可介导蛋白质相互作用；而 C 端则有一到两个 HIN 结构域，可与 DNA 结合。AIM2 被 DNA 激活后可激活炎体。人和小鼠分别有至少 4 和 13 个 NOD 样受体。

08.0383 DEAD 框蛋白质家族 DEAD-box protein family, DDX protein family

又称“DDX 蛋白质家族”。具有保守性天冬–谷–丙–天冬氨酸（D-E-A-D）模体的一类蛋白质。是 RNA 解旋酶中最大的家族，能解旋 RNA 双链，参与 RNA 代谢的多个过程，包括 RNA 的剪切、编辑、输出和降解，以及核糖体的生成、转录和翻译的调节等。

08.0384 线粒体抗病毒信号蛋白质 mitochondrial antiviral signaling protein, MAVS

一种位于线粒体外膜上的信号蛋白质。含有 CARD 结构域，在结合 MDA-5/RIG-I 后能募集 TRAF 家族蛋白质，最后激活 NF-κB 和干扰素调节因子（IRF）信号通路。

08.0385 MyD 小体 myddosome

Toll 样受体激活后，细胞内形成含有关键性衔接蛋白髓系分化初级反应蛋白质 88（MyD88）以及与之结合的白介素-1 受体相关激酶（IRAK）的多蛋白质信号转导复合体。可视为超分子组织中心或信号小体。

08.0386 髓系分化初级反应蛋白质 88 myeloid differentiation primary response protein 88, MyD88

参与白介素-1 受体和 Toll 样受体诱导的核因子 κB（NF-κB）活化的衔接蛋白质。

08.0387 白介素-1 受体相关激酶 interleukin-1 receptor-associated kinase, IRAK

一类与白介素-1 受体和 Toll 样受体（TLR）信号转导相关的蛋白质丝氨酸/苏氨酸激酶。已发现 IRAK-1、IRAK-2、IRAK-M 和 IRAK-4，均含死亡结构域（DD）。IRAK1、IRAK2 表达广泛，IRAK-M 仅表达于单核细胞来源的细胞。磷酸化 IRAK-1 可与 TRAF6 结合，激活核因子 κB。

08.0388 凝集素吞噬 lectinophagocytosis

吞噬细胞不依赖于免疫反应而黏附和吞噬病原体的现象。有两种情况，一种是病原体凝集素与吞噬细胞凝集素受体结合；另一种是吞噬细胞凝集素与病原体凝集素受体结合。

08.0389 岗哨细胞 sentinel cell

一种起报警器作用的细胞。如成纤维细胞在被病原体感染，或被组织损伤后产生的产物激活，都能合成和释放趋化因子，将白细胞召集到炎症部位，导致炎症和修复反应。这时的成纤维细胞就是岗哨细胞。

08.0390 免疫检查点 immune checkpoint

确保免疫反应符合一定条件才被激活的调节机制。可防止 T 细胞杀伤其靶细胞。免疫检查点被抑制后，免疫系统的制动被解除，T 细胞对靶细胞的杀伤被激活。CTLA-4 是第一个被发现的免疫检查点，PD-1/PD-L1 是另一个重要的免疫检查点。

08.0391 佛波醇 phorbol

又称“大戟二萜醇”。从巴豆油中提取的多环化合物。是巴豆油的重要有效成分，其酯是肿瘤促进因子。

08.0392　佛波酯　phorbol ester

又称“大戟二萜醇酯”。十四烷酸和佛波醇形成的酯。能激活导致细胞增殖或分化的信号通路而具有促进细胞癌变的作用，其中活性最高的是12-邻-14-烷酰佛波醇-13-乙酸酯（TPA或PMA）。

08.0393　佛波酯应答元件　phorbol ester response element

可以对佛波酯做出应答并激活特殊基因表达的顺式调节序列。见于受到佛波酯诱导的原癌基因的上游。这些序列与血清应答元件类似，但是其具体组成却因其所结合的因子和所调节的基因的功能不同而异。

09. 激素与维生素

09.01　激　　素

09.01.01　概　　述

09.0001　激素　hormone

由多细胞生物的腺体产生，通过循环系统运送至靶器官从而发挥生理效应的一类活性物质。按照化学结构将其分为多肽或蛋白质类、胺类、脂类激素三大类。

09.0002　肽类激素　peptide hormone

化学结构为肽的一类激素。如下丘脑激素、降钙素、胰高血糖素、胃肠道激素、促肾上腺皮质激素及促黑激素等。

09.0003　蛋白质类激素　protein hormone, proteohormone

化学结构为蛋白质的一类激素。如生长激素、催乳素、促甲状腺激素、胰岛素等。

09.0004　胺类激素　amine hormone

化学结构主要为氨基酸衍生物的一类激素。如甲状腺素、儿茶酚胺类激素和褪黑素等。

09.0005　儿茶酚胺类激素　catecholamine hormone

化学结构为儿茶酚胺的一类激素。儿茶酚胺是含有儿茶酚（1,2-二羟苯）和一个侧链胺的有机化合物，产生于酪氨酸。包括肾上腺素、去甲肾上腺素和多巴胺等。

09.0006　含氮激素　nitrogenous hormone

化学组成中含有氮元素的激素。包括肽类或蛋白质类激素、胺类激素。

09.0007　脂类激素　lipid hormone

化学结构为脂质衍生物的一类激素。主要包括类固醇激素和脂肪酸衍生物激素。这类激素相对分子质量小，而且都是脂溶性的非极性分子，可以直接透过靶细胞膜，多与胞内受体结合发挥生理效应。

09.0008　类固醇激素　steroid hormone

又称“甾体激素”。具有环戊烷多氢菲（甾核）基本结构，从胆固醇转变而来的一类激素。分为皮质类固醇激素和性类固醇激素两大类。前者主要产生于肾上腺皮质，包括糖皮质激素和盐皮质激素；后者主要产生于性腺和胎盘，包括雄激素、雌激素和孕激素。维生素D的衍生物也被认为属于类固醇激素，因其通过同源性的核受体发挥作用。

09.0009　神经激素　neurohormone

具有内分泌功能的神经细胞所分泌的激素的总称。如催产素、升压素等。

09.0010　环境激素　environmental hormone

又称“环境内分泌干扰物（environmental endocrine disruptor, EED）”“内分泌干扰物（endocrine disruptor, endocrine disrupting chemicals, EDCs）”。一类来源于环境中的能干扰生物内分泌功能的物质。对体内激素的生成、释放、输送、代谢、结合或消除过程起干扰作用。如二噁英、多氯联苯类化合物、某些杀虫剂、除草剂和某些农药等。

09.0011　交配素　gamone

由配子产生的一种植物性激素。具有化学趋化性，促进受精作用。

09.0012　互利素　synomone

又称“互益素”。一个机体产生的能影响另一种生物个体行为，并对生产者和接受者都有益的化合物。

09.0013　利他素　kairomone

又称“益他素”。一个机体产生的能影响另一种生物个体行为，并对接受者有益的化合物。

09.0014　利己素　allomone

又称“益己素”。一种机体产生的能影响另一种生物个体行为，但只对该化合物生产者有某些益处的化合物。

09.0015　前激素原　preprohormone

肽类激素的最初翻译产物。其分子大于激素本身，翻译后的蛋白质先经酶解作用形成激素原，最后再经加工形成有生物活性的激素。

09.0016　激素原　hormonogen, prohormone

激素的前体。如胰岛素原是胰岛素的无活性前体。

09.0017　前胰岛素原　preproinsulin

胰岛素基因的初级翻译产物。是N端带有信号肽的胰岛素前体。人前胰岛素原由单一多肽链长110个氨基酸残基组成。

09.0018　前阿黑皮素原　preproopiomelanocortin, pre-POMC

一种由垂体等组织产生的含285个氨基酸残基（含有44个残基信号肽）的肽类激素前体。可以被特异的蛋白质水解酶切割成多种肽类激素，如促肾上腺皮质激素、促黑素、内啡肽等等。

09.0019　阿黑皮素原　proopiomelanocortin, POMC

多种肽类激素的共同前体。由其衍生得到的激素包括阿片样肽、促黑素、促肾上腺皮质激素和促脂解素等。

09.0020　同工激素　isohormone

同一机体内产生的功能相同但结构不同的蛋白质激素。

09.0021　激素缀合物　hormone conjugate

又称“激素结合物”。激素分子与另一种分子共价或非共价的结合物。如类固醇激素与葡萄糖醛酸或硫酸的结合物，和以这种方式排泄的类固醇激素降解物的结合物。

09.0022　抗激素　antihormone

阻断激素作用或抑制激素产生的一类物质。

09.0023　激素生成　hormonogenesis

激素在机体内的生成过程。多肽与蛋白质激素在特定细胞由基因编码合成，其中部分激素是先合成前激素原或激素原再经酶促分解成为有活性的激素。类固醇激素、氨基酸衍生物激素、类花生酸激素和气体激素等其他激素经由细胞内相关酶促代谢途径生成。

09.0024　激素缺乏症　hormonoprivia
体内由于激素缺乏所造成的相应病症。可由于相关腺体破坏，或内分泌腺体以外的组织破坏，引起激素生物合成的障碍或特异性缺陷，某些影响激素降解或敏感性的因子可加重激素功能低下的情况。

09.0025　激素过多症　hormonosis
由于外源或内源性原因导致体内激素过多所造成的相应病症。可由于内分泌腺功能亢进，腺体组织增生，或自身免疫刺激所引起。某些肿瘤可产生异位激素，形成激素过多症。

09.0026　胞内分泌　intracrine
内分泌细胞的信息物质不分泌出来，原位作用该细胞胞质溶胶内的效应器上的现象。如血液循环中的无活性激素前体，在该激素所作用的靶细胞中转化成为活性激素的形式并发挥作用。肿瘤细胞中的芳香化酶能使血循环中的雄激素转化为雌激素，这些原位转化给治疗雌激素依赖性肿瘤带来困难。

09.0027　内分泌　endocrine
由无导管腺体产生的一种或几种激素，直接分泌到血液中，通过血液循环运输到靶细胞，促进其生理、生化应答的现象。

09.0028　自分泌　autocrine
作用于分泌该激素细胞自身的激素，发挥兴奋、抑制或调控分泌的功能，是内分泌细胞自我调控的一种方式。如胰腺B细胞释放的胰岛素能抑制同一细胞进一步释放胰岛素。

09.0029　旁分泌　paracrine
体内某些细胞能分泌一种或数种化学介质，如生长因子、一氧化氮等，此类信息物质不进入血液循环，而是通过扩散作用影响其邻近细胞的现象。

09.0030　神经分泌　neurocrine
神经元分泌肽类激素或其他神经递质的方式。神经激素可沿神经细胞轴突借轴质流动运送至神经末梢而释放。

09.0031　远距[离]分泌　telecrine
大多数激素经血液运输至远距离的靶组织而发挥作用的分泌方式。

09.01.02　人和脊椎动物激素

09.0032　动物激素　animal hormone
动物的某些器官、组织或细胞产生的一类微量、但高效的调节代谢的化学物质。

09.0033　垂体前叶激素　anterior pituitary hormone, APH
又称“腺垂体激素（adenohypophysis hormone）”。由垂体前叶嗜色细胞分泌的含氮激素的总称。具有广泛而重要的生物学作用。

09.0034　生长激素　growth hormone, GH, somatotropin
又称“促生长素”。由垂体前叶分泌的一种蛋白质类激素。刺激肝脏产生生长调节素，进而促进肌肉与骨骼的生长，脂肪细胞、肌肉及软骨细胞的分化。

09.0035　促甲状腺激素　thyrotropin, thyroid-stimulating hormone, TSH
由垂体前叶分泌的一种蛋白质类激素。是由

α 和 β 两个亚基组成的糖蛋白，刺激甲状腺激素的合成和释放。

09.0036 促肾上腺皮质激素 corticotropin, adrenocorticotropic hormone, ACTH

由垂体前叶分泌的含有 39 个氨基酸残基的肽类激素。刺激肾上腺皮质激素的分泌，诱导肾上腺皮质的生长。

09.0037 促性腺激素 gonadotropin, gonadotrophic hormone, GTH

由垂体后叶、胎盘、子宫内膜分泌的促进性腺功能的一类激素。包括促卵泡激素、促黄体素、催乳素、人绝经期促性腺素、人绒毛膜促性腺激素等。

09.0038 促卵泡激素 follitropin, follicle-stimulating hormone, FSH

又称“卵泡刺激素”。由垂体前叶分泌的促性腺激素。刺激卵泡生长，分泌雌二醇及睾丸生成精子。

09.0039 促黄体素 lutropin, luteinizing hormone, LH

又称“黄体生成素”。由垂体前叶分泌的蛋白质类促性腺激素。刺激卵巢卵泡的最后成熟和破裂，刺激黄体分泌孕酮，在男性还可刺激睾丸产生睾酮。

09.0040 催乳素 prolactin, lactotropin

又称“促乳素”。由垂体前叶分泌的一种蛋白质类激素。其结构与生长激素相近，是哺乳动物开始生乳所必需的激素。促进乳汁分泌，也可刺激黄体分泌孕酮。

09.0041 人绝经期促性腺激素 human menopausal gonadotropin, human menopausal gonadotrophin, HMG

垂体前叶产生的一种糖蛋白激素。在绝经期其产量增加，具有促卵泡激素活性及促黄体激素活性。可作为绒毛膜上皮癌的一种标志。

09.0042 人绒毛膜促性腺激素 human chorionic gonadotropin, HCG

胎盘滋养层细胞分泌的一种糖蛋白激素。由 237 个氨基酸残基组成，分子量约 36.7kDa。可维持妊娠黄体的存在和旺盛分泌，稳定正常妊娠。临床上常通过检测尿中人绒毛膜促性腺激素的浓度变化以确定是否妊娠。

09.0043 促脂解素 lipotropin, lipotropic hormone, LPH

由垂体前叶分泌的一类多肽类激素。β-促脂解素由 91 个氨基酸残基组成，经特异蛋白水解酶作用可成为含 58 个氨基酸残基的 γ-促脂解素。能刺激脂质尤其是脂肪酸从脂肪库中的动员。

09.0044 垂体后叶激素 posterior pituitary hormone, hypophysin

又称“神经垂体激素（neurohypophyseal hormone）”。由垂体后叶分泌的激素的总称。包括升压素、催产素和促黑素细胞激素等。

09.0045 [血管]升压素 vasopressin, pitressin

又称“加压素”“抗利尿激素（antidiuretic hormone, ADH）”。由垂体后叶分泌的一种九肽激素。氨基酸序列为 Gly-Arg-Pro-Cys-Asn-Gln-Phe-Try-Cys。对肾脏有直接的抗利尿作用，也能使血管收缩，升高血压。在人体内的升压素其肽链第八位为精氨酸故称“精氨酸升压素（arginine vasopressin，AVP）”；在猪等动物体内的升压素其肽链第八位为赖氨酸故称“赖氨酸升压素（lysine vasopressin，LVP）”。

09.0046 催产素 oxytocin, pitocin

又称“缩宫素”。由垂体后叶分泌的环九肽激素。氨基酸序列为：Gly-Leu-Pro-Cys-Asn-Gln-Ile-Try-Cys，其中两个半胱氨酸形成二硫键，能引起子宫平滑肌和环绕乳腺的蜂窝细胞的收缩。

09.0047 精催产素 arginine vasotocin, AVT, vasotocin

又称“加压催产素”。低等脊椎动物（如两栖类、爬行类、鸟类）垂体后叶和哺乳动物胎儿分泌的环九肽激素。其肽链的第三位为异亮氨酸残基，其余部分与精氨酸升压素相同，具类似催产素和升压素的活性。

09.0048 鸟催产素 mesotocin

又称“8-异亮氨酸催产素”。由爬行动物和两栖纲动物的垂体后叶分泌的一种多肽类激素。在结构与功能上与催产素相关。

09.0049 软骨鱼催产素 glumitocin

由垂体后叶分泌的一种多肽类激素。存在于某些软骨鱼，其结构与功能和催产素类似。进化过程中不稳定，其中第四、八位氨基酸多变。

09.0050 绒毛膜生长催乳素 chorionic somatomammotropin, choriomammotropin, placental lactogen

胎盘分泌的多肽类激素。其氨基酸序列几乎与促生长素完全相同，具催乳活性和促生长活性。

09.0051 绒毛膜促甲状腺激素 chorionic thyrotropin

胎盘分泌的一种糖蛋白激素。由α和β两个亚基组成，其α亚基与促甲状腺激素、促黄体素、促卵泡激素等的α亚基相同。对胎儿和母体的甲状腺有刺激作用。

09.0052 促性腺激素释放素 gonadoliberin, gonadotropin-releasing hormone, GnRH

作用于垂体刺激促黄体素和促卵泡激素产生的多肽类激素。共有序列为十肽。

09.0053 促卵泡激素抑释素 follistatin

简称“卵泡抑素”。由垂体分泌的一种糖蛋白。可与促卵泡激素释放素/红细胞分化因子发生特异结合，抑制垂体分泌促卵泡激素。

09.0054 促黑素细胞激素 melanocyte-stimulating hormone, melanocortin, melonotropin, MSH

简称“促黑素”。由垂体分泌的前阿黑皮素原（POMC）经特异蛋白酶水解后形成的肽类激素。POMC 的第 1～13 个残基为α-促黑素，第 84～101 个残基为β-促黑素，两者均能促进动物细胞中黑色素的产生。γ-促黑素实际上是具促黑素活性的γ-促脂解激素，含 POMC 的第 42～101 个残基。

09.0055 黑素浓集激素 melanin concentrating hormone, MCH

存在于脊椎动物垂体及周边组织包括色素系统中的一种神经肽。是α-促黑素的拮抗剂。

09.0056 下丘脑激素 hypothalamic hormone

又称“下丘脑因子（hypothalamic factor）”“下丘脑调节肽（hypothalamic regulatory peptide）”。由第三脑室下部两侧神经组织分泌的肽类激素。属神经内分泌激素。除升压素及催产素外，大部分进入垂体门静脉运送到腺垂体，刺激促激素或抑释素的释放。

09.0057 释放[激]素 releasing hormone, liberin

能刺激其他激素释放的激素。liberin 可作为英文后缀使用。

09.0058 促肾上腺皮质激素释放素 corticoliberin, corticotropin releasing hormone, CRH

又称“促肾上腺皮质激素释放因子（corticotropin releasing factor, CRF）”。下丘脑分泌的多肽类激素。调控促肾上腺皮质激素及β-内啡肽的分泌。

09.0059 促肾上腺皮质激素释放素结合蛋白质 corticoliberin-binding protein

存在于哺乳类、鸟类、鱼类和两栖类中，能与促肾上腺皮质激素释放素（CRH）结合的分子。抑制促肾上腺皮质激素释放素受体活化，也可作为促肾上腺皮质激素释放素的储蓄池。

09.0060 促甲状腺激素释放素 thyroliberin, thyrotropin releasing hormone, TRH

又称“促甲状腺激素释放因子（thyrotropin releasing factor, TRF）”。一种促进垂体前叶分泌促甲状腺激素的下丘脑激素。是由焦谷氨酰-组氨酰-脯氨酰胺构成的三肽，其受体为G蛋白偶联受体。可调节垂体前叶、中枢及末梢神经系统的功能。

09.0061 促黄体素释放素 luliberin, luteinizing hormone releasing hormone, LHRH

又称“促黄体素释放因子（luteinizing hormone releasing factor, LHRF, LRF）”。控制促黄体素分泌的下丘脑激素。

09.0062 促卵泡激素释放素 folliliberin, follicle-stimulating hormone releasing hormone, FSHRH, FRH

又称“促滤泡素释放因子（follicle-stimulating hormone releasing factor, FSHRF, FRF）”。控制促卵泡激素分泌的下丘脑激素。

09.0063 促生长素释放素 somatoliberin, somatotropin releasing hormone

又称“生长激素调节激素（growth hormone regulatory hormone）”“生长激素释放因子（growth hormone releasing factor, SRF）”。下丘脑分泌的刺激垂体释放生长激素的激素。

09.0064 催乳素释放素 prolactoliberin, prolactin releasing hormone, PRH

又称“催乳素释放因子（prolactin releasing factor, PRF）”。刺激催乳素自垂体释放的一种激素。

09.0065 生长抑素 somatostatin, SOM

全称“促生长素抑制素”“生长激素抑制激素（growth hormone release inhibiting hormone, GIH）”，又称“生长激素释放抑制因子（growth hormone release inhibitory factor, GRIF）”。最初发现的是下丘脑分泌的抑制垂体释放生长激素的一种十四肽。目前认为生长抑素是一种多功能激素，来源于脑及神经系统、胃肠道、免疫系统等多种组织器官。作为内源性抑制性细胞功能调节分子，参与发育、增殖、代谢、分泌和神经调控等过程。

09.0066 促黑素释放素 melanoliberin, melanocyte-stimulating hormone releasing hormone, MRH, MSHRH

又称“促黑素释放因子（melanophore-stimulating hormone releasing factor, MRF）”。下丘脑分泌的能促进垂体促黑素释放的一种激素。

09.0067 抑制激素 inhibiting hormone, statin

能抑制其他激素释放的激素。statin 可作为英文后缀使用。

09.0068 抑制素 inhibin, INH

在性腺、垂体等组织产生，抑制促卵泡激素

的合成和释放的多肽激素。属于转化生长因子β超家族成员。由α和β两个亚基组成，β亚基有A、B两种形式。

09.0069　促黑素抑释素　melanostatin, melanocyte-stimulating hormone-release inhibiting hormone, MRIH

又称“促黑素释放抑制因子（melanophore-stimulating hormone-release inhibiting factor, MIF）”。下丘脑分泌的能抑制垂体促黑素释放的一种激素。

09.0070　促黑素调节素　melanocyte-stimulating hormone regulatory hormone

下丘脑产生的促黑素释放素和/或促黑素释放抑制激素。能分别促进或抑制垂体促黑激素的释放。

09.0071　褪黑素　melatonin

系统命名为*N*-乙酰-5-甲氧色胺。松果体及许多松果腺以外的组织和细胞产生的色氨酸类激素。通过使黑素颗粒凝集而逆转促黑素的变黑效应，其分泌率与环境光照量呈负相关。

09.0072　松果体激素　pineal hormone

脑内的小内分泌腺体松果腺所产生的激素。主要指褪黑素。

09.0073　可卡因苯丙胺调节转录物　cocaine and amphetamine regulated transcript, CART

下丘脑分泌的内源性饱食肽。其抑制摄食的作用是通过下丘脑和脑干参与调节食欲和代谢的神经元，引起肾上腺皮质酮分泌所致。

09.0074　催涎肽　sialogogic peptide

从牛的下丘脑分离到的有催涎作用的神经递质肽。化学合成的类似物用于治疗口干症。

09.0075　胸腺素　thymosin, thymin

又称“胸腺肽（thymopeptide, thymic peptide）”。胸腺上皮细胞产生的一组多肽类分子。分为α、β、γ三类，诱导T细胞在胸腺内的成熟和分化。胸腺素α_1（28个氨基酸构成）促进T细胞在胸腺内分化成熟，增强机体免疫功能。人工合成的胸腺素α_1类似物已作为药物上市。胸腺素β_4和胸腺素β_{10}也是有临床应用潜力的胸腺素。

09.0076　胸腺体液因子　thymic humoral factor, THF

胸腺产生的一种热稳定的八肽。促进T细胞在胸腺内分化成熟，具有免疫调节作用。

09.0077　胸腺生成素　thymopoietin

胸腺细胞产生的四十九肽（牛）或四十八肽（人）。核心序列为Arg-Lys-Asp-Val-Try，能促进前胸腺细胞转变为胸腺细胞。

09.0078　胸腺刺激素　thymostimulin

从胸腺中提取的一组多肽。胸腺素α_1和胸腺体液因子为其主要成分，作为免疫调节剂，能刺激淋巴细胞的生成，调节T细胞功能。

09.0079　甲状腺激素　thyroid hormone, TH

甲状腺分泌的甲状腺素（T_4）和三碘甲状腺原氨酸（T_3）的总称。T_4经Ⅰ型或Ⅱ型脱碘酶脱去5′位碘生成活性更高的T_3。在外周组织，T_4经Ⅰ型或Ⅲ型脱碘酶脱去5位碘生成无活性的三碘甲腺原氨酸即逆–三碘甲腺原氨酸（rT_3）。

09.0080　甲状腺素　thyroxine, Thx

又称“四碘甲状腺原氨酸（tetraiodothyronine, T_4）”。由两个3,5-二碘酪氨酸分子偶联而成的一种碘化的酪氨酸衍生物。是甲状腺的主要激素，在甲状腺滤泡上皮细胞合成。主要控制耗氧速率和总代谢速率。

09.0081　三碘甲状腺原氨酸　triiodothyronine, T_3

甲状腺的重要激素。具有较强的甲状腺素的功能。主要控制耗氧速率和总代谢速率。其在甲状腺中的含量虽比甲状腺素（T_4）少得多，但其生物活性比 T_4 大 3～4 倍。

09.0082　甲状腺原氨酸　thyronine

甲状腺激素脱碘代谢的最终产物。无生物活性。

09.0083　甲状腺激素受体　thyroid hormone receptor

能与促甲状腺激素特异性结合的分子。在细胞核内与辅阻遏物形成复合物，结合于甲状腺激素应答元件（TRE），抑制靶基因转录。结合甲状腺激素后，其转录激活域构象改变，募集辅激活物，激活靶基因转录。也可在胞质溶胶中与甲状腺激素结合，调控 cGMP-PKG 途径。

09.0084　甲状腺球蛋白　thyroglobulin

甲状腺中的一种碘化糖蛋白。为同源二聚体，分子量约 660kDa。人的此种蛋白质由 2767 个氨基酸残基组成，是体内碘在甲状腺腺体内的贮存形式，经水解可生成甲状腺素和三碘甲状腺原氨酸。

09.0085　甲状旁腺激素　parathyroid hormone, PTH

甲状旁腺合成的由84个氨基酸残基构成的激素。是调节骨中矿物质平衡的关键性激素，其 N 端三十四肽具有主要的生物学活性。

09.0086　降钙素　calcitonin, CT

甲状腺滤泡旁细胞（C 细胞）产生的一种调节钙磷代谢的三十二肽激素。降低血钙和血磷，抑制骨盐的溶解与转移，抑制骨基质分解，增强成骨过程。

09.0087　降钙素基因相关肽　calcitonin gene-related peptide, CGRP

一种由 37 个氨基酸残基组成的神经肽。有 CGRPα 和 CGRPβ 两种亚型，两者氨基酸序列同源性高达 90%。CGRPα 由降钙素 I 基因（*CALC I*）编码，通过组织特异性的可变剪接，在甲状腺滤泡旁细胞生成降钙素，在神经细胞生成 CGRPα。CGRPβ 则由降钙素 II 基因（*CALC II*）编码产生。在心血管神经纤维中广泛分布，具有很强的血管舒张作用，可降低血压、增加肾血流量、增加冠脉血流量等。

09.0088　肾上腺素　adrenaline, epinephrine

由肾上腺髓质分泌的一种儿茶酚胺类激素。在应激状态、内脏神经刺激和低血糖等情况下，释放入血液循环，促进糖原分解并升高血糖，促进脂肪分解，引起心率加快。

09.0089　变肾上腺素　metadrenaline

又称“间位肾上腺素”“3-*O*-甲基肾上腺素”。肾上腺素经儿茶酚-*O*-甲基转移酶作用生成的中间代谢物。经单胺氧化酶作用生成 3-甲氧基-4-羟基苯乙醇胺。

09.0090　去甲肾上腺素　noradrenalin, norepinephrine

又称“正甲肾上腺素”。由肾上腺髓质分泌的一种儿茶酚胺类激素。可经 *N*-甲基转移酶作用转变为肾上腺素。具有肾上腺素的生物活性。

09.0091　皮质类固醇　corticosteroid

肾上腺皮质产生的类固醇激素以及这类激素的合成类似物。主要包括糖皮质激素、盐皮质激素和性激素。广泛参与各种生理过程，包括应激反应、免疫反应、炎症调节、糖代谢、蛋白质代谢等。

09.0092　羟皮质类固醇　hydroxycorticosteroid
带有羟基基团的皮质类固醇。包括 11-羟皮质类固醇和 17-羟皮质类固醇。

09.0093　糖皮质激素　glucocorticoid, glucocorticosteroid
肾上腺皮质束状带细胞分泌的一种皮质类固醇。包括皮质酮、皮质醇和可的松。促进蛋白质分解，使生成的氨基酸进行糖异生作用，动用脂肪以及使酮体增加。还有抗过敏和抗炎症作用。

09.0094　皮质酮　corticosterone
系统命名为 11β,21-二羟基孕烯-3,20-二酮。从孕酮生物合成而得到的一种盐皮质激素。存在于人类肾上腺皮质分泌物中。多种哺乳动物分泌皮质酮和皮质醇两者的混合物。

09.0095　皮质醇　cortisol
又称“氢化可的松（hydrocortisone）”“17-羟皮质酮（17-hydroxycorticosterone）”。系统命名为 11β,17α,21-三羟孕烯-4-烯-3,20-二酮。由人或动物肾上腺皮质产生的一种糖皮质激素。由黄体酮转变而成。在血液中与皮质激素转运蛋白结合，有强的抗炎活性，能促进肝糖原分解、糖原异生、调节微循环和维持血压。

09.0096　可的松　cortisone
又称“17-羟-11-脱氢皮质酮（17-hydroxy-11-dehydrocorticosterone）”。由皮质醇分子 C-11 上的羟基氧化为酮基而得的一种糖皮质激素。也可人工合成。给药后在体内转变为皮质醇而发挥其强抗炎性。

09.0097　脱氧皮质醇　deoxycortisol
由 17-羟孕酮生成的、皮质醇和可的松生物合成的前体。

09.0098　盐皮质激素　mineralocorticoid
肾上腺皮质球状带细胞分泌的由 21 个碳原子组成的一种皮质类固醇。如醛固酮和脱氧皮质酮。通过刺激钠的滞留和钾的排泄在水电解质代谢中发挥作用。

09.0099　醛固酮　aldosterone
调节人体水电解质平衡的一种盐皮质激素。主要作用于肾脏远曲小管和肾皮质集合管，增加对钠离子的重吸收和促进钾离子的排泄，也作用于髓质集合管，促进氢离子的排泄，酸化尿液。

09.0100　脱氧皮质酮　deoxycorticosterone, DOC
促进肾小管对钠的重吸收和排钾的作用，从而维持血浆中钠、钾的适当浓度的一种盐皮质激素。

09.0101　促醛固酮激素　adrenoglomerulotropin, AGTH
全称“促肾上腺球状带细胞激素”。刺激肾上腺皮质球状带细胞产生醛固酮的内分泌素。存在于哺乳动物和鸟类脑组织中，化学成分是 1-甲基-6-甲氧基-1,2,3,4-四氢-2-二氮芴，多种类似物也有这种生物活性。

09.0102　性激素　sex hormone, gonadal hormone
主要由性腺分泌、负责第二性征发育和副生殖器官发育的一类激素。如雄激素、雌激素及孕激素。

09.0103　雄激素　androgen
雄性脊椎动物分泌的性激素的通称。属于十九碳类固醇激素。天然存在的雄激素主要是双氢睾酮、睾酮和雄酮。在哺乳动物中主要由睾丸产生，能促进雄性器官的生长、精子发生和决定雄性第二性征的发育。

09.0104　双氢睾酮　dihydrotestosterone, DHT

又称“二氢睾酮”。睾酮在其靶组织中经 5α 还原酶催化其 C-4 与 C-5 之间的双键加氢还原的产物。其与雄激素受体的结合力强于睾酮。

09.0105　睾酮　testosterone

由睾丸分泌的一种类固醇激素。是人体内主要的雄激素，与男性第二性征的发育有关。睾酮作为一种激素原，在芳香化酶的作用下可转变为 17β-雌二醇。

09.0106　雄酮　androsterone

系统命名为 3α-羟基-5α-雄固烷-17-酮。睾酮和雄烯二酮的主要代谢物。属于酮固醇类。其雄激素活性比睾酮低得多。在男性和女性的血浆和尿中都可检测到。

09.0107　雄烯二酮　androstenedione

又称“肾上腺雄酮”。系统命名为 Δ^4-雄烯-3,17-二酮。由孕酮经雄酮生物合成睾酮的中间产物。其生物活性较睾酮弱。在体内亦可转化为雌酮，最后以更极性的化合物——17-酮类固醇的形式由尿中排泄。

09.0108　脱氢表雄酮　dehydroepiandrosterone, DHEA, DHA

又称“脱氢异雄酮”。主要由肾上腺皮质和睾丸分泌的含 19 个碳原子的类固醇雄激素。是睾酮生物合成过程的中间产物。由 17α-羟孕烯醇酮经十七碳链酶作用而成，为雄烯二酮及睾酮的前体。可在尿中分离得到。主要作用于肌肉、毛发及第二性征，促进蛋白质的合成和骨骼肌的发育。

09.0109　17-酮类固醇　17-ketosteroid

肾上腺皮质类固醇和雄激素的代谢产物。主要有雄酮、脱氢表雄酮等。由尿排出，并作为体内雄激素生成的指标。

09.0110　睾丸雄激素　andrin

睾丸分泌的雄性激素。包括睾酮、雄酮和脱氢表雄酮。

09.0111　本胆烷醇酮　aetiocholanolone

睾酮的分解代谢产物。80%在肝脏内酶解，前列腺也参与部分转变。其代谢物由尿中排泄。

09.0112　雄固烷　androstane

具有 C-10 位、C-13 位甲基的环戊烷并氢化菲骨架的十九碳类固醇激素类化合物。是雄激素的基本结构。

09.0113　雌激素　estrogen, estrin, oestrogen

由脊椎动物的卵巢、睾丸、胎盘或肾上腺皮质产生的十八碳类固醇激素。绝大部分哺乳动物的主要雌激素是 17β-雌二醇，其他重要的雌激素有雌三醇和雌酮。

09.0114　雌二醇　estradiol

由卵巢分泌的一种主要的雌激素。为类固醇激素，负责调节女性特征、附属性器官的成熟和月经排卵周期，促进乳腺导管系统的产生。

09.0115　雌三醇　estriol

雌二醇和雌酮的代谢产物。在雌酮、雌二醇、雌三醇中，以雌三醇的活性最弱。存在于尿中，在怀孕期尿中含量更高。

09.0116　雌酮　estrone

由卵巢分泌的一种主要的雌激素。是雌二醇的氧化产物。其生物学作用弱于雌二醇，而强于雌三醇。

09.0117　雌[固]烷　estrane

又称“雌甾烷”。C-13 有一个甲基的十八碳类固醇激素类化合物。是所有雌激素的基本结构。

09.0118　孕激素　progestogen, gestagen, progestin
维持妊娠所需的二十一碳类固醇激素。包括天然的和人工合成的化合物，最主要的激素为孕酮。

09.0119　孕[固]烷　pregnane
又称“孕甾烷”。具有 C-17 位接 β-乙基侧链的类固醇骨架的化合物。孕激素的基本结构。天然孕激素在类固醇核第 18、19、20、21 位各有一个碳原子（二十一碳类固醇）。

09.0120　孕酮　progesterone
又称“黄体酮”。维持妊娠所需的含 21 个碳原子的类固醇类雌激素。大部分是由黄体分泌，是绝大多数固醇类激素合成的中间体。在月经周期中装备子宫内膜以便受精卵植入；在孕娠期中维持胚胎的正常发育。

09.0121　孕二醇　pregnanediol
系统命名为 5β-孕固烷-3α,20α-二醇。孕酮的主要分解代谢产物。以游离形式或以葡萄糖醛酸形式出现于孕妇尿中。

09.0122　孕烷二酮　pregnanedione
孕二醇的氧化产物。是孕酮的主要代谢物。

09.0123　孕烯醇酮　pregnenolone
系统命名为 3-羟基孕固烯-20-酮。类固醇激素的前体。在生物合成过程中，胆固醇经细胞色素 P450scc（即胆固醇侧链断裂酶）催化，侧链在 C-20 和 C-22 之间发生羟基化反应断裂，从而转变为孕烯醇酮。

09.0124　乙炔睾酮　aethisteron
又称“炔诺酮”。半合成的孕激素。是孕酮和睾酮二者的衍生物。

09.0125　乙芪酚　diethylstilbestrol, DES
又称“二乙基己烯雌酚”。4,4′-二羟芪（己烯雌酚）的二乙基衍生物。有强的雌激素活性。

09.0126　反类固酮　retrosterone
在第九位和第十位碳原子上具有与孕酮立体化学取向相反结构的一种合成的类固酮。

09.0127　雄配素　androgamone
存在于精子内的可帮助受精的物质。雄配素Ⅰ在射精前负责保持精子活力；雄配素Ⅱ协助精子穿入卵细胞。

09.0128　促配子成熟激素　menotropin
从绝经期后的人尿中提取出的激素。含有促卵泡激素和促黄体素，能刺激卵泡生成和成熟，也可刺激睾丸间质细胞产生睾酮。

09.0129　雄激素结合蛋白质　androgen-binding protein, ABP
睾丸生精小管支持细胞分泌的一种糖蛋白。能与睾酮、双氢睾酮结合，使其亲脂性降低，从而提高其在生精小管腔液内的浓度。

09.0130　连接肽　connecting peptide, C-peptide
简称“C 肽”。胰岛 B 细胞产生的胰岛素原的组成部分。一分子胰岛素原经酶切后裂解成一分子胰岛素和一分子连接肽，两者以等分子数共存于分泌颗粒并同时释放入血。连接肽不被肝脏破坏，半衰期较胰岛素长，且不受胰岛素抗体的影响，检测血清连接肽含量能反映 B 细胞合成与释放胰岛素的功能。

09.0131　胰岛素样肽　insulin-like peptide, ILP
一组与胰岛素结构类似的蛋白质。哺乳动物的 ILP 家族有 10 个成员，除胰岛素外，还包括 IGF-1、IGF-2、松弛素等。

09.0132 胰岛素样生长因子 insulin-like growth factor, IGF

属于胰岛素样肽家族、氨基酸序列与胰岛素类似、具有促生长作用的多肽。包括 IGF-Ⅰ和 IGF-Ⅱ两种。IGF-Ⅰ又称“生长调节肽（somatomedin，SOM）”；IGF-Ⅱ曾称“骨骼生长因子（skeletal growth factor，SGF）”。主要在肝脏产生，在胚胎期和出生后组织生长中发挥重要作用。促进骨组织和骨骼肌生长，在靶组织中产生类胰岛素的效应。

09.0133 激活素 activin

又称“活化素”。由抑制素的两个β亚基组成的二聚体。有 AA、AB 和 BB 三种组合形式。属于转化生长因子β超家族。在性腺、垂体等组织产生。增强促卵泡激素的合成和释放，此外还参与细胞增殖、分化、凋亡、代谢和创伤愈合等多种生物学过程。

09.0134 局部效应物 autacoid, autocoid

又称“自体有效物质”“自身活性物质”“局部激素（local hormone）”。局部组织产生并通常在局部组织发挥作用的生物活性分子。常见有前列腺素、腺苷三磷酸（ATP）、腺苷二磷酸（ADP）、缓激肽和棕榈酰胺乙醇等。

09.0135 抑素 chalone

特指在某一组织产生并抑制该组织中细胞有丝分裂的物质。早期出现时曾指抑制激素。

09.0136 瘦素 leptin, LP

又称“瘦蛋白”。脂肪细胞表达分泌的一种蛋白质类激素。对下丘脑摄食中枢具有调节作用，通过减少摄食，加强能量消耗，使能量贮存减少。

09.0137 脂连蛋白 adiponectin

又称“脂联素”。主要由脂肪细胞分泌的一种约 30kDa 肽类激素。以三聚体、六聚体或高聚体（12～18）形式分泌。有两种七跨膜结构域受体，能增加肌肉、肝脏等的脂肪酸氧化，并增强胰岛素的作用。在平滑肌、血管内皮和心肌细胞中脂连蛋白以 T-钙黏着蛋白为受体，参与组织损伤修复。在 2 型糖尿病人及某些冠心病人血液中，此激素的水平低下。

09.0138 尾促皮质肽 urocortin

促肾上腺皮质激素释放素家族成员，四十一肽。与尾紧张肽有 63%的同源性，与促肾上腺皮质激素释放素有 45%的序列相同。人的尾促皮质肽氨基酸组成与鼠的有 95%的一致。尾促皮质肽对促肾上腺皮质激素释放素受体-1、促肾上腺皮质激素释放素受体-2α和促肾上腺皮质激素释放素受体-2β有高亲和力。

09.0139 尾紧张肽 urotensin

又称“尾升压素”。最初发现是由硬骨鱼的尾垂体分泌的一种环状肽，故名。主要有两种类型。尾紧张肽Ⅰ是四十一肽，存在于中枢神经系统中，通过释放儿茶酚胺发挥作用，调节血管弹性，影响血压；尾紧张肽Ⅱ在灵长类动物中是强烈血管收缩剂。

09.0140 蛙皮降压肽 sauvagine

从青蛙皮肤分离的四十肽。类似于促肾上腺皮质激素释放素和尾紧张肽Ⅰ。

09.0141 斯坦尼钙调节蛋白 Stanniocalcin, STC

从硬骨鱼的斯坦尼（Stannius）小体分离到的调节钙磷代谢的糖蛋白激素。人的斯坦尼钙调节蛋白含 274 个氨基酸残基，与鱼的斯坦尼钙调节蛋白有 73%的同源性。能降低血钙、升高血磷。

09.0142　儿茶酚胺能受体　catecholaminergic receptor

儿茶酚胺类激素及神经递质的受体。属于G蛋白偶联受体家族。有α1、α2、β1、β2、β3等多种。活化时，通过影响腺苷酸环化酶或磷脂酶C等的活性，使细胞内产生第二信使。

09.0143　抗排卵肽　antide

一种十一肽。是促黄体素释放素或促性腺素释放素的强拮抗剂。有抗卵巢排卵作用。用于阻止促黄体素释放素或促性腺素释放素诱发的卵巢肿瘤细胞的增殖。

09.0144　神经垂体激素转运蛋白　neurophysin

又称“神经垂体激素运载蛋白”“后叶激素运载蛋白”。神经垂体激素升压素和催产素的运载蛋白质。包括两种类型，分别将催产素和升压素从下丘脑的室旁核和视上核转运至垂体后叶。

09.0145　初乳激肽　colostrokinin

由奶牛初乳中分离到的一种多肽。经过激肽释放酶作用后释放，能降低血压，使子宫和小肠收缩。

09.0146　松弛素　relaxin

黄体产生的一种多肽激素。已在许多种系（包括人类在内）的怀孕雌性动物血液中发现。促进分娩时肌肉松弛，也可引起小鼠及豚鼠的联结韧带松弛。

09.0147　利尿钠肽　natriuretic peptide

在中枢神经及末梢神经系统中调节体液容量的同源性多肽家族。包括心房利尿钠肽、脑利尿钠肽和C型利尿钠肽。与肾素–血管紧张素Ⅱ–醛固酮系统在动力学上互相拮抗。

09.0148　心房利尿钠肽　atrial natriuretic peptide, ANP

又称“心房钠尿肽”“心钠素（cardionatrin）”“心房肽（atriopeptin）”。由心房肌细胞合成并释放的肽类激素。人血液循环中的心房利尿钠肽由28个氨基酸残基组成。其主要作用是使血管平滑肌舒张和促进肾脏排钠、排水。

09.0149　脑利尿钠肽　brain natriuretic peptide, BNP

主要由心脏分泌的利尿钠肽家族的一员。是由32个氨基酸残基组成的多肽。因其首先在猪脑中发现而得名。能调节血压和血容量的自稳平衡，并有利尿作用。

09.0150　C型利尿钠肽　C-type natriuretic peptide, CNP

主要由血管内皮细胞分泌的利尿钠肽家族的一员。是由22个氨基酸残基组成的多肽。在局部发挥血管扩张和抗增殖作用。

09.0151　尿舒张肽　urodilatin

心房利尿钠肽的一种衍生肽。可作用于心房利尿钠肽受体。

09.0152　缩胆囊肽　cholecystokinin, CCK

又称“缩胆囊素”“胆囊收缩素”。十二指肠分泌的三十三肽激素。能刺激胰腺分泌消化酶和引起胆囊收缩。

09.0153　促十二指肠液素　duocrinin

促进十二指肠腺（布伦纳腺）黏液分泌的一种胃肠道激素。

09.0154　内皮肽　endothelin, ET

又称“内皮素”。由内皮细胞释放的一组二十一肽激素。是已知最有力的血管收缩激素，影响肌肉收缩力和有丝分裂，中枢和外周交感神经活动，刺激肾素–血管紧张素–醛固酮系统，还能通过诱导释放一氧化氮起血管扩张作用。

09.0155　促肠液蛋白　enterocrinin

又称“促肠液素”。存在于小肠黏膜的一种蛋白质类激素。调节小肠液的分泌，也能抑制胃蠕动和胃液分泌。

09.0156　肠降血糖素　incretin, ducdenin

又称“肠促胰岛素”。肠促胰液肽粗制品中所含的刺激胰岛素分泌的因子。含有胰高血糖素样肽（GLP-1）和葡萄糖依赖性促胰岛素肽（GIF）等。在血糖升高情况下有刺激胰岛素分泌的作用。

09.0157　胰高血糖素样肽　glucagon-like peptide, GLP

又称“肠高血糖素（enteroglucagon）”。小肠远端、胰岛等分泌的多肽。促进胰岛素分泌，抑制胰高血糖素分泌。有 GLP-1（二十九肽）和 GLP-2（二十三肽）两种，均从胰高血糖素原水解生成。GLP-1 衍生肽已经成为2型糖尿病及其关联疾病的重要治疗药物。

09.0158　胰高血糖素原衍生肽　proglucagon-derived peptide

胰高血糖素原经翻译后水解产生的一组多肽。包括胰高血糖素样肽 1、胰高血糖素样肽 2、胃泌酸调节素、格列西汀和格列西肽相关胰肽等。参与机体内的物质和能量代谢调控。

09.0159　抑胃肽　gastric inhibitory polypeptide, GIP

又称“肠抑胃肽（enterogastrone）”“葡萄糖依赖性胰岛素释放肽（glucose-dependent insulinotropic polypeptide, GIP）”。肠道产生的一种促进胰岛素分泌的四十三肽。最初认为其抑制胃酸和胃蛋白酶分泌，目前则认为其主要作用是调节胰岛素的释放，属于一种肠降血糖素。

09.0160　肠激肽　enterokinin

肠黏膜分泌的能促进肠蠕动的一种多肽。

09.0161　肠抑肽　enterostatin

肠酯酶原在肠道中被胰蛋白酶激活的过程中产生的一种激肽。有减少摄食量的作用。

09.0162　促胃液素　gastrin

又称“胃泌素”。由幽门黏膜产生的可促进胃液分泌的多肽。前体由 101 个氨基酸残基构成，水解为有十七肽的促胃液素-17 和三十四肽的促胃液素-34。

09.0163　促胃液素释放肽　gastrin-releasing peptide, GRP

胃黏膜内非胆碱能神经元分泌的递质。既直接作用于 G 细胞释放促胃液素，也刺激 D 细胞释放生长抑素，但 G 细胞对促胃液素释放肽的刺激反应更强。人促胃液素释放肽属于铃蟾肽样肽家族，不是经典的下丘脑–垂体调节激素，因为其对垂体激素释放的调节中只起微弱作用。

09.0164　五肽促胃液素　pentagastrin

又称“五肽胃泌素”。人工合成的一种五肽激素。含 β-丙氨酸和胃泌素 C 端的四肽，用于胃分泌功能试验。

09.0165　胃肠激素　gastrointestinal hormone

由分布于胃肠道黏膜层及胰岛中的内分泌细胞合成和分泌的多种肽类或蛋白质类激素。

09.0166　尿抑胃素　urogastrone

抑制胃分泌盐酸的一种肠胃激素。其结构与人的表皮生长因子相同。

09.0167　[促]胃动素　motilin, MTL

由十二指肠和小肠黏膜内分泌细胞产生的一种二十二肽激素。主要分布于十二指肠和空肠上段，能增加胃肠运动，小肠 pH 发生变化时会引起胃动素的释放。

09.0168　促食欲素　orexin, OX

又称“食欲肽”“下丘脑[分]泌素（hypocretin）”，曾称“下视丘分泌素”。由双侧下丘脑及丘脑底部区域分泌的一种神经肽类激素。由 54 个氨基酸残基组成。最初是在研究大鼠大脑时发现。有两种异肽，分别是 OX-A 和 OX-B，它们是由共同的前体肽——前促食欲素所产生。参与调节进食行为、调节睡眠行为和神经内分泌等多种生理过程。本词来自希腊文“orexis（意为食欲）”。

09.0169　胃生长激素释放素　ghrelin

又称“胃促生长素”“食欲刺激素”“胃饥饿素”。胃肠道尤其是胃内分泌细胞分泌的一种含 28 个氨基酸残基的多肽类激素。是生长激素促分泌素受体的配体，具有刺激生长激素的释放、胃肠道蠕动及摄食并维持能量正平衡的作用。ghrelin 一词源于 growth hormone-releasing peptide/inducing 的首字母缩写。

09.0170　肠绒毛促动素　villikinin

又称“缩肠绒毛素”。控制绒毛运动的一种胃肠道激素。在胃酸作用下由十二指肠黏膜释放。

09.0171　活性肠高血糖素　glycentin

由肠黏膜特定细胞释放的胰高血糖素样物质。即胰高血糖素原的 1～69 位氨基酸残基片段，是肠高血糖素活性形式的一种。

09.0172　胰高血糖素　glucagon

由胰岛 A 细胞分泌的一种二十九肽。由胰高血糖素原水解生成。与胰岛素的作用相拮抗，通过刺激糖原分解等机制提高血糖水平。

09.0173　胰岛素　insulin

胰岛 B 细胞分泌的蛋白质类激素。由 A、B 链组成，共含 51 个氨基酸残基。能增强细胞对葡萄糖的摄取利用，促进蛋白质及脂质的合成。

09.0174　促胰岛素　insulinotropin

又称“胰岛素调理素”。体内胰岛以外的组织分泌的一种促进胰岛素分泌的物质。如小肠分泌的胰高血糖素样多肽和垂体腺苷酸环化酶活化多肽，能增强胰岛素对脂肪细胞的作用。

09.0175　胰激肽原　kallidinogen

无活性的胰激肽前体。在肾、淋巴和胰液中的激肽原酶作用下，生成有活性的胰激肽。

09.0176　胰抑释素　pancreastatin

又称“胰抑肽”。在胰腺中分离到的一种多肽。人、猪、牛、大鼠的胰抑释素分别为五十二肽、四十九肽、五十肽和五十一肽。能抑制胰岛细胞分泌胰岛素、胰腺分泌淀粉酶、胃壁细胞分泌胃酸和垂体释放生长激素。

09.0177　促胰液素　secretin

又称“胰泌素”。十二指肠分泌的一种二十七肽激素。能调节肠、胰、肝、胆管的水盐代谢，促进胃酸分泌、胃泌素释放和胃肠运动。

09.0178　胰多肽　pancreatic polypeptide, PP

首先在鸡中发现的一种多肽类候选激素。继而从不同种属的胰腺中分离得到的三十六肽。有明显的胃肠效应。

09.0179　腮腺素　parotin

由唾液腺合成的一种蛋白质类激素。具有促进牙齿的钙化，有降低血钙，增加血磷浓度等作用。

09.0180 生酮激素 ketogenic hormone
能使机体产生酮体的激素。如胰高血糖素。

09.0181 抗雌激素 antiestrogen
又称“雌激素阻滞剂”“雌激素拮抗剂”。通过阻断雌激素受体或抑制雌激素产生，从而防止雌激素发挥作用的一类药物。

09.0182 前列腺素类激素 prostanoid
含 20 个碳原子的前列腺烷酸衍生的化合物的总称。包括前列腺素、前列环素、凝血噁烷等。

09.0183 前列腺素 prostaglandin, PG
由花生四烯酸经酶催化转变生成的一组含有一个五元环的生物活性物质。按双键位置、个数或羟基位置、有无内过氧化结构等，分为 PGA～PGI 九类。有降低血压、收缩或舒张平滑肌、调节炎症反应、促进血凝、免疫应答和对抗其他激素的作用。

09.0184 前列环素 prostacyclin, prostaglandin I_2, PGI_2
花生四烯酸（二十碳四烯酸）的一种衍生物。与前列腺素相关，含有一个次级五元环，是血小板凝集作用的一种抑制剂，并有强烈的血管舒张作用。

09.0185 前列腺烷酸 prostanoic acid
一种含有一个五元环的 20 个碳原子的脂肪酸。是前列腺素、前列环素和血栓烷等的母体化合物。

09.0186 凝血噁烷 thromboxane, TX
又称“血栓[噁]烷”“血栓素”。一类由花生四烯酸衍生的化合物。其环状结构与前列腺素不同，含有六环醚（氧丙环）。最早是从血小板中分离得到，具有刺激血小板凝集和平滑肌收缩的作用。

09.0187 类花生酸 eicosanoid
又称“类二十烷酸”。花生四烯酸及所有源于该物质的化合物的统称。包括前列腺素、凝血噁烷、前列环素、白三烯和脂氧素等。普遍存在，具有多种生物活性，如参与平滑肌的收缩或舒张、血小板聚集及炎症反应。

09.0188 白三烯 leukotriene
一组来自花生四烯酸或其他非饱和脂肪酸的非环状生物活性分子。由白细胞等对刺激的应答而形成。能引起气管平滑肌收缩、血管通透性增加、吸引及激活白细胞，与哮喘及过敏有关。

09.0189 应激激素 stress hormone
机体应答应激状态而产生的激素。随致激因子的不同而不同。垂体–甲状腺–肾上腺轴所产生的激素与应激密切相关。许多神经内分泌因子、细胞因子和免疫调节因子都参与其中。植物也有应激（胁迫）激素。

09.0190 激素受体 hormone receptor
细胞表面或细胞内能结合特异激素并产生相应生物学效应的蛋白质。包括两类：与肽类、蛋白质和氨基酸衍生物类激素结合的细胞表面受体、与类固醇激素结合的细胞内受体或核受体。

09.0191 激素应答元件 hormone response element, HRE
基因调控区内能与激活的特定核受体相结合，并进而调节相应基因转录的一段短的 DNA 序列。

09.0192 类固醇激素受体 steroid hormone receptor
与类固醇激素相结合的一类受体。多数为位于细胞内的核受体，少数为细胞表面受体。

09.0193　盐皮质激素受体　mineralocorticoid receptor, MR

属于核受体家族。与盐皮质激素和糖皮质激素具有同等亲和力。常见配体有醛固酮、脱氧皮质酮和皮质醇等。

09.0194　雌激素受体　estrogen receptor

能与雌激素特异性结合的一类类固醇激素受体。包括雌激素受体α和雌激素受体β两类，属于核受体。

09.0195　嗜酸性粒细胞趋化性多肽　eosinophil chemotactic peptide

又称“嗜伊红粒细胞趋化性多肽”。由肥大细胞释放的四肽。能吸引和激活嗜酸性粒细胞。

09.0196　嗜酸性粒细胞生成素　eosinophilopoietin

又称“嗜伊红粒细胞生成素”。由T淋巴细胞生成的小肽（分子量为1.5kDa）。调节骨髓中嗜酸性粒细胞的发育，可能就是白介素-5。

09.0197　激肽　kinin

引起血管扩张并改变血管渗透性的小分子肽。缓激肽为九肽，胰激肽为十肽。作用于磷脂酶，增强花生四烯酸的释放和产生前列腺素E_2。

09.0198　激肽原　kininogen

属半胱氨酸蛋白酶抑制剂超家族。在肝脏中合成并存在于体液中的一组无活性肽前体。高分子量的激肽原，经酶解后产生缓激肽及辅助因子；低分子量的激肽原经酶解后产生赖氨酰缓激肽。

09.0199　缓激肽　bradykinin

由前体蛋白质经酶解而得到的，能引起血管扩张并改变血管渗透性的九肽。作用于磷脂酶，促进花生四烯酸释放和前列腺素E_2的生成。

09.0200　胰激肽　kallidin

又称“血管舒张素”“赖氨酰缓激肽”。由激肽释放酶作用于血液中的激肽原形成的十肽。包括胰激肽Ⅰ（一种九肽，即缓激肽）和胰激肽Ⅱ（十肽，即缓激肽的赖氨酰衍生物）。是一种强效血管舒张剂，能增加血管通透性并导致低血压。

09.0201　缓激肽增强肽　bradykinin potentiating peptide, BPP

由蛇毒文库分离到的一种活性寡肽。有两种活性：①加强缓激肽的作用；②抑制血管紧张素转换酶。这两种相互独立的活性是由于分子的不同构象所致。

09.01.03　细胞因子与生长因子

09.0202　细胞因子　cytokine

由免疫系统细胞以及其他类型细胞主动分泌的一类分子量相对较低的可溶性蛋白质。包括淋巴因子、干扰素、白介素、肿瘤坏死因子、趋化因子和集落刺激因子等。是免疫系统细胞间，以及免疫系统细胞与其他类型细胞间联络的核心，能改变分泌细胞自身或其他细胞的行为或性质，通过与细胞特异的膜受体而起作用。

09.0203　淋巴因子　lymphokine

由免疫细胞中的T淋巴细胞产生的一类细胞因子。辅助性T细胞在接触激活剂（抗原、促分裂原等）后产生的淋巴因子包括白介素、干扰素和粒细胞-巨噬细胞集落刺激因子等。

09.0204　白[细胞]介素　interleukin, IL

由白细胞分泌的一组细胞因子。主要在免疫

细胞间发挥通信联络功能，介导免疫细胞的增殖、分化、激活、抑制等功能调节。在机体的炎症反应和免疫调节中具有重要作用。人类基因组编码 50 多种白介素，如 IL-1、IL-2、IL-3 等。

09.0205　抑瘤素 M　oncostatin M, OSM

又称“抑癌蛋白 M”。一种经激活的 T 细胞和佛波酯处理的单核细胞产生的细胞因子。属于白介素-6 家族，由 209 个氨基酸残基组成。能抑制多种癌细胞的生长，也可以刺激成纤维细胞的生长。

09.0206　干扰素　interferon, IFN

最早被发现的细胞因子。因可干扰多种病毒的复制而得名。有Ⅰ型和Ⅱ型之分。Ⅰ型干扰素包括 IFN-α、IFN-β、IFN-ε、IFN-κ、IFN-ω、IFN-δ 和 IFN-τ 等 7 种（人没有 IFN-δ 和 IFN- τ）；Ⅱ型仅有 IFN-γ。现在认为其还具有多种重要的免疫调节作用。IFN-α、IFN-β 和 IFN-γ 已用于病毒感染、肿瘤等疾病的临床治疗。

09.0207　移动抑制因子　migration inhibition factor, MIF

从淋巴细胞中提取、抑制巨噬细胞从 T 细胞激活区向外迁移的一种因子。能激活附近的巨噬细胞，使吞噬作用增强。

09.0208　白细胞移动抑制因子　leukocyte migration inhibitory factor, LIF

抑制多形核白细胞移动的一种淋巴因子。

09.0209　转移因子　transfer factor, TF

通过从冻融致敏的T细胞获得的一种可透析的因子。能加强动物的免疫力，可以将延迟过敏反应能力从一个个体（包括人和动物）转移到另一个体。

09.0210　淋巴细胞源性趋化因子　lymphocyte-derived chemotactic factor, LDCF

刺激白细胞产生趋化作用的淋巴因子。

09.0211　巨噬细胞移动抑制因子　macrophage migration inhibition factor, MIF

从淋巴细胞中提取的能抑制巨噬细胞从T细胞激活区向外移动的、也激活附近的巨噬细胞使吞噬作用增强的一种物质。

09.0212　移动增强因子　migration enhancement factor, MEF

从淋巴细胞中提取、增强巨噬细胞向毛细管外迁移的一种因子。

09.0213　胶质细胞生长因子　glial growth factor, GGF

能刺激大鼠神经鞘细胞的增殖，也能刺激其他类型细胞（如星形胶质细胞和成纤维细胞）生长的一种碱性蛋白质。

09.0214　神经胶质瘤源性生长因子　glioma-derived growth factor, GDGF

来源于神经胶质瘤细胞衍生的生长因子。有 GDGF-Ⅰ和 GDGF-Ⅱ两种。GDGF-Ⅱ是潜在的促分裂原。

09.0215　分化因子　differentiation factor

在生物体发育过程中使细胞和组织结构独特化和专一化的，涉及细胞内分化和细胞间分化两个层次的一大类调控因子。如血管内皮生长因子、粒细胞集落刺激因子、粒细胞-巨噬细胞集落刺激因子、生长分化因子-9、胰岛素样生长因子等。

09.0216　趋化因子　chemokine

一组分子量大多在 8～12kDa、激发细胞向高浓度刺激物方向定向运动（趋化运动）的细胞因子。广泛表达于各组织细胞，其受体则主要表达于免疫细胞。趋化因子及其受体介导免疫细胞的定向迁移及组织定位，在免疫细胞发育和免疫应答中起重要作用。依照其中半胱氨酸模体的结构特征，趋化因子被分为CXC、CC、CX3C和XC等4个亚家族。所有趋化因子受体都属于G蛋白偶联受体。

09.0217 分形趋化因子 fractalkine
系统名称为CX3CL1。属于CX3C（半胱X-X-X半胱模体结构）家族的一种趋化因子。与其他趋化因子不同，其分子量较大，是由397个氨基酸残基组成的糖蛋白。兼有趋化因子和黏蛋白两类结构域，并以两种形式存在：膜结合型和游离（可溶）型。其游离型可诱导T细胞和单核细胞的趋化，膜结合型介导有关细胞的黏附。

09.0218 晶体诱导趋化因子 crystal-induced chemotatic factor
补体系统的趋化因子。是多核白细胞在吞噬结晶物质如尿酸钠时产生的多肽。

09.0219 嗜酸性粒细胞趋化因子 eotaxin
系统名称为CCL11。一类与嗜酸性粒细胞趋化有关的因子。人的此种因子由74个氨基酸残基组成。其成员是由肺和支气管表皮细胞产生，被白介素-4诱导，被γ-干扰素阻遏。主要负责酸性粒细胞渗入到过敏炎症部位。

09.0220 集落刺激因子 colony stimulating factor, CSF
能刺激造血细胞的增殖和分化，促使其活化为成熟细胞，促使集落形成的低分子量糖蛋白。属于细胞因子。但糖基并非活性所必需。包括粒细胞集落刺激因子、巨噬细胞集落刺激因子和粒细胞–巨噬细胞集落刺激因子等。

09.0221 粒细胞集落刺激因子 granulocyte colony-stimulating factor, G-CSF
能刺激粒细胞集落形成的一种糖蛋白。寡糖的多少、有无以及所在位置，对其生物活性有一定影响。基因工程产品用于辅助肿瘤放疗和化疗，提高白细胞水平。

09.0222 巨噬细胞集落刺激因子 macrophage colony-stimulating factor, M-CSF
由巨噬细胞、中性粒细胞、内皮细胞、成纤维细胞及活化T细胞和B细胞产生的一种细胞因子。可促进骨髓造血前体细胞增殖分化为单核/巨噬细胞，并可激活成熟单核/巨噬细胞。

09.0223 粒细胞–巨噬细胞集落刺激因子 granulocyte-macrophage colony-stimulating factor, GM-CSF
由活化的T细胞、巨噬细胞、血管内皮细胞及成纤维细胞产生的一种细胞因子。能促进中性粒细胞、巨噬细胞和嗜酸性粒细胞的髓样干细胞的生长和发育。

09.0224 红细胞集落刺激因子 erythroid-colony-stimulating factor
能刺激幼稚红细胞的增生、红细胞集落的形成、细胞血红蛋白化和成熟的一种细胞因子。

09.0225 生长因子 growth factor, GF
一类调节细胞生长增殖的多肽类信息分子。主要通过旁分泌、内分泌方式起作用。是一类细胞有丝分裂激素，已发现有数十种，还在不断发现新的生长因子。

09.0226 表皮生长因子家族 epidermal growth factor family, EGF family
促进细胞增殖、血管生成和抗凋亡的一类生长因子。家族成员在结构上和其受体上具有相似性。包括表皮生长因子、双调蛋白、上皮调节蛋白、β-细胞素、肝素结合表皮生长因子等。与膜表皮生长因子受体结合后促进细胞生长。

09.0227　表皮生长因子　epidermal growth factor, epithelial growth factor, EGF

又称“上皮生长因子”。表皮生长因子家族的一个成员。由 53 个氨基酸残基组成的一种小分子多肽。其前体分子量超过 100kDa。能刺激表皮和上皮组织增生，并可抑制胃酸分泌。

09.0228　双调蛋白　amphiregulin, AR

曾称“施万细胞瘤源性生长因子（Schwannoma-derived growth factor, SDGF）”。表皮生长因子家族的一个成员。具有自分泌生长因子和分裂素（促使其他细胞分裂）双重功能。早期发现其既能抑制一些肿瘤细胞的生长，亦能促进一些正常细胞的分裂，故名。介导雌二醇和孕酮对乳腺管发育的诱发作用。其前体形式锚定在细胞膜上。在物质代谢、细胞增殖、组织修复、炎症和免疫等多种生理和病理过程中具有重要作用。

09.0229　上皮调节蛋白　epiregulin

表皮生长因子家族的一个成员。是由 46 个氨基酸残基组成的一种小分子多肽（5.2kDa）。从 162 肽的前体经加工形成，有多种生物学功能。如抑制某些肿瘤细胞生长、促进纤维细胞等多种细胞生长。

09.0230　β 细胞素　betacellulin, BTC

又称“β-乙酰球蛋白”。表皮细胞生长因子家族的一个成员。最初从小鼠胰腺 B 细胞瘤细胞的上清培养液中分离出来的生长因子。能够结合并激活表皮生长因子受体 ErbB1 和 ErbB4 同源二聚体，启动其下游信号通路，从而引起一系列的生理病理反应。已证实其具有促进多种细胞的增殖作用。

09.0231　肝素结合表皮生长因子　heparin-binding epidermal growth factor-like growth factor, heparin-binding EGF, HB-EGF

全称“肝素结合性表皮生长因子样生长因子”。表皮细胞生长因子家族的一个成员。由单核细胞和巨噬细胞产生的一种表皮生长因子，由于与肝素的亲和力而得名。是成纤维细胞、平滑肌细胞以及角质形成细胞的有丝分裂原和趋化因子。表达于多种细胞类型，包括单核细胞/巨噬细胞中性粒细胞、嗜酸性粒细胞、内皮细胞和正常或肿瘤上皮细胞等。

09.0232　成纤维细胞生长因子　fibroblast growth factor, FGF

由垂体和下丘脑分泌的多肽。有酸性（pI 5.6）和碱性（pI 9.6）两种。能促进成纤维细胞有丝分裂、中胚层细胞的生长，还可刺激血管形成，在创伤愈合及肢体再生中发挥作用。

09.0233　酸性成纤维细胞生长因子　acid fibroblast growth factor, aFGF

刺激多种细胞有丝分裂，诱导细胞形态学变化和分化的蛋白质。

09.0234　碱性成纤维细胞生长因子　basic fibroblast growth factor, bFGF

一种能促进中胚层和神经外胚层细胞分裂的细胞因子。具有强烈的促血管生成作用。在体外，能刺激细胞增殖、迁移，诱导纤溶酶原激活物及胶原酶活性，是与肝素有高亲和力的细胞促分裂原。

09.0235　角质细胞生长因子　keratinocyte growth factor, KGF

来源于角质形成细胞，对上皮细胞具强促分裂原活性的一种生长因子。结构上与成纤维细胞生长因子相近。

09.0236　血小板源性生长因子　platelet-derived growth factor, PDGF

又称"血小板衍生生长因子"。贮存于血小板 α 颗粒中的一种碱性蛋白质。是低分子量促细胞分裂素。能刺激停滞于 G_0/G_1 期的成纤维细胞、神经胶质细胞、平滑肌细胞等多种细胞进入分裂增殖周期。

09.0237　[促]红细胞生成素　erythropoietin, erythrogenin, EPO

在肾和肝等组织产生的一种分子量为 46kDa 的糖蛋白细胞因子。能刺激骨髓中红细胞的产生。

09.0238　血小板生成素　thrombopoietin, TPO

又称"巨核细胞刺激因子（megakaryocyte stimulating factor）"。刺激巨核细胞生长及分化的内源性细胞因子。对巨核细胞生成的各阶段均有刺激作用，包括前体细胞的增殖和多倍体巨核细胞的发育及成熟。人的血小板生成素，由 332 个氨基酸残基组成，有 2 个结构域，其 N 端结构域与红细胞生成素同源，是维持生物活性所必需；其羧端结构域有 6 个潜在的糖基化位点，此区有广泛的种属特异性，与稳定性有关。

09.0239　血清胸腺因子　serum thymic factor

血清中的一种九肽。有与胸腺体液因子相似的生物学效应。

09.0240　造血生长因子　hematopoietic growth factor, hemopoietic growth factor

一类调节造血细胞生长的细胞因子。能促进不同谱系造血细胞的增殖和分化。红细胞生成素和粒细胞集落刺激因子、巨噬细胞集落刺激因子、粒细胞–巨噬细胞集落刺激因子、多集落刺激因子和集落刺激因子等都属于这一类。

09.0241　肝细胞生长因子　hepatocyte growth factor, HGF

目前已知生物活性最广泛的生长因子之一。最初作为一种肝细胞有丝分裂原是从肝部分切除大鼠的血清中分离得到的，随后相继从大鼠血小板、人血浆、兔血清中分离、纯化，其分子量为 82～85kDa，属不耐热多糖蛋白。在肝中的主要来源是非实质细胞，在肝外的许多细胞甚至包括血小板中都能发现，是多种细胞类型的促分裂原，也能改变细胞的运动性。

09.0242　干细胞生长因子　stem cell growth factor, SCF

一类能刺激和调节干细胞生长的蛋白质或多肽。在小鼠中是 *c-kit* 酪氨酸激酶受体的配体。

09.0243　转化生长因子　transforming growth factor, TGF

能使正常细胞表型转化的两个超家族细胞因子。包括转化生长因子 α 和转化生长因子 β 两类。两者在结构上并不相关。

09.0244　转化生长因子 α　transforming growth factor-α, TGF-α

由巨噬细胞、脑细胞和表皮细胞产生的小分子多肽。是含 50 个氨基酸的单链多肽，属表皮生长因子家族成员。在一级序列和三维构象上都和表皮生长因子相似，但其在胎儿和成人组织中广泛表达。与表皮生长因子受体结合，可引起受体的酪氨酸磷酸化及受体后的信号转导变化。

09.0245　转化生长因子 β　transforming growth factor-β, TGF-β

由多种组织分泌的广泛分布的生长因子超家族。包含有结构相关的肽类生长因子，至少已知 5 种亚型：TGF-β1～TGF-β5。具有多种功能，与类胰岛素生长因子 α（IGF-α）

协同作用能刺激或抑制细胞生长。这些因子的超家族又主要分为两大类：活化素/抑制素、骨形态发生蛋白等。

09.0246　肌生成抑制蛋白　myostatin

又称“肌肉生长抑制素”“肌抑素”。由肌肉细胞产生并分泌到细胞外面抑制肌肉细胞生长的一种分子量约 26kDa 的生长分化因子。属于转化生长因子 β 超家族的成员。

09.0247　肌肉素　musclin, osteocrin

最初从小鼠骨骼肌中提取并鉴定的一种生物活性因子。为骨骼肌衍生分泌因子，主要在骨和肌肉中表达。是以原蛋白的形式合成的，经过蛋白质水解处理，生成一个成熟的 50 个氨基酸的 C 端活性肽。被发现能调节成骨细胞的不同，并能抑制胰岛素所致的葡萄糖摄取及糖原合成，可能参与调节骨骼肉的糖代谢。此外，也可能参与脂肪代谢。

09.0248　米勒管抑制物质　Müllerian inhibiting substance, MIS

属于转化生长因子 β 超家族中的一个亚家族。在雄性胚胎中使雌性生殖管退化，调节多种类型细胞的生长、分化和凋亡。

09.0249　脾白细胞激活因子　tuftsin

又称“促吞噬肽”。产生于脾脏的一种刺激和增强免疫反应的、由 IgG 重链 Fc 段裂解而成的四肽激素。能调理增强中性粒细胞的吞噬作用，也能激活自然杀伤细胞和巨噬细胞，能诱导巨噬细胞中的一氧化氮合酶，呈抗肿瘤和抗菌活性。

09.0250　肿瘤坏死因子　tumor necrosis factor, TNF

一种由巨噬细胞对细菌感染或其他免疫源反应自然产生的细胞因子。与干扰素协同作用可杀死肿瘤细胞。

09.0251　肿瘤血管生长因子　tumor angiogenesis factor, TAF

从肿瘤中释放启动赘生性细胞团血管生成的一组物质。一旦肿瘤中开始有血管生成，肿瘤的生长将会更加迅速，也更容易转移。

09.0252　神经营养因子　neurotrophic factor

又称“神经营养细胞因子（neurotrophic cytokine）”。在神经元微环境中产生，主要作用于神经元细胞体的一组结构同源的内源性多肽。能促进神经元存活，调节神经系统的发育。

09.0253　脑源性神经营养因子　brain-derived neurotrophic factor, BDNF

神经营养因子家族的一个成员。与神经生长因子不同，其主要在中枢神经系统，维持神经脊和外胚层基板的感觉神经元，这些神经元对神经生长因子无反应。

09.0254　胶质细胞源性神经营养因子　glial cell-derived neurotrophic factor, GDNF

神经营养因子家族的一个成员。为由二硫键连接的同源二聚体糖蛋白。可促进多巴胺神经元存活和分化，增强其摄入高亲和力多巴胺。人胶质细胞源性神经营养因子的成熟肽均有 134 个氨基酸残基，活性形式为糖基化二聚体，能促进神经元尤其是多巴胺能神经元的生长分化，是治疗神经退化性疾病如帕金森症的潜在有效药物。

09.0255　睫状神经营养因子　ciliary neurotrophic factor, CNTF

因最初从鸟的睫状神经节中提取出来，可维持副交感神经节活性而得名。后显示能促进其他类型神经元的生存，也能在体外促进双潜能 O-2A 祖细胞向Ⅱ型星形细胞分化。现认为是白介素-6 细胞因子家族成员之一。

09.0256　细胞因子信号抑制蛋白　suppressor of cytokine signaling, SOCS

又称"细胞因子信号传送阻抑物""细胞因子信号抑制物"。一类可由多种细胞因子（如白介素-6）及其他一些细胞因子诱导产生，又能通过多种途径对细胞因子的信号转导进行负向调节的一个蛋白质家族。有 8 个成员。通过对 JAK-STAT 信号转导途径的负反馈参与免疫调节。该家族均含有一个中心 SH2 结构域和羧基端 SOCS 区，可结合信号通路中的相关分子使其发生泛素化并降解。有的成员还可以直接抑制 JAK 激酶活性。

09.0257　血管细胞黏附分子　vascular cell adhesion molecule, VCAM

在上皮细胞、巨噬细胞、树突状细胞、成纤维细胞和成肌细胞上表达的免疫球蛋白超家族中的细胞黏附分子。即 CD106。其表达可被炎症调节因子（如白介素-1β、白介素-4、肿瘤坏死因子-α、干扰素-γ 等）上调，是整合素 VLA4 的配体。

09.0258　血管内皮生长因子　vascular endothelial growth factor, VEGF

属血小板源性生长因子家族的生长因子。刺激血管内皮细胞的有丝分裂和血管的发生，提高单层内皮的通透性，能与胎盘生长因子形成异二聚体。有很多具组织特异性的不同剪接产物，如 VEGF121、VEGF165、VEGF-C 等。

09.0259　内皮细胞源性血管舒张因子　endothelium-derived relaxing factor, EDRF

内皮细胞释放的可引起血管平滑肌舒张的一类物质。如一氧化氮等。

09.0260　红细胞克吕佩尔样因子　erythroid Krüppel-like factor, EKLF

红细胞特异性转录激活剂。为成熟 β-珠蛋白的高表达所必需。

09.0261　低氧诱导因子　hypoxia-inducible factor, HIF

又称"缺氧诱导因子"。由氧敏感的 α 亚基（HIF-1α、HIF-2α、HIF-3α）和氧不敏感的 HIF-1β 两种亚基组成的异源二聚体转录因子。细胞在应答低氧应激时，其表达或其稳定性会显著增强，在细胞核内调控相应靶基因的转录。与其他转录因子协同维持机体氧稳态，减少缺氧性损伤。由于实体肿瘤的低氧特点，目前被作为有潜力的药物治疗靶点。

09.0262　白血病抑制因子　leukemia inhibitory factor, LIF

一种由 179 个氨基酸残基组成的多肽生长因子。是由成纤维细胞、T 细胞和巨噬细胞释放的细胞因子，调节原初生殖细胞和胚胎干细胞的生长和分化，其在体外的许多效应能被白介素-6、抑癌蛋白 M 和睫状神经营养因子等模仿，间接地与其受体上所共有的具有信号转导功能的 gp130（一种单链跨膜糖蛋白，分子量 130～150kDa，是 I 型细胞因子受体）亚基相互作用。

09.0263　中期因子　midkine, MK

一种依赖肝素的肽类生长激素。属受发育调节的细胞因子家族。与硫酸乙酰肝素蛋白聚糖中的硫酸乙酰肝素结合，在细胞生长与分化中起重要作用，具神经营养性，能增强轴突派生和胚神经元成活。

09.0264　促分裂因子　mitogenic factor

一类有促进细胞分裂的细胞活性因子。

09.0265　单核因子　monokine

源于巨噬细胞、作用于其他细胞的可溶性因子。所有的单核因子都是细胞因子。

09.0266　神经生长因子　nerve growth factor, NGF

主要参与调节某些靶神经元的生长、维持、增殖和存活的一种神经营养因子和神经肽。

09.0267　神经细胞黏附分子　neural cell adhesion molecule, NCAM

表达在神经元、胶质和骨骼肌细胞表面的一种糖蛋白。即 CD56。胞膜外区均由 5 个 IgSFC 样结构域和 2 个纤连蛋白重复序列组成。在细胞与细胞黏附、神经突生长、突触可塑性、学习和记忆中具有重要作用。

09.0268　神经调节蛋白　neuregulin, NRG

表皮生长因子大家族中一类相关蛋白质群的总称。至少包括 12 个成员，如神经分化因子、乙酰胆碱受体诱导活性因子、胶质细胞生长因子等，对神经系统的发育和维持有重要作用。

09.0269　神经白细胞素　neuroleukin

在组织培养中能促进某些神经元存活的一种神经营养因子。也是由外源凝集素刺激 T 细胞产生的一种淋巴因子。

09.0270　神经调节肽　neuromedin, NM

又称“神经介肽”。神经调节肽 B 和神经调节肽 U 的统称。

09.0271　神经调节肽 B　neuromedin B

又称“促甲状腺激素调节素(thyromodulin)”。最初从猪脊髓中分离出的肽。属于铃蟾肽类家族，能抑制垂体促甲状腺激素的分泌和刺激催乳素的分泌。

09.0272　神经调节肽 U　neuromedin U, NMU

广泛分布在下丘脑、垂体、胃肠道以及泌尿生殖系统中的一种结构上高度保守的神经肽。是中枢神经系统和消化道的神经递质，具有刺激平滑肌收缩、抑制摄食、调节能量平衡、抑制胃酸分泌和小肠的离子转运等多种功能。

09.0273　神经降压肽　neurotensin

又称“神经降压素”。在中枢神经系统中广泛分布的一种十三肽神经递质。可使中枢神经系统许多区域的神经元兴奋。有血管舒张作用，是胃液分泌和肠蠕动的抑制剂。

09.0274　促炎性细胞因子　proinflammatory cytokine

机体受到病原生物感染时，细胞内诱导生成的一系列对炎症反应有促进作用的细胞因子。包括白介素-1、白介素-17A、肿瘤坏死因子-α 和干扰素等。

09.0275　抗胰岛素蛋白　resistin

又称“脂肪细胞分泌因子(adipocyte secreted factor, ADSF)”。与 2 型糖尿病、肥胖症密切相关的脂肪细胞特异分泌的激素。对胰岛素有拮抗作用。

09.0276　血管活性肽　vasoactive peptide

对血管有活性作用的肽类的泛称。包括血管活性肠收缩肽和血管活性肠肽等。

09.0277　血管活性肠收缩肽　vasoactive intestinal contractor, VIC

在小肠中表达的一种二十一肽。对小肠收缩有较强的作用，但对血管收缩的作用较弱。

09.0278　血管活性肠肽　vasoactive intestinal peptide, vasoactive intestinal polypeptide, VIP

在胃肠道发现的一种二十八肽。在体内分布广泛，不仅局限于胃肠道。能舒张血管，增加心脏输出，促进糖原分解，抑制胃液分泌，刺激肠液分泌和脂解作用。

09.0279　血管舒张肽　vasodilatin

能使血管舒张的多肽。心房血管舒张肽的活性组分，其基因工程产品曾用来治疗高血压。

09.0280　血管生成因子　angiogenic factor

促进血管形成的一类天然物质。包括许多多肽，如酸性和碱性成纤维细胞生长因子、血管原蛋白、转化生长因子 α 和转化生长因子 β，以及一些脂质。

09.0281　血管生成蛋白　angiogenin

最初从人腺癌培养细胞中分离的一种小分子蛋白质。能使新血管在活组织中生长。健康的非癌组织也产生这种小分子蛋白质，有35%的序列与胰核糖核酸酶同源。

09.0282　血管紧张素原　angiotensinogen

又称“血管紧张肽原”。在肝脏中形成的一种球蛋白。是血管紧张素的前体。在肾素作用下变为血管紧张素Ⅰ（十肽），然后在血管紧张素转换酶作用下又变为血管紧张素Ⅱ（八肽）。

09.0283　血管紧张素　angiotensin, angiotonin

又称“血管紧张肽”。一种导致血管收缩、血压升高的肽类激素。血管紧张素原在肾素作用下变为血管紧张素Ⅰ，然后在血管紧张素转换酶作用下又变为血管紧张素Ⅱ。在血压调节和高血压病因中起重要作用。血管紧张素也刺激肾上腺皮质分泌醛固酮。

09.0284　血管紧张素Ⅰ　angiotensinⅠ

又称“血管紧张肽Ⅰ”。在血管紧张素原酶催化反应中，从血管紧张素原裂解的产物。是血管紧张素Ⅱ的无活性的十肽前体。

09.0285　血管紧张素Ⅱ　angiotensinⅡ

又称“血管紧张肽Ⅱ”。在血清转换酶催化反应中，从血管紧张素Ⅰ（十肽）水解去除两个氨基酸而成的一种活性八肽。是一种强有力的升压剂。

09.0286　胃酶解血管紧张素　pepsitensin

又称“胃酶解血管紧张肽”。一种具有升高血压作用的血管紧张素。

09.01.04　昆虫激素

09.0287　昆虫激素　insect hormone

昆虫体内某些细胞或腺体分泌的一种激素。对昆虫的生理功能、代谢、生长发育、滞育、变态、生殖等起调节控制作用。可分为两大类：内激素和信息素。

09.0288　内激素　endohormone

由昆虫体内的腺体或组织所产生的化学信息物质。并作用于同一个体产生特定生理效应。跟昆虫生长、发育和变态有关的内激素有保幼激素、脱皮激素和促前胸腺激素等。

09.0289　保幼激素　juvenile hormone, JH

又称“咽侧体激素”。昆虫幼虫期分泌的一种激素。由变构的直链类异戊二烯组成。是由咽侧体的神经内分泌结构产生，可促进幼虫发育。

09.0290　抑咽侧体神经肽　allatostatin

昆虫咽侧体产生的多肽类激素。能可逆地抑制保幼激素的分泌，在其他物种中也能发现类似的多肽。

09.0291　促咽侧体神经肽　allatotropin

昆虫神经多肽。在成虫中能刺激保幼激素的生物合成和分泌，在幼虫中能抑制消化道上皮细胞的离子主动运输。在某些昆虫中与消化道和心脏的收缩有关。

09.0292　蜕皮[激]素　ecdysone, molting hormone

又称“α-蜕皮素（α-ecdysone）”。由昆虫

前胸腺分泌的类固醇激素。为 27 个碳组成的五羟胆甾烯酮。能刺激昆虫幼虫蜕皮、成蛹及孵化等。某些植物中存在植物蜕皮素，其功能与抗害虫有关。

09.0293　蜕皮甾酮　ecdysterone

全称“20-羟基蜕皮甾酮（20-hydroxyecdysterone）”，又称“蜕皮固酮”“β-蜕皮素（β-ecdysone）”。由蜕皮激素羟化形成的 27 个碳的六羟胆甾烯酮。有较高的蜕皮生理活性。

09.0294　化蛹激素　pupation hormone

引起昆虫滞育或成蛹的类固醇激素。与蜕皮激素相同或类似的化合物，如蜕皮甾酮的类似物。

09.0295　促前胸腺激素　prothoracicotropic hormone, PTTH

又称“脑激素（brain hormone）”。昆虫的大脑神经分泌性细胞分泌的一种多肽类激素。刺激前胸腺合成和分泌脱皮激素。

09.0296　激脂激素　adipokinetic hormone, AKH

又称“脂动激素”。由昆虫心侧体产生并分泌的、引起体内脂质物质代谢变化的一类多肽激素。因能刺激脂肪体释放甘油二酯而得名。

09.0297　滞育激素　diapause hormone

由蚕的食管下神经节产生的多肽类激素。作用于卵巢，引起滞育作用。

09.0298　蜕壳激素　eclosion hormone

昆虫的多肽类激素。在蜕皮的后期出现，并有助于老化表皮的脱落。

09.0299　蝗速激肽　locustatachykinin

从蝗虫脑及心侧体–咽侧体分离纯化的肽。具有促进前肠和输卵管肌肉收缩的作用。

09.0300　蜚蠊激肽　leucokinin

最初从蜚蠊如蟑螂分离到的一种神经肽。能活化某些昆虫器官的钙依赖的信号传递，刺激肠蠕动和尿液分泌，介导钠、钾离子的主动转运。

09.0301　蜚蠊焦激肽　leucopyrokinin, LPK

昆虫中的神经肽。活性中心是一个五肽片段（Leu-Arg-Pro-Thr-Phe），其类似物[2～8] LPK 作用于大鼠中枢神经系统的鸦片样受体，发挥镇痛作用。

09.0302　鞣化激素　bursicon

昆虫腹神经节分泌的一种蛋白质类激素。控制刚蜕皮的昆虫角质层鞣化和黑化及内表皮沉积。

09.0303　信息素　pheromone

又称“外激素（exohormone）”。主要由体表的分泌腺体分泌并释放到体外的、能引起同种其他个体产生特定行为或生理反应的一种微量信息化学物质。如昆虫性信息素。

09.0304　性信息素　sex pheromone

成虫分泌到体外的、对同种异性个体有引诱作用的信息化学物质。

09.0305　趋化性激素　chemotactic hormone

具有趋化效应的激素。如能使变形虫和黏菌聚集的固醇类激素。

09.01.05　植 物 激 素

09.0306　植物激素　phytohormone

植物体内合成的对植物生长发育有显著作用的微量有机化合物。已知有七类：植物生长素、细胞分裂素、赤霉素、脱落酸、乙烯、油菜素内酯和寡糖素。

09.0307　植物硫酸肽　phytosulfokine, PSK
其化学组成为硫酸化酪氨酸五肽的一种植物生长因子。α-植物硫酸肽能诱导某些植物叶肉细胞的增殖，其N端截短的类似物和未硫酸化的类似物无生物活性或仅有很低的活性。

09.0308　植物生长调节剂　plant growth regulator
植物中调节生长及其他功能的激素类物质。主要分为三类：植物生长素、细胞分裂素和赤霉素。

09.0309　[植物]生长素　auxin
由具分裂和增大活性的细胞区产生的调控植物生长方向的激素。其化学本质是吲哚乙酸。主要作用是使植物细胞壁松弛，从而使细胞增长，在许多植物中还能增加RNA和蛋白质的合成。

09.0310　吲哚乙酸　indole-3-acetic acid, IAA
全称“吲哚-3-乙酸”。普遍存在于植物体内的一种能调节植物生长和发育的植物生长素。

09.0311　细胞分裂素　cytokinin
又称“细胞激动素”。一类能刺激细胞分裂的化合物的统称。为*N*-取代的腺嘌呤衍生物。调节植物生长和发育，促进多种组织的分化和生长。与植物生长素有协同作用。

09.0312　玉米素　zeatin
曾称“玉米因子（maize factor）”。从玉米嫩籽中分离出的第一种存在于高等植物中的天然细胞分裂素。

09.0313　赤霉素　gibberellin
最先从藤仓赤霉（*Gibberella fujikuroi*）中分离出来，后来研究表明在高等植物中广泛存在的一类植物激素。其化学结构为二萜类酸，由四环骨架衍生而得。可刺激叶和芽的生长，调节植物花开时间、花器官发育、果实发育等。已知的赤霉素类至少有38种。

09.0314　脱落酸　abscisic acid, ABA
曾称“脱落素Ⅱ（abscisinⅡ）”“休眠素（dormin）”。一种含15个碳、具有倍半萜结构的植物激素。因能促使叶子脱落而得名。具有诱导芽和种子休眠、促进器官脱落、抑制生长等生理作用。

09.0315　乙烯　ethylene
一种气态植物激素。为最简单的烯烃。主要使植物横向增长，促使果实成熟和花的枯萎等。

09.0316　油菜素内酯　brassinolide
又称“菜籽固醇内酯”“油菜素（brassin）”“菜籽素”。最初从油菜（*Brassica napus*）花粉中提取的促进生长的物质。因其是固醇内酯化合物而得名。尔后多种结构相似的化合物在多种植物中被鉴定分离出来统称为“油菜素内酯类化合物（brassinosteroide, BR）”，又称“油菜素甾醇类化合物”“油菜素甾体类化合物”“菜籽类固醇”。具有促进细胞扩张、分裂和导管分化，影响花粉发育和育性，提高植物抗性等生理功能。

09.0317　寡糖素　oligosaccharin
一类由多糖降解得到的具有调节植物细胞功能的寡糖。包括分支的葡七糖和寡聚半乳糖醛酸。已被用于植物病害的防治。

09.0318　植物蜕皮素　phytoecdysone
存在于植物中的蜕皮素。可能与抗虫害有关。

09.0319　开花激素　anthesin, flowering hormone

一种在植物中合成并与花的形成有关的激素。

09.0320　茉莉酸　jasmonic acid, JA

存在于所有高等植物中的一种植物激素。是植物对病原性微生物和虫害防御反应的关键激素，能调节高等植物的发育、应答外界刺激、调节基因表达。

09.0321　水杨酸　salicylic acid, SA

又称"邻羟基苯甲酸"。因最初从柳树皮（*Salix alba*）中提取而得名。植物的次生代谢产物。由苯甲酸经羟基化而生成，或由反式肉桂酸通过侧链β氧化而生成。在植物体内以游离态和葡萄糖苷的形式存在。具有诱导开花及抗病性等作用。

09.0322　愈伤酸　traumatic acid

植物细胞膜受损后形成的十八碳不饱和脂肪酸（如亚油酸和亚麻油酸）衍生物。是愈伤反应的重要信号分子，能诱导相关基因的转录。

09.0323　系统素　systemin

（1）从番茄叶提纯的一种十八肽。在番茄及马铃薯中能调节两个创伤诱导型蛋白酶抑制物基因的表达。（2）参与植物抗性相关基因表达的信号转导的小分子物质。

09.02　维　生　素

09.02.01　概　　述

09.0324　维生素　vitamin

维持有机体正常生命活动所必需的一类小分子有机化合物。需要量极小，但有机体不能合成或合成量很少，必须通过食物供给。按其溶解性质不同分为脂溶性维生素和水溶性维生素两大类。人和动物缺乏维生素时不能正常生长，并发生特异性病变，即维生素缺乏症。

09.0325　脂溶性维生素　fat-soluble vitamin

不溶于水可溶于脂质或有机溶剂的一类维生素。包括维生素A、维生素D、维生素E和维生素K。

09.0326　水溶性维生素　water-soluble vitamin

可溶于水而不溶于有机溶剂的一类维生素。包括维生素B族和维生素C。

09.0327　维生素原　provitamin, previtamin

天然存在的维生素前体。在动物体内可转变成有生理活性维生素的物质。

09.0328　异戊二烯　isoprene

又称"2-甲基-1,3-丁二烯"。存在于机体某些化合物（如维生素A、维生素K和泛醌）结构中的一种五碳化合物。

09.0329　类异戊二烯　isoprenoid

两个或多个异戊二烯单位或异戊二烯衍生物的化合物。属于与异戊二烯相关的化合物。

09.0330　异戊二烯化　isoprenylation, prenylation

又称"异戊烯化"。利用多异戊二烯焦磷酸将多异戊二烯与另一化合物结合的过程。如泛醌合成中存在这类反应。此外，还包括在法尼基转移酶或牻牛儿基转移酶Ⅰ和Ⅱ作用下，通过硫酯键与蛋白质C端或其附近的半胱氨酸和法尼基（farnesyl）共价键结合的翻译后修饰，如Rab和Ras蛋白质的异戊二烯化修饰。

09.02.02　脂溶性维生素

09.0331　维生素 A　vitamin A

脂溶性维生素的一种。是具有脂环的不饱和一元醇。是第一个被发现的维生素。在化学结构上与 β-胡萝卜素相关。天然维生素 A 有视黄醇（即维生素 A_1）及 3-脱氢视黄醇（即维生素 A_2）两种。在人体内的活性形式包括视黄醇、视黄醛和视黄酸。具有很好的多种全反式视黄醇的生物学活性，对视力、皮肤和黏膜及骨骼生长、免疫功能等都有调节作用。缺乏可引起眼干燥症。

09.0332　视黄醇　retionl

又称“维生素 A_1（vitamin A_1）”。1 分子 β-白芷酮环和 2 分子异戊二烯构成的不饱和一元醇。主要存在于哺乳动物和咸水鱼肝中的脂溶性维生素。

09.0333　3-脱氢视黄醇　3-dehydroretinol

又称“维生素 A_2（vitamin A_2）”。全反式视黄醇的第 3 位脱氢衍生物。是维生素 A 族的原型化合物，具有维生素 A 活性。主要存在于淡水鱼肝中的脂溶性维生素。

09.0334　维生素 A 原　provitamin A

在体内可转变为维生素 A 的类胡萝卜素。

09.0335　类胡萝卜素　carotenoid

链状或环状含有 8 个异戊二烯单位、四帖烯类头尾连接而成的多异戊二烯化合物。是一类不溶于水的色素，存在于植物和有光合作用的细菌中，在光合作用过程中起辅助色素的作用。经酶催化分解成维生素 A。已知有一千多种，包括胡萝卜素和叶黄素等。

09.0336　胡萝卜素　carotene

由 8 个异戊二烯首尾相接构成的四萜类化合物。由于结构中两端环己烯中双键位置的不同，具有多种异构体。其中 β-胡萝卜素在胡萝卜素中分布最广，含量最多。

09.0337　β-胡萝卜素　β-carotene

烃链类胡萝卜素。在动物体内一个 β-胡萝卜素分子加水可断裂产生两分子维生素 A_1。

09.0338　叶黄素　lutein, phytoxanthin, xanthophyll

又称“胡萝卜醇（carotenol, carotol）”。一种类胡萝卜素。具有较强的抗氧化能力。在蔬菜、水果、花卉等植物中广泛存在，是存在于人眼视网膜黄斑区的主要色素，平均分布在高密度脂蛋白和低密度脂蛋白之中。食物中的叶黄素酯在小肠中经胆汁和胰脂酶的共同作用而生成叶黄素，被小肠黏膜吸收。

09.0339　番茄红素　lycopene, licopin

番茄及其他红色水果和蔬菜中存在的一种红色的类胡萝卜素。是植物中类胡萝卜素生物合成的一个中间物质。

09.0340　链孢红素　neurosporene

类胡萝卜素家族的成员。化学成分为：7,8-二氢-Ψ-胡萝卜素。存在于蕃茄、南瓜、胡萝卜等植物中，由脱饱和酶作用于八氢蕃茄红素而产生。

09.0341　类视黄醇　retinoid

维生素 A 及其类似物的统称。

09.0342　视黄醛　retinal

维生素 A 的醛式。视黄醛-1 是维生素 A_1 的醛式，视黄醛-2 是维生素 A_2 的醛式。在乙醇脱氢酶的作用下，视黄醇可逆转变为视黄醛。视黄醛在视黄醛脱氢酶的催化下不可逆地氧化生成视黄酸。

09.0343　视黄酸　retinoic acid

全称“全反式视黄酸（*all-trans* retinoic acid, ATRA）”，又称“全反式维甲酸”。视黄醛氧化的产物。也是维生素 A 的中间代谢产物。对视觉形成、细胞增殖与分化、免疫反应、神经功能和早期发育尤为重要。

09.0344　维生素 D　vitamin D

又称“抗佝偻病维生素（antirachitic vitamin）”。一种脂溶性维生素。能呈现胆化固醇生物活性的所有类固醇的总称。影响钙、磷的吸收和贮存，有预防和治疗佝偻病的功效。天然维生素 D 主要包括维生素 D_2 和维生素 D_3。缺乏会引起儿童佝偻病，成人可发生软骨病和骨质疏松症等。

09.0345　麦角固醇　ergosterol

又称“维生素 D_2 原（provitamin D_2）”。从麦角菌（*Ceavieps purpurea*）中分离得到的植物固醇。在动物体内起维生素 D 前体的作用，经紫外线照射后可产生维生素 D_2。

09.0346　维生素 D_2　vitamin D_2

又称“麦角钙化醇（ergocalciferol）”“钙化醇（calciferol）”。麦角固醇经紫外线辐射生成的一种化合物。具有维生素 D 活性。

09.0347　7-脱氢胆固醇　7-dehydrocholesterol

又称“维生素 D_3 原（provitamin D_3）”。人体内由胆固醇脱去 C-7 及 C-8 上的氢而形成的化合物。多存在于皮肤下，经紫外线照射可转变为维生素 D_3。

09.0348　维生素 D_3　vitamin D_3

又称“胆钙化醇（cholecalciferol）”。7-脱氢胆固醇经紫外线照射后生成的一种化合物。实际上它是一种激素原，本身无活性，需先在肝脏中代谢成 25-羟胆钙化醇，再在肾脏进一步羟基化后才有活性。

09.0349　速固醇　tachysterol

在紫外线照射下麦角固醇或 7-脱氢胆固醇转变成维生素 D_2 或维生素 D_3 过程中的一种中间产物。

09.0350　25-羟胆钙化醇　25-hydroxycholecalciferol

又称“25-羟维生素 D_3（25-hydroxyvitamin D_3, 25-(OH)-D_3）”。维生素 D_3 在肝脏中被羟化酶催化生成的活性形式。是肝脏和血浆中维生素 D_3 的主要存在形式。肾脏再将其转变为 1,25-二羟基-D_3 和 24，25-二羟基-D_3。这两种二羟基代谢物与靶器官的核受体结合，发挥生物效应。

09.0351　1,25-二羟胆钙化醇　1,25-dihydroxycholecalciferol

维生素 D 在体内的活性形式。能结合并激活维生素 D 受体，调节基因的表达。刺激钙离子的吸收和无机磷酸盐透过小肠壁，导致血清钙离子和无机磷酸盐浓度升高。

09.0352　维生素 D 结合蛋白质　vitamin D binding protein, DBP

结合并转运维生素 D 的一种血浆蛋白质。

09.0353　维生素 E　vitamin E

又称“生育酚（tocopherol）”。一组脂溶性维生素。为苯并二氢吡喃的衍生物。具有抗氧化功能，为动物正常生长和生育所必需。天然维生素 E 主要存在于植物油、油性种子和麦芽等。一般不易缺乏。

09.0354　生育三烯酚　tocotrienol

又称“三烯生育酚”。侧链上有 3 个双键的维生素E。根据环状结构上的甲基数目和位置不同分为α、β、γ和δ四种。

09.0355　维生素K　vitamin K

具有促进凝血功能的一组脂溶性维生素。为2-甲基-1,4-萘醌及其衍生物的总称。存在于自然界的有叶绿醌（即维生素K_1）和甲基萘醌（即维生素K_2）。人工合成的有维生素K_3和维生素K_4。为肝脏合成活性凝血因子Ⅱ、凝血因子Ⅶ、凝血因子Ⅺ和凝血因子Ⅹ所必需，缺乏时会导致凝血时间延长和引起出血病症。

09.0356　叶绿醌　phylloquinone

全称“叶绿基甲萘醌(phytylmenaquinone)”，又称“维生素K_1（vitamin K_1）”。系统命名为2-甲基-3-叶绿基-1,4-萘醌。从绿色植物中提取得到的萘醌物质。从细菌中提取的则是在C-3位上以多异戊烯基代替叶绿基。参与凝血酶原从无活性至有活性的转变。血浆凝血因子Ⅶ、凝血因子Ⅸ和凝血因子Ⅹ的生物合成也依赖于这类维生素。

09.0357　甲基萘醌　menaquinone

又称“多异戊烯甲萘醌（multiprenylmenaquinone）”“维生素K_2（vitamin K_2）”。系统命名为2-甲基-3-六异戊二烯-1,4-萘醌（2-methyl-3-hexaprenyl-1,4-naphthaquinone）。存在于细菌中的具1～13个异戊二烯残基的萘醌物质。

09.0358　甲萘醌　menadione

又称“维生素K_3（vitamin K_3）”。系统命名为2-甲基-1,4-萘醌。人工合成的一类维生素K。

09.02.03　水溶性维生素

09.0359　维生素B族　vitamin B family

又称“B族维生素”“维生素B（vitamin B）”。一组水溶性维生素。为维生素B_1（硫胺素）、维生素B_2（核黄素）、维生素PP、泛酸、维生素B_6、生物素、叶酸和维生素B_{12}的总称。大多数作为辅酶的成分参与人体的各种生理功能，缺乏或过多均会引起人体的不良反应、器官损伤、功能紊乱等。胆碱、硫辛酸、肌醇和对氨基苯甲酸有时也被归为维生素B族。

09.0360　复合维生素B　vitamin B complex

维生素B_1、维生素B_2、烟酸、泛酸、维生素B_6、生物素、叶酸和维生素B_{12} 8种维生素B的膳食补充剂产品。

09.0361　维生素B_1　vitamin B_1

又称“硫胺素（thiamine）”“抗神经炎素（aneurin）”。水溶性维生素B族的一种。是由含硫的噻唑环和含氮基的嘧啶环通过亚甲基桥相连而成。主要存在于种子的外皮和胚芽中，米糠、麦麸、豆类中含量丰富。在体内的活性形式是硫胺素焦磷酸（TPP）。缺乏会引起脚气病，也可能涉及神经组织中阴离子通道的调节，与抗神经炎有关。

09.0362　硫胺素焦磷酸　thiamine pyrophosphate, TPP

维生素B_1在体内的活性形式。主要在肝及脑组织中经硫胺素焦磷酸激酶催化下形成。作为在α-酮酸脱羧酶多酶复合体的辅酶，参与转醛基反应，在α-酮酸氧化脱羧基反应中起作用。

09.0363　硫色素　thiochrome

又称“脱氧硫胺”。由硫胺素通过温和的碱性氧化反应生成的一种蓝色荧光化合物。适用于硫胺素的定量分析。

09.0364　维生素 B_2　vitamin B_2
又称“核黄素（riboflavin）”。水溶性维生素 B 族的一种。是核醇与 6,7-二甲基异咯嗪的缩合物。广泛存在于动植物中，在酵母、肝、肾、蛋、奶及大豆中含量丰富。其活性形式是黄素单核苷酸（FMN）和黄素腺嘌呤二核苷酸（FAD），是氧化还原酶的辅酶，可传递氢和电子。缺乏可引起口角炎、唇炎、眼睑炎等。

09.0365　黄素单核苷酸　flavin mononucleotide, FMN
核黄素的一种辅酶形式。核黄素在小肠黏膜中黄素激酶的催化下转变为的化合物。是体内氧化还原酶的辅酶，主要起氢传递体的作用。

09.0366　黄素腺嘌呤二核苷酸　flavin adenine dinucleotide, FAD
核黄素的一种辅酶形式。黄素单核苷酸在焦磷酸化酶的催化下生成的化合物。通过接受来自于供体分子的两个电子和来自于溶液的两个质子，参与氧化反应。

09.0367　维生素 PP　vitamin PP
水溶性维生素 B 族的一种。烟酸和烟酰胺的总称。为氮杂环吡啶衍生物。广泛存在于自然界中，以酵母、花生、谷类、肉类和动物肝中含量丰富。在食物中以烟酰胺腺嘌呤二核苷酸（NAD^+）或烟酰胺腺嘌呤二核苷酸磷酸（$NADP^+$）的形式存在。在体内色氨酸能转变为维生素 PP，但效率低。缺乏可引起糙皮病。

09.0368　烟酸　niacin, nicotinic acid
曾称“尼克酸”“维生素 B_3（vitamin B_3）”。系统命名为吡啶-3-羧酸。维生素 PP 的体内活性形式。包括烟酰胺腺嘌呤二核苷酸（NAD^+）或烟酰胺腺嘌呤二核苷酸磷酸（$NADP^+$），是多种脱氢酶的辅酶，可传递氢和电子。缺乏可引起糙皮病。

09.0369　烟酰胺　nicotinamide, niacinamide
又称“尼克酰胺”。烟酸的酰胺化合物。可在体内转变为烟酰胺腺嘌呤二核苷酸（NAD^+）或烟酰胺腺嘌呤二核苷酸磷酸（$NADP^+$），在体内许多氧化还原反应中起传递氢和电子的作用。

09.0370　泛酸　pantothenic acid
又称“遍多酸”“维生素 B_5（vitamin B_5）”。水溶性维生素 B 族的一种。是由 β-丙氨酸与 α,γ-二羟-β-β-二甲基丁酸通过肽键连接而成，因广泛存在于生物界中而得名。体内活性形式为辅酶 A 和酰基载体蛋白质。前者是酰基转移酶的辅酶，参与糖、脂肪和蛋白质的代谢；后者在脂肪酸合成过程中起重要作用。一般不易缺乏。

09.0371　维生素 B_6　vitamin B_6
水溶性维生素 B 族的一种。主要包括吡哆醇、吡哆醛和吡哆胺，均属于吡啶衍生物。其体内活性形式是磷酸吡哆醛和磷酸吡哆胺，是氨基酸脱羧酶和转氨酶等的辅酶。

09.0372　吡哆醇　pyridoxine
维生素 B_6 的醇型结构。与吡哆醛、吡哆胺合称为维生素 B_6。是许多微生物培养中重要的生长因子。

09.0373　吡哆醛　pyridoxal
维生素 B_6 的醛型结构。是吡哆醇上 4 位的羟甲基被氧化为醛基的结构。与吡哆胺、吡哆醇合称为维生素 B_6。

09.0374　吡哆胺　pyridoxamine
吡哆醇的含胺结构。是吡哆醇上 4 位羟甲基的羟基被氨基取代的产物。与吡哆醛、吡哆

醇合称为维生素 B_6。

09.0375　磷酸吡哆醛　pyridoxal phosphate
维生素 B_6 的活性形式。参与氨基酸代谢中的转氨基和脱羧基等作用。

09.0376　生物素　biotin
又称"维生素 B_7（vitamin B_7）""维生素H（vitamin H）""辅酶R（coenzyme R）"。水溶性维生素 B 族的一种。是由噻吩环和尿素结合而成的双环化合物，并有一戊酸侧链。是多种羧化酶的辅酶，也是脂肪和蛋白质代谢不可缺少的物质。因与鸟类、爬行类和两栖类的卵白和组织中的抗生物素蛋白具有高亲和力而易被检测，成为常用的分子探针标记物。

09.0377　叶酸　folic acid
又称"蝶酰谷氨酸（pteroyl-glutamic acid, PGA）"。水溶性维生素 B 族的一种。是由蝶啶、对氨基苯甲酸及 L-谷氨酸残基结合而成，因在绿叶中含量丰富而得名。在体内其活性形式是四氢叶酸，是一碳单位转移酶的辅酶。在一碳单位代谢中具有重要作用。叶酸缺乏可导致巨幼细胞贫血和神经嵴缺陷。用于治疗和预防叶酸缺乏及其所致的巨细胞贫血；还可用于营养不良、慢性溶血性贫血、孕妇、哺乳期妇女等。孕妇在孕前和孕期预防性给药，可减少胎儿神经管畸形的发生。

09.0378　蝶酸　pteroic acid
由蝶呤与对氨基苯甲酸相连而成的化合物。是叶酸结构的一部分。

09.0379　四氢叶酸　tetrahydrofolic acid, THF
一种还原型叶酸。是辅酶形式的叶酸的母体化合物。在一碳单位代谢中起重要作用。

09.0380　维生素 B_{12}　vitamin B_{12}
又称"钴胺素（cobalamin）""氰钴胺素（cyanocobalamin）"。水溶性维生素 B 族的一种。唯一含金属元素的维生素。在动物性食物中广泛存在，其体内活性形式主要有氰钴胺素、羟钴胺素、甲钴胺素和 5′-脱氧腺苷钴胺素。前二者是药用维生素 B_{12} 的常见形式，后二者分别是甲硫氨酸合成酶和 L-甲基丙二酰辅酶 A 变位酶的辅酶，也是血液中存在的主要形式。缺乏可导致恶性贫血。

09.0381　维生素 C　vitamin C
又称"抗坏血酸（ascorbic acid）"。一种水溶性维生素。是含有 6 个碳原子的酸性多羟基化合物。水果和蔬菜中含量丰富。是一些羟化酶的辅酶，作为抗氧化剂可直接参与体内氧化还原反应。缺乏可引起坏血病。

09.0382　硫辛酸　lipoic acid
源于羊脂酸（辛酸）的一种含硫有机化合物。在自然界广泛分布，在动物体内可正常合成。在某些多酶系统中起辅助因子作用，如丙酮酸脱氢酶多酶复合物中的硫辛酰氨转乙酰基酶的辅酶就是硫辛酸，参与丙酮酸氧化形成乙酰辅酶 A，α-酮戊二酸的氧化脱羧基反应等。

10. 新 陈 代 谢

10.01　概　　述

10.0001　新陈代谢　metabolism
简称"代谢"。生物体从环境摄取营养物质转化为自身物质，同时将自身原有组成物转变为废物排出到环境中的不断更新的过程。

为生物体内发生的各种酶促反应的总称。主要包括物质消化、吸收、合成、分解、转化，能量的生成与利用等。包括物质代谢和能量代谢两个方面。

10.0002 物质代谢 material metabolism, substance metabolism

物质在生物体内消化、吸收、转运、分解等与生理有关的化学过程。包括合成代谢和分解代谢两个方面。

10.0003 合成代谢 anabolism

又称“生物合成（biosynthesis）”。生物体内各种物质合成过程的统称。是从小的前体或简单小分子合成较大分子的过程。

10.0004 分解代谢 catabolism

生物体内的生物分子（如糖类、脂质、蛋白质等）降解成更小分子的过程。常伴有能量产生供机体生命活动需要。

10.0005 中间代谢 intermediary metabolism

生物体内物质合成、分解和转化的过程。

10.0006 能量代谢 energy metabolism

生物体物质代谢中所伴随的能量释放、转移、贮存和利用的过程。是维持生命活动的能量来源。

10.0007 基础代谢 basal metabolism

生物体处于安静、活动降至最低时的能量代谢。是维持生命所有器官最低能量需要的代谢状态。

10.0008 生物转化 biotransformation

进入生物体内的外源物质（包括药物、毒物等）或内源代谢中间物通过肝脏等进行多种化学变化，主要是降低毒性、增加水溶性使其易于排出体外的过程。

10.0009 同化作用 assimilation

生物体吸收外界成分并转化成为自身成分的过程。如摄取营养物转变成细胞内有功能的成分。

10.0010 异化作用 dissimilation

生物体内成分通过代谢生成非机体本身所需要物质的过程。如体内成分降解成代谢废物而排出体外的过程。

10.0011 酸碱代谢 acid-base metabolism

生物体内为维持特定的酸碱平衡进行的各种酸性或碱性物质的代谢过程。

10.0012 降解 degradation

生物体内大分子有机物通过共价键断裂而分解成较小物质的过程。

10.0013 有氧代谢 aerobic metabolism

生物体在有氧条件下各种物质的氧化代谢过程。

10.0014 无氧代谢 anaerobic metabolism

生物体在缺氧条件下各种物质的代谢过程。

10.0015 代谢物 metabolite

一些参与生物体新陈代谢、维持生物体正常功能和生长发育的小分子化合物的统称。主要是分子量小于 1kDa 的内源性小分子。

10.0016 分解代谢物 catabolite

通过分解代谢产生的降解产物。

10.0017 癌代谢物 oncometabolite

参与物质代谢的酶突变体催化而产生的代谢物。如 2-羟基戊二酸等，可激活下游信号途径，促进癌症发生。

10.0018　2-羟基戊二酸　2-hydroxyglutarate, 2-HG

异柠檬酸脱氢酶 1 或 2（IDH1/IDH2）突变体催化异柠檬酸脱氢而产生的 α-酮戊二酸同系物。属于癌代谢物，影响胶质瘤等肿瘤进展。IDH1/IDH2 突变状态已经列入胶质瘤临床预后的检测指标。

10.0019　抗代谢物　antimetabolite

干扰细胞正常代谢过程的物质。

10.0020　代谢物库　metabolite pool

参与代谢的物质在机体组织及体液中的总和。如氨基酸库。也指接纳、消耗或贮藏有机物质的组织或部位。

10.0021　代谢率　metabolic rate

生物体内通过有氧和无氧代谢过程，将化学能转化为热和机械功的速率。

10.0022　代谢区室　metabolon

代谢途径中某些酶形成的疏松的超分子复合体三维结构。底物可通过其间通道进入而进行代谢反应，如三羧酸循环酶复合体等。

10.0023　代谢调节　metabolic regulation

生物体通过改变酶活性或含量等使代谢在一定的范围、一定方向和速度进行的过程。

10.0024　前体　precursor

在代谢过程中位于某一个化合物的一个代谢步骤或几个代谢步骤之前的一种化合物。

10.0025　反馈　feedback

在物质代谢中代谢物对代谢过程的调控作用。

10.0026　正反馈　positive feedback

代谢产物通过对酶的调节使代谢速度加快的过程。

10.0027　负反馈　negative feedback

代谢产物通过对酶的调节使代谢速度变慢的过程。

10.0028　拟反馈抑制　pseudo-feedback inhibition

用代谢类似物干预代谢途径，使代谢反应减慢或停止的过程。如 6-巯基鸟嘌呤核苷酸可抑制嘌呤核苷酸的合成。

10.0029　协同反馈抑制　cooperative feedback inhibition

在代谢途径中，几种代谢产物同时抑制共同途径中关键酶活性的抑制作用。

10.0030　终产物抑制　end-product inhibition

代谢途径的终产物对该途径中关键酶活性的抑制作用。

10.0031　代谢途径　metabolic pathway

生物体内的物质经一系列连续的酶促反应进行合成或分解的过程。如糖酵解途径。

10.0032　两用代谢途径　amphibolic pathway

既可用于代谢物分解又可用于合成的代谢途径。如三羧酸循环有丙酮酸的分解作用，和 α-酮戊二酸、草酰乙酸合成氨基酸的合成作用。

10.0033　补救途径　salvage pathway

对一些分解代谢的中间产物进行重新利用的代谢途径。以利于生物体能经济而有效地利用现存物质，保持代谢平衡。如腺苷用于合成嘌呤核苷酸。

10.0034　旁路途径　alternative pathway

物质代谢过程中，某一物质主要代谢通路以外的其他代谢途径。

10.0035　回补反应　anaplerotic reaction

又称“添补反应”。三羧酸循环中能够增加中间产物的酶促反应过程。如由丙酮酸羧化酶催化的丙酮酸通过羧化生成草酰乙酸的反应。

10.0036　关键步骤　committed step

物质代谢的多酶体系依次连续催化反应中，能够决定反应速度和方向的步骤。

10.0037　限速步骤　rate-limiting step

物质代谢的多酶体系依次连续催化反应中，反应速率取决于系统中速度最慢的反应步骤，此步骤即限速步骤。

10.0038　级联发酵　cascade fermentation

在缺氧条件下糖分解产生醇和羧酸的连续反应过程。

10.0039　代谢工程　metabolic engineering

通过基因操作，有目的地对细胞代谢酶基因进行修饰、改造，使细胞产生特定代谢物的过程。

10.0040　代谢重编程　metabolic reprogramming

细胞为存活、增殖、功能需求及应答微环境等而产生的多种代谢途径重新布局。如癌细胞具有在有氧条件下仍优先进行葡萄糖无氧氧化等多种新的代谢模式。新的代谢模式赋予癌细胞高效摄取营养物质、高效进行合成代谢等能力，以满足其生长增殖的需要。免疫活性细胞、干细胞等其他多种细胞，亦可通过代谢重编程满足其各种功能需求。

10.0041　自养　autotrophy

利用自己制造的有机物维持生活的营养方式。

10.0042　异养　heterotrophy

不能直接把无机物合成有机物，必须摄取现成的有机物维持生活的营养方式。

10.0043　生物氧化　biological oxidation

物质在生物体内的一系列氧化分解最终生成水和二氧化碳，并释放出能量的过程。主要为生物体提供可利用的能量。

10.0044　有氧呼吸　aerobic respiration

在有氧条件下细胞内底物氧化及能量产生的代谢过程。

10.0045　无氧呼吸　anaerobic respiration

在无氧条件下细胞内底物氧化及能量产生的代谢过程。

10.0046　呼吸商　respiratory quotient, RQ

单位时间内物质氧化过程中生成二氧化碳的量与所消耗氧量的比值。

10.0047　蛋白质呼吸商　protein respiratory quotient

生物体单纯摄入蛋白质、进行充分有氧代谢，或蛋白质在体外充分燃烧的情况下，每分钟二氧化碳产生量与每分钟氧耗量的比值。体内蛋白质呼吸商约为 0.8，但体外有所不同。

10.0048　非蛋白质呼吸商　non-protein respiratory quotient, NPRQ, npRQ

除蛋白质外，物质氧化过程中生成二氧化碳的量与所消耗氧量的比值。从整体总耗氧量和二氧化碳生成量减去蛋白质分解所需的氧耗量和二氧化碳生成量，可求出非蛋白质呼吸商。

10.0049　脱氢作用　dehydrogenation

从代谢物中除去氢而转给受氢体的酶促氧化反应。如乳酸在丙酮酸脱氢酶作用下生成丙酮酸的过程。

10.0050　呼吸色素　respiratory pigment

动物血中存在的一类可运输氧的有色金属蛋白质。能随血中氧分压的变化而结合或释放氧。主要有血红蛋白、血蓝蛋白、血绿蛋白、蚯蚓血红蛋白等。

10.0051　电子传递链　electron transport chain, electron transfer chain

又称"呼吸链（respiratory chain）"。细胞线粒体内膜上多种酶与辅酶组成的递氢和递电子体系。可使还原当量中的氢传递到氧而生成水。

10.0052　电子载体　electron carrier

可将电子从供体分子传递给受体分子，进行氧化还原反应的分子或离子。如细胞色素、铁硫蛋白等。

10.0053　电子传递　electron transport

电子在各电子载体间的转移过程。

10.0054　叶绿素　chlorophyll

高等植物和其他所有能进行光合作用的生物体中可吸收光能主要进行光合作用的一类含有卟啉环的色素。化学结构为由镁离子络合到卟啉环样结构中，并带有三十碳长碳链。包括叶绿素 a、b、c、d、f，以及原叶绿素和细菌叶绿素等。高等植物叶绿体中主要有叶绿素 a 和叶绿素 b。

10.0055　脱镁叶绿素　pheophytin

又称"褐藻素"。叶绿素中的 Mg^{2+}为 H^+取代的产物。可参与光激发后的电子传递作用。在光反应系统Ⅱ中为中心色素 P860 到质体醌 Q_A之间的一个中间传递电子体。

10.0056　质体醌　plastoquinone

叶绿体的光合电子传递系统中，中心色素受光激发，使水氧化而释出氧，其中接受并传递电子的醌类物质。类似于线粒体中的泛醌。

10.0057　电子漏　electron leakage

线粒体膜呼吸链电子传递过程中，电子经膜上漏出而导致产生超氧自由基的作用。影响 ATP 的生成。

10.0058　自由基　free radical

含有电子或不配对电子的原子、原子团和分子。如羟自由基、超氧阴离子，具有很强的反应性。

10.0059　羟自由基　hydroxyl radical

生物氧化中，一个氧分子的三电子还原产物（·OH）。反应活性高、寿命短、对机体危害大。

10.0060　氮自由基　nitrogen radical

带有不成对电子的氮所在的基团。

10.0061　超氧阴离子　superoxide anion

生物氧化中，一个氧分子完全还原需要 4 个电子，但有时氧分子仅被加入的单个电子还原形成的中间产物。用 $\cdot O_2^-$表示，其性质活泼，易与多种大分子物质结合而使其失去活性。具有重要的生物学功能。

10.0062　过氧化氢　hydrogen peroxide, H_2O_2

生物氧化中，一个氧分子接受两个电子生成的还原产物。在过渡金属离子和某些有机化合物等存在下不稳定，产生活性更强的羟自由基，还可以直接氧化生物分子，改变其生物活性。

10.0063　单线态氧　singlet oxygen

氧分子吸收能量，使一个外层电子从基态进行电子自旋反转，从而形成不稳定的激发态电子/氧分子。如 $^1O_2$。易释放能量而发挥作用。叶绿素在光照下，就能将其激发能传给 O_2 而生成 $^1O_2$。

10.0064 活性氧类 reactive oxygen species, ROS

生物体内与氧代谢有关的含氧自由基和易形成自由基的过氧化物的总称。如超氧阴离子、过氧化氢、羟自由基、单线态氧等。是一类含有氧原子的反应活性分子，具有较强的参与反应作用的物质。对线粒体等有损伤作用。

10.0065 高能键 high-energy bond, energy-rich bond

随着水解反应或基团转移反应可放出大量自由能（ΔG 大于 25kJ/mol）的化学键。主要指 ATP/ADP 中的焦磷酸键。各种化合物的化学键水解时释放的化学能量大于或近于 ATP 水解时释放的能量者均属高能键，如乙酰辅酶 A 的酯键。常用符号"～"表示。

10.0066 高能磷酸键 high-energy phosphate bond

高能磷酸化合物水解释出磷酸基团时能释出较多自由能的化学键。用符号"～P"表示，ΔG 在（21～54）kJ/mol 之间。如 ATP、ADP 末端磷酸键、磷酸肌酸的磷酸键等。

10.0067 高能磷酸化合物 high-energy phosphate compound, energy-rich phosphate compound

机体内具有高能键的化合物。ATP 水解时自由能变化较大（约 34.54kJ/mol），为典型的高能化合物。体内各种磷酸化合物水解时释出的能量大于或等于 ATP 水解时释放的能量者均属此类，如磷酸肌酸。

10.0068 偶联氧化 coupled oxidation

一系列递氢体或递电子体依次偶联作用，逐步释放能量，使氧化顺利进行的过程。

10.0069 偶联磷酸化 coupled phosphorylation

以各种磷酸化物质作为代谢中间产物的过程中，一种磷酸化物质的磷酸转移反应伴随着另一化合物的磷酸化。如糖酵解中甘油酸-1,3-二磷酸降解为甘油酸-3-磷酸时偶联着 ATP 生成。

10.0070 偶联因子 coupling factor

参与偶联磷酸反应的辅助因子。可伴随膜电位转移而促进 ATP 合成。

10.0071 解偶联 uncoupling

在氧化磷酸化的偶联中，如加入使偶联消除的物质，则氧化仍能进行而不能生成 ATP 的过程。如褐色脂肪组织和米色脂肪组织中由于解偶联，则能量消耗产热，而不能形成 ATP。

10.0072 解偶联剂 uncoupling agent, uncoupler

氧化磷酸化反应中能使磷酸化作用与电子传递在一个或多个电子传递链的位点解除偶联的化学物质。如二硝基酚，通过引起线粒体内膜上质子的渗漏，从而使推动氧化磷酸化的质子梯度消失而起作用。

10.0073 氧化磷酸化 oxidative phosphorylation

物质在机体内氧化时释放的能量供给 ADP 与无机磷合成 ATP 的偶联反应。主要在线粒体中进行。

10.0074 底物水平磷酸化 substrate level phosphorylation

代谢物在氧化分解过程中直接将代谢物分子中的高能键转移给腺苷二磷酸（ADP）或鸟苷二磷酸（GDP）形成腺苷三磷酸（ATP）或鸟苷三磷酸（GTP）的过程。是在细胞溶胶和线粒体基质中进行，没有氧参加。如糖酵解过程中磷酸烯醇式丙酮酸和 ADP 在丙酮酸激酶作用下形成丙酮酸和 ATP。

10.0075 光合磷酸化 photophosphorylation

在光照条件下，叶绿体（或载色体）将 ADP 和无机磷（Pi）结合形成 ATP 的生物学过程。是光合细胞吸收光能后转换成化学能的一种贮存形式。

10.0076 循环光合磷酸化 cyclic photophosphorylation

又称“环式光合磷酸化”。与光合作用中的循环电子传递相偶联产生 ATP 的一种光合磷酸化过程。合成 ATP 时，用吩嗪硫酸甲酯代替 $NADP^+$等递氢体，则 ATP 产生更多，不放氧。

10.0077 非循环光合磷酸化 noncyclic photophosphorylation

又称“非环式光合磷酸化”。与光合作用中非循环电子传递相偶联产生 ATP 和 NADPH 的一种光合磷酸化过程。在形成 ATP 时，通过希尔反应偶联而还原电子受体如 $NADP^+$ 等，则可放出氧。

10.0078 假循环光合磷酸化 pseudocyclic photophosphorylation

又称“假环式光合磷酸化”。与光合作用中的假循环电子传递偶联产生 ATP，还原的电子受体最后被氧氧化的过程。如用黄素单核苷酸或维生素 K_3 等还原接受电子，再被氧氧化，则看不到放氧，但仍能使 ATP 生成。

10.0079 吸能反应 endergonic reaction

代谢物进行各种合成反应通常是需要吸收能量的反应。自由能变化 ΔG 为正值，因而，不可能独立完成。在体内必须与氧化分解而出现的放能反应偶联，将部分自由能转移给吸能反应。ATP 的生成与分解在其间起了关键的作用。

10.0080 放能反应 exergonic reaction

可以释出能量的化学反应。自由能变化为负值，即 $\Delta G<0$，可自发进行。

10.0081 能障 energy barrier

化学反应中，反应物转化成能完成反应的中间产物所需的活化能。能障大则不易形成活化的中间产物，反应难以进行。

10.0082 能荷 energy charge

表示细胞的总腺苷酸库中高能磷酸键的含有程度。其值从 0～1。当腺苷酸库中都为腺苷三磷酸（ATP）时，能荷为 1；都为腺苷二磷酸（ADP）时，能荷为 0.5；都为腺苷一磷酸（AMP）时，能荷为 0。

10.0083 能量传递 energy transfer

机体通过化学反应的偶联而进行能量的转移或利用的过程。

10.0084 能值 energy value

又称“热值（heating value）。单位质量的物质如食物在完全燃烧时所释放能量的多少。

10.0085 磷氧比 P/O ratio

氧化磷酸化过程中每消耗 1mol 氧原子（1/2mol O_2）所需无机磷酸的摩尔数（或 ADP 摩尔数），即所能合成 ATP 的摩尔数。如 NADH 经电子传递链完全氧化时测得的 P/O 比值为 2.5。

10.0086 苹果酸-天冬氨酸穿梭 malate-aspartate shuttle

又称“苹果酸-天冬氨酸循环（malate-aspartate cycle）”。细胞胞质溶胶中的 $NADH + H^+$ 在苹果酸脱氢酶催化下使草酰乙酸还原为苹果酸，后者通过线粒体内膜上的转运蛋白进入线粒体，又在线粒体内苹果酸脱氢酶催化下重新生成草酰乙酸和 $NADH + H^+$。$NADH + H^+$进入 NADH 氧化呼吸链，生成 2.5 分子 ATP。草酰乙酸不能穿过线粒体内膜，在谷草转氨酶催化下，与谷氨酸进行转氨基作用生成天冬氨酸和 α-酮戊二酸，由转运蛋白转运至胞质溶胶再进行转氨基作用生成草酰乙酸和谷氨酸的循环过程。

10.0087 甘油-3-磷酸穿梭 glycerol-3-phosphate shuttle

又称"α-甘油磷酸循环（α-glycerophosphate cycle）"。细胞胞质溶胶中糖酵解产生的磷酸二羟丙酮被 NADH 还原为甘油磷酸，通过线粒体外膜进入线粒体，再由位于线粒体内膜的 α-甘油磷酸脱氢酶（辅酶为 FAD）催化重新生成磷酸二羟丙酮和还原型黄素腺嘌呤二核苷酸的过程。主要存在于肌肉和神经组织。

10.0088 肉碱穿梭 carnitine shuttle

细胞胞质溶胶中肉碱携带脂肪酸进入线粒体后又返回胞质溶胶的循环过程。肉碱在线粒体外膜肉碱脂肪酰转移酶 1 催化与脂肪酰辅酶 A 生成脂肪酰肉碱，脂肪酰肉碱借助线粒体内膜上的脂肪酰–肉碱/肉碱协同转运蛋白转运到线粒体基质，位于内膜上的肉碱脂肪酰转移酶 2 催化其重新转变为脂肪酰辅酶 A，同时释放出肉碱，肉碱可借助脂肪酰–肉碱/肉碱协同转运蛋白的转运重回到内膜外侧，脂肪酰辅酶 A 则在线粒体进行 β 氧化。

10.0089 柠檬酸–丙酮酸穿梭 citrate-pyruvate shuttle

乙酰辅酶 A 和草酰乙酸在线粒体合成柠檬酸进入细胞胞质溶胶后再裂解生成乙酰辅酶 A 和草酰乙酸的过程。乙酰辅酶 A 用于合成脂肪酸，是脂肪酸合成原料的来源。草酰乙酸则转变成丙酮酸后可再进入线粒体。

10.0090 苹果酸-α-酮戊二酸转运蛋白 malate-α-ketoglutarate transporter

线粒体内膜上存在的转运苹果酸和 α-酮戊二酸的运载体。参与柠檬酸–丙酮酸穿梭和苹果酸–天冬氨酸穿梭。

10.0091 天冬氨酸–精氨酸代琥珀酸支路 aspartate-argininosuccinate shunt

在细胞线粒体和胞质溶胶之间，连接鸟氨酸循环和三羧酸循环的代谢途径。线粒体天冬氨酸出线粒体在胞质溶胶中与瓜氨酸生成精氨酸代琥珀酸，精氨酸代琥珀酸是尿素循环中间产物，可裂解成精氨酸和延胡索酸。精氨酸继续参与尿素循环，延胡索酸转变成苹果酸进入线粒体参与三羧酸循环，苹果酸在线粒体进一步转变成草酰乙酸和天冬氨酸，进行再循环。

10.02 糖 代 谢

10.02.01 概 述

10.0092 糖代谢 saccharometabolism

机体内糖类的合成、分解和转化的过程。

10.0093 醛醇缩合 aldol condensation

一化合物的醛基与另一化合物的醇基或酮基之间通过共价连接生成一个单一产物的过程。如糖异生中甘油醛-3-磷酸与磷酸二羟丙酮缩合成果糖-1,6-二磷酸的过程，从而形成六碳糖。

10.0094 醛胺缩合 aldimine condensation

带醛基的化合物与带氨基的化合物通过醛

基与亚氨基进行共价交联形成希夫碱的过程。如胶原合成过程中，肽链中赖氨酸残基的ε-氨基氧化为醛基，可与另一肽链中赖氨酸的ε-氨基进行的缩合反应，以形成肽链间的交联键，以稳定胶原结构。

10.0095 酮-烯醇互变异构 keto-enol tautomerism

一些单纯有机化合物在溶液中存在的其酮式或烯醇式异构体。是由快速互变产生的。

10.0096 内酯 lactone

同一有机化合物中的羧基与羟基相互作用脱水而形成的环状酯。如葡萄糖酸内酯。

10.0097 磷酸酯转移 phosphoester transfer

磷酸酯在化合物间的转移，可形成新的化合物，以完成各种代谢反应。内含子核酶通过鸟苷酸自剪接即属于此种反应。

10.0098 磷酸解 phosphorolysis

加入磷酸盐使化合物分解的作用。如磷酸化酶使糖原分解，产生葡萄糖-1-磷酸。

10.0099 转酯基作用 transesterification

化合物酯键的置换而产生新酯键形成化合物的过程。如自剪接去除内含子的作用，就是通过转酯作用而完成的。

10.0100 转糖基作用 transglycosylation

将糖基供体上活化的糖基或单糖转移到糖基接受体的过程。糖基的活化形式主要是核苷酸糖，少数是磷酸长萜醇糖。

10.0101 转肽基作用 transpeptidylation

将肽链从一个化合物转移到另一化合物的过程。如核糖体进行肽链合成时，可将供给位（肽酰位）上的转运 RNA（tRNA）肽链转移到接纳位（氨基酰位）上新 tRNA-氨基酸上，缩合成新的肽链。

10.0102 转羟基作用 transhydroxylation

羟基在化合物中转移以产生新的羟基化合物的过程。如焦性没食子酚（脱羧焦性没食子酸）可通过转羟基酶催化而生成间苯三酚。

10.0103 转硫酸基作用 transsulfation

从 3′-磷酸腺苷-5′-磷酰硫酸中将硫酸基转移到各种结合底物上的过程。如芳香族酚类或类固醇化合物的硫酸化，或糖类、蛋白质的硫酸化。

10.0104 3′-磷酸腺苷-5′-磷酰硫酸 3′-phosphoadenosine-5′-phosphosulfate, PAPS

硫酸基的活化形式。参与各种硫酸化结合反应。

10.02.02 糖无氧和有氧氧化

10.0105 糖酵解 glycolysis

葡萄糖或糖原在组织中通过一系列特异酶的催化降解为丙酮酸或乳酸，并产生少量腺苷三磷酸（ATP）的代谢过程。是葡萄糖无氧氧化和有氧氧化的共同起始途径。

10.0106 有氧糖酵解 aerobic glycolysis

有氧条件下进行糖酵解的过程。产物丙酮酸可进一步氧化。

10.0107 无氧糖酵解 anaerobic glycolysis

机体在缺氧应激情况下迅速分解糖，补充 ATP 的主要代谢途径。葡萄糖降解成丙酮酸并伴随着 ATP 的生成，然后在氧缺乏的情况下丙酮酸被还原为乳酸。

10.0108 糖无氧氧化 anaerobic oxidation of glucose

又称“乳酸发酵（lactic acid fermentation）”。

在缺氧应激情况下，某些微生物和人体组织将糖酵解生成的丙酮酸进一步在细胞胞质溶胶中还原生成乳酸的过程。

10.0109　乙醇发酵　ethanol fermentation
在某些植物、无脊椎动物和微生物中将糖酵解产生的丙酮酸转变为乙醇和二氧化碳的过程。

10.0110　生醇发酵　alcoholic fermentation
机体中由糖类产生乙醇等醇类物质的发酵过程。

10.0111　糖有氧氧化　aerobic oxidation of glucose
氧供应充足时糖酵解产生的丙酮酸主要进入线粒体中彻底氧化为二氧化碳和水的过程。是机体内糖分解供能的主要方式。分为三个阶段：糖酵解、丙酮酸进入线粒体氧化脱羧、三羧酸循环。

10.0112　有氧氧化　aerobic oxidation
细胞内糖、脂肪、蛋白质等物质在有氧条件下彻底分解为二氧化碳和水，同时释放大量能源，供腺苷二磷酸再合成ATP的过程。

10.0113　无氧发酵　anaerobic fermentation
在无氧条件下糖类进行生醇发酵的过程。

10.0114　巴斯德效应　Pasteur effect
巴斯德发现的有氧氧化抑制糖无氧酵解的现象。是有氧氧化产生了较多的ATP抑制了糖酵解的一些酶所致，有利于能源物质的经济利用。

10.0115　克拉布特里效应　Crabtree effect
又称“反巴斯德效应”“葡萄糖效应（glucose effect）”。在酵母和某些组织（如肿瘤）中，由高葡萄糖浓度诱导产生的线粒体氧化磷酸化短暂抑制并产生大量乙醇或乳酸的现象。由英国生物化学家克拉布特里（H. G. Crabtree）于1929年首先发现。

10.0116　瓦尔堡效应　Warburg effect
曾称“瓦伯格效应”。（1）某些组织、尤其是肿瘤细胞因巴斯德效应弱化，导致在有氧条件下，葡萄糖依然优先进入无氧氧化途径生成乳酸的现象。是一种有利于肿瘤细胞生存的代谢模式，被认为是肿瘤细胞代谢的重要特征。（2）植物中氧对光合作用的阻碍作用。

10.0117　葡萄糖-6-磷酸　glucose-6-phosphate
其第六位碳原子上发生磷酸化的葡萄糖。是糖酵解途径中形成的中间产物。可进一步代谢，也可在肝脏中脱磷酸而释放葡萄糖。

10.0118　葡萄糖-1-磷酸　glucose-1-phosphate
其第一位碳原子上发生磷酸化的葡萄糖。是糖酵解途径或糖原降解中形成的中间产物。

10.0119　果糖-6-磷酸　fructose-6-phosphate
其第六位碳原子上发生磷酸化的果糖。是糖酵解的中间产物，或由果糖磷酸化而生成。

10.0120　果糖-1,6-二磷酸　fructose-1,6-bisphosphate, fructose-1,6-diphosphate
又称“果糖-1,6-双磷酸”。由ATP转磷酸至果糖-6-磷酸在C-1位上而生成的产物。是糖酵解重要中间产物。

10.0121　果糖-2,6-二磷酸　fructose-2,6-bisphosphate, fructose-2,6-diphosphate
又称“果糖-2,6-双磷酸”。果糖-6-磷酸在C-2上磷酸化而生成的产物。是果糖-6-磷酸激酶的强别构激活剂。

10.0122　磷酸二羟丙酮　dihydroxyacetone phosphate
由果糖-1,6-二磷酸裂解产生的中间产物。可进一步转变为甘油醛-3-磷酸，参与磷脂酸及脂肪的合成。

10.0123 甘油醛-3-磷酸 glyceraldehyde-3-phosphate
又称“3-磷酸甘油醛（3-phosphoglyceraldehyde）”。由果糖-1,6-二磷酸裂解产生的丙糖糖酵解途径以及戊糖磷酸途径中重要的中间产物。

10.0124 甘油酸-1,3-二磷酸 1,3-bisphosphoglycerate, 1,3-bisphosphoglyceric acid, 1,3-BPG, 1,3-diphosphoglycerate, 1,3-DPG
又称“1,3-二磷酸甘油酸”“1,3-双磷酸甘油酸”。成熟红细胞糖酵解途径的中间产物。在甘油酸二磷酸变位酶的催化下生成甘油酸-2,3-二磷酸，构成甘油酸-2,3-二磷酸支路。

10.0125 甘油酸-2,3-二磷酸 2,3-bisphosphoglycerate, 2,3-bisphosphoglyceric acid, 2,3-BPG, 2,3-diphosphoglycerate, 2,3-DPG
又称“2,3-二磷酸甘油酸”“2,3-双磷酸甘油酸”。成熟红细胞糖酵解途径中甘油酸-2,3-二磷酸支路的产物。易与血红蛋白结合而降低血红蛋白与氧的亲和力。

10.0126 甘油酸-2,3-二磷酸支路 2,3-bisphosphoglycerate shunt, 2,3-BPG shunt
又称“2,3-二磷酸甘油酸支路”“2,3-双磷酸甘油酸支路”。糖酵解中产生的甘油酸-1,3-二磷酸生成甘油酸-2,3-二磷酸，再生成甘油酸-3-磷酸的过程。

10.0127 甘油酸-3-磷酸 glycerate-3-phosphate
又称“3-磷酸甘油酸（3-phosphoglycerate）”。其C-3位上发生磷酸化的甘油酸。是糖酵解及卡尔文循环的重要中间产物。

10.0128 甘油酸-2-磷酸 glycerate-2-phosphate
又称“2-磷酸甘油酸（2-phosphoglycerate）”。在甘油酸磷酸变位酶的催化下磷酸基从甘油酸-3-磷酸糖的C-3位转移到C-2位的产物。

10.0129 磷酸烯醇式丙酮酸 phosphoenolpyruvic acid, phosphoenolpyruvate, PEP
甘油酸-2-磷酸在烯醇化酶催化下脱水生成的产物。是糖酵解及糖异生的重要中间产物。酵解中可转变为丙酮酸，糖异生时则可由草酰乙酸脱羧生成，再逆向成糖。

10.0130 烯醇式丙酮酸 enolpyruvic acid
磷酸烯醇式丙酮酸在丙酮酸激酶催化下发生底物水平磷酸化而生成的最初产物。是丙酮酸的异构体，可自动转化成丙酮酸。

10.0131 丙酮酸 pyruvic acid
烯醇式丙酮酸经非酶促反应转变为酮式的产物。是许多糖类和大多数氨基酸分解代谢过程中的重要中间产物。

10.0132 乳酸 lactic acid
又称“α-羟基丙酸”。丙酮酸在乳酸脱氢酶的催化下还原而生成的产物。是无氧糖酵解的终产物。

10.0133 乙酰辅酶A acetyl coenzyme, acetyl-CoA
乙酰基与辅酶A的结合产物。是乙酰基的活化形式。参与各种乙酰化反应，也是糖、脂肪、氨基酸氧化时的重要中间产物。

10.0134 三羧酸循环 tricarboxylic acid cycle, TAC
又称“柠檬酸循环（citric acid cycle）”“克雷布斯循环（Krebs cycle）”。在线粒体内从分解代谢的共同产物乙酰辅酶A与草酰乙酸缩合生成含有 3 个羧基的柠檬酸（三羧酸）开始，经一系列氧化反应产生 CO_2、NADH 及 $FADH_2$，最后仍生成草酰乙酸，并再次与乙酰辅酶 A 缩合后进入循环反应的过程。故得名。是体内物质糖、脂肪酸或氨基酸等相互转变、有氧氧化的共同代谢途径。由英国生物化学家克雷布斯（Krebs）最先提出。

10.0135　柠檬酸　citric acid

三羧酸循环中由柠檬酸合酶催化乙酰辅酶 A 与草酰乙酸缩合成的三羧酸化合物。

10.0136　顺乌头酸　*cis*-aconitic acid

三羧酸循环中在顺乌头酶的催化下，柠檬酸脱水生成的三羧酸中间产物。

10.0137　异柠檬酸　isocitric acid

三羧酸循环中顺乌头酸水化成的柠檬酸同分异构体。使 C-3 位上的羟基转移到 C-2 位上。

10.0138　草酰琥珀酸　oxalosuccinic acid

三羧酸循环中异柠檬酸在异柠檬酸脱氢酶催化下脱氢产生的中间产物。结合在酶分子上自发脱羧则生成 α-酮戊二酸。

10.0139　α-酮戊二酸　α-ketoglutaric acid

三羧酸循环中异柠檬酸在异柠檬酸脱氢酶催化下氧化脱羧生成的产物。是重要的中间产物，也是谷氨酸氧化脱氨基的产物。

10.0140　琥珀酰辅酶 A　succinyl-CoA

α-酮戊二酸在 α-酮戊二酸脱氢酶复合体催化下发生氧化脱羧脱氢后生成的产物。含有高能硫酯键。

10.0141　琥珀酸　succinic acid

系统命名为丁二酸。三羧酸循环中重要的四碳二羧酸中间产物。也是某些氨基酸的降解物。

10.0142　延胡索酸　fumaric acid

系统命名为反丁烯二酸。琥珀酸在琥珀酸脱氢酶催化脱氢生成的产物。为三羧酸循环中的二羧酸中间产物之一。

10.0143　苹果酸　malic acid

系统命名为 2-羟基丁二酸。延胡索酸加水在延胡索酸酶催化下生成的产物。在苹果酸-天冬氨酸循环中也起重要的作用。

10.0144　草酰乙酸　oxaloacetic acid

系统命名为 α-酮丁二酸。在苹果酸脱氢酶催化下，苹果酸脱氢生成的产物。丙酮酸羧化和天冬氨酸脱氨也能生成。

10.0145　乙醛酸　glyoxylate, glyoxylic acid

异柠檬酸在异柠檬酸裂解酶催化下直接裂解产生的由一个醛基（—CHO）与一个羧基（—COOH）构成的二碳有机物。其结构简式为 HOCCOOH，分子量为 74.04kDa。也可由甘氨酸经氧化酶脱氨作用而生成，可进一步氧化成草酸随尿排出。

10.0146　草酸　oxalic acid

系统命名为乙二酸。乙醛酸通过乙醇酸氧化酶氧化的产物。也可从草酰乙酸水解、异柠檬酸降解等方式生成。通过氧化、脱羧和乙酰化等方式被进一步降解，甚至可与钙离子结合沉淀而致尿路结石。各种植物都含有草酸，以菠菜、茶叶中含量多。

10.0147　乙醛酸循环　glyoxylate cycle

又称“乙醛酸支路（glyoxylate shunt）”。在多种植物和某些微生物（如大肠埃希菌、醋酸杆菌等）及一些无脊椎动物细胞内三羧酸循环中产生的异柠檬酸在异柠檬酸裂解酶催化下，直接裂解生成琥珀酸和乙醛酸，后者与乙酰辅酶 A 缩合成苹果酸，苹果酸再氧化脱氢生成草酰乙酸，重新参与三羧酸循环的过程。

10.0148　乙醛酸循环体　glyoxysome

植物细胞中含有乙醛酸循环酶、由一单位膜包围，呈球形的细胞器。也含有过氧化氢酶，催化脂肪酸氧化。是进行乙醛酸循环的场所。

10.0149　戊糖磷酸途径　pentose-phosphate pathway

又称“磷酸戊糖途径”“磷酸葡萄糖酸支路（phosphogluconate shunt）”“己糖磷酸支路（hexose monophosphate shunt）”“磷酸己糖旁路”。从糖酵解的中间产物葡萄糖-6-磷酸开始形成的代谢旁路，通过氧化、基团转移两个阶段生成果糖-6-磷酸和甘油醛-3-磷酸，从而返回糖酵解的代谢途径。此途径不能产生ATP，但可生成核糖磷酸和还原型烟酰胺腺嘌呤二核苷酸磷酸（NADPH）两种重要产物。

10.0150　糖醛酸途径　uronic acid pathway, glucuronate pathway

以葡萄糖醛酸为中间产物的葡萄糖代谢途径。葡萄糖-6-磷酸转变生成尿苷二磷酸葡萄糖，然后在尿苷二磷酸葡萄糖脱氢酶催化氧化为尿苷二磷酸葡萄糖醛酸，再在酶的催化下生成葡萄糖醛酸，后者再转变为木酮糖-5-磷酸，与戊糖磷酸途径相衔接。

10.0151　尿苷二磷酸葡萄糖　uridine diphosphate glucose, UDPG

尿苷二磷酸和葡萄糖异头体羟基形成的衍生物。

10.0152　尿苷二磷酸葡萄糖醛酸　uridine diphosphate glucuronic acid, UDPGA

尿苷二磷酸葡萄糖在尿苷二磷酸葡萄糖脱氢酶催化下氧化生成的产物。是组成蛋白聚糖的糖胺聚糖（透明质酸、硫酸软骨素、肝素等）的组成成分。

10.0153　多元醇途径　polyol pathway

在某些组织中葡萄糖代谢生成一些多元醇（如山梨醇、木糖醇等）的途径。

10.0154　糖原生成　glycogenesis

又称“糖原合成”。体内（主要为肝脏和肌肉）由葡萄糖和非糖物质合成糖原的过程。包括尿苷二磷酸葡萄糖（UDPG）途径和三碳途径。葡萄糖首先需转变成磷酸酯，然后形成活性的单体尿苷二磷酸葡萄糖，再逐个转移到糖原引物的非还原末端上，以 α-1,4-糖苷键延长糖链，达一定长度时形成分支，分支点为 α-1,6-糖苷键。糖原合成过程需要腺苷三磷酸（ATP）、尿苷三磷酸（UTP）、尿苷二磷酸葡萄糖焦磷酸化酶（UDPG-焦磷酸化酶）和糖原合成酶等的参与。

10.0155　糖原分解　glycogenolysis

体内糖原在磷酸化酶等催化下分解成葡萄糖-1-磷酸而被机体利用的过程。

10.0156　糖异生　gluconeogenesis

体内（主要为肝脏）非糖物质（如乳酸、生糖氨基酸、丙酮酸、甘油等）生成为葡萄糖或糖原的过程。是维持血糖水平的重要过程。

10.0157　底物循环　substrate cycle

又称“无效循环（futile cycle）”。一对相反方向的反应同时进行所形成的循环。如糖酵解中果糖-6-磷酸的磷酸化生成果糖-1,6-二磷酸，与果糖-1,6-二磷酸水解成果糖-6-磷酸连续进行。在代谢途径上是无效循环，可导致发热或可增强代谢信号的作用。

10.0158　光合作用　photosynthesis

光合生物吸收太阳的光能转变为化学能，再利用自然界的二氧化碳和水，产生各种有机物的过程。

10.0159　光呼吸[作用]　photorespiration
植物绿色组织在光照下，与光合作用相联系而吸收氧和释放二氧化碳的过程。

10.0160　卡尔文循环　Calvin cycle
又称“光合碳还原循环（photosynthetic carbon reduction cycle）”。20世纪50年代由美国学者卡尔文（Calvin）等人提出的高等植物及各种光合有机体中二氧化碳同化的循环过程。是由核酮糖-1,5-二磷酸羧化酶/加氧酶催化核酮糖-1,5-二磷酸的羧化而形成甘油酸-3-磷酸的循环。产生的果糖磷酸可在叶绿体中产生淀粉。

10.0161　核酮糖二磷酸　ribulose bisphosphate
又称“核酮糖双磷酸”。卡尔文循环中作为二氧化碳接受体的主要中间产物。进而生成甘油酸-3-磷酸，再生成糖。

10.0162　甘油酸途径　glycerate pathway
植物中丝氨酸在过氧化物酶体生成甘油酸，再磷酸化后进入叶绿体光合碳还原循环的过程。

10.0163　C_4二羧酸途径　C_4 dicarboxylic acid pathway
碳四（C_4）植物中，空气中的二氧化碳进入细胞后，先生成草酰乙酸，再经苹果酸、天冬氨酸等二羧酸，释放二氧化碳经卡尔文循环而固定的过程。

10.0164　景天[科]酸代谢　crassulacean acid metabolism, CAM
景天科植物的绿色组织夜间吸收二氧化碳形成苹果酸等有机酸，白天则释放二氧化碳通过卡尔文循环而还原成糖的过程。

10.0165　碳同化[作用]　carbon assimilation
生物体利用二氧化碳固定到细胞内形成各种含碳化合物的过程。

10.03　脂质代谢

10.03.01　概　述

10.0166　脂质代谢　lipid metabolism
生物体内脂质合成与分解的过程。主要包括脂肪、磷脂等脂类物质的代谢。

10.0167　脂肪代谢　lipometabolism, fat metabolism
生物体内脂肪合成与分解的过程。

10.0168　磷脂代谢　phospholipid metabolism
生物体内磷脂合成与分解的过程。

10.0169　胆固醇酯转运蛋白　cholesterol ester transfer protein, CETP
又称“胆固醇酯转移蛋白”。脂质代谢中的重要转运蛋白之一。是分子量为74kDa单链高疏水糖蛋白。与卵磷脂胆固醇酰基转移酶共同在介导胆固醇的逆向转运过程中起重要作用。是脂蛋白间的脂质载体，能促进中性脂肪与磷脂在血浆脂蛋白之间的交换。

10.0170　磷脂转运蛋白　phospholipid transfer protein, PLTP
能促进磷脂在细胞内膜间进行转移或交换的一类蛋白质总称。是一种水溶性的载体蛋白质。可以介导细胞质膜的合成、催化α-生育酚在脂蛋白颗粒间的交换和参与神经递质的分泌传递过程。

10.0171　胆固醇逆向转运　reverse cholesterol transport, RCT
新生高密度脂蛋白的代谢过程。即将肝外组织细胞胆固醇，通过血液循环转运到肝脏，转化为胆汁酸排出，部分胆固醇也可直接随胆汁排入肠腔。

10.03.02　脂 肪 代 谢

10.0172　脂肪分解　lipolysis
简称“脂解”。脂肪（主要是甘油三酯）在酶的催化下分解成脂肪酸和甘油，然后进一步氧化分解为二氧化碳和水，产生能量的过程。

10.0173　脂肪动员　fat mobilization
储存在脂肪组织中的脂肪在各种脂肪酶作用下被逐步水解为游离脂肪酸和甘油，扩散进入血液并被机体组织利用的过程。是脂肪（主要是甘油三酯）分解代谢的第一步。

10.0174　甘油代谢　glycerol metabolism
甘油在组织细胞中进一步合成其他物质或彻底氧化生成二氧化碳和水的过程。

10.0175　肉碱　carnitine
系统命名为L-β-羟-γ-三甲胺丁酸。脂肪代谢过程中转运活化的脂肪酰辅酶A进入线粒体的唯一载体。是脂肪氧化供能所必需的前提。人体内具有生物活性的是L型肉碱。L型肉碱补剂可提高长时间运动时脂肪酸氧化速率，减少肌糖原的消耗，延缓疲劳。

10.0176　脂[肪]酰辅酶A　acyl-coenzyme A, acyl-CoA
脂肪酸与辅酶A的硫醇脂化合物。是脂肪酸参与代谢的活化形式。

10.0177　β氧化　β oxidation
机体内脂肪酰辅酶A每次氧化过程的各步反应均发生在脂肪酰基羧基端的β-碳原子上，生成乙酰辅酶A的反应过程。

10.0178　丙二酸　malonic acid
含三个碳原子的二羧酸。是琥珀酸脱氢酶的竞争性抑制剂。由丙二酸构成的丙二酰辅酶A是脂肪酸合成的活性形式。

10.0179　丙二酰辅酶A　malonyl-coenzyme A, malonyl-CoA
又称“丙二酸单酰辅酶A”。脂肪酸合成时，逐步参入乙酰基的活化形式。由乙酰辅酶A通过二氧化碳固定而生成。

10.0180　羟甲基戊二[酸单]酰辅酶A　hydroxylmethylglutaryl coenzyme A, HMG-CoA
由3分子乙酰辅酶A缩合而成的化合物。是物质代谢中重要的中间产物。裂解时可生成酮体，还原时可生成甲羟戊酸。是动植物中萜类、固醇类化合物的前体。植物中不少次生代谢产物或激素由此产生，如赤霉素、脱落酸等，动物体内则合成胆固醇及各种类固醇激素等。

10.0181　烯脂[肪]酰辅酶A　enoyl-coenzyme A, enoyl-CoA
脂肪酸β氧化中，脂肪酰辅酶A氧化时脂肪酰链中产生带有双键的中间产物。

10.0182　酮脂[肪]酰辅酶A　ketoacyl-coenzyme A, ketoacyl-CoA
脂肪酸β氧化中，在脂肪酰基β-位带有酮基的中间产物。

10.0183　生酮作用　ketogenesis
脂肪酸或生酮氨基酸在分解代谢时产生酮体的过程。

10.0184　酮体　ketone body
脂肪酸在肝中经氧化产生乙酰辅酶 A 后缩合生成的乙酰乙酸、β-羟丁酸及丙酮等物质的统称。其可供其他组织氧化利用，是肝向肝外输出能量的一种方式。

10.0185　乙酰乙酸　acetoacetic acid
脂肪酸 β 氧化时，乙酰辅酶 A 的缩合产物。是酮体的三个组成成分之一，约占酮体 30%。

10.0186　β-羟丁酸　β-hydroxybutyric acid
乙酰乙酸经还原而生成的化合物。是酮体的三个组成成分之一，占酮体 70%。

10.0187　丙酮　acetone
乙酰乙酸经脱羧而生成的化合物。是酮体的三个组成成分之一，但占比很低。

10.0188　脂质过氧化物　lipid hydroperoxide
不饱和脂肪酸链经自由基或活性氧作用后形成的过氧化物。有破坏生物膜、核糖核酸和脱氧核糖核酸的作用，可抑制免疫功能，与衰老、肿瘤有关。

10.0189　丙二醛　malondialdehyde
多不饱和脂肪酸过氧化物的降解产物。可引起蛋白质、核酸等生物大分子的交联聚合，且具有细胞毒性。

10.0190　脂褐素　lipofuscin
脂质过氧化物降解为丙二醛后，与蛋白质氨基结合而使脂质与蛋白质交联，形成黄褐色的色素颗粒。神经细胞中出现时可导致神经退行性变化。

10.0191　脂肪生成　lipogenesis
体内合成脂肪酸，以及由脂肪酸进一步与甘油缩合成甘油三酯的过程。

10.0192　甘油二酯途径　diacylglycerol pathway
在肝和脂肪组织细胞合成甘油三酯的途径。以葡萄糖糖酵解途径生成的甘油-3-磷酸为起始物，先生成 1,2-甘油二酯，最后酯化甘油二酯羟基生成甘油三酯。

10.0193　甘油单酯途径　monoacylglycerol pathway
又称“甘油一酯途径”。小肠黏膜细胞合成甘油三酯的途径。由脂肪酰辅酶 A 转移酶催化，ATP 供能，将脂肪酰辅酶 A 的脂肪酰基转移至 2-甘油一酯羟基上生成甘油三酯。

10.03.03　磷 脂 代 谢

10.0194　胆汁酸　bile acid
胆固醇在肝中降解为一大类胆烷酸的总称。均为二十四碳胆烷酸的羟基衍生物。是胆汁的重要成分，按结构分为游离胆汁酸和结合胆汁酸；从来源上可分为初级胆汁酸和次级胆汁酸。有助于脂质在肠道的消化吸收。

10.0195　游离胆汁酸　free bile acid
未与甘氨酸或牛磺酸结合时的胆汁酸。如胆酸和鹅脱氧胆酸等。

10.0196　结合胆汁酸　conjugated bile acid
游离胆汁酸分别与甘氨酸或牛磺酸结合的产物。如甘氨胆酸、牛磺胆酸、甘氨鹅脱氧胆酸和牛磺鹅脱氧胆酸。

10.0197　初级胆汁酸　primary bile acid
肝细胞内由胆固醇直接生成的二十四碳胆

汁酸。包括胆酸和鹅脱氧胆酸初级游离产物及其与甘氨酸和牛磺酸的结合产物。

10.0198　胆酸　cholic acid

系统命名为 3α,7α,12α-三羟胆烷酸。胆固醇/固醇在 7α-羟化酶催化下生成 7α-羟胆固醇/固醇，经 3α-及 12α-羟化、加氢还原、侧链氧化断裂，与辅酶 A 结合形成的胆酰辅酶 A 加水水解形成的产物。在人体胆汁中含量最丰富的一种初级胆汁酸。在胆汁中以甘氨酸或牛磺酸结合成甘氨胆酸或牛磺胆酸的形式存在。

10.0199　甘氨胆酸　glycocholic acid

胆汁酸的羧基通过酰胺键与甘氨酸结合生成的化合物。是胆汁酸的主要形式，胆汁盐是结合物的钠盐或钾盐。

10.0200　牛磺胆酸　taurocholic acid

胆汁酸的羧基通过酰胺键与牛磺酸结合生成的化合物。是胆汁酸的主要形式，胆汁盐是结合物的钠盐或钾盐。

10.0201　鹅脱氧胆酸　chenodeoxycholic acid, CDCA

系统命名为 3α,7α-二羟胆烷酸。胆固醇/固醇在 7α-羟化酶催化下生成 7α-羟胆固醇/固醇，经 3α-羟化、加氢还原、侧链氧化断裂，与辅酶 A 结合形成的胆酰辅酶 A 加水水解形成的产物。为胆汁酸中含量较多的一种初级胆汁酸。

10.0202　次级胆汁酸　secondary bile acid

由初级胆汁酸在肠道中经细菌作用氧化生成的胆汁酸。包括脱氧胆酸、熊脱氧胆酸和石胆酸及其与甘氨酸和牛磺酸的结合产物。

10.0203　脱氧胆酸　deoxycholic acid

胆酸经肠道细菌还原，脱去 7α-羟基而产生的一种次级胆汁酸。

10.0204　熊脱氧胆酸　ursodeoxycholic acid

鹅脱氧胆酸经肠菌转化生成，使 7α-羟基转为 7β-羟基的一种次级胆汁酸。含量少，可进一步还原为石胆酸。

10.0205　石胆酸　lithocholic acid

鹅脱氧胆酸的代谢物。为一种次级胆汁酸，在肠道细菌作用下，由鹅脱氧胆酸进行 7α-脱氧而生成的 3α-羟胆烷酸，大多随粪便排出，重吸收过多时对肝有毒性。

10.0206　蟒蛇胆酸　pythonic acid

蟒蛇含有的一种胆酸。为 3α,7α,12α-三羟类固醇烷（C27）的衍生物。

10.0207　肠肝循环　enterohepatic circulation

机体肝内代谢产物随胆汁进入肠道，部分随粪便排出体外，部分经肠道重吸收入血，随门静脉回流入肝，在肝经代谢后又随胆汁进入肠道的循环过程。主要指胆汁酸的循环过程。此外，在肠道细菌作用下生成的胆素原少量吸收入肝再随胆汁排出也被称为肠肝循环。在体内经肝代谢后随胆汁排出的一些药物也存在肠肝循环现象。

10.0208　胆碱　choline

系统命名为 *N*-三甲基磷脂酰乙醇胺。通过 *S*-腺苷甲硫氨酸（SAM）提供甲基使磷脂酰乙醇胺（PE）甲基化生成的有机碱。是卵磷脂和神经鞘磷脂的组成成分，又是神经递质乙酰胆碱的前体。

10.0209　磷酰胆碱　phosphorylcholine, PC

胆碱的活化形式。通过相应激酶催化 ATP 提供磷酸基而合成，以备进一步合成磷脂酰胆碱。

10.0210　肌醇三磷酸　inositol triphosphate, IP_3

由磷脂酶 C 催化磷脂酰肌醇-4,5-二磷酸水解产生的一种重要的细胞内第二信使分子。作用于内质网膜上的肌醇三磷酸受体，参与对钙离子信号的调控。

10.0211　类固醇生成　steroidogenesis
以乙酰辅酶 A 为原料经过一系列酶促反应生成类固醇化合物的过程。

10.0212　甲羟戊酸　mevalonic acid, MVA
系统命名为 3-甲基-3,5-二羟基戊酸。乙酰辅酶 A 缩合成羟甲基戊二酸单酰辅酶 A（HMG-CoA）后，经还原并脱去辅酶 A 而产生的化合物。是合成胆固醇等类固醇的重要中间产物。在植物中则参与合成赤霉素、脱落酸等物质。

10.0213　甲羟戊酸-5-焦磷酸　mevalonate-5-pyrophosphate
甲羟戊酸经激酶催化而成的活化产物。可进一步脱羧形成异戊烯焦磷酸。动物中参与形成鲨烯，乃至最终合成胆固醇及其他类固醇化合物等；植物中则可合成多种萜类化合物如皂苷、胡萝卜素、赤霉素等。此类产物十分丰富，已知约超过 2 万种。

10.0214　3-羟-3-甲戊醛酸　mevaldic acid
甲羟戊酸的氧化产物。是羟基甲基戊二酰辅酶 A（HMGCoA）还原成甲羟戊酸时的中间产物。

10.0215　异戊烯焦磷酸　isopentenylpyrophosphate, IPP
由甲羟戊酸激活后脱羧而产生的产物。是固醇类或多萜类化合物生物合成的前体中间代谢物。

10.0216　γ,γ-二甲丙烯焦磷酸　γ,γ-dimethylallyl pyrophosphate, DPP
简称“二甲基丙烯焦磷酸”，又称“γ,γ-二甲基烯丙基焦磷酸”。由甲羟戊酸激活、脱羧生成的五碳焦磷酸化合物。可进一步与异戊烯焦磷酸缩合，逐步扩大碳链长度而形成各种长度的萜类，乃至鲨烯，为固醇化合物的合成奠定基础。

10.0217　牻牛儿[基]焦磷酸　geranylpyrophosphate
胆固醇或多萜类化合物如赤霉素、胡萝卜素等生物合成中由异戊烯焦磷酸缩合生成的二甲辛二烯焦磷酸中间产物。

10.0218　法尼[基]焦磷酸　farnesyl pyrophosphate, FPP
在胆固醇和一些多萜类化合物生物合成中形成的3,7,11-三甲基十二碳-2,6,10-三烯焦磷酸（十五碳倍半萜）中间产物。可进一步合成鲨烯及各种固醇类化合物。植物中则可合成赤霉素、紫杉醇、胡萝卜素、棉酚等。

10.04　蛋白质降解与氨基酸代谢

10.0219　蛋白质降解　protein degradation
真核细胞主要通过细胞内的溶酶体和泛素–蛋白酶体系统将蛋白质分解为氨基酸和小肽等小分子的过程。这些小分子可被细胞再利用合成新的蛋白质或提供能量。对细胞的正常功能至关重要。一是排除不正常蛋白质，二是通过排除累积过多的酶和调节蛋白质使细胞代谢的井然有序得以维持。机体内蛋白质代谢的概况可根据氮平衡实验来确定。

10.0220　氮平衡　nitrogen equilibrium, nitrogen balance
氮的摄入量与排出量之间的平衡状态。包括总氮平衡、正氮平衡和负氮平衡三种情况。

正常成人食入的蛋白质等含氮物质可以补偿含氮物质代谢产生的含氮排泄物。

10.0221 氨基酸代谢 amino acid metabolism
机体内氨基酸合成与分解的过程。主要包括两个方面：一方面主要用以合成机体自身所特有的蛋白质、多肽及其他含氮物质；另一方面通过脱氨基作用、转氨基作用、联合脱氨基或脱羧基作用，分解成 α-酮酸、胺类及二氧化碳等。

10.0222 氨基酸代谢库 amino acid metabolic pool
又称"氨基酸库（amino acid pool）"。体内分布于各组织及体液中参与代谢的游离氨基酸的总和。可作贮存或被利用。

10.0223 氨基氮 amino nitrogen
血清中各种氨基化合物（主要是氨基酸）中所含氮的总量。

10.0224 非蛋白质氮 non-protein nitrogen, NPN
血液中除蛋白质外其他含氮化合物中氮的总称。由尿素、氨基酸、肌酸、尿酸和氨等的含氮物质组成。

10.0225 排氨[型]代谢 ammonotelism
动物以氨作为氮代谢主要排泄产物的代谢类型。如淡水鱼属此种类型。

10.0226 排尿素[型]代谢 ureotelism
动物中氮代谢最终产物以尿素为主的代谢类型。人和其他哺乳类属此种类型。

10.0227 排尿酸[型]代谢 uricotelism
动物中氮代谢的最终产物以尿酸为主排泄出体外的代谢类型。爬虫类及鸟类属此种类型。

10.0228 氨基化 amination
又称"胺化"。在反应底物分子中加入氨基的反应。

10.0229 氨化作用 ammonification
含氮有机物降解生成氨的过程。如细菌作用于蛋白质而产生氨。

10.0230 脱氨[基]作用 deamination
从氨基化合物（如氨基酸）脱去其氨基的过程。

10.0231 转氨基作用 transamination
氨基在化合物之间的转移过程。如许多氨基酸氧化脱氨基时，常先与 α-酮戊二酸进行转氨基作用。

10.0232 转亚氨基作用 transimidation
带亚氨基的化合物与氨基进行的交换反应。如谷氨酸脱氢酶催化脱氢时形成的亚氨基二羧酸中间产物，可与酶中赖氨酸残基上 ε-氨基进行转亚氨基作用，将 ε-氨基生成氨释出，同时形成与酶蛋白以亚氨基结合的中间产物，然后再分解释出 α-酮戊二酸。

10.0233 氧化脱氨[基]作用 oxidative deamination
机体内氨基酸代谢脱氨的主要方式。可通过氨基酸氧化酶或转氨酶与谷氨酸脱氢酶的联合脱氨基作用完成。产物是与氨基酸相应的 α-酮酸。

10.0234 联合脱氨[基]作用 transdeamination
又称"转脱氨[基]作用"。氨基酸氧化脱氨基时，常先通过转氨基作用将氨基转移到 α-酮戊二酸生成谷氨酸，再进一步氧化脱氨基的过程。是转氨基作用与氧化脱氨基作用的联合。

10.0235 葡萄糖-丙氨酸循环 glucose-alanine cycle
肝脏释出的葡萄糖以血糖形式进入肌肉，进

行酵解而产生的丙酮酸，可通过与支链氨基酸的转氨基作用而生成丙氨酸，重新进入肝脏，通过糖异生而形成葡萄糖的循环过程。

10.0236　尿素生成　ureogenesis

通过鸟氨酸循环产生尿素的过程。尿素是体内氨排泄的主要形式。

10.0237　鸟氨酸循环　ornithine cycle

又称“尿素循环（urea cycle）”。肝中合成尿素的代谢途径。由氨及二氧化碳与鸟氨酸缩合形成瓜氨酸、瓜氨酸再与氨结合生成精氨酸，再在精氨酸酶作用下，精氨酸水解生成尿素和鸟氨酸。鸟氨酸通过线粒体内膜上转运蛋白的转运进入线粒体，并参与瓜氨酸的合成，如此反复，完成鸟氨酸循环。

10.0238　尿素　urea

又称“脲”。哺乳动物氨基酸代谢的最终产物。在肝脏通过鸟氨酸循环合成，主要由随尿排出。

10.0239　鸟氨酸　ornithine

由精氨酸降解脱去尿素而产生的一种 α-氨基酸。是鸟氨酸循环的起始物质，不直接参与蛋白质生物合成。

10.0240　氨[基]甲酰磷酸　carbamoyl phosphate

细胞线粒体中氨与二氧化碳在 ATP 供能条件下预先合成的活性氨甲酰基化合物。有利于鸟氨酸循环的启动。细胞胞质溶胶中则由谷氨酰氨与二氧化碳在 ATP 供能时合成氨基甲酰磷酸以启动嘧啶核苷酸的合成。

10.0241　精氨酸代琥珀酸　argininosuccinate, argininosuccinic acid

又称“精氨[基]琥珀酸”。鸟氨酸循环中由瓜氨酸与天冬氨酸缩合形成的中间产物。可进一步释出延胡索酸而生成精氨酸。

10.0242　精氨酸代琥珀酸合成酶　argininosuccinate synthetase

又称“精氨[基]琥珀酸合成酶”。在细胞胞质溶胶中催化瓜氨酸与天冬氨酸缩合形成精氨酸代琥珀酸的酶。需要 ATP 供能。

10.0243　精氨酸代琥珀酸酶　argininosuccinase

又称“精氨[基]琥珀酸酶”“精氨酸代琥珀酸裂合酶（argininosuccinate lyase）”“精氨[基]琥珀酸裂合酶”。催化精氨酸代琥珀酸裂解成精氨酸和延胡索酸的酶。

10.0244　一氧化氮　nitric oxide, NO

由钙依赖的一氧化氮合酶催化精氨酸而生成的信号分子。能自由通过质膜，与鸟苷酸环化酶中血红素辅基结合而促进环鸟苷酸(cGMP)合成。在平滑肌松弛、感觉传入，乃至学习记忆中有重要作用，能促使心血管扩张。

10.0245　脱羧基作用　decarboxylation

体内部分氨基酸在氨基酸脱羧酶的作用下脱去其羧基生成相应的胺，并释出二氧化碳的过程。

10.0246　γ-氨基丁酸　γ-aminobutyric acid, GABA

谷氨酸在谷氨酸脱羧酶催化下脱羧基生成的产物。是一种抑制性神经递质。脑中含量较高，在脑的能量代谢中占有重要的地位。

10.0247　γ 羧化　γ-carboxylation

在谷氨酸侧链末端 γ 位加入羧基形成 γ-羧基谷氨酸的过程。

10.0248　β-巯基丙酮酸　β-mercaptopyruvate

半胱氨酸氧化脱氨基的产物。可进一步代

谢，其巯基可氧化成硫酸。

10.0249　磺基丙氨酸　cysteic acid
半胱氨酸的氧化产物。进一步脱羧则生成牛磺酸。

10.0250　牛磺酸　taurine
又称“氨基乙磺酸”。半胱氨酸在体内氧化并脱羧的产物。可与胆汁酸结合生成结合胆汁酸。

10.0251　亚牛磺酸　hypotaurine
牛磺酸的前体。半胱氨酸氧化为半胱亚磺酸后，在半胱亚磺酸脱羧酶作用下去二氧化碳的产物。

10.0252　组胺　histamine
组氨酸在体内脱羧基生成的胺类物质。组织中的组胺是以无活性的结合型存在于肥大细胞和嗜碱性粒细胞的颗粒中，以皮肤、支气管黏膜、肠黏膜和神经系统中含量较多。与其受体结合后，有促进毛细血管舒张及胃液分泌等功能。

10.0253　组氨醇　histidinol
细菌中合成组氨酸的前体。是通过ATP中腺嘌呤部分降解生成，其醇基氧化即生成组氨酸。

10.0254　尿刊酸　urocanic acid
组氨酸在体内经组氨酸酶催化脱氨而产生的物质。为咪唑丙烯酸，可进一步降解，释放亚氨甲酰基而生成谷氨酸。

10.0255　多胺　polyamine
体内某些氨基酸脱羧基作用产生的含有多个氨基的链状化合物。包括腐胺、亚精胺和精胺。精液及肿瘤组织中含量多，可促进细胞增殖。植物中主要存在于分生组织中，有刺激细胞分裂、生长和防止衰老的作用。

10.0256　腐胺　putrescine
鸟氨酸在肠菌作用下的脱羧产物。体内也能经鸟氨酸脱羧生成的一种多胺。

10.0257　亚精胺　spermidine
鸟氨酸脱羧产生的腐胺与 *S*-腺苷甲硫氨酸降解产生的丙胺基结合而生成的低分子多胺类化合物。

10.0258　精胺　spermine
亚精胺与 *S*-腺苷甲硫氨酸降解产生的丙胺基结合而生成的一种多胺。

10.0259　色胺　tryptamine
色氨酸在肠菌的作用下脱羧基产生的胺类产物。可进一步降解成吲哚等，为粪臭来源之一。具有血管收缩作用。

10.0260　5-羟色氨酸　5-hydroxytryptophane
色氨酸氧化生成的产物。是产生5-羟色胺的中间产物。

10.0261　5-羟色胺　5-hydroxytryptamine, 5-HT
5-羟色氨酸在脱羧酶作用下生成的产物。经单胺氧化酶作用可以生成5-羟色醛，进一步氧化而成5-羟吲哚乙酸。脑内的5-羟色胺可作为神经递质，具有抑制作用；而在外周组织具有收缩血管的作用。

10.0262　蟾毒色胺　bufotenine
系统命名为 *N*-二甲基-5-羟色胺。5-羟色胺的 *N*-甲基化产物。最初在蟾蜍中发现，故名。在其他无脊椎动物及一些植物中也存在。人脑组织中可生成，有致幻作用。

10.0263　犬尿酸原　kynurenine
系统命名为邻氨基苯甲酰丙氨酸。色氨酸分

解代谢的重要中间产物。可进一步降解成犬尿酸、黄尿酸及邻氨基苯甲酸等。

10.0264　犬尿酸　kynurenic acid
色氨酸分解代谢产物之一。由犬尿酸原脱氨后环化形成的杂环有机酸，随尿排出。

10.0265　黄尿酸　xanthurenic acid
色氨酸代谢产物之一。由犬尿酸原氧化后脱氨生成，可随尿排出。

10.0266　邻氨基苯甲酸　anthranilic acid
色氨酸降解产物之一。经犬尿酸原水解去除丙氨酸而生成。

10.0267　吡啶甲酸　picolinic acid
色氨酸分解代谢中多种产物之一。吡啶环上带有一个羧基，有络合金属离子的作用。

10.0268　一碳单位　one carbon unit
机体内某些氨基酸产生的含有 1 个碳原子基团的总称。机体内的一碳单位有甲基、亚甲基、次甲基、甲酰基（甲醛基）及亚氨甲基等。常与四氢叶酸结合在一些化合物之间转移，且可互相转变。主要来源于丝氨酸、甘氨酸、组氨酸、色氨酸，苏氨酸代谢也可产生。

10.0269　一碳单位代谢　one carbon unit metabolism
一碳单位各成分从一种化合物转移到另一化合物或相互转变的代谢过程。通常与四氢叶酸结合而转移或转变。

10.0270　α-酮酸　α-keto acid
氨基酸脱氨基后生成的产物。可进一步代谢。在人体内可以转变成糖和脂质；在机体内也可彻底氧化分解并提供能量或经氨基化生成营养非必需氨基酸。

10.0271　马尿酸　hippuric acid
苯甲酸在体内与甘氨酸的结合而产生的苯甲酰甘氨酸。可随尿排出。

10.0272　甘油酸　glyceric acid
甘油氧化形成的三碳醇酸。是丝氨酸降解的中间产物。磷酸化后生成甘油酸 3-磷酸，可进一步异生成糖或进一步参与糖酵解。

10.0273　羟基丙酮酸磷酸　hydroxypyruvate phosphate
又称“羟基磷酸丙酮酸”。通过甘油酸磷酸生成丝氨酸的中间产物。进一步转氨基即形成丝氨酸。

10.0274　α-酮丁酸　α-ketobutyric acid
体内苏氨酸的脱水产物。是甲硫氨酸降解中胱硫醚分解时的中间产物。

10.0275　脱乙酰[基]作用　deacetylation
又称“去乙酰[基]作用”。从乙酰化的化合物上脱去乙酰基的反应过程。

10.0276　转乙酰[基]作用　transacetylation
将乙酰辅酶 A 上的乙酰基转移到一些接受体上，而生成相应乙酰化合物的反应过程。

10.0277　转酰基作用　transacylation
酰基在化合物之间转移过程。如脂肪酰基从脂肪酰辅酶 A 转移到甘油-3-磷酸而生成脂肪酰甘油酯。

10.0278　巯基乙胺　mercapto-ethylamine
辅酶 A 的组成成分。借其巯基与多种化合物的酰基结合而进行各种转酰基作用。

10.0279　脱水作用　dehydration
从化合物分子中脱去水分子的过程。

10.0280　*S*-腺苷甲硫氨酸　*S*-adenosylmethionine, SAM

在腺苷转移酶作用下，甲硫氨酸与 ATP 反应生成的化合物。为活性甲硫氨酸，可转移其甲基到其他化合物而合成各种甲基化合物如肌酸、胆碱等，是甲基化作用的主要供体。

10.0281　*S*-腺苷同型半胱氨酸　*S*-adenosylhomocysteine

又称“*S*-腺苷基高半胱氨酸”。*S*-腺苷甲硫氨酸的脱甲基产物。可脱去腺苷生成同型半胱氨酸，参与甲硫氨酸循环。

10.0282　甲硫氨酸循环　methionine cycle

S-腺苷甲硫氨酸的生成和转甲基所形成的循环过程。甲硫氨酸在转甲基之前，在甲硫氨酸腺苷转移酶催化下与 ATP 反应生成 *S*-腺苷甲硫氨酸（SAM），去甲基后生成 *S*-腺苷同型半胱氨酸，后者脱去腺苷生成同型半胱氨酸，同型半胱氨酸再接受 N^5-甲基四氢叶酸上的甲基，重新生成甲硫氨酸。

10.0283　胱硫醚　cystathionine

甲硫氨酸降解过程中，脱甲基后产生的同型半胱氨酸在胱硫醚 β-合酶催化下与丝氨酸缩合而生成的产物。是重要的中间产物，可进一步降解成半胱氨酸。

10.0284　肌酸　creatine

系统命名为 *N*-甲基胍乙酸。由精氨酸、甘氨酸及甲硫氨酸在体内合成的含氮有机酸。为肌肉等组织中贮存高能磷酸键的物质。

10.0285　肌酸磷酸　creatine phosphate

又称“磷酸肌酸（phosphocreatine）”。肌酸贮存高能磷酸键的形式。由 ATP 提供高能磷酸键，通过肌酸激酶催化而生成。耗能时分解，重新生成 ATP 及肌酸。

10.0286　肌[酸]酐　creatinine

肌酸的脱水产物。可由肌酸磷酸分解产生，是肌酸的排泄形式，随尿排出。

10.0287　胍乙酸　guanidinoacetic acid

由精氨酸转移其脒基到甘氨酸而生成的化合物。为肌酸前体，再由甲硫氨酸提供甲基即形成肌酸。

10.0288　甜菜碱　betaine

系统命名为 *N*-三甲基甘氨酸。胆碱的氧化代谢产物。去甲基后可生成甘氨酸。

10.0289　肌氨酸　sarcosine

系统命名为 *N*-甲基甘氨酸。胆碱或甜菜碱脱去末端两个甲基的产物。可进一步脱甲基生成甘氨酸。

10.0290　乙醇酸　glycollic acid

光合碳循环中产生的核酮糖-1,5-二磷酸，经氧化脱磷酸后的产物。可进一步代谢形成甘氨酸及丝氨酸。

10.0291　丙酰辅酶 A　propionyl coenzyme A, propionyl-CoA

丙酸参与代谢的活化形式。由甲硫氨酸、异亮氨酸降解时产生，再进一步转变为琥珀酰辅酶 A，进入三羧酸循环代谢。

10.0292　甲基丙烯酰辅酶 A　methacrylyl coenzyme A, methacrylyl-CoA, MC-CoA

缬氨酸降解的代谢中间产物。可进一步转变成甲基丙二酰辅酶 A、琥珀酰辅酶 A 而进入三羧酸循环。

10.0293　二氨基庚二酸　diaminopimelic acid, DAP

赖氨酸生物合成的前体。有些细菌的肽多糖中有此成分。

10.0294　醛赖氨酸　allysine

胶原合成中，肽链中赖氨酸残基经氧化脱氨基形成的产物。

10.0295　尸胺　cadaverine

赖氨酸经细菌脱羧而产生的胺类物质。有尸臭。

10.0296　α-氨基己二酸　α-aminoadipic acid

赖氨酸的代谢产物。可进一步脱氨并氧化脱羧等步骤，最终产生酮体。

10.0297　硫辛酰胺　lipoamide

硫辛酸与酶蛋白中赖氨酸残基侧链 ε-氨基结合而成的酰胺化合物。参与 α-酮酸的脱氢氧化。

10.0298　二氢硫辛酰胺　dihydrolipoamide

α-酮酸脱氢酶复合体中转乙酰化酶的辅酶——硫辛酸与酶的赖氨酸残基结合，转移后释出的还原性硫辛酰胺。

10.0299　酵母氨酸　saccharopine

赖氨酸与 α-酮戊二酸还原缩合而生成的产物。高等动物中是赖氨酸降解的主要中间产物。在细菌中氧化后脱去 α-酮戊二酸又可生成赖氨酸。

10.0300　尿黑酸　homogentisic acid

系统命名为 2,5-二羟苯乙酸。苯丙氨酸及酪氨酸分解代谢的重要中间产物。如不能进一步代谢则在尿中排出，可被空气氧化成黑色。

10.0301　延胡索酰乙酰乙酸　fumarylacetoacetic acid

苯丙氨酸或酪氨酸降解过程中经尿黑酸进一步氧化而产生的中间产物。可水解为延胡索酸及乙酰乙酸。

10.0302　苯丙酮酸　phenylpyruvic acid

苯丙氨酸经氧化脱氨基的产物。

10.0303　苯乳酸　phenylactic acid

苯丙氨酸脱氨后的代谢产物苯丙酮酸再还原生成的产物。

10.0304　苯乙胺　phenylethylamine

苯丙氨酸在脑中通过脱羧作用而生成的产物。可进一步氧化成苯乙醇胺。能诱导儿茶酚胺受体生成，有抗忧郁作用。

10.0305　酪胺　tyramine

酪氨酸的肠菌脱羧产物。可促进神经系统释放去甲肾上腺素。

10.0306　章胺　octopamine

系统命名为对羟基苯乙醇胺。酪氨酸经肠菌腐败而脱羧产生的酪胺，进一步在体内经 β 羟化而生成的产物。结构类似儿茶酚胺，作为假神经递质可干扰儿茶酚胺功能而产生脑功能障碍。

10.0307　多巴　3,4-dihydroxy phenylalanine, DOPA

全称“3,4-二羟[基]苯丙氨酸”。酪氨酸的氧化产物。可进一步生成黑色素或多巴胺、肾上腺素等。

10.0308　多巴胺　dopamine, 3,4-dihydroxy phenylethylamine

全称“3,4-二羟[基]苯乙胺”。由多巴脱羧而生成的一种神经递质。还可在肾上腺髓质进一步转变成肾上腺素及去甲肾上腺素。

10.0309　儿茶酚胺　catecholamine, CA

一种含有儿茶酚和胺基的神经类物质。具有神经递质和激素的重要生理功能。包括多巴胺、肾上腺素和去甲肾上腺素。

10.0310　黑色素　melanin

酪氨酸在黑色素细胞中经酪氨酸酶的催化羟化生成多巴，后者经氧化、脱羧等反应转变为吲哚-5,6-醌，聚合形成的褐色复合物。存在于皮肤、毛发等处。

10.0311　卟啉　porphyrin

在 4 个吡咯环的 2,5-位上，分别由 4 个次甲基（═CH—）连接而成的大环分子。是一系列天然色素（血色素、细胞色素、叶绿素等）的功能骨架结构单元。在机体内卟啉是由甘氨酸和琥珀酰辅酶 A 经胆色素原而合成。

10.0312　α-氨基-β-酮己二酸　α-amino-β-ketoadipic acid

甘氨酸和琥珀酰辅酶 A 作用形成的与酶结合的化合物。然后脱羧形成 5-氨基酮戊酸。

10.0313　5-氨基酮戊酸　5-aminolevulinic acid, δ-aminolevulinic acid, ALA

又称“δ-氨基-γ-酮戊酸”“5-氨基乙酰丙酸”。卟啉合成过程中最早由甘氨酸与琥珀酰辅酶 A 缩合脱羧的产物。可进一步脱水生成卟胆原。在动物细胞最终合成血红素，在植物细胞最终合成叶绿素。

10.0314　卟胆原　porphobilinogen

又称“胆色素原”。血红素生物合成起始阶段由 2 分子 5-氨基酮戊酸脱水形成的单吡咯衍生物。最终可经 4 分子卟胆原缩合成卟啉环而形成各种卟啉，乃至血红素。继续代谢时可形成各种胆色素。

10.0315　原卟啉　protoporphyrin

血红素脱铁后，侧链未经变化的卟啉环。侧链上为 4 个甲基、2 个乙烯基及 2 个丙酸基。

10.0316　卟啉原　porphyrinogen

通过氧化可产生各种卟啉的直接前体。有多种，如尿卟啉原、粪卟啉原等。

10.0317　尿卟啉原　uroporphyrinogen

4 个卟胆原分子缩合而成的大环化合物。是尿卟啉的前体，可进一步脱去侧链乙酸上的 4 个羧基而成为粪卟啉原。

10.0318　粪卟啉原　coproporphyrinogen

侧链为 4 个甲基及 4 个丙酸基的卟啉原。由尿卟啉原经侧链乙酸基脱羧而产生的血红素生物合成中间产物。

10.0319　原卟啉原Ⅸ　protoporphyrinogen Ⅸ

粪卟啉原扩散进入线粒体经粪卟啉原氧化脱羧酶作用，使侧链氧化脱羧生成的产物。是血红素生物合成的中间产物。

10.0320　原卟啉Ⅸ　protoporphyrin Ⅸ

原卟啉原Ⅸ在原卟啉原氧化酶催化下进一步脱氢氧化生成的产物。

10.0321　血红素　heme

原卟啉Ⅸ的 Fe^{2+}络合物。为血红蛋白、肌红蛋白等的辅基。

10.0322　尿卟啉　uroporphyrin

血红素生物合成的中间产物尿卟啉原的氧化产物。由 4 个吡咯环连成的大环，侧链为乙酸根及丙酸根。

10.0323　粪卟啉　coproporphyrin

粪卟啉原的氧化产物。少量随粪排出。

10.0324　血卟啉　hemoporphyrin

血液中（如血红蛋白和肌红蛋白）卟啉类物质的统称。

10.0325　高铁血红素　hematin

血卟啉和三价铁形成的配位化合物。在血红

蛋白中则因此而失去运输氧的功能。

10.0326　胆色素　bile pigment
铁卟啉化合物在体内分解代谢的主要产物。包括胆红素、胆绿素、胆素原和胆素。正常时主要随胆汁及粪便排出。

10.0327　胆红素　bilirubin
血红蛋白及其他血红素蛋白中的血红素在巨噬细胞或其他网织内皮细胞及肝细胞中的代谢产物。呈棕黄色，哺乳动物主要以此随胆汁排出。是人胆汁的主要色素，呈橙黄色。血中升高时可导致黄疸。

10.0328　结合胆红素　conjugated bilirubin
又称"*直接胆红素*(direct bilirubin，DBIL)"。经过肝生物转化、与葡萄糖醛酸结合的胆红素。可以直接进入胆管及尿液，但却不易透过细胞膜。

10.0329　非结合胆红素　unconjugated bilirubin
又称"*间接胆红素*(indirect bilirubin, IBIL)"。经过肝生物转化、未与葡萄糖醛酸结合的胆红素。不可以直接进入胆管及尿液，但可以透过细胞膜。

10.0330　胆绿素　biliverdin
血红素代谢时由卟啉环裂开而生成的产物。可进一步还原为胆红素，呈绿色。鸟类及两栖类以此随胆汁排出。

10.0331　光胆红素　photobilirubin
胆红素暴露于 450nm 附近的光源时构象改变的胆红素。水溶性增强，易排泄于胆汁中。是新生儿黄疸进行光疗的基础。

10.0332　胆素原　bilinogen
胆红素的代谢产物。包括尿胆素原及粪胆素原等。接触空气则氧化为胆素。

10.0333　尿胆素原　urobilinogen
胆红素在肠道经细菌还原而产生的无色物质。小部分经肠道再吸收，吸收后大部分入肝进行胆素原再循环，小部分随尿排出。

10.0334　粪胆素原　stercobilinogen
胆红素的肠道代谢产物。由尿胆素原还原生成，无色，是粪胆素的前体。

10.0335　胆素　bilin
又称"*后胆色素*"。胆素原的氧化产物。是胆色素代谢的最终产物。包括粪胆素和尿胆素，是粪及尿中的主要色素。

10.0336　粪胆素　stercobilin
又称"*l-尿胆素*（l-urobilin）"。胆红素在肠道还原产生的粪胆素原经空气氧化而生成的产物。呈棕红色，是粪和尿颜色的来源。

10.0337　尿胆素　urobilin
胆红素在肠道中的产物。呈棕红色，由尿胆素原经空气氧化而生成，是尿和粪颜色的来源。

10.0338　香草酸　vanillic acid
系统命名为 4-羟基-3-甲氧基苯甲酸。酪氨酸、儿茶酚胺的代谢产物。主要以硫酸酯结合型存在于尿中。

10.0339　香草[基]扁桃酸　vanillylmandelic acid, VMA
系统命名为4-羟基-3-甲氧基扁桃酸。肾上腺素及去甲肾上腺素经甲基化、氧化脱氨基形成的最终产物。随尿排出。

10.0340　肉桂酸　cinnamic acid
植物中由苯丙氨酸脱氨降解产生的苯丙烯酸。可从肉桂皮或安息香分离得到。

10.0341　查耳酮　chalcone

植物中由苯丙烷酸途径产生的香豆酰辅酶 A 经丙二酰辅酶 A 延长碳链再环化生成的黄酮类化合物。是一些类黄酮植保素等的前体。

10.0342　黄酮　flavone

植物中由苯丙氨酸产生的肉桂酰辅酶 A，经碳链延长环化生成的查耳酮，再衍生成的各种 α 苯基衍生物。是骨架为 2-苯基色原酮结构的化合物。

10.0343　异黄酮　isoflavone

植物苯丙氨酸代谢过程中，由肉桂酰辅酶 A 侧链延长后环化形成以苯色酮环为基础的 3-苯基衍生物。属植物次生代谢产物。有些异黄酮是植保素。

10.0344　莽草酸　shikimic acid

植物及微生物中苯丙氨酸、酪氨酸及色氨酸生物合成时，从磷酸烯醇丙酮酸开始，与 4-磷酸赤藓糖合成的三羟基芳香族中间产物。是各种芳香族化合物的来源，也是一些次生代谢产物的重要原料。

10.0345　二氢生物蝶呤　dihydrobiopterin

苯丙氨酸羟化为酪氨酸时，辅因子四氢生物蝶呤脱氢氧化而生成的物质。经 NADPH 供氢又可还原为四氢生物蝶呤。为氧化型蝶呤辅因子，有递氢作用。

10.0346　二氢蝶啶　dihydropteridine

二氢还原型的蝶啶类化合物。如二氢生物蝶呤。

10.0347　多酚　polyphenol

一类广泛存在于植物体内的多元酚化合物。如苯二酚、苯三酚等。常是植物及微生物中产生的酚类次生代谢产物。

10.0348　儿茶酚　catechol

又称“邻苯二酚”。水果及蔬菜中通常存在的有机酚。是植物鞣质的成分，体内可氧化成醌。

10.0349　冠瘿碱　opine

又称“冠瘿氨酸”。植物冠瘿瘤细胞产生并分泌的一类氨基酸与糖的衍生物。能被农杆菌用做生长所需的碳源和氮源，有利于农杆菌的繁衍。已鉴定出 20 多种。如章鱼碱、胭脂碱、甘露碱、亮氨碱等。

10.0350　章鱼碱　octopine

又称“章鱼氨酸”。一种冠瘿碱。由精氨酸和丙酮酸缩合形成。存在于植物冠瘿瘤中。

10.0351　胭脂碱　nopaline

又称“胭脂氨酸”。系统命名为 *N*-α-（1,3-二羧丙基）-L-精氨酸。一种冠瘿碱。是精氨酸与 α-酮戊二酸缩合形成的产物。作为一类农杆菌生长所需的碳源和氮源。

10.0352　鸟氨胭脂碱　ornaline

又称“胭脂鸟氨酸（nopalinic acid）”。由鸟氨酸取代精氨酸而形成的胭脂碱样冠瘿碱。

10.0353　氮循环　nitrogen cycle

大气中氮分子通过细菌固氮生成氨，在土壤中经硝化生成硝酸盐，再由植物产生一些氨基酸，为动物利用，并代谢形成尿素或氨等排泄物的循环过程。

10.0354　固氮作用　nitrogen fixation

分子氮经固氮生物固氮酶的催化而转化成氨或含氮化合物的过程。是氮循环的重要阶段。

10.0355　脱氮作用　denitrification

又称“反硝化作用”。在无氧条件下，土壤细菌利用硝酸盐，将硝酸盐转变为空气中氮的过程。是将固定氮转变为氮气。

10.05 核酸降解与核苷酸代谢

10.0356 核酸降解 nucleic acid degradation, degradation of nucleic acid

又称“核酸分解代谢（nucleic acid catabolism）”。在机体内，核酸首先由磷酸二酯酶催化解聚为核苷酸，核苷酸再经过一系列酶的作用，最终分解成二氧化碳、水、氨、磷酸等小分子的过程。

10.0357 核苷酸代谢 nucleotide metabolism

机体内核苷酸的合成与分解代谢的过程。

10.0358 核苷酸合成代谢 nucleotide anabolism

主要由机体细胞自身合成。机体可利用氨基酸、一碳单位和 CO_2 等小分子物质从头合成，也可以直接利用碱基或核苷补救合成，但从头合成是体内合成核苷酸的主要途径。

10.0359 从头合成 *de novo* synthesis

机体内以核糖磷酸、氨基酸、一碳单位、二氧化碳等简单物质为原料，经酶促反应合成核苷酸的过程。

10.0360 补救合成 salvage synthesis

机体内以已有的碱基或核苷为底物生成核苷酸的过程。碱基在核糖磷酸转移酶催化发生核糖磷酸化、核苷在核甘激酶催化下发生磷酸化而生成核苷酸。

10.0361 磷酸核糖[基]焦磷酸 phosphoribosylpyrophosphate, PRPP

核苷酸生物合成时，由磷酸核糖焦磷酸激酶催化 ATP 提供焦磷酸至核糖磷酸上生成的化合物。可以提供核糖磷酸的活化形式。

10.0362 磷酸核糖胺 phosphoribosylamine, PRA

又称“核糖胺磷酸”。嘌呤核苷酸生物合成过程中，磷酸核糖酰胺转移酶催化谷氨酰胺的酰胺基取代磷酸核糖焦磷酸核糖上的第一位碳原子的焦磷酸生成的产物。

10.0363 甘氨酰胺核糖核苷酸 glycinamide ribonucleotide, GAR

嘌呤核苷酸从头合成过程中由甘氨酸参入核糖胺-5-磷酸中而形成的产物。反应过程由 ATP 提供能量。

10.0364 甲酰甘氨脒核糖核苷酸 formylglycinamidine ribonucleotide, FGAM

甘氨酰胺核糖核苷酸上的甘氨酸残基的 α-氨基经甲酰化反应生成甲酰甘氨酰胺核糖核苷酸，然后谷氨酰胺提供酰胺氮取代甲酰甘氨酰胺核糖核苷酸的氧生成的产物。

10.0365 氨基咪唑核糖核苷酸 aminoimidazole ribonucleotide, AIR

嘌呤核苷酸合成过程中形成咪唑环的中间产物。可进一步经多步骤合成肌苷酸等嘌呤核苷酸。

10.0366 腺苷酸[基]琥珀酸 adenylosuccinate, adenylosuccinic acid

又称“腺苷酸代琥珀酸”。腺嘌呤核苷酸从头合成的中间产物。由次黄嘌呤核苷酸与天冬氨酸缩合而成。降解时释出延胡索酸而产生腺苷酸。

10.0367 二氢乳清酸 dihydroorotic acid

嘧啶生物合成过程中最先生成的嘧啶环中

间产物。进一步脱氢则生成乳清酸。

10.0368　乳清酸　orotic acid
系统命名为尿嘧啶-6-羧酸。嘧啶核苷酸生物合成过程中二氢乳清酸脱氢形成的重要中间产物。属嘧啶酸，与核糖磷酸结合而成乳苷酸，脱羧后得到尿苷酸。

10.0369　核苷酸分解代谢　nucleotide catabolism
在机体内，核苷酸在核苷酸酶的催化下，水解生成核苷和磷酸，核苷在一系列酶的作用下再分解生成嘌呤或嘧啶碱基和戊糖，嘌呤碱基氧化为尿酸由尿液排出，嘧啶碱基生成β-丙氨酸或β-氨基异丁酸、二氧化碳与氨，戊糖参与戊糖代谢的过程。

10.0370　尿酸　uric acid
人体和某些动物（如灵长类、鸟类、昆虫等）体内嘌呤代谢的终产物。为三氧基嘌呤，其醇式呈弱酸性，是体内主要的可溶性抗氧化物。各种嘌呤氧化后生成的尿酸随尿排出。因溶解度较小，体内过多时可形成尿路结石或导致痛风。

10.0371　尿囊素　allantoin
灵长类以外的哺乳类和爬行类动物及植物能借尿酸氧化酶将嘌呤代谢产物尿酸进一步水解，释出二氧化碳而形成的产物。

10.0372　尿囊酸　allantoic acid
有些硬骨鱼将嘌呤代谢产物尿酸降解为尿囊素，再进一步经尿囊素酶降解为带有羧基的产物。

10.0373　尿囊素酶　allantoinase
催化尿囊素水解生成尿囊酸的酶。

10.0374　尿囊酸酶　allantoicase
催化尿囊酸水解生成尿素和乙醛酸的酶。

10.0375　β-氨基异丁酸　β-aminoisobutyric acid
体内胸腺嘧啶的降解产物。脱氨后可进入三羧酸循环氧化。部分随尿排出。有些肿瘤患者尿中排泄增多。

11. 方法与技术

11.01　分离纯化技术

11.01.01　分散与简单分离

11.0001　盐析　salting-out
在溶液中加入无机盐类而使某种物质溶解度降低而析出的方法。如向某些蛋白质溶液中加入某些无机盐溶液后，可以使蛋白质凝聚而从溶液中析出。最常用的无机盐有硫酸铵、硫酸钠和氯化钠等。

11.0002　盐溶　salting-in
在溶质（如蛋白质）水溶液中，加入少量的中性盐如硫酸铵、硫酸钠、氯化钠等，会增加溶质分子表面的电荷，增强溶质分子与水分子的作用，从而使溶质在水溶液中的溶解度增大的现象。

11.0003　脱盐　desalting
将无机盐离子从生物大分子的混合液中去除的过程。可通过透析、凝胶过滤层析、超滤等方法完成。

11.0004　预处理　pretreatment

又称“前处理”。在进行某种分析测试以前对样品进行必要的处理（如溶解、破碎、匀浆化等）的准备过程。

11.0005　匀浆器　homogenizer

可使组织、细胞或细胞组分等破裂分散成小颗粒，成为比较均匀的悬浮液的装置。用于使样品均匀化，常由精细加工的研棒、管子和电动搅拌器构成。

11.0006　超声处理　ultrasonication

又称“超声波作用”。使用频率大于人听觉范围的声波来处理生物材料的过程。如利用 25 kHz 频率附近的声波破碎细胞、亚细胞或病毒颗粒，也可用来使蛋白质变性以及剪切长链 DNA 分子等。

11.0007　超声粉碎　ultrasonic dispersion

利用强超声在液体中产生空化效应，使细胞、细胞组分、DNA 分子等分散为更小颗粒的方法。

11.0008　弗氏细胞压碎器　French cell press

又称“均质机”。一种用于破碎细胞和制备无细胞提取物的商品化装置。细胞悬液置于高压下强力挤出小孔，压力突然降低以及剪切力的作用导致细胞爆裂破碎。

11.0009　冻融　freeze-thawing

将细胞在低温（常在–20℃以下）冰冻后，再升温（室温或 37℃等）融化，如此反复多次使细胞破碎的方法。

11.0010　切变　shearing

用平行于平面的力作用于平面使一个物体变化或破裂的现象。如大分子 DNA 急速通过细管而被扯断为小片段，匀浆过程将样品扯碎都使用了切变力。

11.0011　冷冻干燥　lyophilization, freeze-drying

又称“冰冻干燥”。将待干燥物快速冻结后置高真空中，其中的冰升华为水蒸气而被去除的干燥方法。由于冰的升华带走热量，冻干全过程可保持低温冻结状态，有利于保留蛋白质等生物样品的活性。

11.0012　冻干仪　lyophilizer, freeze-drier

提供并维持高真空使样品中的水分在冰冻状态下升华，从而浓缩或干燥样品的仪器。主要由制冷机和真空泵等组成。

11.0013　涡旋振荡器　vortexer

又称“漩涡振荡器”。一种通过高速旋转引起的振荡作用使容器中样品混合的小型仪器。

11.0014　旋转蒸发器　rotary evaporator

一种液体样品快速浓缩的装置。样品在球形的玻璃容器中加热、减压，并不断地旋转增大蒸发表面积，加快蒸发速度。

11.0015　抽提　extraction

又称“提取”。从一种固体或一种液体混合物中将所要的物质根据其溶解度或分配系数的差异用特定溶剂分离出来的方法。

11.0016　谢瓦格抽提法　Sevag method

又称“苯酚–氯仿抽提法（phenol-chloroform extraction）”。一种从核酸中去除蛋白质杂质的方法。系用加有少量异戊醇或辛醇的氯仿溶液对核酸-蛋白质混合物反复振荡，使蛋白质变性沉淀而被除去。

11.0017　索氏抽提器　Soxhlet extractor

又称“索氏提取器”。分析生物样品脂质含量的玻璃回流装置。将样品置于沸腾的有机溶剂与冷凝管之间，冷凝下来的溶剂不断地将样品中的脂质溶出。

11.0018　分级分离　fractionation
根据混合物中各组分的理化性质的差异而将其逐段分开的方法。如蛋白质的分段盐析、凝胶层析中对分子量比较接近的分子的分段分离等。

11.0019　硫酸铵分级分离　ammonium sulfate fractionation
根据不同的蛋白质在硫酸铵溶液中具有不同的溶解度而进行的蛋白质分离技术。用于酶、蛋白质的分离纯化。

11.0020　十六烷基溴化吡啶鎓沉淀法　cetylpyridinium bromide precipitation, CPB precipitation
简称“CPB沉淀法”。用十六烷基溴化吡啶鎓纯化寡核苷酸或酸性多糖的方法。

11.0021　聚乙二醇沉淀法　polyethylene glycol precipitation, PEG precipitation
在一定盐浓度条件下向溶液加入亲水性极强的聚乙二醇引起大分子溶质的凝聚沉淀的方法。常用于蛋白质、核酸、噬菌体等分离。

11.0022　透析　dialysis
根据溶液中物质分子量大小不同利用半透膜将物质分离的过程。低于膜截留分子量的物质可扩散穿过膜至膜外侧，高于膜截留分子量的物质则被保留在半透膜的内侧。通常用于去除不需要的小分子（如盐、还原剂、染料等）而保留较大分子（如蛋白质、DNA、多糖）。也常被用于缓冲液交换。

11.0023　反向透析　reverse dialysis
将样品置于透析袋内，再将透析袋放到具有强吸水性但不能穿过透析膜的高分子多聚物（如聚乙二醇）粉末或浓溶液中，即可将袋内水分吸出而将袋内大分子溶液浓缩的一种方法。

11.0024　平衡透析　equilibrium dialysis
一种用于测定溶液中小分子或离子与大分子间结合强度的技术。将大分子溶液和小分子溶液分别置于只允许小分子透过而不允许大分子透过的半透膜两侧，当透析达到平衡时，测定膜两侧溶液中小分子和大分子的浓度，即可分析得到大分子与小分子结合常数。

11.0025　电透析　electrodialysis
又称“电渗析”。在透析膜两侧施加电压以加速大分子与小分子分离的透析方法。

11.0026　半透膜　semipermeable membrane
又称“选择通透膜（permselective membrane, selective permeable membrane）”“选择透性膜”。在渗透压驱动下，只允许溶液中的溶剂分子选择性地通过而溶质分子不能通过的无孔分离人工膜材料。常用于生物传感器。生物膜为典型的半透膜。

11.0027　超滤　ultrafiltration, hyperfiltration
一种将大分子浓缩和脱盐的方法。利用压力或离心力使溶剂和尺寸小于膜孔尺寸的小分子溶质通过半透膜，而尺寸大于膜孔尺寸的大分子溶质被截留在膜上。超滤膜孔径范围为1～100nm。

11.0028　膜过滤　membrane filtration
以压力或离心力为推动力，依靠膜的选择性将液体中的组分进行分离的方法。

11.0029　切向流过滤　tangential flow filtration
又称“错流过滤（cross-flow filtration）”。液体在泵驱动下沿着与膜表面相切的方向流动，在膜上形成压力，使部分液体透过膜，而另一部分液体切向流过膜表面，将被膜截留的大分子溶质冲走，避免在滤膜表面堆积或堵塞，以达到浓缩和脱盐目的的方法。

11.0030　滤膜　filter membrane

具有高过滤速率与高截留选择性并易于清洗的一类有机高分子材料和无机材料。是超滤过程用到的半透膜。

11.0031　微孔滤膜　millipore filter, microporous membrane

用高分子材料制成，具有像网络样结构，孔径不大于（0.45±0.02）μm 的薄膜过滤介质。可将大于孔径的粒子拦截，用于去除生物溶液中细微的碎屑及微生物。

11.0032　乙酸纤维素膜　acetyl cellulose membrane, cellulose acetate membrane

又称“醋酸纤维素膜”。由乙酸纤维素及其衍生物为主体材料制成的一类微孔滤膜。对 DNA 和蛋白质的结合能力很弱，可用做电泳载体过滤除菌，不能用于印迹分析。

11.0033　超滤膜　ultrafiltration membrane, hyperfiltration membrane

孔径比微孔滤膜更小，只能透过小分子量的溶剂及溶质的膜。

11.0034　超滤器　ultrafilter

由超滤材料和压力系统等组成的超滤装置。超滤材料是具有各种孔径（通常为 0.001～0.1 μm）的合成固相支持物，用以截留不同大小的大分子或微粒。

11.0035　膜滤器　membrane filter

用具有一定孔径的膜（多用高分子多聚物为材料，如乙酸纤维素膜和尼龙膜等）制成的滤器。可用于过滤除菌或从混悬液中收集微生物、沉淀物、从溶剂中分离大分子等。

11.0036　膜分离　membrane separation

根据生物膜对物质选择性通透的原理所设计的一种对包含不同组分的混合样品进行分离的方法。分离中使用的膜是根据需要设计合成的高分子聚合物，分离的混合样品可以是液体或气体。

11.0037　固相技术　solid phase technique

将反应物固定在载体上或用其他方式使其以不溶的方式参与反应的技术。如固相杂交、固相免疫分析、固相多肽合成、固相序列测定等都是固相技术的应用，能提高效率，使操作快速、简便、自动化。

11.0038　截留分子量　molecular weight cut-off, MWCO

对有孔材料孔径大小的一种描述。在能自由通过某种有孔材料的分子中最大分子的分子量即为该材料的截留分子量。大于截留分子量的分子被材料截留；小于截留分子量的分子则可自由通过。截留分子量是凝胶过滤介质、半透膜、超滤膜等材料的重要技术参数。用于表示超滤膜的截留性能。

11.01.02　离 心 技 术

11.0039　离心　centrifugation

利用物质的密度等方面的差异，用旋转所产生背向旋转轴方向的离心运动力使颗粒或溶质发生沉降而将其分离、浓缩、提纯和鉴定的一种方法。物质的沉淀与离心速度和旋转半径有关。一般按旋转速度分低速离心、高速离心和超速离心。

11.0040　每分钟转数　revolution per minite, r/min

离心时转头每分钟旋转的次数。

11.0041　沉降　sedimentation

溶液中的颗粒或溶质在重力或离心力作用下发生沉淀的现象。

11.0042　沉降速度　sedimentation velocity

在离心过程中，单位时间内大分子物质或颗粒沿离心力方向移动的距离。

11.0043　沉降系数　sedimentation coefficient

颗粒物质或溶质在单位超速离心场中的沉降速度。用小写斜体 *s* 表示。$s=v/a$，式中 a 为重力或离心加速度，v 为沉降速度，即沉降系数为每单位离心力场的沉降速度。其单位是秒（s），常用斯韦德贝里单位表示。由于测定时的温度和溶剂对沉降系数数值有影响，因此常以水为溶剂、温度在 20℃时的 S 值表示，写作 $S_{20,W}$。

11.0044　斯韦德贝里单位　Svedberg unit

又称“沉降系数单位”，曾称“斯维德伯格单位”。沉降系数的单位。用 S 表示。大多数蛋白质和核酸的沉降系数在 4S 和 40S 之间，核糖体及其亚基在 30S 和 80S 之间。

11.0045　沉降平衡　sedimentation equilibrium

在分析性超速离心中，以较低速度较长时间离心，使拟分析的物质沉降与扩散间达到平衡的状态。离心期间不形成界面，此法可用以测定大分子的分子量。

11.0046　斯托克斯半径　Stokes radius

一种生物大分子半径的表示方法。由斯托克斯定律规定，即球体摩擦系数 $f=6\pi\eta r$，其中 η 为溶液黏度，r 为球体半径（即斯托克斯半径）。通过实验检测大分子流体动力学行为，如内禀黏度、扩散系数、沉降系数以及凝胶层析等，假设这些大分子为球形，可求得其在溶液中的表观半径，即 r 值。

11.0047　离心速度　centrifugal speed

离心时转头的旋转速度。单位用每分钟转数（r/min）表示。

11.0048　相对离心力　relative centrifugal force, RCF

在离心场中施加于离心物质上的作用力。与离心速度（r/min）和离心半径（r）成正比，以离心力相当于重力加速度（g）的倍数来衡量。

11.0049　低速离心　low-speed centrifugation

转速为 8000r/min 以下，相对离心力为 10 000×g 以下的离心技术。主要用于分离细胞、细胞碎片及培养基残渣等颗粒物。

11.0050　高速离心　high-speed centrifugation

一般指离心速度在 18 000～35 000r/min、离心力在 60 000～100 000×g 范围的离心技术。

11.0051　超速离心　ultracentrifugation

离心力在 100 000×g 以上的离心技术。用于分离或分析鉴定病毒颗粒、细胞器或大分子生物样品等。

11.0052　差速离心　differential centrifugation

利用不同物质沉降速率的差异，在不同离心速度下分离和收集不同颗粒的离心技术。常用于分离细胞匀浆中的各种细胞器。

11.0053　微量离心　microcentrifugation

离心分离体积以微升为计量单位的离心分离方法。

11.0054　连续流离心　continuous flow centrifugation

样品液在离心过程中连续导入，沉淀留在离心仓内，上清液不断排出的一种适于大规模制备的离心技术。

11.0055　上清液　supernatant

（1）在指定离心力作用下不含能被沉淀物质的液体。（2）两种密度不同的溶液在离心力或重力作用下分相后的上层液相。

11.0056　流出液　outflow
连续流离心时连续流出的离心上清液。

11.0057　沉降速度超离心　sedimentation velocity ultracentrifugation
通过测定聚合物溶液在 1000r/s 以上的超离心作用下，因聚合物溶质分子沉降所引起的溶液与溶剂界面的移动速度来计算聚合物溶质分子量的方法。

11.0058　沉降平衡超离心　sedimentation equilibrium ultracentrifugation
通过测定聚合物溶液在约 300r/s 的超离心作用下聚合物溶质分子的沉降和扩散达到平衡时溶液的浓度梯度来计算聚合物溶质分子量的方法。

11.0059　等密度离心　isodensity centrifugation, isopycnic centrifugation
又称“浮力密度离心（buoyant density centrifugation）”。将要分离的样本放在密度梯度液表面或混悬于梯度液中，通过离心不同密度的颗粒或上浮或下沉到与其各自密度相同的介质区带时，颗粒不再移动形成一系列区带，然后停止离心，从管底收集不同密度颗粒的分离技术。

11.0060　梯度离心　gradient centrifugation
被离心样品置于成梯度分布的介质中进行离心的方法。常用的介质有蔗糖、氯化铯等。前者需事先在离心管中配制好连续或不连续梯度，后者配成一定浓度溶液，在离心过程中会形成连续梯度。

11.0061　密度梯度离心　density gradient centrifugation
用一定的介质在离心管内形成一连续或不连续的密度梯度，将细胞混悬液或匀浆置于介质的顶部，通过重力或离心力场的作用使细胞分层、分离的方法。常用的介质为氯化铯、蔗糖和聚蔗糖等。

11.0062　平衡密度梯度离心　equilibrium density gradient centrifugation
分离大分子和细胞成分的离心方法。即将待分离样品加在惰性梯度溶剂中进行离心沉降，在一定的离心力作用下，大分子或颗粒沉降到浮力密度与溶剂密度一致的平衡区，形成不同区带，从而实现分离的目的。

11.0063　浮力密度　buoyant density
通过用氯化铯等密度梯度离心（或平衡密度梯度离心）所求的高分子物质的密度。由于在浓盐溶液中产生溶媒混合，所以与在稀盐溶液中的密度不一定相同。碱基组成不同的（GC 含量不同）DNA，其浮力密度不同。

11.0064　密度梯度　density gradient
溶液中溶质的浓度自上而下变化，形成溶液的密度从低变高的梯度。变化可以是连续的渐进式密度梯度，也可以是不连续的分级式密度梯度。常用的溶质有氯化铯、蔗糖、聚蔗糖等。密度梯度溶液常用于超速离心分离大分子或细胞颗粒等。

11.0065　连续梯度　continuous gradient
在离心、电泳或层析中，由于各组分分离的需要，将介质或凝胶按密度、成分浓度或 pH 等制备成连续变化的梯度。

11.0066　分级式梯度　stepwise gradient
在离心或层析中，依照各组分分离的需要，将介质或凝胶按密度、成分浓度或 pH 等制备成的呈阶梯式的不连续递增的梯度。分级式梯度溶液用于离心分离、层析样品洗脱等。

11.0067　区带离心　zonal centrifugation

样品在某种惰性梯度介质中进行离心沉淀或达到沉降平衡，在一定离心力下将颗粒分配到梯度中特定位置上，形成不同区带的分离方法。

11.0068　角转头　angle rotor

离心管与离心轴成固定角度的转头。

11.0069　吊篮式转头　swinging-bucket rotor

又称“水平转头（swing-out rotor）”。在离心过程中离心管由与离心轴垂直的位置转变 90°而与离心方向平行的一种离心转头。密度梯度离心常使用吊篮式转头，以免引起梯度溶液的混合。

11.0070　淘选　panning

（1）粗细不等的颗粒物质按其在液体中浮力或沉降速度的差异进行分离的方法。（2）特指从大容量的文库筛选过程中富集所需要克隆的过程。如从噬菌体全套抗体文库中用固相化的抗原富集能够表达特异抗体噬菌体的过程。

11.01.03　电 泳 技 术

11.0071　电泳　electrophoresis

利用溶液中带有不同量电荷的阳离子或阴离子在外加电场作用下，以不同的迁移速度向与其电荷相反的电极移动从而达到分离不同组分的技术。按分离原理不同可分为：移动界面电泳、区带电泳、等速电泳、等电聚焦电泳、免疫电泳等。

11.0072　电渗　electroosmosis

在电场的影响下，带电荷的液体对携带相反电荷的固定介质进行相对运动的现象。可以改变带电离子在电泳中的移动速度甚至方向。

11.0073　泳道　lane, track

特指样品在电泳电场中移动的道路。即电场作用下荷电颗粒移动过程中所通过的路径。

11.0074　迁移速率　migration rate

电泳或层析分离时，核酸、蛋白质以及其他小分子等物质移动距离间的比值。如电泳时为被分离物质与指示色素移动距离之比。在纸层析时为被分离物质与溶剂移动距离之比。

11.0075　迁移率　mobility

又称“迁移度”。电泳或层析等分离时，分子移动的速度。实际工作中多用相对移动速度的比值来衡量。

11.0076　电泳迁移率　electrophoretic mobility

又称“泳动度”。在特定介质中单位电场强度的带电颗粒电泳移动的速度。与颗粒所带电荷量成正比，与颗粒的半径和介质黏度成反比。实际工作中常用相对电泳迁移率，即两种带电颗粒在同一介质、同一电场中泳动距离之比。

11.0077　相对迁移率　relative mobility

电泳或薄层层析等分离时，样品（如蛋白质、核酸等）相对移动速度的表示方法。一般多以标准分子量物质或前沿染料移动距离做参照来计算。

11.0078　电泳迁移率变动分析　electrophoretic mobility shift assay, EMSA

又称“凝胶阻滞分析（gel retardation assay）”“凝胶移位结合分析（gel-shift binding assay）”“DNA 结合分析（DNA-binding assay）”。一种利用电泳迁移率的变化来分析核酸片段和蛋白质相互结合的技术。当特定的核酸序列与某种蛋白质特异性结合后，它在电泳带中的位置就发生了变化，由此可以分析核酸与蛋白质间的相互作用。最初用于研究转录因子与启动子相互作用，也可应用蛋白质-DNA、蛋白质-RNA 相互作用研究。

11.0079　电泳图　electrophoretogram, electrophorogram

电泳分离后图形的记录。其形式可为电泳介质或载体本身或对其扫描等。

11.0080　移动界面电泳　moving boundary electrophoresis

又称“移动区带电泳（moving zone electrophoresis）”。使用两种缓冲体系形成使所有被分离区带等速迁移的电泳。被分离区带像夹心面包一样，被夹在前导电解质和尾随电解质之间。

11.0081　区带电泳　zonal electrophoresis, ZE

在支持物上电泳时分离各组分因迁移速度不同被多孔的凝胶或固体等支持物所稳定分布成区带的电泳。是一种应用最广泛的电泳技术。可按其支持物不同而命名，如纸电泳、薄膜电泳、凝胶电泳等。

11.0082　纸电泳　paper electrophoresis

以滤纸做支持物的一种区带电泳。

11.0083　乙酸纤维素薄膜电泳　cellulose acetate film electrophoresis

以乙酸纤维素薄膜做支持物的一种区带电泳。常用于蛋白质电泳分析。

11.0084　凝胶电泳　gel electrophoresis

以凝胶做支持物的一种区带电泳。基于被分离组分的分子尺寸不同实现分离的电泳技术。

11.0085　琼脂凝胶　agar gel

溶于沸水的琼脂冷却时琼脂（为聚半乳糖硫酸酯的钙盐或钙镁复盐）分子内部和分子间形成氢键而成的凝胶。是固体或半固体培养基常用的成分，也用做电泳支持物。

11.0086　琼脂糖凝胶　agarose gel

从琼脂中除去带电荷的琼脂胶后，剩下的不含磺酸基团、羧酸基团等带电荷基团的中性部分。结构是链状的聚半乳糖，易溶于沸水，冷却后可依靠糖基间的氢键引力形成网状结构的凝胶。凝胶的网孔大小和凝胶的机械强度取决于琼脂糖浓度。因此琼脂糖凝胶可作为分子筛，常用于凝胶层析和电泳。

11.0087　DEAE-葡聚糖凝胶　diethylaminoethyl dextran gel, DEAE-dextran gel

全称“二乙氨乙基葡聚糖凝胶”。亲水性交联葡聚糖离子交换剂。是以交联葡聚糖 G25 或 G50 为基质，通过化学方法引入电荷基团二乙氨乙基，制成外形呈珠状的弱碱型阴离子交换剂，此类交换剂对核酸和蛋白质有较高的结合容量，且流速比无定形纤维素离子交换剂快。

11.0088　银染色　silver staining

用硝酸银对聚丙烯酰胺凝胶上的蛋白质或 DNA 进行染色的方法。其灵敏度分别高于考马斯亮蓝或溴乙啶染色。

11.0089　双丙烯酰胺　bisacrylamide

系统命名为 *N,N'*-亚甲双丙烯酰胺。双功能基团化合物。在丙烯酰胺单体中参入双丙烯酰胺进行聚合，形成网状结构的聚丙烯酰胺凝胶。

11.0090　聚丙烯酰胺凝胶　polyacrylamide gel

丙烯酰胺单体和甲叉双丙烯酰胺交联剂在催化剂（如过硫酸铵）作用下形成的凝胶。凝胶孔径大小可以通过制备时所使用的浓度和交联度控制。常用做层析介质、电泳分离支持材料等。

11.0091　浓缩胶　stacking gel, spacer gel
又称“成层胶”。凝胶电泳时，在分离胶上方铺设的一薄层大孔凝胶。能使样品在电泳初始阶段快速浓集在分离胶界面，样品在分离胶就能达到更好的分离效果。样品通过浓缩胶浓集是采用等速电泳的原理。

11.0092　分离胶　separation gel, resolving gel
不连续聚丙烯酰胺凝胶电泳中在浓缩胶后的凝胶主体。凝胶孔径小于浓缩胶，样品主要在此凝胶区域得到分离。

11.0093　先导离子　leading ion
又称“前导离子”。等速电泳中电泳迁移率最高的快离子。在电泳缓冲系统中常用的向阳极前导离子是氯离子，向阴极先导离子是钾离子。

11.0094　尾随离子　trailing ion
不连续聚丙烯酰胺凝胶电泳电极缓冲液的一类离子成分。如甘氨酸，因其泳动速度比先导离子氯离子慢，造成电压梯度的不连续性，使蛋白质移动区带压缩，以提高分辨率。

11.0095　缓冲配对离子　buffer counterion
缓冲体系中带相反电荷的离子。如磷酸钠缓冲液中带负电荷的磷酸根与带正电荷的钠离子互为配对离子；离子交换层析流动相（缓冲液）中与固定相（离子交换树脂）本身所带电荷相反的离子等。

11.0096　缓冲液　buffer solution, buffer
由弱酸及其共轭碱（或弱碱及其共轭酸）所组成的缓冲对配制、能够减缓其他物质溶液pH改变的溶液。

11.0097　电极缓冲液　electrode buffer
用于不同电极缓冲室内的溶液。如等电聚焦电泳时的阳极缓冲液和阴极缓冲液。

11.0098　运行缓冲液　running buffer
直接用做电泳的电极缓冲液或层析的洗脱液。

11.0099　两性离子缓冲液　zwitterionic buffer
又称“兼性离子缓冲液”。分子中含有两个或更多的可解离基团、能形成同时带有正、负电荷的偶极分子，由这样的两性离子所组成的缓冲液。在生物学实验中用途广泛，如*N*-2-羟乙基-哌嗪基-*N*-2-乙基磺酸（HEPES）、2-(*N*-吗啉代)-乙基磺酸（MES）、*N*-[Tris(羟甲基)-甲基]甘氨酸（Tricine）等。

11.0100　两性电解质　ampholyte
同时带有可解离为负电荷和正电荷基团的电解质。如氨基酸。

11.0101　缓冲液梯度聚丙烯酰胺凝胶　buffer-gradient polyacrylamide gel
凝胶缓冲液成分有pH、离子强度或盐种类等连续或不连续梯度变化的聚丙烯酰胺凝胶。旨在提高凝胶电泳分离的范围和分辨力。

11.0102　变性梯度聚丙烯酰胺凝胶　denaturing gradient polyacrylamide gel
加有生物大分子的变性剂（如尿素、乙二醛、SDS等）、且凝胶浓度或离子浓度等呈线性或阶梯式变化的聚丙烯酰胺凝胶。旨在提高凝胶电泳分离的范围和分辨力。

11.0103　变性聚丙烯酰胺凝胶　denaturing polyacrylamide gel
加有生物大分子变性剂（如尿素、乙二醛、SDS等）的聚丙烯酰胺凝胶。用于变性凝胶电泳。

11.0104 聚丙烯酰胺凝胶电泳 polyacrylamide gel electrophoresis, PAGE

以交联聚丙烯酰胺凝胶为材料使荷电大分子混合物在电场作用下移动，并彼此分离的技术。多用于蛋白质、核酸和多糖类物质的分离和鉴定，并能估测这些物质的分子量。

11.0105 不连续凝胶电泳 discontinuous gel electrophoresis

在一个凝胶电泳系统中不同部位的 pH、离子强度、缓冲液成分或凝胶孔隙大小不同的凝胶电泳。其目的在于提高电泳分离的范围和分辨率。

11.0106 不连续聚丙烯酰胺凝胶电泳 discontinuous polyacrylamide gel electrophoresis

以聚丙烯酰胺凝胶（丙烯酰胺单体和甲叉双丙烯酰胺交联形成）为载体的不连续电泳。

11.0107 盘状凝胶电泳 disc gel electrophoresis

又称“管式凝胶电泳（tube gel electrophoresis）”。聚丙烯酰胺凝胶电泳在一玻璃圆管中进行，每一条分离的区带均呈薄的圆盘状，故名。

11.0108 SDS聚丙烯酰胺凝胶电泳 sodium dodecylsulfate-polyacrylamide gel electrophoresis, SDS-polyacrylamide gel electrophoresis, SDS-PAGE

全称“十二烷基硫酸钠聚丙烯酰胺凝胶电泳”。蛋白质样品在含有十二烷基硫酸钠（SDS）的聚丙烯酰胺凝胶中进行电泳的方法。SDS 属阴离子表面活性剂，可破坏蛋白质氢键和疏水效应并与之结合，使溶液中所有蛋白质均携强负电荷，掩盖了原有电荷差异，此时电泳迁移率主要取决于分子量大小。是分析蛋白质和多肽纯度、测定其相对分子量的常用方法。

11.0109 非还原性聚丙烯酰胺凝胶电泳 nonreductive polyacrylamide gel electrophoresis

不含巯基乙醇或二硫苏糖醇（DTT）等还原剂的聚丙烯酰胺凝胶电泳。在这种电泳中蛋白质的二硫键不会被还原打开，与还原性聚丙烯酰胺凝胶电泳的结果对比，可以分析蛋白质单体间借二硫键形成多聚体的情况。

11.0110 琼脂糖凝胶电泳 agarose gel electrophoresis

用琼脂糖凝胶做支持物的电泳技术。借助琼脂糖凝胶的分子筛作用，核酸片段因其分子量或分子形状不同，电泳移动速度有差异而分离。是基因操作中常用的重要方法。

11.0111 低熔点琼脂糖 low melting-temperature agarose

多糖链上引入羟乙基后的琼脂糖。由于其能在 30℃左右成胶，约 65℃熔化，熔化温度低于大多数双链 DNA 熔点。利用低熔点琼脂糖的这种性质可以从凝胶中回收天然形式的 DNA。

11.0112 淀粉凝胶电泳 starch gel electrophoresis

用部分水解的淀粉制成凝胶作为载体的一种区带电泳。常用于分离和鉴定同工酶。

11.0113 变性凝胶电泳 denaturing gel electrophoresis

使 DNA、RNA 或蛋白质等生物大分子发生变性（如使用十二烷基硫酸钠、尿素、乙二醛等变性剂）的条件下进行的凝胶电泳。

11.0114 非变性凝胶电泳 nondenaturing gel electrophoresis, native gel electrophoresis

不含变性剂，以聚丙烯酰胺、琼脂糖等凝胶

为分离介质的电泳。

11.0115　钳位均匀电场电泳　contour-clamped homogenous electric field electrophoresis, CHEF

琼脂糖凝胶分离长度大于 40 kb 的线状 DNA 分子所用的脉冲场电泳中的一种方法。其装置为分压器环路中呈六边形排列的点电极，长而平行的电极对形成匀强电场（夹角 120°）。

11.0116　脉冲电场凝胶电泳　pulsed-field gel electrophoresis, PFGE

又称“脉冲交变电场凝胶电泳（pulse alternative field gel electrophoresis）”。用于分离大分子 DNA 的一种电泳方法。由于超过一定大小（＞40kb）的线状 DNA 分子在琼脂糖凝胶中电泳的速度几乎相同，无法在恒场强凝胶电泳中分离。此电泳法则以两个不同方向的电场周期性交替进行，DNA 在电场方向变更中做出反应所需要的时间取决于其大小，较小的分子重新定向较快，在凝胶中移动也较快，从而能使不同大小的 DNA 分子（可大至 5 Mb）分开。电场变换方向的间隔时间为脉冲时间，通常脉冲时间越长分辨的 DNA 片段越长。

11.0117　反转电场凝胶电泳　field-inversion gel electrophoresis, FIGE

使用单对电极和一个可转动的潜入式琼脂糖凝胶板托，电泳时电场有规律地颠倒 180°，驱动 DNA 先向后退，再向前进，使向前的脉冲时间或场强大于向后，样品获得向前的净迁移，从而分离大分子 DNA 的一种脉冲电场凝胶电泳。

11.0118　梯度凝胶电泳　gradient gel electrophoresis

使所制备的电泳凝胶形成从大到小孔隙的梯度，以期样品中各组分在电泳过程中穿过孔径逐渐减小的凝胶，以期得到更好分离的电泳技术。

11.0119　温度梯度凝胶电泳　temperature gradient gel electrophoresis, TGGE

又称“温度梯度毛细管电泳（temperature gradient capillary electrophoresis, TGCE）”。一种检测基因点突变的方法。将待检测的靶 DNA 和对照正常 DNA 混合，经改变温度进行变性–退火后行电泳分析。若检测的靶 DNA 存在突变碱基，则在梯度胶中会出现突变 DNA 的同源双链、正常 DNA 的同源双链、突变 DNA 与正常 DNA 的两种异源双链共计 4 个条带。

11.0120　链分离凝胶电泳　strand separating gel electrophoresis

一种存在变性剂（脲和甲酰胺等）梯度的凝胶电泳。可以分离长度相同而序列不同的解链核酸。

11.0121　碱性凝胶电泳　alkaline gel electrophoresis

在高 pH 条件下，两条 DNA 链间不能形成氢键配对而保持单链状态，按其分子大小在凝胶中电泳移动而分离的方法。是分析单链 DNA 的电泳法。

11.0122　光聚合　photopolymerization

利用光照催化化合物单体之间共价连接的过程。如丙烯酰胺与甲叉双丙烯酰胺交联就可以通过核黄素在光照射下发生的聚合作用。

11.0123　粒子电泳　particle electrophoresis

直径 1～10μm 颗粒物质（如细胞器）在无固体支持物的电场下进行的自由流动电泳。

11.0124　连续流动电泳　continuous flow electrophoresis

在所分离的物质到达电泳装置某部位，以连续液流冲洗并分部收集从该电泳部位走出各组分的技术。属制备型电泳。常用的如聚丙烯酰胺凝胶连续流动电泳。

11.0125　自由流动电泳　free flow electrophoresis

又称"流通电泳（flow-through electrophoresis）"。不用固相支持物而是在溶液中进行的电泳。

11.0126　连续自由流动电泳　continuous free flow electrophoresis

在无固定相的电解质溶液中电泳分离的同时，用与电场方面垂直的液流连续引出并分部收集所分离的各组分的方法。

11.0127　平板电泳　plate electrophoresis, slab electrophoresis

在平板上进行的电泳。平板材料多用凝胶，如聚丙烯酰胺、琼脂糖、淀粉等凝胶。电泳时电泳板可依不同情况水平或垂直放置。优点是在同一电泳板上可以同时进行多样品分析，并可与分子量标识或其他参照物比较。

11.0128　高压电泳　high-voltage electrophoresis

使用高压电场的电泳技术。电场强度可达到 50～200V/cm，高压电源输出达 11 500～10 000V。电压越高，分离时间越短。常用于分离低分子量化合物（氨基酸、肽和核苷酸等），可快速达到分离目的。

11.0129　低压电泳　low-voltage electrophoresis

相对于高压电泳而言，在低电场强度（小于 50V/cm），电源输出低于 500V 条件下进行的电泳技术。

11.0130　毛细管电泳　capillary electrophoresis, CE

以毛细管为分离通道、高压电场为驱动力的电泳分离分析法。包括毛细管区带电泳、毛细管自由流动电泳等。

11.0131　毛细管区带电泳　capillary zone electrophoresis, CZE

溶质在毛细管内的背景电解质溶液中，以不同速度迁移而形成独立溶质带的电泳技术。是毛细管电泳中最基本、应用最广泛的一种分离模式。

11.0132　毛细管凝胶电泳　capillary gel electrophoresis, CGE

将凝胶填充到毛细管中作支持物进行的一种电泳。由于溶质分子体积不同，在起分子筛作用的聚合物内进行电泳时被分离。适用于生物大分子的分析及 PCR 产物分析。

11.0133　毛细管自由流动电泳　capillary free flow electrophoresis, CFFE

在没有固体支持介质的溶液中进行的毛细管电泳。

11.0134　毛细管等速电泳　capillary isotachophoresis, CITP

一种不连续介质毛细管电泳模式。分离过程中毛细管中样品区带之前是前导电解质（其电泳迁移率大于样品中任何离子），样品区带之后是尾随电解质（其电泳迁移率小于样品中任何离子），在电场作用下毛细管电泳达到平衡后，各区带相随迁移，分成清晰的界面以等速移动，并逐渐形成独立的溶质区带而得到分离的电泳方法。

11.0135　高通量毛细管电泳　high-throughput capillary electrophoresis

可同时进行多个通道（如 96 通道或更多）的

毛细管电泳。并配以自动上样、激光检测和数据处理等系统，可用于DNA自动测序等。

11.0136　介电电泳　dielectrophoresis

本身不带电，但可以被不同程度极化的颗粒在不均匀电场中产生侧向移动的电泳方法。因任何材质都有一定的介电特性，即使本身不带电、在外加电场作用下也会不同程度地电偶极化，并因此倾向于顺着外加电场的方向来排列，如果外加电场的空间分布是不均匀的，被极化的微粒就会受到一净力（介电泳动力）产生不同程度的漂移运动。可用于细胞分离、纳米微粒或纳米金属丝的处理，也可用于测量细胞的结构和代谢作用等。

11.0137　膜电泳　membrane electrophoresis

以膜性物质作为支持介质的电泳技术。

11.0138　薄膜电泳　film electrophoresis

以乙酸纤维素等膜材料为支持物进行的电泳。其特点为快速、区带清晰、无拖尾、易回收定量等优点，但分辨率较低，主要用于临床血清蛋白质的检测。

11.0139　梯度电泳　gradient electrophoresis

所用的凝胶浓度从上到下呈梯度改变的凝胶电泳，或所用的缓冲液的成分呈梯度分布的电泳。这两种设计都是为了提高电泳的分辨率或适用范围。

11.0140　交叉电泳　crossed electrophoresis

测定两种荷电物质是否有相互作用的一种电泳技术。使两种物质分别以斜线角度相互交叉移动，分析其交叉点，交叉处呈X形表明没有相互作用，呈Y形表明有相互作用。

11.0141　等电聚焦　isoelectric focusing

又称“电聚焦（electrofocusing）”。利用蛋白质、氨基酸等两性电解质在等电点下呈电中性、不发生泳动的特点进行的电泳操作。待分离的两性分子一定范围pH梯度的电泳介质中迁移，直到聚集于与其等电点相同的区域，溶液中分子因等电点不同而得以分离。该技术特别适用于分子量相近而等电点不同的蛋白质分离和分析。

11.0142　毛细管等电聚焦　capillary isoelectric focusing, CIEF

在毛细管内进行的等电聚焦。毛细管内壁经涂层处理使电渗流减到最小，再将样品和两性电解质混合进样，两个电极槽中分别为酸和碱，加高电压后，在毛细管内产生pH梯度，样品的各成分在毛细管中迁移至各自的等电点，形成区带，再进行检测。

11.0143　等速电泳　isotachophoresis

将样品置于含慢离子和快离子的缓冲液中电泳，快离子的电泳迁移率大于其他所有的离子，使其后面的离子浓度降低，形成一个低电导高电势的梯度区，减慢了快离子的迁移速度，并促使后面的离子加速向前移动；而慢离子电泳迁移率小于其他所有的离子，同理会加速向前移动去靠近比它迁移快的离子；结果所有的离子都被压缩在慢离子和快离子之间，以几乎相等的速度迁移。蛋白质在聚丙烯酰胺的浓缩胶电泳过程中就应用了等速电泳原理。

11.0144　双向凝胶电泳　two-dimensional gel electrophoresis

简称“双向电泳（two-dimensional electrophoresis, 2DE）”。根据蛋白质的等电点（第一向分离）和分子量大小（第二向分离），分别在凝胶介质二维空间上对蛋白质分子进行等电点聚焦和SDS聚丙烯酰胺凝胶电泳来分离与纯化蛋白质的方法。

11.0145　双向荧光差异凝胶电泳　two-dimensional fluorescence difference gel electrophoresis, 2D-DIGE

在同一块胶中对两个样品中蛋白质组分含量的差异进行检测与定量的一种利用荧光染料和双向电泳技术。可避免传统双向电泳技术胶与胶之间重复性差的缺陷。

11.0146　对角线电泳　diagonal electrophoresis

用于分析混合物中特定组分经化学或物理处理后变化的双向电泳技术。样品经第一次电泳分离后，进行化学或光处理，再以与第一次电泳垂直方向进行第二次电泳分离。经过处理未被修饰的组分将皆位于电泳图谱的对角线上。如将待检多肽部分水解成较小的多肽，纸上电泳分离后用甲酸蒸气处理，在成直角的方向进行第二次电泳。不在对角线处出现的多肽含有由于二硫键氧化而形成的半胱氨酸残基，由此可分析多肽中二硫键位置。

11.0147　免疫电泳　immunoelectrophoresis

一种区带电泳与免疫双扩散相结合的免疫化学分析技术。可用于分析样品中抗原的性质。即先将待检血清标本做琼脂凝胶电泳，血清中的各蛋白质组分被分成不同的区带，然后与电泳方向平行挖一小槽，加入相应的抗血清，与已分成区带的蛋白质抗原成分做双向琼脂扩散，在各区带相应位置形成沉淀弧。

11.0148　交叉免疫电泳　crossed immunoelectrophoresis

又称“双向火箭免疫电泳（double rocket electrophoresis）”。一种对样品中各蛋白质组分进行定性分析或定量测定的技术。即借助区带电泳使蛋白质抗原分离，继而将含特异性抗体的琼脂糖插入至区带一侧，旋转90°再进行电泳，形成与火箭免疫电泳形状相似的沉淀峰。

11.0149　火箭免疫电泳　rocket immunoelectrophoresis

简称“火箭电泳（rocket electrophoresis）”。电泳时使抗原走过含抗体的琼脂糖凝胶，通电后抗原抗体在两者比例适当之处形成复合体沉淀，这种沉淀整体外形似火箭状，故名。“火箭”的高低与抗原量有一定比例关系，可用做抗原定量。

11.0150　逆向火箭免疫电泳　reverse rocket immunoelectrophoresis

火箭免疫电泳的一种变型。电泳时使抗体走过含抗原的琼脂糖凝胶，由此形成的“火箭”形沉淀带的长度与抗体的量相关。用来对一系列抗体样品进行效价测定。

11.0151　对流免疫电泳　counter immunoelectrophoresis

简称“对流电泳（countercurrent electrophoresis）”。在适当介质（多用琼脂）和环境（pH和离子强度）中，将抗原置于阴极侧，抗体置阳极侧，通电后在电场力和电渗流的作用下，抗体抗原相向移动，并在相遇的最适比例处形成抗原抗体复合体沉淀的方法。

11.0152　放射免疫电泳　radioimmunoelectrophoresis

抗原或抗体带放射性同位素标记的一种免疫电泳。以提高检测的灵敏度。

11.0153　交叉亲和免疫电泳　crossed affinity immunoelectrophoresis

在第一向电泳的凝胶中加入能与待查抗原（蛋白质）结合的成分（如凝集素），电泳分离后，与该成分（凝集素）结合的抗原保留于凝胶中，再在含有抗体的凝胶中沿着垂直于第一次分离的方向上进行第二向电泳，从而分析待查抗原与加入成分相互作用的电泳技术。

11.01.04 层析技术

11.0154 层析 chromatography
又称“色谱法”。基于不同物质在移动相和固定相之间的分配系数不同而将混合组分分离的技术。当流动相流经固定相时，各组分沿固定相移动的速度不同而分离。能用于微量样品的分析和大量样品的纯化制备。按流动相与固定相的不同分为气相层析、液相层析、气固层析、气液层析、液固层析等；按层析的机制分为吸附层析、分配层析、离子交换层析、凝胶过滤层析、亲和层析等；按操作形式分为柱层析、纸层析、薄层层析、高效液相层析等。

11.0155 层析柱 chromatographic column
又称“色谱柱”。利用不同组分与固定相之间相互作用能力的差异来进行组分分离的柱状装置。通常由柱管、压帽、卡套（密封环）、筛板（滤片）等组成。

11.0156 层析基质 substrate in chromatography
层析柱的固体或凝胶填充料。能与被分离的各种化合物形成强弱不同的非共价性相互作用，使这些化合物得以彼此分开。

11.0157 分子筛 molecular sieve
具网状结构的天然或人工合成的化学物质。如交联葡聚糖、沸石等，当作为层析介质时，可按分子大小对混合物进行分级分离。

11.0158 蠕动泵 peristaltic pump
一种可控制流速的液体输送装置。常见的是通过重复压缩弹性管使管中内容物朝一定方向运动，其流速由管的直径和压缩速度决定。用于液相层析和灌流等系统。

11.0159 分部收集器 fraction collector
接收层析柱流出物的装置。接在层析柱或检测器的出口处，将层析柱分离后的某些组分按照出峰顺序和时间收集在容器（如试管）中，以制备纯样品或对某些组分做进一步分析。

11.0160 梯度形成器 gradient former
用于形成浓度梯度、极性梯度或 pH 梯度等溶液的装置。常用于梯度洗脱层析。

11.0161 固定相 fixed phase, stationary phase
层析分离过程中被固定在层析柱内或薄层板上的相对静止的一相。

11.0162 流动相 mobile phase
在层析过程中推动固定相上的物质向一定方向移动的液体或气体。

11.0163 分配系数 partition coefficient
物质在两种不相溶的溶剂中平衡时的浓度比。不同的物质在同一对溶剂中的分配系数不同，可利用该原理对物质分离纯化。

11.0164 R_f 值 R_f value
样品中某成分在纸层析或薄层层析特定溶剂系统中移动的距离与流动相前沿的距离之比。

11.0165 分辨率 resolution
在层析中定量描述两相邻组分在层析柱中分离情况的指标。等于两相邻组分保留值之差与两组分层析峰基线宽度总和之半的比值。用 R 表示。

11.0166 壁效应 wall effect
（1）由于层析柱管内壁与流动相之间摩擦

力的作用使得管壁处流动相的流速要低于整个流动相的平均流速的现象。（2）层析柱管内壁对被分析物的吸附或催化分解作用。这一效应会导致谱带展宽。

11.0167　层析谱　chromatogram
又称“色谱图”。柱层析分离过程中，检测器的响应信号强度随时间的变化曲线。在平面层析中，可以是载有分离区带的薄板或纸的照片。

11.0168　洗脱　elution
流动相携带待测组分在层析柱内向前移动并流出层析柱的过程。

11.0169　分段洗脱　stepwise elution
又称“阶段洗脱”。采用间断地增加缓冲液离子强度的方式进行的一种不连续洗脱方式。

11.0170　梯度洗脱　gradient elution
液相层析分析中，流动相的组成（洗脱能力）随时间进行梯度变化的洗脱方法。目的是使保留性能相差很大的多种成分在合理的时间内全部洗脱并实现相互分离。

11.0171　电洗脱　electroelution
将在某些支持物中含有的目的成分电泳迁移出来的技术。如琼脂糖、聚丙烯酰胺凝胶电泳后，将含有所分离成分的凝胶切出来，放在适当的电场中，使凝胶内所要的成分移到缓冲液中。

11.0172　洗脱物　eluate
样品经过层析分离，用溶剂流洗出的组分；或经过电泳分离后，用电泳等方法回收的组分。

11.0173　洗脱体积　elution volume
在柱层析中，从样品上柱到某一组分以最大浓度流出层析柱所需要的洗脱液体积。

11.0174　保留体积　retention volume
在规定条件下从加上样品到出现分离物峰，流动相流经层析柱的体积。是层析分离技术的一个参数。

11.0175　外水体积　outer volume
又称“孔隙体积（void volume）”。层析中物质在过柱过程中完全不被滞留的洗脱液体积。相当于层析柱流动相的体积。凝胶过滤的外水体积可用特殊标记的大分子（如蓝色葡聚糖）的洗脱液体积来测量。

11.0176　内水体积　inner volume
在凝胶过滤层析中，柱床凝胶颗粒内部孔隙的溶剂体积。即固定相的体积。

11.0177　柱床体积　column bed volume
层析柱中层析填料本身的体积以及填料内部和填料颗粒之间溶剂体积的总和。即层析柱固定相和流动相体积之和。

11.0178　保留系数　retention coefficient
层析柱外水体积与某物质洗脱体积之比。

11.0179　保留时间　retention time
样品组分在层析柱中滞留的时间，即从进样到层析峰最大值出现所需要的时间。

11.0180　离子交换剂　ion exchanger
一种含有可解离基团的物质。常用做离子交换层析介质，其解离基团能与溶液中的其他离子起交换作用。多为不溶性，可以是天然的或人工合成。

11.0181　阳离子交换剂　cation exchanger
在树脂、纤维素、葡聚糖、硅胶等基质材料

上键合了阴离子基团（如羧基—COO^-）的离子交换剂。具有阳离子交换功能。

11.0182 阴离子交换剂 anion exchanger
在树脂、纤维素、葡聚糖、硅胶等基质材料上键合了阳离子基团（如氨基 NH_3^+）等的离子交换剂。具有阴离子交换功能。

11.0183 强阳离子交换剂 strong cation exchanger
又称“强酸型离子交换剂（strong acid type ion exchanger）”。带有高解离度阴离子基团（如磺酸基）的离子交换剂。能结合各种带正电荷的离子。

11.0184 弱阳离子交换剂 weak cation exchanger
又称“弱酸型离子交换剂（weak acid type ion exchanger）”。带有解离度较低的阴离子基团（如羧基、酚羟基等）的离子交换剂。能结合带正电荷的离子。

11.0185 强阴离子交换剂 strong anion exchanger
又称“强碱型离子交换剂（strong base type ion exchanger）”。带有高解离度阳离子基团（如季胺碱基）的离子交换剂。能结合各种带负电荷的离子。

11.0186 弱阴离子交换剂 weak anion exchanger
又称“弱碱型离子交换剂（weak base type ion exchanger）”。带有解离度较低的阳离子基团（如二乙氨乙基）的离子交换剂。能结合带负电荷的离子。

11.0187 纤维素离子交换剂 cellulose ion exchanger
以纤维素的衍生物为基质的离子交换剂。最常用的产品为二乙氨乙基纤维素、羧甲基纤维素、磷酸纤维素等，前者为弱阴离子交换剂，后两者是弱阳离子交换剂。常用于蛋白质、核酸等分离。

11.0188 离子交换树脂 ion exchange resin
一种高分子量、不溶性、带可解离基团的多聚物。是最常见的离子交换剂。常用做离子交换层析介质。

11.0189 阳离子交换树脂 cation exchange resin
含功能性阴离子基团、可与带阳离子的物质进行交换反应的一类高分子量不溶性多聚体。可用于阳离子交换层析。

11.0190 阴离子交换树脂 anion exchange resin
带有正电的基团（如季铵盐类基团）、能够结合带负电离子的离子交换树脂。

11.0191 两性离子交换树脂 amphoteric ion exchange resin
既能做阴离子交换又能做阳离子交换的树脂。

11.0192 羧甲基纤维素 carboxymethyl cellulose, CM-cellulose
纤维素的羧甲基团取代产物。根据其相对分子量或取代程度，可以是完全溶解的或不可溶的多聚体，后者可作为弱阳离子交换剂，用以分离中性或碱性蛋白质等。

11.0193 寡(dT)纤维素 oligo(dT)-cellulose
全称“寡脱氧胸苷酸纤维素”。寡（10～18个）脱氧胸苷酸通过 5′-磷酸与纤维素共价结合形成的一种层析介质。常用于 3′端含多腺苷酸尾的信使核糖核酸的亲和层析分离。

11.0194 隔离臂 spacer arm
制备亲和层析介质时在基质与特异配基之

间以及制备生物素标记的核苷酸时，在核苷酸和生物素之间插入的有一定长度结构的共价连接的碳氢长链。以利于蛋白质与配体进行特异结合而不致有空间位阻发生，提高对特定物质结合或反应的效率。

11.0195　气相层析　gas chromatography, GC
流动相为气体的层析技术。用于分离挥发性不同的混合物。由于物质在气相中传递速度快，样品中各组分在固定相和气态的流动相间的分配次数多，因而分离的效率高、速度快。

11.0196　毛细管气相层析　capillary gas chromatography
用毛细管做层析柱的气相层析法。毛细管内壁或载体经过涂层或交联固定液体作固定相，汽化后的试样被载气带入毛细管柱中进行分离。

11.0197　气液层析　gas-liquid chromatography, GLC
固定相由固体的惰性载体和固定液构成，载体提供一个惰性表面，使基本不挥发的液体能够在其表面铺展成薄而均匀的液膜，成为分配平衡的一相，流动相为惰性气体的一种气相层析。

11.0198　超临界流体层析　supercritical fluid chromatography
以处于临界温度及临界压力以上的流体作为流动相（一些密度大的气体如 CO_2、Xe 或 NH_3）的一种层析方法。常用于纯化低、中分子量热不稳定的分子。

11.0199　气固层析　gas-solid chromatography, GSC
固定相是固体的活性吸附剂，流动相是气体的一种气相层析。

11.0200　液相层析　liquid chromatography, LC
以液体作为流动相的层析技术。

11.0201　高效液相层析　high-performance liquid chromatography, HPLC
又称“高压液相层析（high-pressure liquid chromatography, HPLC）”。使用小粒径（1.7～5.0μm）填料的不锈钢层析柱，用高压输液泵驱动流动相，具有较高的系统压力（40 000kPa 左右）和较高分离效率的一种液相层析。已广泛应用于医药分析、法医鉴定、环境分析、食品安全、化工，以及生物制药等领域。

11.0202　超高效液相层析　ultrahigh performance liquid chromatography, UPLC
借助于高效液相层析的理论及原理，使用更小颗粒填料（小于 1.7μm）、更高系统压力（可达 100 000kPa）、更低系统体积的液相层析技术。增加了分析的通量、灵敏度及层析峰容量。

11.0203　变性高效液相层析　denaturing high-performance liquid chromatography, DHPLC
利用变性 DNA 复性时形成的异源双链在高效液相层析中保留时间不同于同源双链的原理，确定是否存在基因点突变、DNA 甲基化等的方法。无需标记和纯化，可实现高通量自动化。测定中需要选择合适的对照样本进行比较。

11.0204　快速蛋白质液相层析　fast protein liquid chromatography, FPLC
以高流率代替高效液相层析高压力的一种改良的中压（＜5000Pa）液相层析技术。具有快速、容量大和分辨率高的特点。可使用多种层析介质，多用于蛋白质的分离，也可以用于其他物质的分离。

11.0205　正相层析　normal-phase chromatography

固定相的极性大于流动相的一种液相层析技术。流动相极性越低，被分离的化合物在层析系统中的保留时间越长。

11.0206　反相层析　reverse-phase chromatography

流动相的极性大于固定相的一种液相层析技术。分子在此系统中的移动速度依其极性排列，极性大者移动快。

11.0207　液液层析　liquid-liquid chromatography, LLC

将固定液涂渍在载体上作为固定相的一种液相层析技术。

11.0208　对流层析　countercurrent chromatography

根据对流分配原理设计的技术，进行无固体支持物的液液层析技术。

11.0209　液固层析　liquid-solid chromatography, LSC

固定相为固体，流动相为液体的层析技术。

11.0210　吸附层析　adsorption chromatography, absorbent chromatography

利用吸附物对分子吸附性质的差别达到分离不同分子的一种层析技术。一般以固体吸附物为固定相，以缓冲液或有机溶剂为移动相，被分离的分子按被固定相吸附的强度不同而表现出不同的移动速度。是薄层层析和高效液相层析常用的一种系统。

11.0211　亲硫吸附层析　thiophilic adsorption chromatography

又称“*亲硫作用层析*（thiophilic interaction chromatography）”。固定相基质含有砜基和硫醚基团的层析技术。能与蛋白质中的色氨酸和/或苯丙氨酸残基结合，钾盐、铵盐等能促进这种结合。用于纯化抗体等。

11.0212　分配层析　partition chromatography

根据样品各组分在固定相和流动相之间分配系数的差异进行分离的一种层析方法。

11.0213　反相分配层析　reversed-phase partition chromatography

流动相的极性大于固定相的一种分配层析方法。

11.0214　液液分配层析　liquid-liquid partition chromatography

固体填充颗粒上涂上一层薄薄的固定液，待测组分在固定相和流动相之间进行连续的分配萃取的一种分配层析方法。是利用样品中各组分在两相中的分配系数不同而使其彼此分离。

11.0215　平面层析　planar chromatography

固定相为平面板状（纸层析）或将固定相涂布于平面载板上（薄层层析），流动相通过毛细管作用流经固定相，使被分析物质分离并保留在固定相上的一种层析方法。

11.0216　柱层析　column chromatography

将层析固定相装填或涂敷在柱状管内形成层析柱来实现分离分析的层析方法。

11.0217　离心柱层析　spun-column chromatography

将小型的层析柱置于离心管中以离心力代替重力进行小量样品的快速层析法。常用于小量样品凝胶过滤脱盐和吸附层析等。

11.0218　纸层析　paper chromatography

将试样滴在纸一端在展开罐中展开，由于各

组分在纸上移动的距离不同，最终形成互相分离的斑点，实现定性、定量分析的一种层析方法。

11.0219　圆形纸层析　circular paper chromatography

将样品点于距圆心适当距离的圆形滤纸上，溶剂从圆心水平辐射状向外周展开的一种纸层析方法。

11.0220　径向层析　radial chromatography

在圆形的滤纸距圆心适当距离位置处点样后置于离心轴上，在离心力作用下，样品向外周移动，分离条带呈同心圆状的一种离心纸层析方法。此法优点是快速，条带细而清晰。

11.0221　共价层析　covalent chromatography

作为层析填料的固相载体，与流经其欲分离物质发生化学反应并以共价键相连，洗去不与其反应的其他物质后，再以另一化学反应使目的物从载体上释放洗脱下来，载体则恢复其原来形式的一种层析方法。如巯基交换层析。

11.0222　对角线层析　diagonal chromatography

一种用于确定某一混合物中特定组分对光或某些化学处理（如氧化）等敏感性的双向层析方法。样品加样后先从一个方向进行层析分离，经光或化学等处理后，再以与第一次层析垂直方向进行第二次层析分离，则经过处理未被修饰的组分皆位于层析图的对角线上。

11.0223　薄层层析　thin-layer chromatography, TLC

将固定相与支持物制作成薄板或薄片，流动相流经该薄层固定相而将样品分离的层析系统。其特点是样品用量少，分析快速。按所用固定相材料不同，有吸附、分配、离子交换、凝胶过滤等薄层层析方法。

11.0224　旋转薄层层析　rotating thin-layer chromatography

用硅胶板等薄层析材料代替滤纸，在圆形层析材料距圆心适当距离位置处点样后置于离心轴上，在离心力作用下，溶剂借离心力向外周移动，能加快层析速度的一种层析方法。

11.0225　离子交换层析　ion exchange chromatography, IEC

固定相是离子交换剂的一种层析分离方法。样品中待分离的溶质离子，与固定相上所结合的离子交换，不同的溶质离子与离子交换剂上离子化的基团的亲和力和结合条件不同，洗脱液流过时，样品中的离子按结合力的弱强先后洗脱。在生物化学和分子生物学领域此法常用于分离蛋白质、核酸等生物大分子。

11.0226　阳离子交换层析　cation exchange chromatography

以阳离子交换剂为基质的一种层析分离方法。样品混合物中各成分在特定条件（pH、离子强度等）下，所含电荷数量不同，因而与带负电荷的阳离子交换剂结合强度不同而得以分离。

11.0227　阴离子交换层析　anion exchange chromatography

以阴离子交换剂为基质的一种层析分离方法。样品混合物中各成分在特定条件（pH、离子强度等）下，所含电荷数量不同，因而与带正电荷的阴离子交换剂结合强度不同而得以分离。

11.0228　离子排斥层析　ion exclusion chromatography, ion chromatography exclusion, ICE

基于离子交换剂的唐南（Donnan）排斥力为基础的一种层析方法。可使强电解质与弱电解质或非电解质分离。分离阴离子用强酸性高交换容量的阳离子交换树脂，分离阳离子用强碱性高交换容量的阴离子交换树脂，强解离的电解质受到带同性电荷离子交换树脂的排斥，难以进入树脂的微孔，比其他物质更易被洗脱下来；电离度越小，受排斥作用也越小，因而在树脂中的保留也就越大。

11.0229　离子对层析　ion-pair chromatography, ion-pairing chromatography, paired ion chromatography

又称“离子配对层析”“两性离子对层析（zwitterion pair chromatography）”“反相离子对层析（reversed-phase ion-pair chromatography）”。在流动相中加入适当的具有与待分离离子相反电荷的离子（即离子对试剂），使之与待分离离子形成中性的离子对化合物的一种层析方法。此离子对化合物在反相层析柱上被保留，保留的多少主要取决于离子对化合物的解离平衡常数和离子对试剂的浓度。

11.0230　配体交换层析　ligand exchange chromatography

以具有配体交换性能的物质作为固定相，利用其与流动相中的配体能进行可逆结合的性质来分离化合物的一种层析分离方法。

11.0231　置换层析　displacement chromatography

又称“顶替层析”。用对固定相有更高吸附力的成分替代原来吸附的物质，使后者迁移而洗脱出来的一种很常用的非线性层析方法。

11.0232　程序变流层析　flow-programmed chromatography

用计算机编入程序来控制洗脱条件进行层析分离的方法。

11.0233　凝胶过滤层析　gel filtration chromatography

又称“分子排阻层析（molecular exclusion chromatography）”“分子筛层析（molecular sieve chromatography）”“凝胶渗透层析（gel permeation chromatography, GPC）”。使用有一定大小孔隙的凝胶作层析介质（如葡聚糖凝胶、琼脂糖凝胶、聚丙烯酰胺凝胶等），利用凝胶颗粒对分子量和形状不同的物质进行分离的一种层析方法。由于各种分子的大小、形状不同，扩散到凝胶孔隙内的速度不同，因而通过层析柱的快慢不同而分离。

11.0234　排阻层析　exclusion chromatography

又称“大小排阻层析（size exclusion chromatography, steric exclusion chromatography）”。根据分子大小和/或形状的差异形成的排阻效应实现分离的一种层析方法。

11.0235　亲脂凝胶层析　lipophilic gel chromatography

用于脂溶性物质分离的一种凝胶层析方法。如，用羟丙基取代交联葡聚糖羟基的凝胶，不仅能在水中溶胀，也可在多数有机溶剂中溶胀，可用做亲脂物质分离的分子筛。

11.0236　同系层析　homochromatography

一组化合物通过含同样或有关的化合物的溶剂扩展而被分开的一种层析方法。如，从大肠埃希菌 5S RNA 水解得来的标记核苷酸混合物，可以用含从酵母 RNA 水解得来的非标记核苷酸混合物的溶剂在纸层析上的扩展而分离开来。

11.0237　聚焦层析　chromatofocusing

依蛋白质等电点不同而进行分离的一种层析方法。待分离的蛋白质样品上到以适当高 pH 缓冲液平衡的多缓冲离子交换柱上，再以专用的低 pH 多缓冲液流洗，多缓冲离子交换剂有一定缓冲能力，流洗中可自动形成逐渐下降的 pH 梯度，等电点各异的蛋白质则在与其 pI 相应的 pH 从柱中先后洗出得以分离。

11.0238　渗透层析　permeation chromatography

被分离的物质能进入固定相的一种层析方法。其中混合物的分离是根据固定相基质的选择性容纳和排阻的效应，如分子大小、形状的不同（分子筛层析）或电荷多寡的不同（离子交换层析）等。

11.0239　疏水层析　hydrophobic chromatography

全称“疏水相互作用层析（hydrophobic interaction chromatography, HIC）”。固定相由非极性物质（烃类、苯基等）组成的一种层析方法。非极性分子间或分子的非极性基团间具有吸引力，不同分子的非极性基团与固定相非极性物质结合的强弱不同，从而达到分离。多用于蛋白质分析和分离。

11.0240　亲和层析　affinity chromatography

利用待分离组分和固定相连接的配体之间存在特异亲和力，实现该组分高选择性分离的一种层析方法。常用于蛋白质和生物活性物质的分离与制备。

11.0241　高效亲和层析　high-performance affinity chromatography, HPAC

利用分子间的结合作用（如抗原–抗体、酶–抑制物、激素–受体、糖类–外源凝集素或核酸的互补链之间的结合），将其中配对结合的任何一方固定在硬质的支持物（硅酸微粒、合成的多聚物等）上，能耐受高效液相层析系统高压、高速的工作条件的一种特殊的层析方法。

11.0242　串联亲和层析　tandom affinity purification, TAP

利用数个蛋白质表位标签的串联排列实现的多重亲和纯化的技术。联合应用质谱技术，增强了对相互作用蛋白质的纯化和鉴定能力，是对细胞内蛋白质复合物进行筛选的有力手段。

11.0243　亚基交换层析　subunit-exchange chromatography

将蛋白质的亚基共价连接在层析柱的基质上的一种亲和层析方法。研究与该蛋白质其他亚基的相互作用，也可用以纯化与之结合的蛋白质或 DNA 等。

11.0244　凝集素亲和层析　lectin affinity chromatography

将凝集素以共价形式与不溶性载体相连接作为亲和吸附剂的一种亲和层析方法。可用于从混合物中分离或分析糖类及糖复合物，如多糖、糖蛋白、细胞膜碎片、酶、抗体复合物等。

11.0245　免疫亲和层析　immunoaffinity chromatography

利用抗体与抗原特异性结合的原理，从多组分的混合物中分离特定抗原或抗体的一种亲和层析方法。

11.0246　金属亲和层析　metal affinity chromatography

又称“金属螯合亲和层析（metal-chelate affinity chromatography）”“金属配体亲和层析（metal-ligand affinity chromatography）”。利用固相化的金属离子介质进行的一种亲和层析方法。欲分离的物质与金属离子形成共配位复合物而结合，再通过降低 pH、加入竞争物（如咪唑、组氨基酸等）、使用螯合剂（如乙二胺四乙酸）等方法洗脱。

常用于蛋白质的纯化分离，如用镍离子螯合柱亲和层析纯化带有 6 个组氨酸短肽的重组蛋白质。

11.0247　细胞亲和层析　cell affinity chromatography
从混合培养物中将具有特定功能的细胞分离出来的一种亲和层析方法。常用的亲和吸附剂有特异性抗体、外源凝集素等。

11.0248　DNA 亲和层析　DNA affinity chromatography
将特异的或非特异的 DNA 分子固定在支持物（如纤维素、凝胶粒等）上，用做介质的一种亲和层析方法。能够纯化天然形态的 DNA 结合蛋白质，或分析该蛋白质的 DNA 结合区域。

11.0249　前沿层析　frontal chromatography
将待分析样品连续地通过层析柱，吸附或溶解最弱的组分，首先以纯物质状态流出层析柱，然后顺次流出的是次弱组分和第一流出组分的混合物，依次类推，从而实现混合物分离的一种层析方法。

11.0250　连续层析　continuous chromatography
将 2 个或 2 个以上层析柱串联在一起，序贯进行层析操作的方法。

11.0251　二维层析　two-dimensional chromatography
又称“*双向层析*”。在纸层析、薄层层析或聚酰胺尼龙薄膜等层析时通过两次不同方向的流动相展开，以期获得样品的进一步分离的方法。一般是在第一次层析分离后，变换 90°方向用不同的溶剂系统进行第二次层析。

11.0252　多维层析　multidimensional chromatography, boxcar chromatography, multicolumn chromatography
又称“*偶联柱层析*（coupled column chromatography）”“*级联层析*（cascade chromatography）”。由柱层析分离混合物得到的组分作为样品转移到另一类层析柱上进行分离的层析技术。

11.02　定性定量分析方法

11.0253　凯氏定氮法　Kjeldahl determination, Kjeldahl method
测定化合物或混合物中总氮量的一种方法。即在有催化剂的条件下，用浓硫酸消化样品将有机氮都转变成无机铵盐，然后在碱性条件下将铵盐转化为氨，随水蒸气馏出并为过量的酸液吸收，再以标准碱滴定，就可计算出样品中的氮量。由于蛋白质含氮量比较恒定，可由其氮量计算蛋白质含量，故此法是经典的蛋白质定量方法。

11.0254　微量分析　microanalysis
对被分析物含量为 0.1～10mg（或体积 0.01～1mL）的样品进行的分析。

11.0255　半微量分析　semi-microanalysis, semimicro analysis
对被分析物含量为 10～100mg（或体积 1～10mL）的样品进行的分析。早期指分析天平可称量范围（10～100 mg）的定性或定量分析。目前对各种物质分析的灵敏度已显著提高，半微量分析的定义范围随分析物质的不同而异。

11.0256　肼解　hydrazinolysis
多肽或糖肽等与无水肼（NH_2-NH_2）加热发

生分解的反应。多肽 C 端氨基酸以游离形式释放，其他氨基酸都转变为相应的氨基酸酰肼化合物，生成的氨基酸酰肼可与苯甲醛作用变为水不溶性的二苯基衍生物而沉淀。上清液中的游离 C 端氨基酸可借助二硝基氟苯法、丹磺酰法以及层析等技术进行鉴定。糖肽肼解导致 *N*-聚糖与天冬酰胺残基之间的键切断，此反应常用于获得 *N*-聚糖糖链。

11.0257 双缩脲反应 biuret reaction

蛋白质在碱性溶液中与硫酸铜作用形成紫蓝色络合物的呈色反应。在 540nm 波长处有最大吸收。可用于蛋白质的定性和定量检测。

11.0258 茚三酮反应 ninhydrin reaction

2,2-二羟基-1,3-茚三酮与氨基酸、肽类或蛋白质的自由 α-氨基或其他氨基化合物所产生的一种可定量的显色反应。所呈现的颜色随反应的条件（酸度、温度、盐浓度、铜、镉离子等）不同而异。用于氨基酸和肽的层析及定量测定。

11.0259 劳里法 Lowry method

劳里（O. H. Lowry）于 1951 年建立的方法。即将蛋白质中酪氨酸、色氨酸残基与福林酚试剂的呈色反应以及肽键与铜离子的双缩脲反应相结合的蛋白质定量比色法。

11.0260 二喹啉甲酸法 bicinchoninic acid assay, BCA

一种对样品中总蛋白质进行量化的分析方法。即在碱性溶液中蛋白质可以将 Cu^{2+}还原成 Cu^{+}（双缩脲反应），从而出现明显的紫色，铜离子被还原主要是蛋白质分子中半胱氨酸、胱氨酸、酪氨酸和色氨酸 4 种氨基酸的作用。

11.0261 肽图 peptide map

单一蛋白质或不太复杂的蛋白质混合物经降解（通常利用专一性较强的蛋白酶）得到的产物，通过层析和电泳，以及质谱等手段分离鉴定后，得到的表征蛋白质和混合物特征性的图谱或模式。可作为对蛋白质比较和分析的依据。

11.0262 肽质量指纹图 peptide mapping fingerprinting, PMF

又称“肽质量指纹谱”。一种用于纯蛋白质样品的鉴定方法。是将纯蛋白质酶解成肽段，然后利用质谱精确测定每个肽段的质荷比，再与理论酶切肽段的质荷比进行对比分析，匹配分值最高的蛋白质即为目标蛋白质。

11.0263 肽扫描技术 peptide scanning technique, pepscan

利用合成肽对蛋白质进行表位作图的方法。即合成某种抗原蛋白质许多重叠的短肽，分析它们与相应多克隆抗体的结合状态，以确定表位在抗原蛋白质分子上的具体位置。

11.0264 硅烷化 silanizing, silanization

用活性硅烷（如二甲基二氯硅烷、三氯甲基硅烷等）处理器皿的亲水表面，使其成为较为疏水表面的过程。疏水器皿对极性物质（如蛋白质等）的吸附减弱，避免了实验器皿的细胞效应。

11.0265 溶剂干扰法 solvent-perturbation method

在极性和非极性两种溶剂中分别测量蛋白质分子的物理性质，以确定蛋白质分子中哪些氨基酸残基处于分子内部，哪些在分子表面的方法。

11.0266 光谱分析 spectral analysis, spectroanalysis

物质与电磁波能量相互作用使物质内部发生量子化能级之间跃迁，对因此而产生的发射、吸收或散射辐射的波长和强度进行分析来确定元素（或组分物质）的存在或含量的方法。

11.0267　光密度　optical density, OD

物质在溶液中吸收特定波长光线的能力的参数。光密度值与光吸收物质在溶液中的浓度成正比，是透光率对数的倒数。

11.0268　光密度计　densitometer, photodensitometer

对纸层析、薄层层析或电泳凝胶等所分离的组分进行光密度扫描的仪器。由光源、单色器、样品台、检测器、记录器等部件组成。可测量分布在平面上各组分的相对含量。

11.0269　光密度扫描仪　scanning densitometer

用可选择波长的单色光自动扫描、测量、记录并分析层析图（如薄层层析板）或电泳图（如凝胶电泳板）等各部位光密度的仪器设备。

11.0270　吸收光谱法　absorption spectrometry

各种物质由于其结构不同，对电磁波的吸收也不同，每种物质都有其特征性的吸收光谱，据此可对物质进行定量和定性分析的方法。

11.0271　吸收光谱　absorption spectrum

分子对不同波长光的吸收强度随波长（或频率）变化的曲线。有不连续线状、带状或连续状的分布。是物质分子对不同波长的光选择吸收的结果，是对物质进行分光光度研究的主要依据。

11.0272　拉曼光谱法　Raman spectrometry, Raman spectroscopy

又称“拉曼光谱分析（Raman spectrum analysis）”。利用物质分子在单色光照射下产生拉曼散射时的拉曼散射强度和拉曼位移相关性，分析试样分子的振动或转动能级，解析分子结构，可对分子和细胞进行定性分析的光谱方法。

11.0273　激光拉曼光谱法　laser Raman spectrometry

采用激光做入射光的一种拉曼光谱法。

11.0274　激光增强拉曼散射　laser stimulated Raman scattering

当激光的频率接近或等于被测分子的电子吸收频率时，某一条或几条特定的拉曼线强度会急剧增强散射的现象。一般会增强100～1 000 000倍。

11.0275　速流技术　rapid flow technique

一类快速进样和描记的技术体系。可以大大改善时间和信号的分辨率，时间分辨达到微秒或更短。在原子吸收光谱、拉曼光谱和电子自旋共振和酶动力学等分析上均有广泛的应用。

11.0276　荧光共振能量转移　fluorescence resonance energy transfer, FRET

当一个荧光分子（即供体分子）的荧光光谱与另一个荧光分子（即受体分子）的激发光谱相重叠时，激发供体荧光分子可以诱发受体分子发出荧光，同时供体荧光分子自身的荧光强度衰减的现象。其程度与供、受体分子的空间距离紧密相关，一般为7～10nm时即可发生荧光共振能量转移；随着距离延长，荧光共振能量转移呈显著减弱。

11.0277　每分钟衰变数　disintegrations per minute, decays per minute, dpm

又称“每分钟蜕变数”。放射性核素 1min 内发生衰变的次数。表示放射性活度的绝对强度。

11.0278　每分钟计数　counts per minute, cpm

1min 内放射性物质在放射性测定仪器上所

测出的脉冲数。是一个相对数值，受仪器测量效率的影响。

11.0279　荧光分析　fluorescence analysis
利用物质被短波长光激发后产生特征性波长较长的荧光进行定性或定量分析的方法。包括直接荧光分析法和间接荧光分析法。

11.0280　荧光光谱　fluorescence spectrum
物质吸收了较短波长的光能，电子被激发跃迁至较高单线态能级，返回到基态时发射较长波长的特征光谱。包括激发光谱和发射光谱。

11.0281　激发光谱　excitation spectrum
发光物质在不同波长激光激发下，随激发波长（或频率）的变化发出的受激辐射光强度分布曲线。

11.0282　发射光谱　emission spectrum
原子和分子在高温状态或带电粒子撞击激发后，随发射光波长变化的荧光强度分布曲线。因受激时物质所处的状态不同，发射光谱有不同的形状，在原子状态中为比较分开的线光谱；在分子状态中为带光谱；在炽热的固态、液态或高压气体中为连续光谱。

11.0283　流式细胞术　flow cytometry
一种对悬液中细胞、微生物或细胞器等进行单个快速识别、分析和分离的技术。用以分析细胞大小、细胞周期、DNA 含量、细胞表面分子以及进行细胞分选等。

11.0284　荧光激活细胞分选仪　fluorescence-activated cell sorter, FACS
用结合有荧光染料的探针（如抗体）标记细胞进行流式细胞计数、分选的仪器。

11.0285　荧光光度计　fluorometer, fluorimeter
在荧光分析中，用于测量试样被激发光照射产生的荧光及强度，从而进行定性、定量分析的仪器。

11.0286　分光光度计　spectrophotometer
利用单色仪或特殊光源提供的特定波长的单色光通过标样和被分析样品，比较两者的光强度来分析物质成分的光谱仪器。

11.0287　荧光分光光度计　fluorescence spectrophotometer, spectrofluorometer, spectrofluorophotometer
分析物质荧光特性的仪器。具有两套单色光器，对物质荧光进行定性分析时，固定入射的激发光波长可获得发射光光谱，而固定所测发射光波长时就可扫描得激发光谱，从中可以得到最大的发射光波长和最大的激发光波长。固定激发光波长和强度测量发射光强度，可作定量分析。

11.0288　显微分光光度计　microspectrophotometer
显微镜和分光光度计组成的细胞光度计。用于测定细胞或亚细胞等结构中小目标物质在选定波长下的透光度或吸光度。

11.0289　双光束分光光度计　double beam spectrophotometer
光源经过单色器单色化后得到的一定波长的光被分为均等的两束光，一束通过样品、另一束通过参考溶液的方式来分析样品的分光光度计。可以克服光源不稳定性、某些杂质干扰因素等影响，还可以检测样品随时间的变化等。

11.0290　双波长分光光度计　double wavelength spectrophotometer
能实现两束波长不同的单色光交替通过同一试样，基于该试样在这两个波长处的吸光度差值进行光度分析的一种分光光度计。用于多组分混合样品、浑浊样品以及背景吸收较大的样品时，可增加测定的选择性，并能给出样品更多的信息。

11.0291　红外光谱法　infrared spectrometry
又称“红外分光光度法（infrared spectrophotometry）”。通过测定物质在波长 2.5～25μm（按波数计为 4000～400cm^{-1}）的红外光区范围内光的吸收度，对物质进行定性和定量分析的方法。所用仪器为红外分光光度计。

11.0292　近红外光谱法　near-infrared spectrometry, NIR
用可见光和红外光之间波长范围的光谱进行分析的方法。近红外反射光或透射光光谱可用于快速测定样品中的蛋白质、脂肪以及 DNA 测序样品中的染料等物质的含量。

11.0293　显微荧光光度法　microfluorophotometry
对细胞内原有能发光的物质或对特定的物质选择性染色使其能发出荧光进行分析的方法。能观测荧光在细胞内的定位及强度，是研究某些成分在细胞内分布及含量的技术。

11.0294　荧光分光光度法　fluorescence spectrophotometry
利用物质吸收较短波长的光能后发射较长波长特征光谱的性质，对物质定性或定量分析的方法。可以从发射光谱或激发光谱进行分析。该法灵敏度高（通常比紫外分光光度法高 2～3 个数量级），选择性好。

11.0295　荧光显影术　fluorography
通过化学反应、修饰或覆盖等方法使拟检测的对象（分子、细胞等）产生荧光而自我显示的方法。

11.0296　放射性同位素扫描　radioisotope scanning
用一个或多个线性扫描仪或照相系统对某个外部物体（如机体或组织器官等）中放射性同位素进行测量、并获得显示图像的方法。从移动检测器得到图像称扫描，由固定的摄相装置得到图像称闪烁照相。

11.0297　放射自显影术　autoradiography
利用放射性同位素发射的射线，使感光材料中的卤化银等感光，显出影像后进行放射性标记物的定位和定量测量的技术。

11.0298　凝胶放射自显影术　gel autoradiography
对拟分析的样品（如蛋白质、多肽、核酸等）经放射性同位素标记后，做凝胶电泳分离，再用感光胶片或磷屏等显示凝胶上的放射性进行定位或定量分析的技术。

11.0299　本底辐射　background radiation
天然存在的电离辐射。包括宇宙射线和自然界放射性物质产生的辐射。

11.0300　超量原子百分数　atom percent excess, APE
天然环境中某些稳定性同位素占该元素原子数的百分数（如 ^{15}N 占 ^{14}N 与 ^{15}N 总量的 0.37%）视为本底零值，检测所得样品中此核素原子数所占百分数超过本底值的部分。

11.0301　增感屏　intensifying screen
一种特殊制作（如含稀土化合物等）的膜片。能够吸收射线（X 射线、β 射线等）的能量，转换成更容易被感光材料接收的光线，从而提高检测的灵敏度、缩短检测的时间。

11.0302　信噪比　signal-to-noise ratio
特定参数（信号）值与非特异性参数（噪声）的比值。如实验中样品的放射性与本底放射性强度之比；荧光在 X 射线底片上所造成的感光强度与非特异感光背景强度之比；序列同源性比较时，配对与非配对序列之比等。

11.0303　闪烁计数器　scintillation counter

又称“闪烁计数仪”。由闪烁体、光波导、光电倍增管等构成的闪烁探测器及相应的电子仪器组成的一种辐射探测装置。主要用于电离辐射的定性定量测量。如能谱、活度和剂量测量。

11.0304　液体闪烁计数器　liquid scintillation counter

将闪烁体溶解在适当的溶剂中，配制成闪烁液，然后将样品置于闪烁液中进行放射性强度测量的仪器。由于样品与闪烁液直接接触，提高了对短射程射线的测量效率。

11.0305　固体闪烁计数器　solid scintillation counter

以固体闪烁材料为接受射线探头的射线测量计数器。常用测量 γ 射线或 X 射线的探头材料是含有少量铊的碘化钠单晶，可吸收入射射线的能量发出荧光，信号被光电倍增管接受而记录。制成井型的探头可加大入射角而提高测量效率。

11.0306　闪烁液　scintillation cocktail

用于液体闪烁计数测量的闪烁剂混合液。是将一种或多种有机闪烁体溶质溶解在单一或混合有机溶剂中组成的溶液。射线激活闪烁剂使其发出荧光，荧光信号放大后被仪器记录而测量。

11.0307　第一闪烁剂　primary scintillator

在放射性液体闪烁测量中作为初级荧光发光体，在射线作用下发出荧光的闪烁液。最常用的是 2,5-二苯基噁唑。

11.0308　第二闪烁剂　secondary scintillator

在放射性液体闪烁测量中作为次级荧光发光体，能吸收第一闪烁剂发出的初级荧光而放出更长波长光的闪烁液。能更好被光电倍增管接收而测量，并降低闪烁液对淬灭物质的敏感性。常用的第二闪烁剂为：1,4-双-2-(5-苯噁唑)-苯。

11.0309　盖革-米勒计数器　Geiger-Müller counter, GM counter

简称“盖革计数器”。一种专门探测电离辐射（α 粒子、β 粒子、γ 射线）强度的记数仪器。由充气的管或小室作探头，当向探头施加的电压达到一定范围时，射线在管内每电离产生一对离子，就能放大产生一个相同大小的电脉冲并被相连的电子装置所记录，由此测量得单位时间内的射线数。

11.0310　盖革-米勒[计数]管　Geiger-Müller tube

盖革-米勒计数器的探头。管内含有能淬灭的气体（如氩、氖或乙醇等），可以阻止电压在盖革区时的连续放电，以便再接受射线电离产生的离子，记录新的电脉冲。

11.0311　正比计数器　proportional counter

一种测量放射性强度的装置。由充气（常用甲醇与氩混合气体）的管或小室作探头，当对探头施加的电压在一定范围内时，射线在管内引起电离所产生的脉冲大小与射线的能量成正比，与探头相连的电子系统就能够分析不同能量的射线、测量不同能量射线的强度。

11.0312　比浊法　turbidimetry

根据测量透过悬浮液后透射光的强度来确定悬浮物质含量的方法。

11.0313　化学发光分析　chemiluminometry

以化学发光物质标记待分析的物质，然后激

发化学发光反应进行的检测分析。

11.0314　化学发光　chemiluminescence, chemoluminscence

伴随化学反应过程产生的光发射现象。物质分子吸收化学反应产生的能量后跃迁至激发态，当回到基态时以光的形式辐射能量。发光现象可用于生物分子的定性定量分析。

11.0315　增强化学发光　enhanced chemiluminescence, ECL

在基于化学发光分析的免疫印迹、酶联免疫、基因检测等技术中提高敏感度的方法。在底物化学发光反应中加入特定化合物作为增强剂，可使发光信号增强千倍以上。

11.0316　免疫吸附　immunoadsorption

基于抗原与抗体之间的特异性结合，将某种抗原或抗体固相化，成为吸附剂，用以从混合物中特异地吸附相应的配体（抗体或抗原），达到分离或分析目的方法。

11.0317　酶联免疫吸附分析　enzyme-linked immunosorbent assay, ELISA

又称“酶联免疫吸附测定”。将抗原、抗体的特异性反应与酶对底物的高效催化作用相结合起来的高灵敏度分析技术。基本设计是用酶（如辣根过氧化物酶、碱性磷酸酶等）标记抗体，该酶标抗体可与待测的抗原或抗体-抗原复合体等免疫吸附物结合，酶所催化的呈色反应可以间接反映抗原的量。根据该基本原理已发展出有各种用途的多种定量分析方案。

11.0318　酶偶联分析　enzyme-coupled assay

在反应体系中加入工具酶，催化待测酶的特定产物生成可直接测定的新产物的方法。用于不能直接进行定量分析的底物或产物检定。

11.0319　肽-酶联免疫吸附分析　peptide-ELISA

以多肽为包被抗原的酶联免疫吸附测定。

11.0320　聚合酶链反应-酶联免疫吸附分析　PCR-ELISA

一种聚合酶链反应（PCR）与酶联免疫吸附分析（ELISA）相结合的技术。在PCR反应中加入抗原（地高辛等）标记的核苷酸，有其参入的 PCR 产物变性后与特定固相化寡核苷酸探针杂交，然后用连接了酶的抗体去检测杂交分子。可用于PCR产物的保真性、单核苷酸变异等检测。

11.0321　过氧化物酶-抗过氧化物酶染色　peroxidase-antiperoxidase staining, PAP staining

简称“PAP染色”。用过氧化物酶增强反应，显示组织或细胞中抗体与抗原结合部位的酶联免疫反应显色方法。先用第一抗体与待检测抗原结合，再用第二抗体与第一抗体及过氧化物酶-抗过氧化物酶复合体结合，依靠过氧化物酶所催化的呈色反应即可对抗原作定位或定量分析。

11.0322　免疫分析　immunoassay

又称“免疫测定”。利用抗原抗体反应对生物化学物质进行定性或定量分析的方法。

11.0323　饱和分析　saturation analysis

一类标志物竞争结合分析的统称。包括放射免疫分析、放射性受体分析等。

11.0324　放射免疫分析　radioimmunoassay, RIA

又称“放射免疫测定”。一种将放射性同位素检测的高灵敏度与抗原-抗体反应的高特异性相结合，对抗原进行定量分析的技术。利用标记抗和非标记抗原对抗体的竞争结合后的放射性检测，与已知浓度标准抗原的竞争结合曲线比较，即可计算出未知抗原的含量。用于对组织、细胞、体液中的激素、细胞因子、药物等微量物质的定量分析。

11.0325 放射性受体分析 radioreceptor assay
又称“放射性受体测定”。将放射性同位素检测的高灵敏度和受体-配体反应的高特异性相结合的一种对体液、组织或细胞等样品中成分的定量方法。原理与放射免疫测定类似，但以受体–配体反应代替抗原–抗体反应，利用标记配体与非标记配体对受体的竞争结合进行分析。

11.0326 发光免疫分析 luminescent immunoassay, LIA
又称“发光免疫测定”。以发光物质标记抗原或抗体，免疫反应后引发发光反应，根据发光强度对抗体或抗原进行的分析方法。

11.0327 生物发光免疫分析 bioluminescent immunoassay, BLIA
又称“生物发光免疫测定”。利用生物发光物质或参与生物发光反应的辅助因子（如萤光素酶）标记抗原或抗体，免疫反应后，运用生物发光反应进行的检测分析。

11.0328 化学发光免疫分析 chemiluminescence immunoassay, CLIA
又称“化学发光免疫测定”。结合化学发光反应的高灵敏度和免疫反应的高度特异性，用于测定超微量物质的一种免疫分析技术。利用能进行化学发光反应的试剂标记抗原或抗体并与待测物进行免疫反应，通过测定化学发光强度对待测物进行定量。

11.0329 光极 optrode
一种顶端包裹有光学纤维玻璃的光纤传感器。若其上涂有抗体，当与相应抗原接触时，即可发出荧光，信号可被检测。

11.0330 免疫化学发光分析 immunochemiluminometry
将发光技术和免疫技术相结合以检测分析抗原抗体的方法。分为两种类型：一种是以发光剂标记抗体或抗原，直接通过发光去分析抗原或抗体；另一种是以发光剂作为抗体或抗原连接的酶的底物，通过酶催化使发光剂发光去分析抗原或抗体。常用的标记酶如辣根过氧化物酶和碱性磷酸酶等。

11.0331 酶免疫分析 enzyme immunoassay, EIA
又称“酶免疫测定”。一种将酶的催化功能与抗原–抗体反应相结合的免疫学分析技术。在这种测定中抗原用酶标记。即首先将待测药物或激素（L）等用化学方法使之与载体蛋白质结合，注射到动物体内以产生抗 L 的特异性抗体，与此同时再使 L 和一适当的纯酶共价结合在一起成为具有酶活性的 L-酶复合物。测定时将有一定待测浓度的 L 化合物溶液与定量的上述抗体混合，反应后过剩的未经结合的抗体再与定量的 L-酶结合，通过测定剩余的 L-酶量，即可计算出待测化合物 L 的量。

11.0332 发光酶免疫分析 luminescent enzyme immunoassay, LEIA
又称“发光酶免疫测定”。用参与发光反应的酶（常用碱性磷酸酶、辣根过氧化物酶等）标记抗原或抗体，免疫反应后加入发光试剂，根据发光体系的发光强度对抗体或抗原进行分析的技术。

11.0333 磁性免疫分析 magnetic immunoassay
又称“磁性免疫测定”。将抗体或抗原结合在含磁性的颗粒（如 Fe_3O_4 的纤维素颗粒）上，利用磁铁就很容易将与之结合的抗体抗原复合体从混合物中分离出来的方法。

11.0334　夹心法分析　sandwich assay
利用一种分子有两个不同特异性反应区域所设计的分析方法。如在免疫测定中，将固相化的抗体或抗原与待测抗原或抗体结合后，再以标记的另一种抗体或抗原（识别不同部位）与之反应；分子杂交时，固相化的目标核酸分子先与连接地高辛精的探针结合，然后用带标志（偶联荧光素或酶类等）的抗地高辛精抗体来检测。此法可提高分析的灵敏度和特异性。

11.0335　活化分析　activation analysis
用中子或其他适当粒子轰击待分析样品分子中的元素，使其转变成另一种同位素，随后通过所转变的放射性或稳定性同位素来对样品进行定性或定量的分析。该法灵敏度较高，能用于分析含量很低、而又难以得到纯品的物质。

11.0336　希尔方程　Hill equation
描述配体与蛋白质结合的方程。用于测定内在缔合常数及一定类型蛋白质每分子结合部位数目。

11.0337　希尔作图　Hill plotting
以反应速率为纵坐标，底物浓度为横坐标，对希尔方程的数据图解表示的方法。可用于酶动力学、蛋白质与配体结合等分析。

11.0338　斯卡查德分析　Scatchard analysis
一种研究配体与受体间的可逆结合作用，测定缔合常数（K'）的方法。应用于酶促反应动力学分析等。

11.0339　斯卡查德方程　Scatchard equation
描述配体与受体结合作用的方程。是希尔（Hill）方程在 $n_H=1$，即结合部位无相互作用时的方程式，通常表示为：$r/n=K'[S]/(1+K'[S])$。

11.0340　斯卡查德作图　Scatchard plotting
饱和分析中一种重要的作图方法。能将竞争结合曲线转换成直线，并可求出结合系数和结合位置的数量。

11.0341　分子对接　molecular docking
研究分子间（如配体和受体）相互作用，并预测其结合模式和亲合力的一种理论模拟方法。

11.0342　费林反应　Fehling reaction
用于区别脂肪醛与芳香醛、酮类，区别还原糖与非还原糖的一个经典试验方法。硫酸铜溶液（费林溶液 A）和酒石酸钾钠的氢氧化钠溶液（费林溶液 B）混合配制成费林试剂。其中与酒石酸配位的二价铜离子能氧化脂肪醛和还原糖而产生黄色或红色氧化亚铜沉淀。

11.0343　免疫沉淀　immunoprecipitation
经典的免疫沉淀是指可溶性抗原与其抗体产生可见沉淀反应的血清学试验。现指将标记的蛋白质与其特异性抗体的复合物用各种方法使其沉淀的技术。沉淀的标记蛋白质可进行电泳分离并依据标记物性质进行定性定量分析。

11.0344　免疫共沉淀　co-immunoprecipitation
用抗体将相应特定分子沉淀的同时，与该分子特异性结合着的其他分子被共同沉淀分离出来的技术。结合质谱分析或蛋白质印迹法分析，可研究蛋白质相互作用、确定细胞在某种功能状态下的相关蛋白质复合物的存在。

11.0345 RNA 结合蛋白质免疫沉淀 RNA-binding protein immunoprecipitation, RIP

研究细胞内 RNA-蛋白质复合体的技术。运用针对目标蛋白质的抗体进行免疫沉淀，如有 RNA 分子在其中，可以发生共沉淀，经过分离纯化就可以对结合在该蛋白质上的 RNA 进行分析。

11.0346 放射免疫沉淀 radioimmunoprecipitation

以放射性同位素标记抗原或抗体进行的免疫沉淀方法。可提高检测抗原抗体复合体的灵敏度。

11.0347 载体共沉淀 carrier coprecipitation

当样品中待检测或分离的某种成分含量极少、难以直接沉淀时，加入与其性质相同或能与其结合的物质（载体）使其共同沉淀的技术。如用放射性同位素标记某微量蛋白质作示踪研究时，可加入非放射性同种蛋白质，然后用抗体结合并沉淀。

11.0348 牵拉沉淀实验 pull-down experiment

又称“牵出实验”“共沉淀实验”。利用分子间结合来分离鉴定特定分子的技术。如，将一种蛋白质沉淀分离时，与其特异结合的另一种蛋白质也随之沉淀下来，因此可达到分离后者或证明两种蛋白质存在特异性结合的目的。该技术包括免疫共沉淀、标签蛋白质沉淀等。常用于体内和体外蛋白质的分离和分析，尤其是蛋白质之间相互作用的筛选、分析和鉴定。

11.0349 离子阻滞 ion retardation

混合物通过特别制备的离子交换剂而使非电解质与电解质分离的过程。离子交换剂选择性吸附电解质，而非电解质不被吸附。

11.0350 免疫筛选 immunoscreening

根据抗原–抗体相互作用的原理从群体中选出目的物的技术。如：用抗体检测表达型的基因文库所合成的蛋白质，从而筛选出目的基因克隆。

11.0351 免疫荧光技术 immunofluorescent technique

将免疫学方法与荧光标记技术结合起来研究特异抗原在细胞内分布的方法。用荧光素标记抗体（或抗原），通过荧光测定可鉴定细胞或组织中是否存在相应抗原（或抗体）。抗原或抗体与荧光染料直接连接，用于检测相应特异性的抗体或抗原的方法称“直接免疫荧光技术（direct immunofluorescent technique）”。用荧光染料标记的第二、第三抗体等检测相应的抗原抗体复合体的方法则称“间接免疫荧光技术（indirect immunofluorescent technique）”。

11.0352 免疫扩散 immunodiffusion

抗原及相应的抗体分子在凝胶介质中扩散，相遇结合并达到合适浓度比例时生成抗原-抗体复合体沉淀物的技术。观察抗原-抗体复合体沉淀物形成的沉淀线可以检测特定的抗原或抗体。

11.0353 免疫铁蛋白技术 immunoferritin technique

将抗体以共价键与铁蛋白连接，利用电子密度大的铁蛋白在电子显微镜下为相应的抗原定位提供标记的方法。铁蛋白也可以标记抗原或其他蛋白质。

11.0354 圆二色性 circular dichroism, CD

由于包含发色团的分子的不对称性，而引起左右两圆偏振光具有不同的光吸收的现象。常用于研究溶液中蛋白质的二级结构。

11.0355　二级结构预测　secondary structure prediction

预测大分子（核酸、蛋白质）可能具有的二级结构。现在已有多种计算机软件可以进行这类预测，如 nnPREDICT、ZPRED Server 等。

11.0356　舒-法斯曼算法　Chou-Fasman algorithm

由美国蛋白质化学家舒（P. Y. Chou）和法斯曼（G. Fasman）在 20 世纪 70 年代提出来的一种基于单个氨基酸残基统计的经验参数方法。通过统计分析，获得的每个残基出现于特定二级结构构象的倾向性因子，进而利用这些倾向性因子预测蛋白质的二级结构。

11.0357　舒-法斯曼分析　Chou-Fasman analysis

一种从蛋白质的氨基酸序列预示其二级结构的统计学分析法。此法运用可溶性蛋白质已知的三维结构，计算氨基酸残基在特异的二级结构如 α 螺旋、β 片层及 β 转角中出现的频率，据此可预示已知氨基酸序列的蛋白质或多肽可能的二级结构类型。

11.0358　霍普-伍兹分析　Hopp-Woods analysis

由霍普（Hopp）和伍兹（Woods）发明的一种通过分析氨基酸序列来分析蛋白质疏水性及寻找蛋白质表位的方法。每个氨基酸均被赋予特定的数值（亲水性值），然后沿着肽链重复计算相邻 6 个氨基酸的平均值。平均亲水性值最高的区段就可能是表位所在的位点或与表位紧邻。

11.0359　蛋白质中心技术　protein-centric approach

以蛋白质为中心，检测 RNA-蛋白质相互作用的技术。主要是检测与目标蛋白质结合的 RNA。

11.0360　RNA 中心技术　RNA-centric approach

以 RNA 为中心，检测 RNA-蛋白质相互作用的技术。主要是检测与目标 RNA 结合的蛋白质。

11.0361　纳米晶体分子　nanocrystal molecule

由分子生成的纳米量级的晶体。晶体颗粒尺寸小到纳米量级时将导致声、光、电、磁、热等性能呈现新的特性，有广阔的应用前景。在分子生物学领域，DNA 可作为制备纳米晶体的分子模板。如在双链 DNA 分子表面所装配的多层金原子纳米颗粒簇，形成超分子聚合物，可用于测试病毒 DNA 的存在。

11.0362　蛋白质结构数据库　protein structure database

存储、组织和注释实验确定的（如 X 衍射、核磁共振和冷冻电镜）蛋白质三维结构的数据库。

11.0363　质谱法　mass spectrometry, MS

用电场和磁场将运动的离子（带电荷的原子、分子或分子碎片）按它们的质荷比分离后进行检测的方法。

11.0364　离子源　ion source

质谱仪中使被分析物质电离成离子的部分。常见的有电子轰击源 EI、化学电离源 CI、快原子轰击源 FAB 等。

11.0365　质荷比　mass charge ratio, mass-to-charge ratio, *m/z*

离子质量（以原子量为单位计）与其所带电荷（以电子电量为单位计）的比值。

11.0366　质谱图　mass spectrum

全扫描得到的分子离子及所有碎片离子的质荷比与其对应的离子流的相对强度的坐

标图。根据质谱图可以进行有机化合物分子量的测定，确定化合物的结构式、化学式，并进行定量分析。

11.0367　分子离子　molecular ion

在高真空中用高能电子束轰击电子源中的气化样品分子，从其中逐出一个价电子使其成为一个具有奇数电子的正离子自由基。

11.0368　基峰　base peak

质谱图上最高的峰。人为规定其强度为100%。

11.0369　母峰　parent peak

分子离子在质谱图上所形成的峰。不一定是基峰，有时甚至观察不到。

11.0370　电喷雾电离　electrospray ionization, ESI

又称"电喷雾离子化"。将样品溶液从加有数千伏高电压的毛细管出口流出时形成雾状带高电荷的液滴，在加热气体的作用下，带电液滴中的溶剂被气化，液滴体积逐渐缩小，其电荷密度超过表面张力极限时会引起液滴"库仑爆炸"，随着溶剂进一步蒸发，最终形成单电荷或多电荷的带正电荷或负电荷离子的过程。然后进入质量分析器进行分析检测。

11.0371　基质辅助激光解吸电离　matrix-assisted laser desorption ionization, MALDI

又称"基质辅助激光解吸离子化"。一种常用的软电离离子化技术。当用一定强度的激光照射样品分子与基质形成的共结晶时，基质吸收激光的能量进而被蒸发、离子化，基质–样品分子间发生电荷转移而使得样品分子离子化的过程。然后进入质量分析器进行分析检测。主要和飞行时间质量分析器联用。

11.0372　电喷雾电离质谱法　electrospray ionization mass spectrometry, ESI-MS

带有电喷雾离子化系统的质谱分析法。通过测量样品组分的质荷比，可以确定样品组分的分子量及分子式，对多肽、蛋白质和寡核苷酸等物质进行定性定量分析。

11.0373　基质辅助激光解吸电离飞行时间质谱法　matrix-assisted laser desorption ionization time-of-flight mass spectrometry, MALDI-TOF MS

一种软电离质谱分析方法。是将样品分散在基质分子中并形成晶体，当用激光照射晶体时，基质从激光中吸收能量，样品解吸附，基质–样品之间发生电荷转移使得样品分子电离，电离的样品在电场作用下飞过真空的飞行管，根据到达检测器的飞行时间不同而被检测，即通过离子的质荷比（m/z）与离子的飞行时间成正比来分析离子，并测得样品分子的分子量。

11.0374　基质辅助激光解吸电离飞行时间质谱仪　matrix-assisted laser desorption ionization time-of-flight mass spectrometer

配备基质辅助激光物解吸电离离子源的飞行时间质谱仪。是在基质的存在和辅助下，以激光导致化合物解吸附并同时离子化的方式生成离子的飞行时间质谱仪。

11.0375　数据依赖采集模式　data-dependent acquisition mode, DDA

根据离子化的肽段母离子的强度，依次选择10～20个强度最大的离子进入串联质谱，进行进一步碎裂和分析的质谱数据采集模式。

11.0376　数据非依赖采集模式　data-independent acquisition mode, DIA

在不依赖于所检样本成分的前提下，将样本

内所有的、关于样本组成成分的质谱数据全部、无遗漏地采集下来的质谱数据采集模式。

11.0377　示踪技术　tracer technique

通过观察示踪物的行为来研究具体对象的物理、化学和生物学等行为和特性的技术。如，利用放射性或非放射性标记物，可在机体内或体外跟踪其移动、分布、转变和代谢等过程。

11.0378　示踪物　tracer

又称“示踪剂”。为观察、研究和测量某物质在特定过程中的行为而加入的一种超微量（痕量）标记物。由配基、连接体与信号源三部分构成。配基的性质或行为与被示剂物相同或差别极小，加入量少，易于探测，性质稳定。根据信号源不同，分为同位素、酶、荧光、自旋标记示踪物等。

11.0379　同位素示踪物　isotopic tracer

与被示踪元素相同而同位素组成或能态不同的示踪剂。可分为放射性同位素示踪物和稳定性同位素示踪物。

11.0380　放射性同位素　radioactive isotope

具有不稳定原子核、能自发性产生放射性衰变的元素中具有相同原子序数而质量数不同的核素。按其来源可分为天然放射性同位素和人工放射性同位素。

11.0381　同位素示踪　isotopic tagging, isotopic tracing

利用放射性同位素作为示踪物对研究对象进行标记追踪的微量分析方法。化合物的同位素标记物与其非标记物具有相同的生物化学性质，且同位素能够很灵敏地被检测，因而追踪同位素标记物在所研究对象中的移动、分布、转变或代谢等，是生物科学研究的有力手段。

11.0382　标志物　marker

分离或分析样品时加入的特定参照物质。其运动过程可被追踪，可以简化混合物中所含成分的分析辨别工作，或作为定性或定量分析的标准品参照。

11.0383　生物标志物　biomarker

含量或活性可以代表系统、器官、组织、细胞及亚细胞结构功能变化或可能发生变化的生物分子。具有特异、灵敏、可重复性及个体差异的特点，可用于疾病诊断、判断疾病分期或者用来评价新药或新疗法在目标人群中的安全性及有效性。

11.0384　生化标志物　biochemical marker

现有生物化学方法可检出的、具有衡量生理或病理状态、疾病诊断或预后判断、环境监测等领域的特定生物性状或生物物质。

11.0385　表观相对分子量　apparent relative molecular weight

简称“表观分子量”。利用已知分子量的标准参照物通过凝胶层析或 SDS 聚丙烯酰胺凝胶电泳等实验结果推导所得生物大分子的分子量。

11.0386　分子量梯状标志物　molecular weight ladder marker

已知分子量大小的分子（核酸、蛋白质等）经电泳分离后呈现的阶梯状分布条带，可作为样本分子大小的标志物。

11.0387　分子量标准品　molecular weight standard

测定生物分子的相对分子量时所用的已知分子量的参照物。常用于电泳、层析、离心等分离技术。

11.0388　膜渗透压计　membrane osmometer

利用半透膜原理设计测定渗透压的装置。可

用以测量渗透压，也可用于测量大分子的浓度或分子量。

11.0389　标记　label, labeling

在生物化学、分子生物学领域为了识别而对分子做的记号。常用的标记物质有放射性或稳定性同位素、生物素、酶类、荧光素、地高辛精等。

11.0390　生物标记　biolabeling

通过化学反应、分子组装或基因重组等途径将具有特定示踪性能的功能单元（标记物）与生物活性分子结合的技术。标记技术使得复杂生命体系中的原本微弱的分子行为信息转换为潜在的可测量信号，提高了分析的灵敏度和特异性，是生物分析中最重要的技术策略之一，广泛应用于生物学和医学。

11.0391　不对称标记　asymmetric labeling

（1）对分子中具有手性（不对称性）结构部分的标记。（2）对核酸（DNA、RNA）互补双链中一条单链的选择性标记。

11.0392　同位素标记　isotope labeling, isotopic labeling

用放射性同位素或稳定性同位素标记目标物质的方法。标记化合物中的原子被其同位素示踪原子取代，标记分子与非分子的区别仅在于同位素组成不同。标记方法有化学合成、生物合成、同位素交换等。同位素标记物质广泛用于生物学和医学的示踪试验。

11.0393　脉冲追踪标记　pulse-chase labeling

将细胞或生物个体置于含标记物（同位素等）环境中一定时间后，再置于不含标记物或含另一种标记物的环境中继续培育一定时间，其后进行标记物观测的标记策略。标记后不同时间取样检测标记物信号，可追踪观察被标记的细胞或特定代谢物的代谢过程。

11.0394　非放射性标记　nonradiometric labeling, nonradioactive labeling

用荧光、显色物质或稳定性同位素等非放射性物质代替放射性同位素对化合物进行的标记。

11.0395　免疫荧光标记　immunofluorescent labeling

抗体或抗原连接荧光化合物的技术。

11.0396　亲和标记　affinity labeling

借助亲和作用对目的分子进行标记的方法。多用于对蛋白质（酶、抗体等）的标记。先将能与蛋白质亲和的分子（如底物、抗原等）与目的蛋白活性部位特异性、非共价键、可逆性结合，再通过具体的化学反应使亲和分子上的活性基团共价结合到活性部位附近的氨基酸残基上。

11.0397　化学发光标记　chemiluminescence labeling

在待检测的生物分子上连接可被激活发光化合物的方法。也可以连接地高辛、生物素等半抗原，再用酶标记的抗半抗原抗体与之结合，酶标记抗体催化化学发光底物发光。

11.0398　光亲和标记　photoaffinity labeling

基于光激活的亲和标记法。用于蛋白质-蛋白质、蛋白质-DNA 之间特异性相互作用的分析。导入了（或原有）含有光反应活性基团（黑暗中稳定）的待分析分子，在细胞中遇到可相互结合的结合伴侣时发生松散的非共价键结合，相互作用的两种分子在紫外线照射下形成共价键连接而被标记，分离鉴定后即可证明两者的相互作用。

11.0399　体外蛋白质激酶活性测定　*in vitro* protein kinase activity assay, *in vitro* protein kinase assay

在无细胞体系中利用 γ-^{32}P-ATP 作为磷酸基

团供体进行的蛋白质磷酸化分析。利用放射自显影可确定底物的磷酸化程度，用于测定反应系统中存在的蛋白质激酶活性。

11.0400 抗生物素蛋白 avidin

又称“亲和素”。鸟类、爬行类和两栖类的卵白和组织中的一种碱性糖蛋白。由 4 个相同的亚基构成，与生物素有很强的亲和力，每分子抗生物素蛋白能结合四分子生物素，活性稳定。可作为亲和标记中的信号分子，用于蛋白质的分离纯化和鉴定。

11.0401 链霉抗生物素蛋白 streptavidin

一种链霉菌产生的抗生物素蛋白。为四聚体，有 4 个生物素结合位点，亲和力极高，在酶联免疫吸附检测中广泛使用。

11.0402 生物素化核苷酸 biotinylated nucleotide

又称“生物素酰核苷酸”。生物素的羧基与核苷酸连接的化合物。能通过酶促反应参入核酸作为标记物，用抗生物素蛋白系统进行示踪检测。

11.0403 抗生物素蛋白-生物素染色 avidin-biotin staining, ABS

利用抗生物素蛋白与生物素的强结合能力而设计的呈色方法。将生物素标记的抗体与拟检测的抗原结合后，加入抗生物素蛋白偶联的酶（如碱性磷酸酶、过氧化物酶等），催化底物呈色，就可以检测到抗原。

11.0404 生物素-抗生物素蛋白系统 biotin-avidin system, BAS

利用生物素与待检测的示踪分子（如核苷酸、多肽等）或能与待检测物质结合的分子（如抗体等）相连接，再以抗生物素蛋白与易于检测的分子（如荧光素、能催化成色反应的酶等）相连接，分析机体内微量物质的检测系统。

11.0405 生物素-链霉抗生物素蛋白系统 biotin-streptavidin system

利用生物素与链霉抗生物素蛋白有很高亲和结合能力而设计的检测分析系统。与生物素-抗生物素蛋白系统相似，但链霉抗生物素蛋白表面所带正电荷少，且不含糖基，在实验中非特异性结合远低于抗生物素蛋白。

11.0406 地高辛[精]系统 digoxigenin system

一种灵敏的非放射性标记示踪检测系统。将地高辛标记在探针分子上，待其与相应配体结合后，用标记（荧光素或酶类等）抗地高辛抗体进行定量分析。

11.0407 标记定量技术 label quantitative technique

定量蛋白质组学中利用同位素标记进行蛋白质定量分析的方法。通过特异性标记多肽的氨基基团，然后进行串联质谱分析，可同时比较多达 10 种不同样本中蛋白质的含量。常见的标记技术有细胞培养氨基酸稳定同位素标记技术（SILAC）、等重同位素标签相对和绝对定量技术（iTRAQ）、串联质谱标签（TMT）等。

11.0408 细胞培养氨基酸稳定同位素标记技术 stable isotope labeling with amino acids in cell culture, SILAC

一种对蛋白质进行标记和质谱分析的方法。是分别用天然同位素（轻型）或稳定同位素（重型）标记的必需氨基酸取代细胞培养基中相应氨基酸，细胞经 5～6 个倍增周期后，稳定同位素标记的氨基酸完全参入到细胞新合成的蛋白质中替代了原有氨基酸。不同标记细胞的裂解蛋白质按细胞数或蛋白质含量等比例混合，经分离、纯化后进行质谱鉴定。

11.0409 等重同位素标签相对和绝对定量技术 isobaric tag for relative and absolute quantitation, iTRAQ

又称“同位素标记相对和绝对定量技术”。采用 4 种或 8 种同位素编码的标签（每个标记试剂的同位素标签具有相同的质量），通过特异性标记蛋白质多肽的氨基基团，然后对标记后的多肽进行串联质谱分析，可同时比较 4 组或 8 组不同样品中蛋白质的相对含量或绝对含量的一种特定的标记定量技术。

11.0410 串联质谱标签 tandem mass tag, TMT

采用 2 种、6 种或 10 种同位素标签（每个标记试剂的同位素标签具有相同的质量），特异性标记蛋白质多肽的氨基基团，然后将标记后的多肽进行串联质谱分析，可同时比较 2 组、6 组或 10 组不同样品中蛋白质的相对含量的一种特定的标记定量技术。

11.0411 同位素标记亲和标签 isotope-coded affinity tag, ICAT

又称“同位素编码亲和标签”。用于蛋白质组学研究的一种定量分析技术。利用人工合成的能以专一性与半胱氨酸作用、带有不同氢同位素分子链段且具有生物素基团的试剂即同位素标记亲和标签，对蛋白质进行标记后进行酶解，使用以抗生物素蛋白为配基的亲和层析分离出被标记的肽段，进而以质谱技术实现蛋白质的定量分析。

11.0412 非标记定量技术 label-free quantitation

又称“免标记定量技术”。一种无需标记，直接采用液质联用技术对蛋白质酶解肽段进行质谱分析，通过比较质谱信号强度和谱图计数，来分析不同来源样本蛋白质含量变化的定量方法。

11.0413 非标记核酸定量技术 label-free nucleic acid quantitation

又称“免标记核酸定量技术”。不使用同位素、荧光等化学标记物实现核酸定量检测的技术。使用方法包括纳米光谱等。

11.0414 自下而上蛋白质组学分析 bottom-up proteomics analysis

先将完整的蛋白质混合样品酶解成肽段，然后使用多维液相层析系统分离肽段，接着利用质谱仪得到肽段质荷比数据，并与已知蛋白质的肽段质荷比数据库比对匹配，从而完成对未知蛋白质鉴定的一种分析蛋白质的方法。

11.0415 自上而下蛋白质组学分析 top-down proteomics analysis

对蛋白质进行无需酶解便直接利用质谱分析的一种分析蛋白质的方法。其主要优势在于能够确认蛋白质翻译后修饰的组合形式，以及鉴定降解产物和序列变异体。

11.0416 串联质谱法 tandem mass spectrometry

将 2 个或 2 个以上的质谱分析过程按时间或空间序列串联起来，在前级分析过程中选取前体离子（或称母离子），用碰撞或电子捕获等技术使其碎裂，再对这些碎片进行的质谱分析方法。可提供更多的结构信息及提高定量分析的专一性。

11.0417 一级质谱法 mass spectrometry 1, MS1

将待测化合物离子化，通过质量分析仪分离出不同质量的离子，检测所有带电离子的质荷比和强度，最终形成一个质谱图的方法。一级质谱中的信号为母离子肽段信号，主要用于分离和鉴定化合物的分子量。

11.0418　二级质谱法　mass spectrometry 2, MS2
在一级质谱的基础上，按照一定方式选择母离子肽段，将其进一步解离，分析所形成的子离子的质荷比和强度，最终形成一个质谱图的方法。可以准确地确定分子的结构，或者用于识别未知化合物。

11.0419　四极质谱法　quadrupole mass spectrometry
通过高频和直流电场使特定质荷比的离子以稳定轨道穿过四极场，而质量较大或较小的离子由于轨道不稳定打到四极杆上，从而达到质量分析目的的一种质谱质量分析方法。

11.0420　四极滤质器　quadrupole mass filter
由直流和射频叠加的四极场构成的质量分析器。不同质荷比的离子在给定场参数下，在其中做轨道稳定或不稳定的运动，稳定的离子被收集，不稳定的离子被滤除。

11.0421　四极质谱仪　quadrupole mass spectrometer
采用直流和射频组成的四极电场质量分析器的质谱仪。轴向入射的离子进入由四个电极（通常为棒）组成的四极透镜系统，透镜加有成临界比的射频和直流电场，使得只有一定质荷比的离子通过的一种质谱仪。

11.0422　离子阱质谱法　ion trap mass spectrometry
利用高频电场将离子约束于真空状态下的离子阱中，改变高频电场将离子依质荷比的大小驱出并加以检测的质谱方法。离子阱由一对环形电极和两个呈双曲面形的端盖电极组成。在环形电极上加射频电压或再加直流电压，上下两个端盖电极接地，逐渐增大射频电压的最高值，离子进入不稳定区，由端盖极上的小孔排出。因此，当射频电压的最高值逐渐增高时，质荷比从小到大的离子逐次排除并被记录而获得质谱图。该方法可以很方便地进行多级质谱分析，对于物质结构的鉴定非常有用。

11.0423　静电场轨道阱质谱法　electrostatic field orbitrap mass spectrometry
利用静电场轨道阱的质谱技术。静电场轨道阱是一种质谱质量分析器，它利用离子在特定静电场中运动频率的不同对阱内离子进行质量分析，具有较高的分辨率和质量准确度。

11.0424　气相层析–质谱联用　gas chromatography-mass spectrometry, GC-MS
又称“气相色谱–质谱法”。样品以气相层析进行预分离后通过接口导入质谱仪进行定性、定量的分析技术。

11.0425　液相层析–质谱联用分析　liquid chromatography-mass spectrometry analysis
将液相层析仪与质谱仪通过接口组件进行连接，通过液相层析仪对样品进行分离纯化，层析流出物直接导入质谱，经离子化后供质谱分析的方法。

11.0426　X 射线衍射　X-ray diffraction
X 射线受到原子核外电子的散射而发生的衍射现象。由于晶体中规则的原子排列就会产生规则的衍射图像，可据此计算分子中各种原子间的距离和空间排列。是分析大分子空间结构有用的方法。

11.0427　中子衍射　neutron diffraction
中子在晶体样品中散射时发生的散射波相互干涉的现象。可借以研究生物大分子的空间结构。

11.0428　多对同晶置换　multiple isomorphous replacement, MIR
又称“多重同晶置换”。在蛋白质的 X 射线衍射研究中，为解决衍射相问题，将多个具有同晶性质而不改变蛋白质构象的重原子引入蛋白质，比较引入重原子前后的衍射图，即能从多个相角所测的数据解释衍射图的方法。

11.0429　衍射图　diffraction pattern

晶体在衍射后由探测器收集到的图样。这些图样中包含着晶体内容物的结构信息。

11.0430　电子密度图　electron density map

将衍射图用数学方法（如电子计算机）代替透镜进行重组绘出的某一分子的电子密度分布图。从中构建出三维分子图像或分子模型。

11.0431　核磁共振　nuclear magnetic resonance, NMR

具有磁距的原子核在高强度磁场作用下，可吸收适宜频率的电磁辐射，由低能态跃迁到高能态的现象。如 ^{1}H、^{3}H、^{13}C、^{15}N、^{19}F、^{31}P 等原子核，都具有非零自旋而有磁距，能显示此现象。由核磁共振提供的信息，可以分析各种有机和无机物的分子结构。

11.0432　核磁共振波谱法　nuclear magnetic resonance spectroscopy, NMR spectroscopy

利用核磁共振现象获取物质内分子结构、排列和相互作用的方法。因同一同位素的原子核在不同化学环境下能产生位置、强度、宽度等各异的谱线，为研究复杂的分子结构提供重要的信息。

11.0433　傅里叶变换　Fourier transform

将满足一定条件的某个函数表示为一簇标准三角函数（正弦和/或余弦函数）加权求和或积分的数学方法。可用于从 X 射线衍射分析数据推导出某一分子的电子密度分布。

11.0434　脉冲傅里叶变换核磁共振[波谱]仪　pulsed Fourier transform NMR spectrometer, PFT-NMR spectrometer

傅里叶变换技术与核磁共振方法相结合的一种研究分子结构的仪器。该仪器应用强的射频脉冲在很短的时间内辐照样品得到是时间域函数 $f(t)$的自由感应衰减信号，计算机将该信号经模/数转换后变为分立的点，再进行傅里叶变换为频率 v 的函数 $f(v)$，然后经数/模转换得到通常的核磁共振谱。

11.0435　自旋标记　spin labeling

将含自由基的基团引入待检物质后带有的电子自旋共振现象。能用电子自旋共振法检测。如动态检查自旋标记的蛋白质或磷脂所发生的变化可分析其所处的局部环境。

11.0436　电子自旋共振　electron spin resonance, ESR

又称“电子顺磁共振（electron paramagnetic resonance, EPR）”。一种研究物质中不成对电子的波谱学方法。在磁场存在的情况下，将射频加在含有未成对电子的顺磁物质上产生的射频电磁能共振吸收现象，可用于分析生物分子的结构和动态信息。

11.0437　电子-核双共振　electron-nuclear double resonance, ENDOR

将电子自旋共振与核磁共振结合的共振波谱法。适用于测定生物分子结构中特殊类型的核是否与自由基相互作用。

11.0438　自旋-自旋分裂　spin-spin splitting

核自旋之间通过分子内成键电子传递的间接相互作用。

11.0439　自旋-自旋耦合　spin-spin coupling

不同电子或核自旋磁矩间以及电子/核自旋间的相互作用。

11.0440　核奥弗豪泽效应　nuclear Overhauser effect, NOE

原子核之间通过空间偶极–偶极的相互作用，是核自旋体系弛豫而引起的现象。其信号强度与核子间距离多次方成反比，由此可推测分子中核子间的距离，进而确定溶液中分子（如蛋白质）的三维结构。

11.0441　二维核奥弗豪泽增强谱　two-dimensional nuclear Overhauser enhancement spectroscopy, NOESY

研究测定分子中核奥弗豪泽效应的一种二维谱方法。显示的信息为空间上相互接近的核自旋间的相关性，用于获取原子核（通常是质子）间的距离约束信息。

11.0442　电子显微镜　electron microscope, EM

简称"电镜"。利用高速电子束为光源，来显示样品内部或表面超微结构的显微镜。高速电子波长远短于可见光，而显微镜的分辨率与使用波长成反比，故电子显微镜的理论分辨率（约 0.1nm）可比光学显微镜高出千倍以上。分为透射电子显微镜和扫描电子显微镜等。

11.0443　透射电子显微镜　transmission electron microscope, TEM

以电子束为光源，磁场为透镜的电子显微镜。加压电子束投射到超薄样品，与样品中的原子碰撞产生立体角散射，散射信号在放大聚焦后在成像器件（如荧光屏、胶片、以及感光耦合组件）上显示成像。主要用于表征样品内部的微观特征。目前其分辨力可达 0.2nm。

11.0444　扫描电子显微镜　scanning electron microscope, SEM

利用高能电子束在样品表面扫描，通过电子束与物质间的相互作用，激发各种物理信号，收集并放大这些信号，形成电子成像的电子显微镜。主要用于表征样品表面的微观形貌。新式的扫描电子显微镜的分辨率可以达到 1nm。

11.0445　扫描透射电子显微镜　scanning transmission electron microscopy, STEM

综合了透射电子显微镜和扫描电子显微镜原理和优点的电子显微镜。在透射电镜中增加了扫描功能，用高压电子束在样品表面扫描，通过电子穿透样品成像。可以同时表征样品的表面和内部形貌和成分。

11.0446　扫描隧道电子显微镜　scanning tunneling electron microscope, STEM

一种可以获得高分辨率三维影像的电子显微镜。利用量子隧道效应，以原子线度的极细针尖在接近样品表面（小于 1nm）处扫描，可以显示样品原子尺度的表面特征。如可分辨出 DNA 分子的螺旋结构和碱基对排列。

11.0447　高压电子显微镜　high-voltage electron microscope, HVEM

使用电压高于普通透射电子显微镜的一种透射电子显微镜。加速电压可高达 200～1000kV（普通透射电子显微镜是 50～100kV）。更高压的电子束可穿透的样品厚度（1～2μm）是普通透射电子显微镜的 20 倍。

11.0448　免疫电镜术　immunoelectron microscopy, IEM

将免疫组织化学技术与电子显微镜术相结合，在超微结构水平分析组织或细胞内抗原亚细胞定位的技术。样品需先行免疫化学染色，再用电镜观察。

11.0449　免疫荧光显微术　immunofluorescence microscopy

用免疫荧光法使待测样品带上荧光染料，再用荧光显微镜等设备观测的技术。

11.0450　冷冻电子显微术　cool electron microscopy, cryoelectron microscopy

又称"冷冻电镜术"。一种用于分析快速冷冻的含水生物样品的透射电镜成像技术。快速冷冻、低温冷台、电子显微镜三种技术结合，无需制备晶体即可分析样品的三维结构。在分析难于结晶的大分子及其复合物的三维结构方面具有优势，且可保持生物样品的活性和功能状态，已经成为结构生物学核心技术。

11.0451　冷冻蚀刻　freeze-etching

电子微视野中对样品处理的一种方法。样品悬浮于水中冰冻，在真空中短时间升温使冰在产生阴影复制品之前升华，就可蚀出断裂面，使样品的细节清晰度增加。

11.0452　冷冻断裂　freeze-fracturing, freeze-cracking

又称"冷冻撕裂"。电子显微镜样品制备中的一个方法。冷冻样品在真空下断裂，暴露出膜和细胞器平面，以金属浇铸法复制这些断裂面，最终图像与自然状态下的原料图像相似。该法没有使用固定剂也不用脱水。

11.0453　氢氘交换质谱法　hydrogen-deuterium exchange mass spectrometry, HDX-MS

蛋白质等生物大分子中共价键结合的氢原子被介质中的氘原子取代，通过质谱测定蛋白质中不同氨基酸上的氢原子与介质中的氘原子的交换速率，研究蛋白质分子空间构象的技术。

11.0454　同位素交换法　isotope exchange method

化合物中的一种同位素与另一种同位素的交换替代的过程。如：氢氘交换。

11.0455　氢氘交换　hydrogen-deuterium exchange

核磁共振测量时，样品中与氧、氮、硫等相连的活泼氢会出现信号，加进重水后，活泼氢与氘发生交换而被取代，从而使该信号减弱或者消失的现象。

11.03　分子杂交与印迹技术

11.0456　杂交　hybridization

（1）核酸之间通过沃森-克里克（Watson-Crick）碱基配对的过程。（2）不同品系生物间交配以产生杂种后代的过程。（3）两种不同细胞融合的过程。

11.0457　预杂交　prehybridization

在分子杂交实验之前对杂交膜上非样品区域进行封闭，用以降低探针在膜上的非特异性结合的方法。封闭试剂成分主要是大量的非同源性的核酸或蛋白质等。

11.0458　原位杂交　*in situ* hybridization

用单链RNA或DNA探针通过杂交法对细胞或组织中的基因或 mRNA 分子在细胞涂片或组织切片上进行定位的方法。

11.0459　打点　dotting

将样品（核酸、蛋白质等）点在支持膜（如硝酸纤维素膜、尼龙膜等）上，并使其固定在膜上的技术。经打点处理的样品可供作抗原抗体反应、分子杂交等检测。

11.0460　斑点杂交　dot hybridization

又称“斑点印迹法（dot blotting）”“点渍法”。将样品点在支持膜上进行分子杂交的技术。如将核酸点在能与核酸结合的膜（如硝酸纤维素膜、尼龙膜、聚偏氟乙烯膜等）上，经处理（如80℃烘烤、紫外光照等）使核酸固定在膜上，然后与标记探针进行分子杂交，用放射自显影或非放射性显色检测。可作定性或半定量分析。

11.0461　滤膜杂交　filter hybridization

将样品转移或直接点在滤膜（硝酸纤维素膜、尼龙膜等）上，以滤膜为支持物利用标记的特异探针与样品中的核酸进行杂交的方法。洗膜后只有样品中含有靶核酸分子时，标记探针分子才留在膜上被检测出来。

11.0462　饱和杂交　saturation hybridization

在核酸分子杂交实验中，某一序列组分过量而使另一对应的互补序列组分全部杂交成双链分子的方法。如用过量的DNA与放射性标记的RNA杂交，测定浓度时间常数曲线以分析DNA中序列重复的程度。

11.0463　消减杂交　subtractive hybridization

曾称“扣除杂交”。利用不同组织、细胞或不同状态下组织、细胞基因表达的差异性，并结合核酸杂交建立的克隆差异表达基因的技术。基本做法是将一种细胞的互补DNA（cDNA）或信使RNA（mRNA）与第二种细胞cDNA或mRNA相互杂交，其不被杂交的部分就代表了两种细胞基因表达的差异，可用于差异表达基因的克隆。差示筛选、消减探针、消减文库的建立等都是该技术的具体实施。

11.0464　差示杂交　differential hybridization

又称“差别杂交”“差异杂交”。显示组织细胞间基因表达差异的分子杂交方法。是将基因组文库的重组噬菌体DNA转移至硝酸纤维素膜上，用两种混合的不同cDNA探针（如：转移性和非转移性癌组织的mRNA逆转录后的cDNA）分别与滤膜上的DNA杂交，分析两张滤膜上对应位置杂交信息以分离差异表达的基因。适用于基因组不太复杂的真核生物（如酵母）表达基因的比较，假阳性率较低。

11.0465　差示筛选　differential screening

又称“差别筛选”。用比较组织细胞间基因或其表达产物（RNA、蛋白质等）的不同而筛选特异性目的物的方法。以筛选细胞特异性表达基因为例，可先建立目的细胞的cDNA文库，分别用来源于目的细胞和差异比较细胞的两种cDNA探针对cDNA文库进行杂交，两种探针都能杂交上的为相同表达的基因，只有一种探针能杂交上的为特异表达基因。

11.0466　差异显示分析　differential display analysis

又称“代表性差别分析（representational difference analysis, RDA）”。在两种来源的DNA分子群体间寻找其序列差别DNA分子的实验方法。即用过量的驱动DNA与目标DNA混合变性后再复性，分离出未与驱动DNA杂交的那部分目标DNA，即代表与驱动DNA序列差异的分子。将两种不同生物的基因组DNA用同一种限制性内切酶消化后作此实验，可以分析两个基因组DNA的差别。

11.0467　荧光原位杂交　fluorescence *in situ* hybridization, FISH

用荧光标记的核酸探针在染色体上进行的

杂交方法。以确定与探针互补的核酸序列在染色体上的位置和分布。

11.0468　杂交严格性　hybridization stringency
核酸分子杂交条件设置的高低。其设置主要看杂交链的长度和同源性。同源程度越高，杂交条件就可越严格。杂交严格性的控制主要参数是杂交液的温度、盐浓度、变性剂和pH 等。

11.0469　R_0t 值　R_0t value
RNA 杂交动力学参数。R_0 是反应中 RNA 的起始浓度，t 是时间，两者间乘积即为 R_0t 值。$R_0t1/2$ 值的是 RNA 互补链之间 50%结合的数值。

11.0470　C_0t 值　C_0t value
DNA 复性动力学参数。DNA 初始浓度 C_0 与完成复性所需时间 t 的乘积。反应体系中DNA 同源序列越多，复性越快，C_0t 值越小。是 DNA 复杂程度的指标。

11.0471　分子印记技术　molecular imprinting technique, MIT
制备对某一特定分子具有空间结构选择性识别能力的聚合物的技术。得到的聚合物称“分子印记聚合物（molecular imprinting polymer, MIP）”，主要用于蛋白质等特定分子的高效分离。

11.0472　印迹法　blotting
通过接触吸附的方式，将 DNA、RNA 或蛋白质等大分子从一种介质转移至另一种介质的过程。转移常用毛细管作用或电泳等技术。

11.0473　印迹膜　blotting membrane
在印迹时接受被转移样品的膜介质。如硝酸纤维素膜、尼龙膜等。

11.0474　紫外交联　ultraviolet crosslinking, UV crosslinking
全称“紫外照射交联（UV irradiation cross-linking）”。一种在杂交膜或蛋白质上固定核酸的方法。在一定能量的紫外光照射下，核酸与尼龙膜或蛋白质上自由 OH 基团发生共价交联。

11.0475　硝酸纤维素膜　nitrocellulose membrane, NC membrane
简称“NC 膜”，又称“硝酸纤维素滤膜（nitrocellulose filter membrane）”。硝基化的纤维素微孔薄膜。具有较强的吸附单链DNA 和 RNA 的能力，吸附核酸后可以通过80℃烘烤或经紫外线照射交联而固定。在分子生物学实验中用于核酸检测。

11.0476　DEAE 纤维素膜　diethylaminoethyl cellulose membrane, DEAE-cellulose membrane
全称“二乙氨乙基纤维素膜”。将二乙氨乙基（DEAE）引入纤维素分子后制成的纸状薄膜。是一种弱碱性阴离子交换材料，可用于核酸的回收等。

11.0477　尼龙膜　nylon membrane
一种合成的长链聚酰胺薄膜。对核酸和蛋白质具有很强的结合能力，能代替硝酸纤维素薄膜用于分子印迹和杂交实验。

11.0478　剥离膜　stripped membrane
（1）在体外用乙二胺四乙酸（EDTA）去除糙面内质网上的多核糖体成分而得到的膜状结构。（2）将膜上吸附的某些物质去除从而能够重复利用的膜。如经过杂交后除去探针的硝酸纤维素膜、尼龙膜等，可再与其他探针杂交。

11.0479　DNA 印迹法　Southern blotting
又称“Southern 印迹法”。将经过凝胶电泳分离的 DNA 转移到适当的膜（如硝酸纤维素膜、尼龙膜等）上的技术。可以采用毛细管作用或电泳法转移，转移到膜上的 DNA 再与标记的特异核酸探针杂交等进行分析。

11.0480 RNA 印迹法 Northern blotting
又称“Northern 印迹法”。将经过凝胶电泳分离的 RNA 转移到适当的微孔膜（如硝酸纤维素膜、尼龙膜等）上的技术。膜上的 RNA 可再与标记的特异核酸探针杂交以分析特异性 RNA。主要用于检测目的基因的转录水平。

11.0481 蛋白质印迹法 Western blotting
又称“Western 印迹法”“免疫印迹法（immunoblotting）”。将经过凝胶电泳分离的蛋白质转移到膜（硝酸纤维素膜、尼龙膜等）上，再对转移膜上的蛋白质进行检测的技术。转移可用电泳法等。检测常用与特定蛋白质结合的标记抗体或配体。由此可判断特定蛋白质的存在与否和分子量大小等。

11.0482 DNA-蛋白质印迹法 Southwestern blotting
将经过电泳分离的蛋白质转移到膜上再与某些特定序列的 DNA 片段相互作用，研究蛋白质与 DNA 特异结合的技术。

11.0483 RNA-蛋白质印迹法 Northwestern blotting
将经过电泳分离的蛋白质转移到膜上再与某种特异的 RNA 探针杂交，研究蛋白质与 RNA 特异结合的技术。

11.0484 蛋白质-蛋白质印迹法 Far-Western blotting
又称“蛋白质检测蛋白质印迹法”“Far-Western 印迹法”。一种衍生于蛋白质印迹法的蛋白质鉴定方法。与免疫印迹法类似，不同的是所用标记探针并非抗目的蛋白质的抗体，而是使用与目的蛋白质相关的另一种蛋白质来检测膜上的目标分子。常用于检测体外蛋白质与蛋白质的相互作用。

11.0485 电印迹法 electroblotting
将经凝胶电泳分离的蛋白质、DNA 或 RNA 条带通过电泳按原位转移到另外的固体支持物上形成印迹的方法。此法比靠毛细管作用的印迹法效率高，速度快。

11.0486 电转移 electrotransfer
用电泳技术将凝胶中的蛋白质、DNA 或 RNA 条带按原位转移到固体支持物，形成印迹的方法。

11.0487 真空转移 vacuum transfer
将硝酸纤维素膜或尼龙膜放在真空室中的多孔屏上，再将凝胶置于滤膜上，缓冲液从上面的一个贮液槽中流下，洗脱出凝胶中的核酸或蛋白质等，使其吸附在滤膜上的方法。

11.0488 狭线印迹法 slot blotting
在杂交膜上点样的形状为狭窄长条的技术。常借助一种专用的点样装置。

11.0489 菌落印迹法 colony blotting
将固体培养平板上的菌落吸印转移到滤膜上的技术。

11.0490 菌落免疫印迹法 colony immunoblotting
对吸印转移到滤膜上的菌落做免疫学分析鉴定的技术。

11.0491 配体印迹法 ligand blotting
受体或配体经电泳或层析等方法分离后，转移到适宜的薄膜上，再与相应的配体或受体结合，检测配体与受体相互作用的技术。

11.0492 染色体印迹法 chromosome blotting
研究染色体 DNA 上某些基因位置的方法。先用适当的方法（如脉冲场电泳）分离染色体 DNA，转移印迹到杂交膜上，再用待研究的基因探针杂交。

11.0493 足迹法 footprinting
曾称“足印法”。一种用来测定 DNA-蛋白质专一性结合部位及 DNA 具体序列，也可展示蛋白质因子同特定 DNA 片段之间结合的方法。即通过 DNA 和蛋白质结合后，DNA 与蛋白质的结合区域不能被 DNA 酶分解，在对目的 DNA 序列进行检测时便出现了一段无 DNA 序列的空白区（即蛋白质结合区），从而了解与蛋白质结合部位的核苷酸数目及其核苷酸序列。

11.0494 DNA 足迹法 DNA footprinting
检测DNA序列中DNA结合蛋白质识别部位的方法。

11.0495 RNA 足迹法 RNA footprinting
分析 RNA 链与其他分子特异结合部位的方法。将标记的 RNA 与待研究的物质（如某种蛋白质或药物）进行结合反应后，用 RNA 酶清除未被结合的部分，再用电泳显示 RNA 链上结合位置的多寡和长度。

11.0496 DNA 酶足迹法 DNase footprinting
一种检测蛋白质和特定 DNA 序列结合的方法。如用于鉴定结合在基因调控序列上的转录因子。当转录因子结合在 DNA 某区域时，由于这结合保护了该区域 DNA 片段免遭 DNA 酶（常用 DNA 酶 I 或核酸外切酶III等）的裂解，在序列分析电泳图上就能够显示出未被酶裂解的迹象，也就是被保护 DNA 片段部位的范围。

11.0497 核酸酶保护分析 nuclease protection assay
当核酸（DNA、RNA）中某段序列能与其他核酸（DNA、RNA）形成互补结合或与某种蛋白质特异结合后，核酸酶（如 S1 核酸酶）就只能降解反应系统中未结合的核酸，留下被结合的核酸段落可以定性或定量检测出来的方法。此法可测出特定的蛋白质与核酸的哪一部分序列结合。以标记的反义互补 DNA（cDNA）与样品中的信使核糖核酸（mRNA）杂交后作核酸酶消化也可以定量检测出基因转录水平。

11.0498 DNA 酶保护分析 DNase protection assay
一种根据染色质对 DNA 酶的敏感性检测染色质结构与功能状态的方法。当染色质结构致密，DNA 被组蛋白压缩很紧时，基因是不表达的，同时也对 DNA 酶不敏感。反之，结构蓬松，活跃进行基因表达的染色质，则易遭 DNA 酶的降解。

11.0499 RNA 酶保护分析 RNase protection assay
一种 RNA 定量方法。是将标记的特异 RNA 探针与待测 RNA 样品液相杂交，然后加入 RNA 酶 A 或 RNA 酶 T1；标记的特异 RNA 探针与目标 RNA 特异结合形成双链 RNA，免受 RNA 酶降解，可供后续分析定量。而未结合的单链RNA经RNA酶消化形成寡核糖核酸或核苷酸。

11.0500 DMS 保护分析 dimethyl sulfate protection assay, DMS protection assay
全称“硫酸二甲酯保护分析”“DMS 足迹法（DMS footprinting）”。与 DNA 酶足迹法类似的技术。但不用 DNA 酶来分解未被蛋白质结合保护的 DNA 部分，而是用硫酸二甲酯（DMS）来使未受保护的 DNA 甲基化，DNA 可以在甲基化位置被化学降解，DNA 分子上与蛋白质紧密结合区内的碱基不能被 DMS 甲基化。

11.0501　指纹分析　fingerprint analysis, fingerprinting

对样品的整体定性分析，不检测具体组分，而是通过样品中不同物质组成的信号图谱特征进行快速鉴别或分类的方法。

11.0502　糖指纹分析　carbohydrate fingerprinting

利用层析、电泳、质谱、核磁共振等方法对各种糖类相应的特有结构进行分析的方法。

11.0503　代谢物指纹分析　metabolite fingerprinting

对机体特定组织或细胞内代谢物种类的系统性进行定性分析的方法。不分析或测量具体组分。目前常用分析技术有核磁共振、液相层析–质谱联用等。

11.0504　DNA 指纹　DNA fingerprint

将含短重复序列的 DNA 用特定限制性内切酶酶解，或用 PCR 扩增不同的短重复序列，再以重复序列中的共有序列作为核酸探针进行 DNA 印迹杂交所形成的杂交带型图谱。这种杂交带型图谱如同人的指纹，具有高度的个体特异性和稳定性。用于个体鉴定等。

11.0505　DNA 指纹分析　DNA fingerprinting

通过比较分析不同生物个体的 DNA 指纹鉴定生物个体的技术。该技术能揭示并比较生物个体间关系的密切程度，有效地应用于遗传分析、法医和亲子鉴定等。

11.0506　异源双链体　heteroduplex

（1）两种不同来源的单链 DNA 分子杂交而成的 DNA 双链分子。是碱基没有完全互补的 DNA 双链。（2）DNA 与 RNA 杂交形成的双链分子。

11.0507　同源双链体　homoduplex

由相同的或从同一来源的两个分子所构成的分子。从同一来源的两条核酸单链构成的 DNA-DNA 或 RNA-RNA 双链都属于同源双链体。

11.0508　异源双链体分析　heteroduplex analysis

一种测定基因突变的方法。混合的野生型和突变型 DNA 分子变性和复性后会产生异源双链，在非变性聚丙烯酰胺凝胶中，同源双链和异源双链迁移率不同，因而检测出突变体。

11.0509　等位基因特异性寡核苷酸　allele-specific oligonucleotide, ASO

一段约 20 个核苷酸长度的人工合成单链 DNA。其序列覆盖了待分析等位基因的突变位点及其两侧区域。在严格的杂交反应条件下，能区别等位基因的单碱基突变。

11.0510　探针　probe

分子生物学和生物化学实验中用于指示特定物质（如核酸、蛋白质、细胞结构等）的性质或物理状态的一类标记分子。核酸探针是最常见的一类探针，另外还有有机小分子探针和金属离子探针等。

11.0511　核酸探针　nucleic acid probe

能与特定目标核酸序列发生杂交，并含示踪物的核酸片段（DNA 或 RNA）。

11.0512　DNA 探针　DNA probe

用同位素、生物素或荧光染料等标记的一段已知序列的 DNA 片段。用于探测与之互补的 DNA 或 RNA 链。

11.0513　RNA 探针　RNA probe
用同位素、生物素或荧光染料等标记的一段已知序列的 RNA 分子。用于探测与之互补的 DNA 或 RNA 链。RNA 探针通常通过克隆相应 DNA 在体外转录合成而制备。

11.0514　分子探针　molecular probe
标记了示踪信号的、可与特定靶分子或细胞结构特异结合的分子。用于分析分子或细胞结构的定位、性质等。示踪信号应可以被灵敏检测到，常用的示踪物有：放射性同位素、荧光素、酶、生物素等。

11.0515　基因探针　gene probe
带有可检测标记（如同位素、生物素或荧光染料等）的一小段已知序列的寡核苷酸。可通过分子杂交探测与其序列互补的基因是否存在。

11.0516　捕获性探针　capture probe
又称"俘获性探针"。为捕获目的分子而使用的探针。此类探针常是固相化的。如用结合在磁性颗粒（磁珠）表面的寡核苷酸为探针，从核酸文库中筛选出特定的核酸克隆；为寻求能与特定蛋白质特异结合的多肽序列，以吸附在反应板上的该蛋白质为探针，从重组噬菌体呈现文库中捕获特定的噬菌体克隆。

11.0517　杂交探针　hybridization probe
为分子杂交实验设计制备的示踪物。用于探测目标分子，如与其序列互补的 DNA 或 RNA。

11.0518　末端标记　end-labeling
将放射性或非放射活性化学基团连接到多聚体末端的技术。如，借助多核苷酸激酶将 ATP 的 γ 位的 $^{32}PO_4$ 标记的单核苷酸加到核酸的末端。用于示踪检测。

11.0519　随机引物标记　random primer labeling
在克列诺（Klenow）酶催化下，利用随机引物引导放射性同位素或荧光素等标记的脱氧核苷三磷酸（dNTP）参入合成 DNA 新链的一种能够得到高比度标记的 DNA 探针的方法。

11.0520　消减探针　subtracted probe
为消减杂交实验所设计的互补 DNA 探针。即将一种细胞或组织的全部 mRNA 逆转录合成单链 cDNA，与不同类型或不同状态下的第二种细胞中 cDNA 进行杂交反应，第一种细胞中未被杂交 cDNA 分子制备成标记探针，用以筛选在特定状态下特异表达的基因。

11.0521　光亲和探针　photoaffinity probe
含有能被光照激活的基团并能与拟检测对象结合的分子。受光照激活后能与被检测物特异结合。

11.0522　生物发光探针　bioluminescent probe
将机体内产生发光现象的物质或参与发光反应的辅助因子（如萤光素/萤光素酶在萤火虫发光反应中起作用）与某些分子相连接所构成的探针。用于对体内或体外相关物质的追踪分析研究。

11.0523　荧光探针　fluorescence probe, fluorescent probe
在紫外–可见–近红外区有特征荧光，且其荧光性质（如激发、发射波长、强度、偏振等）可随所处环境的性质（如极性、折射率、黏度等）而灵敏地改变，与蛋白质或其他大分子结构非共价相互作用而发荧光的小分子物质。可用于研究大分子物质的性质和行为。

11.0524 水解探针 hydrolysis probe

以 TaqMan 为代表的一类荧光寡核苷酸探针。用于荧光定量聚合酶链反应（PCR）中实时监测特异性扩增产物的量。其 5′端携带荧光基团，3′端携带淬灭基团。探针完整时，报告基团发射的荧光信号被淬灭基团吸收；PCR 扩增时，*Taq* 酶的 5′→3′外切酶活性将探针酶切降解，使报告荧光基团和淬灭荧光基团分离，从而荧光监测系统可接收到荧光信号，即每扩增一条 DNA 链，就有一个荧光分子形成，实现了荧光信号的累积与 PCR 产物形成完全同步。

11.0525 分子信标 molecular beacon

基于荧光共振能量转移原理设计的一种荧光标记寡核苷酸探针。探针含有茎环结构，在茎部的两端分别连接荧光基团和荧光淬灭基团。具有茎环结构的分子因荧光淬灭不显示荧光；与靶序列杂交后形成线性分子，则可发出荧光。操作简便、敏感、特异，可对核酸进行液相实时检测和对活体内核酸的动态变化进行跟踪。

11.04 聚合酶链反应与等温扩增技术

11.0526 聚合酶链反应 polymerase chain reaction, PCR

一种在体外扩增 DNA 片段的重要技术。是在试管中模拟 DNA 复制过程，采用一对引物和耐热的 DNA 聚合酶复制出特定的基因片段，包括模板热变性、引物与模板退火、引物延伸三个步骤。经过 20～30 个循环后，可将模板 DNA 数量增加百万倍以上。用于获得目的基因片段、DNA 和 RNA 的微量分析、DNA 序列分析、基因突变分析等。

11.0527 逆转录聚合酶链反应 reverse transcription PCR, RT-PCR

简称“逆转录 PCR”，又称“反转录 PCR”。先将 RNA 通过逆转录酶的作用合成与之互补的 DNA 链，再以该链作模板进行聚合酶链反应扩增特定 RNA 序列的方法。

11.0528 原位聚合酶链反应 *in situ* PCR

简称“原位 PCR”。在 DNA 模板分子原来所在的位置处（如细胞、组织中）进行聚合酶链反应的技术。能够直接指示出 DNA 模板的部位。

11.0529 实时聚合酶链反应 real-time PCR

简称“实时 PCR”，又称“实时荧光 PCR（real-time fluorescence PCR）”。一种定量测定样品中特定 DNA 序列的聚合酶链反应技术。即使用能够结合双链 DNA 的荧光染料（如 SYBR Green），或荧光标记的、能够特异性结合链反应产物的寡核苷酸探针，监测每一次 PCR 循环后扩增所得 DNA 产物的量，从连续监控下获得的反应动力学曲线，推导出样品中被扩增模板 DNA 的初始含量的方法。

11.0530 定量聚合酶链反应 quantitative PCR, qPCR

简称“定量 PCR”。将某种已知含量的 DNA 模板作为内标准进行聚合酶链反应，对待测模板进行定量分析的技术。

11.0531 实时逆转录聚合酶链反应 real-time RT-PCR

简称“实时逆转录 PCR”。将信使核糖核酸（mRNA）逆转录成互补 DNA 再进行实时 PCR 的技术。可以定量测定样品中特定

mRNA 含量，是反映细胞内某一基因或某些基因表达量的有力手段。

11.0532　扩增受阻突变体系统聚合酶链反应　amplification refractory mutation system PCR, ARMS-PCR

简称“扩增阻滞突变系统 PCR”，又称“等位基因特异性 PCR（allele-specific PCR，AS-PCR）”。一种扩增已知突变的 PCR 方法。其基本原理是，如果引物的 3′端碱基与模板碱基不互补，则用一般耐热 DNA 聚合酶无法延伸。因此根据已知点突变设计 2 条引物，其 3′端特异碱基分别与突变和正常的模板碱基互补，从而将某种点突变的模板与正常模板区分开来。因在 PCR 中只有突变模板能被扩增，而正常模板不能或很少被扩增。

11.0533　数字聚合酶链反应　digital PCR

一种核酸分子绝对定量技术。通过将一个样本分配到几千到几万个不同的反应单元，使大多数单元包含一个拷贝的目标分子（DNA 模板），在每个反应单元中对目标分子进行 PCR 扩增，扩增结束后对各个反应单元的荧光信号进行统计学分析以获得样品中目标核酸拷贝数。相较于 qPCR，数字 PCR 可直接给出 DNA 分子的个数，无需标准曲线或参照基因。

11.0534　乳化聚合酶链反应　emulsion PCR

又称“油包水 PCR”。将水相 PCR 溶液（包含有引物，聚合酶，核苷酸和待扩增 DNA）与油混合，创建一种微小的悬浮水滴乳液，每个液滴都作为其自身 PCR 的“反应器”，从而创造了平行反应中的多个独立反应的方法。

11.0535　热启动聚合酶链反应　hot start PCR

最初聚合酶链反应（PCR）中先将模板同引物在高于两者变性温度下处理一段时间，然后再加入酶和其他成分进行扩增反应，用以消除非特异性扩增产物的反应方式。现在指将特异性抗体或可逆抑制剂与 *Taq* DNA 聚合酶结合使得聚合酶活性受到抑制，避免在组装 PCR 反应体系时发生非特异链延伸。组装完成后，经过一定时间的高温孵育解除酶活性抑制，然后再开始温度循环的 PCR 方法。

11.0536　温度递减聚合酶链反应　touch down PCR, step down PCR

又称“降落 PCR”。一种在扩增过程中逐步降低退火温度的 PCR 方法。在 PCR 反应中，一次或数次循环反应后，将退火温度降低（0.5～2℃）后再进行一次或数次循环，温度递减至较低退火温度后，在该温度下继续完成全部循环。

11.0537　温度循环仪　thermal cycler

用于聚合酶链反应的温度循环设备。

11.0538　小载体聚合酶链反应　vectorette PCR

适用于只有一条引物可用的 DNA 片段扩增的一种聚合酶链反应技术。该技术使用一种人工合成的数十个核苷酸对的寡核苷酸双链体（即小载体）。链末端带有突出的黏端，能与待检测的 DNA 片段的突出黏端互补结合。在用 DNA 连接酶连接待测 DNA 和小载体后，可利用小载体中已知序列设计通用引物，结合 DNA 片段特异引物用 PCR 技术扩增该 DNA 片段并随之进行测序。该技术在基因组步移实验中具有价值。与一般载体不同，载体小件不能进入细胞复制繁殖。

11.0539　甲基化特异性聚合酶链反应　methylation specific PCR, MSP

简称“甲基化特异性 PCR”。一种简单快速测定突变热点二核苷酸“CpG 岛”甲基化状态的方法。待测的 DNA 片段以重亚硫酸钠修饰，分别用专对甲基化和非甲基化DNA的两套引物进行 PCR 扩增，即可得到 DNA 是否甲基化的信息。可用于肿瘤、基因印记和 X 染色体失活等研究。

11.0540　巢式聚合酶链反应　nested PCR
简称“巢式 PCR”。由两次相继进行的聚合酶链反应组成的一种聚合酶链反应（PCR）技术。其中第二次 PCR 的引物（称为巢式引物）结合在第一次 PCR 扩增产物内部，使得第二次 PCR 扩增片段短于第一次扩增。其优势在于，如果第一次扩增产生了错误片段，则第二次能在错误片段上进行引物配对并扩增的概率极低。因此，巢式 PCR 的扩增非常特异。

11.0541　半巢式聚合酶链反应　semi-nested PCR, hemi-nested PCR
简称“半巢式 PCR”。第二次聚合酶链反应（PCR）的引物只有一个是新的，另一个是用第一次 PCR 反应的一个引物的一种 PCR 技术。此法是在无法获得理想的第二次引物时采用，对提高灵敏度和特异性仍有助益。

11.0542　巢式引物　nested primer
为巢式聚合酶链反应所设计的引物。第二组引物是在第一组引物扩增得到的产物序列范围内设计。

11.0543　*Alu* 聚合酶链反应　*Alu*-PCR
从复杂来源样品中特异扩增人基因组 DNA 的方法。*Alu* 是人基因组中特有的高度重复序列，散布于整个人的基因组中。设计能识别 *Alu* 保守区序列的聚合酶链反应引物，就能特异地扩增获得人基因组 DNA。

11.0544　锚定聚合酶链反应　anchored PCR
简称“锚定 PCR”。在目的核酸片段一端人工加上确定的序列，以便用与所加序列互补的引物作扩增的聚合酶链反应方法。常用于对目的核酸片段序列本身或旁侧序列不清楚时的扩增。如通过 DNA 末端转移酶在未知序列 DNA 的 3′端加上多聚（dG）尾，用含多聚（dC）的锚定引物对此 DNA 扩增。

11.0545　不对称聚合酶链反应　asymmetric PCR
简称“不对称 PCR”。引物用量不对称的聚合酶链反应。这两个引物分别称为非限制与限制性引物，反应中当低浓度的限制性引物消耗完后，高浓度的非限制性引物就引导产生大量的单链 DNA。

11.0546　竞争聚合酶链反应　competitive PCR, cPCR
简称“竞争 PCR”。在反应体系中加入已知含量的内参照竞争模板，该模板与待测模板可以等效扩增，扩增过程中或扩增结束后，可用某些手段区分和定量待测物和竞争物的扩增产物，比较两者的量即可知待测模板含量的一种定量聚合酶链反应技术。

11.0547　易错聚合酶链反应　error-prone PCR
简称“易错 PCR”。应用低保真度 DNA 聚合酶，并选择适当的反应条件，提高聚合酶链反应（PCR）中的碱基错配率，由此得到含有随机突变的 PCR 产物，可以克隆入表达载体，构建随机突变的 DNA 文库的一种使 DNA 随机突变的技术。能用于体外分子定向进化、基因或 DNA 序列功能的研究、筛选得到经突变改良的蛋白质等。

11.0548　多重聚合酶链反应　multiplex PCR
简称“多重 PCR”。在同一聚合酶链反应的反应管中加入多对引物，扩增不止一个目标片段的一种聚合酶链反应。

11.0549　DNA 扩增多态性　DNA amplification polymorphism

不同种属或个体间的DNA序列不完全相同，设计恰当的探针，以聚合酶链反应（PCR）扩增样品中的 DNA，会得出不同长度的PCR产物，进一步用限制性内切酶消化PCR产物，经电泳分离可得出具有不同长短DNA 片段图谱的现象。此图谱具有种属或个体的特异性，是检查不同来源 DNA 的灵敏技术。

11.0550　阻抑聚合酶链反应　suppression PCR

简称“阻抑 PCR”。有选择地扩增目的 DNA 片段，抑制非特异扩增的一种聚合酶链反应方法。是先在所有的 DNA 5′端加上人工接头，设计一个引物与人工接头互补，另一个与目的 DNA 互补，非特异 PCR 产物由于两端有颠倒重复序列，退火时会自身形成环状而不能继续扩增，只有目的 DNA 能被扩增出来。

11.0551　反向聚合酶链反应　inverse PCR, iPCR

简称“反向 PCR”。用于扩增已知序列的DNA 旁侧未知序列的方法。即先用在已知DNA 序列上没有识别位点的限制内切酶，切出包含已知 DNA、而两端带有未知序列的区段，将切出的DNA 区段环化，然后再按已知的DNA 序列设计一对引物进行扩增。

11.0552　随机聚合酶链反应　random PCR

简称“随机 PCR”。采用许多序列不相同的（部分随机或全部随机序列）、短的（约 10 个核苷酸）引物所进行的聚合酶链反应。由于在模板 DNA 多个不同位置上扩增，所形成的产物长度各异，电泳图谱独特，可用于识别核酸的多态性、研究基因组的物理图谱及分析生物的进化等。

11.0553　剪接重叠延伸聚合酶链反应　splicing overlapping extension PCR, SOE-PCR

简称“剪接重叠延伸 PCR”，又称“重组PCR（recombinant PCR, reassembly PCR）”。利用一系列聚合酶链反应，使产物两端彼此重叠，以便剪接成长片段，其间越过的某段特定序列可使之缺失的方法。一些基因工程抗体就是用此法制备。

11.0554　聚合酶链反应克隆　PCR cloning

简称“PCR 克隆”。应用聚合酶链反应的技术获得 DNA 分子克隆的方法。

11.0555　正向引物　forward primer

位于目的 DNA 双链上游的引物。如用于聚合酶链反应或 DNA 测序反应，则从 5′向 3′方向（正向）开始合成 DNA 链。

11.0556　反向引物　reverse primer

位于目的DNA 双链下游的引物。如用于 PCR 或DNA 测序反应，则合成反向 DNA 链。

11.0557　引物延伸　primer extension

从与模板（RNA 或 DNA）结合的引物 3′-OH 端开始，在核酸聚合酶的作用下，按照碱基配对的原则，逐个连上核苷酸，由5′→3′方向合成与模板互补链的过程。该反应可用于聚合酶链反应、单核苷酸多态性检测等。

11.0558　引物修补　primer repair

当 DNA 模板受损时，可根据其损伤情况，以一套或几套引物借助核酸聚合酶的作用合成新的互补核酸链，以修复损伤形成的错误序列的方法。

11.0559　等温扩增　isothermal amplification, thermostatic amplification

又称“恒温扩增”。反应过程始终维持在恒定温度下，通过添加不同活性的酶和各自特异性引物（或不加）达到快速核酸扩增目的的技术。是无需聚合酶链反应（PCR）所需的热循环即可实现快速有效扩增的体外核酸扩增技术。主要有环介导等温扩增、核酸序列依赖性扩增、滚环扩增等。

11.0560　环介导等温扩增　loop-mediated isothermal amplification, LAMP

针对靶基因的 6 个区域设计 4 条特定引物，通过链置换活性的 *Bst* DNA 聚合酶，在等温条件（65℃左右）保温数十分钟，即可完成对靶核酸进行特定扩增的一种核酸等温扩增技术。不需要模板热变性和温度循环、具有简单、快速、特异性强的特点。

11.0561　核酸序列依赖性扩增　nucleic acid sequence-based amplification, NASBA

又称“依赖核酸序列扩增”“基于核酸序列扩增”“自主序列复制（self-sustained sequence replication, 3SR）”。基于转录依赖扩增系统建立起来的一种 RNA 等温扩增技术。是在 42℃左右以 RNA 为模板，由一对引物介导的、在同一反应中分别使用 AMV 逆转录酶，RNA 水解酶 H 和 T7 RNA 聚合酶实现连续均一的体外特异 RNA 序列等温扩增的酶促反应过程。

11.0562　转录依赖扩增系统　transcription-based amplification system, TAS

一种用于扩增 RNA 的技术。先将其逆转录成 cDNA，再以 cDNA 为模板进行聚合酶链反应（PCR）扩增。首先制备引物 A 和 B，引物 A 与待检 RNA 3′端互补，并有一 T7 RNA 聚合酶的识别结合位点。逆转录酶以 A 引物为起点先将其逆转录成 cDNA，引物 B 与此 cDNA 3′端互补合成 cDNA 第二链，T7 RNA 聚合酶以此双链 DNA 为模板转录出与待扩增 RNA 一样的 RNA。如此循环，一个模板可转录 10～10^3 个 RNA 拷贝，只需 6 个循环，靶序列即能达到 2×10^6 个拷贝。

11.0563　转录介导扩增　transcription-mediated amplification, TMA

以 RNA 或 DNA 为模板，利用 RNA 聚合酶和逆转录酶在约 42℃等温反应条件下扩增产物为 RNA 的技术。其原理与核酸序列依赖性扩增（NASBA）基本一致，只是使用带有 RNaseH 活性和逆转录酶活性的 MMLV 逆转录酶取代 AMV 逆转录酶和 RNase H 两种酶。在每一循环可产生模板的 100～1000 个拷贝转录物，15～30min 可将模板扩增约 10^{10} 倍。这些 RNA 拷贝与互补寡核苷酸探针杂交，通过化学发光标签进行定量检测。

11.0564　链置换扩增　strand displacement amplification, SDA

又称“链替代扩增”。一种基于酶促反应进行的 DNA 体外等温扩增技术。主要利用限制性内切酶剪切 DNA 识别位点的能力、DNA 聚合酶在切口处向 3′端延伸作用和对下游 DNA 片段的置换作用实现扩增。

11.0565　滚环扩增　rolling circle amplification, RCA

又称“滚环放大技术”。模拟自然界微生物环状 DNA 滚环复制过程发展起来的一种具有链置换活性 DNA 聚合酶催化的等温扩增技术。在恒定温度下以单链环状 DNA 为模板，在有强链置换活性的 φ29 DNA 聚合酶的作用下，通过引物与环状模板匹配后在 DNA 聚合酶作用下沿环延伸并不断置换先前产生的延伸链，最终产生重复的长单链

DNA 产物。包括线性滚环扩增与指数滚环扩增两种形式。

11.0566 线性滚环扩增 linear rolling circle amplification, linear RCA

一条引物结合到环状 DNA 上后，在 DNA 聚合酶作用下被延伸，产物是具有大量重复序列（与环状 DNA 完全互补）的线性 DNA 单链的一种滚环扩增技术。DNA 的延伸可不断进行，产生的 DNA 链长可为亲代 DNA 单位长度的许多倍。

11.0567 指数滚环扩增 exponential rolling circle amplification, ERCA

又称“*超分支滚环扩增*（hyper-branched rolling circle amplification, HRCA）”“*分支扩增*（ramification amplification）”。在线性滚环扩增的基础上，再增加一条与环状 DNA 序列完全一致的引物，该引物和第一次线性 RCA 产物的部分序列互补并酶促延伸，同时置换掉下游杂交到扩增产物上其他拷贝段的引物，之后被置换掉的延伸产物又可以作为第一条引物的模板进行扩增，使扩增产物量在很短的时间内呈指数递增的一种滚环扩增技术。

11.0568 切口酶介导扩增 nicking enzyme mediated amplification, NEMA

又称“*切口酶扩增反应*（nicking enzyme amplification reaction, NEAR）”“*指数扩增反应*（exponential amplification reaction, EXPAR）”。上下游引物在等温扩增酶（Bst）作用下对靶序列进行的一种链置换扩增技术。利用切口酶在可识别特定序列切割形成缺口，通过等温扩增的 DNA 聚合酶聚合延伸，置换出等位的 DNA 链，由此又形成了新的完整的含有切口酶识别位点的 DNA 序列。在 60℃下，合成的短序列自动解旋，成为恒温扩增酶的进一步模板，如此循环产生大量被置换下来的 DNA 单链，形成指数级扩增。

11.0569 解旋酶依赖性扩增 helicase-dependent amplification, HDA

模拟细胞内 DNA 复制机制发明的一种体外等温基因扩增技术。利用解旋酶在恒温下解开双链 DNA，其单链分别被单链结合蛋白（SSB）结合，随后两条上下游特异性引物分别与模板结合，在克列诺酶作用下延伸，合成新的双链 DNA，新生成的双链 DNA 作为底物进入下一轮扩增和循环过程，最终实现靶序列的指数式增长。

11.0570 重组酶聚合酶扩增 recombinase polymerase amplification, RPA

模拟 T4 噬菌体核酸复制系统的一种等温扩增技术。是由重组酶（T4UvsX）、聚合酶（Bsu）和单链结合蛋白（gp32）以及两条特异性上下游引物构成的等温扩增系统。重组酶蛋白 UvsX 与特异性引物结合，形成重组酶–引物复合物，在双链 DNA 中识别到同源序列后发生链交换反应，置换下的单链 DNA 被单链结合蛋白结合；随后 ATP 水解供能，使重组酶–引物复合物分解，在引物 3′端与 DNA 聚合酶结合并进行复制和延伸。在 37℃下，5～20min 即可完成检测。

11.0571 重组酶介导扩增 recombinase aided amplification, RAA

扩增原理与重组酶聚合酶扩增相似，但重组酶来源于细菌或真菌的一种体外等温扩增技术。对温度的适应性更强，在 37～42℃下，5～30 min 即可完成扩增反应。

11.0572 单引物等温扩增 single primer isothermal amplification，SPIA

通过一条 3′端为 DNA 片段、5′端为 RNA 片段的组合引物，利用 RNase H 及具有强链置换活性的 DNA 聚合酶而实现 DNA 体外线性等温扩增技术。在反应过程中，RNaseH 不断降解引物区 DNA/RNA 双链中的 RNA 部分，暴露出模板上与引物 RNA 部分结合的位点，然后新引物结合上去进行链置换合成，经过 RNA 降解、新引物结合、链置换的循环过程，实现模板互补序列的快速扩增，最终扩增出大量具有高度忠实性的 cDNA 单链。

11.0573　交叉引物等温扩增　cross-priming amplification，crossing priming amplification, CPA

我国自主研发的一种快速、灵敏且特异性高的等温扩增技术。在 63℃条件下，利用 *Bst*DNA 聚合酶、交叉引物和剥离引物进行扩增。按照交叉引物数量的不同，可分为双交叉物扩增（2 条交叉引物、2 条剥离引物）和单交叉引物扩增（1 条交叉引物、2 条剥离引物和 2 条普通引物）。

11.0574　双交叉引物等温扩增　double cross-priming amplification, D-CPA

在两条交叉引物与模板互补结合并延伸后，利用两条剥离引物通过 *Bst*DNA 聚合酶剥离新合成的单链，被剥离的新单链成为模板并生成大量扩增产物的一种交叉引物扩增技术。

11.0575　单交叉引物等温扩增　single cross-priming amplification, S-CPA

利用一条交叉引物与模板结合并延伸形成双链，随后用两条剥离引物通过 *Bst*DNA 聚合酶剥离新合成的单链，两条普通引物以被剥离的新单链为模板合成两条长度不等的单链 DNA，最后再以这两条单链 DNA 为模板进行大量扩增的一种交叉引物扩增技术。

11.0576　实时荧光核酸等温扩增检测　simultaneous amplification and testing, SAT

又称“实时荧光核酸恒温扩增检测”。将新一代的核酸等温扩增技术和实时荧光检测技术相结合的一种核酸检测技术。是采用分子信标作为荧光探针，靶标 RNA 在扩增过程中可形成实时检测的信号。具有灵敏度高、检测时间短、产物不易发生污染等优点，在临床上已经得到广泛应用。

11.0577　等温多自配引发扩增　isothermal multiple self-matching-initiated amplification, IMSA

又称“多引物自配引发等温扩增”。基于环介导等温扩增原理和巢式 PCR 引物设计理念建立起来的一种等温扩增技术。在等温核酸扩增过程中会产生多倍数的能自我配对继而引发循环扩增的特殊核苷酸结构，使得随后循环扩增引发概率明显增加，使得检测灵敏度提升。

11.0578　全基因组扩增　whole-genome amplification, WGA

对全部基因组序列进行非选择性扩增的技术。在相对没有序列倾向性的前提下大幅增加 DNA 的拷贝数用于下游检测。

11.0579　扩增子　amplicon

能进行大量复制而使拷贝数不断增多的 DNA 或 RNA 序列。这种被大量复制的 DNA 序列往往经过人为的基因操作（如聚合酶链反应）得到或通过重组质粒转化菌扩增产生。

11.0580　随机引物　random primer

8～12 个核苷酸的序列部分随机或全部随机排列的引物。用于随机逆转录、随机聚合酶链反应等。

11.0581　连接酶链反应　ligase chain reaction, LCR

又称“连接扩增反应（ligation amplification

reaction, LAR）”。一种可以用于测定DNA序列中单碱基突变的 DNA 扩增技术。两个寡核苷酸片段杂交到一个靶 DNA 分子的相邻位置上，再用热稳定 DNA 连接酶将它们连接。当有过量的寡核苷酸片段时，经过热变性、与靶 DNA 杂交、片段连接这三步反复多次循环，就能形成可测数量的寡核苷酸连接物。如果在连接处的碱基与靶 DNA 不配对，连接反应就无法进行，故可用于检测已知基因片段内的单碱基变异。其连接反应温度接近寡核苷酸的解链温度，因而识别单核苷酸错配的特异性较高。

11.05 测 序 技 术

11.0582 测序 sequencing

对多聚体中单体排列顺序进行测定的方法。如测定 DNA、多肽、多糖链基本组成单位残基（核苷酸、氨基酸、单糖等）的排列顺序。

11.0583 测序仪 sequencer, sequenator

又称“序列分析仪”。测定有序线性聚合物（如 DNA、肽链等）的基本组成单位（核苷酸、氨基酸）排列顺序的各种仪器设备。DNA 测序仪目前已基本实现了高效低成本，成为基于基因序列认识生命活动本质的保障。

11.0584 蛋白质测序 protein sequencing

对蛋白质分子的氨基酸残基排列顺序的测定。目前的自动化蛋白质测序仪系从肽链的 N 端开始测定。

11.0585 气相蛋白质测序仪 gas-phase protein sequencer

用气相层析检测氨基酸衍生物的方法来测定蛋白质或多肽序列的仪器。

11.0586 末端分析 terminal analysis

常指蛋白质肽链两端氨基酸的分析。对于 N 端分析主要有：链终止法、丹磺酰法和埃德曼降解法，后者可连续测入，并可自动化操作；对于 C 端分析，主要用外肽酶，如一些羧肽酶，将肽链的羧基末端氨基酸切下分析。

11.0587 丹磺酰法 dansyl method, DNS method

主要用于蛋白质肽链 N 端氨基酸测定的一种方法。用 1-二甲氨基-5 萘磺酰氯与氨基酸的 α-氨基反应生成发荧光的丹磺酰氨基酸，再用电泳或层析法分离鉴定是何种氨基酸的衍生物。

11.0588 埃德曼降解法 Edman degradation

又称“埃德曼分步降解法（Edman stepwise degradation）”。瑞典科学家埃德曼（P. Edman）创立的连续测定蛋白质或肽链 N 端氨基酸残基序列的经典方法。用异硫氰酸苯酯（PTH）等与多肽反应，逐个水解 N 端氨基酸残基，依次生成各种 PTH-氨基酸，层析鉴定 PTH-氨基酸，就可从 N 端逐个确定被测肽段的氨基酸残基排列顺序。

11.0589 DNA 测序 DNA sequencing

对 DNA 分子的核苷酸排列顺序进行测定的方法。即测定组成 DNA 分子的碱基（A、T、G、C）排列顺序。

11.0590 核酸数据库 nucleic acid database, mucleic acid databank, NDB

又称“DNA 数据库（DNA database）”。集合所有已知核酸的核苷酸序列，单核苷酸多态性、结构、性质以及相关描述，包括它们的科学命名、来源物种分类名称、参考文献等信息的资料库。基因和基因组的资料也包含在核酸数据库中。目前国际上比较重要的核酸（含蛋白质）一级数据库有美国的GenBank、欧洲的EMBL和日本的DDBJ。三个数据库信息共享，唯格式有所不同。

11.0591 基因组数据库 genome database

含基因和基因组资料的核酸序列数据库。最常用的基因数据库为GenBank，一个由美国国立卫生研究院（NIH）维护的核酸序列数据库，汇集并注释了所有公开的核酸序列。每个记录代表了一个单独的、带有注释的DNA或RNA片段。

11.0592 蛋白质数据库 protein database, protein databank, PDB

存储、组织和注释已知各种生物的各种组织或细胞全部蛋白质的公共开放信息资料库。目前的蛋白质数据库有：蛋白质序列数据库、蛋白质模体、结构域及家族数据库、蛋白质结构数据库、蛋白质分类数据库等，由欧洲、北美等生物信息研究及工作机构建设和维护。具有数据注释、数据检索和数据生物信息分析功能。

11.0593 蛋白质序列数据库 protein sequence database

存储、组织和注释由实验（基因测序、蛋白质序列测定）和计算获得的蛋白质氨基酸序列以及注释信息为基本内容的数据库。

11.0594 桑格-库森法 Sanger-Coulson method

又称“桑格测序（Sanger sequencing）”“双脱氧法（dideoxy termination method）”“链终止法（chain termination method）”，俗称“第一代测序技术（first generation sequencing technique）”。桑格（F. Sanger）和库森（A. R. Coulson）等人发明的DNA测序法。在反应底物中加入4种双脱氧核苷三磷酸（ddNTP），使得合成的DNA互补链在不同位置终止，获得的长短不一反应产物经电泳分离，依照4条不同泳道上的条带顺序读出DNA的序列。

11.0595 化学降解法 chemical degradation method

又称“DNA化学测序法（chemical method of DNA sequencing）”“碱基特异性裂解法（base-specific cleavage method）”“马克萨姆-吉尔伯特法（Maxam-Gilbert method）”。马克萨姆（A. Maxam）和吉尔伯特（W. Gilbert）于1977年发明的DNA碱基序列测定方法。将放射性标记的单链DNA用几组专一性化学试剂进行碱基修饰，在修饰部位随机断裂DNA链，凝胶电泳分离、放射自显影显示DNA片段的电泳区带，直接读出核苷酸序列。此法也适用于RNA的测序。

11.0596 荧光法DNA测序 fluorescence-based DNA sequencing

利用4种不同荧光试剂分别标记4种双脱氧核苷酸进行DNA测序的方法。

11.0597 杂交测序 sequencing by hybridization, SBH

一种基因组DNA快速测序方法。是将数万条已知序列的单链寡核苷酸短片段置于芯片表面制成DNA微阵列，作为杂交用的探针，与待测的DNA靶序列不同位置结合。通过测序反应得出彼此互有重叠的序列数据，由此可将其连成靶DNA完整的序列。

11.0598 重叠群杂交 contiguous stacking hybridization, CSH

曾称“邻堆杂交”。杂交测序技术的一种改进法。主要是使两条寡核苷酸链相邻核苷酸之间出现重叠，从而使它们与DNA靶序列的杂交更稳定，有利于更长DNA链的测序。

在杂交测序中，若增加微阵列的寡核苷酸的长度和数目，虽可以达到测定更长 DNA 的目的，但降低了测序的准确性。

11.0599　通用引物　universal primer
非基因特异的 DNA 序列分析用引物。序列与测序克隆载体中多克隆位点的旁侧序列互补。任何待测序的 DNA 片段插入多克隆位点后都可用该引物进行测序反应。

11.0600　简并引物　degenerate primer
用于获得部分多肽序列已知而 DNA 序列未知的基因序列的一种引物。引物中编码一种氨基酸的简并密码子的第三位可设计为两个或两个以上不同碱基，所合成的引物是该位点不同碱基序列的混合物，是编码单一氨基酸的所有密码子碱基序列的混合引物。

11.0601　引物步移　primer walking
又称"引物步查"。一种长链 DNA 测序的策略。根据已测出的序列结构设计测序引物，按第一轮测序得出的新序列，再设计引物进行第二轮延伸测序，如此重复，直至获得全序列。

11.0602　毗邻碱基序列分析　nearest neighbor base sequence analysis
分析核酸链中某核苷酸与其他核苷酸相邻频率的技术。在分子生物学发展初期用于分析核酸一级结构。即用特定的酶降解有 $5'$-α-^{32}P 标记的核苷三磷酸参入的核酸链，与之相邻的核苷酸生成标记的 $3'$-核苷酸，检测含有 ^{32}P 标记的 $3'$-核苷酸产物含量即可计算出相邻频率。

11.0603　鸟枪法克隆　shotgun cloning
简称"鸟枪法（shotgun method）"。用限制性酶或超声波将基因组 DNA 切成随机性片段，克隆入 DNA 载体，转化宿主细胞，构建基因组 DNA 文库，再从基因组 DNA 文库中筛选得所需要的序列或基因克隆的方法。用于基因组的鸟枪法测序。

11.0604　重叠群　contig
又称"叠连群"。一组含有邻近序列或重叠序列的 DNA 序列克隆群。这些克隆的序列间有相互重叠，每一个克隆是整个群体中的一个单元，都是该 DNA 连续序列中的一段。可以从多个重叠单元的序列得到完整的 DNA 连续序列。如从一群序列重叠的表达序列标签可以得到一个完整的互补 DNA 序列。

11.0605　重叠群作图　contig mapping
依靠重叠群单元序列的叠加以确定染色体 DNA 物理图谱的技术。

11.0606　鸟枪法测序　shotgun sequencing
一种基因组 DNA 测序策略。对鸟枪法克隆获得的基因组文库中的所有 DNA 插入片段进行测序，通过几轮断裂和测序获得靶 DNA 的多重重叠测序结果，利用计算机程序对不同测序片段的重叠末端进行组装，获得全基因组的连续序列。

11.0607　双端测序　pair-end sequencing
从文库中的大片段 DNA 的两端进行测序的方法。在构建待测文库时，在 DNA 两端都加上测序引物结合位点，完成第一轮测序后，去除第一轮测序模板链，用另一引物引导互补链在原位扩增，获得第二轮测序所用模板，进行第二轮互补链的合成测序。该方法可以提高基因组序列拼接的准确度。

11.0608　高通量测序　high-throughput sequencing
又称"深度测序（deep sequencing）"，俗

称“第二代测序技术（second generation sequencing technique）”“下一代测序技术（next-generation sequencing technique）”。可同时对数十万至数百万条 DNA 分子进行并行测序的方法。实现对一个物种的全基因组和转录物组进行深入、细致、全貌的分析。根据发掘历史、影响力、测序原理和技术不同主要有大规模平行标签测序、焦磷酸测序、离子半导体测序等。

11.0609　大规模平行标签测序　massively parallel signature sequencing, MPSS

又称“大规模平行签名测序”。一种基于序列分析的高通量转录物组分析技术。是将每一种 mRNA 一端的 16～20bp 的特异序列信号作为检测标签，该序列在样品中的拷贝数代表了与其相应的基因的表达水平。该方法能够分析表达丰度较低、差异较小的基因，且无需预先知道基因序列。由于省略了基因片段分离、克隆和逐一测序，操作简便耗时短。

11.0610　焦磷酸测序　pyrosequencing

一种基于发光法测定 DNA 合成中释放的焦磷酸的高通量 DNA 测序技术。反应体系中加入的脱氧核苷酸与 DNA 模板的下一碱基配对，则在 DNA 聚合酶作用下完成聚合，同时释放出 1 分子焦磷酸。焦磷酸在三磷酸腺苷硫酸化酶的作用下生成 ATP，再与荧光素结合形成氧化荧光素而发光。测定序贯加入的不同脱氧核苷酸后的荧光信号强度，就可实时读取模板 DNA 的准确核苷酸序列。

11.0611　离子半导体测序　ion semiconductor sequencing

基于半导体芯片的一种高通量 DNA 测序技术。在特定半导体芯片的微孔中固定 DNA 链，依次掺入 ACGT。随着每个碱基的参入，释放出氢离子，并被离子传感器检测并转为读出 DNA 序列的数字信号。

11.0612　DNA 纳米球测序　DNA nanoball sequencing

一种用于全基因组测序的高通量 DNA 测序技术。利用滚环复制方式扩增基因组 DNA 片段，形成 DNA 纳米球，再与荧光探针在微阵列芯片上进行聚合反应，随后用高分辨率成像系统对光信号进行采集，数字化处理后即可高通量获得待测序列。

11.0613　循环芯片测序　cyclic-array sequencing

一种高通量 DNA 序列测定策略。使用 DNA 聚合酶或连接酶以及引物在 DNA 样品芯片上对模板重复进行延伸反应和荧光序列读取，通过显微设备观察并记录连续测序循环中的光学信号。该类测序方法采用了大规模矩阵结构的微阵列分析技术，阵列上的 DNA 样本可以被同时并行分析。

11.0614　外显子组测序　exome sequencing

对基因组的全部外显子区域进行 DNA 测序的一种基因组分析策略。利用序列捕获技术获取外显子区域的 DNA 后进行高通量测序，得到基因组中全部外显子的 DNA 序列。是研究基因功能和单基因和复杂性遗传性疾病的高效策略。用于研究已知基因的单核苷酸多态性位点、插入缺失位点等。

11.0615　转录物组测序　transcriptome sequencing

又称“RNA 测序（RNA sequencing, RNA-seq）”。对特定细胞在特定功能状态下所转录的所有 RNA 产物进行的高通量测序技术。该技术在单核苷酸水平对任意物种的整体转录活动进行检测，在分析转录物的结构和表达水平的同时，还能发现未知转录物和低丰度转录物，发现基因融合，识别可变剪切位点和 SNP，提供全面的转录物组信息。

11.0616　微 RNA 测序　microRNA sequencing, miRNA-seq

对特定细胞或组织中所有微 RNA（miRNA）进行的高通量测序技术。用于研究特定状态下的细胞或组织中微 RNA 的差异表达、寻找其 mRNA 靶点、发现新的微 RNA。

11.0617　全基因组测序　whole-genome sequencing, WGS

基于高通量 DNA 测序技术对个体基因组的全序列解析的方法。用于研究未知物种基因组序列、同一物种不同个体基因组的差异等。

11.0618　从头测序　*de novo* sequencing

不基于任何已有序列信息对特定物种基因组进行的序列分析。获得的序列信息后利用生物信息学分析方法拼接和组装，即可获得该物种的基因组图谱。用于分析未知的物种基因组序列、基因组成、进化特点等。

11.0619　基因组重测序　genome re-sequencing

对基因组序列已知的物种进行不同个体基因组测序的方法。用于分析不同个体基因组间的差异，如发现单核苷酸多态性位点、插入缺失位点、结构变异位点和拷贝数变异位点等。

11.0620　基因组组装　genome assembly

运用生物信息学技术对基因组片段从头测序中获得的序列信息进行拼接，最终获得全基因组序列信息的过程。

11.0621　基因组注释　genome annotation

为基因组 DNA 序列加注基因结构及功能信息的过程。主要包括编码基因和非编码区的鉴定以及基因功能的注释。

11.0622　翻译组测序　ribosome profiling, ribosome profiling sequencing, Ribo-seq

又称“核糖体图谱分析”。对细胞内核糖体上的正在进行新生肽链合成的 mRNA 片段进行测序分析的方法。是利用抗体沉淀或密度梯度离心法分离多核糖体，提取 mRNA，再进行序列分析。可对翻译中的 mRNA 进行定性定量研究，推算蛋白质的含量，获得翻译调控信息。结合转录物组测序，还可计算出翻译速率。

11.0623　单细胞测序　single cell sequencing

利用微量基因组扩增和高通量测序技术。在单个细胞水平上对基因序列、结构及表达状态进行分析的技术。技术流程包括：单个细胞的分离、基因组的提取、全基因组或转录物组扩增、测序文库的构建及测序。能够以高分辨率显示单个细胞的基因组结构和基因表达差异信息，在单细胞尺度研究个体细胞、相关环境细胞及其相互作用的机制。可以应用于细胞类型鉴定、细胞分化及组织发育轨迹分析、基因表达调控机制研究等。

11.0624　局部序列比对检索基本工具　basic local alignment search tool, BLAST

又称“局部序列排比检索基本工具”。美国国家生物技术信息中心（National Center for Biotechnology Information，NCBI）推出的一套从核酸和蛋白质数据库中检索与指定序列相似性比较的计算机分析程序。

11.0625　RYN 法　RYN method

一种计算机分析程序。判断最可能出现的密码子嘌呤（R）、嘧啶（Y）和两者任意（N）使用的频率，推算未知 DNA 序列可读框的合理性。

11.0626　空间转录物组分析技术　spatial transcriptomic technology

高效解析组织空间原位的细胞基因表达模

式的技术。联合使用组织切片的细胞原位鉴定技术和单细胞测序技术，可检测出单个组织切片中的所有 mRNA，且能够定位和区分功能基因在特定组织区域内的转录数据。

11.0627 单分子测序 single-molecule sequencing

俗称“第三代测序技术（third-generation sequencing technique）”。直接对 DNA 单分子进行测序的一类高通量 DNA 序列分析策略。具有超读长、不需要模板扩增、运行时间短、直接检测表观修饰位点等特点，弥补了高通量测序读长短、易受 GC 含量影响等局限性。其技术基础是荧光共振能量转移、零模波导孔金属膜片、纳米孔、非光学显微镜成像等。适用于基因组测序、突变检测和甲基化测序等。

11.0628 单分子实时测序 single-molecule real time sequencing, SMRT

基于边合成边测序策略的一种高通量单分子测序技术。以零模波导孔金属片为载体进行测序反应。合成反应局限在纳米小孔的底部，检测配对合成的脱氧核苷酸发出的荧光信号，依据 4 种不同荧光标记信号读出 DNA 模板序列。无需进行 PCR 扩增而直接读取目标序列，具有高通量、快速度、长读长、低成本、假阳性率低等多种优点。

11.0629 非光学显微镜成像测序 sequencing by non-light microscope imaging

一种单分子实时 DNA 测序技术。借助扫描隧道显微镜或原子力显微镜等非光学显微镜，实现 DNA 链碱基空间线性排列方式的可视化，将链上的 4 种碱基区分开来，读出 DNA 序列。

11.0630 纳米孔测序 nanopore sequencing

利用核酸分子穿过纳米孔所引起的电流变化来识别碱基序列的新一代高通量单分子测序技术。通过测定单分子 DNA（RNA）通过生物纳米孔的电流变化推测碱基组成而进行测序。消除 PCR 扩增带来的偏差，保留重要的碱基修饰信息，并且读长不受限制，从而能够检测大片段的结构变异和解析含有高度重复 DNA 片段的区域。

11.0631 基因表达系列分析 serial analysis of gene expression, SAGE

通过构建较短的表达序列标签规模化地检测基因表达种类及其丰度的实验技术。由此可以确定 cDNA 文库来源细胞内的所有转录物，包括低丰度转录物，通过测得标签数目，还可获得每种转录物的相对含量。

11.0632 全基因组关联分析 genome-wide association study, GWAS

对群体中多个个体在全基因组范围的遗传变异多态性进行的分析。利用高密度的分子标记（主要是单核苷酸多态性）对每个标记或标记的单倍型进行关联分析，获得基因型后，再对基因型与表型进行群体水平的统计学分析，筛选出最有可能影响特定性状的遗传变异，挖掘与性状变异相关的基因。

11.0633 基于 RNA 纯化的染色质分离技术 chromatin isolation by RNA purification, ChIRP

一种鉴定与 RNA 相互作用的蛋白质、RNA 或 DNA 等大分子并确定其结合区域的技术。用于定位长非编码 RNA 等非编码 RNA 及其结合蛋白质与染色质相互作用部位。将与目标 RNA 互补的寡核苷酸探针进行生物素标记，用此探针捕获相应的蛋白质、RNA 或 DNA 等，并通过质谱或测序分析确认。

11.0634 染色质构象捕获 chromatin conformation capture, 3C

一种染色质空间构象分析技术。是将染色质

中的DNA-蛋白质、蛋白质–蛋白质相互作用复合物用化学交联予以固定，经酶切、连接、纯化，即可获得在染色质中空间位置接近的DNA序列片段，通过对这些片段的聚合酶链反应产物的定性和定量分析，可以推测出染色质的局部空间结构。

11.0635 开放染色质测定 determination of open chromatin

一种测定开放染色质的基因组位置的技术。利用转座子插入、酶消化或超声等方式从完整染色质中分离出DNA片段，再经片段大小选择或苯酚–氯仿萃取法去除核小体相关DNA，所得到的DNA经过纯化、构建文库后，进行测序，并与参考基因组进行比对。

11.0636 染色质免疫沉淀 chromatin immunoprecipitation, ChIP

一种用于研究蛋白质与DNA在体内相互作用的技术。在活细胞状态下交联固定蛋白质-DNA复合物，并将其随机切断为一定长度范围内的染色质小片段，利用特异性抗体沉淀目标蛋白质，可获得在细胞内与之相结合的DNA片段，经序列分析确定该蛋白质分子所结合的DNA序列。

11.0637 染色质免疫沉淀测序 chromatin immunoprecipitation sequencing, ChIP-SEQ, ChIP-sequencing, ChIP-Seq

将染色质免疫沉淀与DNA测序技术相结合，在全基因组范围内高通量检测细胞或组织中蛋白质和DNA相互作用的技术。可用于检测分析转录因子结合位点、基因位点特异性组蛋白修饰模式等。

11.0638 基于微阵列的染色质免疫沉淀 ChIP-on-chip, ChIP-chip

又称“全基因组定位分析（genome-wide location analysis, GWLS）”。将染色质免疫共沉淀和DNA微阵列技术相结合，高通量分析DNA和蛋白质相互作用的技术。能在基因组范围内确定转录因子结合位点或组蛋白修饰所在位置。

11.0639 DNA甲基化组测序 DNA methylome sequencing

以单碱基分辨率在全基因组范围内鉴定和定量DNA甲基化状态的一种技术。可获得全基因组范围内所有C位点的甲基化数据。主要方法有重亚硫酸盐测序法、甲基化芯片技术和抗体沉淀富集分析等。

11.0640 重亚硫酸盐测序 bisulfite sequencing, BS-seq

又称“亚硫酸氢盐测序”。DNA甲基化分析方法。重亚硫酸盐可使DNA中未发生甲基化的胞嘧啶脱氨基转变成尿嘧啶，而甲基化的胞嘧啶保持不变。用特殊引物扩增后将产物进行测序，即可判断胞嘧啶是否甲基化。

11.0641 氧化重亚硫酸盐测序 oxidative bisulfite sequencing, oxBS

区分DNA中5′-羟甲基胞嘧啶和5′-甲基胞嘧啶的方法。在重亚硫酸盐测序前氧化处理DNA，5′-甲基胞嘧啶无变化，而5′-羟甲基胞嘧啶被氧化，进而脱氨基生成尿嘧啶。与未经氧化处理直接行重亚硫酸盐测序结果比较。即可在单个碱基水平分辨5′-羟甲基胞嘧啶和5′-甲基胞嘧啶。

11.0642 全基因组重亚硫酸盐测序 whole-genome bisulfite sequencing, WGBS

重亚硫酸盐测序和高通量测序技术相结合的高通量检测基因组中DNA甲基化的标准方法。分析细胞或组织中全部染色体DNA上甲基化状态。

11.0643 简化代表性重亚硫酸盐测序 reduced representation bisulfite sequencing, RRBS

又称“简化基因组甲基化测序”。在全基因组水平分析 CpG 岛区甲基化水平的方法。通过限制性内切酶对基因组进行酶切，富集 CpG 岛区，再进行重亚硫酸盐测序，获得单碱基精度的 CpG 位点甲基化图谱。因仅分析 CpG 岛区的甲基化，较全基因组重亚硫酸盐测序成本降低。

11.0644 液相杂交捕获重亚硫酸盐测序 liquid hybridization capture-based bisulfite sequencing, LHC-BS

检测基因组中特定区域 DNA 甲基化的方法。利用探针液相杂交技术特异性富集基因组中的启动子等 DNA 片段，再行高通量重亚硫酸盐测序。可用于疾病相关的 DNA 甲基化标志物的筛选。

11.0645 甲基化 DNA 免疫沉淀 methylated DNA immunoprecipitation, MeDIP

在全基因组水平富集甲基化 DNA 片段的方法。利用抗 5′-甲基胞嘧啶（5mC）抗体从变性的基因组 DNA 片段中识别并沉淀甲基化的基因组 DNA 片段，再用于 DNA 甲基化分析。

11.0646 甲基化 DNA 免疫沉淀测序 methylated DNA immunoprecipitation sequencing, MeDIP-seq

基于抗体富集原理进行测序的全基因组甲基化检测技术。采用甲基化 DNA 免疫共沉淀技术，用抗 5′-甲基胞嘧啶抗体富集基因组的甲基化 DNA 片段，通过高通量测序，可确定基因组上的甲基化区域，从而比较不同细胞、组织或疾病样本间的 DNA 甲基化修饰差异。

11.0647 限制性标记基因组扫描 restriction landmark genomic scanning, RLGS

基于酶切和 DNA 电泳在基因组范围分析 DNA 甲基化的方法。利用甲基化敏感限制性内切酶消化基因组 DNA，甲基化位点被保留，第一次电泳后再用甲基化不敏感内切酶切割，行第二次电泳，甲基化 DNA 将被切割并在电泳时呈现条带，得到其图谱。

11.0648 甲基化非敏感性限制性核酸内切酶 methylation-insensitive restriction endonuclease

识别和切割不具有碱基甲基化修饰限制性的 DNA 内切酶。

11.0649 甲基化敏感性限制性核酸内切酶 methylation-sensitive restriction endonuclease, MSRE

识别位点的切割受到甲基化修饰限制的一类 DNA 内切酶。这些酶在识别序列中胞嘧啶发生甲基化时不能发挥切割作用（或）仅在识别序列中胞嘧啶发生甲基化时才能发挥切割作用。*Hpa* Ⅱ、*Msp* Ⅰ等多达 300 余种内切酶属于识别序列中胞嘧啶发生甲基化时不能发挥切割作用的限制性内切酶。利用具有这种特性的酶处理 DNA，随后分离分析产物，可得到甲基化的 DNA 片段，明确基因或基因组的甲基化状态。细菌中天然存在该类酶的生物学意义是防止自身 DNA（甲基化修饰）被降解。

11.0650 甲基化敏感性限制性指纹谱技术 methylation-sensitive restriction fingerprinting, MSRF

基于甲基化敏感限制性酶切和聚合酶链反应（PCR）技术，在基因组水平比较差异的甲基化片段的技术。将基因组 DNA 分别进行甲基化非敏感性酶单酶切和双酶切（甲基化非敏感性酶和甲基化敏感性酶），将两组酶切产物以随机引物进行 PCR 扩增，甲基化的 CpG 岛可扩增出产物，非甲基化的 CpG 岛因被甲基化敏感性酶切割而无法得到 PCR 产物，由此可显示相应相应细胞或组织样本中的差异甲基化片段。

11.0651 甲基化 CpG 结合结构域柱层析 methyl-CpG binding domain column chromatography, MBD column chromatography

以 DNA 甲基化位点特异性结合蛋白质的功能结构域 MBD 为固相，通过柱层析筛选基因组中甲基化片段的方法。MBD 能够与单甲基化 CpG 位点特异结合，将该分子与凝胶结合，当待测 DNA 片段通过时，含有甲基化位点的 DNA 即与 MBD 多肽结合而被分离出来。甲基化位点的数目和密度是决定 MBD 柱结合力的主要因素。

11.0652 联合甲基化敏感性限制性酶切的甲基化 CpG 结合结构域柱层析 combination of MBD column chromatography and methylation-sensitive restriction enzyme

基因组 DNA 先经甲基化敏感限制性酶切，再用甲基化 CpG 结合结构域（MBD）柱层析分离，在基因组水平分析甲基化 DNA 片段的技术。基因组中存在甲基化位点的 DNA 片段可被分离鉴定，再行实时聚合酶链反应扩增确认。该方法避免了单用 MBD 引起的非特异性捕获及单用酶切的不完全消化引起的假阳性的问题。

11.0653 联合甲基化敏感性限制性酶切的甲基化 DNA 沉淀 combination of methylated-DNA precipitation and methylation-sensitive restriction enzyme, COMPARE-MS

基于甲基化敏感限制性酶切和甲基化 CpG 结合结构域（MBD）甲基化 DNA 沉淀方法，在基因组水平比较差异的甲基化片段的技术。基因组 DNA 先行甲基化敏感限制性酶切，甲基化的 DNA 片段结合于含 MBD 的磁性基质而被分离，再行实时聚合酶链反应扩增确认，即可快速定量检出甲基化的基因组 DNA 片段。该法可同时分析数百个样品，用于比较多个样品的 DNA 甲基化状态。

11.0654 甲基化位点间区扩增 amplification of inter-methylated sites, AIMS

在基因组水平 DNA 甲基化检测方法。利用两种甲基化敏感度不同的限制性内切酶先后进行 DNA 酶切反应，将甲基化敏感的片段通过接头连接，进行聚合酶链反应，含甲基化位点的 DNA 片段将被选择性扩增，再经测序确认。

11.0655 甲基化 CpG 岛扩增 methylated CpG-island amplification, MCA

富集甲基化 CpG 序列的方法。利用两种甲基化敏感度不同的限制性内切酶先后进行 DNA 酶切反应，将甲基化敏感的片段通过接头连接，再进行聚合酶链反应，甲基化 CpG 序列将被选择性扩增。

11.0656 差异甲基化杂交 differential methylation hybridization, DMH

基于 CpG 岛芯片的基因组 DNA 甲基化分析方法。通过限制性内切酶切和聚合酶链反应获得甲基化和非甲基化的基因组 DNA 片段，经 CpG 岛芯片杂交，通过差异性对比检测出未发生 DNA 甲基化位点。

11.0657 定向测序 directed sequencing

对染色体上已知序列邻近段落的连续 DNA 测定的方法。

11.0658 测序深度 sequencing depth

测序获得的碱基对总数据量与基因组数据大

小的比值。是评价测序质量的指标，与基因组覆盖度呈正相关，错误率随测序深度提升而下降。如5G大小的基因组，重复测序获得了100G的数据量，则测序深度为20×。

11.0659　测序覆盖度　sequencing coverage
测序所获得的序列在基因组序列中所占的比例。是反映测序随机性全面性的指标，与测序深度呈正相关。

11.0660　糖作图　carbohydrate mapping
利用各种分析方法（如层析、电泳、质谱、核磁共振等）研究糖的组成时所得到结果的图示化。

11.0661　多糖测序　polysaccharide sequencing
对机体的多糖、糖蛋白、糖脂中的糖基排列顺序进行测定的方法。需要联合应用酶解、毛细管电泳、质谱等技术。

11.06　重组DNA技术及应用

11.0662　体内　*in vivo*
在生物活体（如整体动物、整体植物或活的微生物细胞等）内进行的实验研究。

11.0663　体外　*in vitro*
在机体外进行的实验研究。可利用器官灌注、组织培养、组织匀浆、细胞培养、亚细胞组分、生物材料提取物等进行。

11.0664　克隆　clone, cloning
（1）利用体外重组技术将某特定的基因或DNA序列插入载体分子的操作过程。（2）来自同一祖先、经无性繁殖所产生的相同分子（DNA、RNA）、细胞群体或遗传学上相同生物个体。

11.0665　重组　recombination
（1）通过基因工程手段对核酸序列进行的重新组合或改造。（2）在细胞减数分裂过程中，染色体交换导致配子中的基因组合与亲本基因连锁相不同的现象。

11.0666　重组DNA　recombinant DNA, rDNA
经人工手段对其序列进行了改造和重新组合的DNA。

11.0667　重组RNA　recombinant RNA
用人工手段进行了改造和重新组合的RNA。可以经重组DNA转录获得，也可以使用专门作用于RNA的酶类（如T4 RNA连接酶、Qβ-RNA复制酶、RNA酶III）等工具和技术获得。

11.0668　重组蛋白质　recombinant protein
重组DNA所表达的蛋白质。常在蛋白质名称前加r表示，如rBMP指用基因工程手段获得的重组骨形成蛋白。

11.0669　体外重组　*in vitro* recombination
在体外对生物的遗传物质或人工合成的基因进行改造或重新组合形成新的核酸分子或新的基因的技术。

11.0670　体外转录　*in vitro* transcription
在含有RNA聚合酶、必要的蛋白质因子、核苷三磷酸等成分的体外无细胞系统中，用DNA作为模板，转录生成RNA的技术。

11.0671　体外翻译　*in vitro* translation
在含有核糖体、必需的酶类、蛋白质因子、各种tRNA、氨基酸等条件的体外无细胞系统中，用 mRNA 作为模板，模仿体内翻译合成特定的蛋白质或多肽的系统。常用的体外无细胞翻译系统有兔网织红细胞裂解物系统、麦胚抽提物系统等。

11.0672　肽合成　peptide synthesis

用人工方法将各种氨基酸按照预先设计顺序依次连接成多肽的方法。目前最常用的是固相合成法，将氨基酸挂在树脂上合成肽链，可以自动化操作。

11.0673　固相肽合成法　solid phase peptide synthesis

将要合成多肽链的 C 端氨基酸的羧基与不溶性的高分子树脂以共价键相连，再以结合在固相载体上的这个氨基酸作为氨基组分经过脱去氨基保护基并与过量的活化羧基组分反应向 N 端延伸连接成预期肽链，也可以将 N 端氨基酸与不溶性的高分子树脂以共价键相连，向 C 端延伸的方法。这样的步骤可以重复地进行，最后达到所需要的肽链长度。该法与传统的溶液法不同，不需要每一步提纯，操作简便，易实现自动化，但最终产物不纯，需用高效液相层析法纯化。是专指多肽合成的一种方法。

11.0674　梅里菲尔德合成法　Merrifield synthesis

梅里菲尔德（R. B. Merrifield）于 1963 年提出的固相多肽合成技术。即将氨基酸的羧基末端与不溶性树脂连接，从其氨基端再经过反应添加下一个氨基酸，多余的试剂及副产物则被洗去，如此反复，肽链按设定的系列从羧基端向氨基端延伸。

11.0675　重组 DNA 技术　recombinant DNA technique

又称“DNA 克隆（DNA cloning）”“DNA 重组技术(DNA recombination technology)”。在体外将两个或多个不同来源的 DNA 片段重新组合，并在适当细胞中扩增形成新功能 DNA 分子的技术。包括对目的基因的获得、基因载体和工具酶的选择、目的基因与载体的连接、重组的 DNA 分子导入适当的受体（宿主）细胞、筛选出得到重组 DNA 分子的受体细胞、表达外源目的基因等过程。是基因工程技术的核心。

11.0676　基因工程　genetic engineering

又称“遗传工程”。狭义的基因工程仅指用体外重组 DNA 技术去获得新的重组基因；广义的基因工程则指按人们意愿设计，通过改造基因或基因组而改变生物的遗传特性。如用重组 DNA 技术，将外源基因转入微生物中表达，生产人所需要的生物产品；将外源基因转入动物，构建具有新遗传特性的转基因动物；用基因敲除手段，获得有遗传缺陷的动物等。

11.0677　合成仪　synthesizer

能自动进行化学合成的仪器。生物化学工作中重要的合成仪是能按设计自动连接氨基酸（多肽合成仪）或核酸（DNA、RNA 合成仪）的设备。均采用固相合成系统。

11.0678　DNA 合成　DNA synthesis

按照预定核苷酸的顺序，将脱氧核苷酸逐个进行人工连接合成 DNA 链的方法。目前多是采用固相合成法，是在多聚体支持物上从 3′端延伸核苷酸，可自动化操作。

11.0679　磷酸二酯法　phosphodiester method

简称“磷酸酯法（phosphate method）”。核酸化学合成早期的一种固相法。每一步连接直接采用经保护的核苷酸磷酸酯。

11.0680　亚磷酸三酯法　phosphite triester method

简称“亚磷酸酯法（phosphite method）”。

核酸化学合成的一种固相法。每一步连接采用的是核苷酸亚磷酸衍生物（即亚磷酸酰胺），然后氧化成磷酸三酯形式。

11.0681 磷酸三酯法 phosphotriester method
核酸化学合成的一种固相法。是将活化的核苷 3′-磷酸单体与另一个核苷酸的 5′-OH 基连接，形成磷酸三酯。

11.0682 亚磷酰胺法 phosphoramidite method
核酸化学合成的一种固相法。合成核酸链的每一个循环是经过高效率且化学性质活泼的核苷酸 3′-亚磷酸酰胺中间体，氧化后成为稳定的五价磷酸三酯。为目前最常用的 DNA 自动化固相合成方法。

11.0683 分子克隆 molecular cloning
纯化和扩增特定 DNA 片段的方法。该技术可将含有目的基因的 DNA 用体外重组方法将其插入克隆载体，形成重组克隆载体，通过转化与转导的方式，引入适合的宿主体内得到复制与扩增，然后再从筛选的宿主细胞内分离提纯所需的克隆体以达到纯化扩增之目的。可用于获得多拷贝的目的基因或含有该目的基因的个体。

11.0684 基因克隆 gene cloning
从基因组或 DNA 大片段中分离单个基因或 DNA 序列，并在宿主细胞中进行扩增获得许多相同拷贝的过程。

11.0685 功能克隆 functional cloning
在掌握疾病相关的蛋白质功能的基础上，克隆获取其编码基因的基因克隆方法。如，血红蛋白病、苯丙酮尿症等，先明确了疾病相关的蛋白质，依据蛋白质的氨基酸序列信息鉴定克隆出致病基因。

11.0686 定位克隆 positional cloning
从染色体上已知位置出发，克隆或鉴定遗传疾病相关的未知功能基因的技术。从大量收集患者家系入手，从家系中分析所要克隆的致病基因的遗传分离方式，找出与该基因紧密连锁的遗传标志，确定标志在染色体上的位置，从定位的染色体区段内分离和克隆所要的基因，再进一步研究该基因的功能。如囊性纤维化病的基因突变就是用此法发现的。

11.0687 定位候选克隆 positional candidate cloning
又称“候选定位克隆（candidate positional cloning）”。在定位克隆的基础上部分融合了功能克隆的策略。先以基因的染色体定位信息和相应的染色体区段物理图谱和遗传图谱为基础，研究已定位在该区段中的基因、表达序列标签等与某一性状（如疾病）的相关性，最后确定目的基因而加以克隆的方法。

11.0688 表型克隆 phenotypic cloning
不依赖于基因的染色体位置或基因的产物信息，基于疾病表型和基因结构或基因表达的特征，比较疾病 DNA 与正常 DNA 水平的差异并直接对变异的 DNA 进行分离鉴定疾病相关基因的一种克隆方法。

11.0689 定向克隆 directional cloning
将待克隆的核酸分子按一定的方向连接入载体的分子克隆方法。如克隆载体插入位置上设置两个不同的限制性内切酶位点，在外源 DNA 分子两端也放上相应的两个限制性酶切序列，经限制性酶消化后，所产生的 DNA 黏性末端分别互补结合，外源 DNA 就可定向插入载体。

11.0690 辐射杂交作图 radiation hybrid mapping
染色体图谱作图的常用方法之一。利用高剂量 X 射线使细胞内候选染色体断裂为若干片段，将此细胞与仓鼠细胞形成杂交克隆。利用 DNA 印迹和聚合酶链反应分析杂种克隆中人基因组 DNA 位标的分布，通过计算染色体位标断裂分离频率，推算出基因间的距离和染色体上的排列。

11.0691　表达克隆　expression cloning

通过进行基因表达而克隆目的基因的方法。用表达载体构建互补 DNA（cDNA）或基因组 DNA 表达文库，转入细菌或细胞内进行表达，再通过特定表型进行筛选，从而获得目的基因克隆。该方法可以对任何能表达可筛选表型的基因进行克隆。

11.0692　重组克隆　recombinant clone

含有重组核酸分子或其片段的分子克隆或细胞克隆。

11.0693　亚克隆　subcloning

用限制性酶切或聚合酶链反应等方法从已经克隆的DNA中获得该克隆DNA的部分序列或改造过的序列，再克隆到另外的新载体中的技术。

11.0694　cDNA 克隆　cDNA cloning

从基因的转录产物（如 mRNA）开始，逆转录合成互补 DNA（cDNA），然后重组入载体，经过复制，筛选得到单一种 cDNA 分子的技术。

11.0695　TA 克隆　TA cloning

利用聚合酶链反应（PCR）中 *Taq* DNA 聚合酶可以在产物末端添加一个不配对腺嘌呤核苷酸（A）的特点，通过与 T 载体之间的 A–T 互补性，高效克隆 PCR 产物的技术。

11.0696　克隆位点　cloning site

重组 DNA 技术中，载体 DNA 分子中唯一可插入外源 DNA 片段的限制性内切酶位点。外源性 DNA 由此插入载体内，不影响质粒的复制能力，有的位点还可为宿主提供选择性表型形成。

11.0697　多克隆位点　multiple cloning site, polycloning site, MCS

DNA 载体中的一段人工合成的含有多个限制内切酶识别位点的序列。为外源 DNA 提供了多种可插入的位置或插入方案。

11.0698　削平　end polishing

在基因重组实验中，用 T4 DNA 聚合酶、单链特异性核酸酶等工具酶去除双链 DNA 末端的 3′突出端使之成为钝端的技术。

11.0699　末端补平　end-filling, filling-in

将限制性内切酶消化、人工合成寡核苷酸退火或其他原因产生的双链 DNA 5′端黏性末端填补成钝端的技术。通常借助 DNA 聚合酶（如克列诺酶或 T4 DNA 聚合酶）的 5′→3′ DNA 聚合酶活性完成。

11.0700　平端化　blunting

将双链 DNA 两端突出的单链区变成平端的操作。通常对双链的 5′突出端，可用克列诺（Klenow）酶或 T4 DNA 聚合酶延伸补平；如果是 3′突出端，可用 T4 DNA 聚合酶切去 3′突出部分而抹平。也可以用单链特异的核酸酶切除突出单链。

11.0701　单链突出端　overhang

双链核酸末端带有的一个或多个未配对核苷酸的单链部分。

11.0702　切口平移　nick translation

又称“切口移位”。制备标记 DNA 的一种方法。先用 DNA 酶使 DNA 双链上形成不对称的切口，再利用 DNA 聚合酶 I 的 5′→3′ 外切酶活性将切口处的 5′-P-核苷酸逐个切除，同时其 DNA 聚合酶活性又不断将新的含标记的核苷酸按碱基配对原则加入形成新链，这样就使缺口不断向 3′端移动，同时标记了 DNA。

11.0703　多位点人工接头　polylinker
含多个限制酶识别位点的一段人工合成 DNA 序列。可插入质粒等载体中作为多克隆位点，或连接到其他 DNA 片段上，以方便分子克隆操作。

11.0704　染色体显微切割术　chromosome microdissection
用显微操纵器切割某条染色体特定区域的技术。所得到的染色体特定区带可用于该区带 DNA 或基因的克隆。

11.0705　限制性酶切片段　restriction fragment
核酸被限制性内切酶消化所产生的片段。

11.0706　限制性酶切片段长度多态性　restriction fragment length polymorphism, RFLP
不同个体或种群间的基因组 DNA 经同样一种或几种限制性内切酶消化后所产生的 DNA 片段的长度数量各不相同的现象。各自有其独特的电泳图谱，反映出个体和种群间基因组 DNA 序列的差异。

11.0707　扩增片段长度多态性　amplified fragment length polymorphism, AFLP
用特定聚合酶链反应技术在体外扩增 DNA 时出现的片段长度多态现象。可作为个体识别的分子标记。当用两个限制性内切酶处理不同个体的基因组 DNA，连接一个大约 20 个碱基的接头并设计引物扩增 DNA 片段，可获得个体特有长度和数目的产物。广泛用于构建遗传连锁图谱、基因组研究、遗传育种、亲子鉴定、遗传病诊断等领域。

11.0708　限制性酶切图谱　restriction map
全称“限制性核酸内切酶图谱（restriction endonuclease map）”。核酸经限制性内切酶消化成片段，用电泳等方法分离，不同的核酸形成的各自独特的条带图谱。

11.0709　限制性酶切作图　restriction mapping
全称“限制性核酸内切酶作图（restriction endonuclease mapping）”。将 DNA 分子上的一种或多种限制性内切酶的酶切位点依次排列，标明酶切位点在 DNA 分子上的位置以及相互之间相隔距离的方法。

11.0710　限制性酶切位点　restriction site
在 DNA 双链上被限制性内切酶识别并切割的特定碱基序列。在分子生物学和基因工程中常用的 II 型限制性内切酶识别的多为 4、6 或 8 对核苷酸的双链回文序列。

11.0711　限制性酶切位点保护试验　restriction site protection experiment
利用限制性酶切作用鉴定 DNA-蛋白质结合区的技术。DNA 上有转录因子、组蛋白等蛋白质结合时，该区段 DNA 上的限制性酶切位点就不会被相应的限制性内切酶切开，由此可得知 DNA 哪些区域有蛋白质的结合。

11.0712　限制性酶切分析　restriction analysis
基因组或一段核酸用限制性内切酶消化产生的片段经电泳等方法分离形成独特的条带图谱，对 DNA 序列特征进行分析的方法。

11.0713　RNA 作图　RNA mapping
对 RNA 分子在基因上的定位分析。将 RNA 与相应的 DNA 杂交后，用单链特异性核酸酶（常用的如 S1 核酸酶）切去未发生杂交的单链部分，即可分析出 RNA 与相应 DNA 的关系，如 RNA 的 5′端和 3′端、外显子和内含子在 DNA 上的相应位置等。

11.0714　S1 核酸酶作图　S1 nuclease mapping
简称“S1 作图（S1 mapping）”。使用能特异水解单链核酸的 S1 核酸酶所进行的 RNA 作图法。

11.0715 融合基因 fusion gene

（1）利用重组 DNA 技术构建的两个或两个以上基因的部分或全部序列组合组成的一个新杂合基因。用于融合的基因或片段可以是报告基因、功能基因、标签基因等。（2）机体内因染色体易位等各种因素导致的位于不同座位的基因连接形成的基因突变体。

11.0716 融合蛋白质 fusion protein

（1）融合基因的表达产物。或通过生物学和化学方法融合的两个或两个以上蛋白质。（2）机体内因染色体易位等各种因素导致产生的突变融合基因的蛋白质产物。

11.0717 凝血因子Ⅹa 切割位点 factor Ⅹa cleavage site

基因工程表达系统中融合蛋白质常用的连接序列。凝血因子Ⅹa 识别并使融合蛋白质中的目标与非目标序列产生肽段分离的特定序列。其序列由 Ile-Glu-Gly-Arg-Gly 5 个氨基酸构成。

11.0718 凝血酶切割位点 thrombin cleavage site

基因工程表达系统中融合蛋白质常用的连接序列。凝血酶识别并使融合蛋白质中目标与非目标序列发生肽段分离的特定位点。最适切割位点是：P4-P3-P2-Arg↓-P1′-P2′，式中 P4 和 P3 为疏水氨基酸，P1′和 P2′为非酸性氨基酸，↓为切割位点。

11.0719 载体 （1）vector（2）carrier

（1）可以插入核酸片段、能携带外源核酸进入宿主细胞，并在其中进行独立和稳定的自我复制的核酸分子。基因工程中广泛应用的载体多来自人工改造的细菌质粒、噬菌体或病毒核酸等。多数载体是 DNA 分子，但某些 RNA 分子也能用做载体。（2）在细胞悬浮培养系统中，支撑机体或细胞生长的固相颗粒基质。如加入发酵罐中的特殊塑料或微孔玻璃颗粒。此外，为分离样品中微量的放射性物质而加入的大量同类非放射性物质。

11.0720 微载体 microcarrier

细胞培养中所使用的一类无毒性、非刚性、密度均一的小颗粒材料。依赖贴壁生长的细胞在悬浮培养时可贴附在颗粒表面单层生长，从而增加细胞贴附生长的面积，有利于细胞的大规模培养和收集。颗粒直径为 60～250μm，可选用天然材料（如葡聚糖）制成，也可以选用合成材料（如各种高聚物等）制成。

11.0721 克隆载体 cloning vector, cloning vehicle

可携带插入的目的 DNA 进入宿主细胞内并能自我复制的 DNA 分子。此种 DNA 分子含有能在宿主中复制的位点和便于筛选的遗传标志。

11.0722 表达载体 expression vector

携带外源 DNA 并可使之在宿主细胞中表达的载体。包括原核表达载体和真核表达载体，可以是质粒、噬菌体或病毒等。典型的表达载体带有基因表达的调控序列，并在适当位置有可插入外源基因的限制性内切酶位点。

11.0723 原核表达载体 prokaryotic expression vector

在原核细胞中表达外源基因的克隆载体。除具有克隆载体的基本特征外，还有供外源基因有效转录和翻译的原核表达调控序列。如启动子、核糖体结合位点、转录终止序列等。如酵母表达载体。

11.0724 真核表达载体 eukaryotic expression vector

在真核细胞中表达外源基因的克隆载体。除具有克隆载体的基本特征外，所提供外源基因的表达元件来自真核细胞。具有不可少的原核序列，如启复制起点、抗生素抗性基因、多克隆酶切位点等；真核表达调控元件，如真核启动子、增强子、转录终止序列等；真核细胞复制起始序列；真核细胞药物抗性基因等。应用最广泛的是大肠埃希菌表达载体。

11.0725　诱导型表达载体　inducible expression vector

利用诱导型启动子，设计特定诱导条件，实现对基因转录的开关控制的一类表达载体。诱导方式可利用渗透压、pH、低氧、低温、加热环境等变化；亦可使用化学诱导物。

11.0726　穿梭载体　shuttle vector

能在两种或多种不同类型宿主细胞（如酵母与细菌、细菌与动物细胞等）中复制的克隆载体。

11.0727　逆转录病毒载体　retroviral vector

由某种逆转录病毒序列构建的基因运载工具。能够携带外源基因或 DNA 进入宿主细胞，并整合到染色体基因组上。

11.0728　报告载体　reporter vector

又称“报道载体”。含有报告基因表达组件的载体。可用以研究启动子或其他基因调控序列或元件的功能，或用于指示其他基因表达水平。

11.0729　置换型载体　replacement vector

又称“取代型载体”。一种噬菌体克隆载体。在插入外源 DNA 时需要去除载体上一段长度相当的序列，以维持一定范围的 DNA 分子长度，保证噬菌体的完整转染活性。

11.0730　卡隆载体　Charon vector

运送 DNA 片段的置换型噬菌体载体系列。借用希腊神话中河道摆渡的船夫卡隆（Charon）而命名。利用 DNA 缺失的 λ 噬菌体作为载体，将待克隆的 DNA 片段置换 λ 噬菌体缺失的 DNA，感染大肠埃希菌的特定菌株。能用做较长 DNA 片段的克隆载体，有较高的安全性，曾经得到过广泛的应用。

11.0731　插入型载体　insertion vector

一类可以容纳一定长度外源 DNA 片段的噬菌体载体。在克隆时无需去除与插入体大小相当的片段。

11.0732　T 载体　T-vector

用于克隆聚合酶链反应（PCR）产物（TA 克隆法）的载体。其线性化后两侧 3′端各多出一个脱氧胸苷酸（T）。由于 *Taq* 聚合酶催化生成的 PCR 产物两侧 3′端通常含单个脱氧腺苷酸（A），利用 A–T 互补性可提高 PCR 产物的克隆效率。

11.0733　表达质粒　expression plasmid

用做表达载体的质粒。

11.0734　致瘤质粒　tumor-inducing plasmid, Ti plasmid

又称“Ti 质粒”“肿瘤诱导质粒”。存在于根癌土壤杆菌（*Agrobacterium tumefaciens*）中的一种大的接合型质粒。菌体感染植物伤口时，致瘤质粒可转移入被感染的植株，其中的一段 DNA（T-DNA）能插入到植物基因组 DNA 中，引起受感染细胞生长成肿瘤样结构。改造的致瘤质粒可作为植物基因工程的载体。

11.0735　酵母质粒载体　yeast plasmid vector

一种用作基因工程载体的质粒 DNA。既可以在大肠埃希菌中、又可以在酵母系统中进行复制与扩增，属于穿梭载体。可以分为整合型质粒和复制型质粒两类。

11.0736　酵母整合型质粒　yeast integrating plasmid, Yip

不含酵母 DNA 自主复制区的酵母质粒载

体。在酵母细胞中不能自主复制，而是通过同源重组整合到酵母基因组并随其共同复制。转化细胞具有高度遗传稳定性而被广泛应用。缺点是转化效率比较低。

11.0737 酵母复制型质粒 yeast replicating plasmid, YPp

含酵母 DNA 自主复制区的酵母质粒载体。含有来自酵母基因组的 DNA 复制起始区序列，因此可以在酵母染色体外自主复制。该质粒转化效率高，在酵母细胞中的拷贝数高，缺点是在细胞分裂过程中较易丢失。

11.0738 酵母 2μm 质粒 yeast 2-micron plasmid

又称“2μm 环质粒（2-micron circle plasmid）”。酿酒酵母中一种游离于染色体之外的长度为 2 μm 的质粒。含有自主复制起始区（*ori*）和维持质粒稳定的 STB（stability）序列。被用于构建各种酵母克隆或表达载体。

11.0739 酵母附加体质粒 yeast extrachromosomal plasmid, YEp

一类酵母基因工程质粒载体。由酵母 2 μm 质粒、大肠埃希菌 PBR322 质粒和酵母选择标记或基因表达所需序列重组构建。能独立复制并赋予其高转化率。在酵母细胞中的拷贝数高、稳定性强，因而常用于高水平基因表达。

11.0740 卡隆粒 Charomid

一组部分来自卡隆噬菌体的改良型黏粒载体。

11.0741 酵母着丝粒质粒 yeast centromere plasmid, Ycp

将来自酵母着丝粒的 DNA 片段（*cen*）结合到 YRp 质粒构建而成的酵母质粒载体。着丝粒的存在使载体在细胞分裂时可在母代细胞和子代细胞之间平均分配。在细胞中的拷贝数只有 1～2 个，但呈现高度遗传稳定性，常用于基因文库的构建。

11.0742 酵母人工染色体 yeast artificial chromosome, YAC

能在酵母菌中复制的、可插入大片段外源 DNA 的克隆载体。载体上含有着丝粒、端粒、可选择标志基因、自主复制等序列，可携带 100～1000kb 的插入 DNA，如同微小的人工染色体。是基因组学研究的有力工具。

11.0743 细菌人工染色体 bacterial artificial chromosome, BAC

利用大肠埃希菌的 F 质粒或 P1 噬菌体为基础构建的用于克隆大片段 DNA（100～300kb）的载体。主要用于构建基因组文库。

11.0744 P1 人工染色体 P1 artificial chromosome, PAC

利用 P1 噬菌体基因组元件所构建的大片段 DNA 克隆载体。

11.0745 杆状病毒表达系统 baculovirus expression system

利用杆状病毒作载体的真核表达系统。将外源基因插入杆状病毒载体中，转染入昆虫细胞中表达。

11.0746 双杂交系统 two-hybrid system

在细胞内检测两种蛋白质是否相互作用结合的实验系统。将两种蛋白质编码基因分别与反式激活转录因子的 DNA 结合结构域（BD）及转录激活结构域（AD）相连接，构建出两种融合蛋白质表达载体，转入同一细胞内表达。如果两者存在相互作用，就会将 AD 带到 BD 所识别结合的转录序列位置上，激活下游特定报告基因的表达而被检测。最早建立的是酵母双杂交系统，现在细菌和哺乳类细胞都有双杂交系统可供使用。

11.0747　酵母双杂交系统　yeast two-hybrid system

在酵母中完成的双杂交实验系统。将待研究的两种蛋白质的基因分别克隆到酵母表达质粒的转录激活因子（如GAL4等）的DNA结合结构域基因和GAL4激活结构域基因，构建成融合表达载体，从表达产物分析两种蛋白质相互作用的系统。

11.0748　酵母三杂交系统　yeast three-hybrid system

在酵母双杂交基础上发展起来的蛋白质与RNA间相互作用分析系统。该系统由已知RNA结合蛋白质与转录因子的DNA结合结构域的融合基因表达载体、候选RNA结合蛋白质与转录激活结构域的融合蛋白质基因表达载体、含已知或未知的两个不同结合位点的杂合RNA表达载体共同构成，将三者共同转入酵母细胞，通过检测报告基因的表达可以确定RNA结合蛋白质及其结合位点。

11.0749　黏粒　cosmid

又称“柯斯质粒”。人工构建的含有*cos*（黏性末端）位点的克隆载体。*cos*位点是λ噬菌体头部组装时的识别序列，因而黏粒可被包装入噬菌体颗粒而有效导入受体菌。与一般质粒相比，黏粒可克隆较长的外源DNA片段（达50kb）。

11.0750　噬菌体　phage, bacteriophage

感染细菌的病毒。如λ噬菌体。

11.0751　辅助噬菌体　helper phage, help bacteriophage

通过对细菌的感染向某种缺陷性噬菌体提供后者所缺少的功能，使后者能够完成其感染生活周期的一种噬菌体。

11.0752　温和噬菌体　temperate phage

感染宿主细菌后不引起细菌裂解而与宿主细胞建立共生关系并随细菌繁殖传给细菌后代的一种噬菌体。带有温和噬菌体的细菌称“溶原菌（lysogen）”，而所携带的噬菌体称“原噬菌体（prophage）”。

11.0753　顶层琼脂　top agar

覆盖在固体培养基上的一薄层低浓度软琼脂或琼脂糖。主要用于噬菌体的培养，有利于在细菌菌苔的背景上观察和计数噬菌斑、转移噬菌体至杂交膜以进行基因文库的筛选操作等。

11.0754　溶原性　lysogeny

与宿主菌共生的原噬菌体，能随宿主菌的染色质同步复制而传给子代的特性。溶原菌受到某些条件的诱导（如紫外线照射等），噬菌体DNA还可以从宿主菌染色质DNA中切出，最终形成噬菌体颗粒而裂解宿主菌。可利用该性质构建噬菌体载体。

11.0755　包涵体　inclusion body

（1）在生物工程中，指细胞或细菌中高表达的蛋白质（也可以汇同其他细胞成分）聚集而成的不溶性颗粒。（2）在病毒感染的细胞中由病毒粒子聚集成的颗粒。（3）在细胞或细菌中形成的聚集物实体。如贮藏颗粒等。

11.0756　慢病毒载体　lentivirus vector

以人类免疫缺陷病毒-1（HIV-1）等病毒为来源构建的一种基因工程病毒载体。含有包装、转染、稳定整合及基因表达所需结构。其优点是可感染非分裂期细胞，且可使目标基因有效整合至宿主染色体，实现持久性稳定表达。广泛用于基因功能基础研究，且可以作为基因治疗的载体。

11.0757　辅助病毒　help virus

可辅助缺陷病毒完成其感染生活周期的一

种病毒。该病毒携带特定功能互补基因，混合感染细胞时，向缺陷性病毒提供后者所缺少的功能（如复制能力）。

11.0758　包装　packaging
（1）病毒或噬菌体的核酸被蛋白质外壳包裹形成成熟的病毒或噬菌体颗粒的过程。（2）某些大分子蛋白质在细胞内被膜囊包裹形成一种成熟的分泌颗粒的过程。

11.0759　体外包装　*in vitro* packaging
在离体条件下，用噬菌体或病毒的蛋白质包裹噬菌体或病毒的裸核酸，组装成有感染性的噬菌体或病毒颗粒的过程。

11.0760　包装提取物　packaging extract
含有噬菌体头部蛋白质、尾部蛋白质和包装蛋白质的大肠埃希菌溶原性菌株提取物。用于进行重组噬菌体 DNA 的体外包装。

11.0761　包装细胞　packaging cell
转染和整合了病毒复制和包装所需辅助病毒基因组，用于完成病毒复制和包装的细胞。

11.0762　脂质体　liposome
（1）由连续的双层或多层复合脂质组成的人工小微囊。借助超声处理使复合脂质在水溶液中膨胀，即可形成脂质体，尺寸可在微米或纳米量级。可以作为生物膜的实验模型，也可用于包载药物等。（2）某些细胞质中的天然脂质小体。

11.0763　脂质体包载　liposome entrapment
以脂质体的形式包裹药物、酶或其他制剂运送入靶细胞的方法。

11.0764　转导　transduction
通过病毒或噬菌体感染将 DNA 转入宿主细胞，通过交换与整合进入宿主基因组，并产生新遗传性状的过程。

11.0765　共转导　cotransduction
通过一种病毒或噬菌体同时将两个或多个外源基因转移到一个细胞中的过程。

11.0766　转导子　transductant
接受了通过病毒或噬菌体转导导入的外源基因并表达的受体细胞。

11.0767　转化　transformation
（1）外源遗传物质（如质粒 DNA 等）进入细菌，引起细菌遗传变化的过程。外源 DNA 并不整合到宿主基因组中。（2）细胞在病毒、化学致癌物或 X 射线等多种因素作用下发生遗传变异，产生丧失接触抑制等恶性行为的过程。

11.0768　共转化　cotransformation
不相连的两个或多个外源基因同时转移入一个细胞，或位于同一 DNA 片段上的两个或多个基因同时转化的过程。

11.0769　DNA 转化　DNA transformation
将外源 DNA 分子导入原核细胞的过程。一般细菌很难接受外源 DNA 分子，可用适当的化学或物理方法处理细菌（如氯化钙法、电穿孔法等），使 DNA 分子容易进入细菌。

11.0770　质粒转化　plasmid transformation
将外源质粒导入原核细胞的过程。

11.0771　转化体　transformant
又称“转化子”。接受了外源遗传物质（如质粒 DNA 等）使遗传特性发生了改变的细菌。可以通过选择培养基等方法鉴定获得。

11.0772　转化率　transformation efficiency
外源 DNA（如质粒 DNA 等）导入细菌的效率。通常用每微克 DNA 获得转化体的数量表示。

11.0773 转移 DNA transfer DNA, T-DNA
植物基因工程实验中广泛应用的一种导入外源基因的载体。源于农杆菌 Ri 质粒中的一段 DNA 序列，可以从农杆菌中转移并稳定整合到植物核基因组中。

11.0774 转染 transfection
利用各种技术手段使外源 DNA（包括裸DNA）进入细胞或个体导致其遗传特性改变的过程。

11.0775 短暂转染 transient transfection
又称“瞬时转染”。外源核酸转染真核细胞后未整合入细胞基因组，而是以附加体形式短时间存在于细胞中，数天后即丢失的现象。

11.0776 稳定转染 stable transfection
外源基因转染真核细胞后整合入基因组DNA，随染色体复制而传给子代并表达的现象。一般要经过数天才能够完成基因组 DNA 整合。

11.0777 共转染 cotransfection
通过病毒、脂质体或其他方法将两个或多个外源基因 DNA 同时转移到一个真核细胞的过程。

11.0778 DNA 转染 DNA transfection
将外源 DNA 分子导入真核细胞的过程。一般细胞很难接受外源 DNA 分子，可用适当的化学或物理方法处理（如磷酸钙法、脂质体法、电穿孔法等），使外源 DNA 容易进入细胞。

11.0779 磷酸钙-DNA 共沉淀 calcium phosphate-DNA coprecipitation
简称“磷酸钙沉淀（calcium phosphate precipitation）”。分子生物学中特指将外源DNA 转入真核细胞的一种经典方法。将氯化钙、DNA 和磷酸缓冲液混合，形成吸附着 DNA 的不溶性羟磷灰石细微颗粒，可附着在细胞表面，通过胞饮作用进入细胞。

11.0780 电穿孔 electroporation
利用瞬间高电压，将外源 DNA 导入受体细胞的技术。当细胞受到一定强度的电脉冲作用时，细胞膜或细胞壁上会可逆地形成纳米级的孔，从而允许大分子进入细胞或引发细胞融合。

11.0781 脂质体转染 lipofection
以人工脂质体介导的分子（如核酸等）转染技术。

11.0782 转染率 transfection efficiency
各种技术手段所介导的外源 DNA 导入细胞的效率。

11.0783 转染子 transfectant
通过转染而获得外源基因并表达特定性状的受体细胞。

11.0784 遗传标志物 genetic marker
易于识别、遵守孟德尔遗传模式、具有个体特异性或其分布规律具有基因特征的一类表型特征或遗传物质。可作为鉴定染色体上其他位点、连锁群或重组事件的标志。

11.0785 选择性标志物 selectable marker, selective marker
可用于从生物或细胞群体中选择特定类型个体或细胞的遗传标志物。常用的如药物抗性、营养依赖性标志等。如用含某种抗生素抗性基因的质粒转化细菌，就可以用含该抗生素的培养基从有多数未转化的细菌群中选择转化体。

11.0786　非选择性标志物　unselected marker
不影响微生物在选择性培养基上生长的标记基因。与选择性标志相邻并共遗传，但所表达的性状仅供识别，不具选择作用。

11.0787　优势选择标志物　dominant selectable marker
又称"显性选择标志物""正向选择标志物（positive selectable marker）"。在重组 DNA 载体中插入的用于筛选含重组体细胞的基因。其表达产物可使培养基中含有的某些毒物（如抗生素）失活，故只有含重组体的细胞才可以在含毒性物的培养基中具有生长优势而被选择出来。

11.0788　感染　infection
以病毒颗粒作为外源 DNA 运载体导入宿主细胞的过程。如以噬菌体、逆转录病毒、腺病毒等DNA作为载体构建的重组DNA分子经包装形成病毒颗粒后进入宿主细胞。

11.0789　噬菌体表面展示　phage surface display
将外源基因或随机序列的 DNA 分子群与噬菌体外壳蛋白基因相连接，使外源 DNA 所编码的蛋白质以融合蛋白形式表达在噬菌体外壳表面的方法。可利用抗体–抗原或配体特异性结合等反应筛选目的基因克隆。

11.0790　空斑　plaque
病毒感染人工培养的单层细胞后由单个病毒粒子所产生的细胞裂解区。

11.0791　噬斑　plaque
噬菌体在感染菌菌苔背景上形成的斑点。感染菌被完全裂解形成的透明斑点称"透明噬斑（transparent plaque）"；感染菌生长缓慢而形成的半透明斑点称"混浊噬斑（turbid plaque）。

11.0792　噬斑形成单位　plaque forming unit, pfu
在测定噬菌体滴度的实验中，一个活噬菌体在平皿中形成 1 个噬斑，即为 1 pfu。表示活噬菌体数时所用的量词。

11.0793　Qβ 复制酶技术　Qβ replicase technique
利用 Qβ 复制酶催化以 RNA 为模板合成 Qβ 噬菌体 RNA 基因组的特性，大量合成所需 RNA 分子的方法。是重组 RNA 中的重要技术。

11.0794　微细胞　minicell
细菌或真核细胞在培养过程中从母体细胞派生出来的小型原生质体。一般不含核染色质，无转录功能，但可以包含质粒、核糖体、tRNA 和各种酶类等。微细胞可经诱导产生，也可以在两个亲缘关系较远的细胞融合后，排斥异己染色体而形成。可作为将一个或多个核外染色体导入细胞的媒介。

11.0795　感受态细胞　competent cell
经过适当处理后容易接受外源 DNA 进入的细胞。如大肠埃希菌经 $CaCl_2$ 处理，就成为容易接受质粒 DNA 转化的细胞。

11.0796　允许细胞　permissive cell
又称"受纳细胞"。能被特定病毒感染，且允许在其内完成复制循环，产生子代病毒的细胞。

11.0797　非允许细胞　non-permissive cell
又称"非受纳细胞"。不允许特定的病毒在其内单独进行复制，不能产生感染性病毒的细胞。如啮齿动物细胞为 SV40 病毒的非允许细胞。

11.0798　半允许细胞　semi-permissive cell
又称"半受纳细胞"。特定的病毒 SV40 病毒在其内只有1%～2%会产生出感染性病毒的细胞。如人体细胞是SV40病毒的半允许细胞。

11.0799　中国仓鼠卵巢细胞　Chinese hamster ovary cell, CHO cell

简称“CHO细胞”。一种来源于中国仓鼠卵巢的建株纤维母细胞。是哺乳动物表达系统常用的宿主细胞。

11.0800　短暂表达　transient expression

又称“瞬时表达”。外源基因导入真核细胞后，不待整合进受体细胞基因组，而立即转录出现基因产物的现象。重组基因的短暂表达水平一般比较高，但数天内消失。不能稳定遗传给下一代。当需要在短时间内分析目的基因表达的效应时可以采取短暂表达的方式。

11.0801　稳定表达　stable expression

（1）外源基因转染真核细胞并整合入其细胞基因组后的表达。表达量长时间处于稳定水平，可随细胞分裂稳定遗传给下一代。（2）基因工程表达系统中工程菌株或细胞虽经过多次传代或条件变化，但表达水平仍然保持稳定的现象。

11.0802　插入失活　insertional inactivation

因外源核苷酸或DNA片段的插入而导致基因失活的现象。常被用于检测含有外源DNA的重组体。

11.0803　插入突变　insertional mutation

由于核苷酸或一段外源性核酸插入到基因中而引起的基因突变。插入可以是自发的（如染色体交换）、感染导致的（如前病毒插入基因组）或人工引起的（如基因工程）。插入引起突变可以是由于改变了基因的编码序列或调控序列所致。

11.0804　温度敏感突变　temperature-sensitive mutation, ts mutation

在一定温度范围呈现正常表型，超出该温度范围则出现突变表型的现象。如*cI857*是编码λ噬菌体P_L启动子阻遏蛋白基因*cI*的温敏性突变体，在低于37℃时阻止P_L的作用，高于40℃时突变的阻遏蛋白失活，P_L开启下游基因的表达。在基因工程中用于调控重组基因的表达。

11.0805　正向基因突变　forward gene mutation

从原始的野生型基因转变为突变型基因的过程。是生物变异而进化的来源，可以是自然发生也可由人工诱发来提高突变率。

11.0806　定点诱变　site-directed mutagenesis, site-specific mutagenesis

又称“位点专一诱变”。以产生预期突变为目的，在基因或基因组的指定位置上进行单个核苷酸或成段序列的缺失、插入或碱基置换的人工操作。

11.0807　饱和诱变　saturation mutagenesis

对某一基因序列的碱基组成进行最大限度置换的方法。可使用随机寡核苷酸诱变、错误倾向聚合酶链反应等技术来实现。

11.0808　寡核苷酸定点诱变　oligonucleotide-directed mutagenesis

人工获得特定基因定点碱基突变的一种方案。将需要改变的碱基设计于合成的寡核苷酸引物中段，在单链噬菌体模板上用DNA聚合酶合成出突变的负链，再通过噬菌体复制得到含突变的双链。

11.0809　随机诱变　random mutagenesis

诱发基因产生多个非定点非序列特异突变的技术。用于确认靶基因的特定功能在基因中的定位。在对靶基因产物及其功能知之甚少时，可首先采用此方法确定其功能区域。

11.0810　化学诱变　chemical mutagenesis

用烷化剂、核酸碱基类似物、亚硝酸盐等化合物处理而获得基因突变体的方法。将经化学诱变剂处理的 DNA 片段克隆构建文库，通过表型鉴定和序列分析，可确定出突变体及其与表型间的关系。用于基因功能研究和动植物育种等。

11.0811　接头扫描诱变　linker scanning mutagenesis

一种规模化诱导基因缺失突变的技术。主要用于基因调控区的筛选研究。通过连接合成的含有 5′和 3′缺失的接头片段，基因中原有序列被接头序列所置换，再经重组产生缺失突变体。

11.0812　随机寡核苷酸诱变　random oligonucleotide mutagenesis

利用一组序列随机改变的寡核苷酸引物对基因组某个区域进行聚合酶链反应扩增，获得大量突变 DNA 的方法。用以研究突变对功能的影响。

11.0813　甲基化干扰试验　methylation interference assay

一种研究蛋白质与 DNA 相互作用的方法。通过对 DNA 分子中的核苷酸（鸟嘌呤）进行甲基化修饰，干扰原有的蛋白质与 DNA 相互作用，鉴定出 DNA 链中的特定蛋白质结合区段。

11.0814　尿嘧啶干扰试验　uracil interference assay

采用聚合酶链反应参入脱氧尿苷酸（U），以取代其中原有的胸苷酸（T），检验 DNA 链中哪些区域与特定蛋白质结合有关的一种类似甲基化干扰试验的方法。

11.0815　蛋白质截短试验　protein truncation test, PTT

通过体外转录和翻译偶联的系统使突变的等位基因表达，从而可以筛选出与链中止有关突变的试验方法。

11.0816　连接　ligation

在连接酶催化下，核酸片段两个断端的 3′-羟基与 5′-磷酸基团之间形成 3′,5′-磷酸二酯键的过程。

11.0817　接头插入　linker insertion

一种易于控制并具有更大破坏性的克隆基因随机突变所使用的技术。即通过在靶基因的不同位点具有单切口的质粒库，在切口处连入带有某种限制性内切酶位点的大小为 6～12 个核苷酸（可编码 2～4 个氨基酸）的接头，从而造成在表达的蛋白质功能部位的破坏性的突变。

11.0818　靶向　targeting

改变特定目标（分子、细胞、个体等）产生生物学效应的策略。如：外源基因在宿主细胞基因组 DNA 预期位置上的定向插入；药物分子对效应靶组织或细胞的定向传送或作用。

11.0819　文库　library

分子生物学中特指生物来源的、人工合成的或克隆技术等所得到的一个重组分子群。如基因组文库、互补 DNA 文库、噬菌体展示随机肽文库等。

11.0820　基因文库　gene library

又称“DNA 文库（DNA library）”。通过重组 DNA 技术将含有某种生物不同基因的许多 DNA 片段随机地连接在某些质粒或其他载体上，导入宿主细胞内克隆，得到的克隆总体。包括基因组文库和互补 DNA 文库等。

11.0821　基因组文库　genomic library

来自单一个体的全部基因组 DNA 片段的克隆群。该文库以 DNA 片段的形式贮存着某种生物全部基因组的信息，可以用来选取任何一段感兴趣的序列进行复制和研究。材料来自机体基因组是 RNA（如 RNA 病毒）所构建的核酸片段克隆群体，也是该生物的基因组文库。

11.0822　互补 DNA 文库　complementary DNA library, cDNA library

简称“cDNA 文库”。以特定组织或细胞 mRNA 为模板，经逆转录形成互补 DNA（cDNA）片段，重组入载体导入宿主细胞内克隆，得到的包含着细胞全部 mRNA 信息的 cDNA 克隆总体。一种组织或细胞完整的 cDNA 文库应当包含该组织或细胞的全部 mRNA 信息，具有该组织或细胞基因表达的特异性，可以从中筛选得单一的cDNA克隆。

11.0823　表达文库　expression library

基因文库的一种。文库中的各个基因克隆能够表达，所表达产物根据其特性可以被检测。常见的表达文库有：互补 DNA（cDNA）表达文库、基因组 DNA 表达文库等，可用以筛选目的基因克隆。

11.0824　单一染色体基因文库　unichromosomal gene library

由特定的一个染色体 DNA 所构建的基因文库。包括该染色体的全部遗传信息。

11.0825　消减 cDNA 文库　subtracted cDNA library

经过消减杂交所构建的互补 DNA（cDNA）文库。即用目标细胞 cDNA 与第二种细胞（不同类型或不同状态下的细胞）过量的 mRNA 或 cDNA 杂交，收集目标细胞 cDNA 中未被杂交的部分来构建的文库。该文库就代表了目标细胞中表达、而第二种细胞中不表达的基因序列。

11.0826　染色体跳移文库　chromosome jumping library

又称“染色体跳查文库”。为进行染色体跳移分析所建立的基因文库。该文库含有与已知 DNA 区域有一段距离的未知 DNA 序列的重组 DNA 克隆分子群。

11.0827　子文库　sublibrary

从一个大容量的文库所分割成的较小容量的文库。如由单个染色体建立成数个区域基因组文库，再将每个区域基因组文库切割成许多更小片段，构建成质粒文库，就是子文库，便利于测序和分析等。

11.0828　干扰小 RNA 随机文库　siRNA random library

利用能在细胞内表达双链RNA的克隆载体，构建能表达含各种不同序列、一定长度双链 RNA 的克隆群体。若该文库足够大、涵盖能干扰细胞内各种基因表达的双链RNA序列，则将该文库导入细胞群，从细胞出现的表型改变，就能够淘选出功能相关的基因。是功能基因组研究的有用技术平台。

11.0829　黏粒文库　cosmid library

以黏粒为载体构建的 DNA 文库。

11.0830　噬菌体展示随机肽文库　phage display random peptide library

人工合成的随机编码多肽片段的 DNA 分子群与噬菌体衣壳蛋白基因相连接所建立的基因文库。能使氨基酸序列不同的多肽表达展示在噬菌体表面。如随机 7 肽文库理论上就能展示出 20^7（约 10^9）种不同序列的多肽。可用于寻找与各种蛋白质（抗体、受体等）结合的多肽等。

11.0831　抗体文库　antibody library

抗体基因克隆的集合体。采用聚合酶链反应等方法获得成套抗体可变区轻重链基因，插入载体并转入适当的受体细胞或噬菌体中成为含有一套抗体的文库。从该文库中能够表达和筛选出所需的单克隆抗体。

11.0832　组合抗体文库　combinatorial antibody library

将一生物个体的全部（套）抗体重链和轻链可变区基因克隆，其表达产物涵盖全部抗体的总和。

11.0833　筛选　screening

分子生物学中特指从基因库或细胞群体中选出特定序列的基因或导入特定基因的细胞的过程。如用分子杂交的方法从基因组文库中选出含有特定基因序列的克隆，利用各种药物选择筛选出含有重组 DNA 的细胞。

11.0834　噬菌体展示　phage display

将外源性 DNA 插入到噬菌体衣壳蛋白质编码基因中的一种表达克隆技术。重组基因以融合蛋白的形式参入病毒颗粒中，展示在噬菌体的表面。融合噬菌体可与表面展示的外源蛋白质相互作用的蛋白质结合，以筛查蛋白质的相互作用。

11.0835　表位标签　epitope tagging

又称“表位标注”。利用遗传学手段将小肽段（即表位标签）与蛋白质相连接的技术。用于特异识别该标签的亲和纯化技术或者进行蛋白质印迹、免疫组织化学等检测。目前最常用的标签是谷胱甘肽 S-转移酶（GST），另一个常用标签分子是 6 个连续排列组氨酸标签。

11.0836　组氨酸标签　histidine-tag

在重组蛋白质末端融合多个组氨酸成串的肽段（常用 6 个组氨酸）。凭借此组氨酸肽段与二价金属离子（镍、锌等）的螯合作用，便于用金属螯合亲和层析纯化蛋白质。也可以用针对组氨酸肽段的抗体来检测该融合蛋白质。6 个组氨酸的肽段可简写为 6×His。

11.0837　标签融合蛋白质　tagged protein

附加了表位标签的蛋白质。

11.0838　同聚物加尾　homopolymeric tailing

在核酸分子末端加上一段同聚体多核苷酸的过程。如在重组 DNA 操作中，利用脱氧核苷酸末端转移酶向 DNA 3′端逐个添加胸苷酸；在两种 DNA 双链 3′端分别加上多胞苷酸或多鸟苷酸，以便通过它们之间的互补性进行连接等。

11.0839　杂合启动子　hybrid promoter

由两种或两种以上不同启动子元件融合构成的一个新的启动子。如 *tac* 启动子就是将色氨酸启动子 P_{trp} 的–35 区域与突变的乳糖启动子 P_{tacUV5} 的–10 区域融合构成的杂合启动子，兼具 P_{tac} 强启动能力和乳糖启动子可操控特性（受 *lacI* 产物的阻遏、异丙基-β-D-硫代半乳糖苷的诱导）。

11.0840　无细胞表达系统　cell-free expression system

不存在完整活细胞的体外转录和/或蛋白质翻译系统。通常利用无细胞提取物提供所需要模板、酶、能量等。常用的无细胞提取物有兔网织红细胞裂解物和麦胚抽提物等。

11.0841　网织红细胞裂解物　reticulocyte lysate

用于测定 mRNA 活性的一种体外翻译分析系统。通常由药物致贫血而发育不完全的兔网织红细胞制备，须用 RNA 酶去除其中内源的 mRNA。

11.0842　麦胚抽提物　wheat-germ extract
用于测定 mRNA 活性的一种体外翻译分析系统。系从小麦胚中制备的无细胞抽提物，须用 RNA 酶去除其中内源的 mRNA。

11.0843　异源翻译系统　heterologous translational system
将基因或 mRNA 转移到非自身的宿主表达系统中进行蛋白质的翻译合成，该宿主表达系统即为异源翻译系统。

11.0844　表达序列标签　expressed sequence tag, EST
从互补 DNA（cDNA）分子所测得的部分序列的短片段 DNA（通常 300～500bp）。可作为基因组可转录表达的基因的标志。cDNA 文库所得到的许多表达序列标签可集合组成表达序列标签数据库，代表在一定的发育时期或特定的环境条件下，特定的组织细胞基因表达的序列。可用于验证基因在特定组织中的表达，推导全长 cDNA 序列，或作为标签标记基因组中的特殊位点以确定基因的位置等。

11.0845　转录图　transcriptional map
又称“表达图（expression map）”。以表达序列标签（EST）为位标，根据转录序列的位置和距离而绘制的基因组图谱。

11.0846　序列相关扩增多态性　sequence-related amplified polymorphism, SRAP
一种基于聚合酶链反应的分子标记技术。根据基因外显子内 GC 含量丰富、而启动子和内含子内 AT 含量丰富的特点，设计特定引物对基因进行扩增反应并鉴定产物。因不同个体的内含子、启动子与间隔区长度不等，产物的多态性可作为遗传分子标记。

11.0847　动态等位基因特异性杂交　dynamic allele-specific hybridization, DASH
检测基因点突变的核酸杂交方法。碱基发生错配的 DNA 解链温度不同于野生型，即 T_m 下降。反应中利用等位基因特异性寡核苷酸探针和双链 DNA 结合即可产生荧光的分子。杂交升温的过程中检测荧光强度，根据 T_m 值的定量改变，可检测多种突变类型。

11.0848　引物侵入分析　invader assay
又称“侵染检测”。无需对待分析序列进行逆转录和扩增的，可直接检测 DNA 或 RNA 一种鉴定基因变异或高度同源 mRNA 的方法。反应体系包括一对等位基因特异性探针和一条位于待测位点上游的侵入探针，探针与目标序列形成的特殊侵入结构可诱导特异酶解反应，切割所产生的短片段通过激发荧光产生可检测信号，区别出高度相似序列。用于检测 DNA 和 RNA 分子中单碱基突变、插入或缺失，也适用于靶序列的定量研究。

11.0849　连续侵入信号扩大反应　serial invasive signal amplification reaction, SISAR
通过连续侵入反应放大目的信号的技术。应用两个连续侵入反应，无需热循环聚合酶链反应和限制性酶切反应，将待检测靶位点的信号放大，并通过激发荧光来显示信号。用于检出基因突变、单核苷酸多态性位点等。可应用于病毒检测、遗传性疾病诊断、个体药物敏感性及耐药性检测等方面。

11.0850　寡核苷酸连接分析　oligonucleotide ligation assay
一种测定等位基因单碱基突变的方法。将两条互补的寡核苷酸链经酶的作用精确连接于聚合酶链反应生成的靶 DNA 上，在寡核苷酸链与模板之间出现单个核苷酸错配二者不能结合而被检出。

11.0851 单链构象多态性 single-stranded conformation polymorphism, SSCP

DNA 分子的碱基改变在解离为单链时呈现出的三维构象多态性。多态性可用凝胶电泳、高效液相层析等方法鉴定，用于检测基因突变。

11.0852 高分辨率解链[曲线]分析 high-resolution melting analysis, HRM analysis

又称“高分辨率熔解[曲线]分析”。基于 DNA 序列变化可改变双链 DNA 解链温度而建立的一种检测单核苷酸多态性及扫描突变的技术。无需使用序列特异性探针，而是利用双链 DNA 特异结合的荧光染料进行聚合酶链反应，实时检测 dsDNA 解链过程中的荧光信号变化，分析生成的解链曲线可将待测基因的差异直观显示。用于分析基因点突变、单核苷酸多态性位点、甲基化位点等。

11.0853 核实时转录分析 nuclear run-on transcription assay, nuclear run-on assay

又称“核连缀转录分析”“新生链转录分析（nascent chain transcription analysis）”“连缀转录分析（run-on transcription assay）”。一种分析细胞内基因转录速率的方法。分离细胞核使所有转录反应终止，将细胞核放入含标记核苷三磷酸的体外反应体系中，原本细胞内已经启动合成的RNA链将继续延伸，检测标记核苷三磷酸含量可得知转录速率。

11.0854 核转录终止分析 nuclear run-off transcription assay, nuclear run-off assay

又称“失控转录分析（run-off transcription assay）”。用分离的细胞核研究其对特定基因转录作用的一种类似核实时转录分析的方法。但更侧重于测定转录的终止位置，体外转录可进行到模板最末端，以分析转录物的长度。

11.0855 线性探针分析 in-line probing

用于分析 RNA 二级结构的技术。利用串联排列的寡核苷酸探针，对待测 RNA 分子进行杂交分析，可以推测出待测 RNA 折叠形成的二级结构。主要用于分析核糖开关的结构和功能，也用于其他 RNA 的构象分析。

11.0856 随机扩增多态性 DNA randomly amplified polymorphic DNA, RAPD

用同一套聚合酶链反应随机引物扩增群体中不同个体的基因组 DNA，得到的长短和序列不同的产物。这些产物形成的组合图谱可用于识别种群、家族、种内或种间的遗传变异，为生物血缘关系或分类提供依据，还可以分析混合基因组样品等。

11.0857 启动子捕获 promoter trapping

用于确定基因组 DNA 启动子区域的一项技术。用做检测的载体含有报告基因可作表达的标识，但缺乏启动子，将拟检测的 DNA 序列克隆入这种载体的适当位置，导入细胞或个体，从报告基因表达状态可分析出启动子的存在与否及其强弱程度。

11.0858 外显子捕获 exon trapping

确定基因组 DNA 表达区域的一项技术。是将拟检测的基因组序列克隆在特异性表达载体所含的两个外显子之间的内含子中进行表达。如果该基因组片段中包含有一个外显子，表达产生的 mRNA 长短会发生变化，能够被检测出来。

11.0859 增强子捕获 enhancer trapping

用于确定 DNA 序列中是否包含增强子功能

的方法。用做检测的载体含有启动子和报告基因可作表达的标识，但缺乏增强子，将待检测的 DNA 序列克隆入这种载体的适当位置，导入细胞或个体，从报告基因表达状态可分析出增强子的存在与否及其强弱程度。

11.0860　基于阵列捕获　array-based capture

基于探针微阵列捕获目标 DNA 序列的方法。属固相杂交法，回收的目标 DNA 片段，可以直接建库进行 DNA 测序等。

11.0861　液相捕获　in-solution capture

从溶液中富集含有特定序列 DNA 片段的方法。目标 DNA 片段和生物素标记探针在溶液中直接进行杂交反应，通过生物素–抗生物素反应使目标 DNA 片段锚定在带有抗生物素的微珠，洗脱后即可获得目标 DNA。

11.0862　cDNA 末端快速扩增法　rapid amplification of cDNA end, RACE

利用逆转录 PCR 方法从低丰度转录物样本中快速扩增获得含 5′端和 3′端序列全长 cDNA 的技术。有 3′ RACE 和 5′ RACE 之分，分别用于 cDNA 的 3′端和 5′端的扩增。

11.0863　肽核酸　peptide nucleic acid, PNA

以多肽骨架取代糖磷酸主链的 DNA 或 RNA 类似物。主链骨架由 *N*(2-氨基乙基)-甘氨酸与核酸碱基通过亚甲基羟基连接而成。具有结构稳定、不被核酸酶和蛋白酶降解、能以碱基互补方式与核酸单链结合、细胞毒性低等特点。可作为基因探针，并能以反义序列的形式用于基因功能、基因表达调控等研究。

11.0864　适配体　aptamer

在体外利用指数富集的配体系统进化技术筛选得到的 20～40 个核苷酸长度的 DNA 或 RNA 片段。可形成发卡、凸环等复杂的空间结构，被靶标分子识别结合，其特异性和亲和力可与抗体相媲美。可用于靶标分子的相关研究，由于其体积小，还具有良好的作为治疗药物的潜力。

11.0865　指数富集配体系统进化技术　systematic evolution of ligand by exponential enrichment, SELEX

一种用于筛选研究的组合化学技术。该技术从 20～40 个核苷酸长度的随机单链核酸序列库中，重复分离、扩增、筛选，得到与待分析靶标分子高度亲和的核酸适配体。用于筛选研究的靶标分子包括蛋白质、核酸、小分子有机物等。目前，毛细管电泳、微流控、微阵列等方法提高了该技术的筛选效率，并实现了自动化。

11.0866　细胞指数富集配体系统进化技术　cell-SELEX

以活细胞为靶标的 SELEX 筛选技术。拓展了 SELEX 筛选的靶标范围，体现了核酸适配体用于发现生物标记物、鉴定诊断与治疗靶位等方面的潜力。

11.0867　离子透入　iontophoresis

使离子形式的药物在电场作用下穿过细胞膜或穿过皮肤的技术。

11.0868　显微注射　microinjection

在显微镜下操作的微量注射技术。可将细胞的某一部分（如细胞核、胞质溶胶或细胞器）或外源物质（如外源基因、DNA 片段、信使核糖核酸、蛋白质等）通过玻璃毛细管拉成的细针，注射到胞质溶胶或细胞核内。是研究各种生物分子的作用、制作转基因动物、克隆动物等的重要技术。

11.0869　胚胎干细胞法　embryonic stem cell method

对胚胎干细胞的基因进行改造或导入新基

因等以培育新遗传特性的组织细胞或个体的方法。

11.0870　基因枪　gene gun

又称“微粒枪（particle gun）”“粒子枪”。一种微粒加速装置。可使内含外源 DNA 的微米级颗粒（金、钨或铂等）获得足够的动量打入靶细胞或组织。最初是火药型台式基因枪，现在使用的是以的氦气或氮气脉冲为动力的气体基因枪。

11.0871　基因枪法　gene gun method

又称“粒子轰击（particle bombardment）”“微弹轰击（microprojectile bombardment）”。用基因枪将附着于细小微粒的 DNA 直接高速射入细胞或组织，使其整合到基因组中，达到稳定遗传和表达目的基因的方法。适用于动植物、培养细胞、胚胎、细菌及小型动物的转基因，具有快速、简便、安全和高效的特点。

11.0872　抗体工程　antibody engineering

应用体外基因操作，改变抗体的遗传特性和生物学特性，以获得具有特定生物学特性和功能的新抗体，或建立能够稳定获得高质量和产量抗体的技术。

11.0873　组件　cassette

若干基因元件组合而成的一段核酸序列。组件中各元件共同/协同完成基因表达及调控。如含编码一种抗性蛋白质的基因与其上游启动子构成的组件放在不同的质粒中都能发挥抗性的作用；细胞中可以转移到基因组不同部位的完整转座子也属于组件。

11.0874　表达组件　expression cassette

与基因表达有关的一系列序列元件的组合。常包括启动子、编码序列、终止子、增强子等。完整的表达组件是能够表达出目的物的成套基因元件。

11.0875　中止表达组件　cessation cassette

由若干基因元件组成可以阻止某些基因表达的一类组件。如用含有此种组件的载体转入宿主形成转基因植物后，用某种激活物（如四环素）激活，就能够抑制种子发芽。

11.0876　等位基因特异性 RNA 干扰　allele-specific RNA interference

特异性抑制疾病相关基因表达，而对相应野生型等位基因表达影响较小的 RNA 进行干扰的方法。通过设计特异针对变异基因的小干扰 RNA 而实现，在疾病治疗中更具优势。

11.0877　干扰小 RNA 表达组件　small interfering RNA expression cassette, siRNA expression cassette, SEC

在干扰小 RNA 表达载体中为转录生成完整的干扰小 RNA 所需要的元件组合。包括启动子、表达骨架、目的小 RNA 序列及不同载体在宿主细胞中表达所需的辅助元件。

11.0878　表达筛选　expression screening

（1）通过基因表达分析对组织、细胞或个体进行的筛选性研究。（2）通过所用载体内含抗生素抗性基因、报告基因等的表达筛选转化子的方法。（3）通过自身或融合表达的蛋白质的某种特性（如绿色荧光蛋白）进行的生物学实验研究。

11.0879　染色体匍移　chromosome crawling

利用反向聚合酶链反应或连接聚合酶链反应扩增技术分析基因组中已知基因 DNA 序列旁侧未知 DNA 区域序列的技术。

11.0880　染色体跳移　chromosome jumping

又称“染色体跳查”。从基因组文库中跳过

已知位点分离克隆某些序列的技术。通常用于绕过那些难以步移通过或不需要分析的区域，克隆基因组上新的段落。

11.0881　染色体步移　chromosome walking
又称“染色体步查”“基因组步移（genomic walking）”。利用已知的基因或DNA分子标记来分离与其紧密连锁的未知基因的有效方法。首先用已知基因序列作为探针，从基因组文库中筛选出与其有共同序列的克隆，再以该克隆为探针，从文库中筛选出与之有部分重叠且更加靠近目的基因的新克隆，如此重复步步递进，直至获得目的基因。

11.0882　DNA 混编　DNA shuffling
又称“DNA 改组”。用于分子定向进化的基因工程技术。在体外利用聚合酶链反应等方法实现对特定 DNA 序列的重新组合，选择出具有新功能的优化基因。

11.0883　基因组混编　genome shuffling
又称“基因组改组”。针对全基因组的分子定向进化技术。对目的性状进行广泛优化组合，目前用于改进工业生产菌种。首先用传统诱变方法获得若干性状微量提升（正向突变）的变异子作为出发菌株，再对这些变异子进行多轮随机原生质体融合，使其基因组得到充分重排，最后利用高通量筛选技术获得同时具有多种出发菌种的有利性状且生产水平大幅度提升的变异菌株。

11.0884　基因打靶　gene targeting
又称“基因靶向”。通过同源重组，特异性改变基因组中特定位点基因序列的技术。包括将外源的 DNA 插入该位点或使该位点上的基因失活等。用于研究目标基因的体内功能或相关疾病发病机制。

11.0885　基因敲除　gene knock-out
又称“基因剔除”。将细胞基因组中特定基因去除或使其失去活性的技术。常用同源重组的方法敲除目的基因，观察生物或细胞的表型变化，是研究基因功能的重要手段。

11.0886　条件性基因敲除　conditional gene knock-out
在特定的组织细胞或者细胞发育的特定阶段，敲除某一特定基因的实验技术。用于研究某些胚胎致死基因、或基因在特定的组织细胞或特定的发育阶段的功能。

11.0887　基因敲减　gene knock-down
又称“基因敲落”“基因敲低”。使用 RNA 干扰或基因重组等手段，使基因功能减弱或基因表达下调的技术。

11.0888　基因敲入　gene knock-in
将外源基因引入到细胞（包括胚胎干细胞、体细胞）基因组的特定位置，并使新基因能随细胞的繁殖而传代的技术。广义的基因敲入包括基因片段、基因调控序列以及成段基因组序列的定位引入。

11.0889　基因沉默技术　gene silencing technology
利用反义技术等在转录或翻译水平特异性阻断或封闭某些基因的表达（即沉默相应基因），然后通过观察细胞生物学行为或个体遗传性状表型的变化来鉴定基因功能的技术。

11.0890　反义技术　antisense technology
根据碱基互补原理，用人工合成的或生物体中自然存在的特定互补的DNA或RNA片段或其化学修饰物，结合于目标基因或 mRNA 上的特定序列，抑制或封闭特异基因表达的技术。

11.0891　反义 RNA 技术　antisense RNA technology
通过反义 RNA（与 mRNA 互补的一段 RNA

序列）与细胞中的 mRNA 特异性结合，从而抑制相应 mRNA 翻译的技术。

11.0892　反义寡核苷酸技术　antisense oligonucleotide technology

通过反义寡核苷酸与细胞中的 DNA 互补序列结合，干预复制和转录，或阻碍 mRNA 与核糖体结合，从而阻碍翻译的技术。

11.0893　RNA 干扰技术　RNA interference technology, RNAi technology

利用干扰小 RNA 能在短时间内高效特异地抑制靶基因表达的特点，将其导入特定细胞中而降解特定 mRNA 分子，在细胞水平上研究基因功能的技术。也可以通过转基因的方法在动物体内实现特异、稳定、长期地抑制靶基因的表达，从而在整体水平上研究基因功能。

11.0894　miRNA 技术　miRNA technology

利用 miRNA 可通过互补配对结合而破坏目标 mRNA 稳定性或抑制翻译活性的特点，将其导入特定细胞中而降解特定的 mRNA 分子，可同时沉默多个靶基因的技术。广泛用于基因功能及基因表达调控研究。

11.0895　基因驱动　gene drive

通过基因添加、删除、编辑等基因工程手段改变特定等位基因的遗传概率，使其在种群中实现优势传播的技术。可快速将生物特定性状扩散到群体中。该技术可用于消灭携带病原体的蚊子等昆虫、控制入侵物种、消除除草剂或杀虫剂耐药性等。目前需要在法律伦理等方面对其予以规范，避免形成有害生态，在获得足够理论和实验依据确保对人类无害之前，不应该用于人体。

11.0896　工程核酸酶　engineered nuclease

又称“分子剪刀（molecular scissors）”。用于基因组编辑工具的一类核酸内切酶。可在基因组中需要的位置产生位点特异性双链断裂，诱导的双链断裂通过非同源末端连接或同源重组修复，导致靶向突变。常用核酸酶有兆核酸酶、核酸内切酶、锌指核酸酶（ZFN）、转录激活因子样效应物核酸酶（TALEN）和成簇规律间隔短回文重复（CRISPR）。

11.0897　兆核酸酶　meganuclease

又称“巨型核酸酶”。其识别序列较长，位点极为罕见，切割产生的片段很大的一类 DNA 内切酶。是定位基因操作和最早的基因编辑工具。

11.0898　锌指核酸酶　zink finger nuclease, ZFN

一种人工构建的可特异识别 DNA 双链并进行切割的核酸酶。由锌指蛋白质与核酸酶融合而成的异源二聚体，每个亚基含有锌指结构域和 *Fok* Ⅰ核酸内切酶结构域。断裂的双链在细胞中经非同源末端接合或同源定向修复而被修复，利用这一过程可对染色体上特定片段进行删除或修改。

11.0899　转录激活因子样效应物核酸酶　transcription activator-like effector nuclease, TALEN

又称“转录激活子样效应因子核酸酶”“类转录激活因子效应物核酸酶”。经过基因工程改造后的可以切割特定 DNA 序列的限制酶。是由植物病原菌黄单胞菌（*Xanthomonas*）产生的对特异性 DNA 序列碱基对具有高识别能力的效应物附加一个在特定位点切断 DNA 双链的、含有 *Fok* Ⅰ切割结构域的核酸酶融合而成。可以被设计成与几乎任何所需的 DNA 序列结合，因此当与核酸酶结合时，DNA 可以在特定位置进行切割。利用这种核酸酶就可以在细胞基因组中引入新的遗传物质。相对锌指核酸酶而言，TALEN 能够靶向更长的基因序列，而且也更容易构建。

11.0900　成簇规律间隔短回文重复　clustered regulatory interspaced short palindromic repeat, CRISPR

又称“成簇规则分散短回文序列”。一些细菌基因组中存在的成簇排列的规律间隔的短回文重复 DNA 序列。是由一系列短的高度保守的正向重复序列与长度相似的间隔序列间隔排列组成。其中间隔序列与一些噬菌体或质粒的序列存在同源性，这些间隔序列为宿主细胞提供了一种对抗外源基因侵染的能力，是细菌及古生菌进化形成的适应性免疫系统，也是一种基因组编辑工具，能够完成 RNA 指导的 DNA 识别及编辑。

11.0901　基因组编辑　genome editing

又称“基因编辑（gene editing）”“基因组工程（genome engineering）”。利用工程核酸酶对机体基因组中的特定 DNA 片段进行定点插入、删除、修改或置换等修饰操作，从而完成对靶细胞 DNA 目的基因片段的精确编辑技术。与早期随机将遗传物质插入宿主基因组的普通基因工程技术不同，基因组编辑在特定位置插入或修改基因。可应用于基因治疗、转基因动物等领域。

11.0902　多元自动化基因组工程　multiplex automated genomic engineering, MAGE

利用噬菌体 *Red* 重组系统，将多种人工合成寡核苷酸导入一种细胞并定向替换原有基因组序列，高效快速对基因组中多个基因或位点进行插入、错配、或缺失等修饰，从而产生多种多样的突变型菌株的技术。

11.0903　Cre/loxP 系统　Cre/loxp system, Cre-loxP system

一种建立条件性基因敲除模型的重要实验系统由 loxP 和 Cre 位点两部分组成。loxP 是 locus of x-over in P1 的缩写，是 P1 噬菌体的交换位置；Cre 是 cyclization recombination enzyme 的缩写，是在 P1 噬菌体中发现的一种重组酶，可作用于 loxP 位置使 DNA 发生重组。在拟敲除基因的重要功能结构域两侧内含子区插入 Cre 重组酶可以识别的拓扑异构酶催化位点 *loxP* 序列，敲除时利用组织特异性 Cre 转染细胞或进行动物交配，即可通过基因同源重组在特定组织中敲除靶基因。

11.0904　FLP/FRT 系统　FLP/FRT system, FLP-FRT system

一种位点特异性重组实验系统。FLP 是来自酵母的一种重组酶 flippase。FRT 是 FLP recognition target 的缩写，是 FLP 的识别位点。在 FLP 的作用下，可在该位点处发生 DNA 重组。当 FRT 在同一条 DNA 上且方向相同时，则两个 FRT 位点之间的基因则被删除；FRT 方向相反，则基因被倒转。

11.0905　CRISPR/Cpf1 系统　CRISPR/Cpf1 system

一种对基因组进行定点编辑的实验系统。Cpf 是土拉热弗朗西丝菌（*Francisella novicida*）的一种核酸内切酶，可结合 CRISPR，不仅切割 DNA，也可切割 RNA。Cpf1 可独自地对短重复序列 CRISPR 转录而形成的 CRISPR RNA（crRNA）前体进行加工，并利用加工后的 crRNA 切割 DNA。该系统便于一次性对多种特定基因位点进行编辑，即多重编辑。

11.0906　CRISPR/Cas 系统　CRISPR/Cas system

广泛存在于细菌及古生菌中的 RNA 指导的降解入侵病毒或外源 DNA 的适应性免疫防御系统。最早在细菌的天然免疫系统内发现。是由 CRISPR 序列元件与 Cas（CRISPR-associated gene, Cas gene）基因家族组成。其中 CRISPR 由一系列高度保守的重复序列与同样高度保守的间隔序列相间排列组成。而在 CRISPR 附近区域还存在着一部分高度保守的 CRISPR 相关基因 Cas，这些基因编码的蛋白质具有核酸酶活性的功能结构域，可以对 DNA 序列进行特异性的切割。根据 Cas 基因核心元件序列的不同被分为 3 种类型：Ⅰ型、Ⅱ型和Ⅲ型。Ⅰ型和Ⅲ型 CRISPR/Cas 系统需要多个 Cas 蛋白形成复合体切割 DNA 双链，而Ⅱ型 CRISPR/Cas 系统只需要一个 Cas9 蛋白来切割 DNA 双链，目前Ⅱ型系统是被改造的最为成功的人工核酸酶。

11.0907　CRISPR/Cas9 系统　CRISPR/Cas9 system

一种对基因组进行定点编辑的实验系统。由 crRNA（CRISPR RNA, crRNA）、反式激活 crRNA（*trans*-activating RNA, tracr RNA），以及 Cas9 蛋白组成。其中 crRNA 识别入侵的同源序列，Cas9 的复合物在短重复序列 CRISPR 的转录物小指导 RNA（small guid RNA, sgRNA）引导下，识别带有特定序列 PAM 的 DNA，并对其进行剪切，形成的平末端断裂双链在非同源末端连接或同源重组修复过程中，产生基因的随机插入、删除、置换。该系统广泛用于基因功能研究，在疾病基因治疗方面具有极大潜力。

11.0908　TALEN 基因组编辑　TALEN-based genome editing

一种对基因组进行定点编辑的实验系统。由具有序列特异性结合能力的 TALEN 和具有切割能力的 *Fok* Ⅰ核酸酶组成。具有特异性基因组编辑功能。通过 DNA 识别模块使 TALEN 元件靶向结合于特定 DNA 序列，在 *Fok* Ⅰ核酸酶催化下完成剪切，经细胞内同源定向修复或非同源末端连接途径修复完成对特定序列的插入、倒置、删除或基因融合。

11.0909　脱靶效应　off-target effect

基因编辑过程中在基因组的非目标位置引起的非必要 DNA 突变或基因沉默的现象。

11.0910　基因递送　gene delivery

利用某些载体或特定技术将特定的基因人工导入细胞或机体的过程。

11.0911　基因转移　gene transfer

（1）将外源基因导入受体细胞（包括体外培养或体内细胞、真核或原核生物细胞）的过程。可以物理、化学、生物学等方法实现。受体细胞的基因型和表型因此发生相应变化。（2）不同生物物种或同一生物不同个体间自发发生的从供体向受体的基因导入，可使受体产生新的遗传性状的技术。

11.0912　间接体内基因转移　*ex vivo* gene transfer

又称“先体外后体内基因转移”“回体基因转移”“离体基因转移”。一种基因治疗策略。先将需要接受基因的靶细胞从体内取出，在体外培养，将携带有治疗基因的载体导入细胞内，筛选出接受了治疗基因的细胞，增殖扩大后再回输体内，使治疗基因在体内表达相应产物。

11.0913　直接体内基因转移　*in vivo* gene transfer

将插入目的基因的表达载体直接导入体内的方法。

11.0914　基因跟踪　gene tracking

在不同条件下（生物生长发育、环境条件变化以及世代传递等阶段）连续探测某基因片段或基因产物的变化以分析基因的活动规律的研究。

11.0915　基因捕获　gene trap

功能基因组研究中利用基因捕获载体从基因组鉴定基因的一种策略。基因捕获载体带有报告基因和/或选择标记基因，插入其中的DNA片段在整合入宿主功能基因内部且与宿主基因编码框一致时方可得以表达并产生可被检测的标志信号，从而鉴定出基因或基因突变体。

11.0916　基因定位　gene localization

通过遗传杂交、绘制图谱或核酸探针杂交等手段确定基因在染色体上的位置以及基因在染色体上线性排列顺序和距离的技术。

11.0917　基因作图　gene mapping

利用杂交、侧交和自交，分别求出基因间的交换率和相对距离，然后在染色体上确定基因间的排列顺序或相对距离，并绘制出遗传图谱的技术。可确定某一染色体上特定基因的位置排布和基因之间的相对距离。

11.0918　基因组作图　genome mapping, genomic mapping

确定界标或基因在构成基因组的各条染色体上的位置，以及染色体上各个界标或基因之间的相对距离，绘制遗传连锁图谱或物理图谱的技术。

11.0919　基因组图谱　genomic map

绘制了可展示一种生物全基因组结构的图示。按建立图谱的研究目的方法和精细程度，可以有不同的形式，包括以遗传学方法建立的遗传连锁图谱，按距离绘出基因位置分布的物理图谱，经测定核酸序列建立的核苷酸序列图谱，以及标记出可表达序列的转录物图谱等。

11.0920　物理图谱　physical map

标示特定基因与遗传标志之间在基因组上的直线相对位置和物理距离的图谱。以DNA碱基对数目为距离单位。

11.0921　序列标签位点　sequence-tagged site, STS

作为基因组物理图谱中位置标志的已知小段单拷贝DNA序列。大多长约200～500 bp，可用聚合酶链反应特异地检测出来。

11.0922　数量性状基因座作图　quantitative trait locus mapping, QTL mapping

又称“数量性状位点作图”。寻找并定位控制遗传数量性状的主效基因位点（QTL）的过程。包括寻找遗传标记、构建连锁图谱、计算QTL效应和参数等。数量性状一般由效应相对较弱的多个基因所控制，往往表现为渐变，个体间上仅有数量或程度上的不同，精确定位的难度很大。

11.0923　基因疫苗　gene vaccine, gene-based vaccine

编码病原体的基因构成的疫苗。抗原编码基因可以是完整的、也可以是片段，进入机体内，表达产物可诱发机体在较长时间内产生对病原体的免疫应答，达到防治疾病的目的。

11.0924　DNA疫苗　DNA vaccine

编码病原体的基因插入真核细胞载体而构建的基因疫苗。在宿主细胞内，转录生成mRNA再合成抗原分子，进而诱导机体产生特异性免疫应答。

11.0925　mRNA疫苗　mRNA vaccine

由编码病原体抗原的mRNA构成的基因疫苗。接种进入细胞后，直接翻译合成抗原，诱导机体产生特异性免疫应答。

11.0926　miRNA模拟物　miRNA mimics

人工合成的在碱基序列上与特定miRNA相

同，在体内可模拟相应成熟的 miRNA 而发挥作用的寡核苷酸。

11.0927　反义 miRNA　antisense miRNA, anti-miRNA

人工合成的序列与相应 miRNA 互补的寡核苷酸。可特异结合相应 miRNA 分子，阻止 miRNA 与其靶基因 mRNA 的互补配对，削弱其基因沉默或阻遏效应。

11.0928　miRNA 拮抗物　miRNA antagomir

又称"miRNA 抑制物（miRNA inhibitor）"。人工合成的特殊化学修饰的特定 miRNA 互补序列的寡核苷酸。可拮抗靶 miRNA 的作用。序列与所拮抗的靶 miRNA 互补，作用与 miRNA 模拟物相反，可特异结合相应 miRNA 分子，阻止其与靶基因 mRNA 的互补配对，削弱其基因沉默或阻遏效应。miRNA 拮抗物与未经化学修饰的反义 miRNA 相比，在动物体内外具有更高的稳定性和抑制效果，且能克服体内细胞膜、组织等障碍富集于靶细胞。

11.0929　硫代磷酸寡核苷酸　phosphorothioate oligonucleotide

寡核苷酸链中磷酸上带双键的氧原子被硫原子取代的衍生物。能够抵抗核酸酶，从而延长其在体内的作用时间。

11.0930　基因操作　genetic manipulation

又称"遗传操作"。对机体的遗传物质进行人为操作，使之发生修饰和改变的过程。

11.0931　基因指纹　genetic fingerprint

又称"遗传指纹"。每个个体基因组所特有的遗传标记构成的图谱。

11.0932　基因组扫描　genomic scanning

在基因组 DNA 序列中搜索和定位某一特定序列，并在染色体上定位相关基因的方法。

11.0933　基因型分型　genotyping

利用生物学技术检查个体基因型的技术。以确定染色体上一些基因或遗传标记的单体型为目的，用于疾病相关基因变异鉴定、个体识别、亲子鉴定等。常用技术有：限制性片段长度多态性分析、基因组序列分析等。

11.0934　短串联重复序列基因型分型　short tandem repeat genotyping

通过检测机体基因组中具有多态性的短串联重复序列，获取生物个体 DNA 信息，用于个体识别的技术。可用于亲缘关系鉴定、法医物证等。

11.0935　基因座连锁分析　locus linkage analysis

依据相邻基因或与标记基因之间的伴同遗传现象，确定基因座在染色体上位置关系的分析方法。

11.0936　条件性基因打靶　conditional gene targeting

在特定的时间和空间条件下，即在某些特定类型细胞或特定发育阶段对某个靶基因进行定位修饰的技术。

11.0937　基因诊断　gene diagnosis

通过对基因或基因组进行直接分析而诊断疾病的方法。

11.0938　基因治疗　gene therapy

又称"基因疗法"。在基因水平上治疗疾病的方法。利用各种分子生物学技术通过基因置换、基因修正、基因修饰、基因失活、引入新基因等手段，对患病个体靶细胞中的基因缺陷进行纠正或补偿，达到治疗疾病的目的。

11.0939　基因增强治疗　gene augmentation therapy

用提高细胞中特定基因表达量而进行治疗的方法。是基因治疗的策略之一。可采用引入外源基因、增加基因组中目的基因拷贝数、改变调控增强基因表达以及基因置换等方法来提高基因表达量。引入正常基因弥补缺陷基因的治疗也归入基因增强治疗。

11.0940　体细胞基因治疗　somatic gene therapy

改变患者体细胞的基因组成、结构或基因表达水平以达到治疗疾病的方法。

11.0941　自杀法　suicide method

（1）一种利用营养缺陷条件导致突变体死亡从而筛选营养缺陷突变体的方法。（2）将一种基因导入肿瘤细胞，该基因的产物能够将环境中某种物质转变成毒物而杀死肿瘤细胞的一种体细胞基因治疗方案。如将单纯疱疹病毒（HSV）的胸苷激酶（TK）基因导入细胞，然后给予开环鸟苷衍生物（如 9-鸟嘌呤），胸苷激酶就能专一性将其转化成有毒的代谢物而杀死细胞。

11.0942　死亡基因　thanatogene

表达产物可以导致细胞死亡的基因。可设计将这类基因导入细胞作基因筛选或肿瘤基因治疗等。

11.0943　协同致死筛选　synthetic lethal screening

两种或多种原属于非细胞致死的基因突变同时存在缺陷时可产生协同作用而致细胞死亡的现象。这一现象被用于基因功能研究，近年来也广泛用于肿瘤靶向治疗研究，可在基因组水平筛选出对于肿瘤细胞存活至关重要的两种或多种基因变异，获得有效的联合治疗靶位；这一概念还扩大到基因缺陷与药物的协同致死筛选。

11.0944　转基因技术　transgene technology, transgenic technology

将目标基因经过人工分离并重组后，导入并整合到机体的基因组中，从而改善生物原有性状或赋予其新性状的基因操作技术。

11.0945　标记基因　marker gene

又称“标志基因”。功能及其在染色体上的位置均已明确的基因。可作为分析其他基因的参照。可以分为报告基因和选择基因。有的基因可以兼具选择和报告作用。作为标记基因的条件是：片段较小容易构建融合基因、可在导入细胞中表达、容易进行定性或定量分析检测、在原宿主细胞中不存在功能类似基因。

11.0946　报告基因　reporter gene

又称“报道基因”。一种标记基因。在细胞中表达后不产生对毒物或药物的抗性，而是产生容易被检测的荧光等信号，用以指示与其融合的调控序列或元件（如启动子）的活性。常用的报告基因有绿色荧光蛋白基因、萤光素酶基因、β-葡萄糖苷酶基因等。

11.0947　绿色荧光蛋白　green fluorescence protein, GFP

从水母（*Aequorea victoria*）体内发现的一种可发出绿色荧光的蛋白质。分子量 26kDa，由 238 个氨基酸构成，第 65～67 位氨基酸（Ser-Tyr-Gly）形成发光团，是主要发光的位置。其发光团的形成不具物种专一性，发出荧光稳定，且不需依赖任何辅因子或其他基质而发光。绿色荧光蛋白基因转化入宿主细胞后很稳定，对多数宿主的生理无影响，是常用的报告基因。

11.0948　选择基因　selective gene
一种标记基因。在细胞中表达后，赋予细胞特殊抗性或独特功能，能够在相应的毒物、药物或营养缺陷等筛选压力下正常生长。

11.0949　抗性基因　resistance gene
一类能阻止抗生素或除草剂等药物作用的基因或营养补偿性基因。如某些氨基酸合成酶基因等。这些基因的表达能赋予生物抵抗药物等毒害或营养缺陷的环境，常用做选择性遗传标志。

11.0950　转基因　transgene
转基因作用中整合的外源DNA。

11.0951　转基因作用　transgenesis
外源基因整合入机体的基因组中并使该生物获得能传给后代新遗传特性的过程。

11.0952　转基因生物　transgenic organism
接受了用基因工程技术导入的外源基因且通过繁殖而传代的生物。如将外源基因显微注射入受精卵的细胞核，再转入养母子宫内，所培育出来转基因的小鼠、牛、羊等。

11.0953　遗传修饰生物体　genetically modified organism, GMO
以技术手段人为修饰和改变了其遗传物质（DNA或RNA）的生物体。

11.0954　随机整合　random integration
导入的外源基因在宿主基因组上发生的非特定座位的整合现象。

11.0955　生物技术　biotechnology
人工设计并实施的对机体或生物成分进行改造和利用的技术。现代生物技术综合了分子生物学、生物化学、遗传学、细胞生物学、胚胎学、免疫学、化学、物理学、信息学、计算机等多学科技术。用于研究生命活动规律和提供产品为社会服务等。

11.0956　生物工程　bioengineering, biological engineering
应用生命科学及工程学的原理，借助机体作为反应器或用生物的成分做工具，高效构建、生产和应用生物产品的生物技术。包括基因工程、细胞工程、发酵工程、酶工程等。

11.0957　重组工程　recombineering
基于核酸同源重组原理而设计改变生物基因组的一种生物技术。能用于基因敲除、定位的基因转移或基因敲入等。

11.0958　发酵罐　fermenter, fermentor
用于培养微生物或细胞的封闭容器或生物反应装置。可用于研究、分析或生产。有多种在材料、大小和形状上各异的产品。

11.0959　原代培养　primary culture
从供体活组织直接取得的细胞或组织碎片进行的体外培养。未经永生化过程，直接用于研究。

11.0960　连续培养　continuous culture
在细胞或细菌培养过程中，不断供给营养物质和除去代谢物，使微生物能以恒定速率持续生长的培养方法。

11.0961　分批培养　batch culture
又称“批次培养”。将微生物或动植物的细胞和培养液一次性装入反应器中的培养方法。反应完成后，将整个反应体系一次取出。

11.0962　补料分批培养　fed-batch culture
在微生物或动植物细胞分批培养过程中，间

歇或连续地补加一种或多种新鲜培养基的培养方法。

11.0963　悬浮培养　suspension culture

在流动的液体培养基中培养非贴壁的悬浮细胞或小细胞团的细胞或组织的培养方法。细胞附着在微运载体上的培养也是一种悬浮培养。

11.0964　小鼠胚胎成纤维细胞　mouse embryo fibroblast, MEF

小鼠胚胎来源的成纤维细胞。原代培养的小鼠胚胎成纤维细胞用于遗传修饰小鼠表型和机制研究、遗传修饰小鼠的细胞保种。NIH3T3 是小鼠胚胎成纤维细胞系，广泛用于肿瘤相关基因研究。

11.0965　HAT 培养基　HAT medium

含次黄嘌呤（H）、氨基蝶呤（A）和胸腺嘧啶核苷（T）的细胞培养液。在此培养液中，核苷酸从头合成途径因氨基蝶呤（二氢叶酸类似物）的存在而受阻，只有核苷酸合成旁路的酶功能正常的细胞可以生存；而缺陷型细胞，如核苷酸次黄嘌呤-鸟嘌呤核苷磷酸核糖基转移酶（HGPRT）或胸腺嘧啶核苷激酶（TK）基因缺陷的细胞则不能生长。该培养基主要用于制备单克隆抗体过程中骨髓杂交瘤细胞筛选。

11.0966　选择性培养基　selective medium

通过添加或去除特定成分，选择性促进或抑制特定机体（细胞或细菌等）行为效应的培养基。可使混合生物群中的目标生物生长增殖而其他生物被抑制。特定成分的选择利用的是机体的特殊营养要求或对特定化学、物理因子的抗性。

11.0967　复印接种　replica plating

又称“影印培养”。能实现在一系列培养皿的相同位置上出现相同遗传型菌落的接种培养方法。一般用绒布或滤纸等将原培养皿上的所有集落（菌落或噬斑等）通过吸印转移到另外一个或数个培养皿上，即可使集落的相对位置在各培养皿之间保持一致。

11.0968　定向选择　directional selection, orthoselection

从一突变群体中去除某一表型的全部个体，从而改变了突变群的表型分布的一种遗传选择类型。如将含抗四环素基因的质粒转化细菌，然后用含四环素的培养基培养，就选择出只含有该质粒的细菌群。

11.0969　分子定向进化　directed molecular evolution

又称“实验室进化（laboratory evolution）”“进化生物技术（evolutionary biotechnology）”。模拟自然进化过程的人工进化策略。在体外对基因进行突变、重组和选择，使分子乃至生物的进化过程朝着人们需要的方向发展。针对一种靶基因或一群相关家族基因进行操作，创建其多样性文库，可获得具有全新功能的基因或基因家族。

11.0970　营养缺陷型　auxotroph

某些必需的营养物质（如氨基酸）或生长因子合成能力缺陷的变异菌株或细胞。其必须在基本培养基（如由葡萄糖和无机盐组成的培养基）中补加相应的营养成分才能正常生长。

11.0971　生物反应器　bioreactor

在体外模拟生物体的功能进行生物反应的装置系统。包括酶反应器（游离酶和固定酶反应器）、固定细胞反应器、各种细胞培养器、发酵罐等。可用于制备或生产某些生物反应产物，有的可作为生物传感器。

11.0972 膜生物反应器 membrane bioreactor, MBR

一种含有固定酶或细胞、可用来促进特定生物化学反应的反应器。是工业生化在生产工艺上采用的一种膜技术。

11.0973 生物传感器 biosensor

利用生物物质（如酶、蛋白质、DNA、抗体、抗原、生物膜、微生物、细胞等）作为识别元件，将生化反应转变成可定量的物理、化学信号，从而能够进行生命物质和化学物质检测和监控的装置。

11.0974 纳米[微]孔 nanopore

孔径为纳米量级的小孔。如在磷脂双层人工膜上用 α-溶血素打成的小孔就在纳米量级内，能够区分仅一个核苷酸差别的DNA链，当 DNA 分子穿过小孔时，阻塞小孔，造成电流/电压变化，在单链DNA滑过小孔过程中，能记录下逐个核苷酸的信息。

11.0975 纳米技术 nanotechnology

能操作纳米尺度（0.1～100nm）物件的技术。生物芯片和生物传感器等都可归于纳米技术范畴。

11.0976 生物安全等级 biosafety level

美国国立卫生研究院（NIH）和疾病控制预防中心（CDC）对生物危害物质的防护措施等级。分为四级：Ⅰ级涉及非致病生物物质；Ⅱ级涉及致病生物物质，但无传染性；Ⅲ级涉及那些易形成气溶胶因而能通过空气传播的致病病原；Ⅳ级涉及的病原物质在性质上同Ⅲ级，但无疫苗或特效药可控制。

11.0977 实质等同性 substantial equivalence

联合国经济和合作组织（OECD）于1993年提出的对新食物进行安全性评估的原则。根据该原则，若一种生物工程食物或食物成分与其相应的传统食物或食物成分基本相同，则可以认为具有相同的安全性。这一种基于比较的指导原则已被许多国家采纳作为评估转基因食物安全性的起点。

11.0978 生物安全操作柜 biosafety cabinet

用于生物危害物质操作的设备。为负压性空气过滤净化系统，可确保生物危害物质无泄漏。通常分为三级：Ⅰ级为排出的气体无须经过过滤；Ⅱ级为排出的气体必须经过过滤；Ⅲ级为密封的负压手套箱。

11.07 生物芯片技术

11.0979 生物芯片 biochip

广义的生物芯片指一切采用生物技术制备或应用于生物技术的微处理器。包括用于研制生物计算机的生物芯片、将健康细胞与电子集成电路结合起来的仿生芯片、缩微化的实验室即芯片实验室，以及利用生物分子相互间的特异识别作用进行生物信号处理的各种微阵列芯片。如基因芯片、蛋白质芯片、细胞芯片和组织芯片等。根据其反应体系状态不同可分为固相芯片和液相芯片。狭义的生物芯片特指微阵列芯片。

11.0980 阵列 array

将许多核酸片段、多肽、蛋白质或组织、细胞等生物样品有序地固化在惰性载体（玻片、尼龙膜等）表面，组成的生化反应和分析系统。用以提高生物化学、分子生物学分析的效率和范围。

11.0981 宏阵列 macroarray

又称“大阵列”。将许多核酸片段、多肽、蛋白质或组织、细胞等生物样品有序地固化在惰性载体（玻片、尼龙膜等）表面，组成的较低密度的生化反应和分析系统。

11.0982　微阵列　microarray
将多种核酸片段、多肽、蛋白质分子或组织、细胞等生物样品有序地固化在惰性载体（玻片、硅片、尼龙膜等）表面，组成的高度密集二维阵列的微型生化反应和分析系统。包括基因、蛋白质、细胞和组织等微阵列。

11.0983　基因芯片　gene chip
又称“DNA 微阵列（DNA microarray）”。固定有寡核苷酸、基因组 DNA 或 cDNA 等生物分子的芯片。高密度的 DNA 阵列在有限面积中可固定数万个不同序列的寡核苷酸探针，基于核酸分子杂交原理，可对样品的基因表达谱进行快速定性和定量分析。

11.0984　蛋白质芯片　protein chip
又称“蛋白质微阵列（protein microarray）”。一组微量蛋白质有序地排列固定在支持物（如玻璃、塑料或石英片）上的芯片。用以进行抗原抗体、蛋白质间相互作用等各类分析。高密度蛋白质阵列在数平方厘米面积内可排列数万个不同蛋白质点，可用于大规模的蛋白质分析。

11.0985　cDNA 微阵列　cDNA microarray
将序列不同的cDNA有序地排列固定于支持物（如玻璃片、尼龙膜等）上供分子杂交分析的系统。制作时，先将细胞内的 mRNA 逆转录成 cDNA 并分离，然后将分离得到的所有或部分 cDNA（其长度通常大于 200bp）按照阵列形式固定到支持物上。每一个点只包含一种 cDNA 分子。用于高通量基因表达分析。

11.0986　寡核苷酸微阵列　oligonucleotide microarray
将一定长度、序列不同的寡核苷酸有序地排列固定在支持物（如玻璃片、尼龙膜等）上供分子杂交分析的系统。这些探针一般是在支持物上依靠原位合成制备的。用于高通量 DNA 多态性检测和基因表达分析。

11.0987　高密度寡核苷酸单核苷酸多态性阵列　high-density oligonucleotide SNP array
用于分析全基因组单核苷酸多态性的微阵列芯片。

11.0988　原位合成　*in situ* synthesis
寡核苷酸微阵列的制作方法。作为探针的寡核苷酸采用光蚀技术直接在芯片的固相基质上合成。

11.0989　DNA 甲基化微阵列　DNA methylation microarray
用于在基因组水平高通量分析 DNA 甲基化状态的微阵列。主要有 CpG 岛微阵列、特异性甲基化寡聚核苷探针微阵列和甲基化靶向阵列等，是表观遗传学组研究的重要工具。

11.0990　miRNA 微阵列　miRNA microarray
又称“miRNA 芯片（miRNA chip）”。利用物种的已知的 miRNA 序列人工合成探针，以一定密度排列固定于支持物而制备的芯片。基于探针杂交原理，用于分析该物种个体组织细胞的 miRNA 表达谱。具有方便快捷通量高等优点。

11.0991　组织芯片　tissue chip
又称“组织微阵列（tissue microarray）”。将许多不同个体组织标本以规则阵列方式排布于同一载体（如玻璃片）上，进行同一指标的原位组织学研究的分析工具。可实现高通量、大样本以及快速分析。

11.0992　微阵列基因表达数据组织　Microarray Gene Expression Data, MGED
促进由功能基因组学和蛋白质组学研究产生的微阵列数据共享的合作机构。由欧洲生物信息学研究所（EBI）与德国肿瘤研究中心（DKFZ）组建，人员构成有生物学家、计算机科学家和数据分析学家。工作集中在建立微阵列数据注释和交换的标准，推动微阵列数据库建设和相关软件来实现这些标准，促进高质量的、经过注释的基因表达数据在生命科学领域的共享。

11.0993　微阵列实验最低限度信息标准　Minimum Information About a Microarray Experiment, MIAME
微阵列基因表达数据组织发布的关于微阵列实验数据信息提交最低标准的指南。确定了对于解释和验证结果所必需的微阵列数据注释和交换最小信息描述的需求。目前已经获得主要的数据库的存储支持，也被许多科学期刊作为基因微阵列论文发表的基本数据要求。

11.0994　微阵列基因表达标记语言　Microarray Gene Expression-Markup Language, MAGE-ML
用于描述基于微阵列实验的信息数据的计算机语言。可以描述微阵列设计、制造、实验组织和实施信息及基因表达数据等。

11.0995　固相芯片　flat microarray
将生物分子（如 DNA、蛋白质、抗体等）固定在芯片表面上形成固相，通过特定的检测方式（如荧光、化学发光、电化学等）来检测生物分子的存在和数量的技术。可以同时测量多种生物分子，具有高通量、高特异性和高可重复性等优点。

11.0996　液相芯片　liquid chip
又称“悬浮芯片（suspension array, microsphere array）”。一种编码微球与流式细胞术相结合的多重检测技术。将多种 DNA 或多种抗体等分别附着于具有不同光学编码的微球表面作为探针，在液相中与待测物结合，再加入荧光标记的报告分子，借助流式细胞仪检测微球编码以及微球表面荧光标记物，可以实现同时检测待测物中多种核酸或多种蛋白质。

11.0997　微流控技术　microfluidic technique
又称“芯片实验室（lab on a chip）。在微型芯片上的可容纳流体的结构功能单元。这些结构功能单元是利用微加工技术在微芯片上制作的，可达微米级甚至纳米级尺度。组合了微管道、微泵、微阀、微储液器、微电极、微检测元件等功能化元件，对微量流体进行控制，根据流体的物理特性，实现对流体的精确分析和控制，达到样品制备、纯化、分离、筛选以及检测等目的，从而实现化学和生物实验室的多种技术的微量化。是典型的化学、流体物理、微电子、新材料、生物学和生物医学工程等学科交叉新技术。

11.08　常用试剂

11.0998　生理盐水　physiological saline
与哺乳动物血液和淋巴液等渗的无机盐溶液。如含 0.9%（*W*/*V*）或 0.154 mol/L 的氯化钠水溶液，是最常用的生理盐水。

11.0999　溴酚蓝　bromophenol blue
系统命名为 3,3′,5,5′-四溴苯酚磺酞。一种 pH 指示剂，在 pH 3.0～4.6 范围，颜色由黄变蓝。常用做电泳指示染料，凝胶中电泳迁移速度在小分子核酸或蛋白质区域。

11.1000 二甲苯腈蓝 FF xylene cyanol FF
三苯甲烷类结构的一种色素。电泳中常用做指示染料，凝胶中电泳迁移速度略比溴酚蓝慢。

11.1001 考马斯亮蓝 Coomassie brilliant blue, CBB
可与蛋白质形成较强的非共价复合体的一种三苯甲烷类染料。考马斯亮蓝 R250 多用于聚丙烯酰胺凝胶电泳后蛋白质条带的染色；考马斯亮蓝 G250 是布拉德福德（Bradford）蛋白质定量试剂的主要成分。

11.1002 SYBR 绿染料 SYBR Green, SybrGreen
一种结合于 DNA 双螺旋小沟区域的具有绿色激发波长的染料。最大吸收波长约为 497nm，发射波长最大约为 520nm。在游离状态下仅发出微弱荧光，与双链 DNA 结合后荧光强度显著增加。荧光信号强度与双链 DNA 的数量相关，故可以根据荧光信号检测出聚合酶链反应体系中存在的双链 DNA 数量。SYBR 为 synergetic binding reagent 的缩写。

11.1003 锥虫蓝 trypan blue
又称“台盼蓝”。含硫酸基和氨基的一种二偶氮酸性染料。其电荷使其不能通过活细胞的质膜，但能被死细胞或膜受损伤细胞吸收，染成深蓝色，可用以鉴别细胞的存活状态，因能杀死锥虫而得名。

11.1004 溴乙锭 ethidium bromide, EB
能嵌入到双链核酸碱基对平面之间的一种荧光染料。250～310nm 波长的紫外光激发其发出橙红色光，常用于检测核酸分子。插入 DNA 分子能降低其密度，共价闭环 DNA 不能像线性或开环 DNA 那样结合很多溴乙锭，因而其密度降低较少，故可用密度梯度离心将共价闭环 DNA 与其他形式 DNA 分开。也是一种强诱变剂，有致癌作用。

11.1005 本尼迪克特试剂 Benedict reagent
曾称“班氏试剂”。基于蓝色的碱性硫酸铜可被氧化为红色的氧化铜的原理检查还原糖（如葡萄糖）的试剂。

11.1006 福林试剂 Folin reagent
一种能与酚羟基呈色的磷钼酸-磷钨酸试剂。可与蛋白质分子中酪氨酸残基作用生成深蓝色化合物。在劳里法蛋白质定量中也使用该试剂。

11.1007 DNA 嵌入剂 DNA intercalator
能够插入到 DNA 双链中相邻的碱基对间而与 DNA 结合的化合物。多为具有芳香族结构的扁平分子，如吖啶类染料。与 DNA 结合会引起双螺旋的解旋、伸长和僵硬，导致染色质结构和功能的改变。

11.1008 焦碳酸二乙酯 diethyl pyrocarbonate, DEPC
一种高活性的烷基化试剂。常用做核酸酶抑制剂（特别是用于灭活广泛存在的核糖核酸酶）、组氨酸残基修饰剂等。

11.1009 表面活化剂 surfactant, surface-active agent
一类能降低液体表面张力的试剂。通常在分子内含有一个疏水基团和一个亲水基团，如去垢剂、乳化剂、消泡剂等。

11.1010 非离子去污剂 non-ionic detergent
不使被处理物质发生离子化的表面活性剂。如 Triton X-100，NP-40 等。

11.1011　二硫苏糖醇　dithiothreitol, DTT

又称“克莱兰试剂（Cleland's reagent）”。苏糖醇的C-1及C-4位羟基置换成巯基的化合物。在生化反应中用做还原剂，保护蛋白质或酶中的巯基不致氧化而失活。也常用于还原蛋白质分子中的二硫键等。

11.1012　乙二胺四乙酸　ethylenediaminetetraacetic acid, EDTA

能与Mg^{2+}、Ca^{2+}、Mn^{2+}、Fe^{2+}等二价金属离子结合的一种螯合剂。由于多数核酸酶类和有些蛋白酶类的作用需要Mg^{2+}，故常用做核酸酶、蛋白酶的抑制剂；也可用于去除重金属离子对酶的抑制作用。在化学分析中，乙二胺四乙酸可用于配位滴定。

11.1013　乙二醇双(2-氨基乙醚)四乙酸　ethylene glycol bis (2-aminoethyl ether) tetraacetic acid, EGTA

与乙二胺四乙酸相似，能与二价金属离子结合的一种螯合剂。但对钙离子有更高亲和性。可专门用做需要钙离子的蛋白酶（如BAL31）的抑制剂，并能用于在镁离子存在条件下做钙离子检测。

11.1014　异硫氰酸荧光素　fluorescein isothiocyanate, FITC

发射绿色荧光的一种荧光试剂。该分子中含有活泼的异硫氰酸基团，易于与蛋白质等分子反应，常用于蛋白质的荧光标记等。

11.1015　异丙基硫代-β-D-半乳糖苷　isopropylthio-β-D-galactoside, IPTG

结构与异乳糖相似的一种β-D-半乳糖苷。常作为大肠埃希菌乳糖操纵子的非代谢诱导物，能特异地与乳糖操纵子的阻遏物结合，解除对乳糖启动子的阻遏，从而启动下游基因的转录。

11.1016　二硝基氟苯　dinitrofluorobenzene, DNFB

与氨基酸、肽或蛋白质上的自由α-氨基反应，生成的一种二硝基苯衍生物。用于氨基酸、肽和蛋白质的层析检测、定量分析以及肽和蛋白质氨基端氨基酸分析等。

11.1017　异硫氰酸苯酯　phenylisothiocyanate, PITC

在埃德曼降解法中作为蛋白质或肽链的N端标记试剂。用于进行氨基酸序列分析。

11.1018　羟基磷灰石　hydroxyapatite, HA, HAP

磷酸钙的氢氧化合物。在水相溶剂中不溶，可用做蛋白质纯化的吸附剂，并能结合双链DNA从而与单链DNA分开。

11.1019　离散剂　chaotropic agent, chaotrope

能减弱疏水相互作用，可提高非极性分子从非水溶液中进入水相的物质。此类物质通常都是些离子，如SCN^-和ClO_4^-等，具有较大的半径，只有单个的负电荷，电荷的密度较低。可用于促进与膜结合的蛋白质溶解、改变蛋白质和核酸的二级和三级结构、增加疏水小分子的溶解性等。

11.1020　三羟甲基氨基甲烷　trihydroxymethyl aminomethane, Tris

广泛用做生物缓冲液成分的化合物。缓冲pH范围7～9，pK_a（20℃）=8.3，pK_a（37℃）=7.82。

英 汉 索 引

A

acid phosphatase 酸性磷酸酶 03.0388
acid value 酸值 07.0020
ACL *ATP 柠檬酸裂合酶 03.0266
aconitase 顺乌头酸酶 03.0627
ACP 酰基载体蛋白质 02.0384
acrosomal protease 顶体蛋白酶 03.0518
ACTH 促肾上腺皮质激素 09.0036
actin 肌动蛋白 02.0463
actin depolymerizing factor 肌动蛋白解聚因子 02.0474
actinin 辅肌动蛋白 02.0470
activating transcription factor 转录激活因子 05.0496
activation 激活[作用]，*活化 01.0224
activation analysis 活化分析 11.0335
activation domain 激活域 05.0499
activation energy 活化能 03.0050
activator 激活物，*活化物 01.0225
active center 活性中心 03.0034
active lipid 活性脂质 07.0008
active site *活性部位 03.0034
active transport 主动转运 08.0112
activin 激活素，*活化素 09.0133
activity 活性 01.0174
actobindin 肌动结合蛋白 02.0488
actomyosin 肌动球蛋白 02.0501
actophorin 载肌动蛋白 02.0476
acute phase protein 急性期蛋白质 02.0333
acylamidase *酰基酰胺酶 03.0582
acylase *酰化酶 03.0582
acylation 酰化 07.0022
acyl carrier protein 酰基载体蛋白质 02.0384
acyl-CoA 脂[肪]酰辅酶 A 10.0176
acyl-CoA Δ^6-desaturase *脂[肪]酰辅酶 A Δ^6 脱饱和酶 03.0199
acyl-CoA reductase 脂[肪]酰辅酶A还原酶 03.0128
acyl-coenzyme A 脂[肪]酰辅酶 A 10.0176
acyl-coenzyme A-cholesterol acyltransferase 脂[肪]酰辅酶 A-胆固醇酰基转移酶 03.0256
acyl-coenzyme A reductase 脂[肪]酰辅酶 A 还原酶 03.0128
acylglycerol *酰基甘油 07.0102
2-acylglycerol *O*-acyltransferase 2-酰基甘油 *O*-酰基转移酶 03.0250
1-acylglycerol-3-phosphate *O*-acyltransferase 1-酰基甘油-3-磷酸 *O*-酰基转移酶 03.0252
1-acylglycerophosphocholine *O*-acyltransferase 1-酰基甘油磷酸胆碱 *O*-酰基转移酶 03.0251
acyl-lipid ω-6 desaturase 酰基酯 ω-6 脱饱和酶 03.0200
acylneuraminate 酰基神经氨酸 06.0123
acylsphingosine deacylase *酰基鞘氨醇脱酰基酶 03.0587
acyltransferase 酰基转移酶，*转酰基酶 03.0239
ADA 腺苷脱氨酶 03.0598
adapter 衔接物，*连接物，*衔接子 01.0147
adaptin 衔接蛋白 02.0637
adaptive enzyme 适应酶 03.0491
adaptor 衔接物，*连接物，*衔接子 01.0147
adaptor protein 衔接蛋白质 08.0306
adducin 内收蛋白 02.0456
adenine 腺嘌呤 04.0006
adenine phosphoribosyltransferase 腺嘌呤磷酸核糖基转移酶 03.0277
adenohypophysis hormone *腺垂体激素 09.0033
adenoregulin 腺苷调节肽 02.0155
adenosine 腺苷 04.0044
adenosine deaminase 腺苷脱氨酶 03.0598
adenosine diphosphate 腺苷二磷酸，*腺二磷，*二磷酸腺苷 04.0082
adenosine diphosphate ribosylation ADP 核糖基化，*腺苷二磷酸核糖基化，*二磷酸腺苷核糖基化 05.0445
adenosine diphosphate ribosyltransferase ADP 核糖基转移酶，*腺苷二磷酸核糖基转移酶 03.0280
adenosine monophosphate 腺苷一磷酸，*腺一磷，*一磷酸腺苷 04.0081
adenosine monophosphate nucleosidase AMP 核苷酶 03.0489
adenosine triphosphatase ATP 酶，*腺苷三磷酸酶 03.0701
adenosine triphosphate 腺苷三磷酸，*腺三磷，*三磷酸腺苷 04.0083
adenylate cyclase 腺苷酸环化酶 03.0641
adenylate kinase *腺苷酸激酶 03.0303
adenylic acid 腺苷酸 04.0080
adenylosuccinate 腺苷酸[基]琥珀酸，*腺苷酸代琥珀酸 10.0366
adenylosuccinic acid 腺苷酸[基]琥珀酸，*腺苷酸代琥珀酸 10.0366

aldonic acid　醛糖酸，*糖酸　06.0100
aldose　醛糖　06.0006
aldosterone　醛固酮　09.0099
alduronic acid　糖醛酸　06.0104
alginic acid　海藻酸，*褐藻酸　06.0234
alicyclic compound　脂环化合物　07.0013
alignment　比对，*排比　01.0167
aliphatic compound　脂肪族化合物　07.0011
alkaline amino acid　碱性氨基酸　02.0008
alkaline gel electrophoresis　碱性凝胶电泳　11.0121
alkaline phosphatase　碱性磷酸酶　03.0386
alkylether acylglycerol　烷基醚脂酰甘油　07.0123
allantoic acid　尿囊酸　10.0372
allantoicase　尿囊酸酶　10.0374
allantoin　尿囊素　10.0371
allantoinase　尿囊素酶　10.0373
allatostatin　抑咽侧体神经肽　09.0290
allatotropin　促咽侧体神经肽　09.0291
allele　等位基因　05.0048
allele-specific oligonucleotide　等位基因特异性寡核苷酸　11.0509
allele-specific PCR　*等位基因特异性 PCR　11.0532
allele-specific RNA interference　等位基因特异性 RNA 干扰　11.0876
allolactose　别乳糖　06.0137
allomone　利己素，*益己素　09.0014
allophycocyanin　别藻蓝蛋白　02.0804
allopurinol　别嘌呤醇　04.0011
allosteric activator　别构激活剂　03.0095
allosteric agonist　别构激动剂　08.0351
allosteric enzyme　别构酶，*变构酶　03.0091
allosteric inhibition　别构抑制　03.0089
allosteric inhibitor　别构抑制剂　03.0096
allosteric interaction　别构相互作用　03.0098
allosteric ligand　别构配体　03.0093
allosteric modulator　别构调节物　03.0094
allosteric regulation　别构调节，*变构调节　03.0090
allosteric site　别构部位　03.0092
allostery　别构性　03.0097
allozyme　等位基因酶　03.0730
all-trans retinoic acid　*全反式视黄酸，*全反式维甲酸　09.0343
allysine　醛赖氨酸　10.0294
alpha-fetoprotein　甲胎蛋白　02.0320
alpha 1 globulin　α_1-球蛋白　02.0291
alpha 2 globulin　α_2-球蛋白　02.0292
ALR　黑色素瘤缺乏因子 2 样受体，*AIM2 样受体　08.0382
ALT　*丙氨酸转氨酶　03.0286
alternative pathway　旁路途径　10.0034
alternative splicing　可变剪接，*选择性剪接　05.0275
Alu-PCR　*Alu* 聚合酶链反应　11.0543
alytensin　产婆蟾紧张肽　02.0158
Amadori rearrangement　阿马道里重排　06.0017
amaranthin　绿苋毒蛋白　02.0826
amastatin　氨肽酶抑制剂　03.0758
amatoxin　鹅膏毒肽，*毒伞肽，*鹅膏毒素　02.0213
amber codon　琥珀密码子　05.0338
amber mutation　琥珀突变　05.0410
amber suppression　琥珀突变阻抑　05.0567
amber suppressor　琥珀突变阻抑基因，*琥珀突变抑制子　05.0568
ambiguous codon　多义密码子　05.0348
amidase　酰胺酶　03.0582
amination　氨基化，*胺化　10.0228
amine hormone　胺类激素　09.0004
amine oxidase　胺氧化酶　03.0129
amino acid　氨基酸　02.0001
amino acid activation　氨基酸活化　04.0298
amino acid arm　氨基酸臂　04.0288
amino acid decarboxylase　氨基酸脱羧酶　03.0615
amino acid derivative　氨基酸衍生物　02.0018
α-amino acid ester aminoacylhydrolase　α-氨基酸酯氨基酰水解酶　03.0380
α-amino acid ester hydrolase　*α-氨基酸酯水解酶　03.0380
amino acid metabolic pool　氨基酸代谢库　10.0222
amino acid metabolism　氨基酸代谢　10.0221
amino acid *N*-acetyltransferase　氨基酸 *N*-乙酰转移酶　03.0241
amino acid pool　*氨基酸库　10.0222
amino acid residue　氨基酸残基　02.0080
amino acid sequence　*氨基酸序列　02.0874
aminoacyl-AMP　氨基酰腺苷一磷酸，*氨基酰 AMP　05.0382
aminoacylation　氨基酰化　05.0381
aminoacyl esterase　氨基酰酯酶　03.0379
aminoacyl phosphatidylglycerol　氨基酰磷脂酰甘油　07.0146
aminoacyl site　氨基酰位，*A 位　05.0387

aminoacyltransferase 氨基酰转移酶 03.0260
aminoacyl-tRNA 氨基酰 tRNA 05.0383
aminoacyl-tRNA aminoacylhydrolase 氨基酰 tRNA 氨基酰水解酶 03.0381
aminoacyl-tRNA hydrolase *氨基酰 tRNA 水解酶 03.0381
aminoacyl-tRNA ligase 氨基酰 tRNA 连接酶 03.0679
aminoacyl-tRNA synthetase *氨基酰 tRNA 合成酶 03.0679
2-aminoadenine *2-氨基腺嘌呤 04.0008
α-aminoadipic acid α-氨基己二酸 10.0296
γ-aminobutyric acid γ-氨基丁酸 10.0246
1-aminocyclopropane-1-carboxylate oxidase ACC 氧化酶，*1-氨基环丙烷-1-羧酸氧化酶 03.0195
1-aminocyclopropane-1-carboxylate synthase ACC 合酶，*1-氨基环丙烷-1-羧酸合酶 03.0640
aminoglycoside phosphotransferase 氨基糖苷磷酸转移酶 03.0296
aminoimidazole ribonucleotide 氨基咪唑核糖核苷酸 10.0365
β-aminoisobutyric acid β-氨基异丁酸 10.0375
α-amino-β-ketoadipic acid α-氨基-β-酮己二酸 10.0312
5-aminolevulinate synthase 5-氨基酮戊酸合酶 03.0253
5-aminolevulinic acid 5-氨基酮戊酸，*δ-氨基-γ-酮戊酸，*5-氨基乙酰丙酸 10.0313
δ-aminolevulinic acid 5-氨基酮戊酸，*δ-氨基-γ-酮戊酸，*5-氨基乙酰丙酸 10.0313
amino nitrogen 氨基氮 10.0223
2-amino-6-oxopurine *2-氨基-6-氧嘌呤 04.0007
aminopeptidase 氨肽酶 03.0498
aminopterin 氨基蝶呤 03.0780
6-aminopurine *6-氨基嘌呤 04.0006
amino sugar 氨基糖 06.0111
amino terminal N 端，*氨基端 02.0087
aminotransferase *氨基转移酶 03.0284
ammonia-lyase 氨裂合酶 03.0635
ammonification 氨化作用 10.0229
ammonium sulfate fractionation 硫酸铵分级分离 11.0019
ammonotelism 排氨[型]代谢 10.0225
AMP 抗微生物肽，*抗菌肽 02.0181，腺苷一磷酸，*腺一磷，*一磷酸腺苷 04.0081
AMP-activated protein kinase AMP 活化的蛋白质激酶 03.0350
amphibolic pathway 两用代谢途径 10.0032
amphiglycan 双栖蛋白聚糖 06.0321
amphion 两性离子，*兼性离子 01.0188
amphipathic helix 两亲螺旋 02.0893
amphipathicity 两亲性 01.0184
amphiphilicity 两亲性 01.0184
amphiphysin 双载蛋白 02.0569
amphiregulin 双调蛋白 09.0228
ampholyte 两性电解质 11.0100
amphoteric ion 两性离子，*兼性离子 01.0188
amphoteric ion exchange resin 两性离子交换树脂 11.0191
AMPK AMP 活化的蛋白质激酶 03.0350
amplicon 扩增子 11.0579
amplification of inter-methylated sites 甲基化位点间区扩增 11.0654
amplification refractory mutation system PCR 扩增受阻突变体系统聚合酶链反应，*扩增阻滞突变系统 PCR 11.0532
amplified fragment length polymorphism 扩增片段长度多态性 11.0707
AMP nucleosidase AMP 核苷酶 03.0489
amylase 淀粉酶 03.0448
α-amylase α-淀粉酶 03.0449
β-amylase β-淀粉酶 03.0450
amylin 糊精 06.0174
amylodextrin 极限糊精 06.0175
α-amylodextrin *α-极限糊精 06.0175
β-amylodextrin *β-极限糊精 06.0175
amylo-1,6-glucosidase 淀粉-1,6-葡萄糖苷酶 03.0472
amyloid 淀粉样物质 02.0332
amyloid precursor protein 淀粉样前体蛋白 02.0330
amyloid protein 淀粉样蛋白 02.0329
amyloid β-protein β-淀粉样蛋白 02.0331
amylopectin 支链淀粉 06.0172
amylose 直链淀粉 06.0171
anabolism 合成代谢 10.0003
anaerobic fermentation 无氧发酵 10.0113
anaerobic glycolysis 无氧糖酵解 10.0107
anaerobic metabolism 无氧代谢 10.0014
anaerobic oxidation of glucose 糖无氧氧化 10.0108
anaerobic respiration 无氧呼吸 10.0045

analog 类似物 01.0129
anaphylatoxin 过敏毒素 02.0342
anaplerotic reaction 回补反应，*添补反应 10.0035
anchored PCR 锚定聚合酶链反应，*锚定 PCR 11.0544
anchorin 锚蛋白 02.0457
ancovenin 血管紧张素Ⅰ转换酶抑制肽，*血管紧张肽Ⅰ转化酶抑制肽 03.0760
andrin 睾丸雄激素 09.0110
androgamone 雄配素 09.0127
androgen 雄激素 09.0103
androgen-binding protein 雄激素结合蛋白质 09.0129
androstane 雄固烷 09.0112
androstenedione 雄烯二酮，*肾上腺雄酮 09.0107
androsterone 雄酮 09.0106
aneurin *抗神经炎素 09.0361
angiogenic factor 血管生成因子 09.0280
angiogenin 血管生成蛋白 09.0281
angiotensin 血管紧张素，*血管紧张肽 09.0283
angiotensin Ⅰ 血管紧张素Ⅰ，*血管紧张肽Ⅰ 09.0284
angiotensin Ⅱ 血管紧张素Ⅱ，*血管紧张肽Ⅱ 09.0285
angiotensin converting enzyme *血管紧张素转换酶，*血管紧张肽转化酶 03.0504
angiotensin Ⅰ-converting enzyme inhibitory peptide 血管紧张素Ⅰ转换酶抑制肽，*血管紧张肽Ⅰ转化酶抑制肽 03.0760
angiotensinogen 血管紧张素原，*血管紧张肽原 09.0282
angiotonin 血管紧张素，*血管紧张肽 09.0283
angle rotor 角转头 11.0068
anhydrase 脱水酶 03.0624
animal hormone 动物激素 09.0032
anion exchange chromatography 阴离子交换层析 11.0227
anion exchanger 阴离子交换剂 11.0182
anion exchange resin 阴离子交换树脂 11.0190
anisomorphic DNA 异形 DNA 04.0198
ankyrin 锚蛋白 02.0457
annealing 退火 04.0307
annexin 膜联蛋白 02.0575
annexin Ⅰ 膜联蛋白Ⅰ 02.0576
annexin Ⅱ 膜联蛋白Ⅱ 02.0577
annexin Ⅳ 膜联蛋白Ⅳ 02.0578
annexin Ⅴ 膜联蛋白Ⅴ 02.0579
annexin Ⅵ 膜联蛋白Ⅵ 02.0580
annexin Ⅶ 膜联蛋白Ⅶ 02.0581
anomer 异头物 06.0028
anomeric center 异头中心 06.0029
ANP 心房利尿钠肽，*心房钠尿肽 09.0148
anserine 鹅肌肽 02.0095
antagonism 拮抗作用 01.0231
antagonist 拮抗剂 01.0232
antamanide 蕈环十肽 02.0217
antenna 天线 06.0242
anterior pituitary hormone 垂体前叶激素 09.0033
anthesin 开花激素 09.0319
anthocyanase 花色素酶 03.0492
anthranilic acid 邻氨基苯甲酸 10.0266
anti-antibody 抗-抗体 01.0258
anti-apoptosis protein 抗凋亡蛋白质 02.0768
antibody 抗体 01.0254
antibody engineering 抗体工程 11.0872
antibody library 抗体文库 11.0831
antichymotrypsin 胰凝乳蛋白酶抑制剂 03.0765
α_1-antichymotrypsin α_1-胰凝乳蛋白酶抑制剂 03.0766
anticoagulant protein 抗凝蛋白质 02.0343
anticodon 反密码子 04.0296
anticodon arm 反密码子臂 04.0291
anticodon loop 反密码子环 04.0293
anticodon stem 反密码子茎 04.0292
antide 抗排卵肽 09.0143
antidiuretic hormone *抗利尿激素 09.0045
antiestrogen 抗雌激素，*雌激素阻滞剂，*雌激素拮抗剂 09.0181
antifreeze glycoprotein 抗冻糖蛋白 06.0254
antifreeze protein 抗冻蛋白质 02.0264
antigen 抗原 01.0253
antihemophilic factor *抗血友病因子 02.0319
antihemophilic globulin 抗血友病球蛋白 02.0319
antihormone 抗激素 09.0022
antiluteolytic protein *抗黄体溶解蛋白质 02.0677
antimetabolite 抗代谢物 10.0019
antimicrobial peptide 抗微生物肽，*抗菌肽 02.0181
anti-miRNA 反义 miRNA 11.0927
antioncogene 抑癌基因，*抗癌基因，*肿瘤抑制基因 05.0070

antioxidant enzyme　抗氧化酶　03.0203
antipain　抗蛋白酶肽　03.0761
antiparallel strand　反向平行链　01.0137
antiplasmin　纤溶酶抑制剂　03.0763
α_2-antiplasmin　α_2-纤溶酶抑制剂　03.0764
antiport　反向转运，*逆向转运　08.0114
antiporter　反向转运蛋白，*反向转运体　08.0115
α_1-antiproteinase　α_1-蛋白酶抑制剂　03.0767
antirachitic vitamin　*抗佝偻病维生素　09.0344
antisense DNA　反义 DNA　05.0151
antisense miRNA　反义 miRNA　11.0927
antisense oligodeoxynucleotide　反义寡脱氧核苷酸　04.0128
antisense oligonucleotide　*反义寡核苷酸　04.0128
antisense oligonucleotide technology　反义寡核苷酸技术　11.0892
antisense RNA　反义 RNA　04.0269
antisense RNA technology　反义 RNA 技术　11.0891
antisense strand　*反义链　05.0101
antisense technology　反义技术　11.0890
anti-termination　抗终止作用　05.0252
α_1-antitrypsin　α_1-胰蛋白酶抑制剂　03.0768
Apaf-1　凋亡蛋白酶激活因子 1　08.0295
apamin　蜂毒明肽，*蜂神经毒肽　02.0176
APC　别藻蓝蛋白　02.0804
APE　超量原子百分数　11.0300
AP endonuclease　*AP 核酸内切酶　03.0634
apexin　顶体正五聚蛋白　02.0657
APH　氨基糖苷磷酸转移酶　03.0296，垂体前叶激素　09.0033
AP lyase　AP 裂合酶，*无嘌呤嘧啶裂合酶　03.0634
Apo　载脂蛋白，*脱脂载脂蛋白，*脱辅基脂蛋白　02.0381
apocalmodulin　脱钙钙调蛋白　02.0629
apoenzyme　脱辅[基]酶，*酶蛋白　03.0011
apoferritin　脱铁铁蛋白　02.0711
apolipoprotein　载脂蛋白，*脱脂载脂蛋白，*脱辅基脂蛋白　02.0381
apoprotein　脱辅基蛋白质　02.0242
apoptin　凋亡蛋白，*凋亡素　02.0765
apoptosis　细胞凋亡　01.0261
apoptosis-associated speck-like protein containing a CARD　凋亡相关斑点样蛋白质，*ASC 蛋白，*含有 CARD 的凋亡相关斑点样蛋白质　08.0293
apoptosis protease-activating factor-1　凋亡蛋白酶激活因子 1　08.0295
apoptosis repressor with caspase recruitment domain　胱天蛋白酶募集结构域凋亡抑制因子　08.0282
apoptosome　凋亡小体　08.0294
apoptotic body　凋亡小体　08.0294
apoptotic protein　凋亡蛋白质　02.0766
apotransferrin　脱铁运铁蛋白　02.0714
apotroponin　脱钙肌钙蛋白　02.0500
APP　淀粉样前体蛋白　02.0330，急性期蛋白质　02.0333
apparent relative molecular weight　表观相对分子量，*表观分子量　11.0385
aprotinin　抑蛋白酶多肽　03.0769
APRT　腺嘌呤磷酸核糖基转移酶　03.0277
AP site　无嘌呤嘧啶位点　04.0321
aptamer　适配体　11.0864
apurinic acid　无嘌呤核酸，*脱嘌呤核酸　04.0131
apurinic-apyrimidinic site　无嘌呤嘧啶位点　04.0321
apurinic site　无嘌呤位点　04.0319
apyrase　腺三磷二磷酸酶，*腺三磷双磷酸酶　03.0600
apyrimidinic acid　无嘧啶核酸，*脱嘧啶核酸　04.0132
apyrimidinic site　无嘧啶位点　04.0320
aquacobalamin reductase　水钴胺素还原酶　03.0204
aquaporin　水通道蛋白，*水孔蛋白　02.0659
AR　双调蛋白　09.0228
ARA　花生四烯酸　07.0082
araban　阿拉伯聚糖　06.0180
arabinogalactan　阿拉伯半乳聚糖　06.0186
arabinose　阿拉伯糖　06.0056
araC　阿糖胞苷　04.0064
ara-C　阿糖胞苷　04.0064
arachidic acid　花生酸，*二十烷酸　07.0081
arachidonic acid　花生四烯酸　07.0082
ara operon　阿拉伯糖操纵子　05.0540
araT　阿糖胸苷　06.0131
ARC　胱天蛋白酶募集结构域凋亡抑制因子　08.0282
archaeosine　古嘌苷　04.0056
ARF　ADP 核糖基化因子　02.0518
arfaptin　ADP 核糖基化因子结合蛋白　02.0669
Arg　精氨酸　02.0030
arginase　精氨酸酶　03.0594
arginine　精氨酸　02.0030

arginine vasopressin *精氨酸升压素 09.0045
arginine vasotocin 精催产素，*加压催产素 09.0047
argininosuccinase 精氨酸代琥珀酸酶，*精氨[基]琥珀酸酶 10.0243
argininosuccinate 精氨酸代琥珀酸，*精氨[基]琥珀酸 10.0241
argininosuccinate lyase *精氨酸代琥珀酸裂合酶，*精氨[基]琥珀酸裂合酶 10.0243
argininosuccinate synthetase 精氨酸代琥珀酸合成酶，*精氨[基]琥珀酸合成酶 10.0242
argininosuccinic acid 精氨酸代琥珀酸，*精氨[基]琥珀酸 10.0241
ARMS-PCR 扩增受阻突变体系统聚合酶链反应，*扩增阻滞突变系统 PCR 11.0532
aromatic compound 芳香化合物 07.0012
array 阵列 11.0980
array-based capture 基于阵列捕获 11.0860
arrestin 拦阻蛋白，*拘留蛋白 08.0310
ARS 自主复制序列 05.0128
ARS element *ARS 元件 05.0128
ART ADP 核糖基转移酶，*腺苷二磷酸核糖基转移酶 03.0280
articulin 骨架连接蛋白 02.0430
aryl-aldehyde oxidase 芳基-醛氧化酶 03.0131
aryl hydrocarbon hydroxylase 芳烃羟化酶 03.0190
arylphorin 载芳基蛋白 02.0389
arylsulfatase 芳基硫酸酯酶 03.0408
ASC 凋亡相关斑点样蛋白质，*ASC 蛋白，*含有 CARD 的凋亡相关斑点样蛋白质 08.0293
ascaridole 驱蛔萜 07.0188
ascorbate ferrireductase 抗坏血酸铁还原酶 03.0706
ascorbate peroxidase 抗坏血酸过氧化物酶 03.0177
ascorbic acid *抗坏血酸 09.0381
ASGP 无唾液酸糖蛋白 06.0258
asialoglycoprotein 无唾液酸糖蛋白 06.0258
asialoorosomucoid 无唾液酸血清类黏蛋白 06.0259
A site 氨基酰位，*A 位 05.0387
Asn 天冬酰胺 02.0035
ASO 等位基因特异性寡核苷酸 11.0509
ASOR 无唾液酸血清类黏蛋白 06.0259
Asp 天冬氨酸 02.0034
asparaginase 天冬酰胺酶 03.0580
asparagine 天冬酰胺 02.0035
asparagine-linked oligosaccharide *天冬酰胺连接寡糖 06.0237
aspartame 天冬苯丙二肽酯，*阿斯巴甜，*天冬甜二肽 02.0131
aspartate aminotransferase *天冬氨酸转氨酶 03.0285
aspartate-argininosuccinate shunt 天冬氨酸-精氨酸代琥珀酸支路 10.0091
aspartate carbamoyltransferase 天冬氨酸氨甲酰基转移酶 03.0235
asparatate transcarbamylase *天冬氨酸转氨甲酰酶 03.0235
aspartic acid 天冬氨酸 02.0034
aspartic protease 天冬氨酸蛋白酶 03.0560
AS-PCR *等位基因特异性 PCR 11.0532
assembly 组装，*装配 01.0099
assimilation 同化作用 10.0009
association 缔合 01.0123
association constant 缔合常数 01.0126
AST *天冬氨酸转氨酶 03.0285
astacin 龙虾肽酶 03.0574
asymmetric labeling 不对称标记 11.0391
asymmetric PCR 不对称聚合酶链反应，*不对称 PCR 11.0545
ATC *天冬氨酸转氨甲酰酶 03.0235
ATF 转录激活因子 05.0496
atom percent excess 超量原子百分数 11.0300
ATP 腺苷三磷酸，*腺三磷，*三磷酸腺苷 04.0083
ATPase ATP 酶，*腺苷三磷酸酶 03.0701
ATP-binding cassette transporter ATP 结合盒转运蛋白，*ABC 转运蛋白 08.0086
ATP-binding cassette transporter A1 ATP 结合盒转运蛋白 A1，*ABC 转运蛋白 A1，*ATP 结合盒转运体 A1 08.0087
ATP-citrate lyase *ATP 柠檬酸裂合酶 03.0266
ATP-citrate synthase ATP 柠檬酸合酶 03.0266
ATP synthase ATP 合酶 03.0703
ATRA *全反式视黄酸，*全反式维甲酸 09.0343
atrial natriuretic peptide 心房利尿钠肽，*心房钠尿肽 09.0148
atriopeptin *心房肽 09.0148
attenuation 弱化作用 05.0544
attenuator 弱化子 05.0545
autacoid 局部效应物，*自体有效物质，*自身活性物质 09.0134
autocatalytic splicing *自催化剪接 05.0276

autocoid 局部效应物，*自体有效物质，*自身活性物质 09.0134
autocrine 自分泌 09.0028
autocrine signaling 自分泌信号传递 08.0154
autoinducer 自诱导物 08.0198
autoinduction 自诱导 08.0197
autolytic enzyme 自溶酶 03.0603
autonomously replicating sequence 自主复制序列 05.0128
autonomously replicating vector 自主复制载体 05.0127
autophagy 自噬 01.0268
autophosphorylation 自磷酸化 05.0419
autoradiography 放射自显影术 11.0297
autoregulation 自调节 08.0192
autotrophy 自养 10.0041
auxilin 辅助蛋白 02.0638
auxin [植物]生长素 09.0309
auxotroph 营养缺陷型 11.0970
avidin 抗生物素蛋白，*亲和素 11.0400
avidin-biotin staining 抗生物素蛋白–生物素染色 11.0403
avimanganin 鸡锰蛋白 02.0716
AVP *精氨酸升压素 09.0045
AVT 精催产素，*加压催产素 09.0047
axehead ribozyme 斧头状核酶 03.0722
axokinin 轴激蛋白 02.0759
azobenzene reductase 偶氮苯还原酶 03.0148
azoreductase 偶氮还原酶 03.0147
azurin 天青蛋白 02.0372

B

BAC 细菌人工染色体 11.0743
bacitracin 杆菌肽 02.0208
backbone 主链 01.0135
background radiation 本底辐射 11.0299
bactenecin 牛抗菌肽 02.0193
bacterial artificial chromosome 细菌人工染色体 11.0743
bacterial helicase 细菌解旋酶 03.0676
bacteriocin 细菌素 02.0856
bacteriophage 噬菌体 11.0750
baculovirus expression system 杆状病毒表达系统 11.0745
baculovirus IAP repeat domain BIR 结构域，*杆状病毒 IAP 重复序列结构域 08.0251
bamacan 基底膜结合蛋白聚糖 06.0313
band 3 protein 带 3 蛋白质 08.0088
barnase 芽孢杆菌 RNA 酶 03.0432
BAS 生物素–抗生物素蛋白系统 11.0404
basal metabolism 基础代谢 10.0007
basal promoter *基本启动子，*基础启动子 05.0512
basal transcription apparatus 基础转录装置 05.0494
basal transcription factor *基本转录因子，*基础转录因子 05.0493
base 碱基 04.0004
base analog 碱基类似物 04.0024
base composition 碱基组成 04.0025
base damage 碱基损伤 05.0177
base excision repair 碱基切除修复 05.0215
basement membrane link protein 基底膜连接蛋白质 02.0524
base pair 碱基对 04.0034
base pairing 碱基配对 04.0028
base pairing rule *碱基配对法则 04.0033
base peak 基峰 11.0368
base ratio 碱基比 04.0039
base sequence *碱基序列 04.0137
base-specific cleavage method *碱基特异性裂解法 11.0595
base-specific ribonuclease 碱基特异性核糖核酸酶 03.0431
base stacking 碱基堆积 04.0150
base stacking force 碱基堆积力 04.0151
base substitution 碱基置换 05.0183
base transition 碱基转换 05.0184
base transversion 碱基颠换 05.0185
basic fibroblast growth factor 碱性成纤维细胞生长因子 09.0234
basic helix-loop-helix *碱性螺旋–环–螺旋 02.0894
basic leucine zipper *碱性亮氨酸拉链 02.0896
basic local alignment search tool 局部序列比对检索基本工具，*局部序列排比检索基本工具 11.0624

batch culture 分批培养，*批次培养 11.0961
bathorhodopsin 红光视紫红质 02.0690
batyl alcohol 鲨肝醇 07.0128
BBP 分支点结合蛋白质 05.0282
BCA 二喹啉甲酸法 11.0260
B cell lymphoma 2 family protein B 细胞淋巴瘤 2 家族蛋白质，*Bcl-2 家族蛋白质 02.0769
Bcl-2 family protein B 细胞淋巴瘤 2 家族蛋白质，*Bcl-2 家族蛋白质 02.0769
Bcl-2 homology domain BH 结构域，*Bcl-2 同源结构域 08.0250
B-DNA B 型 DNA 04.0155
BDNF 脑源性神经营养因子 09.0253
beeswax 蜂蜡 07.0235
beetin 甜菜毒蛋白 02.0821
BEHAB *脑富含透明质酸结合蛋白质 06.0300
behenic acid 山萮酸 07.0087
belta globulin β-球蛋白 02.0293
Bence-Jones protein 本周蛋白 02.0310
β bend β 转角 02.0884
Benedict reagent 本尼迪克特试剂，*班氏试剂 11.1005
bent DNA 弯曲 DNA 04.0195
BER 碱基切除修复 05.0215
betacellulin β 细胞素，*β-乙酰球蛋白 09.0230
betaglycan β-蛋白聚糖 06.0292
beta hairpin *β 发夹 02.0884
betaine 甜菜碱 10.0288
beta strand β[折叠]链 02.0883
betavulgin 甜菜毒蛋白 02.0821
bFGF 碱性成纤维细胞生长因子 09.0234
B-form DNA B 型 DNA 04.0155
BH domain BH 域，*Bcl-2 同源域 08.0250
bHLH *碱性螺旋–环–螺旋 02.0894
bicinchoninic acid assay 二喹啉甲酸法 11.0260
bicistronic mRNA 双顺反子 mRNA 05.0372
bi-directional gene pairs 双向基因对 05.0525
bi-directional promoter 双向启动子 05.0526
bi-directional replication 双向复制 05.0113
bi-directional transcription 双向转录 05.0234
bifurcating signal transduction pathway 分叉信号转导途径 08.0169
biglycan 双糖链蛋白聚糖 06.0304
bikunin 双库尼茨抑制剂 03.0770
bile acid 胆汁酸 10.0194
bile pigment 胆色素 10.0326
bilin 胆素，*后胆色素 10.0335
bilinogen 胆素原 10.0332
biliprotein 藻胆蛋白 02.0801
bilirubin 胆红素 10.0327
bilirubin diglucuronide 胆红素二葡萄糖醛酸酯 06.0235
biliverdin 胆绿素 10.0330
bindin [精子]结合蛋白 02.0654
binding group 结合基团 03.0036
binding site 结合部位，*结合位点 01.0243
biocatalyst 生物催化剂 03.0002
biochemical marker 生化标志物 11.0384
biochemistry 生物化学，*生化 01.0001
biochip 生物芯片 11.0979
biodiversity 生物多样性 01.0172
bioenergetics 生物能学 01.0023
bioengineering 生物工程 11.0956
bioinformatics 生物信息学 01.0022
bioinorganic chemistry 生物无机化学 01.0009
biolabeling 生物标记 11.0390
biological engineering 生物工程 11.0956
biological membrane 生物膜 08.0001
biological oxidation 生物氧化 10.0043
bioluminescent immunoassay 生物发光免疫分析，*生物发光免疫测定 11.0327
bioluminescent probe 生物发光探针 11.0522
biomacromolecule 生物大分子 01.0084
biomarker 生物标志物 11.0383
biomembrane 生物膜 08.0001
bionics 仿生学 01.0026
bioorganic chemistry 生物有机化学 01.0010
biophysical chemistry 生物物理化学 01.0020
biophysics 生物物理学 01.0019
biopolymer 生物多聚体，*生物聚合物 01.0092
bioreactor 生物反应器 11.0971
biosafety cabinet 生物安全操作柜 11.0978
biosafety level 生物安全等级 11.0976
bioscience 生命科学 01.0015
biosensor 生物传感器 11.0973
biosupermolecule 生物超分子 01.0086
biosupramolecular system 生物超分子体系 01.0087
biosupramolecule 生物超分子 01.0086
biosynthesis *生物合成 10.0003

branching enzyme　分支酶　03.0271
branchpoint-binding protein　分支点结合蛋白质　05.0282
branchpoint-bridging protein　分支点结合蛋白质　05.0282
brassicasterol　菜籽固醇，*菜籽甾醇　07.0231
brassin　*油菜素，*菜籽素　09.0316
brassinolide　油菜素内酯，*菜籽固醇内酯　09.0316
brassinosteroide　*油菜素内酯类化合物，*油菜素甾醇类化合物，*油菜素甾体类化合物，*菜籽类固醇　09.0316
BRCA1 C-terminal domain　BRCT 结构域　08.0285
BRCT domain　BRCT 结构域　08.0285
break repair　断裂修复　05.0210
breast cancer-associated peptide　*乳腺癌相关肽　02.0169
breast cancer susptibility gene 1 C-terminal domain　BRCT 结构域　08.0285
brefeldin A　布雷菲德菌素 A　02.0866
brevican　短蛋白聚糖　06.0300
brevistin　短制菌素　02.0212
bromelain　菠萝蛋白酶　03.0552
bromelin　菠萝蛋白酶　03.0552
bromodomain　布罗莫结构域　02.0902
bromophenol blue　溴酚蓝　11.0999
bryodin　异株泻根毒蛋白　02.0822
BS-seq　重亚硫酸盐测序，*亚硫酸氢盐测序　11.0640
BTC　β 细胞素，*β-乙酰球蛋白　09.0230
buccalin　颊肽　02.0159
buffer　缓冲液　11.0096
buffer counterion　缓冲配对离子　11.0095
buffer-gradient polyacrylamide gel　缓冲液梯度聚丙烯酰胺凝胶　11.0101
buffer solution　缓冲液　11.0096
bufotenine　蟾毒色胺　10.0262
bungarotoxin　银环蛇毒素　02.0868
buoyant density　浮力密度　11.0063
buoyant density centrifugation　*浮力密度离心　11.0059
bursicon　鞣化激素　09.0302
butyrin　丁酸甘油酯　07.0111
butyrophilin　嗜乳脂蛋白　02.0658
butyrylcholine esterase　丁酰胆碱酯酶　03.0374
bypassing　框内跳译，*跳码　05.0402
bZIP　*碱性亮氨酸拉链　02.0896

C

C　半胱氨酸　02.0026，胞嘧啶　04.0015，胞苷　04.0046
3C　染色质构象捕获　11.0634
CA　儿茶酚胺　10.0309
CAAT box　CAAT 框　05.0520
Ca^{2+}/calmodulin-dependent protein kinase　Ca^{2+}/钙调蛋白依赖性蛋白质激酶，*依赖 Ca^{2+}/钙调蛋白的蛋白质激酶　03.0346
cadaverine　尸胺　10.0295
cadherin　钙黏[着]蛋白，*钙黏[合]素　02.0519
cADP-ribose　环腺苷二磷酸核糖　08.0220
caerulein　雨蛙肽，*雨蛙素　02.0149
caeruloplasmin　铜蓝蛋白　02.0710
CAF-1　染色质组装因子 1　05.0129
caffeine　咖啡碱，*咖啡因　04.0013
cage carrier　笼式运载体　08.0129
calbindin　钙结合蛋白　02.0594
calcicludine　钙阻蛋白　02.0633
calciferol　*钙化醇　09.0346
calcimedin　*钙介蛋白　02.0580
calcineurin　钙调磷酸酶　03.0397
calcitonin　降钙素　09.0086
calcitonin gene-related peptide　降钙素基因相关肽　09.0087
calcium-binding protein　钙离子结合蛋白质　02.0593
calcium phosphate-DNA coprecipitation　磷酸钙-DNA 共沉淀　11.0779
calcium phosphate precipitation　*磷酸钙沉淀　11.0779
calcium pump　*钙泵　03.0707
calcium-sensing receptor　钙离子感应受体　08.0313
calcium signaling　钙离子信号传递　08.0158
calcium signal transmission　钙离子信号传递　08.0158
calcium-transporting ATPase　钙离子转运 ATP 酶

03.0707
calcyclin 钙周期蛋白 02.0622
calcyphosine 钙磷蛋白 02.0624
caldecrin 降钙因子 03.0527
caldesmon 钙调蛋白结合蛋白 02.0630
calelectrin *钙电蛋白 02.0580
calf intestinal alkaline phosphatase 牛小肠碱性磷酸酶 03.0387
calgranulin 钙粒蛋白 02.0621
callose 愈伤葡聚糖,*愈伤葡萄糖,*胼胝质 06.0200
callose synthetase 愈伤葡聚糖合成酶 03.0273
calmodulin 钙调蛋白，*钙调素 02.0628
calnexin 钙连蛋白 02.0596
calpactin *依钙结合蛋白 02.0577
calpain 钙蛋白酶 03.0554
calpastatin 钙蛋白酶抑制蛋白 03.0772
calphobindin *钙磷脂结合蛋白 02.0580
calphotin 钙感光蛋白 02.0632
calponin 钙调理蛋白 02.0631
calprotectin 钙防卫蛋白 02.0623
calregulin 钙网蛋白 02.0597
calreticulin 钙网蛋白 02.0597
calretinin 钙视网膜蛋白 02.0625
calsequestrin 集钙蛋白 02.0531
calspectin *钙影蛋白 02.0455
calspermin 钙精蛋白 02.0618
caltractin *钙牵蛋白 02.0438
caltropin 钙促蛋白 02.0595
calumenin 网腔钙结合蛋白 02.0599
Calvin cycle 卡尔文循环 10.0160
CaM 钙调蛋白，*钙调素 02.0628
CAM 景天[科]酸代谢 10.0164
cAMP 环腺苷酸，*环磷酸腺苷 04.0120
cAMP-dependent protein kinase cAMP 依赖性蛋白质激酶，*依赖 cAMP 的蛋白质激酶 03.0341
camphor 樟脑 07.0181
camphorin 克木毒蛋白 02.0818
cAMP-protein kinase A pathway *cAMP-PKA 途径 08.0171
cAMP receptor protein *cAMP 受体蛋白质 05.0487
cAMP response element 环腺苷酸应答元件，*cAMP 应答元件 05.0508
cAMP response element binding protein cAMP 应答元件结合蛋白质 02.0626
canaline 副刀豆氨酸 02.0060
canavanine 刀豆氨酸 02.0059
cancer suppressor gene 抑癌基因，*抗癌基因，*肿瘤抑制基因 05.0070
candidate positional cloning *候选定位克隆 11.0687
CAP 分解代谢物基因激活蛋白质，*降解物基因活化蛋白质 05.0487
cap-binding protein 帽结合蛋白质 02.0634
capillary electrophoresis 毛细管电泳 11.0130
capillary free flow electrophoresis 毛细管自由流动电泳 11.0133
capillary gas chromatography 毛细管气相层析 11.0196
capillary gel electrophoresis 毛细管凝胶电泳 11.0132
capillary isoelectric focusing 毛细管等电聚焦 11.0142
capillary isotachophoresis 毛细管等速电泳 11.0134
capillary zone electrophoresis 毛细管区带电泳 11.0131
capping 加帽 05.0303
capric acid 癸酸 07.0046
caprin 癸酸甘油酯 07.0112
caproin 己酸甘油酯 07.0113
caprylin 辛酸甘油酯 07.0114
capsid protein 衣壳蛋白质 02.0846
5′ cap structure 5′帽结构 05.0305
capsular polysaccharide 荚膜多糖 06.0189
capture probe 捕获性探针，*俘获性探针 11.0516
CAR 嵌合抗原受体 08.0336
carbamoyl phosphate 氨[基]甲酰磷酸 10.0240
carbamoyl phosphate synthetase 氨[基]甲酰磷酸合成酶 03.0687
carbamoyltransferase 氨甲酰基转移酶 03.0232
carbamyl ornithine *氨甲酰鸟氨酸 02.0061
carbamyl phosphate synthetase 氨[基]甲酰磷酸合成酶 03.0687
carbamyltransferase 氨甲酰基转移酶 03.0232
carbohydrate 糖类，*碳水化合物 06.0001
carbohydrate chemistry 糖化学 01.0014
carbohydrate fingerprinting 糖指纹分析 11.0502
carbohydrate mapping 糖作图 11.0660
carbohydrate recognition domain 糖识别结构域 08.0257
carbon assimilation 碳同化[作用] 10.0165

carbonic anhydrase 碳酸酐酶 03.0625
carboxydismutase 羧基歧化酶 03.0613
carboxylase 羧化酶 03.0688
γ-carboxylation γ羧化 10.0247
carboxylesterase 羧酸酯[水解]酶 03.0369
γ-carboxyl glutamic acid γ-羧基谷氨酸 02.0046
carboxylic ester hydrolase 羧酸酯[水解]酶 03.0369
carboxyl terminal C端，*羧基端 02.0086
carboxyltransferase 羧基转移酶 03.0233
carboxyl transferase 羧基转移酶 03.0233
carboxymethyl cellulose 羧甲基纤维素 11.0192
carboxypeptidase 羧肽酶 03.0505
CARD 胱天蛋白酶激活募集结构域，*CARD结构域 08.0281
cardiac glycoside 强心苷，*强心甙，*强心配糖体 06.0125
cardiolipin *心磷脂 07.0148
cardionatrin *心钠素 09.0148
cargo receptor 运货受体 08.0331
carnauba wax 巴西棕榈蜡 07.0240
carnitine 肉碱 10.0175
carnitine acetyltransferase 肉碱乙酰转移酶 03.0244
carnitine acyltransferase 肉碱脂[肪]酰转移酶 03.0243
carnitine oetanoyltransferse 肉碱辛酰转移酶 03.0246
carnitine palmitoyltransferase 肉碱棕榈酰[基]转移酶 03.0245
carnitine shuttle 肉碱穿梭 10.0088
carnosine 肌肽 02.0094
carotene 胡萝卜素 09.0336
β-carotene β-胡萝卜素 09.0337
carotene dioxygenase 胡萝卜素双加氧酶 03.0184
carotenoid 类胡萝卜素 09.0335
carotenol *胡萝卜醇 09.0338
carotol *胡萝卜醇 09.0338
carrageenan 角叉聚糖，*卡拉胶 06.0199
carrier 运载体 08.0126，载体 11.0719
carrier coprecipitation 载体共沉淀 11.0347
carrier DNA 载体DNA 04.0227
CART 可卡因苯丙胺调节转录物 09.0073
cascade chromatography *级联层析 11.0252
cascade fermentation 级联发酵 10.0038
casein 酪蛋白 02.0757
casein kinase 酪蛋白激酶 03.0339
caspase 胱天蛋白酶，*半胱天冬酶 03.0547
caspase-8 胱天蛋白酶8 08.0289
caspase activation and recruitment domain 胱天蛋白酶激活募集结构域，*CARD结构域 08.0281
caspase and RIP adaptor with a death domain *含有死亡结构域的胱天蛋白酶和受体相互作用蛋白衔接蛋白质 08.0364
caspase recruitment domain *胱天蛋白酶募集结构域 08.0281
cassette 组件 11.0873
cassette model 组件模型，*盒式模型 05.0485
castanospermine 卡斯塔碱 06.0248
CAT 肉碱乙酰转移酶 03.0244，氯霉素乙酰转移酶 03.0254
catabolism 分解代谢 10.0004
catabolite 分解代谢物 10.0016
catabolite gene activator protein 分解代谢物基因激活蛋白质，*降解物基因活化蛋白质 05.0487
catabolite repression 分解代谢物阻遏，*降解物阻遏 05.0486
catalase 过氧化氢酶 03.0171
catalysis 催化 03.0027
catalyst 催化剂 03.0028
catalytic activity 催化活性 03.0061
catalytic antibody *催化抗体 03.0728
catalytic constant 催化常数 03.0046
catalytic core 催化核心 03.0062
catalytic group 催化基团 03.0037
catalytic reaction 催化反应 03.0029
catalytic receptor *催化受体 08.0314
catalytic site 催化部位 03.0063
catalytic subunit 催化亚基 03.0064
catalyzed reaction 催化反应 03.0029
CAT box *CAT框 05.0520
catechol 儿茶酚，*邻苯二酚 10.0348
catecholamine 儿茶酚胺 10.0309
catecholamine hormone 儿茶酚胺类激素 09.0005
catecholaminergic receptor 儿茶酚胺能受体 09.0142
catechol-*O*-methyltransferase 儿茶酚-*O*-甲基转移酶 03.0226
catenin 联蛋白，*连环蛋白 02.0514
cathelicidin 组织蛋白酶抑制素 02.0182

cathelin　前抗微生物肽，*前抗菌肽　02.0183
cathepsin　组织蛋白酶　03.0548
cation exchange chromatography　阳离子交换层析　11.0226
cation exchanger　阳离子交换剂　11.0181
cation exchange resin　阳离子交换树脂　11.0189
Ca^{2+}-transporting ATPase　钙离子转运 ATP 酶　03.0707
caveolin　陷窝蛋白　08.0079
CBB　考马斯亮蓝　11.1001
CBG　*皮质类固醇结合球蛋白　02.0315
CBS　硫酸脑苷脂　07.0173
CCAAT box　*CCAAT 框　05.0520
cccDNA　共价闭合环状 DNA，*共价闭环 DNA　04.0192
CCK　缩胆囊肽，*缩胆囊素，*胆囊收缩素　09.0152
CD　圆二色性　11.0354
CDCA　鹅脱氧胆酸　10.0201
c-di-AMP　环二腺苷[一磷]酸　08.0217
C_4 dicarboxylic acid pathway　C_4 二羧酸途径　10.0163
c-di-GMP　环二鸟苷[一磷]酸　08.0213
CDK　周期蛋白依赖性激酶　03.0349
cDNA　互补 DNA　05.0148
C-DNA　C 型 DNA　04.0156
cDNA cloning　cDNA 克隆　11.0694
cDNA library　互补 DNA 文库，*cDNA 文库　11.0822
cDNA microarray　cDNA 微阵列　11.0985
CDP　胞苷二磷酸，*胞二磷　04.0098
CE　胆固醇酯　07.0225，毛细管电泳　11.0130
cecropin　天蚕杀菌肽，*天蚕素　02.0186
cell adhesion receptor　细胞黏附受体　08.0327
cell affinity chromatography　细胞亲和层析　11.0247
cell communication　细胞通信　08.0146
cell death　细胞死亡　01.0259
cell-free expression system　无细胞表达系统　11.0840
cell membrane　细胞膜　08.0002
cellobiase　*纤维二糖酶　03.0442
cellobiose　纤维二糖　06.0142
cellobiuronic acid　纤维二糖醛酸　06.0143
cello-oligosaccharide　纤维寡糖　06.0250
cellotriose　纤维三糖　06.0156
cell-SELEX　细胞指数富集配体系统进化技术　11.0866
cell signaling　细胞信号传递，*细胞信号传送　08.0150
cell specificity　*细胞特异性　05.0455
cell surface receptor　细胞表面受体　08.0319
cell surface recognition　细胞表面识别　08.0320
cell targeting　细胞靶向　08.0199
cellular FLICE-like inhibitory protein　细胞 FLICE 样抑制蛋白质　08.0288
cellular oncogene　*细胞癌基因，*c 癌基因　05.0068
cellulase　纤维素酶　03.0451
cellulose　纤维素　06.0177
cellulose acetate film electrophoresis　乙酸纤维素薄膜电泳　11.0083
cellulose acetate membrane　乙酸纤维素膜，*醋酸纤维素膜　11.0032
cellulose 1,4-β-cellobiosidase　*纤维素-1,4-β-纤维二糖苷酶　03.0453
cellulose ion exchanger　纤维素离子交换剂　11.0187
cellulose phosphorylase　纤维素磷酸化酶　03.0455
CENP　着丝粒蛋白质　02.0683
centaurin　半人马蛋白　02.0517
centractin　中心体肌动蛋白　02.0471
central dogma　中心法则　05.0003
centrifugal speed　离心速度　11.0047
centrifugation　离心　11.0039
centrin　中心体蛋白　02.0438
centromere-binding protein　*着丝粒结合蛋白质　02.0683
centromere protein　着丝粒蛋白质　02.0683
centromeric DNA　着丝粒 DNA　04.0202
centrophilin　亲中心体蛋白　02.0667
cephalin　*脑磷脂　07.0134
cephalosporinase　头孢菌素酶　03.0592
Cer　神经酰胺，*脑酰胺　07.0160
ceramidase　神经酰胺酶　03.0587
ceramide　神经酰胺，*脑酰胺　07.0160
cerasin　*角苷脂　07.0171
cerebellin　小脑肽　02.0114
cerebroglycan　[大]脑蛋白聚糖　06.0316
cerebron　羟脑苷脂 9　07.0176
cerebronic acid　脑羟脂酸　07.0090
cerebroside　脑苷脂　07.0170

cerebroside-sulfatase　硫脑苷脂酶　03.0409
cerebroside sulfate　硫酸脑苷脂　07.0173
cerotic acid　蜡酸　07.0093
cerotinic acid　蜡酸　07.0093
CERP　*胆固醇流出调节蛋白质　08.0087
ceruletide　雨蛙肽，*雨蛙素　02.0149
cerulin　雨蛙肽，*雨蛙素　02.0149
ceruloplasmin　铜蓝蛋白　02.0710
ceryl alcohol　蜡醇，*二十六[烷]醇　07.0207
cessation cassette　中止表达组件　11.0875
cetin　鲸蜡　07.0234
CETP　胆固醇酯转运蛋白，*胆固醇酯转移蛋白　10.0169
cetylpyridinium bromide precipitation　十六烷基溴化吡啶鎓沉淀法，*CPB 沉淀法　11.0020
CFD　*补体因子 D　02.0388
CFFE　毛细管自由流动电泳　11.0133
cFLIP　细胞 FLICE 样抑制蛋白质　08.0288
C-form DNA　C 型 DNA　04.0156
CFTR　囊性纤维化跨膜传导调节蛋白，*囊性纤维化跨膜转导调节因子　08.0090
Cg　嗜铬粒蛋白　02.0571
CgA　嗜铬粒蛋白 A　02.0572
cGAMP　环鸟苷酸–腺苷酸　08.0214
cGAS　环鸟苷酸–腺苷酸合酶，*环鸟苷一磷酸–腺苷一磷酸合酶　08.0216
CgB　嗜铬粒蛋白 B　02.0573
CGE　毛细管凝胶电泳　11.0132
cGMP　环鸟苷酸，*环磷酸鸟苷　04.0121
cGMP-dependent protein kinase　cGMP 依赖性蛋白质激酶，*依赖 cGMP 的蛋白质激酶　03.0342
3′,5′-cGMP phosphodiesterase　3′,5′-cGMP 磷酸二酯酶　03.0406
cGMP-specific phosphodiesterase　环鸟苷酸特异性磷酸二酯酶，*cGMP 特异性磷酸二酯酶　03.0405
CGRP　降钙素基因相关肽　09.0087
Ch　胆固醇　07.0210
chain termination method　*链终止法　11.0594
chair conformation　椅型构象　06.0011
chalcone　查耳酮　10.0341
chalcone flavanone isomerase　查耳酮黄烷酮异构酶　03.0667
chalcone synthase　查耳酮合酶　03.0258
chalone　抑素　09.0135
Chambon rule　*尚邦法则　05.0004
channel carrier　通道运载体　08.0130
channel-forming peptide　通道形成肽　02.0567
chaotrope　离散剂　11.1019
chaotropic agent　离散剂　11.1019
chaperone　分子伴侣　02.0671
chaperonin　伴侣蛋白　02.0672
Chargaff's rule　夏格夫法则　04.0033
Charomid　卡隆粒　11.0740
Charon vector　卡隆载体　11.0730
ChE　胆固醇酯　07.0225
checkpoint gene　检验点基因，*检查点基因　05.0044
CHEF　钳位均匀电场电泳　11.0115
chelation　螯合作用　01.0128
chemical bond　化学键　01.0103
chemical communication　化学通信　08.0149
chemical degradation method　化学降解法　11.0595
chemically-gated ion channel　*化学门控离子通道　08.0045
chemical method of DNA sequencing　*DNA 化学测序法　11.0595
chemical modification　化学修饰　01.0100
chemical mutagenesis　化学诱变　11.0810
chemical reaction　化学反应　01.0116
chemiluminescence　化学发光　11.0314
chemiluminescence immunoassay　化学发光免疫分析，*化学发光免疫测定　11.0328
chemiluminescence labeling　化学发光标记　11.0397
chemiluminometry　化学发光分析　11.0313
chemiosmosis　化学渗透　08.0062
chemokine　趋化因子　09.0216
chemoluminscence　化学发光　11.0314
chemotactic hormone　趋化性激素　09.0305
chenodeoxycholic acid　鹅脱氧胆酸　10.0201
chimera　嵌合体　05.0092
chimeric antibody　嵌合抗体　01.0257
chimeric antigen receptor　嵌合抗原受体　08.0336
chimeric DNA　嵌合 DNA　05.0230
chimeric gene　嵌合基因　05.0045
chimeric plasmid　嵌合质粒　05.0164
chimeric RNA　嵌合 RNA　04.0251
chimerin　嵌合蛋白　02.0439
chimyl alcohol　鲛肝醇　07.0129
Chinese hamster ovary cell　中国仓鼠卵巢细胞，*CHO 细胞　11.0799

11.0881
chromostatin　嗜铬粒抑制肽　02.0130
chrysolaminarin　金藻昆布多糖，*亮藻多糖，*金藻海带胶　06.0197
CHS　查耳酮合酶　03.0258
chyle　乳糜　02.0380
chylomicron　乳糜微粒　02.0375
chymodenin　促胰凝乳蛋白酶原释放素　03.0773
chymosin　凝乳酶　03.0558
chymotrypsin　胰凝乳蛋白酶　03.0513
chymotrypsinogen　胰凝乳蛋白酶原，*糜蛋白酶原　03.0514
CIEF　毛细管等电聚焦　11.0142
ciliary neurotrophic factor　睫状神经营养因子　09.0255
cinnamic acid　肉桂酸　10.0340
cinnamomin　辛纳毒蛋白　02.0829
CIP　牛小肠碱性磷酸酶　03.0387
circRNA　环状 RNA　04.0243
circular dichroism　圆二色性　11.0354
circular DNA　环状 DNA　04.0189
circular paper chromatography　圆形纸层析　11.0219
circular RNA　环状 RNA　04.0243
circulating tumor DNA　循环肿瘤 DNA　04.0231
circulation tumor DNA　循环肿瘤 DNA　04.0231
cis-aconitic acid　顺乌头酸　10.0136
cis-acting　顺式作用　05.0479
cis-acting element　顺式作用元件　05.0477
cis-acting ribozyme　顺式作用核酶　03.0723
cis-13-docosenoic acid　*顺-13-二十二碳烯酸　07.0088
cis-isomer　顺式异构体　01.0203
cis-isomerism　*顺式异构　01.0196
cis-9-octadecenoic acid　*顺-9-十八碳烯酸　07.0067
cisoid conformation　顺向构象　01.0217
cis-regulatory element　*顺式调节元件　05.0477
cis-splicing　顺式剪接　05.0273
cis-trans isomer　顺反异构体　01.0202
cis-trans isomerase　顺反异构酶　03.0653
cis-trans isomerism　顺反异构　01.0196
cistron　顺反子　05.0367
CITP　毛细管等速电泳　11.0134
citrate cleavage enzyme　柠檬酸裂合酶　03.0622
citrate lyase　柠檬酸裂合酶　03.0622
citrate-pyruvate shuttle　柠檬酸–丙酮酸穿梭　10.0089
citrate synthase　柠檬酸合酶　03.0265
citric acid　柠檬酸　10.0135
citric acid cycle　*柠檬酸循环　10.0134
citrogenase　柠檬酸合酶　03.0265
citrulline　瓜氨酸　02.0061
c-Jun N-terminal kinase　c-Jun 氨基端激酶　03.0353
CLA　共轭亚油酸　07.0071
β-clamp　β 钳　05.0147
clamp loader　钳装载器　05.0146
classical pseudogene　*常规假基因，*传统假基因　05.0036
clathrin　网格蛋白，*成笼蛋白　02.0635
clathrin adaptor protein　*网格蛋白接头蛋白质　02.0637
Cleland’s reagent　*克莱兰试剂　11.1011
CLIA　化学发光免疫分析，*化学发光免疫测定　11.0328
CLNA　共轭亚麻酸　07.0076
clone　克隆　11.0664
cloning　克隆　11.0664
cloning site　克隆位点　11.0696
cloning vector　克隆载体　11.0721
cloning vehicle　克隆载体　11.0721
clostripain　梭菌蛋白酶　03.0551
cloverleaf structure　三叶草结构　04.0287
CLR　C 型凝集素受体　08.0379
clupein　鲱精肽，*鲱精蛋白　02.0174
clupeine　鲱精肽，*鲱精蛋白　02.0174
clustered regulatory interspaced short palindromic repeat　成簇规律间隔短回文重复，*成簇规则分散短回文序列　11.0900
CM　乳糜微粒　02.0375
CM-cellulose　羧甲基纤维素　11.0192
CMO　胆碱单加氧酶　03.0192
CMP　胞苷一磷酸，*胞一磷　04.0097
cNMP　*环核苷一磷酸　04.0119
CNP　C 型利尿钠肽　09.0150
CNTF　睫状神经营养因子　09.0255
CoA　辅酶 A　03.0013
coactivator　辅激活物　05.0548
CoA-disulfide reductase　辅酶 A-二硫键还原酶　03.0164
CoA-glutathione reductase　辅酶 A-谷胱甘肽还原酶　03.0161

coagulase　凝固酶，*血浆凝固酶　03.0734
CoA-transferase　辅酶 A 转移酶　03.0366
cobalamin　*钴胺素　09.0380
cobrotoxin　眼镜蛇毒素　02.0871
cocaine and amphetamine regulated transcript　可卡因苯丙胺调节转录物　09.0073
co-chaperone　伴侣伴蛋白　02.0673
coding　编码　05.0366
coding joint　编码区连接　05.0365
coding region　编码区　05.0363
coding RNA　编码 RNA　04.0236
coding sequence　*编码序列　05.0363
coding strand　*编码链　05.0102
coding triplet　*编码三联体　05.0333
codon　密码子　05.0333
codon bias　密码子偏倚　05.0352
codon continuity　密码子连续性　05.0342
codon degeneracy　密码子简并性　05.0344
codon directivity　密码子方向性　05.0341
codon family　密码子家族　05.0340
codon preference　*密码子偏爱　05.0352
codon universality　密码子通用性　05.0343
codon usage　密码子选用　05.0353
coenzyme　辅酶　03.0012
coenzyme A　辅酶 A　03.0013
coenzyme M　辅酶 M　03.0014
coenzyme Q　*辅酶 Q　03.0015
coenzyme R　*辅酶 R　09.0376
coexpression　共表达　05.0463
cofactor　辅因子　01.0095
cofilin　丝切蛋白　02.0481
cognate tRNA　关联 tRNA　04.0262
cohesin　黏连蛋白，*凝聚蛋白　02.0510
cohesive end　黏端　04.0326
cohesive terminus　黏端　04.0326
co-immunoprecipitation　免疫共沉淀　11.0344
coincidence detection　并发检测　08.0182
cold shock protein　冷激蛋白质　02.0263
colicin　大肠菌素　02.0857
colicine　大肠菌素　02.0857
colipase　辅脂肪酶　03.0597
colistin　黏菌素　02.0206
colitose　可立糖　06.0086
collagen　胶原[蛋白]　02.0402
collagenase　胶原酶　03.0530
collagen fiber　胶原纤维　02.0406
collagen fibril　胶原原纤维　02.0407
collagen helix　胶原螺旋　02.0886
collapsin　脑衰蛋白　02.0560
collectin　胶原凝[集]素　06.0270
colony blotting　菌落印迹法　11.0489
colony immunoblotting　菌落免疫印迹法　11.0490
colony stimulating factor　集落刺激因子　09.0220
colostrokinin　初乳激肽　09.0145
column bed volume　柱床体积　11.0177
column chromatography　柱层析　11.0216
CoM　辅酶 M　03.0014
combination of MBD column chromatography and methylation-sensitive restriction enzyme　联合甲基化敏感性限制性酶切的甲基化 CpG 结合结构域柱层析　11.0652
combination of methylated-DNA precipitation and methylation-sensitive restriction enzyme　联合甲基化敏感性限制性酶切的甲基化 DNA 沉淀　11.0653
combinatorial antibody library　组合抗体文库　11.0832
commitment complex　定向复合物　05.0283
committed step　关键步骤　10.0036
comparative genomics　比较基因组学　01.0031
COMPARE-MS　联合甲基化敏感性限制性酶切的甲基化 DNA 沉淀　11.0653
competent cell　感受态细胞　11.0795
competitive inhibition　竞争性抑制　03.0078
competitive inhibitor　竞争性抑制剂　03.0079
competitive PCR　竞争聚合酶链反应，*竞争 PCR　11.0546
complement　补体　02.0338
complementarity　互补性　04.0311
complementary base　互补碱基　04.0027
complementary DNA　互补 DNA　05.0148
complementary DNA library　互补 DNA 文库，*cDNA 文库　11.0822
complementary RNA　互补 RNA　04.0252
complementary sequence　互补序列　04.0312
complementary strand　互补链　04.0313
complement factor D　*补体因子 D　02.0388
complex carbohydrate　*复合糖类　06.0008
complex 1 dehydrogenase　*复合物 1 脱氢酶　03.0697

complex lipid　复合脂质　07.0004
complex oligosaccharide　复杂型寡糖　06.0240
COMT　儿茶酚-*O*-甲基转移酶　03.0226
ConA　伴刀豆球蛋白，*伴刀豆凝集素 A　02.0793
conalbumin　伴清蛋白　02.0282
c-onc　*细胞癌基因，*c 癌基因　05.0068
concanavalin A　伴刀豆球蛋白，*伴刀豆凝集素 A　02.0793
concerted catalysis　协同催化　03.0065
concerted model　齐变模型　03.0104
c-oncogene　*细胞癌基因，*c 癌基因　05.0068
concurrent inhibition　协作抑制，*并发抑制　03.0087
concurrent replication　并行复制　05.0121
condensation polymerization　缩聚反应　01.0119
condensation reaction　缩合反应　01.0118
conditional gene knock-out　条件性基因敲除　11.0886
conditional gene targeting　条件性基因打靶　11.0936
configuration　构型　01.0215
conformation　构象　01.0216
conformational isomerism　构象异构　01.0198
conformer　构象异构体　01.0208
conglutinin　共凝[集]素，*胶固素　06.0271
conjugate　结合物，*缀合物　01.0131
conjugated bile acid　结合胆汁酸　10.0196
conjugated bilirubin　结合胆红素　10.0328
conjugated enzyme　缀合酶，*结合酶　03.0010
conjugated linoleic acid　共轭亚油酸　07.0071
conjugated linolenic acid　共轭亚麻酸　07.0076
conjugated polyene acid　共轭多烯酸　07.0038
conjugated protein　结合蛋白质，*缀合蛋白质　02.0232
connectin　*肌联蛋白　02.0459
connecting peptide　连接肽，*C 肽　09.0130
connexin　间隙连接蛋白，*连接子蛋白　02.0513
connexon　连接子　02.0512
conotoxin　芋螺毒素　02.0179
consensus sequence　共有序列　01.0139
conserved sequence　保守序列　01.0140
constitutional isomerism　*构造异构　01.0194
constitutive enzyme　组成酶　03.0732
constitutive expression　组成型表达　05.0465
constitutive gene　组成性基因　05.0033
constitutive non-coding RNA　组成性非编码 RNA　04.0239
contact-dependent signaling　*依赖接触的信号传递　08.0153
contactin　接触蛋白　02.0416
context-dependent regulation　邻近依赖性调节　05.0498
contig　重叠群，*叠连群　11.0604
contig mapping　重叠群作图　11.0605
contiguous stacking hybridization　重叠群杂交，*邻堆杂交　11.0598
continuous chromatography　连续层析　11.0250
continuous culture　连续培养　11.0960
continuous flow centrifugation　连续流离心　11.0054
continuous flow electrophoresis　连续流动电泳　11.0124
continuous free flow electrophoresis　连续自由流动电泳　11.0126
continuous gradient　连续梯度　11.0065
contour-clamped homogenous electric field electrophoresis　钳位均匀电场电泳　11.0115
contractile protein　收缩蛋白质　02.0248
control　调节　01.0237
conventional pseudogene　*常规假基因，*传统假基因　05.0036
cool electron microscopy　冷冻电子显微术，*冷冻电镜术　11.0450
Coomassie brilliant blue　考马斯亮蓝　11.1001
cooperative feedback inhibition　协同反馈抑制　10.0029
cooperative site　协同部位，*协同位点　01.0244
cooperativity　协同性　01.0180
coordinate expression　协同表达　05.0471
coordinate induction　协同诱导　03.0030
coordinate regulation　协同调节　01.0246
coordinate repression　协同阻遏　03.0031
coordination bond　配位键　01.0109
copalic acid　黄脂酸　07.0048
coproporphyrin　粪卟啉　10.0323
coproporphyrinogen　粪卟啉原　10.0318
coprostanol　粪固醇　07.0222
coprosterol　粪固醇　07.0222
CoQ　*辅酶 Q　03.0015
co-receptor　协同受体，*辅助受体　08.0315
core enzyme　核心酶　03.0733

core glycosylation　核心糖基化　06.0040
core *O*-glycan　核心 *O*-聚糖　06.0246
corepressor　辅阻遏物，*协阻遏物　05.0547
core promoter　核心启动子　05.0512
core protein　核心蛋白质　06.0291
cornifin　角质蛋白　02.0397
coronin　冠蛋白　02.0482
corticoliberin　促肾上腺皮质激素释放素　09.0058
corticoliberin-binding protein　促肾上腺皮质激素释放素结合蛋白质　09.0059
corticosteroid　皮质类固醇　09.0091
corticosteroid-binding globulin　*皮质类固醇结合球蛋白　02.0315
corticosterone　皮质酮　09.0094
corticotropin　促肾上腺皮质激素　09.0036
corticotropin releasing factor　*促肾上腺皮质激素释放因子　09.0058
corticotropin releasing hormone　促肾上腺皮质激素释放素　09.0058
cortisol　皮质醇　09.0095
cortisol-binding globulin　*皮质醇结合球蛋白　02.0315
cortisone　可的松　09.0096
cosmid　黏粒，*柯斯质粒　11.0749
cosmid library　黏粒文库　11.0829
COT　肉碱辛酰转移酶　03.0246
cotranscript　共转录物　05.0257
cotranscription　共转录　05.0235
cotransduction　共转导　11.0765
cotransfection　共转染　11.0777
cotransformation　共转化　11.0768
cotranslation　共翻译　05.0395
cotranslational protein folding　共翻译蛋白质折叠　05.0396
cotranslational translocation　共翻译转运　05.0397
cotranslational transport　共翻译转运　05.0397
co-transport　协同转运　08.0113
cotransporter　协同转运蛋白　08.0084
countercurrent chromatography　对流层析　11.0208
countercurrent electrophoresis　*对流电泳　11.0151
counter immunoelectrophoresis　对流免疫电泳　11.0151
counter receptor　反受体　08.0322
counts per minute　每分钟计数　11.0278
coupled column chromatography　*偶联柱层析　11.0252
coupled oxidation　偶联氧化　10.0068
coupled phosphorylation　偶联磷酸化　10.0069
coupling factor　偶联因子　10.0070
covalent bond　共价键　01.0105
covalent chromatography　共价层析　11.0221
covalently closed circular DNA　共价闭合环状 DNA，*共价闭环 DNA　04.0192
covalent modification　*共价修饰　01.0100
covalent structure　*共价结构　02.0874
COX　环加氧酶　03.0201
CPA　交叉引物等温扩增　11.0573
CPB precipitation　十六烷基溴化吡啶鎓沉淀法，*CPB 沉淀法　11.0020
cPCR　竞争聚合酶链反应，*竞争 PCR　11.0546
C-peptide　连接肽，*C 肽　09.0130
CpG island　CpG 岛　05.0522
CPK　*肌酸磷酸激酶　03.0302
cpm　每分钟计数　11.0278
CPT　肉碱棕榈酰[基]转移酶　03.0245
Crabtree effect　克拉布特里效应，*反巴斯德效应　10.0115
CRADD　*含有死亡结构域的胱天蛋白酶和受体相互作用蛋白衔接蛋白质　08.0364
crassulacean acid metabolism　景天[科]酸代谢　10.0164
CRD　糖识别结构域　08.0257
CRE　环腺苷酸应答元件，*cAMP 应答元件　05.0508
C-reactive protein　C 反应蛋白　02.0334
creatine　肌酸　10.0284
creatine kinase　肌酸激酶　03.0302
creatine phosphate　肌酸磷酸　10.0285
creatine phosphokinase　*肌酸磷酸激酶　03.0302
creatinine　肌[酸]酐　10.0286
CREB　cAMP 应答元件结合蛋白质　02.0626
Cre/loxp system　Cre/loxP 系统　11.0903
Cre-loxP system　Cre/loxP 系统　11.0903
Cre recombinase　*Cre* 重组酶，*环化重组酶　03.0739
CRF　*促肾上腺皮质激素释放因子　09.0058
CRH　促肾上腺皮质激素释放素　09.0058
CRISPR　成簇规律间隔短回文重复，*成簇规则分散短回文序列　11.0900
CRISPR/Cas system　CRISPR/Cas 系统　11.0906
CRISPR/Cas9 system　CRISPR/Cas9 系统　11.0907
CRISPR/Cpf1 system　CRISPR/Cpf1 系统　11.0905

Cro protein　Cro 蛋白　02.0608
crossed affinity immunoelectrophoresis　交叉亲和免疫电泳　11.0153
crossed electrophoresis　交叉电泳　11.0140
crossed immunoelectrophoresis　交叉免疫电泳　11.0148
cross-flow filtration　*错流过滤　11.0029
crossing priming amplification　交叉引物等温扩增　11.0573
cross phosphorylation　交互磷酸化　05.0420
cross-priming amplification　交叉引物等温扩增　11.0573
cross-talk　[信号]串流，*信号互传，*信号互调　08.0166
crotin　巴豆毒蛋白　02.0838
crotoxin　响尾蛇毒素　02.0869
CRP　C 反应蛋白　02.0334，*cAMP 受体蛋白质　05.0487
cruciform DNA　十字形结构 DNA　04.0184
cruciform loop　十字形环　04.0185
cruciform structure　十字形结构　04.0183
crustacyanin　甲壳蓝蛋白　02.0787
cryobiochemistry　低温生物化学　01.0007
cryoelectron microscopy　冷冻电子显微术，*冷冻电镜术　11.0450
cryoglobulin　冷球蛋白　02.0305
cryptdin　隐防御肽，*鼠防御素，*隐窝素　02.0185
cryptic satellite DNA　隐蔽卫星 DNA　04.0215
cryptic splice site　隐蔽剪接位点　05.0278
crystal-induced chemotatic factor　晶体诱导趋化因子　09.0218
crystallin　晶体蛋白　02.0685
CsA　环孢素 A　02.0218
CSF　集落刺激因子　09.0220
CSH　重叠群杂交，*邻堆杂交　11.0598
CSP　半胱氨酸串联蛋白质　02.0544
CSPG　硫酸软骨素蛋白聚糖　06.0295
CSPG4　*硫酸软骨素蛋白聚糖 4　06.0302
CT　降钙素　09.0086
ctDNA　循环肿瘤 DNA　04.0231
C-terminal　C 端，*羧基端　02.0086
C-terminus　C 端，*羧基端　02.0086
CTP　胞苷三磷酸，*胞三磷　04.0099
C_0t value　C_0t 值　11.0470
C-type lectin　C 型凝集素　06.0269
C-type lectin receptor　C 型凝集素受体　08.0379
C-type natriuretic peptide　C 型利尿钠肽　09.0150
cucurbitin　南瓜子氨酸　02.0062
cuprein　铜蛋白　02.0709
curcin　麻疯树毒蛋白　02.0835
curculin　仙茅甜蛋白　02.0814
curved DNA　弯形 DNA　04.0196
C value　C 值　05.0010
C-value paradox　C 值悖理　05.0011
cyanocobalamin　*氰钴胺素　09.0380
cyanocobalamin reductase　氰钴胺素还原酶　03.0205
cyanovirin　蓝藻抗病毒蛋白　02.0842
cyclase　环化酶　03.0735
cyclic adenosine diphosphate-ribose　环腺苷二磷酸核糖　08.0220
cyclic adenosine monophosphate　环腺苷酸，*环磷酸腺苷　04.0120
cyclic adenylic acid　环腺苷酸，*环磷酸腺苷　04.0120
cyclic AMP-dependent protein kinase　cAMP 依赖性蛋白质激酶，*依赖 cAMP 的蛋白质激酶　03.0341
cyclic-array sequencing　循环芯片测序　11.0613
cyclic diadenosine monophosphate　环二腺苷[一磷]酸　08.0217
cyclic diguanosine monophosphate　环二鸟苷[一磷]酸　08.0213
cyclic diguanylate　环二鸟苷[一磷]酸　08.0213
cyclic dinucleotide　环二核苷酸　08.0212
cyclic GMP-AMP synthase　环鸟苷酸–腺苷酸合酶，*环鸟苷一磷酸–腺苷一磷酸合酶　08.0216
cyclic guanosine monophosphate　环鸟苷酸，*环磷酸鸟苷　04.0121
cyclic guanosine monophosphate-adenosine monophosphate　环鸟苷酸–腺苷酸　08.0214
cyclic guanosine monophosphate-adenosine monophosphate synthase　环鸟苷酸–腺苷酸合酶，*环鸟苷一磷酸–腺苷一磷酸合酶　08.0216
cyclic guanylic acid　环鸟苷酸，*环磷酸鸟苷　04.0121
cyclic nucleotide　环核苷酸　04.0119
cyclic nucleotide monophosphate　*环核苷一磷酸　04.0119
3′,5′-cyclic nucleotide phosphodiesterase　3′,5′-环核苷酸磷酸二酯酶　03.0404

cyclic nucleotide phosphodiesterase　环核苷酸磷酸二酯酶　03.0403
cyclic peptide　环肽　02.0071
cyclic peptide synthetase　环肽合成酶　03.0262
cyclic photophosphorylation　循环光合磷酸化，*环式光合磷酸化　10.0076
cyclin　周期蛋白　02.0532
cyclin-dependent kinase　周期蛋白依赖性激酶　03.0349
cyclization recombination enzyme　*Cre* 重组酶，*环化重组酶　03.0739
cyclodextrin　环糊精　06.0173
cyclohexanhexol　*环己六醇　07.0137
cyclo-oxygenase　环加氧酶　03.0201
cyclopeptide　环肽　02.0071
cyclophilin　亲环蛋白，*亲环素　02.0340
cyclosporin A　环孢素 A　02.0218
CyP　亲环蛋白，*亲环素　02.0340
Cys　半胱氨酸　02.0026
cystathionase　胱硫醚酶　03.0639
cystathionine　胱硫醚　10.0283
cystatin　半胱氨酸蛋白酶抑制剂，*胱抑素　03.0774
cysteic acid　磺基丙氨酸　10.0249
cysteine　半胱氨酸　02.0026
cysteine aspartic acid specific protease　胱天蛋白酶，*半胱天冬酶　03.0547
cysteine carboxypeptidase　半胱氨酸羧肽酶　03.0508
cysteine dioxygenase　半胱氨酸双加氧酶　03.0183
cysteine protease　*半胱氨酸蛋白酶　03.0553
cysteine string protein　半胱氨酸串联蛋白质　02.0544
cystic fibrosis transmembrane conductance regulator　囊性纤维化跨膜传导调节蛋白，*囊性纤维化跨膜转导调节因子　08.0090
cystine　胱氨酸　02.0058
cystine reductase　胱氨酸还原酶　03.0157
cytidine　胞苷　04.0046
cytidine diphosphate　胞苷二磷酸，*胞二磷　04.0098
cytidine monophosphate　胞苷一磷酸，*胞一磷　04.0097
cytidine triphosphate　胞苷三磷酸，*胞三磷　04.0099
cytidylic acid　胞苷酸　04.0096
cytochrome b_6f complex　细胞色素 b_6f 复合物　03.0699
cytogene　细胞质基因　05.0030
cytoglobin　细胞珠蛋白，*细胞球蛋白　02.0352
cytokeratin　细胞角蛋白　02.0392
cytokine　细胞因子　09.0202
cytokinin　细胞分裂素，*细胞激动素　09.0311
cytoplasmic tail　胞质尾区　08.0243
cytosine　胞嘧啶　04.0015
cytosine arabinoside　阿糖胞苷　04.0064
cytosine deaminase　胞嘧啶脱氨酶　03.0596
cytosol nonspecific dipeptidase　细胞质非特异性二肽酶　03.0501
cytovillin　细胞绒毛蛋白　02.0526
CZE　毛细管区带电泳　11.0131

D

D　天冬氨酸　02.0034，二氢尿嘧啶　04.0021
dADP　脱氧腺苷二磷酸　04.0086
DAF　衰变加速因子　02.0607
DAG　甘油二酯，*二酰甘油　07.0107
damage-associated molecular pattern　损伤相关分子模式，*危险相关分子模式　08.0376
Dam methylase　Dam 甲基化酶　03.0225
dAMP　脱氧腺苷一磷酸　04.0085
DAMP　损伤相关分子模式，*危险相关分子模式　08.0376
dansyl method　丹磺酰法　11.0587
DAP　二氨基庚二酸　10.0293
D arm　二氢尿嘧啶臂，*D 臂　04.0289
DASH　动态等位基因特异性杂交　11.0847
data-dependent acquisition mode　数据依赖采集模式　11.0375
data-independent acquisition mode　数据非依赖采集模式　11.0376
dATP　脱氧腺苷三磷酸　04.0087
DBIL　*直接胆红素　10.0328
D-box　D 框　08.0253
DBP　维生素 D 结合蛋白质　09.0352
dC　脱氧胞苷　04.0050
dCDP　脱氧胞苷二磷酸　04.0102
DCE　下游核心元件　05.0516
dCMP　脱氧胞苷一磷酸　04.0101

D-CPA　双交叉引物等温扩增　11.0574
DCT　天冬氨酸氨甲酰基转移酶　03.0235
dCTP　脱氧胞苷三磷酸　04.0103
DD　死亡结构域，*DD 结构域　08.0278
DDA　数据依赖采集模式　11.0375
2D-DIGE　双向荧光差异凝胶电泳　11.0145
ddNTP　双脱氧核苷三磷酸　04.0122
DDX protein family　DEAD 框蛋白质家族，*DDX 蛋白质家族　08.0383
2DE　*双向电泳　11.0144
deacetylation　脱乙酰[基]作用，*去乙酰[基]作用　10.0275
deacylated tRNA　脱酰 tRNA　05.0386
DEAD-box protein family　DEAD 框蛋白质家族，*DDX 蛋白质家族　08.0383
deadenylation　脱腺苷酸化　05.0310
DEAE-cellulose membrane　DEAE 纤维素膜，*二乙氨乙基纤维素膜　11.0476
DEAE-dextran gel　DEAE-葡聚糖凝胶，*二乙氨乙基葡聚糖凝胶　11.0087
deaminase　脱氨酶　03.0595
deamination　脱氨[基]作用　10.0230
deaminonearaminic acid　脱氨神经氨酸　06.0122
death domain　死亡结构域，*DD 结构域　08.0278
death effector domain　死亡效应结构域，*DED 结构域　08.0279
death-inducing signaling complex　死亡诱导信号复合体　08.0286
death receptor　死亡受体　08.0324
debranching enzyme　*脱支酶　03.0480
decanoic acid　*十碳烷酸　07.0046
decanoin　癸酸甘油酯　07.0112
decarboxylase　脱羧酶　03.0610
decarboxylation　脱羧基作用　10.0245
decay accelerating factor　衰变加速因子　02.0607
decays per minute　每分钟衰变数，*每分钟蜕变数　11.0277
decoding　译码，*解码　05.0394
decorin　饰胶蛋白聚糖　06.0301
decoy receptor　诱饵受体，*诱骗受体　08.0325
DED　死亡效应结构域，*DED 结构域　08.0279
deep sequencing　*深度测序　11.0608
defensin　防御肽，*防御素　02.0184
deformylase　脱甲酰酶　03.0589
degenerate codon　简并密码子　05.0345
degenerate primer　简并引物　11.0600
degenerin　退化蛋白　02.0720
deglycosylation　去糖基化　06.0043
degradation　降解　10.0012
degradation of nucleic acid　核酸降解　10.0356
degron　降解决定子　08.0239
dehydratase　脱水酶　03.0624
dehydration　脱水作用　10.0279
dehydroascorbate reductase　脱氢抗坏血酸还原酶　03.0145
7-dehydrocholesterol　7-脱氢胆固醇　09.0347
dehydroepiandrosterone　脱氢表雄酮，*脱氢异雄酮　09.0108
dehydrogenase　脱氢酶　03.0114
dehydrogenation　脱氢作用　10.0049
3-dehydroretinol　3-脱氢视黄醇　09.0333
deletion　缺失　05.0199
delta-sleep inducing peptide　δ 睡眠诱导肽　02.0166
deltorphin　δ 啡肽　02.0115
demethylation　去甲基化，*脱甲基化，*脱甲基[作用]　05.0424
denaturant　变性剂　01.0178
denaturation　变性　01.0177
denatured DNA　变性 DNA　05.0153
denaturing gel electrophoresis　变性凝胶电泳　11.0113
denaturing gradient polyacrylamide gel　变性梯度聚丙烯酰胺凝胶　11.0102
denaturing high-performance liquid chromatography　变性高效液相层析　11.0203
denaturing polyacrylamide gel　变性聚丙烯酰胺凝胶　11.0103
dendrotoxin　树眼镜蛇毒素　02.0872
denitrification　脱氮作用，*反硝化作用　10.0355
de novo sequencing　从头测序　11.0618
de novo synthesis　从头合成　10.0359
densitometer　光密度计　11.0268
density gradient　密度梯度　11.0064
density gradient centrifugation　密度梯度离心　11.0061
deoxyadenosine　脱氧腺苷　04.0048
deoxyadenosine diphosphate　脱氧腺苷二磷酸　04.0086
deoxyadenosine monophosphate　脱氧腺苷一磷酸　04.0085

deoxyadenosine triphosphate　脱氧腺苷三磷酸　04.0087
deoxyadenylic acid　脱氧腺苷酸　04.0084
deoxycholic acid　脱氧胆酸　10.0203
deoxycorticosterone　脱氧皮质酮　09.0100
deoxycortisol　脱氧皮质醇　09.0097
deoxycytidine　脱氧胞苷　04.0050
deoxycytidine diphosphate　脱氧胞苷二磷酸　04.0102
deoxycytidine monophosphate　脱氧胞苷一磷酸　04.0101
deoxycytidine triphosphate　脱氧胞苷三磷酸　04.0103
deoxycytidylic acid　脱氧胞苷酸　04.0100
deoxyglucose　脱氧葡萄糖　06.0066
deoxyguanosine　脱氧鸟苷　04.0049
deoxyguanosine diphosphate　脱氧鸟苷二磷酸　04.0094
deoxyguanosine monophosphate　脱氧鸟苷一磷酸　04.0093
deoxyguanosine triphosphate　脱氧鸟苷三磷酸　04.0095
deoxyguanylic acid　脱氧鸟苷酸　04.0092
deoxyinosine　脱氧肌苷　04.0062
3-deoxy-L-glycero-D-mannooctulosonic acid　3-脱氧-L-甘油-D-甘露辛酮糖酸　06.0081
deoxynucleoside　脱氧核苷　04.0043
deoxynucleotide　脱氧核苷酸　04.0074
deoxyriboaldolase　脱氧核糖醛缩酶，*磷酸脱氧核糖醛缩酶　03.0619
deoxyribodipyrimidine photolyase　*脱氧核糖二嘧啶光裂合酶　05.0209
deoxyribomutase　*脱氧核糖变位酶　03.0665
deoxyribonuclease　脱氧核糖核酸酶，*DNA 酶　03.0419
deoxyribonucleic acid　脱氧核糖核酸　04.0003
deoxyribonucleoside　*脱氧核糖核苷　04.0043
deoxyribonucleoside diphosphate　脱氧核苷二磷酸，*二磷酸脱氧核苷　04.0076
deoxyribonucleoside monophosphate　脱氧核苷一磷酸，*一磷酸脱氧核苷　04.0075
deoxyribonucleoside triphosphate　脱氧核苷三磷酸，*三磷酸脱氧核苷　04.0077
deoxyribonucleotide　*脱氧核糖核苷酸　04.0074
deoxyribose　脱氧核糖　04.0041
deoxyribozyme　脱氧核酶　03.0720
deoxysugar　脱氧糖　06.0083
deoxythymidine diphosphate　*脱氧胸苷二磷酸　04.0111
deoxythymidine monophosphate　*脱氧胸苷一磷酸　04.0110
deoxythymidine triphosphate　*脱氧胸苷三磷酸　04.0112
deoxyuridine　脱氧尿苷　04.0051
deoxyuridine monophosphate　*脱氧尿苷一磷酸　04.0108
deoxyuridylic acid　脱氧尿苷酸　04.0108
depactin　蚕食蛋白　02.0487
DEPC　焦碳酸二乙酯　11.1008
ρ-dependent termination　依赖 ρ 因子的终止反应　05.0249
dephosphin　去磷蛋白　02.0553
dephosphorylation　去磷酸化，*脱磷酸化　05.0418
depolymerase　解聚酶　03.0604
depolymerization　解聚　01.0120
depurination　脱嘌呤作用　04.0318
derivative　衍生物　01.0130
derived lipid　衍生脂质　07.0005
dermaseptin　皮抑菌肽　02.0156
dermatan sulfate　硫酸皮肤素　06.0215
dermenkaphaline　皮脑啡肽　02.0113
dermorphin　皮啡肽　02.0116
DES　乙底酚，*二乙基己烯雌酚　09.0125
desalting　脱盐　11.0003
desaminase　脱氨酶　03.0595
desaturase　脱饱和酶，*去饱和酶　03.0196
desensitization　脱敏　08.0183
desmin　结蛋白　02.0415
desmocollin　桥粒胶蛋白　02.0448
desmoglein　桥粒黏蛋白　02.0449
desmolase　碳链裂解酶　03.0191
desmoplakin　桥粒斑蛋白　02.0447
desmosine　锁链素　02.0047
destrin　消去蛋白　02.0466
destruction box　D 框　08.0253
determination of open chromatin　开放染色质测定　11.0635
deubiquitinase　去泛素化酶　05.0441
deubiquitinating enzyme　去泛素化酶　05.0441
deubiquitination　去泛素化，*脱泛素化　05.0440

dextran 右旋糖酐 06.0191
dextranase 葡聚糖酶 03.0458
dextrin 糊精 06.0174
α-dextrin endo-1,6-α-glucosidase *α-糊精内切-1,6-α-葡萄糖苷酶 03.0479
dextroisomer 右旋异构体 01.0206
dextrose 右旋糖 06.0063
dG 脱氧鸟苷 04.0049
DGDG 双半乳糖甘油二酯，*双半乳糖基二酰甘油酯，*二半乳糖基二酰甘油 07.0126
dGDP 脱氧鸟苷二磷酸 04.0094
dGMP 脱氧鸟苷一磷酸 04.0093
dGTP 脱氧鸟苷三磷酸 04.0095
DHA 二十二碳六烯酸 07.0086，脱氢表雄酮，*脱氢异雄酮 09.0108
DHAR 脱氢抗坏血酸还原酶 03.0145
DHEA 脱氢表雄酮，*脱氢异雄酮 09.0108
DHFR 二氢叶酸还原酶 03.0138
DHPLC 变性高效液相层析 11.0203
DHT 双氢睾酮，*二氢睾酮 09.0104
DHU arm 二氢尿嘧啶臂，*D 臂 04.0289
DHU loop 二氢尿嘧啶环，*D 环 04.0290
DIA 数据非依赖采集模式 11.0376
diacylglycerol 甘油二酯，*二酰甘油 07.0107
diacylglycerol pathway 甘油二酯途径 10.0192
diadenylate cyclase 二腺苷酸环化酶 08.0219
diagonal chromatography 对角线层析 11.0222
diagonal electrophoresis 对角线电泳 11.0146
dialkylglycine decarboxylase 二烷基甘氨酸脱羧酶 03.0617
dialysis 透析 11.0022
diaminopimelic acid 二氨基庚二酸 10.0293
2,6-diaminopurine 2,6-二氨基嘌呤 04.0008
dianthin 香石竹毒蛋白 02.0827
diapause hormone 滞育激素 09.0297
diastase 淀粉酶制剂 03.0777
diastereomer 非对映[异构]体 01.0210
dideoxyribonucleoside triphosphate 双脱氧核苷三磷酸 04.0122
dideoxy termination method *双脱氧法 11.0594
dielectrophoresis 介电电泳 11.0136
diethylaminoethyl cellulose membrane DEAE 纤维素膜，*二乙氨乙基纤维素膜 11.0476
diethylaminoethyl dextran gel DEAE-葡聚糖凝胶，*二乙氨乙基葡聚糖凝胶 11.0087
diethyl pyrocarbonate 焦碳酸二乙酯 11.1008
diethylstilbestrol 乙菧酚，*二乙基己烯雌酚 09.0125
differential centrifugation 差速离心 11.0052
differential display analysis 差异显示分析 11.0466
differential gene expression 差异基因表达 05.0456
differential hybridization 差示杂交，*差别杂交，*差异杂交 11.0464
differential methylation hybridization 差异甲基化杂交 11.0656
differential screening 差示筛选，*差别筛选 11.0465
differentiation factor 分化因子 09.0215
diffraction pattern 衍射图 11.0429
digalactosyldiacylglycerol 双半乳糖甘油二酯，*双半乳糖基二酰甘油酯，*二半乳糖基二酰甘油 07.0126
digalactosyldiglyceride 双半乳糖甘油二酯，*双半乳糖基二酰甘油酯，*二半乳糖基二酰甘油 07.0126
digenic acid 红藻氨酸，*海人草酸，*海人藻酸 02.0063
digital PCR 数字聚合酶链反应 11.0533
diglyceride 甘油二酯，*二酰甘油 07.0107
digoxigenin system 地高辛[精]系统 11.0406
diguanylate cyclase 二鸟苷酸环化酶 08.0218
dihedral angle 二面角，*双面角 02.0090
dihydrobiopterin 二氢生物蝶呤 10.0345
5,6-dihydro-2,4-dihydroxypyrimidine *5,6-二氢-2,4-二羟基嘧啶 04.0021
dihydrofolate reductase 二氢叶酸还原酶 03.0138
dihydrolipoamide 二氢硫辛酰胺 10.0298
dihydrolipoamide dehydrogenase 二氢硫辛酰胺脱氢酶 03.0155
dihydrolipoyl acetyltransferase *二氢硫辛酰乙酰转移酶 03.0247
dihydrolipoyl dehydrogenase *二氢硫辛酰脱氢酶 03.0155
dihydrolipoyllysine-residue acetyltransferase 二氢硫辛酰胺乙酰转移酶 03.0247
dihydroorotase 二氢乳清酸酶 03.0590
dihydroorotic acid 二氢乳清酸 10.0367
dihydropteridine 二氢蝶啶 10.0346
dihydropteridine reductase 二氢蝶啶还原酶 03.0142
dihydrosphingosine 二氢鞘氨醇 07.0158
dihydrotestosterone 双氢睾酮，*二氢睾酮 09.0104

dihydrouracil 二氢尿嘧啶 04.0021
dihydrouracil arm 二氢尿嘧啶臂，*D 臂 04.0289
dihydrouracil loop 二氢尿嘧啶环，*D 环 04.0290
dihydrouridine 二氢尿苷 04.0066
1,3-dihydroxyacetone 1,3-二羟基丙酮 06.0047
dihydroxyacetone phosphate 磷酸二羟丙酮 10.0122
dihydroxyacetonetransferase *二羟丙酮基转移酶 03.0238
1,25-dihydroxycholecalciferol 1,25-二羟胆钙化醇 09.0351
3,4-dihydroxy phenylalanine 多巴，*3,4-二羟[基]苯丙氨酸 10.0307
3,4-dihydroxy phenylethylamine 多巴胺，*3,4-二羟[基]苯乙胺 10.0308
2,3-dihydroxypropanal *2,3-二羟基丙醛 06.0046
dimannosyldiacylglycerol 双甘露糖甘油二酯，*双甘露糖二酰甘油 07.0127
dimannosyldiglyceride 双甘露糖甘油二酯，*双甘露糖二酰甘油 07.0127
γ,γ-dimethylallyl pyrophosphate γ,γ-二甲丙烯焦磷酸，*二甲基丙烯焦磷酸，*γ,γ-二甲基烯丙基焦磷酸 10.0216
dimethyl sulfate protection assay DMS 保护分析，*硫酸二甲酯保护分析 11.0500
dinitrofluorobenzene 二硝基氟苯 11.1016
dinitrogenase *双固氮酶 03.0216
dinitrogenase reductase *双固氮酶还原酶 03.0217
1,2-dioleoyl-*sn*-glycero-3-phosphate *1,2-二脂[肪]酰-*sn*-甘油-3-磷酸 07.0132
1,2-dioleoyl-*sn*-glycero-3-phosphocholine *1,2-二脂[肪]酰-*sn*-甘油-3-磷酸胆碱 07.0133
diol lipid 二醇脂质 07.0009
2,4-dioxo-5-methylpyrimidine *2,4-二氧-5-甲基嘧啶 04.0016
2,6-dioxopurine *2,6-二氧嘌呤 04.0009
2,4-dioxopyrimidine *2,4-二氧嘧啶 04.0017
dioxygenase 双加氧酶 03.0186
dipeptidase 二肽酶 03.0497
dipeptide 二肽 02.0068
dipeptidyl carboxypeptidase I *二肽基羧肽酶 I 03.0504
1,3-diphosphoglycerate 甘油酸-1,3-二磷酸，*1,3-二磷酸甘油酸，*1,3-双磷酸甘油酸 10.0124
2,3-diphosphoglycerate 甘油酸-2,3-二磷酸，*2,3-二磷酸甘油酸，*2,3-双磷酸甘油酸 10.0125
diphthamide 白喉酰胺 02.0057
diphtheria toxin 白喉毒素 02.0862
diptericin 双翅菌肽 02.0188
direct bilirubin *直接胆红素 10.0328
directed molecular evolution 分子定向进化 11.0969
directed sequencing 定向测序 11.0657
direct immunofluorescent technique *直接免疫荧光技术 11.0351
directional cloning 定向克隆 11.0689
directional selection 定向选择 11.0968
direct repair 直接修复 05.0207
disaccharide 二糖，*双糖 06.0134
DISC 死亡诱导信号复合体 08.0286
disc gel electrophoresis 盘状凝胶电泳 11.0107
discoidin 网柄菌凝[集]素 06.0277
discontinuous gel electrophoresis 不连续凝胶电泳 11.0105
discontinuous polyacrylamide gel electrophoresis 不连续聚丙烯酰胺凝胶电泳 11.0106
discontinuous replication 不连续复制 05.0117
disintegrations per minute 每分钟衰变数，*每分钟蜕变数 11.0277
disintegrin 解整联蛋白 02.0588
dismutase 歧化酶 03.0132
dispase 分散酶 03.0579
displacement chromatography 置换层析，*顶替层析 11.0231
displacement loop D 环，*替代环 05.0229
dissimilation 异化作用 10.0010
dissociation 解离 01.0121
dissociation constant 解离常数 01.0127
disulfide bond 二硫键 02.0078
diterpene 二萜，*双萜 07.0192
dithioerythritol 二硫赤藓糖醇 06.0053
dithiothreitol 二硫苏糖醇 11.1011
D loop 二氢尿嘧啶环，*D 环 04.0290，D 环，*替代环 05.0229
D-loop replication D 环复制 05.0123
DMH 差异甲基化杂交 11.0656
DMS footprinting *DMS 足迹法 11.0500
DMS protection assay DMS 保护分析，*硫酸二甲酯保护分析 11.0500
DNA 脱氧核糖核酸 04.0003
α-DNA *α 样 DNA 04.0216
DNA adduct DNA 加合物 05.0224

DNA topoisomerase Ⅰ　Ⅰ型 DNA 拓扑异构酶　03.0669
DNA topoisomerase Ⅱ　Ⅱ型 DNA 拓扑异构酶　03.0670
DNA topology　DNA 拓扑学　04.0174
DNA torsional stress　DNA 扭转应力　04.0179
DNA transfection　DNA 转染　11.0778
DNA transformation　DNA 转化　11.0769
DNA twist　DNA 扭曲　04.0180
DNA untwisting　DNA 解超螺旋，*DNA 解扭曲　05.0131
DNA unwinding　DNA 解链，*DNA 解旋　04.0340
DNA vaccine　DNA 疫苗　11.0924
DNAzyme　脱氧核酶　03.0720
dNDP　脱氧核苷二磷酸，*二磷酸脱氧核苷　04.0076
DNFB　二硝基氟苯　11.1016
dNMP　脱氧核苷一磷酸，*一磷酸脱氧核苷　04.0075
DNS method　丹磺酰法　11.0587
dNTP　脱氧核苷三磷酸，*三磷酸脱氧核苷　04.0077
DOC　脱氧皮质酮　09.0100
docosahexoenoic acid　二十二碳六烯酸　07.0086
docosanoic acid　*二十二烷酸　07.0087
docosanol　二十二烷醇　07.0206
docosatetraenoic acid　二十二碳四烯酸　07.0085
dodecandrin　商陆毒蛋白　02.0833
dolichol oligosaccharide precursor　长萜醇寡糖前体　06.0289
domain　域　01.0162
dominant active mutant　显性活性突变体　05.0188
dominant inactive mutant　显性失活突变体　05.0189
dominant negative mutant　*显性负突变体　05.0189
dominant selectable marker　优势选择标志物，*显性选择标志物　11.0787
Donnan equilibrium　唐南平衡　08.0074
donor　供体　01.0096
DOPA　多巴，*3,4-二羟[基]苯丙氨酸　10.0307
dopamine　多巴胺，*3,4-二羟[基]苯乙胺　10.0308
dormin　*休眠素　09.0314
dot blotting　*斑点印迹法，*点渍法　11.0460
dot hybridization　斑点杂交　11.0460
dotting　打点　11.0459
double beam spectrophotometer　双光束分光光度计　11.0289
double cross-priming amplification　双交叉引物等温扩增　11.0574
double helix model　*双螺旋模型　04.0145
double helix structure　双螺旋结构　04.0144
double-reciprocal plot　双倒数作图法　03.0070
double rocket electrophoresis　*双向火箭免疫电泳　11.0148
double strand　双链　04.0159
double-strand breakage　双链断裂　05.0198
double-stranded cDNA　双链互补 DNA　05.0150
double-stranded DNA　双链 DNA　04.0153
double-stranded helix　*双链螺旋　04.0144
double-stranded RNA　双链 RNA　04.0235
double-stranded RNA-dependent protein kinase　双链 RNA 依赖性蛋白质激酶，*依赖双链 RNA 的蛋白质激酶　03.0343
double wavelength spectrophotometer　双波长分光光度计　11.0290
down regulation　*下调　05.0450
downstream　下游　01.0143
downstream core element　下游核心元件　05.0516
downstream promoter element　下游启动子元件　05.0515
downstream sequence　下游序列　01.0145
DPE　下游启动子元件　05.0515
1,3-DPG　甘油酸-1,3-二磷酸，*1,3-二磷酸甘油酸，*1,3-双磷酸甘油酸　10.0124
2,3-DPG　甘油酸-2,3-二磷酸，*2,3-二磷酸甘油酸，*2,3-双磷酸甘油酸　10.0125
dpm　每分钟衰变数，*每分钟蜕变数　11.0277
DPP　γ,γ-二甲丙烯焦磷酸，*二甲基丙烯焦磷酸，*γ,γ-二甲基烯丙基焦磷酸　10.0216
drebrin　脑发育调节蛋白　02.0561
D-ribose 1,5-phosphamutase　*D-核糖-1,5-磷酸变位酶　03.0665
DRP　抗肌萎缩蛋白相关蛋白质，*肌营养相关蛋白质　02.0494
drug-resistance gene　抗药性基因　05.0046
DSB　双链断裂　05.0198
dscDNA　双链互补 DNA　05.0150
dsDNA　双链 DNA　04.0153
dsDNA-binding domain　双链 DNA 结合域　02.0904
DSIP　δ睡眠诱导肽　02.0166
D-sphinganine　二氢鞘氨醇　07.0158
dsRNA　双链 RNA　04.0235
dsRNA-binding domain　双链 RNA 结合域　02.0905

dTDP　*脱氧胸苷二磷酸　04.0111
DTE　二硫赤藓糖醇　06.0053
dTMP　*脱氧胸苷一磷酸　04.0110
DTT　二硫苏糖醇　11.1011
dTTP　*脱氧胸苷三磷酸　04.0112
dU　脱氧尿苷　04.0051
DUB　去泛素化酶　05.0441
ducdenin　肠降血糖素，*肠促胰岛素　09.0156
dulcitol　*卫矛醇　06.0093
dUMP　*脱氧尿苷一磷酸　04.0108
duocrinin　促十二指肠液素　09.0153
duplex　双链　04.0159
duplicated pseudogene　*复制型假基因　05.0036
duplicon　重复子　05.0231
dynactin　动力蛋白激活蛋白　02.0505
dynamic allele-specific hybridization　动态等位基因特异性杂交　11.0847
dynamin　发动蛋白　02.0509
dynein　动力蛋白　02.0504
dynein activator complex　动力蛋白激活蛋白　02.0505
dynorphin　强啡肽　02.0109
dystroglycan　抗肌萎缩蛋白聚糖，*肌养蛋白聚糖，*肌营养不良蛋白聚糖　06.0314
dystrophin　抗肌萎缩蛋白，*肌养蛋白，*肌营养不良蛋白　02.0493
dystrophin-related protein　抗肌萎缩蛋白相关蛋白质，*肌营养相关蛋白质　02.0494

E

E　谷氨酸　02.0033
EAA　兴奋性氨基酸　02.0015
EB　溴乙锭　11.1004
EC　酶分类　03.0112
E-cadherin　*E-钙黏蛋白　02.0736
ecdysone　蜕皮[激]素　09.0292
α-ecdysone　*α-蜕皮素　09.0292
β-ecdysone　*β-蜕皮素　09.0293
ecdysterone　蜕皮甾酮，*蜕皮固酮　09.0293
ECE　内皮肽转换酶，*内皮肽转化酶　03.0577
echinoidin　海胆凝[集]素　06.0282
echistatin　锯鳞肽，*蛇毒锯鳞蝰素　02.0162
ECL　增强化学发光　11.0315
eclosion hormone　蜕壳激素　09.0298
ectodomain　胞外结构域　08.0244
ectodomain shedding　胞外结构域脱落　08.0245
ectopic expression　异位表达　05.0464
EDCs　*内分泌干扰物　09.0010
editosome　编辑体　05.0317
Edman degradation　埃德曼降解法　11.0588
Edman stepwise degradation　*埃德曼分步降解法　11.0588
EDRF　内皮细胞源性血管舒张因子　09.0259
EDTA　乙二胺四乙酸　11.1012
EED　*环境内分泌干扰物　09.0010
EF　延伸因子，*延长因子　05.0378
E face of lipid bilayer　脂双层 E 面　08.0019
effector　效应物　01.0227
efferocytosis　胞葬作用　01.0269
EF hand　EF 手形　02.0895
EGF　表皮生长因子，*上皮生长因子　09.0227
EGF family　表皮生长因子家族　09.0226
EGTA　乙二醇双(2-氨基乙醚)四乙酸　11.1013
EIA　酶免疫分析，*酶免疫测定　11.0331
eicosanoic acid　花生酸，*二十烷酸　07.0081
eicosanoid　类花生酸，*类二十烷酸　09.0187
eicosanol　二十烷醇　07.0205
eicosapentaenoic acid　二十碳五烯酸　07.0084
eicosatetraenoic acid　*二十碳四烯酸　07.0082
eIF　真核起始因子　05.0377
EJC　外显子连接复合物，*外显子交界复合物　05.0290
EKLF　红细胞克吕佩尔样因子　09.0260
elafin　弹性蛋白酶抑制剂　03.0775
elaidic acid　反油酸　07.0068
elastase　弹性蛋白酶　03.0525
elastin　弹性蛋白　02.0420
electroblotting　电印迹法　11.0485
electrochemical gradient　电化学梯度　08.0064
electrochemical proton gradient　质子电化学梯度　08.0065
electrode buffer　电极缓冲液　11.0097
electrodialysis　电透析，*电渗析　11.0025
electroelution　电洗脱　11.0171
electrofocusing　*电聚焦　11.0141
electron carrier　电子载体　10.0052

endothelin 内皮肽，*内皮素 09.0154
endothelin-converting enzyme 内皮肽转换酶，*内皮肽转化酶 03.0577
endothelium-derived relaxing factor 内皮细胞源性血管舒张因子 09.0259
endotoxin 内毒素，*细菌内毒素 02.0851
end polishing 削平 11.0698
end-product inhibition 终产物抑制 10.0030
3′ end tailing *3′端加尾 05.0307
energy barrier 能障 10.0081
energy charge 能荷 10.0082
energy metabolism 能量代谢 10.0006
energy-rich bond 高能键 10.0065
energy-rich phosphate compound 高能磷酸化合物 10.0067
energy transfer 能量传递 10.0083
energy value 能值 10.0084
engineered nuclease 工程核酸酶 11.0896
engineered ribozyme 工程核酶 03.0727
engulfment of apoptotic cell 胞葬作用 01.0269
enhanced chemiluminescence 增强化学发光 11.0315
enhancer 增强子 05.0533
enhancer element *增强子元件 05.0533
enhancer RNA 增强子 RNA 04.0254
enhancer trapping 增强子捕获 11.0859
enhancesome 增强体 05.0534
ENK 脑啡肽 02.0102
enkephalin 脑啡肽 02.0102
enkephalinase 脑啡肽酶 03.0567
enolase 烯醇化酶 03.0628
enolpyruvic acid 烯醇式丙酮酸 10.0130
5-enolpyruvylshikimate-3-phosphate synthase EPSP 合酶，*5-烯醇式丙酮酰莽草酸-3-磷酸合酶 03.0282
enoyl-CoA 烯脂[肪]酰辅酶 A 10.0181
enoyl-coenzyme A 烯脂[肪]酰辅酶 A 10.0181
entactin 巢蛋白 02.0590
enterocrinin 促肠液蛋白，*促肠液素 09.0155
enterogastrone *肠抑胃肽 09.0159
enteroglucagon *肠高血糖素 09.0157
enterohepatic circulation 肠肝循环 10.0207
enterokinase 肠激酶 03.0517
enterokinin 肠激肽 09.0160
enteropeptidase *肠肽酶 03.0517
enterostatin 肠抑肽 09.0161
enterotoxin 肠毒素 02.0860
envelope glycoprotein 包膜糖蛋白 06.0255
environmental endocrine disruptor *环境内分泌干扰物 09.0010
environmental genomics 环境基因组学 01.0040
environmental hormone 环境激素 09.0010
enzymatic reaction 酶促反应 03.0026
enzyme 酶 03.0001
enzyme activator 酶激活剂 03.0071
enzyme activity 酶活性，*酶活力 03.0041
enzyme catalytic mechanism 酶催化机制 03.0058
enzyme classification 酶分类 03.0112
enzyme commission nomenclature 酶学委员会命名 03.0111
enzyme-coupled assay 酶偶联分析 11.0318
enzyme electrode 酶电极 03.0107
enzyme engineering 酶工程 03.0109
enzyme immobilization 酶固定化 03.0108
enzyme immunoassay 酶免疫分析，*酶免疫测定 11.0331
enzyme inhibition 酶抑制作用 03.0075
enzyme inhibitor 酶抑制剂 03.0074
enzyme-inhibitor complex 酶–抑制剂复合物 03.0101
enzyme-linked immunosorbent assay 酶联免疫吸附分析，*酶联免疫吸附测定 11.0317
enzyme-linked receptor 酶偶联受体 08.0314
enzyme multiplicity 酶多重性，*酶多样性 03.0038
enzyme polymorphism 酶多态性 03.0039
enzyme specificity 酶专一性，*酶特异性 03.0054
enzyme-substrate complex 酶–底物复合物 03.0049
enzyme system 酶系 03.0007
enzyme unit 酶单位 03.0044
enzymology 酶学 01.0012
enzymolysis 酶解作用 03.0040
EOP 内源性阿片样肽 02.0100
eosinophil chemotactic peptide 嗜酸性粒细胞趋化性多肽，*嗜伊红粒细胞趋化性多肽 09.0195
eosinophilopoietin 嗜酸性粒细胞生成素，*嗜伊红粒细胞生成素 09.0196
eotaxin 嗜酸性粒细胞趋化因子 09.0219
EPA 二十碳五烯酸 07.0084
epiamastatin 表抑氨肽酶肽 03.0759
epiCh 表胆固醇 07.0214
epicholeslerol 表胆固醇 07.0214

epidermal growth factor　表皮生长因子，*上皮生长因子　09.0227
epidermal growth factor family　表皮生长因子家族　09.0226
epidermin　表皮抗菌肽，*表皮菌素　02.0198
epidermolytic toxin　*表皮剥脱毒素　02.0859
epigenetic control　表观遗传调控，*表观遗传调节　05.0488
epigenetic regulation　表观遗传调控，*表观遗传调节　05.0488
epigenome　表观基因组　01.0076
epigenomics　表观基因组学　01.0033
epiligrin　表皮整联配体蛋白　02.0782
epimer　差向异构体　01.0211
epimerase　差向异构酶，*表异构酶　03.0645
epimerization　差向异构化　01.0214
epinephrine　肾上腺素　09.0088
epiregulin　上皮调节蛋白　09.0229
episome　附加体　05.0168
epithelial growth factor　表皮生长因子，*上皮生长因子　09.0227
epithelin　上皮因子　02.0783
epitope tagging　表位标签，*表位标注　11.0835
EPO　[促]红细胞生成素　09.0237
epoxide hydrolase　环氧化物水解酶　03.0493
EPR　*电子顺磁共振　11.0436
EPSP synthase　EPSP 合酶，*5-烯醇式丙酮酰莽草酸-3-磷酸合酶　03.0282
equilibrium constant　平衡常数　01.0125
equilibrium density gradient centrifugation　平衡密度梯度离心　11.0062
equilibrium dialysis　平衡透析　11.0024
erabutoxin　半环扁尾蛇毒素　02.0873
ERAD　内质网相关[蛋白质]降解　05.0442
ErbB2-interacting protein　*ErbB2 相互作用蛋白　02.0784
Erbin　*ErbB2 相互作用蛋白　02.0784
ERCA　指数滚环扩增　11.0567
ergocalciferol　*麦角钙化醇　09.0346
ergopeptide　麦角肽　02.0219
ergopeptine　麦角肽　02.0219
ergosterol　麦角固醇　09.0345
ergotoxin　麦角毒素　02.0220
ergotoxine　麦角毒素　02.0220
ERK　胞外信号调节激酶　03.0354
eRNA　增强子 RNA　04.0254
error-prone bypass　易错旁路　05.0223
error-prone PCR　易错聚合酶链反应，*易错 PCR　11.0547
error-prone repair　*错误倾向修复　05.0222
ER stress　内质网应激　08.0354
erucic acid　[顺]芥子酸　07.0088
erythritol　赤藓糖醇　06.0052
erythro-configuration　赤[藓糖]型构型　06.0015
erythrocruorin　无脊椎动物血红蛋白　02.0361
erythrocyte ghost　血影细胞　08.0075
erythrogenic acid　生红酸　07.0073
erythrogenin　[促]红细胞生成素　09.0237
erythroid-colony-stimulating factor　红细胞集落刺激因子　09.0224
erythroid Krüppel-like factor　红细胞克吕佩尔样因子　09.0260
erythropoietin　[促]红细胞生成素　09.0237
erythrose　赤藓糖　06.0049
erythrulose　赤藓酮糖　06.0050
esculin　七叶苷　06.0127
ESE　外显子剪接增强子　05.0286
ESI　电喷雾电离，*电喷雾离子化　11.0370
ESI-MS　电喷雾电离质谱法　11.0372
E site　出口位，*E 位　05.0389
ESR　电子自旋共振　11.0436
ESS　外显子剪接沉默子　05.0288
essential activator　必需激活剂　03.0072
essential amino acid　必需氨基酸　02.0009
essential fatty acid　必需脂肪酸　07.0039
essential group　必需基团　03.0035
EST　表达序列标签　11.0844
esterase　酯酶　03.0368
esterastin　抑酯酶素　03.0781
estradiol　雌二醇　09.0114
estrane　雌[固]烷，*雌甾烷　09.0117
estrin　雌激素　09.0113
estriol　雌三醇　09.0115
estrogen　雌激素　09.0113
estrogen receptor　雌激素受体　09.0194
estrone　雌酮　09.0116
estrophilin　亲雌激素蛋白　02.0679
ET　内皮肽，*内皮素　09.0154

ethanol fermentation　乙醇发酵　10.0109
ether glycerophosphatide　醚甘油磷脂　07.0149
ether lipid　*醚脂　07.0149
ethidium bromide　溴乙锭　11.1004
ethylene　乙烯　09.0315
ethylenediaminetetraacetic acid　乙二胺四乙酸　11.1012
ethylene glycol bis (2-aminoethyl ether) tetraacetic acid　乙二醇双(2-氨基乙醚)四乙酸　11.1013
euglobulin　优球蛋白　02.0225
eukaryotic expression vector　真核表达载体　11.0724
eukaryotic initiation factor　真核起始因子　05.0377
evolutionary biotechnology　*进化生物技术　11.0969
excision repair　切除修复　05.0214
excitation spectrum　激发光谱　11.0281
excitatory amino acid　兴奋性氨基酸　02.0015
excitatory G protein　*兴奋性 G 蛋白　08.0305
exclusion chromatography　排阻层析　11.0234
exendin　激动肽，*毒蜥激动肽　02.0160
exendin-4　激动肽 4，*毒蜥激动肽 4　02.0161
exergonic reaction　放能反应　10.0080
exfoliatin　脱落菌素　02.0859
exfoliative toxin　*表皮剥脱毒素　02.0859
exine-held protein　外壁蛋白质　02.0841
exit site　出口位，*E 位　05.0389
exocellulase　纤维素胞外酶　03.0453
exocytosis　胞吐[作用]，*外排[作用]　08.0133
exodeoxyribonuclease Ⅰ　核酸外切酶Ⅰ　03.0414
exodeoxyribonuclease III　核酸外切酶III　03.0415
exogenous gene　外源基因　05.0039
exoglucanase　*葡聚糖外切酶　03.0453
exoglucosidase　葡萄糖苷外切酶　03.0444
exoglycosidase　糖苷外切酶，*外切糖苷酶　03.0439
exohormone　*外激素　09.0303
exome　外显子组　01.0075
exome sequencing　外显子组测序　11.0614
exon　外显子　05.0263
exon definition　外显子界定　05.0262
exon duplication　外显子重复　05.0267
exonic splicing enhancer　外显子剪接增强子　05.0286
exonic splicing silencer　外显子剪接沉默子　05.0288
exon insertion　外显子插入　05.0266
exon junction complex　外显子连接复合物，*外显子交界复合物　05.0290
exon shuffling　外显子混编，*外显子改编　05.0265
exon skipping　外显子跳读　05.0268
exon trapping　外显子捕获　11.0858
exonuclease　核酸外切酶，*外切核酸酶　03.0413
exonuclease Ⅰ　核酸外切酶Ⅰ　03.0414
exonuclease III　核酸外切酶III　03.0415
3′→5′ exonucleolytic editing　3′→5′核酸外切编辑　05.0142
exopeptidase　外肽酶，*肽链外切酶，*肽链端解酶　03.0496
exosome　外切体　05.0313，外泌体，*外排体，*胞外体　08.0024
exotoxin　外毒素　02.0852
EXPAR　*指数扩增反应　11.0568
exponential amplification reaction　*指数扩增反应　11.0568
exponential rolling circle amplification　指数滚环扩增　11.0567
expressed sequence tag　表达序列标签　11.0844
expression cassette　表达组件　11.0874
expression cloning　表达克隆　11.0691
expression library　表达文库　11.0823
expression map　*表达图　11.0845
expression plasmid　表达质粒　11.0733
expression screening　表达筛选　11.0878
expression vector　表达载体　11.0722
extein　外显肽，*蛋白质外显子　02.0075
extensin　伸展蛋白，*延展蛋白　02.0684
extension　延伸　01.0101
extracellular signal-regulated kinase　胞外信号调节激酶　03.0354
extracellular vesicle　胞外囊泡　08.0022
extrachromosomal DNA　染色体外 DNA　04.0200
extrachromosomal gene　*染色体外基因　05.0030
extraction　抽提，*提取　11.0015
extranuclear gene　*核外基因　05.0030
extrinsic membrane protein　*膜外在蛋白质　08.0077
ex vivo gene transfer　间接体内基因转移，*先体外后体内基因转移，*回体基因转移，*离体基因转移　11.0912
ezrin　*埃兹蛋白　02.0526

F

F　苯丙氨酸　02.0027
FABP　脂肪酸结合蛋白质　02.0265
facilitated diffusion　易化扩散，*促进扩散　08.0120
FACS　荧光激活细胞分选仪　11.0284
F-actin　纤丝状肌动蛋白，*F 肌动蛋白，*纤维状肌动蛋白　02.0465
F-actin capping protein　F 肌动蛋白加帽蛋白质　02.0467
ρ-factor　ρ 因子　05.0248
factor Ⅹa cleavage site　凝血因子Ⅹa 切割位点　11.0717
factor-related apoptosis protein　凋亡相关因子蛋白质，*Fas 蛋白　02.0778
FAD　黄素腺嘌呤二核苷酸　09.0366
FADD　Fas 相关死亡结构域蛋白质　08.0280
FADD-like interleukin-1β converting enzyme　FADD 样白介素-1β 转换酶　08.0287
FAK　黏着斑激酶　03.0338
farnesol　法尼醇　07.0190
farnesyl pyrophosphate　法尼[基]焦磷酸　10.0218
farnesyl transferase　法尼基转移酶　03.0283
Far-Western blotting　蛋白质–蛋白质印迹法，*蛋白质检测蛋白质印迹法，*Far-Western 印迹法　11.0484
Fas-associated death domain protein　Fas 相关死亡结构域蛋白质　08.0280
Fas-associated protein with death domain　Fas 相关死亡结构域蛋白质　08.0280
fasciclin　成束蛋白　02.0484
fascin　肌成束蛋白　02.0485
Fas protein　凋亡相关因子蛋白质，*Fas 蛋白　02.0778
fast protein liquid chromatography　快速蛋白质液相层析　11.0204
fat　脂肪　07.0104
fat metabolism　脂肪代谢　10.0167
fat mobilization　脂肪动员　10.0173
F_1-ATPase　*F_1-ATP 酶　03.0703
fat-soluble vitamin　脂溶性维生素　09.0325
fatty acid　脂肪酸　07.0030
ω-3 fatty acid　ω-3 脂肪酸　07.0035
ω-6 fatty acid　ω-6 脂肪酸　07.0036
fatty acid-binding protein　脂肪酸结合蛋白质　02.0265
fatty acid derivative　脂肪酸衍生物　07.0100
fatty acid synthase　脂肪酸合酶　03.0259
F-box　F 框　08.0252
fed-batch culture　补料分批培养　11.0962
feedback　反馈　10.0025
feedback inhibition　反馈抑制　03.0088
feedback regulation　反馈调节　08.0194
feedforward regulation　前馈调节　08.0193
Fehling reaction　费林反应　11.0342
fermenter　发酵罐　11.0958
fermentor　发酵罐　11.0958
ferredoxin　铁氧还蛋白，*铁氧化还原蛋白　02.0705
ferredoxin-$NADP^+$ reductase　铁氧还蛋白-$NADP^+$还原酶　03.0210
ferric-chelate reductase　高铁螯合物还原酶　03.0206
ferritin　铁蛋白　02.0702
ferrochelatase　铁螯合酶，*亚铁螯合酶　03.0643
ferroptosis　细胞铁死亡　01.0267
fertilin　致育蛋白　02.0682
ferulic acid　阿魏酸　07.0052
feruloyl esterase　阿魏酸酯酶　03.0383
Fe-S protein　铁硫蛋白　02.0703
α-fetoprotein　甲胎蛋白　02.0320
fetuin　胎球蛋白　02.0321
FFA　*游离脂肪酸　07.0042
FGAM　甲酰甘氨脒核糖核苷酸　10.0364
FGF　成纤维细胞生长因子　09.0232
FHA domain　叉头蛋白质相关结构域，*FHA 结构域　08.0259
fibrillarin　核仁纤维蛋白　02.0646
fibrillin　原纤[维]蛋白　02.0417
fibrin　血纤蛋白，*纤维蛋白　02.0345
fibrinogen　血纤蛋白原　02.0344
fibrinopeptide　血纤肽，*血纤维蛋白肽　02.0163
fibrinopeptide A　血纤肽 A　02.0164
fibrinopeptide B　血纤肽 B　02.0165
fibroblast growth factor　成纤维细胞生长因子　09.0232

fibroglycan　纤维蛋白聚糖　06.0320
fibroin　丝心蛋白　02.0427
fibromodulin　纤调蛋白聚糖　06.0307
fibronectin　纤连蛋白，*纤维连接蛋白，*纤维粘连蛋白　02.0515
fibrous protein　纤维状蛋白质　02.0243
ficin　无花果蛋白酶　03.0550
ficolin　纤胶凝蛋白　02.0522
field-inversion gel electrophoresis　反转电场凝胶电泳　11.0117
FIGE　反转电场凝胶电泳　11.0117
filaggrin　聚丝蛋白　02.0410
filament bundling protein　纤丝成束蛋白质　02.0480
filamentous actin　纤丝状肌动蛋白，*F 肌动蛋白，*纤维状肌动蛋白　02.0465
filament severing protein　纤丝切割蛋白质　02.0468
filamin　细丝蛋白　02.0478
filling-in　末端补平　11.0699
film electrophoresis　薄膜电泳　11.0138
filter hybridization　滤膜杂交　11.0461
filter membrane　滤膜　11.0030
fimbrin　丝束蛋白　02.0479
fingerprint analysis　指纹分析　11.0501
fingerprinting　指纹分析　11.0501
first generation sequencing technique　*第一代测序技术　11.0594
first messenger　第一信使　08.0207
Fischer projection　费歇尔投影式　06.0013
FISH　荧光原位杂交　11.0467
FITC　异硫氰酸荧光素　11.1014
fixed enzyme　固定化酶　03.0748
fixed phase　固定相　11.0161
FK506 binding protein　FK506 结合蛋白质　02.0341
FKBP　FK506 结合蛋白质　02.0341
flagellin　鞭毛蛋白　02.0789
flat microarray　固相芯片　11.0995
flavin adenine dinucleotide　黄素腺嘌呤二核苷酸　09.0366
flavin mononucleotide　黄素单核苷酸　09.0365
flavin mononucleotide reductase　黄素单核苷酸还原酶　03.0141
flavodoxin　黄素氧还蛋白　02.0810
flavoenzyme　黄素酶　03.0211
flavohemoglobin　黄素血红蛋白　02.0809
flavone　黄酮　10.0342
flavoprotein　黄素蛋白　02.0238
FLICE　FADD 样白介素-1β 转换酶　08.0287
flip-flop mechanism　翻转机制，*滚翻机制　08.0033
flip-flop promoter　翻滚启动子，*翻转启动子　05.0527
flippase　*翻转酶　03.0715
flippase recombinase　FLP 重组酶　03.0740
floppase　外翻酶，*转出酶　03.0717
flow cytometry　流式细胞术　11.0283
flowering hormone　开花激素　09.0319
flow-programmed chromatography　程序变流层析　11.0232
flow-through electrophoresis　*流通电泳　11.0125
FLP/FRT system　FLP/FRT 系统　11.0904
FLP-FRT system　FLP/FRT 系统　11.0904
FLP recombinase　FLP 重组酶　03.0740
fluid mosaic model　流体镶嵌模型，*流动镶嵌模型，*液态镶嵌模型　08.0026
fluorescein isothiocyanate　异硫氰酸荧光素　11.1014
fluorescence-activated cell sorter　荧光激活细胞分选仪　11.0284
fluorescence analysis　荧光分析　11.0279
fluorescence-based DNA sequencing　荧光法 DNA 测序　11.0596
fluorescence *in situ* hybridization　荧光原位杂交　11.0467
fluorescence probe　荧光探针　11.0523
fluorescence resonance energy transfer　荧光共振能量转移　11.0276
fluorescence spectrophotometry　荧光分光光度法　11.0294
fluorescence spectrophotometer　荧光分光光度计　11.0287
fluorescence spectrum　荧光光谱　11.0280
fluorescent probe　荧光探针　11.0523
fluorimeter　荧光光度计　11.0285
5-fluoro-2,4-dihydroxypyrimidine　*5-氟-2,4-二羟基嘧啶　04.0022
fluorography　荧光显影术　11.0295
fluorometer　荧光光度计　11.0285
5-fluorouracil　5-氟尿嘧啶　04.0022
flush end　平端，*钝端　04.0330
fMet　甲酰甲硫氨酸　02.0056
FMN　黄素单核苷酸　09.0365

FMN reductase 黄素单核苷酸还原酶 03.0141
FNR 铁氧还蛋白-NADP$^+$还原酶 03.0210
focal adhesion kinase 黏着斑激酶 03.0338
fodrin 胞衬蛋白 02.0455
foldase 折叠酶 03.0672
folding 折叠 02.0878
folding catalyst 折叠催化蛋白 02.0675
folic acid 叶酸 09.0377
Folin reagent 福林试剂 11.1006
follicle-stimulating hormone 促卵泡激素，*卵泡刺激素 09.0038
follicle-stimulating hormone releasing factor *促滤泡素释放因子 09.0062
follicle-stimulating hormone releasing hormone 促卵泡激素释放素 09.0062
folliliberin 促卵泡激素释放素 09.0062
follistatin 促卵泡激素抑释素，*卵泡抑素 09.0053
follitropin 促卵泡激素，*卵泡刺激素 09.0038
footprinting 足迹法，*足印法 11.0493
foreign DNA 外源 DNA 04.0226
forkhead-associated domain 叉头蛋白质相关结构域，*FHA 结构域 08.0259
forkhead box protein 叉头框蛋白质 08.0261
forkhead box transcription factor 叉头框转录因子，*叉头盒转录因子 08.0262
forkhead domain 叉头结构域 08.0260
forkhead protein 叉头蛋白质 08.0258
formin 形成蛋白，*成型蛋白 02.0442
θ-form replication θ 型复制 05.0114
formylglycinamidine ribonucleotide 甲酰甘氨脒核糖核苷酸 10.0364
formylmethionine 甲酰甲硫氨酸 02.0056
Forssman antigen *福斯曼抗原 06.0288
forward gene mutation 正向基因突变 11.0805
forward primer 正向引物 11.0555
four helix bundle 四螺旋束 02.0891
Fourier transform 傅里叶变换 11.0433
FOX protein 叉头框蛋白质 08.0261
FPLC 快速蛋白质液相层析 11.0204
FPP 法尼[基]焦磷酸 10.0218
fractalkine 分形趋化因子 09.0217
fractionation 分级分离 11.0018
fraction collector 分部收集器 11.0159
fragmentin *片段化酶 03.0538
frame hopping 框内跳译，*跳码 05.0402
frame overlapping *框重叠 05.0357
frameshift 移码 05.0399
frameshift mutation 移码突变 05.0407
frameshift suppression 移码阻抑，*移框阻抑 05.0565
frataxin 共济蛋白 02.0610
free bile acid 游离胆汁酸 10.0195
free diffusion *自由扩散 08.0121
free fatty acid *游离脂肪酸 07.0042
free flow electrophoresis 自由流动电泳 11.0125
free radical 自由基 10.0058
freeze-cracking 冷冻断裂，*冷冻撕裂 11.0452
freeze-drier 冻干仪 11.0012
freeze-drying 冷冻干燥，*冰冻干燥 11.0011
freeze-etching 冷冻蚀刻 11.0451
freeze-fracturing 冷冻断裂，*冷冻撕裂 11.0452
freeze-thawing 冻融 11.0009
French cell press 弗氏细胞压碎器，*均质机 11.0008
FRET 荧光共振能量转移 11.0276
FRF *促滤泡素释放因子 09.0062
FRH 促卵泡激素释放素 09.0062
frontal chromatography 前沿层析 11.0249
fructan 果聚糖 06.0223
fructan β-fructosidase *果聚糖 β-果糖苷酶 03.0481
β-fructofuranosidase β-呋喃果糖苷酶 03.0470
fructosan 果聚糖 06.0223
fructose 果糖 06.0070
fructose-1,6-bisphosphatase 果糖-1,6-二磷酸酶，*果糖-1,6-双磷酸酶 03.0394
fructose-1,6-bisphosphate 果糖-1,6-二磷酸，*果糖-1,6-双磷酸 10.0120
fructose-2,6-bisphosphate 果糖-2,6-二磷酸，*果糖-2,6-双磷酸 10.0121
fructose-1,6-diphosphatase 果糖-1,6-二磷酸酶 03.0394
fructose-1,6-diphosphate 果糖-1,6-二磷酸，*果糖-1,6-双磷酸 10.0120
fructose-2,6-diphosphate 果糖-2,6-二磷酸，*果糖-2,6-双磷酸 10.0121
fructose-6-phosphate 果糖-6-磷酸 10.0119
fructosidase 果糖苷酶 03.0481
fructoside 果糖苷 06.0128
FSH 促卵泡激素，*卵泡刺激素 09.0038
FSHRF *促滤泡素释放因子 09.0062

FSHRH　促卵泡激素释放素　09.0062
FTF　叉头框转录因子，*叉头盒转录因子　08.0262
5-FU　5-氟尿嘧啶　04.0022
fucan　岩藻多糖　06.0198
fucoidan　岩藻多糖　06.0198
fucoidin　岩藻多糖　06.0198
fucose　岩藻糖　06.0084
fucosidase　岩藻糖苷酶　03.0478
fucosylation　岩藻糖基化　06.0042
fucosyltransferase　岩藻糖基转移酶　03.0274
fumarase　延胡索酸酶　03.0626
fumaric acid　延胡索酸　10.0142
fumarylacetoacetic acid　延胡索酰乙酰乙酸　10.0301
functional cloning　功能克隆　11.0685
functional genome　功能基因组　01.0062
functional genomics　功能基因组学　01.0030
functional protein　功能蛋白质　02.0247
functional proteome　功能蛋白质组　01.0064
functional proteomics　功能蛋白质组学　01.0048
furanoid acid　呋喃型酸　07.0049
furanose　呋喃糖　06.0026
furin　弗林蛋白酶　03.0536
fusion gene　融合基因　11.0715
fusion protein　融合蛋白质　11.0716
futile cycle　*无效循环　10.0157
FYVE domain　FYVE 结构域　08.0265

G

G　甘氨酸　02.0019，鸟嘌呤　04.0007，鸟苷　04.0045
GABA　γ-氨基丁酸　10.0246
G-actin　球状肌动蛋白，*G 肌动蛋白　02.0464
GAG　糖胺聚糖　06.0211
Gag protein　Gag 蛋白　05.0323
GAL　甘丙肽　02.0135
galactan　半乳聚糖　06.0185
galactitol　半乳糖醇　06.0093
galactocerebroside　*半乳糖脑苷脂　07.0170
galactoglucomannan　半乳葡萄甘露聚糖　06.0184
galactokinase　半乳糖激酶　03.0289
galactolipid　半乳糖脂　07.0124
galactomannan　半乳甘露聚糖　06.0188
galactosamine　半乳糖胺，*氨基半乳糖　06.0115
galactose　半乳糖　06.0067
galactosidase　半乳糖苷酶　03.0466
α-galactosidase　α-半乳糖苷酶　03.0467
β-galactosidase　β-半乳糖苷酶　03.0468
galactoside transacetylase　半乳糖苷乙酰转移酶　03.0248
galactosylceramide　*半乳糖神经酰胺　07.0170
galactosyltransferase　半乳糖基转移酶　03.0272
galanin　甘丙肽　02.0135
galanin-like peptide　甘丙肽样肽，*甘丙肽类似肽　02.0138
galanin message-associated peptide　甘丙肽信息相关肽　02.0137
galectin　半乳凝[集]素　06.0276
GalNAc　*N*-乙酰半乳糖胺，**N*-乙酰氨基半乳糖　06.0116
gal operon　半乳糖操纵子　05.0538
GALP　甘丙肽样肽，*甘丙肽类似肽　02.0138
gamma globulin　γ-球蛋白，*丙种球蛋白　02.0294
gamone　交配素　09.0011
ganglio-series　神经节系列　07.0167
ganglioside　神经节苷脂　07.0177
GAP　GTP 酶激活蛋白质　02.0775
gap　缺口　04.0323
GAP43　*生长相关蛋白质 43　02.0548
gap gene　裂隙基因，*缺口基因　05.0047
GAR　甘氨酰胺核糖核苷酸　10.0363
gas chromatography　气相层析　11.0195
gas chromatography-mass spectrometry　气相层析–质谱联用，*气相色谱–质谱法　11.0424
gas-liquid chromatography　气液层析　11.0197
gas-phase protein sequencer　气相蛋白质测序仪　11.0585
gas-solid chromatography　气固层析　11.0199
gastric inhibitory polypeptide　抑胃肽　09.0159
gastrin　促胃液素，*胃泌素　09.0162
gastrin-releasing peptide　促胃液素释放肽　09.0163
gastrointestinal hormone　胃肠激素　09.0165
GC　气相层析　11.0195
GC box　GC 框　05.0521
GC-MS　气相层析–质谱联用，*气相色谱–质谱法

genome annotation　基因组注释　11.0621
genome assembly　基因组组装　11.0620
genome database　基因组数据库　11.0591
genome editing　基因组编辑　11.0901
genome engineering　*基因组工程　11.0901
genome mapping　基因组作图　11.0918
genome organization　基因组组构　05.0075
genome rearrangement　基因组重排　05.0080
genome reorganization　基因组重构　05.0076
genome re-sequencing　基因组重测序　11.0619
genome shuffling　基因组混编，*基因组改组　11.0883
genome-wide association study　全基因组关联分析　11.0632
genome-wide location analysis　*全基因组定位分析　11.0638
genomic DNA　基因组 DNA　04.0199
genomic imprinting　基因组印记　05.0091
genomic library　基因组文库　11.0821
genomic map　基因组图谱　11.0919
genomic mapping　基因组作图　11.0918
genomics　基因组学　01.0028
genomic scanning　基因组扫描　11.0932
genomic walking　*基因组步移　11.0881
genopathy　基因病　05.0097
genotype　基因型　05.0026
genotyping　基因型分型　11.0933
gentianose　龙胆三糖　06.0155
gentiobiose　龙胆二糖　06.0146
geobiochemistry　地球生物化学　01.0005
geometrical isomer　*几何异构体　01.0202
geometrical isomerism　*几何异构　01.0196
geranylpyrophosphate　牻牛儿[基]焦磷酸　10.0217
gestagen　孕激素　09.0118
GF　生长因子　09.0225
GFP　绿色荧光蛋白　11.0947
GGF　胶质细胞生长因子　09.0213
GH　生长激素，*促生长素　09.0034
gheddic acid　三十四烷酸　07.0097
ghost　血影细胞　08.0075
ghost cell　血影细胞　08.0075
ghrelin　胃生长激素释放素，*胃促生长素，*食欲刺激素，*胃饥饿素　09.0169
G_i　抑制性 G 蛋白　08.0304
giantin　巨蛋白　02.0589
gibberellin　赤霉素　09.0313
GIDH　谷氨酸脱氢酶　03.0135
GIH　*生长激素抑制激素　09.0065
GIP　抑胃肽，*葡萄糖依赖性胰岛素释放肽　09.0159
Gla　γ-羧基谷氨酸　02.0046
GLC　气液层析　11.0197
GlcNAc　*N*-乙酰葡萄糖胺，**N*-乙酰氨基葡萄糖　06.0114
gliadin　麦醇溶蛋白　02.0796
glial cell-derived neurotrophic factor　胶质细胞源性神经营养因子　09.0254
glial fibrillary acidic protein　胶质细胞原纤维酸性蛋白质，*神经胶质原纤维酸性蛋白质，*胶质纤丝酸性蛋白质　02.0413
glial growth factor　胶质细胞生长因子　09.0213
glioma-derived growth factor　神经胶质瘤源性生长因子　09.0214
Gln　谷氨酰胺　02.0036
global genomic nucleotide excision repair　全基因组核苷酸切除修复　05.0217
global regulation　全局调控，*全局调节　05.0451
globin　珠蛋白　02.0351
globo-series　球系列　07.0165
globoside　红细胞糖苷脂　07.0174
globular actin　球状肌动蛋白，*G 肌动蛋白　02.0464
globular protein　球状蛋白质　02.0244
globulin　球蛋白　02.0224
α_1-globulin　α_1-球蛋白　02.0291
α_2-globulin　α_2-球蛋白　02.0292
β-globulin　β-球蛋白　02.0293
γ-globulin　γ-球蛋白，*丙种球蛋白　02.0294
GLP　胰高血糖素样肽　09.0157
Glu　谷氨酸　02.0033
glucagon　胰高血糖素　09.0172
glucagon-like peptide　胰高血糖素样肽　09.0157
glucan　葡聚糖　06.0190
glucanase　葡聚糖水解酶　03.0446
1,4-α-glucan branching enzyme　*1,4-α-葡聚糖分支酶　03.0271
1,3-β-glucan synthase　*1,3-β-葡聚糖合酶　03.0273
β-glucan-transporting ATPase　*β-葡聚糖转运 ATP 酶　03.0714
glucocerebrosidase　葡萄糖脑苷脂酶　03.0474
glucocerebroside　葡萄糖脑苷脂　07.0171

glucocorticoid 糖皮质激素 09.0093
glucocorticosteroid 糖皮质激素 09.0093
glucogenic amino acid 生糖氨基酸 02.0013
glucogenic and ketogenic amino acid *生糖生酮氨基酸 02.0014
glucokinase 葡萄糖激酶 03.0288
glucomannan 葡甘露聚糖 06.0225
gluconeogenesis 糖异生 10.0156
gluconic acid 葡萄糖酸 06.0101
gluconolactone 葡萄糖酸内酯 06.0102
glucosamine 葡萄糖胺，*氨基葡萄糖 06.0113
glucosaminoglycan 葡萄糖胺聚糖 06.0210
glucosan 葡聚糖 06.0190
glucose 葡萄糖 06.0065
glucose-alanine cycle 葡萄糖–丙氨酸循环 10.0235
glucose-dependent insulinotropic polypeptide *葡萄糖依赖性胰岛素释放肽 09.0159
glucose effect *葡萄糖效应 10.0115
glucose isomerase 葡萄糖异构酶 03.0660
glucose oxidase 葡萄糖氧化酶 03.0124
glucose-1-phosphate 葡萄糖-1-磷酸 10.0118
glucose-6-phosphate 葡萄糖-6-磷酸 10.0117
glucose-6-phosphate dehydrogenase 葡萄糖-6-磷酸脱氢酶 03.0118
glucose-6-phosphate isomerase 葡萄糖-6-磷酸异构酶 03.0661
glucose-regulated protein 75 *葡萄糖调节蛋白质 75 02.0674
glucose-regulated protein 78 *葡萄糖调节蛋白质 78 02.0324
glucose transporter 葡萄糖转运蛋白 02.0665
glucosidase 葡萄糖苷酶 03.0440
α-glucosidase α-葡萄糖苷酶 03.0441
β-glucosidase β-葡萄糖苷酶 03.0442
glucosylation 葡萄糖基化 06.0039
glucosylceramidase *葡萄糖苷神经酰胺酶 03.0474
glucosylceramide *葡萄糖苷神经酰胺 07.0171
glucosyltransferase 葡萄糖基转移酶 03.0362
glucuronate pathway 糖醛酸途径 10.0150
glucuronic acid 葡萄糖醛酸 06.0105
glucuronolactone 葡萄糖醛酸内酯 06.0107
glucuronyl 葡萄糖醛酸基 06.0108
glumitocin 软骨鱼催产素 09.0049
GLUT 葡萄糖转运蛋白 02.0665
glutamate dehydrogenase 谷氨酸脱氢酶 03.0135
glutamate racemase 谷氨酸消旋酶 03.0651
glutamate synthase 谷氨酸合酶 03.0136
glutamic acid 谷氨酸 02.0033
glutamic-oxaloacetic transaminase 谷草转氨酶 03.0285
glutamic-pyruvic transaminase 谷丙转氨酶 03.0286
glutaminase 谷氨酰胺酶 03.0581
glutamine 谷氨酰胺 02.0036
glutamine-rich domain 富含谷氨酰胺结构域 05.0501
glutamyl endopeptidase *谷氨酰内肽酶 03.0519
glutaredoxin 谷氧还蛋白 02.0708
glutathione 谷胱甘肽 02.0093
glutathione peroxidase 谷胱甘肽过氧化物酶 03.0176
glutathione reductase 谷胱甘肽还原酶 03.0158
glutathione S-transferase 谷胱甘肽 S-转移酶 02.0730
glutelin 谷蛋白 02.0227
glutenin 麦谷蛋白 02.0795
Gly 甘氨酸 02.0019
glycan 聚糖 06.0236
glycan-binding protein *糖结合蛋白质 02.0233
glycan-phosphatidyl inositol 聚糖磷脂酰肌醇 07.0151
glycation 糖化 06.0020
glycentin 活性肠高血糖素 09.0171
glyceraldehyde 甘油醛 06.0046
glyceraldehyde-3-phosphate 甘油醛-3-磷酸 10.0123
glyceraldehyde-3-phosphate dehydrogenase 甘油醛-3-磷酸脱氢酶 03.0126
glycerate pathway 甘油酸途径 10.0162
glycerate-2-phosphate 甘油酸-2-磷酸 10.0128
glycerate-3-phosphate 甘油酸-3-磷酸 10.0127
glyceric acid 甘油酸 10.0272
glyceride 甘油酯 07.0102
glycerin 甘油，*丙三醇 07.0101
glyceroglycolipid 甘油糖脂 07.0168
glycerol 甘油，*丙三醇 07.0101
glycerolipid 甘油脂质 07.0109
glycerol metabolism 甘油代谢 10.0174
glycerol-3-phosphate shuttle 甘油-3-磷酸穿梭 10.0087
glycerophosphate 甘油磷酸 07.0147
α-glycerophosphate cycle *α-甘油磷酸循环

10.0087
glycerophosphatide 甘油磷脂 07.0131
glycerophosphocholine *甘油磷酰胆碱 07.0133
glycerophosphoethanolamine *甘油磷酰乙醇胺 07.0134
glycerophosphoryl choline *甘油磷酰胆碱 07.0133
glycerophosphorylethanolamine *甘油磷酰乙醇胺 07.0134
glycinamide ribonucleotide 甘氨酰胺核糖核苷酸 10.0363
glycine 甘氨酸 02.0019
glycinin 大豆球蛋白 02.0790
glycobiology 糖生物学 01.0013
glycocalyx 糖萼，*多糖包被 06.0285
glycocholic acid 甘氨胆酸 10.0199
glycoconjugate 糖复合物，*糖缀合物，*糖复合体 06.0008
glycoform 糖形 06.0243
glycogen 糖原 06.0192
glycogenesis 糖原生成，*糖原合成 10.0154
glycogen α-1,6-glucanohydrolase *糖原 α-1,6-葡聚糖水解酶 03.0480
glycogenic amino acid 生糖氨基酸 02.0013
glycogenin 糖原蛋白 06.0194
glycogenolysis 糖原分解 10.0155
glycoglyceride *糖基甘油酯 07.0168
glycolaldehydetransferase *转羟乙醛[基]酶 03.0237
glycolipid 糖脂 07.0161
glycollic acid 乙醇酸 10.0290
glycolysis 糖酵解 10.0105
glycome 糖组 01.0071
glycomics 糖组学 01.0054
glycomimetic 拟糖[物] 06.0009
glycone 糖基 06.0031
glycopeptide 糖肽 06.0325
glycophorin 血型糖蛋白，*载糖蛋白 06.0256
glycoprotein 糖蛋白 02.0233
glycosamine 糖胺 06.0112
glycosaminoglycan 糖胺聚糖 06.0211
glycosaminoglycan-binding protein 糖胺聚糖结合蛋白质 06.0283
glycosidase 糖苷酶 03.0437
glycoside [糖]苷，*[糖]甙 06.0030
glycosidic bond 糖苷键 06.0034
glycosidic linkage 糖苷键 06.0034
α-glycosidic linkage α-糖苷键 06.0037
β-glycosidic linkage β-糖苷键 06.0038
glycosphingolipid 鞘糖脂 07.0162
glycosphingolipid ceramide deacylase *鞘糖脂神经酰胺脱酰基酶 03.0587
glycosylacylglycerol *糖基脂[肪]酰甘油 07.0168
glycosylation 糖基化 05.0425
glycosylphosphatidylinositol 糖基磷脂酰肌醇 06.0286
glycosylphosphatidylinositol-anchored protein 糖基磷脂酰肌醇锚定蛋白质，*GPI 锚定蛋白质 08.0080
glycosylsphingolipid 鞘糖脂 07.0162
glycosyltransferase 糖基转移酶 03.0269
glycotype 糖型 06.0244
glyoxylate 乙醛酸 10.0145
glyoxylate cycle 乙醛酸循环 10.0147
glyoxylate shunt *乙醛酸支路 10.0147
glyoxylic acid 乙醛酸 10.0145
glyoxysome 乙醛酸循环体 10.0148
glypiation 糖基磷脂酰肌醇化 06.0287
glypican 磷脂酰肌醇蛋白聚糖 06.0309
GMAP 甘丙肽信息相关肽 02.0137
GM counter 盖革–米勒计数器，*盖革计数器 11.0309
GM-CSF 粒细胞–巨噬细胞集落刺激因子 09.0223
GMO 遗传修饰生物体 11.0953
GMP 鸟苷一磷酸，*鸟一磷 04.0089
GnRH 促性腺激素释放素 09.0052
GnT *N*-乙酰葡萄糖胺转移酶，**N*-乙酰氨基葡萄糖转移酶 03.0270
GOGAT 谷氨酸合酶 03.0136
Goldberg-Hogness box *戈德堡–霍格内斯框 05.0519
golgin 高尔基体蛋白 02.0523
gonadal hormone 性激素 09.0102
gonadoliberin 促性腺激素释放素 09.0052
gonadotrophic hormone 促性腺激素 09.0037
gonadotropin 促性腺激素 09.0037
gonadotropin-releasing hormone 促性腺激素释放素 09.0052
GOT 谷草转氨酶 03.0285
GPC *凝胶渗透层析 11.0233
G6PD 葡萄糖-6-磷酸脱氢酶 03.0118
GPEA *甘油磷酰乙醇胺 07.0134
GPI 葡萄糖-6-磷酸异构酶 03.0661，糖基磷脂酰肌

醇　06.0286
G-PI　聚糖磷脂酰肌醇　07.0151
GPI-anchored protein　糖基磷脂酰肌醇锚定蛋白质，*GPI 锚定蛋白质　08.0080
G protein　G 蛋白，*鸟嘌呤核苷酸结合蛋白质　08.0301
G protein-adenylate cyclase pathway　G 蛋白-腺苷酸环化酶途径　08.0171
G protein-coupled receptor　G 蛋白偶联受体　08.0300
G protein-coupled receptor kinase　G 蛋白偶联受体激酶　03.0345
GPT　谷丙转氨酶　03.0286
G-quadruplex　G-四链体，*G-四联体　04.0163
G-quartet　G-四分体　04.0164
gradient centrifugation　梯度离心　11.0060
gradient electrophoresis　梯度电泳　11.0139
gradient elution　梯度洗脱　11.0170
gradient former　梯度形成器　11.0160
gradient gel electrophoresis　梯度凝胶电泳　11.0118
gramicidin　短杆菌肽　02.0211
grancalcin　颗粒钙蛋白　02.0605
granin　颗粒蛋白　02.0601
granuliberin　颗粒释放肽　02.0147
granulin　颗粒体蛋白　02.0604
granulocyte colony-stimulating factor　粒细胞集落刺激因子　09.0221
granulocyte-macrophage colony-stimulating factor　粒细胞-巨噬细胞集落刺激因子　09.0223
granzyme　颗粒酶　03.0538
granzyme A　颗粒酶 A　03.0539
granzyme B　颗粒酶 B　03.0540
grease　油脂　07.0105
Greek key motif　希腊钥匙模体　02.0899
green fluorescence protein　绿色荧光蛋白　11.0947
GRIF　*生长激素释放抑制因子　09.0065
gRNA　指导 RNA，*引导 RNA，*向导 RNA　05.0315
group-specific antigen protein　Gag 蛋白　05.0323
growing fork　*生长叉　05.0110
growth-associated protein 43　*生长相关蛋白质 43　02.0548
growth factor　生长因子　09.0225
growth hormone　生长激素，*促生长素　09.0034
growth hormone regulatory hormone　*生长激素调节激素　09.0063
growth hormone release inhibiting hormone　*生长激素抑制激素　09.0065
growth hormone release inhibitory factor　*生长激素释放抑制因子　09.0065
growth hormone releasing factor　*生长激素释放因子　09.0063
GRP　促胃液素释放肽　09.0163
GRP75　*葡萄糖调节蛋白质 75　02.0674
GRP78　*葡萄糖调节蛋白质 78　02.0324
G_s　刺激性 G 蛋白　08.0305
GSC　气固层析　11.0199
GSH　谷胱甘肽　02.0093
GSH-Px　谷胱甘肽过氧化物酶　03.0176
GST　谷胱甘肽 S-转移酶　02.0730
GT-AG rule　GT-AG 法则　05.0004
G-tetrad　G-四分体　04.0164
GTH　促性腺激素　09.0037
GTP　鸟苷三磷酸，*鸟三磷　04.0091
GTPase　鸟苷三磷酸酶　03.0329
GTPase-activating protein　GTP 酶激活蛋白质　02.0775
GTP-binding protein　*GTP 结合蛋白质　08.0301
GTP-GDP cycle　GTP-GDP 循环，*鸟三磷-鸟二磷循环　08.0307
guanasine tetraphosphate　鸟苷四磷酸　08.0223
guanidinoacetic acid　胍乙酸　10.0287
guanine　鸟嘌呤　04.0007
guanine nucleotide binding protein　G 蛋白，*鸟嘌呤核苷酸结合蛋白质　08.0301
guanine nucleotide dissociation inhibitor　鸟[嘌呤核]苷酸解离抑制蛋白　08.0312
guanine nucleotide exchange factor　鸟[嘌呤核]苷酸交换因子　08.0311
guanosine　鸟苷　04.0045
guanosine diphosphate　鸟苷二磷酸，*鸟二磷　04.0090
guanosine monophosphate　鸟苷一磷酸，*鸟一磷　04.0089
guanosine pentaphosphate　鸟苷五磷酸　08.0222
guanosine triphosphatase　鸟苷三磷酸酶　03.0329
guanosine triphosphate　鸟苷三磷酸，*鸟三磷　04.0091
guanylic acid　鸟苷酸　04.0088
guanylin　鸟苷肽　02.0172

guide RNA　指导 RNA，*引导 RNA，*向导 RNA　05.0315
guide sequence　指导序列　05.0316
gustin　味[多]肽　02.0129
GWAS　全基因组关联分析　11.0632
GWLS　*全基因组定位分析　11.0638
gynocardic acid　大枫子酸　07.0055
gypsophilin　丝石竹毒蛋白　02.0832

H

H　组氨酸　02.0032
HA　血凝素，*血细胞凝集素，*红细胞凝集素　06.0278，羟基磷灰石　11.1018
haemocyanin　血蓝蛋白　02.0371
haemoglobin　血红蛋白　02.0357
β hairpin　*β 发夹　02.0884
hairpin structure　*发夹结构　04.0286
halogenation　卤化　07.0017
HAP　组氨酸–天冬氨酸连续磷酸化传递　08.0233，羟基磷灰石　11.1018
haptoglobin　触珠蛋白，*结合珠蛋白　02.0336
HAT　组蛋白乙酰转移酶　03.0257
HAT medium　HAT 培养基　11.0965
Haworth projection　哈沃斯投影式　06.0014
Hb　血红蛋白　02.0357
HB-EGF　肝素结合表皮生长因子，*肝素结合性表皮生长因子样生长因子　09.0231
HCG　人绒毛膜促性腺激素　09.0042
HD　同源异形结构域　05.0484
HDA　解旋酶依赖性扩增　11.0569
HDL　高密度脂蛋白　02.0378
HDL-C　高密度脂蛋白胆固醇　07.0215
HDP　螺旋去稳定蛋白质　02.0670
HDR　同源定向修复　05.0212
HDX-MS　氢氘交换质谱法　11.0453
heating value　*热值　10.0084
heat shock gene　热激基因，*热休克基因　05.0038
heat shock protein　热激蛋白质，*热休克蛋白质　02.0262
HECT domain　HECT 结构域　08.0266
Hedgehog signaling　Hedgehog 信号传递　08.0177
helical structure　螺旋结构　01.0148
helicase　解旋酶　03.0674
helicase-dependent amplification　解旋酶依赖性扩增　11.0569
helicity　螺旋度　01.0150
helicorubin　蠕虫血红蛋白　02.0363
α helix　α 螺旋　02.0876
β helix　β 螺旋　02.0877
helix bundle　螺旋束　02.0890
helix-destabilizing protein　螺旋去稳定蛋白质　02.0670
helix-loop-helix motif　螺旋–环–螺旋模体　02.0894
helix parameter　螺旋参数　01.0151
help bacteriophage　辅助噬菌体　11.0751
helper phage　辅助噬菌体　11.0751
help virus　辅助病毒　11.0757
hemagglutinin　血凝素，*血细胞凝集素，*红细胞凝集素　06.0278
hematin　高铁血红素　10.0325
hematopoietic growth factor　造血生长因子　09.0240
heme　血红素　10.0321
hemerythrin　蚯蚓血红蛋白　02.0362
hemiacetal　半缩醛　06.0021
hemicellulose　半纤维素　06.0178
hemiketal　半缩酮　06.0023
hemi-nested PCR　半巢式聚合酶链反应，*半巢式 PCR　11.0541
hemochromoprotein　血色蛋白　02.0366
hemocyanin　血蓝蛋白　02.0371
hemoflavoprotein　血红素黄素蛋白　02.0368
hemoglobin　血红蛋白　02.0357
hemopexin　血色素结合蛋白　02.0367
hemopoietic growth factor　造血生长因子　09.0240
hemoporphyrin　血卟啉　10.0324
hemoprotein　血红素蛋白　02.0356
hemosiderin　血铁黄素蛋白，*含铁血黄素　02.0370
heparan sulfate　硫酸乙酰肝素，*硫酸类肝素　06.0217
heparan sulfate proteoglycan　硫酸乙酰肝素蛋白聚糖　06.0308
heparin　肝素　06.0216
heparin-binding EGF　肝素结合表皮生长因子，*肝素结合性表皮生长因子样生长因子　09.0231

heparin-binding epidermal growth factor-like growth factor 肝素结合表皮生长因子，*肝素结合性表皮生长因子样生长因子 09.0231
hepatocyte growth factor 肝细胞生长因子 09.0241
hepatoglobulin 肝球蛋白 02.0312
heptaose 七糖 06.0164
heptose 庚糖，*七碳糖 06.0074
herculin 力蛋白 02.0492
heregulin 调蛋白 02.0784
HETE *三羟二十碳四烯酸 07.0083
heterdimer 异二聚体 02.0912
heteroduplex 异源双链体 11.0506
heteroduplex analysis 异源双链体分析 11.0508
heterogeneity 不均一性，*非均一性 01.0222
heterogeneous nuclear RNA 核不均一RNA，*核内异质RNA 04.0256
heterolipid 复合脂质 07.0004
heterologous adaptation 异源适应 08.0196
heterologous desensitization 异源脱敏 08.0186
heterologous gene 异源基因 05.0040
heterologous translational system 异源翻译系统 11.0843
heterology 异源性 01.0164
heterophil antigen 嗜异性抗原 06.0288
heteropolysaccharide 杂多糖，*不均一多糖 06.0169
heterotrimeric G protein 异三聚体G蛋白 08.0302
heterotrophy 异养 10.0042
heterotropic effect 异促效应 01.0235
heterotypic polyubiquitination 异型多聚泛素化 05.0436
hexaose 六糖 06.0163
hexosamine 已糖胺 06.0073
hexosaminidase 氨基己糖苷酶 03.0477
hexosan 己聚糖 06.0182
hexose 己糖，*六碳糖 06.0060
hexose monophosphate shunt *己糖磷酸支路，*磷酸己糖旁路 10.0149
hexulose 己酮糖 06.0062
2-HG 2-羟基戊二酸 10.0018
HGF 肝细胞生长因子 09.0241
HGP 人类基因组计划 01.0077
HGPRT 次黄嘌呤-鸟嘌呤磷酸核糖基转移酶 03.0278
HIC *疏水相互作用层析 11.0239
HIF 低氧诱导因子，*缺氧诱导因子 09.0261
high-density lipoprotein 高密度脂蛋白 02.0378
high-density lipoprotein cholesterol 高密度脂蛋白胆固醇 07.0215
high-density oligonucleotide SNP array 高密度寡核苷酸单核苷酸多态性阵列 11.0987
high-energy bond 高能键 10.0065
high-energy phosphate bond 高能磷酸键 10.0066
high-energy phosphate compound 高能磷酸化合物 10.0067
highly repetitive DNA 高度重复DNA 04.0210
highly repetitive sequence 高度重复序列 05.0018
high-mannose oligosaccharide 高甘露糖型寡糖 06.0239
high-mobility group protein 高迁移率组蛋白质，*高速泳动簇蛋白质 02.0650
high-performance affinity chromatography 高效亲和层析 11.0241
high-performance liquid chromatography 高效液相层析 11.0201
high-pressure liquid chromatography *高压液相层析 11.0201
high-resolution melting analysis 高分辨率解链[曲线]分析，*高分辨率熔解[曲线]分析 11.0852
high-speed centrifugation 高速离心 11.0050
high-throughput capillary electrophoresis 高通量毛细管电泳 11.0135
high-throughput sequencing 高通量测序 11.0608
high-voltage electron microscope 高压电子显微镜 11.0447
high-voltage electrophoresis 高压电泳 11.0128
Hill equation 希尔方程 11.0336
Hill plotting 希尔作图 11.0337
hippocalcin 海马钙结合蛋白 02.0616
hippuric acid 马尿酸 10.0271
hirudin 水蛭素 02.0180
His 组氨酸 02.0032
hisactophilin 富组亲动蛋白 02.0502
his operon 组氨酸操纵子 05.0542
histamine 组胺 10.0252
histidine 组氨酸 02.0032
histidine-tag 组氨酸标签 11.0836
histidinol 组氨醇 10.0253
histidyl-aspartyl phosphorelay 组氨酸-天冬氨酸连续磷酸化传递 08.0233

histone 组蛋白 02.0230
histone acetyltransferase 组蛋白乙酰转移酶 03.0257
H^+/K^+-exchanging ATPase 氢钾 ATP 酶 03.0711
HLH motif 螺旋–环–螺旋模体 02.0894
HLPG *透明质酸和凝集素结合的调制蛋白聚糖 06.0305
HMG 人绝经期促性腺激素 09.0041
HMG-CoA 羟甲基戊二[酸单]酰辅酶 A 10.0180
HMG-CoA lyase 羟甲基戊二[酸单]酰辅酶 A 裂合酶 03.0621
HMG-CoA reductase 羟甲基戊二[酸单]酰辅酶 A 还原酶 03.0128
HMG-CoA synthase 羟甲基戊二[酸单]酰辅酶 A 合酶 03.0267
HMG protein 高迁移率组蛋白质，*高速泳动簇蛋白质 02.0650
hnRNA 核不均一 RNA，*核内异质 RNA 04.0256
H_2O_2 过氧化氢 10.0062
holoenzyme 全酶 03.0020
holoprotein 全蛋白质 02.0241
homeobox 同源异形框 05.0482
homeobox gene 同源异形基因，*Hox 基因 05.0483
homeodomain 同源异形结构域 05.0484
homeodomain protein *同源异形结构域蛋白质 02.0568
homeoprotein 同源异形蛋白质 02.0568
homeotic gene 同源异形基因，*Hox 基因 05.0483
homing intein 归巢内含肽 02.0076
homing receptor 归巢受体 08.0326
homoarginine 高精氨酸 02.0050
homochromatography 同系层析 11.0236
homocysteine 高半胱氨酸 02.0051
homocystine 高胱氨酸 02.0052
homodimer 同二聚体 02.0911
homoduplex 同源双链体 11.0507
homogeneity 均一性 01.0221
homogenizer 匀浆器 11.0005
homogentisic acid 尿黑酸 10.0300
homoisoleucine 高异亮氨酸 02.0055
homolipid 简单脂质，*单脂，*单纯脂质 07.0003
homolog 同源物 01.0165，同系物 01.0166
homologous adaptation 同源适应 08.0195
homologous desensitization 同源脱敏 08.0185
homologous gene 同源基因 05.0041
homologous protein 同源蛋白质 02.0252
homologous recombination 同源重组 05.0226
homology 同源性 01.0163
homology-directed repair 同源定向修复 05.0212
homopolymeric tailing 同聚物加尾 11.0838
homopolysaccharide 同多糖，*均一多糖 06.0166
homoserine 高丝氨酸 02.0053
homotropic effect 同促效应 01.0234
homotypic polyubiquitination 同型多聚泛素化 05.0435
Hoogsteen base pairing 胡斯坦碱基配对 04.0030
Hopp-Woods analysis 霍普–伍兹分析 11.0358
hordein 大麦醇溶蛋白 02.0797
hormonal signaling *激素信号传递 08.0152
hormone 激素 09.0001
hormone conjugate 激素缀合物，*激素结合物 09.0021
hormone receptor 激素受体 09.0190
hormone response element 激素应答元件 09.0191
hormonogen 激素原 09.0016
hormonogenesis 激素生成 09.0023
hormonoprivia 激素缺乏症 09.0024
hormonosis 激素过多症 09.0025
horseradish peroxidase 辣根过氧化物酶 03.0172
hot start PCR 热启动聚合酶链反应 11.0535
housekeeping gene 持家基因，*管家基因 05.0034
Hox 同源异形框 05.0482
Hox gene 同源异形基因，*Hox 基因 05.0483
HPAC 高效亲和层析 11.0241
HPLC 高效液相层析，*高压液相层析 11.0201
HPP 人类蛋白质组计划 01.0078
HRCA *超分支滚环扩增 11.0567
HRE 激素应答元件 09.0191
HRG 调蛋白 02.0784
HRM analysis 高分辨率解链[曲线]分析，*高分辨率熔解[曲线]分析 11.0852
HRP 辣根过氧化物酶 03.0172
HSA 人血清清蛋白，*人血清白蛋白 02.0274
Hsp 热激蛋白质，*热休克蛋白质 02.0262
HSPG 硫酸乙酰肝素蛋白聚糖 06.0308
5-HT 5-羟色胺 10.0261
5-HT receptor 5-羟色胺受体 08.0298
human chorionic gonadotropin 人绒毛膜促性腺激素 09.0042
Human Genome Project 人类基因组计划 01.0077

human menopausal gonadotrophin　人绝经期促性腺激素　09.0041
human menopausal gonadotropin　人绝经期促性腺激素　09.0041
human metagenomics　人类宏基因组学　01.0037
Human Proteome Project　人类蛋白质组计划　01.0078
human serum albumin　人血清清蛋白，*人血清白蛋白　02.0274
humoral factor　体液因子　08.0206
huntingtin　亨廷顿蛋白　02.0611
HVEM　高压电子显微镜　11.0447
hyalectan　透凝蛋白聚糖　06.0305
hyaluronan　透明质酸　06.0212
hyaluronan and lectin-binding modular proteoglycan　*透明质酸和凝集素结合的调制蛋白聚糖　06.0305
hyaluronic acid　透明质酸　06.0212
hyaluronidase　透明质酸酶　03.0473
hybrid　杂交体　04.0317
hybridization　杂交　11.0456
hybridization probe　杂交探针　11.0517
hybridization stringency　杂交严格性　11.0468
hybrid nucleic acid　杂交核酸　04.0315
hybrid oligosaccharide　杂合型寡糖　06.0241
hybrid promoter　杂合启动子　11.0839
hydratase　水合酶　03.0736
hydrazinolysis　肼解　11.0256
hydrocortisone　*氢化可的松　09.0095
hydrogenase　氢化酶　03.0180
hydrogenation　氢化　07.0016
hydrogen bond　氢键　01.0111
hydrogen-deuterium exchange　氢氘交换　11.0455
hydrogen-deuterium exchange mass spectrometry　氢氘交换质谱法　11.0453
hydrogen peroxide　过氧化氢　10.0062
hydrogen/potassium ATPase　氢钾 ATP 酶　03.0711
hydrolase　水解酶　03.0367
hydrolysis　水解　01.0122
hydrolysis probe　水解探针　11.0524
hydrolytic enzyme　水解酶　03.0367
hydropathy index　亲水指数　02.0914
hydrophilic amino acid residue　亲水氨基酸残基　02.0081
hydrophilic interaction　亲水[相互]作用　01.0115
hydrophilicity　亲水性　01.0185
hydrophilicity plot　亲水性分布图　02.0915
hydrophobic amino acid residue　疏水氨基酸残基　02.0082
hydrophobic chromatography　疏水层析　11.0239
hydrophobic collapse　疏水性塌陷，*疏水性塌缩　02.0906
hydrophobic effect　疏水效应　01.0114
hydrophobic interaction chromatography　*疏水相互作用层析　11.0239
hydrophobicity　疏水性　01.0186
hydroxyapatite　羟基磷灰石　11.1018
β-hydroxybutyric acid　β-羟丁酸　10.0186
25-hydroxycholecalciferol　25-羟胆钙化醇　09.0350
24-hydroxycholesterol　24-羟基胆固醇　07.0211
25-hydroxycholesterol　25-羟基胆固醇　07.0212
27-hydroxycholesterol　27-羟基胆固醇　07.0213
12-hydroxy-*cis*-9-octadecenoic acid　*12-羟基-顺-9-十八碳烯酸　07.0079
2- hydroxy-*cis*-15-tetracosenoic acid　*2-羟基-顺-15-二十四碳烯酸　07.0092
hydroxycorticosteroid　羟皮质类固醇　09.0092
17-hydroxycorticosterone　*17-羟皮质酮　09.0095
17-hydroxy-11-dehydrocorticosterone　*17-羟-11-脱氢皮质酮　09.0096
20-hydroxyecdysterone　*20-羟基蜕皮甾酮　09.0293
3-hydroxyeicosatetraenoic acid　*三羟二十碳四烯酸　07.0083
2-hydroxyglutarate　2-羟基戊二酸　10.0018
hydroxylamine reductase　羟胺还原酶　03.0150
hydroxylase　羟化酶　03.0212
hydroxylation　羟基化　05.0422
hydroxyl radical　羟自由基　10.0059
hydroxylysine　羟赖氨酸　02.0042
5-hydroxymethyl-cytosine　5-羟甲基胞嘧啶　04.0020
hydroxymethylglutaryl-CoA lyase　羟甲基戊二[酸单]酰辅酶 A 裂合酶　03.0621
hydroxymethylglutaryl-CoA reductase　羟甲基戊二[酸单]酰辅酶 A 还原酶　03.0128
hydroxymethylglutaryl-CoA synthase　羟甲基戊二[酸单]酰辅酶 A 合酶　03.0267
hydroxymethylglutaryl coenzyme A　羟甲基戊二[酸单]酰辅酶 A　10.0180
hydroxymethyltransferase　羟甲基转移酶　03.0230
hydroxynervonic acid　羟基神经酸　07.0092

I

immune checkpoint　免疫检查点　08.0390
immunoadsorption　免疫吸附　11.0316
immunoaffinity chromatography　免疫亲和层析　11.0245
immunoassay　免疫分析，*免疫测定　11.0322
immunoblotting　*免疫印迹法　11.0481
immunochemiluminometry　免疫化学发光分析　11.0330
immunodiffusion　免疫扩散　11.0352
immunoelectron microscopy　免疫电镜术　11.0448
immunoelectrophoresis　免疫电泳　11.0147
immunoferritin technique　免疫铁蛋白技术　11.0353
immunofluorescence microscopy　免疫荧光显微术　11.0449
immunofluorescent labeling　免疫荧光标记　11.0395
immunofluorescent technique　免疫荧光技术　11.0351
immunoglobulin　免疫球蛋白　02.0295
immunoglobulin A　免疫球蛋白 A　02.0297
immunoglobulin binding protein　免疫球蛋白结合蛋白质　02.0323
immunoglobulin D　免疫球蛋白 D　02.0298
immunoglobulin E　免疫球蛋白 E　02.0299
immunoglobulin G　免疫球蛋白 G　02.0296
immunoglobulin heavy chain-binding protein　免疫球蛋白重链结合蛋白质　02.0324
immunoglobulin M　免疫球蛋白 M　02.0300
immunological reaction　免疫反应　01.0252
immunophilin　免疫亲和蛋白，*免疫亲和素，*免疫嗜素　02.0339
immunoprecipitation　免疫沉淀　11.0343
immunoscreening　免疫筛选　11.0350
i-motif　插入模体，*i-模体　04.0186
i-motif DNA　插入模体 DNA，*i-模体 DNA　04.0187
IMP　肌苷一磷酸　04.0114
IMSA　等温多自配引发扩增，*多引物自配引发等温扩增　11.0577
inactivation　失活　01.0176
inclusion body　包涵体　11.0755
incretin　肠降血糖素，*肠促胰岛素　09.0156
ρ-independent termination　不依赖 ρ 因子的终止反应　05.0250
indirect bilirubin　*间接胆红素　10.0329
indirect immunofluorescent technique　*间接免疫荧光技术　11.0351
indole-3-acetic acid　吲哚乙酸，*吲哚-3-乙酸　09.0310
indole glycerol phosphate synthase　吲哚甘油磷酸合酶　03.0614
induced-fit theory　诱导契合学说　03.0060
inducible enzyme　诱导酶　03.0731
inducible expression　诱导型表达　05.0466
inducible expression vector　诱导型表达载体　11.0725
inducible gene　可诱导基因　05.0467
inducible promoter　诱导型启动子　05.0528
induction　诱导　05.0468
infection　感染　11.0788
inflammasome　炎症小体　08.0369
in-frame start codon　框内起始密码子　05.0349
in-frame stop codon　框内终止密码子　05.0350
infrared spectrometry　红外光谱法　11.0291
infrared spectrophotometry　*红外分光光度法　11.0291
INH　抑制素　09.0068
inhibin　抑制素　09.0068
inhibiting gene　*抑制基因　05.0566
inhibiting hormone　抑制激素　09.0067
inhibition　抑制　01.0236
inhibitor-κ binding protein　核因子 κB 抑制蛋白，*IκB 蛋白，*NF-κB 抑制蛋白　08.0360
inhibitor of apoptosis protein　凋亡抑制蛋白　02.0770
inhibitory amino acid　抑制性氨基酸　02.0016
inhibitory cell surface receptor　抑制性细胞表面受体　08.0321
inhibitory G protein　抑制性 G 蛋白　08.0304
initiation codon　起始密码子　05.0335
initiator　起始子　05.0523
initiator tRNA　起始 tRNA，*起始转运核糖核酸　05.0380
in-line probing　线性探针分析　11.0855
innate immune signaling　固有免疫信号传递　08.0175
inner nuclear membrane　内核膜　08.0005
inner volume　内水体积　11.0176
inorganic diphosphatase　无机二磷酸酶　03.0599
inosine　肌苷　04.0061
inosine diphosphate　肌苷二磷酸　04.0115
inosine monophosphate　肌苷一磷酸　04.0114
inosine nucleosidase　肌苷核苷酶　03.0487

inosine triphosphate　肌苷三磷酸　04.0116
inosinic acid　肌苷酸，*次黄嘌呤核苷酸　04.0113
inositol　肌醇　07.0137
inositol hexaphosphate　*肌醇六磷酸　07.0139
inositol monophosphatase　肌醇单磷酸酶　03.0398
inositol phosphate　肌醇磷酸　07.0138
inositol triphosphate　肌醇三磷酸　10.0210
insect hormone　昆虫激素　09.0287
insert　插入片段　05.0195
insertion　插入　05.0194
insertional inactivation　插入失活　11.0802
insertional mutation　插入突变　11.0803
insertion element　插入元件　05.0196
insertion sequence　*插入序列　05.0196
insertion vector　插入型载体　11.0731
inside out　内翻外　08.0034
inside-out regulation　由内向外调节　08.0190
inside-out signaling　由内向外信号传递　08.0156
in situ hybridization　原位杂交　11.0458
in situ PCR　原位聚合酶链反应，*原位 PCR　11.0528
in situ synthesis　原位合成　11.0988
in-solution capture　液相捕获　11.0861
insulator　绝缘子　05.0546
insulin　胰岛素　09.0173
insulin-like growth factor　胰岛素样生长因子　09.0132
insulin-like peptide　胰岛素样肽　09.0131
insulinotropin　促胰岛素，*胰岛素调理素　09.0174
insulin receptor　胰岛素受体　08.0337
insulin receptor substrate　胰岛素受体底物　08.0296
integral membrane protein　膜整合蛋白质，*整合膜蛋白质　08.0078
integrase　整合酶　03.0737
integrin　整联蛋白　02.0587
intein　内含肽，*蛋白质内含子　02.0074
intensifying screen　增感屏　11.0301
interactome　相互作用组，*相互作用物组　01.0072
interactomics　相互作用组学　01.0053
intercalated-motif　插入模体，*i-模体　04.0186
intercalated-motif DNA　插入模体 DNA，*i-模体 DNA　04.0187
intercellular communication　细胞间通信　08.0147
intercistronic region　顺反子间区　05.0370
interferon　干扰素　09.0206
intergenic recombination　基因间重组　05.0083
intergenic region　基因间区，*IG 区　05.0013
intergenic suppression　基因间阻抑　05.0084
interleukin　白[细胞]介素　09.0204
interleukin-1 receptor-associated kinase　白介素-1 受体相关激酶　08.0387
intermediary metabolism　中间代谢　10.0005
intermediate filament-associated protein　中间丝结合蛋白质　02.0409
intermediate filament protein　中间丝蛋白质，*中间纤维蛋白质　02.0408
intermembrane space　膜间隙　08.0013
intermolecular force　分子间力　01.0113
internalization　内化　08.0132
internal mixed-function oxidase　*内混合功能氧化酶　03.0185
internal monooxygenase　*内单加氧酶　03.0185
internal promoter　*内部启动子　05.0524
internal transcribed spacer　内在转录间隔区　05.0556
interrupted gene　断裂基因，*割裂基因　05.0009
intersectin　交叉蛋白　02.0529
interspersed repeat sequence　散在重复序列，*散布重复序列　05.0017
interstitial deletion　*中间缺失　05.0199
inter-α-trypsin inhibitor　*间 α-胰蛋白酶抑制剂　03.0770
intervening sequence　间插序列，*插入顺序，*居间序列　05.0264
intestinal trefoil factor　*肠三叶因子　02.0171
intracellular domain　*胞内结构域　08.0243
intracellular receptor　*细胞内受体　08.0317
intracellullar communication　细胞内通信　08.0148
intracrine　胞内分泌　09.0026
intracrine signaling　胞内分泌信号传递　08.0155
intragenic promoter　基因内启动子　05.0524
intragenic suppression　基因内阻抑　05.0085
intramembrane protease　膜内蛋白酶　08.0356
intrinsic membrane protein　*膜内在蛋白质，*内在膜蛋白质　08.0078
intrinsic terminator　内在终止子　05.0251
intron　内含子　05.0258
intron branch point　内含子分支点　05.0281
intron definition　内含子界定　05.0261
intron homing　内含子归巢　05.0260

J

K

katanin 剑蛋白，*微管剪切蛋白 02.0437
kaurene 贝壳杉烯 07.0194
kb 千碱基 04.0037
kbp 千碱基对 04.0035
K_{cat} irreversible inhibitor *K_{cat}型不可逆抑制剂 03.0102
KDEL receptor KDEL 受体 08.0091
KDN *2-酮基-3-脱氧-D-甘油-D-半乳酸壬酸 06.0122
KDO *2-酮基-3-脱氧辛酮酸 06.0081
kemptide 肯普肽 02.0097
KEN box KEN 框 08.0254
kentsin 肯特肽，*避孕四肽 02.0096
kerasin *角苷脂 07.0171
keratan sulfate 硫酸角质素 06.0213
keratin 角蛋白 02.0393
keratinocyte growth factor 角质细胞生长因子 09.0235
keratocan 角蛋白聚糖 06.0318
ketal 缩酮 06.0024
α-keto acid α-酮酸 10.0270
ketoacyl-CoA 酮脂[肪]酰辅酶 A 10.0182
ketoacyl-coenzyme A 酮脂[肪]酰辅酶 A 10.0182
α-ketobutyric acid α-酮丁酸 10.0274
2-keto-3-deoxy-D-glycero-D-galactononic acid *2-酮基-3-脱氧-D-甘油-D-半乳酸壬酸 06.0122
2-keto-3-deoxyoctonate *2-酮基-3-脱氧辛酮酸 06.0081
keto-enol tautomerism 酮–烯醇互变异构 10.0095
ketogenesis 生酮作用 10.0183
ketogenic amino acid 生酮氨基酸 02.0012
ketogenic and glucogenic amino acid 生酮生糖氨基酸 02.0014
ketogenic hormone 生酮激素 09.0180
α-ketoglutaric acid α-酮戊二酸 10.0139
ketohexose 己酮糖 06.0062
ketone body 酮体 10.0184
ketose 酮糖 06.0007
17-ketosteroid 17-酮类固醇 09.0109
β-ketothiolase *β-酮硫解酶 03.0249
kexin 可辛蛋白酶 03.0532
kex2 protease 可辛蛋白酶 03.0532
KGF 角质细胞生长因子 09.0235
kilobase 千碱基 04.0037
kilobase pair 千碱基对 04.0035
kinase 激酶 03.0331
kinectin 驱动蛋白结合蛋白 02.0507
kinesin 驱动蛋白 02.0506
kinetics of enzyme-catalyzed reaction 酶促反应动力学 03.0066
kinetoplast DNA 动质体 DNA 04.0203
kinin 激肽 09.0197
kininase 激肽酶 03.0502
kininase Ⅰ 激肽酶Ⅰ 03.0503
kininase Ⅱ 激肽酶Ⅱ 03.0504
kininogen 激肽原 09.0198
kininogenase *激肽原酶 03.0520
Kjeldahl determination 凯氏定氮法 11.0253
Kjeldahl method 凯氏定氮法 11.0253
Klenow enzyme 克列诺酶 03.0318
Klenow fragment *克列诺片段 03.0318
Klenow polymerase *克列诺聚合酶 03.0318
KNF model *KNF 模型 03.0105
Koshland-Nemethy-Filmer model *KNF 模型 03.0105
Kozak consensus sequence 科扎克共有序列 05.0351
Krebs cycle *克雷布斯循环 10.0134
Kringle domain 三环结构域 02.0903
Kunitz trypsin inhibitor *库尼茨胰蛋白酶抑制剂 03.0769
kynurenic acid 犬尿酸 10.0264
kynurenine 犬尿酸原 10.0263

L

L 亮氨酸 02.0022
label 标记 11.0389
label-free nucleic acid quantitation 非标记核酸定量技术，*免标记核酸定量技术 11.0413
label-free quantitation 非标记定量技术，*免标记定量技术 11.0412
labeling 标记 11.0389
label quantitative technique 标记定量技术 11.0407
lab on a chip *芯片实验室 11.0997
laboratory evolution *实验室进化 11.0969

lac operon　乳糖操纵子　05.0539
lactalbumin　乳清蛋白，*乳白蛋白　02.0279
β-lactamase　β-内酰胺酶　03.0591
lactase　乳糖酶　03.0483
lactate dehydrogenase　乳酸脱氢酶　03.0116
lactic acid　乳酸，*α-羟基丙酸　10.0132
lactic acid fermentation　*乳酸发酵　10.0108
lactoalbumin　乳清蛋白，*乳白蛋白　02.0279
lactobacillic acid　乳杆菌酸　07.0047
lactobionic acid　乳糖酸　06.0103
lactoferrin　乳铁蛋白　02.0715
lactoglobulin　乳球蛋白　02.0301
β-lactoglobulin　β-乳球蛋白　02.0302
lactone　内酯　10.0096
lactoperoxidase　乳过氧化物酶　03.0173
lactopontin　乳桥蛋白　02.0446
lactosaminoglycan　乳糖胺聚糖　06.0222
lactose　乳糖　06.0136
lacto-series　乳糖系列　07.0163
lactotransferrin　*乳运铁蛋白　02.0715
lactotropin　催乳素，*促乳素　09.0040
lagging strand　后随链　05.0119
LamB protein　麦芽糖孔蛋白　02.0848
lamin　核[纤]层蛋白，*核膜层蛋白　02.0648
laminaran　昆布多糖，*海带多糖　06.0196
laminaribiose　昆布二糖，*海带二糖　06.0147
laminarin　昆布多糖，*海带多糖　06.0196
laminarinase　昆布多糖酶　03.0456
laminariose　*昆布糖　06.0147
laminin　层粘连蛋白　02.0741
LAMP　环介导等温扩增　11.0560
lane　泳道　11.0073
lanoceric acid　羊毛蜡酸　07.0096
lanocerin　羊毛蜡　07.0238
lanolin　羊毛脂　07.0239
lanopalmitic acid　羊毛棕榈酸，*羊毛软脂酸　07.0061
lanosterin　羊毛固醇　07.0218
lanosterol　羊毛固醇　07.0218
lanthionine　羊毛硫氨酸　02.0065
lanthiopeptin　羊毛硫肽　02.0196
lantibiotic　羊毛硫细菌素　02.0197
LAR　白细胞共同抗原相关蛋白质　02.0724，*连接扩增反应　11.0581
large ribosomal subunit　核糖体大亚基　04.0277
lariat intermediate　*套索中间体　05.0285
lariat RNA　套索 RNA　05.0285
laser Raman spectrometry　激光拉曼光谱法　11.0273
laser stimulated Raman scattering　激光增强拉曼散射　11.0274
lauric acid　月桂酸　07.0053
laurin　月桂酸甘油酯，*月桂精　07.0115
LC　液相层析　11.0200
LCAT　卵磷脂胆固醇酰基转移酶　03.0255
LCR　基因座控制区　05.0550，连接酶链反应　11.0581
LDCF　淋巴细胞源性趋化因子　09.0210
LDH　乳酸脱氢酶　03.0116
LDL　低密度脂蛋白　02.0377
LDL-C　低密度脂蛋白胆固醇　07.0216
LDLR　低密度脂蛋白受体　02.0382
LDL receptor　低密度脂蛋白受体　02.0382
leader　前导序列　01.0141
leader peptidase　*前导肽酶　03.0543
leader peptide　*前导肽　02.0072
leader sequence　前导序列　01.0141
leading ion　先导离子，*前导离子　11.0093
leading strand　前导链　05.0118
lecithin　*卵磷脂　07.0133
lecithin-cholesterol acyltransferase　卵磷脂胆固醇酰基转移酶　03.0255
lectin　凝集素　06.0265
lectin affinity chromatography　凝集素亲和层析　11.0244
lectinophagocytosis　凝集素吞噬　08.0388
left hand helix　左手螺旋　04.0147
leghemoglobin　豆血红蛋白　02.0360
legumelin　豆清蛋白　02.0288
legumin　豆球蛋白　02.0791
LEIA　发光酶免疫分析，*发光酶免疫测定　11.0332
LEK　亮氨酸脑啡肽　02.0104
lentinan　香菇多糖　06.0204
lentivirus vector　慢病毒载体　11.0756
leptin　瘦素，*瘦蛋白　09.0136
lethal gene　致死基因　05.0051
Leu　亮氨酸　02.0022
leucine　亮氨酸　02.0022
leucine enkephalin　亮氨酸脑啡肽　02.0104
leucine-rich repeat domain　富含亮氨酸重复序列结

构域，*LRR 结构域　08.0268
leucine zipper　亮氨酸拉链　02.0896
leucoagglutinin　白细胞凝集素　06.0279
leucokinin　蜚蠊激肽　09.0300
leucolysin　白细胞溶素　02.0870
leucopyrokinin　蜚蠊焦激肽　09.0301
leucosin　麦清蛋白　02.0287
Leu-enkephalin　亮氨酸脑啡肽　02.0104
leukemia inhibitory factor　白血病抑制因子　09.0262
leukocyte common antigen-related protein　白细胞共同抗原相关蛋白质　02.0724
leukocyte elastase　白细胞弹性蛋白酶　03.0529
leukocyte migration inhibitory factor　白细胞移动抑制因子　09.0208
leukosialin　*白唾液酸蛋白　06.0262
leukotriene　白三烯　09.0188
leupeptin　亮抑蛋白酶肽　03.0771
levan　果聚糖　06.0223
levoisomer　左旋异构体　01.0207
levulose　左旋糖　06.0064
Lewis antigen　*路易斯抗原　06.0324
Lewis blood group substance　路易斯血型物质　06.0324
L-glycero-D-mannoheptose　L-甘油-D-甘露庚糖　06.0076
L-glycero-D-mannooctulose　L-甘油-D-甘露辛酮糖　06.0080
LH　促黄体素，*黄体生成素　09.0039
LHC　集光复合体　02.0807
LHC-BS　液相杂交捕获重亚硫酸盐测序　11.0644
LHCP　集光叶绿素蛋白质　02.0808
LHRF　*促黄体素释放因子　09.0061
LHRH　促黄体素释放素　09.0061
LIA　发光免疫分析，*发光免疫测定　11.0326
liberin　释放[激]素　09.0057
library　文库　11.0819
lichenan　地衣多糖，*地衣淀粉，*地衣胶　06.0205
lichenin　地衣多糖，*地衣淀粉，*地衣胶　06.0205
licopin　番茄红素　09.0339
LIF　白细胞移动抑制因子　09.0208，白血病抑制因子　09.0262
life science　生命科学　01.0015
ligand　配体　01.0093
ligand bias　配体偏倚　08.0345
ligand-binding pocket　配体结合口袋　08.0341
ligand blotting　配体印迹法　11.0491
ligand exchange chromatography　配体交换层析　11.0230
ligand-gated ion channel　配体门控离子通道　08.0045
ligand-gated receptor　*配体门控受体　08.0297
ligand-induced dimerization　配体诱导二聚化　08.0339
ligand-induced endocytosis　配体诱导胞吞　08.0342
ligand-induced internalization　配体诱导内化　08.0343
ligand-ligand interaction　配体–配体相互作用　08.0344
ligand presentation　配体提呈　08.0340
ligase　连接酶　03.0677
ligase chain reaction　连接酶链反应　11.0581
ligation　连接　11.0816
ligation amplification reaction　*连接扩增反应　11.0581
light-harvesting chlorophyll protein　集光叶绿素蛋白质　02.0808
light harvesting complex　集光复合体　02.0807
light repair　*光修复　05.0208
lignin　木[质]素　06.0220
lignocellulose　木素纤维素　06.0221
lignoceric acid　木蜡酸，*掬焦油酸　07.0089
lima bean agglutinin　利马豆凝集素　06.0281
LIM domain　LIM 结构域　08.0267
limit dextrin　极限糊精　06.0175
limonene　柠烯，*苧烯，*柠檬油精　07.0183
LINE　长散在核元件　05.0021
linear DNA　线状 DNA　04.0188
linear genome　线性基因组　01.0060
linear polyubiquitin chain　线性多聚泛素链　05.0433
linear RCA　线性滚环扩增　11.0566
linear rolling circle amplification　线性滚环扩增　11.0566
linear ubiquitination　线性泛素化　05.0438
linear ubiquitin chain assembly complex　线性泛素链组装复合物　05.0439
Lineweaver-Burk plot　双倒数作图法　03.0070
linked gene　连锁基因　05.0062

linker DNA　接头 DNA　04.0233
linker insertion　接头插入　11.0817
linker scanning mutagenesis　接头扫描诱变　11.0811
linking number　连环数，*连接数　04.0176
linoleate synthase　*亚油酸合酶　03.0200
linoleic acid　亚油酸　07.0070
linolenic acid　亚麻酸　07.0075
linoleoyl-coenzyme A desaturase　亚油酰辅酶 A 脱饱和酶　03.0199
lipid　脂质，*脂类　07.0001
lipid bilayer　脂双层　08.0017
lipid derivative　脂质衍生物　07.0029
lipid droplet　脂滴　08.0031
lipid hormone　脂类激素　09.0007
lipid hydroperoxide　脂质过氧化物　10.0188
lipid metabolism　脂质代谢　10.0166
lipid micelle　脂[质]微团　07.0028
lipid monolayer　脂单层　08.0016
lipidome　脂质组　01.0074
lipidomics　脂质组学　01.0055
lipid peroxidation　脂质过氧化　07.0024
lipid polymorphism　脂多态性　08.0035
lipid raft　脂筏　08.0029
lipid second messenger　脂质第二信使　08.0209
lipid transfer protein　脂质转运蛋白，*脂质转移蛋白　02.0386
lipoamide　硫辛酰胺　10.0297
lipoamide dehydrogenase　*硫辛酰胺脱氢酶　03.0155
lipoate transacetylase　*硫辛酸乙酰转移酶　03.0247
lipochitooligosaccharide　脂质几丁寡糖　06.0251
lipocortin　*脂皮质蛋白　02.0575
lipofection　脂质体转染　11.0781
lipofuscin　脂褐素　10.0190
lipogenesis　脂肪生成　10.0191
lipoic acid　硫辛酸　09.0382
lipoid　类脂　07.0002
lipolysis　脂肪分解，*脂解　10.0172
lipometabolism　脂肪代谢　10.0167
lipooligosaccharide　脂寡糖　06.0252
lipophilic gel chromatography　亲脂凝胶层析　11.0235
lipophilicity　亲脂性　01.0187
lipophilin　*亲脂素　02.0557
lipophorin　脂转运蛋白　02.0387
lipophosphoglycan　脂磷酸聚糖　06.0218
lipopolysaccharide　脂多糖　07.0169
lipoprotein　脂蛋白　02.0234
lipoprotein lipase　脂蛋白脂肪酶　03.0378
liposome　脂质体　11.0762
liposome entrapment　脂质体包载　11.0763
lipotaurine　脂牛磺酸　07.0098
lipoteichoic acid　脂磷壁酸　06.0232
lipotropic action　促脂解作用　07.0025
lipotropic agent　促脂解剂　07.0026
lipotropic hormone　促脂解素　09.0043
lipotropin　促脂解素　09.0043
lipovitellin　卵黄脂[磷]蛋白　02.0752
lipoxin　脂氧素　07.0083
lipoxygenase　脂加氧酶　03.0182
liquid chip　液相芯片　11.0996
liquid chromatography　液相层析　11.0200
liquid chromatography-mass spectrometry analysis　液相层析–质谱联用分析　11.0425
liquid crystalline state　液晶态　08.0036
liquid hybridization capture-based bisulfite sequencing　液相杂交捕获重亚硫酸盐测序　11.0644
liquid-liquid chromatography　液液层析　11.0207
liquid-liquid partition chromatography　液液分配层析　11.0214
liquid scintillation counter　液体闪烁计数器　11.0304
liquid-solid chromatography　液固层析　11.0209
lithocholic acid　石胆酸　10.0205
litorin　雨滨蛙肽　02.0151
livetin　卵黄蛋白　02.0751
livin　生存蛋白　02.0774
LLC　液液层析　11.0207
LN　层粘连蛋白　02.0741
LNA　锁核酸　04.0136
lncRNA　长[链]非编码 RNA　04.0242
local hormone　*局部激素　09.0134
lock and key theory　锁钥学说　03.0059
locked nucleic acid　锁核酸　04.0136
locus　基因座　05.0024
locus control region　基因座控制区　05.0550
locus linkage analysis　基因座连锁分析　11.0935
locustatachykinin　蝗速激肽　09.0299
long-chain acyl-protein thioester reductase　*长链酰基蛋白硫酯还原酶　03.0128

long-chain fatty acid thiokinase　长链脂肪酸硫激酶　03.0683
long interspersed nuclear element　长散在核元件　05.0021
long interspersed repeat sequence　*长散在重复序列　05.0021
long non-coding RNA　长[链]非编码 RNA　04.0242
long terminal repeat　长末端重复[序列]　05.0574
loop　环　01.0156
Ω loop　Ω 环　02.0885
loop-mediated isothermal amplification　环介导等温扩增　11.0560
loricrin　兜甲蛋白　02.0398
low-density lipoprotein　低密度脂蛋白　02.0377
low-density lipoprotein cholesterol　低密度脂蛋白胆固醇　07.0216
low-density lipoprotein receptor　低密度脂蛋白受体　02.0382
low-density lipoprotein receptor-related protein　低密度脂蛋白受体相关蛋白质　02.0383
lowly repetitive DNA　低度重复 DNA　04.0208
lowly repetitive sequence　低度重复序列　05.0022
low melting-temperature agarose　低熔点琼脂糖　11.0111
Lowry method　劳里法　11.0259
low-speed centrifugation　低速离心　11.0049
low-voltage electrophoresis　低压电泳　11.0129
LOX　脂加氧酶　03.0182
LP　瘦素，*瘦蛋白　09.0136
LPG　脂磷酸聚糖　06.0218
LPH　促脂解素　09.0043
LPK　蜚蠊焦激肽　09.0301
LPL　脂蛋白脂肪酶　03.0378
LPN　乳桥蛋白　02.0446
LPS　脂多糖　07.0169
LRF　*促黄体素释放因子　09.0061
LRP　低密度脂蛋白受体相关蛋白质　02.0383
LRR domain　富含亮氨酸重复序列结构域，*LRR 结构域　08.0268
LSC　液固层析　11.0209
LSU　核糖体大亚基　04.0277
LTP　脂质转运蛋白，*脂质转移蛋白　02.0386
LTR　长末端重复[序列]　05.0574
LUBAC　线性泛素链组装复合物　05.0439
luciferase　萤光素酶　03.0187
luliberin　促黄体素释放素　09.0061
lumican　光蛋白聚糖　06.0306
luminescent enzyme immunoassay　发光酶免疫分析，*发光酶免疫测定　11.0332
luminescent immunoassay　发光免疫分析，*发光免疫测定　11.0326
lupeose　水苏糖　06.0161
l-urobilin　*l-尿胆素　10.0336
lutein　叶黄素　09.0338
luteinizing hormone　促黄体素，*黄体生成素　09.0039
luteinizing hormone releasing factor　*促黄体素释放因子　09.0061
luteinizing hormone releasing hormone　促黄体素释放素　09.0061
lutropin　促黄体素，*黄体生成素　09.0039
LVP　*赖氨酸升压素　09.0045
LVT　卵黄脂[磷]蛋白　02.0752
LX　脂氧素　07.0083
lyase　裂合酶　03.0609
lycopene　番茄红素　09.0339
lymphocyte-derived chemotactic factor　淋巴细胞源性趋化因子　09.0210
lymphokine　淋巴因子　09.0203
lyophilization　冷冻干燥，*冰冻干燥　11.0011
lyophilizer　冻干仪　11.0012
Lys　赖氨酸　02.0031
lysidine　赖胞苷　04.0057
lysine　赖氨酸　02.0031
lysine carboxypeptidase　*赖氨酸羧肽酶　03.0503
lysine vasopressin　*赖氨酸升压素　09.0045
lysogen　*溶原菌　11.0752
lysogeny　溶原性　11.0754
lysolecithin　*溶血卵磷脂　07.0153
lysophosphatidic acid　溶血磷脂酸　07.0154
lysophosphatidylcholine　溶血磷脂酰胆碱　07.0153
lysophospholipase　溶血磷脂酶　03.0371
lysosomal enzyme　溶酶体酶　03.0389
lysosomal hydrolase　溶酶体水解酶　03.0390
lysosome　溶酶体　03.0757
lysozyme　溶菌酶　03.0462
lyticase　溶细胞酶，*消解酶　03.0606
lyxose　来苏糖　06.0059

M

mass spectrometry 1　一级质谱法　11.0417
mass spectrometry 2　二级质谱法　11.0418
mass spectrum　质谱图　11.0366
mass-to-charge ratio　质荷比　11.0365
MAT　单胺转运蛋白　02.0546
material metabolism　物质代谢　10.0002
maternal-effect gene　母体效应基因　05.0054
matrix-assisted laser desorption ionization　基质辅助激光解吸电离，*基质辅助激光解吸离子化　11.0371
matrix-assisted laser desorption ionization time-of-flight mass spectrometer　基质辅助激光解吸电离飞行时间质谱仪　11.0374
matrix-assisted laser desorption ionization time-of-flight mass spectrometry　基质辅助激光解吸电离飞行时间质谱法　11.0373
matrix metalloproteinase　基质金属蛋白酶，*间质金属蛋白酶　03.0568
maturase　成熟酶　03.0742
MAVS　线粒体抗病毒信号蛋白质　08.0384
Maxam-Gilbert method　*马克萨姆–吉尔伯特法　11.0595
maxizyme　大核酶　03.0725
Mb　兆碱基　04.0038
MBD column chromatography　甲基化 CpG 结合结构域柱层析　11.0651
Mbp　兆碱基对　04.0036
MBP　髓鞘碱性蛋白质，*髓磷脂碱性蛋白质　02.0555，甘露糖结合蛋白质　06.0284
MBR　膜生物反应器　11.0972
MCA　甲基化 CpG 岛扩增　11.0655
McAb　单克隆抗体　01.0255
MC-CoA　甲基丙烯酰辅酶 A　10.0292
MCH　黑素浓集激素　09.0055
MCM　微小染色体维持蛋白质　05.0140
MCS　多克隆位点　11.0697
M-CSF　巨噬细胞集落刺激因子　09.0222
MDP　胞壁酰二肽　02.0200
mean residue weight　平均残基量　02.0085
mechanically-gated ion channel　机械门控离子通道　08.0047
mechanosensitive ion channel　*机械敏感性离子通道　08.0047
mechanotransduction　机械力转导　08.0144
MeDIP　甲基化 DNA 免疫沉淀　11.0645
MeDIP-seq　甲基化 DNA 免疫沉淀测序　11.0646
medium-chain fatty acid thiokinase　中链脂肪酸硫激酶　03.0682
MEF　移动增强因子　09.0212，小鼠胚胎成纤维细胞　11.0964
megabase　兆碱基　04.0038
megabase pair　兆碱基对　04.0036
megakaryocyte stimulating factor　*巨核细胞刺激因子　09.0238
megalinker　兆碱基接头，*兆碱基大范围限制性核酸内切酶接头　04.0129
meganuclease　兆核酸酶，*巨型核酸酶　11.0897
MEK　甲硫氨酸脑啡肽　02.0103
melanin　黑色素　10.0310
melanin concentrating hormone　黑素浓集激素　09.0055
melanocortin　促黑素细胞激素，*促黑素　09.0054
melanocyte-stimulating hormone　促黑素细胞激素，*促黑素　09.0054
melanocyte-stimulating hormone regulatory hormone　促黑素调节素　09.0070
melanocyte-stimulating hormone-release inhibiting hormone　促黑素抑释素　09.0069
melanocyte-stimulating hormone releasing hormone　促黑素释放素　09.0066
melanoliberin　促黑素释放素　09.0066
melanophore-stimulating hormone releasing factor　*促黑素释放因子　09.0066
melanophore-stimulating hormone-release inhibiting factor　*促黑素释放抑制因子　09.0069
melanostatin　促黑素抑释素　09.0069
melatonin　褪黑素　09.0071
melezitose　松三糖　06.0157
melibiose　蜜二糖　06.0140
melissic acid　蜂花酸　07.0095
melittin　蜂毒肽　02.0177
melonotropin　促黑素细胞激素，*促黑素　09.0054
melting curve　解链曲线　04.0305
melting temperature　解链温度　04.0306
memapsin　膜天冬氨酸蛋白酶　03.0562
membrane anchor　膜锚　08.0030
membrane asymmetry　膜不对称性　08.0039
membrane-attack complex　攻膜复合物　08.0041
membrane-attack complex inhibitory factor　攻膜复合物抑制因子　08.0092

membrane bioreactor　膜生物反应器　11.0972
membrane capacitance　膜电容　08.0051
membrane carrier　膜[运]载体　08.0127
membrane channel　膜通道　08.0042
membrane coat　膜被　08.0011
membrane compartment　膜区室　08.0012
membrane current　膜电流　08.0052
membrane-distal region　膜远侧区　08.0102
membrane domain　膜结构域　08.0093
membrane dynamics　膜动力学　08.0048
membrane electrophoresis　膜电泳　11.0137
membrane equilibrium　膜平衡　08.0073
membrane filter　膜滤器　11.0035
membrane filtration　膜过滤　11.0028
membrane fluidity　膜流动性　08.0032
membrane fusion　膜融合　08.0054
membrane immunoglobulin　膜免疫球蛋白　02.0583
membrane impedance　膜阻抗　08.0053
membrane insertion signal　膜插入信号　08.0094
membrane-integrated cone　膜整合锥　08.0104
membrane length constant　膜长度常数　08.0055
membrane lipid　膜脂　08.0027
membrane localization　膜定位　08.0056
membrane lysis　膜裂解　08.0057
membrane-organizing extension spike protein　膜突蛋白　02.0584
membrane osmometer　膜渗透压计　11.0388
membrane partitioning　膜分配　08.0058
membrane permeability　膜通透性　08.0059
membrane phospholipid　膜磷脂　08.0028
membrane potential　膜电位　08.0049
membrane protein　膜蛋白质　08.0076
membrane protein diffusion　膜蛋白质扩散　08.0067
membrane protein insertion　膜蛋白质插入　08.0068
membrane protein reconstitution　膜蛋白质重建　08.0098
membrane proton conduction　膜质子传导　08.0131
membrane-proximal region　膜近侧区　08.0103
membrane pump　膜泵　08.0095
membrane raft　*膜筏　08.0029
membrane receptor　膜受体　08.0096
membrane reconstitution　膜重建　08.0097
membrane recruitment　膜募集　08.0069
membrane sealing　膜封闭　08.0070
membrane separation　膜分离　11.0036
membrane skeleton　膜骨架　08.0071
membrane skeleton protein　膜骨架蛋白质　02.0453
membrane-spanning region　*跨膜区　08.0101
membrane synthesis　膜合成　08.0072
membrane time constant　膜时间常数　08.0050
membrane topology　膜拓扑学　08.0066
membrane toxin　*膜毒素　08.0099
membrane trafficking　膜运输　08.0110
membrane translocation　膜易位，*膜转位　08.0125
membrane transport　膜转运　08.0111
menadione　甲萘醌　09.0358
menaquinone　甲基萘醌　09.0357
menotropin　促配子成熟激素　09.0128
menthol　薄荷醇　07.0180
meprin　跨膜肽酶，*穿膜肽酶　03.0571
meprin A　跨膜肽酶 A　03.0572
meprin B　跨膜肽酶 B　03.0573
mercapto-ethylamine　巯基乙胺　10.0278
β-mercaptopyruvate　β-巯基丙酮酸　10.0248
merlin　*膜突样蛋白　02.0441
meromyosin　酶解肌球蛋白　02.0495
Merrifield synthesis　梅里菲尔德合成法　11.0674
mesotocin　鸟催产素，*8-异亮氨酸催产素　09.0048
messenger RNA　信使 RNA，*信使核糖核酸　04.0237
Met　甲硫氨酸　02.0024
metabolic engineering　代谢工程　10.0039
metabolic pathway　代谢途径　10.0031
metabolic profiling analysis　*代谢谱分析　01.0052
metabolic rate　代谢率　10.0021
metabolic regulation　代谢调节　10.0023
metabolic reprogramming　代谢重编程　10.0040
metabolism　新陈代谢，*代谢　10.0001
metabolite　代谢物　10.0015
metabolite fingerprinting　代谢物指纹分析　11.0503
metabolite pool　代谢物库　10.0020
metabolome　代谢物组　01.0068
metabolomics　代谢物组学　01.0050
metabolon　代谢区室　10.0022
metabonome　代谢组　01.0067
metabonomics　代谢组学　01.0049
metabotropic receptor　代谢型受体　08.0299
metadrenaline　变肾上腺素，*间位肾上腺素，*3-*O*-甲基肾上腺素　09.0089
metagenome　宏基因组，*元基因组　01.0073

metagenomics 宏基因组学 01.0036
metal-activated enzyme 金属激活酶 03.0023
metal affinity chromatography 金属亲和层析 11.0246
metal-chelate affinity chromatography *金属螯合亲和层析 11.0246
metal-chelating protein 金属螯合蛋白质 02.0696
metallic bond 金属键 01.0108
metal-ligand affinity chromatography *金属配体亲和层析 11.0246
metallocarboxypeptidase 金属羧肽酶 03.0507
metalloendopeptidase 金属内肽酶 03.0565
metalloenzyme 金属酶 03.0021
metalloexopeptidase 金属外肽酶 03.0564
metalloflavoprotein 金属黄素蛋白 02.0697
metallopeptidase *金属肽酶 03.0563
metalloprotease 金属蛋白酶 03.0563
metalloprotein 金属蛋白 02.0239
metalloproteinase 金属蛋白酶 03.0563
metalloregulatory protein 金属调节蛋白质 02.0627
metalloribozyme 金属核酶 03.0721
metallothionein 金属硫蛋白 02.0698
metaprotein 变性蛋白质 02.0256
metarhodopsin 变视紫红质，*后视紫红质 02.0691
Met-enkephalin 甲硫氨酸脑啡肽 02.0103
methacrylyl-CoA 甲基丙烯酰辅酶A 10.0292
methacrylyl coenzyme A 甲基丙烯酰辅酶A 10.0292
methaemoglobin 高铁血红蛋白 02.0359
methemoglobin 高铁血红蛋白 02.0359
methionine 甲硫氨酸 02.0024
methionine aminopeptidase 甲硫氨酸氨肽酶 03.0499
methionine cycle 甲硫氨酸循环 10.0282
methionine enkephalin 甲硫氨酸脑啡肽 02.0103
methionine racemase 甲硫氨酸消旋酶 03.0650
methionyl tRNA 甲硫氨酰tRNA 05.0384
methylase 甲基化酶 03.0220
methylated CpG-island amplification 甲基化CpG岛扩增 11.0655
methylated DNA immunoprecipitation 甲基化DNA免疫沉淀 11.0645
methylated DNA immunoprecipitation sequencing 甲基化DNA免疫沉淀测序 11.0646
methylation 甲基化 05.0423
methylation-insensitive restriction endonuclease 甲基化非敏感性限制性核酸内切酶 11.0648
methylation interference assay 甲基化干扰试验 11.0813
methylation-sensitive restriction endonuclease 甲基化敏感性限制性核酸内切酶 11.0649
methylation-sensitive restriction fingerprinting 甲基化敏感性限制性指纹谱技术 11.0650
methylation specific PCR 甲基化特异性聚合酶链反应，*甲基化特异性PCR 11.0539
methyl-CpG binding domain column chromatography 甲基化CpG结合结构域柱层析 11.0651
5-methylcytosine 5-甲基胞嘧啶 04.0019
methylmalonyl-CoA carboxyltransferase 甲基丙二酰辅酶A羧基转移酶 03.0234
methylmalonyl-CoA epimerase 甲基丙二酰辅酶A差向异构酶 03.0646
methylsterol monooxygenase 甲基固醇单加氧酶 03.0189
methyltransferase *甲基转移酶 03.0220
metorphamide 甲八肽酰胺 02.0105
mevaldic acid 3-羟-3-甲戊醛酸 10.0214
mevalonate-5-pyrophosphate 甲羟戊酸-5-焦磷酸 10.0213
mevalonic acid 甲羟戊酸 10.0212
MGDG 单半乳糖甘油二酯，*单半乳糖基二酰甘油 07.0125
MGED 微阵列基因表达数据组织 11.0992
MHC 主要组织相容性复合体 02.0325
MIAME 微阵列实验最低限度信息标准 11.0993
micelle 微团 07.0027
Michaelis constant 米氏常数 03.0069
Michaelis equation 米氏方程 03.0068
Michaelis-Menten equation 米氏方程 03.0068
Michaelis-Menten kinetics 米氏动力学 03.0067
microanalysis 微量分析 11.0254
microarray 微阵列 11.0982
Microarray Gene Expression Data 微阵列基因表达数据组织 11.0992
Microarray Gene Expression-Markup Language 微阵列基因表达标记语言 11.0994
microbial environmental genome *微生物环境基因组 01.0073
microbial genomics 微生物基因组学 01.0041
microcarrier 微载体 11.0720

microcentrifugation　微量离心　11.0053
microcin　微菌素，*小菌素　02.0204
micrococcal nuclease　微球菌核酸酶　03.0435
microenvironment　微环境　01.0170
microfibrillar protein　微原纤维蛋白质　02.0639
microfluidic technique　微流控技术　11.0997
microfluorophotometry　显微荧光光度法　11.0293
microglobulin　微球蛋白　02.0308
β_2-microglobulin　β_2-微球蛋白　02.0309
microheterogeneity　微不均一性　01.0223
microinjection　显微注射　11.0868
2-micron circle plasmid　*2μm 环质粒　11.0738
microporous membrane　微孔滤膜　11.0031
microprojectile bombardment　*微弹轰击　11.0871
microRNA　微 RNA　04.0245
microRNA sequencing　微 RNA 测序　11.0616
microsatellite DNA　微卫星 DNA　04.0213
microsatellite DNA polymorphism　微卫星 DNA 多态性　04.0223
microsomal enzyme　微粒体酶　03.0743
microsomal epoxide hydrolase　*微粒环氧化物水解酶　03.0493
microspectrophotometer　显微分光光度计　11.0288
microsphere array　*悬浮芯片　11.0996
microtubule-associated protein　微管相关蛋白质，*微管结合蛋白质　02.0435
microtubule severing protein　微管切割蛋白质　02.0436
microvesicle　微囊泡　08.0023
microvitellogenin　微卵黄原蛋白　02.0748
middle repetitive DNA　中度重复 DNA　04.0209
midkine　中期因子　09.0263
MIF　*促黑素释放抑制因子　09.0069，移动抑制因子　09.0207，巨噬细胞移动抑制因子　09.0211
mIg　膜免疫球蛋白　02.0583
migration enhancement factor　移动增强因子　09.0212
migration inhibition factor　移动抑制因子　09.0207
migration rate　迁移速率　11.0074
milk immunoglobulin　乳免疫球蛋白　02.0303
millipore filter　微孔滤膜　11.0031
mimic enzyme　模拟酶　03.0729
mimosine　含羞草氨酸　02.0064
mineralocorticoid　盐皮质激素　09.0098
mineralocorticoid receptor　盐皮质激素受体　09.0193
minicell　微细胞　11.0794
minichromosome maintenance protein　微小染色体维持蛋白质　05.0140
Minimum Information About a Microarray Experiment　微阵列实验最低限度信息标准　11.0993
minisatellite DNA　小卫星 DNA　04.0214
minizyme　小核酶　03.0724
minor base　稀有碱基　04.0018
minor groove　小沟　04.0148
minor nucleoside　稀有核苷　04.0052
MIP　*分子印记聚合物　11.0471
MIR　多对同晶置换，*多重同晶置换　11.0428
miRNA　微 RNA　04.0245
miRNA antagomir　miRNA 拮抗物　11.0928
miRNA chip　*miRNA 芯片　11.0990
miRNA inhibitor　*miRNA 抑制物　11.0928
miRNA microarray　miRNA 微阵列　11.0990
miRNA mimics　miRNA 模拟物　11.0926
miRNA-seq　微 RNA 测序　11.0616
miRNA technology　miRNA 技术　11.0894
MIS　米勒管抑制物质　09.0248
mischarging　错载　05.0392
miscoding　错编　05.0393
misfolding　错折叠　02.0879
misincorporation　错参　05.0181
misinsertion　错插　05.0182
mismatching　错配　05.0178
mismatch repair　错配修复　05.0219
mispairing　错配　05.0178
missense mutation　错义突变　05.0413
mistletoe lectin　槲寄生凝集素　02.0828
MIT　分子印记技术　11.0471
mitochondrial antiviral signaling protein　线粒体抗病毒信号蛋白质　08.0384
mitochondrial ATPase　*线粒体 ATP 酶　03.0703
mitochondrial DNA　线粒体 DNA　04.0201
mitochondrial membrane　线粒体膜　08.0010
mitochondrial protein-transporting ATPase　线粒体蛋白质转运 ATP 酶　03.0713
mitochondrial RNA processing enzyme　线粒体 RNA 加工酶　03.0744
mitogen-activated protein kinase　促分裂原活化的蛋白质激酶，*MAP 激酶，*丝裂原活化蛋白质激酶，*丝裂原激活的蛋白质激酶　03.0351

mitogen-activated protein kinase kinase 促分裂原活化的蛋白质激酶激酶，*MAP 激酶激酶 03.0355
mitogen-activated protein kinase kinase kinase 促分裂原活化的蛋白质激酶激酶激酶，*MAP 激酶激酶激酶 03.0352
mitogenic factor 促分裂因子 09.0264
mitogen-regulated protein *丝裂原调节蛋白质 02.0680
mixed-function oxidase *混合功能氧化酶 03.0185
mixed inhibition 混合性抑制 03.0084
mixed lineage kinase domain-like protein 混合谱系激酶结构域样蛋白质 08.0374
mixed-linkage polyubiquitination 混连多聚泛素化 05.0437
MK 中期因子 09.0263
MLKL 混合谱系激酶结构域样蛋白质 08.0374
MMP 基质金属蛋白酶，*间质金属蛋白酶 03.0568
mobile phase 流动相 11.0162
mobility 迁移率，*迁移度 11.0075
moderately repetitive DNA 中度重复 DNA 04.0209
moderately repetitive sequence 中度重复序列 05.0019
modification enzyme 修饰酶 03.0745
modified base 修饰碱基 04.0023
modulation 调制 01.0247
modulator 调制物 01.0248
module 模件 01.0161
moesin 膜突蛋白 02.0584
molasses 糖蜜 06.0139
molecular beacon 分子信标 11.0525
molecular biology 分子生物学 01.0016
molecular chaperone 分子伴侣 02.0671
molecular cloning 分子克隆 11.0683
molecular disease 分子病 01.0270
molecular docking 分子对接 11.0341
molecular exclusion chromatography *分子排阻层析 11.0233
molecular genetics 分子遗传学 01.0017
molecular imprinting polymer *分子印记聚合物 11.0471
molecular imprinting technique 分子印记技术 11.0471
molecular ion 分子离子 11.0367
molecular mimicry 分子模拟 01.0133
molecular probe 分子探针 11.0514
molecular scissors *分子剪刀 11.0896
molecular sieve 分子筛 11.0157
molecular sieve chromatography *分子筛层析 11.0233
molecular weight cut-off 截留分子量 11.0038
molecular weight ladder marker 分子量梯状标志物 11.0386
molecular weight standard 分子量标准品 11.0387
molten-globule state 熔球态 02.0907
molting hormone 蜕皮[激]素 09.0292
momorcochin 木鳖毒蛋白 02.0820
momordin 苦瓜毒蛋白 02.0819
monellin 应乐果甜蛋白，*莫内甜蛋白 02.0816
monoacylglycerol 甘油单酯，*甘油一酯，*单酰甘油 07.0106
monoacylglycerol pathway 甘油单酯途径，*甘油一酯途径 10.0193
monoamine oxidase 单胺氧化酶 03.0137
monoamine transporter 单胺转运蛋白 02.0546
monocistron 单顺反子 05.0368
monocistronic mRNA 单顺反子 mRNA 05.0371
monoclonal antibody 单克隆抗体 01.0255
Monod-Wyman-Changeux model *MWC 模型 03.0104
monogalactosyldiacylglycerol 单半乳糖甘油二酯，*单半乳糖基二酰甘油 07.0125
monogalactosyldiglyceride 单半乳糖甘油二酯，*单半乳糖基二酰甘油 07.0125
monoglyceride 甘油单酯，*甘油一酯，*单酰甘油 07.0106
monokine 单核因子 09.0265
monomer 单体 01.0089
monomeric enzyme 单体酶 03.0003
monomeric G protein *单体 G 蛋白 08.0303
monomeric protein 单体蛋白质 02.0249
mono-olein 单油酸甘油酯，*单油酰甘油 07.0117
monooleoglyceride 单油酸甘油酯，*单油酰甘油 07.0117
monooxygenase 单加氧酶 03.0185
monophenol oxidase 单酚氧化酶 03.0168
monosaccharide 单糖 06.0003
monoterpene 单萜 07.0179
monoubiquitination 单泛素化 05.0429
monounsaturated fatty acid 单不饱和脂肪酸 07.0033
montanic acid 褐煤酸 07.0094

moricin　家蚕抗菌肽　02.0189
mortalin　寿命蛋白　02.0674
mosaic genome　镶嵌基因组　01.0061
mosaic protein　镶嵌蛋白质　02.0254
MOT　寿命蛋白　02.0674
motif　模体，*基序　01.0157
motilin　[促]胃动素　09.0167
motor protein　马达蛋白质　02.0489
mouse embryo fibroblast　小鼠胚胎成纤维细胞　11.0964
movement protein　移动蛋白质，*迁移蛋白质　02.0259
moving boundary electrophoresis　移动界面电泳　11.0080
moving zone electrophoresis　*移动区带电泳　11.0080
MPLP　髓鞘蛋白脂质蛋白质，*髓磷脂蛋白脂质蛋白质　02.0557
M6PR　*甘露糖-6-磷酸受体　06.0274
MPSS　大规模平行标签测序，*大规模平行签名测序　11.0609
MR　盐皮质激素受体　09.0193
MRF　*促黑素释放因子　09.0066
MRH　促黑素释放素　09.0066
MRIH　促黑素抑释素　09.0069
mRNA　信使 RNA，*信使核糖核酸　04.0237
mRNA cap-binding protein　*mRNA 帽结合蛋白质　02.0634
mRNA capping enzyme　*mRNA 加帽酶　03.0328
mRNA degradation pathway　mRNA 降解途径　05.0319
mRNA guanylyltransferase　mRNA 鸟苷酰转移酶　03.0328
mRNA stability　mRNA 稳定性　04.0301
mRNA vaccine　mRNA 疫苗　11.0925
MRP　*丝裂原调节蛋白质　02.0680，线粒体 RNA 加工酶　03.0744
MS　质谱法　11.0363
MS1　一级质谱法　11.0417
MS2　二级质谱法　11.0418
MSH　促黑素细胞激素，*促黑素　09.0054
MSP　甲基化特异性聚合酶链反应，*甲基化特异性 PCR　11.0539
MSRE　甲基化敏感性限制性核酸内切酶　11.0649
MSRF　甲基化敏感性限制性指纹谱技术　11.0650
MT　金属硫蛋白　02.0698
mtDNA　线粒体 DNA　04.0201
MTL　[促]胃动素　09.0167
mTOR　哺乳动物雷帕霉素靶蛋白　03.0334
mTOR signaling　mTOR 信号传递　08.0180
mucin　黏蛋白　02.0744
mucleic acid databank　核酸数据库　11.0590
mucopolysaccharide　*黏多糖　06.0211
MUFA　单不饱和脂肪酸　07.0033
Müllerian inhibiting substance　米勒管抑制物质　09.0248
multicistronic mRNA　多顺反子 mRNA　05.0373
multicolumn chromatography　多维层析　11.0252
multicopy gene　*多拷贝基因　05.0014
multidimensional chromatography　多维层析　11.0252
multienzyme cluster　*多酶簇　03.0005
multienzyme complex　多酶复合物　03.0005
multienzyme protein　多酶蛋白质　03.0006
multienzyme system　*多酶体系　03.0005
multifunctional enzyme　多功能酶　03.0008
multimer　多聚体，*聚合物　01.0090
multimeric protein　多聚蛋白质　02.0251
multiple cloning site　多克隆位点　11.0697
multiple isomorphous replacement　多对同晶置换，*多重同晶置换　11.0428
multiple monoubiquitination　*多单泛素化　05.0430
multiplex automated genomic engineering　多元自动化基因组工程　11.0902
multiplex PCR　多重聚合酶链反应，*多重 PCR　11.0548
multiply branched signal transduction pathway　多分支信号转导途径　08.0170
multiprenylmenaquinone　*多异戊烯甲萘醌　09.0357
multiubiquitination　多泛素化　05.0430
mungbean nuclease　绿豆核酸酶　03.0434
muramic acid　胞壁酸　06.0117
muramidase　*胞壁酸酶　03.0462
muramyl dipeptide　胞壁酰二肽　02.0200
musclin　肌肉素　09.0247
mutant　突变体　05.0187
mutarotase　变旋酶　03.0657
mutase　变位酶　03.0663
mutation　突变　05.0186
muton　突变子　05.0191

MVA　甲羟戊酸　10.0212
MWC model　*MWC 模型　03.0104
MWCO　截留分子量　11.0038
mycothione reductase　氧化型真菌硫醇还原酶　03.0165
MyD88　髓系分化初级反应蛋白质 88　08.0386
myddosome　MyD 小体　08.0385
myelin-associated glycoprotein　髓鞘相关糖蛋白，*髓磷脂相关糖蛋白　02.0556
myelin basic protein　髓鞘碱性蛋白质，*髓磷脂碱性蛋白质　02.0555
myelin oligodendroglia glycoprotein　髓鞘寡突胶质糖蛋白　06.0263
myelin protein　髓鞘蛋白质，*髓磷脂蛋白质　02.0554
myelin proteolipid protein　髓鞘蛋白脂质蛋白质，*髓磷脂蛋白脂质蛋白质　02.0557
myeloblastin　成髓细胞蛋白酶　03.0537
myeloid differentiation primary response protein 88　髓系分化初级反应蛋白质 88　08.0386
myeloperoxidase　髓过氧化物酶　03.0174
myoalbumin　肌清蛋白　02.0283
myogen　肌质蛋白，*肌浆蛋白　02.0486
myogenic factor 6　*成肌蛋白因子 6　02.0492
myogenin　成肌蛋白，*肌细胞生成蛋白　02.0491
myoglobin　肌红蛋白　02.0364
myokinase　肌激酶　03.0303
myomodulin　肌调肽　02.0117
myosin　肌球蛋白　02.0490
myosin light-chain kinase　肌球蛋白轻链激酶　03.0347
myostatin　肌生成抑制蛋白，*肌肉生长抑制素，*肌抑素　09.0246
myostromin　肌基质蛋白　02.0458
myricyl alcohol　蜂蜡醇　07.0237
myristic acid　豆蔻酸　07.0056
myristin　豆蔻酸甘油酯，*豆蔻酰甘油　07.0118
myristoylation　豆蔻酰化　07.0023
myticin　贻贝抗菌肽　02.0190
mytilin　贻贝杀菌肽　02.0191
mytimycin　贻贝抗真菌肽　02.0192
m/z　质荷比　11.0365

N

N　天冬酰胺　02.0035
N-acetylgalactosamine　*N*-乙酰半乳糖胺，**N*-乙酰氨基半乳糖　06.0116
N-acetylglucosamine　*N*-乙酰葡萄糖胺，**N*-乙酰氨基葡萄糖　06.0114
N-acetylglucosaminyl transferase　*N*-乙酰葡萄糖胺转移酶，**N*-乙酰氨基葡萄糖转移酶　03.0270
N-acetylglutamate synthetase　**N*-乙酰谷氨酸合成酶　03.0241
β-*N*-acetylhexosaminidase　*β-*N*-乙酰氨基己糖苷酶　03.0477
N-acetyllactosamine　*N*-乙酰乳糖胺　06.0148
N-acetylmuramic acid　*N*-乙酰胞壁酸　06.0118
N-acetylmuramyl pentapeptide　*N*-乙酰胞壁酰五肽　06.0230
N-acetylneuraminic acid　*N*-乙酰神经氨酸　06.0120
NACHT domain　*NACHT 结构域　08.0269
NACHT leucine-rich-repeat protein 1　含有 NACHT、LRR 和 PYD 结构域蛋白质 1　08.0370
NACHT，LRR and PYD domain-containing protein l　含有 NACHT、LRR 和 PYD 结构域蛋白质 1　08.0370
N-acylsphingosine　*N*-酰基鞘氨醇　07.0159
NAD　烟酰胺腺嘌呤二核苷酸，*辅酶Ⅰ　03.0016
NADH　还原型烟酰胺腺嘌呤二核苷酸，*还原型辅酶Ⅰ　03.0018
NADH: ubiquinone reductase　NADH-泛醌还原酶　03.0697
NADH-cytochrome b_5 reductase　NADH-细胞色素 b_5 还原酶　03.0144
NADH-dehydrogenase complex　*NADH-脱氢酶复合物　03.0697
NAD kinase　烟酰胺腺嘌呤二核苷酸激酶，*NAD 激酶　03.0292
NADP　烟酰胺腺嘌呤二核苷酸磷酸，*辅酶Ⅱ　03.0017
NADPH　还原型烟酰胺腺嘌呤二核苷酸磷酸，*还原型辅酶Ⅱ　03.0019
NAIP　神经元凋亡抑制蛋白　02.0771
Na^+/K^+-exchanging ATPase　钠钾 ATP 酶　03.0710

nanocrystal molecule　纳米晶体分子　11.0361
nanopore　纳米[微]孔　11.0974
nanopore sequencing　纳米孔测序　11.0630
nanotechnology　纳米技术　11.0975
naringenin-chalcone synthase　*柚苷配基查耳酮合酶　03.0258
naringin　柚皮苷　06.0129
narrow groove　*窄沟　04.0148
NASBA　核酸序列依赖性扩增，*依赖核酸序列扩增，*基于核酸序列扩增　11.0561
nascent chain transcription analysis　*新生链转录分析　11.0853
nascent peptide　新生肽　02.0073
nascent RNA　*新生 RNA　05.0255
native gel electrophoresis　非变性凝胶电泳　11.0114
natriuretic peptide　利尿钠肽　09.0147
NC　*痛敏素　02.0112
NCAM　神经细胞黏附分子　09.0267
NC membrane　硝酸纤维素膜，*NC 膜　11.0475
ncRNA　非编码 RNA　04.0238
NCS　神经元钙传感蛋白　02.0612
NDB　核酸数据库　11.0590
NDP　核苷二磷酸，*二磷酸核苷　04.0072
NEAR　*切口酶扩增反应　11.0568
nearest neighbor base sequence analysis　毗邻碱基序列分析　11.0602
near-infrared spectrometry　近红外光谱法　11.0292
nebulin　伴肌动蛋白　02.0469
necroptosis　细胞败亡，*细胞坏死性凋亡　01.0263
necroptosome　败亡小体　08.0373
necrosis　细胞坏死　01.0262
nectin　连接蛋白　02.0511
NEFA　非酯化脂肪酸　07.0042
negative agonist　*负性激动剂　08.0346
negative control　负调控，*负调节　05.0450
negative cooperation　负协同　01.0233
negative effector　负效应物　01.0229
negative feedback　负反馈　10.0027
negatively supercoiled DNA　负超螺旋 DNA　04.0170
negative regulation　负调控，*负调节　05.0450
negative supercoil　负超螺旋　04.0167
NEK2　NEK2 激酶，*NIMA 相关激酶 2　08.0256
NEMA　切口酶介导扩增　11.0568
N end rule　N 端法则　08.0241
neoendorphin　新内啡肽　02.0110
neolacto-series　新乳糖系列　07.0164
nephrocalcin　肾钙结合蛋白　02.0617
nephrocalcin　*肾钙素　02.0617
NER　核苷酸切除修复　05.0216
nerve growth factor　神经生长因子　09.0266
nervon　神经苷脂，*烯脑苷脂　07.0175
nervonic acid　神经酸　07.0091
nested gene　套叠基因，*嵌套基因　05.0008
nested PCR　巢式聚合酶链反应，*巢式 PCR　11.0540
nested primer　巢式引物　11.0542
nestin　神经上皮干细胞蛋白，*巢蛋白　02.0550
netropsin　纺锤菌素　02.0858
neural cell adhesion molecule　神经细胞黏附分子　09.0267
neuraminic acid　神经氨酸　06.0119
neuraminidase　神经氨酸酶　03.0463
neuregulin　神经调节蛋白　09.0268
neurexin　神经连接蛋白　02.0547
neurocalcin　神经钙蛋白　02.0614
neurocan　神经蛋白聚糖　06.0297
neurocrine　神经分泌　09.0030
neuroepithelial stem cell protein　神经上皮干细胞蛋白，*巢蛋白　02.0550
neurofascin　神经束蛋白　02.0565
neurofibromin　神经纤维瘤蛋白　02.0566
neurofilament protein　神经[纤]丝蛋白　02.0461
neuroglian　神经胶质蛋白　02.0551
neuroglobin　神经珠蛋白　02.0353
neurogranin　神经颗粒蛋白　02.0562
neurohormone　神经激素　09.0009
neurohypophyseal hormone　*神经垂体激素　09.0044
neurokeratin　神经角蛋白　02.0552
neurokinin　神经激肽　02.0123
neurokinin A　神经激肽 A　02.0121
neurokinin B　神经激肽 B　02.0122
neuroleukin　神经白细胞素　09.0269
neuroligin　神经配蛋白　02.0549
neurolin　神经生长蛋白　02.0564
neuromedin　神经调节肽，*神经介肽　09.0270
neuromedin B　神经调节肽 B　09.0271
neuromedin K　*神经调节肽 K　02.0122
neuromedin L　*神经调节肽 L　02.0121
neuromedin U　神经调节肽 U　09.0272
neuromodulin　神经调制蛋白　02.0548
neuronal apoptosis inhibitory protein　神经元凋亡抑

制蛋白　02.0771
neuronal calcium sensor　神经元钙传感蛋白　02.0612
neuronal plasma membrane receptor　神经元质膜受体　08.0105
neuron-glial antigen 2 proteoglycan　NG2 蛋白聚糖，*神经元胶质抗原 2 蛋白聚糖　06.0302
neuropeptide　神经肽　02.0098
neuropeptide B　神经肽 B　02.0125
neuropeptide W　神经肽 W　02.0126
neuropeptide Y　神经肽 Y　02.0124
neurophysin　神经垂体激素转运蛋白，*神经垂体激素运载蛋白，*后叶激素运载蛋白　09.0144
neurosporene　链孢红素　09.0340
neurotactin　神经趋化因子　02.0563
neurotensin　神经降压肽，*神经降压素　09.0273
neurotrophic cytokine　*神经营养细胞因子　09.0252
neurotrophic factor　神经营养因子　09.0252
neutral agonist　中性激动剂　08.0347
neutral amino acid　中性氨基酸　02.0006
neutral fat　*中性脂肪　07.0105
neutral protease　*中性蛋白酶　03.0579
neutral proteinase　*中性蛋白酶　03.0579
neutron diffraction　中子衍射　11.0427
never in mitosis gene A kinase　NIMA 激酶　08.0255
nexin　微管连接蛋白　02.0434
next-generation sequencing technique　*下一代测序技术　11.0608
N-fatty acyl sphingosine　**N*-脂[肪]酰鞘氨醇　07.0160
NF-κB　核因子 κB　08.0359
NGF　神经生长因子　09.0266
N-glycan　*N*-聚糖　06.0237
N-glycolylneuraminic acid　*N*-羟乙酰神经氨酸　06.0121
N-glycosidic bond　*N*-糖苷键　06.0036
N-glycosylation　*N*-糖基化　05.0426
NG2 proteoglycan　NG2 蛋白聚糖，*神经元胶质抗原 2 蛋白聚糖　06.0302
NHEJ　非同源末端连接　05.0211
NHP　非组蛋白型蛋白质，*非组蛋白　02.0649
N-hydroxy-2-acetamidofluorene reductase　*N*-羟基-2-乙酰胺基芴还原酶　03.0151
N-hydroxyacetylneuraminic acid　*N*-羟乙酰神经氨酸　06.0121
niacin　烟酸，*尼克酸　09.0368
niacinamide　烟酰胺，*尼克酰胺　09.0369
nicastrin　呆蛋白　02.0732
nick　切口　04.0324
nickase　切口酶，*切割酶　03.0671
nick-closing enzyme　*切口闭合酶　03.0669
nicked circular DNA　带切口环状 DNA　04.0190
nicked DNA　带切口 DNA　04.0191
nicking enzyme amplification reaction　*切口酶扩增反应　11.0568
nicking enzyme mediated amplification　切口酶介导扩增　11.0568
nick translation　切口平移，*切口移位　11.0702
nicotinamide　烟酰胺，*尼克酰胺　09.0369
nicotinamide adenine dinucleotide　烟酰胺腺嘌呤二核苷酸，*辅酶 I　03.0016
nicotinamide adenine dinucleotide kinase　烟酰胺腺嘌呤二核苷酸激酶，*NAD 激酶　03.0292
nicotinamide adenine dinucleotide phosphate　烟酰胺腺嘌呤二核苷酸磷酸，*辅酶 II　03.0017
nicotinamide nucleotide transhydrogenase　*烟酰胺核苷酸转氢酶　03.0696
nicotinic acid　烟酸，*尼克酸　09.0368
nidogen　巢蛋白　02.0590
nigrin　接骨木毒蛋白　02.0831
NIMA kinase　NIMA 激酶　08.0255
NIMA-related kinase 2　NEK2 激酶，*NIMA 相关激酶 2　08.0256
ninhydrin reaction　茚三酮反应　11.0258
NIR　近红外光谱法　11.0292
nisin　乳链菌肽，*乳酸链球菌素　02.0199
nitrate reductase　硝酸盐还原酶　03.0146
nitric oxide　一氧化氮　10.0244
nitric oxide synthase　一氧化氮合酶　03.0188
nitrite reductase　亚硝酸还原酶　03.0152
nitrocellulose filter membrane　*硝酸纤维素滤膜　11.0475
nitrocellulose membrane　硝酸纤维素膜，*NC 膜　11.0475
nitrogenase　固氮酶　03.0215
nitrogenase 1　固氮酶组分 1　03.0216
nitrogenase 2　固氮酶组分 2　03.0217
nitrogen balance　氮平衡　10.0220
nitrogen cycle　氮循环　10.0353
nitrogen equilibrium　氮平衡　10.0220
nitrogen fixation　固氮作用　10.0354

nitrogenous hormone　含氮激素　09.0006
nitrogen radical　氮自由基　10.0060
nitroquinoline-*N*-oxide reductase　硝基喹啉-*N*-氧化物还原酶　03.0149
NKA　神经激肽 A　02.0121
NKB　神经激肽 B　02.0122
NL　神经配蛋白　02.0549
N-linked core pentasaccharide　*N*-核心五糖，**N*-连接五糖核心　06.0238
N-linked glycan　*N*-聚糖　06.0237
N-linked oligosaccharide　**N*-连接寡糖　06.0237
NLR　NOD 样受体　08.0381
NLRP1　含有 NACHT、LRR 和 PYD 结构域蛋白质 1　08.0370
NLRP3　核苷酸结合结构域富含亮氨酸重复序列和含热蛋白结构域受体 3　08.0371
NM　神经调节肽，*神经介肽　09.0270
NMD　无义介导的 mRNA 降解　05.0320
N-methyldeoxynojirimycin　*N*-甲基脱氧野尻霉素　06.0090
N-methyllysine　*N*-甲基赖氨酸　02.0044
NMP　核苷一磷酸，*一磷酸核苷　04.0071
NMR　核磁共振　11.0431
NMR spectroscopy　核磁共振波谱法　11.0432
NMU　神经调节肽 U　09.0272
NNT　*烟酰胺核苷酸转氢酶　03.0696
NO　一氧化氮　10.0244
nociceptin　*痛敏素　02.0112
NOD　核苷酸结合寡聚结构域，*NOD 结构域　08.0269
nod gene　结瘤基因，**nod* 基因　05.0055
NOD-like receptor　NOD 样受体　08.0381
nodulation gene　结瘤基因，**nod* 基因　05.0055
nodulin　结瘤蛋白，*根瘤素　02.0812
NOE　核奥弗豪泽效应　11.0440
NOESY　二维核奥弗豪泽增强谱　11.0441
noggin　头蛋白　02.0719
nojirimycin　野尻霉素　06.0089
non-chaperonin molecular chaperone ATPase　非伴侣蛋白分子伴侣 ATP 酶　03.0602
non-coding region　非编码区　05.0364
non-coding RNA　非编码 RNA　04.0238
non-coding sequence　*非编码序列　05.0364
non-coding strand　*非编码链　05.0101
noncompetitive inhibition　非竞争性抑制　03.0080
noncompetitive inhibitor　非竞争性抑制剂　03.0081
non-covalent bond　非共价键　01.0110
noncyclic photophosphorylation　非循环光合磷酸化，*非环式光合磷酸化　10.0077
nondenaturing gel electrophoresis　非变性凝胶电泳　11.0114
nonessential activator　非必需激活剂　03.0073
nonessential amino acid　非必需氨基酸　02.0010
nonessential fatty acid　非必需脂肪酸　07.0040
nonesterified fatty acid　非酯化脂肪酸　07.0042
nonhistone protein　非组蛋白型蛋白质，*非组蛋白　02.0649
nonhomologous end-joining　非同源末端连接　05.0211
non-ionic detergent　非离子去污剂　11.1010
nonose　壬糖，*九碳糖　06.0082
non-permissive cell　非允许细胞，*非受纳细胞　11.0797
nonpolar amino acid residue　*非极性氨基酸残基　02.0082
nonpolar bond　非极性键　01.0107
nonpolar molecule　非极性分子　01.0183
non-processed pseudogene　非加工假基因　05.0036
non-protein amino acid　非蛋白质氨基酸　02.0005
non-protein nitrogen　非蛋白质氮　10.0224
non-protein respiratory quotient　非蛋白质呼吸商　10.0048
nonradioactive labeling　非放射性标记　11.0394
nonradiometric labeling　非放射性标记　11.0394
non-receptor tyrosine kinase　非受体型酪氨酸激酶　03.0337
nonreductive polyacrylamide gel electrophoresis　非还原性聚丙烯酰胺凝胶电泳　11.0109
nonrepetitive DNA　*非重复 DNA　04.0211
nonribosomal peptide synthetase　非核糖体多肽合成酶　03.0746
nonsense codon　*无义密码子　05.0336
nonsense-mediated mRNA decay　*无义介导的 mRNA 衰变　05.0320
nonsense-mediated mRNA degradation　无义介导的 mRNA 降解　05.0320
nonsense mutation　无义突变　05.0409
nonsense strand　*无义链　05.0101
nonsense suppression　无义阻抑，*无义抑制　05.0572
nonsense suppressor　无义阻抑基因，*无义抑制基因

nucleosome assembly　核小体组装，*核小体装配　04.0173
nucleosome core particle　核小体核心颗粒　04.0172
nucleotidase　核苷酸酶　03.0391
3′-nucleotidase　3′-核苷酸酶　03.0393
5′-nucleotidase　5′-核苷酸酶　03.0392
nucleotide　核苷酸　04.0070
nucleotide anabolism　核苷酸合成代谢　10.0358
nucleotide-binding domain leucine-rich repeat and pyrin domain-containing receptor 3　核苷酸结合结构域富含亮氨酸重复序列和含热蛋白结构域受体 3　08.0371
nucleotide-binding oligomerization domain　核苷酸结合寡聚结构域，*NOD 结构域　08.0269
nucleotide catabolism　核苷酸分解代谢　10.0369
nucleotide excision repair　核苷酸切除修复　05.0216
nucleotide metabolism　核苷酸代谢　10.0357
nucleotide residue　核苷酸残基　04.0141
nucleotide sequence　核苷酸序列　04.0137
nucleotide sugar　核苷酸糖　06.0133
nucleotidyl hydrolase　*核苷酸水解酶　03.0391
nucleotidyltransferase　核苷酸[基]转移酶　03.0305
null mutation　无效突变　05.0193
NuMA　核有丝分裂器蛋白质　02.0668
number of turn of superhelix　*超螺旋周数　04.0178
nutrigenomics　营养基因组学　01.0038
nut site　*nut* 位点　05.0144
nylon membrane　尼龙膜　11.0477

O

OAS　2′-5′-寡腺苷酸合成酶　03.0324
occludin　闭合蛋白，*闭锁蛋白　02.0521
ochre codon　赭石密码子　05.0337
ochre mutation　赭石突变　05.0411
ochre suppression　赭石突变阻抑　05.0569
ochre suppressor　赭石突变阻抑基因，*赭石阻抑因子，*赭石抑制子　05.0570
OCT　鸟氨酸氨甲酰基转移酶　03.0236
octacosanoic acid　*二十八烷酸　07.0094
9,12-octadecadiynoic acid　*9,12-十八碳二烯酸　07.0070
octadecatetraenoic acid　十八碳四烯酸　07.0065
octadeca-9,11,13-trienoic acid　*9,11,13-十八碳三烯酸　07.0078
octadeca-9,12,15-trienoic acid　*9,12,15-十八碳三烯酸　07.0075
octaose　八糖　06.0165
octopamine　章胺　10.0306
octopine　章鱼碱，*章鱼氨酸　10.0350
octopine synthase　章鱼碱合酶　03.0139
octose　辛糖，*八碳糖　06.0078
octulose　辛酮糖　06.0079
octulosonic acid　辛酮糖酸　06.0099
OD　光密度　11.0267
odorant receptor　嗅觉受体，*嗅觉感受器，*气味物质受体　02.0725
oestrogen　雌激素　09.0113
off-target effect　脱靶效应　11.0909
OFQ　孤啡肽　02.0112
OG　骨甘蛋白聚糖　06.0317
O-GlcNAc　*O*-连接 β-*N*-乙酰葡萄糖胺　06.0247
O-glycan　*O*-聚糖　06.0245
O-glycosidic bond　*O*-糖苷键　06.0035
O-glycosylation　*O*-糖基化　05.0427
OGP　成骨生长肽　02.0132
25-(OH)-D_3　*25-羟维生素 D_3　09.0350
oil　油　07.0103
Okazaki fragment　冈崎片段　05.0120
oleic acid　油酸　07.0067
olein　油酸甘油酯，*油酰甘油　07.0116
oleosin　油质蛋白　02.0813
olfactory cilia protein　嗅觉纤毛蛋白质　02.0726
olfactory receptor　嗅觉受体，*嗅觉感受器，*气味物质受体　02.0725
olfactory transduction　嗅觉转导　08.0145
2′-5′-oligoadenylate synthetase　2′-5′-寡腺苷酸合成酶　03.0324
oligodeoxynucleotide　寡脱氧核苷酸　04.0127
oligodeoxyribonucleotide　*寡脱氧核糖核苷酸　04.0127
oligodeoxythymidylic acid　寡脱氧胸苷酸，*寡(dT)　04.0130
oligo(dT)　寡脱氧胸苷酸，*寡(dT)　04.0130
oligo(dT)-cellulose　寡(dT)纤维素，*寡脱氧胸苷酸纤

维素 11.0193
oligomer 寡聚体 01.0091
oligomeric enzyme 寡聚酶 03.0004
oligomeric protein 寡聚蛋白质 02.0250
oligonucleotide 寡核苷酸 04.0126
oligonucleotide-directed mutagenesis 寡核苷酸定点诱变 11.0808
oligonucleotide ligation assay 寡核苷酸连接分析 11.0850
oligonucleotide microarray 寡核苷酸微阵列 11.0986
oligopeptide 寡肽 02.0069
oligoribonucleotide *寡核糖核苷酸 04.0126
oligosaccharide 寡糖 06.0004
oligosaccharide transferase 寡糖转移酶 03.0275
oligosaccharin 寡糖素 09.0317
O-linked β-*N*-acetylglucosamine *O*-连接 β-*N*-乙酰葡萄糖胺 06.0247
O-linked oligosaccharide **O*-连接寡糖 06.0245
omega-3 fatty acid ω-3 脂肪酸 07.0035
omega-6 fatty acid ω-6 脂肪酸 07.0036
omics 组学 01.0027
oncogene 癌基因 05.0067
oncometabolite 癌代谢物 10.0017
oncomodulin 癌调蛋白 02.0761
oncoprotein 癌蛋白 02.0760
oncosis 细胞胀亡 01.0266
oncostatin M 抑瘤素 M，*抑癌蛋白 M 09.0205
one carbon unit 一碳单位 10.0268
one carbon unit metabolism 一碳单位代谢 10.0269
opal codon 乳白密码子 05.0339
opal mutation 乳白突变 05.0412
opal suppressor 乳白突变阻抑基因，*乳白抑制子 05.0571
open circular DNA 开环 DNA 04.0194
open reading frame 可读框，*开放阅读框，*可译框 05.0355
operator 操纵序列，*操纵基因，*操纵元件 05.0537
operon 操纵子 05.0536
opine 冠瘿碱，*冠瘿氨酸 10.0349
opioid peptide 阿片样肽 02.0099
opsin 视蛋白 02.0688
optical activity 旋光性 01.0189
optical biosensor protein 光生物传感器蛋白质，*光生物传感性蛋白质 02.0695
optical density 光密度 11.0267
optical isomer 旋光异构体，*光学异构体 01.0205
optical isomerism 旋光异构，*光学异构 01.0197
optical rotation 旋光性 01.0189
optimum pH 最适 pH 03.0042
optimum temperature 最适温度 03.0043
optrode 光极 11.0329
ORC ［复制］起点识别复合物，*起始点识别复合体 05.0106
orexin 促食欲素，*食欲肽 09.0168
ORF 可读框，*开放阅读框，*可译框 05.0355
origin recognition complex ［复制］起点识别复合物，*起始点识别复合体 05.0106
ornaline 鸟氨胭脂碱 10.0352
ornithine 鸟氨酸 10.0239
ornithine carbamoyltransferase 鸟氨酸氨甲酰基转移酶 03.0236
ornithine cycle 鸟氨酸循环 10.0237
ornithine transcarbamylase *鸟氨酸转氨甲酰酶 03.0236
orosomucoid *血清类黏蛋白 02.0277
orotic acid 乳清酸 10.0368
orotidine 乳清苷 04.0063
orotidine monophosphate *乳清苷一磷酸 04.0118
orotidylic acid 乳清苷酸 04.0118
orphan gene 孤独基因 05.0031
orphanin-FQ 孤啡肽 02.0112
orphan receptor 孤儿受体 08.0318
orphon 孤独基因 05.0031
orthologous gene 种间同源基因，*直系同源基因 05.0043
orthoselection 定向选择 11.0968
orthosteric agonist 正构激动剂 08.0350
orthosteric site 正构部位 08.0349
oryzenin 米谷蛋白 02.0794
OS 章鱼碱合酶 03.0139
OSM 抑瘤素 M，*抑癌蛋白 M 09.0205
ossein 骨胶原 02.0418
osteoadherin 骨黏附蛋白聚糖 06.0319
osteocalcin 骨钙蛋白，*骨钙素 02.0452
osteocrin 肌肉素 09.0247
osteogenic growth peptide 成骨生长肽 02.0132
osteogenin *成骨蛋白，*成骨素 02.0451
osteoglycin 骨甘蛋白聚糖 06.0317
osteoinductive factor *骨诱导因子 06.0317
osteonectin 骨粘连蛋白 02.0737

osteopontin　骨桥蛋白　02.0444
OTC　*鸟氨酸转氨甲酰酶　03.0236
outer nuclear membrane　外核膜　08.0006
outer volume　外水体积　11.0175
outflow　流出液　11.0056
outron　末端内含子　05.0280
outside-in regulation　由外向内调节　08.0191
outside-in signaling　由外向内信号传递　08.0157
ovalbumin　卵清蛋白，*卵白蛋白　02.0280
overexpression　过表达，*超表达　05.0462
overhang　单链突出端　11.0701
overlapping gene　重叠基因　05.0007
overlapping open reading frame　重叠可读框　05.0356
ovomucin　卵黏蛋白　02.0281
ovomucoid　卵类黏蛋白　02.0746
ovorubin　卵红蛋白　02.0755
ovotransferrin　*卵运铁蛋白　02.0282
ovotyrin　卵黄磷蛋白　02.0749
ovoverdin　虾卵绿蛋白　02.0754
OX　促食欲素，*食欲肽　09.0168
oxalic acid　草酸　10.0146
oxaloacetic acid　草酰乙酸　10.0144
oxalosuccinic acid　草酰琥珀酸　10.0138
oxBS　氧化重亚硫酸盐测序　11.0641
oxidase　氧化酶　03.0213
β oxidation　β氧化　10.0177
oxidative bisulfite sequencing　氧化重亚硫酸盐测序　11.0641
oxidative cellulase　氧化纤维素酶　03.0454
oxidative deamination　氧化脱氨[基]作用　10.0233
oxidative phosphorylation　氧化磷酸化　10.0073
oxidative stress　氧化应激　08.0358
oxido-reductase　氧化还原酶，*氧还酶　03.0113
2-oxo-4-aminopyrimidine　*2-氧-4-氨基嘧啶　04.0015
5-oxoproline　*5-氧脯氨酸　02.0045
6-oxopurine　*6-氧嘌呤　04.0010
oxygenase　加氧酶，*氧合酶　03.0181
oxyhemoglobin　氧合血红蛋白　02.0358
oxymyoglobin　氧合肌红蛋白　02.0365
oxytocin　催产素，*缩宫素　09.0046

P

P　脯氨酸　02.0025
PA　磷脂酸　07.0132
PAC　P1人工染色体　11.0744
PACAP　垂体腺苷酸环化酶激活肽　02.0127
PACE　*成对碱性氨基酸切割酶　03.0536
pacemaker enzyme　定步酶　03.0747
packaging　包装　11.0758
packaging cell　包装细胞　11.0761
packaging extract　包装提取物　11.0760
PAGE　聚丙烯酰胺凝胶电泳　11.0104
paired-basic amino acid cleaving enzyme　*成对碱性氨基酸切割酶　03.0536
paired ion chromatography　离子对层析，*离子配对层析　11.0229
paired receptor　成对受体　08.0323
pair-end sequencing　双端测序　11.0607
PAL　苯丙氨酸氨裂合酶　03.0638
paleobiochemistry　古生物化学　01.0004
paleogenomics　古基因组学　01.0032
palindrome　回文序列，*回文对称　04.0140
palindromic sequence　回文序列，*回文对称　04.0140
palmitic acid　棕榈酸，*软脂酸　07.0059
palmitin　棕榈酸甘油酯　07.0119
palmitoleic acid　棕榈油酸　07.0060
palmitoyl-CoA Δ^9-desaturase　软脂酰辅酶A Δ^9脱饱和酶　03.0198
PAMP　病原体相关分子模式　08.0375
pancreastatin　胰抑释素，*胰抑肽　09.0176
pancreatic elastase　胰弹性蛋白酶　03.0528
pancreatic polypeptide　胰多肽　09.0178
panning　淘选　11.0070
panose　潘糖　06.0159
pantothenic acid　泛酸，*遍多酸　09.0370
papain　木瓜蛋白酶　03.0549
paper chromatography　纸层析　11.0218
paper electrophoresis　纸电泳　11.0082
PAPS　3′-磷酸腺苷-5′-磷酰硫酸　10.0104
PAP staining　过氧化物酶–抗过氧化物酶染色，*PAP染色　11.0321
paracasein　副酪蛋白，*衍酪蛋白　02.0758
paracodon　副密码子　04.0297
paracrine　旁分泌　09.0029
paracrine signaling　旁分泌信号传递，*旁分泌信号

传送 08.0151
parafusin 融膜蛋白 02.0440
paraglobulin 副球蛋白 02.0311
paralbumin 副清蛋白 02.0284
paralogous gene 种内同源基因，*旁系同源基因 05.0042
paramyosin 副肌球蛋白 02.0498
paraprotein 副蛋白质 02.0278
paraptosis 类凋亡，*副凋亡 01.0264
parathyroid hormone 甲状旁腺激素 09.0085
parental DNA 亲代 DNA 05.0103
parental imprinting *亲代印记 05.0091
parent peak 母峰 11.0369
parinaric acid 共轭十八碳四烯酸 07.0066
parotin 腮腺素 09.0179
PARS *多(ADP-核糖)合酶 03.0280
partial agonist 部分激动剂 08.0348
particle bombardment *粒子轰击 11.0871
particle electrophoresis 粒子电泳 11.0123
particle gun *微粒枪，*粒子枪 11.0870
P1 artificial chromosome P1 人工染色体 11.0744
partition chromatography 分配层析 11.0212
partition coefficient 分配系数 11.0163
parvalbumin 小清蛋白 02.0285
parvulin 细蛋白 03.0655
passive diffusion 被动扩散 08.0119
passive transport 被动转运 08.0118
Pasteur effect 巴斯德效应 10.0114
pathogen-associated molecular pattern 病原体相关分子模式 08.0375
pathogenomics 病原体基因组学 01.0042
pattern recognition receptor 模式识别受体 08.0377
paxillin 桩蛋白 02.0462
PBP 周质结合蛋白质 02.0266
PC 磷脂酰胆碱 07.0133，磷酰胆碱 10.0209
PCNA 增殖细胞核抗原 02.0681
PCR 聚合酶链反应 11.0526
PCR cloning 聚合酶链反应克隆，*PCR 克隆 11.0554
PCR-ELISA 聚合酶链反应–酶联免疫吸附分析 11.0320
PDB 蛋白质数据库 11.0592
PDE 磷酸二酯酶 03.0402
PDGF 血小板源性生长因子，*血小板衍生生长因子 09.0236
PDZ domain PDZ 结构域 08.0270
PE 磷脂酰乙醇胺 07.0134
pectate disaccharide-lyase 果胶酸二糖裂合酶 03.0631
pectate lyase 果胶酸裂合酶 03.0630
pectin 果胶 06.0195
pectinase 果胶酶 03.0460
pectin depolymerase *果胶解聚酶 03.0461
pectin esterase 果胶酯酶 03.0375
pectin hydrolase *果胶水解酶 03.0461
pectinic acid 果胶酯酸 06.0328
pectin lyase 果胶裂合酶 03.0632
pectinose *果胶糖 06.0056
pedin 水螅肽 02.0142
PEG precipitation 聚乙二醇沉淀法 11.0021
penicillin acylase *青霉素酰化酶 03.0586
penicillin amidase 青霉素酰胺酶 03.0586
penicillin amidohydrolase *青霉素酰胺水解酶 03.0586
penicillinase 青霉素酶 03.0593
pentagastrin 五肽促胃液素，*五肽胃泌素 09.0164
pentaose 五糖 06.0162
pentosan 戊聚糖 06.0179
pentose 戊糖，*五碳糖 06.0054
pentose-phosphate pathway 戊糖磷酸途径，*磷酸戊糖途径 10.0149
pentraxin 正五聚蛋白 02.0656
PEP 磷酸烯醇式丙酮酸 10.0129
PEPCK 磷酸烯醇式丙酮酸羧激酶 03.0612
pepocin 西葫芦毒蛋白 02.0824
pepscan 肽扫描技术 11.0263
pepsin 胃蛋白酶 03.0555
pepsinogen 胃蛋白酶原 03.0556
pepsitensin 胃酶解血管紧张素，*胃酶解血管紧张肽 09.0286
pepstatin 胃蛋白酶抑制剂 03.0776
peptidase 肽酶 03.0494
peptide 肽 02.0067
peptide antibiotics *多肽抗生素 02.0181
peptide bond 肽键 02.0077
peptide bond formation 成肽 05.0390
peptide chain 肽链 02.0083
peptide-ELISA 肽–酶联免疫吸附分析 11.0319
peptide group *肽基 02.0089
peptide hormone 肽类激素 09.0002

peptide library　肽文库　02.0092
peptide map　肽图　11.0261
peptide mapping fingerprinting　肽质量指纹图，*肽质量指纹谱　11.0262
peptide-*N*-glycosidase F　肽-*N*-糖苷酶 F　03.0588
peptide nucleic acid　肽核酸　11.0863
peptide plane　肽平面　02.0088
peptide scanning technique　肽扫描技术　11.0263
peptide synthesis　肽合成　11.0672
peptide transporter　肽转运蛋白　02.0660
peptide unit　肽单元，*肽单位　02.0089
peptidoglycan　肽聚糖　06.0228
peptidyl-dipeptidase A　*肽基二肽酶 A　03.0504
peptidylprolyl *cis-trans* isomerase　肽基脯氨酰顺反异构酶　03.0654
peptidyl site　肽酰位，*P 位　05.0388
peptidyl transferase　肽酰转移酶　03.0261
peptidyl tRNA　肽酰 tRNA　05.0385
peptone　胨　02.0269
perforin　穿孔蛋白，*穿孔素　02.0570
perinuclear space　核周隙　08.0007
periodate oxidation　过碘酸氧化　06.0018
periodic acid-Schiff reaction　过碘酸希夫反应，*高碘酸希夫反应　06.0019
peripheral membrane protein　膜周边蛋白质，*周边膜蛋白质，*表面膜蛋白质　08.0077
peripheral myelin protein 22　外周髓鞘蛋白质 22　02.0558
peripherin　外周蛋白　02.0559
periplasmic binding protein　周质结合蛋白质　02.0266
periplasmic space　周质间隙　08.0014
peristaltic pump　蠕动泵　11.0158
perlecan　串珠蛋白聚糖　06.0311
permease　通透酶　03.0749
permeation　通透　08.0061
permeation chromatography　渗透层析　11.0238
permissive cell　允许细胞，*受纳细胞　11.0796
permselective membrane　*选择通透膜，*选择透性膜　11.0026
permselectivity　通透选择性　08.0060
peroxidase　过氧化物酶　03.0170
peroxidase-antiperoxidase staining　过氧化物酶–抗过氧化物酶染色，*PAP 染色　11.0321
peroxisome　过氧化物酶体　03.0756
persitol　鳄梨糖醇　06.0097
persulfidation　S-巯基化　05.0444
petroselinic acid　岩芹酸　07.0074
P face of lipid bilayer　脂双层 P 面　08.0020
P factor　*P 因子　02.0337
PFGE　脉冲电场凝胶电泳　11.0116
PFK　磷酸果糖激酶　03.0290
PFT-NMR spectrometer　脉冲傅里叶变换核磁共振[波谱]仪　11.0434
pfu　噬斑形成单位　11.0792
PG　磷脂酰甘油　07.0145，前列腺素　09.0183
PGA　*蝶酰谷氨酸　09.0377
PGI_2　前列环素　09.0184
PGM　磷酸葡萄糖变位酶，*葡萄糖磷酸变位酶　03.0664
PGRN　颗粒体蛋白前体　02.0603
PHA　植物凝集素，*红肾豆凝集素　06.0266
phage　噬菌体　11.0750
phage display　噬菌体展示　11.0834
phage display random peptide library　噬菌体展示随机肽文库　11.0830
phage surface display　噬菌体表面展示　11.0789
λ phage terminase　λ 噬菌体末端酶　03.0754
phagocytosis　吞噬[作用]　08.0135
phalloidin　鬼笔环肽　02.0216
phallotoxin　鬼笔毒肽，*鬼笔毒素，*毒蕈肽　02.0215
pharmacogenomics　药物基因组学　01.0039
phaseline　菜豆清蛋白　02.0289
phase transition　相变　08.0037
phase transition temperature　相变温度　08.0038
PH domain　PH 结构域，*普列克底物蛋白同源结构域　08.0271
Phe　苯丙氨酸　02.0027
phenol-chloroform extraction　*苯酚–氯仿抽提法　11.0016
phenome　表型组　01.0069
phenomics　表型组学　01.0034
phenotype　表型　05.0027
phenotypic cloning　表型克隆　11.0688
phenylacetamidase　苯乙酰胺酶　03.0583
phenylactic acid　苯乳酸　10.0303
phenylalanine　苯丙氨酸　02.0027
phenylalanine ammonia-lyase　苯丙氨酸氨裂合酶　03.0638

phenylalanine hydroxylase　苯丙氨酸羟化酶　03.0193
phenylethanolamine-*N*-methyltransferase　苯基乙醇胺-*N*-甲基转移酶　03.0227
phenylethylamine　苯乙胺　10.0304
phenylisothiocyanate　异硫氰酸苯酯　11.1017
phenylpyruvic acid　苯丙酮酸　10.0302
pheophytin　脱镁叶绿素，*褐藻素　10.0055
pheromone　信息素　09.0303
PHGPx　磷脂氢过氧化物谷胱甘肽过氧化物酶，*磷脂氢谷胱甘肽过氧化物酶　03.0178
phophoepitope　磷酸化表位　08.0234
phorbol　佛波醇，*大戟二萜醇　08.0391
phorbol ester　佛波酯，*大戟二萜醇酯　08.0392
phorbol ester response element　佛波酯应答元件　08.0393
phosphacan　磷酸蛋白聚糖　06.0298
phosphatase　磷酸[酯]酶　03.0385
phosphate method　*磷酸酯法　11.0679
phosphatide　磷脂　07.0130
phosphatidic acid　磷脂酸　07.0132
phosphatidylcholine　磷脂酰胆碱　07.0133
phosphatidyl ethanolamine　磷脂酰乙醇胺　07.0134
phosphatidylglycerol　磷脂酰甘油　07.0145
phosphatidylinositol　磷脂酰肌醇　07.0136
phosphatidylinositol-4,5-biphosphate　磷脂酰肌醇-4,5-二磷酸　07.0141
phosphatidylinositol cycle　磷脂酰肌醇循环　07.0142
phosphatidylinositol glycan　磷脂酰肌醇聚糖　06.0219
phosphatidylinositol kinase　磷脂酰肌醇激酶，*PI 激酶　03.0297
phosphatidylinositol 3-kinase　磷脂酰肌醇 3-激酶　03.0298
phosphatidylinositol 4-kinase　磷脂酰肌醇 4-激酶　03.0299
phosphatidylinositol 5-kinase　磷脂酰肌醇 5-激酶　03.0300
phosphatidylinositol phosphate　磷脂酰肌醇磷酸　07.0140
phosphatidylinositol response　磷脂酰肌醇应答　07.0143
phosphatidylserine　磷脂酰丝氨酸　07.0135
phosphite method　*亚磷酸酯法　11.0680
phosphite triester method　亚磷酸三酯法　11.0680
3′-phosphoadenosine-5′-phosphosulfate　3′-磷酸腺苷-5′-磷酰硫酸　10.0104
phosphocreatine　*磷酸肌酸　10.0285
phosphodegron　磷酸化降解决定子　08.0240
phosphodiesterase　磷酸二酯酶　03.0402
phosphodiester bond　磷酸二酯键　04.0143
phosphodiester method　磷酸二酯法　11.0679
phosphoenolpyruvate　磷酸烯醇式丙酮酸　10.0129
phosphoenolpyruvate carboxykinase　磷酸烯醇式丙酮酸羧激酶　03.0612
phosphoenolpyruvic acid　磷酸烯醇式丙酮酸　10.0129
phosphoester transfer　磷酸酯转移　10.0097
phosphofructokinase　磷酸果糖激酶　03.0290
phosphoglucoisomerase　*磷酸葡萄糖异构酶　03.0661
phosphoglucomutase　磷酸葡萄糖变位酶，*葡萄糖磷酸变位酶　03.0664
phosphogluconate shunt　*磷酸葡萄糖酸支路　10.0149
3-phosphoglyceraldehyde　*3-磷酸甘油醛　10.0123
2-phosphoglycerate　*2-磷酸甘油酸　10.0128
3-phosphoglycerate　*3-磷酸甘油酸　10.0127
phosphoglycerate kinase　磷酸甘油酸激酶　03.0301
phosphoglycerate mutase　磷酸甘油酸变位酶　03.0666
phosphoglyceride　*磷酸甘油酯　07.0131
phosphoglyceromutase　磷酸甘油酸变位酶　03.0666
phosphoinositidase C　磷酸肌醇酶 C　03.0400
phosphoinositide　*磷酸肌醇　07.0138
phosphoinositide cascade　磷酸肌醇级联反应　08.0224
phosphoketolase　磷酸转酮酶　03.0620
phosphokinase　*磷酸激酶　03.0331
phospholipase　磷脂酶　03.0377
phospholipid　磷脂　07.0130
phospholipid bilayer　磷脂双层　08.0018
phospholipid hydroperoxide glutathione peroxidase　磷脂氢过氧化物谷胱甘肽过氧化物酶，*磷脂氢谷胱甘肽过氧化物酶　03.0178
phospholipid metabolism　磷脂代谢　10.0168
phospholipid transfer protein　磷脂转运蛋白　10.0170
phospholipid-translocating ATPase　*磷脂转运 ATP

酶 03.0715
phospholipoprotein 磷酸脂蛋白 02.0390
phosphomonoester bond 磷酸单酯键 04.0142
phosphopentomutase 磷酸戊糖变位酶 03.0665
phosphoprotein 磷蛋白 02.0235
phosphoramidite method 亚磷酰胺法 11.0682
phosphoramidon 磷酰二肽，*膦酰二肽 02.0201
phosphorelay 连续磷酸化传递，*磷酸传递，*磷酸中继 08.0232
phosphoribosylamine 磷酸核糖胺，*核糖胺磷酸 10.0362
phosphoribosylglycinamide formyltransferase 磷酸核糖甘氨酰胺甲酰基转移酶 03.0231
phosphoribosylpyrophosphate 磷酸核糖[基]焦磷酸 10.0361
phosphorolysis 磷酸解 10.0098
phosphorothioate oligonucleotide 硫代磷酸寡核苷酸 11.0929
phosphorylase 磷酸化酶 03.0321
phosphorylase kinase 磷酸化酶激酶 03.0348
phosphorylation 磷酸化 05.0417
phosphorylcholine 磷酰胆碱 10.0209
phosphoserine 磷酸丝氨酸 08.0227
phosphothreonine 磷酸苏氨酸 08.0226
phosphotidylinositol turnover 磷脂酰肌醇转换 07.0144
phosphotransferase 磷酸转移酶 03.0287
phosphotriester method 磷酸三酯法 11.0681
phosphotyrosine 磷酸酪氨酸 08.0225
phosphotyrosine-binding domain 磷酸酪氨酸结合结构域，*PTB 结构域 08.0263
phosphotyrosine kinase *磷酸酪氨酸激酶 03.0335
phosphotyrosine phosphatase *磷酸酪氨酸磷酸酶 03.0399
phosvitin 卵黄高磷蛋白 02.0750
photoaffinity labeling 光亲和标记 11.0398
photoaffinity probe 光亲和探针 11.0521
photobilirubin 光胆红素 10.0331
photodensitometer 光密度计 11.0268
photolyase *光裂合酶，*光修复酶 05.0209
photophosphorylation 光合磷酸化 10.0075
photopolymerization 光聚合 11.0122
photopsin 光视蛋白 02.0693
photoreactivating enzyme 光复活酶 05.0209
photoreactivation 光复活 05.0208
photoreactive yellow protein 光敏黄蛋白 02.0694
photorespiration 光呼吸[作用] 10.0159
photosynthesis 光合作用 10.0158
photosynthetic carbon reduction cycle *光合碳还原循环 10.0160
phototransduction 光转导 08.0143
phrenosin 羟脑苷脂 07.0176
phthioic acid *结核菌酸 07.0064
phycobilin protein 藻胆蛋白 02.0801
phycobiliprotein 藻胆蛋白 02.0801
phycobilisome 藻胆蛋白体 02.0800
phycocyanin 藻蓝蛋白 02.0803
phycoerythrin 藻红蛋白 02.0802
phyllocaerulein 叶泡雨蛙肽 02.0150
phyllocaerulin 叶泡雨蛙肽 02.0150
phyllolitorin 叶泡雨滨蛙肽 02.0152
phylloquinone 叶绿醌 09.0356
physalaemin 泡蛙肽 02.0143
physical map 物理图谱 11.0920
physiological saline 生理盐水 11.0998
physophilin 泡友蛋白 02.0545
phytanic acid 植烷酸 07.0058
phytic acid 植酸 07.0139
phytoecdysone 植物蜕皮素 09.0318
phytoglycogen 植物糖原 06.0193
phytohemagglutinin 植物凝集素，*红肾豆凝集素 06.0266
phytohormone 植物激素 09.0306
phytol 叶绿醇，*植醇 07.0193
phytosterol 植物固醇，*植物甾醇 07.0228
phytosulfokine 植物硫酸肽 09.0307
phytoxanthin 叶黄素 09.0338
phytylmenaquinone *叶绿基甲萘醌 09.0356
pI 等电点 02.0916
PI 磷脂酰肌醇 07.0136
picolinic acid 吡啶甲酸 10.0267
PIDD 具有死亡结构域的 p53 诱导蛋白质，*p53 诱导的死亡结构域蛋白质 08.0365
PIDDosome PIDD 小体 08.0366
PI kinase 磷脂酰肌醇激酶，*PI 激酶 03.0297
pilin 菌毛蛋白 02.0847
pimelic acid 庚二酸 07.0044
p53-induced protein with a death domain 具有死亡结构域的 p53 诱导蛋白质，*p53 诱导的死亡结构域蛋白质 08.0365

pineal hormone　松果体激素　09.0072
pinellin　半夏蛋白　02.0840
pinene　蒎烯　07.0182
pinocytosis　胞饮[作用]，*吞饮[作用]　08.0136
PIP　磷脂酰肌醇磷酸　07.0140
PIP_2　磷脂酰肌醇-4,5-二磷酸　07.0141
pipinin　豹蛙肽　02.0154
PI response　磷脂酰肌醇应答　07.0143
piRNA　PIWI 互作 RNA　04.0248
PITC　异硫氰酸苯酯　11.1017
pitocin　催产素，*缩宫素　09.0046
pitressin　[血管]升压素，*加压素　09.0045
pituitary adenylate cyclase-activating polypeptide　垂体腺苷酸环化酶激活肽　02.0127
PIWI-interacting RNA　PIWI 互作 RNA　04.0248
PK　蛋白质激酶　03.0332
PKA　*蛋白质激酶 A　03.0341
PKA pathway　*PKA 途径　08.0171
PKC　蛋白质激酶 C　03.0344
PKG　cGMP 依赖性蛋白质激酶，*依赖 cGMP 的蛋白质激酶　03.0342
PKR　双链 RNA 依赖性蛋白质激酶，*依赖双链 RNA 的蛋白质激酶　03.0343
placental lactogen　绒毛膜生长催乳素　09.0050
plakoglobin　斑珠蛋白　02.0528
planar chromatography　平面层析　11.0215
plant growth regulator　植物生长调节剂　09.0308
plaque　空斑　11.0790，噬斑　11.0791
plaque forming unit　噬斑形成单位　11.0792
plasmagene　细胞质基因　05.0030
plasma kallikrein　血浆型激肽释放酶　03.0521
plasmalemma　质膜　08.0003
plasmalemmasome　质膜体　08.0009
plasma lipid　血脂　07.0010
plasma lipoprotein　血浆脂蛋白　02.0374
plasmalogen　缩醛磷脂　07.0150
plasma membrane　质膜　08.0003
plasma membrane calcium-ATPase　质膜钙 ATP 酶　03.0709
plasma membrane calcium pump　*质膜钙泵　03.0709
plasma protein　血浆蛋白质　02.0258
plasmid　质粒　05.0155
plasmid copy number　质粒拷贝数　05.0160
plasmid incompatibility　质粒不相容性　05.0161
plasmid instability　质粒不稳定性　05.0162
plasmid maintenance sequence　质粒维持序列　05.0163
plasmid partition　质粒分配　05.0165
plasmid phenotype　质粒表型　05.0166
plasmid replication　质粒复制　05.0158
plasmid replicon　质粒复制子　05.0159
plasmid rescue　质粒获救，*质粒拯救　05.0167
plasmid transformation　质粒转化　11.0770
plastid DNA　质体 DNA　04.0204
plastin　丝束蛋白　02.0479
plastocyanin　质体蓝蛋白，*质体蓝素　02.0811
plastogene　质体基因　05.0032
plastoquinone　质体醌　10.0056
plate electrophoresis　平板电泳　11.0127
platelet and leukocyte C kinase substrate　*血小板-白细胞 C 激酶底物　02.0346
platelet-derived growth factor　血小板源性生长因子，*血小板衍生生长因子　09.0236
β pleated sheet　β 片层，*β 折叠　02.0882
pleckstrin　普列克底物蛋白　02.0346
pleckstrin homology domain　PH 结构域，*普列克底物蛋白同源结构域　08.0271
plectin　网蛋白　02.0412
pleiotropic gene　多效基因　05.0056
PLF　增殖蛋白　02.0680
PLTP　磷脂转运蛋白　10.0170
PMCA　质膜钙 ATP 酶　03.0709
PMF　肽质量指纹图，*肽质量指纹谱　11.0262
PMP22　外周髓鞘蛋白质 22　02.0558
PN　蛋白酶连接蛋白　02.0609
PnA　共轭十八碳四烯酸　07.0066
PNA　肽核酸　11.0863
PNK　多核苷酸激酶　03.0294
PNMT　苯基乙醇胺-*N*-甲基转移酶　03.0227
PNP　嘌呤核苷磷酸化酶　03.0276
podocalyxin　足萼糖蛋白　02.0731
point mutation　点突变　05.0192
polar amino acid residue　*极性氨基酸残基　02.0081
polar bond　极性键　01.0106
polarity　极性　01.0181
polar molecule　极性分子　01.0182
Polo-box　Polo 框　08.0264
poly(A)　多腺苷酸，*多(A)　04.0133
polyacrylamide gel　聚丙烯酰胺凝胶　11.0090

polyacrylamide gel electrophoresis　聚丙烯酰胺凝胶电泳　11.0104
polyadenylate polymerase　多腺苷酸聚合酶，*多(A)聚合酶　03.0323
polyadenylation　多腺苷酸化　05.0307
polyadenylation signal　多腺苷酸化信号　05.0309
polyadenylic acid　多腺苷酸，*多(A)　04.0133
poly(ADP-ribose) synthase　*多(ADP-核糖)合酶　03.0280
polyamine　多胺　10.0255
poly(A) polymerase　多腺苷酸聚合酶，*多(A)聚合酶　03.0323
poly(A) tail　多(A)尾　05.0308
polycistron　多顺反子　05.0369
polycistronic mRNA　多顺反子 mRNA　05.0373
polyclonal antibody　多克隆抗体　01.0256
polycloning site　多克隆位点　11.0697
polycondensation　缩聚反应　01.0119
polyethylene glycol precipitation　聚乙二醇沉淀法　11.0021
polygalacturonase　多半乳糖醛酸酶　03.0461
poly-α-1,4-galacturonide glycanohydrolase　*多 α-1,4-半乳糖醛酸聚糖水解酶　03.0461
polygene　多基因　05.0057
polygenic theory　多基因学说　05.0058
poly-β-glucosaminidase　*聚 β-氨基葡萄糖苷酶　03.0459
polyhedrin　多角体蛋白　02.0844
poly(I:C)　多肌胞苷酸　04.0134
polyinosinic acid-polycytidylic acid　多肌胞苷酸　04.0134
polylactosamine　多乳糖胺　06.0226
polylinker　多位点人工接头　11.0703
polymer　多聚体，*聚合物　01.0090
polymerase　聚合酶　03.0307
polymerase chain reaction　聚合酶链反应　11.0526
polymerization　聚合[反应]　01.0117
polymorphism　多态性　01.0171
polymyxin　多黏菌素　02.0205
polymyxin E　*多黏菌素 E　02.0206
1,4-β-poly-*N*-acetylglucosaminidase　*1,4-β-聚 *N*-乙酰葡萄糖胺糖苷酶　03.0459
polynucleotide　多核苷酸　04.0125
polynucleotide adenylyltransferase　*多核苷酸腺苷酰[基]转移酶　03.0323
polynucleotide kinase　多核苷酸激酶　03.0294
polynucleotide phosphorylase　多核苷酸磷酸化酶　03.0322
polyol pathway　多元醇途径　10.0153
polypeptide　多肽　02.0070
polypeptide chain　多肽链　02.0084
polyphenol　多酚　10.0347
polyphenol oxidase　多酚氧化酶　03.0169
polyprenol　多萜醇　07.0201
polyribonucleotide　*多核糖核苷酸　04.0125
polyribonucleotide nucleotidyltransferase　*多核糖核苷酸核苷酸转移酶　03.0322
polyribosome　多核糖体　04.0278
polysaccharide　多糖　06.0005
polysaccharide sequencing　多糖测序　11.0661
polysialic acid　多唾液酸　06.0227
polysome　多核糖体　04.0278
polyterpene　多萜　07.0200
poly(U)　多尿苷酸　04.0135
polyubiquitination　多聚泛素化　05.0431
polyubiquitin chain　多聚泛素链　05.0432
polyunsaturated fatty acid　多不饱和脂肪酸　07.0034
polyuridylic acid　多尿苷酸　04.0135
POMC　阿黑皮素原　09.0019
ponticulin　膜桥蛋白　02.0585
pontin protein　桥蛋白质　02.0443
population genomics　种群基因组学　01.0044
P/O ratio　磷氧比　10.0085
pore-forming protein　成孔蛋白质　08.0099
porin　[膜]孔蛋白　08.0100
porphobilinogen　卟胆原，*胆色素原　10.0314
porphyrin　卟啉　10.0311
porphyrinogen　卟啉原　10.0316
positional candidate cloning　定位候选克隆　11.0687
positional cloning　定位克隆　11.0686
positive control　正调控，*正调节　05.0449
positive effector　正效应物　01.0228
positive feedback　正反馈　10.0026
positive-inside rule　正电朝内原则　08.0040
positively supercoiled DNA　正超螺旋 DNA　04.0169
positive regulation　正调控，*正调节　05.0449
positive selectable marker　*正向选择标志物　11.0787
positive supercoil　正超螺旋　04.0166

postalbumin　后清蛋白　02.0275
posterior pituitary hormone　垂体后叶激素　09.0044
postgenomics　*后基因组学　01.0030
post-replication repair　复制后修复　05.0221
post-transcriptional processing　转录后加工　05.0270
post-translational modification　翻译后修饰　05.0416
post-translational processing　翻译后加工　05.0415
PP　胰多肽　09.0178
ppGpp　鸟苷四磷酸　08.0223
PPIase　肽基脯氨酰顺反异构酶　03.0654
pppGpp　鸟苷五磷酸　08.0222
PPT　前速激肽原　02.0118
PRA　磷酸核糖胺，*核糖胺磷酸　10.0362
prealbumin　前清蛋白　02.0276
prebiotic chemistry　前生命化学　01.0003
precursor　前体　10.0024
precursor mRNA　前信使 RNA，*前[体]mRNA　05.0256
pregenome　前基因组　01.0059
pregnane　孕[固]烷，*孕甾烷　09.0119
pregnanediol　孕二醇　09.0121
pregnanedione　孕烷二酮　09.0122
pregnenolone　孕烯醇酮　09.0123
prehybridization　预杂交　11.0457
prekallikrein　前激肽释放酶　03.0524
premature termination codon　提前终止密码子　05.0318
pre-messenger RNA　前信使 RNA，*前[体]mRNA　05.0256
pre-mRNA　前信使 RNA，*前[体]mRNA　05.0256
prenylation　异戊二烯化，*异戊烯化　09.0330
preparative biochemistry　制备生物化学　01.0008
pre-POMC　前阿黑皮素原　09.0018
prepriming complex　*预引发复合体　05.0136
preprimosome　引发体前体，*前引发体　05.0136
preproenkephalin　前脑啡肽原　02.0107
preprogalanin　前甘丙肽原　02.0136
preprohormone　前激素原　09.0015
preproinsulin　前胰岛素原　09.0017
preproopiomelanocortin　前阿黑皮素原　09.0018
preproprotein　前蛋白质原　02.0271
preprotachykinin　前速激肽原　02.0118
pre-RNA　*前体 RNA　05.0255
presenilin　衰老蛋白　02.0586
prespliceosome　剪接前体　05.0291
presteady state　前稳态　03.0052
prestin　快蛋白　02.0508
pretreatment　预处理，*前处理　11.0004
previtamin　维生素原　09.0327
PRF　*催乳素释放因子　09.0064
PRH　催乳素释放素　09.0064
Pribnow box　普里布诺框　05.0518
primary amino acid　基本氨基酸　02.0002
primary bile acid　初级胆汁酸　10.0197
primary culture　原代培养　11.0959
primary scintillator　第一闪烁剂　11.0307
primary structure　一级结构　01.0152
primary transcript　初级转录物，*原初转录物，*初级转录本，*原转录本　05.0255
primase　引发酶　03.0320
primer　引物　01.0146
primer extension　引物延伸　11.0557
primer repair　引物修补　11.0558
primer walking　引物步移，*引物步查　11.0601
primeverose　樱草糖　06.0153
priming　引发　05.0135，致敏　08.0188
primosome　引发体　05.0137
prion protein　朊病毒蛋白　02.0845
pristanic acid　降植烷酸　07.0057
Pro　脯氨酸　02.0025
pro-apoptotic protein　促凋亡蛋白质，*凋亡前体蛋白质　02.0767
probe　探针　11.0510
procarboxypeptidase　羧肽酶原　03.0509
processed pseudogene　已加工假基因　05.0037
processing protease　加工蛋白酶　03.0576
procollagen　前胶原[蛋白]　02.0404
proctolin　直肠肽　02.0141
prodynorphin　强啡肽原　02.0108
proelastase　弹性蛋白酶原　03.0526
proelastin　前弹性蛋白，*弹性蛋白原　02.0421
proenkephalin　脑啡肽原　02.0106
proenzyme　酶原　03.0025
profilin　[组装]抑制蛋白，*前纤维蛋白　02.0473
progesterone　孕酮，*黄体酮　09.0120
progestin　孕激素　09.0118
progestogen　孕激素　09.0118
proglucagon-derived peptide　胰高血糖素原衍生肽　09.0158
programmed cell death　细胞程序性死亡　01.0260

progranulin　颗粒体蛋白前体　02.0603
prohibitin　抗增殖蛋白　02.0780
prohormone　激素原　09.0016
prohormone convertase　激素原转换酶，*激素原转化酶　03.0531
proinflammatory cytokine　促炎性细胞因子　09.0274
proinflammatory protein　促炎症蛋白质　02.0328
prokaryotic expression vector　原核表达载体　11.0723
prolactin　催乳素，*促乳素　09.0040
prolactin releasing factor　*催乳素释放因子　09.0064
prolactin releasing hormone　催乳素释放素　09.0064
prolactoliberin　催乳素释放素　09.0064
prolamin　谷醇溶蛋白　02.0228
prolamine　谷醇溶蛋白　02.0228
prolidase　氨基酰脯氨酸二肽酶　03.0500
proliferating cell nuclear antigen　增殖细胞核抗原　02.0681
proliferin　增殖蛋白　02.0680
prolinase　*脯氨酰氨基酸二肽酶　03.0501
proline　脯氨酸　02.0025
proline racemase　脯氨酸消旋酶　03.0652
proline-rich domain　富含脯氨酸结构域　05.0502
promoter　启动子　05.0511
promoter clearance　启动子清除　05.0532
promoter escape　启动子解脱　05.0531
promoter occlusion　启动子封堵　05.0529
promoter suppression　启动子阻抑　05.0530
promoter trapping　启动子捕获　11.0857
pronase　链霉蛋白酶　03.0541
proofreading　校对　05.0179
proofreading activity　校对活性　05.0180
proopiomelanocortin　阿黑皮素原　09.0019
properdin　备解素　02.0337
prophage　*原噬菌体　11.0752
propionyl-CoA　丙酰辅酶 A　10.0291
propionyl coenzyme A　丙酰辅酶 A　10.0291
proportional counter　正比计数器　11.0311
proprotein　蛋白质原　02.0270
proprotein convertase　蛋白质原转换酶，*蛋白质原转化酶　03.0542
prostacyclin　前列环素　09.0184
prostaglandin　前列腺素　09.0183
prostaglandin I_2　前列环素　09.0184
prostanoic acid　前列腺烷酸　09.0185
prostanoid　前列腺素类激素　09.0182
prostatein　前列腺蛋白　02.0678
prosthetic group　辅基　02.0240
protamine　鱼精蛋白　02.0229
protease　蛋白酶　03.0510
protease nexin　蛋白酶连接蛋白　02.0609
proteasome　蛋白酶体　03.0578
protein　蛋白质　02.0221
protein amino acid　蛋白质氨基酸　02.0004
proteinase　蛋白酶　03.0510
α_1-proteinase inhibitor　α_1-蛋白酶抑制剂　03.0767
protein biosynthesis　蛋白质生物合成　05.0330
protein-centric approach　蛋白质中心技术　11.0359
protein chip　蛋白质芯片　11.0984
protein databank　蛋白质数据库　11.0592
protein database　蛋白质数据库　11.0592
protein degradation　蛋白质降解　10.0219
protein-disulfide reductase　蛋白质二硫键还原酶　03.0159
protein family　蛋白质家族　01.0081
protein folding　*蛋白质折叠　02.0878
protein-glutamate methylesterase　蛋白质谷氨酸甲酯酶　03.0382
protein histidine kinase　蛋白质组氨酸激酶　03.0359
protein histidine *pros*-kinase　蛋白质组氨酸近激酶　03.0360
protein histidine *tele*-kinase　蛋白质组氨酸远激酶　03.0361
protein homeostasis　蛋白质稳态　08.0353
protein hormone　蛋白质类激素　09.0003
protein isoform　蛋白质异形体　02.0267
protein kinase　蛋白质激酶　03.0332
protein kinase A　*蛋白质激酶 A　03.0341
protein kinase A pathway　*PKA 途径　08.0171
protein kinase C　蛋白质激酶 C　03.0344
protein kinase kinase　蛋白质激酶激酶　03.0358
protein microarray　*蛋白质微阵列　11.0984
protein motif　蛋白质模体　02.0889
proteinoid　类蛋白质　02.0268
protein phosphatase　蛋白质磷酸酶　03.0395
protein primary structure　蛋白质一级结构　02.0874
protein quaternary structure　蛋白质四级结构　02.0908
protein quinary structure　蛋白质五级结构　02.0913
protein respiratory quotient　蛋白质呼吸商　10.0047

protein secondary structure　蛋白质二级结构　02.0875
protein sequence database　蛋白质序列数据库　11.0593
protein sequencing　蛋白质测序　11.0584
protein serine/threonine kinase　蛋白质丝氨酸/苏氨酸激酶　03.0333
protein serine/threonine phosphatase　蛋白质丝氨酸/苏氨酸磷酸酶　03.0396
protein sorting　*蛋白质分拣　05.0447
protein splicing　蛋白质剪接　05.0446
protein structure database　蛋白质结构数据库　11.0362
protein subunit　蛋白质亚基　02.0909
protein targeting　蛋白质靶向输送　05.0447
protein tertiary structure　蛋白质三级结构　02.0887
protein truncation test　蛋白质截短试验　11.0815
protein tyrosine kinase　蛋白质酪氨酸激酶　03.0335
protein tyrosine phosphatase　蛋白质酪氨酸磷酸酶　03.0399
proteoglycan　蛋白聚糖　06.0290
proteohormone　蛋白质类激素　09.0003
proteolipid　蛋白脂质　02.0385
proteolytic enzyme　*蛋白水解酶　03.0510
proteome　蛋白质组　01.0063
proteomics　蛋白质组学　01.0047
proteostasis　蛋白质稳态　08.0353
prothoracicotropic hormone　促前胸腺激素　09.0295
protobiochemistry　原始生物化学　01.0002
protogene　原基因　05.0006
protomer　原聚体　02.0910
proton pump　质子泵　08.0089
proton-translocating ATPase　质子易位 ATP 酶　03.0702
proton-translocating $NAD(P)^+$ transhydrogenase　质子易位 $NAD(P)^+$ 转氢酶　03.0696
proto-oncogene　原癌基因　05.0068
protoporphyrin　原卟啉　10.0315
protoporphyrin Ⅸ　原卟啉Ⅸ　10.0320
protoporphyrinogen Ⅸ　原卟啉原Ⅸ　10.0319
protruding terminus　*突出末端　04.0326
pro-UK　尿激酶原　03.0535
prourokinase　尿激酶原　03.0535
provitamin　维生素原　09.0327
provitamin A　维生素 A 原　09.0334
provitamin D_2　*维生素 D_2 原　09.0345
provitamin D_3　*维生素 D_3 原　09.0347
proximal promoter　近端启动子　05.0513
PrP　朊病毒蛋白　02.0845
PRPP　磷酸核糖[基]焦磷酸　10.0361
PRR　模式识别受体　08.0377
PS　磷脂酰丝氨酸　07.0135
pS2　*乳腺癌相关肽　02.0169
PSA　多唾液酸　06.0227
pseudocyclic photophosphorylation　假循环光合磷酸化，*假环式光合磷酸化　10.0078
pseudo-feedback inhibition　拟反馈抑制　10.0028
pseudogene　假基因　05.0035
pseudoglobulin　假球蛋白，*拟球蛋白　02.0226
pseudokeratin　假角蛋白　02.0395
pseudoknot　*假结　04.0299
pseudopeptidoglycan　假肽聚糖　06.0229
pseudosubstrate　假底物　03.0033
pseudouridine　假尿苷　04.0065
pseudouridylic acid　假尿苷酸　04.0123
psicose　阿洛酮糖　06.0072
P site　肽酰位，*P 位　05.0388
PSK　植物硫酸肽　09.0307
psychosine　鞘氨醇半乳糖苷　06.0130
PTB domain　磷酸酪氨酸结合结构域，*PTB 结构域　08.0263
PTC　提前终止密码子　05.0318
pteroic acid　蝶酸　09.0378
pteroyl-glutamic acid　*蝶酰谷氨酸　09.0377
PTH　甲状旁腺激素　09.0085
PTK　蛋白质酪氨酸激酶　03.0335
PTP　蛋白质酪氨酸磷酸酶　03.0399
PTT　蛋白质截短试验　11.0815
PTTH　促前胸腺激素　09.0295
ptyalin　唾液淀粉酶　03.0447
P-type ATPase　P 型 ATP 酶　03.0704
P-type Ca^{2+} transporter　*P 型钙转运蛋白　03.0707
P-type lectin　P 型凝集素　06.0274
P-type phospholipid transporter　P 型磷脂转运蛋白　03.0715
PUFA　多不饱和脂肪酸　07.0034
pull-down experiment　牵拉沉淀实验，*牵出实验，*共沉淀实验　11.0348
pullulan　短梗霉聚糖　06.0201
pullulanase　短梗霉多糖酶　03.0479
pulse alternative field gel electrophoresis　*脉冲交变

Q

R

recombinant 重组体 05.0093
recombinant clone 重组克隆 11.0692
recombinant DNA 重组 DNA 11.0666
recombinant DNA technique 重组 DNA 技术 11.0675
recombinant PCR *重组 PCR 11.0553
recombinant protein 重组蛋白质 11.0668
recombinant RNA 重组 RNA 11.0667
recombinase 重组酶 03.0738
recombinase aided amplification 重组酶介导扩增 11.0571
recombinase polymerase amplification 重组酶聚合酶扩增 11.0570
recombination 重组 11.0665
recombination activating gene 重组活化基因 05.0060
recombination repair 重组修复 05.0220
recombineering 重组工程 11.0957
recommended nomenclature 习惯命名 03.0110
recoverin 恢复蛋白 02.0613
redox enzyme 氧化还原酶，*氧还酶 03.0113
redox signaling 氧化还原信号传递 08.0357
reduced nicotinamide adenine dinucleotide 还原型烟酰胺腺嘌呤二核苷酸，*还原型辅酶 I 03.0018
reduced nicotinamide adenine dinucleotide phosphate 还原型烟酰胺腺嘌呤二核苷酸磷酸，*还原型辅酶 II 03.0019
reduced representation bisulfite sequencing 简化代表性重亚硫酸盐测序，*简化基因组甲基化测序 11.0643
reducing sugar 还原糖 06.0025
reducing terminus 还原末端 06.0033
reductase 还原酶 03.0156
redundant DNA 丰余 DNA 04.0217
refolding 重折叠 02.0881
regulated intramembrane proteolysis 受控膜内蛋白酶解 08.0355
regulation 调节 01.0237
regulator 调节物 01.0238
regulator of G protein signaling G 蛋白信号传递调节蛋白 08.0309
regulatory cascade 调节级联 01.0245
regulatory circuit 调节回路 08.0189
regulatory domain 调节域 01.0239
regulatory element 调控元件，*调节元件 05.0474
regulatory enzyme 调节酶 03.0103
regulatory factor 调控因子，*调节因子 05.0476
regulatory gene 调节基因 05.0458
regulatory non-coding RNA 调控性非编码 RNA 04.0240
regulatory protein 调节蛋白质 05.0475
regulatory region 调节区 01.0240
regulatory sequence 调控序列，*调节序列 05.0472
regulatory site 调节部位 01.0241
regulatory subunit 调节亚基 01.0242
regulon 调节子 05.0549
relative centrifugal force 相对离心力 11.0048
relative mobility 相对迁移率 11.0077
relative specificity 相对专一性，*相对特异性 03.0056
relaxation protein *松弛蛋白质 02.0676
relaxed DNA 松弛 DNA 04.0193
relaxed plasmid 松弛型质粒 05.0156
relaxin 松弛素 09.0146
relay protein 传递蛋白质，*中继蛋白质 08.0308
release factor 释放因子 05.0379
releasing hormone 释放[激]素 09.0057
renaturation 复性 01.0179
renin 肾素，*血管紧张肽原酶 03.0559
repair endonuclease 修复核酸内切酶，*修复内切核酸酶 03.0692
repair enzyme 修复酶 03.0693
repairosome 修复体 05.0213
repair polymerase 修复聚合酶 03.0319
repeat-associated small interfering RNA 重复相关干扰小 RNA 04.0249
repetitive DNA 重复 DNA 04.0207
repetitive sequence 重复序列 05.0016
replacement vector 置换型载体，*取代型载体 11.0729
replica plating 复印接种，*影印培养 11.0967
replicase 复制酶 03.0326
replication 复制 05.0098
replication bubble 复制泡 05.0111
replication-competent vector *可复制型载体 05.0127
replication complex 复制体 05.0107
replication error 复制错误 05.0138
replication eye *复制眼 05.0111
replication fork 复制叉 05.0110

retroviral vector 逆转录病毒载体 11.0727
reverse biochemistry 反向生物化学 01.0011
reverse cholesterol transport 胆固醇逆向转运 10.0171
reverse dialysis 反向透析 11.0023
reversed-phase ion-pair chromatography *反相离子对层析 11.0229
reversed-phase partition chromatography 反相分配层析 11.0213
reverse-phase chromatography 反相层析 11.0206
reverse primer 反向引物 11.0556
reverse rocket immunoelectrophoresis 逆向火箭免疫电泳 11.0150
reverse self-splicing 反向自剪接 05.0277
reverse transcriptase 逆转录酶，*反转录酶 03.0313
reverse transcription 逆转录，*反转录 05.0124
reverse transcription PCR 逆转录聚合酶链反应，*逆转录 PCR，*反转录 PCR 11.0527
reverse turn β转角 02.0884
reversible covalent modification 可逆共价修饰 03.0099
reversible inhibition 可逆抑制 03.0077
revertase 逆转录酶，*反转录酶 03.0313
revistin 逆转录酶抑制剂 03.0782
revolution per minite 每分钟转数 11.0040
RF 释放因子 05.0379
RF-DNA 复制型 DNA 05.0132
RFLP 限制性酶切片段长度多态性 11.0706
R_f value R_f值 11.0164
RGS G 蛋白信号传递调节蛋白 08.0309
rhamnose 鼠李糖 06.0087
RHIM RIP 同型相互作用模体，*RHIM 模体 08.0292
rhodanase *硫氰酸[生成]酶 03.0364
rhodopsin 视紫红质 02.0687
RI 复制中间体 05.0108
RIA 放射免疫分析，*放射免疫测定 11.0324
ribitol 核糖醇 06.0094
riboflavin *核黄素 09.0364
ribonuclease 核糖核酸酶，*RNA 酶 03.0427
ribonuclease A 核糖核酸酶 A 03.0642
ribonuclease H 核糖核酸酶 H 03.0428
ribonuclease P 核糖核酸酶 P 03.0429
ribonuclease T1 核糖核酸酶 T1 03.0430
ribonucleic acid 核糖核酸 04.0002
ribonucleoprotein *核糖核蛋白 04.0279
ribonucleoprotein complex 核糖核蛋白复合体 04.0279
ribonucleoprotein particle *核糖核蛋白颗粒 04.0279
ribonucleoside *核糖核苷 04.0042
ribonucleoside diphosphate reductase [核糖]核苷二磷酸还原酶 03.0208
ribonucleoside triphosphate reductase [核糖]核苷三磷酸还原酶 03.0209
ribonucleotide 核糖核苷酸 04.0124
ribophorin 核糖体结合糖蛋白 02.0606
ribose 核糖 04.0040
Ribo-seq 翻译组测序，*核糖体图谱分析 11.0622
ribosomal frameshift 核糖体移码 05.0401
ribosomal large subunit 核糖体大亚基 04.0277
ribosomal recycling 核糖体再循环 05.0405
ribosomal recycling factor 核糖体再循环因子 05.0406
ribosomal RNA 核糖体 RNA 04.0272
ribosomal small subunit 核糖体小亚基 04.0276
ribosomal subunit 核糖体亚基 04.0275
ribosome 核糖体 04.0274
ribosome assembly 核糖体组装，*核糖体装配 05.0404
ribosome binding site 核糖体结合位点 04.0280
ribosome inactivating protein 核糖体失活蛋白质 02.0817
ribosome movement 核糖体移动 05.0403
ribosome profiling 翻译组测序，*核糖体图谱分析 11.0622
ribosome profiling sequencing 翻译组测序，*核糖体图谱分析 11.0622
ribosome recognition site *核糖体识别位点 04.0280
riboswitch 核糖开关 05.0312
ribothymidine *核糖胸苷 04.0069
ribozyme 核酶 03.0719
ribulose 核酮糖 06.0057
ribulose-1,5-bisphophate carboxylase/oxygenase *核酮糖-1,5-二磷酸羧化酶/加氧酶 03.0613
ribulose bisphosphate 核酮糖二磷酸，*核酮糖双磷酸 10.0161
ribulose-1,5-diphosphate carboxylase *核酮糖-1,5-二磷酸羧化酶 03.0613
ricin 蓖麻毒蛋白，*蓖麻毒素 02.0837

ricinoleic acid　蓖麻油酸　07.0079
ricinolic acid　蓖麻油酸　07.0079
Rieske iron-sulfur protein　里斯克铁硫蛋白　02.0704
right hand helix　右手螺旋　04.0146
RIG-Ⅰ-like receptor　视黄酸诱导基因Ⅰ样受体，*RIG-Ⅰ样受体　08.0380
RING domain　RING 结构域　08.0272
RIP　核糖体失活蛋白质　02.0817，受体相互作用蛋白质　08.0290，受控膜内蛋白酶解　08.0355，RNA 结合蛋白质免疫沉淀　11.0345
RIP-associated protein with a death domain　具有死亡结构域的受体相互作用蛋白质相关蛋白质　08.0364
RIP homotypic interaction motif　RIP 同型相互作用模体，*RHIM 模体　08.0292
RIP kinase　受体相互作用蛋白质激酶，*RIP 激酶　08.0291
RISC　RNA 诱导的沉默复合物　05.0564
RLF　复制执照因子，*复制许可因子　05.0139
RLGS　限制性标记基因组扫描　11.0647
R-loop　R 环　04.0325
RLR　视黄酸诱导基因Ⅰ样受体，*RIG-Ⅰ样受体　08.0380
r/min　每分钟转数　11.0040
RNA　核糖核酸　04.0002
RNA-binding protein　RNA 结合蛋白质　05.0563
RNA-binding protein immunoprecipitation　RNA 结合蛋白质免疫沉淀　11.0345
RNA-centric approach　RNA 中心技术　11.0360
RNA conformation　RNA 构象　04.0282
RNA-dependent DNA polymerase　*依赖于 RNA 的 DNA 聚合酶　03.0313
RNA-dependent RNA polymerase　*依赖于 RNA 的 RNA 聚合酶　03.0310
RNA-directed DNA polymerase　*RNA 指导的 DNA 聚合酶　03.0313
RNA-directed RNA polymerase　RNA 指导的 RNA 聚合酶　03.0310
RNA editing　RNA 编辑　05.0314
RNA encapsidation　RNA 衣壳化　05.0322
RNA export　RNA 输出　04.0302
RNA folding　RNA 折叠　04.0283
RNA footprinting　RNA 足迹法　11.0495
RNA helicase　RNA 解旋酶　03.0607
RNAi　RNA 干扰　05.0559
RNA-induced silencing complex　RNA 诱导的沉默复合物　05.0564
RNA interference　RNA 干扰　05.0559
RNA interference technology　RNA 干扰技术　11.0893
RNAi technology　RNA 干扰技术　11.0893
RNA ligase　RNA 连接酶　03.0694
RNA localization　RNA 定位　04.0284
RNA mapping　RNA 作图　11.0713
RNA methylase　RNA 甲基化酶　03.0221
RNA packaging　RNA 包装　05.0324
RNA polymerase　RNA 聚合酶　03.0308
RNA probe　RNA 探针　11.0513
RNA pseudoknot　RNA 假结　04.0299
RNA recombination　RNA 重组　05.0329
RNA replicase　*RNA 复制酶　03.0310
RNA replication　RNA 复制　05.0325
RNA restriction enzyme　RNA 限制性酶　03.0426
RNase　核糖核酸酶，*RNA 酶　03.0427
RNase A　核糖核酸酶 A　03.0642
RNase H　核糖核酸酶 H　03.0428
RNase P　核糖核酸酶 P　03.0429
RNase protection assay　RNA 酶保护分析　11.0499
RNA-seq　*RNA 测序　11.0615
RNA sequencing　*RNA 测序　11.0615
RNase T1　核糖核酸酶 T1　03.0430
RNA silencing　*RNA 沉默　05.0559
RNA splicing　RNA 剪接　05.0272
RNA stability　RNA 稳定性　04.0300
RNA targeting　RNA 靶向　05.0326
RNA trafficking　RNA 运输　05.0327
RNA transport　RNA 转运　05.0328
RNA world hypothesis　RNA 世界假说　04.0303
RNAzyme　核酶　03.0719
RNome　RNA 组　01.0070
RNomics　RNA 组学　01.0045
RNP　*核糖核蛋白　04.0279
rocket electrophoresis　*火箭电泳　11.0149
rocket immunoelectrophoresis　火箭免疫电泳　11.0149
rolling circle amplification　滚环扩增，*滚环放大技术　11.0565
rolling circle replication　滚环复制　05.0122
ROS　活性氧类　10.0064

Rossmann fold　罗斯曼折叠　02.0892
rotamase　*旋转异构酶　03.0654
rotary evaporator　旋转蒸发器　11.0014
rotating thin-layer chromatography　旋转薄层层析　11.0224
RPA　重组酶聚合酶扩增　11.0570
RQ　呼吸商　10.0046
RRBS　简化代表性重亚硫酸盐测序，*简化基因组甲基化测序　11.0643
RRF　核糖体再循环因子　05.0406
rRNA　核糖体 RNA　04.0272
RT　逆转录，*反转录　05.0124
RTK　受体型酪氨酸激酶　03.0336
RT-PCR　逆转录聚合酶链反应，*逆转录 PCR，*反转录 PCR　11.0527
R_0t value　R_0t 值　11.0469
rubisco　*核酮糖-1,5-二磷酸羧化酶/加氧酶　03.0613
RuDPCase　*核酮糖-1,5-二磷酸羧化酶　03.0613
running buffer　运行缓冲液　11.0098
run-off transcription assay　*失控转录分析　11.0854
run-on transcription assay　*连缀转录分析　11.0853
RXR　类视黄醇 X 受体　08.0330
ryanodine receptor　雷诺丁受体　08.0316
RYN method　RYN 法　11.0625
RyR　雷诺丁受体　08.0316

S

S　丝氨酸　02.0037
SA　比活性，*比活力　01.0175，水杨酸，*邻羟基苯甲酸　09.0321
SAA　血清淀粉样蛋白 A　02.0335
sabinene　桧萜，*桧烯　07.0186
sabinic acid　桧酸　07.0054
sabinol　桧萜醇　07.0187
saccharic acid　糖二酸　06.0098
saccharide　糖　06.0002
saccharometabolism　糖代谢　10.0092
saccharopine　酵母氨酸　10.0299
S-adenosylhomocysteine　*S*-腺苷同型半胱氨酸，**S*-腺苷基高半胱氨酸　10.0281
S-adenosylmethionine　*S*-腺苷甲硫氨酸　10.0280
S-adenosylmethionine carboxylyase　**S*-腺苷甲硫氨酸羧基裂合酶　03.0616
S-adenosylmethionine decarboxylase　*S*-腺苷甲硫氨酸脱羧酶　03.0616
S-adenosylmethionine methylthioadenosine-lyase　**S*-腺苷甲硫氨酸甲基硫代腺苷裂合酶　03.0640
SAGE　基因表达系列分析　11.0631
salicylic acid　水杨酸，*邻羟基苯甲酸　09.0321
salivary amylase　唾液淀粉酶　03.0447
salmin　鲑精蛋白　02.0651
salting-in　盐溶　11.0002
salting-out　盐析　11.0001
salvage pathway　补救途径　10.0033
salvage synthesis　补救合成　10.0360
SAM　*S*-腺苷甲硫氨酸　10.0280
SAM domain　SAM 结构域　08.0273
sandwich assay　夹心法分析　11.0334
Sanger-Coulson method　桑格–库森法　11.0594
Sanger sequencing　*桑格测序　11.0594
santalene　檀香萜　07.0191
saponification　皂化　07.0014
saponification number　皂化值　07.0015
saponin　皂苷　06.0126
saporin　皂草毒蛋白　02.0823
sarafotoxin　穴蝰毒素，*角蝰毒素　02.0178
sarcalumenin　肌钙腔蛋白　02.0600
α-sarcin　α 帚曲毒蛋白　02.0843
sarcoendoplasmic reticulum calcium ATPase　肌质网/内质网钙 ATP 酶　03.0708
sarcolemma　肌膜　08.0015
sarcoplasmic/endoplasmic reticulum calcium ATPase　肌质网/内质网钙 ATP 酶　03.0708
sarcoplasmic reticulum calcium pump　*肌质网钙泵　03.0708
sarcosine　肌氨酸　10.0289
sarcotoxin　麻蝇抗菌肽　02.0187
10Sa RNA　转运–信使 RNA，*转移–信使 RNA　04.0268
SAT　实时荧光核酸等温扩增检测，*实时荧光核酸恒温扩增检测　11.0576
satellite DNA　卫星 DNA　04.0212
α-satellite DNA　α 卫星 DNA　04.0216

satellite RNA 卫星 RNA 04.0250
saturated fatty acid 饱和脂肪酸 07.0031
saturation analysis 饱和分析 11.0323
saturation hybridization 饱和杂交 11.0462
saturation mutagenesis 饱和诱变 11.0807
sauvagine 蛙皮降压肽 09.0140
SBA 大豆凝集素 06.0280
SBH 杂交测序 11.0597
SCAD 短链脂[肪]酰辅酶 A 脱氢酶，*短链酰基辅酶 A 脱氢酶 03.0134
SCAF 协同组装介导的信号传递 08.0160
scaffolding protein 支架蛋白质 08.0230
scaffold protein 支架蛋白质 08.0230
scanning densitometer 光密度扫描仪 11.0269
scanning electron microscope 扫描电子显微镜 11.0444
scanning transmission electron microscopy 扫描透射电子显微镜 11.0445
scanning tunneling electron microscope 扫描隧道电子显微镜 11.0446
Scatchard analysis 斯卡查德分析 11.0338
Scatchard equation 斯卡查德方程 11.0339
Scatchard plotting 斯卡查德作图 11.0340
scavenger receptor 清道夫受体 08.0332
SCF 干细胞生长因子 09.0242
Schwannoma-derived growth factor *施万细胞瘤源性生长因子 09.0228
schwannomin 施万膜蛋白 02.0441
scinderin 肌切蛋白 02.0477
scintillation cocktail 闪烁液 11.0306
scintillation counter 闪烁计数器，*闪烁计数仪 11.0303
scleroprotein 硬蛋白 02.0231
sclerotin 壳硬蛋白 02.0425
scotophobin 恐暗肽 02.0134
scotopsin 暗视蛋白 02.0689
SCP 固醇载体蛋白质，*固醇运载蛋白质 02.0729，丝氨酸羧肽酶 03.0506
S-CPA 单交叉引物等温扩增 11.0575
scramblase 促翻转酶，*爬行酶 03.0718
screening 筛选 11.0833
scRNA 胞质小 RNA 04.0260
scyllitol 鲨肌醇 07.0199
scyllo-inositol 鲨肌醇 07.0199
scymnol 鲨胆固醇 07.0224
SDA 链置换扩增，*链替代扩增 11.0564
SDGF *施万细胞瘤源性生长因子 09.0228
SD sequence SD 序列 05.0311
SDS-PAGE SDS 聚丙烯酰胺凝胶电泳，*十二烷基硫酸钠聚丙烯酰胺凝胶电泳 11.0108
SDS-polyacrylamide gel electrophoresis SDS 聚丙烯酰胺凝胶电泳，*十二烷基硫酸钠聚丙烯酰胺凝胶电泳 11.0108
SE 固醇酯 07.0227
seapsin *胰脂肪酶 03.0370
Sec 硒代半胱氨酸 02.0039
SEC 干扰小 RNA 表达组件 11.0877
secondary bile acid 次级胆汁酸 10.0202
secondary scintillator 第二闪烁剂 11.0308
secondary structure 二级结构 01.0153
secondary structure prediction 二级结构预测 11.0355
second generation sequencing technique *第二代测序技术 11.0608
second messenger 第二信使 08.0208
second messenger pathway 第二信使通路 08.0210
second signal system 第二信号系统 08.0211
secretase 分泌酶 03.0561
β-secretase *β-分泌酶 03.0562
secreted receptor 分泌型受体 08.0333
secretin 促胰液素，*胰泌素 09.0177
secretinase 促胰液肽酶 03.0750
secretogranin *分泌粒蛋白 02.0573
secretory piece 分泌片 02.0327
sedimentation 沉降 11.0041
sedimentation coefficient 沉降系数 11.0043
sedimentation equilibrium 沉降平衡 11.0045
sedimentation equilibrium ultracentrifugation 沉降平衡超离心 11.0058
sedimentation velocity 沉降速度 11.0042
sedimentation velocity ultracentrifugation 沉降速度超离心 11.0057
sedoheptulose 景天庚酮糖 06.0075
selacholeic acid *鲨鱼酸 07.0091
selachyl alcohol 鲨油醇 07.0197
selectable marker 选择性标志物 11.0785
selectin 选凝[集]素 06.0272
selective gene 选择基因 11.0948
selective marker 选择性标志物 11.0785
selective medium 选择性培养基 11.0966

selective permeable membrane *选择通透膜，*选择透性膜 11.0026
selenium-containing tRNA 含硒 tRNA 04.0265
selenocysteine 硒代半胱氨酸 02.0039
selenoenzyme 含硒酶 03.0175
selenoprotein 硒蛋白，*含硒蛋白质 02.0701
selenouridine 硒尿苷 04.0067
SELEX 指数富集配体系统进化技术 11.0865
selfish DNA 自在 DNA，*自私 DNA 05.0152
self-replicating nucleic acid 自复制核酸 05.0126
self-replication 自复制 05.0125
self-splicing 自剪接 05.0276
self-splicing intron 自剪接内含子 05.0279
self-sustained sequence replication *自主序列复制 11.0561
SEM 扫描电子显微镜 11.0444
semenogelin 精胶蛋白 02.0655
semiconservative replication 半保留复制 05.0112
semidiscontinuous replication 半不连续复制 05.0116
semilethal gene 半致死基因 05.0052
semimicro analysis 半微量分析 11.0255
semi-microanalysis 半微量分析 11.0255
semi-nested PCR 半巢式聚合酶链反应，*半巢式 PCR 11.0541
semipermeable membrane 半透膜 11.0026
semi-permissive cell 半允许细胞，*半受纳细胞 11.0798
sense codon 有义密码子 05.0347
sense strand *有义链 05.0102
sentinel cell 岗哨细胞 08.0389
separation gel 分离胶 11.0092
septanose 环庚糖 06.0077
sequenator 测序仪，*序列分析仪 11.0583
sequence 序列 01.0138
sequence alignment 序列比对 01.0169
sequence motif 序列模体 01.0158
sequencer 测序仪，*序列分析仪 11.0583
sequence-related amplified polymorphism 序列相关扩增多态性 11.0846
sequence-tagged site 序列标签位点 11.0921
sequencing 测序 11.0582
sequencing by hybridization 杂交测序 11.0597
sequencing by non-light microscope imaging 非光学显微镜成像测序 11.0629
sequencing coverage 测序覆盖度 11.0659
sequencing depth 测序深度 11.0658
sequential model 序变模型 03.0105
sequestrin 钳合蛋白 02.0602
sequon 序列段 02.0272
Ser 丝氨酸 02.0037
SERCA 肌质网/内质网钙 ATP 酶 03.0708
serglycan 丝甘蛋白聚糖 06.0293
serial analysis of gene expression 基因表达系列分析 11.0631
serial invasive signal amplification reaction 连续侵入信号扩大反应 11.0849
sericin 丝胶蛋白 02.0428
serine 丝氨酸 02.0037
serine carboxypeptidase 丝氨酸羧肽酶 03.0506
serine esterase *丝氨酸酯酶 03.0511
serine proteinase 丝氨酸蛋白酶 03.0511
serine proteinase inhibitor 丝氨酸蛋白酶抑制剂，*丝酶抑制蛋白，*丝氨酸蛋白酶抑制物 03.0762
serine/threonine protease 丝氨酸/苏氨酸蛋白酶 03.0512
serine/threonine proteinase 丝氨酸/苏氨酸蛋白酶 03.0512
serotonin receptor *血清素受体 08.0298
serpin 丝氨酸蛋白酶抑制剂，*丝酶抑制蛋白，*丝氨酸蛋白酶抑制物 03.0762
serum albumin 血清清蛋白，*血清白蛋白 02.0273
serum amyloid A 血清淀粉样蛋白 A 02.0335
serum amyloid A protein 血清淀粉样蛋白 A 02.0335
serum globulin 血清球蛋白 02.0290
serum thymic factor 血清胸腺因子 09.0239
sesquiterpene 倍半萜 07.0189
sesquiterpene cyclase 倍半萜环化酶 03.0633
Sevag method 谢瓦格抽提法 11.0016
seven-transmembrane domain receptor *七跨膜结构域受体 08.0300
seven-transmembrane helix receptor *七跨膜螺旋区受体 08.0300
severin 切割蛋白 02.0472
sex-determining gene 性别决定基因 05.0061
sex hormone 性激素 09.0102
sex hormone binding globulin 性激素结合球蛋白 02.0316
sex-linked gene 性连锁基因 05.0063
sex pheromone 性信息素 09.0304

SFA 饱和脂肪酸 07.0031
Sg *分泌粒蛋白 02.0573
SGF *骨骼生长因子 09.0132
SHBG 性激素结合球蛋白 02.0316
SH2 domain SH2 结构域，*Src 同源结构域 2 08.0248
SH3 domain SH3 结构域，*Src 同源结构域 3 08.0249
shearing 切变 11.0010
β sheet β 片层，*β 折叠 02.0882
shikimic acid 莽草酸 10.0344
Shine-Dalgarno sequence SD 序列 05.0311
short-chain acyl-CoA dehydrogenase 短链脂[肪]酰辅酶 A 脱氢酶，*短链酰基辅酶 A 脱氢酶 03.0134
short-chain fatty acid thiokinase 短链脂肪酸硫激酶 03.0681
short interfering RNA *干扰短 RNA 04.0247
short interspersed nuclear element 短散在核元件 05.0020
short interspersed repeat sequence *短散在重复序列 05.0020
short linear motif 短线性模体 01.0160
short tandem repeat *短串联重复[序列] 04.0213
short tandem repeat genotyping 短串联重复序列基因型分型 11.0934
shotgun cloning 鸟枪法克隆 11.0603
shotgun method *鸟枪法 11.0603
shotgun sequencing 鸟枪法测序 11.0606
shuttle vector 穿梭载体 11.0726
sialic acid 唾液酸 06.0124
sialic acid-binding lectin *唾液酸结合凝集素 06.0275
sialic acid-recognizing immunoglobulin superfamily lectins *识别唾液酸的免疫球蛋白超家族凝集素 06.0275
sialidase *唾液酸酶 03.0463
sialoadhesin 唾液酸黏附蛋白 06.0260
sialoglycopeptide 唾液酸糖肽 06.0326
sialoglycoprotein 唾液酸糖蛋白 06.0257
sialoglycosphingolipid *唾液酸鞘糖脂 07.0177
sialogogic peptide 催涎肽 09.0074
sialophorin 载唾液酸蛋白，*载涎蛋白 06.0262
sialyltransferase 唾液酰基转移酶 03.0281
siastatin 唾液酸酶抑制剂 03.0778
side chain 侧链 01.0136
sieboldin 蓝筛朴毒蛋白 02.0830
siglecs *识别唾液酸的免疫球蛋白超家族凝集素 06.0275
signal amplification 信号放大 08.0162
signal-anchor sequence 信号锚定序列 08.0203
signal convergence 信号会聚 08.0163
signal desensitization 信号脱敏 08.0184
signal divergence 信号发散 08.0164
signaling cascade 信号[传递]级联反应 08.0161
signaling molecule 信号分子 08.0200
signaling via cooperative assembly formation 协同组装介导的信号传递 08.0160
signal integration 信号整合 08.0165
signalosome *信号小体 08.0228
signal patch *信号斑 08.0205
signal pathway *信号通路 08.0167
signal peptidase 信号肽酶 03.0543
signal peptidase Ⅰ 信号肽酶Ⅰ 03.0544
signal peptidase Ⅱ 信号肽酶Ⅱ 03.0545
signal peptide 信号肽 02.0072
signal peptide peptidase 信号肽肽酶 03.0546
signal recognition particle 信号识别颗粒 08.0201
signal recognition particle receptor 信号识别颗粒受体 08.0202
signal regulatory protein 信号调节蛋白质 08.0204
signal sequence *信号序列 02.0072
signal sequence receptor 信号序列受体 08.0108
signal-to-noise ratio 信噪比 11.0302
signal transducer and activator of transcription 信号转导及转录激活蛋白，*信号转导子和转录激活子 08.0363
signal transduction 信号转导 08.0141
signal transduction network 信号转导网络 08.0181
signal transduction pathway 信号转导途径，*信号转导通路 08.0167
SILAC 细胞培养氨基酸稳定同位素标记技术 11.0408
silanization 硅烷化 11.0264
silanizing 硅烷化 11.0264
silencer 沉默子 05.0535
silent allele 沉默等位基因 05.0050
silent mutation *沉默突变 05.0414
silver staining 银染色 11.0088
simple diffusion 单纯扩散 08.0121
simple enzyme 单纯酶 03.0009

simple lipid　简单脂质，*单脂，*单纯脂质　07.0003
simple protein　单纯蛋白质，*简单蛋白质　02.0222
simple sequence length polymorphism　简单序列长度多态性　04.0224
simple sequence repeat　*简单序列重复[序列]　04.0213
simple sequence repeat polymorphism　简单重复序列多态性　04.0225
simultaneous amplification and testing　实时荧光核酸等温扩增检测，*实时荧光核酸恒温扩增检测　11.0576
sinapic acid　[顺]芥子酸　07.0088
sinapine　芥子酰胆碱酯　07.0121
sinapyl alcohol　芥子醇　07.0203
SINE　短散在核元件　05.0020
single cell sequencing　单细胞测序　11.0623
single-copy DNA　*单拷贝 DNA　04.0211
single-copy gene　*单拷贝基因　05.0014
single cross-priming amplification　单交叉引物等温扩增　11.0575
single-molecule real time sequencing　单分子实时测序　11.0628
single-molecule sequencing　单分子测序　11.0627
single nucleotide polymorphism　单核苷酸多态性　04.0220
single primer isothermal amplification　单引物等温扩增　11.0572
single-strand-binding protein　单链结合蛋白质　02.0676
single-stranded conformation polymorphism　单链构象多态性　11.0851
single-stranded cDNA　单链互补 DNA　05.0149
single-stranded DNA　单链 DNA　04.0152
single-stranded protein　*单链蛋白质　02.0249
single-stranded RNA　单链 RNA　04.0234
singlet oxygen　单线态氧　10.0063
siRNA　干扰小 RNA，*小干扰 RNA　04.0247
siRNA expression cassette　干扰小 RNA 表达组件　11.0877
siRNA random library　干扰小 RNA 随机文库　11.0828
SIRP　信号调节蛋白质　08.0204
SISAR　连续侵入信号扩大反应　11.0849
site-directed mutagenesis　定点诱变，*位点专一诱变　11.0806
site-specific mutagenesis　定点诱变，*位点专一诱变　11.0806
site-specific recombination　位点专一重组，*位点特异性重组，*特异位点重组　05.0227
sitosterol　谷固醇，*谷甾醇　07.0230
size exclusion chromatography　*大小排阻层析　11.0234
SK　*K 物质　02.0121
skelemin　骨架蛋白　02.0429
skeletal growth factor　*骨骼生长因子　09.0132
skeleton protein　骨架蛋白质　02.0391
slab electrophoresis　平板电泳　11.0127
δ-sleep inducing peptide　δ 睡眠诱导肽　02.0166
sliding clamp　滑动钳，*滑卡　05.0145
slot blotting　狭线印迹法　11.0488
SL RNA　剪接前导 RNA　05.0294
Smad signaling　Smad 信号传递　08.0178
small cytoplasmic RNA　胞质小 RNA　04.0260
small G protein　小 G 蛋白　08.0303
small GTPase　小 GTP 酶　03.0705
small interfering RNA　干扰小 RNA，*小干扰 RNA　04.0247
small interfering RNA expression cassette　干扰小 RNA 表达组件　11.0877
small non-coding RNA　非编码小 RNA，*小非编码 RNA　04.0241
small nuclear ribonucleoprotein particle　核小核糖核蛋白颗粒　04.0281
small nuclear RNA　核内小 RNA　04.0257
small nucleolar ribonucleoprotein　核仁小核糖核蛋白　02.0645
small nucleolar RNA　核仁小 RNA　04.0259
small ribosomal RNA　核糖体小 RNA　04.0273
small ribosomal subunit　核糖体小亚基　04.0276
small RNA　小 RNA　04.0244
small temporal RNA　时序小 RNA，*小时序 RNA　04.0246
S1 mapping　*S1 作图　11.0714
SMOC　超分子组织中心　08.0228
SMRT　单分子实时测序　11.0628
snail gut enzyme　蜗牛肠酶　03.0605
snake venom phosphodiesterase　蛇毒磷酸二酯酶　03.0416
SNAP　突触小体相关蛋白质　02.0542
sncRNA　非编码小 RNA，*小非编码 RNA　04.0241

S-nitrosylation 巯基亚硝基化，*S-亚硝基化 05.0443
snoRNA 核仁小 RNA 04.0259
snoRNP 核仁小核糖核蛋白 02.0645
SNP 单核苷酸多态性 04.0220
snRNA 核内小 RNA 04.0257
snRNP 核小核糖核蛋白颗粒 04.0281
S1 nuclease S1 核酸酶 03.0433
S1 nuclease mapping S1 核酸酶作图 11.0714
SOCS 细胞因子信号抑制蛋白，*细胞因子信号传送阻抑物，*细胞因子信号抑制物 09.0256
SOD 超氧化物歧化酶 03.0202
sodium dodecylsulfate-polyacrylamide gel electrophoresis SDS 聚丙烯酰胺凝胶电泳，*十二烷基硫酸钠聚丙烯酰胺凝胶电泳 11.0108
sodium/potassium pump *钠钾泵 03.0710
sodium/potassium-transporting ATPase 钠钾 ATP 酶 03.0710
sodium pump *钠泵 03.0710
SOE-PCR 剪接重叠延伸聚合酶链反应，*剪接重叠延伸 PCR 11.0553
solid phase peptide synthesis 固相肽合成法 11.0673
solid phase technique 固相技术 11.0037
solid scintillation counter 固体闪烁计数器 11.0305
soluble epoxide hydrolase *可溶性环氧化物水解酶 03.0493
soluble receptor *可溶性受体 08.0333
solvent-perturbation method 溶剂干扰法 11.0265
SOM 生长抑素，*促生长素抑制素 09.0065，*生长调节肽 09.0132
somatic gene therapy 体细胞基因治疗 11.0940
somatoliberin 促生长素释放素 09.0063
somatomedin *生长调节肽 09.0132
somatostatin 生长抑素，*促生长素抑制素 09.0065
somatotropin 生长激素，*促生长素 09.0034
somatotropin releasing hormone 促生长素释放素 09.0063
sophorose 槐糖 06.0145
sorbitan 山梨聚糖 06.0206
sorbitol 山梨[糖]醇 06.0096
sorbose 山梨糖 06.0071
sorcin 抗药蛋白 02.0779
sorting 分拣 08.0138
sorting signal 分拣信号 08.0205
SOS repair SOS 修复 05.0222
Southern blotting DNA 印迹法，*Southern 印迹法 11.0479
Southwestern blotting DNA-蛋白质印迹法 11.0482
Soxhlet extractor 索氏抽提器，*索氏提取器 11.0017
soybean agglutinin 大豆凝集素 06.0280
SP P 物质 02.0120，*解痉多肽 02.0170，表面活性蛋白质 02.0260
spacer arm 隔离臂 11.0194
spacer DNA 间隔 DNA 04.0218
spacer gel 浓缩胶，*成层胶 11.0091
spacer RNA 间隔 RNA 04.0270
spare receptor 储备受体 08.0335
spasmolytic polypeptide *解痉多肽 02.0170
spatial specificity 空间特异性 05.0455
spatial transcriptomic technology 空间转录物组分析技术 11.0626
special transcription factor 特异转录因子 05.0495
specific activity 比活性，*比活力 01.0175
specificity 专一性 01.0219
specific rotation 旋光度 01.0190
spectral analysis 光谱分析 11.0266
spectrin 血影蛋白 02.0454
spectroanalysis 光谱分析 11.0266
spectrofluorometer 荧光分光光度计 11.0287
spectrofluorophotometer 荧光分光光度计 11.0287
spectrophotometer 分光光度计 11.0286
spermaceti wax 鲸蜡 07.0234
sperm-activating peptide *精子激活肽 02.0133
spermatin 精液蛋白 02.0653
spermatine 精液蛋白 02.0653
spermidine 亚精胺 10.0257
spermine 精胺 10.0258
4-sphingenine 鞘氨醇 07.0157
sphingol 鞘氨醇 07.0157
sphingolipid 鞘脂 07.0156
sphingomyelin 鞘磷脂 07.0155
sphingomyelinase 鞘磷脂酶 03.0401
sphingophospholipid 鞘磷脂 07.0155
sphingosine 鞘氨醇 07.0157
SPIA 单引物等温扩增 11.0572
spin labeling 自旋标记 11.0435
spinophilin 亲棘蛋白 02.0503
spin-spin coupling 自旋–自旋耦合 11.0439

stercobilinogen　粪胆素原　10.0334
stercorin　粪固醇　07.0222
sterculic acid　苹婆酸　07.0072
stereoisomer　立体异构体　01.0201
stereoisomerism　立体异构　01.0195
stereoselectivity　立体选择性　01.0220
stereospecificity　立体专一性　03.0057
steric exclusion chromatography　*大小排阻层析　11.0234
sterile alpha motif domain　SAM 结构域　08.0273
steroid　类固醇，*甾体，*甾族化合物　07.0208
steroid alkaloid　类固醇生物碱　07.0232
steroid hormone　类固醇激素，*甾体激素　09.0008
steroid hormone receptor　类固醇激素受体　09.0192
steroidogenesis　类固醇生成　10.0211
sterol　固醇，*甾醇　07.0209
sterol-binding protein　*固醇结合蛋白质　02.0729
sterol carrier protein　固醇载体蛋白质，*固醇运载蛋白质　02.0729
steryl ester　固醇酯　07.0227
sticky end　黏端　04.0326
stigmasterol　豆固醇，*豆甾醇　07.0229
stimulator of interferon gene　干扰素基因刺激因子　08.0215
stimulatory G protein　刺激性 G 蛋白　08.0305
STING　干扰素基因刺激因子　08.0215
Stokes radius　斯托克斯半径　11.0046
stop codon　终止密码子　05.0336
storage lipid　贮存脂质　07.0006
storage polysaccharide　贮存多糖　06.0167
storage protein　贮存蛋白质　02.0245
STR　*短串联重复[序列]　04.0213
strand　链　01.0134
β strand　β[折叠]链　02.0883
strand displacement amplification　链置换扩增，*链替代扩增　11.0564
strand separating gel electrophoresis　链分离凝胶电泳　11.0120
streptavidin　链霉抗生物素蛋白　11.0401
streptobiosamine　链霉二糖胺　06.0152
streptodornase　链球菌 DNA 酶　03.0418
streptogrisin B　*链霉素 B　03.0541
streptose　链霉糖　06.0329
stress-activated protein kinase　*应激活化的蛋白质激酶　03.0353
stress hormone　应激激素　09.0189
stress protein　应激蛋白质　02.0261
stringent plasmid　严紧型质粒　05.0157
stripped membrane　剥离膜　11.0478
stRNA　时序小 RNA，*小时序 RNA　04.0246
stromatin　基质蛋白　02.0396
stromelysin　溶基质蛋白酶　03.0569
strong acid type ion exchanger　*强酸型离子交换剂　11.0183
strong anion exchanger　强阴离子交换剂　11.0185
strong base type ion exchanger　*强碱型离子交换剂　11.0185
strong cation exchanger　强阳离子交换剂　11.0183
strophanthobiose　毒毛旋花二糖　06.0151
structural alignment　结构比对　01.0168
structural biology　结构生物学　01.0021
structural domain　*结构域　01.0162
structural gene　结构基因　05.0457
structural genomics　结构基因组学　01.0029
structural isomerism　结构异构　01.0194
structural lipid　结构脂质　07.0007
structural motif　结构模体　01.0159
structural polysaccharide　结构多糖　06.0168
structure protein　结构蛋白质　02.0246
STS　序列标签位点　11.0921
sturin　鲟精肽，*鲟精蛋白　02.0175
sturine　鲟精肽，*鲟精蛋白　02.0175
subcloning　亚克隆　11.0693
suberic acid　辛二酸　07.0045
suberin　软木脂　07.0122
subfamily　亚家族　01.0083
sublethal gene　亚致死基因　05.0053
sublibrary　子文库　11.0827
submaxillary gland protease　颌下腺蛋白酶　03.0523
substance K　*K 物质　02.0121
substance metabolism　物质代谢　10.0002
substance P　P 物质　02.0120
substantial equivalence　实质等同性　11.0977
substrate　底物　03.0032
substrate cycle　底物循环　10.0157
substrate in chromatography　层析基质　11.0156
substrate level phosphorylation　底物水平磷酸化　10.0074
subtilisin　枯草杆菌蛋白酶　03.0533
subtracted cDNA library　消减 cDNA 文库　11.0825

subtracted probe　消减探针　11.0520
subtractive hybridization　消减杂交，*扣除杂交　11.0463
subunit　亚基　01.0094
subunit association　亚基缔合　01.0124
subunit-exchange chromatography　亚基交换层析　11.0243
succinate dehydrogenase　琥珀酸脱氢酶　03.0133
succinic acid　琥珀酸　10.0141
succinoglycan　琥珀酰聚糖　06.0207
succinyl-CoA　琥珀酰辅酶 A　10.0140
sucrase　蔗糖酶　03.0475
sucrose　蔗糖　06.0135
sucrose α-glucosidase　*蔗糖 α-葡萄糖苷酶　03.0475
sugar nucleotide　*糖核苷酸　06.0133
sugar nucleotide transporter　糖核苷酸转运蛋白　02.0664
sugar pucker　糖褶构象，*戊糖环构象，*核糖环构象　06.0012
suicide enzyme　自杀酶　03.0751
suicide method　自杀法　11.0941
suicide substrate　自杀底物　03.0102
sulfatase　硫酸酯酶　03.0407
sulfatide　硫[脑]苷脂　07.0172
sulfhydryl nitrosylation　巯基亚硝基化，*S-亚硝基化　05.0443
sulfotransferase　磺基转移酶　03.0365
sulfurtransferase　硫转移酶　03.0363
supercoiled DNA　超螺旋 DNA　04.0168
supercritical fluid chromatography　超临界流体层析　11.0198
superfamily　超家族　01.0082
superhelical DNA　超螺旋 DNA　04.0168
superhelix　超螺旋　01.0149
supermolecule　超分子　01.0085
supernatant　上清液　11.0055
superoperon　超操纵子　05.0543
superoxide anion　超氧阴离子　10.0061
superoxide dismutase　超氧化物歧化酶　03.0202
supersecondary structure　超二级结构　02.0888
super-secondary structure　超二级结构　02.0888
suppression PCR　阻抑聚合酶链反应，*阻抑 PCR　11.0550
suppressor　阻抑基因　05.0566
suppressor of cytokine signaling　细胞因子信号抑制蛋白，*细胞因子信号传送阻抑物，*细胞因子信号抑制物　09.0256
suppressor tRNA　阻抑 tRNA，*校正 tRNA　04.0266
supramolecular organizing center　超分子组织中心　08.0228
supramolecular reaction　超分子反应　01.0088
supramolecule　超分子　01.0085
surface-active agent　表面活化剂　11.1009
surfactant　表面活化剂　11.1009
surfactant protein　表面活性蛋白质　02.0260
surfactin　表面活性肽　02.0207
survivin　存活蛋白　02.0773
suspension array　*悬浮芯片　11.0996
suspension culture　悬浮培养　11.0963
Svedberg unit　斯韦德贝里单位，*沉降系数单位，*斯维德伯格单位　11.0044
swainsonine　苦马豆碱　06.0249
swinging-bucket rotor　吊篮式转头　11.0069
swing-out rotor　*水平转头　11.0069
switch gene　开关基因　05.0065
swivelase　*转轴酶　03.0669
SybrGreen　SYBR 绿染料　11.1002
SYBR Green　SYBR 绿染料　11.1002
symbols for mix-bases　混合碱基符号　04.0026
symport　同向转运　08.0116
symporter　同向转运蛋白，*同向转运体　08.0117
synapsin　突触蛋白，*突触素　02.0533
synaptic signaling　突触信号传递，*突触信号传送　08.0159
synaptobrevin　小突触小泡蛋白　02.0538
synaptogyrin　突触循环蛋白　02.0540
synaptojanin　突触小泡磷酸酶　02.0541
synaptophysin　突触小泡蛋白　02.0537
synaptoporin　突触孔蛋白　02.0539
synaptosome-associated protein　突触小体相关蛋白质　02.0542
synaptotagmin　突触结合蛋白　02.0535
syncolin　微管成束蛋白　02.0433
syndecan　黏结蛋白聚糖，*多配体蛋白聚糖　06.0310
syndecan-2　*黏结蛋白聚糖 2　06.0320
syndecan-4　*黏结蛋白聚糖 4　06.0321
syndesine　联赖氨酸　02.0043
synemin　联丝蛋白　02.0411
synergism　协同作用　01.0230
synexin　*会联蛋白　02.0581

T

temperature-sensitive mutation　温度敏感突变　11.0804
template　模板　05.0100
template strand　模板链　05.0101
temporal gene　时序基因　05.0459
temporal regulation　时序调控，*时序调节　05.0452
temporal specificity　时间特异性　05.0454
tenascin　生腱蛋白　02.0740
tensin　张力蛋白　02.0520
tenuin　纤细蛋白　02.0640
terminal analysis　末端分析　11.0586
terminal complement complex　*终端补体复合物　08.0041
terminal deletion　*末端缺失　05.0199
terminal deoxynucleotidyltransferase　末端脱氧核苷酸转移酶　03.0325
terminal glycosylation　末端糖基化　06.0041
terminal oxidase　末端氧化酶　03.0214
terminal uridylyltransferase　末端尿苷酰转移酶　03.0330
terminase　末端酶　03.0753
termination codon　终止密码子　05.0336
termination factor　*终止因子　05.0379
terminator　终止子　05.0246
terminator sequence　*终止序列　05.0246
terpene　萜　07.0178
terpinene　萜品烯　07.0184
terpineol　萜品醇　07.0185
tertiary structure　三级结构　01.0154
testican　睾丸蛋白聚糖　06.0303
testosterone　睾酮　09.0105
testosterone-estradiol-binding globulin　*睾酮雌二醇结合球蛋白　02.0316
tetanus toxin　破伤风毒素　02.0863
tethered ligand　束缚配体　08.0334
tetrable helix DNA　*四股螺旋 DNA　04.0162
tetracosanoic acid　*二十四烷酸　07.0089
tetracosenoic acid　*二十四碳烯酸　07.0091
tetrahydrofolate dehydrogenase　*四氢叶酸脱氢酶　03.0138
tetrahydrofolic acid　四氢叶酸　09.0379
1,3,4,5-tetrahydroxycyclohexanecarboxylic acid　*1,3,4,5-四羟基环己烷羧酸　07.0099
tetraiodothyronine　*四碘甲状腺原氨酸　09.0080
tetranectin　四联凝[集]素，*四连接素　06.0273
tetraplex DNA　四链体 DNA　04.0162
tetrasaccharide　四糖　06.0160
tetraspanin　四跨膜蛋白，*四次穿膜蛋白　08.0082
tetratricopeptide repeat domain　TPR 结构域　08.0275
tetrose　丁糖，*四碳糖　06.0048
TF　转移因子　09.0209
TFF　三叶因子家族　02.0168
TFF1　三叶因子 1　02.0169
TFF2　三叶因子 2　02.0170
TFF3　三叶因子 3　02.0171
TFPI　组织因子途径抑制物　02.0318
TG　β-血小板球蛋白　02.0348
TGCE　*温度梯度毛细管电泳　11.0119
TGF　转化生长因子　09.0243
TGF-α　转化生长因子 α　09.0244
TGF-β　转化生长因子 β　09.0245
TGGE　温度梯度凝胶电泳　11.0119
TGL　甘油三酯脂肪酶，*三酰甘油脂肪酶　03.0370
TH　酪氨酸羟化酶　03.0194，甲状腺激素　09.0079
thanatogene　死亡基因　11.0942
thaumatin　奇异果甜蛋白　02.0815
Thd　胸腺嘧啶核糖核苷　04.0069
theophylline　茶碱　04.0012
thermal cycler　温度循环仪　11.0537
thermolysin　嗜热菌蛋白酶　03.0575
thermophilic protease　嗜热菌蛋白酶　03.0575
thermostatic amplification　等温扩增，*恒温扩增　11.0559
THF　胸腺体液因子　09.0076，四氢叶酸　09.0379
thiamine　*硫胺素　09.0361
thiamine pyrophosphate　硫胺素焦磷酸　09.0362
thin-layer chromatography　薄层层析　11.0223
thiochrome　硫色素，*脱氧硫胺　09.0363
thioesterase　硫酯酶　03.0384
thioglucosidase　硫葡萄糖苷酶　03.0484
thiokinase　硫激酶　03.0680
thiolase　硫解酶　03.0249
thiol protease　巯基蛋白酶　03.0553
thiophilic adsorption chromatography　亲硫吸附层析　11.0211
thiophilic interaction chromatography　*亲硫作用层析　11.0211
thioredoxin　硫氧还蛋白　02.0707
thioredoxin-disulfide reductase　硫氧还蛋白–二硫键还原酶　03.0160

thioredoxin peroxidase 硫氧还蛋白过氧化物酶 03.0179
thioredoxin reductase 硫氧还蛋白还原酶 03.0166
thiosulfate sulfurtransferase 硫代硫酸硫转移酶 03.0364
third-base degeneracy *第三碱基简并性 05.0344
third-generation sequencing technique *第三代测序技术 11.0627
Thr 苏氨酸 02.0038
three-dimensional genomics 三维基因组学 01.0035
threo-configuration 苏[糖]型构型 06.0016
threonine 苏氨酸 02.0038
threonine deaminase 苏氨酸脱氨酶 03.0636
threonine dehydrase *苏氨酸脱水酶 03.0636
threonine dehydratase *苏氨酸脱水酶 03.0636
threose 苏阿糖，*苏丁糖 06.0051
thrombin cleavage site 凝血酶切割位点 11.0718
β-thromboglobulin β-血小板球蛋白 02.0348
thrombomodulin 凝血调节蛋白 06.0322
thrombopoietin 血小板生成素 09.0238
thrombospondin 血小板应答蛋白 02.0349
thrombosthenin 血栓收缩蛋白 02.0347
thromboxane 凝血噁烷，*血栓[噁]烷，*血栓素 09.0186
Thx 甲状腺素 09.0080
thymic humoral factor 胸腺体液因子 09.0076
thymic peptide *胸腺肽 09.0075
thymidine 胸苷，*胸腺嘧啶脱氧核苷 04.0068
thymidine diphosphate 胸苷二磷酸 04.0111
thymidine kinase 胸苷激酶 03.0291
thymidine monophosphate 胸苷一磷酸 04.0110
thymidine triphosphate 胸苷三磷酸 04.0112
thymidylate kinase 胸苷酸激酶 03.0304
thymidylic acid 胸苷酸 04.0109
thymin 胸腺素 09.0075
thymine 胸腺嘧啶 04.0016
thymine arabinoside 阿糖胸苷 06.0131
thymine dimer 胸腺嘧啶二聚体 05.0203
thymine ribnucleoside 胸腺嘧啶核糖核苷 04.0069
thymopeptide *胸腺肽 09.0075
thymopoietin 胸腺生成素 09.0077
thymosin 胸腺素 09.0075
thymostimulin 胸腺刺激素 09.0078
thyroglobulin 甲状腺球蛋白 09.0084
thyroid-binding globulin *甲状腺结合球蛋白 02.0314
thyroid hormone 甲状腺激素 09.0079
thyroid hormone receptor 甲状腺激素受体 09.0083
thyroid hormone response element 甲状腺激素应答元件 05.0507
thyroid-stimulating hormone 促甲状腺激素 09.0035
thyroid-stimulating immunoglobulin 促甲状腺免疫球蛋白，*刺激甲状腺免疫球蛋白 02.0322
thyroliberin 促甲状腺激素释放素 09.0060
thyromodulin *促甲状腺激素调节素 09.0271
thyronine 甲状腺原氨酸 09.0082
thyrotropin 促甲状腺激素 09.0035
thyrotropin releasing factor *促甲状腺激素释放因子 09.0060
thyrotropin releasing hormone 促甲状腺激素释放素 09.0060
thyroxine 甲状腺素 09.0080
thyroxine-binding globulin 甲状腺素结合球蛋白 02.0314
thyroxine-binding prealbumin *甲状腺素结合前清蛋白 02.0666
TIM 丙糖磷酸异构酶，*磷酸丙糖异构酶 03.0658
Ti plasmid 致瘤质粒，*Ti 质粒，*肿瘤诱导质粒 11.0734
TIR domain TIR 结构域，*Toll/IL-1 受体同源结构域 08.0274
tissue chip 组织芯片 11.0991
tissue factor pathway inhibitor 组织因子途径抑制物 02.0318
tissue kallikrein 组织型激肽释放酶 03.0522
tissue microarray *组织微阵列 11.0991
tissue-specific extinguisher 组织特异性消失基因 05.0460
tissue specificity *组织特异性 05.0455
titin 肌巨蛋白 02.0459
TK 胸苷激酶 03.0291
T_4 kinase *T_4 激酶 03.0295
TLC 薄层层析 11.0223
TLR Toll 样受体 08.0378
TMA 转录介导扩增 11.0563
TMG 三甲基鸟苷 05.0306
TMP 胸苷一磷酸 04.0110
7TM receptor *七跨膜结构域受体，*七跨膜螺旋区受体 08.0300

tmRNA　转运–信使RNA，*转移–信使RNA　04.0268
TMT　串联质谱标签　11.0410
Tn　转座子　05.0077
TNF　肿瘤坏死因子　09.0250
TNFR-associated death domain protein　肿瘤坏死因子受体相关死亡结构域蛋白质　08.0367
tocopherol　*生育酚　09.0353
tocotrienol　生育三烯酚，*三烯生育酚　09.0354
Toll/interleukin 1 receptor homology domain　TIR结构域，*Toll/IL-1受体同源结构域　08.0274
Toll-like receptor　Toll样受体　08.0378
top agar　顶层琼脂　11.0753
top-down proteomics analysis　自上而下蛋白质组学分析　11.0415
topoisomerase　*拓扑异构酶　03.0668
touch down PCR　温度递减聚合酶链反应，*降落PCR　11.0536
toxin　毒素　02.0850
δ-toxin　δ毒素　02.0853
toxoid　类毒素　02.0854
TPI　丙糖磷酸异构酶，*磷酸丙糖异构酶　03.0658
TPIC　转录前起始复合物，*转录前起始复合体　05.0505
TPK　蛋白质酪氨酸激酶　03.0335
TPO　血小板生成素　09.0238
T_4 polynucleotide kinase　T_4多核苷酸激酶　03.0295
TPP　硫胺素焦磷酸　09.0362
TPR domain　TPR结构域　08.0275
TPx　硫氧还蛋白过氧化物酶　03.0179
tracer　示踪物，*示踪剂　11.0378
tracer technique　示踪技术　11.0377
track　泳道　11.0073
TRADD　肿瘤坏死因子受体相关死亡结构域蛋白质　08.0367
trailing ion　尾随离子　11.0094
transacetylase　乙酰转移酶，*转乙酰基酶　03.0240
transacetylation　转乙酰[基]作用　10.0276
trans-aconitate 2-methyltransferase　反式乌头酸-2-甲基转移酶　03.0228
trans-aconitate 3-methyltransferase　反式乌头酸-3-甲基转移酶　03.0229
trans-acting　反式作用　05.0480
trans-acting factor　反式作用因子　05.0478
trans-acting ribozyme　反式作用核酶　03.0726
trans-acting RNA　反式作用RNA　04.0271
trans-activation　反式激活　05.0554
trans-activator　反式激活蛋白　05.0555
transacylase　酰基转移酶，*转酰基酶　03.0239
transacylation　转酰基作用　10.0277
transaldolase　转醛醇酶　03.0238
transaminase　转氨酶　03.0284
transamination　转氨基作用　10.0231
transcarbamylase　*转氨甲酰酶　03.0232
transcarboxylase　*转羧基酶　03.0233
transcellular transport　穿胞转运，*跨胞转运，*跨细胞运输　08.0122
transcobalamin　钴胺素转运蛋白，*钴胺传递蛋白，*转钴胺素，*运钴胺[素]蛋白　02.0373
transcortin　皮质激素转运蛋白，*运皮质激素蛋白　02.0315
transcripreinitiation complex　转录前起始复合物，*转录前起始复合体　05.0505
transcript　转录物，*转录本　05.0254
transcriptase　*转录酶　03.0308
transcription　转录　05.0233
transcription activation　转录激活　05.0490
transcription activator　转录激活因子　05.0496
transcription activator-like effector nuclease　转录激活因子样效应物核酸酶，*转录激活子样效应因子核酸酶，*类转录激活因子效应物核酸酶　11.0899
transcriptional arrest　转录停滞　05.0244
transcriptional map　转录图　11.0845
transcriptional preinitiation complex　转录前起始复合物，*转录前起始复合体　05.0505
transcription-based amplification system　转录依赖扩增系统　11.0562
transcription bubble　转录泡　05.0240
transcription-coupled repair　转录偶联修复　05.0218
transcription elongation　转录延伸　05.0239
transcription factor　转录因子　05.0492
transcription fidelity　转录保真性　05.0241
transcription inhibitor　转录抑制因子　05.0497
transcription initiation　转录起始　05.0237
transcription initiation complex　转录起始复合物，*转录起始复合体　05.0238
transcription initiation site　转录起始[位]点　05.0236
transcription machinery　转录装置，*转录机器　05.0242
transcription-mediated amplification　转录介导扩增　11.0563

transcription pausing 转录暂停 05.0243
transcription regulation 转录调节 05.0489
transcription repression 转录阻遏 05.0491
transcription start site 转录起始[位]点 05.0236
transcription termination 转录终止 05.0245
transcription termination factor 转录终止因子 05.0247
transcription unit 转录单位 05.0253
transcriptome 转录物组，*转录本组 01.0066
transcriptome sequencing 转录物组测序 11.0615
transcriptomics 转录物组学，*转录本组学 01.0046
transcytosis 胞吞转运 08.0140
transdeamination 联合脱氨[基]作用，*转脱氨[基]作用 10.0234
transducer domain 转导结构域 08.0247
transducin 转导蛋白 08.0242
transductant 转导子 11.0766
transduction 转导 11.0764
transesterification 转酯基作用 10.0099
trans-fatty acid 反式脂肪酸 07.0037
transfectant 转染子 11.0783
transfection 转染 11.0774
transfection efficiency 转染率 11.0782
transferase 转移酶 03.0219
transfer DNA 转移 DNA 11.0773
transfer factor 转移因子 09.0209
transfer-messenger RNA 转运–信使 RNA，*转移–信使 RNA 04.0268
transfer ribonucleic acid 转运 RNA，*转移 RNA 04.0261
transferrin 运铁蛋白，*转铁蛋白 02.0712
transformant 转化体，*转化子 11.0771
transformation 转化 11.0767
transformation efficiency 转化率 11.0772
transforming growth factor 转化生长因子 09.0243
transforming growth factor-α 转化生长因子 α 09.0244
transforming growth factor-β 转化生长因子 β 09.0245
transgene 转基因 11.0950
transgenesis 转基因作用 11.0951
transgene technology 转基因技术 11.0944
transgenic organism 转基因生物 11.0952
transgenics 转基因学 01.0018
transgenic technology 转基因技术 11.0944
transgenome 转基因组 01.0065
transglycosylase *转糖基酶 03.0269
transglycosylation 转糖基作用 10.0100
transhydrogenase 转氢酶 03.0143
transhydroxylation 转羟基作用 10.0102
transhydroxymethylase *转羟甲基酶 03.0230
transient expression 短暂表达，*瞬时表达 11.0800
transient transfection 短暂转染，*瞬时转染 11.0775
transimidation 转亚氨基作用 10.0232
trans-isomer 反式异构体 01.0204
trans-isomerism *反式异构 01.0196
transition state 过渡态 03.0048
transition state analogue 过渡态类似物 03.0053
transketolase 转酮酶 03.0237
translation 翻译 05.0331
translational frameshift *翻译水平移框 05.0401
translational readthrough 翻译连读，*翻译通读 05.0398
translation frameshift 翻译移码 05.0400
translation initiation 翻译起始 05.0374
translation initiation complex 翻译起始复合物，*翻译起始复合体 05.0375
translation initiation factor 翻译起始因子 05.0376
translation regulation 翻译调节 05.0560
translation repression 翻译阻遏 05.0562
translocase 易位酶，*移位酶，*转位酶 03.0695
translocation 易位 01.0251
transmembrane domain 跨膜结构域，*穿膜域 08.0101
transmembrane domain receptor 跨膜结构域受体，*穿膜域受体 08.0107
transmembrane facilitator 跨膜易化物，*穿膜易化物 08.0109
transmembrane gradient 跨膜梯度，*穿膜梯度 08.0063
transmembrane helix 跨膜螺旋，*穿膜螺旋 08.0106
transmembrane potential *跨膜电位 08.0049
transmembrane protein 跨膜蛋白质，*穿膜蛋白质 08.0081
transmembrane scaffold 跨膜支架 08.0231
transmembrane signaling *跨膜信号传递，*穿膜信号传送 08.0142
transmembrane signal transduction 跨膜信号转导，*穿膜信号转导 08.0142
transmembrane transport 跨膜转运 08.0123

transmethylase　*转甲基酶　03.0220
transmission electron microscope　透射电子显微镜　11.0443
transmitter-gated ion channel　递质门控离子通道　08.0046
trans-11-octadecenoic acid　*反-11-十八碳烯酸　07.0069
transoid conformation　反向构象　01.0218
transparent plaque　*透明噬斑　11.0791
transpeptidylase　*转肽酰酶　03.0261
transpeptidylation　转肽基作用　10.0101
transphosphorylation　交互磷酸化　05.0420
transport　转运　01.0250
transporter　转运蛋白，*转运体，*运输蛋白　08.0083
transporter associated with antigen processing　抗原加工相关转运蛋白，*抗原加工相关转运体　02.0326
transposable element　*转座元件　05.0077
transposase　转座酶　03.0755
transposition　转座　05.0079
transpositional recombination　转座重组　05.0228
transposon　转座子　05.0077
trans-repression　反式阻遏　05.0481
trans-splicing　反式剪接　05.0274
transsulfation　转硫酸基作用　10.0103
transthyretin　甲状腺素转运蛋白，*转甲状腺素蛋白，*甲状腺素视黄质运载蛋白　02.0666
traumatic acid　愈伤酸　09.0322
TRE　甲状腺激素应答元件　05.0507
trefoil factor 1　三叶因子 1　02.0169
trefoil factor 2　三叶因子 2　02.0170
trefoil factor 3　三叶因子 3　02.0171
trefoil factor family　三叶因子家族　02.0168
trefoil peptide　三叶肽　02.0167
trehalase　海藻糖酶　03.0471
trehalose　海藻糖　06.0141
TRF　*促甲状腺激素释放因子　09.0060
TRH　促甲状腺激素释放素　09.0060
triacetin　*三乙酰甘油　07.0110
triacontanoic acid　*三十烷酸　07.0095
triacylglycerol　甘油三酯，*三酰甘油　07.0108
tributyrin　*三丁酰甘油　07.0111
tricaprin　*三癸酰甘油　07.0112
tricaproin　*三己酰甘油　07.0113
tricaprylin　*三辛酰甘油　07.0114
tricarboxylic acid cycle　三羧酸循环　10.0134
trichohyalin　毛透明蛋白　02.0788
trichosanthin　天花粉蛋白　02.0836
trigger factor　触发因子　03.0656
triglyceride　甘油三酯，*三酰甘油　07.0108
triglyceride lipase　甘油三酯脂肪酶，*三酰甘油脂肪酶　03.0370
trihydroxymethyl aminomethane　三羟甲基氨基甲烷　11.1020
triiodothyronine　三碘甲状腺原氨酸　09.0081
trilaurin　*三月桂酰甘油　07.0115
trimethylguanosine　三甲基鸟苷　05.0306
trimyristin　豆蔻酸甘油酯，*豆蔻酰甘油　07.0118
triolein　油酸甘油酯，*油酰甘油　07.0116
triose　丙糖，*三碳糖　06.0045
triose-phosphate isomerase　丙糖磷酸异构酶，*磷酸丙糖异构酶　03.0658
tripalmitin　棕榈酸甘油酯　07.0119
tripalmitylglycerol　*三软脂酰甘油　07.0119
triphosphoinositide　*三磷酸肌醇磷脂　07.0141
triple helix　三股螺旋　04.0160
triple helix DNA　*三股螺旋 DNA　04.0161
triplet code　*三联体密码　05.0333
triplex DNA　三链体 DNA　04.0161
Tris　三羟甲基氨基甲烷　11.1020
trisaccharide　三糖　06.0154
triskelion　三脚蛋白[复合体]　02.0636
tristearin　硬脂酸甘油酯　07.0120
tristeroylglycerol　*三硬脂酰甘油　07.0120
triterpene　三萜　07.0195
tRNA　转运 RNA，*转移 RNA　04.0261
tRNA charging　*tRNA 负载　05.0381
tRNA-derived small RNA　tRNA 来源小 RNA　05.0321
tRNA precursor　tRNA 前体　04.0267
trophoblast protein　滋养层蛋白质　02.0677
tropocollagen　原胶原[蛋白]　02.0405
tropoelastin　原弹性蛋白　02.0422
tropomodulin　原肌球蛋白调节蛋白　02.0497
tropomyosin　原肌球蛋白　02.0496
troponin　肌钙蛋白　02.0499
Trp　色氨酸　02.0029
trp operon　色氨酸操纵子　05.0541
TrxR　硫氧还蛋白还原酶　03.0166
trypan blue　锥虫蓝，*台盼蓝　11.1003
trypanothione-disulfide reductase　氧化型二谷胱甘肽

亚精胺还原酶 03.0162
trypsin 胰蛋白酶 03.0515
trypsinogen 胰蛋白酶原 03.0516
tryptamine 色胺 10.0259
tryptophan 色氨酸 02.0029
tryptophyllin 色氨肽 02.0146
TSE 组织特异性消失基因 05.0460
ts gene 温度敏感基因，*ts 基因 05.0066
TSH 促甲状腺激素 09.0035
TSI 促甲状腺免疫球蛋白，*刺激甲状腺免疫球蛋白 02.0322
ts mutant 温度敏感突变体，*ts 突变体 05.0190
ts mutation 温度敏感突变 11.0804
TSP 血小板应答蛋白 02.0349
tsRNA tRNA 来源小 RNA 05.0321
TSS 转录起始[位]点 05.0236
TST 硫代硫酸硫转移酶 03.0364
Tth DNA polymerase *Tth* DNA 聚合酶 03.0315
TTP 胸苷三磷酸 04.0112
TTR 甲状腺素转运蛋白，*转甲状腺素蛋白，*甲状腺素视黄质运载蛋白 02.0666
tube gel electrophoresis *管式凝胶电泳 11.0107
tuberculostearic acid 结核硬脂酸 07.0064
tuberin 结节蛋白 02.0764
tubulin 微管蛋白 02.0432
tuftsin 脾白细胞激活因子，*促吞噬肽 09.0249
tumor angiogenesis factor 肿瘤血管生长因子 09.0251
tumor-inducing plasmid 致瘤质粒，*Ti 质粒，*肿瘤诱导质粒 11.0734
tumor necrosis factor 肿瘤坏死因子 09.0250
tumor suppressor 肿瘤抑制蛋白，*肿瘤阻抑蛋白 02.0763
tumor suppressor gene 抑癌基因，*抗癌基因，*肿瘤抑制基因 05.0070
tumstatin 抑瘤蛋白 02.0762
turanose 松二糖 06.0150
turbidimetry 比浊法 11.0312
turbid plaque *混浊噬斑 11.0791
β turn β 转角 02.0884
turnover number *转换数 03.0046
TUTase 末端尿苷酰转移酶 03.0330
T-vector T 载体 11.0732
twinfilin 双解丝蛋白 02.0475
twist 扭转 04.0158
twisting number 扭转数，*盘绕数 04.0177
twitchin 颤搐蛋白 02.0460
two-component protein phosphorylation system 双组分蛋白质磷酸化系统 08.0229
two-component regulatory system *双组分调节系统 08.0229
two-component signal transduction system *双组分信号转导系统 08.0229
two-dimensional chromatography 二维层析，*双向层析 11.0251
two-dimensional electrophoresis *双向电泳 11.0144
two-dimensional fluorescence difference gel electrophoresis 双向荧光差异凝胶电泳 11.0145
two-dimensional gel electrophoresis 双向凝胶电泳 11.0144
two-dimensional nuclear Overhauser enhancement spectroscopy 二维核奥弗豪泽增强谱 11.0441
two-dimensional structure 二维结构 01.0155
two-hybrid system 双杂交系统 11.0746
TX 凝血噁烷，*血栓[噁]烷，*血栓素 09.0186
Ty element *Ty* 元件 05.0078
type II DNA methylase II 型 DNA 甲基化酶 03.0223
type I restriction enzyme I 型限制性内切酶 03.0422
type II restriction enzyme II 型限制性内切酶 03.0423
type III restriction enzyme III型限制性内切酶 03.0424
Tyr 酪氨酸 02.0028
tyramine 酪胺 10.0305
tyrocidine 短杆菌酪肽 02.0210
tyrosinase 酪氨酸酶 03.0167
β-tyrosinase *β-酪氨酸酶 03.0623
tyrosine 酪氨酸 02.0028
tyrosine ammonia-lyase 酪氨酸氨裂合酶 03.0637
tyrosine hydroxylase 酪氨酸羟化酶 03.0194
tyrosine kinase *酪氨酸激酶 03.0335
tyrosine phenol-lyase 酪氨酸酚裂合酶，*酪氨酸酚裂解酶 03.0623
tyrosine protein kinase 蛋白质酪氨酸激酶 03.0335
tyrothricin 短杆菌素 02.0209
tyvelose 泰威糖 06.0088

U

U　尿嘧啶　04.0017，尿苷　04.0047
UAG mutation suppressor　*UAG 突变阻抑基因　05.0568
UAS　上游激活序列　05.0517
Ub　泛素，*遍在蛋白质　02.0727
UBA domain　泛素相关结构域，*UBA 结构域　08.0236
UBD　泛素结合结构域　08.0235
ubiquinol-cytochrome c reductase　泛醇–细胞色素 c 还原酶　03.0700
ubiquinol oxidase　泛醇氧化酶　03.0698
ubiquinone　泛醌　03.0015
ubiquitin　泛素，*遍在蛋白质　02.0727
ubiquitin-activating enzyme　泛素活化酶，*泛素激活酶　03.0684
ubiquitin-associated domain　泛素相关结构域，*UBA 结构域　08.0236
ubiquitination　泛素化　05.0428
ubiquitin-binding domain　泛素结合结构域　08.0235
ubiquitin carrier protein　*泛素载体蛋白质　03.0263
ubiquitin-conjugating enzyme　泛素缀合酶，*泛素结合酶　03.0263
ubiquitin-dependent proteolysis　泛素依赖性蛋白酶解，*依赖于泛素的蛋白酶解　03.0268
ubiquitin-interacting motif　泛素作用模体　08.0237
ubiquitin-protein conjugate　泛素–蛋白质缀合物　02.0728
ubiquitin protein kinase　泛素蛋白质激酶　03.0357
ubiquitin-protein ligase　泛素–蛋白质连接酶　03.0685
ubiquitin receptor　泛素受体　08.0238
ubiquitylation　*泛酰化　05.0428
UCE　*上游控制元件　05.0514
UDG　尿嘧啶-DNA 糖苷酶　03.0445
UDP　尿苷二磷酸　04.0106
UDPG　尿苷二磷酸葡萄糖　10.0151
UDPGA　尿苷二磷酸葡萄糖醛酸　10.0152
UDP-glucose 4-epimerase　尿苷二磷酸葡萄糖-4-差向异构酶　03.0647
UDP-sugar　尿苷二磷酸–糖　06.0110
UIM　泛素作用模体　08.0237
UK　尿激酶　03.0534
ultracentrifugation　超速离心　11.0051
ultrafilter　超滤器　11.0034
ultrafiltration　超滤　11.0027
ultrafiltration membrane　超滤膜　11.0033
ultrahigh performance liquid chromatography　超高效液相层析　11.0202
ultrasonication　超声处理，*超声波作用　11.0006
ultrasonic dispersion　超声粉碎　11.0007
ultraviolet crosslinking　紫外交联　11.0474
umber codon　*棕土密码子　05.0339
UMP　尿苷一磷酸　04.0105
unassigned reading frame　功能未定读框　05.0358
uncoating enzyme　脱壳酶　03.0601
uncompetitive inhibition　反竞争性抑制　03.0082
uncompetitive inhibitor　反竞争性抑制剂　03.0083
unconjugated bilirubin　非结合胆红素　10.0329
uncoupler　解偶联剂　10.0072
uncoupling　解偶联　10.0071
uncoupling agent　解偶联剂　10.0072
undecaprenol　[细菌]十一萜醇，*细菌萜醇　07.0202
unfolded protein response　未折叠蛋白质应答，*未折叠蛋白质反应　08.0352
unfolding　解折叠，*伸展　02.0880
unichromosomal gene library　单一染色体基因文库　11.0824
unidentified reading frame　产物未定读框　05.0359
unidirectional replication　单向复制　05.0115
uniport　单向转运　08.0124
unique sequence DNA　单一序列 DNA　04.0211
universal code　*通用密码　05.0334
universal genetic code　通用遗传密码　05.0334
universal primer　通用引物　11.0599
unsaturated fatty acid　不饱和脂肪酸　07.0032
unselected marker　非选择性标志物　11.0786
unspecific monooxygenase　*非特异性单加氧酶　03.0190
untargeted metabolomics　非靶向代谢物组学　01.0052
untranslated region　非翻译区　05.0360
3′ untranslated region　3′非翻译区　05.0362
5′ untranslated region　5′非翻译区　05.0361

untwisting enzyme 解旋酶 03.0674
unusual base 稀有碱基 04.0018
unwinding enzyme 解旋酶 03.0674
unwinding protein 解链蛋白质 02.0255
uPA *尿激酸型纤溶酶原激活物 03.0534
UPE 上游启动子元件 05.0514
uperolein 耳腺蛙肽 02.0144
UPLC 超高效液相层析 11.0202
UPR 未折叠蛋白质应答，*未折叠蛋白质反应 08.0352
up regulation *上调 05.0449
upstream 上游 01.0142
upstream activating sequence 上游激活序列 05.0517
upstream control element *上游控制元件 05.0514
upstream promoter element 上游启动子元件 05.0514
upstream sequence 上游序列 01.0144
uracil 尿嘧啶 04.0017
uracil-DNA glycosidase 尿嘧啶-DNA 糖苷酶 03.0445
uracil-DNA glycosylase *尿嘧啶-DNA 糖基水解酶 03.0445
uracil interference assay 尿嘧啶干扰试验 11.0814
urate oxidase 尿酸氧化酶 03.0153
urea 尿素，*脲 10.0238
urea cycle *尿素循环 10.0237
urease 脲酶，*尿素酶 03.0585
ureogenesis 尿素生成 10.0236
ureotelism 排尿素[型]代谢 10.0226
URF 产物未定读框 05.0359
uric acid 尿酸 10.0370
uricase *尿酸酶 03.0153
uricotelism 排尿酸[型]代谢 10.0227
uridine 尿苷 04.0047
uridine diphosphate 尿苷二磷酸 04.0106
uridine diphosphate glucose 尿苷二磷酸葡萄糖 10.0151
uridine diphosphate glucuronic acid 尿苷二磷酸葡萄糖醛酸 10.0152
uridine diphosphate sugar 尿苷二磷酸–糖 06.0110
uridine monophosphate 尿苷一磷酸 04.0105
uridine nucleosidase 尿苷核苷酶 03.0488
uridine triphosphate 尿苷三磷酸 04.0107
uridylic acid 尿苷酸 04.0104
urobilin 尿胆素 10.0337
urobilinogen 尿胆素原 10.0333
urocanase 尿刊酸酶 03.0629
urocanic acid 尿刊酸 10.0254
urocortin 尾促皮质肽 09.0138
urodilatin 尿舒张肽 09.0151
urogastrone 尿抑胃素 09.0166
uroguanylin 尿鸟苷肽，*尿鸟苷素 02.0173
urokinase 尿激酶 03.0534
urokinase-type plasminogen activator *尿激酸型纤溶酶原激活物 03.0534
uromodulin 尿调[制]蛋白，*尿调节素 02.0641
uronic acid 糖醛酸 06.0104
uronic acid pathway 糖醛酸途径 10.0150
uropepsinogen 尿胃蛋白酶原 03.0557
uropontin 尿桥蛋白 02.0445
uroporphyrin 尿卟啉 10.0322
uroporphyrinogen 尿卟啉原 10.0317
urotensin 尾紧张肽，*尾升压素 09.0139
ursodeoxycholic acid 熊脱氧胆酸 10.0204
USFA 不饱和脂肪酸 07.0032
usnein 松萝酸，*地衣酸 07.0080
usnic acid 松萝酸，*地衣酸 07.0080
usninic acid 松萝酸，*地衣酸 07.0080
uteroferrin 子宫运铁蛋白 02.0713
uteroglobin 子宫珠蛋白 02.0354
UTP 尿苷三磷酸 04.0107
UTR 非翻译区 05.0360
3′UTR 3′非翻译区 05.0362
5′UTR 5′非翻译区 05.0361
utrophin 抗肌萎缩蛋白相关蛋白质，*肌营养相关蛋白质 02.0494
UV crosslinking 紫外交联 11.0474
UV endonuclease *UV 核酸内切酶 03.0634
UV irradiation crosslinking *紫外照射交联 11.0474
uvomorulin 桑葚胚黏着蛋白 02.0736

V

V 缬氨酸 02.0021
vaccenic acid 反式异油酸 07.0069
vacuum transfer 真空转移 11.0487
Val 缬氨酸 02.0021

W

X

Y

Z

汉 英 索 引

A

linic acid，ALA　10.0313
5-氨基酮戊酸合酶　5-aminolevulinate synthase　03.0253
*氨基酰 AMP　aminoacyl-AMP　05.0382
氨基酰 tRNA　aminoacyl-tRNA　05.0383
氨基酰 tRNA 氨基酰水解酶　aminoacyl-tRNA aminoacylhydrolase　03.0381
*氨基酰 tRNA 合成酶　aminoacyl-tRNA synthetase　03.0679
氨基酰化　aminoacylation　05.0381
氨基酰 tRNA 连接酶　aminoacyl-tRNA ligase　03.0679
氨基酰磷脂酰甘油　aminoacyl phosphatidylglycerol　07.0146
氨基酰脯氨酸二肽酶　prolidase　03.0500
*氨基酰 tRNA 水解酶　aminoacyl-tRNA hydrolase　03.0381
氨基酰位　aminoacyl site，A site　05.0387
氨基酰腺苷一磷酸　aminoacyl-AMP　05.0382
氨基酰酯酶　aminoacyl esterase　03.0379
氨基酰转移酶　aminoacyltransferase　03.0260
*2-氨基腺嘌呤　2-aminoadenine　04.0008
*2-氨基-6-氧嘌呤　2-amino-6-oxopurine　04.0007
*氨基乙磺酸　taurine　10.0250
*5-氨基乙酰丙酸　5-aminolevulinic acid，δ-aminolevulinic acid，ALA　10.0313
β-氨基异丁酸　β-aminoisobutyric acid　10.0375
*氨基转移酶　aminotransferase　03.0284
氨甲酰基转移酶　carbamoyltransferase，carbamyltransferase　03.0232
*氨甲酰鸟氨酸　carbamyl ornithine　02.0061
氨裂合酶　ammonia-lyase　03.0635
氨肽酶　aminopeptidase　03.0498
氨肽酶抑制剂　amastatin　03.0758
*胺化　amination　10.0228
胺类激素　amine hormone　09.0004
胺氧化酶　amine oxidase　03.0129
暗视蛋白　scotopsin　02.0689
凹端　recessed terminus　04.0329
螯合作用　chelation　01.0128

B

*八碳糖　octose　06.0078
八糖　octaose　06.0165
巴豆毒蛋白　crotin　02.0838
巴斯德效应　Pasteur effect　10.0114
巴西棕榈蜡　carnauba wax　07.0240
靶向　targeting　11.0818
RNA 靶向　RNA targeting　05.0326
靶向代谢物组学　targeted metabolomics　01.0051
*靶向序列　targeting sequence　02.0072
*白蛋白　albumin　02.0223
白喉毒素　diphtheria toxin　02.0862
白喉酰胺　diphthamide　02.0057
白介素-1 受体相关激酶　interleukin-1 receptor-associated kinase，IRAK　08.0387
白三烯　leukotriene　09.0188
*白唾液酸蛋白　leukosialin　06.0262
白细胞共同抗原相关蛋白质　leukocyte common antigen-related protein，LAR　02.0724
白[细胞]介素　interleukin，IL　09.0204
白细胞凝集素　leucoagglutinin　06.0279
白细胞溶素　leucolysin　02.0870
白细胞弹性蛋白酶　leukocyte elastase　03.0529
白细胞移动抑制因子　leukocyte migration inhibitory factor，LIF　09.0208
白血病抑制因子　leukemia inhibitory factor，LIF　09.0262
*摆动法则　wobble rule　04.0031
摆动假说　wobble hypothesis　04.0032
摆动碱基配对　wobble base pairing　04.0031
*摆动配对　wobble pairing　04.0031
败亡小体　necroptosome　08.0373
*班氏试剂　Benedict reagent　11.1005
*斑点印迹法　dot blotting　11.0460
斑点杂交　dot hybridization　11.0460
斑鸠菊酸　vernalic acid，vernolic acid　07.0077
斑联蛋白　zyxin　02.0527
斑珠蛋白　plakoglobin　02.0528
半保留复制　semiconservative replication　05.0112
半不连续复制　semidiscontinuous replication　05.0116
*半巢式 PCR　semi-nested PCR，hemi-nested PCR　11.0541
半巢式聚合酶链反应　semi-nested PCR，hemi-nested PCR　11.0541
半胱氨酸　cysteine，Cys，C　02.0026

半胱氨酸串联蛋白质　cysteine string protein，CSP　02.0544
*半胱氨酸蛋白酶　cysteine protease　03.0553
半胱氨酸蛋白酶抑制剂　cystatin　03.0774
半胱氨酸双加氧酶　cysteine dioxygenase　03.0183
半胱氨酸羧肽酶　cysteine carboxypeptidase　03.0508
*半胱天冬酶　caspase，cysteine aspartic acid specific protease　03.0547
半环扁尾蛇毒素　erabutoxin　02.0873
半人马蛋白　centaurin　02.0517
半乳甘露聚糖　galactomannan　06.0188
半乳聚糖　galactan　06.0185
半乳凝[集]素　galectin　06.0276
半乳葡萄甘露聚糖　galactoglucomannan　06.0184
半乳糖　galactose　06.0067
半乳糖胺　galactosamine　06.0115
半乳糖操纵子　*gal* operon　05.0538
半乳糖醇　galactitol　06.0093
*半乳糖神经酰胺　galactosylceramide　07.0170
半乳糖苷酶　galactosidase　03.0466
α-半乳糖苷酶　α-galactosidase　03.0467
β-半乳糖苷酶　β-galactosidase　03.0468
半乳糖苷乙酰转移酶　galactoside transacetylase　03.0248
半乳糖基转移酶　galactosyltransferase　03.0272
半乳糖激酶　galactokinase　03.0289
*半乳糖脑苷脂　galactocerebroside　07.0170
半乳糖脂　galactolipid　07.0124
*半受纳细胞　semi-permissive cell　11.0798
半缩醛　hemiacetal　06.0021
半缩酮　hemiketal　06.0023
半透膜　semipermeable membrane　11.0026
半微量分析　semi-microanalysis，semimicro analysis　11.0255
半夏蛋白　pinellin　02.0840
半纤维素　hemicellulose　06.0178
半允许细胞　semi-permissive cell　11.0798
半致死基因　semilethal gene　05.0052
*伴刀豆凝集素 A　concanavalin A，ConA　02.0793
伴刀豆球蛋白　concanavalin A，ConA　02.0793
伴肌动蛋白　nebulin　02.0469
伴侣伴蛋白　co-chaperone　02.0673
伴侣蛋白　chaperonin　02.0672
伴清蛋白　conalbumin　02.0282
包涵体　inclusion body　11.0755
包膜糖蛋白　envelope glycoprotein　06.0255
包装　packaging　11.0758
DNA 包装　DNA packaging　05.0232
RNA 包装　RNA packaging　05.0324
包装提取物　packaging extract　11.0760
包装细胞　packaging cell　11.0761
胞壁酸　muramic acid　06.0117
*胞壁酸酶　muramidase　03.0462
胞壁酰二肽　muramyl dipeptide，MDP　02.0200
胞衬蛋白　fodrin　02.0455
*胞二磷　cytidine diphosphate，CDP　04.0098
胞苷　cytidine，C　04.0046
胞苷二磷酸　cytidine diphosphate，CDP　04.0098
胞苷三磷酸　cytidine triphosphate，CTP　04.0099
胞苷酸　cytidylic acid　04.0096
胞苷一磷酸　cytidine monophosphate，CMP　04.0097
胞嘧啶　cytosine，C　04.0015
*DNA 胞嘧啶-5-甲基转移酶　DNA cytosine-5-methyltransferase　03.0223
胞嘧啶脱氨酶　cytosine deaminase　03.0596
胞内分泌　intracrine　09.0026
胞内分泌信号传递　intracrine signaling　08.0155
*胞内结构域　intracellular domain　08.0243
*胞三磷　cytidine triphosphate，CTP　04.0099
胞吐[作用]　exocytosis　08.0133
胞吞转运　transcytosis　08.0140
胞吞[作用]　endocytosis　08.0134
胞外结构域　ectodomain　08.0244
胞外结构域脱落　ectodomain shedding　08.0245
胞外囊泡　extracellular vesicle　08.0022
*胞外体　exosome　08.0024
胞外信号调节激酶　extracellular signal-regulated kinase，ERK　03.0354
*胞一磷　cytidine monophosphate，CMP　04.0097
胞饮[作用]　pinocytosis　08.0136
胞葬作用　efferocytosis，engulfment of apoptotic cell　01.0269
胞质尾区　cytoplasmic tail　08.0243
胞质小 RNA　small cytoplasmic RNA，scRNA　04.0260
薄层层析　thin-layer chromatography，TLC　11.0223
薄膜电泳　film electrophoresis　11.0138
饱和分析　saturation analysis　11.0323
饱和诱变　saturation mutagenesis　11.0807
饱和杂交　saturation hybridization　11.0462

饱和脂肪酸　saturated fatty acid，SFA　07.0031
保持 DNA 甲基化酶　maintenance DNA methylase　03.0224
DMS 保护分析　dimethyl sulfate protection assay，DMS protection assay　11.0500
保留时间　retention time　11.0179
保留体积　retention volume　11.0174
保留系数　retention coefficient　11.0178
保守序列　conserved sequence　01.0140
保幼激素　juvenile hormone，JH　09.0289
*报道基因　reporter gene　11.0946
*报道载体　reporter vector　11.0728
报告基因　reporter gene　11.0946
报告载体　reporter vector　11.0728
豹蛙肽　pipinin　02.0154
贝壳杉烯　kaurene　07.0194
备解素　properdin　02.0337
倍半萜　sesquiterpene　07.0189
倍半萜环化酶　sesquiterpene cyclase　03.0633
被动扩散　passive diffusion　08.0119
被动转运　passive transport　08.0118
本胆烷醇酮　aetiocholanolone　09.0111
本底辐射　background radiation　11.0299
本尼迪克特试剂　Benedict reagent　11.1005
本周蛋白　Bence-Jones protein　02.0310
苯丙氨酸　phenylalanine，Phe，F　02.0027
苯丙氨酸氨裂合酶　phenylalanine ammonia-lyase，PAL　03.0638
苯丙氨酸羟化酶　phenylalanine hydroxylase　03.0193
苯丙酮酸　phenylpyruvic acid　10.0302
*苯酚–氯仿抽提法　phenol-chloroform extraction　11.0016
苯基乙醇胺-*N*-甲基转移酶　phenylethanolamine-*N*-methyltransferase，PNMT　03.0227
苯乳酸　phenylactic acid　10.0303
苯乙胺　phenylethylamine　10.0304
苯乙酰胺酶　phenylacetamidase　03.0583
比对　alignment　01.0167
*比活力　specific activity，SA　01.0175
比活性　specific activity，SA　01.0175
比较基因组学　comparative genomics　01.0031
比浊法　turbidimetry　11.0312
吡啶甲酸　picolinic acid　10.0267
吡哆胺　pyridoxamine　09.0374
吡哆醇　pyridoxine　09.0372
吡哆醛　pyridoxal　09.0373
吡咯赖氨酸　pyrrolysine，Pyl　02.0040
吡喃糖　pyranose　06.0027
必需氨基酸　essential amino acid　02.0009
必需基团　essential group　03.0035
必需激活剂　essential activator　03.0072
必需脂肪酸　essential fatty acid　07.0039
闭合蛋白　occludin　02.0521
*闭锁蛋白　occludin　02.0521
蓖麻毒蛋白　ricin，recin　02.0837
*蓖麻毒素　ricin，recin　02.0837
蓖麻油酸　ricinolic acid，ricinoleic acid　07.0079
壁效应　wall effect　11.0166
*避孕四肽　kentsin　02.0096
*D 臂　dihydrouracil arm，DHU arm，D arm　04.0289
RNA 编辑　RNA editing　05.0314
编辑体　editosome　05.0317
编码　coding　05.0366
编码 RNA　coding RNA　04.0236
*编码链　coding strand　05.0102
编码区　coding region　05.0363
编码区连接　coding joint　05.0365
*编码三联体　coding triplet　05.0333
*编码序列　coding sequence　05.0363
鞭毛蛋白　flagellin　02.0789
*变构酶　allosteric enzyme　03.0091
*变构调节　allosteric regulation　03.0090
变肾上腺素　metadrenaline　09.0089
变视紫红质　metarhodopsin　02.0691
变位酶　mutase　03.0663
变性　denaturation　01.0177
变性 DNA　denatured DNA　05.0153
变性蛋白质　metaprotein　02.0256
变性高效液相层析　denaturing high-performance liquid chromatography，DHPLC　11.0203
变性剂　denaturant　01.0178
变性聚丙烯酰胺凝胶　denaturing polyacrylamide gel　11.0103
变性凝胶电泳　denaturing gel electrophoresis　11.0113
变性梯度聚丙烯酰胺凝胶　denaturing gradient polyacrylamide gel　11.0102
变旋酶　mutarotase　03.0657
*遍多酸　pantothenic acid　09.0370
*遍在蛋白质　ubiquitin，Ub　02.0727

辫苷　queuosine　04.0055
标记　label，labeling　11.0389
标记定量技术　label quantitative technique　11.0407
标记基因　marker gene　11.0945
标签单核苷酸多态性　tag single nucleotide polymorphism，tag SNP　04.0221
标签融合蛋白质　tagged protein　11.0837
*标志基因　marker gene　11.0945
标志酶　marker enzyme　03.0741
标志物　marker　11.0382
*标准氨基酸　standard amino acid，normal amino acid　02.0002
表达克隆　expression cloning　11.0691
表达筛选　expression screening　11.0878
*表达图　expression map　11.0845
表达文库　expression library　11.0823
表达序列标签　expressed sequence tag，EST　11.0844
表达载体　expression vector　11.0722
表达质粒　expression plasmid　11.0733
表达组件　expression cassette　11.0874
表胆固醇　epicholeslerol，epiCh　07.0214
*表观分子量　apparent relative molecular weight　11.0385
表观基因组　epigenome　01.0076
表观基因组学　epigenomics　01.0033
表观相对分子量　apparent relative molecular weight　11.0385
*表观遗传调节　epigenetic regulation，epigenetic control　05.0488
表观遗传调控　epigenetic regulation，epigenetic control　05.0488
表面活化剂　surfactant，surface-active agent　11.1009
表面活性蛋白质　surfactant protein，SP　02.0260
表面活性肽　surfactin　02.0207
*表面膜蛋白质　peripheral membrane protein　08.0077
*表皮剥脱毒素　exfoliative toxin，epidermolytic toxin　02.0859
*表皮菌素　epidermin　02.0198
表皮抗菌肽　epidermin　02.0198
表皮生长因子　epidermal growth factor，epithelial growth factor，EGF　09.0227
表皮生长因子家族　epidermal growth factor family，EGF family　09.0226
表皮整联配体蛋白　epiligrin　02.0782
表位标签　epitope tagging　11.0835
*表位标注　epitope tagging　11.0835
表型　phenotype　05.0027
表型克隆　phenotypic cloning　11.0688
表型组　phenome　01.0069
表型组学　phenomics　01.0034
*表异构酶　epimerase　03.0645
表抑氨肽酶肽　epiamastatin　03.0759
别构部位　allosteric site　03.0092
别构激动剂　allosteric agonist　08.0351
别构激活剂　allosteric activator　03.0095
别构酶　allosteric enzyme　03.0091
别构配体　allosteric ligand　03.0093
别构调节　allosteric regulation　03.0090
别构调节物　allosteric modulator　03.0094
别构相互作用　allosteric interaction　03.0098
别构性　allostery　03.0097
别构抑制　allosteric inhibition　03.0089
别构抑制剂　allosteric inhibitor　03.0096
别嘌呤醇　allopurinol　04.0011
别乳糖　allolactose　06.0137
别藻蓝蛋白　allophycocyanin，APC　02.0804
*冰冻干燥　lyophilization，freeze-drying　11.0011
丙氨酸　alanine，Ala，A　02.0020
丙氨酸消旋酶　alanine racemase　03.0649
*丙氨酸转氨酶　alanine aminotransferase，ALT　03.0286
丙二醛　malondialdehyde　10.0189
丙二酸　malonic acid　10.0178
*丙二酸单酰辅酶A　malonyl-coenzyme A，malonyl-CoA　10.0179
丙二酰辅酶A　malonyl-coenzyme A，malonyl-CoA　10.0179
丙甲甘肽　alamethicin　02.0202
*丙三醇　glycerol，glycerin　07.0101
丙糖　triose　06.0045
丙糖磷酸异构酶　triose-phosphate isomerase，TPI，TIM　03.0658
丙酮　acetone　10.0187
丙酮酸　pyruvic acid　10.0131
丙酮酸激酶　pyruvate kinase　03.0293
丙酮酸羧化酶　pyruvate carboxylase　03.0689
丙酮酸脱氢酶复合物　pyruvate dehydrogenase complex　03.0154
丙酮酸脱羧酶　pyruvate decarboxylase　03.0611

C

FTF 08.0262
插入 insertion 05.0194
插入模体 intercalated-motif，i-motif 04.0186
插入模体 DNA intercalated-motif DNA，i-motif DNA 04.0187
插入片段 insert 05.0195
插入失活 insertional inactivation 11.0802
*插入顺序 intervening sequence，IVS 05.0264
插入突变 insertional mutation 11.0803
插入型载体 insertion vector 11.0731
*插入序列 insertion sequence，IS 05.0196
插入元件 insertion element 05.0196
茶碱 theophylline 04.0012
查耳酮 chalcone 10.0341
查耳酮合酶 chalcone synthase，CHS 03.0258
查耳酮黄烷酮异构酶 chalcone flavanone isomerase 03.0667
*差别筛选 differential screening 11.0465
*差别杂交 differential hybridization 11.0464
差示筛选 differential screening 11.0465
差示杂交 differential hybridization 11.0464
差速离心 differential centrifugation 11.0052
差向异构化 epimerization 01.0214
差向异构酶 epimerase 03.0645
差向异构体 epimer 01.0211
差异基因表达 differential gene expression 05.0456
差异甲基化杂交 differential methylation hybridization，DMH 11.0656
差异显示分析 differential display analysis 11.0466
*差异杂交 differential hybridization 11.0464
缠绕数 writhing number 04.0178
蟾毒色胺 bufotenine 10.0262
产婆蟾紧张肽 alytensin 02.0158
产物未定读框 unidentified reading frame，URF 05.0359
颤搐蛋白 twitchin 02.0460
长[链]非编码 RNA long non-coding RNA，lncRNA 04.0242
*长链酰基蛋白硫酯还原酶 long-chain acyl-protein thioester reductase 03.0128
长链脂肪酸硫激酶 long-chain fatty acid thiokinase 03.0683
长末端重复[序列] long terminal repeat，LTR 05.0574
*长散在重复序列 long interspersed repeat sequence 05.0021
长散在核元件 long interspersed nuclear element，LINE 05.0021
长萜醇寡糖前体 dolichol oligosaccharide precursor 06.0289
*肠促胰岛素 incretin，ducdenin 09.0156
肠毒素 enterotoxin 02.0860
肠肝循环 enterohepatic circulation 10.0207
*肠高血糖素 enteroglucagon 09.0157
肠激酶 enterokinase 03.0517
肠激肽 enterokinin 09.0160
肠降血糖素 incretin，ducdenin 09.0156
肠绒毛促动素 villikinin 09.0170
*肠三叶因子 intestinal trefoil factor，ITF 02.0171
*肠肽酶 enteropeptidase 03.0517
肠抑肽 enterostatin 09.0161
*肠抑胃肽 enterogastrone 09.0159
*常规假基因 conventional pseudogene，classical pseudogene 05.0036
*超表达 overexpression 05.0462
超操纵子 superoperon 05.0543
超二级结构 super-secondary structure，supersecondary structure 02.0888
*超分支滚环扩增 hyper-branched rolling circle amplification，HRCA 11.0567
超分子 supramolecule，supermolecule 01.0085
超分子反应 supramolecular reaction 01.0088
超分子组织中心 supramolecular organizing center，SMOC 08.0228
超高效液相层析 ultrahigh performance liquid chromatography，UPLC 11.0202
超家族 superfamily 01.0082
超量原子百分数 atom percent excess，APE 11.0300
超临界流体层析 supercritical fluid chromatography 11.0198
超滤 ultrafiltration，hyperfiltration 11.0027
超滤膜 ultrafiltration membrane，hyperfiltration membrane 11.0033
超滤器 ultrafilter 11.0034
超螺旋 superhelix 01.0149
DNA 超螺旋 DNA superhelix，DNA supercoil 04.0165
超螺旋 DNA supercoiled DNA，superhelical DNA 04.0168
*超螺旋周数 number of turn of superhelix 04.0178

重组DNA技术　recombinant DNA technique　11.0675
重组克隆　recombinant clone　11.0692
重组酶　recombinase　03.0738
Cre 重组酶　*Cre* recombinase，cyclization recombination enzyme　03.0739
FLP 重组酶　flippase recombinase，FLP recombinase　03.0740
重组酶介导扩增　recombinase aided amplification，RAA　11.0571
重组酶聚合酶扩增　recombinase polymerase amplification，RPA　11.0570
重组体　recombinant　05.0093
重组修复　recombination repair　05.0220
抽提　extraction　11.0015
出口位　exit site，E site　05.0389
初级胆汁酸　primary bile acid　10.0197
*初级转录本　primary transcript　05.0255
初级转录物　primary transcript　05.0255
初乳激肽　colostrokinin　09.0145
储备受体　spare receptor　08.0335
触发因子　trigger factor　03.0656
触珠蛋白　haptoglobin　02.0336
穿胞转运　transcellular transport　08.0122
穿孔蛋白　perforin　02.0570
*穿孔素　perforin　02.0570
*穿膜蛋白质　transmembrane protein　08.0081
*穿膜螺旋　transmembrane helix　08.0106
*穿膜肽酶　meprin　03.0571
*穿膜梯度　transmembrane gradient　08.0063
*穿膜信号传送　transmembrane signaling　08.0142
*穿膜信号转导　transmembrane signal transduction　08.0142
*穿膜易化物　transmembrane facilitator　08.0109
*穿膜域　transmembrane domain　08.0101
*穿膜域受体　transmembrane domain receptor　08.0107
穿梭载体　shuttle vector　11.0726
传递蛋白质　relay protein　08.0308
*传统假基因　conventional pseudogene，classical pseudogene　05.0036
船型构象　boat conformation　06.0010
*串联酶　tandem enzyme　03.0008
串联亲和层析　tandom affinity purification，TAP　11.0242
串联质谱标签　tandem mass tag，TMT　11.0410
串联质谱法　tandem mass spectrometry　11.0416
串珠蛋白聚糖　perlecan　06.0311
垂体后叶激素　posterior pituitary hormone，hypophysin　09.0044
垂体前叶激素　anterior pituitary hormone，APH　09.0033
垂体腺苷酸环化酶激活肽　pituitary adenylate cyclase-activating polypeptide，PACAP　02.0127
醇脱氢酶　alcohol dehydrogenase，ADH　03.0115
*磁性免疫测定　magnetic immunoassay　11.0333
磁性免疫分析　magnetic immunoassay　11.0333
雌二醇　estradiol　09.0114
雌[固]烷　estrane　09.0117
雌激素　estrogen，estrin，oestrogen　09.0113
*雌激素拮抗剂　antiestrogen　09.0181
雌激素受体　estrogen receptor　09.0194
*雌激素阻滞剂　antiestrogen　09.0181
雌三醇　estriol　09.0115
雌酮　estrone　09.0116
*雌甾烷　estrane　09.0117
*次黄苷　hypoxanthosine　04.0061
次黄嘌呤　hypoxanthine　04.0010
*次黄嘌呤核苷　hypoxanthine riboside　04.0061
*次黄嘌呤核苷酸　inosinic acid　04.0113
次黄嘌呤-鸟嘌呤磷酸核糖基转移酶　hypoxanthine-guanine phosphoribosyltransferase，HGPRT　03.0278
*次黄嘌呤脱氧核苷　hypoxanthine deoxyriboside　04.0062
次级胆汁酸　secondary bile acid　10.0202
*刺激甲状腺免疫球蛋白　thyroid-stimulating immunoglobulin，TSI　02.0322
刺激性 G 蛋白　stimulatory G protein，G_s　08.0305
从头测序　*de novo* sequencing　11.0618
从头合成　*de novo* synthesis　10.0359
促肠液蛋白　enterocrinin　09.0155
*促肠液素　enterocrinin　09.0155
*DNA 促超螺旋酶　DNA gyrase　03.0673
促凋亡蛋白质　pro-apoptotic protein　02.0767
促翻转酶　scramblase　03.0718
促分裂因子　mitogenic factor　09.0264
促分裂原活化的蛋白质激酶　mitogen-activated protein kinase，MAPK　03.0351
促分裂原活化的蛋白质激酶激酶　mitogen-activated protein kinase kinase，MAPKK　03.0355
促分裂原活化的蛋白质激酶激酶激酶　mitogen-

activated protein kinase kinase kinase，MAPKKK 03.0352
*促黑素 melanocyte-stimulating hormone，melanocortin，melonotropin，MSH 09.0054
促黑素释放素 melanoliberin，melanocyte-stimulating hormone releasing hormone，MRH，MSHRH 09.0066
*促黑素释放抑制因子 melanophore-stimulating hormone-release inhibiting factor，MIF 09.0069
*促黑素释放因子 melanophore-stimulating hormone releasing factor，MRF 09.0066
促黑素调节素 melanocyte-stimulating hormone regulatory hormone 09.0070
促黑素细胞激素 melanocyte-stimulating hormone，melanocortin，melonotropin，MSH 09.0054
促黑素抑释素 melanostatin，melanocyte-stimulating hormone-release inhibiting hormone，MRIH 09.0069
[促]红细胞生成素 erythropoietin，erythrogenin，EPO 09.0237
促黄体素 lutropin，luteinizing hormone，LH 09.0039
促黄体素释放素 luliberin，luteinizing hormone releasing hormone，LHRH 09.0061
*促黄体素释放因子 luteinizing hormone releasing factor，LHRF，LRF 09.0061
促甲状腺激素 thyrotropin，thyroid-stimulating hormone，TSH 09.0035
促甲状腺激素释放素 thyroliberin，thyrotropin releasing hormone，TRH 09.0060
*促甲状腺激素释放因子 thyrotropin releasing factor，TRF 09.0060
*促甲状腺激素调节素 thyromodulin 09.0271
促甲状腺免疫球蛋白 thyroid-stimulating immunoglobulin，TSI 02.0322
*促进扩散 facilitated diffusion 08.0120
*促离子型受体 ion channel-linked receptor，ionotropic receptor 08.0297
促卵泡激素 follitropin，follicle-stimulating hormone，FSH 09.0038
促卵泡激素释放素 folliliberin，follicle-stimulating hormone releasing hormone，FSHRH，FRH 09.0062
促卵泡激素抑释素 follistatin 09.0053
*促滤泡素释放因子 follicle-stimulating hormone releasing factor，FSHRF，FRF 09.0062
促配子成熟激素 menotropin 09.0128
促前胸腺激素 prothoracicotropic hormone，PTTH 09.0295
促醛固酮激素 adrenoglomerulotropin，AGTH 09.0101
*促乳素 prolactin，lactotropin 09.0040
促肾上腺皮质激素 corticotropin，adrenocorticotropic hormone，ACTH 09.0036
促肾上腺皮质激素释放素 corticoliberin，corticotropin releasing hormone，CRH 09.0058
促肾上腺皮质激素释放素结合蛋白质 corticoliberin-binding protein 09.0059
*促肾上腺皮质激素释放因子 corticotropin releasing factor，CRF 09.0058
*促肾上腺球状带细胞激素 adrenoglomerulotropin，AGTH 09.0101
*促生长素 growth hormone，GH，somatotropin 09.0034
促生长素释放素 somatoliberin，somatotropin releasing hormone 09.0063
*促生长素抑制素 somatostatin，SOM 09.0065
促十二指肠液素 duocrinin 09.0153
促食欲素 orexin，OX 09.0168
*促吞噬肽 tuftsin 09.0249
[促]胃动素 motilin，MTL 09.0167
促胃液素 gastrin 09.0162
促胃液素释放肽 gastrin-releasing peptide，GRP 09.0163
促性腺激素 gonadotropin，gonadotrophic hormone，GTH 09.0037
促性腺激素释放素 gonadoliberin，gonadotropin-releasing hormone，GnRH 09.0052
DNA 促旋酶 DNA gyrase 03.0673
促炎性细胞因子 proinflammatory cytokine 09.0274
促炎症蛋白质 proinflammatory protein 02.0328
促咽侧体神经肽 allatotropin 09.0291
促胰岛素 insulinotropin 09.0174
促胰凝乳蛋白酶原释放素 chymodenin 03.0773
促胰液素 secretin 09.0177
促胰液肽酶 secretinase 03.0750
促脂解剂 lipotropic agent 07.0026
促脂解素 lipotropin，lipotropic hormone，LPH 09.0043
促脂解作用 lipotropic action 07.0025
*醋精 acetin 07.0110
*醋酸纤维素膜 acetyl cellulose membrane，cellulose acetate membrane 11.0032

催产素　oxytocin，pitocin　09.0046
催化　catalysis　03.0027
催化部位　catalytic site　03.0063
催化常数　catalytic constant　03.0046
催化反应　catalytic reaction，catalyzed reaction　03.0029
催化核心　catalytic core　03.0062
催化活性　catalytic activity　03.0061
催化基团　catalytic group　03.0037
催化剂　catalyst　03.0028
*催化抗体　catalytic antibody　03.0728
*催化受体　catalytic receptor　08.0314
催化亚基　catalytic subunit　03.0064
催乳素　prolactin，lactotropin　09.0040
催乳素释放素　prolactoliberin，prolactin releasing hormone，PRH　09.0064
*催乳素释放因子　prolactin releasing factor，PRF　09.0064
催涎肽　sialogogic peptide　09.0074
存活蛋白　survivin　02.0773
错编　miscoding　05.0393
错参　misincorporation　05.0181
错插　misinsertion　05.0182
*错流过滤　cross-flow filtration　11.0029
错配　mispairing，mismatching　05.0178
错配修复　mismatch repair　05.0219
*错误倾向修复　error-prone repair　05.0222
错义突变　missense mutation　05.0413
错载　mischarging　05.0392
错折叠　misfolding　02.0879

D

打点　dotting　11.0459
大肠菌素　colicin，colicine　02.0857
大豆凝集素　soybean agglutinin，SBA　06.0280
大豆球蛋白　glycinin　02.0790
大枫子酸　gynocardic acid　07.0055
大沟　major groove　04.0149
大规模平行标签测序　massively parallel signature sequencing，MPSS　11.0609
*大规模平行签名测序　massively parallel signature sequencing，MPSS　11.0609
大核酶　maxizyme　03.0725
*大戟二萜醇　phorbol　08.0391
*大戟二萜醇酯　phorbol ester　08.0392
大麦醇溶蛋白　hordein　02.0797
[大]脑蛋白聚糖　cerebroglycan　06.0316
*大小排阻层析　size exclusion chromatography，steric exclusion chromatography　11.0234
*大阵列　macroarray　11.0981
呆蛋白　nicastrin　02.0732
*代表性差别分析　representational difference analysis，RDA　11.0466
*代谢　metabolism　10.0001
代谢重编程　metabolic reprogramming　10.0040
代谢工程　metabolic engineering　10.0039
代谢率　metabolic rate　10.0021
*代谢谱分析　metabolic profiling analysis　01.0052
代谢区室　metabolon　10.0022
代谢调节　metabolic regulation　10.0023
代谢途径　metabolic pathway　10.0031
代谢物　metabolite　10.0015
代谢物库　metabolite pool　10.0020
代谢物指纹分析　metabolite fingerprinting　11.0503
代谢物组　metabolome　01.0068
代谢物组学　metabolomics　01.0050
代谢型受体　metabotropic receptor　08.0299
代谢组　metabonome　01.0067
代谢组学　metabonomics　01.0049
带 3 蛋白质　band 3 protein　08.0088
带切口 DNA　nicked DNA　04.0191
带切口环状 DNA　nicked circular DNA　04.0190
丹磺酰法　dansyl method，DNS method　11.0587
单胺氧化酶　monoamine oxidase，MAO　03.0137
单胺转运蛋白　monoamine transporter，MAT　02.0546
单半乳糖甘油二酯　monogalactosyldiglyceride，monogalactosyldiacylglycerol, MGDG　07.0125
*单半乳糖基二酰甘油　monogalactosyldiglyceride，monogalactosyldiacylglycerol, MGDG　07.0125
单不饱和脂肪酸　monounsaturated fatty acid，MUFA　07.0033
单纯蛋白质　simple protein　02.0222
单纯扩散　simple diffusion　08.0121

单纯酶　simple enzyme　03.0009
*单纯脂质　simple lipid，homolipid　07.0003
单泛素化　monoubiquitination　05.0429
单分子测序　single-molecule sequencing　11.0627
单分子实时测序　single-molecule real time sequencing，SMRT　11.0628
单酚氧化酶　monophenol oxidase　03.0168
单核苷酸多态性　single nucleotide polymorphism，SNP　04.0220
单核因子　monokine　09.0265
单加氧酶　monooxygenase　03.0185
单交叉引物等温扩增　single cross-priming amplification，S-CPA　11.0575
*单拷贝 DNA　single-copy DNA　04.0211
*单拷贝基因　single-copy gene　05.0014
单克隆抗体　monoclonal antibody，McAb，mAb　01.0255
单链 DNA　single-stranded DNA，ssDNA　04.0152
单链 RNA　single-stranded RNA，ssRNA　04.0234
*单链蛋白质　single-stranded protein　02.0249
单链构象多态性　single-stranded conformation polymorphism，SSCP　11.0851
单链互补 DNA　single-stranded cDNA，sscDNA　05.0149
单链结合蛋白质　single-strand-binding protein　02.0676
单链突出端　overhang　11.0701
单顺反子　monocistron　05.0368
单顺反子 mRNA　monocistronic mRNA　05.0371
单糖　monosaccharide　06.0003
单体　monomer　01.0089
*单体 G 蛋白　monomeric G protein　08.0303
单体蛋白质　monomeric protein　02.0249
单体酶　monomeric enzyme　03.0003
单萜　monoterpene　07.0179
单细胞测序　single cell sequencing　11.0623
*单酰甘油　monoglyceride，monoacylglycerol，MAG　07.0106
单线态氧　singlet oxygen　10.0063
单向复制　unidirectional replication　05.0115
单向转运　uniport　08.0124
单一染色体基因文库　unichromosomal gene library　11.0824
单一序列 DNA　unique sequence DNA　04.0211
单引物等温扩增　single primer isothermal amplification，SPIA　11.0572
单油酸甘油酯　mono-olein，monooleoglyceride　07.0117
*单油酰甘油　mono-olein，monooleoglyceride　07.0117
*单脂　simple lipid，homolipid　07.0003
*胆钙化醇　cholecalciferol　09.0348
胆固醇　cholesterol，Ch　07.0210
胆固醇合成酶抑制剂　statin　03.0779
*胆固醇流出调节蛋白质　cholesterol-efflux regulatory protein，CERP　08.0087
胆固醇逆向转运　reverse cholesterol transport，RCT　10.0171
*胆固醇碳链裂解酶　cholesterol desmolase　03.0191
胆固醇酯　cholesterol ester，cholesteryl ester，ChE，CE　07.0225
胆固醇酯酶　cholesterol esterase　07.0226
*胆固醇酯转移蛋白　cholesterol ester transfer protein，CETP　10.0169
胆固醇酯转运蛋白　cholesterol ester transfer protein，CETP　10.0169
胆固烷醇　cholestanol　07.0219
胆固烷酮　cholestanone　07.0220
胆固烯酮　cholestenone　07.0221
胆红素　bilirubin　10.0327
胆红素二葡萄糖醛酸酯　bilirubin diglucuronide　06.0235
胆碱　choline　10.0208
胆碱单加氧酶　choline monooxygenase，CMO　03.0192
胆碱乙酰转移酶　choline acetyltransferase　03.0242
胆碱酯酶　cholinesterase　03.0372
胆绿蛋白　choleglobin　02.0355
胆绿素　biliverdin　10.0330
*胆囊收缩素　cholecystokinin，CCK　09.0152
胆色素　bile pigment　10.0326
*胆色素原　porphobilinogen　10.0314
胆素　bilin　10.0335
胆素原　bilinogen　10.0332
胆酸　cholic acid　10.0198
胆汁酸　bile acid　10.0194
ASC 蛋白　apoptosis-associated speck-like protein containing a CARD，ASC　08.0293
Cro 蛋白　Cro protein　02.0608
*Fas 蛋白　factor-related apoptosis protein，Fas protein

02.0778
Gag 蛋白　group-specific antigen protein，Gag protein 05.0323
G 蛋白　G protein，guanine nucleotide binding protein 08.0301
*IκB 蛋白　inhibitor-κ binding protein，IκB protein 08.0360
Rab 蛋白　Rab protein　02.0777
Ras 蛋白　Ras protein　02.0776
*Rb 蛋白　retinoblastoma protein，Rb protein　02.0781
蛋白聚糖　proteoglycan　06.0290
NG2 蛋白聚糖　neuron-glial antigen 2 proteoglycan，NG2 proteoglycan　06.0302
β-蛋白聚糖　betaglycan　06.0292
*蛋白聚糖聚合体　aggrecan　06.0296
蛋白酶　protease，proteinase　03.0510
V8 蛋白酶　V8 protease　03.0519
蛋白酶连接蛋白　protease nexin，PN　02.0609
蛋白酶体　proteasome　03.0578
$α_1$-蛋白酶抑制剂　$α_1$-proteinase inhibitor，$α_1$-antiproteinase　03.0767
G 蛋白偶联受体　G protein-coupled receptor　08.0300
G 蛋白偶联受体激酶　G protein-coupled receptor kinase 03.0345
*蛋白水解酶　proteolytic enzyme　03.0510
G 蛋白–腺苷酸环化酶途径　G protein-adenylate cyclase pathway　08.0171
G 蛋白信号传递调节蛋白　regulator of G protein signaling，RGS　08.0309
蛋白脂质　proteolipid　02.0385
蛋白质　protein　02.0221
S100 蛋白质　S100 protein　02.0619
蛋白质氨基酸　protein amino acid　02.0004
蛋白质靶向输送　protein targeting　05.0447
蛋白质测序　protein sequencing　11.0584
蛋白质–蛋白质印迹法　Far-Western blotting　11.0484
蛋白质二级结构　protein secondary structure　02.0875
蛋白质二硫键还原酶　proteindisulfide reductase 03.0159
*蛋白质分拣　protein sorting　05.0447
蛋白质谷氨酸甲酯酶　protein-glutamate methylesterase 03.0382
蛋白质呼吸商　protein respiratory quotient　10.0047
蛋白质激酶　protein kinase，PK　03.0332
*蛋白质激酶 A　protein kinase A，PKA　03.0341
蛋白质激酶 C　protein kinase C，PKC　03.0344
蛋白质激酶激酶　protein kinase kinase　03.0358
蛋白质家族　protein family　01.0081
*DDX 蛋白质家族　DEAD-box protein family，DDX protein family　08.0383
S100 蛋白质家族　S100 protein family　02.0620
*蛋白质检测蛋白质印迹法　Far-Western blotting 11.0484
蛋白质剪接　protein splicing　05.0446
蛋白质降解　protein degradation　10.0219
DNA-蛋白质交联　DNA-protein cross-linking 05.0205
蛋白质结构数据库　protein structure database 11.0362
蛋白质截短试验　protein truncation test，PTT 11.0815
蛋白质酪氨酸激酶　protein tyrosine kinase，PTK，tyrosine protein kinase，TPK　03.0335
蛋白质酪氨酸磷酸酶　protein tyrosine phosphatase，PTP　03.0399
蛋白质类激素　protein hormone，proteohormone 09.0003
蛋白质磷酸酶　protein phosphatase　03.0395
蛋白质模体　protein motif　02.0889
*蛋白质内含子　intein　02.0074
蛋白质三级结构　protein tertiary structure　02.0887
蛋白质生物合成　protein biosynthesis　05.0330
蛋白质数据库　protein database，protein databank，PDB 11.0592
蛋白质丝氨酸/苏氨酸激酶　protein serine/threonine kinase　03.0333
蛋白质丝氨酸/苏氨酸磷酸酶　protein serine/threonine phosphatase　03.0396
蛋白质四级结构　protein quaternary structure 02.0908
*蛋白质外显子　extein　02.0075
*蛋白质微阵列　protein microarray　11.0984
蛋白质稳态　proteostasis，protein homeostasis 08.0353
蛋白质五级结构　protein quinary structure　02.0913
蛋白质芯片　protein chip　11.0984
蛋白质序列数据库　protein sequence database 11.0593
蛋白质亚基　protein subunit　02.0909
蛋白质一级结构　protein primary structure　02.0874

蛋白质异形体　protein isoform　02.0267
蛋白质印迹法　Western blotting　11.0481
DNA-蛋白质印迹法　Southwestern blotting　11.0482
RNA-蛋白质印迹法　Northwestern blotting　11.0483
蛋白质原　proprotein　02.0270
*蛋白质原转化酶　proprotein convertase　03.0542
蛋白质原转换酶　proprotein convertase　03.0542
*蛋白质折叠　protein folding　02.0878
蛋白质中心技术　protein-centric approach　11.0359
蛋白质组　proteome　01.0063
蛋白质组氨酸激酶　protein histidine kinase　03.0359
蛋白质组氨酸近激酶　protein histidine *pros*-kinase　03.0360
蛋白质组氨酸远激酶　protein histidine *tele*-kinase　03.0361
蛋白质组学　proteomics　01.0047
氮平衡　nitrogen equilibrium，nitrogen balance　10.0220
氮循环　nitrogen cycle　10.0353
氮自由基　nitrogen radical　10.0060
刀豆氨酸　canavanine　02.0059
CpG 岛　CpG island　05.0522
地高辛[精]系统　digoxigenin system　11.0406
地球生物化学　geobiochemistry　01.0005
*地衣淀粉　lichenan，lichenin　06.0205
地衣多糖　lichenan，lichenin　06.0205
*地衣胶　lichenan，lichenin　06.0205
*地衣酸　usnic acid，usninic acid，usnein　07.0080
等电点　isoelectric point，pI　02.0916
等电聚焦　isoelectric focusing　11.0141
等离子点　isoionic point　02.0917
等密度离心　isodensity centrifugation，isopycnic centrifugation　11.0059
等速电泳　isotachophoresis　11.0143
等位基因　allele　05.0048
等位基因酶　allozyme　03.0730
*等位基因特异性 PCR　allele-specific PCR，AS-PCR　11.0532
等位基因特异性 RNA 干扰　allele-specific RNA interference　11.0876
等位基因特异性寡核苷酸　allele-specific oligonucleotide，ASO　11.0509
等温多自配引发扩增　isothermal multiple self-matching-initiated amplification，IMSA　11.0577
等温扩增　isothermal amplification，thermostatic amplification　11.0559
等重同位素标签相对和绝对定量技术　isobaric tag for relative and absolute quantitation，iTRAQ　11.0409
低度重复 DNA　lowly repetitive DNA　04.0208
低度重复序列　lowly repetitive sequence　05.0022
低密度脂蛋白　low-density lipoprotein，LDL　02.0377
低密度脂蛋白胆固醇　low-density lipoprotein cholesterol，LDL-C　07.0216
低密度脂蛋白受体　low-density lipoprotein receptor，LDL receptor，LDLR　02.0382
低密度脂蛋白受体相关蛋白质　low-density lipoprotein receptor-related protein，LRP　02.0383
低熔点琼脂糖　low melting-temperature agarose　11.0111
低速离心　low-speed centrifugation　11.0049
低温生物化学　cryobiochemistry　01.0007
低压电泳　low-voltage electrophoresis　11.0129
低氧诱导因子　hypoxia-inducible factor，HIF　09.0261
底物　substrate　03.0032
底物水平磷酸化　substrate level phosphorylation　10.0074
底物循环　substrate cycle　10.0157
递质门控离子通道　transmitter-gated ion channel　08.0046
*第二代测序技术　second generation sequencing technique　11.0608
第二闪烁剂　secondary scintillator　11.0308
第二信号系统　second signal system　08.0211
第二信使　second messenger　08.0208
第二信使通路　second messenger pathway　08.0210
*第三代测序技术　third-generation sequencing technique　11.0627
*第三碱基简并性　third-base degeneracy　05.0344
*第一代测序技术　first generation sequencing technique　11.0594
第一闪烁剂　primary scintillator　11.0307
第一信使　first messenger　08.0207
缔合　association　01.0123
缔合常数　association constant　01.0126
点突变　point mutation　05.0192
*点渍法　dot blotting　11.0460
碘化甲腺原氨酸脱碘酶　iodothyronine deiodinase　03.0218
碘值　iodine number，iodine value，IV　07.0018
电穿孔　electroporation　11.0780

电化学梯度　electrochemical gradient　08.0064
电极缓冲液　electrode buffer　11.0097
*电镜　electron microscope，EM　11.0442
*电聚焦　electrofocusing　11.0141
电喷雾电离　electrospray ionization，ESI　11.0370
电喷雾电离质谱法　electrospray ionization mass spectrometry，ESI-MS　11.0372
*电喷雾离子化　electrospray ionization，ESI　11.0370
电渗　electroosmosis　11.0072
*电渗析　electrodialysis　11.0025
电透析　electrodialysis　11.0025
电洗脱　electroelution　11.0171
电压门控离子通道　voltage-gated ion channel　08.0044
电印迹法　electroblotting　11.0485
电泳　electrophoresis　11.0071
电泳迁移率　electrophoretic mobility　11.0076
电泳迁移率变动分析　electrophoretic mobility shift assay，EMSA　11.0078
电泳图　electrophoretogram，electrophorogram　11.0079
电转移　electrotransfer　11.0486
电子传递　electron transport　10.0053
电子传递链　electron transport chain，electron transfer chain　10.0051
电子-核双共振　electron-nuclear double resonance，ENDOR　11.0437
电子漏　electron leakage　10.0057
电子密度图　electron density map　11.0430
*电子顺磁共振　electron paramagnetic resonance，EPR　11.0436
电子显微镜　electron microscope，EM　11.0442
电子载体　electron carrier　10.0052
电子自旋共振　electron spin resonance，ESR　11.0436
淀粉　starch　06.0170
淀粉酶　amylase　03.0448
α-淀粉酶　α-amylase　03.0449
β-淀粉酶　β-amylase　03.0450
淀粉酶制剂　diastase　03.0777
淀粉凝胶电泳　starch gel electrophoresis　11.0112
淀粉-1,6-葡萄糖苷酶　amylo-1,6-glucosidase　03.0472
淀粉样蛋白　amyloid protein　02.0329
β-淀粉样蛋白　amyloid β-protein，Aβ　02.0331
淀粉样前体蛋白　amyloid precursor protein，APP　02.0330
淀粉样物质　amyloid　02.0332
凋亡蛋白　apoptin　02.0765
凋亡蛋白酶激活因子 1　apoptosis protease-activating factor-1，Apaf-1　08.0295
凋亡蛋白质　apoptotic protein　02.0766
*凋亡前体蛋白质　pro-apoptotic protein　02.0767
*凋亡素　apoptin　02.0765
凋亡相关斑点样蛋白质　apoptosis-associated speck-like protein containing a CARD，ASC　08.0293
凋亡相关因子蛋白质　factor-related apoptosis protein，Fas protein　02.0778
凋亡小体　apoptosome，apoptotic body　08.0294
凋亡抑制蛋白　inhibitor of apoptosis protein，IAP　02.0770
吊篮式转头　swinging-bucket rotor　11.0069
*叠连群　contig　11.0604
蝶酸　pteroic acid　09.0378
*蝶酰谷氨酸　pteroyl-glutamic acid，PGA　09.0377
丁酸甘油酯　butyrin　07.0111
丁糖　tetrose　06.0048
丁酰胆碱酯酶　butyrylcholine esterase　03.0374
丁香酸　syringic acid　07.0050
顶层琼脂　top agar　11.0753
顶体蛋白酶　acrosomal protease　03.0518
顶体正五聚蛋白　apexin　02.0657
*顶替层析　displacement chromatography　11.0231
定步酶　pacemaker enzyme　03.0747
定点诱变　site-directed mutagenesis，site-specific mutagenesis　11.0806
*定量 PCR　quantitative PCR，qPCR　11.0530
定量聚合酶链反应　quantitative PCR，qPCR　11.0530
RNA 定位　RNA localization　04.0284
定位候选克隆　positional candidate cloning　11.0687
定位克隆　positional cloning　11.0686
定向测序　directed sequencing　11.0657
定向复合物　commitment complex　05.0283
定向克隆　directional cloning　11.0689
定向选择　directional selection，orthoselection　11.0968
动力蛋白　dynein　02.0504
动力蛋白激活蛋白　dynactin，dynein activator complex　02.0505
动态等位基因特异性杂交　dynamic allele-specific hybridization，DASH　11.0847
动物固醇　zoosterol　07.0217

动物激素　animal hormone　09.0032
动质体 DNA　kinetoplast DNA　04.0203
冻干仪　lyophilizer，freeze-drier　11.0012
冻融　freeze-thawing　11.0009
胨　peptone　02.0269
兜甲蛋白　loricrin　02.0398
豆固醇　stigmasterol　07.0229
豆蔻酸　myristic acid　07.0056
豆蔻酸甘油酯　myristin，trimyristin　07.0118
*豆蔻酰甘油　myristin，trimyristin　07.0118
豆蔻酰化　myristoylation　07.0023
豆清蛋白　legumelin　02.0288
豆球蛋白　legumin　02.0791
豆血红蛋白　leghemoglobin　02.0360
*豆甾醇　stigmasterol　07.0229
毒毛旋花二糖　strophanthobiose　06.0151
*毒伞素　virotoxin　02.0214
*毒伞肽　amatoxin　02.0213
毒素　toxin　02.0850
δ 毒素　δ-toxin　02.0853
*毒蜥激动肽　exendin　02.0160
*毒蜥激动肽 4　exendin-4　02.0161
*毒蕈肽　phallotoxin　02.0215
读框　reading frame　05.0354
读框重叠　reading-frame overlapping　05.0357
*读框移位　reading-frame displacement　05.0399
3′端　3′ end　04.0327
5′端　5′ end　04.0328
C 端　carboxyl terminal，C-terminal，C-terminus　02.0086
N 端　amino terminal，N-terminal，N-terminus　02.0087
N 端法则　N end rule　08.0241
5′端加帽　5′ end capping　05.0304
*3′端加尾　3′ end tailing　05.0307
端粒　telomere　04.0205
端粒 DNA　telomere DNA　04.0206
端粒酶　telomerase　03.0752
*短串联重复[序列]　short tandem repeat，STR　04.0213
短串联重复序列基因型分型　short tandem repeat genotyping　11.0934
短蛋白聚糖　brevican　06.0300
短杆菌酪肽　tyrocidine　02.0210
短杆菌素　tyrothricin　02.0209
短杆菌肽　gramicidin　02.0211
短梗霉多糖酶　pullulanase　03.0479
短梗霉聚糖　pullulan　06.0201
*短链酰基辅酶 A 脱氢酶　short-chain acyl-CoA dehydrogenase, SCAD　03.0134
短链脂肪酸硫激酶　short-chain fatty acid thiokinase　03.0681
短链脂[肪]酰辅酶 A 脱氢酶　short-chain acyl-CoA dehydrogenase, SCAD　03.0134
*短散在重复序列　short interspersed repeat sequence　05.0020
短散在核元件　short interspersed nuclear element，SINE　05.0020
短线性模体　short linear motif　01.0160
短暂表达　transient expression　11.0800
短暂转染　transient transfection　11.0775
短制菌素　brevistin　02.0212
断裂蛋白质　split protein　02.0257
断裂基因　split gene，interrupted gene　05.0009
断裂修复　break repair　05.0210
对角线层析　diagonal chromatography　11.0222
对角线电泳　diagonal electrophoresis　11.0146
对流层析　countercurrent chromatography　11.0208
*对流电泳　countercurrent electrophoresis　11.0151
对流免疫电泳　counter immunoelectrophoresis　11.0151
*对映异构　enantiomerism　01.0197
对映[异构]体　enantiomer　01.0209
*钝端　blunt end，blunt terminus，flush end　04.0330
*多(A)　polyadenylic acid，poly(A)　04.0133
多胺　polyamine　10.0255
多巴　3,4-dihydroxy phenylalanine，DOPA　10.0307
多巴胺　dopamine，3,4-dihydroxy phenylethylamine　10.0308
*多 α-1,4-半乳糖醛酸聚糖水解酶　poly-α-1,4-galacturonide glycanohydrolase　03.0461
多半乳糖醛酸酶　polygalacturonase　03.0461
多不饱和脂肪酸　polyunsaturated fatty acid，PUFA　07.0034
*多重 PCR　multiplex PCR　11.0548
多重聚合酶链反应　multiplex PCR　11.0548
*多重同晶置换　multiple isomorphous replacement，MIR　11.0428
*多单泛素化　multiple monoubiquitination　05.0430
多对同晶置换　multiple isomorphous replacement，

MIR　11.0428
多泛素化　multiubiquitination　05.0430
多分支信号转导途径　multiply branched signal transduction pathway　08.0170
多酚　polyphenol　10.0347
多酚氧化酶　polyphenol oxidase　03.0169
多功能酶　multifunctional enzyme　03.0008
多核苷酸　polynucleotide　04.0125
多核苷酸激酶　polynucleotide kinase，PNK　03.0294
T_4多核苷酸激酶　T_4 polynucleotide kinase　03.0295
多核苷酸磷酸化酶　polynucleotide phosphorylase　03.0322
*多核苷酸腺苷酰[基]转移酶　polynucleotide adenylyltransferase　03.0323
*多(ADP-核糖)合酶　poly(ADP-ribose) synthase，PARS　03.0280
*多核糖核苷酸　polyribonucleotide　04.0125
*多核糖核苷酸核苷酸转移酶　polyribonucleotide nucleotidyltransferase　03.0322
多核糖体　polysome，polyribosome　04.0278
多花白树毒蛋白　gelonin　02.0834
多肌胞苷酸　polyinosinic acid-polycytidylic acid，poly(I:C)　04.0134
多基因　polygene　05.0057
多基因学说　polygenic theory　05.0058
多角体蛋白　polyhedrin　02.0844
多聚蛋白质　multimeric protein　02.0251
多聚泛素化　polyubiquitination　05.0431
多聚泛素链　polyubiquitin chain　05.0432
*多(A)聚合酶　polyadenylate polymerase，poly(A) polymerase　03.0323
多聚体　polymer，multimer　01.0090
*多拷贝基因　multicopy gene　05.0014
多克隆抗体　polyclonal antibody　01.0256
多克隆位点　multiple cloning site，polycloning site，MCS　11.0697
*多酶簇　multienzyme cluster　03.0005
多酶蛋白质　multienzyme protein　03.0006
多酶复合物　multienzyme complex　03.0005
*多酶体系　multienzyme system　03.0005
多能蛋白聚糖　versican　06.0299
多黏菌素　polymyxin　02.0205
*多黏菌素 E　polymyxin E　02.0206
多尿苷酸　polyuridylic acid，poly(U)　04.0135
*多配体蛋白聚糖　syndecan　06.0310
多乳糖胺　polylactosamine　06.0226
多顺反子　polycistron　05.0369
多顺反子 mRNA　polycistronic mRNA，multicistronic mRNA　05.0373
多态性　polymorphism　01.0171
DNA 多态性　DNA polymorphism　04.0219
多肽　polypeptide　02.0070
*多肽抗生素　peptide antibiotics　02.0181
多肽链　polypeptide chain　02.0084
多糖　polysaccharide　06.0005
*多糖包被　glycocalyx　06.0285
多糖测序　polysaccharide sequencing　11.0661
多萜　polyterpene　07.0200
多萜醇　polyprenol　07.0201
多唾液酸　polysialic acid，PSA　06.0227
多维层析　multidimensional chromatography，boxcar chromatography，multicolumn chromatography　11.0252
多(A)尾　poly(A) tail　05.0308
多位点人工接头　polylinker　11.0703
多腺苷酸　polyadenylic acid，poly(A)　04.0133
多腺苷酸化　polyadenylation　05.0307
多腺苷酸化信号　polyadenylation signal　05.0309
多腺苷酸聚合酶　polyadenylate polymerase，poly(A) polymerase　03.0323
多效基因　pleiotropic gene　05.0056
多义密码子　ambiguous codon　05.0348
*多异戊烯甲萘醌　multiprenylmenaquinone　09.0357
*多引物自配引发等温扩增　isothermal multiple self-matching-initiated amplification，IMSA　11.0577
多元醇途径　polyol pathway　10.0153
多元自动化基因组工程　multiplex automated genomic engineering，MAGE　11.0902

E

*鹅膏毒素　amatoxin　02.0213
鹅膏毒肽　amatoxin　02.0213
鹅肌肽　anserine　02.0095
鹅脱氧胆酸　chenodeoxycholic acid，CDCA　10.0201
鳄梨糖醇　persitol　06.0097
儿茶酚　catechol　10.0348

儿茶酚胺 catecholamine，CA 10.0309
儿茶酚胺类激素 catecholamine hormone 09.0005
儿茶酚胺能受体 catecholaminergic receptor 09.0142
儿茶酚-*O*-甲基转移酶 catechol-*O*-methyltransferase，COMT 03.0226
耳腺蛙肽 uperolein 02.0144
二氨基庚二酸 diaminopimelic acid，DAP 10.0293
2,6-二氨基嘌呤 2,6-diaminopurine 04.0008
*二半乳糖基二酰甘油 digalactosyldiglyceride, digalactosyldiacylglycerol，DGDG 07.0126
二醇脂质 diol lipid 07.0009
二级结构 secondary structure 01.0153
二级结构预测 secondary structure prediction 11.0355
二级质谱法 mass spectrometry 2，MS2 11.0418
二甲苯腈蓝 FF xylene cyanol FF 11.1000
γ,γ-二甲丙烯焦磷酸 γ,γ-dimethylallyl pyrophosphate，DPP 10.0216
*二甲基丙烯焦磷酸 γ,γ-dimethylallyl pyrophosphate，DPP 10.0216
*γ,γ-二甲基烯丙基焦磷酸 γ,γ-dimethylallyl pyrophosphate，DPP 10.0216
二喹啉甲酸法 bicinchoninic acid assay，BCA 11.0260
*1,3-二磷酸甘油酸 1,3-bisphospho-glycerate，1,3-bisphosphoglyceric acid，1,3-BPG，1,3-diphosphoglycerate，1,3-DPG 10.0124
*2,3-二磷酸甘油酸 2,3-bisphospho-glycerate，2,3-bisphosphoglyceric acid，2,3-BPG，2,3-diphosphoglycerate，2,3-DPG 10.0125
*2,3-二磷酸甘油酸支路 2,3-bisphosphoglycerate shunt，2,3-BPG shunt 10.0126
*二磷酸核苷 nucleoside diphosphate，NDP 04.0072
*二磷酸肌醇磷脂 biphosphoinositide，bisphosphoinositide 07.0140
*二磷酸脱氧核苷 deoxyribonucleoside diphosphate，dNDP 04.0076
*二磷酸腺苷 adenosine diphosphate，ADP 04.0082
*二磷酸腺苷核糖基化 adenosine diphosphate ribosylation，ADP-ribosylation 05.0445
二磷脂酰甘油 biphosphatidylglycerol，bisphosphatidylglycerol 07.0148
二硫赤藓糖醇 dithioerythritol，DTE 06.0053
二硫键 disulfide bond 02.0078
二硫苏糖醇 dithiothreitol，DTT 11.1011
二面角 dihedral angle 02.0090
二鸟苷酸环化酶 diguanylate cyclase 08.0218
*二羟丙酮基转移酶 dihydroxyacetonetransferase 03.0238
1,25-二羟胆钙化醇 1,25-dihydroxycholecalciferol 09.0351
*3,4-二羟[基]苯丙氨酸 3,4-dihydroxy phenylalanine，DOPA 10.0307
*3,4-二羟[基]苯乙胺 dopamine，3,4-dihydroxy phenylethylamine 10.0308
*2,3-二羟基丙醛 2,3-dihydroxypropanal 06.0046
1,3-二羟基丙酮 1,3-dihydroxyacetone 06.0047
*5,6-二氢胆固醇 cholestanol 07.0219
二氢蝶啶 dihydropteridine 10.0346
二氢蝶啶还原酶 dihydropteridine reductase 03.0142
*5,6-二氢-2,4-二羟基嘧啶 5,6-dihydro-2,4-dihydroxypyrimidine 04.0021
*二氢睾酮 dihydrotestosterone，DHT 09.0104
二氢硫辛酰胺 dihydrolipoamide 10.0298
二氢硫辛酰胺脱氢酶 dihydrolipoamide dehydrogenase 03.0155
二氢硫辛酰胺乙酰转移酶 dihydrolipoyllysine-residue acetyltransferase 03.0247
*二氢硫辛酰脱氢酶 dihydrolipoyl dehydrogenase 03.0155
*二氢硫辛酰乙酰转移酶 dihydrolipoyl acetyltransferase 03.0247
二氢尿苷 dihydrouridine 04.0066
二氢尿嘧啶 dihydrouracil，D 04.0021
二氢尿嘧啶臂 dihydrouracil arm，DHU arm，D arm 04.0289
二氢尿嘧啶环 dihydrouracil loop，DHU loop，D loop 04.0290
二氢鞘氨醇 dihydrosphingosine，D-sphinganine 07.0158
二氢乳清酸 dihydroorotic acid 10.0367
二氢乳清酸酶 dihydroorotase 03.0590
二氢生物蝶呤 dihydrobiopterin 10.0345
二氢叶酸还原酶 dihydrofolate reductase，DHFR 03.0138
*二十八烷酸 octacosanoic acid 07.0094
二十二碳六烯酸 docosahexoenoic acid，DHA 07.0086
二十二碳四烯酸 docosatetraenoic acid 07.0085

二十二烷醇　docosanol　07.0206
*二十二烷酸　docosanoic acid　07.0087
*二十六[烷]醇　wax alcohol，ceryl alcohol　07.0207
*二十四碳烯酸　tetracosenoic acid　07.0091
*二十四烷酸　tetracosanoic acid　07.0089
*二十碳四烯酸　eicosatetraenoic acid　07.0082
二十碳五烯酸　eicosapentaenoic acid，EPA　07.0084
二十烷醇　eicosanol　07.0205
*二十烷酸　arachidic acid，eicosanoic acid　07.0081
C_4 二羧酸途径　C_4 dicarboxylic acid pathway　10.0163
二肽　dipeptide　02.0068
*二肽基羧肽酶 I　dipeptidyl carboxypeptidase I　03.0504
二肽酶　dipeptidase　03.0497
二糖　disaccharide　06.0134
二萜　diterpene　07.0192
*3,6-二脱氧-D-半乳糖　abequose　06.0085
二烷基甘氨酸脱羧酶　dialkylglycine decarboxylase　03.0617
二维层析　two-dimensional chromatography　11.0251
二维核奥弗豪泽增强谱　two-dimensional nuclear Overhauser enhancement spectroscopy，NOESY　11.0441
二维结构　two-dimensional structure　01.0155
*二酰甘油　diglyceride，diacylglycerol，DAG　07.0107
二腺苷酸环化酶　diadenylate cyclase　08.0219
二硝基氟苯　dinitrofluorobenzene，DNFB　11.1016
*2,4-二氧-5-甲基嘧啶　2,4-dioxo-5-methylpyrimidine　04.0016
*2,4-二氧嘧啶　2,4-dioxopyrimidine　04.0017
*2,6-二氧嘌呤　2,6-dioxopurine　04.0009
*二乙氨乙基葡聚糖凝胶　diethylaminoethyl dextran gel，DEAE-dextran gel　11.0087
*二乙氨乙基纤维素膜　diethylaminoethyl cellulose membrane，DEAE-cellulose membrane　11.0476
*二乙基己烯雌酚　diethylstilbestrol，DES　09.0125
*1,2-二脂[肪]酰-*sn*-甘油-3-磷酸　1,2-dioleoyl-*sn*-glycero-3-phosphate　07.0132
*1,2-二脂[肪]酰-*sn*-甘油-3-磷酸胆碱　1,2-dioleoyl-*sn*-glycero-3-phosphocholine　07.0133

F

发动蛋白　dynamin　02.0509
*发光酶免疫测定　luminescent enzyme immunoassay，LEIA　11.0332
发光酶免疫分析　luminescent enzyme immunoassay，LEIA　11.0332
*发光免疫测定　luminescent immunoassay，LIA　11.0326
发光免疫分析　luminescent immunoassay，LIA　11.0326
发酵罐　fermenter，fermentor　11.0958
发射光谱　emission spectrum　11.0282
RYN 法　RYN method　11.0625
法尼醇　farnesol　07.0190
法尼[基]焦磷酸　farnesyl pyrophosphate，FPP　10.0218
法尼基转移酶　farnesyl transferase　03.0283
GT-AG 法则　GT-AG rule　05.0004
*β 发夹　β hairpin，beta hairpin　02.0884
*发夹结构　hairpin structure　04.0286
番茄红素　lycopene，licopin　09.0339
翻滚启动子　flip-flop promoter　05.0527
翻译　translation　05.0331
翻译后加工　post-translational processing　05.0415
翻译后修饰　post-translational modification　05.0416
翻译连读　translational readthrough　05.0398
翻译起始　translation initiation　05.0374
*翻译起始复合体　translation initiation complex　05.0375
翻译起始复合物　translation initiation complex　05.0375
翻译起始因子　translation initiation factor　05.0376
*翻译水平移框　translational frameshift　05.0401
翻译调节　translation regulation　05.0560
*翻译通读　translational readthrough　05.0398
翻译移码　translation frameshift　05.0400
翻译阻遏　translation repression　05.0562
翻译组测序　ribosome profiling，ribosome profiling sequencing，Ribo-seq　11.0622
翻转机制　flip-flop mechanism　08.0033
*翻转酶　flippase　03.0715
*翻转启动子　flip-flop promoter　05.0527
*反巴斯德效应　Crabtree effect　10.0115
反竞争性抑制　uncompetitive inhibition　03.0082
反竞争性抑制剂　uncompetitive inhibitor　03.0083

反馈 feedback 10.0025
反馈调节 feedback regulation 08.0194
反馈抑制 feedback inhibition 03.0088
反类固酮 retrosterone 09.0126
反密码子 anticodon 04.0296
反密码子臂 anticodon arm 04.0291
反密码子环 anticodon loop 04.0293
反密码子茎 anticodon stem 04.0292
*反-11-十八碳烯酸 *trans*-11-octadecenoic acid 07.0069
反式激活 *trans*-activation 05.0554
反式激活蛋白 *trans*-activator 05.0555
反式剪接 *trans*-splicing 05.0274
反式乌头酸-2-甲基转移酶 *trans*-aconitate 2-methyltransferase 03.0228
反式乌头酸-3-甲基转移酶 *trans*-aconitate 3-methyltransferase 03.0229
*反式异构 *trans*-isomerism 01.0196
反式异构体 *trans*-isomer 01.0204
反式异油酸 vaccenic acid 07.0069
反式脂肪酸 *trans*-fatty acid 07.0037
反式阻遏 *trans*-repression 05.0481
反式作用 *trans*-acting 05.0480
反式作用 RNA *trans*-acting RNA 04.0271
反式作用核酶 *trans*-acting ribozyme 03.0726
反式作用因子 *trans*-acting factor 05.0478
反受体 counter receptor 08.0322
*反向 PCR inverse PCR，iPCR 11.0551
反向重复[序列] inverted repeat 04.0138
反向构象 transoid conformation 01.0218
反向激动剂 inverse agonist 08.0346
反向聚合酶链反应 inverse PCR，iPCR 11.0551
反向平行链 antiparallel strand 01.0137
反向生物化学 reverse biochemistry 01.0011
反向调节 retroregulation 05.0561
反向透析 reverse dialysis 11.0023
反向引物 reverse primer 11.0556
反向转运 antiport 08.0114
反向转运蛋白 antiporter 08.0115
*反向转运体 antiporter 08.0115
反向自剪接 reverse self-splicing 05.0277
反相层析 reverse-phase chromatography 11.0206
反相分配层析 reversed-phase partition chromatography 11.0213
*反相离子对层析 reversed-phase ion-pair chromatography 11.0229
*反硝化作用 denitrification 10.0355
反义 DNA antisense DNA 05.0151
反义 miRNA antisense miRNA，anti-miRNA 11.0927
反义 RNA antisense RNA 04.0269
*反义寡核苷酸 antisense oligonucleotide 04.0128
反义寡核苷酸技术 antisense oligonucleotide technology 11.0892
反义寡脱氧核苷酸 antisense oligodeoxynucleotide 04.0128
反义技术 antisense technology 11.0890
反义 RNA 技术 antisense RNA technology 11.0891
*反义链 antisense strand 05.0101
C 反应蛋白 C-reactive protein，CRP 02.0334
反油酸 elaidic acid 07.0068
反转电场凝胶电泳 field-inversion gel electrophoresis，FIGE 11.0117
*反转录 reverse transcription，RT 05.0124
*反转录 PCR reverse transcription PCR，RT-PCR 11.0527
*反转录假基因 retropseudogene 05.0037
*反转录酶 reverse transcriptase，revertase 03.0313
*反转录转座 retrotransposition，retroposition 05.0552
*反[转录]转座子 retroposon，retrotransposon 05.0553
泛醇–细胞色素 c 还原酶 ubiquinol-cytochrome c reductase 03.0700
泛醇氧化酶 ubiquinol oxidase 03.0698
泛醌 ubiquinone 03.0015
NADH-泛醌还原酶 NADH: ubiquinone reductase 03.0697
泛素 ubiquitin，Ub 02.0727
泛素蛋白质激酶 ubiquitin protein kinase 03.0357
泛素–蛋白质连接酶 ubiquitin-protein ligase 03.0685
泛素–蛋白质缀合物 ubiquitin-protein conjugate 02.0728
泛素化 ubiquitination 05.0428
泛素活化酶 ubiquitin-activating enzyme 03.0684
*泛素激活酶 ubiquitin-activating enzyme 03.0684
泛素结合结构域 ubiquitin-binding domain，UBD 08.0235
*泛素结合酶 ubiquitin-conjugating enzyme 03.0263
泛素受体 ubiquitin receptor 08.0238
泛素相关结构域 ubiquitin-associated domain，UBA

domain 08.0236
泛素依赖性蛋白酶解 ubiquitin-dependent proteolysis 03.0268
*泛素载体蛋白质 ubiquitin carrier protein 03.0263
泛素缀合酶 ubiquitin-conjugating enzyme 03.0263
泛素作用模体 ubiquitin-interacting motif，UIM 08.0237
泛酸 pantothenic acid 09.0370
*泛酰化 ubiquitylation 05.0428
*范德华相互作用 van der Waals interaction 01.0112
范德瓦耳斯相互作用 van der Waals interaction 01.0112
芳基硫酸酯酶 arylsulfatase 03.0408
芳基–醛氧化酶 aryl-aldehyde oxidase 03.0131
芳烃羟化酶 aryl hydrocarbon hydroxylase 03.0190
芳香化合物 aromatic compound 07.0012
*防御素 defensin 02.0184
防御肽 defensin 02.0184
仿生学 bionics 01.0026
纺锤菌素 netropsin 02.0858
放能反应 exergonic reaction 10.0080
*放射免疫测定 radioimmunoassay，RIA 11.0324
放射免疫沉淀 radioimmunoprecipitation 11.0346
放射免疫电泳 radioimmunoelectrophoresis 11.0152
放射免疫分析 radioimmunoassay，RIA 11.0324
放射生物化学 radiobiochemistry 01.0006
*放射性受体测定 radioreceptor assay 11.0325
放射性受体分析 radioreceptor assay 11.0325
放射性同位素 radioactive isotope 11.0380
放射性同位素扫描 radioisotope scanning 11.0296
放射自显影术 autoradiography 11.0297
非靶向代谢物组学 untargeted metabolomics 01.0052
非伴侣蛋白分子伴侣 ATP 酶 non-chaperonin molecular chaperone ATPase 03.0602
非必需氨基酸 nonessential amino acid 02.0010
非必需激活剂 nonessential activator 03.0073
非必需脂肪酸 nonessential fatty acid 07.0040
非编码 RNA non-coding RNA，ncRNA 04.0238
*非编码链 non-coding strand 05.0101
非编码区 non-coding region 05.0364
非编码小 RNA small non-coding RNA，sncRNA 04.0241
*非编码序列 non-coding sequence 05.0364
非变性凝胶电泳 nondenaturing gel electrophoresis，native gel electrophoresis 11.0114
非标记定量技术 label-free quantitation 11.0412
非标记核酸定量技术 label-free nucleic acid quantitation 11.0413
*非重复 DNA nonrepetitive DNA 04.0211
非蛋白质氨基酸 non-protein amino acid 02.0005
非蛋白质氮 non-protein nitrogen，NPN 10.0224
非蛋白质呼吸商 non-protein respiratory quotient，NPRQ，npRQ 10.0048
非对映[异构]体 diastereomer 01.0210
非翻译区 untranslated region，UTR，nontranslated region 05.0360
3′非翻译区 3′ untranslated region，3′ UTR 05.0362
5′非翻译区 5′ untranslated region，5′ UTR 05.0361
非放射性标记 nonradiometric labeling，nonradioactive labeling 11.0394
非共价键 non-covalent bond 01.0110
非光学显微镜成像测序 sequencing by non-light microscope imaging 11.0629
非还原性聚丙烯酰胺凝胶电泳 nonreductive polyacrylamide gel electrophoresis 11.0109
非核糖体多肽合成酶 nonribosomal peptide synthetase，NRPS 03.0746
*非环式光合磷酸化 noncyclic photophosphorylation 10.0077
*非极性氨基酸残基 nonpolar amino acid residue 02.0082
非极性分子 nonpolar molecule 01.0183
非极性键 nonpolar bond 01.0107
非加工假基因 non-processed pseudogene 05.0036
非结合胆红素 unconjugated bilirubin 10.0329
非竞争性抑制 noncompetitive inhibition 03.0080
非竞争性抑制剂 noncompetitive inhibitor 03.0081
*非均一性 heterogeneity 01.0222
非离子去污剂 non-ionic detergent 11.1010
非模板链 nontemplate strand 05.0102
*非受纳细胞 non-permissive cell 11.0797
非受体型酪氨酸激酶 non-receptor tyrosine kinase 03.0337
*非特异性单加氧酶 unspecific monooxygenase 03.0190
非特异性抑制 non-specific inhibition 03.0085
非特异性抑制剂 non-specific inhibitor 03.0086
非同源末端连接 nonhomologous end-joining，NHEJ 05.0211
非沃森–克里克碱基配对 non-Watson-Crick base

pairing 04.0029
非选择性标志物 unselected marker 11.0786
非循环光合磷酸化 noncyclic photophosphorylation 10.0077
非允许细胞 non-permissive cell 11.0797
非酯化脂肪酸 nonesterified fatty acid，NEFA 07.0042
非转录间隔区 nontranscribed spacer 05.0557
*非组蛋白 nonhistone protein，NHP 02.0649
非组蛋白型蛋白质 nonhistone protein，NHP 02.0649
δ啡肽 deltorphin 02.0115
蜚蠊激肽 leucokinin 09.0300
蜚蠊焦激肽 leucopyrokinin，LPK 09.0301
*鲱精蛋白 clupein，clupeine 02.0174
鲱精肽 clupein，clupeine 02.0174
费林反应 Fehling reaction 11.0342
费歇尔投影式 Fischer projection 06.0013
分辨率 resolution 11.0165
分部收集器 fraction collector 11.0159
分叉信号转导途径 bifurcating signal transduction pathway 08.0169
分段洗脱 stepwise elution 11.0169
分光光度计 spectrophotometer 11.0286
分化因子 differentiation factor 09.0215
分级分离 fractionation 11.0018
分级式梯度 stepwise gradient 11.0066
分拣 sorting 08.0138
分拣信号 sorting signal 08.0205
分解代谢 catabolism 10.0004
分解代谢物 catabolite 10.0016
分解代谢物基因激活蛋白质 catabolite gene activator protein，CAP 05.0487
分解代谢物阻遏 catabolite repression 05.0486
分离胶 separation gel，resolving gel 11.0092
*分裂蛋白质 split protein 02.0257
*分泌粒蛋白 secretogranin，Sg 02.0573
分泌酶 secretase 03.0561
*β-分泌酶 β-secretase 03.0562
分泌片 secretory piece 02.0327
分泌型受体 secreted receptor 08.0333
分配层析 partition chromatography 11.0212
分配系数 partition coefficient 11.0163
分批培养 batch culture 11.0961
分散酶 dispase 03.0579
分形趋化因子 fractalkine 09.0217
分支DNA branched DNA 04.0197
分支RNA branched RNA 04.0253
分支点结合蛋白质 branchpoint-bridging protein，branchpoint-binding protein，BBP 05.0282
分支多聚泛素链 branched polyubiquitin chain 05.0434
*分支扩增 ramification amplification 11.0567
分支酶 branching enzyme 03.0271
分支信号转导途径 branched signal transduction pathway 08.0168
分子伴侣 molecular chaperone，chaperone 02.0671
分子病 molecular disease 01.0270
分子定向进化 directed molecular evolution 11.0969
分子对接 molecular docking 11.0341
分子间力 intermolecular force 01.0113
*分子剪刀 molecular scissors 11.0896
分子克隆 molecular cloning 11.0683
分子离子 molecular ion 11.0367
分子量标准品 molecular weight standard 11.0387
分子量梯状标志物 molecular weight ladder marker 11.0386
分子模拟 molecular mimicry 01.0133
*分子排阻层析 molecular exclusion chromatography 11.0233
分子筛 molecular sieve 11.0157
*分子筛层析 molecular sieve chromatography 11.0233
分子生物学 molecular biology 01.0016
分子探针 molecular probe 11.0514
分子信标 molecular beacon 11.0525
分子遗传学 molecular genetics 01.0017
分子印记技术 molecular imprinting technique，MIT 11.0471
*分子印记聚合物 molecular imprinting polymer，MIP 11.0471
粪卟啉 coproporphyrin 10.0323
粪卟啉原 coproporphyrinogen 10.0318
粪胆素 stercobilin 10.0336
粪胆素原 stercobilinogen 10.0334
粪固醇 coprostanol，coprosterol，stercorin 07.0222
丰度 abundance 01.0173
丰余DNA redundant DNA 04.0217
蜂毒明肽 apamin 02.0176
蜂毒肽 melittin 02.0177
蜂花酸 melissic acid 07.0095

蜂蜡　beeswax　07.0235
蜂蜡醇　myricyl alcohol　07.0237
*蜂神经毒肽　apamin　02.0176
β-呋喃果糖苷酶　β-fructofuranosidase　03.0470
呋喃糖　furanose　06.0026
呋喃型酸　furanoid acid　07.0049
弗林蛋白酶　furin　03.0536
弗氏细胞压碎器　French cell press　11.0008
佛波醇　phorbol　08.0391
佛波酯　phorbol ester　08.0392
佛波酯应答元件　phorbol ester response element　08.0393
*5-氟-2,4-二羟基嘧啶　5-fluoro-2,4-dihydroxypyrimidine　04.0022
5-氟尿嘧啶　5-fluorouracil，5-FU　04.0022
*俘获性探针　capture probe　11.0516
浮力密度　buoyant density　11.0063
*浮力密度离心　buoyant density centrifugation　11.0059
辐射杂交作图　radiation hybrid mapping　11.0690
福林试剂　Folin reagent　11.1006
*福斯曼抗原　Forssman antigen　06.0288
斧头状核酶　axehead ribozyme　03.0722
辅肌动蛋白　actinin　02.0470
辅基　prosthetic group　02.0240
辅激活物　coactivator　05.0548
辅酶　coenzyme　03.0012
*辅酶Ⅰ　nicotinamide adenine dinucleotide，NAD　03.0016
*辅酶Ⅱ　nicotinamide adenine dinucleotide phosphate，NADP　03.0017
辅酶A　coenzyme A，CoA　03.0013
辅酶M　coenzyme M，CoM　03.0014
*辅酶Q　coenzyme Q，CoQ　03.0015
*辅酶R　coenzyme R　09.0376
辅酶A-二硫键还原酶　CoA-disulfide reductase　03.0164
辅酶A-谷胱甘肽还原酶　CoA-glutathione reductase　03.0161
辅酶A转移酶　CoA-transferase　03.0366
辅因子　cofactor　01.0095
辅脂肪酶　colipase　03.0597
辅助病毒　help virus　11.0757
辅助蛋白　auxilin　02.0638
辅助噬菌体　helper phage，help bacteriophage　11.0751
*辅助受体　co-receptor　08.0315
辅阻遏物　corepressor　05.0547
腐胺　putrescine　10.0256
负超螺旋　negative supercoil　04.0167
负超螺旋DNA　negatively supercoiled DNA　04.0170
负反馈　negative feedback　10.0027
*负调节　negative regulation，negative control　05.0450
负调控　negative regulation，negative control　05.0450
负效应物　negative effector　01.0229
负协同　negative cooperation　01.0233
*负性激动剂　negative agonist　08.0346
*tRNA负载　tRNA charging　05.0381
附加体　episome　05.0168
*复合糖类　complex carbohydrate　06.0008
复合维生素B　vitamin B complex　09.0360
*复合物Ⅰ脱氢酶　complex Ⅰ dehydrogenase　03.0697
复合脂质　complex lipid，heterolipid　07.0004
复敏　resensitization　08.0187
复性　renaturation　01.0179
复印接种　replica plating　11.0967
DNA复杂度　DNA complexity　04.0229
复杂型寡糖　complex oligosaccharide　06.0240
复制　replication　05.0098
DNA复制　DNA replication　05.0099
RNA复制　RNA replication　05.0325
复制叉　replication fork　05.0110
复制错误　replication error　05.0138
复制后修复　post-replication repair　05.0221
复制滑移　replication slipping　05.0141
*复制基因　replicator　05.0130
复制解旋酶　replicative helicase　03.0608
复制聚合酶　replication polymerase　03.0317
复制酶　replicase　03.0326
Qβ复制酶　Qβ replicase　03.0327
*RNA复制酶　RNA replicase　03.0310
Qβ复制酶技术　Qβ replicase technique　11.0793
复制泡　replication bubble　05.0111
复制期　replicative phase　05.0134
DNA复制起点　DNA replication origin　05.0104
[复制]起点识别复合物　origin recognition complex，ORC　05.0106
复制体　replisome，replication complex　05.0107
复制型DNA　replicative form DNA，RF-DNA

05.0132
*复制型假基因　duplicated pseudogene　05.0036
*复制许可因子　replication licensing factor，RLF 05.0139
*复制眼　replication eye　05.0111
复制因子　replicator　05.0130
复制执照因子　replication licensing factor，RLF 05.0139
复制中间体　replication intermediate，RI　05.0108
复制终止子　replication terminator　05.0143
复制周期　replicative cycle　05.0133
复制子　replicon　05.0105
副蛋白质　paraprotein　02.0278
副刀豆氨酸　canaline　02.0060
*副凋亡　paraptosis　01.0264
副肌球蛋白　paramyosin　02.0498
副酪蛋白　paracasein　02.0758
副密码子　paracodon　04.0297
副清蛋白　paralbumin　02.0284
副球蛋白　paraglobulin　02.0311
傅里叶变换　Fourier transform　11.0433
富含谷氨酰胺结构域　glutamine-rich domain　05.0501
富含亮氨酸重复序列结构域　leucine-rich repeat domain，LRR domain　08.0268
富含脯氨酸结构域　proline-rich domain　05.0502
富组亲动蛋白　hisactophilin　02.0502

G

*DNA 改组　DNA shuffling　11.0882
*钙泵　calcium pump　03.0707
钙促蛋白　caltropin　02.0595
钙蛋白酶　calpain　03.0554
钙蛋白酶抑制蛋白　calpastatin　03.0772
*钙电蛋白　calelectrin　02.0580
钙防卫蛋白　calprotectin　02.0623
钙感光蛋白　calphotin　02.0632
*钙化醇　calciferol　09.0346
钙结合蛋白　calbindin　02.0594
*钙介蛋白　calcimedin　02.0580
钙精蛋白　calspermin　02.0618
钙离子感应受体　calcium-sensing receptor　08.0313
钙离子结合蛋白质　calcium-binding protein　02.0593
钙离子信号传递　calcium signaling，calcium signal transmission　08.0158
钙离子转运 ATP 酶　calcium-transporting ATPase，Ca^{2+}-transporting ATPase　03.0707
钙粒蛋白　calgranulin　02.0621
钙连蛋白　calnexin　02.0596
钙磷蛋白　calcyphosine　02.0624
*钙磷脂结合蛋白　calphobindin　02.0580
*E-钙黏蛋白　E-cadherin　02.0736
*钙黏[合]素　cadherin　02.0519
钙黏[着]蛋白　cadherin　02.0519
*钙牵蛋白　caltractin　02.0438
钙视网膜蛋白　calretinin　02.0625
钙调蛋白　calmodulin，CaM　02.0628
钙调蛋白结合蛋白　caldesmon　02.0630
Ca^{2+}/钙调蛋白依赖性蛋白质激酶　Ca^{2+}/calmodulin-dependent protein kinase　03.0346
钙调理蛋白　calponin　02.0631
钙调磷酸酶　calcineurin　03.0397
*钙调素　calmodulin，CaM　02.0628
钙网蛋白　calreticulin，calregulin　02.0597
*钙影蛋白　calspectin　02.0455
钙周期蛋白　calcyclin　02.0622
钙阻蛋白　calcicludine　02.0633
*盖革计数器　Geiger-Müller counter，GM counter 11.0309
盖革-米勒[计数]管　Geiger-Müller tube　11.0310
盖革-米勒计数器　Geiger-Müller counter，GM counter 11.0309
RNA 干扰　RNA interference，RNAi　05.0559
*干扰短 RNA　short interfering RNA
RNA 干扰技术　RNA interference technology，RNAi technology　11.0893
干扰素　interferon，IFN　09.0206
干扰素基因刺激因子　stimulator of interferon gene，STING　08.0215
干扰小 RNA　small interfering RNA，siRNA　04.0247
干扰小 RNA 表达组件　small interfering RNA expression cassette，siRNA expression cassette，SEC 11.0877
干扰小 RNA 随机文库　siRNA random library 11.0828
甘氨胆酸　glycocholic acid　10.0199
甘氨酸　glycine，Gly，G　02.0019

甘氨酰胺核糖核苷酸　glycinamide ribonucleotide，GAR　10.0363
甘丙肽　galanin，GAL　02.0135
*甘丙肽类似肽　galanin-like peptide，GALP　02.0138
甘丙肽信息相关肽　galanin messageassociated peptide，GMAP　02.0137
甘丙肽样肽　galanin-like peptide，GALP　02.0138
甘丙肽样肽抗体　alarin　02.0139
甘露聚糖　mannan　06.0187
甘露糖　mannose　06.0069
甘露[糖]醇　mannitol　06.0092
甘露糖苷酶　mannosidase　03.0469
甘露糖结合蛋白质　mannose-binding protein，MBP　06.0284
*甘露糖-6-磷酸受体　mannose 6-phosphate receptor，M6PR　06.0274
甘露糖醛酸　mannuronic acid　06.0109
甘油　glycerol，glycerin　07.0101
甘油代谢　glycerol metabolism　10.0174
甘油单酯　monoglyceride，monoacylglycerol，MAG　07.0106
甘油单酯途径　monoacylglycerol pathway　10.0193
甘油二酯　diglyceride，diacylglycerol，DAG　07.0107
甘油二酯途径　diacylglycerol pathway　10.0192
L-甘油-D-甘露庚糖　L-glycero-D-mannoheptose　06.0076
L-甘油-D-甘露辛酮糖　L-glycero-D-mannooctulose　06.0080
甘油磷酸　glycerophosphate　07.0147
甘油-3-磷酸穿梭　glycerol-3-phosphate shuttle　10.0087
*α-甘油磷酸循环　α-glycerophosphate cycle　10.0087
*甘油磷酰胆碱　glycerophosphocholine，glycerophosphoryl choline　07.0133
*甘油磷酰乙醇胺　glycerophosphoethanolamine，glycerophosphorylethanolamine，GPEA　07.0134
甘油磷脂　glycerophosphatide　07.0131
甘油醛　glyceraldehyde　06.0046
甘油醛-3-磷酸　glyceraldehyde-3-phosphate　10.0123
甘油醛-3-磷酸脱氢酶　glyceraldehyde-3-phosphate dehydrogenase　03.0126
甘油三酯　triglyceride，triacylglycerol，TAG　07.0108
甘油三酯脂肪酶　triglyceride lipase，TGL　03.0370
甘油酸　glyceric acid　10.0272
甘油酸-1,3-二磷酸　1,3-bisphosphoglycerate，1,3-bisphosphoglyceric acid，1,3-BPG，1,3-diphosphoglycerate，1,3-DPG　10.0124
甘油酸-2,3-二磷酸　2,3-bisphosphoglycerate，2,3-bisphosphoglyceric acid，2,3-BPG，2,3-diphosphoglycerate，2,3-DPG　10.0125
甘油酸-2,3-二磷酸支路　2,3-bisphosphoglycerate shunt，2,3-BPG shunt　10.0126
甘油酸-2-磷酸　glycerate-2-phosphate　10.0128
甘油酸-3-磷酸　glycerate-3-phosphate　10.0127
甘油酸途径　glycerate pathway　10.0162
甘油糖脂　glyceroglycolipid　07.0168
*甘油一酯　monoglyceride，monoacylglycerol，MAG　07.0106
*甘油一酯途径　monoacylglycerol pathway　10.0193
甘油脂质　glycerolipid　07.0109
甘油酯　glyceride　07.0102
杆菌肽　bacitracin　02.0208
杆状病毒表达系统　baculovirus expression system　11.0745
*杆状病毒 IAP 重复序列结构域　baculovirus IAP repeat domain，BIR domain　08.0251
肝球蛋白　hepatoglobulin　02.0312
肝素　heparin　06.0216
肝素结合表皮生长因子　heparin-binding epidermal growth factor-like growth factor，heparin-binding EGF，HB-EGF　09.0231
*肝素结合性表皮生长因子样生长因子　heparin-binding epidermal growth factor-like growth factor，heparin-binding EGF，HB-EGF　09.0231
肝糖磷脂　jecorin　07.0152
肝细胞生长因子　hepatocyte growth factor，HGF　09.0241
*苷元　aglycon，aglycone　06.0032
感染　infection　11.0788
感受态细胞　competent cell　11.0795
干细胞生长因子　stem cell growth factor，SCF　09.0242
冈崎片段　Okazaki fragment　05.0120
岗哨细胞　sentinel cell　08.0389
高半胱氨酸　homocysteine　02.0051
*高碘酸希夫反应　periodic acid-Schiff reaction　06.0019
高度重复 DNA　highly repetitive DNA，hyperreiterated DNA　04.0210
高度重复序列　highly repetitive sequence　05.0018

高尔基体蛋白　golgin　02.0523
高分辨率解链[曲线]分析　high-resolution melting analysis，HRM analysis　11.0852
*高分辨率熔解[曲线]分析　high-resolution melting analysis，HRM analysis　11.0852
高甘露糖型寡糖　high-mannose oligosaccharide　06.0239
高胱氨酸　homocystine　02.0052
高精氨酸　homoarginine　02.0050
高粱醇溶蛋白　kafirin　02.0799
高密度寡核苷酸单核苷酸多态性阵列　high-density oligonucleotide SNP array　11.0987
高密度脂蛋白　high-density lipoprotein，HDL　02.0378
高密度脂蛋白胆固醇　high-density lipoprotein cholesterol，HDL-C　07.0215
高能键　high-energy bond，energy-rich bond　10.0065
高能磷酸化合物　high-energy phosphate compound，energy-rich phosphate compound　10.0067
高能磷酸键　high-energy phosphate bond　10.0066
高迁移率组蛋白质　high-mobility group protein，HMG protein　02.0650
高丝氨酸　homoserine　02.0053
高速离心　high-speed centrifugation　11.0050
*高速泳动簇蛋白质　high-mobility group protein，HMG protein　02.0650
高铁螯合物还原酶　ferric-chelate reductase　03.0206
高铁血红蛋白　methemoglobin，methaemoglobin　02.0359
高铁血红素　hematin　10.0325
高通量测序　high-throughput sequencing　11.0608
高通量毛细管电泳　high-throughput capillary electrophoresis　11.0135
高效亲和层析　high-performance affinity chromatography，HPAC　11.0241
高效液相层析　high-performance liquid chromatography，HPLC　11.0201
高压电泳　high-voltage electrophoresis　11.0128
高压电子显微镜　high-voltage electron microscope，HVEM　11.0447
*高压液相层析　high-pressure liquid chromatography，HPLC　11.0201
高异亮氨酸　homoisoleucine　02.0055
睾酮　testosterone　09.0105
*睾酮雌二醇结合球蛋白　testosterone-estradiol-binding globulin，TEBG　02.0316
睾丸蛋白聚糖　testican　06.0303
睾丸雄激素　andrin　09.0110
*戈德堡-霍格内斯框　Goldberg-Hogness box　05.0519
*割裂基因　split gene，interrupted gene　05.0009
隔离臂　spacer arm　11.0194
根蛋白　radixin　02.0592
*根瘤素　nodulin　02.0812
庚二酸　pimelic acid　07.0044
庚糖　heptose　06.0074
工程核酶　engineered ribozyme　03.0727
工程核酸酶　engineered nuclease　11.0896
功能蛋白质　functional protein　02.0247
功能蛋白质组　functional proteome　01.0064
功能蛋白质组学　functional proteomics　01.0048
功能基因组　functional genome　01.0062
功能基因组学　functional genomics　01.0030
功能克隆　functional cloning　11.0685
功能未定读框　unassigned reading frame　05.0358
攻膜复合物　membrane-attack complex，MAC　08.0041
攻膜复合物抑制因子　membrane-attack complex inhibitory factor，MACIF　08.0092
供体　donor　01.0096
共表达　coexpression　05.0463
*共沉淀实验　pull-down experiment　11.0348
共轭多烯酸　conjugated polyene acid　07.0038
共轭十八碳四烯酸　parinaric acid，PnA　07.0066
共轭亚麻酸　conjugated linolenic acid，CLNA　07.0076
共轭亚油酸　conjugated linoleic acid，CLA　07.0071
共翻译　cotranslation　05.0395
共翻译蛋白质折叠　cotranslational protein folding　05.0396
共翻译转运　cotranslational translocation，cotranslational transport　05.0397
共济蛋白　frataxin　02.0610
共价闭合环状 DNA　covalently closed circular DNA，cccDNA　04.0192
*共价闭环 DNA　covalently closed circular DNA，cccDNA　04.0192
共价层析　covalent chromatography　11.0221
共价键　covalent bond　01.0105
*共价结构　covalent structure　02.0874

*共价修饰　covalent modification　01.0100
共凝[集]素　conglutinin　06.0271
共有序列　consensus sequence　01.0139
共转导　cotransduction　11.0765
共转化　cotransformation　11.0768
共转录　cotranscription　05.0235
共转录物　cotranscript　05.0257
共转染　cotransfection　11.0777
构象　conformation　01.0216
RNA 构象　RNA conformation　04.0282
构象异构　conformational isomerism　01.0198
构象异构体　conformer　01.0208
构型　configuration　01.0215
*构造异构　constitutional isomerism　01.0194
孤独基因　orphan gene，orphon　05.0031
孤儿受体　orphan receptor　08.0318
孤啡肽　orphanin-FQ，OFQ　02.0112
古基因组学　paleogenomics　01.0032
古嘌苷　archaeosine　04.0056
古生物化学　paleobiochemistry　01.0004
谷氨酸　glutamic acid，Glu，E　02.0033
谷氨酸合酶　glutamate synthase，GOGAT　03.0136
谷氨酸脱氢酶　glutamate dehydrogenase，GIDH　03.0135
谷氨酸消旋酶　glutamate racemase　03.0651
谷氨酰胺　glutamine，Gln，Q　02.0036
谷氨酰胺酶　glutaminase　03.0581
*谷氨酰内肽酶　glutamyl endopeptidase　03.0519
谷丙转氨酶　glutamic-pyruvic transaminase，GPT　03.0286
谷草转氨酶　glutamic-oxaloacetic transaminase，GOT　03.0285
谷醇溶蛋白　prolamin，prolamine　02.0228
谷蛋白　glutelin　02.0227
谷固醇　sitosterol　07.0230
谷胱甘肽　glutathione，GSH　02.0093
谷胱甘肽过氧化物酶　glutathione peroxidase，GSH-Px　03.0176
谷胱甘肽还原酶　glutathione reductase　03.0158
谷胱甘肽 S-转移酶　glutathione S-transferase，GST　02.0730
谷氧还蛋白　glutaredoxin　02.0708
*谷甾醇　sitosterol　07.0230
骨钙蛋白　osteocalcin　02.0452
*骨钙素　osteocalcin　02.0452
骨甘蛋白聚糖　osteoglycin，OG　06.0317
*骨骼生长因子　skeletal growth factor，SGF　09.0132
骨架蛋白　skelemin　02.0429
骨架蛋白质　skeleton protein　02.0391
骨架连接蛋白　articulin　02.0430
骨胶原　ossein　02.0418
骨黏附蛋白聚糖　osteoadherin　06.0319
骨桥蛋白　osteopontin　02.0444
*骨形成蛋白　bone morphogenetic protein，BMP　02.0450
骨形态发生蛋白　bone morphogenetic protein，BMP　02.0450
骨形态发生蛋白-3　bone morphogenetic protein 3，BMP-3　02.0451
*骨形态生成蛋白　bone morphogenetic protein，BMP　02.0450
*骨诱导因子　osteoinductive factor　06.0317
骨粘连蛋白　osteonectin　02.0737
*钴胺传递蛋白　transcobalamin　02.0373
*钴胺素　cobalamin　09.0380
钴胺素转运蛋白　transcobalamin　02.0373
固醇　sterol　07.0209
*固醇结合蛋白质　sterol-binding protein　02.0729
*固醇运载蛋白质　sterol carrier protein，SCP　02.0729
固醇载体蛋白质　sterol carrier protein，SCP　02.0729
固醇酯　steryl ester，SE　07.0227
固氮酶　nitrogenase　03.0215
固氮酶组分 1　nitrogenase 1　03.0216
固氮酶组分 2　nitrogenase 2　03.0217
固氮作用　nitrogen fixation　10.0354
固定化酶　immobilized enzyme，fixed enzyme　03.0748
固定相　fixed phase，stationary phase　11.0161
固体闪烁计数器　solid scintillation counter　11.0305
固相技术　solid phase technique　11.0037
固相肽合成法　solid phase peptide synthesis　11.0673
固相芯片　flat microarray　11.0995
固有免疫信号传递　innate immune signaling　08.0175
瓜氨酸　citrulline　02.0061
胍乙酸　guanidinoacetic acid　10.0287
*寡(dT)　oligodeoxythymidylic acid，oligo(dT)　04.0130
寡核苷酸　oligonucleotide　04.0126
寡核苷酸定点诱变　oligonucleotide-directed mutagenesis　11.0808

寡核苷酸连接分析　oligonucleotide ligation assay　11.0850
寡核苷酸微阵列　oligonucleotide microarray　11.0986
*寡核糖核苷酸　oligoribonucleotide　04.0126
寡聚蛋白质　oligomeric protein　02.0250
寡聚酶　oligomeric enzyme　03.0004
寡聚体　oligomer　01.0091
寡肽　oligopeptide　02.0069
寡糖　oligosaccharide　06.0004
寡糖素　oligosaccharin　09.0317
寡糖转移酶　oligosaccharide transferase　03.0275
寡脱氧核苷酸　oligodeoxynucleotide　04.0127
*寡脱氧核糖核苷酸　oligodeoxyribonucleotide　04.0127
寡脱氧胸苷酸　oligodeoxythymidylic acid，oligo(dT)　04.0130
*寡脱氧胸苷酸纤维素　oligo(dT)-cellulose　11.0193
寡(dT)纤维素　oligo(dT)-cellulose　11.0193
2′-5′-寡腺苷酸合成酶　2′-5′-oligoadenylate synthetase，OAS　03.0324
关键步骤　committed step　10.0036
关联 tRNA　cognate tRNA　04.0262
冠蛋白　coronin　02.0482
*冠瘿氨酸　opine　10.0349
冠瘿碱　opine　10.0349
*管家基因　housekeeping gene　05.0034
*管式凝胶电泳　tube gel electrophoresis　11.0107
光胆红素　photobilirubin　10.0331
光蛋白聚糖　lumican　06.0306
光复活　photoreactivation　05.0208
光复活酶　photoreactivating enzyme　05.0209
光合磷酸化　photophosphorylation　10.0075
*光合碳还原循环　photosynthetic carbon reduction cycle　10.0160
光合作用　photosynthesis　10.0158
光呼吸[作用]　photorespiration　10.0159
光极　optrode　11.0329
光聚合　photopolymerization　11.0122
*光裂合酶　photolyase　05.0209
光密度　optical density，OD　11.0267
光密度计　densitometer，photodensitometer　11.0268
光密度扫描仪　scanning densitometer　11.0269
光敏黄蛋白　photoreactive yellow protein　02.0694
光谱分析　spectral analysis，spectroanalysis　11.0266
光亲和标记　photoaffinity labeling　11.0398
光亲和探针　photoaffinity probe　11.0521
光生物传感器蛋白质　optical biosensor protein　02.0695
*光生物传感性蛋白质　optical biosensor protein　02.0695
光视蛋白　photopsin　02.0693
*光修复　light repair　05.0208
*光修复酶　photolyase　05.0209
*光学异构　optical isomerism　01.0197
*光学异构体　optical isomer　01.0205
光转导　phototransduction　08.0143
胱氨酸　cystine　02.0058
胱氨酸还原酶　cystine reductase　03.0157
胱硫醚　cystathionine　10.0283
胱硫醚酶　cystathionase　03.0639
胱天蛋白酶　caspase，cysteine aspartic acid specific protease　03.0547
胱天蛋白酶 8　caspase-8　08.0289
胱天蛋白酶激活募集结构域　caspase activation and recruitment domain，CARD　08.0281
*胱天蛋白酶募集结构域　caspase recruitment domain　08.0281
胱天蛋白酶募集结构域凋亡抑制因子　apoptosis repressor with caspase recruitment domain，ARC　08.0282
*胱抑素　cystatin　03.0774
归巢内含肽　homing intein　02.0076
归巢受体　homing receptor　08.0326
硅烷化　silanizing，silanization　11.0264
鲑精蛋白　salmin　02.0651
*鬼笔毒素　phallotoxin　02.0215
鬼笔毒肽　phallotoxin　02.0215
鬼笔环肽　phalloidin　02.0216
癸酸　capric acid　07.0046
癸酸甘油酯　caprin，decanoin　07.0112
桧酸　sabinic acid　07.0054
桧萜　sabinene　07.0186
桧萜醇　sabinol　07.0187
*桧烯　sabinene　07.0186
*滚翻机制　flip-flop mechanism　08.0033
*滚环放大技术　rolling circle amplification，RCA　11.0565
滚环复制　rolling circle replication　05.0122
滚环扩增　rolling circle amplification，RCA　11.0565
果冻卷模体　jelly roll motif　02.0898

H

thase，EPSP synthase 03.0282
核 RNA nuclear RNA，nRNA 04.0255
核奥弗豪泽效应 nuclear Overhauser effect，NOE 11.0440
核被膜 nuclear envelope 08.0004
核不均一 RNA heterogeneous nuclear RNA，hnRNA 04.0256
核磁共振 nuclear magnetic resonance，NMR 11.0431
核磁共振波谱法 nuclear magnetic resonance spectroscopy，NMR spectroscopy 11.0432
核蛋白 nucleoprotein 02.0236
核苷 nucleoside 04.0042
核苷二磷酸 nucleoside diphosphate，NDP 04.0072
核苷酶 nucleosidase 03.0485
AMP 核苷酶 adenosine monophosphate nucleosidase，AMP nucleosidase 03.0489
核苷三磷酸 nucleoside triphosphate，NTP 04.0073
核苷酸 nucleotide 04.0070
核苷酸残基 nucleotide residue 04.0141
核苷酸代谢 nucleotide metabolism 10.0357
核苷酸分解代谢 nucleotide catabolism 10.0369
核苷酸合成代谢 nucleotide anabolism 10.0358
核苷酸[基]转移酶 nucleotidyltransferase 03.0305
核苷酸结合寡聚结构域 nucleotide-binding oligomerization domain，NOD 08.0269
核苷酸结合结构域富含亮氨酸重复序列和含热蛋白结构域受体 3 nucleotide-binding domain leucine-rich repeat and pyrin domain-containing receptor 3，NLRP3 08.0371
核苷酸酶 nucleotidase 03.0391
3′-核苷酸酶 3′-nucleotidase 03.0393
5′-核苷酸酶 5′-nucleotidase 03.0392
核苷酸切除修复 nucleotide excision repair，NER 05.0216
*核苷酸水解酶 nucleotidyl hydrolase 03.0391
核苷酸糖 nucleotide sugar 06.0133
核苷酸序列 nucleotide sequence 04.0137
核苷一磷酸 nucleoside monophosphate，NMP 04.0071
*核黄素 riboflavin 09.0364
核基因 nuclear gene 05.0029
核基因组 nuclear genome 01.0057
*核孔 nuclear pore 08.0008
核孔蛋白 nucleoporin 02.0643
核孔复合体 nuclear pore complex 08.0008
*核连缀转录分析 nuclear run-on transcription assay，nuclear run-on assay 11.0853
核酶 ribozyme，RNAzyme 03.0719
*核膜 nuclear membrane 08.0004
*核膜层蛋白 lamin 02.0648
核内含子 nuclear intron 05.0259
核内小 RNA small nuclear RNA，snRNA 04.0257
*核内异质 RNA heterogeneous nuclear RNA，hnRNA 04.0256
核仁 RNA nucleolar RNA 04.0258
核仁蛋白 nucleolin 02.0644
核仁磷蛋白 nucleophosmin 02.0647
核仁纤维蛋白 fibrillarin 02.0646
核仁小 RNA small nucleolar RNA，snoRNA 04.0259
核仁小核糖核蛋白 small nucleolar ribonucleoprotein，snoRNP 02.0645
核实时转录分析 nuclear run-on transcription assay，nuclear run-on assay 11.0853
核受体 nuclear receptor 08.0317
核酸 nucleic acid 04.0001
*核酸分解代谢 nucleic acid catabolism 10.0356
核酸降解 nucleic acid degradation，degradation of nucleic acid 10.0356
核酸酶 nuclease 03.0410
S1 核酸酶 S1 nuclease 03.0433
核酸酶保护分析 nuclease protection assay 11.0497
S1 核酸酶作图 S1 nuclease mapping 11.0714
核酸内切酶 endonuclease 03.0411
*AP 核酸内切酶 AP endonuclease 03.0634
*UV 核酸内切酶 UV endonuclease 03.0634
核酸数据库 nucleic acid database，mucleic acid databank，NDB 11.0590
核酸探针 nucleic acid probe 11.0511
3′→5′核酸外切编辑 3′→5′ exonucleolytic editing 05.0142
核酸外切酶 exonuclease 03.0413
核酸外切酶 I exonuclease I，exodeoxyribonuclease I 03.0414
核酸外切酶III exonuclease III，exodeoxyribonuclease III 03.0415
核酸序列依赖性扩增 nucleic acid sequence-based amplification，NASBA 11.0561
核酸杂交 nucleic acid hybridization 04.0314
核糖 ribose 04.0040
*核糖胺磷酸 phosphoribosylamine，PRA 10.0362

核糖醇　ribitol　06.0094
*核糖核蛋白　ribonucleoprotein，RNP　04.0279
核糖核蛋白复合体　ribonucleoprotein complex　04.0279
*核糖核蛋白颗粒　ribonucleoprotein particle　04.0279
*核糖核苷　ribonucleoside　04.0042
[核糖]核苷二磷酸还原酶　ribonucleoside diphosphate reductase　03.0208
[核糖]核苷三磷酸还原酶　ribonucleoside triphosphate reductase　03.0209
核糖核苷酸　ribonucleotide　04.0124
核糖核酸　ribonucleic acid，RNA　04.0002
核糖核酸酶　ribonuclease，RNase　03.0427
核糖核酸酶 A　ribonuclease A，RNase A　03.0642
核糖核酸酶 H　ribonuclease H，RNase H　03.0428
核糖核酸酶 P　ribonuclease P，RNase P　03.0429
核糖核酸酶 T1　ribonuclease T1，RNase T1　03.0430
*核糖核酸内切酶　endoribonuclease　03.0427
*核糖环构象　sugar pucker　06.0012
ADP 核糖基化　adenosine diphosphate ribosylation，ADP-ribosylation　05.0445
ADP 核糖基化因子　ADP-ribosylation factor，ARF　02.0518
ADP 核糖基化因子结合蛋白　arfaptin　02.0669
ADP 核糖基转移酶　adenosine diphosphate ribosyltransferase，ADP-ribosyltransferase，ADPRT，ART　03.0280
核糖开关　riboswitch　05.0312
*D-核糖-1,5-磷酸变位酶　D-ribose 1,5-phosphamutase　03.0665
核糖体　ribosome　04.0274
核糖体 RNA　ribosomal RNA，rRNA　04.0272
核糖体大亚基　ribosomal large subunit，large ribosomal subunit，LSU　04.0277
核糖体结合糖蛋白　ribophorin　02.0606
核糖体结合位点　ribosome binding site，RBS　04.0280
核糖体失活蛋白质　ribosome inactivating protein，RIP　02.0817
*核糖体识别位点　ribosome recognition site　04.0280
*核糖体图谱分析　ribosome profiling，ribosome profiling sequencing，Ribo-seq　11.0622
核糖体小 RNA　small ribosomal RNA　04.0273
核糖体小亚基　ribosomal small subunit，small ribosomal subunit，SSU　04.0276
核糖体亚基　ribosomal subunit　04.0275
核糖体移动　ribosome movement　05.0403
核糖体移码　ribosomal frameshift　05.0401
核糖体再循环　ribosomal recycling　05.0405
核糖体再循环因子　ribosomal recycling factor，RRF　05.0406
*核糖体装配　ribosome assembly　05.0404
核糖体组装　ribosome assembly　05.0404
*核糖胸苷　ribothymidine　04.0069
核酮糖　ribulose　06.0057
核酮糖二磷酸　ribulose bisphosphate　10.0161
*核酮糖-1,5-二磷酸羧化酶　ribulose-1,5-diphosphate carboxylase，RuDPCase　03.0613
*核酮糖-1,5-二磷酸羧化酶/加氧酶　ribulose-1,5-bisphophate carboxylase/oxygenase，rubisco　03.0613
*核酮糖双磷酸　ribulose bisphosphate　10.0161
*核外基因　extranuclear gene　05.0030
核[纤]层蛋白　lamin　02.0648
核小核糖核蛋白颗粒　small nuclear ribonucleoprotein particle，snRNP　04.0281
核小体　nucleosome　04.0171
核小体核心颗粒　nucleosome core particle　04.0172
*核小体装配　nucleosome assembly　04.0173
核小体组装　nucleosome assembly　04.0173
核心蛋白质　core protein　06.0291
核心 *O*-聚糖　core *O*-glycan　06.0246
核心酶　core enzyme　03.0733
核心启动子　core promoter　05.0512
核心糖基化　core glycosylation　06.0040
N-核心五糖　*N*-linked core pentasaccharide　06.0238
核因子 κB　nuclear factor κB，NF-κB　08.0359
核因子 κB 抑制蛋白　inhibitor-κ binding protein，IκB protein　08.0360
核有丝分裂器蛋白质　nuclear mitotic apparatus protein，NuMA　02.0668
核质蛋白　nucleoplasmin　02.0642
核周隙　perinuclear space　08.0007
核转录终止分析　nuclear run-off transcription assay，nuclear run-off assay　11.0854
*盒式模型　cassette model　05.0485
颌下腺蛋白酶　submaxillary gland protease　03.0523
褐煤酸　montanic acid　07.0094
*褐藻素　pheophytin　10.0055
*褐藻酸　alginic acid　06.0234
黑色素　melanin　10.0310

黑色素瘤缺乏因子 2 炎症小体　absent in melanoma 2 inflammasome，AIM2　08.0372
黑色素瘤缺乏因子 2 样受体　absent in melanoma 2-like receptor，AIM2-like receptor，ALR　08.0382
黑素浓集激素　melanin concentrating hormone，MCH　09.0055
亨廷顿蛋白　huntingtin　02.0611
*恒温扩增　isothermal amplification，thermostatic amplification　11.0559
红光视紫红质　bathorhodopsin　02.0690
*红肾豆凝集素　phytohemagglutinin，PHA　06.0266
*红外分光光度法　infrared spectrophotometry　11.0291
红外光谱法　infrared spectrometry　11.0291
红细胞集落刺激因子　erythroid-colony-stimulating factor　09.0224
红细胞克吕佩尔样因子　erythroid Krüppel-like factor，EKLF　09.0260
*红细胞凝集素　hemagglutinin，HA　06.0278
红细胞糖苷脂　globoside　07.0174
红藻氨酸　kainic acid，digenic acid　02.0063
宏基因组　metagenome　01.0073
宏基因组学　metagenomics　01.0036
宏阵列　macroarray　11.0981
*后胆色素　bilin　10.0335
*后基因组学　postgenomics　01.0030
后清蛋白　postalbumin　02.0275
*后视紫红质　metarhodopsin　02.0691
后随链　lagging strand　05.0119
*后叶激素运载蛋白　neurophysin　09.0144
*候选定位克隆　candidate positional cloning　11.0687
呼吸活化肽　resact　02.0133
*呼吸链　respiratory chain　10.0051
呼吸色素　respiratory pigment　10.0050
呼吸商　respiratory quotient，RQ　10.0046
*胡萝卜醇　carotenol，carotol　09.0338
胡萝卜素　carotene　09.0336
β-胡萝卜素　β-carotene　09.0337
胡萝卜素双加氧酶　carotene dioxygenase　03.0184
胡斯坦碱基配对　Hoogsteen base pairing　04.0030
槲寄生凝集素　mistletoe lectin，viscumin　02.0828
糊精　dextrin，amylin　06.0174
*α-糊精内切-1,6-α-葡萄糖苷酶　α-dextrin endo-1,6-α-glucosidase　03.0479
虎蛇毒蛋白　notexin　02.0786
琥珀密码子　amber codon　05.0338
琥珀酸　succinic acid　10.0141
琥珀酸脱氢酶　succinate dehydrogenase　03.0133
琥珀突变　amber mutation　05.0410
*琥珀突变抑制子　amber suppressor　05.0568
琥珀突变阻抑　amber suppression　05.0567
琥珀突变阻抑基因　amber suppressor　05.0568
琥珀酰辅酶 A　succinyl-CoA　10.0140
琥珀酰聚糖　succinoglycan　06.0207
互变异构　tautomerism　01.0199
互变异构体　tautomer　01.0212
互补 DNA　complementary DNA，cDNA　05.0148
互补 RNA　complementary RNA　04.0252
互补碱基　complementary base　04.0027
互补链　complementary strand　04.0313
互补 DNA 文库　complementary DNA library，cDNA library　11.0822
互补性　complementarity　04.0311
互补序列　complementary sequence　04.0312
互利素　synomone　09.0012
*互益素　synomone　09.0012
PIWI 互作 RNA　PIWI-interacting RNA，piRNA　04.0248
花色素酶　anthocyanase　03.0492
花生四烯酸　arachidonic acid，ARA　07.0082
花生酸　arachidic acid，eicosanoic acid　07.0081
滑动钳　sliding clamp　05.0145
*滑卡　sliding clamp　05.0145
*DNA 化学测序法　chemical method of DNA sequencing　11.0595
化学发光　chemiluminescence，chemoluminscence　11.0314
化学发光标记　chemiluminescence labeling　11.0397
化学发光分析　chemiluminometry　11.0313
*化学发光免疫测定　chemiluminescence immunoassay，CLIA　11.0328
化学发光免疫分析　chemiluminescence immunoassay，CLIA　11.0328
化学反应　chemical reaction　01.0116
化学键　chemical bond　01.0103
化学降解法　chemical degradation method　11.0595
*化学门控离子通道　chemically-gated ion channel　08.0045
化学渗透　chemiosmosis　08.0062
化学通信　chemical communication　08.0149

化学修饰　chemical modification　01.0100
化学诱变　chemical mutagenesis　11.0810
化蛹激素　pupation hormone　09.0294
怀丁苷　wybutosine　04.0054
怀俄苷　wyosine　04.0053
槐糖　sophorose　06.0145
踝蛋白　talin　02.0516
还原酶　reductase　03.0156
还原末端　reducing terminus　06.0033
还原糖　reducing sugar　06.0025
*还原型辅酶Ⅰ　reduced nicotinamide adenine dinucleotide，NADH　03.0018
*还原型辅酶Ⅱ　reduced nicotinamide adenine dinucleotide phos-phate，NADPH　03.0019
还原型烟酰胺腺嘌呤二核苷酸　reduced nicotinamide adenine dinucleotide，NADH　03.0018
还原型烟酰胺腺嘌呤二核苷酸磷酸　reduced nicotinamide adenine dinucleotide phosphate，NADPH　03.0019
环　loop　01.0156
D 环　displacement loop，D loop　05.0229
*D 环　dihydrouracil loop，DHU loop，D loop　04.0290
R 环　R-loop　04.0325
Ω 环　Ω loop　02.0885
环孢素 A　cyclosporin A，CsA　02.0218
环二核苷酸　cyclic dinucleotide　08.0212
环二鸟苷[一磷]酸　cyclic diguanosine monophosphate，cyclic diguanylate，c-di-GMP　08.0213
环二腺苷[一磷]酸　cyclic diadenosine monophosphate，c-di-AMP　08.0217
D 环复制　D-loop replication　05.0123
环庚糖　septanose　06.0077
环核苷酸　cyclic nucleotide　04.0119
3′,5′-环核苷酸磷酸二酯酶　3′,5′-cyclic nucleotide phosphodiesterase　03.0404
环核苷酸磷酸二酯酶　cyclic nucleotide phosphodiesterase　03.0403
*环核苷一磷酸　cyclic nucleotide monophosphate，cNMP　04.0119
环糊精　cyclodextrin　06.0173
*环化重组酶　*Cre* recombinase，cyclization recombination enzyme　03.0739
环化酶　cyclase　03.0735
*环己六醇　cyclohexanhexol　07.0137
环加氧酶　cyclo-oxygenase，COX　03.0201
环介导等温扩增　loop-mediated isothermal amplification，LAMP　11.0560
环境基因组学　environmental genomics　01.0040
环境激素　environmental hormone　09.0010
*环境内分泌干扰物　environmental endocrine disruptor，EED　09.0010
*环磷酸鸟苷　cyclic guanylic acid，cyclic guanosine monophosphate，cGMP　04.0121
*环磷酸腺苷　cyclic adenylic acid，cyclic adenosine monophosphate，cAMP　04.0120
环鸟苷酸　cyclic guanylic acid，cyclic guanosine monophosphate，cGMP　04.0121
环鸟苷酸特异性磷酸二酯酶　cGMP-specific phosphodiesterase　03.0405
环鸟苷酸–腺苷酸　cyclic guanosine monophosphate-adenosine monophosphate，cGAMP　08.0214
环鸟苷酸–腺苷酸合酶　cyclic guanosine monophosphate-adenosine monophosphate synthase，cyclic GMP-AMP synthase，cGAS　08.0216
*环鸟苷一磷酸–腺苷一磷酸合酶　cyclic guanosine monophosphate-adenosine monophosphate synthase，cyclic GMP-AMP synthase，cGAS　08.0216
*环式光合磷酸化　cyclic photophosphorylation　10.0076
环肽　cyclic peptide，cyclopeptide　02.0071
环肽合成酶　cyclic peptide synthetase　03.0262
环腺苷二磷酸核糖　cyclic adenosine diphosphate-ribose，cADP-ribose　08.0220
环腺苷酸　cyclic adenylic acid，cyclic adenosine monophosphate，cAMP　04.0120
环腺苷酸应答元件　cAMP response element，CRE　05.0508
环氧化物水解酶　epoxide hydrolase　03.0493
*2μm 环质粒　2-micron circle plasmid　11.0738
环状 DNA　circular DNA　04.0189
环状 RNA　circular RNA，circRNA　04.0243
缓冲配对离子　buffer counterion　11.0095
缓冲液　buffer solution，buffer　11.0096
缓冲液梯度聚丙烯酰胺凝胶　buffer-gradient polyacrylamide gel　11.0101
缓激肽　bradykinin　09.0199
缓激肽增强肽　bradykinin potentiating peptide，BPP　09.0201
黄苷　xanthosine　04.0060
黄苷酸　xanthylic acid　04.0117

*黄苷一磷酸　xanthosine monophosphate，XMP　04.0117
黄尿酸　xanthurenic acid　10.0265
黄嘌呤　xanthine　04.0009
黄嘌呤磷酸核糖基转移酶　xanthine phosphoribosyl transferase，XPRT　03.0279
黄嘌呤氧化酶　xanthine oxidase　03.0207
黄素单核苷酸　flavin mononucleotide，FMN　09.0365
黄素单核苷酸还原酶　flavin mononucleotide reductase，FMN reductase　03.0141
黄素蛋白　flavoprotein　02.0238
黄素酶　flavoenzyme　03.0211
黄素腺嘌呤二核苷酸　flavin adenine dinucleotide，FAD　09.0366
黄素血红蛋白　flavohemoglobin　02.0809
黄素氧还蛋白　flavodoxin　02.0810
*黄体生成素　lutropin，luteinizing hormone，LH　09.0039
*黄体酮　progesterone　09.0120
黄酮　flavone　10.0342
黄脂酸　copalic acid　07.0048
蝗速激肽　locustatachykinin　09.0299
磺基丙氨酸　cysteic acid　10.0249
磺基转移酶　sulfotransferase　03.0365
挥发性脂肪酸　volatile fatty acid　07.0041
恢复蛋白　recoverin　02.0613
回补反应　anaplerotic reaction　10.0035
*回体基因转移　*ex vivo* gene transfer　11.0912
*回文对称　palindromic sequence，palindrome　04.0140
回文序列　palindromic sequence，palindrome　04.0140
*会联蛋白　synexin　02.0581
DNA 混编　DNA shuffling　11.0882
*混合功能氧化酶　mixed-function oxidase　03.0185
混合碱基符号　symbols for mix-bases　04.0026
混合谱系激酶结构域样蛋白质　mixed lineage kinase domain-like protein，MLKL　08.0374
混合性抑制　mixed inhibition　03.0084
混连多聚泛素化　mixed-linkage polyubiquitination　05.0437
*混浊噬斑　turbid plaque　11.0791
*活化　activation　01.0224
AMP 活化的蛋白质激酶　AMP-activated protein kinase，AMPK　03.0350
活化分析　activation analysis　11.0335
活化能　activation energy　03.0050
*活化素　activin　09.0133
*活化物　activator　01.0225
活性　activity　01.0174
*活性部位　active site　03.0034
活性肠高血糖素　glycentin　09.0171
活性氧类　reactive oxygen species，ROS　10.0064
活性脂质　active lipid　07.0008
活性中心　active center　03.0034
*火箭电泳　rocket electrophoresis　11.0149
火箭免疫电泳　rocket immunoelectrophoresis　11.0149
霍乱毒素　cholera toxin　02.0864
霍普–伍兹分析　Hopp-Woods analysis　11.0358

J

机械力转导　mechanotransduction　08.0144
机械门控离子通道　mechanically-gated ion channel　08.0047
*机械敏感性离子通道　mechanosensitive ion channel　08.0047
肌氨酸　sarcosine　10.0289
肌成束蛋白　fascin　02.0485
肌醇　inositol　07.0137
肌醇单磷酸酶　inositol monophosphatase　03.0398
肌醇磷酸　inositol phosphate　07.0138
*肌醇六磷酸　inositol hexaphosphate　07.0139
肌醇三磷酸　inositol triphosphate，IP_3　10.0210
肌动蛋白　actin　02.0463
*F 肌动蛋白　filamentous actin，F-actin　02.0465
*G 肌动蛋白　globular actin，G-actin　02.0464
F 肌动蛋白加帽蛋白质　F-actin capping protein　02.0467
肌动蛋白解聚因子　actin depolymerizing factor　02.0474
肌动结合蛋白　actobindin　02.0488
肌动球蛋白　actomyosin　02.0501
肌钙蛋白　troponin　02.0499
肌钙腔蛋白　sarcalumenin　02.0600
肌苷　inosine　04.0061
肌苷二磷酸　inosine diphosphate，IDP　04.0115
肌苷核苷酶　inosine nucleosidase　03.0487

肌苷三磷酸　inosine triphosphate，ITP　04.0116
肌苷酸　inosinic acid　04.0113
肌苷一磷酸　inosine monophosphate，IMP　04.0114
肌红蛋白　myoglobin　02.0364
肌基质蛋白　myostromin　02.0458
肌激酶　myokinase　03.0303
*肌浆蛋白　myogen　02.0486
肌巨蛋白　titin　02.0459
*肌联蛋白　connectin　02.0459
肌膜　sarcolemma　08.0015
肌切蛋白　scinderin　02.0477
肌清蛋白　myoalbumin　02.0283
肌球蛋白　myosin　02.0490
肌球蛋白轻链激酶　myosin light-chain kinase　03.0347
*肌肉生长抑制素　myostatin　09.0246
肌肉素　musclin，osteocrin　09.0247
肌生成抑制蛋白　myostatin　09.0246
肌酸　creatine　10.0284
肌[酸]酐　creatinine　10.0286
肌酸激酶　creatine kinase　03.0302
肌酸磷酸　creatine phosphate　10.0285
*肌酸磷酸激酶　creatine phosphokinase，CPK　03.0302
肌肽　carnosine　02.0094
肌调肽　myomodulin　02.0117
*肌细胞生成蛋白　myogenin　02.0491
*肌养蛋白　dystrophin　02.0493
*肌养蛋白聚糖　dystroglycan　06.0314
*肌抑素　myostatin　09.0246
*肌营养不良蛋白　dystrophin　02.0493
*肌营养不良蛋白聚糖　dystroglycan　06.0314
*肌营养相关蛋白质　utrophin，dystrophin-related protein，DRP　02.0494
肌质蛋白　myogen　02.0486
*肌质网钙泵　sarcoplasmic reticulum calcium pump　03.0708
肌质网/内质网钙 ATP 酶　sarcoplasmic/endoplasmic reticulum calcium ATPase，sarcoendoplasmic reticulum calcium ATPase，SERCA　03.0708
鸡锰蛋白　avimanganin　02.0716
基本氨基酸　primary amino acid　02.0002
*基本启动子　basal promoter　05.0512
*基本转录因子　basal transcription factor　05.0493
基础代谢　basal metabolism　10.0007
*基础启动子　basal promoter　05.0512
*基础转录因子　basal transcription factor　05.0493
基础转录装置　basal transcription apparatus　05.0494
基底膜结合蛋白聚糖　bamacan　06.0313
基底膜连接蛋白质　basement membrane link protein　02.0524
基峰　base peak　11.0368
*基序　motif　01.0157
基因　gene　05.0005
*Hox 基因　homeotic gene，homeobox gene，Hox gene　05.0483
**nod* 基因　nodulation gene，*nod* gene　05.0055
*ts 基因　temperature-sensitive gene，ts gene　05.0066
*基因靶向　gene targeting　11.0884
*基因编辑　gene editing　11.0901
基因表达　gene expression　05.0453
基因表达谱　gene expression profile　05.0461
*基因表达调节　gene expression regulation　05.0448
基因表达调控　gene expression regulation　05.0448
基因表达系列分析　serial analysis of gene expression，SAGE　11.0631
基因病　genopathy　05.0097
基因捕获　gene trap　11.0915
基因操作　genetic manipulation　11.0930
基因超家族　gene superfamily　05.0071
基因沉默　gene silencing　05.0558
基因沉默技术　gene silencing technology　11.0889
基因重复　gene duplication　05.0023
基因重排　gene rearrangement　05.0081
基因重组　gene recombination　05.0082
基因簇　gene cluster　05.0072
基因打靶　gene targeting　11.0884
基因递送　gene delivery　11.0910
基因定位　gene localization　11.0916
基因丰余　gene redundancy　05.0012
基因跟踪　gene tracking　11.0914
基因工程　genetic engineering　11.0676
*基因工程核酶　gene engineered ribozyme　03.0727
基因家族　gene family　01.0080
基因间重组　intergenic recombination　05.0083
基因间区　intergenic region，IGR　05.0013
基因间阻抑　intergenic suppression　05.0084
基因拷贝　gene copy　05.0014
基因拷贝数　gene copy number　05.0015
基因克隆　gene cloning　11.0684

激活素　activin　09.0133
激活物　activator　01.0225
激活域　activation domain　05.0499
激活[作用]　activation　01.0224
激酶　kinase　03.0331
IκB 激酶　IκB kinase，IKK　08.0361
*JAK 激酶　Janus kinase，JAK　08.0362
Janus 激酶　Janus kinase，JAK　08.0362
*MAP 激酶　mitogen-activated protein kinase，MAPK　03.0351
*NAD 激酶　nicotinamide adenine dinucleotide kinase，NAD kinase　03.0292
NEK2 激酶　NIMA-related kinase 2，NEK2　08.0256
NIMA 激酶　never in mitosis gene A kinase，NIMA kinase　08.0255
*PI 激酶　phosphatidylinositol kinase，PI kinase　03.0297
*RIP 激酶　receptor-interacting protein kinase，RIP kinase　08.0291
*T_4 激酶　T_4 kinase　03.0295
*MAP 激酶激酶　mitogen-activated protein kinase kinase，MAPKK　03.0355
*MAP 激酶激酶激酶　mitogen-activated protein kinase kinase kinase，MAPKKK　03.0352
激素　hormone　09.0001
激素过多症　hormonosis　09.0025
*激素结合物　hormone conjugate　09.0021
激素缺乏症　hormonoprivia　09.0024
激素生成　hormonogenesis　09.0023
激素受体　hormone receptor　09.0190
*激素信号传递　hormonal signaling　08.0152
激素应答元件　hormone response element，HRE　09.0191
激素原　hormonogen，prohormone　09.0016
*激素原转化酶　prohormone convertase　03.0531
激素原转换酶　prohormone convertase　03.0531
激素缀合物　hormone conjugate　09.0021
激肽　kinin　09.0197
激肽酶　kininase　03.0502
激肽酶 I　kininase I　03.0503
激肽酶 II　kininase II　03.0504
激肽释放酶　kallikrein　03.0520
激肽原　kininogen　09.0198
*激肽原酶　kininogenase　03.0520
激脂激素　adipokinetic hormone，AKH　09.0296
*级联层析　cascade chromatography　11.0252
级联发酵　cascade fermentation　10.0038
Ras-Raf-MAPK 级联反应　Ras-Raf-MAPK cascade reaction　08.0173
极低密度脂蛋白　very low-density lipoprotein，VLDL　02.0376
极高密度脂蛋白　very high-density lipoprotein，VHDL　02.0379
极限糊精　amylodextrin，limit dextrin　06.0175
*α-极限糊精　α-amylodextrin　06.0175
*β-极限糊精　β-amylodextrin　06.0175
极性　polarity　01.0181
*极性氨基酸残基　polar amino acid residue　02.0081
极性分子　polar molecule　01.0182
极性键　polar bond　01.0106
急性期蛋白质　acute phase protein，APP　02.0333
集钙蛋白　calsequestrin　02.0531
集光复合体　light harvesting complex，LHC　02.0807
集光叶绿素蛋白质　light-harvesting chlorophyll protein，LHCP　02.0808
集落刺激因子　colony stimulating factor，CSF　09.0220
几丁二糖　chitobiose　06.0144
*几丁质　chitin　06.0209
*几丁质酶　chitodextrinase　03.0459
*几何异构　geometrical isomerism　01.0196
*几何异构体　geometrical isomer　01.0202
己聚糖　hexosan　06.0182
己醛糖　aldohexose　06.0061
己酸甘油酯　caproin　07.0113
己糖　hexose　06.0060
己糖胺　hexosamine　06.0073
*己糖磷酸支路　hexose monophosphate shunt　10.0149
己酮糖　hexulose，ketohexose　06.0062
miRNA 技术　miRNA technology　11.0894
加工蛋白酶　processing protease　03.0576
DNA 加合物　DNA adduct　05.0224
加帽　capping　05.0303
*mRNA 加帽酶　mRNA capping enzyme　03.0328
*加压催产素　arginine vasotocin，AVT，vasotocin　09.0047
*加压素　vasopressin，pitressin　09.0045
加氧酶　oxygenase　03.0181
夹心法分析　sandwich assay　11.0334

甲状腺素转运蛋白 transthyretin，TTR 02.0666
甲状腺原氨酸 thyronine 09.0082
假底物 pseudosubstrate 03.0033
*假环式光合磷酸化 pseudocyclic photophosphorylation 10.0078
假基因 pseudogene 05.0035
假角蛋白 pseudokeratin 02.0395
*假结 pseudoknot 04.0299
RNA 假结 RNA pseudoknot 04.0299
假尿苷 pseudouridine 04.0065
假尿苷酸 pseudouridylic acid 04.0123
假球蛋白 pseudoglobulin 02.0226
假肽聚糖 pseudopeptidoglycan 06.0229
假循环光合磷酸化 pseudocyclic photophosphorylation 10.0078
间插序列 intervening sequence，IVS 05.0264
*间位肾上腺素 metadrenaline 09.0089
*间 α-胰蛋白酶抑制剂 inter-α-trypsin inhibitor，ITI 03.0770
*间质金属蛋白酶 matrix metalloproteinase，MMP 03.0568
*兼性离子 zwitterion，amphion，amphoteric ion 01.0188
*兼性离子缓冲液 zwitterionic buffer 11.0099
*检查点基因 checkpoint gene 05.0044
检验点基因 checkpoint gene 05.0044
减色效应 hypochromic effect 04.0310
剪接 splicing 05.0271
RNA 剪接 RNA splicing 05.0272
剪接变体 splicing variant，splice variant 05.0292
*剪接重叠延伸 PCR splicing overlapping extension PCR，SOE-PCR 11.0553
剪接重叠延伸聚合酶链反应 splicing overlapping extension PCR，SOE-PCR 11.0553
*剪接复合体 splicing complex 05.0301
剪接复合物 splicing complex 05.0301
*剪接供体 splice donor 05.0297
*剪接接纳体 splice acceptor 05.0298
剪接接头 splicing junction，splice junction 05.0299
剪接前导 RNA spliced leader RNA，SL RNA 05.0294
剪接前导序列 spliced leader sequence 05.0293
剪接前体 prespliceosome 05.0291
*剪接受体 splice acceptor 05.0298
剪接体 spliceosome 05.0295
剪接体循环 spliceosome cycle 05.0300
*剪接体周期 spliceosome cycle 05.0300
剪接位点 splice site，splicing site 05.0296
3′剪接位点 3′ splice site 05.0298
5′剪接位点 5′ splice site 05.0297
剪接因子 splicing factor 05.0302
简并密码子 degenerate codon 05.0345
简并引物 degenerate primer 11.0600
简单重复序列多态性 simple sequence repeat polymorphism，SSRP 04.0225
*简单蛋白质 simple protein 02.0222
简单序列长度多态性 simple sequence length polymorphism，SSLP 04.0224
*简单序列重复[序列] simple sequence repeat，SSR 04.0213
简单脂质 simple lipid，homolipid 07.0003
简化代表性重亚硫酸盐测序 reduced representation bisulfite sequencing，RRBS 11.0643
*简化基因组甲基化测序 reduced representation bisulfite sequencing，RRBS 11.0643
碱基 base，nucleobase 04.0004
碱基比 base ratio 04.0039
碱基颠换 base transversion 05.0185
碱基堆积 base stacking 04.0150
碱基堆积力 base stacking force 04.0151
碱基对 base pair，bp 04.0034
碱基类似物 base analog 04.0024
碱基配对 base pairing 04.0028
*碱基配对法则 base pairing rule 04.0033
碱基切除修复 base excision repair，BER 05.0215
碱基损伤 base damage 05.0177
碱基特异性核糖核酸酶 base-specific ribonuclease 03.0431
*碱基特异性裂解法 base-specific cleavage method 11.0595
*碱基序列 base sequence 04.0137
碱基置换 base substitution 05.0183
碱基转换 base transition 05.0184
碱基组成 base composition 04.0025
碱性氨基酸 alkaline amino acid 02.0008
碱性成纤维细胞生长因子 basic fibroblast growth factor，bFGF 09.0234
*碱性亮氨酸拉链 basic leucine zipper，bZIP 02.0896
碱性磷酸酶 alkaline phosphatase 03.0386
*碱性螺旋–环–螺旋 basic helix-loop-helix，bHLH

*结合酶　conjugatcd cnzymc　03.0010
DNA 结合模体　DNA-binding motif　04.0182
*结合位点　binding site　01.0243
结合物　conjugate　01.0131
*结合珠蛋白　haptoglobin　02.0336
*结核菌酸　phthioic acid　07.0064
结核硬脂酸　tuberculostearic acid　07.0064
结节蛋白　tuberin　02.0764
结瘤蛋白　nodulin　02.0812
结瘤基因　nodulation gene，*nod* gene　05.0055
睫状神经营养因子　ciliary neurotrophic factor，CNTF　09.0255
截留分子量　molecular weight cut-off，MWCO　11.0038
DNA 解超螺旋　DNA untwisting　05.0131
*解痉多肽　spasmolytic polypeptide，SP　02.0170
解聚　depolymerization　01.0120
解聚酶　depolymerase　03.0604
解离　dissociation　01.0121
解离常数　dissociation constant　01.0127
解离酶　resolvase　03.0412
DNA 解链　DNA melting，DNA unwinding　04.0304
解链蛋白质　unwinding protein　02.0255
解链曲线　melting curve　04.0305
解链温度　melting temperature　04.0306
*解码　decoding　05.0394
*DNA 解扭曲　DNA untwisting　05.0131
解偶联　uncoupling　10.0071
解偶联剂　uncoupling agent，uncoupler　10.0072
*DNA 解旋　DNA melting，DNA unwinding　04.0304
解旋酶　helicase，untwisting enzyme，unwinding enzyme　03.0674
DNA 5′-3′解旋酶　DNA 5′-3′ helicase　03.0675
*DnaB 解旋酶　DnaB helicase　03.0676
RNA 解旋酶　RNA helicase　03.0607
解旋酶依赖性扩增　helicase-dependent amplification，HDA　11.0569
解折叠　unfolding　02.0880
解整联蛋白　disintegrin　02.0588
介电电泳　dielectrophoresis　11.0136
芥子醇　sinapyl alcohol　07.0203
芥子酰胆碱酯　sinapine　07.0121
界面蛋白　emilin　02.0424
金葡菌核酸酶　staphylococcal nuclease　03.0436
金葡菌激酶　staphylokinase　03.0570
金属螯合蛋白质　metal-chelating protein　02.0696
*金属螯合亲和层析　metal-chelate affinity chromatography　11.0246
金属蛋白　metalloprotein　02.0239
金属蛋白酶　metalloprotease，metalloproteinase　03.0563
金属核酶　metalloribozyme　03.0721
金属黄素蛋白　metalloflavoprotein　02.0697
金属激活酶　metal-activated enzyme　03.0023
金属键　metallic bond　01.0108
金属硫蛋白　metallothionein，MT　02.0698
金属酶　metalloenzyme　03.0021
金属内肽酶　metalloendopeptidase　03.0565
*金属配体亲和层析　metal-ligand affinity chromatography　11.0246
金属亲和层析　metal affinity chromatography　11.0246
金属羧肽酶　metallocarboxypeptidase　03.0507
*金属肽酶　metallopeptidase　03.0563
金属调节蛋白质　metalloregulatory protein　02.0627
金属外肽酶　metalloexopeptidase　03.0564
*金藻海带胶　chrysolaminarin　06.0197
金藻昆布多糖　chrysolaminarin　06.0197
*进化生物技术　evolutionary biotechnology　11.0969
近端启动子　proximal promoter　05.0513
近分泌信号传递　juxtacrine signaling　08.0153
*近分泌信号传送　juxtacrine signaling　08.0153
近红外光谱法　near-infrared spectrometry，NIR　11.0292
近膜结构域　juxtamembrane domain　08.0246
茎–环结构　stem-loop structure　04.0286
茎结构　stem structure　04.0285
晶体蛋白　crystallin　02.0685
晶体诱导趋化因子　crystal-induced chemotatic factor　09.0218
*精氨[基]琥珀酸　argininosuccinate，argininosuccinic acid　10.0241
*精氨[基]琥珀酸合成酶　argininosuccinate synthetase　10.0242
*精氨[基]琥珀酸酶　argininosuccinase　10.0243
*精氨[基]琥珀酸裂合酶　argininosuccinate lyase　10.0243
精氨酸　arginine，Arg，R　02.0030
精氨酸代琥珀酸　argininosuccinate，argininosuccinic acid　10.0241

K

颗粒体蛋白前体　progranulin，PGRN　02.0603
壳多糖　chitin　06.0209
壳多糖酶　chitinase　03.0459
*壳聚糖　chitosan　06.0210
*壳糖胺　chitosamine　06.0113
壳硬蛋白　sclerotin　02.0425
可变臂　variable arm　04.0294
可变环　variable loop　04.0295
可变剪接　alternative splicing　05.0275
*可变数目串联重复　variable number tandem repeat，VNTR　04.0214
可的松　cortisone　09.0096
可读框　open reading frame，ORF　05.0355
*可复制型载体　replication-competent vector　05.0127
可卡因苯丙胺调节转录物　cocaine and amphetamine regulated transcript，CART　09.0073
可立糖　colitose　06.0086
可逆共价修饰　reversible covalent modification　03.0099
可逆抑制　reversible inhibition　03.0077
*可溶性环氧化物水解酶　soluble epoxide hydrolase　03.0493
*可溶性受体　soluble receptor　08.0333
可辛蛋白酶　kexin，kex2 protease　03.0532
*可译框　open reading frame，ORF　05.0355
可诱导基因　inducible gene　05.0467
可阻遏基因　repressible gene　05.0469
克拉布特里效应　Crabtree effect　10.0115
*克莱兰试剂　Cleland's reagent　11.1011
*克雷布斯循环　Krebs cycle　10.0134
*克列诺聚合酶　Klenow polymerase　03.0318
克列诺酶　Klenow enzyme　03.0318
*克列诺片段　Klenow fragment　03.0318
克隆　clone，cloning　11.0664
cDNA 克隆　cDNA cloning　11.0694
*DNA 克隆　DNA cloning　11.0675
*PCR 克隆　PCR cloning　11.0554
TA 克隆　TA cloning　11.0695
克隆位点　cloning site　11.0696
克隆载体　cloning vector，cloning vehicle　11.0721
克罗莫结构域　chromodomain　02.0901
克木毒蛋白　camphorin　02.0818
肯普肽　kemptide　02.0097
肯特肽　kentsin　02.0096
空斑　plaque　11.0790
空间特异性　spatial specificity　05.0455
空间转录物组分析技术　spatial transcriptomic technology　11.0626
空载反应　idling reaction　05.0391
*孔隙体积　void volume　11.0175
恐暗肽　scotophobin　02.0134
*扣除杂交　subtractive hybridization　11.0463
枯草杆菌蛋白酶　subtilisin　03.0533
苦瓜毒蛋白　momordin　02.0819
苦马豆碱　swainsonine　06.0249
*库尼茨胰蛋白酶抑制剂　Kunitz trypsin inhibitor　03.0769
*跨胞转运　transcellular transport　08.0122
跨膜蛋白质　transmembrane protein　08.0081
*跨膜电位　transmembrane potential　08.0049
跨膜结构域　transmembrane domain　08.0101
跨膜结构域受体　transmembrane domain receptor　08.0107
跨膜螺旋　transmembrane helix　08.0106
*跨膜区　membrane-spanning region　08.0101
跨膜肽酶　meprin　03.0571
跨膜肽酶 A　meprin A　03.0572
跨膜肽酶 B　meprin B　03.0573
跨膜梯度　transmembrane gradient　08.0063
*跨膜信号传递　transmembrane signaling　08.0142
跨膜信号转导　transmembrane signal transduction　08.0142
跨膜易化物　transmembrane facilitator　08.0109
跨膜支架　transmembrane scaffold　08.0231
跨膜转运　transmembrane transport　08.0123
*跨细胞运输　transcellular transport　08.0122
快蛋白　prestin　02.0508
快速蛋白质液相层析　fast protein liquid chromatography，FPLC　11.0204
*宽沟　wide groove　04.0149
CAAT 框　CAAT box　05.0520
*CAT 框　CAT box　05.0520
*CCAAT 框　CCAAT box　05.0520
D 框　D-box，destruction box　08.0253
F 框　F-box　08.0252
GC 框　GC box　05.0521
KEN 框　KEN box　08.0254
Polo 框　Polo-box　08.0264
TATA 框　TATA box　05.0519

L

联合甲基化敏感性限制性酶切的甲基化CpG结合结构域柱层析　combination of MBD column chromatography and methylation-sensitive restriction enzyme　11.0652
联合脱氨[基]作用　transdeamination　10.0234
联赖氨酸　syndesine　02.0043
联丝蛋白　synemin　02.0411
链　strand　01.0134
链孢红素　neurosporene　09.0340
链分离凝胶电泳　strand separating gel electrophoresis　11.0120
DNA 链间交联　DNA interstrand cross-linking　05.0204
链霉蛋白酶　pronase　03.0541
链霉二糖胺　streptobiosamine　06.0152
链霉抗生物素蛋白　streptavidin　11.0401
*链霉素 B　streptogrisin B　03.0541
链霉糖　streptose　06.0329
DNA 链内交联　DNA intrastrand cross-linking　05.0201
链球菌 DNA 酶　streptodornase　03.0418
*链替代扩增　strand displacement amplification，SDA　11.0564
链置换扩增　strand displacement amplification，SDA　11.0564
*链终止法　chain termination method　11.0594
两亲螺旋　amphipathic helix　02.0893
两亲性　amphipathicity，amphiphilicity　01.0184
两性电解质　ampholyte　11.0100
两性离子　zwitterion，amphion，amphoteric ion　01.0188
*两性离子对层析　zwitterion pair chromatography　11.0229
两性离子缓冲液　zwitterionic buffer　11.0099
两性离子交换树脂　amphoteric ion exchange resin　11.0191
两用代谢途径　amphibolic pathway　10.0032
亮氨酸　leucine，Leu，L　02.0022
亮氨酸拉链　leucine zipper　02.0896
亮氨酸脑啡肽　leucine enkephalin，Leu-enkephalin，LEK　02.0104
亮抑蛋白酶肽　leupeptin　03.0771
*亮藻多糖　chrysolaminarin　06.0197
裂合酶　lyase　03.0609
AP 裂合酶　AP lyase　03.0634
裂隙基因　gap gene　05.0047
邻氨基苯甲酸　anthranilic acid　10.0266
*邻苯二酚　catechol　10.0348
*邻堆杂交　contiguous stacking hybridization，CSH　11.0598
邻近依赖性调节　context-dependent regulation　05.0498
*邻羟基苯甲酸　salicylic acid，SA　09.0321
淋巴细胞源性趋化因子　lymphocyte-derived chemotactic factor，LDCF　09.0210
淋巴因子　lymphokine　09.0203
磷壁酸　teichoic acid　06.0231
磷蛋白　phosphoprotein　02.0235
磷酸吡哆醛　pyridoxal phosphate　09.0375
*磷酸丙糖异构酶　triose-phosphate isomerase，TPI，TIM　03.0658
*磷酸传递　phosphorelay　08.0232
磷酸单酯键　phosphomonoester bond　04.0142
磷酸蛋白聚糖　phosphacan　06.0298
磷酸二羟丙酮　dihydroxyacetone phosphate　10.0122
磷酸二酯法　phosphodiester method　11.0679
磷酸二酯键　phosphodiester bond　04.0143
磷酸二酯酶　phosphodiesterase，PDE　03.0402
3′,5′-cGMP 磷酸二酯酶　3′,5′-cGMP phosphodiesterase　03.0406
*磷酸钙沉淀　calcium phosphate precipitation　11.0779
磷酸钙-DNA 共沉淀　calcium phosphate-DNA coprecipitation　11.0779
*3-磷酸甘油醛　3-phosphoglyceraldehyde　10.0123
*2-磷酸甘油酸　2-phosphoglycerate　10.0128
*3-磷酸甘油酸　3-phosphoglycerate　10.0127
磷酸甘油酸变位酶　phosphoglycerate mutase，phosphoglyceromutase　03.0666
磷酸甘油酸激酶　phosphoglycerate kinase　03.0301
*磷酸甘油酯　phosphoglyceride　07.0131
磷酸果糖激酶　phosphofructokinase，PFK　03.0290
磷酸核糖胺　phosphoribosylamine，PRA　10.0362
磷酸核糖甘氨酰胺甲酰基转移酶　phosphoribosylglycinamide formyltransferase　03.0231
磷酸核糖[基]焦磷酸　phosphoribosylpyrophosphate，PRPP　10.0361
磷酸化　phosphorylation　05.0417
磷酸化表位　phophoepitope　08.0234
磷酸化降解决定子　phosphodegron　08.0240

磷酸化酶　phosphorylase　03.0321
磷酸化酶激酶　phosphorylase kinase　03.0348
*磷酸肌醇　phosphoinositide　07.0138
磷酸肌醇级联反应　phosphoinositide cascade　08.0224
磷酸肌醇酶 C　phosphoinositidase C　03.0400
*磷酸肌酸　phosphocreatine　10.0285
*磷酸激酶　phosphokinase　03.0331
*磷酸己糖旁路　hexose monophosphate shunt　10.0149
磷酸解　phosphorolysis　10.0098
磷酸酪氨酸　phosphotyrosine　08.0225
*磷酸酪氨酸激酶　phosphotyrosine kinase　03.0335
磷酸酪氨酸结合结构域　phosphotyrosine-binding domain，PTB domain　08.0263
*磷酸酪氨酸磷酸酶　phosphotyrosine phosphatase　03.0399
磷酸葡萄糖变位酶　phosphoglucomutase，PGM　03.0664
*磷酸葡萄糖酸支路　phosphogluconate shunt　10.0149
*磷酸葡萄糖异构酶　phosphoglucoisomerase　03.0661
磷酸三酯法　phosphotriester method　11.0681
磷酸丝氨酸　phosphoserine　08.0227
磷酸苏氨酸　phosphothreonine　08.0226
*磷酸脱氧核糖醛缩酶　deoxyriboaldolase　03.0619
磷酸戊糖变位酶　phosphopentomutase　03.0665
*磷酸戊糖途径　pentose-phosphate pathway　10.0149
磷酸烯醇式丙酮酸　phosphoenolpyruvic acid，phosphoenolpyruvate，PEP　10.0129
磷酸烯醇式丙酮酸羧激酶　phosphoenolpyruvate carboxykinase，PEPCK　03.0612
3′-磷酸腺苷-5′-磷酰硫酸　3′-phosphoadenosine-5′-phosphosulfate，PAPS　10.0104
磷酸脂蛋白　phospholipoprotein　02.0390
*磷酸酯法　phosphate method　11.0679
磷酸[酯]酶　phosphatase　03.0385
磷酸酯转移　phosphoester transfer　10.0097
*磷酸中继　phosphorelay　08.0232
磷酸转酮酶　phosphoketolase　03.0620
磷酸转移酶　phosphotransferase　03.0287
磷酰胆碱　phosphorylcholine，PC　10.0209
磷酰二肽　phosphoramidon　02.0201
磷氧比　P/O ratio　10.0085
磷脂　phospholipid，phosphatide　07.0130
磷脂代谢　phospholipid metabolism　10.0168
磷脂酶　phospholipase　03.0377
*磷脂氢谷胱甘肽过氧化物酶　phospholipid hydroperoxide glutathione peroxidase，PHGPx　03.0178
磷脂氢过氧化物谷胱甘肽过氧化物酶　phospholipid hydroperoxide glutathione peroxidase，PHGPx　03.0178
磷脂双层　phospholipid bilayer　08.0018
磷脂酸　phosphatidic acid，PA　07.0132
磷脂酰胆碱　phosphatidylcholine，PC　07.0133
磷脂酰甘油　phosphatidylglycerol，PG　07.0145
磷脂酰肌醇　phosphatidylinositol，PI　07.0136
磷脂酰肌醇蛋白聚糖　glypican　06.0309
磷脂酰肌醇-4,5-二磷酸　phosphatidylinositol-4,5-biphosphate，PIP_2　07.0141
磷脂酰肌醇激酶　phosphatidylinositol kinase，PI kinase　03.0297
磷脂酰肌醇 3-激酶　phosphatidylinositol 3-kinase　03.0298
磷脂酰肌醇 4-激酶　phosphatidylinositol 4-kinase　03.0299
磷脂酰肌醇 5-激酶　phosphatidylinositol 5-kinase　03.0300
磷脂酰肌醇聚糖　phosphatidylinositol glycan　06.0219
磷脂酰肌醇磷酸　phosphatidylinositol phosphate，PIP　07.0140
磷脂酰肌醇循环　phosphatidylinositol cycle　07.0142
磷脂酰肌醇应答　phosphatidylinositol response，PI response　07.0143
磷脂酰肌醇转换　phosphotidylinositol turnover　07.0144
磷脂酰丝氨酸　phosphatidylserine，PS　07.0135
磷脂酰乙醇胺　phosphatidyl ethanolamine，PE　07.0134
磷脂转运蛋白　phospholipid transfer protein，PLTP　10.0170
*磷脂转运 ATP 酶　phospholipid-translocating ATPase　03.0715
鳞柄毒蕈肽　virotoxin　02.0214
*膦酰二肽　phosphoramidon　02.0201
铃蟾抗菌肽　bombinin　02.0194
铃蟾肽　bombesin　02.0148
流出液　outflow　11.0056
流动相　mobile phase　11.0162
*流动镶嵌模型　fluid mosaic model　08.0026

流式细胞术　flow cytometry　11.0283
流体镶嵌模型　fluid mosaic model　08.0026
*流通电泳　flow-through electrophoresis　11.0125
*硫胺素　thiamine　09.0361
硫胺素焦磷酸　thiamine pyrophosphate，TPP　09.0362
硫代磷酸寡核苷酸　phosphorothioate oligonucleotide　11.0929
硫代硫酸硫转移酶　thiosulfate sulfurtransferase，TST　03.0364
硫激酶　thiokinase　03.0680
硫解酶　thiolase　03.0249
硫[脑]苷脂　sulfatide　07.0172
硫脑苷脂酶　cerebroside-sulfatase　03.0409
硫葡萄糖苷酶　thioglucosidase　03.0484
*硫氰酸[生成]酶　rhodanase　03.0364
硫色素　thiochrome　09.0363
硫酸铵分级分离　ammonium sulfate fractionation　11.0019
*硫酸二甲酯保护分析　dimethyl sulfate protection assay，DMS protection assay　11.0500
硫酸角质素　keratan sulfate　06.0213
*硫酸类肝素　heparan sulfate　06.0217
硫酸脑苷脂　cerebroside sulfate，CBS　07.0173
硫酸皮肤素　dermatan sulfate　06.0215
硫酸软骨素　chondroitin sulfate　06.0214
硫酸软骨素蛋白聚糖　chondroitin sulfate proteoglycan，CSPG　06.0295
*硫酸软骨素蛋白聚糖 4　chondroitin sulfate proteoglycan 4，CSPG4　06.0302
硫酸乙酰肝素　heparan sulfate　06.0217
硫酸乙酰肝素蛋白聚糖　heparan sulfate proteoglycan，HSPG　06.0308
硫酸酯酶　sulfatase　03.0407
硫辛酸　lipoic acid　09.0382
*硫辛酸乙酰转移酶　lipoate transacetylase　03.0247
硫辛酰胺　lipoamide　10.0297
*硫辛酰胺脱氢酶　lipoamide dehydrogenase　03.0155
硫氧还蛋白　thioredoxin　02.0707
硫氧还蛋白–二硫键还原酶　thioredoxin-disulfide reductase　03.0160
硫氧还蛋白过氧化物酶　thioredoxin peroxidase，TPx　03.0179
硫氧还蛋白还原酶　thioredoxin reductase，TrxR　03.0166
硫酯酶　thioesterase　03.0384
硫转移酶　sulfurtransferase　03.0363
*六碳糖　hexose　06.0060
六糖　hexaose　06.0163
龙胆二糖　gentiobiose　06.0146
龙胆三糖　gentianose　06.0155
龙虾肽酶　astacin　03.0574
笼式运载体　cage carrier　08.0129
卤化　halogenation　07.0017
*路易斯抗原　Lewis antigen　06.0324
路易斯血型物质　Lewis blood group substance　06.0324
绿豆核酸酶　mungbean nuclease　03.0434
绿脓蛋白　pyosin　02.0849
SYBR 绿染料　SYBR Green，SybrGreen　11.1002
绿色荧光蛋白　green fluorescence protein，GFP　11.0947
绿苋毒蛋白　amaranthin　02.0826
氯霉素乙酰转移酶　chloramphenicol acetyltransferase，CAT　03.0254
滤膜　filter membrane　11.0030
滤膜杂交　filter hybridization　11.0461
*卵白蛋白　ovalbumin　02.0280
卵红蛋白　ovorubin　02.0755
卵黄蛋白　livetin　02.0751
卵黄高磷蛋白　phosvitin　02.0750
卵黄类黏蛋白　vitellomucoid　02.0745
卵黄磷蛋白　vitellin，ovotyrin　02.0749
*卵黄生成素　vitellogenin　02.0747
卵黄原蛋白　vitellogenin　02.0747
卵黄脂[磷]蛋白　lipovitellin，LVT　02.0752
卵壳蛋白　chorionin　02.0426
卵类黏蛋白　ovomucoid　02.0746
*卵磷脂　lecithin　07.0133
卵磷脂胆固醇酰基转移酶　lecithin-cholesterol acyltransferase，LCAT　03.0255
卵黏蛋白　ovomucin　02.0281
*卵泡刺激素　follitropin，follicle-stimulating hormone，FSH　09.0038
*卵泡抑素　follistatin　09.0053
卵清蛋白　ovalbumin　02.0280
*卵运铁蛋白　ovotransferrin　02.0282
罗斯曼折叠　Rossmann fold　02.0892
DNA 螺距　DNA pitch　04.0181
α 螺旋　α helix　02.0876
β 螺旋　β helix　02.0877

螺旋参数 helix parameter 01.0151
螺旋度 helicity 01.0150
螺旋–环–螺旋模体 helix-loop-helix motif，HLH motif 02.0894
螺旋结构 helical structure 01.0148
螺旋去稳定蛋白质 helix-destabilizing protein，HDP 02.0670
螺旋束 helix bundle 02.0890

M

麻疯树毒蛋白 curcin 02.0835
麻蝇抗菌肽 sarcotoxin 02.0187
马达蛋白质 motor protein 02.0489
*马克萨姆–吉尔伯特法 Maxam-Gilbert method 11.0595
马来酸 maleic acid 07.0043
马尿酸 hippuric acid 10.0271
麦醇溶蛋白 gliadin 02.0796
麦谷蛋白 glutenin 02.0795
麦角毒素 ergotoxin，ergotoxine 02.0220
*麦角钙化醇 ergocalciferol 09.0346
麦角固醇 ergosterol 09.0345
麦角肽 ergopeptide，ergopeptine 02.0219
麦胚抽提物 wheat-germ extract 11.0842
麦胚凝集素 wheat-germ agglutinin，WGA 06.0267
麦清蛋白 wheat albumin，leucosin 02.0287
麦芽糖 maltose 06.0138
麦芽糖糊精 maltodextrin 06.0176
麦芽糖孔蛋白 maltoporin，LamB protein 02.0848
麦芽糖酶 maltase 03.0465
脉冲电场凝胶电泳 pulsed-field gel electrophoresis，PFGE 11.0116
脉冲傅里叶变换核磁共振[波谱]仪 pulsed Fourier transform NMR spectrometer，PFT-NMR spectrometer 11.0434
*脉冲交变电场凝胶电泳 pulse alternative field gel electrophoresis 11.0116
脉冲追踪标记 pulse-chase labeling 11.0393
慢病毒载体 lentivirus vector 11.0756
牻牛儿[基]焦磷酸 geranylpyrophosphate 10.0217
莽草酸 shikimic acid 10.0344
蟒蛇胆酸 pythonic acid 10.0206
毛透明蛋白 trichohyalin 02.0788
毛细管等电聚焦 capillary isoelectric focusing，CIEF 11.0142
毛细管等速电泳 capillary isotachophoresis，CITP 11.0134
毛细管电泳 capillary electrophoresis，CE 11.0130
毛细管凝胶电泳 capillary gel electrophoresis，CGE 11.0132
毛细管气相层析 capillary gas chromatography 11.0196
毛细管区带电泳 capillary zone electrophoresis，CZE 11.0131
毛细管自由流动电泳 capillary free flow electrophoresis，CFFE 11.0133
锚蛋白 ankyrin，anchorin 02.0457
*锚定 PCR anchored PCR 11.0544
*GPI 锚定蛋白质 glycosylphosphatidylinositol-anchored protein，GPI-anchored protein 08.0080
锚定聚合酶链反应 anchored PCR 11.0544
5′帽结构 5′ cap structure 05.0305
帽结合蛋白质 cap-binding protein 02.0634
*mRNA 帽结合蛋白质 mRNA cap-binding protein 02.0634
梅里菲尔德合成法 Merrifield synthesis 11.0674
酶 enzyme 03.0001
ATP 酶 adenosine triphosphatase，ATPase 03.0701
*DNA 酶 deoxyribonuclease，DNase 03.0419
*F_1-ATP 酶 F_1-ATPase 03.0703
*RNA 酶 ribonuclease，RNase 03.0427
DNA 酶保护分析 DNase protection assay 11.0498
RNA 酶保护分析 RNase protection assay 11.0499
DNA 酶Ⅰ超敏感部位 DNaseⅠ hypersensitive site 05.0173
DNA 酶Ⅰ超敏感性 DNaseⅠhypersensitivity 05.0172
酶促反应 enzymatic reaction 03.0026
酶促反应动力学 kinetics of enzyme-catalyzed reaction 03.0066
酶促反应速度 velocity of enzymatic reaction 03.0047
酶催化机制 enzyme catalytic mechanism 03.0058
酶单位 enzyme unit 03.0044
*酶蛋白 apoenzyme 03.0011
酶–底物复合物 enzyme-substrate complex 03.0049

酶电极　enzyme electrode　03.0107
酶多重性　enzyme multiplicity　03.0038
酶多态性　enzyme polymorphism　03.0039
*酶多样性　enzyme multiplicity　03.0038
酶分类　enzyme classification，EC　03.0112
酶工程　enzyme engineering　03.0109
酶固定化　enzyme immobilization　03.0108
*酶活力　enzyme activity　03.0041
酶活性　enzyme activity　03.0041
GTP 酶激活蛋白质　GTPase-activating protein，GAP　02.0775
酶激活剂　enzyme activator　03.0071
酶解肌球蛋白　meromyosin　02.0495
酶解作用　enzymolysis，zymolysis　03.0040
*酶联免疫吸附测定　enzyme-linked immunosorbent assay，ELISA　11.0317
酶联免疫吸附分析　enzyme-linked immunosorbent assay，ELISA　11.0317
*酶免疫测定　enzyme immunoassay，EIA　11.0331
酶免疫分析　enzyme immunoassay，EIA　11.0331
酶偶联分析　enzyme-coupled assay　11.0318
酶偶联受体　enzyme-linked receptor　08.0314
酶谱　zymogram　03.0106
*酶特异性　enzyme specificity　03.0054
酶系　enzyme system　03.0007
酶学　enzymology　01.0012
酶学委员会命名　enzyme commission nomenclature　03.0111
酶抑制剂　enzyme inhibitor　03.0074
酶-抑制剂复合物　enzyme-inhibitor complex　03.0101
酶抑制作用　enzyme inhibition　03.0075
酶原　proenzyme，zymogen　03.0025
酶专一性　enzyme specificity　03.0054
DNA 酶足迹法　DNase footprinting　11.0496
每分钟计数　counts per minute，cpm　11.0278
每分钟衰变数　disintegrations per minute，decays per minute，dpm　11.0277
*每分钟蜕变数　disintegrations per minute，decays per minute，dpm　11.0277
每分钟转数　revolution per minite，r/min　11.0040
美拉德反应　Maillard reaction　06.0044
醚甘油磷脂　ether glycerophosphatide　07.0149
*醚脂　ether lipid　07.0149
*糜蛋白酶原　chymotrypsinogen　03.0514
米谷蛋白　oryzenin　02.0794
米勒管抑制物质　Müllerian inhibiting substance，MIS　09.0248
米氏常数　Michaelis constant　03.0069
米氏动力学　Michaelis-Menten kinetics　03.0067
米氏方程　Michaelis-Menten equation，Michaelis equation　03.0068
密度梯度　density gradient　11.0064
密度梯度离心　density gradient centrifugation　11.0061
密码子　codon　05.0333
密码子方向性　codon directivity　05.0341
密码子家族　codon family　05.0340
密码子简并性　codon degeneracy　05.0344
密码子连续性　codon continuity　05.0342
*密码子偏爱　codon preference　05.0352
密码子偏倚　codon bias　05.0352
密码子通用性　codon universality　05.0343
密码子选用　codon usage　05.0353
嘧啶　pyrimidine　04.0014
嘧啶二聚体　pyrimidine dimer　05.0202
嘧啶核苷　pyrimidine nucleoside　04.0059
嘧啶核苷酸　pyrimidine nucleotide　04.0079
蜜二糖　melibiose　06.0140
棉子糖　raffinose　06.0158
*免标记定量技术　label-free quantitation　11.0412
*免标记核酸定量技术　label-free nucleic acid quantitation　11.0413
*免疫测定　immunoassay　11.0322
免疫沉淀　immunoprecipitation　11.0343
免疫电镜术　immunoelectron microscopy，IEM　11.0448
免疫电泳　immunoelectrophoresis　11.0147
免疫反应　immunological reaction　01.0252
免疫分析　immunoassay　11.0322
免疫共沉淀　co-immunoprecipitation　11.0344
免疫化学发光分析　immunochemiluminometry　11.0330
免疫检查点　immune checkpoint　08.0390
免疫扩散　immunodiffusion　11.0352
免疫亲和层析　immunoaffinity chromatography　11.0245
免疫亲和蛋白　immunophilin　02.0339
*免疫亲和素　immunophilin　02.0339
免疫球蛋白　immunoglobulin，Ig　02.0295

免疫球蛋白 A　immunoglobulin A，IgA　02.0297
免疫球蛋白 D　immunoglobulin D，IgD　02.0298
免疫球蛋白 E　immunoglobulin E，IgE　02.0299
免疫球蛋白 G　immunoglobulin G，IgG　02.0296
免疫球蛋白 M　immunoglobulin M，IgM　02.0300
免疫球蛋白结合蛋白质　immunoglobulin binding protein，IGBP　02.0323
免疫球蛋白重链结合蛋白质　immunoglobulin heavy chain-binding protein，BiP　02.0324
免疫筛选　immunoscreening　11.0350
*免疫嗜素　immunophilin　02.0339
免疫铁蛋白技术　immunoferritin technique　11.0353
免疫吸附　immunoadsorption　11.0316
*免疫印迹法　immunoblotting　11.0481
免疫荧光标记　immunofluorescent labeling　11.0395
免疫荧光技术　immunofluorescent technique　11.0351
免疫荧光显微术　immunofluorescence microscopy　11.0449
明胶　gelatin　02.0419
模件　module　01.0161
模拟酶　mimic enzyme　03.0729
miRNA 模拟物　miRNA mimics　11.0926
模式识别受体　pattern recognition receptor，PRR　08.0377
模体　motif　01.0157
*i-模体　intercalated-motif，i-motif　04.0186
*i-模体 DNA　intercalated-motif DNA，i-motif DNA　04.0187
*RHIM 模体　RIP homotypic interaction motif，RHIM　08.0292
*KNF 模型　Koshland-Nemethy-Filmer model，KNF model　03.0105
*MWC 模型　Monod-Wyman-Changeux model，MWC model　03.0104
*NC 膜　nitrocellulose membrane，NC membrane　11.0475
膜被　membrane coat　08.0011
膜泵　membrane pump　08.0095
膜不对称性　membrane asymmetry　08.0039
膜插入信号　membrane insertion signal　08.0094
膜长度常数　membrane length constant　08.0055
膜重建　membrane reconstitution　08.0097
膜蛋白质　membrane protein　08.0076
膜蛋白质插入　membrane protein insertion　08.0068
膜蛋白质重建　membrane protein reconstitution　08.0098
膜蛋白质扩散　membrane protein diffusion　08.0067
膜电流　membrane current　08.0052
膜电容　membrane capacitance　08.0051
膜电位　membrane potential　08.0049
膜电泳　membrane electrophoresis　11.0137
膜定位　membrane localization　08.0056
膜动力学　membrane dynamics　08.0048
*膜毒素　membrane toxin　08.0099
*膜筏　membrane raft　08.0029
膜分离　membrane separation　11.0036
膜分配　membrane partitioning　08.0058
膜封闭　membrane sealing　08.0070
膜骨架　membrane skeleton　08.0071
膜骨架蛋白质　membrane skeleton protein　02.0453
膜过滤　membrane filtration　11.0028
膜合成　membrane synthesis　08.0072
膜间隙　intermembrane space　08.0013
膜结构域　membrane domain　08.0093
膜近侧区　membrane-proximal region　08.0103
[膜]孔蛋白　porin　08.0100
膜联蛋白　annexin　02.0575
膜联蛋白 I　annexin I　02.0576
膜联蛋白 II　annexin II　02.0577
膜联蛋白 IV　annexin IV　02.0578
膜联蛋白 V　annexin V　02.0579
膜联蛋白 VI　annexin VI　02.0580
膜联蛋白 VII　annexin VII　02.0581
膜裂解　membrane lysis　08.0057
膜磷脂　membrane phospholipid　08.0028
膜流动性　membrane fluidity　08.0032
膜滤器　membrane filter　11.0035
膜锚　membrane anchor　08.0030
膜免疫球蛋白　membrane immunoglobulin，mIg　02.0583
膜募集　membrane recruitment　08.0069
膜内蛋白酶　intramembrane protease　08.0356
*膜内在蛋白质　intrinsic membrane protein　08.0078
膜平衡　membrane equilibrium　08.0073
膜桥蛋白　ponticulin　02.0585
膜区室　membrane compartment　08.0012
膜融合　membrane fusion　08.0054
膜渗透压计　membrane osmometer　11.0388
膜生物反应器　membrane bioreactor，MBR　11.0972
膜时间常数　membrane time constant　08.0050

膜受体　membrane receptor　08.0096
膜拓扑学　membrane topology　08.0066
膜天冬氨酸蛋白酶　memapsin　03.0562
膜通道　membrane channel　08.0042
膜通透性　membrane permeability　08.0059
膜突蛋白　moesin，membrane-organizing extension spike protein　02.0584
*膜突样蛋白　merlin　02.0441
*膜外在蛋白质　extrinsic membrane protein　08.0077
膜易位　membrane translocation　08.0125
膜远侧区　membrane-distal region　08.0102
膜运输　membrane trafficking　08.0110
膜[运]载体　membrane carrier　08.0127
膜整合蛋白质　integral membrane protein　08.0078
膜整合锥　membrane-integrated cone　08.0104
膜脂　membrane lipid　08.0027
膜质子传导　membrane proton conduction　08.0131
膜周边蛋白质　peripheral membrane protein　08.0077
*膜转位　membrane translocation　08.0125
膜转运　membrane transport　08.0111
膜阻抗　membrane impedance　08.0053
*魔点　magic spot　08.0223
末端标记　end-labeling　11.0518
末端补平　end-filling，filling-in　11.0699
末端反向重复[序列]　inverted terminal repeat，ITR　04.0139
末端分析　terminal analysis　11.0586
cDNA 末端快速扩增法　rapid amplification of cDNA end，RACE　11.0862
末端酶　terminase　03.0753
末端内含子　outron　05.0280
末端尿苷酰转移酶　terminal uridylyltransferase，TUTase　03.0330
*末端缺失　terminal deletion　05.0199
末端糖基化　terminal glycosylation　06.0041
末端脱氧核苷酸转移酶　terminal deoxynucleotidyl-transferase，TdT　03.0325
末端氧化酶　terminal oxidase　03.0214
茉莉酸　jasmonic acid，JA　09.0320
*莫内甜蛋白　monellin　02.0816
模板　template　05.0100
模板链　template strand　05.0101
母峰　parent peak　11.0369
母体效应基因　maternal-effect gene　05.0054
木鳖毒蛋白　momorcochin　02.0820
木瓜蛋白酶　papain　03.0549
木聚糖　xylan　06.0181
木聚糖酶　xylanase　03.0457
木蜡酸　lignoceric acid　07.0089
木葡聚糖　xyloglucan　06.0183
木素纤维素　lignocellulose　06.0221
木糖　xylose　06.0055
木糖醇　xylitol　06.0095
木糖异构酶　xylose isomerase　03.0659
木酮糖　xylulose　06.0058
木[质]素　lignin　06.0220

N

纳米技术　nanotechnology　11.0975
纳米晶体分子　nanocrystal molecule　11.0361
纳米孔测序　nanopore sequencing　11.0630
DNA 纳米球测序　DNA nanoball sequencing　11.0612
纳米[微]孔　nanopore　11.0974
*纳入体　receptosome　08.0025
*钠泵　sodium pump　03.0710
*钠钾泵　sodium/potassium pump　03.0710
钠钾 ATP 酶　sodium/potassium-transporting ATPase，Na^+/K^+-exchanging ATPase　03.0710
南瓜子氨酸　cucurbitin　02.0062
*囊包蛋白　involucrin　02.0399
囊泡　vesicle　08.0021
囊性纤维化跨膜传导调节蛋白　cystic fibrosis trans-membrane conductance regulator，CFTR　08.0090
*囊性纤维化跨膜转导调节因子　cystic fibrosis trans-membrane conductance regulator，CFTR　08.0090
脑发育调节蛋白　drebrin　02.0561
脑啡肽　enkephalin，ENK　02.0102
脑啡肽酶　enkephalinase　03.0567
脑啡肽原　proenkephalin　02.0106
*脑富含透明质酸结合蛋白质　brain enriched hyalu-ronan binding protein，BEHAB　06.0300
脑苷脂　cerebroside　07.0170
*脑激素　brain hormone　09.0295
脑利尿钠肽　brain natriuretic peptide，BNP　09.0149
*脑磷脂　cephalin　07.0134
脑羟脂酸　cerebronic acid　07.0090

脑衰蛋白 collapsin 02.0560
*脑酰胺 ceramide，Cer 07.0160
脑源性神经营养因子 brain-derived neurotrophic factor，BDNF 09.0253
*内部启动子 internal promoter 05.0524
*内单加氧酶 internal monooxygenase 03.0185
内毒素 endotoxin 02.0851
内翻外 inside out 08.0034
内啡肽 endorphin 02.0101
内分泌 endocrine 09.0027
*内分泌干扰物 endocrine disruptor，endocrine disrupting chemicals，EDCs 09.0010
内分泌信号传递 endocrine signaling 08.0152
*内分泌信号传送 endocrine signaling 08.0152
内含肽 intein 02.0074
内含子 intron 05.0258
内含子分支点 intron branch point 05.0281
内含子归巢 intron homing 05.0260
内含子剪接沉默子 intronic splicing silencer，ISS 05.0289
内含子剪接增强子 intronic splicing enhancer，ISE 05.0287
内含子界定 intron definition 05.0261
内含子套索 intron lariat 05.0284
内核膜 inner nuclear membrane 08.0005
内化 internalization 08.0132
内磺蛋白 endosulfine 02.0718
*内混合功能氧化酶 internal mixed-function oxidase 03.0185
内激素 endohormone 09.0288
内联蛋白 endonexin 02.0661
内吗啡肽 endomorphin 02.0111
内披蛋白 involucrin 02.0399
内皮联蛋白 endoglin 02.0662
*内皮素 endothelin，ET 09.0154
内皮肽 endothelin，ET 09.0154
*内皮肽转化酶 endothelin-converting enzyme，ECE 03.0577
内皮肽转换酶 endothelin-converting enzyme，ECE 03.0577
内皮唾液酸蛋白 endosialin 06.0261
内皮细胞源性血管舒张因子 endothelium-derived relaxing factor，EDRF 09.0259
内皮抑制蛋白 endostatin 02.0663
*内切核酸酶 endonuclease 03.0411
*内切糖苷酶 endoglycosidase 03.0438
内收蛋白 adducin 02.0456
内水体积 inner volume 11.0176
内肽酶 endopeptidase 03.0495
内吞蛋白 endophilin 02.0543
内[吞]体 endosome 08.0025
*内吞[作用] endocytosis 08.0134
β-内酰胺酶 β-lactamase 03.0591
*内涎蛋白 endosialin 06.0261
内源性阿片样肽 endogenous opioid peptide，EOP 02.0100
*内在膜蛋白质 intrinsic membrane protein 08.0078
内在终止子 intrinsic terminator 05.0251
内在转录间隔区 internal transcribed spacer，ITS 05.0556
内酯 lactone 10.0096
内质网相关[蛋白质]降解 endoplasmic reticulum-associated degradation，ERAD 05.0442
内质网应激 endoplasmic reticulum stress，ER stress 08.0354
能荷 energy charge 10.0082
能量传递 energy transfer 10.0083
能量代谢 energy metabolism 10.0006
能障 energy barrier 10.0081
能值 energy value 10.0084
*尼克酸 niacin，nicotinic acid 09.0368
*尼克酰胺 nicotinamide，niacinamide 09.0369
尼龙膜 nylon membrane 11.0477
拟反馈抑制 pseudo-feedback inhibition 10.0028
*拟球蛋白 pseudoglobulin 02.0226
拟糖[物] glycomimetic 06.0009
逆向火箭免疫电泳 reverse rocket immunoelectrophoresis 11.0150
*逆向调节 retroregulation 05.0561
*逆向转运 antiport 08.0114
逆转录 reverse transcription，RT 05.0124
*逆转录 PCR reverse transcription PCR，RT-PCR 11.0527
逆转录病毒载体 retroviral vector 11.0727
*逆转录假基因 retropseudogene 05.0037
逆转录聚合酶链反应 reverse transcription PCR，RT-PCR 11.0527
逆转录酶 reverse transcriptase，revertase 03.0313
逆转录酶抑制剂 revistin 03.0782
*逆转录元件 retroelement 05.0553

逆转录转座　retrotransposition，retroposition　05.0552
逆[转录]转座子　retroposon，retrotransposon　05.0553
黏蛋白　mucin　02.0744
黏端　cohesive end，cohesive terminus，sticky end　04.0326
*黏多糖　mucopolysaccharide　06.0211
黏附蛋白　adhesin　02.0733
*黏附素　adhesin　02.0733
黏附性蛋白质　adhesion protein　02.0734
黏结蛋白聚糖　syndecan　06.0310
*黏结蛋白聚糖 2　syndecan-2　06.0320
*黏结蛋白聚糖 4　syndecan-4　06.0321
黏菌素　colistin　02.0206
黏粒　cosmid　11.0749
黏粒文库　cosmid library　11.0829
黏连蛋白　cohesin　02.0510
黏着斑蛋白　vinculin　02.0735
黏着斑激酶　focal adhesion kinase，FAK　03.0338
*黏着蛋白质　adhesion protein　02.0734
鸟氨酸　ornithine　10.0239
鸟氨酸氨甲酰基转移酶　ornithine carbamoyltransferase，OCT　03.0236
鸟氨酸循环　ornithine cycle　10.0237
*鸟氨酸转氨甲酰酶　ornithine transcarbamylase，OTC　03.0236
鸟氨胭脂碱　ornaline　10.0352
鸟催产素　mesotocin　09.0048
*鸟二磷　guanosine diphosphate，GDP　04.0090
鸟苷　guanosine，G　04.0045
鸟苷二磷酸　guanosine diphosphate，GDP　04.0090
鸟苷三磷酸　guanosine triphosphate，GTP　04.0091
鸟苷三磷酸酶　guanosine triphosphatase，GTPase　03.0329
鸟苷四磷酸　guanasine tetraphosphate，ppGpp　08.0223
鸟苷酸　guanylic acid　04.0088
鸟苷肽　guanylin　02.0172
鸟苷五磷酸　guanosine pentaphosphate，pppGpp　08.0222
mRNA 鸟苷酰转移酶　mRNA guanylyltransferase　03.0328
鸟苷一磷酸　guanosine monophosphate，GMP　04.0089
鸟嘌呤　guanine，G　04.0007
鸟[嘌呤核]苷酸交换因子　guanine nucleotide exchange factor，GEF　08.0311
*鸟嘌呤核苷酸结合蛋白质　G protein，guanine nucleotide binding protein　08.0301
鸟[嘌呤核]苷酸解离抑制蛋白　guanine nucleotide dissociation inhibitor，GDI　08.0312
*鸟枪法　shotgun method　11.0603
鸟枪法测序　shotgun sequencing　11.0606
鸟枪法克隆　shotgun cloning　11.0603
*鸟三磷　guanosine triphosphate，GTP　04.0091
*鸟三磷–鸟二磷循环　GTP-GDP cycle　08.0307
*鸟一磷　guanosine monophosphate，GMP　04.0089
尿卟啉　uroporphyrin　10.0322
尿卟啉原　uroporphyrinogen　10.0317
尿胆素　urobilin　10.0337
*l-尿胆素　l-urobilin　10.0336
尿胆素原　urobilinogen　10.0333
尿苷　uridine，U　04.0047
尿苷二磷酸　uridine diphosphate，UDP　04.0106
尿苷二磷酸葡萄糖　uridine diphosphate glucose，UDPG　10.0151
尿苷二磷酸葡萄糖-4-差向异构酶　UDP-glucose 4-epimerase　03.0647
尿苷二磷酸葡萄糖醛酸　uridine diphosphate glucuronic acid，UDPGA　10.0152
尿苷二磷酸–糖　uridine diphosphate sugar，UDP-sugar　06.0110
尿苷核苷酶　uridine nucleosidase　03.0488
尿苷三磷酸　uridine triphosphate，UTP　04.0107
尿苷酸　uridylic acid　04.0104
尿苷一磷酸　uridine monophosphate，UMP　04.0105
尿黑酸　homogentisic acid　10.0300
尿激酶　urokinase，UK　03.0534
尿激酶原　prourokinase，pro-UK　03.0535
*尿激酸型纤溶酶原激活物　urokinase-type plasminogen activator，uPA　03.0534
尿刊酸　urocanic acid　10.0254
尿刊酸酶　urocanase　03.0629
尿嘧啶　uracil，U　04.0017
尿嘧啶干扰试验　uracil interference assay　11.0814
尿嘧啶-DNA 糖苷酶　uracil-DNA glycosidase，UDG　03.0445
*尿嘧啶-DNA 糖基水解酶　uracil-DNA glycosylase　03.0445
尿囊素　allantoin　10.0371
尿囊素酶　allantoinase　10.0373

尿囊酸　allantoic acid　10.0372
尿囊酸酶　allantoicase　10.0374
*尿鸟苷素　uroguanylin　02.0173
尿鸟苷肽　uroguanylin　02.0173
尿桥蛋白　uropontin　02.0445
尿舒张肽　urodilatin　09.0151
尿素　urea　10.0238
*尿素酶　urease　03.0585
尿素生成　ureogenesis　10.0236
*尿素循环　urea cycle　10.0237
尿酸　uric acid　10.0370
*尿酸酶　uricase　03.0153
尿酸氧化酶　urate oxidase　03.0153
*尿调节素　uromodulin　02.0641
尿调[制]蛋白　uromodulin　02.0641
尿胃蛋白酶原　uropepsinogen　03.0557
尿抑胃素　urogastrone　09.0166
*脲　urea　10.0238
脲酶　urease　03.0585
柠檬酸　citric acid　10.0135
柠檬酸–丙酮酸穿梭　citrate-pyruvate shuttle　10.0089
柠檬酸合酶　citrate synthase，citrogenase　03.0265
ATP 柠檬酸合酶　ATP-citrate synthase　03.0266
柠檬酸裂合酶　citrate lyase，citrate cleavage enzyme　03.0622
*ATP 柠檬酸裂合酶　ATP-citrate lyase，ACL　03.0266
*柠檬酸循环　citric acid cycle　10.0134
*柠檬油精　limonene　07.0183
柠烯　limonene　07.0183
凝固酶　coagulase　03.0734
凝集素　lectin，agglutinin　06.0265
凝集素亲和层析　lectin affinity chromatography　11.0244
凝集素吞噬　lectinophagocytosis　08.0388
凝胶电泳　gel electrophoresis　11.0084
凝胶放射自显影术　gel autoradiography　11.0298
凝胶过滤层析　gel filtration chromatography　11.0233
*凝胶渗透层析　gel permeation chromatography，GPC　11.0233
*凝胶移位结合分析　gel-shift binding assay　11.0078
*凝胶阻滞分析　gel retardation assay　11.0078
*凝聚蛋白　cohesin　02.0510
凝溶胶蛋白　gelsolin　02.0483
凝乳酶　chymosin　03.0558
凝血噁烷　thromboxane，TX　09.0186
凝血酶切割位点　thrombin cleavage site　11.0718
凝血调节蛋白　thrombomodulin　06.0322
凝血因子　blood coagulation factor　02.0317
凝血因子Ⅹa 切割位点　factor Ⅹa cleavage site　11.0717
牛磺胆酸　taurocholic acid　10.0200
牛磺酸　taurine　10.0250
牛抗菌肽　bactenecin　02.0193
牛脾磷酸二酯酶　bovine spleen phosphodiesterase　03.0417
牛小肠碱性磷酸酶　calf intestinal alkaline phosphatase，CIP　03.0387
DNA 扭曲　DNA twist　04.0180
扭转　twist　04.0158
扭转数　twisting number　04.0177
DNA 扭转应力　DNA torsional stress　04.0179
农杆糖酯　agrocinopine　06.0327
浓缩胶　stacking gel，spacer gel　11.0091

O

偶氮苯还原酶　azobenzene reductase　03.0148
偶氮还原酶　azoreductase　03.0147
偶联磷酸化　coupled phosphorylation　10.0069
偶联氧化　coupled oxidation　10.0068
偶联因子　coupling factor　10.0070
*偶联柱层析　coupled column chromatography　11.0252

P

*爬行酶　scramblase　03.0718
排氨[型]代谢　ammonotelism　10.0225
*排比　alignment　01.0167
排尿素[型]代谢　ureotelism　10.0226
排尿酸[型]代谢　uricotelism　10.0227
排阻层析　exclusion chromatography　11.0234
蒎烯　pinene　07.0182
潘糖　panose　06.0159

*盘绕数　twisting number　04.0177
盘状凝胶电泳　disc gel electrophoresis　11.0107
旁分泌　paracrine　09.0029
旁分泌信号传递　paracrine signaling　08.0151
*旁分泌信号传送　paracrine signaling　08.0151
旁路途径　alternative pathway　10.0034
*旁系同源基因　paralogous gene　05.0042
泡蛙肽　physalaemin　02.0143
泡友蛋白　physophilin　02.0545
胚胎干细胞法　embryonic stem cell method　11.0869
HAT 培养基　HAT medium　11.0965
*配糖体　aglycon，aglycone　06.0032
配体　ligand　01.0093
配体交换层析　ligand exchange chromatography　11.0230
配体结合口袋　ligand-binding pocket　08.0341
配体门控离子通道　ligand-gated ion channel　08.0045
*配体门控受体　ligand-gated receptor　08.0297
配体–配体相互作用　ligand-ligand interaction　08.0344
配体偏倚　ligand bias　08.0345
配体提呈　ligand presentation　08.0340
配体印迹法　ligand blotting　11.0491
配体诱导胞吞　ligand-induced endocytosis　08.0342
配体诱导二聚化　ligand-induced dimerization　08.0339
配体诱导内化　ligand-induced internalization　08.0343
配位键　coordination bond　01.0109
*批次培养　batch culture　11.0961
皮啡肽　dermorphin　02.0116
皮脑啡肽　dermenkaphaline　02.0113
皮抑菌肽　dermaseptin　02.0156
皮质醇　cortisol　09.0095
*皮质醇结合球蛋白　cortisol-binding globulin　02.0315
皮质激素转运蛋白　transcortin　02.0315
皮质类固醇　corticosteroid　09.0091
*皮质类固醇结合球蛋白　corticosteroid-binding globulin，CBG　02.0315
皮质酮　corticosterone　09.0094
毗邻碱基序列分析　nearest neighbor base sequence analysis　11.0602
脾白细胞激活因子　tuftsin　09.0249
*胼胝质　callose　06.0200
β 片层　β sheet，β pleated sheet　02.0882
*片段化酶　fragmentin　03.0538
嘌呤　purine　04.0005
嘌呤核苷　purine nucleoside　04.0058
嘌呤核苷磷酸化酶　purine nucleoside phosphorylase，PNP　03.0276
嘌呤核苷酶　purine nucleosidase　03.0486
嘌呤核苷酸　purine nucleotide　04.0078
*拼接体　spliceosome　05.0295
平板电泳　plate electrophoresis，slab electrophoresis　11.0127
平端　blunt end，blunt terminus，flush end　04.0330
平端化　blunting　11.0700
平衡常数　equilibrium constant　01.0125
平衡密度梯度离心　equilibrium density gradient centrifugation　11.0062
平衡透析　equilibrium dialysis　11.0024
平均残基量　mean residue weight　02.0085
平面层析　planar chromatography　11.0215
苹果酸　malic acid　10.0143
*苹果酸–天冬氨酸循环　malate-aspartate cycle　10.0086
苹果酸酶　malate enzyme　03.0119
苹果酸–天冬氨酸穿梭　malate-aspartate shuttle　10.0086
苹果酸-α-酮戊二酸转运蛋白　malate-α-ketoglutarate transporter　10.0090
苹果酸脱氢酶　malate dehydrogenase　03.0117
苹婆酸　sterculic acid　07.0072
破伤风毒素　tetanus toxin　02.0863
脯氨酸　proline，Pro，P　02.0025
脯氨酸消旋酶　proline racemase　03.0652
*脯氨酰氨基酸二肽酶　prolinase　03.0501
葡甘露聚糖　glucomannan　06.0225
*葡激酶　staphylokinase　03.0570
葡聚糖　glucan，glucosan　06.0190
*葡聚糖外切酶　exoglucanase　03.0453
*1,4-α-葡聚糖分支酶　1,4-α-glucan branching enzyme　03.0271
*1,3-β-葡聚糖合酶　1,3-β-glucan synthase　03.0273
葡聚糖酶　dextranase　03.0458
*葡聚糖内切酶　endoglucanase　03.0452
DEAE-葡聚糖凝胶　diethylaminoethyl dextran gel，DEAE-dextran gel　11.0087
葡聚糖水解酶　glucanase　03.0446

*β-葡聚糖转运ATP酶　β-glucan-transporting ATPase　03.0714
*葡萄球菌凝固酶　staphylocoagulase　03.0734
葡萄糖　glucose　06.0065
葡萄糖胺　glucosamine　06.0113
葡萄糖胺聚糖　glucosaminoglycan　06.0210
葡萄糖–丙氨酸循环　glucose-alanine cycle　10.0235
葡萄糖苷酶　glucosidase　03.0440
α-葡萄糖苷酶　α-glucosidase　03.0441
β-葡萄糖苷酶　β-glucosidase　03.0442
葡萄糖苷内切酶　endoglucosidase　03.0443
*葡萄糖苷神经酰胺　glucosylceramide　07.0171
*葡萄糖苷神经酰胺酶　glucosylceramidase　03.0474
葡萄糖苷外切酶　exoglucosidase　03.0444
葡萄糖基化　glucosylation　06.0039
葡萄糖基转移酶　glucosyltransferase　03.0362
葡萄糖激酶　glucokinase　03.0288
葡萄糖-1-磷酸　glucose-1-phosphate　10.0118
葡萄糖-6-磷酸　glucose-6-phosphate　10.0117
*葡萄糖磷酸变位酶　phosphoglucomutase，PGM　03.0664
葡萄糖-6-磷酸脱氢酶　glucose-6-phosphate dehydrogenase，G6PD　03.0118
葡萄糖-6-磷酸异构酶　glucose-6-phosphate isomerase，GPI　03.0661
葡萄糖脑苷脂　glucocerebroside　07.0171
葡萄糖脑苷脂酶　glucocerebrosidase　03.0474
葡萄糖醛酸　glucuronic acid　06.0105
葡萄糖醛酸基　glucuronyl　06.0108
葡萄糖醛酸内酯　glucuronolactone　06.0107
葡萄糖酸　gluconic acid　06.0101
葡萄糖酸内酯　gluconolactone　06.0102
*葡萄糖调节蛋白质75　glucose-regulated protein 75，GRP75　02.0674
*葡萄糖调节蛋白质78　glucose-regulated protein 78，GRP78　02.0324
*葡萄糖效应　glucose effect　10.0115
葡萄糖氧化酶　glucose oxidase　03.0124
*葡萄糖依赖性胰岛素释放肽　glucose-dependent insulinotropic polypeptide，GIP　09.0159
葡萄糖异构酶　glucose isomerase　03.0660
葡萄糖转运蛋白　glucose transporter，GLUT　02.0665
普里布诺框　Pribnow box　05.0518
普列克底物蛋白　pleckstrin　02.0346
*普列克底物蛋白同源结构域　pleckstrin homology domain，PH domain　08.0271

Q

*七跨膜结构域受体　seven-transmembrane domain receptor，7TM receptor　08.0300
*七跨膜螺旋区受体　seven-transmembrane helix receptor，7TM receptor　08.0300
*七碳糖　heptose　06.0074
七糖　heptaose　06.0164
七叶苷　esculin　06.0127
齐变模型　concerted model　03.0104
奇异果甜蛋白　thaumatin　02.0815
歧化酶　dismutase　03.0132
启动子　promoter　05.0511
启动子捕获　promoter trapping　11.0857
启动子封堵　promoter occlusion　05.0529
启动子解脱　promoter escape　05.0531
启动子清除　promoter clearance　05.0532
启动子阻抑　promoter suppression　05.0530
起始tRNA　initiator tRNA　05.0380
*起始点识别复合体　origin recognition complex，ORC　05.0106
起始密码子　initiation codon，start codon　05.0335
*起始转运核糖核酸　initiator tRNA　05.0380
起始子　initiator　05.0523
气固层析　gas-solid chromatography，GSC　11.0199
*气菌溶胞蛋白　aerolysin　02.0855
气溶素　aerolysin　02.0855
*气味物质受体　olfactory receptor，odorant receptor　02.0725
气相层析　gas chromatography，GC　11.0195
气相层析–质谱联用　gas chromatography-mass spectrometry，GC-MS　11.0424
气相蛋白质测序仪　gas-phase protein sequencer　11.0585
*气相色谱–质谱法　gas chromatography-mass spectrometry，GC-MS　11.0424
气液层析　gas-liquid chromatography，GLC　11.0197
千碱基　kilobase，kb　04.0037
千碱基对　kilobase pair，kbp　04.0035
*迁移蛋白质　movement protein　02.0259

*迁移度　mobility　11.0075
迁移率　mobility　11.0075
迁移速率　migration rate　11.0074
*牵出实验　pull-down experiment　11.0348
牵拉沉淀实验　pull-down experiment　11.0348
前阿黑皮素原　preproopiomelanocortin，pre-POMC　09.0018
*前处理　pretreatment　11.0004
前蛋白质原　preproprotein　02.0271
*前导离子　leading ion　11.0093
前导链　leading strand　05.0118
*前导肽　leader peptide　02.0072
*前导肽酶　leader peptidase　03.0543
前导序列　leader sequence，leader　01.0141
前甘丙肽原　preprogalanin　02.0136
前基因组　pregenome　01.0059
前激素原　preprohormone　09.0015
前激肽释放酶　prekallikrein　03.0524
前胶原[蛋白]　procollagen　02.0404
*前抗菌肽　cathelin　02.0183
前抗微生物肽　cathelin　02.0183
前馈调节　feedforward regulation　08.0193
前列环素　prostacyclin，prostaglandin I_2，PGI_2　09.0184
前列腺蛋白　prostatein　02.0678
前列腺素　prostaglandin，PG　09.0183
前列腺素类激素　prostanoid　09.0182
前列腺烷酸　prostanoic acid　09.0185
前脑啡肽原　preproenkephalin　02.0107
前清蛋白　prealbumin　02.0276
前生命化学　prebiotic chemistry　01.0003
前速激肽原　preprotachykinin，PPT　02.0118
前弹性蛋白　proelastin　02.0421
前体　precursor　10.0024
*前[体]mRNA　pre-messenger RNA，pre-mRNA，precursor mRNA　05.0256
*前体 RNA　pre-RNA　05.0255
tRNA 前体　tRNA precursor　04.0267
前稳态　presteady state　03.0052
*前纤维蛋白　profilin　02.0473
前信使 RNA　pre-messenger RNA，pre-mRNA，precursor mRNA　05.0256
前沿层析　frontal chromatography　11.0249
前胰岛素原　preproinsulin　09.0017
*前引发体　preprimosome　05.0136
β 钳　β-clamp　05.0147
钳合蛋白　sequestrin　02.0602
钳位均匀电场电泳　contour-clamped homogenous electric field electrophoresis，CHEF　11.0115
钳装载器　clamp loader　05.0146
嵌合 DNA　chimeric DNA　05.0230
嵌合 RNA　chimeric RNA　04.0251
嵌合蛋白　chimerin　02.0439
嵌合基因　chimeric gene　05.0045
嵌合抗体　chimeric antibody　01.0257
嵌合抗原受体　chimeric antigen receptor，CAR　08.0336
嵌合体　chimera　05.0092
嵌合质粒　chimeric plasmid　05.0164
DNA 嵌入剂　DNA intercalator　11.1007
*嵌套基因　nested gene　05.0008
强啡肽　dynorphin　02.0109
强啡肽原　prodynorphin　02.0108
*强碱型离子交换剂　strong base type ion exchanger　11.0185
*强酸型离子交换剂　strong acid type ion exchanger　11.0183
*强心甙　cardiac glycoside　06.0125
强心苷　cardiac glycoside　06.0125
*强心配糖体　cardiac glycoside　06.0125
强阳离子交换剂　strong cation exchanger　11.0183
强阴离子交换剂　strong anion exchanger　11.0185
羟胺还原酶　hydroxylamine reductase　03.0150
25-羟胆钙化醇　25-hydroxycholecalciferol　09.0350
β-羟丁酸　β-hydroxybutyric acid　10.0186
羟化酶　hydroxylase　03.0212
*α-羟基丙酸　lactic acid　10.0132
羟基丙酮酸还原酶　hydroxypyruvate reductase　03.0120
羟基丙酮酸磷酸　hydroxypyruvate phosphate　10.0273
24-羟基胆固醇　24-hydroxycholesterol　07.0211
25-羟基胆固醇　25-hydroxycholesterol　07.0212
27-羟基胆固醇　27-hydroxycholesterol　07.0213
*2-羟基二十四烷酸　2-hydroxytetracosanoic acid　07.0090
羟基化　hydroxylation　05.0422
11β-羟基类固醇脱氢酶　11β-hydroxysteroid dehydrogenase　03.0122
3β-羟基类固醇 3-脱氢酶　3β-hydroxysteroid

3-dehydrogenase 03.0123
羟基磷灰石 hydroxyapatite，HA，HAP 11.1018
*羟基磷酸丙酮酸 hydroxypyruvate phosphate 10.0273
*2-羟基三十烷酸 2-hydroxytriacontanoic acid 07.0096
羟基神经酸 hydroxynervonic acid 07.0092
*2-羟基-顺-15-二十四碳烯酸 2- hydroxy-*cis*-15-tetracosenoic acid 07.0092
*12-羟基-顺-9-十八碳烯酸 12-hydroxy-*cis*-9-octadecenoic acid 07.0079
*20-羟基蜕皮甾酮 20-hydroxyecdysterone 09.0293
2-羟基戊二酸 2-hydroxyglutarate，2-HG 10.0018
N-羟基-2-乙酰胺基芴还原酶 *N*-hydroxy-2-acetamidofluorene reductase 03.0151
5-羟甲基胞嘧啶 5-hydroxymethyl-cytosine 04.0020
羟甲基戊二[酸单]酰辅酶 A hydroxethylglutaryl coenzyme A，HMG-CoA 10.0180
羟甲基戊二[酸单]酰辅酶 A 合酶 hydroxymethylglutaryl-CoA synthase，HMG-CoA synthase 03.0267
羟甲基戊二[酸单]酰辅酶 A 还原酶 hydroxymethylglutaryl-CoA reductase，HMG-CoA reductase 03.0121
羟甲基戊二[酸单]酰辅酶 A 裂合酶 hydroxymethylglutaryl-CoA lyase，HMG-CoA lyase 03.0621
羟甲基转移酶 hydroxymethyltransferase 03.0230
3-羟-3-甲戊醛酸 mevaldic acid 10.0214
羟赖氨酸 hydroxylysine，Hyl 02.0042
羟脑苷脂 cerebron，phrenosin 07.0176
羟皮质类固醇 hydroxycorticosteroid 09.0092
*17-羟皮质酮 17-hydroxycorticosterone 09.0095
羟脯氨酸 hydroxyproline，Hyp 02.0041
5-羟色氨酸 5-hydroxytryptophane 10.0260
5-羟色胺 5-hydroxytryptamine，5-HT 10.0261
5-羟色胺受体 5-hydroxytryptamine receptor，5-HT receptor 08.0298
*17-羟-11-脱氢皮质酮 17-hydroxy-11-dehydrocorticosterone 09.0096
*25-羟维生素 D_3 25-hydroxyvitamin D_3，25-(OH)-D_3 09.0350
N-羟乙酰神经氨酸 *N*-glycolylneuraminic acid，*N*-hydroxyacetylneuraminic acid 06.0121
*12-羟油酸 12-hydroxyoleic acid 07.0079
羟自由基 hydroxyl radical 10.0059
桥蛋白质 pontin protein 02.0443
桥粒斑蛋白 desmoplakin 02.0447
桥粒胶蛋白 desmocollin 02.0448
桥粒黏蛋白 desmoglein 02.0449
鞘氨醇 sphingosine，4-sphingenine，sphingol 07.0157
鞘氨醇半乳糖苷 psychosine 06.0130
鞘磷脂 sphingomyelin，sphingophospholipid 07.0155
鞘磷脂酶 sphingomyelinase 03.0401
鞘糖脂 glycosphingolipid，glycosylsphingolipid 07.0162
*鞘糖脂神经酰胺脱酰基酶 glycosphingolipid ceramide deacylase 03.0587
鞘脂 sphingolipid 07.0156
切变 shearing 11.0010
切除修复 excision repair 05.0214
切割蛋白 severin 02.0472
*切割酶 nickase 03.0671
切口 nick 04.0324
*切口闭合酶 nick-closing enzyme 03.0669
切口酶 nickase 03.0671
切口酶介导扩增 nicking enzyme mediated amplification，NEMA 11.0568
*切口酶扩增反应 nicking enzyme amplification reaction，NEAR 11.0568
切口平移 nick translation 11.0702
*切口移位 nick translation 11.0702
切向流过滤 tangential flow filtration 11.0029
*侵染检测 invader assay 11.0848
亲雌激素蛋白 estrophilin 02.0679
亲代 DNA parental DNA 05.0103
*亲代印记 parental imprinting 05.0091
亲和标记 affinity labeling 11.0396
亲和层析 affinity chromatography 11.0240
DNA 亲和层析 DNA affinity chromatography 11.0248
*亲和素 avidin 11.0400
亲环蛋白 cyclophilin，CyP 02.0340
*亲环素 cyclophilin，CyP 02.0340
亲棘蛋白 spinophilin 02.0503
亲硫吸附层析 thiophilic adsorption chromatography 11.0211
*亲硫作用层析 thiophilic interaction chromatography 11.0211
亲水氨基酸残基 hydrophilic amino acid residue 02.0081
亲水[相互]作用 hydrophilic interaction 01.0115

亲水性　hydrophilicity　01.0185
亲水性分布图　hydrophilicity plot　02.0915
亲水指数　hydropathy index　02.0914
亲脂凝胶层析　lipophilic gel chromatography　11.0235
*亲脂素　lipophilin　02.0557
亲脂性　lipophilicity　01.0187
亲中心体蛋白　centrophilin　02.0667
青霉素酶　penicillinase　03.0593
青霉素酰胺酶　penicillin amidase　03.0586
*青霉素酰胺水解酶　penicillin amidohydrolase　03.0586
*青霉素酰化酶　penicillin acylase　03.0586
氢氘交换　hydrogen-deuterium exchange　11.0455
氢氘交换质谱法　hydrogen-deuterium exchange mass spectrometry，HDX-MS　11.0453
氢化　hydrogenation　07.0016
*氢化可的松　hydrocortisone　09.0095
氢化酶　hydrogenase　03.0180
氢钾 ATP 酶　hydrogen/potassium ATPase，H^+/K^+-exchanging ATPase　03.0711
氢键　hydrogen bond　01.0111
清蛋白　albumin　02.0223
清蛋白激活蛋白　albondin　02.0286
清道夫受体　scavenger receptor　08.0332
*氰钴胺素　cyanocobalamin　09.0380
氰钴胺素还原酶　cyanocobalamin reductase　03.0205
琼脂凝胶　agar gel　11.0085
琼脂糖　agarose　06.0208
琼脂糖酶　agarase　03.0482
琼脂糖凝胶　agarose gel　11.0086
琼脂糖凝胶电泳　agarose gel electrophoresis　11.0110
蚯蚓血红蛋白　hemerythrin　02.0362
球蛋白　globulin　02.0224
α_1-球蛋白　alpha 1 globulin，α_1-globulin　02.0291
α_2-球蛋白　alpha 2 globulin，α_2-globulin　02.0292
β-球蛋白　belta globulin，β-globulin　02.0293
γ-球蛋白　gamma globulin，γ-globulin　02.0294
球系列　globo-series　07.0165
球状蛋白质　globular protein　02.0244
球状肌动蛋白　globular actin，G-actin　02.0464
β-巯基丙酮酸　β-mercaptopyruvate　10.0248
巯基蛋白酶　thiol protease　03.0553
S-巯基化　S-sulfhydration，persulfidation　05.0444
巯基亚硝基化　sulfhydryl nitrosylation，S-nitrosylation　05.0443
巯基乙胺　mercapto-ethylamine　10.0278
*IG 区　intergenic region，IGR　05.0013
区带电泳　zonal electrophoresis，ZE　11.0081
区带离心　zonal centrifugation　11.0067
驱动蛋白　kinesin　02.0506
驱动蛋白结合蛋白　kinectin　02.0507
驱蛔萜　ascaridole　07.0188
趋化性激素　chemotactic hormone　09.0305
趋化因子　chemokine　09.0216
*取代型载体　replacement vector　11.0729
*去饱和酶　desaturase　03.0196
去泛素化　deubiquitination　05.0440
去泛素化酶　deubiquitinase，deubiquitinating enzyme，DUB　05.0441
去甲基化　demethylation　05.0424
去甲肾上腺素　noradrenalin，norepinephrine　09.0090
去磷蛋白　dephosphin　02.0553
去磷酸化　dephosphorylation　05.0418
去糖基化　deglycosylation　06.0043
*去乙酰[基]作用　deacetylation　10.0275
全蛋白质　holoprotein　02.0241
*全反式视黄酸　*all-trans* retinoic acid，ATRA　09.0343
*全反式维甲酸　*all-trans* retinoic acid，ATRA　09.0343
全基因组测序　whole-genome sequencing，WGS　11.0617
*全基因组定位分析　genome-wide location analysis，GWLS　11.0638
全基因组关联分析　genome-wide association study，GWAS　11.0632
全基因组核苷酸切除修复　global genomic nucleotide excision repair，GC-NER　05.0217
全基因组扩增　whole-genome amplification，WGA　11.0578
全基因组重亚硫酸盐测序　whole-genome bisulfite sequencing，WGBS　11.0642
*全局调节　global regulation　05.0451
全局调控　global regulation　05.0451
全酶　holoenzyme　03.0020
醛胺缩合　aldimine condensation　10.0094
醛醇缩合　aldol condensation　10.0093
醛固酮　aldosterone　09.0099

R

融合基因 fusion gene 11.0715
融膜蛋白 parafusin 02.0440
鞣化激素 bursicon 09.0302
鞣酸酶 tannase 03.0376
肉毒[杆菌]毒素 botulinum toxin 02.0861
肉桂酸 cinnamic acid 10.0340
肉碱 carnitine 10.0175
肉碱穿梭 carnitine shuttle 10.0088
肉碱辛酰转移酶 carnitine oetanoyltransferse，COT 03.0246
肉碱乙酰转移酶 carnitine acetyltransferase，CAT 03.0244
肉碱脂[肪]酰转移酶 carnitine acyltransferase 03.0243
肉碱棕榈酰[基]转移酶 carnitine palmitoyltransferase，CPT 03.0245
蠕虫血红蛋白 helicorubin 02.0363
蠕动泵 peristaltic pump 11.0158
*乳白蛋白 lactalbumin，lactoalbumin 02.0279
乳白密码子 opal codon 05.0339
乳白突变 opal mutation 05.0412
乳白突变阻抑基因 opal suppressor 05.0571
*乳白抑制子 opal suppressor 05.0571
乳杆菌酸 lactobacillic acid 07.0047
乳过氧化物酶 lactoperoxidase 03.0173
乳化聚合酶链反应 emulsion PCR 11.0534
乳链菌肽 nisin 02.0199
乳糜 chyle 02.0380
乳糜微粒 chylomicron，CM 02.0375
乳免疫球蛋白 milk immunoglobulin 02.0303
乳桥蛋白 lactopontin，LPN 02.0446
乳清蛋白 lactalbumin，lactoalbumin 02.0279
乳清苷 orotidine 04.0063
乳清苷酸 orotidylic acid 04.0118
*乳清苷一磷酸 orotidine monophosphate 04.0118
乳清酸 orotic acid 10.0368
乳球蛋白 lactoglobulin 02.0301
β-乳球蛋白 β-lactoglobulin 02.0302
乳酸 lactic acid 10.0132
*乳酸发酵 lactic acid fermentation 10.0108
*乳酸链球菌素 nisin 02.0199
乳酸脱氢酶 lactate dehydrogenase，LDH 03.0116
乳糖 lactose 06.0136
乳糖胺聚糖 lactosaminoglycan 06.0222
乳糖操纵子 *lac* operon 05.0539
乳糖酶 lactase 03.0483
乳糖酸 lactobionic acid 06.0103
乳糖系列 lacto-series 07.0163
乳铁蛋白 lactoferrin 02.0715
*乳腺癌相关肽 breast cancer-associated peptide，pS2 02.0169
*乳运铁蛋白 lactotransferrin 02.0715
软骨蛋白聚糖 chondroproteoglycan 06.0315
软骨钙结合蛋白 chondrocalcin 02.0739
*软骨钙素 chondrocalcin 02.0739
软骨鱼催产素 glumitocin 09.0049
软骨粘连蛋白 chondronectin 02.0738
软木脂 suberin 07.0122
*软脂酸 palmitic acid 07.0059
软脂酰辅酶 A Δ^9 脱饱和酶 palmitoyl-CoA Δ^9-desaturase 03.0198
朊病毒蛋白 prion protein，PrP 02.0845
弱化子 attenuator 05.0545
弱化作用 attenuation 05.0544
*弱碱型离子交换剂 weak base type ion exchanger 11.0186
*弱酸型离子交换剂 weak acid type ion exchanger 11.0184
弱阳离子交换剂 weak cation exchanger 11.0184
弱阴离子交换剂 weak anion exchanger 11.0186

S

腮腺素 parotin 09.0179
三碘甲状腺原氨酸 triiodothyronine，T_3 09.0081
*三丁酰甘油 tributyrin 07.0111
三股螺旋 triple helix 04.0160
*三股螺旋 DNA triple helix DNA 04.0161
*三癸酰甘油 tricaprin 07.0112
三环结构域 Kringle domain 02.0903
三级结构 tertiary structure 01.0154
*三己酰甘油 tricaproin 07.0113
三甲基鸟苷 trimethylguanosine，TMG 05.0306
三脚蛋白[复合体] triskelion 02.0636
*三联体密码 triplet code 05.0333

三链体 DNA　triplex DNA　04.0161
*三磷酸核苷　nucleoside triphosphate，NTP　04.0073
*三磷酸肌醇磷脂　triphosphoinositide　07.0141
*三磷酸脱氧核苷　deoxyribonucleoside triphosphate，dNTP　04.0077
*三磷酸腺苷　adenosine triphosphate，ATP　04.0083
*三羟二十碳四烯酸　3-hydroxyeicosatetraenoic acid，HETE　07.0083
三羟甲基氨基甲烷　trihydroxymethyl aminomethane，Tris　11.1020
*三软脂酰甘油　tripalmitylglycerol　07.0119
三十四烷酸　gheddic acid　07.0097
*三十烷酸　triacontanoic acid　07.0095
三羧酸循环　tricarboxylic acid cycle，TAC　10.0134
*三碳糖　triose　06.0045
三糖　trisaccharide　06.0154
三萜　triterpene　07.0195
三维基因组学　three-dimensional genomics　01.0035
*三烯生育酚　tocotrienol　09.0354
*三酰甘油　triglyceride，triacylglycerol，TAG　07.0108
*三酰甘油脂肪酶　triglyceride lipase，TGL　03.0370
*三辛酰甘油　tricaprylin　07.0114
三叶草结构　cloverleaf structure　04.0287
三叶肽　trefoil peptide　02.0167
三叶因子 1　trefoil factor 1，TFF1　02.0169
三叶因子 2　trefoil factor 2，TFF2　02.0170
三叶因子 3　trefoil factor 3，TFF3　02.0171
三叶因子家族　trefoil factor family，TFF　02.0168
*三乙酰甘油　triacetin　07.0110
*三硬脂酰甘油　tristeroylglycerol　07.0120
*三月桂酰甘油　trilaurin　07.0115
*散布重复序列　interspersed repeat sequence　05.0017
散在重复序列　interspersed repeat sequence　05.0017
*桑格测序　Sanger sequencing　11.0594
桑格-库森法　Sanger-Coulson method　11.0594
桑葚胚黏着蛋白　uvomorulin　02.0736
扫描电子显微镜　scanning electron microscope，SEM　11.0444
扫描隧道电子显微镜　scanning tunneling electron microscope，STEM　11.0446
扫描透射电子显微镜　scanning transmission electron microscopy，STEM　11.0445
色氨酸　tryptophan，Trp，W　02.0029
色氨酸操纵子　*trp* operon　05.0541
色氨肽　tryptophyllin　02.0146
色胺　tryptamine　10.0259
色蛋白　chromoprotein　02.0237
*色谱法　chromatography　11.0154
*色谱图　chromatogram　11.0167
*色谱柱　chromatographic column　11.0155
鲨胆固醇　scymnol　07.0224
鲨肝醇　batyl alcohol　07.0128
鲨肌醇　scyllitol，scyllo-inositol　07.0199
鲨油醇　selachyl alcohol　07.0197
*鲨鱼酸　selacholeic acid　07.0091
筛选　screening　11.0833
山梨聚糖　sorbitan　06.0206
山梨糖　sorbose　06.0071
山梨[糖]醇　sorbitol　06.0096
山萮酸　behenic acid　07.0087
闪烁计数器　scintillation counter　11.0303
*闪烁计数仪　scintillation counter　11.0303
闪烁液　scintillation cocktail　11.0306
商陆毒蛋白　dodecandrin　02.0833
上皮调节蛋白　epiregulin　09.0229
*上皮生长因子　epidermal growth factor，epithelial growth factor，EGF　09.0227
上皮因子　epithelin　02.0783
上清液　supernatant　11.0055
*上调　up regulation　05.0449
上游　upstream　01.0142
上游激活序列　upstream activating sequence，UAS　05.0517
*上游控制元件　upstream control element，UCE　05.0514
上游启动子元件　upstream promoter element，UPE　05.0514
上游序列　upstream sequence　01.0144
*尚邦法则　Chambon rule　05.0004
*蛇毒锯鳞蝰素　echistatin　02.0162
蛇毒磷酸二酯酶　snake venom phosphodiesterase，venom phosphodiesterase　03.0416
X 射线衍射　X-ray diffraction　11.0426
*伸展　unfolding　02.0880
伸展蛋白　extensin　02.0684
*深度测序　deep sequencing　11.0608
神经氨酸　neuraminic acid　06.0119
神经氨酸酶　neuraminidase　03.0463
神经白细胞素　neuroleukin　09.0269

*神经垂体激素　neurohypophyseal hormone　09.0044
*神经垂体激素运载蛋白　neurophysin　09.0144
神经垂体激素转运蛋白　neurophysin　09.0144
神经蛋白聚糖　neurocan　06.0297
神经分泌　neurocrine　09.0030
神经钙蛋白　neurocalcin　02.0614
神经苷脂　nervon　07.0175
神经激素　neurohormone　09.0009
神经激肽　neurokinin　02.0123
神经激肽 A　neurokinin A，NKA　02.0121
神经激肽 B　neurokinin B，NKB　02.0122
*神经降压素　neurotensin　09.0273
神经降压肽　neurotensin　09.0273
神经胶质蛋白　neuroglian　02.0551
神经胶质瘤源性生长因子　glioma-derived growth factor，GDGF　09.0214
*神经胶质原纤维酸性蛋白质　glial fibrillary acidic protein　02.0413
神经角蛋白　neurokeratin　02.0552
神经节苷脂　ganglioside　07.0177
神经节系列　ganglio-series　07.0167
*神经介肽　neuromedin，NM　09.0270
*神经聚集蛋白　agrin　06.0312
神经颗粒蛋白　neurogranin　02.0562
神经连接蛋白　neurexin　02.0547
神经配蛋白　neuroligin，NL　02.0549
神经趋化因子　neurotactin　02.0563
神经上皮干细胞蛋白　nestin，neuroepithelial stem cell protein　02.0550
神经生长蛋白　neurolin　02.0564
神经生长因子　nerve growth factor，NGF　09.0266
神经束蛋白　neurofascin　02.0565
神经酸　nervonic acid　07.0091
神经肽　neuropeptide　02.0098
神经肽 B　neuropeptide B，NPB　02.0125
神经肽 W　neuropeptide W，NPW　02.0126
神经肽 Y　neuropeptide Y，NPY　02.0124
神经调节蛋白　neuregulin，NRG　09.0268
神经调节肽　neuromedin，NM　09.0270
神经调节肽 B　neuromedin B　09.0271
*神经调节肽 K　neuromedin K　02.0122
*神经调节肽 L　neuromedin L　02.0121
神经调节肽 U　neuromedin U，NMU　09.0272
神经调制蛋白　neuromodulin　02.0548
神经细胞黏附分子　neural cell adhesion molecule，NCAM　09.0267
神经[纤]丝蛋白　neurofilament protein　02.0461
神经纤维瘤蛋白　neurofibromin　02.0566
神经酰胺　ceramide，Cer　07.0160
神经酰胺酶　ceramidase　03.0587
*神经营养细胞因子　neurotrophic cytokine　09.0252
神经营养因子　neurotrophic factor　09.0252
神经元凋亡抑制蛋白　neuronal apoptosis inhibitory protein，NAIP　02.0771
神经元钙传感蛋白　neuronal calcium sensor，NCS　02.0612
*神经元胶质抗原 2 蛋白聚糖　neuron-glial antigen 2 proteoglycan，NG2 proteoglycan　06.0302
神经元质膜受体　neuronal plasma membrane receptor　08.0105
神经珠蛋白　neuroglobin　02.0353
肾钙结合蛋白　nephrocalcin　02.0617
*肾钙素　nephrocalcin　02.0617
肾上腺皮质铁氧还蛋白　adrenodoxin　02.0706
肾上腺素　adrenaline，epinephrine　09.0088
肾上腺髓质肽　adrenomedullin，ADM　02.0128
*肾上腺雄酮　androstenedione　09.0107
肾素　renin　03.0559
渗透层析　permeation chromatography　11.0238
生醇发酵　alcoholic fermentation　10.0110
生存蛋白　livin　02.0774
生红酸　erythrogenic acid　07.0073
*生化　biochemistry　01.0001
生化标志物　biochemical marker　11.0384
生腱蛋白　tenascin　02.0740
生理盐水　physiological saline　11.0998
生命科学　life science，bioscience　01.0015
生糖氨基酸　glucogenic amino acid，glycogenic amino acid　02.0013
*生糖生酮氨基酸　glucogenic and ketogenic amino acid　02.0014
生酮氨基酸　ketogenic amino acid　02.0012
生酮激素　ketogenic hormone　09.0180
生酮生糖氨基酸　ketogenic and glucogenic amino acid　02.0014
生酮作用　ketogenesis　10.0183
生物安全操作柜　biosafety cabinet　11.0978
生物安全等级　biosafety level　11.0976
生物标记　biolabeling　11.0390
生物标志物　biomarker　11.0383

生物超分子　biosupramolecule，biosupermolecule　01.0086
生物超分子体系　biosupramolecular system　01.0087
生物传感器　biosensor　11.0973
生物催化剂　biocatalyst　03.0002
生物大分子　biomacromolecule　01.0084
生物多聚体　biopolymer　01.0092
生物多样性　biodiversity　01.0172
*生物发光免疫测定　bioluminescent immunoassay，BLIA　11.0327
生物发光免疫分析　bioluminescent immunoassay，BLIA　11.0327
生物发光探针　bioluminescent probe　11.0522
生物反应器　bioreactor　11.0971
生物工程　bioengineering，biological engineering　11.0956
*生物合成　biosynthesis　10.0003
生物化学　biochemistry　01.0001
生物技术　biotechnology　11.0955
*生物聚合物　biopolymer　01.0092
生物膜　biological membrane，biomembrane　08.0001
生物能学　bioenergetics　01.0023
生物素　biotin　09.0376
生物素化核苷酸　biotinylated nucleotide　11.0402
生物素-抗生物素蛋白系统　biotin-avidin system，BAS　11.0404
生物素-链霉抗生物素蛋白系统　biotin-streptavidin system　11.0405
生物素羧化酶　biotin carboxylase　03.0686
*生物素酰核苷酸　biotinylated nucleotide　11.0402
生物素阻遏蛋白　biotin repressor　02.0756
生物无机化学　bioinorganic chemistry　01.0009
生物物理化学　biophysical chemistry　01.0020
生物物理学　biophysics　01.0019
生物芯片　biochip　11.0979
生物信息学　bioinformatics　01.0022
生物氧化　biological oxidation　10.0043
生物有机化学　bioorganic chemistry　01.0010
生物转化　biotransformation　10.0008
*生育酚　tocopherol　09.0353
生育三烯酚　tocotrienol　09.0354
*生长叉　growing fork　05.0110
生长激素　growth hormone，GH，somatotropin　09.0034
*生长激素释放抑制因子　growth hormone release inhibitory factor，GRIF　09.0065
*生长激素释放因子　growth hormone releasing factor，SRF　09.0063
*生长激素调节激素　growth hormone regulatory hormone　09.0063
*生长激素抑制激素　growth hormone release inhibiting hormone，GIH　09.0065
*生长调节肽　somatomedin，SOM　09.0132
*生长相关蛋白质 43　growth-associated protein 43，GAP43　02.0548
生长抑素　somatostatin，SOM　09.0065
生长因子　growth factor，GF　09.0225
生殖基因组学　reproductive genomics　01.0043
尸胺　cadaverine　10.0295
失活　inactivation　01.0176
*失控转录分析　run-off transcription assay　11.0854
施万膜蛋白　schwannomin　02.0441
*施万细胞瘤源性生长因子　Schwannoma-derived growth factor，SDGF　09.0228
*9,12-十八碳二烯酸　9,12-octadecadiynoic acid　07.0070
*9,11,13-十八碳三烯酸　octadeca-9,11,13-trienoic acid　07.0078
*9,12,15-十八碳三烯酸　octadeca-9,12,15-trienoic acid　07.0075
十八碳四烯酸　octadecatetraenoic acid　07.0065
*十八碳烯炔酸　isanic acid　07.0073
十八烷醇　stearyl alcohol　07.0204
*十二烷基硫酸钠聚丙烯酰胺凝胶电泳　sodium dodecylsulfate-polyacrylamide gel electrophoresis，SDS-polyacrylamide gel electrophoresis，SDS-PAGE　11.0108
十六烷基溴化吡啶镓沉淀法　cetylpyridinium bromide precipitation，CPB precipitation　11.0020
*十碳烷酸　decanoic acid　07.0046
十字形环　cruciform loop　04.0185
十字形结构　cruciform structure　04.0183
十字形结构 DNA　cruciform DNA　04.0184
石胆酸　lithocholic acid　10.0205
石耳葡聚糖　pustulan　06.0202
时间特异性　temporal specificity　05.0454
时序基因　temporal gene　05.0459
*时序调节　temporal regulation　05.0452
时序调控　temporal regulation　05.0452
时序小 RNA　small temporal RNA，stRNA　04.0246

识别　recognition　01.0249
*识别唾液酸的免疫球蛋白超家族凝集素　sialic acid-recognizing immunoglobulin superfamily lectins，siglecs　06.0275
*实时 PCR　real-time PCR　11.0529
实时聚合酶链反应　real-time PCR　11.0529
*实时逆转录 PCR　real-time RT-PCR　11.0531
实时逆转录聚合酶链反应　real-time RT-PCR　11.0531
*实时荧光 PCR　real-time fluorescence PCR　11.0529
实时荧光核酸等温扩增检测　simultaneous amplification and testing，SAT　11.0576
*实时荧光核酸恒温扩增检测　simultaneous amplification and testing，SAT　11.0576
*实验室进化　laboratory evolution　11.0969
实质等同性　substantial equivalence　11.0977
*食欲刺激素　ghrelin　09.0169
*食欲肽　orexin，OX　09.0168
示踪技术　tracer technique　11.0377
*示踪剂　tracer　11.0378
示踪物　tracer　11.0378
RNA 世界假说　RNA world hypothesis　04.0303
饰胶蛋白聚糖　decorin　06.0301
视蛋白　opsin　02.0688
视黄醇　retionl　09.0332
视黄醇结合蛋白质　retinol-binding protein，RBP　02.0313
视黄醛　retinal　09.0342
视黄醛脱氢酶　retinal dehydrogenase　03.0127
*视黄醛氧化酶　retinal oxidase　03.0130
视黄酸　retinoic acid　09.0343
视黄酸受体　retinoic acid receptor，RAR　08.0329
视黄酸诱导基因Ⅰ样受体　retinoic acid-inducible gene Ⅰ-like receptor，RIG-Ⅰ-like receptor，RLR　08.0380
视青质　iodopsin　02.0692
视色蛋白　visual chromoprotein　02.0686
视网膜母细胞瘤蛋白　retinoblastoma protein，Rb protein　02.0781
视锥蛋白　visinin　02.0615
视紫红质　rhodopsin　02.0687
*视紫蓝质　iodopsin　02.0692
适配体　aptamer　11.0864
适应酶　adaptive enzyme　03.0491
释放[激]素　releasing hormone，liberin　09.0057
释放因子　release factor，RF　05.0379
嗜铬粒蛋白　chromogranin，Cg　02.0571
嗜铬粒蛋白 A　chromogranin A，CgA　02.0572
嗜铬粒蛋白 B　chromogranin B，CgB　02.0573
嗜铬粒结合蛋白　chromobindin　02.0582
嗜铬粒膜蛋白　chromomembrin　02.0574
嗜铬粒抑制肽　chromostatin　02.0130
嗜热菌蛋白酶　thermolysin，thermophilic protease　03.0575
嗜乳脂蛋白　butyrophilin　02.0658
嗜酸性粒细胞趋化性多肽　eosinophil chemotactic peptide　09.0195
嗜酸性粒细胞趋化因子　eotaxin　09.0219
嗜酸性粒细胞生成素　eosinophilopoietin　09.0196
*嗜伊红粒细胞趋化性多肽　eosinophil chemotactic peptide　09.0195
*嗜伊红粒细胞生成素　eosinophilopoietin　09.0196
嗜异性抗原　heterophil antigen　06.0288
噬斑　plaque　11.0791
噬斑形成单位　plaque forming unit，pfu　11.0792
噬菌体　phage，bacteriophage　11.0750
DNA 噬菌体　DNA phage　05.0171
噬菌体表面展示　phage surface display　11.0789
λ 噬菌体末端酶　λ phage terminase　03.0754
噬菌体展示　phage display　11.0834
噬菌体展示随机肽文库　phage display random peptide library　11.0830
收缩蛋白质　contractile protein　02.0248
EF 手形　EF hand　02.0895
手性　chirality　01.0191
手性化合物　chiral compound　01.0192
寿命蛋白　mortalin，MOT　02.0674
受控膜内蛋白酶解　regulated intramembrane proteolysis，RIP　08.0355
*受纳细胞　permissive cell　11.0796
受体　receptor　01.0098
KDEL 受体　KDEL receptor　08.0091
受体超家族　receptor superfamily　08.0328
*cAMP 受体蛋白质　cAMP receptor protein，CRP　05.0487
受体蛋白质激酶　receptor protein kinase　03.0356
*受体激酶　receptor kinase　03.0356
受体介导的胞吞　receptor-mediated endocytosis　08.0137
受体介导的胞饮　receptor-mediated pinocytosis

*2,3-双磷酸甘油酸支路　2,3-bisphosphoglycerate shunt，2,3-BPG shunt　10.0126
双螺旋结构　double helix structure　04.0144
*双螺旋模型　double helix model　04.0145
*双面角　dihedral angle　02.0090
双栖蛋白聚糖　amphiglycan　06.0321
双氢睾酮　dihydrotestosterone，DHT　09.0104
双顺反子 mRNA　bicistronic mRNA　05.0372
双缩脲反应　biuret reaction　11.0257
*双糖　disaccharide　06.0134
双糖链蛋白聚糖　biglycan　06.0304
双调蛋白　amphiregulin，AR　09.0228
*双萜　diterpene　07.0192
*双脱氧法　dideoxy termination method　11.0594
双脱氧核苷三磷酸　dideoxyribonucleoside triphosphate，ddNTP　04.0122
*双向层析　two-dimensional chromatography　11.0251
*双向电泳　two-dimensional electrophoresis，2DE　11.0144
双向复制　bi-directional replication　05.0113
*双向火箭免疫电泳　double rocket electrophoresis　11.0148
双向基因对　bi-directional gene pairs　05.0525
双向凝胶电泳　two-dimensional gel electrophoresis　11.0144
双向启动子　bi-directional promoter　05.0526
双向荧光差异凝胶电泳　two-dimensional fluorescence difference gel electrophoresis，2D-DIGE　11.0145
双向转录　bi-directional transcription　05.0234
双杂交系统　two-hybrid system　11.0746
双载蛋白　amphiphysin　02.0569
双组分蛋白质磷酸化系统　two-component protein phosphorylation system　08.0229
*双组分调节系统　two-component regulatory system　08.0229
*双组分信号转导系统　two-component signal transduction system　08.0229
水钴胺素还原酶　aquacobalamin reductase　03.0204
水合酶　hydratase　03.0736
水解　hydrolysis　01.0122
水解酶　hydrolase，hydrolytic enzyme　03.0367
水解探针　hydrolysis probe　11.0524
*水孔蛋白　aquaporin　02.0659
水母[发光]蛋白　aequorin　02.0721
*水平转头　swing-out rotor　11.0069
水溶性维生素　water-soluble vitamin　09.0326
水苏糖　stachyose，lupeose　06.0161
水通道蛋白　aquaporin　02.0659
水蝗肽　pedin　02.0142
水杨酸　salicylic acid，SA　09.0321
水蛭素　hirudin　02.0180
δ 睡眠诱导肽　delta-sleep inducing peptide，δ-sleep inducing peptide，DSIP　02.0166
*顺丁烯二酸　maleic acid　07.0043
*顺-13-二十二碳烯酸　*cis*-13-docosenoic acid　07.0088
顺反异构　*cis-trans* isomerism　01.0196
顺反异构酶　*cis-trans* isomerase　03.0653
顺反异构体　*cis-trans* isomer　01.0202
顺反子　cistron　05.0367
顺反子间区　intercistronic region　05.0370
[顺]芥子酸　erucic acid，sinapic acid　07.0088
*顺-9-十八碳烯酸　*cis*-9-octadecenoic acid　07.0067
顺式剪接　*cis*-splicing　05.0273
*顺式调节元件　*cis*-regulatory element　05.0477
*顺式异构　*cis*-isomerism　01.0196
顺式异构体　*cis*-isomer　01.0203
顺式作用　*cis*-acting　05.0479
顺式作用核酶　*cis*-acting ribozyme　03.0723
顺式作用元件　*cis*-acting element　05.0477
顺乌头酸　*cis*-aconitic acid　10.0136
顺乌头酸酶　aconitase　03.0627
顺向构象　cisoid conformation　01.0217
*瞬时表达　transient expression　11.0800
*瞬时转染　transient transfection　11.0775
蒴莲根毒蛋白　volkensin　02.0825
丝氨酸　serine，Ser，S　02.0037
丝氨酸蛋白酶　serine proteinase　03.0511
丝氨酸蛋白酶抑制剂　serine proteinase inhibitor，serpin　03.0762
*丝氨酸蛋白酶抑制物　serine proteinase inhibitor，serpin　03.0762
丝氨酸/苏氨酸蛋白酶　serine/threonine protease，serine/ threonine proteinase　03.0512
丝氨酸羧肽酶　serine carboxypeptidase，SCP　03.0506
*丝氨酸酯酶　serine esterase　03.0511
丝甘蛋白聚糖　serglycan　06.0293
丝胶蛋白　sericin　02.0428
*丝裂原活化蛋白质激酶　mitogen-activated protein

kinase，MAPK　03.0351
*丝裂原激活的蛋白质激酶　mitogen-activated protein kinase，MAPK　03.0351
*丝裂原调节蛋白质　mitogen-regulated protein，MRP　02.0680
*丝酶抑制蛋白　serine proteinase inhibitor，serpin　03.0762
丝切蛋白　cofilin　02.0481
丝石竹毒蛋白　gypsophilin　02.0832
丝束蛋白　fimbrin，plastin　02.0479
丝心蛋白　fibroin　02.0427
斯卡查德方程　Scatchard equation　11.0339
斯卡查德分析　Scatchard analysis　11.0338
斯卡查德作图　Scatchard plotting　11.0340
斯坦尼钙调节蛋白　Stanniocalcin，STC　09.0141
斯托克斯半径　Stokes radius　11.0046
斯韦德贝里单位　Svedberg unit　11.0044
*斯维德伯格单位　Svedberg unit　11.0044
死亡基因　thanatogene　11.0942
死亡结构域　death domain，DD　08.0278
死亡受体　death receptor　08.0324
死亡效应结构域　death effector domain，DED　08.0279
死亡诱导信号复合体　death-inducing signaling complex，DISC　08.0286
*四次穿膜蛋白　tetraspanin　08.0082
*四碘甲状腺原氨酸　tetraiodothyronine，T_4　09.0080
G-四分体　G-quartet，G-tetrad　04.0164
*四股螺旋 DNA　tetrable helix DNA　04.0162
四极滤质器　quadrupole mass filter　11.0420
四极质谱法　quadrupole mass spectrometry　11.0419
四极质谱仪　quadrupole mass spectrometer　11.0421
四跨膜蛋白　tetraspanin　08.0082
*四连接素　tetranectin　06.0273
四联凝[集]素　tetranectin　06.0273
*G-四联体　G-quadruplex　04.0163
G-四链体　G-quadruplex　04.0163
四链体 DNA　tetraplex DNA，quadruplex DNA　04.0162
四螺旋束　four helix bundle　02.0891
*1,3,4,5-四羟基环己烷羧酸　1,3,4,5-tetrahydroxycyclohexanecarboxylic acid　07.0099
四氢叶酸　tetrahydrofolic acid，THF　09.0379
*四氢叶酸脱氢酶　tetrahydrofolate dehydrogenase　03.0138
*四碳糖　tetrose　06.0048
四糖　tetrasaccharide　06.0160
松弛 DNA　relaxed DNA　04.0193
*松弛蛋白质　relaxation protein　02.0676
松弛素　relaxin　09.0146
松弛型质粒　relaxed plasmid　05.0156
松二糖　turanose　06.0150
松果体激素　pineal hormone　09.0072
松萝酸　usnic acid，usninic acid，usnein　07.0080
松三糖　melezitose　06.0157
苏阿糖　threose　06.0051
苏氨酸　threonine，Thr，T　02.0038
苏氨酸脱氨酶　threonine deaminase　03.0636
*苏氨酸脱水酶　threonine dehydrase，threonine dehydratase　03.0636
*苏丁糖　threose　06.0051
苏[糖]型构型　threo-configuration　06.0016
速固醇　tachysterol　09.0349
速激肽　tachykinin　02.0119
速流技术　rapid flow technique　11.0275
酸败　rancidity　07.0021
酸碱代谢　acid-base metabolism　10.0011
酸性氨基酸　acidic amino acid　02.0007
酸性成纤维细胞生长因子　acid fibroblast growth factor，aFGF　09.0233
酸性激活域　acid activation domain　05.0500
酸性磷酸酶　acid phosphatase　03.0388
α_1-酸性糖蛋白　α_1-acid glycoprotein　02.0277
酸值　acid number，acid value　07.0020
*随机 PCR　random PCR　11.0552
随机寡核苷酸诱变　random oligonucleotide mutagenesis　11.0812
随机聚合酶链反应　random PCR　11.0552
随机扩增多态性 DNA　randomly amplified polymorphic DNA，RAPD　11.0856
随机引物　random primer　11.0580
随机引物标记　random primer labeling　11.0519
随机诱变　random mutagenesis　11.0809
随机整合　random integration　11.0954
髓过氧化物酶　myeloperoxidase　03.0174
*髓磷脂蛋白脂质蛋白质　myelin proteolipid protein，MPLP　02.0557
*髓磷脂蛋白质　myelin protein　02.0554
*髓磷脂碱性蛋白质　myelin basic protein，MBP　02.0555

*髓磷脂相关糖蛋白　myelin-associated glycoprotein，MAG　02.0556
髓鞘蛋白脂质蛋白质　myelin proteolipid protein，MPLP　02.0557
髓鞘蛋白质　myelin protein　02.0554
髓鞘寡突胶质糖蛋白　myelin oligodendroglia glycoprotein　06.0263
髓鞘碱性蛋白质　myelin basic protein，MBP　02.0555
髓鞘相关糖蛋白　myelin-associated glycoprotein，MAG　02.0556
髓系分化初级反应蛋白质 88　myeloid differentiation primary response protein 88，MyD88　08.0386
DNA 损伤　DNA damage　05.0174
DNA 损伤剂　DNA damaging agent　05.0175
损伤相关分子模式　damage-associated molecular pattern，DAMP　08.0376
梭菌蛋白酶　clostripain　03.0551
γ 羧化　γ-carboxylation　10.0247
羧化酶　carboxylase　03.0688
*羧基端　carboxyl terminal，C-terminal，C-terminus　02.0086
γ-羧基谷氨酸　γ-carboxyl glutamic acid，Gla　02.0046
羧基歧化酶　carboxydismutase　03.0613
羧基转移酶　carboxyltransferase，carboxyl transferase　03.0233
羧甲基纤维素　carboxymethyl cellulose，CM-cellulose　11.0192
羧酸酯[水解]酶　carboxylic ester hydrolase，carboxylesterase　03.0369
羧肽酶　carboxypeptidase　03.0505
羧肽酶原　procarboxypeptidase　03.0509
*缩肠绒毛素　villikinin　09.0170
*缩胆囊素　cholecystokinin，CCK　09.0152
缩胆囊肽　cholecystokinin，CCK　09.0152
*缩宫素　oxytocin，pitocin　09.0046
缩合反应　condensation reaction　01.0118
缩聚反应　condensation polymerization，polycondensation　01.0119
缩醛　acetal　06.0022
缩醛磷脂　acetal phosphatide，plasmalogen　07.0150
缩酮　ketal　06.0024
索氏抽提器　Soxhlet extractor　11.0017
*索氏提取器　Soxhlet extractor　11.0017
锁核酸　locked nucleic acid，LNA　04.0136
锁链素　desmosine　02.0047
锁钥学说　lock and key theory　03.0059

T

*他汀类药物　statin　03.0779
胎球蛋白　fetuin　02.0321
*台盼蓝　trypan blue　11.1003
肽　peptide　02.0067
*C 肽　connecting peptide，C-peptide　09.0130
*肽单位　peptide unit　02.0089
肽单元　peptide unit　02.0089
肽合成　peptide synthesis　11.0672
肽核酸　peptide nucleic acid，PNA　11.0863
*肽基　peptide group　02.0089
*肽基二肽酶 A　peptidyl-dipeptidase A　03.0504
肽基脯氨酰顺反异构酶　peptidyl-prolyl *cis-trans* isomerase，PPIase　03.0654
肽键　peptide bond　02.0077
肽聚糖　peptidoglycan　06.0228
肽类激素　peptide hormone　09.0002
肽链　peptide chain　02.0083
*肽链端解酶　exopeptidase　03.0496
*肽链内切酶　endopeptidase　03.0495
*肽链外切酶　exopeptidase　03.0496
肽酶　peptidase　03.0494
肽–酶联免疫吸附分析　peptide-ELISA　11.0319
肽平面　peptide plane　02.0088
肽扫描技术　peptide scanning technique，pepscan　11.0263
肽-*N*-糖苷酶 F　peptide-*N*-glycosidase F　03.0588
肽图　peptide map　11.0261
肽文库　peptide library　02.0092
肽酰 tRNA　peptidyl tRNA　05.0385
肽酰位　peptidyl site，P site　05.0388
肽酰转移酶　peptidyl transferase　03.0261
*肽质量指纹谱　peptide mapping fingerprinting，PMF　11.0262
肽质量指纹图　peptide mapping fingerprinting，PMF　11.0262
肽转运蛋白　peptide transporter　02.0660
泰威糖　tyvelose　06.0088
弹性蛋白　elastin　02.0420

弹性蛋白酶　elastase　03.0525
弹性蛋白酶抑制剂　elafin　03.0775
弹性蛋白酶原　proelastase　03.0526
*弹性蛋白原　proelastin　02.0421
檀香萜　santalene　07.0191
探针　probe　11.0510
DNA 探针　DNA probe　11.0512
RNA 探针　RNA probe　11.0513
碳链裂解酶　desmolase　03.0191
*碳水化合物　carbohydrate　06.0001
碳酸酐酶　carbonic anhydrase　03.0625
碳同化[作用]　carbon assimilation　10.0165
*羰氨反应　Maillard reaction　06.0044
唐南平衡　Donnan equilibrium　08.0074
糖　saccharide　06.0002
糖胺　glycosamine　06.0112
糖胺聚糖　glycosaminoglycan，GAG　06.0211
糖胺聚糖结合蛋白质　glycosaminoglycan-binding protein　06.0283
糖醇　alditol　06.0091
糖代谢　saccharometabolism　10.0092
*[糖]甙　glycoside　06.0030
糖蛋白　glycoprotein　02.0233
T-H 糖蛋白　Tamm-Horsfall glycoprotein　06.0264
糖萼　glycocalyx　06.0285
糖二酸　aldaric acid，saccharic acid　06.0098
*糖复合体　glycoconjugate　06.0008
糖复合物　glycoconjugate　06.0008
[糖]苷　glycoside　06.0030
糖苷键　glycosidic bond，glycosidic linkage　06.0034
N-糖苷键　*N*-glycosidic bond　06.0036
O-糖苷键　*O*-glycosidic bond　06.0035
α-糖苷键　α-glycosidic linkage　06.0037
β-糖苷键　β-glycosidic linkage　06.0038
糖苷酶　glycosidase　03.0437
DNA *N*-糖苷酶　DNA *N*-glycosylase　03.0490
糖苷内切酶　endoglycosidase　03.0438
糖苷配基　aglycon，aglycone　06.0032
糖苷外切酶　exoglycosidase　03.0439
*糖核苷酸　sugar nucleotide　06.0133
糖核苷酸转运蛋白　sugar nucleotide transporter　02.0664
糖化　glycation　06.0020
糖化学　carbohydrate chemistry　01.0014
糖基　glycone　06.0031
*糖基甘油酯　glycoglyceride　07.0168
糖基化　glycosylation　05.0425
N-糖基化　*N*-glycosylation　05.0426
O-糖基化　*O*-glycosylation　05.0427
糖基磷脂酰肌醇　glycosylphosphatidylinositol，GPI　06.0286
糖基磷脂酰肌醇化　glypiation　06.0287
糖基磷脂酰肌醇锚定蛋白质　glycosylphosphatidylinositol-anchored protein，GPI-anchored protein　08.0080
*糖基脂[肪]酰甘油　glycosylacylglycerol　07.0168
糖基转移酶　glycosyltransferase　03.0269
糖酵解　glycolysis　10.0105
*糖结合蛋白质　glycan-binding protein　02.0233
糖类　carbohydrate　06.0001
糖蜜　molasses　06.0139
糖皮质激素　glucocorticoid，glucocorticosteroid　09.0093
糖醛酸　alduronic acid，uronic acid　06.0104
糖醛酸磷壁酸　teichuronic acid　06.0233
糖醛酸途径　uronic acid pathway，glucuronate pathway　10.0150
糖生物学　glycobiology　01.0013
糖识别结构域　carbohydrate recognition domain，CRD　08.0257
*糖酸　aldonic acid　06.0100
糖肽　glycopeptide　06.0325
糖无氧氧化　anaerobic oxidation of glucose　10.0108
糖形　glycoform　06.0243
糖型　glycotype　06.0244
糖异生　gluconeogenesis　10.0156
糖有氧氧化　aerobic oxidation of glucose　10.0111
糖原　glycogen　06.0192
糖原蛋白　glycogenin　06.0194
糖原分解　glycogenolysis　10.0155
*糖原合成　glycogenesis　10.0154
*糖原 α-1,6-葡聚糖水解酶　glycogen α-1,6-glucanohydrolase　03.0480
糖原生成　glycogenesis　10.0154
糖褶构象　sugar pucker　06.0012
糖脂　glycolipid　07.0161
糖指纹分析　carbohydrate fingerprinting　11.0502
*糖缀合物　glycoconjugate　06.0008
糖组　glycome　01.0071
糖组学　glycomics　01.0054

糖作图　carbohydrate mapping　11.0660
淘选　panning　11.0070
套叠基因　nested gene　05.0008
套索 RNA　lariat RNA　05.0285
*套索中间体　lariat intermediate　05.0285
*特异位点重组　site-specific recombination　05.0227
*cGMP 特异性磷酸二酯酶　cGMP-specific phosphodiesterase　03.0405
特异转录因子　special transcription factor　05.0495
梯度电泳　gradient electrophoresis　11.0139
梯度离心　gradient centrifugation　11.0060
梯度凝胶电泳　gradient gel electrophoresis　11.0118
梯度洗脱　gradient elution　11.0170
梯度形成器　gradient former　11.0160
提前终止密码子　premature termination codon，PTC　05.0318
*提取　extraction　11.0015
体内　*in vivo*　11.0662
体外　*in vitro*　11.0663
体外包装　*in vitro* packaging　11.0759
体外重组　*in vitro* recombination　11.0669
体外蛋白质激酶活性测定　*in vitro* protein kinase activity assay，*in vitro* protein kinase assay　11.0399
体外翻译　*in vitro* translation　11.0671
体外转录　*in vitro* transcription　11.0670
体细胞基因治疗　somatic gene therapy　11.0940
体液因子　humoral factor　08.0206
*替代环　displacement loop，D loop　05.0229
天蚕杀菌肽　cecropin　02.0186
*天蚕素　cecropin　02.0186
天冬氨酸　aspartic acid，Asp，D　02.0034
天冬氨酸氨甲酰基转移酶　aspartate carbamoyltransferase，DCT　03.0235
天冬氨酸蛋白酶　aspartic protease　03.0560
天冬氨酸–精氨酸代琥珀酸支路　aspartate-argininosuccinate shunt　10.0091
*天冬氨酸转氨甲酰酶　aspartate transcarbamylase，ATC　03.0235
*天冬氨酸转氨酶　aspartate aminotransferase，AST　03.0285
天冬苯丙二肽酯　aspartame　02.0131
*天冬甜二肽　aspartame　02.0131
天冬酰胺　asparagine，Asn，N　02.0035
*天冬酰胺连接寡糖　asparagine-linked oligosaccharide　06.0237
天冬酰胺酶　asparaginase　03.0580
天花粉蛋白　trichosanthin　02.0836
天青蛋白　azurin　02.0372
天线　antenna　06.0242
*添补反应　anaplerotic reaction　10.0035
甜菜毒蛋白　betavulgin，beetin　02.0821
甜菜碱　betaine　10.0288
条件性基因敲除　conditional gene knock-out　11.0886
条件性基因打靶　conditional gene targeting　11.0936
调蛋白　heregulin，HRG　02.0784
调节　regulation，control　01.0237
调节部位　regulatory site　01.0241
调节蛋白质　regulatory protein　05.0475
调节回路　regulatory circuit　08.0189
调节基因　regulatory gene　05.0458
调节级联　regulatory cascade　01.0245
调节酶　regulatory enzyme　03.0103
调节区　regulatory region　01.0240
调节物　regulator　01.0238
*调节序列　regulatory sequence　05.0472
调节亚基　regulatory subunit　01.0242
*调节因子　regulatory factor　05.0476
调节域　regulatory domain　01.0239
*调节元件　regulatory element　05.0474
调节子　regulon　05.0549
调控性非编码 RNA　regulatory non-coding RNA　04.0240
调控序列　regulatory sequence　05.0472
调控因子　regulatory factor　05.0476
调控元件　regulatory element　05.0474
调制　modulation　01.0247
调制物　modulator　01.0248
*跳码　frame hopping，bypassing　05.0402
萜　terpene　07.0178
萜品醇　terpineol　07.0185
萜品烯　terpinene　07.0184
铁螯合酶　ferrochelatase　03.0643
铁蛋白　ferritin　02.0702
铁硫蛋白　iron-sulfur protein，Fe-S protein　02.0703
铁钼蛋白　iron-molybdenum protein　02.0700
*铁氧化还原蛋白　ferredoxin　02.0705
铁氧还蛋白　ferredoxin　02.0705
铁氧还蛋白-$NADP^+$还原酶　ferredoxin-$NADP^+$ reductase，FNR　03.0210
通道形成肽　channel-forming peptide　02.0567

通道运载体　channel carrier　08.0130
*通读　readthrough　05.0269
通透　permeation　08.0061
通透酶　permease　03.0749
通透选择性　permselectivity　08.0060
*通用密码　universal code　05.0334
通用遗传密码　universal genetic code　05.0334
通用引物　universal primer　11.0599
通用转录因子　general transcription factor　05.0493
同促效应　homotropic effect　01.0234
同等位基因　isoallel　05.0049
同多糖　homopolysaccharide　06.0166
同二聚体　homodimer　02.0911
同分异构体　isomer　01.0200
*同分异构现象　isomerism　01.0193
同工蛋白质　isoprotein　02.0253
同工激素　isohormone　09.0020
同工解码 tRNA　isodecoder tRNA　04.0264
同工酶　isoenzyme　03.0024
同工凝集素　isolectin　06.0268
同工受体 tRNA　isoacceptor tRNA　04.0263
同化作用　assimilation　10.0009
同聚物加尾　homopolymeric tailing　11.0838
同切点酶　isoschizomer　03.0425
*同切点限制性核酸内切酶　isoschizomer　03.0425
*同位素编码亲和标签　isotope-coded affinity tag，ICAT　11.0411
同位素标记　isotope labeling，isotopic labeling　11.0392
同位素标记亲和标签　isotope-coded affinity tag，ICAT　11.0411
*同位素标记相对和绝对定量技术　isobaric tag for relative and absolute quantitation, iTRAQ　11.0409
同位素交换法　isotope exchange method　11.0454
同位素示踪　isotopic tagging，isotopic tracing　11.0381
同位素示踪物　isotopic tracer　11.0379
同系层析　homochromatography　11.0236
同系物　homolog　01.0166
同线基因　syntenic gene　05.0064
同向转运　symport　08.0116
同向转运蛋白　symporter　08.0117
*同向转运体　symporter　08.0117
同形体　isomorph　01.0132
同型多聚泛素化　homotypic polyubiquitination　05.0435
RIP 同型相互作用模体　RIP homotypic interaction motif，RHIM　08.0292
*同义密码子　synonymous codon　05.0345
同义突变　synonymous mutation　05.0414
同源重组　homologous recombination　05.0226
同源蛋白质　homologous protein　02.0252
同源定向修复　homology-directed repair，HDR　05.0212
同源基因　homologous gene　05.0041
*Bcl-2 同源结构域　Bcl-2 homology domain，BH domain　08.0250
*Src 同源结构域 2　Src homology 2 domain，SH2 domain　08.0248
*Src 同源结构域 3　Src homology 3 domain，SH3 domain　08.0249
同源适应　homologous adaptation　08.0195
同源双链体　homoduplex　11.0507
同源脱敏　homologous desensitization　08.0185
同源物　homolog　01.0165
同源性　homology　01.0163
DNA 同源性　DNA homology　04.0230
同源异形蛋白质　homeoprotein　02.0568
同源异形基因　homeotic gene，homeobox gene，Hox gene　05.0483
同源异形框　homeobox，Hox　05.0482
同源异形结构域　homeodomain，HD　05.0484
*同源异形结构域蛋白质　homeodomain protein　02.0568
*同族凝集素　isolectin　06.0268
桐[油]酸　eleostearic acid　07.0078
铜蛋白　cuprein　02.0709
铜蓝蛋白　ceruloplasmin，caeruloplasmin　02.0710
α-酮丁酸　α-ketobutyric acid　10.0274
*2-酮基-3-脱氧-D-甘油-D-半乳酸壬酸　2-keto-3-deoxy-D-glycero-D-galactononic acid，KDN　06.0122
*2-酮基-3-脱氧辛酮酸　2-keto-3-deoxyoctonate，KDO　06.0081
17-酮类固醇　17-ketosteroid　09.0109
*β-酮硫解酶　β-ketothiolase　03.0249
α-酮酸　α-keto acid　10.0270
酮糖　ketose　06.0007
酮体　ketone body　10.0184
α-酮戊二酸　α-ketoglutaric acid　10.0139
酮–烯醇互变异构　keto-enol tautomerism　10.0095

酮脂[肪]酰辅酶 A　ketoacyl-coenzyme A，ketoacyl-CoA　10.0182
*痛敏素　nociceptin，NC　02.0112
头孢菌素酶　cephalosporinase　03.0592
头蛋白　noggin　02.0719
透明带黏附蛋白　zonadhesin　02.0652
*透明噬斑　transparent plaque　11.0791
透明质酸　hyaluronic acid，hyaluronan　06.0212
*透明质酸和凝集素结合的调制蛋白聚糖　hyaluronan and lectin-binding modular proteoglycan，HLPG　06.0305
透明质酸酶　hyaluronidase　03.0473
透凝蛋白聚糖　hyalectan　06.0305
透射电子显微镜　transmission electron microscope，TEM　11.0443
透析　dialysis　11.0022
突变　mutation　05.0186
突变体　mutant　05.0187
*ts 突变体　temperature-sensitive mutant，ts mutant　05.0190
突变子　muton　05.0191
*UAG 突变阻抑基因　UAG mutation suppressor　05.0568
*突出末端　protruding terminus　04.0326
突触蛋白　synapsin　02.0533
突触蛋白聚糖　agrin　06.0312
突触核蛋白　synuclein　02.0534
突触结合蛋白　synaptotagmin　02.0535
突触孔蛋白　synaptoporin　02.0539
突触融合蛋白　syntaxin　02.0536
*突触素　synapsin　02.0533
突触小泡蛋白　synaptophysin，SYP　02.0537
*突触小泡相关膜蛋白质　vesicle-associated membrane protein，VAMP　02.0538
突触小泡磷酸酶　synaptojanin　02.0541
突触小体相关蛋白质　synaptosome-associated protein，SNAP　02.0542
突触信号传递　synaptic signaling　08.0159
*突触信号传送　synaptic signaling　08.0159
突触循环蛋白　synaptogyrin　02.0540
*cAMP-PKA 途径　cAMP-protein kinase A pathway　08.0171
MAPK 途径　MAPK pathway　08.0172
*PKA 途径　protein kinase A pathway，PKA pathway　08.0171
退化蛋白　degenerin　02.0720
退火　annealing　04.0307
蜕壳激素　eclosion hormone　09.0298
*蜕皮固酮　ecdysterone　09.0293
蜕皮[激]素　ecdysone，molting hormone　09.0292
*α-蜕皮素　α-ecdysone　09.0292
*β-蜕皮素　β-ecdysone　09.0293
蜕皮甾酮　ecdysterone　09.0293
褪黑素　melatonin　09.0071
吞噬[作用]　phagocytosis　08.0135
*吞饮[作用]　pinocytosis　08.0136
脱氨[基]作用　deamination　10.0230
脱氨酶　deaminase，desaminase　03.0595
脱氨神经氨酸　deaminonearaminic acid　06.0122
脱靶效应　off-target effect　11.0909
脱饱和酶　desaturase　03.0196
脱氮作用　denitrification　10.0355
*脱泛素化　deubiquitination　05.0440
脱辅基蛋白质　apoprotein　02.0242
脱辅[基]酶　apoenzyme　03.0011
*脱辅基脂蛋白　apolipoprotein，Apo　02.0381
脱钙钙调蛋白　apocalmodulin　02.0629
脱钙肌钙蛋白　apotroponin　02.0500
*脱甲基化　demethylation　05.0424
*脱甲基[作用]　demethylation　05.0424
脱甲酰酶　deformylase　03.0589
脱壳酶　uncoating enzyme　03.0601
*脱磷酸化　dephosphorylation　05.0418
*脱落蛋白质　split protein　02.0257
脱落菌素　exfoliatin　02.0859
*脱落素Ⅱ　abscisinⅡ　09.0314
脱落酸　abscisic acid，ABA　09.0314
脱镁叶绿素　pheophytin　10.0055
*脱嘧啶核酸　apyrimidinic acid　04.0132
脱敏　desensitization　08.0183
*脱嘌呤核酸　apurinic acid　04.0131
脱嘌呤作用　depurination　04.0318
脱氢表雄酮　dehydroepiandrosterone，DHEA，DHA　09.0108
7-脱氢胆固醇　7-dehydrocholesterol　09.0347
脱氢抗坏血酸还原酶　dehydroascorbate reductase，DHAR　03.0145
脱氢酶　dehydrogenase　03.0114
*NADH-脱氢酶复合物　NADH-dehydrogenase complex　03.0697

W

X

西葫芦毒蛋白　pepocin　02.0824
吸附层析　adsorption chromatography，absorbent chromatography　11.0210
吸能反应　endergonic reaction　10.0079
吸收光谱　absorption spectrum　11.0271
吸收光谱法　absorption spectrometry　11.0270
希尔方程　Hill equation　11.0336
希尔作图　Hill plotting　11.0337
希腊钥匙模体　Greek key motif　02.0899
硒代半胱氨酸　selenocysteine，Sec　02.0039
硒蛋白　selenoprotein　02.0701
硒尿苷　selenouridine　04.0067
烯醇化酶　enolase　03.0628
烯醇式丙酮酸　enolpyruvic acid　10.0130
*5-烯醇式丙酮酰莽草酸-3-磷酸合酶　5-enolpyruvylshikimate-3-phosphate synthase，EPSP synthase　03.0282
*烯脑苷脂　nervon　07.0175
烯脂[肪]酰辅酶 A　enoyl-coenzyme A，enoyl-CoA　10.0181
稀有氨基酸　rare amino acid　02.0003
稀有核苷　minor nucleoside，rare nucleoside　04.0052
稀有碱基　unusual base，minor base，rare base　04.0018
习惯命名　recommended nomenclature　03.0110
洗脱　elution　11.0168
洗脱体积　elution volume　11.0173
洗脱物　eluate　11.0172
Cre/loxP 系统　Cre/loxp system，Cre-loxP system　11.0903
CRISPR/Cas 系统　CRISPR/Cas system　11.0906
CRISPR/Cas9 系统　CRISPR/Cas9 system　11.0907
CRISPR/Cpf1 系统　CRISPR/Cpf1 system　11.0905
FLP/FRT 系统　FLP/FRT system，FLP-FRT system　11.0904
*系统命名　systematic nomenclature　03.0111
系统生物学　systems biology　01.0024
系统素　systemin　09.0323
*CHO 细胞　Chinese hamster ovary cell，CHO cell　11.0799
*细胞癌基因　cellular oncogene，c-oncogene，*c-onc*　05.0068
细胞靶向　cell targeting　08.0199
细胞败亡　necroptosis　01.0263
细胞表面识别　cell surface recognition　08.0320
细胞表面受体　cell surface receptor　08.0319
细胞程序性死亡　programmed cell death　01.0260
细胞凋亡　apoptosis　01.0261
细胞分裂素　cytokinin　09.0311
细胞核蛋白聚糖　nuclear proteoglycan　06.0294
细胞坏死　necrosis　01.0262
*细胞坏死性凋亡　necroptosis　01.0263
*细胞激动素　cytokinin　09.0311
细胞间通信　intercellular communication　08.0147
细胞焦亡　pyroptosis　01.0265
细胞角蛋白　cytokeratin　02.0392
B 细胞淋巴瘤 2 家族蛋白质　B cell lymphoma 2 family protein，Bcl-2 family protein　02.0769
细胞膜　cell membrane　08.0002
*细胞内受体　intracellular receptor　08.0317
细胞内通信　intracellullar communication　08.0148
细胞黏附受体　cell adhesion receptor　08.0327
细胞培养氨基酸稳定同位素标记技术　stable isotope labeling with amino acids in cell culture，SILAC　11.0408
细胞亲和层析　cell affinity chromatography　11.0247
*细胞球蛋白　cytoglobin　02.0352
细胞绒毛蛋白　cytovillin　02.0526
细胞色素 b_6f 复合物　cytochrome b_6f complex　03.0699
NADH-细胞色素 b_5 还原酶　NADH-cytochrome b_5 reductase　03.0144
细胞死亡　cell death　01.0259
β 细胞素　betacellulin，BTC　09.0230
*细胞特异性　cell specificity　05.0455
细胞铁死亡　ferroptosis　01.0267
细胞通信　cell communication　08.0146
细胞信号传递　cell signaling　08.0150
*细胞信号传送　cell signaling　08.0150
*细胞炎性坏死　pyroptosis　01.0265
细胞 FLICE 样抑制蛋白质　cellular FLICE-like inhibitory protein，cFLIP　08.0288
细胞因子　cytokine　09.0202
*细胞因子信号传送阻抑物　suppressor of cytokine

signaling，SOCS　09.0256
细胞因子信号抑制蛋白　suppressor of cytokine signaling，SOCS　09.0256
*细胞因子信号抑制物　suppressor of cytokine signaling，SOCS　09.0256
细胞胀亡　oncosis　01.0266
细胞指数富集配体系统进化技术　cell-SELEX　11.0866
细胞质非特异性二肽酶　cytosol nonspecific dipeptidase　03.0501
细胞质基因　plasmagene，cytogene　05.0030
细胞珠蛋白　cytoglobin　02.0352
细蛋白　parvulin　03.0655
细菌解旋酶　bacterial helicase　03.0676
*细菌内毒素　endotoxin　02.0851
细菌人工染色体　bacterial artificial chromosome，BAC　11.0743
[细菌]十一萜醇　undecaprenol　07.0202
细菌素　bacteriocin　02.0856
*细菌萜醇　undecaprenol　07.0202
细丝蛋白　filamin　02.0478
虾卵绿蛋白　ovoverdin　02.0754
狭线印迹法　slot blotting　11.0488
*下丘脑[分]泌素　hypocretin　09.0168
下丘脑激素　hypothalamic hormone　09.0056
*下丘脑调节肽　hypothalamic regulatory peptide　09.0056
*下丘脑因子　hypothalamic factor　09.0056
*下视丘分泌素　hypocretin　09.0168
*下调　down regulation　05.0450
*下一代测序技术　next-generation sequencing technique　11.0608
下游　downstream　01.0143
下游核心元件　downstream core element，DCE　05.0516
下游启动子元件　downstream promoter element，DPE　05.0515
下游序列　downstream sequence　01.0145
夏格夫法则　Chargaff's rule　04.0033
仙茅甜蛋白　curculin　02.0814
先导离子　leading ion　11.0093
*先体外后体内基因转移　*ex vivo* gene transfer　11.0912
纤胶凝蛋白　ficolin　02.0522
纤连蛋白　fibronectin　02.0515
纤溶酶抑制剂　antiplasmin　03.0763
α_2-纤溶酶抑制剂　α_2-antiplasmin　03.0764
纤丝成束蛋白质　filament bundling protein　02.0480
纤丝切割蛋白质　filament severing protein　02.0468
纤丝状肌动蛋白　filamentous actin，F-actin　02.0465
纤调蛋白聚糖　fibromodulin　06.0307
*纤维蛋白　fibrin　02.0345
纤维蛋白聚糖　fibroglycan　06.0320
纤维二糖　cellobiose　06.0142
*纤维二糖酶　cellobiase　03.0442
纤维二糖醛酸　cellobiuronic acid　06.0143
纤维寡糖　cello-oligosaccharide　06.0250
*纤维连接蛋白　fibronectin　02.0515
纤维三糖　cellotriose　06.0156
纤维素　cellulose　06.0177
纤维素胞外酶　exocellulase　03.0453
纤维素离子交换剂　cellulose ion exchanger　11.0187
纤维素磷酸化酶　cellulose phosphorylase　03.0455
纤维素酶　cellulase　03.0451
DEAE 纤维素膜　diethylaminoethyl cellulose membrane，DEAE-cellulose membrane　11.0476
纤维素内切酶　endocellulase　03.0452
*纤维素-1,4-β-纤维二糖苷酶　cellulose 1,4-β-cellobiosidase　03.0453
*纤维粘连蛋白　fibronectin　02.0515
纤维状蛋白质　fibrous protein　02.0243
*纤维状肌动蛋白　filamentous actin，F-actin　02.0465
纤细蛋白　tenuin　02.0640
酰胺酶　amidase　03.0582
酰化　acylation　07.0022
*酰化酶　acylase　03.0582
*酰基甘油　acylglycerol　07.0102
1-酰基甘油磷酸胆碱 *O*-酰基转移酶　1-acylglycerophosphocholine *O*-acyltransferase　03.0251
1-酰基甘油-3-磷酸 *O*-酰基转移酶　1-acylglycerol-3-phosphate *O*-acyltransferase　03.0252
2-酰基甘油 *O*-酰基转移酶　2-acylglycerol *O*-acyltransferase　03.0250
N-酰基鞘氨醇　*N*-acylsphingosine　07.0159
*酰基鞘氨醇脱酰基酶　acylsphingosine deacylase　03.0587
酰基神经氨酸　acylneuraminate　06.0123
*酰基酰胺酶　acylamidase　03.0582
酰基载体蛋白质　acyl carrier protein，ACP　02.0384
酰基酯 ω-6 脱饱和酶　acyl-lipid ω-6 desaturase

03.0200
酰基转移酶　acyltransferase，transacylase　03.0239
衔接蛋白　adaptin　02.0637
衔接蛋白质　adaptor protein　08.0306
衔接物　adapter，adaptor　01.0147
*衔接子　adapter，adaptor　01.0147
显微分光光度计　microspectrophotometer　11.0288
显微荧光光度法　microfluorophotometry　11.0293
显微注射　microinjection　11.0868
*显性负突变体　dominant negative mutant　05.0189
显性活性突变体　dominant active mutant　05.0188
显性失活突变体　dominant inactive mutant　05.0189
*显性选择标志物　dominant selectable marker　11.0787
限速步骤　rate-limiting step　10.0037
限制蛋白　restrictin　02.0785
*限制系统　restriction system　05.0169
DNA 限制性　DNA restriction　05.0170
限制性标记基因组扫描　restriction landmark genomic scanning，RLGS　11.0647
*限制性核酸内切酶　restriction endonuclease　03.0421
*限制性核酸内切酶图谱　restriction endonuclease map　11.0708
*限制性核酸内切酶作图　restriction endonuclease mapping　11.0709
RNA 限制性酶　RNA restriction enzyme　03.0426
限制性酶切分析　restriction analysis　11.0712
限制性酶切片段　restriction fragment　11.0705
限制性酶切片段长度多态性　restriction fragment length polymorphism，RFLP　11.0706
限制性酶切图谱　restriction map　11.0708
限制性酶切位点　restriction site　11.0710
限制性酶切位点保护试验　restriction site protection experiment　11.0711
限制性酶切作图　restriction mapping　11.0709
限制性内切酶　restriction enzyme　03.0421
限制修饰系统　restriction modification system　05.0169
线粒体 DNA　mitochondrial DNA，mtDNA　04.0201
线粒体蛋白质转运 ATP 酶　mitochondrial protein-transporting ATPase　03.0713
线粒体 RNA 加工酶　mitochondrial RNA processing enzyme，MRP　03.0744
线粒体抗病毒信号蛋白质　mitochondrial antiviral signaling protein，MAVS　08.0384
*线粒体 ATP 酶　mitochondrial ATPase　03.0703
线粒体膜　mitochondrial membrane　08.0010
线性多聚泛素链　linear polyubiquitin chain　05.0433
线性泛素化　linear ubiquitination　05.0438
线性泛素链组装复合物　linear ubiquitin chain assembly complex，LUBAC　05.0439
线性滚环扩增　linear rolling circle amplification，linear RCA　11.0566
线性基因组　linear genome　01.0060
线性探针分析　in-line probing　11.0855
线状 DNA　linear DNA　04.0188
陷窝蛋白　caveolin　08.0079
*腺垂体激素　adenohypophysis hormone　09.0033
*腺二磷　adenosine diphosphate，ADP　04.0082
腺苷　adenosine，A　04.0044
腺苷二磷酸　adenosine diphosphate，ADP　04.0082
*腺苷二磷酸核糖基化　adenosine diphosphate ribosylation，ADP-ribosylation　05.0445
*腺苷二磷酸核糖基转移酶　adenosine diphosphate ribosyltransferase，ADP-ribosyltransferase，ADPRT，ART　03.0280
**S*-腺苷基高半胱氨酸　*S*-adenosylhomocysteine　10.0281
S-腺苷甲硫氨酸　*S*-adenosylmethionine，SAM　10.0280
**S*-腺苷甲硫氨酸甲基硫代腺苷裂合酶　*S*-adenosylmethionine methylthioadenosine-lyase　03.0640
**S*-腺苷甲硫氨酸羧基裂合酶　*S*-adenosylmethionine carboxylyase　03.0616
S-腺苷甲硫氨酸脱羧酶　*S*-adenosylmethionine decarboxylase　03.0616
腺苷三磷酸　adenosine triphosphate，ATP　04.0083
*腺苷三磷酸酶　adenosine triphosphatase，ATPase　03.0701
腺苷酸　adenylic acid　04.0080
*腺苷酸代琥珀酸　adenylosuccinate，adenylosuccinic acid　10.0366
腺苷酸环化酶　adenylate cyclase　03.0641
腺苷酸[基]琥珀酸　adenylosuccinate，adenylosuccinic acid　10.0366
*腺苷酸激酶　adenylate kinase，AK　03.0303
腺苷调节肽　adenoregulin　02.0155
S-腺苷同型半胱氨酸　*S*-adenosylhomocysteine　10.0281

腺苷脱氨酶　adenosine deaminase，ADA　03.0598
腺苷一磷酸　adenosine monophosphate，AMP　04.0081
腺嘌呤　adenine，A　04.0006
腺嘌呤磷酸核糖基转移酶　adenine phosphoribosyltransferase，APRT　03.0277
*腺三磷　adenosine triphosphate，ATP　04.0083
腺三磷二磷酸酶　apyrase　03.0600
*腺三磷双磷酸酶　apyrase　03.0600
*腺一磷　adenosine monophosphate，AMP　04.0081
相对离心力　relative centrifugal force，RCF　11.0048
相对迁移率　relative mobility　11.0077
*相对特异性　relative specificity　03.0056
相对专一性　relative specificity　03.0056
*NIMA 相关激酶 2　NIMA-related kinase 2，NEK2　08.0256
Fas 相关死亡结构域蛋白质　Fas-associated death domain protein，Fas-associated protein with death domain，FADD　08.0280
*ErbB2 相互作用蛋白　ErbB2-interacting protein，Erbin　02.0784
*相互作用物组　interactome　01.0072
相互作用组　interactome　01.0072
相互作用组学　interactomics　01.0053
相思豆毒蛋白　abrin　02.0839
香草[基]扁桃酸　vanillylmandelic acid，VMA　10.0339
香草酸　vanillic acid　10.0338
香菇多糖　lentinan　06.0204
香石竹毒蛋白　dianthin　02.0827
镶嵌蛋白质　mosaic protein　02.0254
镶嵌基因组　mosaic genome　01.0061
响尾蛇毒素　crotoxin　02.0869
*向导 RNA　guide RNA，gRNA　05.0315
相变　phase transition　08.0037
相变温度　phase transition temperature　08.0038
β 消除　β-elimination　06.0253
消减探针　subtracted probe　11.0520
消减 cDNA 文库　subtracted cDNA library　11.0825
消减杂交　subtractive hybridization　11.0463
*消解酶　lyticase，zymolase，zymolyase　03.0606
消去蛋白　destrin　02.0466
消旋酶　racemase　03.0648
硝基喹啉-*N*-氧化物还原酶　nitroquinoline-*N*-oxide reductase　03.0149
*硝酸纤维素滤膜　nitrocellulose filter membrane　11.0475
硝酸纤维素膜　nitrocellulose membrane，NC membrane　11.0475
硝酸盐还原酶　nitrate reductase　03.0146
小 RNA　small RNA，sRNA　04.0244
小 G 蛋白　small G protein　08.0303
*小非编码 RNA　small non-coding RNA，sncRNA　04.0241
*小干扰 RNA　small interfering RNA，siRNA　04.0247
小沟　minor groove　04.0148
小核酶　minizyme　03.0724
*小菌素　microcin　02.0204
小 GTP 酶　small GTPase　03.0705
小脑肽　cerebellin　02.0114
小清蛋白　parvalbumin　02.0285
*小时序 RNA　small temporal RNA，stRNA　04.0246
小鼠胚胎成纤维细胞　mouse embryo fibroblast，MEF　11.0964
MyD 小体　myddosome　08.0385
PIDD 小体　PIDDosome　08.0366
小突触小泡蛋白　synaptobrevin　02.0538
小卫星 DNA　minisatellite DNA　04.0214
小载体聚合酶链反应　vectorette PCR　11.0538
效应物　effector　01.0227
协同表达　coordinate expression　05.0471
协同部位　cooperative site　01.0244
协同催化　concerted catalysis　03.0065
协同反馈抑制　cooperative feedback inhibition　10.0029
协同受体　co-receptor　08.0315
协同调节　coordinate regulation　01.0246
*协同位点　cooperative site　01.0244
协同性　cooperativity　01.0180
协同诱导　coordinate induction　03.0030
协同致死筛选　synthetic lethal screening　11.0943
协同转运　co-transport　08.0113
协同转运蛋白　cotransporter　08.0084
协同阻遏　coordinate repression　03.0031
协同组装介导的信号传递　signaling via cooperative assembly formation，SCAF　08.0160
协同作用　synergism　01.0230
*协阻遏物　corepressor　05.0547
协作抑制　concurrent inhibition　03.0087

缬氨酸　valine，Val，V　02.0021
缬酪肽　valosin　02.0140
谢瓦格抽提法　Sevag method　11.0016
心房利尿钠肽　atrial natriuretic peptide，ANP　09.0148
*心房钠尿肽　atrial natriuretic peptide，ANP　09.0148
*心房肽　atriopeptin　09.0148
*心磷脂　cardiolipin　07.0148
*心钠素　cardionatrin　09.0148
*miRNA 芯片　miRNA chip　11.0990
*芯片实验室　lab on a chip　11.0997
辛二酸　suberic acid　07.0045
辛纳毒蛋白　cinnamomin　02.0829
辛酸甘油酯　caprylin　07.0114
辛糖　octose　06.0078
辛酮糖　octulose　06.0079
辛酮糖酸　octulosonic acid　06.0099
锌蛋白酶　zinc protease　03.0566
*锌金属蛋白酶　zinc metalloprotease　03.0566
锌酶　zinc enzyme　03.0022
*锌肽酶　zinc peptidase　03.0566
锌指　zinc finger　02.0897
锌指蛋白质　zinc finger protein　05.0503
锌指核酸酶　zink finger nuclease，ZFN　11.0898
新陈代谢　metabolism　10.0001
新内啡肽　neoendorphin　02.0110
新乳糖系列　neolacto-series　07.0164
*新生 RNA　nascent RNA　05.0255
*新生链转录分析　nascent chain transcription analysis　11.0853
新生肽　nascent peptide　02.0073
*信号斑　signal patch　08.0205
Hedgehog 信号传递　Hedgehog signaling　08.0177
mTOR 信号传递　mTOR signaling　08.0180
Notch 信号传递　Notch signaling　08.0179
Smad 信号传递　Smad signaling　08.0178
Wnt 信号传递　Wnt signaling　08.0176
信号[传递]级联反应　signaling cascade　08.0161
[信号]串流　cross-talk　08.0166
信号调节蛋白质　signal regulatory protein，SIRP　08.0204
信号发散　signal divergence　08.0164
信号放大　signal amplification　08.0162
信号分子　signaling molecule　08.0200
*信号互传　cross-talk　08.0166
*信号互调　cross-talk　08.0166
信号会聚　signal convergence　08.0163
信号锚定序列　signal-anchor sequence　08.0203
信号识别颗粒　signal recognition particle，SRP　08.0201
信号识别颗粒受体　signal recognition particle receptor，SRP receptor　08.0202
信号素　alarmone　08.0221
信号肽　signal peptide　02.0072
信号肽酶　signal peptidase　03.0543
信号肽酶 I　signal peptidase I　03.0544
信号肽酶 II　signal peptidase II　03.0545
信号肽肽酶　signal peptide peptidase，SPP　03.0546
*信号通路　signal pathway　08.0167
信号脱敏　signal desensitization　08.0184
*信号小体　signalosome　08.0228
*信号序列　signal sequence　02.0072
信号序列受体　signal sequence receptor，SSR　08.0108
信号整合　signal integration　08.0165
信号转导　signal transduction　08.0141
信号转导及转录激活蛋白　signal transducer and activator of transcription，STAT　08.0363
*信号转导通路　signal transduction pathway　08.0167
信号转导途径　signal transduction pathway　08.0167
JAK-STAT 信号转导途径　Janus kinase-signal transducer and activator of transcription pathway，JAK-STAT pathway　08.0174
信号转导网络　signal transduction network　08.0181
*信号转导子和转录激活子　signal transducer and activator of transcription，STAT　08.0363
信使 RNA　messenger RNA，mRNA　04.0237
*信使核糖核酸　messenger RNA，mRNA　04.0237
信息素　pheromone　09.0303
信噪比　signal-to-noise ratio　11.0302
兴奋性氨基酸　excitatory amino acid，EAA　02.0015
*兴奋性 G 蛋白　excitatory G protein　08.0305
形成蛋白　formin　02.0442
A 型 DNA　A-form DNA，A-DNA　04.0154
B 型 DNA　B-form DNA，B-DNA　04.0155
C 型 DNA　C-form DNA，C-DNA　04.0156
Z 型 DNA　Z-form DNA，zigzag DNA　04.0157
*K_{cat} 型不可逆抑制剂　K_{cat} irreversible inhibitor　03.0102
*V 型层粘连蛋白　kalinin　02.0742

θ 型复制　θ-form replication　05.0114
Ⅱ型 DNA 甲基化酶　typeⅡ DNA methylase　03.0223
C 型利尿钠肽　C-type natriuretic peptide，CNP　09.0150
*P 型钙转运蛋白　P-type Ca^{2+} transporter　03.0707
P 型磷脂转运蛋白　P-type phospholipid transporter　03.0715
ABC 型硫酸转运蛋白　ABC-type sulfate transporter　03.0712
P 型 ATP 酶　P-type ATPase　03.0704
C 型凝集素　C-type lectin　06.0269
I 型凝集素　I-type lectin　06.0275
P 型凝集素　P-type lectin　06.0274
C 型凝集素受体　C-type lectin receptor，CLR　08.0379
ABC 型 β-葡聚糖转运蛋白　ABC-type β-glucan transporter　03.0714
Ⅰ型 DNA 拓扑异构酶　DNA topoisomerase Ⅰ　03.0669
Ⅱ型 DNA 拓扑异构酶　DNA topoisomerase Ⅱ　03.0670
Ⅰ型限制性内切酶　type Ⅰ restriction enzyme　03.0422
Ⅱ型限制性内切酶　type Ⅱ restriction enzyme　03.0423
Ⅲ型限制性内切酶　type Ⅲ restriction enzyme　03.0424
ABC 型脂[肪]酰辅酶 A 转运蛋白　ABC-type fatty-acyl- CoA transporter　03.0716
性别决定基因　sex-determining gene　05.0061
性激素　sex hormone，gonadal hormone　09.0102
性激素结合球蛋白　sex hormone binding globulin，SHBG　02.0316
性连锁基因　sex-linked gene　05.0063
性信息素　sex pheromone　09.0304
胸苷　thymidine　04.0068
胸苷二磷酸　thymidine diphosphate，TDP　04.0111
胸苷激酶　thymidine kinase，TK　03.0291
胸苷三磷酸　thymidine triphosphate，TTP　04.0112
胸苷酸　thymidylic acid　04.0109
胸苷酸激酶　thymidylate kinase　03.0304
胸苷一磷酸　thymidine monophosphate，TMP　04.0110
胸腺刺激素　thymostimulin　09.0078
胸腺嘧啶　thymine，T　04.0016
胸腺嘧啶二聚体　thymine dimer　05.0203
胸腺嘧啶核糖核苷　thymine ribnucleoside，Thd　04.0069
*胸腺嘧啶脱氧核苷　thymidine　04.0068
胸腺生成素　thymopoietin　09.0077
胸腺素　thymosin，thymin　09.0075
*胸腺肽　thymopeptide，thymic peptide　09.0075
胸腺体液因子　thymic humoral factor，THF　09.0076
雄固烷　androstane　09.0112
雄激素　androgen　09.0103
雄激素结合蛋白质　androgen-binding protein，ABP　09.0129
雄配素　androgamone　09.0127
雄酮　androsterone　09.0106
雄烯二酮　androstenedione　09.0107
熊脱氧胆酸　ursodeoxycholic acid　10.0204
*休眠素　dormin　09.0314
DNA 修复　DNA repair　05.0206
SOS 修复　SOS repair　05.0222
修复核酸内切酶　repair endonuclease　03.0692
修复聚合酶　repair polymerase　03.0319
修复酶　repair enzyme　03.0693
*修复内切核酸酶　repair endonuclease　03.0692
修复体　repairosome　05.0213
DNA 修饰　DNA modification　05.0509
修饰碱基　modified base　04.0023
修饰酶　modification enzyme　03.0745
*嗅觉感受器　olfactory receptor，odorant receptor　02.0725
嗅觉受体　olfactory receptor，odorant receptor　02.0725
嗅觉纤毛蛋白质　olfactory cilia protein　02.0726
嗅觉转导　olfactory transduction　08.0145
溴酚蓝　bromophenol blue　11.0999
溴乙锭　ethidium bromide，EB　11.1004
序变模型　sequential model　03.0105
序列　sequence　01.0138
SD 序列　Shine-Dalgarno sequence，SD sequence　05.0311
序列比对　sequence alignment　01.0169
序列标签位点　sequence-tagged site，STS　11.0921
序列段　sequon　02.0272
*序列分析仪　sequencer，sequenator　11.0583
序列模体　sequence motif　01.0158
序列相关扩增多态性　sequence-related amplified polymorphism，SRAP　11.0846
悬浮培养　suspension culture　11.0963
*悬浮芯片　suspension array，microsphere array　11.0996

旋光度　specific rotation　01.0190
旋光性　optical rotation，optical activity　01.0189
旋光异构　optical isomerism　01.0197
旋光异构体　optical isomer　01.0205
旋转薄层层析　rotating thin-layer chromatography　11.0224
*旋转异构酶　rotamase　03.0654
旋转蒸发器　rotary evaporator　11.0014
*漩涡振荡器　vortexer　11.0013
选凝[集]素　selectin　06.0272
选择基因　selective gene　11.0948
*选择通透膜　permselective membrane，selective permeable membrane　11.0026
*选择透性膜　permselective membrane，selective permeable membrane　11.0026
选择性标志物　selectable marker，selective marker　11.0785
*选择性剪接　alternative splicing　05.0275
选择性培养基　selective medium　11.0966
削平　end polishing　11.0698
穴蝰毒素　sarafotoxin　02.0178
血卟啉　hemoporphyrin　10.0324
血管活性肠收缩肽　vasoactive intestinal contractor，VIC　09.0277
血管活性肠肽　vasoactive intestinal peptide，vasoactive intestinal polypeptide，VIP　09.0278
血管活性肽　vasoactive peptide　09.0276
血管紧张素　angiotensin，angiotonin　09.0283
血管紧张素Ⅰ　angiotensinⅠ　09.0284
血管紧张素Ⅱ　angiotensinⅡ　09.0285
血管紧张素原　angiotensinogen　09.0282
*血管紧张素转换酶　angiotensin converting enzyme，ACE　03.0504
血管紧张素Ⅰ转换酶抑制肽　ancovenin，angiotensin Ⅰ-converting enzyme inhibitory peptide，ACEIP　03.0760
*血管紧张肽　angiotensin，angiotonin　09.0283
*血管紧张肽Ⅰ　angiotensinⅠ　09.0284
*血管紧张肽Ⅱ　angiotensinⅡ　09.0285
*血管紧张肽原　angiotensinogen　09.0282
*血管紧张肽原酶　renin　03.0559
*血管紧张肽转化酶　angiotensin converting enzyme，ACE　03.0504
*血管紧张肽Ⅰ转化酶抑制肽　ancovenin，angiotensin Ⅰ-converting enzyme inhibitory peptide，ACEIP　03.0760
血管内皮生长因子　vascular endothelial growth factor，VEGF　09.0258
[血管]升压素　vasopressin，pitressin　09.0045
血管生成蛋白　angiogenin　09.0281
血管生成因子　angiogenic factor　09.0280
血管舒张剂刺激磷蛋白　vasodilator-stimulated phosphoprotein　02.0743
*血管舒张素　kallidin　09.0200
血管舒张肽　vasodilatin　09.0279
血管细胞黏附分子　vascular cell adhesion molecule，VCAM　09.0257
血红蛋白　hemoglobin，haemoglobin，Hb　02.0357
血红素　heme　10.0321
血红素蛋白　hemoprotein　02.0356
血红素黄素蛋白　hemoflavoprotein　02.0368
血浆蛋白质　plasma protein　02.0258
*血浆凝固酶　coagulase　03.0734
血浆型激肽释放酶　plasma kallikrein　03.0521
血浆脂蛋白　plasma lipoprotein　02.0374
血蓝蛋白　hemocyanin，haemocyanin　02.0371
血凝素　hemagglutinin，HA　06.0278
*血清白蛋白　serum albumin　02.0273
血清淀粉样蛋白A　serum amyloid A protein，serum amyloid A，SAA　02.0335
*血清类黏蛋白　orosomucoid　02.0277
血清清蛋白　serum albumin　02.0273
血清球蛋白　serum globulin　02.0290
*血清素受体　serotonin receptor　08.0298
血清胸腺因子　serum thymic factor　09.0239
血色蛋白　hemochromoprotein　02.0366
血色素结合蛋白　hemopexin　02.0367
*血栓[噁]烷　thromboxane，TX　09.0186
血栓收缩蛋白　thrombosthenin　02.0347
*血栓素　thromboxane，TX　09.0186
血铁黄素蛋白　hemosiderin　02.0370
*血细胞凝集素　hemagglutinin，HA　06.0278
血纤蛋白　fibrin　02.0345
血纤蛋白原　fibrinogen　02.0344
血纤肽　fibrinopeptide　02.0163
血纤肽A　fibrinopeptide A　02.0164
血纤肽B　fibrinopeptide B　02.0165
*血纤维蛋白肽　fibrinopeptide　02.0163
*血小板–白细胞C激酶底物　platelet and leukocyte C kinase substrate　02.0346

Y

衍生脂质　derived lipid　07.0005
眼镜蛇毒素　cobrotoxin　02.0871
*咽侧体激素　juvenile hormone，JH　09.0289
羊毛固醇　lanosterin，lanosterol　07.0218
羊毛蜡　lanocerin　07.0238
羊毛蜡酸　lanoceric acid　07.0096
羊毛硫氨酸　lanthionine　02.0065
羊毛硫肽　lanthiopeptin　02.0196
羊毛硫细菌素　lantibiotic　02.0197
*羊毛软脂酸　lanopalmitic acid　07.0061
羊毛脂　lanolin　07.0239
羊毛棕榈酸　lanopalmitic acid　07.0061
阳离子交换层析　cation exchange chromatography　11.0226
阳离子交换剂　cation exchanger　11.0181
阳离子交换树脂　cation exchange resin　11.0189
*2-氧-4-氨基嘧啶　2-oxo-4-aminopyrimidine　04.0015
*氧还酶　oxido-reductase，redox enzyme　03.0113
氧合肌红蛋白　oxymyoglobin　02.0365
*氧合酶　oxygenase　03.0181
氧合血红蛋白　oxyhemoglobin　02.0358
β氧化　β oxidation　10.0177
氧化还原酶　oxido-reductase，redox enzyme　03.0113
氧化还原信号传递　redox signaling　08.0357
氧化磷酸化　oxidative phosphorylation　10.0073
氧化酶　oxidase　03.0213
ACC氧化酶　1-aminocyclopropane-1-carboxylate oxidase，ACC oxidase　03.0195
氧化脱氨[基]作用　oxidative deamination　10.0233
氧化纤维素酶　oxidative cellulase　03.0454
氧化型二谷胱甘肽亚精胺还原酶　trypanothione-disulfide reductase　03.0162
氧化型真菌硫醇还原酶　mycothione reductase　03.0165
氧化应激　oxidative stress　08.0358
氧化重亚硫酸盐测序　oxidative bisulfite sequencing，oxBS　11.0641
*6-氧嘌呤　6-oxopurine　04.0010
*5-氧脯氨酸　5-oxoproline　02.0045
*α样DNA　α-DNA　04.0216
FADD样白介素-1β转换酶　FADD-like interleukin-1β converting enzyme，FLICE　08.0287
*AIM2样受体　absent in melanoma 2-like receptor，AIM2-like receptor，ALR　08.0382
NOD样受体　NOD-like receptor，NLR　08.0381
*RIG-Ⅰ样受体　retinoic acid-inducible gene Ⅰ-like receptor，RIG-I-like receptor，RLR　08.0380
Toll样受体　Toll-like receptor，TLR　08.0378
药物基因组学　pharmacogenomics　01.0039
野尻霉素　nojirimycin　06.0089
叶黄素　lutein，phytoxanthin，xanthophyll　09.0338
叶绿醇　phytol　07.0193
叶绿蛋白　chloroplastin　02.0805
*叶绿基甲萘醌　phytylmenaquinone　09.0356
叶绿醌　phylloquinone　09.0356
叶绿素　chlorophyll　10.0054
叶绿素a蛋白质　chlorophyll a protein　02.0806
叶泡雨滨蛙肽　phyllolitorin　02.0152
叶泡雨蛙肽　phyllocaerulin，phyllocaerulein　02.0150
叶酸　folic acid　09.0377
液固层析　liquid-solid chromatography，LSC　11.0209
液晶态　liquid crystalline state　08.0036
*液态镶嵌模型　fluid mosaic model　08.0026
液体闪烁计数器　liquid scintillation counter　11.0304
液相捕获　in-solution capture　11.0861
液相层析　liquid chromatography，LC　11.0200
液相层析–质谱联用分析　liquid chromatography-mass spectrometry analysis　11.0425
液相芯片　liquid chip　11.0996
液相杂交捕获重亚硫酸盐测序　liquid hybridization capture-based bisulfite sequencing，LHC-BS　11.0644
液液层析　liquid-liquid chromatography，LLC　11.0207
液液分配层析　liquid-liquid partition chromatography　11.0214
一级结构　primary structure　01.0152
一级质谱法　mass spectrometry 1，MS1　11.0417
*一磷酸核苷　nucleoside monophosphate，NMP　04.0071
*一磷酸脱氧核苷　deoxyribonucleoside monophosphate，dNMP　04.0075
*一磷酸腺苷　adenosine monophosphate，AMP　04.0081
一碳单位　one carbon unit　10.0268
一碳单位代谢　one carbon unit metabolism　10.0269
一氧化氮　nitric oxide，NO　10.0244
一氧化氮合酶　nitric oxide synthase，NOS　03.0188
衣壳蛋白质　capsid protein　02.0846
RNA衣壳化　RNA encapsidation　05.0322
*依钙结合蛋白　calpactin　02.0577

*依赖 cAMP 的蛋白质激酶　cyclic AMP-dependent protein kinase，cAMP-dependent protein kinase　03.0341
*依赖 cGMP 的蛋白质激酶　cGMP-dependent protein kinase，PKG　03.0342
*依赖 Ca^{2+}/钙调蛋白的蛋白质激酶　Ca^{2+}/calmodulin-dependent protein kinase　03.0346
*依赖核酸序列扩增　nucleic acid sequence-based amplification，NASBA　11.0561
*依赖接触的信号传递　contact-dependent signaling　08.0153
*依赖双链 RNA 的蛋白质激酶　double-stranded RNA-dependent protein kinase，PKR　03.0343
cAMP 依赖性蛋白质激酶　cyclic AMP-dependent protein kinase，cAMP-dependent protein kinase　03.0341
cGMP 依赖性蛋白质激酶　cGMP-dependent protein kinase，PKG　03.0342
Ras 依赖性蛋白质激酶　Ras-dependent protein kinase　03.0340
依赖 ρ 因子的终止反应　ρ-dependent termination　05.0249
*依赖于 Ras 的蛋白质激酶　Ras-dependent protein kinase　03.0340
*依赖于 DNA 的 DNA 聚合酶　DNA-dependent DNA polymerase　03.0312
*依赖于 DNA 的 RNA 聚合酶　DNA-dependent RNA polymerase　03.0309
*依赖于 RNA 的 DNA 聚合酶　RNA-dependent DNA polymerase　03.0313
*依赖于 RNA 的 RNA 聚合酶　RNA-dependent RNA polymerase　03.0310
*依赖于泛素的蛋白酶解　ubiquitin-dependent proteolysis　03.0268
贻贝抗菌肽　myticin　02.0190
贻贝抗真菌肽　mytimycin　02.0192
贻贝杀菌肽　mytilin　02.0191
胰蛋白酶　trypsin　03.0515
$α_1$-胰蛋白酶抑制剂　$α_1$-antitrypsin　03.0768
胰蛋白酶原　trypsinogen　03.0516
胰岛素　insulin　09.0173
胰岛素受体　insulin receptor　08.0337
胰岛素受体底物　insulin receptor substrate，IRS　08.0296
*胰岛素调理素　insulinotropin　09.0174
胰岛素样生长因子　insulin-like growth factor，IGF　09.0132
胰岛素样肽　insulin-like peptide，ILP　09.0131
胰多肽　pancreatic polypeptide，PP　09.0178
胰高血糖素　glucagon　09.0172
胰高血糖素样肽　glucagon-like peptide，GLP　09.0157
胰高血糖素原衍生肽　proglucagon-derived peptide　09.0158
胰激肽　kallidin　09.0200
胰激肽原　kallidinogen　09.0175
*胰泌素　secretin　09.0177
胰凝乳蛋白酶　chymotrypsin　03.0513
胰凝乳蛋白酶抑制剂　antichymotrypsin　03.0765
$α_1$-胰凝乳蛋白酶抑制剂　$α_1$-antichymotrypsin　03.0766
胰凝乳蛋白酶原　chymotrypsinogen　03.0514
胰弹性蛋白酶　pancreatic elastase　03.0528
胰抑释素　pancreastatin　09.0176
*胰抑肽　pancreastatin　09.0176
*胰脂肪酶　seapsin，steapsase　03.0370
移动蛋白质　movement protein　02.0259
移动界面电泳　moving boundary electrophoresis　11.0080
*移动区带电泳　moving zone electrophoresis　11.0080
移动抑制因子　migration inhibition factor，MIF　09.0207
移动增强因子　migration enhancement factor，MEF　09.0212
*移框阻抑　frameshift suppression　05.0565
移码　frameshift　05.0399
移码突变　frameshift mutation　05.0407
移码阻抑　frameshift suppression　05.0565
*移位酶　translocase　03.0695
遗传标志物　genetic marker　11.0784
*遗传操作　genetic manipulation　11.0930
*遗传工程　genetic engineering　11.0676
遗传密码　genetic code　05.0332
遗传信息　genetic information　05.0001
遗传信息传递　genetic information transmission　05.0002
遗传修饰生物体　genetically modified organism，GMO　11.0953
*遗传印记　genetic imprinting　05.0091
*遗传指纹　genetic fingerprint　11.0931

乙醇发酵　ethanol fermentation　10.0109
乙醇酸　glycollic acid　10.0290
乙底酚　diethylstilbestrol，DES　09.0125
乙二胺四乙酸　ethylenediaminetetraacetic acid，EDTA　11.1012
乙二醇双(2-氨基乙醚)四乙酸　ethylene glycol bis (2-aminoethyl ether) tetraacetic acid，EGTA　11.1013
乙醛酸　glyoxylate，glyoxylic acid　10.0145
乙醛酸循环　glyoxylate cycle　10.0147
乙醛酸循环体　glyoxysome　10.0148
*乙醛酸支路　glyoxylate shunt　10.0147
乙炔睾酮　aethisteron　09.0124
乙炔酸　acetylenic acid　07.0051
乙酸甘油酯　acetin　07.0110
乙酸纤维素薄膜电泳　cellulose acetate film electrophoresis　11.0083
乙酸纤维素膜　acetyl cellulose membrane，cellulose acetate membrane　11.0032
乙烯　ethylene　09.0315
**N*-乙酰氨基半乳糖　*N*-acetylgalactosamine，GalNAc　06.0116
*β-*N*-乙酰氨基己糖苷酶　β-*N*-acetylhexosaminidase　03.0477
**N*-乙酰氨基葡萄糖　*N*-acetylglucosamine，GlcNAc　06.0114
*乙酰氨基葡萄糖苷酶　acetylglucosaminidase　03.0476
**N*-乙酰氨基葡萄糖转移酶　*N*-acetylglucosaminyl transferase，GnT　03.0270
乙酰胺酶　acetamidase　03.0584
N-乙酰半乳糖胺　*N*-acetylgalactosamine，GalNAc　06.0116
N-乙酰胞壁酸　*N*-acetylmuramic acid　06.0118
N-乙酰胞壁酰五肽　*N*-acetylmuramyl pentapeptide　06.0230
乙酰胆碱酯酶　acetylcholinesterase　03.0373
乙酰辅酶A　acetyl coenzyme，acetyl-CoA　10.0133
乙酰辅酶A羧化酶　acetyl-CoA carboxylase　03.0690
*乙酰辅酶A C-酰基转移酶　acetyl-CoA C-acyltransferase　03.0249
**N*-乙酰谷氨酸合成酶　*N*-acetylglutamate synthetase，AGAS　03.0241
乙酰化　acetylation　05.0421
乙酰化值　acetylation number　07.0019
N-乙酰葡萄糖胺　*N*-acetylglucosamine，GlcNAc　06.0114
乙酰葡萄糖胺糖苷酶　acetylglucosaminidase　03.0476
N-乙酰葡萄糖胺转移酶　*N*-acetylglucosaminyl transferase，GnT　03.0270
*β-乙酰球蛋白　betacellulin，BTC　09.0230
N-乙酰乳糖胺　*N*-acetyllactosamine　06.0148
N-乙酰神经氨酸　*N*-acetylneuraminic acid　06.0120
乙酰乙酸　acetoacetic acid　10.0185
乙酰转移酶　acetyltransferase，transacetylase　03.0240
已加工假基因　processed pseudogene　05.0037
椅型构象　chair conformation　06.0011
异丙基硫代-β-D-半乳糖苷　isopropylthio-β-D-galactoside，IPTG　11.1015
异促效应　heterotropic effect　01.0235
异淀粉酶　isoamylase　03.0480
异二聚体　heterdimer　02.0912
异构　isomerism　01.0193
异构化　isomerization　01.0213
异构酶　isomerase　03.0644
*异构体　isomer　01.0200
异化作用　dissimilation　10.0010
异黄酮　isoflavone　10.0343
异亮氨酸　isoleucine，Ile，I　02.0023
*8-异亮氨酸催产素　mesotocin　09.0048
异硫氰酸苯酯　phenylisothiocyanate，PITC　11.1017
异硫氰酸荧光素　fluorescein isothiocyanate，FITC　11.1014
异柠檬酸　isocitric acid　10.0137
异球系列　isoglobo-series　07.0166
异三聚体G蛋白　heterotrimeric G protein　08.0302
异锁链素　isodesmosine　02.0048
异肽键　isopeptide bond　02.0079
异头物　anomer　06.0028
异头中心　anomeric center　06.0029
异位表达　ectopic expression　05.0464
异戊二烯　isoprene　09.0328
异戊二烯化　isoprenylation，prenylation　09.0330
异戊烯二磷酸Δ^3-Δ^2异构酶　isopentenyl-diphosphate Δ^3-Δ^2-isomerase　03.0662
*异戊烯化　isoprenylation，prenylation　09.0330
异戊烯焦磷酸　isopentenylpyrophosphate，IPP　10.0215
异形DNA　anisomorphic DNA　04.0198
异型多聚泛素化　heterotypic polyubiquitination

05.0436
异养　heterotrophy　10.0042
异源翻译系统　heterologous translational system　11.0843
异源基因　heterologous gene　05.0040
异源适应　heterologous adaptation　08.0196
异源双链体　heteroduplex　11.0506
异源双链体分析　heteroduplex analysis　11.0508
异源脱敏　heterologous desensitization　08.0186
异源性　heterology　01.0164
异株泻根毒蛋白　bryodin　02.0822
*抑癌蛋白 M　oncostatin M，OSM　09.0205
抑癌基因　antioncogene，tumor suppressor gene，cancer suppressor gene　05.0070
抑蛋白酶多肽　aprotinin　03.0769
抑瘤蛋白　tumstatin　02.0762
抑瘤素 M　oncostatin M，OSM　09.0205
抑素　chalone　09.0135
抑胃肽　gastric inhibitory polypeptide，GIP　09.0159
抑咽侧体神经肽　allatostatin　09.0290
抑酯酶素　esterastin　03.0781
抑制　inhibition　01.0236
*NF-κB 抑制蛋白　inhibitor-κ binding protein，IκB protein　08.0360
*抑制基因　inhibiting gene　05.0566
抑制激素　inhibiting hormone，statin　09.0067
抑制素　inhibin，INH　09.0068
*miRNA 抑制物　miRNA inhibitor　11.0928
抑制性氨基酸　inhibitory amino acid，IAA　02.0016
抑制性 G 蛋白　inhibitory G protein，G_i　08.0304
抑制性细胞表面受体　inhibitory cell surface receptor　08.0321
译码　decoding　05.0394
*易错 PCR　error-prone PCR　11.0547
易错聚合酶链反应　error-prone PCR　11.0547
易错旁路　error-prone bypass　05.0223
易化扩散　facilitated diffusion　08.0120
易位　translocation　01.0251
易位酶　translocase　03.0695
DNA 疫苗　DNA vaccine　11.0924
mRNA 疫苗　mRNA vaccine　11.0925
*益己素　allomone　09.0014
*益他素　kairomone　09.0013
*P 因子　P factor　02.0337
ρ 因子　ρ-factor　05.0248
阴离子交换层析　anion exchange chromatography　11.0227
阴离子交换剂　anion exchanger　11.0182
阴离子交换树脂　anion exchange resin　11.0190
银环蛇毒素　bungarotoxin　02.0868
银染色　silver staining　11.0088
*引导 RNA　guide RNA，gRNA　05.0315
引发　priming　05.0135
引发酶　primase　03.0320
*DNA 引发酶　DNA primase，DnaG　03.0320
引发体　primosome　05.0137
引发体前体　preprimosome　05.0136
引物　primer　01.0146
*引物步查　primer walking　11.0601
引物步移　primer walking　11.0601
引物侵入分析　invader assay　11.0848
引物修补　primer repair　11.0558
引物延伸　primer extension　11.0557
吲哚甘油磷酸合酶　indole glycerol phosphate synthase　03.0614
*吲哚-3-乙酸　indole-3-acetic acid，IAA　09.0310
吲哚乙酸　indole-3-acetic acid，IAA　09.0310
隐蔽剪接位点　cryptic splice site　05.0278
隐蔽卫星 DNA　cryptic satellite DNA　04.0215
隐防御肽　cryptdin　02.0185
*隐窝素　cryptdin　02.0185
印迹法　blotting　11.0472
DNA 印迹法　Southern blotting　11.0479
*Far-Western 印迹法　Far-Western blotting　11.0484
*Northern 印迹法　Northern blotting　11.0480
RNA 印迹法　Northern blotting　11.0480
*Southern 印迹法　Southern blotting　11.0479
*Western 印迹法　Western blotting　11.0481
印迹膜　blotting membrane　11.0473
茚三酮反应　ninhydrin reaction　11.0258
应乐果甜蛋白　monellin　02.0816
樱草糖　primeverose　06.0153
荧光法 DNA 测序　fluorescence-based DNA sequencing　11.0596
荧光分光光度法　fluorescence spectrophotometry　11.0294
荧光分光光度计　fluorescence spectrophotometer，spectrofluorometer，spectrofluorophotometer　11.0287
荧光分析　fluorescence analysis　11.0279

Z

藻胆蛋白　biliprotein，phycobilin protein，phycobiliprotein　02.0801
藻胆蛋白体　phycobilisome　02.0800
藻红蛋白　phycoerythrin　02.0802
藻蓝蛋白　phycocyanin　02.0803
皂草毒蛋白　saporin　02.0823
皂苷　saponin　06.0126
皂化　saponification　07.0014
皂化值　saponification number　07.0015
造血生长因子　hematopoietic growth factor，hemopoietic growth factor　09.0240
增感屏　intensifying screen　11.0301
增强化学发光　enhanced chemiluminescence，ECL　11.0315
增强体　enhancesome　05.0534
增强子　enhancer　05.0533
增强子 RNA　enhancer RNA，eRNA　04.0254
增强子捕获　enhancer trapping　11.0859
*增强子元件　enhancer element　05.0533
增色效应　hyperchromic effect　04.0309
增殖蛋白　proliferin，PLF　02.0680
增殖细胞核抗原　proliferating cell nuclear antigen，PCNA　02.0681
*窄沟　narrow groove　04.0148
张力蛋白　tensin　02.0520
章胺　octopamine　10.0306
*章鱼氨酸　octopine　10.0350
章鱼碱　octopine　10.0350
章鱼碱合酶　octopine synthase，OS　03.0139
樟脑　camphor　07.0181
兆核酸酶　meganuclease　11.0897
兆碱基　megabase，Mb　04.0038
*兆碱基大范围限制性核酸内切酶接头　megalinker　04.0129
兆碱基对　megabase pair，Mbp　04.0036
兆碱基接头　megalinker　04.0129
折叠　folding　02.0878
RNA 折叠　RNA folding　04.0283
*β 折叠　β sheet，β pleated sheet　02.0882
折叠催化蛋白　folding catalyst　02.0675
β[折叠]链　β strand，beta strand　02.0883
折叠酶　foldase　03.0672
赭石密码子　ochre codon　05.0337
赭石突变　ochre mutation　05.0411
赭石突变阻抑　ochre suppression　05.0569
赭石突变阻抑基因　ochre suppressor　05.0570
*赭石抑制子　ochre suppressor　05.0570
*赭石阻抑因子　ochre suppressor　05.0570
蔗糖　sucrose　06.0135
蔗糖酶　sucrase　03.0475
*蔗糖 α-葡萄糖苷酶　sucrose α-glucosidase　03.0475
针形蛋白　aciculin　02.0591
真核表达载体　eukaryotic expression vector　11.0724
真核起始因子　eukaryotic initiation factor，eIF　05.0377
真空转移　vacuum transfer　11.0487
阵列　array　11.0980
整合酶　integrase　03.0737
*整合膜蛋白质　integral membrane protein　08.0078
整联蛋白　integrin　02.0587
正比计数器　proportional counter　11.0311
正超螺旋　positive supercoil　04.0166
正超螺旋 DNA　positively supercoiled DNA　04.0169
正电朝内原则　positive-inside rule　08.0040
正反馈　positive feedback　10.0026
正构部位　orthosteric site　08.0349
正构激动剂　orthosteric agonist　08.0350
*正甲肾上腺素　noradrenalin，norepinephrine　09.0090
正亮氨酸　norleucine　02.0054
*正调节　positive regulation，positive control　05.0449
正调控　positive regulation，positive control　05.0449
正五聚蛋白　pentraxin　02.0656
正向基因突变　forward gene mutation　11.0805
*正向选择标志物　positive selectable marker　11.0787
正向引物　forward primer　11.0555
正相层析　normal-phase chromatography　11.0205
正效应物　positive effector　01.0228
正缬氨酸　norvaline　02.0049
支架蛋白质　scaffolding protein，scaffold protein　08.0230
支链氨基酸　branched-chain amino acid　02.0011
支链淀粉　amylopectin　06.0172
脂单层　lipid monolayer　08.0016
脂蛋白　lipoprotein　02.0234
脂蛋白脂肪酶　lipoprotein lipase，LPL　03.0378
脂滴　lipid droplet　08.0031
*脂动激素　adipokinetic hormone，AKH　09.0296
脂多态性　lipid polymorphism　08.0035
脂多糖　lipopolysaccharide，LPS　07.0169

脂筏　lipid raft　08.0029
脂肪　fat　07.0104
脂肪代谢　lipometabolism，fat metabolism　10.0167
脂肪动员　fat mobilization　10.0173
脂肪分解　lipolysis　10.0172
脂肪生成　lipogenesis　10.0191
脂肪酸　fatty acid　07.0030
ω-3 脂肪酸　omega-3 fatty acid，ω-3 fatty acid　07.0035
ω-6 脂肪酸　omega-6 fatty acid，ω-6 fatty acid　07.0036
脂肪酸合酶　fatty acid synthase　03.0259
脂肪酸结合蛋白质　fatty acid-binding protein，FABP　02.0265
脂肪酸衍生物　fatty acid derivative　07.0100
*脂肪细胞分泌因子　adipocyte secreted factor，ADSF　09.0275
脂[肪]酰辅酶 A　acyl-coenzyme A，acyl-CoA　10.0176
脂[肪]酰辅酶 A-胆固醇酰基转移酶　acyl-coenzyme A-cholesterol acyltransferase，ACAT　03.0256
脂[肪]酰辅酶 A 还原酶　acyl-coenzyme A reductase，acyl-CoA reductase　03.0128
*脂[肪]酰辅酶 A Δ^6 脱饱和酶　acyl-CoA Δ^6-desaturase　03.0199
**N*-脂[肪]酰鞘氨醇　*N*-fatty acyl sphingosine　07.0160
脂肪族化合物　aliphatic compound　07.0011
脂寡糖　lipooligosaccharide　06.0252
脂褐素　lipofuscin　10.0190
脂环化合物　alicyclic compound　07.0013
脂加氧酶　lipoxygenase，LOX　03.0182
*脂解　lipolysis　10.0172
*脂类　lipid　07.0001
脂类激素　lipid hormone　09.0007
脂连蛋白　adiponectin　09.0137
*脂联素　adiponectin　09.0137
脂磷壁酸　lipoteichoic acid　06.0232
脂磷酸聚糖　lipophosphoglycan，LPG　06.0218
脂牛磺酸　lipotaurine　07.0098
*脂皮质蛋白　lipocortin　02.0575
脂溶性维生素　fat-soluble vitamin　09.0325
脂双层　lipid bilayer　08.0017
脂双层 E 面　E face of lipid bilayer　08.0019
脂双层 P 面　P face of lipid bilayer　08.0020
脂氧素　lipoxin，LX　07.0083
脂质　lipid　07.0001
脂质代谢　lipid metabolism　10.0166
脂质第二信使　lipid second messenger　08.0209
脂质过氧化　lipid peroxidation　07.0024
脂质过氧化物　lipid hydroperoxide　10.0188
脂质几丁寡糖　lipochitooligosaccharide　06.0251
脂质体　liposome　11.0762
脂质体包载　liposome entrapment　11.0763
脂质体转染　lipofection　11.0781
脂[质]微团　lipid micelle　07.0028
脂质衍生物　lipid derivative　07.0029
*脂质转移蛋白　lipid transfer protein，LTP　02.0386
脂质转运蛋白　lipid transfer protein，LTP　02.0386
脂质组　lipidome　01.0074
脂质组学　lipidomics　01.0055
脂转运蛋白　lipophorin　02.0387
直肠肽　proctolin　02.0141
*直接胆红素　direct bilirubin，DBIL　10.0328
*直接免疫荧光技术　direct immunofluorescent technique　11.0351
直接体内基因转移　*in vivo* gene transfer　11.0913
直接修复　direct repair　05.0207
直链淀粉　amylose　06.0171
*直系同源基因　orthologous gene　05.0043
C_0t 值　C_0t value　11.0470
C 值　C value　05.0010
R_f 值　R_f value　11.0164
R_0t 值　R_0t value　11.0469
C 值悖理　C-value paradox　05.0011
*植醇　phytol　07.0193
植酸　phytic acid　07.0139
植烷酸　phytanic acid　07.0058
植物固醇　phytosterol　07.0228
植物激素　phytohormone　09.0306
植物硫酸肽　phytosulfokine，PSK　09.0307
植物凝集素　phytohemagglutinin，PHA　06.0266
[植物]生长素　auxin　09.0309
植物生长调节剂　plant growth regulator　09.0308
植物糖原　phytoglycogen　06.0193
植物蜕皮素　phytoecdysone　09.0318
*植物甾醇　phytosterol　07.0228
纸层析　paper chromatography　11.0218
纸电泳　paper electrophoresis　11.0082
指导 RNA　guide RNA，gRNA　05.0315
DNA 指导的 DNA 聚合酶　DNA-directed DNA poly-

merase 03.0312
DNA 指导的 RNA 聚合酶 DNA-directed RNA polymerase 03.0309
*RNA 指导的 DNA 聚合酶 RNA-directed DNA polymerase 03.0313
RNA 指导的 RNA 聚合酶 RNA-directed RNA polymerase 03.0310
指导序列 guide sequence 05.0316
指数富集配体系统进化技术 systematic evolution of ligand by exponential enrichment，SELEX 11.0865
指数滚环扩增 exponential rolling circle amplification，ERCA 11.0567
*指数扩增反应 exponential amplification reaction，EXPAR 11.0568
DNA 指纹 DNA fingerprint 11.0504
指纹分析 fingerprint analysis，fingerprinting 11.0501
DNA 指纹分析 DNA fingerprinting 11.0505
酯酶 esterase 03.0368
制备生物化学 preparative biochemistry 01.0008
质荷比 mass charge ratio，mass-to-charge ratio，*m*/*z* 11.0365
质粒 plasmid 05.0155
*Ti 质粒 tumor-inducing plasmid，Ti plasmid 11.0734
质粒表型 plasmid phenotype 05.0166
质粒不稳定性 plasmid instability 05.0162
质粒不相容性 plasmid incompatibility 05.0161
质粒分配 plasmid partition 05.0165
质粒复制 plasmid replication 05.0158
质粒复制子 plasmid replicon 05.0159
质粒获救 plasmid rescue 05.0167
质粒拷贝数 plasmid copy number 05.0160
质粒维持序列 plasmid maintenance sequence 05.0163
*质粒拯救 plasmid rescue 05.0167
质粒转化 plasmid transformation 11.0770
质膜 plasma membrane，plasmalemma 08.0003
*质膜钙泵 plasma membrane calcium pump 03.0709
质膜钙 ATP 酶 plasma membrane calcium-ATPase，PMCA 03.0709
质膜体 plasmalemmasome 08.0009
质谱法 mass spectrometry，MS 11.0363
质谱图 mass spectrum 11.0366
质体 DNA plastid DNA 04.0204
质体基因 plastogene 05.0032
质体醌 plastoquinone 10.0056
质体蓝蛋白 plastocyanin 02.0811
*质体蓝素 plastocyanin 02.0811
质子泵 proton pump 08.0089
质子电化学梯度 electrochemical proton gradient 08.0065
质子易位 ATP 酶 proton-translocating ATPase 03.0702
质子易位 $NAD(P)^+$ 转氢酶 proton-translocating $NAD(P)^+$ transhydrogenase 03.0696
致瘤质粒 tumor-inducing plasmid，Ti plasmid 11.0734
致敏 priming 08.0188
致死基因 lethal gene 05.0051
致育蛋白 fertilin 02.0682
滞育激素 diapause hormone 09.0297
置换层析 displacement chromatography 11.0231
置换型载体 replacement vector 11.0729
中度重复 DNA middle repetitive DNA，moderately repetitive DNA 04.0209
中度重复序列 moderately repetitive sequence 05.0019
中国仓鼠卵巢细胞 Chinese hamster ovary cell，CHO cell 11.0799
*中继蛋白质 relay protein 08.0308
中间代谢 intermediary metabolism 10.0005
*中间缺失 interstitial deletion 05.0199
中间丝蛋白质 intermediate filament protein 02.0408
中间丝结合蛋白质 intermediate filament-associated protein，IFAP 02.0409
*中间纤维蛋白质 intermediate filament protein 02.0408
中链脂肪酸硫激酶 medium-chain fatty acid thiokinase 03.0682
中期因子 midkine，MK 09.0263
中心法则 central dogma 05.0003
RNA 中心技术 RNA-centric approach 11.0360
中心体蛋白 centrin 02.0438
中心体肌动蛋白 centractin 02.0471
中性氨基酸 neutral amino acid 02.0006
*中性蛋白酶 neutral protease，neutral proteinase 03.0579
中性激动剂 neutral agonist 08.0347
*中性脂肪 neutral fat 07.0105
中止表达组件 cessation cassette 11.0875
中子衍射 neutron diffraction 11.0427

终产物抑制　end-product inhibition　10.0030
*终端补体复合物　terminal complement complex，TCC　08.0041
终止密码子　termination codon，stop codon　05.0336
*终止序列　terminator sequence　05.0246
*终止因子　termination factor　05.0379
终止子　terminator　05.0246
肿瘤坏死因子　tumor necrosis factor，TNF　09.0250
肿瘤坏死因子受体相关死亡结构域蛋白质　TNFR-associated death domain protein，TRADD　08.0367
肿瘤血管生长因子　tumor angiogenesis factor，TAF　09.0251
肿瘤抑制蛋白　tumor suppressor　02.0763
*肿瘤抑制基因　antioncogene，tumor suppressor gene，cancer suppressor gene　05.0070
*肿瘤诱导质粒　tumor-inducing plasmid，Ti plasmid　11.0734
*肿瘤阻抑蛋白　tumor suppressor　02.0763
种间同源基因　orthologous gene　05.0043
种内同源基因　paralogous gene　05.0042
种群基因组学　population genomics　01.0044
*周边膜蛋白质　peripheral membrane protein　08.0077
周期蛋白　cyclin　02.0532
周期蛋白依赖性激酶　cyclin-dependent kinase，CDK　03.0349
周质间隙　periplasmic space　08.0014
周质结合蛋白质　periplasmic binding protein，PBP　02.0266
轴激蛋白　axokinin　02.0759
α帚曲毒蛋白　α-sarcin　02.0843
珠蛋白　globin　02.0351
珠酯　margarine　07.0236
主动转运　active transport　08.0112
主链　backbone　01.0135
主要组织相容性复合体　major histocompatibility complex，MHC　02.0325
*苎烯　limonene　07.0183
贮存蛋白质　storage protein　02.0245
贮存多糖　storage polysaccharide　06.0167
贮存脂质　storage lipid　07.0006
柱层析　column chromatography　11.0216
柱床体积　column bed volume　11.0177
筑丝蛋白　tektin　02.0431
爪蟾抗菌肽　magainin　02.0195
爪蟾肽　xenopsin　02.0157
专一性　specificity　01.0219
转氨基作用　transamination　10.0231
*转氨甲酰酶　transcarbamylase　03.0232
转氨酶　transaminase　03.0284
*转出酶　floppase　03.0717
转导　transduction　11.0764
转导蛋白　transducin　08.0242
转导结构域　transducer domain　08.0247
转导子　transductant　11.0766
*转钴胺素　transcobalamin　02.0373
转化　transformation　11.0767
DNA 转化　DNA transformation　11.0769
转化率　transformation efficiency　11.0772
*转化酶　invertase　03.0475
转化生长因子　transforming growth factor，TGF　09.0243
转化生长因子 α　transforming growth factor-α，TGF-α　09.0244
转化生长因子 β　transforming growth factor-β，TGF-β　09.0245
转化体　transformant　11.0771
*转化子　transformant　11.0771
*转换数　turnover number　03.0046
转基因　transgene　11.0950
转基因技术　transgene technology，transgenic technology　11.0944
转基因生物　transgenic organism　11.0952
转基因学　transgenics　01.0018
转基因组　transgenome　01.0065
转基因作用　transgenesis　11.0951
*转甲基酶　transmethylase　03.0220
*转甲状腺素蛋白　transthyretin，TTR　02.0666
β转角　β turn，β bend，reverse turn　02.0884
转硫酸基作用　transsulfation　10.0103
转录　transcription　05.0233
转录保真性　transcription fidelity　05.0241
*转录本　transcript　05.0254
*转录本组　transcriptome　01.0066
*转录本组学　transcriptomics　01.0046
转录单位　transcription unit　05.0253
转录后加工　post-transcriptional processing　05.0270
*转录机器　transcription machinery　05.0242
转录激活　transcription activation　05.0490
转录激活因子　activating transcription factor，ATF，

transcription activator 05.0496
转录激活因子样效应物核酸酶 transcription activator-like effector nuclease，TALEN 11.0899
*转录激活子样效应因子核酸酶 transcription activator-like effector nuclease，TALEN 11.0899
转录介导扩增 transcription-mediated amplification，TMA 11.0563
*转录酶 transcriptase 03.0308
转录偶联修复 transcription-coupled repair，TCR 05.0218
转录泡 transcription bubble 05.0240
转录起始 transcription initiation 05.0237
*转录起始复合体 transcription initiation complex 05.0238
转录起始复合物 transcription initiation complex 05.0238
转录起始[位]点 transcription start site，TSS，transcription initiation site 05.0236
*转录前起始复合体 transcriptional preinitiation complex，transcripreinitiation complex，TPIC 05.0505
转录前起始复合物 transcriptional preinitiation complex，transcripreinitiation complex，TPIC 05.0505
转录调节 transcription regulation 05.0489
转录停滞 transcriptional arrest 05.0244
转录图 transcriptional map 11.0845
转录物 transcript 05.0254
转录物组 transcriptome 01.0066
转录物组测序 transcriptome sequencing 11.0615
转录物组学 transcriptomics 01.0046
转录延伸 transcription elongation 05.0239
转录依赖扩增系统 transcription-based amplification system，TAS 11.0562
转录抑制因子 transcription inhibitor 05.0497
转录因子 transcription factor 05.0492
转录暂停 transcription pausing 05.0243
转录终止 transcription termination 05.0245
转录终止因子 transcription termination factor 05.0247
转录装置 transcription machinery 05.0242
转录阻遏 transcription repression 05.0491
转羟基作用 transhydroxylation 10.0102
*转羟甲基酶 transhydroxymethylase 03.0230
*转羟乙醛[基]酶 glycolaldehydetransferase 03.0237
转氢酶 transhydrogenase 03.0143
转醛醇酶 transaldolase 03.0238
转染 transfection 11.0774
DNA 转染 DNA transfection 11.0778
转染率 transfection efficiency 11.0782
转染子 transfectant 11.0783
*转羧基酶 transcarboxylase 03.0233
转肽基作用 transpeptidylation 10.0101
*转肽酰酶 transpeptidylase 03.0261
*转糖基酶 transglycosylase 03.0269
转糖基作用 transglycosylation 10.0100
*转铁蛋白 transferrin 02.0712
转酮酶 transketolase 03.0237
*转脱氨[基]作用 transdeamination 10.0234
*转位酶 translocase 03.0695
*转酰基酶 acyltransferase，transacylase 03.0239
转酰基作用 transacylation 10.0277
转亚氨基作用 transimidation 10.0232
转移 DNA transfer DNA，T-DNA 11.0773
*转移 RNA transfer ribonucleic acid，tRNA 04.0261
*转移–信使 RNA transfer-messenger RNA，tmRNA，10Sa RNA 04.0268
转移酶 transferase 03.0219
转移因子 transfer factor，TF 09.0209
*转乙酰基酶 acetyltransferase，transacetylase 03.0240
转乙酰[基]作用 transacetylation 10.0276
转运 transport 01.0250
RNA 转运 RNA transport 05.0328
转运 RNA transfer ribonucleic acid，tRNA 04.0261
转运蛋白 transporter 08.0083
*ABC 转运蛋白 ATP-binding cassette transporter，ABC transporter 08.0086
*ABC 转运蛋白 A1 ATP-binding cassette transporter A1，ABCA1 08.0087
*转运体 transporter 08.0083
转运–信使 RNA transfer-messenger RNA，tmRNA，10Sa RNA 04.0268
转酯基作用 transesterification 10.0099
转座 transposition 05.0079
转座重组 transpositional recombination 05.0228
转座酶 transposase 03.0755
*转座元件 transposable element 05.0077
转座子 transposon，Tn 05.0077
*转轴酶 swivelase 03.0669
桩蛋白 paxillin 02.0462
*装配 assembly 01.0099

锥虫蓝　trypan blue　11.1003
*缀合蛋白质　conjugated protein　02.0232
缀合酶　conjugated enzyme　03.0010
*缀合物　conjugate　01.0131
着丝粒 DNA　centromeric DNA　04.0202
着丝粒蛋白质　centromere protein，CENP　02.0683
*着丝粒结合蛋白质　centromere-binding protein　02.0683
滋养层蛋白质　trophoblast protein　02.0677
子宫运铁蛋白　uteroferrin　02.0713
子宫珠蛋白　uteroglobin　02.0354
子文库　sublibrary　11.0827
紫外交联　ultraviolet crosslinking，UV crosslinking　11.0474
*紫外照射交联　UV irradiation crosslinking　11.0474
*自催化剪接　autocatalytic splicing　05.0276
自分泌　autocrine　09.0028
自分泌信号传递　autocrine signaling　08.0154
自复制　self-replication　05.0125
自复制核酸　self-replicating nucleic acid　05.0126
自剪接　self-splicing　05.0276
自剪接内含子　self-splicing intron　05.0279
自磷酸化　autophosphorylation　05.0419
自溶酶　autolytic enzyme　03.0603
自杀底物　suicide substrate　03.0102
自杀法　suicide method　11.0941
自杀酶　suicide enzyme　03.0751
自上而下蛋白质组学分析　top-down proteomics analysis　11.0415
*自身活性物质　autacoid，autocoid　09.0134
自噬　autophagy　01.0268
*自私 DNA　selfish DNA　05.0152
*自体有效物质　autacoid，autocoid　09.0134
自调节　autoregulation　08.0192
自下而上蛋白质组学分析　bottom-up proteomics analysis　11.0414
自旋标记　spin labeling　11.0435
自旋-自旋分裂　spin-spin splitting　11.0438
自旋-自旋耦合　spin-spin coupling　11.0439
自养　autotrophy　10.0041
自由基　free radical　10.0058
*自由扩散　free diffusion　08.0121
自由流动电泳　free flow electrophoresis　11.0125
自诱导　autoinduction　08.0197
自诱导物　autoinducer　08.0198
自在 DNA　selfish DNA　05.0152
自主复制序列　autonomously replicating sequence，ARS　05.0128
自主复制载体　autonomously replicating vector　05.0127
*自主序列复制　self-sustained sequence replication，3SR　11.0561
棕榈酸　palmitic acid　07.0059
棕榈酸甘油酯　palmitin，tripalmitin　07.0119
*棕榈酸视黄酯　retinyl palmitate　07.0062
棕榈酰视黄酯　retinyl palmitate　07.0062
棕榈油酸　palmitoleic acid　07.0060
*棕土密码子　umber codon　05.0339
足萼糖蛋白　podocalyxin　02.0731
足迹法　footprinting　11.0493
*DMS 足迹法　DMS footprinting　11.0500
DNA 足迹法　DNA footprinting　11.0494
RNA 足迹法　RNA footprinting　11.0495
*足印法　footprinting　11.0493
*B 族维生素　vitamin B family　09.0359
阻遏　repression　05.0470
*阻遏蛋白　repressor　05.0551
阻遏物　repressor　05.0551
*阻抑 PCR　suppression PCR　11.0550
阻抑 tRNA　suppressor tRNA　04.0266
阻抑基因　suppressor　05.0566
阻抑聚合酶链反应　suppression PCR　11.0550
RNA 组　RNome　01.0070
组氨醇　histidinol　10.0253
组氨酸　histidine，His，H　02.0032
组氨酸标签　histidine-tag　11.0836
组氨酸操纵子　*his* operon　05.0542
组氨酸-天冬氨酸连续磷酸化传递　histidyl-aspartyl phosphorelay，HAP　08.0233
组胺　histamine　10.0252
组成酶　constitutive enzyme　03.0732
组成型表达　constitutive expression　05.0465
组成性非编码 RNA　constitutive non-coding RNA　04.0239
组成性基因　constitutive gene　05.0033
组蛋白　histone　02.0230
组蛋白乙酰转移酶　histone acetyltransferase，HAT　03.0257
*组合蛋白聚糖　agrin　06.0312
组合抗体文库　combinatorial antibody library

11.0832
组件 cassette 11.0873
组件模型 cassette model 05.0485
组学 omics 01.0027
RNA 组学 RNomics 01.0045
组织蛋白酶 cathepsin 03.0548
组织蛋白酶抑制素 cathelicidin 02.0182
*组织特异性 tissue specificity 05.0455
组织特异性消失基因 tissue-specific extinguisher，TSE 05.0460
*组织微阵列 tissue microarray 11.0991
组织芯片 tissue chip 11.0991
组织型激肽释放酶 tissue kallikrein 03.0522
组织因子途径抑制物 tissue factor pathway inhibitor，TFPI 02.0318
组装 assembly 01.0099
[组装]抑制蛋白 profilin 02.0473
最适 pH optimum pH 03.0042
最适温度 optimum temperature 03.0043
左手螺旋 left hand helix 04.0147
左旋糖 levulose 06.0064
左旋异构体 levoisomer 01.0207
RNA 作图 RNA mapping 11.0713
*S1 作图 S1 mapping 11.0714

（SCPC-BZBEAB04-0054）
ISBN 978-7-03-077103-2
9 787030 771032 >
定价：498.00元